Sterben

Sterben

Dimensionen eines anthropologischen Grundphänomens

Herausgegeben von
Franz-Josef Bormann und Gian Domenico Borasio

De Gruyter

ISBN 978-3-11-048800-5
e-ISBN 978-3-11-025733-2

Library of Congress Cataloging-in-Publication Data

Sterben : Dimensionen eines anthropolgischen Grundphänomens / herausgegeben von Franz-Josef Bormann und Gian Domenico Borasio.
   p. cm.
   Proceedings of a symposium held May 12–14, 2011 at the Universtät Tübingen.
   Includes bibliographical references and indexes.
   ISBN 978-3-11-025733-5 (hardcover : alk. paper)
   1. Death – Social aspects.   2. Thanatology.   3. Palliative treatment – Moral and ethical aspects.   I. Bormann, Franz-Josef.   II. Borasio, Gian Domenico.
   HQ1073.S74   2012
   306.9–dc23
                                                                    2011039730

Bibliografische Information der Deutschen Nationalbibliothek

Die Deutsche Nationalbibliothek verzeichnet diese Publikation in der Deutschen Nationalbibliografie; detaillierte bibliografische Daten sind im Internet über http://dnb.d-nb.de abrufbar.

© 2012 Walter de Gruyter GmbH & Co. KG, Berlin/Boston

Druck: Hubert & Co. GmbH & Co. KG, Göttingen
∞ Gedruckt auf säurefreiem Papier

Printed in Germany

www.degruyter.com

Vorwort

Das Sterben scheint zu jenen anthropologischen Grundphänomenen zu gehören, die im Gefolge der rasanten medizintechnischen Entwicklung der letzten Jahrzehnte immer stärker aus dem Raum lebensweltlicher Erfahrung verschwunden sind und deswegen in der Gefahr stehen, zur Projektionsfläche diffuser Ängste oder unsachgemäßer Mutmaßungen zu werden.

Zwar ist weithin unbestritten, dass Fragen einer angemessenen (palliativ-) medizinischen und pflegerischen Betreuung schwerstkranker und sterbender Menschen angesichts der dramatischen demographischen Entwicklung in den meisten westeuropäischen Ländern in naher Zukunft noch erheblich an Bedeutung gewinnen werden. Eine wirklich interdisziplinäre wissenschaftliche Auseinandersetzung mit dem vielschichtigen Phänomen des Sterbens ist aber bislang nicht nur im deutschen Sprachraum eher selten anzutreffen.

Auch um zu verhindern, dass die in diesem Zusammenhang notwendigen politischen Entscheidungen von einseitigen Darstellungen oder gar offenkundiger Unkenntnis der für die Urteilsbildung relevanten Sachverhalte bestimmt werden, dürfte es hilfreich sein, sich dem anthropologischen Phänomen menschlichen Sterbens einmal ganz ausdrücklich direkt zuzuwenden. Zu diesem Zweck fand vom 12.–14. Mai 2011 an der Universität Tübingen ein interdisziplinäres Symposium statt, dessen Ziel darin bestand, grundlegende Dimensionen des Sterbens auszuleuchten. Entgegen dem fortschreitenden Verrechtlichungstrend in der zeitgenössischen medizinethischen Diskussion wurde bewusst darauf verzichtet, die hinlänglich bekannten kontroversen Positionen zur Sterbehilfediskussion erneut zu reproduzieren. Stattdessen wurde der Versuch unternommen, den verschiedenen einzelwissenschaftlichen Sichtweisen auf das Sterben Raum zu geben und so ein interdisziplinäres Gespräch zu ermöglichen, das die notwendige Voraussetzung für eine zeitgemäße anthropologische Analyse darstellt.

Die im ersten Teil dieses Bandes versammelten Beiträge nähern sich dem Sterben aus dem Blickwinkel der empirischen Human- und Sozialwissenschaften, wobei neben grundlegenden epidemiologischen Daten vor allem auch die soziologische und die psychologische Perspektive zur Sprache kommen.

Der etwas umfangreichere zweite Teil ist den verschiedenen medizinischen Aspekten des Sterbens gewidmet. Neben der strukturellen Analyse von Sterbeprozessen und der Auseinandersetzung mit bestimmten Sonderproblemen wie dem Sterben von Demenz- und Wachkoma-Patienten geht es dabei nicht zuletzt um die Darstellung der derzeitigen Möglichkeiten einer integrativen

Palliativmedizin, die über eine bloße Schmerztherapie und Symptomkontrolle weit hinausgeht.

Der dritte Teil bietet verschiedene anthropologische und normwissenschaftliche Zugänge zum Sterben. Neben traditionellen Fragen einer *ars moriendi* oder der Relevanz von Natürlichkeitsargumenten geht es dabei auch um die ethische Analyse von zeitgenössischen Anwendungsproblemen wie z.B. der Einstellung von Ernährung und Flüssigkeitsgabe, der Entscheidungsfindung unter Unsicherheit oder dem wachsenden Kostendruck im Gesundheitswesen.

Die Beiträge des vierten und letzten Hauptteiles fragen nicht nur nach der Bedeutung religiöser Traditionen für die Sinndeutung des Sterbens, sondern gehen auch auf die spirituellen Bedürfnisse jener wachsenden Zahl von Menschen ein, die sich keiner der großen Weltreligionen mehr verbunden fühlen.

Obwohl die Auswahl der hier berücksichtigten Perspektiven gewiss keinen Anspruch auf Vollständigkeit erheben kann, dürften die in diesem Band versammelten Beiträge in ihrer thematischen Breite doch vielleicht einen kleinen Beitrag dazu leisten, der Komplexität des Sterbens als eines für den Menschen hochbedeutsamen Lebensabschnittes näherzukommen.

Der besondere Dank der Herausgeber gilt allen Kolleginnen und Kollegen, die dieses interdisziplinäre Projekt mit ihrer Expertise unterstützt haben. Zu danken ist darüber hinaus Frau Annette Dinse für die umsichtige Vorbereitung des Symposiums sowie den Mitarbeiterinnen und Mitarbeitern am Lehrstuhl Moraltheologie der Universität Tübingen, vor allem Dominik Kern, Tammo Mintken und Johannes Reich für die redaktionelle Bearbeitung der Textbeiträge. Ausdrücklich gedankt sei zudem der Deutschen Bischofskonferenz für die großzügige finanzielle Unterstützung dieses Projektes sowie dem Verlag de Gruyter für die bewährte Zusammenarbeit.

Tübingen/Lausanne im August 2011

Franz-Josef Bormann   Gian Domenico Borasio

Inhaltsverzeichnis

I. Teil: Human- und sozialwissenschaftliche Perspektiven

Roland Rau/Gabriele Doblhammer (Rostock):
Zur Epidemiologie des Sterbens in der deutschen Gesellschaft:
Entwicklung von Lebenserwartung, Todesursachen und Pflegebedarf
am Lebensende 3

Klaus Feldmann (Hannover):
Sterben in der modernen Gesellschaft 23

Thomas Macho (Berlin):
Sterben zwischen neuer Öffentlichkeit und Tabuisierung 41

Joachim Wittkowski (Würzburg):
Zur Psychologie des Sterbens – oder: Was die zeitgenössische Psychologie
über das Sterben weiß 50

Martin Fegg (München):
Lebenssinn am Lebensende 65

Maria Wasner (München):
Keiner stirbt für sich allein: Bedeutung und Bedürfnisse des sozialen
Umfelds bei Sterbenden 82

II. Teil: Medizinische Aspekte

Christof Müller-Busch (Berlin):
Entwicklung und Desiderate der Palliativmedizin in Deutschland 95

Matthias Volkenandt (München):
Kommunikation mit Patienten und Angehörigen 111

Gerhild Becker/Carola Xander (Freiburg):
Zur Erkennbarkeit des Beginns des Sterbeprozesses 116

Urban Wiesing (Tübingen):
Strukturen des Sterbeprozesses und ärztliche Interventionen 137

Gian Domenico Borasio (Lausanne):
Ernährung und Flüssigkeit am Lebensende aus palliativmedizinischer Sicht 150

*Lukas Radbruch/Martina Kern/Helmut Hoffmann-Menzel/Roman Rolke/
Frank Elsner (Bonn/Aachen):*
Körperlicher Schmerz und seine palliativmedizinische Linderung –
Chancen und Grenzen der Behandlung 159

Chara Gravou-Apostolatou/Reinhard Sittl (Erlangen):
Schmerztherapie bei Kindern mit lebenslimitierenden Erkrankungen 173

Claudia Bausewein (London):
Symptomkontrolle (unter besonderer Berücksichtigung der Atemnot)
als Teil der ganzheitlichen Sterbebegleitung 181

Monika Führer (München):
Entscheidungen am Lebensende bei Kindern und Jugendlichen:
Offene Fragen im Gesetz zur Patientenverfügung 192

Maren Galushko/Raymond Voltz (Köln):
Todeswünsche und ihre Bedeutung in der palliativmedizinischen
Versorgung 200

Ralf J. Jox (München):
Zum Sterben von Wachkomapatienten 211

*Hans Förstl/Horst Bickel/Alexander Kurz/Gian Domenico Borasio
(München/Lausanne):*
Demenz und Sterben: Aktuelle Entwicklungen und Ausblick 223

Barbara Städtler-Mach (Nürnberg):
Zur Pflege von schwerstkranken und sterbenden Patienten 247

III. Teil: Anthropologische und normwissenschaftliche Zugänge

Johannes Brachtendorf (Tübingen):
Sterben – ein anthropologischer Konflikt *sui generis*? 257

Karl-Josef Kuschel (Tübingen):
Lebensbilanzen und Sterbeerfahrungen: Zum Phänomen „Krebsliteratur"
als fiktivem und autobiographischem Schreibexperiment 271

Bernd Villhauer (Tübingen):
Der Tod und der Dandy. Ästhetizismus und Moral an der letzten Grenze .. 293

Friedo Ricken (München):
Ars moriendi – zu Ursprung und Wirkungsgeschichte der Rede von der
Sterbekunst 309

Franz-Josef Bormann (Tübingen):
Ist die Vorstellung eines ‚natürlichen Todes' noch zeitgemäß?
Moraltheologische Überlegungen zu einem umstrittenen Begriff 325

*Georg Marckmann/Anna Mara Sanktjohanser/Jürgen in der Schmitten
(München/Düsseldorf):*
Sterben im Spannungsfeld zwischen Ethik und Ökonomie 351

Ralf Stoecker (Potsdam):
Die Ausdifferenzierung des Todes durch die moderne Medizin
und ihre ethischen Konsequenzen 368

Eberhard Schockenhoff (Freiburg):
Moraltheologische Überlegungen zur künstlichen Ernährung
und Hydrierung 384

Walter Schaupp (Graz):
Entscheidungen unter Ungewissheit – am Beispiel von Wachkoma-
patienten 396

Otfried Höffe (Tübingen):
Der Tod von eigener Hand: Ein philosophischer Blick auf ein existentielles
Problem 411

Gerhard Höver (Bonn):
Auf ein Versprechen vertrauen – Fragen hospizlicher Begleitung im Sterben   428

Wolfram Höfling (Köln):
Die Entwicklung des sogenannten Sterbehilferechts in der (höchstrichterlichen) Judikatur 444

IV. Teil: Theologisch-spirituelle Reflexionen

Walter Groß (Tübingen):
Zum alttestamentlich-jüdischen Verständnis von Sterben und Tod 465

Michael Theobald (Tübingen):
„Ob wir leben, ob wir sterben – wir sind des Herrn" (Röm 14,8):
Sterben und Tod aus neutestamentlicher Sicht 481

Rotraud Wielandt (Bamberg):
Zum islamischen Verständnis von Sterben und Tod des Menschen 504

Eckhard Frick/Traugott Roser (München):
„*Spiritual care*" – zur spirituellen Dimension des Sterbens und der Sterbebegleitung 529

Eilert Herms (Tübingen):
Hingabe. Sterben als wesentliche Phase des menschlichen Lebens
und sein Vollzug in christlicher Lebensgewissheit 539

Karl Kardinal Lehmann (Mainz):
Abschied und Gelassenheit. Über die Notwendigkeit einer erneuerten Kultur
und Kunst des Sterbens 563

Abkürzungsverzeichnis 589

Literaturverzeichnis 597

Namensverzeichnis 653

Autorenverzeichnis 673

I. Teil

Human- und sozialwissenschaftliche Perspektiven

Zur Epidemiologie des Sterbens in der deutschen Gesellschaft: Entwicklung von Lebenserwartung, Todesursachen und Pflegebedarf am Lebensende

Roland Rau, Gabriele Doblhammer

1. Lebenserwartung

1.1 Was ist Lebenserwartung?

Die sogenannte Lebenserwartung ist der am häufigsten verwendete Indikator in der Demographie zur Beschreibung der Sterblichkeitsverhältnisse in einer Bevölkerung mittels einer einzigen Zahl. Die Berechnung der Lebenserwartung und ihrer zugrundeliegenden Sterbetafel (englisch: *life table*) gehört zum Standardinstrumentarium in vielerlei Disziplinen wie zum Beispiel der Demographie, Versicherungsmathematik, Epidemiologie oder auch der Biologie. Ihre Anfänge lassen sich auf J. Graunts „Natural and Political Observations Made Upon the Bills of Mortality" (1662), E. Halleys Berechnungen der Sterblichkeit in Breslau (1693) und J. P. Süssmilchs „göttlicher Ordnung" (1741) zurückführen.[1]

Um einen Wert für die Lebenserwartung korrekt interpretieren zu können, ist kurz zu erläutern, was sich hinter diesem Begriff verbirgt.

In ihrer eigentlichen Form basiert die Berechnung der Lebenserwartung auf den Sterbefällen einer Kohorte. Dieser Begriff wird in der Demographie in aller Regel für einen Geburtsjahrgang verwendet. Nun beobachtet man, in

---

1 Vgl. J. Graunt, Natural and Political Observations Made Upon the Bills of Mortality (1662), neu abgedruckt in: Ders./G. King, The Earliest Classics, Farnborough 1973; E. Halley, An Estimate of the Degree of the Mortality of Mankind, drawn from curious Tables of the Births and Funerals at the City of Breslaw; with an Attempt to ascertain the Price upon Annuities upon Lives, in: Philos Trans R Soc London 17 (1693), 596–610; J. P. Süssmilch, Die göttliche Ordnung in den Veränderungen des menschlichen Geschlechts, aus der Geburt, Tod und Fortpflanzung desselben, Berlin 1741.

welchen Altersstufen wieviele Personen dieser durch einen Geburtsjahrgang definierten Bevölkerung sterben, um eine sogenannte Absterbeordnung zu erhalten. Mithilfe dieser lässt sich die Lebenserwartung, mit der für gewöhnlich die Lebenserwartung bei Geburt gemeint ist und die e(0) abgekürzt wird, auf unterschiedliche (aber numerisch identische) Arten definieren. Statistisch gesehen handelt es sich dabei um die Fläche, die die Absterbeordnung über die Altersachse hinweg einschließt. Der Wert lässt sich auch als das durchschnittliche Sterbealter oder als die durchschnittlich zu lebende Anzahl an Jahren in diesem Geburtsjahrgang interpretieren.

Das größte Problem der Berechnung der Lebenserwartung basierend auf einem Geburtsjahrgang besteht darin, dass man eigentlich mehr als 110 Jahre warten müsste, bis die letzten Angehörigen dieser Kohorte verstorben sind.[2] Um die Sterblichkeitsverhältnisse einer Bevölkerung nicht erst in rund einem Jahrhundert beschreiben zu können, bedient man sich eines Kunstgriffs: Basierend auf den altersspezifischen Besetzungszahlen und Sterbefällen eines einzelnen (Kalender-)Jahres einer Bevölkerung wird eine sogenannte synthetische Kohorte für dieses Jahr erstellt. Man betrachtet die Population also nicht mehr im eigentlichen Längsschnitt, sondern in einem Querschnitt. Bei den so gewonnenen Werten[3] handelt es sich um die Lebenserwartung, wie sie typischerweise

---

2   Das höchste bisher gemessene Sterbealter einer Person, das auch verifiziert wurde, lag bei 122 Jahren und 164 Tagen, vgl. J. M. ROBINE/M. ALLARD, The Oldest Human, in: Science 279,5358 (1998), 1831. Wollte man also ganz sicher gehen, müsste man sogar noch länger als 110 Jahre warten. Der Einfluss dieser wenigen Sterbefälle auf die Lebenserwartung bei Geburt ist jedoch vernachlässigbar gering.

3   Auf die genauen Berechnungsschritte möchten wir hier nicht eingehen, aber dennoch für den interessierten Leser folgende Literatur empfehlen (Auswahl). Für den Einstieg: S. H. PRESTON/P. HEUVELINE/M. GUILLOT, Demography. Measuring and Modeling Population Processes, Oxford 2001; P. FLASKÄMPER, Bevölkerungsstatistik, Hamburg 1962. Kapitel 15 in: H. S. SHRYOCK/J. S. SIEGEL, The Methods and Materials of Demography, Bd. 2, U.S. Department of Commerce. Bureau of the Census [2]1973; N. KEYFITZ, Introduction to the Mathematics of Population, Reading 1968 und N. KEYFITZ/W. FLIEGER, Population. Facts and Methods of Demography, San Francisco 1971 sowie J. VALLIN/G. CASELLI, Cohort Life Table, in: G. CASELLI/J. VALLIN/G. WUNSCH (Hg.), Demography. Analysis and Synthesis, Bd. I, Amsterdam 2006, 103–129 und J. VALLIN/ G. CASELLI, The Hypothetical Cohort as a Tool for Demographic Analysis, in: G. CASELLI/J. VALLIN/G. WUNSCH (Hg.), Demography. Analysis and Synthesis, Bd. I, Amsterdam 2006, 163–195. Für die historische Entwicklung: Kapitel 1–9 in D. SMITH/N. KEYFITZ, Mathematical Demography. Selected Papers, Berlin 1977; für Fortgeschrittene: N. KEYFITZ/H. CASWELL, Applied Mathematical Demography, New York [3]2005; C. L. CHIANG, The Life Table and its Applications, Malabar 1984; K. NAMBOODIRI/ C. SUCHINDRAN, Life Table Techniques and Their Applications, Orlando 1987 und J. M. ALHO/B. D. SPENCER, Statistical Demography and Forecasting. Springer Series in Statistics, New York 2004.

in der Presse zitiert wird. Da die Kalenderzeit in der Demographie auch Periode genannt wird, bezeichnet man diese Lebenserwartung auch als Periodenlebenserwartung. Nur wenn sich keine Veränderungen in der Sterblichkeit über einen Zeitraum von über 100 Jahren ergeben, kann man also von der tatsächlichen Lebenserwartung einer/eines Neugeborenen bei den veröffentlichten Werten sprechen. Eine korrekte Interpretation von e(0) ist daher: „Unter der Voraussetzung, dass sich die Sterberaten in den nächsten 120 Jahren nicht verändern, läge die durchschnittliche Lebenserwartung in dieser Bevölkerung bei *xy* Jahren." Sofern in den folgenden Abschnitten lediglich von Lebenserwartung gesprochen wird, handelt es sich um die Periodenlebenserwartung bei Geburt.

1.2 Entwicklung der Lebenserwartung

Relativ wenig ist über die Höhe der Lebenserwartung in prähistorischer Zeit bekannt, da die Altersbestimmung an Skeletten schwierig und mit relativ großen potentiellen Fehlern behaftet ist. Nach allgemeiner Einschätzung, die auch J. Weeks teilt[4], vermutet man, dass die Lebenserwartung zwischen 20 und 30 Jahren lag. Ab dem 14. Jahrhundert standen mit den Kirchenbüchern, in denen Geburten (mittels Taufen), Hochzeiten und Sterbefälle verzeichnet wurden, erstmals verläßliche schriftliche Quellen zur Verfügung. Insbesondere die *Cambridge Group for the History of Population and Social Structure* erweiterte mit ihrer Analyse der *parish registers* unser Wissen über Leben und Sterben in England vor rund 200–500 Jahren.

Die Entwicklung in England in den Jahren 1600–1809 ist schematisch in Tabelle 1 dargestellt, basierend auf Daten von Wrigley und anderen.[5] Es lässt sich erkennen, dass – im Vergleich zu vorgeschichtlicher Zeit – die Lebenserwartung lediglich um ein paar Jahre zugenommen hat. Die Zugewinne sind jedoch relativ moderat. Erst zu Beginn des neunzehnten Jahrhunderts stieg die Lebenserwartung klar über 40 Jahre. Viel auffälliger sind die Schwankungen, die zwischen den einzelnen Dekaden existieren. Das starke Abfallen der Lebenserwartung ist typischerweise auf Epidemien – insbesondere die Pest – zurückzuführen. So sank die Lebenserwartung zwischen 1670–79 und 1680–89 um fünf Jahre. Die hier verzeichnete Entwicklung beschränkte sich nicht nur auf England, sondern war typisch für viele Länder während dieser Zeit.

---

4   J. WEEKS, Population: an introduction to concepts and issues, Belmont ^{9}2005, 149.
5   E. WRIGLEY/R. DAVIES/J. OEPPEN/R. SCHOFIELD, English population history from family reconstitution 1580–1837 (Cambridge Studies in Population, Economy and Society in Past Time 32), Cambridge 1997.

Tabelle 1: Historische Entwicklung der Lebenserwartung in England, 1600–1809

Dekade	–	Dekade	–
1600–9	37.5	1710–9	35.8
1610–9	40.1	1720–9	35.2
1620–9	40.2	1730–9	36.6
1630–9	37.8	1740–9	37.3
1640–9	36.4	1750–9	42.1
1650–9	36.9	1760–9	39.0
1660–9	36.5	1770–9	39.4
1670–9	36.3	1780–9	39.2
1680–9	31.3	1790–9	41.7
1690–9	38.7	1800–9	44.8
1700–9	37.3	–	–

Quelle: Wrigley und andere.[6]

Mitte des 18. Jahrhunderts wurde in Schweden die erste moderne Volkszählung durchgeführt. Für die (historische) Demographie vollzog sich damit eine Zeitenwende. Nun war man nicht mehr auf archäologische und/oder indirekte Methoden basierend auf Stichproben (zum Beispiel Kirchenbücher) mit den damit verbundenen Problemen beschränkt (zum Beispiel Repräsentativität der Stichprobe, korrekte Altersbestimmung und andere). Von nun an konnte man in einer stetig wachsenden Anzahl von Ländern die grundlegenden demographischen Parameter – Geburten und Sterbefälle – für ganze Bevölkerungen mit sehr hoher Genauigkeit bestimmen.

Rund 100 Jahre später lagen landesweite Daten für eine ausreichende Anzahl von Ländern vor, so dass man nun international vergleichend die Lebenserwartung untersuchen konnte. Mit diesem Thema befasste sich die wohl meistzitierte demographische Arbeit des vergangenen Jahrzehnts. J. Oeppen und J. Vaupel stellten in dem im Jahr 2002 in der Zeitschrift *Science* publizierten Aufsatz „Broken Limits to Life Expectancy" fest[7], dass seit dem Jahr 1840 der Anstieg in der Rekordlebenserwartung linear verlief. Mit jeder vergangenen Dekade stieg der maximal gemessene Wert um rund 2,5 Jahre an. Dieser Trend ist in der linken Hälfte von Abbildung 1 zu sehen. Anders ausgedrückt: Jedes Jahr, welches vergeht, lässt die Rekordlebenserwartung um rund 3 Monate ansteigen; oder jeder Tag um 6 Stunden. Auch wenn die Daten in der Publika-

---

6   WRIGLEY/DAVIES/OEPPEN/SCHOFIELD (s. o. Anm. 5), 295.
7   J. OEPPEN/J. W. VAUPEL, Broken Limits to Life Expectancy, in: Science 296 (2002), 1029–1031.

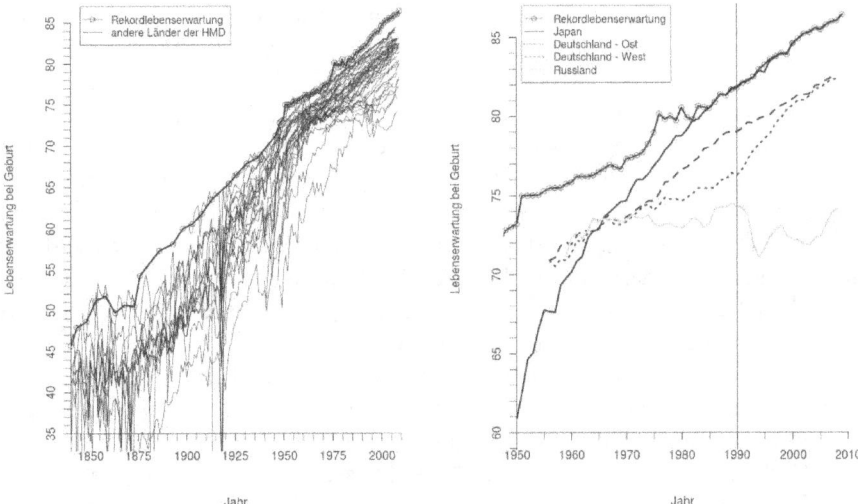

Abbildung 1: Lebenserwartung bei Geburt für Frauen in ausgewählten Ländern. Linke Abbildung: Rekordlebenserwartung und Lebenserwartung in ausgewählten Ländern von 1840–2010; Rechte Abbildung: Rekordlebenserwartung, Lebenserwartung in Japan, beiden Teilen Deutschlands sowie in Russland (HMD=Human Mortality Database, eine unter der Internet-Adresse www.mortality.org verfügbare Datenbank zu Sterblichkeitsdaten aus einer Vielzahl von europäischen Ländern, den USA, Kanada, Japan, Australien und Neuseeland).

tion von Oeppen und Vaupel im Jahr 2000 endeten, hat sich der Trend dennoch bis zum Jahr 2009, dem letzten Jahr mit verfügbaren Daten, fortgesetzt. Die Rekordlebenserwartung wird seit Mitte der 1980er Jahre in Japan verzeichnet und beläuft sich im Augenblick (2009) auf 86,42 Jahre. Es ist nicht nur die Rekordlebenserwartung, die linear wächst. Auch in vielen anderen Ländern wird ein kontinuierlicher Anstieg von nahezu 3 Monaten pro Jahr gemessen, wie die anderen Linien in der linken Hälfte von Abbildung 1 nachweisen.

Die erste Sterbetafelberechnung für Deutschland entstammt dem Jahre 1870/1871. Jährliche Daten existieren jedoch erst seit 1956 in der Human Mortality Database – sowohl für das ehemalige Westdeutschland wie auch für die ehemalige DDR. Daher wurde im rechten Teil der Abbildung die Lebenserwartung lediglich für die Jahre 1950–2009 eingetragen. Die oberste Linie ist wiederum die Rekordlebenserwartung, die seit Mitte der 1980er Jahre von Japan bestimmt wird. Die gestrichelte Linie spiegelt die Entwicklung der ehemaligen Bundesrepublik Deutschland wider. Auch wenn immer ein Abstand von ein paar Jahren zur Rekordlebenserwartung existierte, so verlief die Steigung nahezu parallel. Das heißt, die Lebenserwartung im ehemaligen Westen stieg gleichermaßen um rund 6 Stunden pro Tag wie im jeweiligen Rekordland. Im ehemaligen Osten, also der sogenannten DDR, verzeichnete die Lebenserwartung lediglich bis Anfang der 1970er Jahre einen ähnlichen Trend wie im Westen oder im jeweiligen Rekordland. Im Jahr 1971 lag die Lebenserwartung bei ostdeutschen Frauen bei 73,66 Jahren, bei denen im Westen bei 73,85 Jahren. Dann konnte die Lebenserwartung jedoch in den nächsten 15–20 Jahren im Osten kaum noch zulegen. Mit der Wiedervereinigung im Jahr 1990, im rechten Panel mittels einer vertikalen Referenzlinie gekennzeichnet, begann eine neue Phase. Von einer maximalen Differenz von knapp 3 Jahren (2,91) holte die ehemalige DDR in weniger als 20 Jahren die verpasste Entwicklung nach und zog nahezu gleich mit dem Westen. Im Jahr 2008, dem letzten Jahr, für welches wir Werte für Deutschland zur Verfügung haben, lag die Differenz mit 0,07 Jahren bei umgerechnet weniger als einem Monat.

Es sollte jedoch betont werden, dass nicht in allen Ländern eine positive Entwicklung zu verzeichnen ist. In einer Vielzahl von Nachfolgestaaten der Sowjetunion stagniert die Lebenserwartung nicht erst seit dem Fall des „Eisernen Vorhangs". Stellvertretend hierfür ist Russland als graue Linie im rechten Teil der Abbildung 1 eingetragen. Während hierfür Herzkreislauferkrankungen sowie *violent deaths*, also Todesfälle durch Gewalteinwirkung, anzuführen sind[8], ist das Absinken der Lebenserwartung in Schwarzafrika (*Sub-Saharan Africa*) hauptsächlich auf die HIV/Aids-Epidemie zurückzuführen.

Auch wenn in Deutschland in der Sterblichkeit und damit auch in der Lebenserwartung kaum noch Differenzen zwischen Ost und West existieren, ist jedoch zu betonen, dass es große regionale Unterschiede zwischen den einzelnen Bundesländern in Deutschland gibt (siehe Tabelle 2). Im Jahr 2007[9] lebten Frauen in Deutschland im Schnitt 82,4 Jahre und Männer 77,17 Jahre. Für beide Geschlechter wurde die niedrigste Sterblichkeit in Baden-Württemberg verzeichnet (83,33 Jahre beziehungsweise 78,58 Jahre). Am kürzesten lebten die Frauen im Saarland mit 81,12 Jahren und die Männer in Mecklenburg-Vorpommern und Sachsen-Anhalt mit rund 75 Jahren.

Wir haben hier lediglich Unterschiede nach Kalenderjahr, Geschlecht und Region skizziert. Es sollte jedoch nicht unerwähnt bleiben, dass dies nicht die einzigen Faktoren sind, nach denen differentielle Lebenserwartung klassifiziert werden kann. Es bestehen auch Unterschiede nach Familienstand, sozioökonomischem Status und einer Vielzahl anderer Determinanten[10].

---

8 F. MESLÉ, Mortality in Central and Eastern Europe: Long-term trends and recent upturns, in: Demographic Research Special Collection 2 (2004), 45–70.

9 Um Zufallsschwankungen auszugleichen, fasst das Statistische Bundesamt immer drei Jahre zusammen. Wir verwenden hier der Einfachheit halber den Wert für das Jahr in der Mitte, auch wenn die offiziellen Angaben für die Jahre 2006–2008 gelten.

10 So zum Beispiel N. GOLDMAN, Mortality Differentials: Selection and Causation, in: N. J. SMELSER/P. B. BALTES (Hg.), International Encyclopedia of the Social & Behavioral Sciences, Amsterdam 2001, 10068–10070.

Zur Epidemiologie des Sterbens in der deutschen Gesellschaft 9

Tabelle 2: Lebenserwartung in Deutschland in den Bundesländern 2006/2008

Bundesland	Lebenserwartung bei Geburt			
	Frauen		Männer	
	Jahre	Rang	Jahre	Rang
Baden-Württemberg	83.33	1	78.58	1
Sachsen	*82.71*	*2*	*76.76*	*9*
Bayern	82.66	3	77.66	3
Hessen	82.54	4	77.69	2
Deutschland	82.40	–	77.17	–
Hamburg	82.20	5	77.28	4
Niedersachsen	82.14	6	76.79	8
Schleswig-Holstein	82.07	7	77.08	5
Rheinland-Pfalz	82.04	8	77.05	6
Berlin	82.03	9	76.87	7
Brandenburg	*82.01*	*10*	*76.10*	*11*
Thüringen	*81.93*	*11*	*75.90*	*13*
Bremen	81.92	12	76.00	12
Nordrhein-Westfalen	81.85	13	76.71	10
Mecklenburg-Vorpommern	*81.75*	*14*	*75.13*	*15*
Sachsen-Anhalt	*81.43*	*15*	*75.09*	*16*
Saarland	81.12	16	75.78	14

Quelle: Angaben des Statistischen Bundesamtes.

Diese in der Geschichte der Menschheit einzigartige Entwicklung der Lebenserwartung ist im 19. Jahrhundert und zu Beginn des 20. Jahrhunderts auf Verbesserungen in der Kindersterblichkeit und dabei insbesondere in der Säuglingssterblichkeit zurückzuführen. Vor rund 200 Jahren war es in Europa keine ausgesprochene Seltenheit, dass eines von fünf Kindern vor dem ersten Geburtstag starb. Heutzutage liegt die Säuglingssterblichkeit (glücklicherweise) auf so niedrigem Niveau – in etwa zwischen 3 bis 4 pro 1000 –, dass weitere Verbesserungen nur noch einen geringen Einfluss auf die Lebenserwartung haben. Über die Zeit hinweg verlagerten sich die Altersstufen, die ursächlich für den (linearen) Anstieg in der Lebenserwartung waren, immer weiter nach oben. Dies verhält sich nicht nur für die Rekordlebenserwartung so[11], sondern auch für Deutschland sowie die meisten westlichen Länder. Anhand Japans und Deutschlands wird dies in Tabelle 3 aufgezeigt. Die Lebenserwartung stieg im

---

11 K. CHRISTENSEN/G. DOBLHAMMER/R. RAU/J. VAUPEL, Ageing populations: the challenges ahead, in: The Lancet 374 (2009), 1196–1208.

Tabelle 3: Altersspezifische Beiträge zur Entwicklung der Lebenserwartung in Japan und Deutschland zwischen 1990 und 2005
(Abs. = Absolut in Jahren; Rel. = Relativ in % über alle Altersstufen hinweg)

Alter	Japan		Deutschland West	
	Abs.	Rel.	Abs.	Rel.
0	0.14	3.86 %	0.21	7.12 %
1–14	0.09	2.39 %	0.08	2.77 %
15–49	0.16	4.28 %	0.43	14.28 %
50–64	0.37	10.22 %	0.45	14.82 %
65–79	1.36	37.24 %	1.26	41.65 %
80+	1.53	42.01 %	0.58	19.36 %
	3.64	100.00 %	3.01	100.00 %

Quelle: Daten: Human Mortality Database (2011)[12]. Eigene Berechnungen basierend auf den Methoden von Arriaga[13] wie in Preston und andere[14] dargestellt.

Westen Deutschlands zwischen 1990 und 2005 um 3,01 Jahre. Mehr als 60 % dieses Zuwachses ist auf die „Rentner" zurückzuführen, also auf Personen, die mindestens 65 Jahre alt waren. In Japan liegt dieser Wert sogar bei knapp 80 %, wobei mit den 80+-Jährigen der stärkste Beitrag sogar von den Ältesten der Gesellschaft stammt.

2. Todesursachen

Die Entwicklung der Lebenserwartung und der dafür ursächlichen Altersstufen ist eng mit der Verschiebung des Todesursachenspektrums verbunden. Omran beschrieb dies im Jahr 1971 in seiner Theorie der *Epidemiologic Transition*[15]. Demnach gibt es drei zu unterscheidende Stadien.

---

12 University of California, Berkeley (USA)/Max Planck Institute for Demographic Research, Rostock (Germany), Human Mortality Database, 2011. Quelle: http://www.mortality.org.
13 E. E. Arriaga, Measuring and explaining the change in life expectancies, in: Demography 21,1 (1984), 83–96.
14 Preston/Heuveline/Guillot (s.o. Anm. 3).
15 A. R. Omran, The Epidemiologic Transition: A Theory of the epidemiology of population change, in: Milbank Mem Fund Q 49 (1971), 509–538.

1. *The Age of Pestilence and Famine*: Im ersten Stadium, also im *Ancien Régime*, ist die Lebenserwartung relativ niedrig, und die Sterblichkeit ist starken Fluktuationen ausgesetzt. Für die meiste Zeit entspricht Tabelle 1 dieser Stufe.

2. *The Age of Receding Pandemics*: Beim zweiten Abschnitt handelt es sich um eine Übergangsphase. Epidemien wie die Pest werden seltener. Durch verbesserte hygienische Bedingungen wirken sich Infektionskrankheiten wie die Cholera weniger auf die Bevölkerung und das Gesamtbild der Sterblichkeit aus. Dies hat zur Folge, dass die Lebenserwartung schnell ansteigt, da gerade jüngere Personen an diesen Krankheiten erkrankten und auch starben.

3. *The Age of Degenerative and Man-Made Diseases*: Nach der zweiten Phase, einer Übergangsphase, werden die Zugewinne in der Lebenserwartung immer geringer. Das Spektrum der Todesursachen verschiebt sich hin zu chronischen Krankheiten wie Herz- und Kreislauferkrankungen, Krebs und anderen.

Omrans Beschreibung war für seine Zeit korrekt. Was er jedoch nicht vorhersehen konnte, ist die häufig als *cardiovascular revolution* bezeichnete Entwicklung[16]. Dabei handelt es sich um die unerwarteten und dramatischen Reduktionen in der Sterblichkeit aufgrund von Erkrankungen des Herzens und des Kreislaufsystems insgesamt, welche die Hauptfaktoren für das weiterhin linear verlaufende Ansteigen der Lebenserwartung in vielen westlichen Ländern waren. Zurückzuführen sind diese Reduktionen auf (a) verbessertes Wissen in der Bevölkerung um Risikofaktoren wie beispielsweise Cholesterin, (b) verbesserte Prävention durch Medikamente wie zum Beispiel Beta-Blocker und (c) verbesserte Behandlungsmethoden wie Bypassoperationen oder Herzschrittmacher bei akuten Symptomen.

Dies hatte ein dramatisches Abfallen der Herz- und Kreislaufsterblichkeit auch in Deutschland zur Folge. Diese Entwicklung ist in Abbildung 2 für die verschiedenen Bundesländer seit 1980 eingetragen. In den dargestellten knapp 30 Jahren halbierte sich die Sterblichkeit in allen alten Bundesländern, wie die grauen Linien zeigen. Daten für die neuen Bundesländer existieren erst seit 1990. Die Sterblichkeit aufgrund dieser Todesursachen liegt zwar immer noch höher als in den westlichen Bundesländern, aber auch hier halbierte sich die

---

16 Siehe beispielsweise F. MESLÉ/J. VALLIN, The Health Transition: Trends and Prospects, in: G. CASELLI/J. VALLIN/G. WUNSCH (Hg.), Demography. Analysis and Synthesis, Bd. 2, Amsterdam 2006, 247–259.

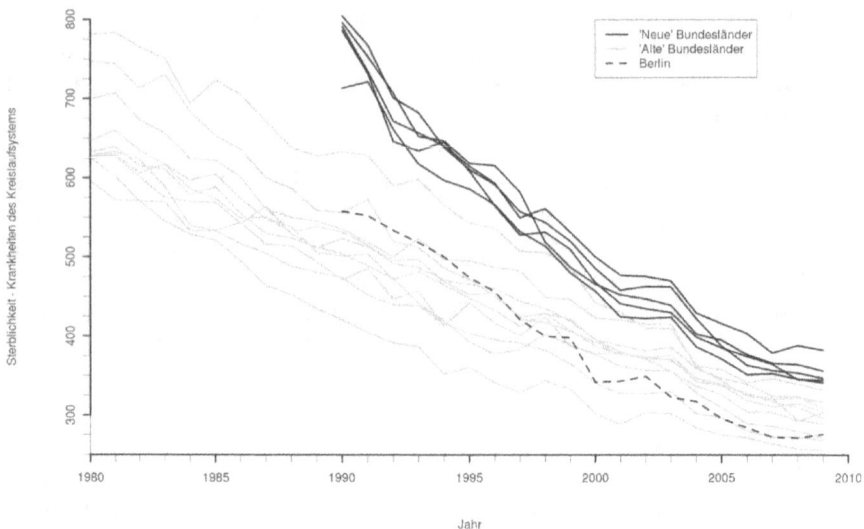

Quelle: Eigene Berechnungen, basierend auf Angaben der Gesundheitsberichterstattung des Bundes http://www.gbe-bund.de.

Abbildung 2: Entwicklung der Sterblichkeit aufgrund von Krankheiten des Herz-Kreislaufsystems (Sterbefälle pro 100,000; altersstandardisiert mit der westdeutschen Gesamtbevölkerung 1987)

Sterberate nahezu – und dies in weniger als 20 Jahren. Es kann gemutmaßt werden, dass die verbesserte Diagnose, Prävention und Behandlung der Erkrankungen des Herzens und des Kreislaufs die wichtigste Rolle für die Annäherung in der Lebenserwartung der ehemaligen DDR an die Bundesrepublik gespielt hat.

Dennoch gehören diese Krankheiten weiterhin zu den führenden Todesursachen in Deutschland, wie Tabelle 4 zeigt. Nach dem derzeit verwendeten Kodierungsschema „ICD-10" finden sich Herz-Kreislauferkrankungen im Kapitel „I". Drei der dieser Kategorie zuzuordnenden Krankheiten bilden die drei häufigsten Todesursachen und fünf dieser Krankheiten befinden sich unter den *Top 10*. Weitere führende Todesursachen sind bösartige Neubildungen der Lunge, der weiblichen Brust sowie des Dickdarms. Erkrankungen der Atemwege wie „COPD" und Lungenentzündung gehören ebenfalls zu denjenigen Krankheiten, an denen Menschen in Deutschland sehr häufig sterben.

Tabelle 4: Todesursachen in Deutschland im Jahr 2009, „Ost" und „West"

Ursache	„West" (incl. Berlin)		Rang	„Ost" (ohne Berlin)	
	Fälle	%		Fälle	%
I25 Chronische ischämische Herzkrankheit	57,189	8.16	1	16,710	10.90
I21 Akuter Myokardinfarkt	44,004	6.27	2	12,222	7.97
I50 Herzinsuffizienz	41,674	5.94	3	7,280	4.75
C34 Bös. Nbldg. der Bronchien und der Lunge	35,219	5.02	4	7,002	4.57
I64 Schlaganfall, (nicht Blutung oder Infarkt bez.)	21,728	3.10	5	3,697	2.41
J44 Sonstige chronische obstruktive Lungenkr.	21,675	3.09	6	3,541	2.31
J18 Pneumonie, Erreger nicht näher bezeichnet	17,642	2.52	7	3,387	2.21
C50 Bös. Nbldg. der Brustdrüse [Mamma]	14,727	2.10	8	2,470	1.61
C18 Bös. Nbldg. des Dickdarmes	14,586	2.08	9	2,915	1.90
I11 Hypertensive Herzkrankheit	14,145	2.02	10	5,626	3.67
Summe der angezeigten ICD-Positionen	282,589	40.30		64,850	42.31
Rest	418,685	59.70		88,420	57.69
A00-T98	701,274	100.00		153,270	100.00

Quelle: Eigene Berechnungen, basierend auf Angaben der Gesundheitsberichterstattung des Bundes http://www.gbe-bund.de.

3. Gesundheit und Pflegebedarf

Gesundheit ist ein multidimensionales Konzept, das in der Form eines Stufenmodells[17] veranschaulicht werden kann. So findet mit zunehmendem Alter eine Verschlechterung der Gesundheit in unterschiedlichen Dimensionen statt. Ausgehend von einem beschwerdefreien, gesunden Zustand entwickeln sich Erkrankungen und Symptome, die zumeist mittels Indikatoren der Morbidität gemessen werden[18]. Danach folgen funktionelle Beeinträchtigungen, oft im Bereich der Mobilität, aber auch des Seh- und Hörvermögens, die mit der Zeit zu einer Behinderung in den Aktivitäten des täglichen Lebens (ADL)[19] oder der instrumentellen Aktivitäten des täglichen Lebens (IADL)[20] führen. Das Konzept der ADL misst dabei Einschränkungen beim Baden, Waschen, Toilettengang, Kontinenz, Zubettgehen/Aufstehen und Essen, während IADL-Behinderungen eine Reihe von Problemen bei Tätigkeiten inner- und außerhalb des Haushaltes umfassen wie Telefonieren, Einkaufen, Mahlzeitenzubereitung, Haushaltsarbeiten, Wäsche waschen, Transport, Medikamenteneinnahme und den Umgang mit finanziellen Angelegenheiten. Das ADL-Konzept dient in Deutschland auch als Grundlage für den Erhalt von Leistungen aus der gesetzlichen Pflegeversicherung.

Sterberaten und Lebenserwartung beruhen auf den Daten der amtlichen Statistik und zeichnen sich für alle entwickelten Länder durch eine hohe Datenqualität aus. Dagegen werden Informationen zu Krankheit und Gesundheit zumeist in Surveys erhoben, beruhen auf der subjektiven Selbsteinschätzung der Befragten beziehungsweise nutzen ärztliche Diagnosedaten. Surveydaten erschweren vergleichende Analysen zu Gesundheit und Krankheit, da Studiendesigns uneinheitlich sind, der Anteil der fehlenden Antworten (*nonresponse*) variiert und der Wortlaut von Gesundheitsfragen über die Zeit häufig geändert wird. Ein schwerwiegender Nachteil von Surveydaten ist zudem, dass in den meisten Studien die institutionalisierte Bevölkerung, die Personen in Alten- und Pflegeheimen mit einschließt, fehlt. Hinzu kommt, dass die Fallzahlen in den hohen Altersgruppen meist zu klein sind, um verlässliche Aussagen treffen zu können. Eine alternative Datenquelle sind objektive medizinische Diagnosedaten wie die Routinedaten der gesetzlichen Krankenversicherungen, die von den Ärzten zu Abrechnungszwecken erstellt werden. Diese haben den Vorteil,

---

17 L. M. VERBRUGGE/A. M. JETTE, The disablement process, in: Soc Sci Med 38 (1994), 1–14.
18 Morbidität wird meist auf der Basis der ICD Kodierung bzw. der Aussagen von Studienprobanden zum Auftreten von Erkrankungen und Symptomen definiert.
19 ADL: *Activities of Daily Living*.
20 IADL: *Instrumental Activities of Daily Living*.

dass sie die gesamte versicherte Bevölkerung abbilden. Der Nachteil ist, dass nur behandlungsrelevante Erkrankungen in den Daten enthalten sind und es über die Zeit Änderungen in der Diagnose- und Behandlungspraxis gibt.

In Deutschland kann Pflegebedürftigkeit auf der Basis von Surveys und den Daten der gesetzlichen Pflegeversicherung nach Sozialgesetzbuch (SGB) XI abgebildet werden. Nach SGB XI, §14, ist pflegebedürftig, wer

> „wegen einer körperlichen, geistigen oder seelischen Krankheit oder Behinderung für die gewöhnlichen oder regelmäßig wiederkehrenden Verrichtungen im Ablauf des täglichen Lebens auf Dauer, voraussichtlich für mindestens sechs Monate, in erheblichen oder höherem Maße der Hilfe bedarf."

Je nach Ausmaß des Hilfebedarfs und der damit verbundenen Stundenzahl der täglichen Pflege werden die Leistungen in der Form von drei Pflegestufen gewährt. Hilfe wird dabei über ADL-Beeinträchtigungen definiert und ist damit auf körperliche Pflegebedürftigkeit eingeschränkt. Diese Definition schließt zum Beispiel an Demenz erkrankte Personen aus, die (noch) keine ADL-Limitationen entwickelt haben, auch wenn ein aufwendiger Hilfe- und Pflegebedarf besteht. Die Daten der gesetzlichen Pflegeversicherung weisen daher nur einen Teil des tatsächlichen Pflegebedarfs aus und spiegeln den tatsächlich in einer Gesellschaft vorhandenen Pflegebedarf nur eingeschränkt wider. Im Gegensatz dazu erheben Surveys subjektive Angaben zu Einschränkungen in den Aktivitäten des täglichen Lebens und erfassen somit auch jene Personen, die keinen Anspruch auf Leistungen aus der gesetzlichen Pflegeversicherung haben, jedoch sehr wohl hilfebedürftig sind. Da aber zumeist Personen in Alters- und Pflegeheimen in den Surveys unterrepräsentiert sind beziehungsweise ganz fehlen, kommt es zu einer Unterschätzung des Pflegebedarfs.

Trotz dieser methodischen Schwierigkeiten findet sich in der internationalen Literatur ein genereller Konsens, dass in den vergangenen Jahrzehnten die Prävalenz von Morbidität zugenommen hat, während funktionelle Beeinträchtigungen und ADL-/IADL-Behinderungen rückläufig sind[21]. Für Deutschland geben Saß und andere[22] einen Überblick im Rahmen der Gesundheitsberichterstattung. Generell gilt, dass über Gesundheitstrends im Alter über 85 Jahren nur wenig bekannt ist. Dies liegt daran, dass diese Altersgruppen in den Surveys unterrepräsentiert sind und kleine Fallzahlen die Aussagen der amtlichen Statistik limitieren.

---

21 CHRISTENSEN/DOBLHAMMER/RAU/VAUPEL (s.o. Anm. 11); G. DOBLHAMMER/D. KREFT, Länger leben, länger leiden? Trends in Lebenserwartung und Gesundheit, in: Bundesgesundheitsblatt Gesundheitsforschung Gesundheitsschutz 54,8 (2011), 907–914.

22 A. C. SAß/S. WURM/C. SCHEIDT-NAVE, Alter und Gesundheit. Eine Bestandsaufnahme aus Sicht der Gesundheitsberichterstattung, in: Bundesgesundheitsblatt Gesundheitsforschung Gesundheitsschutz 53,5 (2010).

Die Morbidität nimmt zu. Dies trifft auf chronische Erkrankungen wie Herz-Kreislauferkrankungen, Arthritis und Diabetes zu, aber auch auf Schmerz, psychologische Probleme, Erschöpfung, Schlaflosigkeit, und Schwindel. Die Inzidenz von Krebserkrankungen steigt für die Gesamtbevölkerung, dies ist jedoch vor allem auf die Alterung der Bevölkerung zurückzuführen, mit den Ausnahmen Brustkrebs und Prostatakrebs. Hier findet sich auch ein Anstieg in den altersspezifischen Inzidenzen. Die Krebssterblichkeit insgesamt fällt, auch für jene Krebsarten, die eine steigende Inzidenz aufweisen. Mehrere Ursachen sind für den Rückgang der Inzidenz der Krebserkrankungen verantwortlich. Dazu gehören die Reduktion von Risikofaktoren (zum Beispiel Tabakkonsum oder *helicobacter pylori*-Infektionen), frühere und verbesserte Diagnosen, verbesserte therapeutische Möglichkeiten und ein genereller Trend hin zu weniger aggressiven Krebsarten. Eine wichtige Ausnahme ist Lungenkrebs bei Frauen, wobei die steigenden Inzidenzraten den steigenden Anteil von (Ex-)Raucherinnen in den jüngeren Geburtskohorten widerspiegeln.

Die steigende Prävalenz von chronischen Erkrankungen mag teilweise auf vermehrte medizinische Aufklärung und Kontrolle in der älteren Bevölkerung zurückzuführen sein, ohne dass die zugrunde liegenden Erkrankungen zugenommen haben. Typ II Diabetes, aber auch Bluthochdruck, werden zum Beispiel früher diagnostiziert und effizienter behandelt. Der Anstieg der Prävalenz von Herz-Kreislauferkrankungen kann auch dadurch erklärt werden, dass der Rückgang der Sterblichkeit stärker ausfällt, als jener der Inzidenz.

Befunde zur mentalen Gesundheit und Demenz sind uneinheitlich. Während Studien für die 1990er Jahre in den USA eine Reduktion von kognitiven Beeinträchtigungen finden, weisen Daten für Schweden und Japan eine steigende Prävalenz auf. Methodische Studieneffekte, die zunehmende gesellschaftliche Aufmerksamkeit, die dem Thema Demenzen gewidmet wird, und eine sich damit ändernde Diagnosepraxis der Ärzte, aber auch verbessertes medizinisches Wissen führen dazu, dass für viele Bevölkerungen keine aussagekräftigen Zeitreihen zur Verfügung stehen und oft nicht einmal Aussagen zu den aktuellen Prävalenz- und Inzidenzfällen gemacht werden können[23].

Positive Trends finden sich bei den funktionellen Beeinträchtigungen. Viele Mobilitätsbeeinträchtigungen wie Probleme beim Bücken, Knien, Stehen, Gehen, Treppensteigen, aber auch Beeinträchtigungen des Seh- und Hörvermögens nehmen über die Zeit ab. Es ist offen, inwieweit die vermehrte Verwendung technischer Hilfsmittel sowie eine bessere und altersgerechte Ausstattung von Häusern und Wohnungen zu diesen Trends beitragen. Unbestritten

---

23 U. Ziegler/G. Doblhammer, Reductions in the incidence of care need in West Germany between 1986 and 2005, in: Eur J Popul 24,4 (2008), 347–362.

ist, dass der medizinische Fortschritt bei der Behandlung von Katarakten und Grauem Star zu einer Verbesserung des Sehvermögens im Alter geführt hat[24].

Eine insgesamt positive Entwicklung gibt es international bei den ADL- und IADL-Behinderungen, die auch auf Deutschland zutreffen. Auf der Basis des sozio-ökonomischen Panels zeigen Ziegler und Doblhammer[25], dass die Inzidenz des Pflegebedarfs im Alter 60 und älter in jüngeren Kohorten rückläufig ist. Dabei wird Pflege über einfache (Hilfe beim An- und Auskleiden, Waschen, Kämmen und Rasieren) sowie schwere Pflegetätigkeiten (Hilfe beim Umbetten und Stuhlgang) definiert. Die Daten der gesetzlichen Pflegeversicherung weisen zwischen 1999 bis 2005 einen rückläufigen Trend in den altersspezifischen Prävalenzen des Pflegebedarfs auf, jedoch nur bis zu einem Alter von etwa 85 Jahren[26]. Die Pflegestatistik 2009 zeigt, dass sich der rückläufige Trend auch im Jahre 2007 fortsetzt[27].

Die Analyse von Trends in Prävalenzen und Inzidenzen gibt keine Auskunft darüber, ob der Anstieg der Lebenserwartung mit einer Kompression von Erkrankung, Einschränkung und Behinderung in die letzten Lebensjahre einhergeht[28], ob es zu einer Expansion beeinträchtigter Lebensjahre kommt[29], oder ob der Anteil der kranken Lebensjahre an der Gesamtlebensspanne gleich bleibt. Das letzte Szenario wird oft als „Dynamisches Gleichgewicht" bezeichnet[30]. Welches der Szenarien nun in der Vergangenheit tatsächlich eingetreten ist, kann an Hand des *health ratios* beurteilt werden. Dieser gibt an, wie hoch der Anteil der Lebensjahre in Gesundheit und ohne Beeinträchtigungen an der verbleibenden Lebenserwartung für ein gegebenes Alter ist. Zur Berechnung des *health ratios* werden Sterbetafeldaten zur Lebenserwartung mit den Prävalenzen guter/schlechter Gesundheit[31] verbunden. Allgemein gilt, dass in absoluten Werten die gesunden Lebensjahre genauso angestiegen sind, wie die Jahre

---

24 D. SPALTON/D. KOCH, The constant evolution of cataract surgery, in: BMJ 321 (2000), 1304.
25 ZIEGLER/DOBLHAMMER (s.o. Anm. 23).
26 E. HOFFMANN/J. NACHTMANN, Old Age, the Need of Long-term Care and Healthy Life Expectancy, in: G. DOBLHAMMER/R. SCHOLZ (Hg.), Ageing, Care Need and Quality of Life. The Perspective of Care Givers and People in Need of Care, Wiesbaden 2010, 162–176.
27 STATISTISCHES BUNDESAMT, Pflegestatistik 2009. Pflege im Rahmen der Pflegeversicherung. Deutschlandergebnisse, Wiesbaden 2009.
28 J. F. FRIES, Aging, Natural Death, and the Compression of Morbidity, in: N Engl J Med 303 (1980), 130–135.
29 E. M. GRUENBERG, The Failures of Success, in: Milbank Mem Fund Q 55 (1977), 3–24.
30 K. G. MANTON, Changing concepts of morbidity and mortality in the elderly population, in: Milbank Mem Fund Q Health Soc 60,2 (1982), 183–244.
31 D. F. SULLIVAN, A single index of mortality and morbidity, in: HSMHA Health Rep 86 (1971), 347–354.

mit Morbidität[32]. Hinsichtlich des Anteils der gesunden und kranken Lebensjahre an der Gesamtlebenserwartung finden sich unterschiedliche Trends, je nachdem, welcher Indikator verwendet wird.

Für Deutschland legen die Daten der gesetzlichen Pflegeversicherung den Schluss nahe, dass es zwischen 1999 und 2005 zu einer Expansion des Pflegebedarfs kam[33]. Zwar ist die absolute Anzahl der Jahre ohne Pflegebedarf zwischen 1999 und 2005 angestiegen, jedoch in einem geringeren Ausmaß als die Lebenserwartung. Damit ist in allen Altersgruppen der *health ratio* gesunken. Verbrachten im Jahre 1999 60-jährige Männer noch 92 % der verbleibenden Lebenserwartung ohne Pflegeleistungen, so sank dieser Wert für 2005 auf 91 %, bei Frauen von 88 % auf 86 %. Je höher das Alter, desto stärker war der Rückgang, wobei bei Hochaltrigen geringe Fallzahlen berücksichtigt werden müssen.

Definiert man Pflegebedürftigkeit über die sogenannte „GALI"-Frage (*General Activity Limitations*), die sehr allgemein Einschränkungen abfragt, kommt man zu einer etwas positiveren Einschätzung. Die GALI-Frage wird in internationalen Surveys, wie dem *European Community Household Panel* (ECHP) für die Jahre 1995 bis 2001 und dem *Survey on Income and Living Conditions* (SILC) für die Jahre 2004 bis 2007, verwendet, um einen weitgehend standardisierten Vergleich des Gesundheitszustandes in verschiedenen Ländern zu ermöglichen. Sie lautet: „Sind Sie durch physische oder psychische Erkrankungen oder Behinderungen in den Aktivitäten des täglichen Lebens beeinträchtigt?". Die Antwortmöglichkeiten „ja, teilweise" und „ja, sehr stark" werden dabei als moderate und schwere Beeinträchtigung kodiert. Bei dieser Definition kann die Kategorie ‚schwere Beeinträchtigung' mit Pflegebedürftigkeit in Verbindung gebracht werden, es wird jedoch ein größerer Personenkreis eingeschlossen, als dies in der gesetzlichen Pflegeversicherung in Deutschland der Fall ist. Für Frauen zeigte sich zwischen 1995 und 2001 eine leicht negative Entwicklung des *health ratios* im Alter 65, die Entwicklung für Männer war stabil. Ab 2005 zeichnete sich für beide Geschlechter ein positiver Trend ab. Für den ersten Zeitraum bedeutet dies, dass sowohl die Jahre mit als auch ohne Beeinträchtigungen zunahmen. Bei Frauen kam der Anstieg der Lebenserwartung im Alter 65 sogar stärker aus den Jahren mit Beeinträchtigungen, was zu einer Reduzierung des *health ratios* führte. Bei Männern verteilten sich die hinzugewonnenen Lebensjahre in etwa gleich auf Jahre mit und ohne Beeinträchtigungen. Dabei ist positiv, dass die Ausweitung der Jahre mit Beeinträchtigungen vor allem durch eine Verschiebung von schweren hin zu moderaten Beeinträchtigungen kam. Ab 2005 waren hingegen die hinzugewonnen Lebensjahre vor allem gesunde Lebensjahre ohne Beeinträchtigungen (Abbildung 3).

---

32 CHRISTENSEN/DOBLHAMMER/RAU/VAUPEL (s.o. Anm. 11).
33 HOFFMANN/NACHTMANN (s.o. Anm. 26).

Zur Epidemiologie des Sterbens in der deutschen Gesellschaft 19

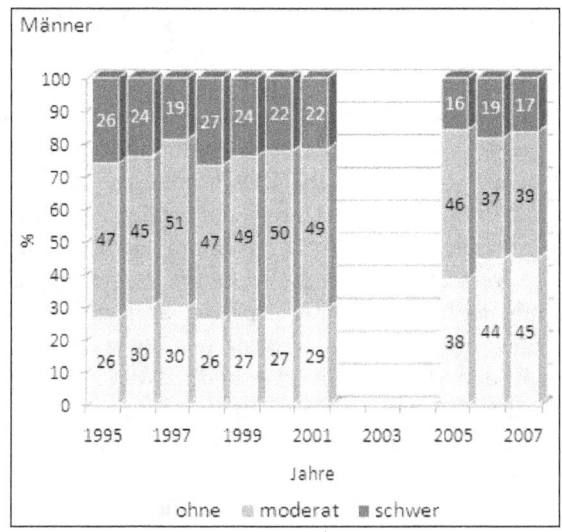

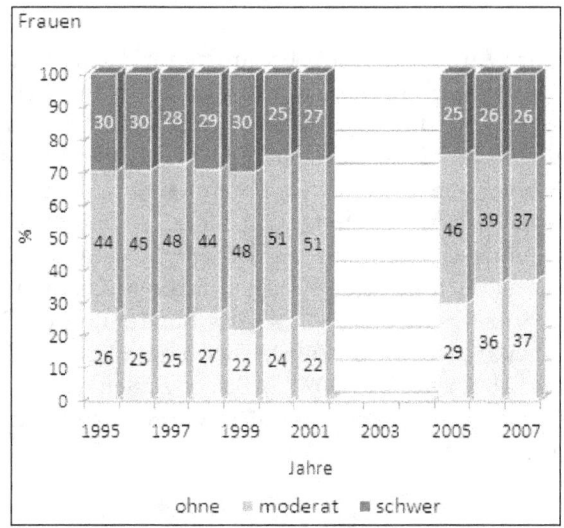

Quelle: EHEMU-Datenbank (www.ehemu.org); eigene Darstellung.

Abbildung 3: Entwicklung des *health ratios* 1995 bis 2001 (ECHP) und 2005 bis 2007 (SILC) für Männer und Frauen in Deutschland

Inwieweit diese Trends die tatsächliche Entwicklung des Pflegebedarfs in Deutschland abbilden, können jedoch erst zukünftige Surveywellen endgültig klären. In der Vergangenheit ist es immer wieder zu leichten Änderungen im Wortlaut der GALI-Frage gekommen, sodass nicht ausgeschlossen werden kann, dass methodische Probleme die Trends verfälschen.

Der Trend hin zu moderaten Beeinträchtigungen bestätigt sich auch, wenn individuelle Gesundheitsverläufe analysiert werden. Doblhammer und Ziegler[34] zeigen anhand der GALI-Frage mit Daten des SOEP eine Zunahme von stabilen Gesundheitsverläufen mit moderaten Einschränkungen. Zwischen 1984 und 1987 lag der Anteil der Männer im Alter 50 und älter, die über vier Jahre stabil moderate gesundheitliche Einschränkungen hatten, bei 5 %, im Zeitraum 1995 bis 1997, bei 12 %. Unter Frauen stieg der Anteil von 7 % auf 14 %. Rückläufig waren jene Gesundheitsverläufe, die eine lang- beziehungsweise kurzfristige Verschlechterung aufwiesen. Zu einem Rückgang kam es auch bei Gesundheitspfaden, die mit schweren Beeinträchtigungen starteten und sich im Laufe von drei Jahren verbesserten. Diese Ergebnisse lassen den Schluss zu, dass in den 1990er Jahren Gesundheitsverläufe insgesamt stabiler wurden. Der Anstieg der stabilen Gesundheitsverläufe mit moderaten Beeinträchtigungen kam aus einer Reduktion von Gesundheitsverläufen mit punktuell schweren Beeinträchtigungen. Traten jedoch in den 1990er Jahren schwere Beeinträchtigungen auf, so kam es offensichtlich zu einer Zunahme des Schweregrades, da seltener eine Verbesserung des Gesundheitszustandes erfolgte.

Die zukünftige Anzahl der Pflegebedürftigen in Deutschland wird einerseits durch die zukünftige Altersstruktur und andererseits durch Trends in der Gesundheit im Alter bestimmt. Für Deutschland existiert eine Reihe von Pflegebedarfsprognosen. Einige der neuesten Prognoseansätze sind in Doblhammer und Scholz[35] dargestellt. Diese Prognosen umfassen unterschiedliche Prognosezeiträume, basieren auf unterschiedlichen Definitionen von Pflegebedarf, verwenden unterschiedliche methodische Prognoseansätze und kommen bis zum Jahre 2030 doch zu sehr ähnlichen Ergebnissen. Weitere Prognosen werden in Pfaff[36] und Statistische Ämter des Bundes und der Länder[37] kurz besprochen beziehungsweise aufgeführt. Fasst man diese Prognosen zusammen, so ergeben sich für das Jahr 2020 Steigerungsraten der Pflegebedürftigen zwischen 16 % und 38 %, für das Jahr 2030 zwischen 22 % und 62 % und für das Jahr 2050 zwischen 45 % und 123 %.

---

34 G. DOBLHAMMER/U. ZIEGLER, Trends in Individual Trajectories of Health Limitations: A Study based on the German Socio-Economic Panel for the Periods 1984 to 1987 and 1995 to 1998, in: DOBLHAMMER/SCHOLZ (s.o. Anm. 26), 177–203.
35 DOBLHAMMER/SCHOLZ (s.o. Anm. 26).
36 H. PFAFF, People in Need of Long-term Care: The Present and the Future, in: DOBLHAMMER/SCHOLZ (s.o. Anm. 26), 14–28.
37 STATISTISCHE ÄMTER DES BUNDES UND DER LÄNDER, Demografischer Wandel in Deutschland. Heft 2. Auswirkungen auf Krankenhausbehandlungen und Pflegebedürftige im Bund und in den Ländern, Wiesbaden 2010.

Allen vorliegenden Prognosen gemeinsam ist, dass eine Verbesserung der Gesundheit im Alter die steigende Zahl der Pflegebedürftigen zwar abbremsen, aber nicht aufheben kann. Die Ursachen dafür liegen im Anstieg der Lebenserwartung und in der Alterung großer Geburtskohorten, nämlich der Babyboomer, zwischen 2030 und 2050. Aus heutiger Sicht ist es unwahrscheinlich, dass sich der Gesundheitszustand dieser Kohorten so sehr verbessern wird, dass ein Anstieg der Anzahl der Pflegebedürftigen verhindert werden kann. Im Gegenteil, neueste Forschungsergebnisse deuten darauf hin, dass diese Kohorten über stärkere Gesundheitsbeeinträchtigungen klagen, als die Geburtsjahrgänge vor ihnen[38].

Pflegebedarfsprognosen bis 2050 sind durch einen großen Unsicherheitsbereich gekennzeichnet. Wie aus den Prognosen von Bomsdorf und anderen[39] gut ersichtlich ist, hängt dieser vor allem von den Annahmen zur Lebenserwartung ab. Ist die Lebenserwartung im Jahre 2050 um ein Jahr höher als angenommen[40], so steigt die Zahl der Pflegebedürftigen um 0,26 Millionen. Die Unterschiede in der Lebenserwartung in den Prognosevarianten von Bomsdorf und anderen belaufen sich für das Jahr 2050 auf etwa fünf Jahre für Männer und etwa vier Jahre für Frauen. Daraus ergibt sich eine Unsicherheit von etwa einer Million Pflegebedürftigen allein aus dem zukünftigen Anstieg der Lebenserwartung. Unterschiedliche Annahmen zur Gesundheitsentwicklung führen in den Bomsdorf-Prognosen hingegen zu einem vergleichsweise geringen Unterschied von nur 0,3 Millionen Pflegebedürftigen. Um den Effekt des Anstiegs der Lebenserwartung zu kompensieren, müssten daher signifikante Verbesserungen im Gesundheitszustand der älteren Bevölkerung erreicht werden.

Neben der Entwicklung der Anzahl der Pflegebedürftigen ist auch der Schweregrad der Pflegebedürftigkeit von Bedeutung. Bei Schulz[41] findet sich eine Prognose der Pflegestufen I bis III bis zum Jahre 2050, unter der Annahme, dass die altersspezifischen Anteile (Prävalenzen) des Pflegebedarfs über die Zeit konstant bleiben. Die Prognosen spiegeln daher die Auswirkung der demografischen Alterung und des Anstiegs der Lebenserwartung auf die Anzahl der Pflegebedürftigen nach Schweregrad wider. Dabei zeigt sich, dass zwar die Anzahl der Pflegebedürftigen im Alter 70 und älter ansteigen wird und damit auch die Anzahl der Pflegebedürftigen in den einzelnen Pflegestufen. Die Verteilung der Pflegestufen bleibt jedoch stabil und es kommt zu keiner überproportionalen Zunahme der Pflegestufen mit hohem Schweregrad. Die zu-

---

38 CHRISTENSEN/DOBLHAMMER/RAU/VAUPEL (s.o. Anm. 11).
39 E. BOMSDORF/B. BABEL/J. KAHLENBERG, Care Need Projections for Germany until 2050, in: DOBLHAMMER/SCHOLZ (s.o. Anm. 26), 29–41.
40 Referenzlebenserwartung Männer und Frauen gemeinsam im Jahre 2050 ist 85,5 Jahre.
41 E. SCHULZ, Projection of Care Need and Family Resources in Germany, in: DOBLHAMMER/SCHOLZ (s.o. Anm. 26), 61–81.

künftige Änderung der Altersstruktur und die steigende Lebenserwartung haben nur geringe Auswirkungen auf die Verteilung des Schweregrades der Pflegebedürftigkeit. Die Ursache ist, dass sich der Anteil der Pflegestufen über das Alter nur geringfügig ändert. Im Jahr 2006 verteilen sich die Pflegestufen im Alter 70 bis 74 mit 55 % auf Pflegestufe I, 34 % auf Pflegestufe II und 11 % auf Pflegestufe III. Im Alter 85 bis 89 fällt der Anteil von Pflegestufe I auf 52 % zurück, während Pflegestufe II auf 36 % und Pflegestufe III auf 12 % ansteigt. Dass trotz des exponentiellen Anstiegs der Pflegebedürftigkeit mit dem Alter die Verschiebung der Pflegestufen nicht stärker ausgeprägt ist, liegt an der so genannten Sterblichkeitsselektion. Generell ist die Sterblichkeit in den Pflegestufen hoch, sodass nur die vergleichsweise Stärksten und Gesündesten das nächste Lebensjahr erleben. Dies bedeutet, dass auf individueller Ebene die Gesundheit mit steigendem Alter zwar abnimmt und die nächst höhere Pflegestufe erreicht wird. Das insgesamt hohe Niveau der Sterblichkeit führt jedoch dazu, dass auf aggregierter Bevölkerungsebene der Anteil der Pflegestufen mit dem Alter konstant bleibt. Dieses Phänomen wurde von Christensen und anderen[42] für Höchstaltrige im Alter 90 bis 100 gezeigt. Die hohe Sterbewahrscheinlichkeit führt dazu, dass nur die gesündesten Personen das nächste Lebensjahr erleben und damit der Anteil der Pflegebedürftigen auf aggregierter Ebene kaum ansteigt, die individuelle Gesundheit jedoch sehr wohl mit dem Alter abnimmt. Die Autoren kommen auf Basis ihrer Studie zu dem Schluss, dass ein Anstieg der Lebenserwartung in extreme Alter nicht unbedingt eine Ausweitung der Pflegebedürftigkeit auf Bevölkerungsebene bedeutet.

---

42 K. CHRISTENSEN/M. MCGUE/I. PETERSEN/B. JEUNE/J. W. VAUPEL, Exceptional longevity does not result in excessive levels of disability, in: Proc Natl Acad Sci U S A 105,36 (2008), 13274–13279.

Sterben in der modernen Gesellschaft

Klaus Feldmann

1. Einleitung

Um nicht gleich in den Elfenbeinturm zu gelangen, empfiehlt sich anfangs ein materialistisches Herangehen. Global ist die Thanatosphäre höchst heterogen. Das in der Geschichte der Menschheit vorherrschende, durch heute leicht besiegbare Krankheiten und durch Gewalt bewirkte frühzeitige Sterben trifft die unterste Milliarde der Menschen mit voller Wucht, doch das neue gewaltarme und späte Sterben hat in den vergangenen zwei Jahrhunderten trotz starkem Bevölkerungswachstum das alte Sterben überrundet. Ein hohes Alter zu erreichen, die zentralen Rollen gespielt zu haben und dann zu sterben, ist in den hoch entwickelten Ländern zur Normalform geworden. Diese eindeutig positive Entwicklung wird allerdings durch die damit verbundene globale Lebenszerstörung immer mehr beschattet. Außerdem erhöht sich das Risikopotenzial durch wissenschaftlich-technologische Fortschritte, Globalisierung und Ökonomisierung und die damit verbundene Umweltzerstörung, so dass es im 21. oder 22. Jahrhundert im ungünstigen Fall zu Massensterben von Menschen in verschiedenen Regionen kommen kann.

Wenn man freilich die gegenwärtige Situation von Leben und Sterben für den wohlhabenden Teil der Menschheit betrachtet, so überwiegen die positiven Einschätzungen. Im Vergleich zu vorindustriellen Zeiten wurde sowohl die Lebensdauer verlängert als auch die Lebensqualität stark verbessert. Zwar hat sich das nach wie vor unerwünschte Sterben verlängert, aber auf qualitativ hohem Niveau. Diese Aussagen gelten freilich nur in einer groben Verallgemeinerung, weil sich gleichzeitig die Streuung sowohl im quantitativen als auch im qualitativen Bereich erhöht hat und Erwartungen und Sensibilitäten dem sozialen Wandel unterworfen sind.

2. Erfahrungsgrundlage

Die einführende Situationsbeschreibung berücksichtigt nicht die Differenziertheit einer modernen Gesellschaft mit ihren vielfältigen sozialen und psychischen Systemen. Sterben und Tod kann man zwar als krude Fakten betrachten, doch interessant wird das Thema erst, wenn man die vielfältigen Systemtransformationen in den Blick nimmt.

Wie kommen Menschen in einer modernen Gesellschaft zu einem Wissen über Sterben und Tod? Man kann von einer modernen Beobachtungs- und Analysegesellschaft sprechen, das heißt, die Kommunikation bezieht sich immer weniger auf so genannte Primärerfahrungen, sondern immer mehr auf Sekundärerfahrungen. Luhmann, der als konformer Soziologe über Sterben und Tod professionell geschwiegen hat, formulierte – entgegen seiner persönlichen Erfahrung – einmal überspitzt:

> „Alles, was wir über unsere Gesellschaft, ja über die Welt, in der wir leben, wissen, wissen wir durch die Massenmedien."[1]

Selbst wenn man zu Texten aus früheren Zeiten und anderen Kulturen greift, wird man der Grundproblematik nicht entgehen. Zwar waren Menschen aus traditionalen Kulturen häufiger Primärerfahrungen mit Sterben und Tod ausgesetzt, doch die Texte aus diesen traditionalen Zeiten sind in mehrfacher Hinsicht für die Leser Sekundärerfahrungen. Die gebildeten Menschen moderner Gesellschaften entkommen nun scheinbar dieser Problematik einer „Entwirklichung", indem sie eine naturwissenschaftliche und vor allem medizinische „Objektivität" akzeptieren und somit einen großen Konsens finden. Doch diese Strategie würde nur Erfolg haben, wenn Naturwissenschaft, Medizin und Technik die gesamte Lebenswelt kolonisieren könnten, was nicht gelungen ist. Zwar sind inzwischen tatsächlich wesentliche Aspekte von Sterben und Tod in einen medizinisch-pathologischen Kontext eingebunden, doch dies betrifft oft nur Teile des Geschehens, das global und auch in den hochentwickelten Ländern multidimensional verläuft.

Eine Minderheit der modernen Menschen verfügt freilich über relativ reichhaltige Primärerfahrung mit dem Sterben anderer Menschen, allerdings professionell und organisatorisch gefiltert und gerahmt, vor allem Ärzte, Krankenschwestern und Altenpfleger. Die Verallgemeinerung von Erfahrungen durch Professionelle ist allerdings eine stabile Grundlage der modernen Vorurteilsbildung.

---

1   N. Luhmann, Die Realität der Massenmedien, Wiesbaden ²1996, 9.

3. Thanatosoziologie

Sterben und Tod werden inzwischen höchst differenziert beobachtet und bearbeitet: medizinisch, juristisch, religiös beziehungsweise theologisch, philosophisch, psychologisch, historisch und eben auch soziologisch.

Soziologie ist eine multiperspektivische und multiparadigmatische Wissenschaft[2], das heißt, sie bringt nicht nur eine neue Perspektive zusätzlich zu den dominanten biologischen, medizinischen und religiösen Ansätzen in die Diskussion, sondern mehrere Sichtweisen, und sie transformiert und reflektiert die Erkenntnisse und Deutungen.

Hier können nur einige soziologische Fragen aufgeworfen werden. Welche Gruppen, Institutionen und Professionen bearbeiten schwerpunktartig Sterben und Tod und wie kooperieren und konkurrieren sie? Wie wirkt sich die Konkurrenz der Perspektiven und Interessen aus? Wie sind die Unterschiede in den Einstellungen und Praktiken zu Sterben und Tod bei verschiedenen Gruppen zu erklären? Welche Veränderungen im Todesbereich haben sich durch Modernisierung, Ökonomisierung, Individualisierung und andere Prozesse in modernen Gesellschaften im Vergleich zu traditionalen Kulturen ergeben? In welchen Teilbereichen und warum gibt es heftige Kontroversen und Konflikte?

4. Diskurse

Man kann die Diskussion mit einer kulturkritischen Position beginnen, die inzwischen immer weniger Anhänger hat – jedenfalls unter den Sterbeexperten. Trotz – vielleicht auch aufgrund – der sich ausweitenden Beobachtung und Analyse wurde in den vergangenen 100 Jahren bei vielen Gruppen und Institutionen der modernen Gesellschaft Verdrängung und Verneinung von Sterben und Tod diagnostiziert. Wie schon Freud gemeint hat, ist allerdings Verdrängung der eigenen Sterblichkeit anthropologisch vorgegeben, das heißt, in allen Kulturen zu finden, wenn auch in unterschiedlichen Formen und Kontexten. Die wahrscheinlich relativ kulturunabhängige psychische Verdrängung des Denkens an den eigenen Tod wird durch die *terror management theory*[3] postuliert und auch in begrenztem Rahmen bestätigt. Doch die Verdrängungsthesen beziehen sich nicht nur auf das Bewusstsein der eigenen Sterblichkeit, sondern auf eine vieldimensionale Beschäftigung mit Sterben und Tod. Allerdings gibt

---

2 G. KNEER/M. SCHROER, Soziologie als multiparadigmatische Wissenschaft, in: DIES. (Hg.), Handbuch soziologische Theorien, Wiesbaden 2009, 7–18.
3 S. SOLOMON/J. GREENBERG/T. A. PYSZCZYNSKI: The cultural animal: Twenty years of terror management theory and research, in: J. GREENBERG/S. L. KOOLE/T. A. PYSZCZYNSKI (Hg.), Handbook of experimental existential psychology, New York 2004, 13–34.

es keine universalistischen Standards für Quantität und Qualität der Beschäftigung mit Sterben und Tod, so dass ein Verdrängungsdiskurs perspektivisch bleibt und soziologisch nach den Interessen derjenigen gefragt werden sollte, die bestimmte Diskurspositionen einnehmen. Parsons und Lidz, die eine „amerikanische Soziologie"[4] in einer Phase des ungebrochenen Aufstiegs zur Supermacht gestalteten, sahen ihre Kultur vom instrumentellen Aktivismus geprägt, der mit einer zentralen Verdrängung nicht kompatibel sei. Kellehear weist außerdem auf das Problem hin, dass es keine zureichende theoretische Begründung gäbe, ein psychoanalytisches beziehungsweise psychiatrisches Konzept auf soziale und kulturelle Phänomene anzuwenden.[5]

Doch es ist nicht zu leugnen, dass in einer modernen Gesellschaft spezifische Formen der Verdrängung, Abschiebung, Marginalisierung, Neutralisierung und Sterilisierung von Sterben und Tod praktiziert werden. Die bisherige kontroverse Diskussion dieses vielfältigen und dynamischen Geschehens kann hier nur exemplarisch angesprochen werden.[6]

Man kann die moderne Gesellschaft von vormodernen Kulturen grob dadurch abgrenzen, dass der prämortale Sterbeprozess ins öffentliche Zentrum und der postmortale Lebens- und Sterbeprozess an die privatisierte Peripherie gerückt sind, also eine Verschiebung des kulturellen Schwerpunkts vom Umgang mit Toten und Postmortalität zum (prämortalen) Sterben stattfand. Die aufwendige Bearbeitung des prämortalen Sterbens bringt es mit sich, dass viele sterbende Menschen in Krankenhäusern und Heimen leben müssen, ein Zustand, der von den meisten als unerwünscht bezeichnet wird.

Für Elias werden durch den Prozess der Zivilisation

> „alle elementaren, animalischen Aspekte des menschlichen Lebens [...] differenzierter als zuvor von gesellschaftlichen Regeln und [...] von Gewissensregeln eingehegt [...] und [...] hinter die Kulissen des gesellschaftlichen Lebens verlagert [...]. Für die Sterbenden selbst bedeutet dies, dass auch sie in höherem Maße hinter die Kulissen verlagert, also isoliert werden."[7]

Die Einsamkeit wird auch von Ariès hervorgehoben:

> „Im Krankenhaus aus dem Kreise seiner Nächsten entfernt und über seinen Zustand nicht aufgeklärt, beschreibt Ariès den am Ende des zwanzigsten Jahrhunderts sterbenden Menschen als einsam und um seinen Tod betrogen."[8]

---

4 T. PARSONS/V. M. LIDZ, Death in American society, in: E. S. SHNEIDMAN (Hg.), Essays in self-destruction, New York 1967, 133–170.
5 A. KELLEHEAR, Are we a „death-denying" society?, in: Soc Sci Med 18 (1984), 713–721.
6 K. FELDMANN, Tod und Gesellschaft. Sozialwissenschaftliche Thanatologie im Überblick, Wiesbaden ²2010, 59 ff.
7 N. ELIAS, Über die Einsamkeit der Sterbenden in unseren Tagen, Frankfurt 1982, 22.
8 M. HOFFMANN, „Sterben? Am liebsten plötzlich und unerwartet". Die Angst vor dem „sozialen Sterben", Wiesbaden 2011, 25.

Doch der Begriff Einsamkeit trifft die Sache nur teilweise. Denn immer mehr moderne Menschen werden schon lange vor der terminalen Phase allmählich von ihren Bezugspersonen „entfernt", das heißt, es handelt sich um einen gesellschaftlichen Prozess und ob sie sich „einsam" fühlen, ist eine empirische Frage, die aufgrund der derzeitigen Untersuchungslage nicht in Form einer eindeutigen Diagnose beantwortet werden kann. Dass der moderne Mensch „um seinen Tod betrogen"[9] wurde, ist eine romantisch-literarische Formulierung. Auch sind die modernen Menschen viel besser aufgeklärt über Leben und Sterben als die Menschen in traditionalen Kulturen, allerdings reicht die Aufklärung angesichts der steigenden Komplexität und des zunehmenden Wissens nicht aus.

Dies ist nur ein Einblick in die verzweigte Verdrängungsdiskussion. Kritisch kann eingewendet werden, dass Vergleiche mit „früheren Zeiten" oder anderen Kulturen problematisch sind, da der Umgang mit Sterben und Tod kontextabhängig ist und eine moderne oder spätmoderne Gesellschaft sich in ihrer Kontextualität radikal von traditionalen Kulturen unterscheidet. Heute haben sich differenzierte Institutionen und Professionen für Aspekte des Sterbens und Todes entwickelt, eigene hoch technisierte Organisationen, kaum mehr überschaubare wissenschaftliche Forschung und die nicht endende „Explosion" von Medien- und Kommunikationssystemen. Folglich wird immer mehr „verdrängt", da die Aufnahmekapazität des einzelnen Menschen höchst begrenzt ist. Sterben und Tod stehen in harter Konkurrenz mit vielen alten und neuen Themen und Interessen. Eine Bewertung der vielfältigen individuellen und institutionellen „Verdrängungen" kann nur von bestimmten Perspektiven, also partikularistisch, erfolgen.

Die Sterbewirtschaft, die selbstverständlich in der Regel nur vom Leben spricht, lebt von dem Glauben, dass durch ihre Produkte und Dienstleistungen das Leben verlängert und das Sterben immer mehr hinausgeschoben und minimiert wird. Verdrängung wird folglich eine Dienstleistung in allen Konsumsektoren und in den Mikrobereichen der psycho-sozialen Systeme, die über Handys und andere Technologien gesteuert werden. Solche Thesen können als Erneuerung der kulturkritischen Verdrängungs- und Verschleierungsdiskussionen gelesen werden, die von progressiven Wissenschaftlern und Intellektuellen inzwischen selbst „verdrängt" oder „überwunden" wurden. Neue Technologien, Ökonomien und Diskurse ermöglichen „neue Verdrängungen":

- Patientenverfügungen werden einerseits vielseitig angeboten, jedoch nur von einer Minderheit akzeptiert.
- Demenz wird als psychisches und soziales Sterben gefürchtet, aber in öffentlichen Diskursen über selbstbestimmtes Sterben wird über die von

---

9 ELIAS (s.o. Anm. 7), 24.

vielen gewünschte Lebensverkürzung im Zustand schwerer Demenz geschwiegen.
- Weltweit sind die reichen Länder und Gruppen durch die Globalisierung immer mehr am frühzeitigen und auch gewaltsamen Sterben von Millionen Menschen direkt und indirekt „beteiligt", doch die Diskurse der gebildeten Gruppen in den reichen Staaten vernachlässigen diese mit proklamierten Ethiken kaum kompatible Lebens- und Sterbesteuerung.

Verdrängung, Verneinung, Verschweigen, Verschleierung, Umdeutung, Erzeugung von Fehlwissen et cetera erweisen sich somit als dynamische Phänomene, denen entsprechende flexible Diskurse im Bereich der Lebens- und Sterbewissenschaften angemessen sind.

Vermeidungshaltungen in der Beschäftigung mit Sterben und Tod wurden nicht nur generell in der modernen Gesellschaft beobachtet, sondern auch in der Soziologie diagnostiziert.[10] Allerdings findet man bei Klassikern der Soziologie Hinweise zu der Thematik.[11] Durkheim und Hertz haben sich mit kulturvergleichenden Studien beschäftigt und die Steuerung von Gefühlen durch Begräbnis- und Trauerrituale und die Formung der Seelenvorstellungen durch die kulturelle Erfahrung vor allem in außereuropäischen Kulturen studiert.[12]

Doch eine bescheidene aufbauende thanatosoziologische Forschung kann man erst in den 1950er und 1960er Jahren mit Glaser/Strauss[13] und Sudnow[14] ansetzen. Die Forschungsentwicklung verlief jedoch nicht befriedigend. Zwar nimmt die medizinische Forschung zur „Vermeidung des physischen Sterbens" ständig zu, doch nach wie vor gibt es keine guten repräsentativen internationalen empirischen soziologischen Untersuchungen von Sterbesituationen – ähnlich etwa den PISA-Studien im Bildungsbereich. Erhöhte Aufmerksamkeit und Verdrängung sind bei diesem heiklen Thema eng verschwistert.

Zwar wird der Kampf gegen Sterben und (frühzeitigen) Tod weltweit mit hohem Aufwand geführt, doch genaue Analysen zeigen, dass das Konstrukt *Sterben* ebenso mehrdeutig und umstritten ist wie zum Beispiel Bildung oder Freiheit.

---

10 T. WALTER, Death in the new age, in: Religion 23 (1993), 127–145.
11 K. FELDMANN/W. FUCHS-HEINRITZ, Der Tod ist ein Problem der Lebenden. Beiträge zur Soziologie des Todes, Frankfurt a.M. 1995.
12 E. DURKHEIM, Die elementaren Formen des religiösen Lebens, Frankfurt 1981; R. HERTZ, Das Sakrale, die Sünde und der Tod. Religions-, kultur- und wissenssoziologische Untersuchungen, hg. v. S. MOEBIUS/C. PAPILLOUD, Konstanz 2007.
13 B. G. GLASER/A. L. STRAUSS, Interaktion mit Sterbenden. Beobachtungen für Ärzte, Schwestern, Seelsorger und Angehörige, Göttingen 1974.
14 D. SUDNOW, Organisiertes Sterben. Eine soziologische Untersuchung, Frankfurt a.M. 1973.

5. Differenzierung des Sterbens

Sterben führt zu Basiserfahrungen nicht nur bei Menschen, sondern zumindest auch bei Säugetieren und zwar Erfahrungen des sterbenden Organismus und der beobachtenden Organismen.

Menschen versuchten in Gemeinschaften die Prozesse des Sterbens zu verstehen und zu bearbeiten. In traditionalen Kulturen wurde vorrangig der postmortale Prozess bearbeitet, in der modernen Gesellschaft gelang die erfolgreiche Bearbeitung des prämortalen Prozesses (Lebensverlängerung), wodurch die Postmortalität an Attraktivität verlor. In traditionalen Kulturen wurde der Prozess als Übergang in einen anderen Zustand, häufig in ein Reich der Toten, konzipiert, folglich wurde eine virtuelle Lebensverlängerung hergestellt.

Dieser Übergang ist mit Riten verbunden, die nach A. v. Gennep durch eine dreistufige Struktur gekennzeichnet sind:

- Trennung von einem Status (Separation)
- Übergangszustand (Transition)
- Eingliederung in einen neuen Status (Inkorporation).[15]

Übergänge in ein Jenseits wurden durch Reisen über Wasser, Regeneration, Heilung und Wachstum symbolisiert.

Die Vorstellungen, die sich auf die Veränderung des toten Körpers, die Seelenreise des Verstorbenen und auf die Trauernden bezogen, sind von kulturspezifischen Deutungsmustern bestimmt. Die Dauer der Verwesung, der Übergang der Seele ins Jenseits und die vorgeschriebene Trauerzeit wurden durch Mythen und Riten in verbindliche Zusammenhänge gebracht.[16]

In einer modernen Gesellschaft gibt es keine kulturell vorgeschriebene Vernetzung zwischen den prä- und postmortalen Prozessen, die inzwischen unterschiedlichen Diskursen und Praktiken zugeordnet wurden. Allerdings könnte man die in traditionalen Kulturen postmortal ablaufenden Prozesse als in das prämortale Geschehen verschoben analysieren. Die prämortalen medizinisch gesteuerten Körperveränderungen sind mit den Bewusstseinsänderungen der Sterbenden und der Überlebenden gekoppelt (zum Beispiel antizipatorische Trauer), und die diesseitige Reise des Sterbenden wird als gesellschaftliche, institutionelle und individuelle Leistung bewertet, als „gut", „(un-)würdig", „(un-)natürlich" et cetera.

Die Lebensprozessvorstellungen wurden durch die modernen herrschaftlichen Großsysteme, die Staaten, einer radikalen Komplexitätsreduktion unterworfen, sie haben vermittelt über eine reduktionistische Naturwissenschaft

---

15 A. v. GENNEP, Übergangsriten, Frankfurt a.M. 1986.
16 Vgl. HERTZ (s.o. Anm. 12).

biologischer Erkenntnis das entscheidende Gewicht in den Rechtssystemen gegeben.

Bezogen auf die zentrale offizielle Definition des (physischen) Todes wendet sich Kellehear gegen die Dogmatisierung des biologischen Wahrheitsanspruchs:

> "Debates about the determination of death have encouraged an academic climate conducive to uncritical acceptance of biological criteria for death with an under-recognition of the crucial role of the social criteria for death."[17]

Nun besteht eine moderne Gesellschaft aus vielen Gruppen und Teilsystemen, nicht nur aus Politik und Recht, die auch eine Vielfalt des Sterbens und des Todes kennen. Sozialwissenschaftliche Analysen dieser Pluralität weisen auf Alternativen zu reduktionistischen biologischen, juristischen und medizinischen Modellen.

Eine mögliche Differenzierung des „thanatologischen Feldes" bietet die folgende Grafik:

	Physisches Sterben	Psychisches Sterben	Soziales Sterben
Der eigene Tod	Erfahrung des eigenen Sterbens (Körperzerstörung)	Schwerwiegende Bewusstseinszerstörungen (Selbsterfahrung)	Schwerwiegende Rollen- oder Statusverluste (Selbsterfahrung)
Der Tod des anderen	Multiperspektiv. Beobachtungen fremden Sterbens	Multiperspektiv. Beobachtungen psych. Sterbens	Multiperspektiv. Beobachtungen sozialen Sterbens
Der allgemeine Tod	Sterben zusammenhängender Gruppen	Kollektive Bewusstseinszerstörung	Genozid Vertreibung

Abb.: Typologie des Sterbens und des Todes

Vorstellungen über Körper und Seele als eigenständige „Substanzen" findet man in vielen Kulturen. Auch einige moderne Wissenschaftskonzeptionen behaupten einen qualitativen Unterschied zwischen Körpervorgängen und Bewusstsein. Dass es psychische und soziale Systeme gibt, wird in Systemtheorien postuliert.[18] Dagegen ist die Eigenständigkeit einer sozialen Identität stärker umstritten. Hier wird keine Theorie für die Begründung der Dreiteilung

---

17 A. Kellehear, Dying as a social relationship: A sociological review of debates on the determination of death, in: Soc Sci & Med 66 (2008), 1533–1544.
18 Vgl. Luhmann (s.o. Anm. 1).

von physischem, psychischem und sozialen Sterben geliefert, sondern nur an kulturelle und wissenschaftliche Konzeptionen angeschlossen.[19] Die andere in der Typologie verwendete Dimension betrifft ebenfalls eine allgemeine kulturunabhängige Erfahrungsgrundlage:

- der eigene Tod
- der Tod des anderen, das heißt von Bezugspersonen
- der allgemeine oder kollektive Tod.

Die Ausdifferenzierung dieser drei anthropologisch vorgegebenen Bereiche erfolgte in der kulturellen Evolution und hat in der modernen Gesellschaft einen vorläufigen Höhepunkt erreicht.

6. Soziales Sterben

Soziales Sterben wird hier in einem weiten Sinne verstanden.[20] Die soziale Identität ist abhängig von der sozialen Anerkennung als Mitglied einer Gemeinschaft, die mehr oder minder verloren gehen kann. Menschen sind nicht automatisch durch ihr physisches Leben sozial lebendig. In manchen Kulturen wurde ein Neugeborenes erst sozial geprüft, soziale Anerkennung bestimmte die Chance des physischen Weiterlebens.

Lebendige können bereits als (fast) tot gelten und Tote als lebendig. Das soziale Sterben wird primär fremdbestimmt, doch bedeutsam sind auch seine Auswirkungen im psychischen und physischen System, die in Extremfällen zum Suizid oder zum physischen Tod „ohne äußere Einwirkung" führen können: Tod durch Vorstellungskraft.[21]

Soziales Sterben oder genauer soziales Töten kann ein mehr oder minder geplanter Vorläufer von physischem Töten sein, zum Beispiel im Holocaust.

Soziales Sterben war in vielen Kulturen nicht nur prämortal, sondern auch postmortal von Bedeutung. Die Qualität sozialen Lebens und Sterbens nach dem physischen Tod war zum Beispiel von prämortalen sozialen Handlungen abhängig. Viele Menschen haben an ihrem postmortalen sozialen Leben und Sterben gearbeitet. Heute richtet sich der professionelle Blick vieler Lebens- und Sterbearbeiter aber nicht mehr auf eine Statuspassage, die ins Jenseits führt, sondern auf den Prozess, der mit dem medizinisch festgelegten physi-

---

19 FELDMANN, Tod und Gesellschaft (s.o. Anm. 6), 17 ff.
20 Vgl. W. FUCHS-HEINRITZ, Sozialer Tod, in: H. WITTWER/D. SCHÄFER/A. FREWER (Hg.), Handbuch Sterben und Tod, Stuttgart 2010, 133–136.
21 G. B. SCHMID, Tod durch Vorstellungskraft: Das Geheimnis psychogener Todesfälle, Berlin ²2010.

schen Tod endet. Allerdings bestehen soziale Interessen der zeitlichen Verlegung des physischen Todes, zum Beispiel dass er schneller erfolgen sollte oder dass er noch nicht eingetreten sein soll. Vor allem im ersten Fall, in dem eine Person, die noch lebt, bereits (kommunikativ) so behandelt wird, als wäre sie physisch tot, wurde von Sudnow von *social death*[22] gesprochen.

Soziales und psychisches Sterben sind aufgrund verschiedener Veränderungen in der modernen Gesellschaft zu bedeutsamen Problembereichen geworden:

- Lebensverlängerung weit über die Reproduktionsphase hinaus.
- Eine sich verlängernde Lebenszeit nach dem Ausscheiden aus dem Berufssystem.
- Verkleinerung der Familien und der Haushalte.
- Individualisierung.
- Gestiegene Persönlichkeitsstandards, vor allem im kognitiven Bereich.
- Exklusion aus dem produktiven Zentralbereich, Demenz et cetera.

Der Anteil der Personen im Zustand fortgeschrittenen psychischen Sterbens nimmt zu, da die Menschen in den Industriestaaten immer älter werden. Wenn die hoch entwickelte und sozial anerkannte Persönlichkeit und ihre Präsentation defizitärer werden und – auch aufgrund von medizinischen Eingriffen – nur mehr eine „Residual- oder Restperson" in der terminalen Phase vorhanden ist, so kann die (Haupt-)Person das Erleben des physischen Sterbens vermeiden – was wohl auch den Wünschen vieler Menschen entspricht.

Jedenfalls deuten viele Beobachtungen darauf hin, dass physisches, soziales und psychisches Sterben sich differenzieren und mit zunehmender Zivilisierung, Kultivierung und Bildung „Widersprüche" und Spannungen entstehen, für die neue Formen der Bewältigung erforderlich sind – wobei Hospize und *palliative care* nur unter bestimmten Bedingungen brauchbare Lösungen anbieten. Viele Spannungen und Probleme sind nämlich medizinisch und pflegerisch kaum zu lösen.

Hoffmann erweitert den Begriff des sozialen Sterbens um die „Dimension der Bedrohung oder gar Zerstörung des zivilisatorischen Niveaus":

> „Mitansehen zu müssen, wie die Anderen sehen, dass man sich nicht mehr als der betrachten kann, der man sein will und der man einmal war: das meint ‚soziales Sterben'."[23]

Die steigenden Anforderungen, um als vollwertiger sozial Lebender anerkannt zu werden, führen zu Stress und zu Verlusterfahrungen. Das soziale Sterben

---

22 SUDNOW (s.o. Anm. 14).
23 HOFFMANN (s.o. Anm. 8), 212.

beginnt für viele schon vor dem hohen Alter. Vor allem ist es mit dem Körper und dessen sozialer Präsentation verbunden.

Weibliche Körper, die nicht mehr für die Reproduktion geeignet sind (Menopause), Körper, die „abstoßend" sind, nicht in der Öffentlichkeit gezeigt werden sollen (zum Beispiel Verunstaltung durch Krankheit beziehungsweise Operation), Körper, die nicht ausreichend diszipliniert sind (zum Beispiel bei neurologischen Erkrankungen, Inkontinenz) oder Körper, die gegen die (räumliche) Normierung rebellieren (zum Beispiel Desertion, Phobien) werden in modernen Gesellschaften sozial marginalisiert, müssen aus dem Zentrum verschwinden (Einweisung in Krankenhäuser, psychiatrische Anstalten, Heime, Gefängnisse, Isolation in der eigenen Wohnung et cetera).

Die bisherigen Ausführungen bezogen sich auf die oberste Milliarde der Menschen. Wenn man freilich die unterste Milliarde der Menschen betrachtet, so erscheint das soziale und psychische Sterben peripher, das frühzeitige physische Sterben steht im Zentrum. Millionen Kinder sterben jährlich an Hunger und leicht behandelbaren Krankheiten. Doch eine soziologische Perspektive kann eine andere Zentralursache erkennen: *Prozesse des sozialen Sterbens und Tötens.* Diese Menschen werden von denjenigen, die über Kapital im Sinne Bourdieus verfügen, nicht anerkannt, missachtet, und erhalten deshalb nicht die notwendige Hilfe und Unterstützung, ja, sie werden ausgebeutet, gequält und gedemütigt. Diese Sichtweise wird in den offiziellen Dokumenten der internationalen Großorganisationen durch die wissenschaftlichen Operationalisierungen, Theorien und Untersuchungsergebnisse und politischen Resolutionen verdrängt oder marginalisiert.

7. Sterbetypen

Die bisherige Kategorisierung wurde von anthropologischen Ansätzen ausgehend gewählt. Doch Typisierungen des Sterbens können auch aus soziokulturellen und institutionellen Setzungen gewonnen werden. Diese Setzungen werden in der Kommunikation von Menschen meist dominant sein, da sie mit Bewertung, Status und Anerkennung zusammenhängen. Sie sind dementsprechend in empirischen Untersuchungen, die meist auf Befragungen aufbauen, zu Tage getreten.

	Institution/„Gestalt"	Sterbetypen
institutionell kollektivistisch	Religion	das religiöse Sterben
	Politik (Vaterland, Partei et cetera)	das traditionelle heroische Sterben
	Medizin	das medizinisch korrekte Sterben
individualistisch anti-institutionell	Gemeinschaft (zum Beispiel Hospiz)	das gute Sterben
	Individualisierung	das eigene Sterben
ungesellschaftlich	„Natur"	das natürliche Sterben

Abb.: Sterbetypologien[24]

7.1 Gutes und eigenes Sterben

Idealtypisch existieren zwei unvereinbare Sterbeweisen, das *natürliche Sterben*, „friedliches Verlöschen nach ungestörtem biologischen Lebensvollzug"[25] und das *gewaltsame Sterben*. Das natürliche Sterben erfolgt gemäß dieser Konzeption nach dem Ablaufen der Lebensuhr, die herrschaftlich, naturwissenschaftlich und sozio-technisch gestellt wird.

Der Begriff „natürliches Sterben", der nach Fuchs seit der Aufklärung eine gleichheitsbetonende und emanzipatorische Wirkung entfaltete und symbolisierte, wird inzwischen zwar im Medizin- und Pflegebereich oft noch verwendet, doch seine schillernde Funktionalisierung bedarf wissenssoziologischer Untersuchungen.[26] Der Mythos des „natürlichen Sterbens" hilft Ärzten, ihre Sterbe- und Todesproduktion in einen „universalistischen" Rahmen einzubringen. Befragungen zeigen allerdings, dass die meisten Menschen eine andere Vorstellung von „natürlichem Sterben" haben: nicht im Krankenhaus oder Heim sterben, ohne ärztliche beziehungsweise professionelle Einwirkung. Das „natürliche Sterben" ist also im Bewusstsein vieler Menschen zu einem Flucht-

---

24 Modifiziert nach: FELDMANN, Tod und Gesellschaft (s.o. Anm. 6), 156.
25 W. FUCHS, Todesbilder in der modernen Gesellschaft, Frankfurt 1969, 227.
26 J. E. SEYMOUR, Negotiating natural death in intensive care, Soc Sci Med 51 (2000), 1241–1252.

phänomen geworden, wobei diese Flucht immer weniger Personen gelingt. Somit ist vorherzusehen, dass nicht nur das „natürliche Sterben", sondern auch die Vorstellung des „natürlichen Sterbens" kulturell sterben werden.

7.2 Gutes und eigenes Sterben

Leben, Sterben und Tod waren und sind normativ stark besetzte und umkämpfte Bereiche. Ausgehend von einer distanzierten soziologischen Position und von einer modernen demokratischen, wissenschaftlichen und nachhaltig ökologischen Sichtweise können derzeitige dominante Konstrukte des *guten oder richtigen Sterbens* betrachtet werden. Hier werden aus der bisher mangelhaft erforschten Vielfalt fünf gängige Konstrukte ausgewählt:

1. Noch einige Tage, vielleicht Wochen überleben, obwohl es einem körperlich und sozial miserabel geht. Gemeint sind nicht Menschen in den hoch entwickelten Staaten, sondern gemeint sind Mitglieder der untersten Milliarde. Hier sind Leben und Sterben noch untrennbar gekoppelt.
2. Möglichst lange und mit möglichst vielfältigem Konsum leben und dann möglichst rasch sterben. Leben und Sterben sind entkoppelt.
3. Das so genannte natürliche Sterben palliativ zelebrieren.
4. Das Sterben zur spirituellen Vervollkommnung nutzen.
5. Ein unerwünschtes Sterben abbrechen.

Bei einem Vergleich der fünf Konstrukte wird unmittelbar einsichtig, dass es sich um einen Konfliktbereich handelt. Position 1 wird in den reichen Ländern verdrängt beziehungsweise von den nicht Verdrängenden als Skandal angesehen. Kategorie 2 beschreibt die Masterwunschposition in der wohlhabenden Welt, die allerdings in der Mehrzahl der Fälle nicht den realen Sterbeverläufen entspricht. Position 5 ist schwer umkämpft. Und wenn man die wenigen brauchbaren Untersuchungen in Krankenhäusern und Heimen heranzieht, kommt man zum Urteil, dass die Positionen 2 bis 5 von der Realität marginalisiert werden. Da die Feldmacht in Händen von Ärzten und Pflegenden liegt, ist in Organisationen der „ordnungsgemäße Verlauf" entscheidend für die Qualität des Sterbens, das heißt, als „gutes Sterben" gilt eine Minimierung der Irritationen des professionellen Personals.[27]

Das *eigene Sterben* ist inhaltlich schwer bestimmbar, weil große inter- und intraindividuelle Unterschiede und Schwankungen bestehen. Doch der Wunsch nach einem selbstbestimmten Sterben hat auf jeden Fall in den ver-

---

27 Vgl. J. COSTELLO, Dying well: nurses' experiences of 'good and bad' deaths in hospital, in: Journal of Advanced Nursing 54,5 (2006), 594–601; S. DREẞKE, Sterben im Hospiz, Frankfurt a.M. 2005.

gangenen Jahrzehnten zugenommen, wobei zwei Illusionen das Bewusstsein immer wieder besuchen oder auch überschwemmen, die auch institutionell gestützt werden:

- (noch) nicht sterben müssen
- an einer „idealen Todesursache", zum Beispiel „sanftem Verlöschen", sterben.

Da nach wie vor das meiste Sterben von Institutionen und Organisationen gestaltet wird, öffnen sich für das *eigene Sterben* – vor allem wenn es *eigenwilliges* Sterben sein soll – Konfliktzonen. Somit dürfte „eine subjektive Wiederaneignung des organisierten und ausgegliederten Todes"[28] noch immer ein seltenes Ereignis sein. Vertreter der Hospizbewegung behaupten zwar, dass ein zentrales Ziel sei, dass durch Hospizbetreuung jeder sein *eigenes Sterben* gestalten könne, doch es fehlen gute Evaluationen.[29] Außerdem sterben die meisten Menschen – entgegen ihren Wünschen – in Krankenhäusern und Heimen, somit sollte das „gute" vom „eigenen" Sterben getrennt werden. Vielleicht bewirkt die gesellschaftlich hergestellte Angst, dass das „eigene Sterben" nicht gut sein könnte, dass das „gute Sterben" gewählt beziehungsweise zugelassen wird.

7.3 Heroisches Sterben

Das *heroische Sterben* war in traditionalen Kulturen für junge Männer ein riskantes Ideal. Konnte es erfolgreich erprobt und lebend überstanden werden, gab es Gratifikationen. In vielen Regionen der Welt ist es nach wie vor eine Option, doch in hoch entwickelten Staaten entstand ein postheroischer Ersatzheroismus: Tapfer kämpft die Person begleitet von Ärzten, Pflegepersonal und Bezugspersonen gegen die zum Tod führende Krankheit.[30] Im Gegensatz zum traditionellen Heroismus ist der neue (Post-)Heroismus glaubwürdiger, da die Niederlage im Kampf gegen den überlegenen Feind (fast) unvermeidlich ist. Der traditionelle Heroismus bricht – allerdings selten – in die gut abgeschirmte Lebens- und Sterbewelt der reichen Staaten ein und löst dann Verstörung und Abscheu aus: Terroranschläge und Selbstmordattentate in den westlichen Zentren.

---

28 H. Knoblauch/A. Zingerle, Thanatosoziologie. Tod, Hospiz und die Institutionalisierung des Sterbens, in: Dies. (Hg.), Thanatosoziologie, Berlin 2005, 11–27, hier: 20.
29 J. v. Hayek, Hybride Sterberäume in der reflexiven Moderne. Eine ethnographische Studie im ambulanten Hospizdienst, Münster 2006, 77 ff.
30 C. Seale, Cancer heroics: a study of news reports with particular reference to gender, in: Sociology 36 (2002), 107–126.

Die Beurteilung, wer heroisch und wer feige angesichts des Todes handelt, ist abhängig von soziokulturellen Merkmalen, Kontexten und institutionellen Strukturen. Wenn eine Person, die die Diagnose Demenz erhalten hat, Suizid begeht, wird dies wahrscheinlich sehr unterschiedlich bewertet, wobei häufig eine angenommene Ursache gleichzeitig als Bewertung verwendet wird: psychische Krankheit, Egoismus, Altruismus, Mut und Heroismus, Feigheit. An dem Beispiel erkennt man, dass auch eine professionelle Betrachtung kaum zu einer „objektiven" Bewertung führen kann.

7.4 Würdiges Sterben

Das Begriffsfeld, dem Würde angehört, war in den meisten traditionellen Kulturen auserwählten Menschen zugeordnet: Ehre, Stolz, soziale Anerkennung. Im Laufe des Zivilisations- und Modernisierungsprozesses wurde es schließlich grundsätzlich, wenn auch nicht faktisch allen Menschen geöffnet und staatlich „verordnet".

Vieles deutet darauf hin, dass das im 19. Jahrhundert von aristokratischen Gruppen zum bürgerlichen Habitus „herabgekommene" kulturelle und semantische Konstrukt *Ehre*, das sich auf die Stellung und soziale Anerkennung einer Person innerhalb von Primärgruppen und Kollektiven bezog, durch den Gleichheit betonenden Begriff Würde ersetzt oder verdrängt wurde. Würde ist – jedenfalls im Alltagsverständnis – vernetzt mit Reputation und Prestige eine Form von sozialem und symbolischem Kapital und ist mit dem Habitus verbunden.[31]

Im Alltagsverständnis kann jemand würdelos erscheinen, wobei der Person oder auch anderen die Verantwortung zugeschrieben wird. Auf diese Abhängigkeit der Würde von Selbst- und Fremdbestimmung deuten auch die von Calnan, Badcott und Woolhead durch Befragungen von alten Menschen gefundenen Faktoren oder Kategorien der Würde: Identität, Respekt, Anerkennung, Autonomie, Unabhängigkeit.[32] Diese empirisch gestützten Kategorien können zur Bestätigung der These von Baltes herangezogen werden:

> „In Würde leben und sterben zu können wird also zunehmend verhindert, wenn immer mehr Menschen unter gegenwärtigen Bedingungen bis weit in das vierte Alter hinein leben".[33]

---

31 P. BOURDIEU, Die männliche Herrschaft, Frankfurt a.M. 2005.
32 M. CALNAN/D. BADCOTT/G. WOOLHEAD, Dignity under threat? A study of the experiences of older people in the United Kingdom, in: Int J Health Serv 36 (2006), 355–375.
33 P. B. BALTES, Alter(n) als Balanceakte im Schnittpunkt von Fortschritt und Würde, in: NATIONALER ETHIKRAT (Hg.), Altersdemenz und Morbus Alzheimer, Berlin 2006, 83–101, hier: 95.

Dauerkoma (PVS) und schwere Demenz sind unwürdige Zustände gemäß den Wertvorstellungen vieler Menschen (*subjektive Würde*). Ein „objektiver Würdebegriff" wird in Menschen verarbeitenden Organisationen häufig zur Verschleierung der Nicht-Anerkennung der subjektiven Würdebestimmung eingesetzt.

Auch die Soziologin Lafontaine geht wie die Philosophin La Marne von einem „objektiven" oder „ursprünglichen" Sinn der Würde aus.[34] Die Würde wird ausgelagert, dem Alltagsgebrauch und der normalen Interaktion entzogen, sie liegt in den Händen von Quasipriestern und Werthütern.

Konstruktionen einer *absoluten objektiven Würde*, die mit der Abwertung oder sogar Leugnung *subjektiver Würde* verbunden sind, können der Erhaltung von Herrschaft, Führung und Hierarchie, der Disziplinierung und Kollektivierung, der Rechtfertigung organisatorischer und professioneller Fremdbestimmung und der Entmündigung von Menschen dienen.

Eine soziosemantische Problemlösung könnte darin bestehen, verschiedene Würdebegriffe zu unterscheiden und nachhaltig in öffentlichen Diskursen zu verankern. Man kann es auch in der Konfliktsprache von Bourdieu sagen:

> „Es geht dabei nicht um eine einfache Umwertung von Klassifikationen [...] sondern um eine ‚radikale [...] Umgestaltung der gesellschaftlichen Produktionsbedingungen jener Dispositionen', die den Opfern der symbolischen Gewalt ihr Einverständnis mit den Herrschenden abringen."[35]

Da in den nächsten 20 Jahren gebildete und emanzipierte Nachkriegsgenerationen ins höhere Alter kommen und die medizinisch-technischen Möglichkeiten der Lebensverlängerung weiter entwickelt werden, wird sich die Abwehr des *shameful death* (des unwürdigen Sterbens) verstärken.[36]

8. Die globale biothanatologische Problemlage

Das Leben ist das gewaltige Zukunftsproblem. Menschliches Leben ist inzwischen der zentrale und lebensgefährdende globale Wachstumsmotor. Wachstum der Bevölkerung, der Wirtschaft und der Lebenszerstörung sind bisher nicht trennbar verbunden.

Reproduktion, Akkumulation, Landnahme, Beschleunigung und Aktivierung sind wahrscheinlich anthropologische Konstanten, deren biologische Grundlagen in den „Mechanismen des Lebens" und in der Gehirnentwicklung

---

34 C. Lafontaine, Die postmortale Gesellschaft, Wiesbaden 2010, 171; P. La Marne, Vers une mort solidaire, Paris 2005.
35 Bourdieu (s.o. Anm. 31), 77.
36 A. Kellehear, A social history of dying, Cambridge 2007.

des *homo sapiens* liegen und die dann durch die kulturelle Evolution strukturell differenziert und herrschaftlich verfestigt wurden. Ihre triumphale und global Leben gefährdende Realisierung haben sie in der Kombination von Bevölkerungs-, Wirtschafts- und Technologiewachstum gefunden.[37]

Lebensverlängerung im medikalisierten Sinne ist durch eine sich seit zwei bis drei Jahrhunderten entwickelnde Modernisierung und in ihrem Gefolge durch permanente medizinische Interventionen inzwischen selbstverständliche Erwartung in den reichen Staaten und Gruppen geworden. Dadurch wurde ein Macht- und Ideologiebereich geschaffen, welcher der professionellen staatlichen und medizinischen Verwaltung unterliegt, jedoch immer mehr ökonomisch, das heißt, von einer reduktionistischen Profitlogik und der mit ihr verbundenen Professionalisierung gesteuert wird.[38]

Ein möglichst langes Leben anzustreben, bedeutet in der Regel: Akzeptanz der Akkumulation von sozialem und ökonomischem Kapital, das heißt, ein zumindest implizites Ziel der meisten Menschen ist, möglichst viel im Leben zu ge- und verbrauchen. Lebenslänge und -qualität sind zu manifesten und latenten, direkten und indirekten Handelsgütern auf Massenbasis geworden. Zusätzlich erfolgt noch eine multidimensionale Lebensbeschleunigung, das heißt, die konsumierbaren Erlebnisse pro Zeiteinheit werden vervielfältigt beziehungsweise Illusion und Bewerbung der impliziten Alltagstheorie des unbegrenzten Lebensqualitätswachstums werden gestärkt – wobei krasse Ungleichheit in der Nutzung der Beschleunigungstechnologien besteht. Wie Rohstoffe, vor allem Erdöl, nurmehr mit hohem Aufwand, das heißt mit zunehmender Lebensvernichtung gewonnen und konsumiert werden, so wird auch zusätzliche Lebenszeit und Lebensqualität der Privilegierten mit immer höherem Aufwand, das heißt mit zunehmender Vernichtung nicht-privilegierten Lebens gewonnen und konsumiert.

Manche Autoren[39] sehen die Maximierung der Lebenserwartung als Teil eines (noch) utopischen Projekts der Biologisierung und Ökonomisierung, in dem Quasi-Unsterblichkeit angestrebt wird – eine säkularisierte Version des

---

37 Vgl. K. Dörre/S. Lessenich/H. Rosa, Soziologie – Kapitalismus – Kritik, Frankfurt a.M. 2009.
38 Vgl. K. Feldmann, Sterben – Sterbehilfe – Töten – Suizid. Bausteine für eine kritische Thanatologie und für eine Kultivierungstheorie. Siehe: http://www.feldmann-k.de/tl_files/kfeldmann/pdf/thantosoziologie/feldmann_sterben_sterbehilfe_toeten_suizid.pdf, Zugriff am 10.06.2011.
39 Lafontaine (s.o. Anm. 34).

alten christlichen Großprojekts.⁴⁰ Dieses *Projekt* sollte auch von folgenden Prognosen begleitet werden:

> „Die überwältigende Mehrheit der ‚neuen Fellachen' wird im Sinne eines strukturellen Rassismus von gentechnologischen oder medizinischen Optimierungsstrategien gar nicht erfasst werden".⁴¹

Nach Verbeek würde sich eine erfolgreiche zu starke Lebensverlängerung für „Auserwählte" als zerstörerisch für Zivilisation und Gesellschaft erweisen.⁴² Doch diese Vorhersage bleibt spekulativ, da auch die Konstrukte „Zivilisation" und „Gesellschaft" im Prozess des sozialen Wandels unerwarteten Veränderungen unterworfen werden.

---

40 Vgl. K. T. KEITH, Life extension: proponents, opponents, and the social impact of the defeat of death, in: M. K. BARTALOS (Hg.), Speaking of death. America's new sense of mortality, Westport 2009, 102–151; B. S. TURNER, Can we live forever? A sociological and moral inquiry, London 2009; T. HÜLSWITT/R. BRINZANIK, Werden wir ewig leben? Gespräche über die Zukunft von Mensch und Technologie, Berlin 2010.

41 T. MACHO, Religion, Unsterblichkeit und der Glaube an die Wissenschaft, in: K. P. LIESSMANN (Hg.), Ruhm, Tod und Unsterblichkeit, Wien 2004, 261–277, hier: 276.

42 B. VERBEEK, Sterblichkeit: der paradoxe Kunstgriff des Lebens. Eine Betrachtung vor dem Hintergrund der modernen Biologie, in: J. OEHLER (Hg.), Der Mensch – Evolution, Natur und Kultur, Berlin 2010, 59–73; FELDMANN, Tod und Gesellschaft (s.o. Anm. 6).

Sterben zwischen neuer Öffentlichkeit und Tabuisierung

THOMAS MACHO

Der folgende Text vertritt eine These; und zumindest in seinem Titel vertritt er diese These mit provokanter Radikalität. Er scheint nämlich zu behaupten, dass der Tod irgendwann einmal – in älteren Zeiten, die durch das Adjektiv „neu" aufgerufen werden – öffentlich und sichtbar war, danach tabuisiert, privatisiert und unsichtbar wurde, heute aber oder in jüngster Zeit jedoch wieder öffentlich und sichtbar geworden sei. Natürlich lässt sich sofort gegen diese These einwenden, dass der Tod weder öffentlich noch privat, weder sichtbar noch unsichtbar ist, als Grenzbegriff weder öffentlich oder sichtbar gemacht noch gesehen werden kann. Öffentlich wahrgenommen oder verdrängt werden allein die Toten: Sie können gesehen oder nicht gesehen werden. Öffentlich wahrgenommen oder verdrängt werden die Hinterbliebenen, die Trauernden, die Ärzte, Priester oder Totengräber. Der Tod ist dagegen weder öffentlich noch verdrängt, weder sichtbar noch unsichtbar; er ist dem Regime der Visualisierungen, der Erhellungen und Verfinsterungen, schlechthin entzogen. Der Tod ist unvorstellbar. Dass er nicht zu fürchten sei, weil er per definitionem ohnehin kein lebendiges, empfindsames Wesen treffe, behauptete schon Epikur: Solange ich da bin, ist der Tod noch nicht eingetreten, und sobald der Tod triumphiert hat, bin ich längst verstummt. Wo ich existiere, ist kein Tod, und wo der Tod hinkommt, lebe ich nicht mehr. Epikurs Argument führte die Todesangst auf eine optische Täuschung zurück. Die Menschen fürchten nicht den Tod, sondern dessen Unvorstellbarkeit. Was Angst erzeugt, ist eine logische Lücke der Phantasie.

Der Tod ist unvorstellbar. Aber diese Unvorstellbarkeit hat keine Resignation, sondern vielmehr einen gewaltigen Sturm von Bildern und Visionen ausgelöst. Keine bekannte Hochkultur hat darauf verzichtet, den Tod und das Leben der Toten in allen Details auszumalen. Jeder Künstler, jeder erfinderische Geist, jedes philosophische Temperament hat nach allgemeingültigen Antworten auf die Frage nach dem Tod gesucht. Die erzwungene Bilderlosigkeit hat kein Bilderverbot, sondern geradezu inflationäre Bilderfluten gefördert. Die Unvorstellbarkeit des Todes ist die *conditio sine qua non* seiner Öffentlichkeit.

Dennoch zeigt der öffentliche Tod stets den Tod anderer Menschen. Das Sterben der anderen Menschen setzt seine Zeugen ein: Zeugen eines Ereignisses, das die Gegenwart anderer Menschen aufhebt, ohne zu offenbaren, was mit ihnen geschieht. Denn auch der Tod anderer Menschen oder Lebewesen ist unvorstellbar. Er zeigt nur den Rücken des Abschieds. Im Augenblick der Trennung wird keine Verheißung irgendeines Himmels oder irgendeiner Hölle offenbart, sondern lediglich ein ausdrucksloser Blick, der jeden Kontakt abbricht. Was sich im Sterben der anderen Menschen zeigt, ist eine Maske, in der sich die eigene Trauer spiegelt. In einer erschütternden Totenrede auf P. Noll hat M. Frisch gesagt: „Einen Verstorbenen öffentlich zu loben und öffentlich zu versichern, dass man ihn vermissen werde, ist der übliche Ausdruck unserer redlichen Trauer in Ahnungslosigkeit, was Tod ist. Kein Antlitz in einem Sarg hat mir je gezeigt, dass der Eben-Verstorbene uns vermisst. Das Gegenteil davon ist überdeutlich."[1] Soviel zeigen uns schon die übermodellierten Totenschädel aus dem neolithischen Jericho; soviel zeigt noch der mit 8.601 Diamanten besetzte Totenschädel, den D. Hirst – unter dem Titel „For the Love of God" – kreiert hat (und um einen Preis von 50 Millionen Pfund verkaufen wollte).

Was wird in „For the Love of God" sichtbar? Eine Kritik der neuesten Kommerzialisierungen des Sterbens? Oder eine Kritik des Modernisierungsprozesses, der sich in gewisser Hinsicht auch als eine grandiose Verabschiedung der Repräsentationsideale – und ihrer besonderen kulturellen Praktiken und Rituale – interpretieren lässt? Dieser Prozess hatte sich zunächst als Krise der Stellvertretung in der christlichen Religion vollzogen. Nicht zufällig entwickelte sich der Protestantismus aus der Polemik gegen den Ablasshandel, gegen die Dogmatisierung der Messfeier und gegen den absoluten Repräsentationsanspruch des Papsttums; nicht zufällig war es Luther, der die Trennung von Person und Amt – in organisationsgeschichtlicher Perspektive: den Wandel von sakraler zu funktionaler Hierarchie – postulierte. Dabei konnte er zu Beginn des 16. Jahrhunderts noch nicht voraussehen, wie diese Trennung drei Jahrhunderte später ausgedrückt werden sollte: nicht mehr durch die elisabethanische Unterscheidung zwischen zwei Körpern des Königs, dem öffentlichen und dem physischen Körper des Souveräns, sondern viel schlichter und imposanter zugleich als die Abtrennung eines Königskopfs vom königlichen Rumpf. Spätestens seit dem 21. Januar 1793, dem Tag der Hinrichtung Ludwigs XVI., ließen sich monarchistische oder theologische Repräsentationsideale nur mehr residual aufrechterhalten. Der Nimbus einer substantiellen Ursprungsverkörperung konnte weder von Freiheitsbäumen noch von Kriegerdenkmälern, weder von selbstgekrönten Kaisern noch von Reichskanzlern, weder von Nationalhymnen noch von Staatsbürgerschaftsurkunden substituiert werden.

---

1 M. Frisch, Totenrede, in: P. Noll, Diktate über Sterben & Tod, Zürich 1984, 284.

Auch in ästhetischer und philosophischer Hinsicht verfiel die Idee der Repräsentation einer tiefgreifenden Kritik. Kants „Kritik der reinen Vernunft" widerlegte nicht allein den Empirismus, diese Hoffnung auf mentale Repräsentierbarkeit einer wirklichen Welt, sondern auch das spekulative Ursprungsmodell jeder sakralen Hierarchie: den ontologischen Gottesbeweis, der aus dem Postulat einer *arché* deren Existenz folgern zu können glaubte. Noch die vielzitierten Ursprungssehnsüchte der Romantik exekutierten bloß diese Kritik; sie rückten den „Ursprung" in die Sphäre des Fremden, Unbekannten und lediglich unter der Voraussetzung seiner Abwesenheit thematisierbaren Sinns. Auf ähnliche Weise begannen die Künste allmählich auf ihre Gegenstände zu verzichten; so hat Foucault bekanntlich am Beispiel der „Las Meninas" von Velasquez demonstriert, wie die Idee der Repräsentation im 17. Jahrhundert reflektiert, thematisiert und relativiert wurde. Erst recht gilt für die Künste der Romantik und des 20. Jahrhunderts, dass sie sich vom Anspruch emanzipierten, etwas abzubilden oder zu vertonen; der abstrakten Malerei korrespondierte die sogenannte „absolute" Musik.

Gegenüber den Mysterien des Reliquien- oder Ikonenkults, den königlichen *Effigies* und *Castra doloris*, vor den – aus der kollektiven Erfahrung des „Schwarzen Todes" gemalten – Totentänzen an den Kirchhofsmauern des Spätmittelalters, verlor auch der Totenkult der Moderne sein repräsentatives Gewicht. So kämpfte beispielsweise Joseph II. um eine Rationalisierung der Bestattungspraktiken in Wien; am 23. August 1784 verfügte er die Schließung aller innerstädtischen Friedhöfe (aus hygienischen Gründen) und ordnete den Einsatz wiederverwendbarer „Klappsärge" an. Die Toten sollten nackt in einen Leinensack genäht und in einen schlichten Sarg gelegt werden; danach wurde dieser Sarg auf das offene Grab gestellt, der Totengräber klappte den Sargboden auf, und der Leinensack fiel ins Grab, das zunächst mit ungelöschtem Kalk und dann mit Erde zugeschüttet wurde. Die sparsame Regelung scheiterte freilich rasch am Widerstand der katholischen Bevölkerung (und der Innung der Sargtischler); doch zumindest für seine eigene Bestattung setzte der Kaiser den Verzicht auf allen Prunk so überzeugend durch, dass bis heute in der Kapuzinergruft die effektvolle Bescheidenheit seines Kistensarges – zu Füßen des monumentalen Sarkophags der Eltern – bewundert werden kann. Im Jahr 1793, das sich nach der Hinrichtung des Königs auch durch den Entwurf eines neuen Kalenders auszeichnete, verfügte der Konventsdelegierte und spätere Polizeiminister J. Fouché den Wegfall jeglicher Zeremonien bei Beerdigungen. Alle religiösen Symbole sollten von den Gräbern entfernt, und die Friedhöfe in Parkanlagen – außerhalb der Stadtgrenzen – verwandelt werden. An die Toten durfte nur mehr ein kleines Schild am Eingang zum Friedhof erinnern mit dem Spruch: „*La mort est un éternel sommeil*" – „Der Tod ist ein ewiger Schlaf". Fouché konnte zwar seine radikalen Pläne nicht völlig durchsetzen, als wollten gerade die Toten dem ehemaligen Priester den Gehorsam verweigern. Doch gegen ihre Aussiedlung konnten sie sich nicht wehren. Im Verlauf der Gründung moderner Nationalstaaten wurden in den meisten Städten Europas die alten Friedhöfe aufgelassen und als Zentralfriedhöfe an die urbane Peripherie verlegt.

Zu den wichtigsten Selbstbeschreibungen der Moderne, zu den Stereotypen ihrer Selbstkritik, zählt seither die Behauptung, der Tod werde „verdrängt". Diese These wurde so oft wiederholt, dass nicht mehr leicht ausgemacht werden kann, wer, wann und wo sie erstmals vertreten hat. Zwar scheint der Verdrängungsbegriff auf die Psychoanalyse zu verweisen; tatsächlich hat Freud aber 1915 – mitten im Ersten Weltkrieg – keine „Verdrängung" des Todes diagnostiziert, sondern vielmehr seine „Verleugnung". Verleugnungen negieren Erfahrungen oder Einsichten, ohne sie jedoch ins Unbewusste zu verschieben. Eine solche Verschiebung wäre auch gar nicht möglich, denn dem Unbewussten – so argumentierte Freud – sei die Vorstellung des eigenen Todes gänzlich fremd und unzugänglich; in Bezug auf den eigenen Tod verhalten sich moderne Menschen genauso wie ihre urzeitlichen Vorfahren.

Rund zwanzig Jahre nach Freud konstatierte W. Benjamin – in einer Studie zum literarischen Werk N. Lesskows – einen Autoritätsverlust des Todes in der Moderne, der sich als Krise der Erzählkunst manifestiert habe. Benjamin beschrieb nicht die allgemeinen Strukturen des menschlichen Seelenlebens, sondern einen historischen Prozess, in dessen Verlauf der Todesgedanke seine traditionelle „Allgegenwart" und „Bildkraft" eingebüßt habe. Dieser Prozess habe schon vor einigen Jahrhunderten begonnen; doch erst im 19. Jahrhundert habe „die bürgerliche Gesellschaft mit hygienischen und sozialen, privaten und öffentlichen Veranstaltungen einen Nebeneffekt verwirklicht, der vielleicht ihr unterbewusster Hauptzweck gewesen ist: den Leuten die Möglichkeit zu verschaffen, sich dem Anblick von Sterbenden zu entziehen. Sterben, einstmals ein öffentlicher Vorgang im Leben des Einzelnen und ein höchst exemplarischer (man denke an die Bilder des Mittelalters, auf denen das Sterbebett sich in einen Thron verwandelt hat, dem durch weitgeöffnete Türen des Sterbehauses das Volk sich entgegen drängt) – sterben wird im Verlauf der Neuzeit aus der Merkwelt der Lebenden immer weiter herausgedrängt. Ehemals kein Haus, kaum ein Zimmer, in dem nicht schon einmal jemand gestorben war. [...] Heute sind die Bürger in Räumen, welche rein vom Sterben geblieben sind, Trockenwohner der Ewigkeit, und sie werden, wenn es mit ihnen zu Ende geht, von den Erben in Sanatorien oder in Krankenhäusern verstaut."[2] Keine „Verdrängung des Todes" beobachtete Benjamin, sondern eine Verdrängung der

---

2 W. BENJAMIN, Der Erzähler. Betrachtungen zum Werk Nikolai Lesskows, in: DERS., Aufsätze, Essays, Vorträge. Gesammelte Schriften. Band II,2, hg. v. R. TIEDEMANN und H. SCHWEPPENHÄUSER, Frankfurt a.M. 1977, 438–465, hier: 449.

Sterbenden; keine psychischen, sondern räumliche Bewegungen, eine Umkehrung des „Entgegendrängens" (im Mittelalter) zum „Herausdrängen" (in der Neuzeit); begleitet und ermöglicht wurde dieser Richtungswechsel von einem signifikanten Bedeutungsverlust des öffentlichen Todes.

Während Freud die Unvorstellbarkeit des eigenen Todes betonte, kritisierte Benjamin die reale Exklusion der Sterbenden und Toten aus dem gesellschaftlichen Leben. Seine Argumentation richtete sich auch gegen Heideggers „Sein und Zeit", die vielleicht einflussreichste Thanatologie des 20. Jahrhunderts. In diesem Werk hatte Heidegger bestritten, dass wir das Sterben anderer Menschen überhaupt erfahren können: „Wir erfahren nicht im genuinen Sinne das Sterben der Anderen, sondern sind höchstens immer nur ‚dabei'."[3] Der Tod betreffe uns nur als das eigene Sterben in der Zukunft, als gegenwärtig Bevorstehendes, als „Vorlaufen in den Tod", als eigentliches „Sein zum Tode". Dieses Bewusstsein der Sterblichkeit, konkretisiert in Angst und Sorge, werde jedoch zumeist verleugnet, das Individuum suspendiert in anonymen Kollektivsubjekten. „Das ‚man stirbt' verbreitet die Meinung, der Tod treffe gleichsam das Man. Die öffentliche Daseinsauslegung sagt: ‚man stirbt', weil damit jeder andere und man selbst sich einreden kann: je nicht gerade ich; denn dieses Man ist das *Niemand*. Das ‚Sterben' wird auf ein Vorkommnis nivelliert, das zwar das Dasein trifft, aber niemandem eigens zugehört." Heideggers Analyse, zugleich eine Theorie der Todesverdrängung, wurde vielfach zitiert, aber auch schon früh kritisiert: beispielsweise in der Habilitationsschrift von K. Löwith, unter dem programmatischen Titel *Das Individuum in der Rolle des Mitmenschen* (1928), danach in der luziden Dissertation von D. Sternberger *Der verstandene Tod* (1934). Während Löwith die Frage nach dem Freitod – die Heidegger konsequent vermieden hatte – aufwarf, kommentierte Sternberger die ontologische Verwerfung des Todes der Anderen als grandiosen „Machtanspruch des einen, sich erschließenden Todes, welcher keine ‚anderen' Tode neben ihm mehr duldet".[4]

Nach dem Ende des Zweiten Weltkriegs war es ein anderer Heidegger-Schüler, der seine Kritik an der Todesanalytik von *Sein und Zeit* mit einer neuen Theorie der Todesverdrängung verknüpfte. Die Prämissen Heideggers wurden geradezu umgekehrt: Nach Hiroshima und Nagasaki werde nicht mehr das Individuum, sondern die Menschheit selbst mit dem bevorstehenden Tod konfrontiert; die Differenz zwischen dem Tod der Anderen und dem eigenen Tod sei künftig bedeutungslos. Der mögliche Massentod, der tatsächliche Tod des Man, so argumentierte G. Anders in seiner Studie über *Die Antiquiertheit des Menschen*, werde verdrängt und geleugnet, während die Individuen ihren „jemeinigen" und „eigentlichen" Tod sentimentalisch verklären. „Wir leben im

---

3 M. HEIDEGGER, Sein und Zeit, Tübingen [15]1979, 239 und 253.
4 D. STERNBERGER, Über den Tod. Schriften I, Frankfurt a.M. 1977, 112.

Zeitalter der Unfähigkeit zur Angst", behauptete Anders, obwohl alle von Angst reden und dabei Kierkegaard oder Heidegger zitieren; die existentialistischen Moden vertrugen sich hervorragend mit jener „Apokalypse-Blindheit", die Anders unermüdlich kritisierte.

Alle diese Argumentationslinien moderner Selbstkritik wirken neuerdings ein wenig antiquiert. Sie verfehlen die reale Vielfalt der tatsächlichen Erscheinungsformen des Todes ebenso wie die Spielarten seiner philosophischen oder ästhetischen Reflexion. Vor einigen Jahren wurden im Depot des Mannheimer Zeughauses neunzehn Mumien entdeckt, die dort – verpackt in Papier und Kartons – seit mehr als hundert Jahren lagerten. Ein glücklicher Zufall für das Museum: Die offenbar vergessenen Toten konnten nun akribisch untersucht und erforscht werden; mit allen Mitteln moderner Medizin und Biologie – von der Computertomographie bis zur Genanalyse – ließen sich nicht nur die jeweiligen Mumifizierungstechniken in Erfahrung bringen, sondern auch Geschlecht, Lebensalter, Krankheiten oder Todesursachen. Diese Mumien wurden in der Ausstellung *Mumien – Der Traum vom ewigen Leben* (bis zum 24. März 2008) gezeigt; die Mannheimer Ausstellung umfasste insgesamt siebzig konservierte Leichname von Menschen und Tieren aus verschiedenen Kulturen und Epochen, darunter beispielsweise eine weibliche Mumie aus der Inkazeit, eine peruanische Kindermumie, das ausgetrocknete Skelett eines jungen Mannes aus der chilenischen Atacamawüste, neuseeländische und altägyptische Mumienschädel, das „Mädchen von Windeby" (Schleswig-Holstein), eine Frau, die sogar namentlich bekannt ist: Veronica Skripetz (1770–1808), eine Familie aus einer ungarischen Kirche, die „Schwurhand" Rudolfs von Schwaben aus dem Merseburger Domstift, schließlich einige mumifizierte Tiere – ein eiszeitliches Mammut, ein Frettchen, ein Affe, eine Katze.

Das Projekt war nicht unumstritten. So betonte etwa D. Wildung, Ägyptologe und damals Direktor des Ägyptischen Museums Berlin, im Interview mit „Deutschlandradio Kultur" (am 28. September 2007), „dass Tod und Sterben eine zutiefst private, eine zutiefst persönliche Angelegenheit sind, die nicht vor die Augen einer breiten Öffentlichkeit gezogen werden sollte. Ich möchte daher Tod und Sterben vergleichen mit Zeugung und Geburt, die auch sehr intime, sehr private, persönliche Erfahrungen sind und, vielleicht klingt es ein wenig gewagt, aber unser Umgang mit Zeugung, also letzten Endes mit Sexualität, der längst in die Öffentlichkeit gezerrt worden ist und den wir hier eigentlich als obszön bezeichnen müssten, gibt mir das gedankliche Modell, wie hier in der Ausstellung in Mannheim insbesondere mit dem menschlichen Körper, dem toten Körper, umgegangen wird, als obszön zu bezeichnen ist, es ist gewissermaßen Mumien-Pornographie. [...] Wenn man sagt ‚sex sells', dann kann man sagen ‚the mummy sells'. Die Veröffentlichung dessen, was nicht veröffentlicht gehört, hat einen gewissen prickelnden Reiz [...], aber ich glaube, dass hier die Pietätsschwelle überschritten ist und dass hier ein Eingriff in die Persönlichkeitsrechte des Menschen stattfindet, die auch noch bestehen, wenn dieser Mensch in manchen Fällen seit tausenden von Jahren tot ist."

Gegen Wildungs rhetorische Empörung ließ sich sofort einwenden, dass die Vorstellung vom privaten, persönlichen, unsichtbaren und intimen Tod erst in der Moderne aufgekommen ist; mit Hilfe dieser Vorstellung wurde der Tod als ewiger Schlaf idealisiert, zugleich aber jede religiöse, kollektive und ritualisierte Inszenierung des Sterbens scharf kritisiert. Diese Zeit der Tabuisierung des Todes ist inzwischen längst wieder vorbei; aus historischer Distanz könnte sogar der Eindruck entstehen, die „Verdrängung des Todes" hätte schon nach der Kubakrise nur mehr in den Nischen soziologischer oder philosophischer Theorien überlebt. Spätestens im letzten Drittel des 20. Jahrhunderts war es die Kunst, die den Tod und die Toten neu zu zeigen und zu reflektieren begann. Fotografen wie J. Silverthorne, H. Danuser, R. Schäfer oder A. Serrano publizierten Porträts und Detailstudien aus dem Leichenschauhaus; A. Rainer übermalte fotografische „Totengesichter" (1979/80). Mit ähnlichen Argumenten, wie sie anlässlich der Mannheimer Mumienausstellung geltend gemacht wurden, protestierte damals G. Fuller gegen die ‚Leichenbilder': „Rainer missachtet die Individualität der Toten, schenkt ihnen freilich durch seine Ästhetisierung eine neue Rolle, die sie im Leben nie hätten erlangen können. [...] Ihre stille Würde achtet er dabei nicht, sie werden übergangen, zum zweiten Mal ausgelöscht. Die Wehrlosen werden ästhetisiert, ohne danach verlangt zu haben." Nachhaltige Skandale und temporäre Ausstellungsverbote provozierte auch der amerikanische Fotograf J.-P. Witkin mit seinen Stilleben aus Leichenteilen, etwa dem Foto *Le Baiser* (1982), für das der Künstler den Kopf einer Leiche zersägte, um die beiden Hälften im Kuss vereinigen zu können.

Im Herbst 2007 wurde die Ausstellung *Six Feet Under – Autopsie unseres Umgangs mit Toten* im Deutschen Hygiene-Museum Dresden eröffnet; diese Ausstellung, die zuerst im Kunstmuseum Bern gezeigt worden war, dokumentierte die Vielfalt neuerer künstlerischer Auseinandersetzungen mit den Toten. Im Zentrum standen dabei nicht allein Bilder, sondern auch Objekte, indexikalische Zeugnisse und Spuren der Toten. Gezeigt wurde beispielsweise „Entierro", eine Arbeit der mexikanischen Künstlerin T. Margolles (1999): ein unscheinbarer Block aus Beton, 20 × 60 × 40 Zentimeter groß, der in einer luftdicht isolierten Höhlung die Leiche eines ungeborenen Kindes birgt. Das Kind wäre als Fehlgeburt entsorgt und nicht bestattet worden; daher erfüllte Margolles den Wunsch einer Freundin, diesem Leben, das nicht gelebt werden konnte, wenigstens nachträglich einen würdigen Platz zu geben. „Entierro" ist also auch ein Grabstein: Kunst verschmilzt – wie in ihren Anfängen – mit dem Totenkult; sie avanciert wieder zur magischen Praxis, wie in den Farbfotografien „*On Giving Life*" von A. Mendieta (1975), auf denen die Künstlerin zu sehen ist, wie sie sich nackt auf ein Skelett mit rosigem Wachsschädel legt. Ausdruck nekrophiler Wünsche? Sehnsucht nach archaischer Wiedergeburtsmagie? Oder einfach die konsequente Zitierung medialer Konservierungstechniken?

Der Titel der Ausstellung – *„Six Feet Under"* – war selbst ein Zitat: Er verwies auf eine erfolgreiche US-amerikanische Fernsehserie, die von 2001 bis 2005 in fünf Staffeln ausgestrahlt wurde. Produziert wurde sie von *Home Box Office* – einem Pay-TV-Sender – und dem Oscar-Preisträger A. Ball, Drehbuchautor von *American Beauty*, der auch die meisten Folgen schrieb. Die Serie handelt von der Familie Fisher und ihrem Bestattungsinstitut, das nach dem Tod des Vaters von den beiden Brüdern Nate und David weitergeführt wird. Der deutsche Untertitel der TV-Serie – „Gestorben wird immer" – artikulierte den subtilen schwarzen Humor, der charakteristisch war für ihr Profil. Ein Bestattungsinstitut als Fernseh-Serie? Diese Entscheidung korrespondierte einem Trend, der vom Kino – spätestens seit J. Demmes *The Silence of the Lambs* (1991) – in die Fernsehanstalten vorgedrungen war: der radikalen Enttabuisierung des Toten. Inzwischen sind es zahlreiche Serien, die etwa im Milieu der Kriminalistik (*C.S.I.*), der Forensik (*Crossing Jordan, Bones*) oder der Medizin (*Dr. House, Grey's Anatomy*) angesiedelt sind. Sie zeigen, was zuvor nur einem Spezialpublikum zugemutet werden durfte: Leichen, Obduktionen, Balsamierungen, Bestattungen. Sogar das Trauma des Scheintods, der Bestattung bei lebendigem Leibe, hat inzwischen – mit Q. Tarantino (in *Kill Bill 2* und der *C.S.I.*-Episode *Grave Danger*) – seinen Regisseur gefunden.

E. A. Poes *Premature Burial* bleibt freilich eine Angstvision, die gerade unter Bedingungen moderner Medizin unrealistisch wirkt. Sonst gilt jedoch: Was im Fernsehen ankommt, ist der Wirklichkeit nicht völlig fremd. Auch die Bestattungsunternehmen haben inzwischen die aktuellen Chancen ihrer Branche – „Gestorben wird immer" – erkannt und in ein breiteres Angebot neuer Praktiken übersetzt; sie werden nicht mehr bloß den Hinterbliebenen – in seltsamer Mischung aus Sadismus und Empathie – offeriert, sondern den Individuen selbst, die erfolgreich eingeladen werden, das Zeremoniell ihrer eigenen Bestattung oder die Gestalt ihrer letzten Ruhestätte geradezu strategisch vorwegzunehmen und zu planen. Vor einigen Jahren erst hat der kalifornische Erfinder R. Burrows einen „Video-Grabstein" zum Patent angemeldet. Dieser Grabstein ist an der Vorderseite mit einem wasserdichten Flach-Bildschirm ausgerüstet; innen ist er ausgehöhlt, um ein Abspielgerät – einen Videorecorder, DVD-Player oder Computer – aufnehmen zu können. Im Gespräch mit „Deutschlandradio Berlin" (am 26. August 2004) kommentierte Burrows: „Ich habe den Video-Grabstein auch mit einer Kamera und einem Mikrofon ausgestattet. Damit können die Besucher ihre eigenen Kommentare aufnehmen oder Botschaften für andere Besucher hinterlassen, die den Friedhof später besuchen."

Seit wenigen Jahren werden auch die anonymen Bestattungen – in Wald oder Meer – verstärkt propagiert. Dabei wird die Asche eines Toten in einem natürlich gewachsenen Wald am Fuße eines Baumes beigesetzt; „Friedwälder" sind ab Mitte der Neunzigerjahre in der Schweiz und seit einigen Jahren auch in Deutschland gegründet worden. Bei der Meeresbestattung wird dagegen die Asche – durch sogenannte Seebestattungsreedereien – außerhalb der Dreimeilenzone im Wasser versenkt. Zugleich wird der gesetzliche „Urnenzwang", der die private Aufbewahrung von Urnen in Deutschland verbietet, kritisiert und bekämpft; schon heute kann das Verbot – etwa durch den Gebrauch von silbernen „Asche-Amuletten", wie sie manche Bestattungsunternehmen, als Zitat des christlichen Reliquienkults, anbieten – teilweise umgangen werden. Offenbar braucht der Tote kein Knochenlager mehr; Erinnerung fühlt sich an keine Friedhofs- oder Grabadresse gebunden. Die letzte Ruhestätte unseres Zeitalters findet sich ohnehin auf keinem Friedhof mehr, sondern verstärkt im Internet. Im Netz haben sich multimedial inszenierte *„Halls of Memory"* etabliert, die der Toten gedenken. Zeitliche Ewigkeit wird durch räumliche Reichweite ersetzt; wie unzählbare Moleküle schwimmen die Nekrologe durch die elektronischen Datenströme, um manchmal als Spuren zu imponieren oder genau definierte Beziehungssysteme zu bezeugen.

Manche Fragen bleiben dennoch offen. Wer will denn in einer bunten, einfallsreich gestalteten *„Memory-Hall"* überleben? Wer träumt vom ewigen Leben im Internet? Der Prozess allmählicher Enttabuisierung des Todes, der sich in Fotografie, Kunst, Kino, Fernsehen oder Internet durchgesetzt hat, bleibt in einem Punkt dem Trend des 19. Jahrhunderts treu, den W. Benjamin so scharfsinnig diagnostizierte: Die konkrete Materialität des Toten, seine erschreckende Fremdheit, wird nach wie vor ausgeschlossen. Das alte Versprechen einer Auferstehung des Fleisches, das die europäische Kultur während der letzten beiden Jahrtausende geprägt hat, wird nicht mehr erneuert. Wer an ein Weiterleben nach dem Tod glauben will, orientiert sich an esoterischen Bestsellern über die Erfahrungen der Todesnähe, an Spiritismus und Spuk. Nicht zufällig gleichen die Toten in diesen neueren Glaubenswelten den Bildern, Fotografien und Filmen; sie sind flüchtiger als jede Reliquie, körperlos, stumm und geruchlos wie die Engel. Während die Totentänze des 15. und 16. Jahrhunderts die Erfahrungen der Pest verarbeiteten – und sich dabei nicht scheuten, gerade die erschreckende Gestalt der Toten zu zeigen, mit Würmern und herabhängenden Fleischfetzen –, bleiben die neuen Totentänze ebenso steril wie die Obduktionssäle, die Kühlfächer im Leichenschauhaus und die glänzenden Bildschirmoberflächen der Medien.

Zur Psychologie des Sterbens – oder: Was die zeitgenössische Psychologie über das Sterben weiß

JOACHIM WITTKOWSKI

Das Sterben gehört zu den urtümlichen Erfahrungen der Menschheit. Der letzte Lebensabschnitt vor dem Eintritt des Todes, vor allem aber der Übergang von der lebenden Person zum unbelebten Leichnam, war den Menschen seit jeher rätselhaft. Aus heutiger psychologischer Sicht bedeutet Sterben ein Leben im Bewusstsein des absehbaren baldigen Nicht-mehr-Seins. Psychologisch betrachtet ist Sterben also die Auseinandersetzung des Individuums mit dem bevorstehenden Verlust seiner WELT, das heißt dem Verlust all dessen, das für diese Person die Welt ausmacht (zum Beispiel ihre Familie, ihre Heimat, ihr Beruf, ihre Vergangenheit und ihre Zukunft, ihre Ideale, Träume und Hoffnungen). Man kann daher Sterben auch als gedanklich vorwegnehmendes Trauern um den Verlust der persönlichen WELT auffassen. Im Falle einer todbringenden Krankheit ist dieser psychische Anpassungsprozess in der Regel überlagert vom Krankheitsverlauf mit allmählicher Verschlechterung der körperlichen und geistigen Leistungsfähigkeit, sei es infolge der Krankheit selbst, sei es aufgrund der Nebenwirkungen von Behandlungsmaßnahmen oder – am wahrscheinlichsten – der Wechselwirkung von beidem. Bei anderen Rahmenbedingungen des Sterbens (zum Beispiel durch äußere Gewalteinwirkung, Suizid oder Hinrichtung) sind derartige Beeinträchtigungen nicht gegeben.[1]

In diesem Kapitel werden nach einer Klärung der Begriffe beziehungsweise Konzepte „Sterben" und „Tod" sowie einer psychologisch-verhaltenswissenschaftlichen Kennzeichnung des Sterbens zunächst vorwissenschaftliche Aussagen über den Sterbeprozess behandelt. Es folgt die Darstellung wissenschaftlich fundierter Erkenntnisse über das Sterben mit Verlaufsformen, Bewusstheits-Kontexten und dem Konzept der Aufgabenerledigung im/beim

---

1   J. WITTKOWSKI, Sterben – Anfang ohne Ende?, in: J. WITTKOWSKI/H. STRENGE (Hg.), Warum der Tod kein Sterben kennt. Neue Einsichten zu unserer Lebenszeit, Darmstadt 2011, 29–104.

Sterben. Bei der anschließenden Erörterung der Möglichkeiten verhaltenswissenschaftlicher Forschung über das Sterben geht es um Fragen der ethischen Zulässigkeit und um solche der Methodik. Das Kapitel schließt mit einer Bewertung des Forschungs- und Kenntnisstandes über das Sterben beziehungsweise über Sterbende. Das vorliegende Kapitel lehnt sich in Ausschnitten an einen ähnlichen, gleichwohl thematisch anders akzentuierten Beitrag an.[2] Diese beiden Kapitel stehen in einem komplementären Verhältnis zueinander; zusammen genommen bieten sie einen einigermaßen umfassenden Überblick über das Sterben aus psychologischer Sicht.

1. Klärung von Begriffen und Konzepten

Die Begriffe „Sterben" und „Tod" werden häufig verwechselt oder gleichgesetzt. Dies gilt nicht nur für die Umgangssprache und die Belletristik (zum Beispiel L. Tolstoj; S. de Beauvoir), sondern auch für einen nicht geringen Teil der Fachliteratur. Statt eines „schönen", „guten" oder auch „einsamen" *Todes* ist ein „schönes", „gutes" beziehungsweise „einsames" *Sterben* gemeint, denn für den Zustand des Totseins spielen die Verhältnisse der Lebenden keine Rolle. Auch beim Recht auf den eigenen Tod geht es in Wahrheit um das eigene Sterben und um das Recht auf die Gestaltung des letzten Lebensabschnitts. Bei der Frage nach der „Stunde des Todes" ist nicht klar, ob damit der Todeszeitpunkt oder der Beginn des Sterbeprozesses gemeint ist. Diese wenigen Beispiele mögen zeigen, dass bezüglich Sterben und Tod ein begrifflicher und damit auch gedanklicher Wirrwarr weit verbreitet ist, der auch Auswirkungen auf die Gefühle der Menschen haben kann.

Vom Standpunkt der Logik aus bezeichnet das Sterben einen Prozess am Ende des Lebens, ist Leben bis zum Eintritt des Todes. Tod bezeichnet den Zustand des Totseins, mithin das Fehlen von Leben in seiner psycho-physischen Dimension. Es ist zu befürchten, dass dem oben demonstrierten sprachlichen Verwirrspiel eine Verwirrung der Gedanken entspricht. Der Tod ist in der Tat ein Geheimnis, das einer naturwissenschaftlichen Erforschung unzugänglich bleibt. Wer nun von einem „schönen Tod" – wahlweise auch von einem „schweren Tod" – spricht, obwohl er ein „schönes" beziehungsweise „schweres Sterben" meint, der suggeriert, auch das Sterben sei ein unzugängliches Mysterium. So wird gedanklicher Nebel erzeugt, und es können gefühlsmäßige Barrieren gegen einen rationalen und sachlichen Umgang mit der Todesthematik insgesamt entstehen.

---

2   J. WITTKOWSKI, Reaktionsformen im Angesicht des absehbaren eigenen Todes, in: W. ECKART/M. ANDERHEIDEN (Hg.), Handbuch Menschenwürdig Sterben, Berlin, in Vorbereitung.

Im Gegensatz zur traditionellen medizinisch-somatischen Sichtweise, derzufolge das Sterben eine kurze Zeitspanne von Minuten, Stunden oder allenfalls wenigen Tagen vor Eintritt des Todes bezeichnet, kann sich das Sterben aus psychologisch-verhaltenswissenschaftlicher Sicht über eine vergleichsweise lange Zeitspanne (zum Beispiel mehrere Monate, ein Jahr) erstrecken, die vom Sterbe-Bewusstsein des Betroffenen bestimmt ist. Maßgebend ist hier das Erleben beziehungsweise Befinden des Betroffenen im Kontext der Kommunikation und Interaktion mit den Menschen in seiner Umgebung. Dieser weit gefasste Sterbebegriff schließt die Möglichkeit ein, dass es dem Sterbenden lange Zeit körperlich relativ gut geht, er im Vollbesitz seiner geistigen Kräfte ist und sich daher über seinen Zustand ausführlich zu äußern vermag.[3] In dieser verhaltenswissenschaftlichen Perspektive, an deren Zustandekommen Hospizarbeit und Palliativmedizin beteiligt waren, ist Sterben Teil des (aktiven) Lebens und nicht ein Zustand der Passivität und (zeitweiligen) Bewusstlosigkeit. Den Ausführungen dieses Kapitels liegt dieser weite Sterbebegriff der Verhaltenswissenschaften zugrunde. Seine ausführliche Herleitung sowie weitere Erläuterungen finden sich bei Wittkowski und Schröder 2008 sowie insbesondere bei Wittkowski 2011.[4]

Die heutige Psychologie wird als empirisch ausgerichtete Erfahrungswissenschaft betrieben, deren Gegenstand das Erleben und Verhalten des Menschen ist. Die (philosophisch bestimmte) Idee der Seele ist inzwischen zugunsten der (naturwissenschaftlich orientierten) Konzepte „Erleben und Verhalten" aufgegeben worden, da diese empirisch erfasst (das heißt, durch Untersuchungsverfahren operationalisiert) werden können. Als Wissenschaft sucht die Psychologie das Erleben und Verhalten des Menschen zu beschreiben, zu erklären und vorherzusagen; als angewandtes Fach sucht sie beides zu verändern, um Störungen zu beseitigen, beziehungsweise Funktionsfähigkeit und Wohlbefinden zu steigern.

2. Vorwissenschaftliche Aussagen über den Verlauf des Sterbens

Am Ende der 1960er Jahre und während der 1970er Jahre wurden mehrere sogenannte Phasenlehren des Sterbens veröffentlicht. Es ist ein bemerkens-

---

3   P. NOLL, Diktate über Sterben und Tod. Mit der Totenrede von Max Frisch, Zürich 1984, zur Illustration.
4   J. WITTKOWSKI/C. SCHRÖDER, Betreuung am Lebensende: Strukturierung des Merkmalsbereichs und ausgewählte empirische Befunde, in: DIES. (Hg.), Angemessene Betreuung am Ende des Lebens. Barrieren und Strategien zu ihrer Überwindung, Göttingen 2008, 1–51; WITTKOWSKI, Sterben (s.o. Anm. 1).

wertes Phänomen, dass von ihnen allein die Phasenlehre von Kübler-Ross[5] große und bis heute ungebrochene Resonanz gefunden hat, die entsprechenden Konzepte von Pattison und Weisman hingegen nahezu unbekannt geblieben sind, obwohl auch sie publiziert und somit allgemein zugänglich sind.[6]

Gegen Phasenlehren des Sterbens sind schwerwiegende Einwände erhoben worden. Diese Kritik bezieht sich in erster Linie auf das Modell von Kübler-Ross, das hier mit Absicht nicht dargestellt wird.

(1) Das Phasen-Modell von Kübler-Ross beruht ausschließlich auf Interviews und Verhaltensbeobachtungen, die in klinisch-therapeutischem Kontext von nur einer Person durchgeführt wurden, die selbst in die Therapeut-Patient-Interaktion involviert war; eine formelle Auswertung durch Dritte mit Bestimmung der Auswerter-Übereinstimmung erfolgte nicht.

(2) Zwar gibt es Anhaltspunkte für *irgendwelche* Phasen oder Stufen des Sterbens im Sinne eines subjektiven Eindrucks, es gibt aber keine objektiven oder auch nur quasi-objektiven Belege für eine *bestimmte Anzahl und inhaltliche Beschaffenheit*.

(3) Es gibt keine stichhaltigen Belege dafür, dass Sterbende bestimmte Phasen in einer linearen Abfolge gleichsam gesetzmäßig durchlaufen.

(4) Die generalisierende Anwendung des Phasen-Modells von Kübler-Ross übersieht die Individualität des oder der Sterbenden und lässt allgemein eine differentielle Sichtweise vermissen.

Diese Schwachstellen, bezüglich derer längst Konsens unter Fachwissenschaftlern besteht[7], rechtfertigen die Kennzeichnung der Phasen-Lehre von Kübler-Ross als vorwissenschaftlich. Vermutlich beruht das Unbehagen, das viele Wissenschaftler mit Blick auf Phasen-Modelle des Sterbens geäußert haben, aber auch darauf, dass sie von Betreuenden vielfach unkritisch und vereinfachend als bewiesene Tatsachen aufgenommen wurden. Phasen-Modelle sind ihrem Wesen nach deskriptiv; gleichwohl wurde besonders das Modell von Kübler-Ross als eine Art Norm interpretiert. Dies kann man nicht der Autorin anlasten. Die große Resonanz, die ihre Lehre weltweit gefunden hat, und ihr starker

---

5   E. Kübler-Ross, Interviews mit Sterbenden, Gütersloh 1973.
6   E. M. Pattison, The experience of dying, Englewood Cliffs 1977; E. M. Pattison, The living-dying process, in: C. A. Garfield (Hg.), Psychosocial care of the dying Patient, New York 1978, 133–168; A. D. Weisman, On dying and denying: A psychiatric study of terminality, New York 1972.
7   Vgl. C. A. Corr, Coping with dying: Lessons that we should and should not learn from the work of Elisabeth Kübler-Ross, in: Death Stud 17 (1993), 69–83; C. A. Corr/C. M. Nabe/D. M. Corr, Death and dying, life and living, Belmont 2009, 138 f.; R. Kastenbaum, Death, society, and human experience, Boston ^{9}2006; N. Samarel, Der Sterbeprozess, in: J. Wittkowski (Hg.), Sterben, Tod und Trauer. Methoden – Grundlagen – Anwendungsfelder, Stuttgart 2003, 122–151.

Einfluss auf die Bewegung der öffentlichen Bewusstmachung von Sterben und Tod lassen sich durch ihre charismatische Persönlichkeit und durch Verhaltensweisen erklären, die Merkmale einer Religionsführerin aufwiesen.[8] Mit dem Heilsversprechen der Akzeptanz des Sterbens ermunterte sie Betreuungspersonen dazu, ihrer subjektiven Realität und ihrem Bedürfnis nach Selbstaktualisierung zu vertrauen. Da Betreuende in der Hospizarbeit ganz überwiegend weiblich waren beziehungsweise sind, fiel diese Botschaft auf den fruchtbaren Boden der feministischen Emanzipation.

3. Wissenschaftlich fundierte Erkenntnisse über das Sterben

Die wesentlichen Merkmale wissenschaftlicher Erkenntnisgewinnung in den Erfahrungswissenschaften sind systematisches beziehungsweise regelgeleitetes und objektives (das heißt intersubjektiv nachvollziehbares) Vorgehen. Darüber hinaus werden Vermutungen (Hypothesen) anhand von Beobachtungen und ihrer Auswertung überprüft und gegebenenfalls korrigiert. In diesem Sinne sind die Erkenntnisse, die im vorhergehenden Abschnitt referiert wurden, vorwissenschaftlich, die Inhalte dieses Abschnitts rechtfertigen hingegen die Einstufung als wissenschaftlich fundiert – was nicht bedeutet, dass es sich um unumstößliche Wahrheiten handeln muss.

3.1 Verlaufsformen

3.1.1 Prototypische Sterbeverläufe

Am Sterben, das heißt an der Zeitspanne vom Einsetzen von Sterbebewusstheit bis zum Eintritt des Todes, lassen sich verschiedene Verlaufsformen unterscheiden:[9]

- Ein rascher Verlauf, bei dem der Todeszeitpunkt nicht vorhersehbar ist; der Sterbeprozess ist hier kurz.
- Zu einem vorhersehbaren Zeitpunkt wird klar, wie der weitere Verlauf sein wird (gleichbleibend, langsame Verschlechterung, rasche Verschlechterung).
- Langsame und stetige Verschlechterung mit vorhersehbarem Todeszeitpunkt.
- Langsamer und uneinheitlicher Verlauf, bei dem sich Erholung und Verschlechterung abwechseln und der Todeszeitpunkt nicht absehbar ist.

---

8   D. KLASS/R. A. HUTCH, Elisabeth Kübler-Ross as a religious leader, in: Omega (Westport) 16 (1985–1986), 89–109.
9   CORR/NABE/CORR (s.o. Anm. 7), 32 f.

Die Art des Sterbeverlaufs ist im Einzelfall auch von der Erkrankung (zum Beispiel der Art des Krebses) und der jeweiligen Therapie abhängig. Sterbeverläufe in Verbindung mit degenerativen Erkrankungen des Nervensystems (amyotrophe Lateralsklerose, Morbus Alzheimer, Morbus Parkinson) sind in der Regel länger und in ihrem Verlauf schwerer einschätzbar als Sterbeverläufe aufgrund anderer Ursachen. Neben der Dauer des Sterbens spielt die Vorhersehbarkeit des Todeszeitpunkts eine Rolle. Dies hat Auswirkungen auf die Belastung von Angehörigen und Betreuungspersonen und indirekt auf deren Interaktion mit dem Sterbenden. Ein sehr kurzer Sterbeprozess kann die Bezugspersonen des Sterbenden überfordern, weil keine Zeit ist, sich gedanklich und emotional auf die Situation einzurichten. Andererseits kann ein sehr langer Sterbeprozess ohne absehbares Ende eine starke psychische Belastung bedeuten.

3.1.2 Integriertes zirkuläres Modell des Sterbens

Sowohl Phasenmodelle des Sterbeprozesses[10] als auch solche des Trauerns[11] weisen drei Phasen auf; die Modelle des Trauerns von Bowlby und Parkes beinhalten jeweils vier Phasen[12], ließen sich jedoch ohne Schwierigkeiten in die dreiphasigen Modelle überführen. Inhaltlich besteht eine weitgehende Entsprechung zwischen den dreiphasigen Modellen des Sterbens und den ebenfalls dreiphasigen Modellen des Trauerns. Hier wie dort gibt es eine kurze Phase des Schocks beziehungsweise der akuten Krise, an die sich eine vergleichsweise lange Phase der intrapsychischen Bewältigung anschließt. Analog zu einem dreiphasigen zirkulären Modell des Trauerns scheint es sinnvoll, auch den Sterbevorgang in drei Abschnitte zu gliedern.[13] Phase 1 ist von Benommenheit und Schock bestimmt. Phase 2 wird nicht linear durchlaufen nach dem Prinzip „Durch und erledigt", sondern sie besteht aus der ständigen Wiederkehr von Gedanken und Gefühlen wie Angst, Wut, Hoffnung, Schuld, Verzagen, Zustimmung. Phase 3 bildet den Abschluss mit Rückzug und psycho-physischem Verfall. Ein solches dreiphasiges zirkuläres Modell dürfte nicht nur für das Trauern gelten, sondern auch die psychischen Anpassungsvorgänge beim Sterben sehr

---

10   Pattison (s.o. Anm. 6); Weisman (s.o. Anm. 6).
11   G. Gorer, Death, grief, and mourning, Garden City 1965; M. S. Miles, Helping adults mourn the death of a child, in: H. Wass/C. A. Corr (Hg.), Childhood and death, Washington 1984, 219–241; T. A. Rando, Treatment of complicated mourning, Champaign 1993; J. Tatelbaum, The courage to grieve, New York 1980.
12   J. Bowlby, Processes of mourning, in: Int J Psychoanal 42 (1961), 317–340; C. M. Parkes, "Seeking" and "finding" a lost object: Evidence from recent studies of reaction to bereavement, in: Soc Sci Med 4 (1970), 187–201.
13   J. Wittkowski, Sterben und Trauern: Jenseits der Phasen, in: Pflege Z 57,12 (2004), 2–10.

viel besser abbilden als die traditionellen linearen Phasenlehren des Sterbens. Seine empirische Überprüfung steht allerdings noch aus.

Eine neuere Variante der Phasenmodelle besteht im *Illness Constellation Model*[14], das Morse und Johnson vorgelegt und Olson, Morse, Smith, Mayan und Hammond (2000–01) erweitert haben.[15] *Phase 1* „Vigilanz" beginnt mit dem Gewahrwerden von Symptomen beziehungsweise Beschwerden und dauert während der medizinischen Befunderhebungen an. Wenngleich das Leben äußerlich in den gewohnten Bahnen fortgeführt wird, befindet sich der oder die Betroffene innerlich in erheblicher Unruhe, Unsicherheit und Besorgnis. Nach Abschluss der medizinischen Befunderhebungen bedeutet die Diagnose einer unheilbaren Krankheit einen Schock und eine existentielle Bedrohung für ihn oder sie. In der Folgezeit gibt es nun zwei Möglichkeiten: Der körperliche Zustand verschlechtert sich sehr rasch oder dem Patienten geht es körperlich relativ gut. Patienten, deren körperlicher Zustand einen krisenhaften Verlauf nimmt, treten in Phase 2 ein und verbleiben dort bis zum Eintritt des Todes, sofern nicht doch noch eine Besserung erfolgt.

Phase 2 „Ausrichtung auf das Überleben" ist dadurch gekennzeichnet, dass alle Kräfte auf das tägliche Überleben konzentriert sind. In der Studie von Olson und anderen[16] handelte es sich ausnahmslos um Patienten, die auf einer Intensivstation behandelt worden waren. Jene Patienten, die vergleichsweise beschwerdefrei sind, treten in *Phase 3* „Ausrichtung auf das Leben" ein. Hier geht es nicht um das tägliche Überleben, sondern um eine längere Zeitspanne bis zum Eintritt des eigenen Todes. Nach den Befunden von Olson und anderen[17] versuchen die Patienten, die Kontrolle über ihr Leben zu bewahren. Da diese Phase mit hohem Kräfteverbrauch einhergeht, entwickeln sie Strategien zur Vermeidung von (subjektiv) unnötigem Energieverlust, und sie nutzen die Hoffnung als Energiequelle. Wichtige sogenannte Anker, die stützende Funktion haben, sind Kontakte zu Angehörigen und unerledigte Geschäfte. Phase 3 kann direkt zum Tod führen, sie kann aber auch in Phase 4 übergehen.

Phase 4 „Leiden" ist durch das Trauern um den Verlust der eigenen Zukunft gekennzeichnet. Es kommt zu einer deutlichen Verschlechterung der Lebensqualität. Es besteht die Möglichkeit, aus Phase 4 in Phase 3 zurückzukehren und dann erneut in Phase 4 zu gelangen. Wir haben es also hier mit einem zirkulären Teilprozess innerhalb des Modells zu tun. In *Phase 5* „Aus-

---

14 J. Morse/J. Johnson, Toward a theory of illness: The Illness Constellation Model, in: Dies. (Hg.), The illness experience: Dimensions of suffering, Newbury Park 1991, 315–342.
15 K. Olson/J. M. Morse/J. E. Smith/M. J. Mayan/D. Hammond, Linking trajectories of illness and dying, in: Omega (Westport) 42 (2000–2001), 293–308.
16 Olson et al. (s.o. Anm. 15).
17 Olson et al. (s.o. Anm. 15).

richtung auf das Sterben" vollzieht sich ein rapider körperlicher Verfall, der mit psycho-physischer Erschöpfung verbunden ist. Wurde das Trauern der Phase 4 erfolgreich bewältigt, erfolgt ein bejahender Rückzug auf sich selbst. Wurde Phase 4 hingegen nicht bewältigt, kommt es zu einem resignativen Aufgeben.

Auch das *Illness Constellation Model* lässt sich ohne Informationsverlust in das dreiphasige zirkuläre Modell überführen. Phase 1 würde als solche bleiben, die Phasen 3 und 4 würden eine neue Phase 2 mit zirkulärem Verlauf bilden und Phase 5 würde zu Phase 3. Der Vorzug dieses Modells besteht darin, dass es unterschiedliche Verläufe des Sterbeprozesses vorsieht und ansatzweise erklärt.

3.2 Bewusstheitskontexte

Im Rahmen einer umfangreichen Feldstudie führten die Soziologen A. Glaser und B. Strauss[18] in sechs Krankenhäusern im Großraum San Francisco teilnehmende Beobachtungen und Interviews durch. Je nach Station schwankte die Beobachtungsdauer zwischen zwei und vier Wochen. Die Heterogenität der Stichprobe von Krankenhausstationen bietet günstige Voraussetzungen für die Generalisierbarkeit der Ergebnisse. Aufgrund ihrer Beobachtungen gelangten die Autoren zum Konzept des Bewusstheits-Kontexts („*awareness context*"), das die wechselseitigen Kenntnisse von Sterbendem und Betreuungspersonen über den psycho-physischen Zustand des Patienten beschreiben soll.

Vier Arten von Bewusstheits-Kontexten werden unterschieden. Bei *geschlossenem Bewusstheits-Kontext* ist der Patient ahnungslos bezüglich seines kritischen Gesundheitszustandes und wird von den Personen in seiner Umgebung absichtlich in diesem Zustand belassen. Im *Bewusstheits-Kontext des Argwohns* hat der Patient den Verdacht, dass er sterbenskrank ist, ohne darüber jedoch mit Ärzten, Schwestern oder Angehörigen offen sprechen zu können. Diese zerstreuen entsprechende Befürchtungen und/oder zeigen ausweichendes Verhalten. Im *Bewusstheits-Kontext der gegenseitigen Täuschung* wissen Patient und Helfer über den bevorstehenden Tod des Patienten Bescheid, sie gestehen sich diese Gewissheit aber nicht ein. Als ob eine heimliche Übereinkunft bestünde, wird über den bevorstehenden Tod des Kranken nicht gesprochen, obwohl er allen Beteiligten bewusst ist. Bei *offenem Bewusstheits-Kontext* kann über das nahe Ende des Patienten unverhohlen gesprochen werden.

---

18 B. G. GLASER/A. L. STRAUSS, Awareness of dying, Chicago 1965; deutsch: DIES., Interaktion mit Sterbenden, Göttingen 1974.

3.3 Psychische Bewältigung des eigenen Sterbens durch Erledigung von Aufgaben

Sterbende haben spezifische Bedürfnisse, die sich verschiedenen Bereichen zuordnen lassen: dem körperlichen, dem psychologischen, dem sozialen und dem spirituellen Bereich. Diese Bedürfnisse können je nach dem Lebensabschnitt, in dem sich der Sterbende befindet (Kindheit, Jugend, frühes, mittleres oder spätes Erwachsenenalter), der Art seiner Erkrankung (zum Beispiel Krebs, AIDS) und der Betreuungssituation (zuhause, im Hospiz oder auf der Palliativstation, im Pflegeheim) unterschiedlich sein. Das Konzept der psychischen Bewältigung (*„Coping"*) beinhaltet die Idee einer Anpassung an die spezifische Situation des Sterbens durch die Befriedigung von Bedürfnissen in den oben genannten Bereichen, die eine aktive, das heißt absichtsvoll gesteuerte, Leistung darstellt im Gegensatz zum reflexhaften, eher passiven Reagieren nach Art eines Abwehrmechanismus.

Auf dieser Grundlage hat Corr sein *Konzept der Aufgabenerledigung beim Sterben* vorgelegt.[19] Die Erledigung von Aufgaben in diesem Kontext ist eine Arbeitsleistung („*work*"), die im Umgang mit dem eigenen Sterben erbracht werden kann, jedoch nicht erbracht werden muss; der Sterbende hat die Wahl zwischen der Erledigung verschiedener Aufgaben, und er kann die Erledigung von Aufgaben auch unterlassen. Das Konzept der Aufgabenerledigung beim Sterben verweist auf die aktive Auswahl einer bestimmten Aufgabe und auf die Bereitschaft zu ihrer Erledigung durch den Sterbenden. Insofern ist es ganz auf den Sterbenden ausgerichtet, wogegen ein Betreuungskonzept die Befriedigung von Bedürfnissen durch andere vorsehen könnte; im einen Fall ist der Sterbende aktiv Gestaltender, im anderen Fall ist er passiv Empfangender.

In seinem Modell der Aufgabenerledigung beim Sterben sieht Corr in Anlehnung an die am Anfang dieses Abschnitts genannten Bedürfnisbereiche vier Aufgabenfelder vor.[20]

- *(1) Auf den Körper bezogene Aufgaben.* Hier geht es um die Befriedigung körperlicher Bedürfnisse und die Minimierung körperlicher Beeinträchtigungen (in erster Linie Schmerz, Schwindel, Übelkeit).
- *(2) Auf das Erleben und Befinden bezogene Aufgaben.* Der existentiell bedrohte Sterbende steht vor der Aufgabe, einerseits ein Gefühl der Sicherheit und andererseits seine Autonomie bei kleinen und großen Entscheidungen zu bewahren beziehungsweise gegebenenfalls wieder herzustellen. Dies steht in unmittelbarer Beziehung zu seiner persönlichen Würde und damit zu seiner Lebensqualität.

---

19 CORR/NABE/CORR (s.o. Anm. 7), 142 ff.; C. A. CORR, A task-based approach to coping with dying, Omega (Westport) 24 (1991–1992), 81–94.
20 CORR (s.o. Anm. 19).

(3) Aufgaben mit Blick auf die soziale Gemeinschaft. Sofern dies seinen Bedürfnissen entspricht, kann sich der Sterbende um die Aufrechterhaltung und Förderung seiner Bindungen zu anderen Menschen bemühen.
(4) Spirituelle Aufgaben. Hier kann es um Sinnfindung ebenso gehen wie um Transzendenz (etwa die Idee der Zugehörigkeit zu einem großen Ganzen) und Hoffnung, die über die eigene Lebensperspektive hinausreichen kann.

Das Konzept der Aufgabenerledigung beim Sterben überträgt das etablierte Konzept der Anpassung an kritische Lebensereignisse auf die spezifische Situation des Sterbenden und konkretisiert es entsprechend.[21] Es erfüllt damit die wichtige Funktion, die Aufmerksamkeit von Betreuungspersonen und Angehörigen einerseits sowie von Forschern andererseits in systematischer Weise auf die damit verbundenen Aspekte des Erlebens und Verhaltens Sterbender zu lenken.

4. Möglichkeiten der verhaltenswissenschaftlichen Erkenntnisgewinnung über das Sterben

Wissenschaftlich gesicherte Erkenntnisse über das Sterben können zum einen durch eine sachlogische konzeptionelle Strukturierung des Merkmalsbereichs und durch Aussagen über die Art der Beziehungen zwischen seinen Komponenten sowie zum anderen durch empirische Untersuchungen gewonnen werden. Im Sinne eines hypothetico-deduktiven Vorgehens sind konzeptionelle Überlegungen der erste Schritt. In einem zweiten Schritt werden sie anhand empirischer Daten, die für die „Realität" stehen, überprüft und gegebenenfalls korrigiert. Die allgemeine Fragestellung lautet: Lassen sich Vorstellungen vom Sterben, die Überlegungen am sogenannten grünen Tisch entspringen, in der Wirklichkeit wiederfinden beziehungsweise anhand empirischer Daten abbilden? Wird dies bejaht, gelten die theoretischen Aussagen als empirisch bestätigt. Wird die Frage verneint, müssen die theoretischen Aussagen im Sinne der empirischen Befunde abgeändert und erneut überprüft werden.

Dieses allgemeine Schema der Erkenntnisgewinnung in den Erfahrungswissenschaften beinhaltet insbesondere mit Blick auf Sterbende die Verknüpfung von zwei Aspekten: Der Wahl der Untersuchungsmethodik einerseits und der Frage der ethischen Zulässigkeit andererseits. Es bestehen nämlich zwei Arten von Anforderungen, die ein Spannungsfeld bedingen: Die Verpflichtung des Untersuchers, seinen Probanden keinen Schaden zuzufügen („*neminem laedere*"), steht der Verpflichtung des Untersuchers zur Schaffung neuen und

---

21 S.-H. Filipp/P. Aymanns, Kritische Lebensereignisse und Lebenskrisen. Vom Umgang mit den Schattenseiten des Lebens, Stuttgart 2010.

gültigen Wissens gegenüber, das auf längere Sicht zum Wohl der Menschen verwendet werden kann. Bei der Forschung an und mit Sterbenden hat der Aspekt der Schadensvermeidung besondere Bedeutung, weil diese Personengruppe in der Regel in physischer wie psychischer Hinsicht geschwächt respektive belastet ist. Allerdings verliert deshalb der Aspekt der Erkenntnisgewinnung nicht an Bedeutung. Die Erläuterungen zu Leitsatz 4 „Entwicklungsperspektiven und Forschung" der *Charta zur Betreuung schwerstkranker und sterbender Menschen in Deutschland* bringen dies klar zum Ausdruck.[22] Dort wird die „kritische Auseinandersetzung [mit] und Reflexion einer angemessenen Forschungsethik"[23] gefordert, und es werden „Entwicklung und Anwendung adäquater Forschungsmethoden"[24] unter Berücksichtigung des gesamten Methodenspektrums (das heißt einschließlich qualitativer Methoden) angemahnt. Die Leitfrage lautet also: Welche Untersuchungspläne in Verbindung mit welchen Untersuchungsverfahren versprechen gültige Ergebnisse, ohne dem Probanden (das heißt dem Sterbenden) vermeidbaren Schaden zuzufügen?

Bedenken bezüglich empirisch-psychologischer Forschung an und mit Sterbenden scheinen in Deutschland besonders ausgeprägt zu sein. Entsprechende Arbeiten im Ausland (zum Beispiel Baugher und andere 1990[25], Smith und andere 1993[26], Viney und andere 1994[27]; hierzulande Kruse 1995[28], sowie Wittkowski und Rehberger 2000[29]) zeigen hingegen, dass diese Sichtweise kei-

---

22 DEUTSCHE GESELLSCHAFT FÜR PALLIATIVMEDIZIN E.V./DEUTSCHER HOSPIZ- UND PALLIATIVVERBAND E.V./BUNDESÄRZTEKAMMER (Hg.), Charta zur Betreuung schwerstkranker und sterbender Menschen in Deutschland, Berlin 2010.
23 DEUTSCHE GESELLSCHAFT FÜR PALLIATIVMEDIZIN E.V./DEUTSCHER HOSPIZ- UND PALLIATIVVERBAND E.V./BUNDESÄRZTEKAMMER (s.o. Anm. 22), 17.
24 DEUTSCHE GESELLSCHAFT FÜR PALLIATIVMEDIZIN E.V./DEUTSCHER HOSPIZ- UND PALLIATIVVERBAND E.V./BUNDESÄRZTEKAMMER (s.o. Anm. 22), 18.
25 R. J. BAUGHER/C. BURGER/R. SMITH/K. WALLSTON, A comparison of terminally ill persons at various time periods to death, in: Omega (Westport) 20 (1989–1990), 103–115.
26 E. D. SMITH/M. E. STEFANEK/M. V. JOSEPH/M. J. VERDIECK/J. R. ZABORA/J. H. FETTING, Spiritual awareness, personal perspective on death, and psychosocial distress among cancer patients: An initial investigation, in: J Psychosoc Oncol 11 (1993), 89–103.
27 L. L. VINEY/B. M. WALKER/T. ROBERTSON/B. LILLEY/C. EWAN, Dying in palliative care units and in hospital: A comparison on the quality of life of terminal cancer patients, in: J Consult Clin Psychol 62 (1994), 157–164.
28 A. KRUSE, Menschen im Terminalstadium und ihre betreuenden Angehörigen als „Dyade": Wie erleben sie die Endlichkeit des Lebens, wie setzen sie sich mit dieser auseinander? Ergebnisse einer Längsschnittstudie, in: Z Gerontol Geriatr 28 (1995), 264–272.
29 J. WITTKOWSKI/K. REHBERGER, Quasi-experimentelle Verlaufsstudie zum Erleben und Verhalten Sterbender, in: J. NEUSER/J. T. DE BRUIN (Hg.), Verbindung und Veränderung im Fokus der Medizinischen Psychologie, Lengerich 2000, 117–118.

neswegs zwingend ist. Im Übrigen können Überlegungen aus dem Bereich der Trauerforschung für die Forschung an und mit Sterbenden nutzbar gemacht werden.[30] Offensichtlich geht es weniger um die grundsätzliche Frage des „Ob" als um die Frage des „Wie".[31]

Konkret bedeutet dies, ob ein Untersucher dem sterbenden Probanden (unabsichtlich) zu verstehen gibt, er betrachte ihn hauptsächlich als Merkmalsträger, an dessen Äußerungen im Rahmen der Datenerhebung (zum Beispiel Kreuzen in einem Fragebogen) er interessiert sei, oder ob sich der Untersucher unter Wahrung seiner professionellen Rolle dem Probanden menschlich zuwendet. Mit Blick auf Untersuchungspläne bieten sich quasi-experimentelle Pläne mit einer oder mehreren Kontroll- beziehungsweise Vergleichsgruppen an.[32] Auch hier liegt ein Kenntnis- und Erfahrungstransfer aus der Trauerforschung nahe.[33] Aus palliativmedizinischer Perspektive weisen Cassileth und Lusk auf methodische Schwachstellen der bisherigen Forschung hin (zum Beispiel Fallberichte, *post hoc* Studien, unzutreffende Annahmen bezüglich der Homogenität von Stichproben) und geben Empfehlungen für methodisch akzeptable Untersuchungsstrategien.[34]

Was Untersuchungsmethoden beziehungsweise einzelne Verfahren der Datenerhebung betrifft, so kommen neben psychometrischen Fragebögen[35], die auch bei Sterbenden einsetzbar sind, alle Arten qualitativer Verfahren in Betracht, in erster Linie aber halbstandardisierte, leitfadengestützte Interviews in Verbindung mit einer inhaltsanalytischen Auswertung. In deutscher Sprache stehen hier die *Gottschalk-Gleser Sprachinhaltsanalyse*[36] sowie die *Würzburger Auswertungsskalen für Interviewmaterial*[37] zur Verfügung. Ein weiteres text-

---

30 CENTER FOR THE ADVANCEMENT OF HEALTH, Report on bereavement and grief research, in: Death Stud 28 (2004), 491–575; D. BALK, Bereavement research using control groups: Ethical obligations and questions, in: Death Stud 19 (1995), 123–138.
31 Hierzu auch: H. SCHULER, Zehn Thesen zu forschungsethischen Problemen in der Thanato-Psychologie, in: J. HOWE/R. OCHSMANN (Hg.), Tod – Sterben – Trauer. Bericht über die 1. Tagung zur Thanato-Psychologie vom 4.–6. November 1982 in Vechta, Frankfurt a.M. 1984, 36–42.
32 D. T. CAMPBELL/J. STANLEY, Experimental and quasi-experimental designs for research, Boston 1963.
33 BALK (s.o. Anm. 30).
34 B. R. CASSILETH/E. J. LUSK, Methodological issues in palliative care psychosocial research, in: Journal of Palliative Care 5,4 (1989), 5–11.
35 R. A. NEIMEYER/R. P. MOSER/J. WITTKOWSKI, Untersuchungsverfahren zur Erfassung der Einstellungen gegenüber Sterben und Tod, in: WITTKOWSKI, Sterben, Tod und Trauer (s.o. Anm. 7), 52–83.
36 G. SCHÖFER, Die deutschen Formen der Gottschalk-Gleser-Skalen, in: DERS. (Hg.), Gottschalk-Gleser Sprachinhaltsanalyse, Weinheim 1980, 43–66.
37 J. WITTKOWSKI, Das Interview in der Psychologie. Interviewtechnik und Codierung von Interviewmaterial, Opladen 1994.

gestütztes Verfahren ist der *Revised Twenty Statements Test* (R-TST)[38] zur Erfassung der Bedeutungen, die Menschen ihrer eigenen Sterblichkeit zuschreiben. Die Probanden werden gebeten, 20 kurze erzählende Antworten zu der Frage „Was bedeutet Ihr eigener Tod für Sie?" zu geben, die dann anhand von 10 Inhaltskategorieren (zum Beispiel positiv, negativ, religiös) klassifiziert werden. Ferner sei das *Death Construct Coding Manual* von Neimeyer, Fontana und Gold erwähnt.[39] Erzähltexte werden zunächst in kodierbare Einheiten zerlegt und dann 25 Inhaltskategorien zugeordnet, für die ein „Wörterbuch" von mehr als 1000 üblicherweise auftretenden Inhalten zur Verfügung steht.

Besondere Beachtung verdienen non-reaktive Untersuchungsmethoden, bei denen der Proband nicht auf ein bestimmtes Thema, im vorliegenden Kontext sein Sterben, angesprochen wird. Dazu zählen die teilnehmende Verhaltensbeobachtung, das Führen eines strukturierten Tagebuchs durch Beobachtende, sowie die Befragung sogenannter Stellvertreter (in der Regel nahe Angehörige, die Kontakt zum Sterbenden haben). Darüber hinaus können Geschichten zu thematischem Bildmaterial nach Art des Thematischen Apperzeptionstests[40] Aufschluss über Erlebensinhalte und Befinden Sterbender geben. Allerdings stellt sich bei diesen Verfahren stets die Frage der objektiven Auswertung und letztlich der Reliabilität der Daten. Schließlich sei auf die Methode der Personifizierungen des Todes hingewiesen, bei der der Tod als menschliche Gestalt entweder sprachlich beschrieben oder zeichnerisch dargestellt wird (zum Beispiel als schauerliche Gestalt, als behutsamer Tröster, als verführerischer Liebhaber).[41] Derartige Personifizierungen in freier Form können in Verbindung mit einem reliablen Kodierungsschema auf ein breites Spektrum von Forschungsfragen sowie auch bei Kindern und Jugendlichen angewendet werden.[42]

---

38   J. A. DURLAK/W. HORN/R. A. KASS, A self-administering assessment of personal meanings of death: Report on the Revised Twenty Statements Test. Omega (Westport) 21 (1990), 301–309.
39   R. A. NEIMEYER/D. J. FONTANA/K. GOLD, A manual for content analysis of death constructs, in: F. R. EPTING/R. A. NEIMEYER (Hg.), Personal meanings of death, Washington DC, 213–234.
40   Wegen eines Überblicks siehe: J. WITTKOWSKI, Projektive Verfahren, in: M. AMELANG/ L. HORNKE/M. KERSTING (Hg.), Enzyklopädie der Psychologie, Bereich B, Serie II, Bd. 4, Verfahren zur Persönlichkeitsdiagnostik: Theoretische Grundlagen und Anwendungsprobleme, Göttingen 2011, 299–410.
41   M. TAMM, The personification of life and death among Swedish health care professionals, in: Death Stud 20 (1996), 1–2.
42   S. C. YANG/S.-F. CHEN, Content analysis of free-response narratives to personal meanings of death among Chinese children and adolescents, in: Death Stud 30 (2006), 217–241.

Die empirische Forschung an und mit Sterbenden stellt in ethischer und methodischer Hinsicht besondere Anforderungen an die betreffenden Wissenschaftler. Vorliegende Erfahrungen zeigen, dass Wege zu einem methodisch anspruchsvollen und zugleich ethisch vertretbaren Vorgehen gefunden werden können. Es wäre zu wünschen, dass für derartige Wege auf der Ebene von Fachgesellschaften ein Konsens erreicht wird. Dem käme insofern forschungsstrategische Bedeutung zu, als entsprechende Empfehlungen die Akzeptanz derartiger Forschungsprojekte bei Institutionen der Forschungsförderung und bei politisch Verantwortlichen erhöhen dürfte. Darüber hinaus könnte er Nachwuchswissenschaftlern Sicherheit bei der Bearbeitung entsprechender Fragestellungen vermitteln.

5. Abschließende Bewertung des Forschungs- und Kenntnisstandes

Das Erleben und Verhalten Sterbender im Sinne der psychologisch-verhaltenswissenschaftlichen Sichtweise ist keineswegs so differenziert und methodisch fundiert erforscht, wie es zuweilen den Anschein haben mag. Vieles spricht dafür, dass die vorliegenden Erkenntnisse

- mit großer Wahrscheinlichkeit selektiv sind (das heißt, einer systematischen Verfälschungstendenz unterliegen),
- in starkem Maße vereinfachen,
- nicht als gesichert beziehungsweise als gültig angesehen werden können,
- und nicht repräsentativ für die Bevölkerung in Deutschland sind, sondern am ehesten für diejenige Nordamerikas.

Kenntnisse speziell über die Bedürfnisse Sterbender sind hinsichtlich ihrer Gültigkeit fragwürdig und überdies undifferenziert. Beispielsweise ist davon auszugehen, dass Kinder, Jugendliche, Hochbetagte und Behinderte jeweils andere Bedürfnisse haben als „normale" Erwachsene.[43]

In die Forschung über das Sterben einschließlich der Betreuung Sterbender gehen implizite (das heißt nicht offen gelegte) Annahmen und Wertungen ein; die einschlägige Forschung wird durch Ideologie beeinflusst. Dies kann zu einer optimistischen beziehungsweise geschönten Sicht auf das Sterben führen. Beispielsweise wird das Sterben als die letzte Stufe der persönlichen Entwicklung und Reifung gedeutet.[44]

---

43 DEUTSCHE GESELLSCHAFT FÜR PALLIATIVMEDIZIN E.V./DEUTSCHER HOSPIZ- UND PALLIATIVVERBAND E.V./BUNDESÄRZTEKAMMER (s.o. Anm. 22).
44 K. V. WORMER, Private practice with the terminally ill, in: Journal of Independent Social Work 5 (1990), 23–37.

Als Gründe für unzureichende empirische Forschung im Bereich der Hospizarbeit in den Vereinigten Staaten nennt Wass[45]: Keine finanzielle Unterstützung, was auf mangelndes Interesse der politisch Verantwortlichen und/oder von Entscheidungsträgern der Hospizszene schließen lässt; eingeschränkter Zugang zu Hospizeinrichtungen, was auf Abwehr infolge einer Barriere zwischen Praktikern und Wissenschaftlern hinweist; fehlende konzeptionelle Verankerung entsprechender Forschung, weil eine Theorie des Sterbeprozesses fehlt. Anders als es mit Blick auf Einstellungen zu Sterben und Tod der Fall ist[46], gibt es in der Tat eine Theorie des Sterbeprozesses im engeren wissenschaftlichen Sinne allenfalls in Umrissen.[47] Die verschiedenen Phasen-Lehren des Sterbens (siehe die Abschnitte 2 und 3.1) sind *Modelle*, die den Verlauf des Sterbeprozesses *beschreiben*, nicht hingegen *Theorien*, die gestatten würden, interindividuelle Unterschiede in der Art und Weise des Sterbens zu *erklären*. Desiderata der Theorieentwicklung in diesem Bereich, verbunden mit einem Plädoyer für kontextbezogene Theorien des Sterbens, die das wechselseitige Bedingungsverhältnis zwischen den einzelnen Elementen sowie ihre Veränderungen im Laufe des Sterbeprozesses berücksichtigen, finden sich bei Corr, Doka und Kastenbaum.[48] Auf Schwierigkeiten bei dem Versuch, eine umfassende Theorie des Sterbens durch Integration verschiedener Ansätze zu erreichen, haben Kastenbaum und Thuell hingewiesen.[49]

Insgesamt ist der Kenntnisstand über das Erleben und Verhalten Sterbender in Deutschland in starkem Maße von subjektiven Deutungen und von weltanschaulichen Positionen bestimmt. Im Gegensatz dazu wird auf internationaler Ebene vermehrt ideologiefreie empirische Forschung auf einem zunehmend anspruchsvolleren Niveau betrieben. Diese Forschung, die sowohl quantitative als auch qualitative Untersuchungsstrategien verwendet, wird unsere Kenntnisse in diesem Bereich vertiefen und verfeinern, und auf dem Weg über die Aus-, Fort- und Weiterbildung von Betreuungspersonen wird sie auch zur Verbesserung der Lebenssituation Sterbender beitragen.

---

45 H. Wass, Past, present, and future of dying, in: Illn Crises Loss 9 (2001), 90–110.
46 Zum Beispiel: A. Tomer/G. Eliason, Theorien zur Erklärung von Einstellungen gegenüber Sterben und Tod, in: Wittkowski, Sterben, Tod und Trauer (s.o. Anm. 7), 33–51; J. Wittkowski, Einstellungen zu Sterben und Tod im höheren und hohen Lebensalter. Aspekte der Grundlagenforschung, in: Zeitschrift für Gerontopsychologie & -psychiatrie 18 (2005), 67–79.
47 Wittkowski, Sterben und Trauern (s.o. Anm. 13).
48 C. A. Corr/K. J. Doka/R. Kastenbaum, Dying and its interpreters: A review of selected literature and some comments on the state of the field, in: Omega (Westport) 39 (1999), 239–259.
49 R. Kastenbaum/S. Thuell, Cookies baking, coffee brewing: Toward a contextual theory of dying, in: Omega (Westport) 31 (2005), 175–187.

Lebenssinn am Lebensende

Martin Fegg

Das Hauptziel der Palliativmedizin besteht in der Verbesserung der Lebensqualität von Menschen mit lebenslimitierenden und fortgeschrittenen Erkrankungen.[1] Neben der Behandlung körperlicher Symptome stehen dabei auch die psychologischen, sozialen und spirituellen Bedürfnisse der Patienten und ihrer Angehörigen im Mittelpunkt.[2]

Es ist ein Verdienst des Wiener Neurologen und Psychiaters V. Frankl, die Suche nach Sinn als zentrales Thema der Psychotherapie benannt zu haben.[3] Als Überlebender nationalsozialistischer Konzentrationslager gelang es ihm, „trotzdem Ja zum Leben [zu] sagen"[4]. Mit der Logotherapie begründete er eine eigene psychotherapeutische Richtung. Auch Klinger wies auf die Bedeutung sinnstiftender Ziele für ein erfülltes Leben hin.[5] Wong und Fry haben ein umfang- und facettenreiches Handbuch für sinnzentrierte Forschung und deren klinische Praxis herausgegeben.[6] Baumeister beschäftigt sich mit der Sinnfrage aus sozialpsychologischer Perspektive.[7]

Die Frage nach dem Lebenssinn ist in den letzten Jahren zunehmend in den Fokus klinischen und wissenschaftlichen Interesses in der Palliativmedizin gerückt. Moadel und andere untersuchten zentrale Bedürfnisse von Krebs-

---

1 World Health Organization (WHO), National cancer control programmes: policies and managerial guidelines, Genf 2002.
2 M. Fegg, Lebenssinn trotz unheilbarer Erkrankung? Die Entwicklung des „Schedule for Meaning in Life Evaluation" (SMiLE), München 2010.
3 V. Frankl, Man's search for meaning, New York 1976.
4 V. Frankl, Trotzdem Ja zum Leben sagen. Ein Psychologe erlebt das Konzentrationslager, München 1998.
5 E. Klinger, Meaning and void. Inner experience and the incentives in people's lives, Minneapolis 1977.
6 P. Wong/P. Fry (Hg.), The Human Quest for Meaning. A handbook of psychological research and clinical applications, Mahwah (New Jersey) 1998.
7 R. Baumeister, The Cultural Animal: Human Nature, Meaning, and Social Life, Oxford 2005.

patienten: 40 % gaben an, Hilfe in der Sinnsuche zu benötigen.[8] Ein systematischer Review identifizierte 44 Studien über den Zusammenhang zwischen Lebenssinn und der Diagnose einer Krebserkrankung.[9] Sinnerfahrung scheint mit besserer psychischer Anpassung an die Erkrankung einherzugehen: Diejenigen Patienten, die nach wie vor Sinn in ihrem Leben erfuhren, konnten körperliche Symptome wie Schmerzen besser bewältigen.[10] Andererseits sind Hoffnungslosigkeit, Sinnverlust und Depressivität Prädiktoren für den Wunsch nach Tötung oder assistiertem Suizid (*hastened death*).[11]

1. Was ruft die Sinnfrage hervor?

Nachdem das Leben ständigen Veränderungsprozessen unterworfen ist, scheint der Suche nach Sinn ein Bedürfnis nach Sicherheit und Stabilität zugrunde zu liegen.[12] Das psychische System strebt nach Konsistenz und Vermeidung von Inkongruenz[13] sowie nach Vorhersagbarkeit von Ereignissen[14].

Im *Meaning Maintenance Model*[15] wird das Streben nach Sinn als zentrales menschliches Bedürfnis bezeichnet: Menschen seien ständig darum bemüht, Beziehungen zwischen Objekten der Außenwelt, Aspekten des Selbst wie auch zwischen Selbst und Außenwelt herzustellen. Vier grundlegende Bedürfnisse werden dabei als die Basis der Motivation betrachtet.[16]

---

8   A. MOADEL et al., Seeking meaning and hope: Self-reported spiritual and existential needs among an ethnically-diverse cancer patient population, in: Psychooncology 8 (1999), 378–385.

9   V. LEE et al., Clarifying „meaning" in the context of cancer research: A systematic literature review, in: Palliat Support Care 2 (2004), 291–303.

10 M. BRADY et al., A case for including spirituality in quality of life measurement in oncology, in: Psychooncology 8 (1999), 418–428.

11 D. MEIER et al., A national survey of physician-assisted suicide and euthanasia in the United States, in: N Engl J Med Overseas Ed 338,17 (1998), 1193–1201; W. BREITBART et al., Depression, hopelessness, and desire for hastened death in terminally ill cancer patients, in: JAMA 284 (2000), 2907–2911; S. O'MAHONY et al., Desire for hastened death, cancer pain and depression: report of a longitudinal observational study, in: J Pain Symptom Manage 29,5 (2005), 446–457; K. G. WILSON et al., Desire for euthanasia or physicianassisted suicide in palliative cancer care, in: Health Psychol 26,3 (2007), 314–323.

12 BAUMEISTER (s.o. Anm. 7).

13 K. GRAWE, Psychologische Therapie, Göttingen 1998.

14 J. BRUNER/L. POSTMAN, On the perception of incongruity: A paradigm, in: J Pers 18 (1949), 206–223.

15 S. HEINE et al., The Meaning Maintenance Model: On the Coherence of Social Motivations, in: Pers Soc Psychol Rev 10,2 (2006), 88–110.

16 Diese sind: Selbstwert, Sicherheit, Zugehörigkeit, symbolische Unsterblichkeit, vgl. S. EPSTEIN, Cognitive-experiental self-theory, in: D. BARONE/M. HERSEN/V. VAN HASSELT (Hg.), Advanced personality, New York 1998, 35–47.

Die Fähigkeit zum Herstellen subjektiver, mentaler Sinnzusammenhänge ermöglicht zum einen die Antizipation von Ereignissen und stellt damit einen evolutionären Vorteil dar; andererseits führt dies aber auch zwangsläufig zum Bewusstsein der eigenen Sterblichkeit, wodurch sowohl die eigene Existenz wie auch die persönlichen Errungenschaften in Frage gestellt werden. Das Streben nach symbolischer Unsterblichkeit (Vermächtnis) sei ein Versuch, dies zu kompensieren.[17]

Unvorhersehbare Ereignisse, die sich nicht in das bestehende Sinnsystem integrieren lassen, führen zu Inkongruenzspannung. Zur Bewältigung sind folgende Strategien denkbar: 1. die Neuinterpretation der Ereignisse (Assimilation), 2. die Anpassung der mentalen Repräsentationen an die äußeren Gegebenheiten (Akkomodation), 3. die Konzentration auf nicht-beeinträchtigte Selbstaspekte (fluide Kompensation).[18] Bei einer Beeinträchtigung des Selbstwertgefühls meint fluide Kompensation beispielsweise, dass Sicherheits- und Zugehörigkeitsbedürfnisse ausgleichend aktiviert werden.[19]

Gerade bei schweren Erkrankungen bedeutet es, Kontrolle und Selbstwertgefühl wiederzuerlangen, sobald einem Ereignis Sinn gegeben werden kann.[20] Schmerzpatienten fühlten sich besser, sobald sie den Schmerz mit einem Label belegen und diesen somit „erklären" und definieren konnten.[21] Mit dem Begriff *meaning making* wird ein Prozess beschrieben, durch den kritischen Ereignissen Sinn zugeschrieben wird.[22] Diese Neubewertung kann dazu führen, in einem negativen Ereignis auch positive Aspekte zu finden, was auch *benefit finding* genannt wird.[23] Ein weiterer Prozess ist das *sense making*, das Aus-

---

17 HEINE/PROULX (s.o. Anm. 15).
18 J. PIAGET/B. INHELDER, Die Psychologie des Kindes, Frankfurt 1981; R. JANOFF-BULMAN, Shattered assumptions: Towards a new psychology of trauma, New York 1992; C. PARK/S. FOLKMAN, Meaning in the context of stress and coping, in: Rev Gen Psychol 1,2 (1997), 115–144.
19 A. TESSER et al., Confluence of self-esteem regulation mechanisms: On integrating the self-zoo, in: Pers Soc Psychol Bull 26 (2000), 1476–1489; A. TESSER, On the plasticity of self-defense, in: Curr Dir Psychol Sci 10 (2001), 66–69.
20 F. ROTHBAUM et al., Changing the world and changing the self: A two-process model of perceived control, in: J Pers Soc Psychol 42 (1982), 5–37; S. TAYLOR, Adjustment to threatening events. A theory of cognitive adaptation, in: Am Psychol 38 (1983), 1161–1173; R. HILBERT, The accultural dimensions of chronic pain: Flawed reality construction and the problem of meaning, in: Social Problems 31 (1984), 365–378; C. SNYDER/K. PULVERS, Dr. Seuss, the coping machine, and 'Oh, the places you will go.', in: C. SNYDER (Hg.), Coping and copers: Adaptive processes and people, New York 2001, 3–29.
21 HILBERT (s.o. Anm. 20).
22 TAYLOR (s.o. Anm. 20).
23 C. DAVIS et al., Making sense of loss and benefiting from the experience: Two construals of meaning, in: J Pers Soc Psychol 75 (1998), 561–574.

schauhalten nach Attributionen, um ein Ereignis verstehbarer zu machen.[24] Das klassische *Coping*-Modell[25] wurde um eine Sinn-Komponente erweitert: Das *meaning-based coping* kann helfen, neue Ziele zu formulieren und alte, nicht-erreichbare aufzugeben[26].

Der salutogenetische Ansatz von Antonovsky beschäftigt sich mit der Frage, was Menschen trotz ständiger Belastungen und Stressoren gesund erhält.[27] Hierbei spricht er vom Kohärenzgefühl, einem aus den Komponenten Verstehbarkeit, Handhabbarkeit und Sinnerfülltheit bestehenden generalisierten, überdauernden und dynamischen Gefühl des Vertrauens.

In psychotherapeutischer Hinsicht wurden unlängst sinnzentrierte Interventionen für den Bereich der Palliativmedizin entwickelt, um Sinn und Würde aufrechtzuerhalten beziehungsweise wiederzugewinnen: So zum Beispiel die *Dignity Therapy*[28], die *Meaning Making Intervention*[29] und die *Meaning Centered Psychotherapy*.[30]

2. Dimensionen von Lebenssinn

Reker und Wong haben vier Dimensionen unterschieden[31]: Wie Sinn erfahren wird (strukturelle Komponente), die Inhalte (Sinnquellen), Vielfalt (Breite) und Qualität (Tiefe) dieser Erfahrungen.

---

24 DAVIS et al. (s.o. Anm. 23); M. FEGG, Krankheitsbewältigung bei malignen Lymphomen. Evaluation und Verlauf von Bewältigungsstrategien, Kausal- und Kontrollattributionen vor und 6 Monate nach Hochdosischemotherapie mit autologer Blutstammzelltransplantation, München 2004.
25 R. S. LAZARUS/S. FOLKMAN, Stress appraisal and coping, New York 1984.
26 S. FOLKMAN/S. GREER, Promoting psychological well-being in the face of serious illness: when theory, research and practice inform each other, in: Psychooncology 9,1 (2000), 11–19.
27 A. ANTONOVSKY/A. FRANKE, Salutogenese: Zur Entmystifizierung der Gesundheit, Tübingen 1997.
28 H. CHOCHINOV et al., Dignity Therapy: A Novel Psychotherapeutic Intervention for Patients Near the End of Life, in: J Clin Oncol 23,24 (2005), 5520–5525.
29 V. LEE et al., Meaning-making intervention during breast or colorectal cancer treatment improves self-esteem, optimism, and selfefficacy, Soc Sci Med 62 (2006), 3133–3145; DIES., Meaning-making and psychological adjustment to cancer: development of an intervention and pilot results, in: Oncol Nurs Forum 33,2 (2006), 291–302.
30 W. BREITBART, Spirituality and meaning in supportive care: spirituality- and meaning-centered group psychotherapy interventions in advanced cancer, in: Support Care Cancer 10,4 (2002), 272–280.
31 G. REKER/P. WONG, Aging as an individual process: Towards a theory of personal meaning, in: J. BIRREN/V. BENGSTON (Hg.), Emergent theories of aging, New York 1988, 220–226.

2.1 Struktur von Lebenssinn

Die Erfahrung von Lebenssinn scheint einer dreidimensionalen Struktur zu folgen.[32] Die kognitive Komponente beschreibt die Suche nach einem tieferen Verständnis des Zusammenhangs und Zwecks der verschiedenen Lebensereignisse, Umstände und Begegnungen. Die motivationale Komponente bezeichnet das persönliche Wertesystem. Werte sind Leitlinien für das individuelle Verhalten und geben Ziele vor, die dem Individuum erstrebenswert scheinen.[33] Das Verfolgen und Erreichen persönlicher Werte kann dem Leben Sinn verleihen. Die affektive Komponente schließlich umfasst die begleitenden Gefühle von Erfülltheit und Zufriedenheit, die durch Zielerreichung und Sinnerfahrung entstehen. Auch wenn Glück und Sinn nicht miteinander gleichzusetzen sind, können sinnstiftende Erlebnisse dennoch mit besonderen Glücksmomenten verbunden sein. Da die Abwesenheit eines Elements die jeweils anderen beeinträchtigt, wird angenommen, dass persönliches Sinnerleben alle drei Dimensionen umfassen muss.

Lebenssinn kann somit verstanden werden als ein individuell konstruiertes, kulturbasiertes kognitives System, das die Wahl einer Person hinsichtlich ihrer Aktivitäten und Ziele beeinflusst, und ihrem Leben ein Gefühl von Zielgerichtetheit, persönlichem Wert und Erfüllung verleiht.[34]

2.2 Quellen von Lebenssinn

Bezüglich der Anzahl der sinnstiftenden Quellen herrscht Uneinigkeit in der Literatur. Frankl definiert Sinn als die Verwirklichung von Werten, was auf „drei Hauptwegen" geschehen kann: Durch Kreativität (zum Beispiel Arbeit, Hobbys et cetera), Erfahrung (zum Beispiel Natur, Humor, Liebe, Beziehungen) und Einstellung (zum Beispiel gegenüber Leiden und existentiellen Problemen);[35] Frankls Grundannahmen umfassen: (i) Das Leben hat immer Sinn, selbst im letzten Moment hört der Sinn nicht auf. (ii) Das Bedürfnis nach Sinn ist eine grundsätzliche Motivation im menschlichen Leben. (iii) Freiheit des

---

32 G. REKER, Theoretical Perspective, Dimensions, and Measurement of Existential Meaning, in: DERS./K.CHAMBERLAIN (Hg.), Exploring Existential Meaning. Optimizing Human Development Across The Life Span, Thousand Oaks 2000, 39–55.
33 M. ROKEACH, The nature of human values, New York 1973; W. RENNER, Human values: a lexical perspective, in: Pers Individ Dif 34 (2003), 127–141.
34 P. WONG, Meaning-Centered Counseling, in: DERS./FRY (s.o. Anm. 6), 395–435.
35 FRANKL (s.o. Anm. 3).

Willens – wir alle haben die Freiheit, Sinn in der eigenen Existenz zu finden und unsere Einstellung gegenüber Leiden zu wählen.[36]

Wong fasst Kritikpunkte an der Logotherapie zusammen[37]: Ihre Terminologie sei sehr philosophisch und metaphorisch, was den wissenschaftlichen Diskurs erschwere. Außerdem würden Werte und Spiritualität in ihrer Bedeutung überschätzt werden. Schließlich würden Frankls Werke oftmals von seinen Schülern wie „heilige Schriften" behandelt, die nicht kritisiert werden dürften; in der logotherapeutischen Bewegung gäbe es nur wenig Hinweise für eine kritische Selbstreflexion.

Einen Überblick über häufig in der Literatur zitierte Sinnquellen gibt Reker:[38] Diese umfassen Grundbedürfnisse (zum Beispiel Essen, Sicherheit), Freizeitaktivitäten und Hobbies, finanzielle Sicherheit, materielle Güter, Kreativität, persönliche Beziehungen (Familie oder Freunde), persönliche Errungenschaften (zum Beispiel Ausbildung, Beruf), persönliches Wachstum (Weisheit, Reife), soziales und politisches Engagement (zum Beispiel Friedensbewegung, Umweltschutz), Altruismus, Humanismus, Hedonismus, Werte und Ideale (Wahrheit, Güte, Schönheit, Gerechtigkeit), Tradition und Kultur, Vermächtnis (etwas hinterlassen), Beziehung zur Natur und Religion.

Baumeister sieht vier Quellen von Lebenssinn[39]: (i) das Bedürfnis nach Zweck, das erstrebenswerte Ziele und deren Grad an Erfülltheit (Zielerreichung) bezeichnet; (ii) das Bedürfnis nach Werten und (ethischen) Entscheidungsprinzipien, um Handlungen als gut oder schlecht einordnen zu können; (iii) das Bedürfnis nach Selbstwirksamkeit und Selbsteffizienz; (iv) das Bedürfnis nach Selbstwert und die Erfahrung, eine gute und wertvolle Person zu sein (individuell und kollektiv).

2.3 „Breite" von Lebenssinn

Individuelle Sinnerfülltheit entspringt meist mehreren, voneinander unabhängigen Quellen (zum Beispiel Familie und Liebe, Arbeit, Religion et cetera).[40] Reker und Wong schlussfolgern, dass ein Individuum (i) Sinn aus zahlreichen, verschiedenen Quellen erfährt und (ii) dass, je größer die Vielfalt dieser Quel-

---

36 BREITBART (s.o. Anm. 30).
37 WONG (s.o. Anm. 34).
38 REKER (s.o. Anm. 32).
39 R. BAUMEISTER, Meanings of life, New York 1991.
40 K. DEVOGLER-EBERSOLE/P. EBERSOLE, Depth of meaning in life: Explicit rating criteria, in: Psychological Reports 56 (1985), 303–310; R. EMMONS, Motives and goals, in: R. HOGAN/J. JOHNSON/S. BRIGGS (Hg.), Handbook of Personality Psychology, San Diego (California) 1997, 485–512.

len ist, umso größer auch das Gefühl von Erfülltheit ist.[41] Von insgesamt dreizehn möglichen, vorgegebenen sinnstiftenden Quellen wählten Testteilnehmer unterschiedlicher Altersgruppen im Durchschnitt sechs bis sieben als für sie zentral aus.[42]

2.4 „Tiefe" von Lebenssinn

Die Tiefe von Lebenssinn bezieht sich auf die Qualität der jeweiligen Sinnerfahrung. Vallacher und Wegner unterscheiden „niedrigere" und „höhere" Ebenen: Niedrigere Ebenen beinhalten konkreten, unmittelbaren und spezifischen Sinn, wohingegen höhere Ebenen längere Zeitspannen und breitere, abstraktere Konzepte umfassen.[43] Menschen, die ihr Verhalten an „niedrigeren" Ebenen orientieren, sind instabiler und leichter beeinflussbar als Menschen, die ihr Verhalten an „höheren", zeit- und situationsübergreifenden Werten und Lebensprinzipien ausrichten.

Reker und Wong definieren die Tiefe der Sinnerfahrung in Abhängigkeit vom Grad erreichter Selbsttranszendenz.[44] Hierbei unterscheiden sie vier verschiedene Stufen: (i) Selbstbezogenheit durch hedonistischen Genuss und Komfort, (ii) Verwirklichung persönlicher Potenziale, (iii) Dienst an anderen und Engagement für gesellschaftliche oder politische Dinge, und (iv) Orientierung an selbsttranszendenten Werten und Prinzipien. Ein *Shift* zu einer höheren Ebene würde meist als positiv wahrgenommen werden.[45] Dieses Stufenmodell ist nicht unkritisch zu betrachten, da Selbstbezogenheit nicht *a priori* eine „niedrigere Stufe" darstellen muss. Vielmehr könnte auch die fließende Ausgeglichenheit zwischen selbstbezogenen und selbsttranszendenten Werten erstrebenswert sein.

3. Messinstrumente zur Erfassung von Lebenssinn

Beginnend in den sechziger Jahren des vorigen Jahrhunderts wurden verschiedene Messinstrumente zur Erfassung von Lebenssinn entwickelt. Hierbei überwiegen die sogenannten nomothetischen (vom griechischen *nomos,* Gesetz,

---

41 REKER/WONG (s.o. Anm. 31).
42 G.T. REKER, Logotheory and logotherapy: Challenges, opportunities, and some empirical findings, in: International Forum for Logotherapy 17,1 (1994), 47–55.
43 R. VALLACHER/D. WEGNER, A theory of action identification, Hillsdale (New Jersey) 1985; DIES., What do people think they're doing: Action identification and human behavior, in: Psychol Rev 94 (1987), 3–15.
44 REKER/WONG (s.o. Anm. 31).
45 REKER, Theoretical Perspective (s.o. Anm. 32); R. BAUMEISTER/K. VOHS, The Pursuit of Meaningfulness in Life, in: C. SNYDER/S. LOPEZ (Hg.), Handbook of Positive Psychology, Oxford 2005, 608–618.

und *tithenai*, legen, aufstellen) Verfahren, die vorab vorgegebene Sinnbereiche durch die untersuchte Person quantifizieren lassen. Hingegen mangelt es an sogenannten idiographischen (vom griechischen *idios*, eigen, und *graphein*, beschreiben) und *mixed-methods*-Ansätzen, in denen die untersuchte Person selbst die ihr wichtigen Sinnquellen benennt.[46]

Im von unserer Arbeitsgruppe entwickelten *Schedule for Meaning in Life Evaluation* (SMiLE) wird die befragte Person (i) zunächst gebeten, drei bis sieben Bereiche zu benennen (n, Anzahl der Bereiche), die ihrem Leben Sinn geben (Benennen der Bereiche); (ii) danach wird die Wichtigkeit jedes Bereichs auf einer fünfstufigen Skala (1 „etwas wichtig" bis 5 „extrem wichtig") angegeben (Gewichtung der Bereiche); (iii) schließlich bewerten die Befragten ihre aktuelle Zufriedenheit mit den genannten Bereichen auf einer siebenstufigen Likert-Skala (−3 „sehr unzufrieden" bis +3 „sehr zufrieden"; Zufriedenheit mit den Bereichen).

Die individuell genannten Bereiche sollen nicht nur stichwortartig angegeben, sondern möglichst genau beschrieben werden, da erst so ein inhaltlich genaues Bild der sinnstiftenden Bereiche entsteht.

Aus den quantitativen Ratings werden folgende Scores berechnet:

Der *Index of Weighting* (IoW) gibt die mittlere Gewichtung der Bereiche wieder (Range 20–100, höhere Werte bedeuten stärkere Wichtigkeit). Nachdem die Skala mit „etwas wichtig" beginnt, startet der IoW nicht bei 0, sondern bei 20.

$$\text{IoW} = 20\,\frac{w_{\text{ges}}}{n}\,;\quad w_{\text{ges}} = \sum_{i=1}^{n} w_i\,.$$

Der *Index of Satisfaction* (IoS) bildet die durchschnittliche Zufriedenheit oder Unzufriedenheit mit den Bereichen ab (Range 0–100, höhere Werte bedeuten höhere Zufriedenheit). Um einen Index von 0 bis 100 zu erhalten, werden die Zufriedenheitsratings umkodiert (s'_i): „sehr unzufrieden" ($s_i = -3$) erhält den Wert $s'_i = 0$ und „sehr zufrieden" ($s_i = +3$) den Wert $s'_i = 100$, mit den Zwischenstufen 16,7, 33,3, 50, 66,7 und 83,3.

$$\text{IoS} = \frac{\sum_{i=1}^{n} s'_i}{n}\,.$$

---

46 B. RAPKIN et al., Development of the idiographic functional status assessment: a measure of the personal goals and goal attainment activities of people with AIDS, in: Psychol Health 9 (1994), 111–129.

Im SMiLE-Gesamtindex (gewichtete Zufriedenheit, IoWS) werden die Werte für Zufriedenheit und Wichtigkeit kombiniert (Range 0–100, höhere Werte bedeuten höheren Lebenssinn).

$$\text{IoWS} = \sum_{i=1}^{n} \frac{w_i}{w_{\text{ges}}} s'_i.$$

Die Zufriedenheit und Wichtigkeit der jeweiligen Bereiche sind prinzipiell voneinander unabhängig. Eine Person kann beispielsweise mit einem sinnstiftenden Bereich sehr zufrieden sein, aber diesem nur eine geringe Wichtigkeit zuweisen. Hingegen kann ein anderer Bereich sehr wichtig sein, wobei die Person mit diesem sehr unzufrieden ist. Damit wird auch deutlich, dass – obwohl der IoWS in beiden Fällen zu ähnlichen Ergebnissen führen würde – alle drei *outcome*-Maße getrennt voneinander berücksichtigt werden müssen.

Der SMiLE wurde nach seiner Entwicklung und initialen Erprobung zunächst an studentischen Stichproben validiert.[47] Dies erfolgte am Interdisziplinären Zentrum für Palliativmedizin (IZP München) in der deutschen und durch *forward-backward*-Übersetzungen gewonnenen englischen Version am *Royal College of Surgeons in Ireland* (Dublin). Objektivität wurde durch ein standardisiertes Vorgehen und eine schriftliche Testinstruktion angestrebt.

Insgesamt nahmen 599 Studenten (401 München, 198 Dublin) an der Untersuchung teil (*response rate*, 95,4 %). Die Studenten nannten im Durchschnitt 5,0 ± 1,3 sinnstiftende Bereiche (zwei Bereiche 0,5 %, drei Bereiche 13,0 %, vier Bereiche 25,4 %, fünf Bereiche 29,2 %, sechs Bereiche 13,5 %, sieben Bereiche 18,4 %).

Die Gesamtwichtigkeit (IoW) lag bei 85,7 ± 9,4, die Gesamtzufriedenheit (IoS) bei 76,7 ± 14,3 und die gewichtete Zufriedenheit (IoWS) bei 77,7 ± 14,2. Die inhaltlichen Nennungen wurden dreizehn Kategorien zugeordnet, die zeitgleich aus Daten einer repräsentativen Umfrage in Deutschland[48] ermittelt wurden.

Die Anwendung des Instruments wurde weder als belastend noch zeitaufwendig erlebt, damit insgesamt als sehr gut zumutbar. Alle Studenten, die an der Studie teilnahmen, waren in der Lage, den SMiLE auszufüllen. Durchschnittlich benötigten sie hierfür 8,2 ± 3,0 Minuten. Der Zeitaufwand wurde

---

47 M. Fegg et al., The Schedule for Meaning in Life Evaluation (SMiLE): Validation of a new instrument for Meaning-in-Life Research, in: J Pain Symptom Manage 4 (2008), 356–363; Dies., Lebenssinn trotz unheilbarer Erkrankung? Die Entwicklung des Schedule for Meaning in Life Evaluation (SMiLE), in: Zeitschrift für Palliativmedizin 9 (2008), 238–245.
48 M. Fegg et al., Meaning in life in the Federal Republic of Germany: results of a representative survey with the Schedule for Meaning in Life Evaluation (SMiLE), in: Health Qual Life Outcomes 5 (2007), 59.

auf einer 10-stufigen NRS mit 1,9 ± 1,9, die Belastung mit 1,3 ± 1,9 jeweils als sehr niedrig eingeschätzt.

Die Reliabilität des Instruments wurde im *test-retest*-Verfahren überprüft. Die Münchner Studenten füllten hierfür denselben Fragebogen nach einer Woche erneut aus (in Dublin war dies aufgrund eines anderen Curriculums nicht möglich). Zur Identifizierung gaben sie ein frei wählbares Codewort an. Die Studenten gaben in 85,6 % der Fälle nach einer Woche ungestützt die identischen Bereiche an. Die Korrelationskoeffizienten lagen für den IoS bei $r = 0,71$ ($p < 0,001$), den IoW bei $r = 0,60$ ($p < 0,001$) und den IoWS bei $r = 0,72$ ($p < 0,001$). Diese Zahlen sind im Hinblick auf die freie Nennung der Bereiche sehr zufriedenstellend.

Die Konstruktvalidität wurde mit bereits existierenden (nomothetischen) Lebenssinn- und anderen Instrumenten überprüft. Mit dem *Purpose in Life Test* zeigte sich eine Korrelation von $r = 0,48$ ($p < 0,001$), mit der *Self Transcendence Scale* von $r = 0,34$ ($p < 0,001$) und mit einer *single-item* NRS („Wie zufrieden sind Sie insgesamt mit dem Sinn in Ihrem Leben?", Range –3 bis +3) von $r = 0,53$ ($p < 0,001$). Dies zeigt, dass die mit dem SMiLE erfassten Daten erwartungsgemäß positiv mit bereits existierenden Skalen korrelieren. Mit dem *Idler Index of Religiosity* (IIR) zeigte sich erwartungsgemäß eine diskriminante Validität, hier wurde keine Korrelation gefunden. Religiosität und Sinnfindung sind zwei prinzipiell voneinander unabhängige Konstrukte. Nur bei denjenigen Studenten, die für sich Religiosität als sinnstiftend angegeben hatten ($n = 71$), wurde erwartungsgemäß auch eine positive Korrelation mit dem IIR gefunden ($r = 0,34$; $p = 0,004$).

4. Repräsentativumfrage zum Lebenssinn in Deutschland

Mit Hilfe eines Sozialforschungsinstituts wurde eine repräsentative Telefonumfrage mit dem SMiLE durchgeführt.[49] 1004 Deutsche wurden per Zufallsprinzip entsprechend ihrer demographischen Charakteristika ausgewählt und zu ihrem Lebenssinn befragt. Es wurden insgesamt 3521 sinnstiftende Bereiche genannt, welche *a posteriori* durch Expertenratings und binäre Clusteranalysen zu folgenden dreizehn Kategorien zusammengefasst wurden:

- Altruismus (anderen helfen, Hilfsbereitschaft, ehrenamtliche Tätigkeit et cetera),
- Arbeit (berufliche Karriere, Job, Arbeit et cetera),
- Familie (Kinder, Enkel, Eltern, Verwandte, Geschwister et cetera),

---

49 FEGG et al., Meaning in Life (s.o. Anm. 48); im Folgenden vgl. FEGG et al., The schedule (s.o. Anm. 47); FEGG, Lebenssinn (s.o. Anm. 2).

- Finanzen (Einkommen, Geld, Eigentum, Wohlstand, Finanzen et cetera),
- Freizeit (Hobbys, Kino, Kultur, Theater, Musik, Sport, Urlaub et cetera),
- Freunde (Bekannte, Freunde, Nachbarn, soziale Beziehungen et cetera),
- Gesundheit (Gesundheit, körperliches Wohlbefinden et cetera),
- Haus/Garten (Eigenheim, Wohnung, Haus, Garten et cetera),
- Hedonismus (Spaß haben, Genuss et cetera),
- Natur/Tiere (Haustiere, Tiere, Naturerfahrung, Naturliebe et cetera),
- Partnerschaft (Liebe, Ehe, Partner, Partnerschaft et cetera),
- Spiritualität (Glaube, Kirche, Gott, Jesus, Religion, Spiritualität et cetera) und
- Wohlbefinden (Harmonie, Glück, seelische Zufriedenheit et cetera).

Am häufigsten wurden Familie, Arbeit und Freizeit genannt. Am zufriedensten waren die Befragten mit Partnerschaft und Spiritualität (sofern sie diesen Bereich nannten), am unzufriedensten mit Arbeit und Finanzen (sofern sie diesen Bereich nannten).[50]

In multifaktoriellen Varianzanalysen wurden die Einflüsse von Alter, Geschlecht, Familienstand, Schulbildung, Beschäftigungsstatus, Netto-Haushaltseinkommen, Größe des Wohnorts und der geographischen Lage untersucht. Die Variablen Familienstand und Beschäftigungsstatus zeigten keinerlei signifikanten Einflüsse.

4.1 Alter, Geschlecht und Lebenssinn

Es zeigten sich Unterschiede in den genannten Bereichen zwischen den Altersgruppen: 16–19-Jährige nannten signifikant häufiger Freunde ($p < 0{,}001$), 20–29-Jährige Partnerschaft ($p < 0{,}001$), 30–39-Jährige Arbeit ($p < 0{,}001$), 60–69-Jährige Gesundheit ($p < 0{,}001$) und Altruismus ($p = 0{,}002$) und über 70-Jährige Natur/Tiere ($p = 0{,}03$) oder Spiritualität ($p = 0{,}001$).

In Bezug auf den IoW ($p < 0{,}001$), IoS ($p = 0{,}001$) und IoWS ($p = 0{,}003$) erzielten Frauen prinzipiell höhere Werte als Männer. Zudem nannten sie häufiger Familie ($p < 0{,}001$), Natur/Tiere ($p < 0{,}001$) und Gesundheit ($p < 0{,}001$). Frauen scheinen in den für sie wichtigen Lebenssinnbereichen mehr Erfüllung zu finden als Männer: Eventuell setzen sie sich auch intensiver mit diesem Thema auseinander.

Im Alter von 40–49 Jahren war ein signifikantes Absinken der Lebenssinn-Zufriedenheit bei beiden Geschlechtern zu verzeichnen, was vermutlich mit dem Phänomen der *midlife crisis* in Verbindung gebracht werden kann.[51]

---

50 Fegg et al., Meaning in Life (s.o. Anm. 48).
51 A. Freund/J. Ritter, Midlife crisis: A debate, in: Gerontology 55,5 (2009), 582–591.

Die in den jeweiligen Altersstufen genannten Bereiche scheinen mit Eriksons Theorie der psychosozialen Entwicklung zu korrespondieren.[52] Demnach habe jede Altersstufe eine bestimmte Aufgabe zu bewältigen, die durch einen spezifischen Konflikt charakterisiert sei: in der Jugend sei dies „Identität versus Identitätsdiffusion" (sinnstiftender Bereich: Freunde), im jungen Erwachsenenalter „Intimität versus Isolierung" (sinnstiftender Bereich: Partnerschaft), im mittleren Erwachsenenalter „Generativität versus Stagnation" (sinnstiftender Bereich: Arbeit), im höheren Erwachsenenalter „Ich-Integrität versus Verzweiflung" (sinnstiftende Bereiche: Gesundheit, Altruismus, Spiritualität, Natur/Tiere).

4.2 Schulbildung und Lebenssinn

Personen mit Abitur waren insgesamt zufriedener als Befragte mit Haupt- oder Realschulabschluss ($p = 0{,}002$; gemessen anhand der *single-item* NRS mit der Frage „Wie zufrieden sind Sie insgesamt mit dem Sinn in Ihrem Leben?"). Hauptschulabsolventen nannten häufiger Finanzen ($p = 0{,}03$) und Gesundheit ($p < 0{,}001$), Befragte mit Abitur Spiritualität ($p = 0{,}02$), Freizeit ($p = 0{,}004$) und Arbeit ($p < 0{,}001$).

4.3 Einkommen und Lebenssinn

Das Netto-Haushaltseinkommen pro Monat wurde stratifiziert in vier Gruppen: ≤ 999 €, 1000–1999 €, 2000–2999 € und ≥ 3000 €. Personen mit dem höchsten Netto-Haushaltseinkommen waren insgesamt am zufriedensten ($p = 0{,}004$) und nannten signifikant häufiger Arbeit ($p = 0{,}04$) als sinnstiftenden Bereich.

Höhere Schulbildung geht häufig mit höherem Einkommen einher: Offensichtlich wirken sich beide Faktoren auf die Zufriedenheit sowie die inhaltliche Gewichtung der Lebenssinnbereiche aus.

4.4 Größe des Wohnorts und Lebenssinn

Menschen in ländlichen Regionen waren am zufriedensten, Menschen in Ballungsgebieten und Großstädten am wenigsten zufrieden in ihrem Lebenssinn ($p = 0{,}03$). Dieses Ergebnis zeigen auch verschiedene Untersuchungen:

---

52 E. ERIKSON, Identität und Lebenszyklus, Frankfurt a.M. 2003.

So hatten zum Beispiel Bewohner ländlicher Regionen signifikant höhere Werte von Familien- und sozialer Zufriedenheit verglichen mit Stadtbewohnern.[53]

4.5 Bundesländer und Lebenssinn

Hinsichtlich der geographischen Lage waren Personen aus dem Südwesten Deutschlands (Nordrhein-Westfalen, Hessen, Rheinland-Pfalz, Saarland, Baden-Württemberg, Bayern) am zufriedensten, Personen aus Ostdeutschland (Berlin, Mecklenburg-Vorpommern, Brandenburg, Sachsen-Anhalt, Sachsen, Thüringen) im Gesamtvergleich am wenigsten zufrieden ($p < 0{,}001$). In Ostdeutschland wurde Haus/Garten signifikant häufiger genannt ($p = 0{,}004$).

Andere Untersuchungen fanden ähnliche Ergebnisse, wobei die Unterschiede zwischen Ost und West geringer werden.[54] Die „Perspektive Deutschland"[55], eine Onlineumfrage mit mehr als 510.000 Teilnehmern ergab, dass Bewohner von Bayern und Baden-Württemberg die höchste Zufriedenheit zeigten, die Zufriedenheit in Ostdeutschland jedoch ansteigt.

5. Lebenssinn am Lebensende

Die Ergebnisse der bislang durchgeführten SMiLE-Befragungen bei Palliativpatienten werden im Folgenden zusammengefasst[56] und mit den Daten der repräsentativen deutschen Stichprobe[57] verglichen. Insgesamt handelt es sich um 246 Patienten: 19,5 % litten an gastrointestinalen, 12,6 % an urogenitalen Tumorerkrankungen, 17,1 % an Brustkrebs, 4,5 % an Hirn- oder neurologischen Tumoren, 11,4 % an Tumoren des respiratorischen Systems, 19,9 % an ALS und 15 % an anderen neoplastischen Erkrankungen. Einen Überblick über die soziodemographischen Parameter im Vergleich mit der repräsentativen Stichprobe gibt Tabelle 1.

---

53 J. Toth et al., Separate family and community realities? An urban-rural comparison of the association between family life satisfaction and community satisfaction, in: Community Work Fam 5,2 (2002), 181–202.
54 Statistisches Bundesamt, Datenreport 2004. Zahlen und Fakten über die Bundesrepublik Deutschland, Bonn 2004.
55 Vgl. die Website: www.perspektive-deutschland.de.
56 F. Stiefel et al., Meaning in life assessed with the "Schedule for Meaning in Life Evaluation" (SMiLE): a comparison between a cancer patient and student sample, in: Support Care Cancer 16,10 (2008), 1151–1155; M. Fegg et al., Meaning in life in palliative care patients, in: J Pain Symptom Manage 40,4 (2010), 502–509; M. Fegg et al., Meaning in life in patients with amyotrophic lateral sclerosis, in: Amyotroph Lateral Scler 11,5 (2010), 469–474.
57 Fegg et al., Meaning in Life (s.o. Anm. 48).

Tabelle 1: Soziodemographische Daten aller Patienten ($n = 246$) im Vergleich mit der repräsentativen deutschen Stichprobe ($n = 977$).

		Patienten ($n = 246$) %	Repräsentativ ($n = 977$) %
Alter	16–19 Jahre	0,4	7,0
	20–29 Jahre	2,4	18,7
	30–39 Jahre	4,1	22,0
	40–49 Jahre	14,7	20,2
	50–59 Jahre	22,0	13,4
	60–69 Jahre	33,1	11,8
	> 70 Jahre	23,3	7,0
Geschlecht	Männlich	47,5	42,7
	Weiblich	52,5	57,3

In den linearen und binär logistischen Regressionsmodellen wurden Alter und Geschlecht kontrolliert. Hinsichtlich der SMiLE Indizes IoS und IoWS zeigten sich signifikante Unterschiede zwischen den beiden Gruppen. Diese lagen in der Größenordnung von circa 10 Punkten, das heißt die Patienten waren etwas weniger mit ihrem Lebenssinn zufrieden. Copingmechanismen im Zusammenhang mit einer schweren Erkrankung könnten diese Effekte im Sinne eines sogenannten *response shift* moderiert haben. Mit *response shift* werden Veränderungen subjektiver Bewertungsprozesse bezeichnet, als Ergebnis (i) einer Änderung innerer Standards (Skalenrekalibrierung im Untersuchungszeitraum); (ii) einer Veränderung der persönlichen Werte (das heißt Wertverschiebungen in den wichtigsten Domänen); (iii) einer Rekonzeptualisierung und Neudefinition der gewünschten Zielzustände.[58] Im Wichtigkeitsrating (IoW) zeigten sich

Tabelle 2: Lineare Regressionsmodelle mit IoW, IoS und IoWS als Zielgrößen und Gruppenzugehörigkeit (Palliativ versus Repräsentativ) als Faktor, kontrolliert für soziodemographische Parameter (Alter, Geschlecht). Bonferroni Korrektur: $p < 0{,}017$ ist signifikant.

SMiLE Indizes	Patienten ($n = 246$) M ± SD	Repräsentativ ($n = 977$) M ± SD	Total R^2	B	p
IoW	85,9 ± 9,8	85,6 ± 12,3	0,01	0,1	0,88
IoS	73,9 ± 18,4	82,8 ± 14,7	0,05	−9,3	<.001
IoWS	75,3 ± 18,2	83,3 ± 14,8	0,04	−8,4	<.001

---

58 M. Sprangers/C. Schwartz, Integrating response shift into healthrelated quality of life research: a theoretical model, in: Soc Sci Med 48,11 (1999), 1507–1515.

keine Unterschiede, das heißt sowohl Gesunde als auch Kranke nannten Bereiche, die von ihnen hoch priorisiert sind.

Die Patienten nannten durchschnittlich 5,0 ± 1,5 sinnstiftende Bereiche und damit signifikant mehr als die repräsentative Stichprobe (3,8 ± 1,4; $t = 11{,}1$; $p < 0{,}001$). Dies könnte ein Hinweis darauf sein, dass schwerkranke Patienten sich ihrer Lebensprioritäten besser bewusst sind und ihren Lebenssinn breiter konzeptualisieren.[59] Als Reaktion auf die abnehmende Zufriedenheit mit den einzelnen Bereichen könnte eine Diversifizierung erfolgen. In den binär-logistischen Analysen wurde die Anzahl der genannten Bereiche berücksichtigt.

Am häufigsten wurden von den Patienten Familie (80,5 %), Freizeit (56,9 %), Freunde (47,6 %), Partnerschaft (45,1 %), Natur/Tiere (31,3 %) und Spiritualität (21,5 %) genannt. Im Vergleich zur repräsentativen Stichprobe zeigten sich signifikant häufigere Nennungen in den Bereichen Partnerschaft, Freunde, Freizeit, Spiritualität, Natur/Tiere und Hedonismus; Arbeit, Finanzen und Gesundheit wurden weniger häufig genannt. Es scheint zu einer Werteverschiebung und damit Repriorisierung der Sinndimensionen zu kommen: Nahe Beziehungen, Genuss, Spiritualität und Natur/Tiere gewinnen deutlich an Bedeutung, während Arbeit und Finanzen an Bedeutung verlieren. Darüber hinaus wird die Aufmerksamkeit weg von dem geringer werdenden Gesundheitsstatus gelenkt (fluide Kompensation).

Die von den Patienten genannten Bereiche sind als Quellen von Lebenssinn zu verstehen, durch die das Individuum Sinn findet (auch widergespiegelt in den Wichtigkeitsratings). Dieser Aspekt scheint in der Palliativsituation erhalten zu bleiben. Allerdings haben die Patienten zum Teil Probleme mit der Sinnerfülltheit: Der Range bei den Zufriedenheitsratings war deutlich breiter und umfasste – verglichen mit der Repräsentativerhebung – auch negative Werte. In einer Vielzahl von Bereichen hatten die Patienten hohe (und im Vergleich zur gesunden Bevölkerung nicht geringere) Zufriedenheitswerte: Diese sind Familie, Partnerschaft, Spiritualität, Hedonismus, Haus/Garten, Wohlbefinden und Finanzen. Andererseits sind die Patienten in einigen Bereichen auch weniger zufrieden: Natur/Tiere, Freizeit, Freunde, Altruismus, Arbeit und Gesundheit. Im letzten Bereich waren die Durchschnittswerte negativ.

Trotz der zum Teil erheblich differierenden Nennungshäufigkeit der Bereiche waren keine Unterschiede in der Einschätzung der relativen Wichtigkeit festzustellen. In den Wichtigkeitsscores wurden insgesamt relativ hohe Skalenwerte erzielt: Dies spricht für eine hohe Priorität der genannten Bereiche für die

---

59 Park/Folkman (s.o. Anm. 18), 115–144; S. Folkman/S. Greer, Promoting psychological well-being in the face of serious illness: when theory, research and practice inform each other, in: Psychooncology 9,1 (2000), 11–19.

untersuchten Personen. Allerdings könnten auch Deckeneffekte dafür verantwortlich gemacht werden. In aktuellen, derzeit laufenden SMiLE-Untersuchungen wurde daher eine modifizierte Wichtigkeitsskala (Range 0–7) entwickelt. Diese wird gegenwärtig erprobt.

6. Zusammenfassung

Mit dem *Schedule for Meaning in Life Evaluation* wurde ein Instrument zur Erfassung individuellen Lebenssinns entwickelt. Die untersuchten Personen werden – ohne apriorische Vorgaben – nach denjenigen Bereichen ihres Lebens gefragt, die ihnen in der gegenwärtigen Situation Sinn verleihen. Im Anschluss daran sollen sie auf 5- beziehungsweise 7-stufigen Likertskalen die jeweilige Wichtigkeit und momentane Zufriedenheit mit den genannten Bereichen einzuschätzen. Es werden drei übergeordnete Scores für die durchschnittliche Wichtigkeit (*Index of Weighting*, IoW, Range 20–100), Zufriedenheit (*Index of Satisfaction*, IoS, Range 0–100) und gewichtete Zufriedenheit (*Index of Weighted Satisfaction*, IoWS beziehungsweise SMiLE-Index, Range 0–100) gebildet.

Im Gegensatz zu nomothetischen Instrumenten, bei denen *a priori* definierte Kategorien vorgegeben werden, werden bei idiographischen Verfahren diese vom Befragten selbst generiert.

Das *Schedule for Meaning in Life Evaluation* (SMiLE) wurde in Anlehnung an die Empfehlungen des *Scientific Advisory Committee of the Medical Outcomes Trust* in Deutsch und Englisch entwickelt und seine psychometrischen Gütekriterien mit sehr zufriedenstellenden Ergebnissen überprüft.[60] Danach wurde eine repräsentative Stichprobe der deutschen Allgemeinbevölkerung erhoben, um Vergleichsdaten für Untersuchungen an Patienten zu generieren.[61] In diesem Zusammenhang wurden die freien Nennungen auch *a posteriori* mit Hilfe theoretischer und statistischer Methoden zu dreizehn Sinnkategorien zusammengefasst (Altruismus, Arbeit, Familie, Finanzen, Freizeit, Freunde, Gesundheit, Haus/Garten, Hedonismus, Partnerschaft, Spiritualität, Tiere/Natur und Wohlbefinden).

Danach folgten mehrere klinische Untersuchungen an onkologischen und Palliativpatienten des Universitätsklinikums Lausanne mit einer französischen Version[62] sowie an Palliativpatienten[63] und Patienten mit Amyotropher Lateralsklerose (ALS)[64] des Universitätsklinikums München. Neben der weiteren

---

60 FEGG et al., The schedule (s.o. Anm. 47).
61 FEGG et al., Meaning in Life (s.o. Anm. 48).
62 STIEFEL et al. (s.o. Anm. 56).
63 FEGG et al. (s.o. Anm. 56).
64 FEGG et al. (s.o. Anm. 56).

Validierung des Verfahrens war hier das Ziel, Unterschiede zwischen Patienten- und Vergleichsstichproben zu identifizieren.

Insgesamt zeigte sich eine signifikant geringere Zufriedenheit der Patienten (IoS, IoWS) im Vergleich zur Allgemeinbevölkerung, jedoch bestanden keine Unterschiede in den Wichtigkeitsratings (IoW). Die Unterschiede waren mit circa 10 Punkten allerdings nicht sehr stark ausgeprägt (IoS 73,9 ± 18,4 vs. 82,8 ±14,7; IoWS 75,4 ± 18,2 vs. 83,3 ± 14,8). Lebenssinn scheint daher bei schwerer, unheilbarer Erkrankung nicht verloren gehen zu müssen. Im Gegenteil weisen zahlreiche Untersuchungen darauf hin, dass Sinnerfahrung am Lebensende zu höherem Wohlbefinden, einer besseren Akzeptanz der krankheitsbedingten Belastungen und geringer ausgeprägten Wünschen nach Sterbehilfe führt.

Im Durchschnitt nannten die Patienten signifikant mehr sinnstiftende Bereiche als gesunde Probanden: Dies könnte ein Hinweis darauf sein, dass Schwerkranke sich ihrer Lebensprioritäten bewusster sind und ihren Lebenssinn breiter konzeptualisieren. In den Sinnbereichen wurden nahe Beziehungen (Partnerschaft, Freunde), Spiritualität, Natur/Tiere und Hedonismus signifikant häufiger, Arbeit, Finanzen und die (nachlassende) Gesundheit signifikant weniger häufig genannt.

In vielen Bereichen war die Zufriedenheit der Patienten nicht unterschiedlich von der deutschen Bevölkerung (Familie, Partnerschaft, Spiritualität, Hedonismus, Haus/Garten, Wohlbefinden und Finanzen). In den Bereichen Natur/Tiere, Freizeit, Freunde, Altruismus, Arbeit und Gesundheit waren die Zufriedenheitswerte jedoch geringer ausgeprägt.

Mit dem SMiLE wurde ein idiographisches Verfahren für die Lebenssinnforschung entwickelt, das sich durch eine individuelle Anzahl an Bereichsnennungen auszeichnet. Die Untersuchungsergebnisse sprechen für gute psychometrische Kriterien. Das Instrument liegt zum gegenwärtigen Zeitpunkt in deutscher, englischer, französischer, spanischer, türkischer und japanischer Sprache vor.

Der SMiLE könnte in der klinischen Praxis als *screening tool* eingesetzt werden, um (i) Patienten im Sinne eines ressourcenorientierten Ansatzes auf ihre Sinnquellen anzusprechen und diese bewusster zu machen, (ii) die Kommunikation im multiprofessionellen *palliative care*-Team im Hinblick auf eine Optimierung der Patientenversorgung zu verbessern, (iii) Unzufriedenheit der Patienten in wichtigen, sinnstiftenden Bereichen zu identifizieren, um rechtzeitig gezielte psychosoziale und/oder palliativmedizinische Interventionen einzuleiten und damit unter anderem der Entwicklung von Wünschen nach aktiver Sterbehilfe vorzubeugen.

Keiner stirbt für sich allein: Bedeutung und Bedürfnisse des sozialen Umfelds bei Sterbenden

Maria Wasner

1. Gesellschaftliche Veränderungen im Umgang mit Sterben und Tod

In den letzten 50 Jahren kam es zu einer radikalen Veränderung im Umgang mit Sterben und Tod in den westlichen Industriestaaten. War vorher der Tod in allen Altersstufen präsent und gehörte zum Alltag, so wird heute der Tod häufig als Endpunkt multimorbider Krankheitsverläufe alter Menschen erfahren. Das bedeutet, dass viele Menschen erst in ihrem sechsten Lebensjahrzehnt, wenn nahestehende Menschen sterben, unmittelbar mit dem Tod in Berührung kommen[1]. Mit dem wachsenden Bedürfnis nach Hygiene und Komfort verringerte sich in der Gesellschaft zudem die Bereitschaft, den Anblick und die Gerüche von Krankheit und Sterben zu ertragen. Diese Begleiterscheinungen wurden stattdessen in die keimfreie Welt professioneller Institutionen verlagert. Noch bis zum Ende des 19. Jahrhunderts fand Sterben meist im eigenen Zuhause statt, im Kreis von Familie, Freunden und Nachbarn. Der Tod im Krankenhaus implizierte dagegen eine Lebenssituation ohne Familie und ohne Geld. Zu Beginn des 21. Jahrhunderts ist der Sterbeprozess in den Industrieländern unsichtbar geworden. Die meisten Todesfälle geschehen im fortgeschrittenen Alter und in Krankenhäusern (40–60 %) oder in Pflegeheimen (15–25 %)[2]. Aber auch in unserer Zeit möchten die Menschen zu Hause sterben: In einer Veröffentlichung der Zeitschrift *Der Spiegel* von 1996 äußerten 90 % aller Deutschen diesen Wunsch[3]; jedoch versterben lediglich 25 % tatsächlich daheim. Ein

---

1 H. Helmchen/S. Kanofski/H. Lauter, Ethik in der Altersmedizin, Stuttgart 2005.
2 F. Freilinger, Das institutionalisierte Sterben, in: Focus NeuroGeriatrie 3 (2009), 6–10.
3 Anonymus, Sag lächelnd good bye, in: Spiegel 6 (1996), 114–121.

frühzeitiger, plötzlicher Tod gilt durch die Errungenschaften der modernen Medizin heute als relativ seltenes Phänomen. Als aktuell häufigste Todesursachen gelten nicht mehr Infektionen (unter 5 %), sondern Herz-Kreislauf-Erkrankungen und andere chronische Erkrankungen (mehr als 70 %)[4]. Bei Letzteren ist vor allem an Demenzerkrankungen zu denken, deren Prävalenz mit höherem Alter sprunghaft zunimmt – in unserer immer älter werdenden Gesellschaft werden künftig immer mehr Menschen davon betroffen sein. Durch unterschiedliche Verläufe des Sterbens und viele technische Möglichkeiten, diesen Prozess zu beeinflussen, wird heute oft erst sehr spät eine Person als sterbend eingeschätzt. McCue stellte fest, dass wir eine Gesellschaft geworden sind, in der es für besser erachtet wird, alles zu tun als nichts zu tun, selbst wenn Aktionismus keine Verbesserung verspricht[5]. Die Grenze zwischen lebensverlängernden Maßnahmen durch medizinische Eingriffe und der Verzögerung des Todes verschwimmt[6]. Dies ist vielleicht die Ursache dafür, dass die Menschen mittlerweile mehr Angst vor dem Sterbeprozess und den damit einhergehenden Beeinträchtigungen und Symptomen haben als vor dem Tod.

Gleichzeitig führt der stetige Rückgang der Geburtenrate zwangsläufig dazu, dass in Zukunft noch mehr alte Menschen von immer weniger jungen Menschen versorgt werden müssen. Durch die wachsende Mobilität und eine zunehmende Anzahl von Single-Haushalten schrumpft die Zahl der häuslichen Gemeinschaften, die die Last der Fürsorge für Kranke und Sterbende tragen könnten. Folglich bleibt vielen Menschen gar keine andere Wahl, als ihre letzte Lebensphase in einer stationären Einrichtung zu verbringen.

Aus dem Sterben in der Solidarität der Gesellschaft, der Geborgenheit und Fürsorge der Glaubensgemeinschaft, Ortsgemeinschaft und Familie ist das professionell begleitete, langsame Sterben und nicht selten ein einsamer Tod geworden. Diese Entwicklung wird an einigen Beispielen offensichtlich: Beerdigungen, noch vor 50 Jahren ein gesellschaftliches Ereignis, an denen die Gemeinde selbstverständlich teilnahm, finden häufig nur noch im engsten Familienkreis statt. Wurde früher noch öffentlich und in großem Rahmen kondoliert, so wird heute häufig bereits in den Traueranzeigen darum gebeten, auf Beileidsbekundungen zu verzichten. Da verbindliche, orientierende Rituale der Trauer und Tröstung unserer heutigen Gesellschaft fremd geworden sind, herrscht gegenüber Trauernden eine zunehmende Verhaltensunsicherheit. Als ob Trauer ansteckend sei, wird sie mehr und mehr zur Privatsache deklariert,

---

4   Statistisches Bundesamt, Todesursachen in Deutschland, Internetpublikation 2007.
5   J. D. McCue, The naturalness of dying, in: JAMA 273 (1995), 1039–1043.
6   D. Callahan, The troubled dream of life: Living with mortality, New York 1993.

manifestes Trauern wird gesellschaftlich tabuisiert, als charakterliche Schwäche gedeutet und kann Vereinzelung und Einsamkeit der Trauernden nach sich ziehen.

2. Belastungen des sozialen Umfelds

Alle beschriebenen Veränderungen haben massive Auswirkungen auf den Patienten und auf sein soziales Umfeld: In vielen Fällen ist entweder überhaupt keine Familie vorhanden oder die Familienmitglieder leben weiter entfernt. Selbst wenn es Familie in der Nähe gibt, ist es dieser oft nicht möglich, den Kranken zu unterstützen – entweder weil alle Angehörigen berufstätig sind oder auch weil die Wohnverhältnisse keine häusliche Pflege zulassen. Dies führt häufig dazu, dass die Versorgung von Schwerkranken und Sterbenden von nur einer Person gewährleistet werden muss und nicht wie früher auf mehrere Personen verteilt werden kann. Des Weiteren übernehmen zunehmend Freunde Aufgaben, die früher von Angehörigen geleistet wurden[7].

Mit der Diagnosestellung einer unheilbaren Erkrankung werden Patient und Familie aus ihrer Normalität gerissen, der Krankheitsbewältigungsprozess beginnt immer mit der Frage, wie sich die Krankheit weiterentwickeln wird. In dieser ersten Phase sind die Angehörigen oft noch belasteter als die Patienten selbst[8]; vielleicht auch weil es zu diesem Zeitpunkt in der Regel die Angehörigen sind, die die Informationssuche übernehmen[9]. Häufig leiden sie im Verlauf der Erkrankung selbst an körperlichen und/oder psychischen Problemen aufgrund der großen Belastung durch die zentrale Rolle in Betreuung und Pflege[10,11], bei der Koordination der unterschiedlichen Hilfsangebote[12,13] der Symptomkontrolle durch Medikamentengabe oder andere (pflegerische) Maß-

---

7   Vgl. dazu F. Rest, Den Sterbenden beistehen. Ein Wegweiser für die Lebenden, Heidelberg 1981, 32–41.
8   M. B. Bromberg/D. Forshew, Application of the Schedule of the Evaluation of Individual Quality of Life (SEIQoL – DW) to ALS/MND patients and their spouses, in: Proceedings of the Ninth International Symposium on Amyotrophic Lateral Sclerosis and Motor Neuron Disease, 16.–18.11.1998, München 1998, 89.
9   A. Chiò et al., ALS patients and caregivers communication preferences and information seeking behaviour, in: Eur J Neurol 15 (2008), 55–60.
10 J. M. Hauser/B. J. Kramer, Family caregivers in palliative care, in: Clin Geriatr Med 20 (2004), 671–688.
11 N. Smith, Managing family problems in advanced disease – a flow diagram, in: Palliat Med 7 (1993), 47–58.
12 P. L. Hudson/S. Aranda/L. J. Kristjanson, Meeting the supportive needs of family caregivers in palliative care: Challenges for health professionals, in: J Palliat Med 7 (2004), 19–25.
13 S. Payne et al., Identifying the concerns of informal carers in palliative care, in: Palliat Med 13 (1999), 37–44.

nahmen. Weitere belastende Faktoren sind zum einen das Fehlen von Zeit für eigene Bedürfnisse sowie persönliche und soziale Einschränkungen[14] und zum anderen Symptome der Verwirrtheit, eine Persönlichkeitsveränderung oder auch respiratorische Einschränkungen des Patienten[15,16].

Jeder Schwerkranke erleidet im Lauf seiner Erkrankung zahlreiche Verluste (körperliche Schwäche, Funktionseinschränkungen, ...), den Angehörigen fällt es dabei oft schwer, mit der Entwicklung Schritt zu halten. Zudem trauern die Angehörigen um die Zukunft, die sie nicht mehr gemeinsam mit dem Schwerkranken gestalten können. Viele Angehörige beginnen somit bereits zu Lebzeiten ihrer Lieben, um sie zu trauern (antizipatorische Trauer).

Häufig stellen die Angehörigen ihre eigenen Bedürfnisse zurück und richten ihr ganzes Leben nur noch auf den Kranken aus. Die längeren und schwereren Krankheitsverläufe führen zu einer zunehmenden Belastung für die Familienangehörigen, und zwar auf allen Ebenen (körperliche Belastung durch die Pflege, psychische Belastungen, finanzielle Einschränkungen, ...). Oftmals werden die Angehörigen aber vom professionellen Behandlungsteam nur als zusätzliche Helfer gesehen, die zum Beispiel die häusliche Versorgung sicherstellen, ihre eigenen Bedürfnisse werden aber nicht wahrgenommen.

3. Bedeutung des sozialen Umfelds für den Sterbenden

Die Auseinandersetzung mit dem nahenden Tod konfrontiert Sterbende und ihre Angehörigen mit vielen Problemen, aus denen sie sich meist ohne fremde Hilfe nicht befreien können. Die Bedürfnisse Sterbender gerade im psychosozialen Bereich werden häufig vom Betreuungsteam nicht oder nicht ausreichend wahrgenommen[17,18]. Für Palliativpatienten ist es aber extrem wichtig, keine Belastung für die Familie zu sein. Dieser Wunsch wird so von den Ärzten nicht immer registriert. Häufige psychosoziale Probleme Sterbender sind soziale Isolation, Angst (zum Beispiel vor dem Sterben, dem Verlust von Autonomie,

---

14 A. GAUTHIER et al., A longitudinal study on quality of life and depression in ALS patient-caregiver couples, in: Neurology 68 (2007), 923–926.
15 D. KAUB-WITTEMER et al., Quality of life and psychosocial issues in ventilated patients with amyotrophic lateral sclerosis and their caregivers, in: J Pain Symptom Manage 26 (2003), 890–896.
16 N. MUSTFA et al., The effect of noninvasive ventilation on ALS patients and their caregivers, in: Neurology 66 (2006), 1211–1217.
17 E. M. ARNOLD et al., Unmet needs at the end of life: perceptions of hospice social workers, in: J Soc Work End Life Palliat Care 2 (2006), 61–83.
18 K. E. STEINHAUSER et al., Factors Considered Important at the End of Life by Patients, Family, Physicians, and Other Care Providers, in: JAMA 284 (2000), 2476–2482.

Schmerzen) und Depression, und Gefühle der Hilf- und Hoffnungslosigkeit (zum Beispiel durch Verlust von Arbeit und sozialer Stellung und zunehmende Hilfsbedürftigkeit)[19]. Des Weiteren sind hier unerfüllte Bedürfnisse und Konflikte innerhalb der Familie zu nennen[20]. Das Verhältnis zur Familie ist für die Lebensqualität der Sterbenden von zentraler Bedeutung[21]. Für die meisten Menschen ist die Anwesenheit ihrer Familie eine notwendige Bedingung für ein „gutes" Sterben. Ohne Unterstützung der Familie ist ein Sterben zuhause kaum möglich. Mit der Annäherung an den Tod nimmt die Sorge des Patienten um das Wohlergehen seiner weiterlebenden Angehörigen immer mehr zu[22]. Die Angehörigen sind also Halt für den Sterbenden und spielen in dessen subjektiver Sinnkonstruktion eine nicht zu unterschätzende Rolle[23]. So verwundert es kaum, dass die Grade der Belastung von Patient und Familie stark miteinander korrelieren[24,25]. Dies bedeutet nicht nur, dass die Verminderung von Leiden des Patienten die Familie entlastet, sondern auch, dass sich eine Entlastung der Angehörigen ebenso auf die Lebensqualität der Patienten auswirkt.[26]

Der Verlauf einer schweren Erkrankung, der Prozess des Sterbens und des Abschiednehmens kann folglich nicht als isolierter Prozess gesehen werden, der nur eine Person betrifft. Die Wahrnehmung muss vielmehr allen Beteiligten gelten, die mit Betroffenheit, Belastung und/oder lähmender Hilflosigkeit konfrontiert sind[27] – und hier sind natürlich an erster Stelle die Angehörigen zu nennen. Das Gedicht „*Memento*" von der Lyrikerin M. Kaléko (1907–1975) aus dem Jahr 1944 bringt dies sehr deutlich zum Ausdruck.

---

19 ARNOLD et al., (s.o. Anm. 17).
20 M. A. WEITZNER/L. N. MOODY/S. C. MCMILLAN, Symptom management issues in hospice care, in: Am J Hosp Palliat Care 14 (1997), 190–195.
21 C. NEUDERT et al., The course of the terminal phase in patients with amyotrophic lateral sclerosis, in: J Neurol 248 (2001), 612–616.
22 M. J. FEGG/M. WASNER/G. D. BORASIO, Personal values and individual quality of life in palliative care patients, in: J Pain Symptom Manage 30 (2005), 154–159.
23 M. J. FEGG et al., The Schedule for Meaning in Life Evaluation (SMiLE): validation of a new instrument for meaning-in-life research, in: J Pain Symptom Manage 35 (2008), 356–364.
24 KAUB-WITTEMER et al. (s.o. Anm. 15).
25 J. G. RABKIN/G. J. WAGNER/M. DEL BENE, Resilience and distress among amyotrophic lateral sclerosis patients and caregivers, in: Psychosom Med 62 (2000), 271–279.
26 G. D. BORASIO/M. VOLKENANDT, Palliativmedizin – weit mehr als nur Schmerztherapie, in: Z Med Ethik 52 (2006), 215–233.
27 J. HOCKLEY, Psychosocial aspects in palliative care, in: Acta Oncol 39 (2000), 905–910.

Memento

Vor meinem eigenen Tod ist mir nicht bang,
nur vor dem Tode derer, die mir nah sind.
Wie soll ich leben, wenn sie nicht mehr da sind?

Allein im Nebel tast ich todentlang
und lass mich willig in das Dunkel treiben.
Das Gehen schmerzt nicht halb so wie das Bleiben.

Der weiß es wohl, dem Gleiches widerfuhr –
und die es trugen, mögen mir vergeben.
Bedenkt: Den eignen Tod, den stirbt man nur,
doch mit dem Tod der anderen muss man leben.
         (M. Kaléko)[28]

4. Bedürfnisse des sozialen Umfelds

Neben der Inanspruchnahme durch die Versorgung des Patienten haben die Angehörigen eigene Belastungen und Bedürfnisse, die sich nicht immer mit denen der Patienten decken – und zwar das Bedürfnis nach Information und nach Unterstützung bei der Organisation ganz praktischer Dinge, bei finanziellen und psychosozialen Problemen.

Wenn eine schwere Krankheit diagnostiziert wird, geraten die Bedürfnisse der Familie nach Information und Unterstützung oft in den Hintergrund. Priorität haben eine rasche Diagnose und ein schneller Therapiebeginn. Dabei beeinflusst die Art und Weise der Aufklärung die weitere Krankheitsbewältigung ganz wesentlich, auch beim Angehörigen[29]. Aus diesem Grund sollten die Angehörigen von Anfang an mit einbezogen werden. Besonders wichtig ist es hierbei, die Angehörigen über mögliche Begleiterscheinungen der Erkrankung zu informieren, beispielsweise die Angehörigen von Patienten mit malignen Hirntumoren darüber aufzuklären, dass kognitive Einschränkungen und Wesensveränderungen auftauchen können.

Der Austausch von Erfahrungen mit anderen betroffenen Angehörigen wird von vielen als sehr hilfreich erlebt. Vom professionellen Team wird erwartet, dass dieses unterstützend und tröstend zur Seite steht. Angehörige wollen oft ihre Wut, Trauer und Verzweiflung offenbaren, trauen sich jedoch nicht in

---

28 M. Kaléko, Memento, in: Dies., Verse für Zeitgenossen, Reinbek ²²2007, 9.
29 R. S. Hebert et al., Grief support for informal caregivers of patients with ALS: a national survey, in: Neurology 64 (2005), 137–138.

Anwesenheit des Sterbenden. Sie wollen respektiert und verstanden werden – dies gelingt dann, wenn sie sich getragen und gestützt fühlen; in nur kurzen, wenigen Begegnungen mit den Angehörigen ist dies allerdings nicht realisierbar. Oft ist dafür großer Durchhaltewillen und die Bereitschaft, jederzeit zur Verfügung zu stehen, notwendig. Wenn möglich, sollte es einen Ansprechpartner während des gesamten Krankheitsverlaufs geben (*Case Management*) – dies ist ein Wunsch, der von Patienten und ihren Angehörigen immer wieder genannt wird[30].

Bereits kurz nach der Aufklärung sollten die Angehörigen sozialrechtlich beraten werden, zum Beispiel über den Anspruch auf Leistungen aus der Pflegeversicherung oder über finanzielle Zuschüsse zum behindertengerechten Umbau der Wohnung. Heimatnahe Anlaufadressen sollten an sie weitergegeben werden (Pflegedienste, Hospizvereine, Selbsthilfegruppen, Beratungsstellen, Kurzzeitpflegeplätze …). Dies sollte in regelmäßigen Abständen wiederholt werden, um die Informationen der aktuellen Problemlage anzupassen.

Die oft hoch belasteten Angehörigen sollten dabei unterstützt werden, ein Hilfsnetzwerk aufzubauen. Dies umfasst je nach Bedürfnislage die Organisation von benötigten Hilfsmitteln, die Kontaktaufnahme mit Pflegediensten, Ernährungsdiensten, mit Hospiz- beziehungsweise Palliativdiensten, mit auf diesem Gebiet erfahrenen Psychologen, mit Physio- oder Logotherapeuten bis hin zur Vermittlung von Pflegeplätzen in stationären Einrichtungen.

Wenn die Angehörigen durch die Pflege an ihre Grenzen kommen, leiden sie oft zusätzlich an Schuldgefühlen dem Patienten gegenüber. Diese sollten immer ernst genommen und dann in Gesprächen bearbeitet werden.

Ein weiteres wichtiges Bedürfnis liegt in der Förderung der Kommunikation zwischen dem Erkrankten und seiner Familie oder auch dem Betreuungsteam (Ärzten, Pflegekräften und so weiter). Angehörige und Patienten können sich durch eine offene Kommunikation gegenseitig unterstützen und einander Trost zusprechen. Notwendig ist hierbei offen über ihre Ängste zu sprechen und diese nicht durch Zurückhaltung den anderen gegenüber zu verbergen[31]. Besonders schwierig wird es für die Angehörigen, wenn die Kommunikation nur noch erschwert möglich ist, entweder aufgrund einer kognitiven Einschränkung (zum Beispiel bei Demenzen oder malignen Hirntumoren) oder aufgrund einer zunehmenden Dysarthrie (zum Beispiel bei Patienten mit einer amyotrophen Lateralsklerose). Darunter leiden die pflegenden Familienangehörigen oft sehr – auch wenn sie vielleicht die einzigen sind, die den Patienten

---

30 M. Wasner/B. Dierks/G. D. Borasio, Burden and support needs of family caregivers of patients with malignant brain tumours, in: European Journal of Palliative Care Supplement 2007, 90.

31 Vgl. J. Lugton, Kommunikation mit Sterbenden und ihren Angehörigen, Berlin/Wiesbaden 1995.

noch lange Zeit verstehen beziehungsweise wissen, was er will. Hilfsmittel, die bei Dysarthrie eingesetzt werden können, sind oft sehr zeitintensiv (zum Beispiel Alphabettafel) oder erlauben nur den Austausch von rudimentären Informationen (Tafeln mit Symbolen für Essen, Trinken, Schlafen und so weiter).

Mit Fortschreiten der Erkrankung ist es wichtig, rechtzeitig (bevor kognitive Störungen auftauchen oder ein Notfall eintritt) Wünsche für die letzte Lebensphase mit dem Patienten und seiner Familie zu besprechen. Um die Angst vor dem Tod des geliebten Menschen möglichst zu verringern, sollte der Arzt unbegründete Ängste pro-aktiv ansprechen, beispielsweise die Angst, dass ein ALS-Patient ersticken muss[32]. Im Besonderen sollte mit dem Patienten und seiner Familie auch besprochen werden, ob eine Patientenverfügung und eine Vorsorgevollmacht erstellt werden sollen, was der Inhalt und wer der Bevollmächtigte sein soll. Der Bevollmächtigte sollte sich der Wünsche des Patienten und seiner Verantwortung, diese für ihn umzusetzen, bewusst sein, bevor er diese Aufgabe übernimmt. Dieses Erstellen ist häufig ein sehr zeitintensiver Prozess, der von einem Sozialarbeiter – wenn auch durch Unterstützung des Arztes – ausgeführt werden kann.

Es kann auch in einer frühen Phase des Sterbens festgestellt werden, welches Familienmitglied des Patienten besondere Unterstützung benötigt. Dazu zählen auch Kinder und enge Freunde, niemand sollte das Gefühl haben von der Kommunikation ausgeschlossen zu sein[33]. Jeder aus dem engeren sozialen Umfeld kann ganz unterschiedliche individuelle Bedürfnisse haben, welche nur durch genaues Beobachten und durch Einfühlungsvermögen erspürt werden können.

Ein weiteres Bedürfnis Angehöriger ist es, über die mögliche Trauerreaktionen und Unterstützungsangebote informiert zu werden. Sie sollten ermutigt werden, ihre Trauer zu leben. Je mehr Trauer unterdrückt wird, umso länger dauert der Prozess[34].

Angehörige übernehmen manchmal über Monate oder Jahre die Versorgung, sie entwickeln sich aus dieser Not heraus im Lauf der Jahre zu Profis im Umgang mit der Erkrankung. Daher werden sie häufig nur als eine wichtige Ressource gesehen. Es wird dabei vergessen, dass der Angehörige sich in einer einmaligen, nicht wiederholbaren Lage befindet, die mit keiner anderen vergleichbar ist. Für Begegnungen mit ihnen bedeutet das, dass diese spezielle Situation neu individuell erfasst werden muss[35].

---

32 Neudert et al. (s.o. Anm. 21).
33 Lugton (s.o. Anm. 31).
34 Vgl. P. Fässler-Weibel, Nahe sein in schwerer Zeit – Zur Begleitung von Angehörigen Sterbender, Freiburg/Schweiz 2009.
35 Fässler-Weibel (s.o. Anm. 34).

5. Effekte einer kompetenten Begleitung des sozialen Umfelds

Um den Bedürfnissen des Sterbenden und seiner Angehörigen gerecht zu werden, bedarf es der Wahrnehmung und Einschätzung all dieser Bedürfnisse und der empathischen Begleitung durch alle, die in dieser Begleitung tätig sind, sowie auch zumeist einer kompetenten sozialen und/oder psychologischen beziehungsweise psychotherapeutischen Begleitung durch entsprechende Spezialisten. Eine gelungene Begleitung Angehöriger von Schwerkranken und Sterbenden führt zu einer spürbaren Verbesserung ihrer Lebensqualität. Die Gefahr, selbst psychisch oder psychosomatisch zu erkranken, verringert sich bei den Angehörigen. Außerdem kann durch eine gute Begleitung des sozialen Umfelds noch zu Lebzeiten des Sterbenden das Risiko signifikant verringert werden, dass die Angehörigen einen erschwerten Trauerverlauf durchleben, der häufig mit einer Depression, vielen Krankheitstagen und der Notwendigkeit einer psychotherapeutischen Behandlung einhergeht[36,37]. Geht es den Angehörigen besser, entlastet dies die Patienten. Zudem ermöglicht ein stabileres soziales Umfeld eher eine häusliche Versorgung, der berüchtigte Drehtüreffekt (ständige Krankenhauseinweisungen, weil das häusliche Umfeld die Versorgung nicht leisten kann) wird vermieden. Eine stationäre Unterbringung wird seltener vonnöten sein. Dies kann nicht von einer einzelnen Person oder Profession geleistet werden, sondern nur von einem speziell geschulten interprofessionellen Team.

6. Zusammenfassung

Das soziale Umfeld ist für die Lebensqualität von Schwerkranken und Sterbenden von zentraler Bedeutung. Aus diesem Grund sollten Angehörige immer Teil der *unit of care* sein und bei schweren Erkrankungen immer von Anfang an miteinbezogen werden. Sie müssen dabei in ihrer Doppelrolle gesehen werden, zum einen als Ressource für die Patienten, aber auch als Betroffene mit eigenen Bedürfnissen. An erster Stelle sind hier der Wunsch nach einem respektvollen Umgang mit ihnen und einer frühen Einbeziehung durch das professionelle Team zu nennen. Sie wollen umfassend informiert werden und brauchen

---

36 M. S. WALKER/S. L. RISTVEDT/B. H. HAUGHEY, Patient care in multidisciplinary cancer clinics: does attention to psychosocial needs predict patient satisfaction?, in: Psychooncology 12 (2003), 291–300.

37 B. REHSE/R. PUKROP, Effects of psychosocial interventions on quality of life in adult cancer patients: meta analysis of 37 published controlled outcome studies, in: Patient Educ Couns 50 (2003), 179–186.

Unterstützung bei der Organisation ganz praktischer Dinge für die Versorgung des Patienten. Zudem benötigen sie emotionale Unterstützung und Hilfe bei finanziellen und psychosozialen Problemen. Sie sollten in alle Entscheidungsprozesse miteinbezogen werden, vor allem auch bei der Gestaltung der letzten Lebensphase. Die Begleitung der Angehörigen umfasst auch die Unterstützung während ihres Trauerprozesses.

Eine kompetente interprofessionelle Begleitung des sozialen Umfelds führt zu einer Entlastung der Angehörigen und zur Verbesserung der Lebensqualität bei ihnen, aber auch bei den Patienten.

II. Teil

Medizinische Aspekte

Entwicklung und Desiderate der Palliativmedizin in Deutschland

Christof Müller-Busch

1. Wo stehen wir?

Die Palliativmedizin hat sich in den letzten Jahren in Deutschland sehr dynamisch entwickelt. So hat sich die Anzahl der Palliativstationen und stationären Hospize in 15 Jahren verzehnfacht. Im Januar 2011 wurden in Deutschland 410 Palliativstationen und stationäre Hospize mit circa 3300 Betten gezählt. Hinzu kommen mehr als 1500 ehrenamtliche Hospizdienste und circa 130 spezialisierte ambulante *Palliative Care Teams*. Damit hat Deutschland mit circa 40 „Palliativbetten" pro 1 Million Einwohner inzwischen einen der vorderen Ränge in Europa erreicht. Dennoch ist Deutschland im Vergleich zu Großbritannien im Bereich von *Palliative Care*, sowohl was Ausbildung, Struktur der Versorgung und Akzeptanz anbelangt, immer noch deutlich zurück.[1] Das im Vergleich zu anderen Ländern bei uns stärker ausgebildete „Dreisäulen-Modell" der Palliativversorgung umfasst die stationäre Behandlung in spezialisierten Einrichtungen, die palliative Betreuung von sterbenskranken Gästen in Hospizen und die ambulante Versorgung von Palliativpatienten im häuslichen Bereich beziehungsweise in Pflegeeinrichtungen durch Pflegedienste, Ärzte und ehrenamtliche Begleitung. Auf Palliativstationen werden vorwiegend Patienten mit besonderen medizinischen Problemen behandelt mit dem Ziel, die Anschlussbetreuung im häuslichen Bereich zu ermöglichen. In stationären Hospizen können Gäste oder Bewohner, für die eine Krankenhausbehandlung nicht oder nicht mehr erforderlich ist und die weder zu Hause noch im Pflegeheim angemessen betreut werden können und für die ein besonderer beziehungsweise aufwändiger Betreuungsbedarf besteht, für die letzte Zeit ihres Lebens

---

1   R. Sabatowski et al., Entwicklung und Stand der stationären palliativmedizinischen Einrichtungen in Deutschland, in: Schmerz 15,5 (2001), 312–319; J. M. Moreno et al., Palliative Care in the European Union. European Parliament's Committee on the Environment, Public Health and Food Safety, Valencia/Brüssel 2008, 34.

aufgenommen werden. Die Behandlung aller anderen Patienten erfolgt durch Hausärzte und ambulante Pflegedienste, für die unter anderem auch ambulante Dienste mit spezieller Expertise zur Verfügung stehen.[2] Über 5000 Ärzte haben in den letzten fünf Jahren die Zusatzbezeichnung „Palliativmedizin" erworben und über 12 000 Pflegende haben Kurse zur Erlangung der Zusatzqualifikation in *Palliative Care* absolviert. Inzwischen gibt es zehn Professuren, die das neue Fach „Palliativmedizin" an den Universitäten akademisch vertreten. Ab 2013 wird Palliativmedizin zum Pflichtlehr- und Prüfungsfach in der studentischen Ausbildung gehören. In keinem Land Europas hat Palliativmedizin durch die Politik so viel Beachtung gefunden wie in Deutschland. Besonders in der 16. Legislaturperiode der großen Koalition von CDU/CSU und SPD (2005 bis 2009) wurden wichtige Gesetzesregelungen im Sozialgesetzbuch V sowie zur ärztlichen Approbationsordnung, aber auch zur Patientenverfügung beschlossen. Die im Jahre 2010 von vielen Institutionen und Verbänden verabschiedete „Charta zur Betreuung schwerstkranker und sterbender Menschen"[3] gilt als wichtiger Schritt, die Palliativversorgung nicht nur in die Gesundheitsversorgung, sondern auch weiter in die gesellschaftliche Wirklichkeit zu integrieren.

In einem von der Europäischen Union erarbeiteten Ranking zur Entwicklung von *Palliative Care* in 27 Ländern nahm Deutschland im Jahre 2007 den 8. Platz ein.[4] Im Hinblick auf „Vitalität" – worunter die gesellschaftliche Bedeutung der Palliativmedizin und des palliativen Ansatzes in der Gesundheitsversorgung verstanden wird, wie sie sich zum Beispiel durch gesetzliche Regelungen, in öffentlichen Debatten zu sozialen Fragen, in der Fort- und Weiterbildung, in Wissenschaft und Forschung und anderen gesellschaftlichen Aktivitäten niederschlägt – stand Deutschland sogar gemeinsam mit Großbritannien ganz vorne. Eine im Jahre 2010 erschienene Untersuchung zur Sterbequalität in vierzig Ländern ergab, dass Deutschland im *„Quality of Death Index"*, der aus verschiedenen quantitativen und qualitativen Indikatoren gebildet wurde, hinter Großbritannien, Australien, Neuseeland, Irland, Belgien, Österreich und den Niederlanden ebenfalls den 8. Rang einnimmt. Wichtige Kriterien und Parameter bei der Erstellung dieses Indexes waren verschiedene quantitative, qualitative und normative Indikatoren mit unterschiedlicher Ge-

---

2 H. C. MÜLLER-BUSCH, Palliativmedizin in Deutschland. Menschenwürdige Medizin am Lebensende – ein Stiefkind der Medizin? In: GGW 8,4 (2008), 7–14.
3 DGP/DHPV/BÄK, Charta zur Betreuung schwerstkranker und sterbender Menschen, Berlin 2010. Quelle: http://www.charta-zur-betreuung-sterbender.de/.
4 MORENO (s.o. Anm. 1), 23–51.

wichtung zum Sterbeort, zu palliativen Betreuungsmöglichkeiten sowie zur Qualität und den Kosten der Betreuung am Ende des Lebens.[5]

2. Bedeutung von „Palliative Care" in der gesundheitlichen Versorgung

Einer der wichtigsten Gründe für die Entwicklung palliativer Konzepte für schwerstkranke und sterbende Patienten war die Tatsache, dass das Thema Sterben und Tod sowie Leidenslinderung am Lebensende in der modernen Medizin nahezu ausgeklammert wurde. Lange Zeit wurden die mit den verbesserten Möglichkeiten, Krankheiten zu behandeln und Leben zu verlängern, einhergehenden unbeabsichtigten Nebenfolgen – nämlich Schmerzen, Hilfsbedürftigkeit, existentielle Not und Pflege des sterbenskranken Menschen – nicht ausreichend beachtet.[6]

Die technischen Möglichkeiten zur künstlichen Lebensverlängerung und zum Organersatz in der Mitte des 20. Jahrhunderts führten auch dazu, dass die Frage eines guten Sterbens oder guten Todes angesichts vieler als quälend empfundener Krankheitsverläufe immer mehr zum gesellschaftlichen Thema wurde. Der Vertrauensverlust in die Medizin und Befürchtungen am Ende des Lebens, den technischen Möglichkeiten der Lebensverlängerung hilflos ausgeliefert zu sein, führten dazu, dass die Frage des selbstbestimmten Todeszeitpunktes und der selbst gewählten Todesart in den Mittelpunkt der Überlegungen zu einem guten Sterben gelangten. Gleichzeitig mit der Entwicklung der modernen Hospizbewegung und *Palliative Care*, die untrennbar miteinander verbunden sind, wurde schon in den 70er Jahren in den Niederlanden lebhaft die Debatte zur Legalisierung eines selbstbestimmten Todes durch Euthanasie geführt. Während in der Schweiz vor allem die Frage des Problems der ärztlichen Suizidbeihilfe diskutiert wurde, stand in den Vereinigten Staaten die Auseinandersetzung über Patiententestamente und vorsorgliche Willenserklärungen für Entscheidungen zur Behandlungsbegrenzung ganz im Mittelpunkt der Debatte um die Frage, wie ein gutes Sterben gestaltet werden könne. In Deutschland wurden im Vergleich zu manchen anderen Ländern die Fragen um eine ärztliche Hilfe beim und, unter Umständen, zum Sterben äußerst sensibel geführt, was auch die Entwicklung der Palliativmedizin wesentlich beeinflusst hat. Während in fast allen anderen Ländern Europas – trotz verbesserter pallia-

---

5   S. MURRAY et al., The quality of death. Ranking end-of-life care across the world. A report from the Economist Intelligence Unit, Commissioned by the Lien Foundation, Singapore 2010, 9–34. Quelle: www.eiu.com/sponsor/lienfoundation/qualityofdeath.
6   H. C. MÜLLER-BUSCH, Palliativmedizin im 21. Jahrhundert – Was tun? Was lassen?, in: Zeitschrift für Palliativmedizin 1 (2000), 8–16.

tiver Betreuungsmöglichkeiten – in den letzten 30 Jahren eher ein Anstieg in der Akzeptanz von aktiven Maßnahmen zur vorzeitigen Lebensbeendigung festgestellt wurde, ist dies in Deutschland nicht der Fall.[7]

In Deutschland geht man derzeit davon aus, dass von den 840 000 bis 850 000 Menschen, die jährlich sterben, circa zehn bis zwölf Prozent aller sterbenskranken Menschen im letzten Jahr ihres Lebens eine spezialisierte Palliativversorgung benötigen. Allerdings liegt der Anteil der Menschen, die in ihrer letzten Lebensphase allgemein palliativmedizinisch betreut werden, sehr viel höher – nur zehn bis fünfzehn Prozent der Menschen sterben, ohne dass zuletzt Entscheidungen zur Begrenzung von Maßnahmen mit der potentiellen Möglichkeit, Lebenszeit zu verlängern, erfolgen. Das heißt: Die palliative Orientierung hat nicht nur eine zentrale Bedeutung für die Medizin, sondern auch für die psychosoziale Begleitung am Lebensende. Über 60 Prozent der Menschen in den industrialisierten Ländern sterben nach einem längeren Krankheitsverlauf, der häufig mit Pflegebedürftigkeit und zuletzt eingeschränkter Entscheidungsfähigkeit zum Beispiel infolge von Demenz verbunden ist. Nur bei 10 Prozent der Menschen sind am Ende des Lebens keine Entscheidungen über die Fortführung oder Begrenzung von noch möglichen Behandlungsoptionen notwendig. Der „natürliche Krankheitsverlauf" zum Tode entspricht nicht mehr der Wirklichkeit des Sterbens im 21. Jahrhundert. So wird besonders bei alten und hochbetagten Menschen die Betreuung unter palliativen Aspekten in den nächsten Jahren eine der wichtigsten Herausforderungen in der Medizin und für ein Sterben unter würdigen Bedingungen werden.

Zur modernen Palliativmedizin gehört – nach der revidierten Definition der WHO – nicht nur die Konzentration auf die Linderung körperlicher Symptome bei unheilbaren Krebserkrankungen, sondern ein bei allen fortschreitenden und fortgeschrittenen Erkrankungen notwendiges, die individuelle Lebenssituation des Betroffenen und seiner Angehörigen berücksichtigendes Verständnis des Leidens sowie Zeit und Bereitschaft zur Auseinandersetzung mit existentiellen Fragen des Krankseins und Sterbens.[8]

Die definitorischen und semantischen Auseinandersetzungen, die die Begriffe Palliativmedizin, *Palliative Care*, Palliativversorgung, Hospizarbeit und Sterbequalität *et cetera* begleiten, erschweren manchmal die inhaltliche Bestimmung dessen, worum es geht. Eine wichtige Frage dabei ist, aus welcher Per-

---

7   J. Cohen et al., Trends in acceptance of euthanasia among the general public in 12 European countries (1981–1999), in: Eur J Public Health 16,6 (2006), 663–669; E. Verbakel, A Comparative Study on Permissiveness Toward Euthanasia: Religiosity, Slippery Slope, Autonomy, and Death with Dignity, Public Opin Q 74,1 (2010), 109–139.
8   WHO, Definition of Palliative Care, 2002. Quelle: http://www.who.int/cancer/palliative/definition/en/ (Zugriff am 28. Mai 2011).

spektive Palliativmedizin gesehen und bewertet wird.[9] Trotz aller Fortschritte gibt es immer noch viel Nichtwissen und Missverständnisse über das, was Palliativmedizin kann und will und über die Möglichkeiten, aber auch Grenzen einer hoch individuellen, multiprofessionellen und multidisziplinären Betreuung von sterbenskranken Menschen. Nicht nur bei Leistungserbringern im Gesundheitswesen, sondern vor allem in der Öffentlichkeit und bei Kostenträgern und Politikern wird Palliativmedizin immer noch häufig gleichgesetzt mit Schmerz- und Sterbemedizin in hoffnungslosen Situationen und oft beschränkt auf „austherapierte" onkologische Patienten.

In Stellungnahmen zur Bedeutung von *Palliative Care* kommt gelegentlich zum Ausdruck, dass die offensichtlichen Erfolge ihres Ansatzes und ihrer Möglichkeiten als Bedrohung anderer Versorgungsbereiche angesehen werden: Dies ist zum Beispiel dann der Fall, wenn von kontraproduktiven Folgen einer palliativmedizinischen Behandlung im Konzept von *Palliative Care* gesprochen wird, oder wenn die Berechtigung und der Stellenwert der Palliativmedizin im Rahmen der Gesundheitsversorgung mit der Ökonomisierung der Medizin begründet wird[10] – aber auch dann, wenn gefordert wird, Euthanasie und assistierten Suizid in Grenzsituationen als palliativtherapeutische Notfalloption anzuerkennen[11]. Auch der gelegentlich gemachte Vorwurf, dass in der Palliativmedizin nicht mehr alles getan werde, was möglich ist und gewollt wird, gehört in diese Kategorie.

Die öffentliche Aufmerksamkeit, die Anerkennung und Förderung, die die Palliativmedizin und Palliativversorgung in den letzten Jahren in Deutschland erhalten haben, ist sicherlich auch den Aktivitäten der Deutschen Gesellschaft für Palliativmedizin zu verdanken, einer wissenschaftlichen Fachgesellschaft, deren Mitglieder in den letzten 15 Jahren sehr eindrucksvoll gezeigt haben, wie durch persönliches Engagement in den verschiedensten Bereichen Entwicklungen möglich wurden, die die große Bedeutung der Palliativmedizin zum Ausdruck bringen.

---

9 B. STEFFEN-BÜRGI, Reflexionen zu ausgewählten Definitionen der Palliative Care, in: C. KNIPPING (Hg.), Lehrbuch Palliative Care, Bern 2006, 30–38; T. PASTRANA et al., A matter of definition. Key elements identified in a discourse analysis of definitions of palliative care, Palliat Med 22 (2008), 222–232.
10 U. KLEEBERG, Ökonomisierung der Ethik. Wann ist Wirksamkeit in der Tumortherapie auch Patientennutzen?, in: InFo Onkologie 7,5 (2010), 3–4.
11 J. L. BERNHEIM et al., Development of palliative care and legalisation of euthanasia: antagonism or synergy?, in: BMJ 336,7649 (2008), 864–867.

3. Ursprünge und historische Entwicklung

Mit dem Begriff „*palliativ*" verbindet sich ein Grundverständnis medizinischen Handelns, welches eine lange Tradition hat, aber erst in der zweiten Hälfte des 20. Jahrhunderts wieder neu entdeckt wurde.

Dennoch wissen die meisten Menschen mit dem Begriff „*palliativ*" nur wenig anzufangen. Die Verwendung des Wortes „*palliativ*" im Sinne von dämpfend, erleichternd, lindernd, täuschend war bis ins 19. Jahrhundert in gebildeten Kreisen geläufig – sie lässt sich in deutschen, englischen und französischen Literaturzitaten nachweisen. Mit am eindrucksvollsten ist die Verwendung des Wortes *palliativ* im politischen Kontext. So finden wir das Wort mehrfach bei Karl Marx, später auch bei Rosa Luxemburg im Sinne von „das Übel nicht kurierend, nicht ursächlich, bei der Wurzel packend, oberflächlich bleibend"[12].

Der Begriff *palliativ* wird auf das lateinische Wort „*pallium*" (Mantel, Umhang) beziehungsweise *palliare* (bedecken, tarnen, lindern) zurückgeführt. In der vormodernen Medizin verband man das Wort „*palliare*" allerdings nicht nur mit Vorstellungen eines bloßen „Bemäntelns". Mit ihm wurde eine Behandlung bezeichnet, die auch äußere Makel oder gar die Unfähigkeit des Heilkundigen zu einer wirksamen Behandlung verbarg.

Palliative Care beziehungsweise Palliativmedizin und Hospizbewegung sind eng miteinander verbunden. Die Hospizidee ist ähnlich alt wie der palliative Ansatz in der Medizin. So gab es wohl schon im 4. und 5. Jahrhundert nach Christus in Syrien Gasthäuser, Hospize oder *Xenodochien*, die sich der Betreuung Kranker und Sterbender widmeten. Viele Hospize entstanden entlang der Pilgerstraßen ins Heilige Land im 11. Jahrhundert. Mit den Anfängen der modernen Medizin wurden im 18. Jahrhundert die ausschließlich pflegerischen Hospize deutlicher von den zur Behandlung von Kranken gegründeten medizinischen Krankenanstalten unterschieden, wobei Ende des 19. und Anfang des 20. Jahrhunderts die Hospize im Besonderen auch die Aufgabe übernahmen, bedürftige, alte und obdachlose Menschen aufzunehmen und im Sterben zu begleiten, wenn sie sich wegen Armut eine ärztliche oder häusliche Betreuung nicht leisten konnten.

Während *Palliative Care* mehr die professionellen Aufgaben umschreibt, ist die Hospizbewegung eher eine praktizierte Idee und ein Engagement, das Sterben wieder in das gesellschaftliche Leben und soziale Miteinander zu integrieren.

---

12 M. Kraska/H. C. Müller-Busch, Von 'Cura palliativa' bis zur 'palliative care'. Die Entwicklung des Palliativbegriffes in England, Frankreich und Deutschland in Gegenwart und Vergangenheit unter besonderer Berücksichtigung des medizinischen Fachbereichs (Dissertation 2011 *in progress*).

Die Gründung des St. Christopher Hospice in London durch C. Saunders 1967 gilt allgemein als der historische Impuls für die Entwicklung der modernen Hospizbewegung und von *Palliative Care*. C. Saunders hat mit der Definition des multidimensionalen Tumorschmerzes als somato-psycho-sozio-spirituelles Phänomen auch den ersten Impuls gegeben, dass *Palliative Care* mehr ist als nur die Behandlung körperlicher Beschwerden, sondern dass *Palliative Care* ein umfassendes Verständnis für die existentielle Situation und das Leiden der Betroffenen und ihrer Familien beinhaltet.[13]

4. Palliativmedizin in Deutschland

Im Juni 1971 wurde im Deutschen Fernsehen ein Dokumentarfilm über das St. Christopher Hospice gezeigt: „Noch 16 Tage – eine Sterbeklinik in London". Besonders der Titel „Sterbeklinik" erzeugte sehr unterschiedliche Reaktionen und es entspannen sich heftige Kontroversen. Anfang der 70er Jahre hatten auch einige deutsche Ärzte das St. Christopher Hospice aufgesucht und das große Engagement in der Betreuung schwerstkranker und sterbender Menschen schätzen gelernt. So entstanden – zunächst von der Öffentlichkeit ganz unbeachtet – die ersten Initiativen, die Ideen des St. Christopher Hospice auch in Deutschland umzusetzen. Allerdings lehnten vor allem die Kirchen die Errichtung eigener Sterbeeinrichtungen in Deutschland rigoros ab, weil dadurch das Sterben nicht menschlicher, sondern unmenschlicher gemacht würde. Noch 1978 hieß es von offizieller katholischer Seite auf eine Anfrage des Bundesministeriums für Jugend, Familie und Gesundheit:

> „Ein menschenwürdiges Sterben kann nicht durch die Errichtung eigener Sterbekliniken oder Sterbeheime gewährleistet werden, in die der Schwerkranke abgeschoben wird. [...] Sterbekliniken oder Sterbeheime dienen – gewollt oder ungewollt – der Verdrängung der letzten menschlichen Aufgabe. [...] Mit der Einlieferung in eine Sterbeklinik oder in ein Sterbeheim wird dem Schwerkranken jede Hoffnung abgesprochen und genommen. [...] In der öffentlichen Diskussion wird die Einrichtung von Sterbekliniken jetzt schon als ein Schritt hin zur Euthanasie gedeutet. [...] Vorhandene und bereitzustellende Mittel des Bundes und der Länder sollten nach unserer Auffassung nicht dazu benutzt werden, solche Sterbekliniken einzurichten. Vielmehr sollten finanzielle Mittel und personeller Einsatz dazu dienen, in den Krankenhäusern, Alten- und Pflegeheimen genügend Räume bereitzuhalten, die entsprechend ausgestattet sind, um sterbenden Menschen die Möglichkeit zu geben, sich in Ruhe und im Beisein ihrer Angehörigen auf den Tod vorzubereiten. ... Notwendig ist die Ausarbeitung eines Programms für die Humanisierung des Sterbens in den Krankenhäusern und Pflegeheimen, verbunden mit einer besseren und gezielten Ausbildung der Ärzte, Schwestern,

---

13 S. PLESCHBERGER, Die historische Entwicklung von Hospizarbeit und Palliative Care, in: KNIPPING (s.o. Anm. 9), 24–29.

Pfleger usw. [...] Zusammenfassend möchten wir die von Ihnen gestellte Frage dahin beantworten, dass wir die Einrichtung besonderer Sterbekliniken ablehnen, weil solche Einrichtungen aus vielerlei Gründen das Sterben nicht menschenwürdiger, sondern unmenschlich machen."[14]

Diese Stellungnahmen hatten zur Folge, dass in Deutschland die Entwicklung der Palliativversorgung im Vergleich zu anderen Ländern mit einer erheblichen Verzögerung begann. So wurde erstmals im Jahre 1983 – durch das Engagement des Chirurgen H. Pichlmaier, der Ärztin I. Jonen-Thielemann und besonders unterstützt durch den Einsatz des Paters H. Zielinski – eine Palliativstation als 5-Betteneinheit in der Chirurgischen Klinik der Universität Köln eröffnet.

5. Formen und Aufgaben von *Palliative Care*

Leitgedanke von *Palliative Care* beziehungsweise der Palliativmedizin ist die würdige Begleitung der letzten Lebensphase und des Sterbens bei schwerstkranken Menschen. Vor allem die modernen Möglichkeiten der Schmerztherapie, die in den 70-er Jahren des 20. Jahrhunderts entwickelt wurden, haben dazu beigetragen, dass *Palliative Care* zunehmend Anerkennung und Bedeutung erlangte. Leidenslinderung beziehungsweise Prävention des Leidens mit den Möglichkeiten der modernen Medizin bedeutet nicht nur optimale Symptomlinderung und Verbesserung der Lebenssituation des Sterbenskranken, sondern es geht in der Palliativbegleitung auch darum, Sterben und Tod als etwas dem Leben Zugehöriges erfahrbar zu machen. Diese Aufgabe reicht sicherlich über eine professionell und kompetent durchgeführte Auftragsleistung hinaus. Die christlich-karitativen Traditionen, auf die sich die moderne Hospizbewegung besinnt, machen die Begleitung des Sterbenden und seiner Familie zudem zu einer Aufgabe, durch die die *ars moriendi* als lebensbegleitende Vorbereitung auf das Sterben auch für die Sinnbestimmung des eigenen Lebens wichtig wird.

Seit Beginn der 90er-Jahre ist wie in vielen industrialisierten Ländern auch in Deutschland der Ausbau unterschiedlicher palliativmedizinischer Versorgungsangebote eine wichtige Aufgabe in der Gesundheitsversorgung geworden. Führend waren vor allem Großbritannien, Kanada und die skandinavischen Länder. Dabei können wir eine Pionierphase mit ersten Angeboten (circa 1971–1993), eine Differenzierungsphase (circa 1994–2005) und eine Stabilisierungs- beziehungsweise Integrationsphase (seit circa 2005) unterscheiden.[15]

---

14 P. GODZIK, Die Hospizbewegung in Deutschland – Stand und Perspektiven, in: AKADEMIE SANKELMARK (Hg.), Dokumentation der Nordischen Hospiztage. Internationale Fachtagung vom 1.–5. März 1993, Sankelmark 1993, 27–36.
15 MÜLLER-BUSCH (s.o. Anm. 2).

In Deutschland konzentrierte sich der Aufbau der palliativmedizinischen Versorgung zunächst vorwiegend auf die Spezialversorgung im stationären Sektor, erst in den letzten Jahren sind zunehmend auch ambulante Versorgungsmodelle entwickelt worden. Es lassen sich ein palliativer Ansatz, eine allgemeine Palliativversorgung und spezialisierte Versorgungsmodelle unterscheiden.[16] Der hohe Stellenwert der Palliativmedizin im Rahmen der gesundheitlichen Versorgung spiegelt sich in Deutschland in den Gesetzesregelungen zur spezialisierten ambulanten Palliativversorgung (SAPV) im Rahmen des im April 2007 in Kraft getretenen Gesetzliche-Kranken-Versicherung-Wettbewerbsstärkungsgesetzes (GKV-WSG). Demnach haben nach §§ 37b und 132d des SGB V Versicherte mit einer nicht heilbaren, fortschreitenden und weit fortgeschrittenen Erkrankung bei einer zugleich begrenzten Lebenserwartung, die eine besonders aufwändige Versorgung benötigen, Anspruch auf spezialisierte ambulante Palliativversorgung. Die spezialisierte ambulante Palliativversorgung umfasst ärztliche und pflegerische Leistungen einschließlich ihrer Koordination insbesondere zur Schmerztherapie und Symptomkontrolle und zielt darauf ab, die Betreuung der Versicherten in der vertrauten häuslichen Umgebung zu ermöglichen.

Im Hinblick auf Aufgaben, Strukturen und Zielgruppen sowie qualitative Merkmale gibt es für die Begriffe Palliativmedizin und *Palliative Care* bisher keine allgemein konsentierte Definition. In einer kürzlich publizierten qualitativen Analyse der Fachliteratur wurden 37 englischsprachige und 26 deutschsprachige Definitionen zu den Begriffen Palliativmedizin und *Palliative Care* identifiziert, wobei als gemeinsame Zielvorstellungen die Linderung und Prävention von Leiden sowie die Verbesserung von Lebensqualität ermittelt wurden.[17] Die definitorischen und semantischen Bemühungen, die Begriffe *Palliative Care*, Palliativmedizin, Palliativversorgung, Sterbequalität et cetera voneinander abzugrenzen, erschweren manchmal die inhaltliche Bestimmung dessen, worum es geht. Wichtig ist jedoch, die Begriffe Palliativmedizin und *Palliative Care* von den in vielen Bereichen der Medizin verwendeten Begriffen Palliativtherapie beziehungsweise Supportivtherapie zu unterscheiden. In der modernen Palliativversorgung können zudem ein palliativer Ansatz, sowie allgemeine und spezialisierte palliative Versorgungsformen unterschieden werden.[18]

---

16 T. SCHINDLER, Zur palliativmedizinischen Versorgungssituation in Deutschland, in: Bundesgesundheitsblatt Gesundheitsforschung Gesundheitsschutz 49 (2006), 1077–1086.
17 PASTRANA (s.o. Anm. 9).
18 H. C. MÜLLER-BUSCH, Definitionen und Ziele in der Palliativmedizin, Internist (Berl) 52,1 (2011), 7–14.

Zur Palliativmedizin beziehungsweise *Palliative Care* gehört nicht nur die Linderung körperlicher Symptome, sondern vor allem auch ein die individuelle Lebenssituation berücksichtigendes Verständnis des Leidens sowie Zeit und Bereitschaft zur Auseinandersetzung mit existentiellen Fragen des Krankseins und Sterbens, die im medizinischen Alltag meist nicht gefunden wird beziehungsweise nicht vorhanden zu sein scheint. Die Auseinandersetzung mit existentiellen Fragen, die körperliche Beschwerden begleiten und bestimmen können, erfordert eine personale, am bio-psycho-sozialen Modell orientierte Herangehensweise, die den kranken Menschen mit seinen biographischen Besonderheiten, gesunden Potentialen und tragfähigen sozialen Bezügen in den Mittelpunkt stellt. Für Patienten mit fortgeschrittenen Erkrankungen ist dieser Ansatz besonders wichtig. Die Belastung durch körperliche Beschwerden und besonders auch das Leiden in der Sterbephase kann gemindert werden, wenn kommunikative und spirituelle Dimensionen des Leidens frühzeitig berücksichtigt werden.[19]

Palliative Care steht nicht – wie oft missverstanden – im Gegensatz zur kurativen Medizin, sondern stellt eine Ergänzung dar, die darauf verweist, dass die Worte *care* und *cure* gemeinsame Wurzeln haben und sich hinter dem umfassenden Ansatz, der mit dem Wort *palliativ* verbunden wird, ein für die Medizin insgesamt wichtiges, wieder neu entdecktes Verständnis des Heilens verbirgt, das auf einen Aspekt verweist, der auch in dem umfassenden Begriff von Heilung als In-sich-ganz-Sein beziehungsweise *wholesome*-Sein zu finden ist.[20]

6. Versorgungsangebote

In Anlehnung an Absatz 53 des im Jahre 2003 verabschiedeten Memorandums der Empfehlungen des Ministerkomitees des Europarats an die Mitgliedstaaten zur Organisation von *Palliative Care*[21] werden verschiedene Ebenen einer palliativmedizinischen Versorgung unterschieden:

Palliativmedizinischer Ansatz: Alle im Gesundheitswesen tätigen Fachkräfte sollten mit den grundlegenden palliativmedizinischen Prinzipien vertraut sein und diese angemessen in die Praxis umsetzen können.

---

19 H. C. MÜLLER-BUSCH, Was bedeutet bio-psycho-sozial in Onkologie und Palliativmedizin? Behandlungsansätze in der anthroposophischen Medizin, in: ÖSTERREICHISCHE GESELLSCHAFT FÜR PSYCHOONKOLOGIE (Hg.), Jahrbuch der Psychoonkologie 2004, Wien 2004.

20 M. KEARNEY, A Place of Healing: Working with Nature & Soul at the End of Life, New Orleans 2009.

21 Empfehlung des MINISTERKOMITEES DES EUROPARATS an die Mitgliedstaaten zur Organisation von *Palliative Care* vom 12. November 2003. Quelle: http://www.dgpalliativmedizin.de/allgemein/europa.html (Zugriff am 28. Mai 2011).

Allgemeine Palliativversorgung: Bezeichnung der Tätigkeit von einigen im Gesundheitswesen tätigen Fachkräften, die nicht ausschließlich im palliativmedizinischen Bereich arbeiten, aber Fortbildungen absolviert haben und Kenntnisse in diesem Bereich besitzen.

Spezialisierte Palliativversorgung: Bezeichnung solcher Dienste, deren Haupttätigkeit in der Bereitstellung von Palliativversorgung besteht. Diese Dienste benötigen eine besondere Struktur, besonders qualifiziertes Personal und andere Ressourcen. Sie betreuen in der Regel Patienten mit komplexen und schwierigen Problemen.[22]

Palliativversorgung sollte wohnortnah, umfassend, sektorenübergreifend und integrativ die Betroffenen und deren Angehörige bei der Bewältigung von Symptomen und Krankheitsproblemen unterstützen. Der palliative Ansatz ist neben Prävention, Kuration und Rehabilitation eigentlich ein unverzichtbarer Teil einer menschengemäßen Medizin. Besonders gilt dies trotz der Fortschritte in der Medizin inzwischen auch für die Intensivmedizin und Altersmedizin. Die allgemeine Palliativversorgung hat das Ziel, durch eine gute Symptomkontrolle und Berücksichtigung individueller Präferenzen die Lebensqualität der Betroffenen und deren Umfeld zu verbessern. Sie ist eine ureigene Aufgabe des Hausarztes. Dies gilt nicht nur für Menschen mit Krebserkrankungen, sondern zunehmend auch für Patienten mit anderen lebensbegrenzenden und belastenden kardiopulmonalen, neurologischen oder anderen Erkrankungen, deren Probleme eine palliativmedizinische Betreuung erforderlich machen. Besonders bei alten und hochbetagten Patienten mit der diese Lebensphase begleitenden individuellen Morbidität muss eine angemessene und differenzierte Palliativmedizin in die allgemeine hausärztliche beziehungsweise fachärztliche Versorgung eingeschlossen werden. Die spezielle Palliativversorgung sollte hier eher die Ausnahme darstellen. Bei onkologischen Patienten benötigt wegen der oft sehr komplexen Symptombelastung immer noch ein hoher Anteil eine spezialisierte palliativmedizinische Betreuung, wenn die Grenzen der direkt am Tumor angreifenden Therapien zum Beispiel durch Operation, Bestrahlung, Chemotherapie oder Immuntherapie erreicht sind.

Wenn das Ziel einer Verbesserung der Lebensqualität im Rahmen der allgemeinen Palliativversorgung nicht erreicht werden kann, sollten bei allen Patienten die Möglichkeiten der spezialisierten Palliativversorgung in Betracht gezogen werden. Als deren Charakteristika gelten ein multiprofessioneller Ansatz, besondere Qualifikation und Expertise der Berufsgruppen, eine fachliche und strukturelle Interdisziplinarität, transdisziplinäre Orientierung und integrierte Lösungsansätze. Ziel der Gesundheitsreform aus dem Jahre 2006 war es,

---

22 T. SCHINDLER, Allgemeine und spezialisierte Palliativversorgung, Angewandte Schmerztherapie und Palliativmedizin 1 (2008), 10–13.

durch Bereitstellung einer flächendeckenden spezialisierten Palliativversorgung (SAPV) im ambulanten Bereich, eine Versorgungslücke zu schließen. Der Rechtsanspruch auf SAPV besteht seit 2007, dennoch gibt es in der Umsetzung dieses Versorgungsangebotes immer noch erhebliche Probleme und Interessenkonflikte. Insgesamt gab es im Februar 2011 in Deutschland nur etwa 150 der sogenannten multiprofessionellen *Palliative Care* Teams, die eine ambulante Betreuung schwerstkranker Menschen mit 24-stündiger Verfügbarkeit ermöglichen könnten. Benötigt werden für eine flächendeckende Versorgung jedoch etwa 330 bis 350 solcher spezialisierter Teams.

In verschiedenen Modellprojekten sowie in einigen wenigen Projekten der Integrierten Versorgung konnte in den letzten 15 Jahren gezeigt werden, wie wichtig und sinnvoll Einrichtungen beziehungsweise Teams mit spezialisierter palliativmedizinischer und palliativpflegerischer Expertise als komplementäres Angebot zur allgemeinen Palliativversorgung sind. Ein wichtiges Ziel der SAPV ist es, bis zum Tode die Betreuung auch Schwerstkranker in der vertrauten häuslichen Umgebung zu ermöglichen. So konnte zum Beispiel durch die Erfahrungen von *Home Care Berlin*, aber auch durch verschiedene Versorgungsangebote in Nordrhein-Westfalen, Niedersachsen und Mecklenburg-Vorpommern gezeigt werden, dass sich der Anteil der Patienten mit Krebserkrankungen, die in der letzten Lebensphase zu Hause versorgt werden können, von 30 Prozent auf fast 80 Prozent erhöhen lässt, wenn entsprechende ambulante Versorgungsangebote vorhanden sind.[23] Der Anteil der von *Home Care* Ärzten und Pflegeteams versorgten Krebspatienten, die in Berlin zuletzt in ein Krankenhaus eingewiesen wurden, lag im Jahre 2007 nur bei 10 Prozent. Für die Umsetzung und weitere Qualitätsentwicklung wird von entscheidender Bedeutung sein, wie sich in diesem Versorgungsbereich in dem vorgesehenen Kostenrahmen auch sektorenübergreifende Strukturen bilden können, beziehungsweise wie die in der allgemeinen und spezialisierten Palliativbetreuung vorhandenen Versorgungsangebote im ambulanten und stationären Sektor miteinander kooperieren und im Sinne der betroffenen Patienten ihre Aufgaben bestimmen.

Allgemeine Palliativversorgung stützt sich im ambulanten Bereich vor allem auf Hausärzte und ambulante Pflegedienste, im stationären Bereich auf Krankenhäuser der Regelversorgung, Pflegeheime und andere stationäre Einrichtungen. Spezialisierte Palliativversorgung basiert auf der Kooperation von besonders qualifizierten Berufsgruppen, die sich vorwiegend oder ausschließlich mit der Betreuung von Palliativpatienten befassen und diese Betreuung jederzeit zur Verfügung stellen können.

Die Überwindung sektoraler Grenzen, die eine optimale Kooperation zwischen allgemeiner und spezialisierter, aber auch zwischen ambulanter und

---

23 SCHINDLER (s.o. Anm. 22).

stationärer Versorgung ermöglicht, ist ein wichtiger Bestandteil einer guten Palliativbetreuung. Hierzu werden zunehmend netzwerkartige Strukturen entwickelt. Die Vernetzung und Koordination von Angeboten der allgemeinen und spezialisierten Strukturen ist eine wichtige Maßnahme der Qualitätsentwicklung und stellt eine wichtige Aufgabe in der hausärztlichen und fachärztlichen Betreuung von sterbenskranken Menschen und deren Angehörigen dar. Im stationären Bereich sollte sich Palliativmedizin nicht nur auf spezielle Palliativstationen konzentrieren. Wichtige Vermittler palliativmedizinischer Kompetenz sind palliativmedizinische und -pflegerische Konsiliardienste, wie sie in manchen Ländern zum Beispiel in Norwegen etabliert sind, in Deutschland aber nur selten und keineswegs systematisch eingesetzt werden. Für die vielen organisatorischen Aufgaben im Management von sterbenskranken Menschen, wie zum Beispiel der Entlassung in den häuslichen Bereich, haben sich im stationären Bereich auch spezielle Übergangs- oder Brückenschwestern bewährt. Komplementäre Angebote durch ein abgestuftes *Case-Management,* zum Beispiel durch *Palliative Care* Teams, sollen dazu beitragen, das Sterben mehr im gewünschten Umfeld zu ermöglichen und es zunehmend aus den Krankenhäusern hinaus zu verlagern.

7. Integration von *Palliative Care* in der Gesundheitsversorgung

Wir sind inzwischen von der Pionierphase über die Differenzierungsphase in die Integrationsphase eingetreten, in der es um Stabilisierung, Kooperation und Integration von Palliativmedizin beziehungsweise *Palliative Care* in der Gesundheitsversorgung beziehungsweise Lebenswirklichkeit des 21. Jahrhunderts geht.

Die Betreuung alter und hochbetagter Menschen unter palliativen Aspekten wird in den nächsten Jahren eine der wichtigsten Herausforderungen in der Medizin werden. Die Altersstruktur der Bevölkerung verschiebt sich seit dem Ende des 19. Jahrhunderts zugunsten der älteren Altersgruppen; eine Entwicklung, die sich noch weiter beschleunigen wird. Insbesondere die Anzahl der Hochbetagten wird in Zukunft erheblich anwachsen. Der Anteil der Menschen über 80 Jahre, der um 1900 erst rund 0,5 Prozent der Bevölkerung ausmachte und gegenwärtig auf circa 4 Prozent gestiegen ist, wird im Jahre 2050 etwa 12 Prozent betragen. Innerhalb der nächsten 25 Jahre wird die Zahl der 100-Jährigen in Deutschland von jetzt 10.000 auf 45.000 steigen, im Jahr 2050 sollen es sogar 114.000 über 100-Jährige sein. Praktische und ethische Fragen in der medizinischen und psychosozialen Betreuung alter Menschen werden die Gesundheitsversorgung in den nächsten Jahren wesentlich bestimmen. 50 Prozent der jährlich versterbenden Menschen sind älter als 80 Jahre. Circa 1.8 Millionen (60 Prozent) der über 80-Jährigen haben chronische Schmerzen, circa 600.000–900.000 haben Krebs, 20 Prozent leiden unter Depressionen, mehr als 20 Prozent haben eine Demenz. Circa 30 Prozent der Menschen über 80 Jahre und über 50 Prozent der Menschen über 90 Jahre sind pflegebedürftig.[24]

Vor diesem Hintergrund ist es ein wichtiges Ziel der „Charta zur Betreuung schwerstkranker und sterbender Menschen" die gesellschaftliche Aufmerksamkeit für die Probleme am Lebensende zu einer moralisch verpflichtenden Herausforderung zu machen. Die Charta wurde inzwischen von über 300 Organisationen und Institutionen aus allen gesellschaftlichen Bereichen verabschiedet.[25] Die nächsten Jahre werden zeigen, ob es gelingt, die in der Charta angesprochenen Ziele und Aufgaben in der Wirklichkeit umzusetzen.

Wichtige Bereiche sind vor allem die Förderung von Initiativen im Alten- und Pflegebereich, in der Weiterbildung zur *Palliative Care* im Altenpflegebereich, die Netzwerkbildung und Qualitätssicherung in der ambulanten Palliativversorgung und die Öffentlichkeitsarbeit. So könnten zum Beispiel Tage der Achtsamkeit dazu beitragen, das Thema Verwirklichungschancen am Lebensende aufzunehmen und das, was für ein Sterben unter würdigen Bedingungen selbstverständlich zu sein scheint, auch so zu vermitteln, dass daraus eine Verpflichtung entsteht, ein „Leben unter palliativen Bedingungen" zu einem von allen anerkannten, positiven Ziel in der Lebenswirklichkeit der Betroffenen und aller Beteiligten zu machen.

Palliative Kompetenzen werden in Zukunft sehr viel mehr als bisher zur Qualifikation der verschiedenen Berufs- und Fachgruppen im Gesundheitswesen, in der Beratung und in anderen relevanten Berufsfeldern gehören. *Palliative Care* ist ein multiprofessionelles Konzept, dessen Bedeutung für die Versorgung der Bevölkerung zunimmt und deshalb politisch besonders gefördert wird. Mit der zunehmenden Entwicklung ambulanter und stationärer Möglichkeiten der Palliativversorgung wächst für alle beteiligten Berufsgruppen der Bedarf an Fort- und Weiterbildungsmöglichkeiten. Die Wahrnehmung der unterschiedlichen Aufgaben in der Betreuung sterbender Menschen und deren Angehörigen bedarf einer qualifizierten und differenzierten professionellen Vorbereitung und Ausbildung. Im Medizinstudium und der Pflegeausbildung wurde und wird das Thema Palliativmedizin beziehungsweise „Umgang mit Sterben, Tod und Trauer" bisher nur ungenügend berücksichtigt. Auch in anderen Ausbildungsbereichen zum Beispiel bei Sozialarbeitern, Psychologen und anderen psychosozialen und therapeutischen Berufen ist *Palliative Care* ein Thema, das für die Praxis bedeutsam wird. Daher erstaunt es nicht, dass in allen

---

24 A. KUHLMEY/D. SCHAEFFER (Hg.), Alter, Gesundheit und Krankheit – Handbuch Gesundheitswissenschaften, Bern 2008, 80–94.
25 DGP/DHPV/BÄK (s.o. Anm. 3).

mit Sterben und Tod konfrontierten Bereichen sowohl der sozialen Beteuung als auch der Medizin der Fort- und Weiterbildungsbedarf zur Palliativmedizin wächst. Das gilt nicht nur für die Onkologie, sondern auch für die Notfallmedizin, Intensivmedizin, zunehmend auch für die Neurologie, Kardiologie und Pneumologie, sowie im Speziellen auch für die Neonatologie und Pädiatrie. Für die in der Palliativversorgung tätigen Berufsgruppen sind in den letzten Jahren zahlreiche Weiterbildungsangebote zu berufsbegleitenden Lehrgängen und Kursen in verschiedenster Form entstanden, für die inzwischen auch in Deutschland eine große Nachfrage besteht.

Wenn es gelingt, diese Zukunftsaufgaben nicht gegeneinander, sondern miteinander anzunehmen, wenn die differenzierte Zusammenarbeit und nicht die eigene Profilierung im Vordergrund steht, dann wird die Integration von Palliativmedizin und Palliativversorgung in allen Bereichen der Gesundheitsversorgung möglich sein und dem Begriff „*palliativ*" nicht nur eine besonders hoch angesehene Qualität, sondern auch eine besondere Priorität zukommen.

Zu den Kernelementen der Palliativmedizin gehören neben optimaler Symptomlinderung insbesondere auch effektive Kommunikation, reflektiertes Entscheiden und Transparenz. Das geht nur, wenn wir uns bemühen, im Dialog immer dem Willen des Patienten auf der Spur zu sein. Wille und Wohl des Betroffenen stehen im Mittelpunkt des Dialogs aller, die einen schwerstkranken und sterbenden Menschen begleiten, besonders auch dann, wenn er sich krankheitsbedingt nicht mehr mitteilen beziehungsweise aktuell nicht entscheiden kann. In Betreuungseinrichtungen der Palliativ- und Hospizversorgung sind diese Aspekte selbstverständlich – in Pflegeeinrichtungen, Krankenhäusern und sonstigen Orten des Sterbens bestehen hierzu leider oft noch erhebliche Defizite. Effektive Kommunikation bedeutet, Krankheit nicht nur als pathophysiologische Funktionsstörung, sondern als Prozess, und Kranksein als individuelle Erfahrung zu berücksichtigen, es bedeutet aber auch, alle Dimensionen des Krankseins zu erfassen, zu wissen, wo beziehungsweise in welcher Lebenssituation sich der andere befindet und welche Werte er hat. Es bedeutet, gemeinsame Ebenen zu finden und alle Aspekte von „Heilung" im Blick zu haben. Reflektiertes Entscheiden bedeutet, Entscheidungen zu ermöglichen, die auf der Grundlage einer vertrauensvollen Beziehung von allen getragen werden. Transparentes Handeln sollte dazu beitragen, dass es für andere nachvollziehbar wird. Es kann weder bedeuten, alles zu tun, was möglich ist, noch alles zu tun, was gewünscht wird. Medizinische Indikation bestätigt sich im Dialog und verwirklicht sich in der Palliativversorgung in der Begleitung des sterbenden Menschen in der Sorge für ein menschenwürdiges Sterben unter Bedingungen mit bestmöglicher Symptomkontrolle sowie Zuwendung und Unterstützung im Umgang mit physischen, psychosozialen und spirituellen Problemen.

8. Desiderate

Für eine optimierte palliativmedizinische Versorgung in Deutschland sollten neben den schon genannten Aufgaben und Herausforderungen in den nächsten Jahren folgende Gesichtspunkte besonders beachtet werden und bei Richtungsentscheidungen Berücksichtigung finden:

In der Priorisierungsdebatte um Versorgungsnotwendigkeiten und -strukturen muss die palliativmedizinische Versorgung einen hohen Stellenwert bekommen. Palliativmedizin bedeutet auch Prävention des Leidens. Die frühe Berücksichtigung palliativer Aspekte verbessert nicht nur Verlauf und Lebensqualität, sondern ist auch unter gesundheitsökonomischen Gesichtspunkten wichtig und entsprechend zu berücksichtigen.

Die sektorenübergreifende Integration von *Palliative Care* muss gefördert werden. Dazu gehört vor allem die Vernetzung von allgemeiner und spezialisierter Palliativversorgung, eine patientenorientierte Koordination sowie die Kooperation aller professionell und ehrenamtlich in der Begleitung schwerstkranker Menschen engagierten Gruppierungen und Personen. Multiprofessionalität darf nicht nur gefordert, sondern muss gelebt werden.

Qualitätsentwicklung und -sicherung müssen ausgebaut werden. Dazu gehört die Entwicklung und Umsetzung von Standards und Leitlinien, der Ausbau von Weiterbildungs- und Fortbildungsangeboten in den verschiedensten Bereichen und deren Zertifizierung, die Leistungsdokumentation und Transparenz von Einrichtungen der Palliativ- und Hospizversorgung mit der Möglichkeit zur eigenen Qualitätskontrolle durch Aufbau eines Palliativ- und Hospizregisters. Qualitätsentwicklung in der Palliativversorgung bedeutet auch den selbstkritischen Umgang mit Fehlern und Grenzen und besonders auch gelebte Multi- und Interprofessionalität mit regelmäßigen strukturierten Fallkonferenzen.

Die Frage eines „Sterbens in Würde" muss nicht nur als professionelle Aufgabe, sondern als gesellschaftliche und ethische Herausforderung angenommen werden. Dabei müssen auch die sich verändernden Bezüge und Wertvorstellungen über ein „gutes Sterben" Berücksichtigung finden, die im Hinblick auf die technologischen Entwicklungen und Möglichkeiten der Medizin im 20. und 21. Jahrhundert in der Konfrontation mit lebensbedrohlichen Situationen und lebenslimitierenden Erkrankungen kritisch hinterfragt werden. Der Umgang mit Sterben und Tod ist auch ein Gradmesser für das kulturelle Niveau einer Gesellschaft. Die Weiterentwicklung der Palliativmedizin und deren Möglichkeiten sind ein wichtiger Faktor in der kontroversen Debatte um den Sinn und den Wert eines selbstbestimmten Todes. Der Umgang sowie die Auseinandersetzung mit Sterben und Tod ist kein Randthema, sondern gehört in die Mitte des Lebens – es geht alle an. Dieses Anliegen der Palliativmedizin und Hospizidee, das die „Charta zur Betreuung schwerstkranker und sterbender Menschen" aufgenommen hat, sollte in allen gesellschaftlichen Bereichen mehr Beachtung finden.

Kommunikation mit Patienten und Angehörigen

MATTHIAS VOLKENANDT

Die Kommunikation mit Patienten mit einer fortschreitenden, lebensbedrohlichen Erkrankung gehört zu den großen Herausforderungen aller Begleiter. Aus ärztlicher Sicht ist das intensive Bemühen um die beste medizinische Therapie die erste und auch spezifische Aufgabe des Arztes. Doch ebenso ist der Arzt *in* allem medizinischen Bemühen auf noch umfassendere Weise gefordert: als Person, als Mensch und menschlicher Begleiter, zu dem der Patient Vertrauen hat.

Grundlegende Voraussetzung für ein solches vertrauendes Verhältnis zwischen Arzt und Patient ist das Bemühen um Wahrhaftigkeit und somit um ein wahrheitsgemäßes Sprechen über die Erkrankung. Hier ist in den vergangenen Jahrzehnten ein erhebliches Umdenken zumindest in den westlichen Nationen geschehen. Während noch vor Jahrzehnten die Mehrzahl der Ärzte sagte, sie würden über einen bösartigen Befund grundsätzlich *nicht* aufklären, sagen heute die meisten Ärzte, sie würden grundsätzlich aufklären.

Diese Entwicklung hin auf ein wahrheitsgemäßes Sprechen über die Erkrankung ist richtig und wichtig, unter anderem aus folgenden Gründen:

- Eine Unterlassung der Aufklärung verhindert ja nicht, dass der Patient von der Schwere seiner Erkrankung erfährt – vielmehr führt sie zur Zerstörung des Vertrauensverhältnisses zwischen Arzt und Patient, nämlich spätestens dann, wenn das Netzwerk der Lügen zerbricht.
- Eine Unterlassung der Aufklärung widerspricht dem Gedanken vom Selbstbestimmungsrecht der Person. Für den Patienten hat dieses Selbstbestimmungsrecht besondere Bedeutung beispielsweise bezüglich einer kompetenten Entscheidung für oder gegen eine Therapie, aber auch bezüglich einer möglichen Änderung des Lebenskonzeptes angesichts der Bewusstwerdung der Begrenztheit der Zeit. Ein Mensch darf um diese Bewusstwerdung nicht betrogen werden.
- Eine Unterlassung der Aufklärung lässt den Patienten mit seinen doch vorhandenen Sorgen und Nöten allein. Aufgrund einer Sprachlosigkeit im Wesentlichen kommt es zu keiner wirklichen Begegnung zwischen Arzt und Patient und ebenso auch zwischen Patient und Angehörigen. Auch

die unnötigen Sorgen, die genommen werden könnten, bleiben unausgesprochen.

Trotz dieser und anderer Argumente für ein wahrheitsgemäßes Sprechen über die Erkrankung, die heute weithin akzeptiert werden, kann es jedoch im klinischen Alltag weiterhin unbewusste Hemmnisse auf Seiten des Arztes bei der Aufklärung geben.

- Es ist angenehmer, eine gute Nachricht zu überbringen, als eine schlechte. Es scheint einen Mechanismus der Identifikation des Inhaltes einer Botschaft mit ihrem Überbringer zu geben. Hier bestehen nicht selten irrationale Überlegungen einer möglichen Mitschuld des Arztes. Hätte der Arzt die Erkrankung nicht doch verhindern können? Auch sprachlich ist eine strenge Trennung eines empathischen Mitgefühls vom Ausdruck einer „Mitschuld" nur schwer möglich. Die Formulierung „Es tut mir leid, es liegen Metastasen vor" (engl.: „*I am sorry*") zielt ungewollt in beide Richtungen.
- Die unmittelbare Reaktion eines Patienten auf ein Aufklärungsgespräch ist nie ganz vorhersehbar. Es kann unangenehm sein, wenn der Eindruck entsteht, dass nach einem Gespräch ein zuvor zufriedener Patient nun verstört und depressiv ist.
- Man scheut Situationen, mit denen man nicht vertraut ist. Techniken der Gesprächsführung mit schwerkranken Patienten wurden zumindest bisher in den meisten medizinischen Curricula nicht oder zu wenig gelehrt. Dies kann zu einer unbewussten Meidung dieser Gespräche führen. Das Defizit in der Ausbildung ist auch ein Ausdruck eines Fehlens einer bewussten Auseinandersetzung mit Leid, Sterben und Tod innerhalb der gesamten Gesellschaft.

In der Entscheidung für ein wahrheitsgemäßes Sprechen über die Krankheit stellt sich jedoch erst die eigentliche Frage, nämlich: *Wie* soll mit dem Patienten gesprochen werden? Kritiker der Reflexion des Aufklärungsgespräches meinen, dass nichts die Furchtbarkeit einer schlimmen Diagnose einschränken könne („*Bad news is bad news!*"). Es gibt jedoch eine große Evidenz dafür, dass die Art und Weise der Mitteilung mitbewirkt, ob und wie eine Wahrheit getragen werden kann. Hier gibt es nun in keiner Weise fertige, standardisierte Regeln, aber doch Überlegungen, die hilfreich sind:

- Die ärztliche Aufklärung über eine zum Tode führende Krankheit darf keine einmalige Mitteilung, sondern sollte Ausgangspunkt einer gemeinsam zu gehenden Wegstrecke sein.
- Der Übergang vom alltäglichen Bewusstsein, ein ganz gesunder Mensch mit unbegrenzter Zukunft zu sein, zum Bewusstsein, unter einer ernst-

haften Krankheit zu leiden, sollte langsam erfolgen, wobei der Patient die Geschwindigkeit bestimmt. Es muss daher zunächst das Ausgangswissen des Patienten erfragt werden. Die erste Frage vor einem Aufklärungsgespräch muss also immer sein: Was wissen Sie über Ihre Krankheit, was hat der vorbehandelnde Arzt mit Ihnen besprochen?
- Im Rahmen des Verantwortbaren soll eher Günstiges als Ungünstiges betont werden. Sprachlich heißt dies beispielsweise, dass bei Patienten mit schweren Erkrankungen positiv formulierte Aussagen grundsätzlich geeigneter sind als negative Formulierungen.

Wenn die Krankheit trotz aller medizinischer Maßnahmen unüberwindbar bleibt, stellt sich für den Patienten unausweichlich die Aufgabe der Annahme, der Bewältigung der Krankheit (*„coping with cancer"*), eine Aufgabe, die gelingen, aber auch misslingen kann. Ob diese Annahme und Bewältigung gelingt, hängt einerseits von der Art und Progredienz der Erkrankung sowie von den Symptomen, wie zum Beispiel Schmerzen, ab. Dies sind Bereiche, die den Arzt primär und spezifisch betreffen. Ob eine Krankheitsbewältigung jedoch insgesamt gelingt, hängt ebenso oder vermutlich sogar noch weitaus mehr von einer Fülle weiterer Faktoren ab. Hierzu gehören die Vorstellung des Patienten von der Erkrankung, die Umstände der Therapie, die familiäre, berufliche und finanzielle Situation des Patienten, seine religiösen Vorstellungen und seine Persönlichkeitsstruktur. Es gibt Patienten, die in der Gesamterfahrung dieser Faktoren in ganz unterschiedlicher Weise zu einer Annahme ihrer Krankheit finden, die zumindest „zurechtkommen", und die mit und trotz der Krankheit zu einem Weg sinnvoller Lebensgestaltung finden. Es gibt aber auch Patienten, denen dies nicht gelingt, wo keine Bewältigung, sondern ein Überwältigtwerden durch die Krankheit geschieht, Patienten, die „einfach nicht zurechtkommen".

Wo eine Annahme der Erkrankung, und sei es auch nur momentan, gelingt, kann dies trotz der Furchtbarkeit der Diagnose sogar stellenweise zu einer Intensivierung wesentlicher Aspekte des Lebens führen. Die Trauer im Angesicht des Todes besteht ja oft nicht vor allem darin, gelebt zu haben und nun sterben zu müssen, sondern in der Bewusstwerdung eben *nicht* gelebt zu haben, nicht wirklich und ernst genug – und nun nur noch wenig Zeit zu haben. In dieser Hinsicht, was immer die Intensität und Qualität zwischenmenschlicher Bezüge meint, kann auch bei weit fortgeschrittener Erkrankung noch sehr viel geschehen. Die Medizin kann hierzu verhelfen durch Verzicht auf unangemessene Therapien am Ende des Lebens und durch die Linderung der belastenden Symptome. Hier eröffnet sich der große Bereich der palliativen Medizin. Und hier kann auch der Begriff der Hoffnung eine größere Dimension erhalten, denn er meint weitaus mehr als nur eine Verlängerung der Zeitachse.

Gelingende Kommunikation, die die existentiellen Fragen und Bedürfnisse des Patienten hört, wird zum wichtigsten Element der Begleitung. Doch das Gespräch mit Patienten ist nicht nur eine der wichtigsten Handlungen aller Begleiter, sondern sicher auch eine der häufigsten Handlungen von Ärzten, Pflegenden und aller Begleiter. Kaum etwas tun wir häufiger – und in kaum etwas haben wir weniger Ausbildung! Die Art und Weise der Mitteilung einer Diagnose bestimmen wesentlich das Befinden der Betroffenen und die Qualität der Arzt-Patienten-Beziehung im Verlaufe der Krankheit. Patienten und Angehörige wissen oft noch nach Jahren, welche Worte der Arzt bei der Vermittlung der Diagnose wählte. Dennoch wird dies in der Ausbildung zum Mediziner zumindest bisher zu wenig gelehrt. Und auch die Lebensqualität des Arztes entscheidet sich oft am Gelingen von Kommunikation („Stress habe ich immer, doch richtig erschöpft bin ich abends nur, wenn wieder etwas mit der Kommunikation völlig misslang."). Misslungene Kommunikation ist ein Hauptgrund der Enttäuschung und Unzufriedenheit von Patienten („der Arzt hat mich nicht verstanden, er hat mir nicht zugehört, er hat mich beim Gespräch nicht einmal angeschaut"), gelungene Kommunikation hingegen ein Hauptgrund der Zufriedenheit von Patienten – beides oft unabhängig vom Behandlungsergebnis.

In der medizinischen Ausbildung wird zu mehr als 90 % Faktenwissen vermittelt (frontal lehrbar, zentral prüfbar). Fertigkeiten (zum Beispiel „*Communication Skills*") und Haltungen sind schwerer vermittelbar, behalten jedoch im Unterschied zur kurzen Halbwertzeit des Faktenwissens häufig eine fast lebenslange Bedeutung. Vielfältige und leichtfertige Vorurteile verhinderten über lange Zeit ein ernsthaftes Bemühen um Integration kommunikativer Techniken in die Ausbildung von Ärzten. Meinungen wie zum Beispiel „Kommunikation kann man oder kann man nicht", „reden kann doch jeder" oder „das lernt man schon mit der Zeit" sind alte und dennoch vielfach widerlegte Irrtümer. Und auch aus der häufig durchaus berechtigten Aussage „Wir haben viel zu wenig Zeit für die Patienten" darf nicht gefolgert werden, dass man nun nicht auch noch der Kommunikation große Bedeutung zumessen könne, sondern ganz im Gegenteil: Zeitknappheit ist geradezu eines der wichtigsten Argumente, dem Gelingen von Kommunikation größte Aufmerksamkeit zukommen zu lassen. Gerade dann, wenn die Zeit knapp ist, muss sie umso besser genutzt werden. Gute Gespräche dauern nicht länger als schlechte Gespräche – häufig sparen sie sogar Zeit und verhindern Enttäuschungen („Jetzt habe ich solange mit ihm geredet – und immer noch ist er nicht zufrieden!").

Weil die Ausbildung nahezu ausschließlich fachliches Wissen vermittelte, meinen viele Ärzte und Pflegende irrtümlich, dass im Gespräch mit Patienten nahezu ausschließlich ihr fachliches Wissen gefordert sei – und etwa auf die Aussage „Ich habe solche Angst vor der Chemotherapie" folgt eine Erklärung der Zuverlässigkeit der modernen Antiemetika und auf die Frage „Was machen wir, wenn die Therapie nicht wirkt?" folgt die ausführliche Erläuterung verschiedener *Second-Line*-Therapien. Was aber, wenn der Patient eigentlich meinte: „Ich habe solche Angst, dass wir das nicht schaffen!" Auf die Frage „Ob sich das überhaupt noch lohnt?" folgt der aufmunternde Hinweis, dass positives Denken nun das wichtigste sei. Und auf die Frage eines Patienten mit multiplen Metastasen „Wie lange werde ich noch leben?" folgt die zwar fachlich richtige, aber dennoch ausweichende Antwort, dass man dies nicht wissen könne. Diese verfrühte fachliche Antwort führt oft zu einer Verhinderung der emotionalen Öffnung des Patienten und der empathischen Begegnung mit den Begleitern. Sie ist ein Hauptgrund des von den Patienten am meisten beklagten Defizits der modernen Medizin.

Kommunikative Kompetenz ist lehrbar und lernbar. Zu den Grundlagen gehört das Schweigen (verbale Eloquenz bedeutet nicht kommunikative Kompetenz), das „Aktive Zuhören" („Was meinen Sie damit? Bitte erzählen Sie mir mehr davon.") und die „Empathische Antwort" („Ja, es macht Ihnen jetzt große Sorgen, was kommen wird."), Elemente, die in emotional belastenden Situationen immer einer fachlichen Antwort, jeder „Lösung" und jedem Ratschlag vorausgehen sollten und die zu einer wirklichen und tiefen Begegnung mit dem Patienten und seinen Angehörigen führen können.

Zur Erkennbarkeit des Beginns des Sterbeprozesses

Gerhild Becker, Carola Xander

„zum Tod fall dir nichts ein"
(Ingeborg Bachmann, Gedicht „Ihr Worte")[1]

1. Definitionsversuche von Sterben, Tod und Leben

Schon im alltäglichen Sprachgebrauch zeigt sich der Begriff „sterben" als semantisch mehrdeutig und bezeichnet sowohl den Vorgang des Sterbens als letzter Phase des Lebens als auch die Ursache des Lebensendes sowie die Grenze zwischen Leben und Totsein[2]. Verstehen wir das Sterben als die Phase eines Lebens, die mit dem Tod endet, so stoßen wir auf die Notwendigkeit, zunächst einmal den Begriff „Tod" zu definieren. Der Tod jedoch kann nicht positiv definiert werden, sondern wird in der Regel sowohl naturwissenschaftlich als auch philosophisch *ex negativo* ausgehend vom Ausbleiben der Eigenschaften des Lebens als Nicht-Vorhandensein von Leben beschrieben.[3] Daher soll im Folgenden zunächst der Begriff des Lebens betrachtet werden.

Naturwissenschaftlich wird Leben nicht definiert, sondern phänomenal beschrieben als notwendige Bedingungen, die für alle Lebewesen gelten, und zu denen unter anderem die folgenden Eigenschaften gehören: Metabolismus (Ernährung, Wachstum, Verfall), Fähigkeit zur Reproduktion durch Weitergabe (Vererbung) und punktuelle Veränderung (Mutation) genetischer Informationen sowie Reaktionsfähigkeit und Interaktionsfähigkeit mit der Umwelt als

---

1   I. Bachmann, Ihr Worte, in: Dies., Gesammelte Werke, Bd. 1, München 1978, 162 f.
2   R. Stoecker, Der Hirntod. Ein medizinethisches Problem und seine moralphilosophische Transformation (Praktische Philosophie 59), Freiburg i.Br./München 1999.
3   J. Bonelli, Geleitwort. Zum Verhältnis von Naturwissenschaften und Philosophie, in: J. Bonelli/M. Schwarz (Hg.), Der Status des Hirntoten. Eine interdisziplinäre Analyse der Grenzen des Lebens (Medizin und Ethik), New York/Wien 1995; Stoecker (s.o. Anm. 2).

offenem System.⁴ Ausgehend von der Evolution unterscheiden Smith und Szathmary zwei Ansätze zur Definition von Leben: phänotypisch (vorhandener Stoffwechsel) und hereditär (Fähigkeit zur Vermehrung, Variabilität oder Vererbung).⁵ Trotz dieser nachvollziehbaren phänomenologischen Beschreibungen gibt es jedoch immer Grenzfälle, die durch diese Beschreibungen von Leben nicht adäquat erfasst sind, zum Beispiel Sporen, wo Stoffwechselvorgänge und Fortpflanzung für längere Phasen vollständig sistieren, aber später wieder aufgenommen werden oder das „Verschwinden" eines lebendigen Einzellers durch die fortpflanzende Teilung in zwei Tochterzellen. Der amerikanische Philosoph J. Rosenberg⁶ erläutert das Beispiel der Amöbe Alvin, die in einem Wasserbecken lebt. Eines Tages teilt sich Alvin, und es schwimmen nun zwei Amöben, Amos und Ambrose, im Wasserbecken. Dazu stellt Rosenberg folgende Überlegungen an: Alvin ist eine Amöbe, im Wasserbecken schwimmen nun zwei Amöben. Alvin kann unmöglich identisch mit zwei Amöben sein. Aber Alvin kann auch nicht tot sein, da es keine Überreste von ihm gibt. Das Leben als Alvin ist zu Ende, aber Alvin hat sein Leben nicht verloren, sondern nur seine Existenzweise geändert. Eine einheitliche allgemein gültige Definition des Lebensbegriffes zu finden, scheint schwer, da sich eine naturwissenschaftlich begründete Grenze zwischen Belebtem und Unbelebtem nicht mit hinreichender Trennschärfe formulieren lässt. So werden verschiedene Übergangsformen wie zum Beispiel Viren oder Prione, die nur einige der zuvor beschriebenen phänomenologischen Merkmale von Leben aufweisen, durchaus noch zu den lebenden Strukturen gezählt.

Als schwierig erweist sich auch die Suche nach einer biologischen Definition des Todes. Biologisch kann der Tod beschrieben werden als das irreversible und endgültige Sistieren der Lebensfunktionen einer Zelle, eines Organs oder eines Organismus. Wo aber beginnt diese endgültige Irreversibilität, beschreibbar als *point of no return*?

Bei der sogenannten Apoptose, dem genetischen Selbstzerstörungsprogramm einer Zelle, ist der *point of no return* definierbar als ein Zustand, bei dem für den Stoffwechsel der Zelle notwendige Strukturelemente so stark geschädigt sind, dass eine Wiederherstellung aus eigenen Kräften der Zelle nicht mehr gelingen kann. Ist die Zelle solchermaßen irreparabel geschädigt,

---

4   M. Schwarz, Biologische Grundphänomene von Lebewesen, in: Bonelli/Ders. (s.o. Anm. 3).
5   J. M. Smith/E. Szathmáry, Evolution. Prozesse, Mechanismen, Modelle (Originaltitel: The Major Transitions in Evolution [1995]), Heidelberg 1996.
6   J. F. Rosenberg, Thinking clearly about Death, Indianapolis/Cambridge ²1998.

spricht man vom *point of no return*[7]. Auch die Zellen von vielzelligen Organismen wie dem Menschen unterliegen beim Tode des Gesamtorganismus einem derartigen Zerfallsprozess. Der Todeszeitpunkt eines solchen Vielzellers wird jedoch nicht mit dem Zerfall der letzten Zelle gleichgesetzt, sondern liegt unter Umständen viel früher. Die genaue Festlegung eines punktuellen Todeszeitpunkts stößt hier auf grundsätzliche Schwierigkeiten.[8]

Es besteht das methodische Problem einer *ex-post*-Definition des Sterbeprozesses, die diesen von seinem tödlichen Ausgang her qualifiziert. Medizinisch gibt es zwar Zustände des Körpers, die aufgrund ihrer eindeutig infausten Prognose auch *ex ante* als Sterbeprozess gelten können, zum Beispiel wenn bestimmte lebenswichtige Organe ausfallen.[9] Wenn man den Gedanken des *point of no return* als irreversible Schädigung aufgreift, dann kann man als Zeitpunkt für den Beginn des Sterbens festlegen: Wenn ein für den Lebensprozess des Gesamtorganismus unentbehrliches Organ beziehungsweise eine unentbehrliche Funktion so stark geschädigt ist, dass eine Wiederherstellung oder Kompensation aus eigenen Kräften des Organismus nicht mehr möglich ist und bei „natürlichem Verlauf" eine progrediente irreversible Verschlechterung der Gesamtsituation durch einen immer weiter gehenden Ausfall von Organen und Funktionen zu erwarten ist, der in den Zerfall von immer mehr Organismuszellen bis hin zum Absterben der letzten Zelle als endgültigem biologischem Tod mündet.[10] Bei manchen biologischen Zuständen ist der Beginn des Sterbeprozesses aber rein biologisch nicht eindeutig festzulegen. So spricht die Bundesärztekammer von Sterbenden als „Kranken oder Verletzten mit irreversiblem Versagen einer oder mehrerer vitaler Funktionen, bei denen der Eintritt des Todes in kurzer Zeit zu erwarten ist"[11]. Je nach Entwicklung der Medizin ist die Zwangsläufigkeit und Irreversibilität des Sterbeprozesses relativ, da das Sterben einen Prozess mit einer Dissoziation des Todeseintritts darstellt.

---

7 P. HUCKLENBROICH, Tod und Sterben was ist das? Medizinische und philosophische Aspekte, in: P. HUCKLENBROICH/P. GELHAUS (Hg.), Tod und Sterben. Medizinische Perspektiven (Naturwissenschaft, Philosophie, Geschichte 10), Münster 2001, 3–20.
8 HUCKLENBROICH (s.o. Anm. 7).
9 F. ERBGUTH, Sicht der Wissenschaften und Religionen. Medizin, in: H. WITTWER/ D. SCHÄFER/A. FREWER (Hg.), Sterben und Tod. Ein interdisziplinäres Handbuch, Stuttgart/Weimar 2010, 39–49.
10 HUCKLENBROICH (s.o. Anm. 7).
11 BUNDESÄRZTEKAMMER, Grundsätze der Bundesärztekammer zur ärztlichen Sterbebegleitung, in: Dtsch Arztebl 108,7 (2011), 346–348.

2. Sterben als prozesshaftes Geschehen mit Dissoziation des Todeseintritts

Der Sterbeprozess bezeichnet die letzte Phase des Lebens eines organischen Individuums, in der die Lebensfunktionen unumkehrbar zu einem Ende kommen. Er kann sich allmählich oder als plötzliches Versagen lebenswichtiger Organsysteme vollziehen, endet aber unweigerlich mit dem Tod.[12] Sterben ist also kein punktuelles Geschehen, sondern der zeitlich ausgedehnte Ablauf der Desintegration wichtiger Funktionssysteme.[13, 14] Bereits Galen differenzierte am Beispiel des Fiebers zwischen unterschiedlichen Phasen einer Krise, die am Ende zum Tod führen können, und unterschied dabei drei verschiedene *atria mortis*, nämlich: Herz, Hirn und Lungen.[15] Anfang des 19. Jahrhunderts schrieb F. Hildebrandt in seinem Lehrbuch der Physiologie: „Der letzte Athemzug endigt das Leben, in so fern nur ihm alle Empfindung und alle willkürliche Bewegung verschwindet. Doch im genauesten Sinne nicht ganz, es bleibt noch einige Zeit [...] einige Lebenskraft im Körper übrig [...]"[16]. Ebenfalls im 19. Jahrhundert führt der Arzt H. Nothnagel aus: „Aber tot ist der Körper erst dann, wenn die letzten Lebensäußerungen seiner Substanz aufgehört haben. [...] In diesem Sinne stirbt der Organismus nicht auf einmal, sondern zellgruppenweise."[17] Bereits im 18. Jahrhundert unterschied der französische Anatom X. Bichat zwischen dem organischem Leben (zelluläre Eigenschaften mit Grundfunktion zur Lebenserhaltung) und dem animalischen Leben (Bewusstsein als Ausdruck einer Lebenskraft), so dass ein Mensch bereits tot sein kann, bevor alle Einzelkomponenten seines Organismus die Funktion eingestellt haben.[18] Parallel zum Schwinden der Hoffnung auf ein Weiterleben nach dem

---

12 D. Groß/S. Kreucher/J. Grande, Zwischen biologischer Erkenntnis und kultureller Setzung: Der Prozess des Sterbens und das Bild des Sterbenden, in: M. Rosentreter/ D. Groß/S. Kaiser (Hg.), Sterbeprozesse – Annäherungen an den Tod, Kassel 2010, 17–31.
13 G. A. Neuhaus, Prognose nach Koma nichttraumatischer Genese, in: Klin Anaesthesiol Intensivther 19 (1999), 159–163.
14 D. Patzelt, Die Hirntodproblematik aus rechtsmedizinisch-biologischer Sicht, in: G. U. Höglinger/S. Kleinert (Hg.), Hirntod und Organtransplantation, Berlin/ New York 1998, 17–24.
15 Groß/Kreucher/Grande (s.o. Anm. 12), 22.
16 F. Hildebrandt, Lehrbuch der Physiologie, 1802, 284, zitiert nach: D. Groß/J. Grande, Grundlagen und Konzepte: Sterbeprozess, in: Wittwer/Schäfer/Frewer (s.o. Anm. 9), 75–83, 77.
17 M. Neuburger/H. Nothnagel, Leben und Wirken eines deutschen Klinikers, Wien 1922, 279, zitiert nach: Groß/Grande, Grundlagen (s.o. Anm. 16), 78.
18 X. Bichat, Physiologische Untersuchungen über den Tod, ins Deutsche übersetzt und eingeleitet von R. Boehm, Leipzig 1912.

Tod stieg in der Aufklärung die Angst vor dem sogenannten Scheintod. So verfasste Hufeland eine Abhandlung über den Scheintod und unterschied dabei drei Grade des Todes, wovon der erste Grad reversibel sei und die Möglichkeit einer Wiedererweckung biete.[19]

Auf Betreiben Hufelands entstand 1792 in Weimar das erste Leichenschauhaus. In der Folgezeit verstärkte die Taphophobie (Furcht, lebendig begraben zu werden) das Interesse nach einer exakten und zuverlässigen Todesbestimmung.[20] Mit der Verwissenschaftlichung der Medizin im 18. Jahrhundert wurden Atmung und Herzschlag als lebenskonstitutive Funktionen erkannt, so dass ihr definitives Fehlen als Todesmerkmal galt.[21] Seit der Mitte des 20. Jahrhunderts haben die Fortschritte der Medizin durch die Entwicklung der elektrischen Defibrillation von Kammerflimmern 1956[22] und die Beschreibung der externen Herzmassage zur Aufrechterhaltung der Kreislauffunktion 1960[23] den Herz-Kreislauf-Tod hinsichtlich seiner Irreversibilität relativiert. 1959 wurde von den französischen Ärzten Mollaret und Goulon ein als *Coma depassé* (überschrittenes Koma) bezeichneter Zustand beschrieben, den sie an Patienten beobachtet hatten, deren Gehirn nach einem längeren Atemstillstand durch Sauerstoffmangel irreversibel geschädigt war, während ihr Organismus durch künstliche Beatmung am Leben erhalten werden konnte.[24] Der Gehirnfunktion fiel eine entscheidende Rolle als Erfolgskriterium einer erfolgreichen Reanimation zu und es entstand der Bedarf nach einer Definition des Hirntodes als eines vom Herztod dissoziierten Todesmerkmals, die 1968 von einem aus Medizinern, Juristen, Theologen und Ethikern zusammengesetzten *Ad Hoc Committee* der *Harvard Medical School*[25] formuliert wurde.[26] Inwieweit das zeitliche Zusammenfallen von Transplantationsmedizin und Hirntoddefinition als Ausdruck einer utilitaristisch intendierten neuen Todesdefinition oder als zwangsläufiges Ergebnis parallel verlaufender medizinischer Fortschritte aufzufassen ist, ist Gegenstand einer kontroversen Diskussion und soll hier nicht

---

19 C. W. HUFELAND, Der Scheintod oder Sammlung der wichtigen Tatsachen und Bemerkungen darüber (1808), herausgegeben und eingeleitet von G. KÖPF, Bern 1986.
20 GROß/KREUCHER/GRANDE (s.o. Anm. 12).
21 ERBGUTH (s.o. Anm. 9), 39–49.
22 P. M. ZOLL/A. J. LINENTHAL/W. GIBSON/M. H. PAUL/L. R. NORMAN, Termination of Ventricular Fibrillation in Man by Externally Applied Electric Countershock, in: N Engl J Med 245 (1956), 727–732.
23 W. B. KOUWENHOVEN/J. R. JUDE/G. G. KNICKERBOCKER, Landmark article July 9, 1960: Closed-chest cardiac massage, in: JAMA 251,23 (1984), 3133–3136.
24 P. MOLLARET/M. GOULON, Le coma depassé, in: Rev Neurol 101 (1959), 3–15.
25 AD HOC COMMITTEE OF THE HARVARD MEDICAL SCHOOL TO EXAMINE THE DEFINITION OF BRAIN DEATH: A Definition of irreversible Coma, in: JAMA 205 (1968), 85–88.
26 ERBGUTH (s.o. Anm. 9).

weiter erörtert werden. In den Richtlinien der BÄK[27] wird ein Konzept des „Ganzhirntodes" vertreten, in dem der Hirntod definiert wird als „Zustand der irreversibel erloschenen Gesamtfunktion des Großhirns, des Kleinhirns und des Hirnstamms". Dieses entspricht der Symptomtrias, die bereits in den Harvard-Kriterien der *ad-hoc*-Kommission als konstituierende Merkmale des Hirntods benannt wurden. Im Gegensatz zum Konzept vom Ganzhirntod wurde in Großbritannien und in den USA eine Debatte über die mögliche Definition des Todes eines Menschen als Person nach dem Konzept des „Teilhirntodes" geführt, derzufolge der Tod nicht erst nach Ausfall der gesamten Hirnfunktion, sondern bereits nach Ausfall des Großhirns mit seinen höheren Hirnfunktionen attestiert werden soll, da diese für die Personalität eines Menschen konstituierend und unabdingbar seien.[28]

3. Der Übergang von der Sterbephase in den Tod

Der Übergang der Sterbephase in den Tod wird literarisch meist als *Agonie* (von griechisch ἀγωνία: Qual, Kampf) bezeichnet, ist jedoch nicht wissenschaftlich definiert und medizinisch unpräzise.[29] In der Medizin wird das Thema Sterbephase interessanterweise am intensivsten im Bereich der Gerichtsmedizin und aus der Perspektive *ex post* betrachtet. Hier wird die *Agonie* definiert als ein zeitlich variabler allmählicher Übergang vom Leben zum Tod, der gekennzeichnet ist durch minimale Lebenserscheinungen.[30] Je nach Ursache des Todes kann die *Agonie* recht kurz verlaufen (zum Beispiel bei Tod durch Ruptur der Hauptschlagader), einige Minuten umfassen (zum Beispiel bei Tod durch Ersticken oder manchen Vergiftungen) oder längere Zeit andauern (zum Beispiel bei Schädel-Hirn-Traumata). Die *Agonie* mündet in eine *vita reducta*, die definiert ist als akuter Krisenzustand, von dem es keine Erholung gibt und der ohne medizinische Intervention zwangsläufig zum Tode des Individuums führt.[31] Das Aussetzen von Herzschlag und Atemaktivität kennzeichnet den *klinischen Tod*. An die *vita reducta* schließt sich das kurze Durchgangsstadium der *vita minima* an[32], das mit dem *Gehirntod* als *Individual*-

---

27 BUNDESÄRZTEKAMMER, Richtlinien zur Feststellung des Hirntodes, in: Dtsch Arztebl 95,30 (1998), 1861–1868.
28 ERBGUTH (s.o. Anm. 9).
29 ERBGUTH (s.o. Anm. 9).
30 W. LAVES/S. BERG, Agonie. Physiologisch-chemische Untersuchungen bei gewaltsamen Todesarten, Lübeck 1965.
31 B. FORSTER/D. ROPOHL, Thanatologie, in: Praxis der Rechtsmedizin, Stuttgart/New York/München 1986, 2–47.
32 Ebd.

tod endet, der jedoch zu unterscheiden ist von dem *totalen Tod* oder *biologischen Tod* als dem Absterben der letzten lebenden Zelle.³³ Während der *vita reducta* und der *vita minima* ist noch eine Reanimation möglich, so dass hier auch von einer sogenannten *vitalen Phase* gesprochen wird. Der Begriff „Reanimation" ist jedoch semantisch problematisch, weil er nahelegt, dass vor der Wieder-Belebung kein Leben mehr bestanden habe. Dann wäre ein Toter erfolgreich wiederbelebt worden, was mit der Irreversibilität des Todesbegriffs kollidiert. Die Phase vor einer erfolgreichen Wiederbelebung ist aber der vitalen Phase zuzurechnen, das heißt der klinische Tod oder Herz-Kreislauf-Tod ist reversibel. Mit dem Hirntod beginnt nach derzeit gültiger Definition die *frühe postmortale Phase*³⁴, in der die sogenannten *sicheren Todeszeichen* wie Totenflecken und Leichenstarre nachweisbar sind und die nach dem Absterben der letzten Zelle (biologischem Tod) übergeht in Autolyse und Fäulnis des Organismus, die in der Gerichtsmedizin als *kadaveröse Phase* bezeichnet werden. Als sogenanntes *intermediäres Leben* wird der Zeitraum zwischen dem Individualtod und dem Absterben der letzten Zelle bezeichnet, in der Zellen und Zellverbände wie Muskeln noch sogenannte supravitale Funktionen zeigen wie zum Beispiel eine mechanische und elektrische Erregbarkeit der Leichenmuskeln, postmortale Pupillenreaktion bei Verabreichung von Arzneistoffen oder eine Gänsehaut bei Hautreizung mit Histamin.³⁵ Auch in der Gerichtsmedizin wird die Sterbephase also als prozesshaft angesehen und der Tod wird sowohl prozesshaft als auch als ein Endpunkt betrachtet: Bei allen heute akzeptierten sicheren Todeszeichen leben einzelne Zellen im Körper weiter, erst nach dem Absterben aller menschlichen Zellen wird vom *biologischen Tod*³⁶ gesprochen.

4. Die Definition des Sterbeprozesses ist abhängig vom Definierenden

Bei der Einordnung eines Menschen als Sterbender ist zu prüfen, von wem diese Einordnung gerade getroffen wird: von den professionellen Betreuern wie Pflegenden und Ärzten, von den Kostenträgern, von den Angehörigen oder

---

33 J. GERLACH, Gehirntod und totaler Tod, in: Munch Med Wochenschr 111 (1969), 732–736.
34 A. PESCHER, Naturwissenschaftliche Bemerkungen zum Sterbeprozess und zur Thanatologie, in: ROSENTRETER/GROß/KAISER (s.o. Anm. 12), S. 33–48.
35 M. GRASSBERGER/H. SCHMID, Todesermittlung. Befundaufnahme & Spurensicherung, Wien/New York 2009.
36 M. QUANTE, Personales Leben und menschlicher Tod, Frankfurt a.M. 2002.

vom Patienten[37] selbst. Je nach Blickwinkel des Betrachters ist eine unterschiedliche kategoriale Einordnung möglich. R. Feldmann weist zu Recht darauf hin, dass der Beginn des physischen Sterbens in der modernen Gesellschaft soziokulturell vor dem Hintergrund naturwissenschaftlicher Theorien festgelegt und in der Regel durch Ärzte und Juristen definiert wird. Dieses kann jedoch kritisch hinterfragt werden:

> "Debates about the determination of death have encouraged an academic climate conducive to uncritical acceptance of biological criteria for death with an underrecognition of the crucial role of the social criteria for death."[38]

In Antike und Mittelalter zählte die Betreuung Todkranker und Sterbender bewusst nicht zum Aufgabengebiet des Arztes. Die *facies hippocratica* (Gesicht eines Sterbenden mit spitzer Nase, eingesunkenen Augen, eingefallenen Schläfen, blasser Hautfarbe) sollte dem antiken Arzt dazu verhelfen, eine zutreffende Prognose über den weiteren Krankheitsverlauf zu stellen (das heißt, einen Patienten als sterbend zu erkennen) und dann gegebenenfalls von einer Behandlung abzusehen.[39] Schon in der hippokratischen Schule endet der Heilauftrag, wenn sich die Erfolglosigkeit ärztlicher Hilfe absehen lässt, und zwar aus mehreren Gründen: Wenn der Arzt den moribunden Patienten weiter behandelt und dieser stirbt, könnte das von anderen als Versagen des Arztes ausgelegt werden.[40] Zweitens setzt die Fortsetzung der Behandlung in Fällen infauster Prognose den Arzt dem Verdacht der Geldgier aus.[41] Da Leiden und Tod insbesondere im Mittelalter als göttliche Prüfungen beziehungsweise Strafen aufgefasst wurden, erschien es drittens problematisch, am nahenden Lebensende der offensichtlichen Entscheidung Gottes entgegenzutreten.[42] Zuständig für die Sterbebegleitung war also ursprünglich nicht der Arzt des Leibes, sondern der Arzt der Seele, also vor allem die Priester, die im Verlauf des Mittel-

---

37 Zur besseren Lesbarkeit wird in diesem Aufsatz durchgehend die maskuline Endung verwendet.
38 A. KELLEHEAR, Dying as a social relationship. A sociological review of debates on the determination of death, in: Soc Sci Med 66,7 (2008), 1541, zitiert nach: K. FELDMANN, Tod und Gesellschaft. Sozialwissenschaftliche Thanatologie im Überblick, Wiesbaden ²2010, 20.
39 H. STEINGIEßER, Was die Aerzte aller Zeiten vom Sterben wussten, Greifswald 1938, zitiert nach: GROß/GRANDE, Grundlagen (s.o. Anm. 16), 75–83.
40 G. BAUST, Sterben und Tod. Medizinische Aspekte, Berlin 1992, zitiert nach: GROß/GRANDE, Grundlagen (s.o. Anm. 16), 75–83.
41 D. SCHÄFER, Tod und Todesfeststellung im Mittelalter, in: T. SCHLICH/C. WIESEMANN (Hg.), Zum Umgang mit der Leiche in der Medizin, Lübeck 2001, 27–33, zitiert nach: GROß/GRANDE, Grundlagen (s.o. Anm. 16), 75–83.
42 SCHÄFER (s.o. Anm. 41).

alters eine *ars moriendi*[43] propagierten. Erst in der Neuzeit wurde sukzessive dem Arzt die Zuständigkeit für das Sterben sowie für die objektive Feststellung des Todes übertragen. Die ärztliche Beschäftigung mit Tod und Sterben führte zu der Erkenntnis, dass das Sterben als prozesshaftes Geschehen aufzufassen sei.

Aus sozialwissenschaftlicher Sicht differenziert Feldmann das Sterben in ein physisches, ein psychisches und ein soziales Sterben: Tod des Körpers, Tod der personalen Identität und Tod der sozialen Identität.[44] Im Folgenden soll die Frage nach der Erkennbarkeit des Sterbeprozesses daher nicht nur aus der medizinisch-biologischen, sondern schlaglichtartig auch aus der psychologischen und soziologischen Perspektive betrachtet werden.

5. Der Sterbeprozess aus psychologischer, soziologischer und medizinischer Perspektive

Aus psychologischer Perspektive ist nach R. J. Kastenbaum[45] ein Mensch dann als Sterbender zu bezeichnen, wenn er sowohl objektiv vom Tod bedroht ist als auch sich dieser Todesbedrohung so weit bewusst ist, dass sie sein Erleben und Verhalten bestimmt. Gemäß dieser Definition kann interessanterweise auch ein zum Tode verurteilter oder ein zur Selbsttötung entschlossener Mensch ein Sterbender sein, ohne dass bereits eine irreparable organische Schädigung vorliegt. Dabei bleibt grundsätzlich offen, wie lange der Zeitraum des Sterbens dauert, theoretisch kann dieser Seinszustand des Sterbenden sich über Monate bis Jahre ausdehnen.

Aus verhaltenswissenschaftlicher Sicht definiert J. Wittkowski, dass ein Mensch dann als Sterbender bezeichnet werden sollte,

> „wenn (1) nach menschlichem Ermessen sicher ist, dass er in einem bestimmten, näher eingrenzbaren Zeitraum tot sein wird, (2) mindestens einige Menschen in seiner Umgebung dies wissen, (3) er sich der Tatsache, dass er unmittelbar vom Tod bedroht ist, soweit bewusst ist, dass dieses Bewusstsein sein Erleben und Verhalten bestimmt"[46].

Es müssen eine objektive Tatsache (vom Tode bedroht) und eine subjektive Komponente (sich dessen bewusst sein) zusammenkommen, damit ein Mensch als Sterbender bezeichnet wird. Daraus folgt, dass das Verhalten des Sterbenden auch als eine „soziale Rolle" gesehen wird. Die den Sterbeprozess begleitenden

---

43 Groß/Grande, Grundlagen (s.o. Anm. 16).
44 Feldmann, Tod (s.o. Anm. 38).
45 R. J. Kastenbaum, Death, Society, and Human Experience, Saint Louis 1977.
46 J. Wittkowski, Umgang mit Sterben und Tod. Wie lassen sich die Ergebnisse der Grundlagenforschung in der Praxis umsetzen? in: Report Psychologie 24,2 (1999), 117.

Zugehörigen oder professionellen Betreuer sind dabei korrespondierende Rollenpartner des Sterbenden, und alle Beteiligten bewegen sich in einem Spannungsfeld unterschiedlicher Erwartungen an die eigene Rolle sowie die Rolle der jeweils anderen Rollenpartner. Berücksichtigt man diese soziale Dimension des Sterbens, so scheint es sinnvoll, bei der Betrachtung des Sterbens zwischen unterschiedlichen Lebensabschnitten wie zum Beispiel Kindheit und Jugend, mittlerem Erwachsenenalter und höherem Alter zu differenzieren. Wittkowski weist zu Recht darauf hin, dass, wenn man davon ausgeht, dass das Konzept der Bindung eines Menschen an die Welt eine zentrale Rolle beim Sterben spielt, da Sterben im Kern das Lösen von Bindungen ist, qualitative Unterschiede in den Sterbeverläufen abhängig von der Altersgruppe und der damit vorhandenen sozialen Rolle zu erwarten sind.[47] Die Untersuchung der Frage, ob sich die Bedürfnisse Sterbender innerhalb der jeweiligen Lebensabschnitte verändern, ist dabei nicht nur von theoretischem Interesse, sondern auch von praktischer Relevanz für die Betreuung Sterbender.

Das Konzept der sozialen Dimension des Sterbens spiegelt sich auch im Begriff des sogenannten „sozialen Todes". D. Sudow, der diesen Begriff in Zusammenhang mit dem Sterben in westlichen Gesellschaften geprägt hat, grenzt den sozialen Tod ab vom „klinischen" und vom „biologischen" Tod und definiert: „Der soziale Tod lässt sich durch den Zeitpunkt bestimmen, von dem ab der – ‚klinisch' und ‚biologisch' noch lebende – Patient im wesentlichen als Leiche behandelt wird."[48] Nach Sudow tritt der soziale Tod in dem Augenblick ein, „in dem die sozial relevanten Attribute des Patienten für den Umgang mit ihm keine Rolle mehr spielen und er im Wesentlichen schon als ‚tot' betrachtet wird"[49]. Während Sudow den Begriff des sozialen Todes für die letzte Phase des physischen Sterbens verwendet, fassen andere Autoren den Begriff weiter. Feldmann benennt neben dem physischen Sterben auch andere Formen des sozialen Ausschlusses als „sozialen Tod" wie zum Beispiel Menschen nach ausgeprägtem Verlust ihrer sozialen Rolle, Menschen, die sich selbst und ihre Bezugspersonen nach Bewusstseinsverlust nicht mehr bewusst erkennen können, oder auch Menschen ohne rechtlichen Vollstatus wie zum Beispiel Sklaven.[50]

---

47   J. WITTKOWSKI, Epilog. Thanatologie heute und morgen, in: DERS. (Hg.), Sterben, Tod und Trauer. Grundlagen, Methoden, Anwendungsfelder, Stuttgart 2003, 269–286.
48   D. SUDOW, Organisiertes Sterben. Eine soziologische Untersuchung, Frankfurt a.M. 1973, 96.
49   SUDOW (s.o. Anm. 48), 98.
50   K. FELDMANN, Tod und Gesellschaft. Eine soziologische Betrachtung von Sterben und Tod (Europäische Hochschulschriften Reihe XXII, Soziologie, Bd. 191), Frankfurt a.M./Bern/New York/Paris 1990, 123–145; K. FELDMANN, Physisches und soziales Sterben, in: U. BECKER/K. FELDMANN/F. JOHANNSEN (Hg.), Sterben und Tod in Europa, Neukirchen-Vluyn 1998, 94–107.

Der soziale Tod entspricht hier der Wahrnehmung einer Person als sozial nicht mehr existent. Feldmann weist darauf hin, dass in traditionellen Gesellschaften der soziale Tod *nach* dem biologischen Tod folgt, indem postmortal das soziale Sterben als Mitglied einer Gemeinschaft markiert und der Verstorbene bewusst aus der Gemeinschaft der Lebenden ausgeschlossen wird. In modernen Gesellschaften hingegen wird der soziale Tod *vor* den biologischen Tod gesetzt, wie es zum Beispiel in dem Ausdruck vom sozialen Sterben der alten Menschen zum Ausdruck kommt.

Anders als die Psychologie und die Soziologie orientiert sich die Humanwissenschaft Medizin weitestgehend am naturwissenschaftlichen Blick und bezeichnet als Sterbenden eine Person, die körperliche Zeichen eines rasch fortschreitenden Verfalls zeigt, deren Kräfte reduziert sind oder die sogar nicht mehr bei Bewusstsein ist.[51] Nach dieser Definition umfasst Sterben einen eng umrissenen Zeitraum, da der vorangegangene Prozess der Auseinandersetzung mit dem Tod in der klassischen medizinischen Betrachtungsweise nicht einbezogen wird. In der Palliativmedizin werden bei der Begleitung von Schwerkranken und Sterbenden mit infauster Prognose hingegen drei Phasen unterschieden, die sich an den klinischen Aspekten orientieren: die „Rehabilitationsphase", die mehrere Monate umfassen kann und in der trotz Krankheit ein größtenteils normales Leben möglich ist, die „Terminalphase" in den letzten Tagen, in denen die Aktivität eingeschränkt ist, und die „Finalphase" der letzten Stunden.[52]

Zusammenfassend könnte man zum Beginn des Sterbeprozesses *cum grano salis* formulieren:

In der Psychologie beginnt der Sterbeprozess eines Menschen, wenn er objektiv vom Tode bedroht und sich dieser Todesbedrohung soweit bewusst ist, dass sie sein Erleben und Verhalten bestimmt. In der Soziologie beginnt der Sterbeprozess eines Menschen, wenn seine sozial relevanten Attribute für den Umgang mit ihm keine Rolle mehr spielen. In der Medizin beginnt der Sterbeprozess, wenn die elementaren Körperfunktionen unaufhaltsam versagen und keine medizinischen Maßnahmen mehr Erfolg versprechen. In der Biologie beginnt der Sterbeprozess menschlichen Lebens mit der Geburt, streng genommen sogar schon vorgeburtlich, denn schon kurz nach der Befruchtung differenzieren sich die Zellen in zwei Populationen, Embryoblasten und Tro-

---

51 J. WITTKOWSKI/C. SCHRÖDER, Betreuung am Lebensende. Strukturierung des Merkmalsbereichs und ausgewählte empirische Befunde, in: DIES. (Hg.), Angemessene Betreuung am Ende des Lebens. Barrieren und Strategien zu ihrer Überwindung, Göttingen 2008, 1–51.

52 C. DROLSHAGEN, Lexikon Hospiz, Gütersloh 2003; I. JONEN-THIELEMANN, Die Terminalphase, in: E. AULBERT/D. ZECH (Hg.), Lehrbuch der Palliativmedizin, Stuttgart 1997, 678–686.

phoblasten. Während erstere sich weiter zu dem Körper des Embryos differenzieren, bilden die Trophoblasten die Grundlage für die Plazenta, die nach der Geburt abstirbt.

6. Prototypische Sterbeverläufe

Aufgrund des individuellen Charakters des Sterbens ist die Prozesshaftigkeit des Sterbeprozesses schwer prototypisch beschreibbar als eine feste Abfolge von Phasen. In der Forschung wurden jedoch verschiedene Modelle zu unterschiedlichen Verlaufsformen des Sterbeprozesses beschrieben.

In Feldstudien untersuchten B. G. Glaser und A. L. Strauss[53] mit qualitativen Forschungsmethoden (teilnehmende Beobachtung, qualitative Interviews mit Pflegekräften) die Kommunikationsmuster sterbender Patienten in verschiedenen *settings* von Krankenhäusern. Dabei beobachteten sie vier grundlegende Arten von Bewusstseinskontexten[54]: *Geschlossene Bewusstheit* (der Patient selbst erkennt nicht, dass er dabei ist zu sterben, aber die betreuenden Pflegekräfte und die Angehörigen erkennen es), *argwöhnische Bewusstheit* (der Patient vermutet, was die anderen wissen, und versucht, seinen Verdacht zu bestätigen, indem er Pflegekräfte und Angehörige dazu verleitet, sich zu verraten), *wechselseitige Täuschung* (alle Beteiligten wissen, dass der Patient ein Sterbender ist, aber alle verhalten sich, als sei das nicht so), *offene Bewusstheit* (alle Beteiligten wissen, dass der Patient ein Sterbender ist und bringen dieses in ihren Interaktionen zum Ausdruck). Nicht zuletzt durch die Entwicklung der Hospizbewegung ist seit den 1960er Jahren ein vermehrter Umschwung zur offenen Bewusstheit festzustellen. Glaser und Strauss verwiesen darauf, dass es aufgrund der Auswirkungen auf das Zusammenspiel aller Interaktionspartner wichtig sei, den jeweiligen Bewusstheitskontext, in dem sich die Interaktion vollzieht, zu berücksichtigen.

Ein Stufen-Modell für die schrittweisen mentalen und emotionalen Antworten auf das Sterben entwickelte E. Kübler-Ross anhand von Interviews mit mehr als 200 sterbenden Patienten.[55] Die fünf Stufen (Negation, Zorn, Verhandeln, Depression, Akzeptanz) sind dabei jedoch nicht als feststehende und zeitlich lineare Abfolge von Entwicklungsstadien zu verstehen, die alle Menschen durchlaufen[56], sondern als Deskription der Veränderungen von Einstellungen

---

53   B. G. GLASER/A. L. STRAUSS, Awareness of Dying, Chicago 1965.
54   Darstellung nach N. SAMAREL, Der Sterbeprozess, in: WITTKOWSKI, Sterben, Tod und Trauer (s.o. Anm. 47), 122–151.
55   E. KÜBLER-ROSS, On Death and Dying, New York 1997.
56   A. D. WEISMAN, The Realization of Death. A Guide for the Psychological Autopsy, New York 1974; SAMAREL (s.o. Anm. 54), 132–151.

und Verhaltensweisen sterbender Menschen. C. A. Corr hebt hervor, dass Personen mit Leben und Sterben „in weitaus reicheren, vielfältigeren und persönlicheren Weisen"[57] umgehen als in dem Stufenmodell beschrieben. Das Phasenmodell von Kübler-Ross wird in der wissenschaftlichen Auseinandersetzung daher zu Recht kontrovers beurteilt[58], hatte aber einen wichtigen Einfluss auf die zunehmende *Death Awareness* seit den 60er Jahren.[59] In den 1970er Jahren wurden zirkuläre Modelle des Sterbens ohne lineare Abstufungen entwickelt.[60] Eine Beschreibung findet sich unter anderem bei N. Samarel 2003.[61]

Viele der Theorien zu prototypischen Verläufen des Sterbeprozesses wurden allerdings deduktiv von anderen Forschungsgebieten der Psychologie auf den Sterbeprozess übertragen und müssen daher hinsichtlich ihrer Tragfähigkeit kritisch betrachtet werden: „*Theories of dying tend to be more etic* (Beschreibung durch den Beobachter [Erläuterung durch Verf.]) *than emic* (Beschreibung durch den Akteur selbst [Erläuterung durch Verf.])"[62]. Naturgemäß bleibt der Sterbeprozess für uns Lebende gegenwärtig eine *terra incognita*.

7. Zur Erkennbarkeit des Beginns des Sterbeprozesses

In einer Studie am Universitätsklinikum Freiburg wurden über einen definierten Erhebungszeitraum von drei Monaten konsekutiv alle auftretenden Sterbefälle anhand der vorliegenden Patientenakten mit Hilfe eines von der Cornell University (New York, USA) entwickelten Beurteilungsbogens, der zuvor in einer US-amerikanischen[63] sowie einer australischen Studie[64] zum Einsatz kam,

---

57 C. A. Corr, Coping with Dying. Lessons that We Should and Should Not Learn from the Work of Elisabeth Kübler-Ross, in: Death Stud 17,1 (1993), 69–83, zitiert nach: Samarel (s.o. Anm. 54), 138.
58 Siehe u.a. bei S. Fischbeck/B. Schappert, Kennzeichnung des psychischen Sterbeprozesses und Sterbeverläufe, in: Wittwer/Schäfer/Frewer (s.o. Anm. 9), 83–88.
59 Samarel (s.o. Anm. 54), 132–151.
60 Z.B. A. D. Weisman (s.o. Anm. 56) und E. M. Pattison, The Living-Dying Process, in: C. A. Garfield (Hg.), Psychological Care of the Dying Patient, New York 1978, 133–168.
61 Samarel (s.o. Anm. 54), 132–151.
62 Corr (s.o. Anm. 57), 251.
63 J. J. Fins/F. G. Miller/C. A. Acres/M. D. Bacchetta/L. L. Huzzard/B. D. Rapkin, End-of-life decision-making in the hospital: current practice and future prospects, in: J Pain Symptom Manage 17 (1999), 6–15.
64 S. Middlewood/G. Gardner/A. Gardner, Dying in a hospital: medical failure or natural outcome? in: J Pain Symptom Manage 22 (2001), 1035–1041.

analysiert.⁶⁵ Bei insgesamt 37 % der untersuchten Patienten (83/226) fanden sich in der Patientenakte Hinweise durch Ärzte oder Pflegekräfte, dass der Patient als „sterbend" erachtet wurde (Ausdrücke wie zum Beispiel *Endstadium der Erkrankung, sterbend, moribund, aussichtslos, hoffnungslos, terminal et cetera*). Dabei wurde die Beurteilung des Patienten als sterbend im Durchschnitt 3,8 Tage vor dem Tode des Patienten vorgenommen. Dieses Ergebnis deckte sich mit den Voruntersuchungen aus den USA und Australien. Patienten mit einer Krebsdiagnose wurden vor ihrem Tod signifikant häufiger als sterbend erachtet als Patienten mit Herzkreislauferkrankungen ($p < 0.001$). Diese Beobachtung ist nicht überraschend, da sich der Krankheitsverlauf bei unheilbaren Tumorerkrankungen in der Regel besser vorhersagen lässt als bei Herzkreislaufkrankheiten.⁶⁶ Bei den verstorbenen Krebspatienten fanden sich auch signifikant häufiger palliativmedizinische Behandlungsansätze als zum Beispiel bei Patienten mit fortgeschrittener Herzinsuffizienz. In einer neueren australischen Studie⁶⁷ wurden über einen Erfassungszeitraum von 18 Monaten retrospektiv die Akten von 73 im Klinikum verstorbenen Patienten ausgewertet, die vor ihrem Tod mindestens 48 Stunden stationär betreut wurden. Bei 83 % der untersuchten Patienten fand sich die Diagnose „sterbend" in den Krankenakten, die im Durchschnitt 6,2 Tage vor dem Tod, davon bei 33 % der Patienten innerhalb der letzten 48 Stunden vor dem Tod gestellt wurde. Obwohl ein systematischer Review zeigt, dass Ärzte tendenziell dazu neigen, die Überlebenszeit von terminal kranken Patienten zu überschätzen⁶⁸, zeigen Untersuchungen auf Intensivstationen, dass die dort tätigen Pflegekräfte die Überlebenswahrscheinlichkeit der Patienten ähnlich einschätzen wie die dort tätigen Ärzte⁶⁹. Bei der Einschätzung der späteren Lebensqualität scheint das Pflegepersonal allerdings pessimistischer zu sein.⁷⁰

---

65 G. Becker/R. Sarhatlic/M. Olschewski/C. Xander/F. Momm/H. E. Blum, End-of-life Care in Hospital: Current practice and potentials for improvement, in: J Pain Symptom Manage 33,6 (2007), 711–719.
66 J. Lynn, Serving Patients who may die soon and their families: the role of hospice and other services, in: JAMA 285 (2001), 925–932.
67 F. Nadimi/D. C. Currow, As death approaches: A retrospective survey of the care of adults dying in Alice Springs Hospital, in: Aust J Rural Health 1 (2011), 4–8.
68 P. Glare/K. Virik/M. Jones/M. Hudson/S. Eychmueller/J. Simes/N. Christakis, A systematic review of physicians' survival predictions in terminally ill cancer patients, in: BMJ 26 (2003), 195–198.
69 L. Copeland-Fields/T. Griffin/T. Jenkins/M. Buckley/L. C. Wise, Comparison of outcome predictions made by physicians, by nurses, and by using the Mortality Prediction Model, in: Am J Crit Care 5 (2001), 313–319 und S. Frick/D. E. Uehlinger/R. M. Zuercher-Zenklusen, Medical futility: predicting outcome of intensive care unit patients by nurses and doctors – a prospective comparative study, in: Crit Care Med 31 (2003), 456–461.
70 Frick/Uehlinger/Zuercher-Zenklusen (s.o. Anm. 69).

Während es aus medizinischer Perspektive nahezu unmöglich ist, bei terminal kranken Patienten einen genauen Todeszeitpunkt vorherzusagen, wurde im New England Journal vor einiger Zeit von Oscar, dem Therapiekater eines Hospizes auf Rhode Island berichtet, der offenbar fähig ist, den kurz bevorstehenden Tod von sterbenden Patienten zu bemerken: Er dreht seine Runden durch die Station und verbleibt regelhaft in der Nähe von Menschen, die in den nächsten Stunden sterben werden. Aufgrund seiner präzisen Vorhersagen bei über 25 Patienten ohne Irrtum gilt das Ausharren des Katers neben dem Bett eines Patienten im Hospiz als sicherer Indikator für einen knapp bevorstehenden Tod.[71] Es wird vermutet, dass die Fähigkeit des Katers in seinem exzellenten Geruchssinn begründet liegt, die ihn mit dem Sterbeprozess verbundene Stoffwechselveränderungen durch einen veränderten Körpergeruch des Sterbenden erkennen lassen. Eine eindeutige wissenschaftliche Erklärung für das Phänomen gibt es bislang jedoch nicht.

Aus der Betreuung sterbender Patienten kennen wir unterschiedliche physiologische Parameter, die auf den bevorstehenden Tod hinweisen können: Verlust des Muskeltonus (Erschlaffen der Gesichtsmuskeln und Reduktion der Körperspannung), motorische Unruhe, Dysphasie (vermindertes beziehungsweise schwer verständliches Sprechen), Dysphagie (Schluckbeschwerden, sich sammelnde Sekretionen), Verminderung der Sphinkterkontrolle mit möglicher Harn- und Stuhlinkontinenz, fluktuierende Bewusstseinstrübung, reduzierte Blutzirkulation mit Zyanose, kalter Haut und marmorierten Extremitäten (von den Füssen zu Händen, Ohren und Nase fortschreitend), veränderte Körpertemperatur, Versagen des Hustenreflexes, Rasselatmung, veränderte Vitalzeichen (verminderter Blutdruck, schwacher Puls, Veränderung des Atemmusters). Neben physiologischen Parametern können es aber auch die Äußerungen der Betroffenen selbst sein, die auf einen bevorstehenden Tod hinweisen. Pflegekräfte, Seelsorger, Ärzte und Angehörige anderer Berufsgruppen, die sterbende Patienten betreuen, erleben immer wieder, dass Menschen, die dem Tode nahe sind, wiederkehrende Themen und Bilder verwenden, die einen symbolhaften Charakter haben. M. Callanan und P. Kelley[72] beobachteten bei über 200 unheilbar kranken Patienten, dass Menschen, die dem Tode nahe sind, oft von „Reisevorbereitungen" sprechen, und diese Thematik innerhalb ihres jeweiligen individuellen Bezugrahmens ausdrücken in Sätzen wie „ich muss jetzt meinen Koffer packen", „wo sind meine Sachen, ich werde abgeholt", „heute fährt mein Zug, ich muss pünktlich am Bahnhof sein", „bringen Sie mir meine Wanderschuhe", „ich gehe jetzt nach Hause" (geäußert von einem Men-

---

71 D. M. Dosa, A Day in the Life of Oscar the Cat, in: N Engl J Med 357,4 (2007), 328–329.
72 M. Callanan/P. Kelley, Final Gifts: Understanding the Special Awareness, Needs, and Communications of the Dying, New York 1992.

schen, der bereits in der häuslichen Umgebung betreut wird). Das Bild der Reise kann als ein Konzept des Sterbens als eines Übergangs verstanden werden, das sich auch in der Idee der Hospizbewegung findet, in der das Hospiz als Herberge für reisende Gäste steht. Die Sprache und das Verhalten von sterbenden Patienten befinden sich möglicherweise zum Teil zwischen verschiedenen Wahrnehmungswelten, so dass symbolhafte Äußerungen nicht vorschnell als Zeichen von Verwirrtheit abgetan werden sollten. Ein weiteres von Callanan und Kelley häufig beobachtetes Bild war, dass der Sterbende von einer Person aufgesucht, begleitet oder in Empfang genommen wurde, die bereits gestorben war.

Oft sehen die Sterbenden einen Verwandten oder nahestehenden Menschen, gelegentlich sprechen sie auch von Engeln oder anderen religiösen Figuren. Eine Zusammenstellung von Bildern und Symbolen, die von sterbenden Menschen verwendet werden, findet sich bei verschiedenen Autoren.[73] Zusätzlich zu den Gefühlen, die im Stufenmodell von E. Kübler-Ross beschrieben wurden, ist bei Personen, die dem Tode nahe stehen, vielfach ein allmählicher Rückzug aus der Welt der Lebenden erkennbar. In den letzten Tagen des Lebens scheinen Sterbende sich oft während zunehmend längerer Zeiträume in sich selbst zurückzuziehen.[74] Dieses kann sich in vermindertem Sprechen, Zurückweisen von Besuchen, vermehrtem Dösen oder Schlafen und anderen Verhaltensweisen äußern. Für die Betreuung sterbender Patienten bedeutet dies, dass sowohl Pflegekräfte, Ärzte und andere professionell Betreuende als auch die Zugehörigen des Patienten dieses Bedürfnis nach Abgeschiedensein sensibel respektieren und nicht als Zurückweisung fehlinterpretieren sollten. Neben dem Bedürfnis nach Ruhe und Zurückgezogenheit äußern schwerkranke und sterbende Patienten aber auch oft den Wunsch, nicht allein gelassen zu werden, so dass in der Begleitung von Sterbenden sowohl dem Bedürfnis nach Rückzug als auch dem Bedürfnis nach Nähe gemäß dem (häufig auch wechselnden) Bedarf des individuellen Patienten Rechnung getragen werden muss.

---

73 H.-C. PIPER, Gespräch mit Sterbenden, Göttingen 1977; E. KÜBLER-ROSS, Kinder und Tod, München 2003; E. KÜBLER-ROSS, Verstehen, was Sterbende sagen wollen. Einführung in ihre symbolische Sprache, München 2004; M. RENZ, Zeugnisse Sterbender. Todesnähe als Wandlung und letzte Reifung, Paderborn 2008.
74 SAMAREL (s.o. Anm. 54).

8. Explizites und implizites Wissen um den Beginn des Sterbeprozesses

Der Vorwurf der Inhumanität, der gelegentlich im Hinblick auf die Betreuung unheilbar kranker und sterbender Patienten gegen die Institution Krankenhaus erhoben wird, ist auch vor dem Hintergrund der Ungewissheit einer „Lage-Beurteilung" hinsichtlich des konkreten Beginns des Sterbeprozesses zu betrachten.[75] Die medizinischen Möglichkeiten, im Falle einer Erkrankung fast alle Organfunktionen künstlich ersetzen zu können und damit Lebenszeit zu verlängern, führen heute bei lebensbedrohlichen Erkrankungen besonders im intensivmedizinischen Bereich dazu, dass in manchen Fällen kaum zu beantworten ist, wo eigentlich das Sterben beginnt. Ich möchte dieses durch Zitate aus einer qualitativen Studie veranschaulichen, die wir im Universitätsklinikum Freiburg mit Ärzten unterschiedlicher Fachrichtungen durchgeführt haben[76]:

> „Aber wann der Patient letztendlich verstorben ist, war für uns meistens schon geschehen, bevor die Kreislauffunktion letztendlich ausgestellt worden sind. Bei Bewusstsein erleben wir die Patienten auf der Intensivstation selten, die sind alle intubiert und beatmet und analgosediert [...]" (Arzt auf Intensivstation, 48 Jahre).

> „Und für uns gestorben ist sie im Grunde beim Kontroll-CT. [...] Also, wir hatten erwartet, letztendlich, dass wir sie auf unserer Station rasch und erfolgreich behandelt haben und sehen im CT diesen Matsch im Gehirn [...] Sie hat dann noch vier Tage gekämpft, obwohl wir alle Medikamente abgestellt hatten und sie durch diesen Tubus atmen musste..." (Arzt auf Intensivstation, 36 Jahre).

> „Auch so dieses Sterben trotz aller Möglichkeiten und trotz allem, was man investiert, aller technischen und medizinischen Möglichkeiten, das hat sich für mich schon so angefühlt wie ... PAUSE ... Da bin ich oft heimgegangen und hatte so ein ganz komische Gefühl ... PAUSE ... Dass das alles so plötzlich kommt und dass man so gar nicht weiß, was ist das Leben und was ist der Tod" (Intensivmediziner, 37 Jahre).

Der Übergang zwischen Leben und Tod ist aufgrund des technischen Fortschrittes in der Medizin fließend geworden, was auch Auswirkungen auf den Umgang mit Sterben und Tod nach sich zieht. Der sogenannte „natürliche Verlauf des Sterbens" lässt sich in immer mehr Fällen durch medizinische Mittel aufhalten, so dass es in immer höherem Grade von den Möglichkeiten der modernen Medizin abhängt, wann eine lebensbedrohliche Schädigung als nicht

---

75 R. Schmidt-Rost, Tod und Sterben in der modernen Gesellschaft. Humanwissenschaftliche und theologische Überlegungen zur Deutung des Todes und zur Sterbebegleitung, in: EZW-Information 99; Evangelische Zentralstelle für Weltanschauungsfragen, Stuttgart 1986, Pdf-Datei, Quelle: www.ezw-berlin.de (Zugriff am 15.11.2010).
76 G. Becker, Umgang mit Tod und Sterben im Krankenhaus, Publikation in Vorbereitung.

mehr kompensierbar und irreversibel zu betrachten ist und damit das Sterben wirklich begonnen hat. Mehr als der Hälfte aller Todesfälle auf Intensivstationen geht die Entscheidung voraus, medizinische Behandlungen abzubrechen oder zu unterlassen.[77] Bei der Beantwortung der Frage nach dem Beginn des Sterbeprozesses muss daher nicht nur auf den sogenannten „natürlichen Verlauf", sondern auch auf den Verlauf unter Berücksichtigung der medizinisch-technischen Möglichkeiten rekurriert werden.[78] Selbst bei einem angenommenen „natürlichen Verlauf" des Sterbens, kann jedoch der Beginn des Sterbeprozesses vielfach nicht eindeutig bestimmt werden, ein explizites Wissen von untrüglicher Sicherheit besteht nicht.

Pflegekräfte, Ärzte, ehrenamtliche Hospizhelfer und andere in der Sterbebegleitung erfahrene Begleiter berichten jedoch vielfach, dass sie spüren würden, dass der von ihnen begleitete Mensch im Sterben liege. Auf die Frage, woran sie den Beginn des Sterbeprozesses bei diesem Menschen nun konkret festmachen, kann allerdings vielfach keine genaue Antwort gegeben werden, obwohl der Verlauf zeigt, dass die Einschätzung richtig war. Neben dem expliziten Wissen scheint in der Sterbebegleitung auch ein erfahrungsgebundenes, nicht formalisierbares Wissen im Sinne eines *tacit knowing* erlernbar zu sein[79], ein implizites Wissen, das nicht verbalisierbar ist, aber als Grundlage einer intuitiven Performanzregulation dienen kann.

Dieses implizite Wissen ist jedoch zu unterscheiden von impliziten, das heißt nicht offen gelegten Annahmen, die unsere Sicht auf die Welt und auf das Sterben an sich und somit auch unsere Wahrnehmung des Sterbeprozesses anderer Menschen beeinflussen können. So kann eine unrechtmäßige Verglorifizierung der Palliativmedizin als Garant für ein „gutes Sterben" zu einer geschönten Sichtweise auf das Sterben führen, das sich auf Palliativstationen als Orte hoch professioneller Sterbebegleitung besonders problemlos und angenehm zu ereignen habe. Wenn wir noch nicht einmal das Leben und das Sterben als Begrifflichkeiten, weder den Beginn noch das Ende der Sterbephase eindeutig definieren können, dann verbietet es sich erst recht, den Sterbeprozess

---

77 E. FERRAND/R. ROBERT/P. INGRAND/F. LEMAIRE/FRENCH LATAREA GROUP, Withholding and withdrawal of life support in intensive-care units in France. A prospective survey, The Lancet 357,9249 (2001), 9–14; C. L. SPRUNG/S. L. COHEN/P. SJOKVIST/M. BARAS/H.-H. BULOW/S. HOVILEHTO/D. LEDOUX/A. LIPPERT/P. MAIA/D. PHELAN/W. SCHOBERSBERGER/E. WENNBERG/T. WOODCOCK, for the ETHICUS STUDY GROUP, End-of-Life Practices in European Intensive Care Units, in: JAMA 290,6 (2003), 790–797; N. G. SMEDIRA/B. H. EVANS/L. S. GRAIS/N. H. COHEN/B. LO/M. COOKE/W. P. SCHECTER/C. FINK/E. EPSTEIN-JAFFE/C. MAY/J. M. LUCE, Withholding and withdrawal of life support from the critically ill, in: N Engl J Med 322 (1990), 309–315.
78 HUCKLENBROICH (s.o. Anm. 7).
79 M. POLANYI, Personal Knowledge, Chicago 1958.

unzulässig in die dichotomen Kategorien von gut oder schlecht einzuteilen. Nicht nur das Ende, sondern auch die Qualität des Sterbeprozesses lässt sich streng genommen nur *ex post* beurteilen und kann von außen stehenden und jeweils nicht selbst gestorbenen Begleitern nur unvollkommen beurteilt werden. Betrachtet werden kann der Sterbeprozess auf der Ebene des betreuenden Systems hinsichtlich der Abläufe und hinsichtlich möglicher Belastungen der betreuenden Personen (der *unit of care*, die sowohl die Zugehörigen des Patienten als auch professionell und ehrenamtlich Betreuende beinhalten kann) sowie möglicher Belastungen des Patienten (Wahrnehmung von belastenden Symptomen wie Atemnot oder Schmerzen); eine eindeutige Klassifizierung, ob der Sterbeprozess für den betroffenen Menschen ein gutes oder ein schlechtes Sterben ist beziehungsweise war, kann jedoch nicht vorgenommen werden. Jeder Mensch stirbt sein eigenes Sterben, so wie er sein eigenes Leben lebt. In diesem Sinne sei Rilkes Stundenbuch zitiert: „O Herr, gib jedem seinen eignen Tod. Das Sterben, das aus jenem Leben geht, darin er Liebe hatte, Sinn und Not."[80]

Angesichts der Vielfalt von Lebensprozessen im menschlichen Organismus ist eine definitive Bestimmung des Beginns des Sterbeprozesses medizinisch-biologisch unmöglich.

Warum aber stellen wir die Frage nach dem Beginn des Sterbeprozesses? Hinter einem Begriff wie „Sterbebegleitung" scheint die Annahme zu stehen, dass sich ein Zeitpunkt im Leben eines Menschen bestimmen lässt, von dem an der Verlauf des Lebens erkennbar unumkehrbar dem Tod entgegenstrebt. Die Frage nach dem Beginn des Sterbeprozesses scheint dabei jedoch vor allem von einem sozialen Interesse bestimmt. Aus sozialer Sicht sind (gegebenenfalls auch pragmatische) Definitionsversuche sinnvoll, zum Beispiel weil sie helfen können, Prioritäten im Umgang mit den Patienten und Zugehörigen zu setzen und die spezifischen Belastungen von professionell Betreuenden besser zu verstehen. Dabei liegt das soziale Interesse nach dem Beginn des Sterbens umso näher, je gewichtiger die organisatorischen Maßnahmen sind, die von der Antwort abhängen.[81] Sowohl die Zugehörigen eines Sterbenden als auch zum Beispiel das soziale System einer Klinik können versuchen, durch ein rechtzeitiges Erkennen des Sterbevorganges eine angemessene Betreuung sterbender Menschen zu ermöglichen.

---

80 R. M. RILKE, Das Stundenbuch/Das Buch von der Armut und vom Tode (1903). Gesammelte Werke in fünf Bänden. Herausgegeben und mit Nachworten versehen von U. FÜLLEBORN/H. NALEWSKI/A. STAHL/M. ENGEL, Berlin 2003.
81 R. SCHMIDT-ROST (s.o. Anm. 75).

9. Zusammenfassung

Der Beginn des Sterbeprozesses ist bislang kaum explizit und umfassend definiert worden. Der Begriff „Tod" als Ende der Sterbephase ist unpräzise aufgrund der Dissoziation des Todeseintritts bei einem zellgruppenweise sterbenden komplexen Organismus. Linguistisch wird der Begriff „Tod" als Ereignis verstanden[82], nach der Theorie von dynamischen Systemen kann der Übergang vom Leben zum Tod jedoch als superkritische Hopf-Verzweigung[83] aufgefasst werden, die eine Kombination aus Stetigkeit und Unstetigkeit verkörpert, welche aus der Chaostheorie bekannt ist[84]. Genau wie bei der Feststellung des Todes als dem Ende der Sterbephase besteht bei der Bestimmung des Beginns der Sterbephase das methodische Problem, das beides eigentlich nur *ex post* bestimmt werden kann. Im Gegensatz zum linguistischen Verständnis des Todes als Ereignis, wird das Sterben als Prozess aufgefasst, dies kommt unter anderem in dem Begriff Sterbephase zum Ausdruck. Der Sterbe-Prozess steht für eine Entwicklung, die nicht durch Anfang und Ende gekennzeichnet ist, sondern durch Moment und Verlauf.[85] Ein punktuell zu definierender Beginn dieses Prozesses ist nicht eindeutig zu bestimmen. Kennzeichnet das Sterben die Überschreitung zweier Schwellen, die des Lebens und die des Todes, so liegt der Sterbe-Prozess im Raum dazwischen.[86] Sucht man nach Verlaufsbeschreibungen des Sterbeprozesses, findet man diese noch am häufigsten in der Literatur zur Gerichtsmedizin, die den Sterbeprozess allerdings lediglich *ex post* betrachtet und der Komplexität des Phänomens nicht vollumfänglich gerecht werden kann:

> „Schluß. Nur: daß der Schlusspunkt nach dem Schluß steht, der ohne ihn kein Schluß ist und mit ihm auch nicht reicht".[87]

Eine mögliche Antwort auf die Frage nach der Erkennbarkeit des Sterbeprozesses könnte lauten, dass wir lebenslang sterben und dieses sowohl kontinuierlich als auch immer wieder neu erkennen:

---

82 D. A. Shewmon/E. S. Shewmon, The semiotics of death and its medical implications, in: Adv Exp Med Biol 550 (2004), 89–114.
83 E. Hopf, Abzweigung einer periodischen Lösung von einer stationären Lösung eines Differentialsystems, in: Ber Math-Phys Klasse, Sächs Akad Wiss 94, Leipzig 1942, 1–22.
84 K. T. Alligood/T. D. Sauer/J. A. Yorke, Chaos: An introduction to dynamical systems, New York 1997.
85 G. Cepl-Kaufmann/J. Grande, Mehr Licht. Sterbeprozesse in der Literatur, in: Rosentreter/Groß/Kaiser (s.o. Anm. 12), 115–143.
86 Cepl-Kaufmann/Grande, Mehr Licht (s.o. Anm. 85).
87 C. Hart Nibbrig, Ästhetik der letzten Dinge, Frankfurt a.M. 1989, 9.

„Schließlich wird den wenigsten ein Tod ohne Sterben zuteil. Wir sterben von dem Augenblick an, in welchem wir geboren werden, aber wir sagen erst, wir sterben, wenn wir am Ende dieses Prozesses angekommen sind, und manchmal zieht sich dieses Ende noch eine fürchterlich lange Zeit hinaus. Wir bezeichnen als Sterben die Endphase unseres lebenslänglichen Sterbeprozesses".[88]

---

88 T. BERNHARD, Der Atem. Eine Entscheidung, Salzburg/Wien 2004, 53.

Strukturen des Sterbeprozesses und ärztliche Interventionen

Urban Wiesing

1. Einleitung

Meine Ausführungen beabsichtigen, durch Analyse des Sterbegeschehens und der ärztlichen Handlung auf Schwierigkeiten hinzuweisen, die sich strukturell bei therapeutischen Interventionen in dieser Phase ergeben. Zudem untersuche ich die Frage, welche Konsequenzen vernünftigerweise in dieser Konstellation gezogen werden sollten. Ich verfolge im ersten Teil eine Strategie wie R. Stoecker in seinen Untersuchungen zum Hirntod[1], im zweiten Teil eine Analyse der ärztlichen Handlung. Meine Ausführungen zielen im dritten Teil auf die praktische Seite ab: Woran soll sich ein Arzt bei einem Patienten in dieser Lebens(Sterbe)phase in ethischer Hinsicht orientieren?

2. Anlass

Welcher Anlass bietet sich, diese Fragen zu untersuchen? Im Vorfeld der Gesetzgebung des Deutschen Bundestages zu Patientenverfügungen versuchten mehrere Vorschläge, die Wirksamkeit von Patientenverfügungen auf die Sterbephase oder auf irreversibel tödliche Krankheitsverläufe einzugrenzen. Dem ging eine Forderung der Enquete-Kommission des Deutschen Bundestages „Ethik und Recht der modernen Medizin" voraus. Sie hatte in ihrem Zwischenbericht verlangt,

> „die Gültigkeit von Patientenverfügungen, die einen Behandlungsabbruch oder -verzicht vorsehen, der zum Tode führen würde, auf Fallkonstellationen zu beschränken,

---

1 R. Stoecker, Der Hirntod. Ein medizinethisches Problem und seine moralphilosophische Transformation, Studienausgabe, Freiburg i.Br. ²2010.

in denen das Grundleiden irreversibel ist und trotz medizinischer Behandlung nach ärztlicher Erkenntnis zum Tode führen wird".[2]

Diese Position wurde zunächst auch in Gesetzesentwürfen vertreten.[3] Vermutlich aus juristischen Bedenken enthielten die zur Abstimmung vorgelegten Gesetzesentwürfe letztlich keine Reichweitenbegrenzung.

Andere Dokumente verknüpfen die Sterbephase zwar nicht mit der Gültigkeit von Patientenverfügungen, wohl aber mit ethischen Vorgaben zur Behandlung von Patienten: Maßnahmen, die den „Sterbeprozess", die „Sterbephase" oder den „Sterbevorgang" nur verzögern, dürften unterlassen oder sollten gar nicht vorgenommen werden. Zwei Beispiele seien genannt, zunächst die „Grundsätze zur Sterbebegleitung" der Bundesärztekammer von 2011:

> „Ein offensichtlicher Sterbevorgang soll nicht durch lebenserhaltende Therapien künstlich in die Länge gezogen werden."[4]

Ähnlich äußert sich die Schweizerische Akademie der Medizinischen Wissenschaften in ihrer medizinisch-ethischen Richtlinie zur „Betreuung von Patientinnen und Patienten am Lebensende" von 2004:

> „Angesichts des Sterbeprozesses kann der Verzicht auf lebenserhaltende Maßnahmen oder deren Abbruch gerechtfertigt oder geboten sein."[5]

Demnach scheint sich in dem Moment, wo ein wie auch immer definierter „Sterbevorgang" oder „Sterbeprozess" eintritt, die moralische Verpflichtung gegenüber einem Menschen zu verändern, der in diesen Zustand geraten ist, und zwar, weil er sich in diesem Zustand befindet. Die zentrale ethische Frage dieses Aufsatzes lautet: Ist das gerechtfertigt? Wie lässt sich dies begründen? Wo liegen Schwierigkeiten? Und gibt es eine treffendere ethische Begründung für ärztliche Interventionen in dieser Phase des Lebens?

---

2   ENQUETE-KOMMISSION DES DEUTSCHEN BUNDESTAGES, Zwischenbericht der Enquete-Kommission „Ethik und Recht der modernen Medizin". Patientenverfügungen (14), Berlin 2004, 38; online verfügbar unter: http://webarchiv.bundestag.de/archive/2007/0206/parlament/gremien/kommissionen/archiv15/ethik_med/berichte_stellg/04_09_13_zwischenbericht_patientenverfuegungen.pdf.
3   C. JÄGER, Die Patientenverfügung als Rechtsinstrument zwischen Autonomie und Fürsorge, in: M. HETTINGER/J. ZOPFS/T. HILLENKAMP/M. KÖHLER/J. RATH/F. STRENG/J. WOLTER (Hg.), Festschrift für Wilfried Küper zum 70. Geburtstag, Heidelberg/München/Landsberg/Berlin 2007, 209–224, hier: 212–214.
4   BUNDESÄRZTEKAMMER, Grundsätze der Bundesärztekammer zur ärztlichen Sterbebegleitung, Berlin 2011, 346; online verfügbar unter: http://www.aerzteblatt.de/v4/archiv/artikel.asp?src=suche&p=Grunds%E4tze&id=80946.
5   SCHWEIZERISCHE AKADEMIE DER MEDIZINISCHEN WISSENSCHAFTEN, Betreuung von Patientinnen und Patienten am Lebensende, Basel 2004, 5; online verfügbar unter: http://www.samw.ch/de/Ethik/Richtlinien/Aktuell-gueltige-Richtlinien.html.

3. Die Definition des Sterbens

Die genannten Dokumente geben keine Auskunft darüber, was sie unter einem Sterbevorgang verstehen. Im Gegenteil, die weiteren Erläuterungen zum Sterbevorgang beziehungsweise Sterbeprozess vergrößern die Schwierigkeiten, diesen Prozess zu definieren. So erklärt die Schweizerische Akademie, die „ausschließlich auf die Situation sterbender Patienten"[6] eingehen will, zu diesem „Prozess":

> „Die Richtlinien betreffen die Betreuung von Patienten am Lebensende. Damit sind Kranke gemeint, bei welchen der Arzt aufgrund klinischer Anzeichen zur Überzeugung gekommen ist, dass ein Prozess begonnen hat, der erfahrungsgemäß innerhalb von Tagen oder einigen Wochen zum Tod führt."[7]

Hier findet sich eine dreifache Unsicherheit: Erstens erwähnt die Akademie „klinische Anzeichen" für den Sterbeprozess, also keineswegs gewisse Merkmale, zweitens muss die Prognose „erfahrungsgemäß" gestellt werden und drittens kann der Zeitraum des Sterbeprozesses zwischen „wenigen Tagen" und „einigen Wochen" liegen. Der Vorgang kann sich demnach zeitlich recht unterschiedlich ausdehnen und er soll sich aufgrund dieses Zeitrahmens von anderen Vorgängen unterscheiden.

> „Gemäß dieser Definition sind Patienten am Lebensende zu unterscheiden von Patienten mit unheilbaren, progressiv verlaufenden Krankheiten, insofern sich deren Verlauf über Monate oder Jahre erstrecken kann."[8]

Auch die Rede von einem „offensichtlichen Sterbevorgang" in den *Grundsätzen* der Bundesärztekammer verweist auf eine Schwierigkeit: Es gibt demnach unterschiedliche Sterbevorgänge, und zwar solche, die offensichtlich sind, und andere, die es nicht sind. Das Adjektiv würde keinen Sinn machen, wenn jeder Sterbevorgang „offensichtlich" wäre. Demzufolge bedarf es aber bestimmter, eventuell sogar anspruchsvoller Erkenntnisleistungen, um bestimmte Sterbevorgänge zu identifizieren. Sie sind offenbar nicht alle offensichtlich. Dies führt jedoch zu einer Schwierigkeit: Ärzte sollten bestrebt sein, ihre Patienten aufgrund ihres Zustandes (und ihres Willens) zu behandeln, und möglichst nicht aufgrund der Erkennbarkeit ihres Zustandes. Es könnten allein aufgrund der mangelnden Offensichtlichkeit eines Sterbevorgangs bestimmte Patienten unangemessen behandelt werden – was zu vermeiden wäre.

---

6 SCHWEIZERISCHE AKADEMIE DER MEDIZINISCHEN WISSENSCHAFTEN (s.o. Anm. 5), 2.
7 SCHWEIZERISCHE AKADEMIE DER MEDIZINISCHEN WISSENSCHAFTEN (s.o. Anm. 5), 3.
8 SCHWEIZERISCHE AKADEMIE DER MEDIZINISCHEN WISSENSCHAFTEN (s.o. Anm. 5), 7; die Bundesärztekammer ist in Bezug auf den Zeitraum noch ungenauer: Sie spricht von Sterbenden, „das heißt Kranken oder Verletzten mit irreversiblem Versagen einer oder mehrerer vitaler Funktionen, bei denen der Eintritt des Todes in kurzer Zeit zu erwarten ist". Siehe: BUNDESÄRZTEKAMMER (s.o. Anm. 4), 347. Auch die Enquete-Kommission spricht von „kurzer Zeit". Siehe: ENQUETE-KOMMISSION DES DEUTSCHEN BUNDESTAGES (s.o. Anm. 2), 14.

Wenn sich der Sterbeprozess zeitlich recht unterschiedlich ausdehnen kann, allenfalls „Anzeichen" darauf verweisen und der Vorgang keineswegs immer offensichtlich ist, dann stellt sich die Frage, wie ein solcher Vorgang erkannt werden kann. Dahinter verbergen sich mindestens drei Fragen: Was ist ein Sterbevorgang, was muss vorliegen, dass ein Mensch sich im Sterbevorgang befindet, und wie kann man überprüfen, dass ein Sterbevorgang vorliegt? Zu klären wäre eine allgemeine Definition von Sterben, Merkmale, die erfüllt sein müssen, damit ein Sterbevorgang vorliegt, und Methoden, um das Vorhandensein dieser Merkmale zu überprüfen.[9] Die Klärung all dieser Ebenen – so wird sich herausstellen – ist keineswegs trivial. Warum ist das so?

4. Allgemeine Definition: Was ist ein Sterbevorgang?

Zunächst einmal handelt es sich beim Sterbeprozess um einen Vorgang, der eine gewisse Zeit andauert, und nicht um einen Zeitpunkt. Drei unterschiedliche Fragen drängen sich auf: Wann beginnt der Vorgang, was kennzeichnet ihn, und wann endet er? Auf das Ende des Vorgangs, den Tod, sei hier nicht näher eingegangen, es ist an anderer Stelle umfangreich besprochen worden.[10] Hier seien der Beginn des Sterbevorgangs und seine Charakteristika untersucht.

Eine allgemeine, verbindliche und trennscharfe Definition des Beginns des Sterbevorgangs ist nicht möglich. Man sollte sich darüber im Klaren sein, dass eine Phase im Leben des Menschen, die man so ohne weiteres und zudem unzweifelhaft als „Sterben" bezeichnen könnte, nicht gegeben ist. Alle Menschen werden geboren und sterben,[11] sie können sich in Phasen befinden, die näher und ferner vom Tod sind, es gibt Zustände, bei denen der Tod mit niedriger oder höherer Wahrscheinlichkeit eintritt et cetera, aber ab wann man von einem Sterbevorgang sprechen kann, ist damit nicht gesagt. Das menschliche Leben ist ein Kontinuum von Lebensvorgängen, bei dem ein Einschnitt nicht ohne weiteres sichtbar ist. Das gilt auch für das Ende des Vorgangs: Selbst nach

---

9 Ich nehme in Analogie die Fragen von Stoecker zur Todesdefinition auf: „Um zu wissen, wann ein Mensch tot ist, muss man 1. wissen, was es überhaupt heißt, tot zu sein, 2. welche körperlichen Merkmale dem zu Grunde liegen, und 3. wie man feststellen kann, ob ein Mensch diese Merkmale aufweist. Dabei ist die erste Ebene im Wesentlichen philosophisch, die dritte rein medizinisch und die zweite interdisziplinär." Siehe: STOECKER (s.o. Anm. 1), XXII.
10 Vgl. STOECKER (s.o. Anm. 1) mit einer Zusammenfassung der jüngeren Diskussion und auch R. STOECKER in diesem Band.
11 Wie sagte O. Marquard so treffend: „[...] die Natalität und die Mortalität der menschlichen Gesamtpopulation beträgt nach wie vor 100 Prozent." O. MARQUARD, Skepsis und Zustimmung. Philosophische Studien, Stuttgart ²1995, 42.

dem Tod, sei es Hirntod oder Herztod, sind bestimmte Zellvorgänge noch Stunden später nachweisbar.

Woran liegt das? Gegen Ende des Lebens fallen unterschiedliche körperliche Funktionen aus, so bestimmte Sinnesfunktionen oder andere Organfunktionen (zum Beispiel Kreislauf, zentrales Nervensystem). Diese Vorgänge stehen in einer Zusammenhangskette. Wenn beispielsweise der Kreislauf ausfällt, wird das zentrale Nervensystem absterben. Wenn das zentrale Nervensystem, genauer gesagt, bestimmte Bereiche des ZNS, bei intaktem Kreislauf seine Tätigkeit einstellt, wird die Atmung ausfallen mit der Konsequenz, dass der Kreislauf ausfallen wird. Wenn ein lebenswichtiges Organ ausfällt, zum Beispiel die Leber oder die Nieren, dann hat das Konsequenzen für weitere Organfunktionen et cetera. Dieses Ausfallsgeschehen kann sich sehr unterschiedlich gestalten aufgrund der verschiedenen Ursachen für das Sterben sowie unterschiedlicher Konstitution und Vorschädigungen des Sterbenden. So gilt selbst für einen unbeeinflussten Sterbevorgang: „Selbst bei einem angenommenen ‚natürlichen Verlauf' des Sterbens, kann jedoch der Beginn des Sterbeprozesses vielfach nicht eindeutig bestimmt werden, ein explizites Wissen von untrüglicher Sicherheit besteht nicht."[12]

Doch die meisten Menschen sterben heute bei mehr oder weniger umfangreicher Intervention in diesen Vorgang. Man wird es in der modernen Welt selten mit einem von technischer Intervention gänzlich unbeeinflussten Sterben zu tun haben. Die Interventionen eines Arztes können sich auf den Sterbeprozess auswirken und zusätzlich Formen des Sterbeprozesses ermöglichen, die schwierig zu diagnostizieren sind, wie auch die Schweizerische Akademie feststellt:

> „Es ist allerdings hervorzuheben, dass der Eintritt der Sterbephase nicht selten mit ärztlichen Entscheidungen zum Behandlungsabbruch oder -verzicht im Zusammenhang steht, so dass eine Abgrenzung stets mit gewissen Unschärfen verbunden bleibt."[13]

Der Sterbeprozess kann sich durch Interventionen zusätzlich zum natürlichen Verlauf in unterschiedliche, parallel laufende Prozesse aufteilen, wie es zu Zeiten ohne technische Intervention gar nicht möglich war. Das bekannteste Beispiel dafür ist das Ende des Sterbeprozesses, der Hirntod, der erst dadurch eintreten kann, dass die Atmung künstlich durch Maschinen aufrechterhalten wird, während das Herz in seinem autonomen Rhythmus schlägt und das Gehirn abgestorben ist. Ähnliches gilt für das künstliche Aufrechterhalten der Atmungs- oder Nierenfunktion. Die Zahl der möglichen Zusammenhangsketten auf dem Weg zum Tod ist durch die Interventionen erheblich größer

---

12 G. BECKER, Zur Erkennbarkeit des Beginns des Sterbeprozesses, in diesem Band, 116–136.
13 SCHWEIZERISCHE AKADEMIE DER MEDIZINISCHEN WISSENSCHAFTEN (s.o. Anm. 5), 7.

geworden. Kurzum: Eine allgemeine Definition des Beginns des Sterbevorgangs lässt sich schwerlich finden, erst recht wenn der Vorgang durch Intervention vielfältig beeinflusst werden kann.[14]

Wenn sich kein überzeugender Punkt finden lässt, der den Beginn der Sterbephase markiert, dann liegt es nahe zu fragen: Gibt es Eigenschaften, die diesen Prozess – wann immer er nun genau beginnen mag – charakterisieren? Auch hier finden sich keine eindeutigen Ergebnisse.

Allein die Tatsache, dass am Ende des Sterbeprozesses der Tod steht, unterscheidet diesen Vorgang nicht vom Leben. Es ist dann allenfalls ein bestimmter Zeitraum, der den Sterbeprozess kennzeichnet. Dieser ist aber nur sehr vage anzugeben, wie bereits die unterschiedlichen Angaben in den oben erwähnten Richtlinien verdeutlichen, und zudem befinden sich die Menschen „kurze Zeit", einige „Wochen" oder „Tage" vor dem Tod keineswegs immer in einem Sterbeprozess.[15] Der unklare, aber begrenzte Zeitraum könnte allenfalls eine notwendige Bedingung für den Sterbeprozess sein.

Gleiches gilt für den irreversiblen Verlust bestimmter Organfunktionen. Auch dieser setzt bereits bei zahlreichen Funktionen während des Lebens ein. So sind bei vielen Formen von Demenz bestimmte geistige Fähigkeiten un-

---

14 Der Nationale Ethikrat will trotzdem die Definition einer Gruppe von Maßnahmen an den Sterbeprozess binden: „Unter dem Begriff der Sterbebegleitung werden Maßnahmen der Pflege und Betreuung von Menschen verstanden, bei denen der Sterbeprozess bereits begonnen hat." Siehe: NATIONALER ETHIKRAT, Selbstbestimmung und Fürsorge am Lebensende, Berlin 2006, 96; online verfügbar unter: http://www.ethikrat.org/dateien/pdf/Stellungnahme_Selbstbestimmung_und_Fuersorge_am_Lebensende.pdf. Dies ist angesichts der Schwierigkeit, die Sterbephase zu definieren, bedenklich. Denn oft kann damit eine Maßnahme nur retrospektiv als Sterbebegleitung identifiziert werden; zudem gibt es viele Maßnahmen, die nicht von sich aus, sondern nur in einer bestimmten Situation als Sterbebegleitung zu verstehen sind. Überdies können nicht nur Maßnahmen der Pflege und Betreuung, sondern auch bestimmte medizinische Maßnahmen zur Sterbebegleitung zählen, zum Beispiel Schmerztherapie.

15 Der Nationale Ethikrat hat eine Verknüpfung zwischen möglicher Verlängerung des Lebens durch Intervention und dem Beginn des Sterbeprozesses hergestellt: „Hat der Sterbeprozess bereits begonnen, so können lebensverlängernde Maßnahmen häufig nur für einen kurzen Zeitraum wirksam werden. Hat der Sterbeprozess noch nicht eingesetzt, kann es auch um längere Zeiträume gehen, um die das Leben des Betroffenen verlängert werden könnte." Siehe: NATIONALER ETHIKRAT (s.o. Anm. 14), 75. Diese Verknüpfung ist in mehrfacher Hinsicht hinterfragenswert: Sie bindet den Sterbeprozess an die Erfolgschancen von Interventionen. Diese sind aber vom Stand der Technik abhängig, haben sich in der Vergangenheit geändert und werden sich in Zukunft vermutlich ändern. Das Wort „häufig" verweist zudem auf eine unregelmäßige Verknüpfung. Außerdem ist es eine Definition *ex post*, und damit für die Praxis wenig hilfreich. Denn man wird zumeist erst mit dem Tod feststellen können, dass eine Maßnahme nicht gewirkt hat – und damit in der Sterbephase eingesetzt wurde.

widerruflich verloren. Trotzdem spricht niemand bei einer Demenz von Sterbeprozess. Das gilt auch für Vitalfunktionen: Eine irreversibel reduzierte Herzleistung stellt sich bereits früher im Leben ein. Insofern hilft eine geläufige Definition genau besehen nicht weiter, die da lautet: „In der Medizin beginnt der Sterbeprozess, wenn die elementaren Körperfunktionen unaufhaltsam versagen und keine medizinischen Maßnahmen mehr Erfolg versprechen."[16] Man müsste klären, welche „elementaren Körperfunktionen" jeweils gemeint sind, man müsste also bestimmte Organfunktionen herausgreifen – insbesondere Vitalfunktionen – und zudem festlegen, ab welcher Schwelle des irreversiblen und weiterhin unaufhaltsamen Verlustes dieser Funktion von einem Sterbeprozess gesprochen werden kann, da irreversible Verluste zumeist schon lange vor einem Sterbeprozess beginnen. Das festzulegen, dürfte sich als unpraktisch erweisen, weil es aufgrund der unterschiedlichen Zusammenhangsketten sehr viele Arten des Sterbens gibt, die von dem Ausfall bestimmter Vitalfunktionen gekennzeichnet sind.

Wenn man also den Beginn des Sterbevorgangs nicht an einer bestimmten Organfunktion festmachen kann, dann bliebe allenfalls eine Kombination von Eigenschaften, die den Sterbeprozess kennzeichnen. Diese Kombination wäre in zweifacher Hinsicht festzulegen: Welche Eigenschaften müssten in welcher Kombination vorliegen, und ab welchem Schwellenwert gilt eine Eigenschaft als relevant, um in der Kombination mit anderen auf die Sterbephase zu verweisen? Allein weil sich daraus zahlreiche Möglichkeiten ergeben, erweist sich dies als unpraktikabel. Neben dem üblichen Schwellenwertproblem hat man immer noch das Problem zu entscheiden, welcher der verschiedenen Ausfallsvorgänge oder welche Kombination maßgeblich ist, um von einem beginnenden Sterbevorgang zu sprechen.

Zudem wird man sich in der modernen Medizin bei der Definition des Sterbevorgangs oder des Sterbeprozesses an gewisse Ebenen der Beschreibung halten müssen. Eine Definition des Sterbeprozesses anhand von Vorgängen, die nicht überprüft werden können, dürfte auf Akzeptanzschwierigkeiten stoßen. Eine Definition in dem Sinne „Der Sterbeprozess beginnt, sobald die Seele entschwindet" mag innerhalb bestimmter Glaubensvorstellungen ihre Plausibilität besitzen. Sie dürfte aber gegenwärtig in der Medizin wenig Akzeptanz finden, weil sich eine solche Aussage außerhalb der Vorstellungen und Methoden der modernen Medizin befindet. Die Medizin hat ihre Erfolge durch Konzentration auf bestimmte Phänomenbereiche und Methoden sowie durch Ausblendung anderer errungen. Es dürfte auf Widerspruch stoßen, die ausgeblendeten Phänomenbereiche und Methoden bei der Definition eines handlungsbeeinflussenden, normativ aufgeladenen Zustandes wieder einzuführen.

---

16 BECKER in diesem Band, 126.

Kurzum: Man hat es in der Regel bei einem Sterbevorgang mit einem differenzierten kontinuierlichen Vorgang zu tun, der zumeist technisch beeinflusst wird und sehr unterschiedlich vonstattengehen kann. Eine in der Natur der Sache liegende offenkundige Grenze gibt es nicht. Man kann den Beginn der Sterbephase nicht trennscharf festlegen, sicher ist nur, dass der Prozess mit dem Tod endet (wie übrigens das Leben überhaupt). Auch die charakteristischen Eigenschaften sind nicht trennscharf anzugeben, sie müssten zudem in Kombinationen auftreten, da eine einzelne Eigenschaft nicht zur Definition des Sterbevorgangs geeignet ist.

5. Merkmale des Sterbevorganges und Methoden der Feststellung

Allein weil eine eindeutige allgemeine Definition des Sterbeprozesses nicht möglich ist und die Geschehnisse in einer komplexen Zusammenhangskette auf sehr verschiedene Weise ablaufen können, ist nicht mit eindeutigen klinischen Merkmalen zu rechnen, die erfüllt sein müssen, um von einem Sterbevorgang zu sprechen. Insofern äußern die schweizerischen Richtlinien zu Recht:

> „Mit den klinischen Anzeichen ist die Gesamtheit der Beobachtungen, zum Beispiel sich verschlechternde Vitalfunktionen, prognostisch ungünstige objektive Befunde und die Beurteilung des Allgemeinzustandes gemeint, die den Beginn des Sterbeprozesses charakterisieren."[17]

Die eingangs genannte Schwierigkeit, dass man nicht so ohne weiteres den Beginn des Sterbevorgangs definieren kann, wird noch einmal gesteigert, wenn sich der Sterbeprozess in mehreren nebeneinander ablaufenden Prozessen vollzieht, weil in der Zusammenhangskette bestimmte Funktionen künstlich aufrechterhalten werden können. Bei keinem dieser Unterprozesse darf man mit einem unmittelbar einsichtigen, unstrittigen Merkmal rechnen, das anzeigt, wann der Sterbevorgang begonnen hat.

Sofern es kein Merkmal gibt, demzufolge der Vorgang des Sterbens begonnen hat, darf man dementsprechend nicht erwarten, dass es eine Methode gibt, dies eindeutig festzustellen. Anders als bei dem – umstrittenen – Ende des Sterbeprozesses, dem Hirntod, gibt es für den Beginn des Sterbeprozesses keine Methode, ihn festzustellen.[18] Dies entspricht auch der praktischen Erfahrung,

---

17 SCHWEIZERISCHE AKADEMIE DER MEDIZINISCHEN WISSENSCHAFTEN (s.o. Anm. 5), 7.
18 Zu diesem Ergebnis kommt auch Becker (in diesem Band, 134): „Angesichts der Vielfalt von Lebensprozessen im menschlichen Organismus ist eine definitive Bestimmung des Beginns des Sterbeprozesses medizinisch-biologisch unmöglich."

dass Ärzte sich schwer tun, den Sterbeprozess zu erkennen. Fehleinschätzungen sind auch in der hochtechnisierten Medizin häufig.[19]

6. Die normativen Konsequenzen

Die eingangs zitierten Ausführungen der Bundesärztekammer und der Schweizerischen Akademie der Wissenschaften stellen einen normativen Zusammenhang zwischen Sterbeprozess und Intervention her. Damit eröffnen sie ein weites Problemfeld: Neben der Schwierigkeit, den Sterbeprozess zu definieren und zu erkennen, ist eine vorgeschaltete Schwierigkeit zu bedenken. Warum soll man quasi automatisch normative Konsequenzen an den Eintritt dieses Zustandes binden? Zumal, wenn die verschiedenen Ebenen des Sterbeprozesses nebeneinander in unterschiedlichen Konstellationen bei den Patienten ablaufen und zudem beeinflusst werden können. Der Vorgang, der normative Konsequenzen nach sich ziehen soll, kann seinerseits beeinflusst werden durch ärztliche Handlungen, deren Anwendung besonderen normativen Kriterien genau aufgrund dieses Zustandes unterliegt. Das ist nicht unproblematisch und wird noch einmal komplizierter, wenn man sich die Strukturen dieser Handlungen genauer anschaut.

7. Die Strukturen der ärztlichen Handlung

Welche Eigenschaften haben ärztliche Handlungen grundsätzlich und welche in den Bereichen nahe des Todes? Hier ist zuallererst auf eine Grundeigenschaft ärztlicher Handlungen hinzuweisen: die fehlende Garantie, dass sie die gewünschten Resultate erwirkt. In der Medizin kann man den Erfolg einer Intervention nicht garantieren. Dies gilt in besonderem Maße im Rahmen eines Prozesses, bei dem bestimmte Eigenschaften eines Menschen unwiderruflich verloren sind. Zudem gilt es zu bedenken: Wenn erwünschte Resultate eintreten, dann ist nicht sicher, dass sie von der ärztlichen Handlung erwirkt wurden. Viele Erkrankungen heilen auch ohne ärztliches Zutun. Will man jedoch von einer erfolgreichen Intervention im Sterben darauf schließen, dass die Intervention den Erfolg (mit-)verursacht hat, kommt man um klinische Forschung nicht umhin. Diese ist beim Sterbevorgang besonders allein schon deswegen schwierig, weil das informierte Einverständnis häufig nur erschwert zu erlangen ist.

---

19 Vgl. BECKER (s.o. Anm. 12); G. BECKER/R. SARHATLIC/M. OLSCHEWSKI/C. XANDER/ F. MOMM/H. E. BLUM, End-of-Life Care in Hospital. Current Practice and Potentials for Improvement, in: J Pain Symptom Manage 33 (2007), 711–719.

Ärztliche Handlungen sind – wie alle Handlungen – irreversibel, allenfalls die Resultate können reversibel sein. Jedoch gilt dies häufig nicht am Lebensende: Man hat im Sterbeprozess häufig nur wenige Optionen, die den Prozess des Sterbens offenhalten. Das Unterlassen von Therapien bedeutet nicht selten das Ende aller weiteren therapeutischen Entscheidungen, weil der Patient bei Unterlassung sterben wird (zum Beispiel im Falle einer schnell zu entscheidenden Reanimation). Die Entscheidungen zu ärztlichen Handlungen lassen sich überdies nicht mit mathematischer Präzision fällen und die Handlungen selbst häufig nicht mit der Präzision realisieren, mit der beispielsweise technische Artefakte hergestellt werden.

8. Kurativ – palliativ

Bei den Interventionen am Lebensende muss man jedoch eine wichtige Unterscheidung vornehmen, die auch in Bezug auf die Strukturen der Handlungen relevant ist: Eine Intervention kann durchgeführt werden, um einen Vorgang, der zum Tode führt, für einen bestimmten Zeitraum aufzuhalten, gar zu heilen. Sie kann aber auch durchgeführt werden, um unangenehme Symptome dieses Vorganges zu lindern. Die erste Form von Interventionen ist – wie gesagt – insbesondere am Lebensende mit hoher Unsicherheit behaftet, ob sie den gewünschten Erfolg hervorbringt. Die zweite Form der Intervention, die Linderung der Beschwerden, kann die moderne Medizin mit einem bestimmten Grad an Gewissheit erreichen. Palliative Medizin kann immer angewandt werden und sie hat eine höhere Erfolgsquote in Bezug auf das von ihr angestrebte Ziel, die Leidenslinderung.

9. Konsequenzen

Fassen wir zusammen: Es gibt keine untrügliche medizinische Definition des „Sterbeprozesses", der „Sterbephase" oder des „Sterbevorganges"; das gilt für dessen Beginn, für das Ende – hier schließe ich mich den Ausführungen von R. Stoecker an – und für die eigentümlichen Charakteristika.[20] Es existieren weder unzweideutige Merkmale, die erfüllt sein müssen, noch Methoden,

---

20 Das ist im Übrigen in der Medizin und anderen praktischen Disziplinen kein ungewöhnliches Phänomen. Zentrale Begriffe der Medizin, so zum Beispiel Krankheit und Tod, sind notorisch resistent gegen endgültige und unzweifelhafte Definitionen – und werden in der Medizin trotzdem ausgiebig genutzt. Vgl. R. Stoecker, Krankheit – ein gebrechlicher Begriff, in: G. Thomas/I. Karle (Hg.), Krankheitsdeutung in der postsäkularen Gesellschaft. Theologische Ansätze im interdisziplinären Gespräch, Stuttgart 2009, 36–47.

den Beginn des Sterbevorgangs anhand dieser Merkmale festzustellen. Es gibt allenfalls bestimmte Eigenschaften innerhalb der Zusammenhangskette, die es nahelegen, von diesem Prozess zu sprechen – bei aller Unschärfe. Dies ist insbesondere die Eigenschaft des hochgradigen, progredienten und irreversiblen Verlustes bestimmter Funktionen, die für das Leben unverzichtbar sind. Zudem sind die ärztlichen Interventionen in diesen Vorgang von großen Unwägbarkeiten geprägt.

Nicht nur wegen der definitorischen Unschärfe, auch aus argumentativen Gründen ist die ethische Frage mindestens so klärungsbedürftig: Warum soll im – wie auch immer definierten – Sterbeprozess mit dem Menschen anders umgegangen werden als außerhalb dieses Prozesses? Man sieht sich also mit Problemen auf zwei Ebenen konfrontiert: Die Definition des Sterbens ist schwierig, die Verknüpfung mit moralischen Konsequenzen keineswegs zwingend.

Im Gegenteil: Die Verknüpfung von moralischen Vorgaben mit der Sterbephase ist ein möglicherweise verlustreicher argumentativer Umweg und deswegen mit der Gefahr behaftet, zu unangemessenen Entscheidungen zu verleiten. Im Grunde versucht man, eine Gruppe von Menschen zu definieren, die sich in der Sterbephase befinden, und dann Normen für diese Gruppe zu benennen. Doch diese Gruppe ist nicht eindeutig zu benennen und in sich so heterogen, dass es unklug ist, dieser Gruppe mit einheitlichen Normen zu begegnen. Deshalb scheint es sinnvoller und argumentativ direkter, die individuelle Prognose eines Patienten zu bestimmen, nach dessen Präferenzen und Willen zu fragen und daraus Konsequenzen zu ziehen.

Insofern sei an dieser Stelle der Vorschlag unterbreitet, den Begriff des Sterbeprozesses oder des Sterbevorgangs mit Zurückhaltung zu nutzen und stattdessen die jeweilige Situation genau zu betrachten, in der sich ein Patient befindet. Besser soll man die Frage stellen: Was kann man einem Menschen in einer bestimmten Situation angesichts der zur Verfügung stehenden Mittel Gutes tun, als sich an einer Definition von Sterbevorgang oder Sterbeprozess zu orientieren und daraus Konsequenzen abzuleiten. Ansonsten läuft man Gefahr, in einem sehr vagen Begriff versteckte und womöglich unangemessene normative Konsequenzen zu bündeln.

Um einem Menschen Gutes tun zu können, ist es unverzichtbar, dessen Vorstellungen vom Nutzen einzubeziehen und die medizinischen Möglichkeiten sowie ihre Wahrscheinlichkeiten zu kennen, dass sie ihr Ziel, den Nutzen, erreichen. Zudem bedarf es wie bei jeder ärztlichen Tätigkeit des informierten Einverständnisses. Daran sollten sich die Ärzte orientieren. Die hier vorgeschlagene Vorgehensweise ist transparenter, der Vielfalt der Sterbevorgänge angemessener, und sie kann zu individuelleren Vorgehensweisen führen. Zudem entfällt die Unterscheidung, ob sich ein Patient in einer Sterbephase befindet oder nicht. Man verhält sich im Grunde gegenüber diesen Menschen wie zu anderen Phasen auch: Man orientiert sich an Wohl und Wille des Patienten und nicht an einer Phase.[21] In der Tat, die Schweizer Empfehlungen nehmen genau so etwas auf:

> „Bei der Entscheidfindung spielen Kriterien wie Prognose, voraussichtlicher Behandlungserfolg im Sinne der Lebensqualität sowie die Belastung durch die vorgeschlagene Therapie eine Rolle."[22]

Und die Richtlinien erwähnen den Willen des Patienten, den es zu respektieren gilt (wie auch die Grundsätze der Bundesärztekammer). Das bedeutet aber: Aus dem Beginn eines Sterbeprozesses ergibt sich eben nicht automatisch, dass bestimmte Interventionen unterbleiben sollen. Es könnte zum Beispiel sein, dass der Patient es wünscht, diesen Vorgang noch zu verlängern, um sich von seinen Nächsten verabschieden zu können oder andere unerledigte Dinge zu erledigen.[23] Und umgekehrt: Auch außerhalb der Sterbephase kann „der Verzicht auf lebenserhaltende Maßnahmen oder deren Abbruch gerechtfertigt oder geboten sein"[24].

Zudem legen sich in solchen Situationen Klugheitsregeln nahe: Da in dieser Situation – wie immer in der Medizin – mit Ungewissheiten in Bezug auf den Erfolg gerechnet werden muss, liegt es nahe, sich im Zweifel anhand von Klugheitsregeln zu orientieren. Insbesondere in Situationen, in denen die Unterlassung von Handlungen den unmittelbaren Tod bedeutet, ist man gut beraten, bei Unsicherheit bezüglich der Prognose und des Willens des Patienten zunächst einmal keine Unterlassung vorzunehmen, sofern dies den Tod bedeuten würde. Das bekannteste Beispiel sind plötzliche Reanimationen. Solche Vorgehensweisen sind als Klugheitsregeln auch für andere Situationen längst formuliert worden. Und angesichts der unterschiedlichen Strukturen der ärztlichen Handlung im Palliativbereich können sich andere Klugheitsregeln nahelegen: So mag beispielsweise ein temporärer Auslassversuch für Schmerzmittel durchaus geboten sein, während temporäre Auslassversuche zum Beispiel in einer Reanimationssituation nicht in Frage kommen.

---

21 Auch hier sehe ich eine Parallele zu Stoecker: Auch er will die Frage der Explantation von Organen nicht an die Frage „Hirntod – ja oder nein?" knüpfen, sondern er plädiert für „eine moralphilosophische Transformation der Hirntod-Debatte in eine echte Ethik der Transplantationsmedizin, in der dann solche Gesichtspunkte wie das Recht auf den eigenen Körper, die Pflicht zur Hilfe gegenüber Anderen in Not, die Möglichkeit zu supererogatorischen Handlungen, die Rechte der Gesellschaft, den Einzelnen in Anspruch zu nehmen, aber auch die Bedeutung des biologischen Lebens und der lebendigen Anmutung unseres Gegenübers für dasjenige, was wir mit ihm tun dürfen, im Mittelpunkt stehen." (Siehe: STOECKER [s.o. Anm. 1], L).
22 SCHWEIZERISCHE AKADEMIE DER MEDIZINISCHEN WISSENSCHAFTEN (s.o. Anm. 5), 5.
23 Vgl. M. VOLKENANDT, Kommunikation mit Patienten und Angehörigen, in diesem Band, 111–115.
24 SCHWEIZERISCHE AKADEMIE DER MEDIZINISCHEN WISSENSCHAFTEN (s.o. Anm. 5), 5.

Die hier vorgeschlagenen Konsequenzen können nicht beanspruchen, neu oder gar revolutionär zu sein, sondern sie unterstützen eine Vorgehensweise, die allemal als gute klinische Praxis verstanden wird. Sie ermöglichen es, individuell vorzugehen, nach der jeweiligen Situation des Patienten, seiner Prognose, seinen Präferenzen und seinem individuellen Sterbevorgang zu entscheiden. Ärztliches Handeln am Ende des menschlichen Lebens wird durch diese Überlegungen nicht unbedingt leichter. Aber es dürfte auch nicht das vorrangige Ziel medizintheoretischer Überlegungen sein, die ärztliche Handlung ausschließlich leichter zu machen.

Leichter wird es hingegen für den Begründungsaufwand bei den Normen. Hier lässt sich ein entlastender Schluss ziehen: Am Ende des menschlichen Lebens, bei einem wie auch immer gearteten Sterbevorgang, gelten insofern keine besonderen Normen, sondern die üblichen Normen der Medizin in einer besonderen Situation. Im Grunde soll man am Ende des Lebens nach den weithin akzeptierten ethischen Prinzipien handeln, kurz gesagt: nach Wohl und Wille des Patienten. Und einer allgemeinen Definition des Sterbevorgangs bedarf es nicht, wenn sich die moralischen Aspekte einer Handlung treffender mit moralischen Argumenten klären lassen. Ein zusätzlicher Aufwand zur Begründung von besonderen Normen ist ebenso wenig notwendig wie der Aufwand für eine Definition des Sterbevorgangs.

Ernährung und Flüssigkeit am Lebensende aus palliativmedizinischer Sicht

GIAN DOMENICO BORASIO

Die Frage nach der Ernährung und Flüssigkeitsgabe in der letzten Lebensphase ist ein sehr emotional besetztes Thema. Grund dafür ist die Tatsache, dass die erste Bindungserfahrung eines Menschen in der Regel über das Stillen von Hunger und Durst erfolgt und damit das Thema Ernährung an die Archetypen der menschlichen Existenz rührt. Daher ist auch die Vorstellung eines Sterbens unter Entzug von Nahrung und Flüssigkeit eines der emotional am meisten negativ besetzten Themen in Bezug auf das Lebensende. Die Stichworte „Verhungern" und „Verdursten" werden bisweilen wie Schreckgespenste an die Wand gemalt und verhindern nicht selten eine nüchterne Diskussion über die Vorteile und Nachteile einer (künstlichen) Nahrungs- und Flüssigkeitszufuhr in der Sterbephase.

1. Ernährungs- und Flüssigkeitsmangel bei Gesunden

Unsere Vorstellung vom Sterben unter Ernährungs- und Flüssigkeitsmangel ist geprägt von Bildern und Informationen, welche vorrangig aus den Mangelregionen dieser Welt kommen. Die Folgen von Unterernährung und Flüssigkeitsmangel bei Gesunden sind in Tabelle 1 wiedergegeben.

Tabelle 1: Folgen von Unterernährung und Flüssigkeitsmangel bei Gesunden

Unterernährung	Flüssigkeitsmangel
Abmagerung	reduzierter Turgor
Muskelschwund	Mundtrockenheit
Wassereinlagerung	Durstgefühl
Vergrößerung der Leber	Obstipation
Verminderung von Puls und Blutdruck	Somnolenz
Wundliegen	Verwirrtheit, Agitiertheit
Müdigkeit	Delir

Diese angsteinflößende Zusammenstellung von Symptomen hat allerdings für das Lebensende keine Relevanz. *Sterbende haben in der Regel keinen Hunger.* Das ist leicht nachzuvollziehen, wenn man bedenkt, dass schon bei einem einfachen grippalen Infekt als einer der ersten Symptome der Appetitmangel auftaucht – umso weniger taucht bei Sterbenden ein Hungergefühl auf. Im Gegenteil: Da in der Sterbephase der Körper nicht mehr in der Lage ist, Nahrung zu verarbeiten, kann eine Nahrungszufuhr in dieser Phase eine zusätzliche schwere Belastung für den Organismus darstellen.[1]

Ebenso verhält es sich mit der Flüssigkeitszufuhr: Bei Gesunden löst Flüssigkeitsmangel eine Reihe unangenehmer Symptome aus, allen voran das Durstgefühl, und es kann bei fortgesetztem Flüssigkeitsmangel zu deliranten Zuständen und zum Tod kommen – was gemeinhin mit dem Stichwort des „Verdurstens" assoziiert wird. Dies ist allerdings nur der Fall, wenn es zur sogenannten hyperosmolaren Dehydratation kommt. Der Flüssigkeitsmangel im Sterben führt hingegen zur sogenannten „terminalen Dehydratation", einer Mischform zwischen hyper- und hypoosmolarer Dehydratation, bei der es kaum zu Durstgefühl kommt.

Im Folgenden soll an zwei Beispielen die Problematik einer unreflektierten Nahrungs- und Flüssigkeitszufuhr am Lebensende verdeutlicht werden:

a) Die künstliche Ernährung mittels perkutaner endoskopischer Gastrostomie (PEG-Sonde) bei Patienten mit fortgeschrittener Demenz

Patienten mit weit fortgeschrittener Demenz verlieren nach der Mobilität und Kommunikationsfähigkeit auch die Fähigkeit, sich ausreichend auf oralem Wege zu ernähren. Eine künstliche Ernährungs- und Flüssigkeitsgabe zu diesem Zeitpunkt könnte theoretisch einer ganzen Reihe von vernünftigen Therapiezielen dienen, darunter:

- Lebensverlängerung
- Verbesserung des Ernährungsstatus
- Verbesserung der Lebensqualität
- Verbesserte Wundheilung beim Wundliegen
- Verringerung des Verschluckens

---

1 BUNDESÄRZTEKAMMER, Grundsätze der Bundesärztekammer zur ärztlichen Sterbebegleitung, in: Dtsch Arztebl 8 (2011), A346–348.

Diese Ziele wären, jedes für sich, grundsätzlich sehr anstrebenswert. Leider sagen die gesamten Studien, die es zu diesem Thema gibt[2], dass kein einziges dieser Therapieziele mit der Anlage einer PEG-Sonde bei dieser Patientengruppe zu erreichen ist. Dafür ist unter anderem das Infektionsrisiko bei Patienten mit PEG erhöht.[3] Diese Maßnahme ist folglich bei Patienten mit fortgeschrittener Demenz nicht nur unwirksam, sondern schädlich und damit kontraindiziert. Sie darf daher nach den Regeln der evidenzbasierten Medizin nicht angewendet werden. L. Volicer aus Boston, einer der renommiertesten Experten auf diesem Gebiet, sagte schon 2004 dazu:

> „Dieses Ungleichgewicht zwischen Belastung und Nutzen der künstlichen Ernährung erlaubt die Empfehlung, dass künstliche Ernährung bei Patienten mit fortgeschrittener Demenz nicht angewendet werden sollte"[4].

b) Künstliche Flüssigkeitsgabe in der Sterbephase

In so gut wie sämtlichen Krankenhäusern und Pflegeheimen in Deutschland wird bei Sterbenden in den letzten Lebensstunden reflexhaft eine Infusion zum Zwecke der Hydrierung angelegt, da diese Patienten in der Regel nicht mehr in der Lage sind, selber zu trinken. Das angestrebte Therapieziel ist dabei die Verhinderung des „Verdurstens". Dieses Ziel wird aber mit dieser Maßnahme nicht erreicht: Die palliativmedizinische Forschung hat klar gezeigt, dass das Durstgefühl am Lebensende nur mit der Trockenheit der Mundschleimhäute korreliert, aber nicht mit der Menge an künstlich zugeführter Flüssigkeit. Der Tod tritt nicht durch den Mangel an Flüssigkeit ein, sondern durch die Grunderkrankung.

Die Gabe von Flüssigkeit in der Sterbephase hat zudem einen gravierenden Nachteil: Aufgrund der in der Sterbephase regelhaft auftretenden Kreislaufzentralisation schränken die Nieren ihre Funktion deutlich vor dem Sterbezeitpunkt ein (präterminale Anurie). Dies hat zur Folge, dass die exogen zugeführte Flüssigkeit nicht ausgeschieden werden kann, sich ins Gewebe einlagert und dort besonders in die Lunge. Das resultierende Lungenödem kann Atemnot und Erstickungsanfälle verursachen, welche den Sterbeprozess dramatisch erschweren können. Daraus ist ersichtlich, dass auch diese Maßnahme nicht nur nicht indiziert, sondern schädlich und damit kontraindiziert ist.

---

2 E. L. Sampson/B. Candy/L. Jones, Enteral tube feeding for older people with advanced dementia, in: Cochrane Database Syst Rev 2 (2009), CD007209.
3 M. A. Lockett/M. L. Templeton/T. K. Byrne u.a., Percutaneous endoscopic gastrostomy complications in a tertiary-care center, in: Am Surg 68,2 (2002), 117–120.
4 L. Volicer, Dementias, in: R. Voltz/J. Bernat/G. D. Borasio u.a. (Hg.), Palliative Care in Neurology, Oxford 2004, 59–67.

Passend dazu hat die Bundesärztekammer in ihren Grundsätzen zur ärztlichen Sterbebegleitung[5] ausgeführt:

> „Die Hilfe besteht in palliativmedizinischer Versorgung und damit auch in Beistand und Sorge für Basisbetreuung. Dazu gehören nicht immer Nahrungs- und Flüssigkeitszufuhr, da sie für Sterbende eine schwere Belastung darstellen können. Jedoch müssen Hunger und Durst als subjektive Empfindungen gestillt werden."

2. Palliativmedizinische Aspekte

Wie schon gesagt, korreliert das Durstgefühl am Lebensende (sogenannte „terminale Dehydratation") mit der Trockenheit der Mundschleimhäute, aber nicht mit der Menge zugeführter Flüssigkeit. Ursachen von Mundtrockenheit am Lebensende können unter anderem sein: Medikamente, Pilzinfektionen, lokale Bestrahlungen, Sauerstoffzufuhr oder Atmen durch den Mund. Daraus ergibt sich, dass Prophylaxe und Therapie von Durstgefühl am Lebensende über die Verhinderung von Mundtrockenheit erfolgen müssen. Diese geschieht nach den Prinzipien in Tabelle 2.

Tabelle 2: Prophylaxe und Therapie der Mundtrockenheit

– konsequente Mund- und Lippenpflege
– Vermeidung von Zitrone/Glyzerin
– Vermeidung von Sauerstoff
– kleine Eiswürfel
– kleine Mengen Flüssigkeit (1–2 ml/30–60 min)

Bezüglich der Ernährung besteht in der letzten Lebensphase eine sogenannte katabole Stoffwechsellage, an der selbst hyperkalorische Ernährung nichts mehr ändern kann; daher ist Gewichtsverlust nicht zu vermeiden. Normale Nahrungsmengen können nicht mehr verarbeitet werden, dafür reichen aber kleinste Mengen aus, um Hunger und Durst zu stillen. In der Sterbephase haben Patienten, wie schon erwähnt, regelhaft keinen Hunger.

Es gibt auch durchaus eine Reihe von Vorteilen einer verminderten Flüssigkeitszufuhr am Lebensende: Weniger Erbrechen, Verringerung von Husten und Verschleimung, Verringerung von Ödemen in Gewebe, Lungen und Abdomen, weniger Schmerzen (zum Beispiel bei Tumorpatienten durch Verringerung des Ödems um Tumore und Metastasen und damit Verringerung des Drucks auf die umliegenden Gewebestrukturen) sowie eine erhöhte Endorphinausschüttung im Gehirn, welche ihrerseits schmerzlindernd und stimmungsaufhellend

---

5   BUNDESÄRZTEKAMMER, Grundsätze (s.o. Anm. 1), A-346.

wirkt. Insgesamt scheint das Sterben in einem Zustand der leichten Dehydrierung die physiologisch für den Körper am wenigsten belastende Form des Sterbeprozesses darzustellen.

Damit kongruent sind die publizierten Daten aus einer holländischen Studie über das Leiden von Pflegeheimpatienten mit fortgeschrittener Demenz, bei welchen auf künstliche Ernährungs- und Flüssigkeitsgabe verzichtet wurde[6]. Die Datenerfassung erfolgte mit einer speziell für Demenzpatienten entwickelten Leidensskala, die wegen der fehlenden Kommunikationsfähigkeit dieser Patienten auf Fremdbeobachtung basiert. Mittels dieser Skala konnte nach der Entscheidung zur Nichteinleitung der künstlichen Ernährungs- und Flüssigkeitszufuhr eine kontinuierliche Abnahme des Leidensstatus der Patienten festgestellt werden. Den Patienten schien es also nach dieser Entscheidung bis zum Tode hin kontinuierlich besser zu gehen.

Eine weitere Informationsquelle ist eine Veröffentlichung aus dem *New England Journal of Medicine* im Jahr 2003 über die Erfahrungen von Hospiz-Krankenschwestern, die Patienten begleitet haben, welche sich durch bewussten Verzicht auf Ernährung und Flüssigkeit suizidiert haben[7]. Das ist eine grundsätzlich andere Situation als in der Sterbephase: Diese Patienten waren zwar schwer krank, aber nicht sterbend, und haben sich bewusst dafür entschieden, ihr Leben durch die Einstellung von Flüssigkeits- und Nahrungsaufnahme zu verkürzen. 102 von 307 Pflegekräften hatten eine solche Situation mindestens einmal erlebt (informelle Anfragen des Autors bei Vorträgen auf deutschen Pflegekongressen ergaben zu ca. 50 % positive Antworten). Es handelt sich also offensichtlich um ein regelmäßig vorkommendes, aber im Wesentlichen unbeachtetes Phänomen.

Die Datenerhebung in der amerikanischen Studie ergab, dass 85 % der betroffenen Patienten innerhalb von 15 Tagen starben. Die Pflegekräfte mussten den Sterbeverlauf dieser Patienten auf einer Skala von 0 bis 9 beurteilen (0 = der schrecklichste denkbare Tod, 9 = der friedlichste denkbare Tod). Der Median lag bei 8, das heißt, diese Patienten erlebten in der Regel einen sehr friedlichen Sterbeprozess.

Diese Daten decken sich mit unseren Erfahrungen am Interdisziplinären Zentrum für Palliativmedizin der Universität München: Die von uns in der Sterbephase betreuten Patienten mit Demenz oder Wachkoma, bei welchen – aufgrund entweder einer fehlenden Indikation oder eines eindeutig festgestellten Patientenwillens – die künstliche Ernährung und Flüssigkeitsgabe nicht

---

6 H. R. Pasman/B. D. Onwuteaka-Philipsen/D. M. Kriegsman u.a., Discomfort in nursing home patients with severe dementia in whom artificial nutrition and hydration is forgone, in: Arch Intern Med 165,15 (2005), 1729–1735.

7 L. Ganzini/E. R. Goy/L. L. Miller u.a., Nurses' experiences with hospice patients who refuse food and fluids to hasten death, in: N Engl J Med 349,4 (2003), 359–365.

eingeleitet oder nicht fortgeführt wurde, sind ausnahmslos friedlich verstorben. In mehreren Fällen berichteten die Pflegekräfte, dass sich aus ihrer Sicht nach Einstellung der künstlichen Flüssigkeits- und Nahrungszufuhr eine Verringerung des Leidenszustandes des Patienten ergeben hätte.

Das Bayerische Sozialministerium hat 2008 einen Leitfaden „Künstliche Ernährungs- und Flüssigkeitszufuhr" herausgegeben, der – auf der Basis der hier vorgestellten Erkenntnisse – als Handreichung für alle Einrichtungen des Gesundheitswesens fungieren soll und bereits zu konkreten Änderungen in der Praxis, unter anderem bei Pflegeheimen, geführt hat[8].

3. Ernährung und Flüssigkeitsgabe bei Wachkoma-Patienten

Eine besondere Brisanz erfährt die Diskussion über Ernährung und Flüssigkeit am Lebensende immer dann, wenn über die Situation von Wachkoma-Patienten (besser: Patienten im sogenannten *persistent vegetative state*, PVS) debattiert wird. Inwiefern lassen sich die oben angeführten Grundsätze und Erfahrungen auf die Situation von PVS-Patienten anwenden? Hier stellt sich zunächst die Frage, ob – bei Fehlen von Informationen über den Patientenwillen – die künstliche Ernährungs- und Flüssigkeitsgabe bei Patienten im PVS grundsätzlich medizinisch indiziert ist. Hierzu hat sich J.-D. Hoppe, damaliger Präsident der Bundesärztekammer, am 25. Juni 2010 wie folgt öffentlich geäußert:

> „Die Ärzteschaft hat mit den ‚Grundsätzen der Bundesärztekammer zur ärztlichen Sterbebegleitung' jeder Form aktiver Sterbehilfe eine klare Absage erteilt. Die Grundsätze stellen klar, dass Patienten mit schwersten zerebralen Schädigungen und anhaltender Bewusstlosigkeit – also sogenannte Wachkoma-Patienten – wie alle Patienten ein Recht auf Behandlung, Pflege und Zuwendung haben. Lebenserhaltende Therapie einschließlich künstlicher Ernährung ist daher unter Beachtung ihres geäußerten Willens oder mutmaßlichen Willens grundsätzlich geboten. In Fällen, in denen der Patientenwille nicht eindeutig zu ermitteln ist, hat die Erhaltung des Lebens absoluten Vorrang. Es darf nicht dazu kommen, dass Menschen allein wegen ihres Wachkomas als lebensmüde angesehen werden"[9].

Diese Stellungnahme spiegelt die Haltung der Bundesärztekammer wider und hat insoweit für Ärzte in Deutschland eine gewisse Bindungswirkung. Das bedeutet, dass ein Handeln, das in direktem Widerspruch zu diesem Grundsatz

---

8   BAYERISCHES SOZIALMINISTERIUM, Leitfaden künstliche Ernährung und Flüssigkeitsversorgung, München 2008; Quelle: www.stmas.bayern.de.
9   BUNDESÄRZTEKAMMER, Statement von Prof. Dr. J.-D. Hoppe, Präsident der Bundesärztekammer, zum Urteil des BGH zur Sterbehilfe, Berlin 2010; Quelle: http://www.baek.de/page.asp?his=3.75.77.8646 (Zugriff am 18.01.2011).

stünde, standesrechtliche Konsequenzen (theoretisch bis hin zum Entzug der Approbation) nach sich ziehen könnte.[10]

Die Haltung der Bundesärztekammer ist kongruent mit den Stellungnahmen, die in den letzten Jahren von der verfassten Ärzteschaft zu diesem Thema erlassen wurden. Es muss allerdings klar sein, dass dieser Haltung keine wissenschaftliche Evidenz, sondern eine Wertentscheidung zu Grunde liegt. Diese drückt sich in dem Satz aus: „In Fällen, in denen der Patientenwille nicht eindeutig zu ermitteln ist, hat die Erhaltung des Lebens absoluten Vorrang". Dieser Satz stellt zwei aprioristische Positionen als unveränderbar gegeben vor, nämlich:

1. Wenn der Patientenwille nicht zu eruieren ist, muss lebenserhaltend behandelt werden.
2. Der klinische Zustand eines Wachkomapatienten (einschließlich seiner Irreversibilität) wird als „Leben" im Sinne von 1. uneingeschränkt akzeptiert.

Damit wird im Grunde auch gesagt, dass die Schutzwürdigkeit der biologischen Existenz eines Wachkomapatienten auf gleicher Stufe steht wie die Schutzwürdigkeit jedes anderen Patienten. Ursprung dieser Haltung sind zum einen die bioethischen Wertvorstellungen der großen christlichen Kirchen in Deutschland, insbesondere der katholischen Kirche. Der Vatikan hat sich im italienischen „Fall Englaro" in extrem deontologischer Weise als Vertreter nicht nur eines Lebensrechtes, sondern geradezu einer Lebenspflicht von Wachkomapatienten hervorgetan[11]. Dabei werden seitens des katholischen Lehramts Ernährung und Flüssigkeitsgabe bei entscheidungsunfähigen Patienten, selbst wenn sie auf künstliche Weise erfolgen, als *remedia ordinaria* für moralisch zwingend geboten erachtet. Da es sich dabei also nicht um medizinische Maßnahmen, sondern um Maßnahmen der „Basisversorgung" handle, sei eine Ab-

---

10 Allerdings enthalten die neuen Grundsätze der Bundesärztekammer zur Sterbebegleitung vom Februar 2011 (s.o. Anm. 1), im Gegensatz zur Version von 2004 (Richtlinien der Bundesärztekammer für die ärztliche Sterbebegleitung, in: Dtsch Arztebl 101,19 [2004], A 1298f.), bezüglich Wachkoma-Patienten nicht mehr den Satz „Lebenserhaltende Therapie einschließlich – ggf. künstlicher – Ernährung ist daher [...] grundsätzlich geboten", sondern „Art und Ausmaß ihrer Behandlung sind gemäß der medizinischen Indikation vom Arzt zu verantworten; eine anhaltende Bewusstseinsbeeinträchtigung allein rechtfertigt nicht den Verzicht auf lebenserhaltende Maßnahmen". Dies kann – trotz des einschränkenden Nachsatzes – als erster Schritt in Richtung der Anerkennung eines individuellen Spielraums des behandelnden Arztes bei der Indikationsstellung für lebensverlängernde Maßnahmen bei Wachkoma-Patienten betrachtet werden.
11 G. D. BORASIO, Patientenverfügungen und Entscheidungen am Lebensende aus ärztlicher Sicht, in: Zur Debatte 4 (2009), 45–47.

lehnung dieser Maßnahmen, zum Beispiel in einer Patientenverfügung, von vornherein unwirksam. Diese Haltung, die im Widerspruch zu sämtlichen Stellungnahmen internationaler wissenschaftlicher Fachgesellschaften steht, hat dazu geführt, dass die derzeitige italienische Regierung ein Gesetz zum Thema Patientenverfügungen auf den Weg gebracht hat[12], das die Ablehnung einer künstlichen Ernährung und Flüssigkeitsgabe am Lebensende verbietet – mithin also eine staatlich sanktionierte Lebenspflicht für Wachkomapatienten statuiert.

Zum anderen ist jede Diskussion über diese Themen in Deutschland massiv durch das grauenhafte „Euthanasie"-Programm der Nationalsozialisten belastet, in welchem über 100.000 psychisch kranke oder geistig behinderte Menschen ermordet wurden. Dass aus dieser geschichtlichen Erfahrung heraus in Deutschland jede Diskussion, welche auch nur entfernt mit dem Begriff des „lebensunwerten Lebens" in Verbindung gebracht werden kann, von vornherein mit dem Hinweis auf die Gräuel im Nationalsozialismus im Keim erstickt wird, ist nachvollziehbar, aber nicht unbedingt hilfreich.

Aus ärztlicher Sicht ist zu sagen, dass gerade die Palliativmedizin versucht, den Menschen in seiner letzten Lebensphase in seiner Ganzheit zu sehen und die Tendenz zur Konzentration auf die Funktion einzelner Organe, die der modernen Medizin innewohnt, zu überwinden. Daher kann es aus palliativmedizinischer Sicht nicht irrelevant sein, wenn ein Mensch einen Zustand erreicht hat, der ihm eine Kontaktaufnahme zu seiner Umwelt und eine Kommunikation mit den Mitmenschen dauerhaft und unumkehrbar unmöglich macht. Bei Patienten mit langjährigem, auch durch Bildgebungsnachweis als eindeutig irreversibel festgestelltem Wachkoma stellt sich daher – falls kein Patientenwille eruierbar ist – die Frage, ob die bloße Aufrechterhaltung einer biologischen Existenz tatsächlich ein Therapieziel darstellen kann, das eine absolute und uneingeschränkte Verpflichtung zur zeitlich unbegrenzten künstlichen Ernährungs- und Flüssigkeitsgabe begründet. Diese Diskussion wird uns in den kommenden Jahren weiter begleiten.

4. Abschlussbemerkung

Der Umgang mit Ernährung und Flüssigkeit am Lebensende ist oft geprägt von mangelnder palliativmedizinischer und palliativpflegerischer Kompetenz auf der einen Seite sowie stark emotional besetzter Ängste vor quälenden Leidenszuständen („verhungern und verdursten") auf der anderen Seite. Eine Verbes-

---

12 Zum Zeitpunkt der Drucklegung noch nicht endgültig vom Parlament verabschiedet.

serung der allgemeinen palliativmedizinischen Kompetenz in der Ärzteschaft, wie sie durch die 2009 erfolgte Einführung der Palliativmedizin als neues Querschnittsfach in der Ärztlichen Approbationsordnung zu erwarten ist, dürfte die Kommunikation über dieses Thema erleichtern und unnötige Leidenszustände durch nicht indizierte künstliche Ernährung und Flüssigkeitsgabe am Lebensende vermeiden helfen.

Körperlicher Schmerz und seine palliativmedizinische Linderung – Chancen und Grenzen der Behandlung

Lukas Radbruch, Martina Kern,
Helmut Hoffmann-Menzel,
Roman Rolke, Frank Elsner

1. Was ist körperlicher Schmerz?

Nach Dame C. Saunders, der Begründerin der modernen Palliativmedizin, können Schmerzen als körperliche Schmerzen, psychische oder soziale Schmerzen oder als spirituelle Schmerzen verstanden werden. Allerdings verwies C. Saunders in diesem Zusammenhang darauf, dass sich diese Anteile nie einzeln darstellen, sondern immer zusammen zu einem „totalen Schmerz" beitragen. Der Schmerzen erleidende Palliativpatient hat also nicht entweder körperliche Schmerzen oder psychosoziale Schmerzen, sondern immer Anteile von allem. Wie ist dies nun zu verstehen?

In diesem Bild können die körperlichen Schmerzen als die physiologische Reaktion auf die Reizung der Schmerzrezeptoren, durch schmerzauslösende Stoffe oder durch Gewebeschädigungen verstanden werden, während die Verstärkung dieser Schmerzen durch das Bewusstsein einer unheilbaren Erkrankung als psychischer Schmerz dargestellt werden kann. Soziale Schmerzen können zum Beispiel vorliegen, wenn der Patient aus der Rolle des Familienvaters und Geldverdieners in die Rolle des Pflege- und Hilfsbedürftigen fällt, und mit dem Verlust von Rollenfunktion und Kompetenz die Schmerzen unerträglich werden können. Die Auseinandersetzung mit Sterben und Tod kann zu spirituellen Schmerzen führen, wenn zum Beispiel ein Patient bei der Visite angibt, dass die Schmerzen tagsüber gut erträglich seien, aber nachts sei es furchtbar, „wenn die Gedanken im Kopf rund und rund gehen".

Diese Kombination der verschiedenen Schmerzanteile gilt es zu berücksichtigen, wenn ein Therapieplan zur Schmerzbehandlung bei einem Palliativpatienten erstellt werden soll. Allerdings ist eine Bearbeitung von psychosozialen oder spirituellen Problemen schwerlich möglich, wenn der Patient unter starken körperlichen Schmerzen leidet. Erst wenn diese Schmerzen zum Beispiel mit einer Opioidtherapie gelindert worden sind, können Krankheit und Prognose verarbeitet werden und ist eine Auseinandersetzung mit dem bevorstehenden Lebensende möglich. Ebenso wenig darf sich allerdings die Behandlung auf die Therapie der körperlichen Schmerzen beschränken, da sonst die Schmerzlinderung aus der Sicht des Patienten nur unzureichend bleibt.

Hiernach lässt sich also zusammenfassen, dass körperliche Schmerzen bei Palliativpatienten erkannt und behandelt werden müssen, die Behandlung aber Teil eines umfassenden Therapiekonzeptes sein sollte, um alle Aspekte des Schmerzempfindens lindern zu können.

2. Wie häufig ist körperlicher Schmerz bei Palliativpatienten?

Von Tumorpatienten werden Schmerzen als eines der häufigsten Symptome angegeben. In epidemiologischen Studien gaben zwischen 33 und 50 Prozent der Patienten, in anderen Untersuchungen sogar bis zu 72 Prozent der Krebspatienten behandlungsbedürftige Schmerzen an[1]. In Untersuchungen in Palliativeinrichtungen, in denen vor allem Patienten in fortgeschrittenen Krankheitsstadien behandelt werden, geben bis zu 100 Prozent der Patienten Schmerzen an. Von der überwiegenden Mehrzahl der Patienten werden die Schmerzen als stark bis sehr stark eingeschätzt, und damit einhergehend wird von den Patienten eine deutliche schmerzbedingte Einschränkung der Lebensqualität berichtet. Bereits zum Zeitpunkt der Diagnosestellung leiden viele Patienten unter Schmerzen, oft sind die anhaltenden Schmerzen der Auslöser, der zur Tumorsuche und dann zur Diagnose führt. Die Häufigkeit von behandlungsbedürftigen Schmerzen hängt von der Art des Tumors ab. So verursachen Tumoren mit häufiger Metastasierung in das Skelettsystem bei deutlich mehr Patienten Schmerzen, als dies zum Beispiel Lymphome und Leukämien tun.

Außer den Krebspatienten benötigen auch andere Patientengruppen eine Palliativversorgung, und auch diese Patienten berichten häufig über behandlungsbedürftige Schmerzen. In einer bundesweiten Untersuchung an Palliativeinrichtungen wurden Schmerzen bei den Nichttumorpatienten (49 Prozent der Patienten, vor allem Patienten mit neurologischen und kardiovaskulären Erkrankungen) genauso häufig wie bei den Tumorpatienten (56 Prozent der Patienten) dokumentiert[2].

---

1   J. SORGE, Epidemiologie, Klassifikation und Klinik von Krebsschmerzen, in: E. AULBERT/F. NAUCK/L. RADBRUCH (Hg.), Lehrbuch der Palliativmedizin, Stuttgart ³2011.
2   C. OSTGATHE/B. ALT-EPPING/H. GOLLA/J. GAERTNER/G. LINDENA/L. RADBRUCH/R. VOLTZ, Non-cancer patients in specialized palliative care in Germany: what are the problems?, in: Palliat Med 25 (2011), 148–152.

In einer Untersuchung an Patienten mit chronischer Herzinsuffizienz gaben 67 Prozent Schmerzen an[3], und die Häufigkeit der Schmerzen nahm mit abnehmender Leistungsfähigkeit des Herzens zu. Die Schmerzen trugen wesentlich zur Beeinträchtigung der Lebensqualität bei den Patienten bei.

Bei alten Menschen wird oft unterstellt, dass im Alter das Schmerzempfinden nachlässt, und die Patienten deshalb weniger oder keine Schmerzbehandlung benötigen. Dies trifft allerdings nicht zu, und alte Menschen leiden häufiger unter chronischen schmerzhaften Begleiterkrankungen. In einer Auswertung der verstorbenen Patienten in einem norwegischen Pflegeheim benötigten 83 Prozent der Patienten Opioide zur Behandlung ihrer Schmerzen in den letzten 24 Stunden vor dem Tod[4].

Schmerzen sind auch bei Patienten mit HIV/AIDS ein häufiges Symptom. Bis zu 90 Prozent der HIV-infizierten Patienten leiden unter Kopfschmerzen[5]. Für Patienten mit HIV/AIDS sind durch die Fortschritte der antiretroviralen Therapie eine langfristige Behandlung und ein Überleben mit geringen Einschränkungen in der Lebensqualität möglich. Allerdings können auch durch die antiretrovirale Behandlung Schmerzen ausgelöst werden. So werden 20 Prozent aller Neuropathien bei HIV-Patienten auf die antiretrovirale Behandlung zurückgeführt. Bei einer Minderheit der Patienten kann dieser Zustand jedoch nicht auf Dauer aufrecht erhalten werden, und in fortgeschrittenen Stadien der Erkrankung müssen bis zu 50 Prozent der Patienten mit HIV/AIDS wegen Schmerzen ärztlich behandelt werden[6].

3. Wie entsteht körperlicher Schmerz?

Bei einer Tumorerkrankung kann der Tumor durch infiltratives Wachstum in andere Gewebestrukturen eindringen und dabei Entzündungsmediatoren freisetzen, oder durch mechanischen Druck Schmerzen auslösen. Dieser Druck kann durch ein tumorbegleitendes Ödem noch gesteigert werden. Neben diesen Nozizeptorschmerzen (über die Schmerzrezeptoren ausgelöste Schmerzen) kann das Tumorwachstum auch Nerven oder Nervenbahnen im Zentralnervensystem schädigen, diese neuropathischen Schmerzen unterscheiden sich deutlich von den nozizeptiven Schmerzen.

---

3   L. EVANGELISTA/E. SACKETT/K. DRACUP, Pain and heart failure: unrecognized and untreated, in: Eur J Cardiovasc Nurs 8,3 (2009), 169–173.
4   B. SANDGATHE HUSEBO/S. HUSEBO, Palliativmedizin – auch im hohen Alter?, in: Schmerz 15,5 (2001), 350–356.
5   I. W HUSSTEDT/D. REICHEL/F. KÄSTNER/S. EVERS/K. HAHN, Epidemiologie und Therapie von Schmerzen und Depression bei HIV und Aids, in: Schmerz 23,6 (2009), 628–639.
6   I. W HUSSTEDT/S. BÖCKENHOLT/B. KAMMER-SUHR/S. EVERS, Schmerztherapie bei HIV-assoziierter Polyneuropathie, in: Schmerz 15,2 (2001), 138–146.

Behandlungsbedürftige Schmerzen können aber auch durch begleitende Symptome des Tumors verursacht werden, zum Beispiel durch ein Lymphödem oder durch eine paraneoplastische *Herpes-zoster*-Infektion. Die Tumorbehandlung mit Chemo- oder Strahlentherapie wird oft mit der Tumorverkleinerung auch eine Schmerzreduktion bewirken. Andererseits kann aber auch die Therapie mit anhaltenden Schmerzen verbunden sein. Narbenschmerzen oder andere Schmerzsyndrome nach Operationen, Nervenschädigungen nach Chemotherapie oder schmerzhafte Schleimhautentzündungen nach Strahlentherapie können die Patienten mehr beeinträchtigen als die Tumorschmerzen selbst.

Außer diesen tumor- und therapiebedingten Schmerzen können die Tumorpatienten aber auch unter chronischen Schmerzen leiden, die mit der Tumorerkrankung nicht im Zusammenhang stehen.

Bei Patienten mit HIV/AIDS können Schmerzen durch die Virusinfektion selbst verursacht werden, durch die Infektionen, die als Folge der Immunschwäche auftreten, oder durch begleitende Symptome der chronischen Infektion.

Bei internistischen Erkrankungen treten Schmerzen vor allem als Folge von Durchblutungsstörungen auf, die zum Beispiel bei fortgeschrittenen Herzerkrankungen nicht nur als Herzschmerzen, sondern infolge der verminderten Pumpleistung des Herzens auch als Schmerzen in anderen Organen oder in den Beinen erscheinen.

Patienten mit Multipler Sklerose oder anderen neurologischen Erkrankungen, die mit Nerven- oder Muskelschäden einhergehen, leiden oft unter den spastischen Muskelkrämpfen. Die Erkrankungen können aber auch direkt durch die Schädigung der Nervenbahnen Schmerzen auslösen.

Schmerzen haben eigentlich eine physiologische Funktion. Sie warnen vor einer Schädigung des Körpers, durch Fremdeinwirkungen von außen oder durch Funktionsstörungen (Krankheiten) von innen. Anhaltende Schmerzen führen dazu, dass die Schädigung gestoppt wird, wenn zum Beispiel die Hand von der Herdplatte genommen wird, oder der Körper durch Schonhaltung und Ruhe entlastet wird. Ohne Schmerzempfinden sind die Überlebenschancen gering, weil selbst eine Blinddarmentzündung nicht bemerkt und damit nicht rechtzeitig behandelt werden kann.

Bei anhaltenden Schmerzen, wie sie bei einer Tumorerkrankung auftreten, ist diese Schutzfunktion aber nicht mehr sinnvoll. Der Körper kann auch nicht lernen, die anhaltenden Schmerzen zu tolerieren. Im Gegenteil, physiologische Veränderungen in der Schmerzempfindung führen sogar dazu, dass die Schmerzen immer stärker und belastender empfunden werden. So werden bei chronischen Schmerzen weitere Nervenfasern, die eigentlich andere Aufgaben haben, für die Schmerzleitung rekrutiert, und in Rückenmark und Gehirn die Schmerzleitung verstärkt. Erst die ausreichende

Schmerzbehandlung zum Beispiel durch Opioide kann diese Sensibilisierung durchbrechen.

4. Wie können Schmerzen gemessen werden?

Wie in anderen medizinischen Bereichen sollte vor der Therapieplanung eine Diagnose gestellt werden. Bei körperlichen Schmerzen sollte diese Diagnose zumindest Schmerzintensität, Schmerzort und Schmerztyp enthalten.

Die Schmerzintensität kann nicht objektiv gemessen werden. Es gibt keine Parameter, mit denen ein Beobachter die Stärke der Schmerzen von außen richtig einschätzen kann. Die Messung der Schmerzstärke muss deshalb als Selbsteinschätzung durch den Patienten erfolgen. Dies geschieht mit einfachen Skalen, die entweder Kategorien abfragen (keine, leichte, mittlere, starke Schmerzen) oder auf einer numerischen Skala die Stärke einschätzen (0 = keine Schmerzen, 10 = nicht stärker vorstellbare Schmerzen). Fremdeinschätzungen von Angehörigen liegen oft zu hoch, von Pflegepersonal und Ärzten hingegen in der Regel zu niedrig im Vergleich zu den Selbsteinschätzungen. Wenn Patienten zu einer Selbsteinschätzung nicht in der Lage sind, können solche Fremdeinschätzungen aber eine wertvolle Annäherung ermöglichen.

Aus dem Schmerzort können oft schon Hinweise auf die Schmerzursache gewonnen werden. So können Schmerzen, die durch Nervenschädigungen entstanden sind, nicht am Ort der Schädigung, sondern im Verlauf und im Versorgungsgebiet dieser Nerven empfunden werden. Neurologische und anatomische Kenntnisse sind also nötig, um die Schmerzschilderungen mit möglichen Ursachen in Verbindung bringen zu können.

Aus den Schilderungen des Patienten kann in aller Regel auch der Schmerztyp erkannt werden. Nozizeptorschmerzen können durch Schädigung der Knochen und der Knochenhaut (Periost), von Muskeln oder anderen Weichteilen oder der Eingeweide (viszerale Schmerzen) entstehen. Knochen- und Weichteilschmerzen werden vom Patienten genau lokalisiert und als spitz, bohrend oder stechend geschildert. Sie nehmen typischerweise bei Bewegung zu und sind in Ruhe deutlich gelindert. Viszerale Schmerzen werden demgegenüber oft dumpf empfunden, sie können oft nicht genau lokalisiert werden und werden diffus in der Tiefe angegeben. Bei Lebermetastasen führt das Tumorwachstum zu Schmerzen infolge der Spannung der bindegewebigen Leberkapsel, die dann als diffuser Druck im rechten Oberbauch empfunden wird.

Neuropathische Schmerzen werden entweder als brennend oder als einschießend und elektrisierend beschrieben („als ob ein Stromstoß durch das Bein fährt"). Sie werden im Versorgungsgebiet eines Nerven oder Nervengeflechts beschrieben.

Neben den Schmerzen können in diesem Areal auch andere Gefühlsstörungen wie Kribbeln, Brennen oder Taubheit berichtet werden. Unter Umständen können bei der Untersuchung neurologische Störungen festgestellt werden.

5. Wie werden körperliche Schmerzen behandelt?

Zur Behandlung von Tumorschmerzen liegen anerkannte Empfehlungen der Weltgesundheitsorganisation[7] vor, auf denen auch die Therapieempfehlungen der Arzneimittelkommission der Deutschen Ärzteschaft[8] fußen.

Diese Empfehlungen beruhen auf den folgenden Grundsätzen:

- Patienten mit Tumorschmerzen sollten eine symptomatische Schmerztherapie erhalten.
- Die Tumorschmerztherapie soll in erster Linie mit Schmerzmedikamenten erfolgen.
- Die Schmerzmittel sollen vor allem durch den Mund appliziert werden.
- Die Schmerzmedikation soll als Dauermedikation mit festen Einnahmezeiten und nicht nur nach Bedarf verabreicht werden.
- Die Schmerzmittel sollen entsprechend der Schmerzstärke und der Vorbehandlung nach einem analgetischen Stufenplan ausgewählt werden.
- Zusätzlich zu den Analgetika können auch Koanalgetika oder adjuvante Medikamente bei entsprechender Indikation verabreicht werden.
- Der Therapieerfolg soll kontrolliert und bei nicht ausreichender Wirkung der Therapieplan angepasst werden.
- Die Schmerztherapie muss an die individuellen Bedürfnisse des Patienten angepasst werden.

Die Zufuhr durch den Mund ist einfach und unkompliziert und belastet den Patienten nur wenig. Die Zufuhr über subkutane oder intravenöse Injektionen führt zu einem schnelleren Wirkeintritt, dies bietet bei einer Dauertherapie jedoch keinen Vorteil. Dieser Anwendungsweg sollte Patienten vorbehalten bleiben, die keine Medikamente durch den Mund zu sich nehmen können. Eine Alternative zur oralen Applikation stellen die transdermalen Therapiesysteme dar, bei denen ein Opioid (Fentanyl oder Buprenorphin) aus dem Pflaster durch die Haut in den Blutkreislauf aufgenommen wird. Die Systeme sind in mehreren Wirkstärken verfügbar, so dass die Dosis gut an den Bedarf angepasst werden kann. Die transdermale Opioidtherapie ist vor allem für Patienten mit

---

7   WORLD HEALTH ORGANISATION, Cancer pain relief: with a guide to opioid availability, Genf ²1996.
8   ARZNEIMITTELKOMMISSION DER DEUTSCHEN ÄRZTESCHAFT, Empfehlungen zur Therapie von Tumorschmerzen. Arzneiverordnung in der Praxis, Köln ³2007.

gleichbleibenden Schmerzen geeignet, da die Pflastersysteme sehr träge sind. Die langsame Resorption führt zu gleichmäßigen Wirkstoffspiegeln über die Applikationszeit von zwei bis drei Tagen, bedingt aber auch eine eingeschränkte Steuerbarkeit des Systems, da sich Dosisänderungen erst nach 12–24 Stunden auswirken.

Erst nach einem Tag ist eine ausreichende Wirkstoffmenge im Körper, und auch bei Dosisänderungen kann erst nach einem oder mehreren Tagen die Wirkung bewertet werden. Vorteile des Systems sind die lange Wirkdauer von drei bis sieben Tagen, und dass mit den Pflastern auch für Patienten, die nicht schlucken können, eine nichtinvasive Behandlung möglich ist.

Tumorschmerzen sind in der Regel Dauerschmerzen und erfordern eine Dauermedikation. Die Applikationszeiten sollten der Wirkdauer der Analgetika angepasst werden.

Mehr als die Hälfte der Tumorschmerzpatienten gibt zusätzlich zu den Dauerschmerzen noch Schmerzattacken an. Zur Behandlung dieser Schmerzattacken („*Breakthrough Pain*") sollte den Patienten eine Zusatzmedikation zur Verfügung stehen. Diese Zusatzmedikation kann ein schnell wirkendes Opioidpräparat sein, zum Beispiel als Morphintablette oder Lösung. In den letzten Jahren wurden auch neue Anwendungsformen, zum Beispiel als Opioidnasenspray, eingeführt, die in wenigen Minuten eine ausreichende Schmerzlinderung herbeiführen können. Solche schnellwirkenden Opioidpräparate können auch zur Dosisfindung bei der Einstellung der Therapie genutzt werden, bevor die Behandlung auf ein langwirkendes Medikament umgestellt wird.

Die WHO-Empfehlungen sind eher als ein didaktisches Modell entwickelt worden und nicht als evidenzbasierte Zusammenstellung von Studienergebnissen. In mehreren großen Fallserien wurde jedoch die Effektivität der WHO-Empfehlungen bestätigt. In einer Untersuchung an der Schmerzambulanz der Kölner Universität wurde eine zufriedenstellende Schmerzlinderung bei mehr als 80 Prozent der in zehn Jahren behandelten Patienten erreicht[9]. Dennoch sollten die Empfehlungen bei Bedarf an die Bedürfnisse und Prioritäten des Patienten angepasst werden. Vorlieben oder Abneigungen des Patienten gegenüber Medikamenten oder Anwendungsformen können sonst dazu führen, dass eine angeordnete Therapie gar nicht erst angenommen oder nicht vertragen wird. Auch der im Folgenden dargestellte analgetische Stufenplan ist nicht unbedingt von Stufe zu Stufe zu befolgen. Bei starken Schmerzen können durchaus als erster Therapieansatz Opioide der Stufe 3 erforderlich sein, da nur so eine schnelle und ausreichende Schmerzlinderung möglich ist.

---

9   D. ZECH/S. GROND/J. LYNCH/D. HERTEL/K. A. LEHMANN, Validation of World Health Organization Guidelines for cancer pain relief: a 10-year prospective study, in: Pain 63 (1995), 65–76.

Die Empfehlungen zur Tumorschmerztherapie können auf die Behandlung von Palliativpatienten mit anderen Erkrankungen übertragen werden. Auch bei Patienten mit fortgeschrittener HIV/AIDS-Infektion, mit Herz- oder Lungenerkrankungen im Endstadium oder mit neurologischen Erkrankungen, die unter Schmerzen leiden, ist eine orale Schmerzmedikation nach den Empfehlungen der WHO und der Arzneimittelkommission sinnvoll und effektiv. Auch bei diesen Patienten ist bei starken Schmerzen eine Opioidbehandlung als Dauertherapie notwendig.

6. Der analgetische Stufenplan

Der Stufenplan zur Tumorschmerztherapie beschreibt die Steigerung der Schmerzmedikamente nach dem Bedarf der Patienten.

- Stufe 1: Nichtopioidanalgetika (Antipyretika, nichtsteroidale Antiphlogistika)
- Stufe 2: Opioide für mäßige bis mittlere Schmerzen
- Stufe 3: Opioide für mittlere bis starke Schmerzen

Bei leichten Schmerzen können Nichtopioide eingesetzt werden. Während bei Knochen- oder Weichteilschmerzen die nichtsteroidalen Antiphlogistika (Ibuprofen, Diclofenac) wirksamer sind, kann bei viszeralen Schmerzen Metamizol vorteilhaft sein, da es gleichzeitig krampflösend auf die glatte Muskulatur der Eingeweide wirkt.

Bei leichten bis mittleren Schmerzen oder unzureichender Wirksamkeit der Analgetika der Stufe 1, sollten die Nichtopioide mit einem Opioid der Stufe 2 kombiniert werden. In Deutschland werden in erster Linie Tramadol (bis 600 Milligramm Tagesdosis) oder Tilidin/Naloxon (bis 600 Milligramm Tagesdosis) eingesetzt. Tramadol wirkt nicht nur auf die Opioidrezeptoren im Rückenmark, sondern hemmt auch die Wiederaufnahme monoaminerger Botenstoffe, und wird deshalb auch für neuropathische Schmerzen empfohlen, obwohl kein Vorteil in diesem Bereich in klinischen Studien nachgewiesen wurde. Für Tilidin ist die feste Kombination mit dem Opioidantagonisten Naloxon entwickelt worden, um den Missbrauch durch intravenöse Injektion zu vermeiden. Gleichzeitig führt diese Kombination zu einer geringeren Rate an Verstopfung, da der Antagonist Naloxon an den Opioidrezeptoren der Darmwand wirksam ist (deshalb weniger Obstipation), aber danach in der Leber komplett abgebaut wird, und so die Tilidin-Wirkung an den Opioidrezeptoren im Zentralnervensystem nicht geschwächt wird.

Bei mittleren bis starken Tumorschmerzen sind Opioide der Stufe 3 allein oder in Kombination mit Nichtopioiden (Stufe 1) indiziert.

Morphin ist in vielen verschiedenen Applikationsformen und für viele Applikationswege verfügbar und wird in den Therapieempfehlungen als Goldstandard der Tumorschmerztherapie angesehen. Neben Morphin können auf dieser Stufe jedoch auch Oxycodon, Hydromorphon, Levomethadon oder die Pflastersysteme mit Buprenorphin oder Fentanyl eingesetzt werden. Oxycodon und Hydromorphon haben sich in der Praxis als gleichwertige Alternativen zu Morphin durchgesetzt. Die Opioidpflaster werden mittlerweile sehr häufig eingesetzt. Die Verordnung von Opioidpflastern ist in Deutschland deutlich häufiger als in den Nachbarländern. Seit einigen Jahren werden in Deutschland deutlich mehr Opioidpflaster als oral einzunehmende Tabletten oder Lösungen verordnet. Ein großer Teil dieser Verordnungen für chronische Schmerzsyndrome wird außerhalb der Palliativmedizin verordnet, zum Beispiel für chronische Rückenschmerzen. Dennoch fällt auf, dass diese Pflastersysteme in Deutschland auch bei Palliativpatienten häufiger eingesetzt werden. Wenig untersucht ist bislang der Zusammenhang zwischen Sprache, Kultur und Akzeptanz von Medikamenten. In einer eigenen Untersuchung[10] gaben Patienten der Schmerzambulanz zu den Pflastersystemen häufig Assoziationen zu kleinen Verletzungen oder zu Schutz an, manchmal auch zu dem Begriff „Trostpflaster". Das sprichwörtliche „Trostpflaster" gibt es nicht in der englischen oder französischen Sprache, und es bleibt zu fragen, wie weit die Sozialisierung mit diesem Konzept in der Kindheit das Muster der Verordnung in Deutschland prägen kann.

Wenn die verfügbaren Opioide auch grundsätzlich vergleichbar sind, bestehen doch Unterschiede, die im Einzelfall einen differenzierten Einsatz rechtfertigen. Die Eignung der Pflastersysteme mit Fentanyl und Buprenorphin für Patienten, die eine orale Medikation zum Beispiel wegen Tumorwachstum im Magen-Darm-Trakt nicht einnehmen können, wurde bereits geschildert. Nach den pharmakologischen Eigenschaften sollte Hydromorphon weniger Interaktionen mit anderen Medikamenten verursachen, da es eine sehr geringe Plasmaeiweißbindung aufweist, und könnte deshalb bei Patienten mit einer umfangreichen Medikation vorteilhaft sein. Levomethadon wirkt nicht nur an den Opioidrezeptoren, sondern auch an anderen Stellen in der Schmerzleitung (Wiederaufnahmehemmung der monoaminergen Transmitter, unspezifische NMDA-Antagonisierung) und bewirkt deshalb als Reservemittel oft eine Schmerzlinderung, wenn andere Opioide nicht ausreichend wirksam waren. Da Levomethadon eine lange und variable Elimination besitzt, die bei vielen Patienten nach einiger Zeit zu einer Kumulation führt, und sichere Umrechnungs-

---

10 L. RADBRUCH/R. SABATOWSKI/F. ELSNER/G. LOICK/N. KOHNEN, Patients' associations with regard to analgesic drugs and their forms for application – a pilot study, in: Support Care Cancer 10 (2002), 480–485.

faktoren fehlen, erscheint Levomethadon eher geeignet für die Therapie durch einen Spezialisten. Für die Umstellung von einem anderen Opioid auf Levomethadon sind oft eine erneute Dosistitration und eine engmaschige Kontrolle in den ersten Tagen nach Umstellung erforderlich.

7. Koanalgetika

Bei bestimmten Indikationen können zusätzlich zu den Schmerzmedikamenten des WHO-Stufenplans andere Medikamente erforderlich sein. Diese Medikamente, die oft mit anderen Indikationen zugelassen sind, und wo die Schmerzlinderung sozusagen nur eine erwünschte Nebenwirkung ist, werden als Koanalgetika bezeichnet. Zu diesen Koanalgetika gehören Antidepressiva, Antikonvulsiva, Bisphosphonate und Steroide. Antidepressiva aktivieren deszendierende Nervenbahnen, die die Schmerzleitung auf Rückenmarksebene hemmen, Antikonvulsiva stabilisieren die Zellmembran der Nervenzellen. Beide Medikamentengruppen können deshalb bei neuropathischen Schmerzen sinnvoll sein. Antidepressiva werden bei brennenden Dauerschmerzen und schmerzhaften Parästhesien bevorzugt, während Antikonvulsiva vor allem bei einschießenden, elektrisierenden Schmerzen eingesetzt werden.

Bisphosphonate hemmen die Aktivität der Osteoklasten. Bei Patienten mit osteolytischen Metastasen wird das Wachstum dieser Metastasen gehemmt und dadurch eine Schmerzreduktion erreicht.

Steroide wirken entzündungshemmend, sie werden als Koanalgetika eingesetzt, wenn ein Zusammenhang der Schmerzsymptomatik mit einem tumorbegleitenden Ödem vermutet wird, zum Beispiel bei Infiltration von Nervengeflechten im Schulter- oder Beckenbereich, bei Tumorwachstum in den Spinalkanal, bei Leberkapselspannungsschmerz oder bei Hirndruck. Andere Wirkungen der Steroide wie Appetitsteigerung, Gewichtszunahme oder Euphorie werden von den Tumorpatienten oftmals als positiv empfunden.

8. Nebenwirkungen der Behandlung

Die medikamentöse Behandlung kann zu Nebenwirkungen führen, auch wenn sie sachgerecht durchgeführt wird. Diese Nebenwirkungen müssen rechtzeitig erkannt und behandelt werden, damit die Patienten nicht die Schmerzlinderung mit anderen Symptomen erkaufen müssen, und damit die Verbesserung der Lebensqualität wieder zunichte gemacht wird. Häufige Nebenwirkungen der Opioide der Stufe 3 sind:

- Verstopfung
- Übelkeit, Erbrechen

- Müdigkeit, Konzentrationsstörungen
- Verwirrtheit.

Während Übelkeit und Müdigkeit meist nur in der Einstellungsphase und nach Dosiserhöhungen behandelt werden müssen, sollte die prophylaktische Therapie der Verstopfung mit Abführmitteln für die gesamte Dauer der Opioidtherapie fortgesetzt werden.

Seltener sind neurotoxische Nebenwirkungen mit Alpträumen, Halluzinationen, Muskelzuckungen oder Hyperalgesien. Atemdepressionen werden als Nebenwirkungen von Opioiden noch von vielen Patienten und auch Ärzten gefürchtet, sind bei sachgemäßer Anwendung der Opioide aber nicht zu befürchten.

Bei den meisten Patienten mit fortschreitendem Tumorwachstum sind Steigerungen der Opioiddosierung erforderlich. Unter Umständen sind jedoch weitere Dosissteigerungen vor allem mit einer Zunahme der Nebenwirkungen verbunden. Durch den Wechsel auf ein anderes Opioid können die Nebenwirkungen reduziert und die Schmerzlinderung verbessert werden, wobei die Dosierungen des neuen Opioids oft wesentlich unter den mit Hilfe der Umrechnungsfaktoren berechneten Dosierungen bleiben können.

9. Invasive Schmerztherapie und Nervenblockaden

Wenn die Schmerztherapie auf oralem Weg oder mit Pflastersystemen nicht ausreichend wirksam, mit intolerablen Nebenwirkungen verbunden oder aus anderen Gründen nicht möglich ist, sind invasive Methoden erforderlich. Dazu können Medikamente über Katheter in den Rückenmarkskanal eingebracht werden, so dass sie in unmittelbarer Nähe der Schmerzleitungsbahnen wirken können. Opioide und andere Medikamente können auf diesem Weg eingesetzt werden. Allerdings wird diese Methode auch in spezialisierten Zentren zunehmend seltener eingesetzt.

Ebenfalls kaum noch eingesetzt werden Blockaden an Nerven oder Nervenbahnen, die bei speziellen Schmerzsyndromen indiziert sein können. So wurden früher Oberbauchschmerzen bei Bauchspeicheldrüsenkrebs mit einer Zerstörung des Nervengeflechts um die Bauchschlagader (*Plexus coeliacus*) behandelt. Bei anhaltendem Tumorwachstum waren diese Nervenblockaden und Neurolysen allerdings in ihrer Wirkung oft beschränkt, und die Fortschritte der oralen Anwendungen in der Schmerzbehandlung lassen sie in aller Regel überflüssig werden.

10. Nichtmedikamentöse Therapie

Entsprechend dem Konzept des „totalen Schmerzes" sollte die medikamentöse Behandlung eigentlich immer durch nichtmedikamentöse Behandlungsverfahren ergänzt werden. Maßnahmen wie Waschungen, Aromatherapie, Entspannungsübungen oder Musiktherapie können die Wirksamkeit der Schmerzmedikation deutlich erhöhen. Die Zuwendung und auch die körperlichen Stimulationen bei diesen Verfahren tragen zur Schmerzlinderung bei, viele Patienten genießen die Berührungen.

Für die körperlichen Schmerzen können Therapieverfahren wie Krankengymnastik, Physiotherapie oder Lymphdrainage sinnvoll sein. Bei spastischen Muskelschmerzen, die durch lange Bettlägerigkeit oder durch neurologische Erkrankungen verursacht werden, ist Krankengymnastik indiziert. Die Spannungsschmerzen, die durch ein Lymphödem ausgelöst werden, können durch eine medikamentöse Behandlung alleine nicht gelindert werden, nur die regelmäßige tägliche Lymphdrainage vermag hier eine Linderung zu bewirken. Bei Bauchschmerzen als Folge einer massiven Verstopfung mit aufgeschwollenem Bauch kann eine Kolonmassage, oft aber auch schon die Wärme eines Kirschkernkissens zur Schmerzlinderung beitragen.

11. Wie werden die Therapieziele festgelegt?

Die geplante Schmerztherapie muss mit dem Patienten und seinen Angehörigen abgesprochen werden. Dabei ist zunächst wichtig, die Ziele, die der Patient selbst hat, zu erfragen. Für Patienten muss nicht unbedingt die möglichst vollständige Schmerzbeseitigung im Vordergrund stehen. Andere Ziele, wie zum Beispiel möglichst schnell nach Hause zurückkehren zu können oder möglichst den klaren Verstand und volle Konzentrationskraft zu erhalten, können aus Sicht des Patienten wichtiger sein, so dass die Schmerzbehandlung nur soweit gewünscht wird, wie sie diese Ziele nicht gefährdet. Darüber hinaus sind Ängste und Barrieren gegen Morphin und andere Schmerzmittel weit verbreitet. Für Patienten und Angehörige kann mit der Ankündigung einer Opioidtherapie Angst vor dem baldigen Tod aufkommen, wenn sie vorher von anderer Seite gehört haben, dass Morphin nur für Sterbende sei. Solche Ängste sollten vor Therapiebeginn angesprochen und ausgeräumt werden.

Die Prioritäten des Patienten können auch den üblichen Erwartungen des Behandlungsteams widersprechen. Nach der üblichen Hypothese des Palliativteams sind Patienten über soziale Interaktionen wie Besuche, Unterhaltungen und auch körperliche Berührungen erfreut und wünschen sich eher mehr davon. Bei einigen Patienten besteht aber demgegenüber ein klarer Wunsch nach Rückzug und Ruhe, und auch die körperlichen Berührungen werden als störend empfunden. Dies rechtzeitig zu erkennen und auch solche Bedürfnisse zu akzeptieren, die den eigenen Vorstellungen und Werturteilen widersprechen, ist gerade für Palliativteams, die sich einem mitfühlenden und ganzheitlichen Behandlungsauftrag verpflichtet sehen, nicht immer einfach.

Für die Planung der Schmerzbehandlung ist auch zu beachten, dass nur bei einem kleinen Teil der Patienten vollständige Schmerzfreiheit erreicht werden kann. Es ist sinnvoll, mit dem Patienten ein realistisches Therapieziel zu vereinbaren. Dies kann zunächst in der Wiederherstellung der Nachtruhe oder einer ausreichenden Schmerzlinderung bei Bettruhe bestehen. Unter Umständen ist eine zufriedenstellende Schmerzlinderung auch nur unter einschränkenden Bedingungen möglich. Nicht selten leiden Patienten mit Knochenmetastasen unter starken Schmerzen, die jedoch nur bei Bewegung auftreten. In Ruhe werden demgegenüber fast keine Schmerzen empfunden. Mit zunehmender Schwäche bleiben die Patienten nun im fortgeschrittenen Krankheitsstadium mehr und mehr im Bett. Beim Aufstehen, zum Beispiel morgens zum Waschen, leiden sie unter starken Schmerzen. Eine Erhöhung der Opioiddosis führt dann zu einer ausreichenden Schmerzlinderung beim Aufstehen, aber dann schlafen die Patienten unter Umständen ein, sobald sie wieder in Ruhe im Bett liegen. Manchmal sind individuelle Lösungen möglich, wenn zum Beispiel 30 Minuten vor dem geplanten Aufstehen morgens eine zusätzliche Opioiddosis verabreicht wird. Für einige Patienten bleibt aber nur die Wahl zwischen der weitreichenden Schmerzlinderung, aber um den Preis der Schläfrigkeit in Ruhe und der Inkaufnahme von mehr Schmerzen bei Erhalt von Konzentrationsfähigkeit und Aufmerksamkeit. Die meisten Patienten können hierzu klar ihre Präferenzen angeben, und die weitere Therapie sollte dementsprechend nach ihren Rückmeldungen gesteuert werden.

Unter Umständen geben Patienten auch ein klar definiertes Ziel an. Dies kann zum Beispiel die Rückkehr nach Hause sein, der Wunsch nach einer bestimmten Reise oder die Teilnahme an einem Fest. Um diese Ziele zu ermöglichen, nehmen Patienten auch Nachteile in der Schmerzlinderung in Kauf, jedoch ist es mit einer sorgfältigen Planung oft auch möglich, ein solches Ziel mit Fortführung der effektiven Schmerztherapie zu erreichen.

12. Wie muss die Schmerzbehandlung angepasst werden?

Mit dem Fortschreiten einer unheilbaren Erkrankung, sei es tumorbedingt oder aus anderen Ursachen, ist mit einer Zunahme der körperlichen Schmerzen zu rechnen. Wenn also die Schmerzbehandlung im Verlauf weniger wirksam wird, ist dies nicht als Toleranzentwicklung auf die Schmerzmittel, sondern in aller Regel als Zunahme der körperlichen Schmerzen zu bewerten.

Nach der Einstellung einer Schmerzbehandlung muss deshalb eine regelmäßige Überwachung und Anpassung der Medikation und der Dosierung eingeplant werden. Sinnvoll sind Dokumentationssysteme, mit denen bei jedem Kontakt mit dem Patienten Schmerzintensität und andere Symptome wie zum Beispiel Übelkeit, Müdigkeit oder Verstopfung erfasst werden. Die Hospiz- und Palliativ-Erhebung (HOPE)[11] und das Minimale Dokumentationssystem für Palliativpatienten (MIDOS)[12] stellen solche Systeme dar.

---

11   S. STIEL/K. PULST/N. KRUMM/C. OSTGATHE/F. NAUCK/G. LINDENA/L. RADBRUCH, Palliativmedizin im Spiegel der Zeit – Ein Vergleich der Ergebnisse der Hospiz- und Palliativerhebungen von 2004 und 2009, in: Zeitschrift für Palliativmedizin 11 (2010), 78–84.
12   S. STIEL/M. MATTHES/L. BERTRAM/C. OSTGATHE/F. ELSNER/L. RADBRUCH, Validierung der neuen Fassung des Minimalen Dokumentationssystems (MIDOS2) für Patienten in der Palliativmedizin. Deutsche Version der Edmonton Symptom Assessment Scale (ESAS), in: Schmerz 24,6 (2010), 596–604.

Schmerztherapie bei Kindern mit lebenslimitierenden Erkrankungen

CHARA GRAVOU-APOSTOLATOU, REINHARD SITTL

1. Einführung

Eine besondere Herausforderung stellen Schmerzen bei lebenslimitierenden Erkrankungen von Kindern und Jugendlichen dar. Mehr als 60–70 Prozent der Eltern beurteilen die Schmerztherapie am Lebensende ihrer krebskranken oder mehrfachbehinderten Kinder als unzureichend.[1]

Wie bei Erwachsenen, so ist auch bei Kindern und Jugendlichen eine effektive Schmerztherapie möglich. Obwohl wir hervorragende Methoden zur Therapie von Schmerzen bei Kindern und Jugendlichen haben, zeigt die Realität in den meisten Krankenhäusern, dass diese noch immer unzureichend behandelt werden. Vergleiche mit Erwachsenen weisen darauf hin, dass Kinder weniger, seltener und darüber hinaus noch schwächere Analgetika erhalten, obwohl nach wissenschaftlichen Erkenntnissen Kinder das gleiche Schmerzempfinden haben wie Erwachsene. Ursachen für die Unterversorgung liegen zum Teil in der unzureichenden Erfassung der Schmerzen und den Ängsten vor Nebenwirkungen einer adäquaten Therapie. Man muss deshalb gegenwärtig immer noch von einer erheblichen schmerztherapeutischen Unterversorgung bei Kindern ausgehen – und zwar obwohl dieser Umstand immer wieder problematisiert wurde und entsprechende Empfehlungen einer interdisziplinären Expertenkommission zur Behandlung starker Schmerzen existieren. Voraussetzung für eine effiziente Schmerztherapie ist eine altersgerechte Schmerzmessung. Eine erfolgreiche Therapie erfordert die interdisziplinäre Zusammenarbeit zwischen den behandelnden Kollegen (zum Beispiel Kinderonkologen, Neuropädiater), dem Pflegepersonal, dem Patienten und seinen Eltern sowie den konsiliarisch tätigen Kollegen, um die Schmerzursache, die Schmerzintensität und die psychischen Einflussfaktoren möglichst genau zu erfassen. Eine ausführliche

---

1   Vgl. B. ZERNIKOW (Hg.), Schmerztherapie bei Kindern, Jugendlichen und jungen Erwachsenen, Heidelberg ⁴2009.

Information der Patienten und der Eltern über die schmerztherapeutischen Möglichkeiten und ihre Nebenwirkungen ist notwendig.

2. Schmerzen bei Kindern und Jugendlichen mit onkologischen Erkrankungen

Schmerzen durch Tumorerkrankungen treten bei Kindern und Jugendlichen in vergleichbarer Häufigkeit wie bei Erwachsenen auf. Die häufigsten tumorbedingten Schmerzursachen sind Knochen- und Gelenkschmerzen bei Knochentumoren, Kapselspannung innerer Organe bei Leukämie, Nervenschmerzen durch lokale Infiltrationen bei Neuroblastomen und Kopfschmerzen durch Hirndrucksteigerung bei Hirntumoren. Die häufigsten therapiebedingten Schmerzen entstehen durch ausgedehnte Eingriffe, Mukositiden im Rahmen der zytostatischen Therapie, Phantomschmerzen nach Amputation und Plexopathien beziehungsweise Neuropathien nach Bestrahlung. Auch kurze schmerzhafte Maßnahmen wie Liquor- oder Knochenmarkpunktionen sind für die Kinder und Jugendlichen sehr belastend. Die ersten Punktionen sollten in maximaler Analgesie durchgeführt werden, um negative Konditionierungen zu verhindern. Nichtmedikamentöse Strategien können zusätzlich hilfreich sein.

Wie bei den Erwachsenen werden Tumorschmerzen bei den Kindern nach dem WHO-Stufenschema behandelt. Bis zu einem Gewicht von 50 kg beziehungsweise bis zur Pubertät wird die Dosis dem Gewicht angepasst. Schwierigkeiten ergeben sich bei der Behandlung von Kindern und Jugendlichen dadurch, dass nicht alle Medikamente des Stufenschemas in der gewünschten Applikationsform vorliegen beziehungsweise für Kinder nicht zugelassen sind. Die verbreitete Angst vor dem Einsatz starker Opioide, insbesondere von Morphin, sollte in Gesprächen mit den Eltern thematisiert werden.

3. Schmerzen bei mehrfachbehinderten Kindern und Jugendlichen

Schmerzen bei mehrfach behinderten Kindern sind ein lange vernachlässigtes Problem. Etwa drei Viertel der mehrfach behinderten Kinder haben chronische Schmerzen, die ihren Alltag stark beeinträchtigen. Durch die eingeschränkte Kommunikationsfähigkeit stellt die Diagnostik und Therapie von Schmerzen eine große Herausforderung für das behandelnde Team dar. Die Schmerztherapie wird ebenso durch die häufige Komorbidität der Patienten und fehlende einfache Schmerzmessinstrumente verkompliziert. So erhalten mehrfach behinderte Kinder nach großen Operationen deutlich weniger Schmerzmittel als Kinder ohne Behinderung.[2]

Neben akut auftretenden Schmerzen leiden mehrfach behinderte Kinder oft an chronischen Schmerzen. Krankheitsbedingt werden häufig schmerzhafte chirurgische Interventionen (Kontraktionsoperationen, neurochirurgische Eingriffe) durchgeführt.

Bei Verdacht auf schmerzbedingte Verhaltensänderungen muss ein breites Krankheitsspektrum in der Differentialdiagnostik berücksichtigt werden: gastroösophagealer Reflux, Gastritis, Obstipation, Zystitis bei Reflux und wiederholter Katheterisierung, Nephrolithiasis, prolongierte postoperative Schmerzen, Muskelschmerzen durch Spastik, Gelenkschmerzen durch Kontrakturen, Rückenschmerzen bei Skoliose und Blockaden, Hüftgelenkluxation, pathologische Frakturen bei Osteoporose, Zahnschmerzen sowie Kopfschmerzen bei Shunt-Dysfunktion.

4. Schmerzmessung

Die Beurteilung der Schmerzen in der täglichen Praxis ist dadurch erschwert, dass Angst und Schmerz bei Kindern schwierig zu differenzieren sind. Grundlage einer adäquaten Schmerztherapie bei Kindern ist aber eine altersentsprechende Schmerzeinschätzung durch validierte Schmerzskalen. Für Kinder stehen altersentsprechende, validierte Instrumente zur Selbst- und Fremdbestimmung der Schmerzintensität zur Verfügung.

Bei Kindern bis zum dritten Lebensjahr empfiehlt sich die Verwendung von Fremdbeurteilungsskalen, die physiologische und verhaltensrelevante Parameter erfassen. Bekannt sind der objektive Schmerzscore und die kindliche Unbehagens- und Schmerzskala (KUSS). Ab dem vierten Lebensjahr können bereits kindgerechte Schätzskalen mit verschiedenen Gesichtern erfolgreich eingesetzt werden, wobei die Smiley-Skala die bekannteste ist. Ab dem sechsten bis siebten Lebensjahr haben sich numerische Analogskalen, die von null bis zehn reichen, bewährt.

Durch genaue Beobachtung und Untersuchung beziehungsweise durch gezielte Fragen müssen neben der Schmerzstärke in Ruhe und Belastung auch Informationen über den Schmerzcharakter, die Schmerzdauer und die Schmerzlokalisation erhoben werden.[3]

---

2   Vgl. ZERNIKOW (s.o. Anm. 1).
3   L. L. COHEN/K. LEMANEK u.a., Evidence-based assessment of pediatric pain, in: J Pediatr Psychol 33,9 (2008), 939–955; siehe auch: J. C. I. TSAO/L. K. ZELTZER, Commentary: Evidence-based Assessment of Pediatric Pain, in: J Pediatr Psychol 33,9 (2008), 956–957.

Die Eltern sollen bei der Informationsgewinnung mit einbezogen werden. Die Ergebnisse sind die Basis für eine erfolgreiche medikamentöse oder nichtmedikamentöse Schmerztherapie. Dabei ermöglicht die regelmäßige Schmerzerhebung und Dokumentation eine individuelle Anpassung der Therapie sowie eine Früherkennung von Nebenwirkungen.

5. Schmerztherapie bei Kindern mit lebenslimitierenden Erkrankungen

Durch ein ausführliches Anamnesegespräch mit den Kindern und beziehungsweise oder mit deren Eltern erhalten wir Informationen zur Schmerzursache und mögliche auslösende oder verstärkende Faktoren. Bei der Auswahl von Analgetika sollten nicht nur die Schmerzstärke, sondern vor allem die pathophysiologische Ursache sowie bestehende Begleiterkrankungen sowie Kontraindikationen beachtet werden. Danach gilt es, die Medikamente einzusetzen, die auf Grund ihres Wirkmechanismus am wahrscheinlichsten erfolgversprechend sind. Häufig wird man dabei auch Medikamente mit unterschiedlichem Wirkmechanismus kombinieren, um eine optimale Wirkung mit möglichst wenigen Nebenwirkungen zu erzielen. Die Wünsche der Kinder bezüglich Applikationsform der Schmerzmittel müssen berücksichtigt werden.

Die patientenkontrollierte Analgesie (PCA) mit computergesteuerten Pumpen bewährt sich auch bei Kindern mit starken Tumorschmerzen[4] oder auch am Lebensende zuhause[5]. Dabei fordern entweder das Kind selbst, die Eltern oder das Pflegepersonal bedarfsgerecht Bolusdosen an. Kinder mit einem Entwicklungsstand von über sechs Jahren können in der Regel die PCA-Pumpe selbstständig bedienen. Bei jüngeren Kindern oder in Phasen schwerer Krankheit bedienen bei Schmerzäußerungen des Kindes die Eltern oder das Pflegepersonal die PCA-Pumpe. Zu einer guten Symptomkontrolle ist eine tägliche Visitation zur Erfassung der Schmerzwerte, Nebenwirkungen, Pumpeneinstellung sowie des Verbrauchs der letzten 24 Stunden notwendig, um eine Anpassung der Therapie durchzuführen.

In der Palliativphase haben Kinder mit Tumorerkrankungen einen steigenden Opioidverbrauch am Beginn der PCA-Therapie.[6] Dies scheint ein Hinweis

---

4   A. RUGGIERO/G. BARONE/L. LIOTTI u.a., Safety and efficacy of fentanyl administered by patient controlled analgesia in children with cancer pain, in: Support Care Cancer 15,5 (2007), 569–573.
5   C. SCHIESSL/C. GRAVOU/B. ZERNIKOW u.a., Use of patient-controlled analgesia for pain control in dying children, in: Support Care Cancer 16,5 (2008), 531–536.
6   SCHIESSL/GRAVOU/ZERNIKOW (s.o. Anm. 5), 531–536.

auf eine schmerztherapeutische Unterversorgung vor Beginn der PCA-Therapie zu sein und belegt die Sinnhaftigkeit der PCA bei diesen Patienten.

Die meisten Patienten und ihre Familien im fortgeschrittenen Stadium einer inkurablen Erkrankung möchten im häuslichen Umfeld sterben. Durch den Einsatz von portablen PCA-Pumpen ist eine effiziente Schmerztherapie möglich. Die ambulante Versorgung erfordert einen hohen logistischen Aufwand, verhindert aber in der Regel eine Hospitalisation wegen Schmerzen.

6. Zusammenfassung

Kinder und Jugendliche haben das Recht auf eine adäquate, altersentsprechende Schmerzerfassung und Schmerztherapie. Eine Herausforderung ist die interdisziplinäre Zusammenarbeit, um die Schmerzursache, die Schmerzintensität und die psychischen Einflussfaktoren möglichst genau zu erfassen.

Tabelle 1: Schmerzmessung, Nichtopioide in der Kinderschmerztherapie

Numerische Ratingskala	Verbale Ratingskala
1 2 3 4 5 6 7 8 9 10	kein | mäßiger | mittelstarker | starker | stärkster vorstellbarer
0 = kein Schmerz 10 = unerträglicher Schmerz	Schmerz

Nichtopioid-Analgetika

Wirkstoff	Handelsname z.B.	Galenik	Einzeldosis mg/kg KG	Wirkdauer h
Ibuprofen	Nurofen®	oral, rektal	10	8
Diclofenac	Voltaren®	oral, rektal	1	8
Metamizol	Novalgin®	oral, rektal, i.v.	10	4
Paracetamol*	Ben-u-ron®	oral, rektal	15	6
Paracetamol i.v.	Perfalgan® ab 10 kg KG	i.v.	15	6

* Initialdosis von 20–30 mg/kg KG empfehlenswert, absolute THD 100 mg/kg KG, THD nicht länger als 72 h

Tabelle 2: Opioide in der Kinderschmerztherapie

Opioide

Wirkstoff	Handelsname z.B	Galenik	Einzeldosis mg/kg KG	Dosierungshilfen	Kontinuierlich mg/kg KG/h	PCA-Bolus mg/kg KG
Tramadol	Tramal® Tramundin® Tramal®	oral oral retard. intravenös	0,5–1,5 0,5–2,0 0,5–1,0		0,25	0,2
Morphin	Sevredol® MST® MSI®	oral oral retard. intravenös	0,1–0,2 0,5 0,05–0,1		0,01–0,03*	0,025
Piritramid	Dipidolor®	intravenös	0,05–0,1			0,025
Hydromorphon	Palladon injekt ® Palladon® ret.	intravenös oral	0,01–0,02 0,08		0,002–0,006*	0,005
Buprenorphin	Norspan®	transdermal	5–20 µg/h	Pflaster alle 7 Tage wechseln	Pflaster alle 7 Tage wechseln	
	Transtec® PRO	transdermal	35–70 µg/h	Pflaster alle 3,5 Tage wechseln	Pflaster alle 3,5 Tage wechseln	
	Temgesic®	s.l., i.v.	3 µg/kg KG			
Fentanyl	Durogesic SMAT®	transdermal	12–100 µg/h	Pflaster alle 3 Tage wechseln	Pflaster alle 3 Tage wechseln	

* Bei kontinuierlicher Gabe strenge Überwachung der Atemfunktion.

Tabelle 3: Koanalgetika in der Kinderschmerztherapie

Koanalgetika: Auswahl nach Schmerzart

Medikamente	Dosierung mg/die	Anwendung
Butylscopolamin (Buscopan®)	0,5–1 mg/kg i.v. als Kurzinfusion 20 mg THD	Kolikschmerzen z.B. Spasmen der glatten Muskulatur
Dexamethason (Fortecortin®)	initial 1,5 mg/kg KG i.v., danach Erhaltungsdosis 1 mg/kg KG/die oral für 7 Tage, dann ausschleichen	Nervenschmerz, Weichteilkompression, Hirnödem, Kapselschmerz, Knochenmetastasen, Übelkeit
Midazolam (Dormicum®)	0,05 mg/kg KG i.v. 0,25–0,5 mg/kg KG rektal/oral	Sedierung, Unruhezustände, Angst, Übelkeit
S-Ketamin (s-Ketanest®)	0,5–1 mg/kg KG i.v. Bolus 1 mg/kg KG rektal	Schmerzen, Unruhezustände, Angst kont. 1–4 mg/kg/d KG in der Palliativsituation
Amitriptylin (Saroten®)	Start: 0,2 mg/kg abends oral max.: 1–2 mg/kg/d	Neuropathische Schmerzen
Imipramin (Tofranil®)	Start: 0,2 mg/kg/d oral max.: 1–2 mg/kg/d	Neuropathische Schmerzen
Gabapentin (Neurontin®)	Start: 10 mg/kg KG/d oral max.: 40 mg/kg KG/d	Neuropathische Schmerzen
Carbamazepin (Tegretal®)	Start: 2 × 2,5 mg/kg KG/d oral, max.: 2 × 5–7,5 mg/kg KG/d 4–12 mg/l Plasmaspiegel	Neuropathische Schmerzen
Pamidronat (Aredia®)	1 mg/kg KG i.v. als 4 h Infusion alle 4 Wochen	Knochenmetastasen

Tabelle 4: Begleitmedikamente in der Kinderschmerztherapie

Therapie von Übelkeit und Erbrechen

Stufen	Wirkstoff	Handelsname	Dosierung mg
Stufe I	Dimenhydrinat	Vomex A®	1–2 mg/kg i.v. oder 5 mg/kg oral/rectal/ 3 × d
Stufe II	Ondansetron	Zofran®	2 × 0,1–0,2 mg/KG KG/d, max. 2 × 8 mg
Stufe III	Dexamethason	Fortecortin®	initial 0,5 mg/kg KG i.v., dann 0,2–0,4 mg/kg KG
Stufe IV	Midazolam	Dormicum®	0,1 mg/kg KG i.v., einmalig 0,5 mg/kg KG rectal/oral

Die einzelnen Stufen können miteinander kombiniert werden.

Therapie der Obstipation

Stufen	Wirkstoff	Handelsname	Dosierung mg
Stufe I	Natriumpicosulfat Lactulose Macrogol	Laxoberal® Bifiteral® Movicol®	5–10–20 Tropfen 1–2 mal täglich 1–2 × 10–30 ml (1 Esslöffel) 1–2 × 1 Beutel/die
Stufe II	Methylnaltrexon	Relistor®	0,8 mg s.c. (ab 38 kg/KG)
Stufe III	Sorbitol	Mikroklist®	Einläufe

Die einzelnen Stufen können miteinander kombiniert werden.

Symptomkontrolle
(unter besonderer Berücksichtigung der Atemnot)
als Teil der ganzheitlichen Sterbebegleitung

CLAUDIA BAUSEWEIN

Patienten mit fortgeschrittenen Erkrankungen und begrenzter Lebenserwartung leiden in der Regel unter einer Vielzahl von belastenden Symptomen, die die Lebensqualität beträchtlich einschränken können. Palliativmedizinische Betreuung fokussiert sich dabei nicht auf die Grunderkrankung, sondern hat als Ziel, die Lebensqualität des Patienten durch die Linderung von körperlichen Beschwerden unter Beachtung psychosozialer und spiritueller Aspekte zu verbessern.

Es ist bekannt, dass Patienten mit Tumorerkrankung im Median an elf Symptomen zu einem Zeitpunkt leiden[1] und bei Patienten mit chronischer Lungenerkrankung wurden sogar 14 unterschiedliche Symptome zu einem Zeitpunkt beschrieben.[2] Bei Tumorerkrankungen gehören Schmerzen zu den häufigsten und zugleich am meisten gefürchteten Symptomen. Atemnot ist das häufigste Symptom bei vielen fortgeschrittenen Lungen- und Herzerkrankungen und wird als der „Schmerz" der Patienten mit nicht-onkologischen Erkrankungen bezeichnet. Weitere belastende Symptome, unter denen mehr als 50 % der Patienten leiden, sind Schwäche, Müdigkeit, Mundtrockenheit, Verstopfung, Gewichtsverlust, Übelkeit und Erbrechen.[3]

---

1   D. WALSH/S. DONNELL/L. RYBICKI, The symptoms of advanced cancer: relationship to age, gender, and performance status in 1,000 patients, in: Support Care Cancer 8 (2000), 175–179.
2   C. BAUSEWEIN/S. BOOTH/M. GYSELS/R. KÜHNBACH/B. HABERLAND/I. J. HIGGINSON, A comparison of symptoms and palliative care needs in COPD and cancer: a cross-sectional survey, in: J Palliat Med 13,9 (2010), 1109–1118.
3   WALSH/DONNELL/RYBICKI (s.o. Anm. 1).

1. Grundprinzipien der Symptomkontrolle

Unabhängig vom einzelnen Symptom stehen vor jeder Therapieentscheidung eine fokussierte Anamnese und körperliche Untersuchung. Bei allen Symptomen sollten Intensität und Qualität, zeitlicher Beginn, Häufigkeit und Verlauf, auslösende, verstärkende beziehungsweise lindernde Faktoren, und bei Schmerzen Lokalisation und Ausstrahlung berücksichtigt werden. Symptome sind höchst subjektiv, daher ist den Angaben des Patienten immer Glauben zu schenken. Sie sind die wichtigste Quelle zur Beurteilung des Erfolgs einer medikamentösen Therapie und des Verlaufs. Die Empfindung von Symptomen ist nicht nur von pathophysiologischen Vorgängen abhängig, sondern wird von vielen anderen Faktoren beeinflusst. Exemplarisch für alle Symptome hat Dame C. Saunders den Begriff „*total pain*" geprägt[4], der später auch für Atemnot als „*total dyspnoea*" übernommen wurde.[5] Schmerzen und andere Symptome sind dabei nicht nur das Erleben einer körperlichen Funktionsstörung, sondern das komplexe Leiden eines individuellen Menschen mit einer psychosozialen und spirituellen Dimension, zum Beispiel mit Fragen nach dem Sinn des Lebens, oder Angst vor Sterben und Tod. Vor diesem Hintergrund wird einerseits klar, dass die medizinische Kontrolle von Schmerzen und anderen Symptomen höchste Priorität hat, denn Menschen können sich erst dann ihren psychischen, sozialen und spirituellen Fragen stellen, wenn sie Schmerz- und Symptomlinderung erfahren. Andererseits kann eine medikamentöse Therapie alleine nicht zielführend sein, wenn psychosoziale und spirituelle Aspekte außer Acht gelassen werden. Daher spielt das interdisziplinäre und multiprofessionelle Team aus Ärzten, Pflegenden, Sozialarbeitern, Seelsorgern und weiteren Therapeuten in der Palliativmedizin eine besonders große Rolle.

Mögliche Ursachen und zugrunde liegende Pathomechanismen der einzelnen Symptome müssen erwogen und gegebenenfalls durch zusätzliche Diagnostik (Labor, Röntgen, Ultraschall et cetera) weiter abgeklärt werden, um Symptome gezielt behandeln zu können. Vorbefunde über die Erkrankung und vorausgegangene Therapien sowie ein fundiertes pathophysiologisches und pharmakologisches Wissen sind wichtige Grundlagen, um mögliche, auch behandelbare Ursachen für ein Symptom zu identifizieren. Diagnostische Maßnahmen wie Röntgen- und Laboruntersuchungen sollten sehr gezielt erfolgen, um den Patienten nicht unnötig zu belasten. Insgesamt spielen diagnostische Maßnahmen in der palliativmedizinischen Betreuung eine geringere Rolle als in der Akutmedizin. Grundsätzlich sollten Untersuchungen nur durchgeführt

---

4   C. SAUNDERS, Distress in Dying, in: BMJ 1963, 746.
5   A. ABERNETHY/J. WHEELER, Total dyspnoea, in: Curr Opin Support Palliat Care 2 (2008), 110–113.

werden, wenn sich daraus eine therapeutische Konsequenz, das heißt ein veränderter Vorgehen in der Behandlung des Patienten ergibt.

Bei der Therapie von Symptomen müssen Prioritäten und realistische Ziele für den Patienten, seine Angehörigen, aber auch für die Betreuenden gesetzt werden, da eine vollständige Symptomfreiheit nicht immer erreichbar ist. Eine deutliche Linderung der Symptome ist ein viel realistischeres Ziel.

2. Medikamentöse Therapie von Symptomen

Für die Symptomkontrolle werden medikamentöse und nicht-medikamentöse Maßnahmen eingesetzt, um die Lebensqualität der Patienten möglichst hoch zu halten. Die Therapie mit Arzneimitteln stellt eine der Hauptsäulen in der medizinischen Versorgung von Palliativpatienten dar. Ein reflektierter Umgang mit Medikamenten ist daher von großer Bedeutung zum Erreichen von Behandlungszielen. Da die meisten Symptome den Palliativpatienten nicht nur vorübergehend belasten, sondern dauerhaft bestehen, müssen Medikamente antizipatorisch, also vorausschauend gegeben werden. Dies bedeutet die regelmäßige und erneute Gabe eines Medikamentes vor Ende der Wirkungsdauer. Genauso muss der Patient auf zu erwartende Nebenwirkungen aufmerksam gemacht werden, da diese von vornherein mitbehandelt werden. So ist es zum Bespiel bekannt, dass Opioide (starke Schmerzmittel) Verstopfung hervorrufen, sodass Abführmittel gleichzeitig mit Schmerzmitteln verordnet werden müssen. Neben der regelmäßigen dauerhaften Gabe eines Medikamentes sollte dasselbe Präparat (oft in kurzwirksamer Form) auch als Bedarfsmedikation verordnet werden, damit der Patient bei intermittierendem Auftreten eines Symptoms, zum Beispiel in Form von Schmerzspitzen, zwischendurch Medikamente einnehmen kann, um solche Symptomspitzen zu durchbrechen.

Neben der gezielten medikamentösen Therapie stehen für einige Symptome auch andere Behandlungsverfahren, wie zum Beispiel Strahlentherapie oder Nervenblockaden zur Behandlung von Schmerzen, zur Verfügung.

Im Folgenden wird die Behandlung einiger Hauptsymptome etwas detaillierter dargestellt. Körperliche Schmerzen werden in diesem Kapitel nicht erwähnt, da ihnen, als einem der häufigsten und belastendsten Symptome, an anderer Stelle mehr Raum gegeben wird.

3. Atemnot

Atemnot ist ein häufiges Symptom bei Patienten mit Tumorerkrankungen, insbesondere bei Lungenkrebs, aber auch bei Patienten mit chronisch obstruktiver Lungenerkrankung (COPD) oder einer chronischen Herzinsuffizienz.[6] Tumorpatienten, die unter Atemnot leiden, haben eine verkürzte Lebenserwartung und einen geringeren Lebenswillen.[7] Atemnot hat vielfache Auswirkungen auf den Patienten und seine Angehörigen. Leben mit Atemnot wird von Patienten mit einem andauernden Kampf beschrieben, da Atemnot das ganze Leben dominiert. Patienten fühlen sich zunehmend sozial isoliert, da sie durch die Einschränkung ihrer Mobilität häufig das Haus nicht mehr verlassen können und zunehmend auf fremde Hilfe angewiesen sind.

Atemnot ist eine rein subjektive Erfahrung von Atembeschwerden und stimmt häufig nicht mit objektiven Messparametern wie Sauerstoffgehalt im Blut, Lungenfunktion oder Bildgebung überein. Atemnot wird durch vielfältige körperliche, psychologische, soziale und umweltbezogene Faktoren beeinflusst und kann sekundäre Verhaltensreaktionen, wie zum Beispiel Angst auslösen.[8] Durch die entstehende Angst kann die Atemnot verstärkt werden und der Patient gerät in einen schwer zu durchbrechenden Kreislauf aus Atemnot – Angst – Atemnot. Körperliche und emotionale Belastung führen häufig zu einer Verstärkung einer bestehenden Atemnot. Häufig leiden Patienten sogar zunächst nur unter Atemnotattacken, die, wenn ausgeprägt, aber von Patienten durchaus als lebensbedrohlich empfunden werden. Erst mit fortschreitender Erkrankung kommt es dann auch zu Atemnot in Ruhe.

Die symptomatische Therapie der Atemnot umfasst nicht-medikamentöse und medikamentöse Therapieoptionen, die möglichst kombiniert werden sollten. In früheren Krankheitsstadien spielen nicht-medikamentöse Maßnahmen eine größere Rolle, wohingegen am Lebensende der Einsatz von Medikamenten im Vordergrund steht.

---

6   J. P. SOLANO/B. GOMES/I. J. HIGGINSON, A comparison of symptom prevalence in far advanced cancer, AIDS, heart disease, chronic obstructive pulmonary disease and renal disease, in: J Pain Symptom Manage 31 (2006), 58–69.
7   D. TATARYN/H. CHOCHINOV, Predicting the trajectory of will to live in terminally ill patients, in: Psychosomatics 43,5 (2002), 370–377.
8   AMERICAN THORACIC SOCIETY, Dyspnea. Mechanisms, assessment, and management: a consensus statement, in: Am J Respir Crit Care Med 159,1 (1999), 321–340.

3.1 Nicht-medikamentöse Therapie

Nicht-medikamentöse Therapieoptionen umfassen verschiedene Aspekte wie Patientenedukation, körperliche Aktivität, Atemtraining, Beruhigungstechniken, Ventilatoren und Gehhilfen (Rollator). Patienten sollten Aktivitäten in ihrem Alltag vorausplanen und dabei ausreichende Ruhepausen berücksichtigen. Atem- und Entspannungsübungen können Patienten helfen, Kontrolle über ihre Atmung zu behalten, um nicht durch Angst und Panik die Atemnot zu verschlimmern. Hierzu zählen zum Beispiel die Lippenbremse, Einatmen in den Bauch, gemeinsames Atmen mit einem Partner und Techniken aus der kognitiven Verhaltenstherapie.

Da Patienten bei zunehmender Atemnot körperliche Belastungen häufig scheuen und zunehmend immobil werden, kommt es zu einer allgemeinen Muskelschwäche und sogenannten Dekonditionierung. Neben der Immobilität verstärkt aber auch die Grunderkrankung diese Dekonditionierung, da zum Beispiel eine chronisch obstruktive Lungenerkrankung nicht nur die Lunge, sondern den ganzen Körper betrifft. Diese allgemeine Muskelschwäche führt zu einer Verstärkung der Atemnot, wobei gezeigt werden konnte, dass gezielte und dosierte Aktivität Atemnot entsprechend verbessert. Aus diesem Grund spielen Physiotherapeuten bei der Betreuung von Patienten mit Atemnot eine große Rolle, da sie Patienten entsprechend zu körperlicher Aktivität anleiten können. Unterstützend kann hier auch ein Rollator (Gehhilfe) verwendet werden, der nicht nur ermöglicht, dass die Patienten weiter gehen können, sondern gleichzeitig (vermutlich) durch die Stabilisierung des Brustkorbs und Unterstützung der Atemmuskulatur zu einer Linderung der Atemnot führen kann. Patienten berichten häufig, dass die Zufuhr frischer oder kühler Luft ins Gesicht (zum Beispiel durch ein offenes Fenster) als angenehm und lindernd empfunden wird. Aus diesem Grund werden zunehmend Ventilatoren eingesetzt, ob im Zimmer stehend oder als Handventilator. Letztere haben den Vorteil, dass sie universell eingesetzt werden können (Handtaschengröße), kostengünstig sind und die Selbstständigkeit des Patienten fördern. Die Effektivität wurde durch randomisiert-kontrollierte Studien belegt.[9] Die Wirkung erfolgt vermutlich über eine Aktivierung von Rezeptoren im Bereich des Trigeminusnervs, die mit dem Atemzentrum verbunden sind.

---

9   S. GALBRAITH/P. FAGAN/P. PERKINS/A. LYNCH/S. BOOTH, Does the use of a handheld fan improve chronic dyspnea? A randomized, controlled, crossover trial, in: J Pain Symptom Manage 39,5 (2010), 831–838.

3.2 Medikamentöse Therapie

Es gibt verschiedene Medikamentengruppen, die in der Behandlung der Atemnot zum Einsatz kommen. Arzneimittel der ersten Wahl sind starke Opioide, die besonders in der Schmerztherapie zum Einsatz kommen. Verschiedene Studien haben aber gezeigt, dass Opioide wie zum Beispiel Morphin auch eine gute Wirkung auf die subjektive Atemnot des Patienten haben.[10] Wie in der Schmerztherapie wird mit einer niedrigen Dosis begonnen und entsprechend dem Effekt dann langsam schrittweise nach oben gesteigert. Die benötigten Dosierungen sind im Vergleich zur Schmerztherapie aber deutlich niedriger. Atemdepression, also eine Verminderung des Atemantriebs, ist eine befürchtete Nebenwirkung der starken Opioide, die aber bei sachgemäßem Gebrauch weder in der Schmerztherapie noch in der Behandlung der Atemnot vorkommt. Dies wurde auch in entsprechenden Studien belegt.[11,12]

Eine weitere häufig eingesetzte Medikamentengruppe zur Therapie der Atemnot sind Benzodiazepine, die eine angstlösende und leicht sedierende (beruhigende) Wirkung haben. Als Anxiolytika haben Benzodiazepine möglicherweise eine unterstützende Rolle in der Kontrolle der Angst und Panik, die, wie oben beschrieben, häufig mit Atemnot einhergehen. Allerdings gibt es keine ausreichende Evidenz, dass diese Medikamente Atemnot lindern.[13] Aus diesem Grund sollten Benzodiazepine sehr kritisch und nur bei koexistenter Angst oder bei Therapieversagen der Opioide beziehungsweise in Kombination mit einem Opioid eingesetzt werden.

Im klinischen Alltag wird Patienten mit Atemnot häufig reflexartig Sauerstoff verabreicht unter der Annahme, dass dadurch die Atemnot gelindert wird. Allerdings ist die Evidenzlage zur Wirksamkeit von Sauerstoff nur für bestimmte Untergruppen gegeben. So profitieren zum Beispiel Patienten, die einen nachgewiesenen Sauerstoffmangel im Blut haben und unter einer chronisch obstruktiven Lungenerkrankung (COPD) leiden, von einer Sauerstoff-

---

10   A. ABERNETHY/D. CURROW/P. FRITH/B. FAZEKAS/A. MCHUGH/C. BUI, Randomised, double blind, placebo controlled crossover trial of sustained release morphine for the management of refractory dyspnoea, in: BMJ 327,7414 (2003), 523–528.
11   K. CLEMENS/I. QUEDNAU/E. KLASCHIK, Use of oxygen and opioids in the palliation of dyspnoea in hypoxic and non-hypoxic palliative care patients: a prospective study, in: Support Care Cancer 17,4 (2009), 367–377; E-pub 2008 Aug 22.
12   D. CURROW/C. MCDONALD/S. OATER/B. KENNY/P. ALLCROFT/P. FRITH/M. BRIFFA/ M. JOHNSON/A. ABERNETHY, Once-Daily Opioids for Chronic Dyspnea: A Dose Increment and Pharmacovigilance Study, in: J Pain Symptom Manage 42,3 (2011), 388–399.
13   S. SIMON/I. HIGGINSON/S. BOOTH/R. HARDING/C. BAUSEWEIN, Benzodiazepines for the relief of breathlessness in advanced malignant and non-malignant diseases in adults, in: Cochrane Database Syst Rev 20,1 (2010), CD007354.

langzeittherapie (mindestens 15 Stunden am Tag).[14] Aber für die relativ große Gruppe von Patienten, die keinen Sauerstoffmangel haben, ist es nicht erwiesen, dass Sauerstoff einen zusätzlichen Nutzen hat. In einer kürzlich erschienenen großen internationalen Studie konnte kein Unterschied zwischen der Gabe von Sauerstoff über sieben Tage im Vergleich zur Gabe von Raumluft gezeigt werden. Der beobachtete Effekt wurde vermutlich durch den Luftstrom hervorgerufen, der durch die Gabe von Sauerstoff und Raumluft erzeugt wurde.[15] Da Patienten durch die unkritische Gabe von Sauerstoff auch Nachteile wie die Austrocknung der Schleimhäute, Bewegungseinschränkung durch Schläuche und hohe Kosten und Aufwand in der häuslichen Versorgung haben können, sollte der Einsatz kritisch dem Nutzen gegenübergestellt werden. Die oben beschriebenen Ventilatoren und Handventilatoren können genau so einen Luftzug erzeugen, der von Patienten als angenehm empfunden wird.

4. Übelkeit und Erbrechen

Übelkeit (11–54 %) und Erbrechen (10–32 %) sind relativ häufige Symptome bei Patienten mit fortgeschrittenen Tumorerkrankungen (vor allem Brust-, Magen- oder gynäkologische Tumore).[16] Beide Symptome werden häufig in einem Atemzug genannt, kommen aber auch unabhängig voneinander vor. Sowohl Übelkeit als auch Erbrechen werden von Patienten als sehr belastend empfunden, wobei anhaltende Übelkeit oftmals schwerer zu ertragen ist als wiederholtes Erbrechen. Beide Symptome haben großen Einfluss auf die Lebensqualität des Patienten sowie sein soziales Umfeld. So kann Erbrechen die „Angst vor dem Verhungern" bei Patienten und Angehörigen steigern. Patienten beklagen häufig gleichzeitig Appetitlosigkeit, was für die Angehörigen oft eine zusätzliche Belastung ist, da sie meinen, dass Essen unbedingt für das Wohlbefinden und die Besserung des Zustands des Patienten notwendig ist. Übelkeit und Erbrechen können zu unsicheren Medikamentenwirkungen füh-

---

14 A. CORRADO/T. RENDA/S. BERTINI, Long-term oxygen therapy in COPD: evidences and open questions of current indications, in: Monaldi Arch Chest Dis 73,1 (2010), 34–43.
15 A. ABERNETHY/C. MCDONALD/P. FRITH/K. CLARK/J. HERNDON/J. MARCELLO/I. YOUNG/ J. BULL/A. WILCOCK/S. BOOTH/J. WHEELER/J. TULSKY/A. CROCKETT/D. CURROW, Effect of palliative oxygen versus room air in relief of breathlessness in patients with refractory dyspnoea: a double-blind, randomised controlled trial, in: The Lancet 376,9743 (2010), 784–793.
16 J. POTTER/I. HIGGINSON, Frequency and severity of gastrointestinal symptoms in advanced cancer, in: C. RIPAMONTI/E. BRUERA (Hg.), Gastrointestinal Symptoms in Advanced Cancer Patients, Oxford 2002, 1–15.

ren, da Arzneimittel nicht ausreichend resorbiert werden, aber auch Elektrolytentgleisungen nach sich ziehen, wenn ein Patient wiederholt und anhaltend erbricht. Abhängig von der Ursache für Erbrechen kann unverdaute und verdaute Nahrung, Galle, aber auch Stuhl erbrochen werden.

Es gibt eine Reihe von Ursachen für Übelkeit und Erbrechen im Magen-Darm-Trakt (Tumor, Lebervergrößerung, Verstopfung et cetera), im zentralen Nervensystem (Hirntumoren und -metastasen), Elektrolytveränderungen und auch eine Reihe von Medikamenten, wie zum Beispiel Schmerzmittel oder Antibiotika. Alle behandelbaren Ursachen sollten entsprechend therapiert werden und verzichtbare Medikamente abgesetzt werden.

Zur symptomatischen Therapie werden vor allem Arzneimittel regelmäßig und antizipatorisch, also vor Wiederauftreten der Symptome, eingesetzt. Die einzelnen Substanzen sollten nach wahrscheinlichster Ursache, dem Wirkspektrum des Antiemetikums sowie den zur Verfügung stehenden Applikationsformen ausgewählt werden.[17] Wenn ein Patient anhaltend unter Übelkeit leidet oder wiederholt erbricht, können die Medikamente nicht ausreichend wirken, so dass mit Tabletten oder Tropfen allein stärkere Symptome nicht befriedigend behandelt werden können. Dann müssen die Medikamente als Infusionen intravenös oder subkutan, also über die Vene oder unter die Haut, gegeben werden. Erst wenn Übelkeit und Erbrechen unter Kontrolle sind, kann wieder auf die orale Einnahme von Medikamenten umgestellt werden. Patienten bevorzugen in dieser Situation oft viele kleine Mahlzeiten, ihre Lieblingsspeisen, oder auch kalte Speisen. Mahlzeiten sollten in entspannter Atmosphäre zu sich genommen und starke Gerüche vermieden werden. Weitere unterstützende Maßnahmen sind autogenes Training sowie therapeutische und seelsorgerliche Begleitung.

5. Obstipation (Verstopfung)

Etwa die Hälfte der Patienten mit fortgeschrittenen Krebserkrankungen leiden unter Verstopfung.[18] Für die Patienten ist dabei eine über mehrere Tage bis zwei Wochen fehlende Stuhlentleerung sehr belastend. Außerdem ist es eine große pflegerische und ärztliche Herausforderung, eine ausgeprägte Obstipation zu beheben. Obstipation kann Unwohlsein, Völlegefühl, kolikartige Schmerzen, Übelkeit, Erbrechen, Harninkontinenz oder Verwirrtheit nach sich ziehen.

---

17 K. MANNIX, Palliation of nausea and vomiting, in: D. DOYLE/G. HANKS/N. CHERNY/ K. CALMAN (Hg.), Oxford Textbook of Palliative Medicine, Oxford 2004, 459–468.
18 N. SYKES, Constipation and diarrhoea, in: G. HANKS/N. CHERNY/N. CHRISTAKIS/ M. FALLON/S. KAASA/R. PORTENOY (Hg.), Oxford Textbook of Palliative Medicine, Oxford 2009, 833–850.

Eine Vielzahl von Ursachen führt zur Obstipation und häufig kommen bei Palliativpatienten mehrere Faktoren zusammen. Allgemeine Gründe sind körperliche Schwäche, die zu Bewegungsmangel und Bettlägerigkeit führt, sowie verminderte Nahrungsaufnahme durch Appetitlosigkeit und Flüssigkeitsmangel.[19] Viele zur Symptomkontrolle notwendigen Medikamente haben eine obstipierende Wirkung. Am stärksten ausgeprägt ist die obstipierende Wirkung bei starken Opioiden, also Schmerzmitteln vom Typ des Morphins. Im Gegensatz zu anderen Opioidnebenwirkungen wie Übelkeit und Erbrechen oder Sedierung, die nach einigen Tagen verschwinden, entwickelt sich bei der Obstipation keine Toleranzentwicklung, das heißt solange Opioide gegeben werden, leiden Patienten unter Obstipation. Aus diesem Grund müssen bei der Schmerztherapie mit Opioiden Laxantien (Abführmittel) von Anfang an mit verordnet und eingenommen werden, um Komplikationen zu vermeiden. Tumoren im Magen-Darm-Trakt können zu Verschlüssen führen, die dann eine Obstipation nach sich ziehen können. Aber auch Elektrolytverschiebungen wie ein zu hoher Kalzium- oder ein zu niedriger Kaliumspiegel machen den Darm träge.

Die Therapie der Obstipation setzt sich aus medikamentösen und nichtmedikamentösen Behandlungsstrategien nach einem Stufenplan zusammen. Ziel ist eine Stuhlentleerung etwa alle drei Tage. Dabei wird häufig fälschlich angenommen, dass Patienten, die nichts mehr essen, keine Darmentleerung und damit keinen Stuhlgang mehr haben. Da die Darmschleimhaut aber täglich Gewebe abschilfert, sollten auch Patienten, die keine Nahrung aufnehmen, Stuhlgang haben. Einen obstipierten Darm wieder in Gang zu bekommen, kann einige Tage bis zu zwei Wochen dauern.

Eine Reihe von verschiedenen Abführmitteln steht für die Behandlung der Obstipation zur Verfügung, die zum Teil in Kombination gegeben werden können. Wenn die Einnahme von Tabletten oder Tropfen nicht ausreicht, müssen zusätzlich rektale Maßnahmen in Form von Zäpfchen oder Klistieren gegeben werden. Unterstützend können pflegerische Maßnahmen wie hohe Einläufe, die Gabe verschiedener Tees oder Säfte mit abführender Wirkung oder Kolonmassage hilfreich sein.

Eine Veränderung der Lebensführung, wie zum Beispiel ballaststoffreichere Ernährung, vermehrte Flüssigkeitszufuhr und körperliche Bewegung sind bei schwer kranken Patienten meist nicht mehr möglich. Die übermäßige Zufuhr

---

19 P. LARKIN/N. SYKES/C. CENTENO/J. ELLERSHAW/F. ELSNER/B. EUGENE/J. R. G. GOOTJES/M. NABAL/A. NOGUERA/C. RIPAMONTI/F. ZUCCO/W. ZUURMOND and on behalf of THE EUROPEAN CONSENSUS GROUP ON CONSTIPATION IN PALLIATIVE CARE, The management of constipation in palliative care: clinical practice recommendations, in: Pall Med 22 (2008), 796–807.

von Ballaststoffen kann bei unzureichender Flüssigkeitszufuhr sogar zu Stuhlverhärtung führen und damit die Obstipation verstärken.

6. Symptome in der Sterbephase

In der eigentlichen Sterbephase, also in den letzten zwei bis drei Lebenstagen, können neue und belastende Symptome auftauchen und ein friedvolles Sterben verhindern, das bei guter medizinischer Betreuung und Symptomkontrolle in den meisten Fällen möglich ist. Daher hat die Symptomkontrolle in der Sterbephase eine besondere Bedeutung, da nicht nur dem Patienten ein friedliches Sterben ermöglicht werden soll, sondern auch die Angehörigen diese letzten Tage in besonderer Erinnerung behalten und ein unfriedliches Sterben die Trauerzeit erschweren kann.

Grundsätzlich müssen in der Sterbephase alle Medikamente, die zur Symptomkontrolle notwendig sind, weitergegeben werden. Da die Patienten ihre Medikamente aber meist aufgrund zunehmender Schwäche und Schläfrigkeit nicht mehr oral zu sich nehmen können, müssen die entscheidenden Medikamente in Form von Spritzen, zum Beispiel unter die Haut mit Hilfe einer kleinen Pumpe verabreicht werden.[20] Vor der Sterbephase wichtige Medikamente gegen Herz-Kreislauferkrankungen, Bluthochdruck oder Diabetes sind oft nicht mehr nötig und können in der Terminalphase abgesetzt werden. Entscheidend für die Gabe eines Medikamentes ist einzig die Frage, ob es zur Kontrolle von Symptomen notwendig ist.

6.1 Rasselatmung

In der Sterbephase kommt es bei circa der Hälfte der Patienten zu hörbaren Sekretionen im Bronchialtrakt, der so genannten Rasselatmung. Die Sekretionen werden von Speichel- und Bronchialdrüsen gebildet. Bei sterbenden Patienten, die die Fähigkeit zu schlucken und zu husten verloren haben, sammeln sich diese Sekrete in den großen Atemwegen und sind beim Ein- und Ausatmen hörbar. Es ist unklar, wie sehr Patienten unter dieser Rasselatmung leiden. Für die Umstehenden, besonders für die Angehörigen, stellt dieses Symptom aber eine große Belastung dar und sollte aus diesem Grund immer therapiert werden. Zu den wichtigsten nicht-medikamentösen Maßnahmen gehören die Lagerung des Patienten auf die Seite und eine Reduktion der Zufuhr von Flüssigkeit in Form von Infusionen. Häufig wird versucht, die

---

20   C. BAUSEWEIN, Symptome in der Terminalphase, in: Der Onkologe 11 (2005), 420–426.

Sekrete aus den Atemwegen abzusaugen, was aber nicht den erwünschten anhaltenden Erfolg bringt und für die Patienten, die häufig komatös sind, sehr belastend ist.[21] Die wichtigste Maßnahme gegen Rasselatmung ist die frühzeitige Gabe von Medikamenten, die die Sekretbildung unterdrücken. Bei etwa der Hälfte der Patienten kann die Rasselatmung erfolgreich behandelt werden. Wichtig ist aber die frühzeitige Therapie, da bestehende Sekretionen durch die Medikamente nicht mehr unterdrückt werden können.

6.2 Unruhe/Delir

Verschiedene neurologische Veränderungen können die Sterbephase deutlich verkomplizieren. Verwirrtheits- und Unruhezustände sind sowohl für den Patienten als auch die Angehörigen und das betreuende Team sehr belastend. Als Ursachen kommen Folgen der Erkrankung (Hirnmetastasen, Veränderungen der Blutsalze), Infektionen, zu wenig oder zu viel Flüssigkeit im Körper, aber auch Medikamente, die zur Symptomkontrolle eingesetzt werden, in Frage. Behandelbare Ursachen sollten wie auch sonst bei der Symptomkontrolle als erstes behoben werden. Die ruhige Anwesenheit von Angehörigen oder vertrauten Personen, Musik, Aromastoffe, und gedämpftes Licht können beruhigend auf den Patienten wirken. Meist ist aber der Einsatz von sogenannten Neuroleptika notwendig, die gegen Unruhe und Halluzinationen wirken. Sedativa, Beruhigungsmittel, können ergänzend gegeben werden.

7. Zusammenfassung

Eine Vielzahl von Symptomen belastet Menschen mit fortgeschrittenen Erkrankungen in der letzten Lebensphase. Die medikamentöse Symptomkontrolle stellt eine wichtige Säule in der palliativmedizinischen Betreuung dar. Diese Art der medizinischen Behandlung bedeutet dabei nicht therapeutischen Nihilismus, sondern außerordentlich differenzierte und individuelle Therapie, für die ein qualifiziertes fachliches Wissen notwendig ist. Gute Symptomkontrolle ist eine wichtige Voraussetzung, dass Menschen in der letzten Lebensphase sich auch psychosozialen und spirituellen Fragen stellen und friedlich sterben können.

---

21 T. WATTS, Problems of management of noisy breathing, in: Int J Palliat Nurs 3 (1997), 245–252.

Entscheidungen am Lebensende bei Kindern und Jugendlichen: Offene Fragen im Gesetz zur Patientenverfügung

MONIKA FÜHRER

Die Säuglings- und Kindersterblichkeit hat im letzten Jahrhundert erheblich abgenommen. Der Tod eines Kindes stellt heute in den westlichen Industrienationen eine Ausnahme dar. Kinder, die vor wenigen Jahrzehnten noch keine Überlebenschancen gehabt hätten, können heute dank erheblicher Fortschritte in der Intensiv- und Transplantationsmedizin erfolgreich behandelt werden. Viele von ihnen werden gesund, aber ein nicht unerheblicher Prozentsatz leidet an schweren gesundheitlichen Problemen, die ihre Lebensqualität erheblich einschränken und ihr Risiko, vorzeitig an Spätkomplikationen zu versterben, erhöhen.

1. Situation in der Praxis

Therapieentscheidungen bei schwerstkranken Kindern und Jugendlichen gehören zu den schwierigsten Aufgaben für die behandelnden Ärzte und das Betreuungsteam.[1] Viele Kinderärzte fühlen sich ungenügend auf diese Aufgabe vorbereitet und sind unsicher bezüglich der rechtlichen Grundlagen. Obgleich in Deutschland Gesetzgebung und Rechtsprechung in den letzten Jahren relativ klare Antworten auf Fragen der Therapiebegrenzung gegeben haben und auch verschiedene nationale und internationale Expertengremien klar dazu Stellung genommen haben, bereitet sowohl die Begrifflichkeit als auch die Umsetzung dieser Prinzipien im konkreten Fall immer wieder große Schwierigkeiten.[2]

---

1   M. Z. SOLOMON/D. E. SELLERS/K. S. HELLER u.a., New and lingering controversies in pediatric end-of-life care, in: Pediatrics 116 (2005), 872–883.
2   AMERICAN ACADEMY OF PEDIATRICS COMMITTEE ON BIOETHICS, Guidelines on foregoing life-sustaining medical treatment, in: Pediatrics 93 (1994), 532–536 (Eine Stellungnahme zur erneuten Bekräftigung dieser Richtlinien wurde veröffentlicht in:

Unsicherheit und Angst bei den Ärzten und individuell höchst unterschiedliche Einstellungen zum Beispiel zu medizinischen Eingriffen wie künstlicher Ernährung und Flüssigkeitstherapie führen daher immer wieder zu Konflikten innerhalb der Behandlungsteams und zwischen Eltern und Ärzten.

2. Gesetzliche Regelung

Seit 2009 regelt das Gesetz zur Patientenverfügung den Umgang mit dem vorausverfügten Willen Erwachsener. In ihren Empfehlungen zum Umgang mit Patientenverfügung und Vorsorgevollmacht benennt die Bundesärztekammer die wesentliche, im Gesetz[3] festgelegte Voraussetzung für die Wirksamkeit einer Patientenverfügung: „Patientenverfügungen sind nur wirksam, wenn der Patient zur Zeit der Abfassung volljährig und einwilligungsfähig ist."[4]. Folgerichtig hat der Gesetzgeber das am 9. Juni 2009 verabschiedete Gesetz zur Patientenverfügung dem Betreuungsrecht zugeordnet, welches erst mit Erreichen der Volljährigkeit Anwendung findet. Damit blieb die Frage nach dem Umgang mit einer Vorausverfügung eines minderjährigen Patienten ohne gesetzliche Regelung. Die Rechtsprechung hat jedoch klare Vorgaben zur Frage der Therapiebegrenzung im Kindesalter gegeben. In der Broschüre zur Patientenverfügung des Bayerischen Justizministeriums heißt es dazu:

> „Nach der zum bisherigen Recht ergangenen Rechtsprechung gilt, dass es für einen ärztlichen Eingriff der Einwilligung der sorgeberechtigten Elternteile bedarf, wenn der Minderjährige noch nicht selbst einwilligungsfähig ist; hierbei haben die Eltern mit wachsender Reife des Kindes dessen eigene Wünsche zu beachten. Die Einwilligungs-

---

Pediatrics 114,4 [2004], 1126); DEUTSCHE GESELLSCHAFT FÜR MEDIZINRECHT, Einbecker Empfehlungen der Deutschen Gesellschaft für Medizinrecht (DGMR) zu den Grenzen ärztlicher Behandlungspflicht bei schwerstgeschädigten Neugeborenen, in: MedR 281 (1986), 281; R. J. Jox/E. EISENMENGER, Pädiatrische Palliativmedizin – die juristische Sicht, in: M. FÜHRER/A. DUROUX/G. D. BORASIO (Hg.), „Können Sie denn gar nichts mehr für mein Kind tun?". Therapiezieländerung und Palliativmedizin in der Pädiatrie (Münchner Reihe Palliative Care, Bd. 2), Stuttgart 2006, 49–54; V. LIPP, Sterbehilfe – Aktuelle Rechtslage und rechtspolitische Diskussion, in: G. D. BORASIO/ K. KUTZER/C. MEIER (Hg.), Patientenverfügung: Ausdruck der Selbstbestimmung – Auftrag zur Fürsorge (Münchner Reihe Palliative Care, Bd. 1), Stuttgart 2005; ROYAL COLLEGE OF PAEDIATRICS AND CHILD HEALTH, Withholding and withdrawing life sustaining treatment in children: a framework for practice, London ²2004. Quelle: http://www.rcpch.ac.uk/what-we-do/rcpch-publications/publications-list-date/ publications-list-date (Zugriff am 30.07.2011).

3   Vgl. § 1901a Abs. 1 Satz 1 BGB.
4   BUNDESÄRZTEKAMMER, Grundsätze der Bundesärztekammer zur ärztlichen Sterbebegleitung, in: Dtsch Arztebl 108,7 (2011). Vgl. auch: www.bundesaerztekammer.de/ downloads/Sterbebegleitung_17022011.pdf (Zugriff am 30.07.2011).

fähigkeit eines Minderjährigen richtet sich nach dem individuellen Reifegrad und ist in Bezug auf den konkreten Eingriff zu beurteilen. Zur Frage, ob die vorausverfügte Ablehnung einer medizinischen Maßnahme durch einen einwilligungsfähigen Minderjährigen durch die Zustimmung der sorgeberechtigten Eltern „überstimmt" werden kann, liegt noch keine Rechtsprechung vor. In jedem Fall sind die Willensäußerungen aufgeklärter und einwilligungsfähiger minderjähriger Patienten bei der Entscheidungsfindung zu beachten."[5]

3. Voraussetzungen für die Durchführung ärztlicher Maßnahmen bei Minderjährigen

Die beiden Voraussetzungen für jede medizinische Maßnahme sind (i) das Vorliegen einer medizinischen Indikation und (ii) die Einwilligung des Patienten beziehungsweise – bei nicht vorhandener Einwilligungsfähigkeit – seines Vertreters.[6]

Indikation:
Von den meisten Eltern wird die Aufgabe, für ihr Kind über die Fortführung oder Beendigung lebensverlängernder Maßnahmen entscheiden zu müssen, als sehr belastend empfunden. Wie die Erfahrung in vielen Therapiezielfindungskonsilien auf pädiatrischen Intensivstationen zeigt, können die Eltern häufig von der Entscheidung entlastet werden, wenn zunächst im Behandlungsteam die Frage der medizinischen Indikation geklärt wird. Die Verantwortung für die Indikationsstellung obliegt dem Arzt. Ist das Therapieziel der Lebensverlängerung für das Kind oder den Jugendlichen nicht mehr realistisch, sollten lebensverlängernde Maßnahmen beendet und eine palliative Behandlung eingeleitet werden.

Die Frage der Indikation stellt sich sowohl vor der Einleitung medizinischer Maßnahmen zur Lebenserhaltung als auch während ihrer Durchführung, da insbesondere bei eingreifenden Verfahren wie zum Beispiel einer maschinellen Beatmung die Indikation laufend neu überprüft werden muss.[7] Besteht bei fortschreitendem oder irreversiblem Versagen lebenswichtiger Organe Einigkeit zwischen Behandlungsteam und Sorgeberechtigten, dass für das Kind kein sinnvolles Behandlungsziel mehr erreicht werden kann, ist die Beendigung der

---

5 BAYERISCHES MINISTERIUM DER JUSTIZ UND FÜR VERBRAUCHERSCHUTZ, Vorsorge für Unfall, Krankheit, Alter durch Vollmacht, Betreuungsverfügung, Patientenverfügung, München [11]2009. Quelle: www.verwaltungsportal.bayern.de/Anlage1928142/ VorsorgefuerUnfall,KrankheitundAlter.pdf (Zugriff am 30.07.2011, Hervorhebung durch die Verfasserin).
6 Vgl. hierzu Abbildung 1, in diesem Beitrag, 196.
7 A. Y. GOH/Q. MOK, Identifying futility in a paediatric critical care setting: a prospective observational study, in: Arch Dis Child 84 (2001), 265–268.

therapeutischen Maßnahme unter palliativmedizinisch korrekt durchgeführter Symptomlinderung indiziert.[8] In diesem Zusammenhang ist es für die beteiligten Ärzte wichtig, dass zwischen der Nicht-Fortführung und der Nicht-Einleitung lebensverlängernder Maßnahmen ethisch-rechtlich kein Unterschied besteht.[9] In beiden Fällen handelt es sich um sogenannte „passive Sterbehilfe".

Es ist die Aufgabe des Arztes, die Eltern über diesen Sachverhalt einfühlsam aufzuklären.[10]

Einwilligung:
Partner des Arztes in der Bestimmung des Therapieziels ist auch in der Pädiatrie grundsätzlich der Patient. Jede ärztliche Handlung bedarf der Einwilligung, da sie sonst den Tatbestand einer strafbaren Körperverletzung darstellt. Nur wenn das Kind aufgrund seines Alters oder einer Störung seiner geistigen Entwicklung nicht oder noch nicht einwilligungsfähig ist, ist es Recht und Pflicht der Eltern, für das Kind und zu seinem Wohl zu entscheiden.[11]

Für die Einwilligungsfähigkeit hat der Gesetzgeber, anders als für die Geschäftsfähigkeit, keine festen Altersgrenzen vorgesehen. Vielmehr ist die Einwilligungsfähigkeit eines Kindes an seine individuelle Reife und die Fähigkeit gebunden, die Tragweite einer konkreten ärztlichen Maßnahme zu erfassen und eine eigenständige Entscheidung zu treffen. Dabei ist der Prozess der Entscheidungsfindung, etwa die Fähigkeit entsprechende Informationen einzufordern, zu verstehen und zu werten, nicht aber die Entscheidung selbst ausschlaggebend. Neben der intellektuellen und psychischen Reife kann auch die Krankheitserfahrung eine Rolle spielen. Im Allgemeinen geht man bei normaler Entwicklung und Reife bei Jugendlichen ab 16 Jahren von einer Einwilligungsfähigkeit aus, im individuellen Fall kann diese aber auch schon mit 14 Jahren gegeben sein.

Da die Einwilligungsfähigkeit nicht an ein bestimmtes Alter gebunden ist, gehört es zu den Aufgaben des behandelnden Arztes, sich ein Bild über den Entwicklungsstand und die Einwilligungsfähigkeit des Kindes zu machen. Eine altersangemessene Aufklärung und Einbeziehung des Kindes ist grundsätzlich immer geboten.[12]

---

8   J. TIBBALLS, Legal basis for ethical withholding and withdrawing life-sustaining medical treatment from infants and children, in: J Pediatr Child Health 43 (2007), 230–236.
9   SOLOMON/SELLERS/HELLER (s.o. Anm. 1).
10 TIBBALLS (s.o. Anm. 8); R. D. TRUOG/E. C. MEYER/J. P. BURNS, Toward interventions to improve end-of-life care in the pediatric intensive care unit, in: Crit Care Med 34,11 (2006), 373–379.
11 J. WOLFE/N. KLAR/H. E. GRIER u.a., Understanding of prognosis among parents of children who died of cancer: Impact on treatment goals and integration of palliative care, in: JAMA 284 (2000), 2469–2475.
12 Siehe hierzu oben.

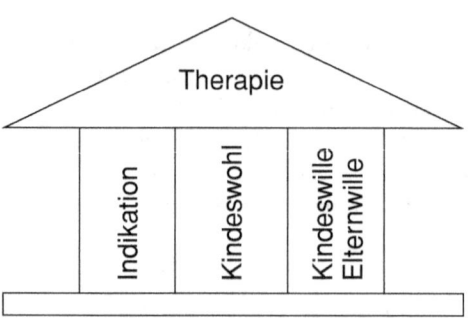

Abbildung 1: Rechtfertigung medizinischer Maßnahmen bei Kindern

Kindeswohl:
Anders als bei einem erwachsenen Patienten befindet sich der Arzt in der Entscheidungsfindung bei einem minderjährigen Patienten in einer Doppelfunktion – er übernimmt nicht nur die primäre ärztliche Aufgabe der Indikationsstellung, sondern er ist zudem Advokat des Kindeswohls. Diese „Wächterfunktion" kommt insbesondere dann zum Tragen, wenn der Arzt eine medizinische Maßnahme für dringend geboten ansieht, diese aber von den Eltern abgelehnt wird. Anders als für sich selbst sind auch die Eltern in ihrer Entscheidung für ihr Kind nicht völlig frei, sondern an das Kindeswohl gebunden. So formuliert bereits das Grundgesetz in Artikel 6 die Rechte und Pflichten der Eltern und deren Überwachung wie folgt: „Pflege und Erziehung der Kinder sind das natürliche Recht der Eltern und die zuvörderst ihnen obliegende Pflicht. Über ihre Betätigung wacht die staatliche Gemeinschaft."[13] Dabei billigt die Rechtsprechung in Deutschland den Eltern eine eigenständige Wertentscheidung zu, die zum Beispiel die Ablehnung vorbeugender Maßnahmen wie Impfungen zulässt, jedoch zum Beispiel die Verweigerung einer lebensrettenden Bluttransfusion als nicht mit dem Kindeswohl vereinbar ansieht.

In seiner besonderen Aufgabe in der Behandlung nicht-einwilligungsfähiger Minderjähriger trägt der Arzt damit nicht nur die Verantwortung für die korrekte medizinische Indikationsstellung, sondern sieht sich zudem mit der Aufgabe konfrontiert, im Entscheidungsprozess über die Wahrung des Kindeswohls zu wachen. In der überwiegenden Mehrzahl der Fälle gelingt es, die Eltern im Entscheidungsprozess zu begleiten und zu unterstützen und zu einer einvernehmlichen, am Kindeswohl orientierten Entscheidung zu kommen (*shared decision making*). Sieht der Arzt im Konfliktfall das Wohl des Kindes gefährdet, muss er eine richterliche Entscheidung über eine bestimmte medizinische Maßnahme erwirken. Die Komplexität der ärztlichen Doppelfunktion soll an folgendem Beispiel dargestellt werden.

---

13 Art. 6 GG.

4. Fallgeschichte

Nachdem den Eltern eine zunehmende Muskelschwäche und der Verlust der Kopfkontrolle aufgefallen war, wurde bei dem sechs Wochen alten Jungen die Diagnose Spinale Muskelatrophie Typ I (SMA I, Werdnig-Hoffmann) gestellt.

Prognose: Die Erkrankung schreitet in der Regel rasch fort und führt meist schon im ersten Lebensjahr zum vollständigen Verlust der Funktion aller Muskeln. Dies betrifft insbesondere auch die Atemmuskulatur. Ohne Beatmung versterben die meisten Kinder im ersten Lebensjahr an Ateminsuffizienz.

Therapieoptionen: Unter Beatmung über eine Maske oder ein Tracheostoma und mit künstlicher Ernährung über ein Gastrostoma (PEG-Sonde) ist ein Überleben bis in das zweite Lebensjahrzehnt möglich. Der Verlauf der Erkrankung ist durch häufige Infektionen der beatmeten Lunge, meist mit starker Verschleimung, belastet. Zudem müssen die Kinder rund um die Uhr pflegerisch betreut werden, da eine Verlegung der Atemwege sofort fachkundig behoben werden muss, um lebensbedrohlichen Sauerstoffmangel zu vermeiden. Die völlig normal intelligenten Kinder sind bei voll ausgeprägter Erkrankung vollständig gelähmt, lernen manchmal aber trotz Beatmung zu sprechen.

Wird keine Beatmung durchgeführt, müssen die Symptome des Kindes, insbesondere die regelhaft auftretende Atemnot palliativmedizinisch behandelt und durch die Gabe von Morphin und Benzodiazepinen gelindert werden.

Betreuung der Eltern in der Therapieentscheidung:

- Aufklärung über die zu erwartende Ateminsuffizienz und die verkürzte Lebenserwartung
- Aufklärung über die Möglichkeiten der Beatmung und der medikamentösen Linderung der Atemnot
- Austausch mit anderen betroffenen Familien
- Besuch eines älteren tracheotomierten und beatmeten Patienten mit SMA 1
- Diskussion mit den Eltern über die Frage der Lebensqualität unter Langzeitbeatmung

Ergebnis der Therapiezielfindung:

Als ihr Kind 12 Wochen alt ist, entscheiden sich die Eltern gegen eine Beatmung und für eine rein palliativmedizinische Behandlung mit medikamentöser Linderung der Atemnot. Im Alter von 4 Monaten erfolgt die Aufnahme des Kindes und der Familie im Kinderhospiz. In enger Zusammenarbeit mit dem Palliativteam wird die Therapie der Atemnot kontinuierlich den Bedürfnissen des Kindes angepasst. Während des gesamten Verlaufes bis zum Tod im Alter von

5,5 Monaten beurteilen die Eltern und das Team des Kinderhospizes die Lebensqualität des Kindes als sehr gut.

Fazit: Im geschilderten Fall ist eine Beatmung des Kindes zur Behandlung der Atemnot indiziert. Die Eltern entscheiden sich trotz der möglichen Lebensverlängerung aufgrund der erheblichen zu erwartenden Einschränkung der Lebensqualität gegen eine Beatmung. Der Arzt respektiert die Ablehnung der von ihm indizierten medizinischen Maßnahme, da bei der vorliegenden Erkrankung eine rein palliative Therapie der Atemnot mit dem Kindeswohl vereinbar ist.

5. Künstliche Ernährung und Flüssigkeitszufuhr als medizinische Maßnahmen

Besondere Unsicherheit in der Umsetzung von Therapiezielentscheidungen entstehen immer dann, wenn es um die Beendigung von künstlicher Ernährung und Flüssigkeitszufuhr geht.[14] Hier steht für viele Eltern, aber auch für viele Ärzte und Pflegende das Grundrecht jedes Menschen auf Nahrung und Flüssigkeit zur Disposition. Stillen, Füttern, Ernähren sind die zentralen Aufgaben von Eltern, die zudem ganz eng mit der emotionalen Bindung an das Kind verknüpft sind. Selbst für viele Pflegende ist es schwer zu akzeptieren, dass eine künstliche enterale Ernährung zum Beispiel über eine PEG-Sonde eine medizinische Maßnahme darstellt, die indiziert sein muss und der Zustimmung des Patienten oder seines Vertreters bedarf. Im Sterbeprozess trägt die künstliche Zufuhr von Nahrung und Flüssigkeit eher zur Leidensmehrung bei, und ist daher in der Regel kontraindiziert. Das Durstgefühl ist in der Sterbephase in der Regel stark von der Feuchte der Schleimhäute abhängig, eine Behandlung des subjektiven Durstgefühls (zum Beispiel durch Mundpflege) ist immer geboten.[15]

---

14 SOLOMON/SELLERS/HELLER (s.o. Anm. 1).
15 Weitere Informationen zum Thema Entscheidungen am Lebensende in der Pädiatrie vgl. M. FÜHRER/A. DUROUX/R. J. JOX/G. D. BORASIO, Entscheidungen am Lebensende in der Kinderpalliativmedizin – Fallberichte und ethisch-rechtliche Analysen, in: Monatsschr Kinderheilkd 57,1 (2009), 18–25; R. J. JOX/M. FÜHRER/G. D. BORASIO, Patientenverfügung und Elternverfügung – „Advance care planning" in der Pädiatrie, in: Monatsschr Kinderheilkd 57,1 (2009), 26–32.

6. Fazit für die Praxis

Das Gesetz zur Patientenverfügung regelt den Umgang mit dem vorausverfügten Willen Volljähriger. Der aktuelle Wille eines einwilligungsfähigen Kindes/Jugendlichen ist für den Arzt bindend. Auf den vorausverfügten Willen eines einwilligungsfähigen Kindes oder Jugendlichen findet das Gesetz zur Patientenverfügung keine Anwendung. *In jedem Fall sind die Willensäußerungen aufgeklärter und einwilligungsfähiger minderjähriger Patienten bei der Entscheidungsfindung zu beachten.* „Ist das Kind/der Jugendliche nicht einwilligungsfähig, entscheiden die Eltern beziehungsweise der Sorgeberechtigte unter Berücksichtigung der Willensäußerungen des Kindes. Arzt und Eltern sind in ihren Entscheidungen immer dem Kindeswohl verpflichtet."

Todeswünsche und ihre Bedeutung in der palliativmedizinischen Versorgung

Maren Galushko, Raymond Voltz

1. Einleitung

Die Diskussionen um aktive Sterbehilfe und ärztlich assistierten Suizid sowie um ihre Legalisierung zeigen, dass es sich dabei um höchst komplexe ethische Herausforderungen im Gesundheitswesen postmoderner Gesellschaften handelt.[1] Es zeigt auch, dass Menschen antizipieren, unter bestimmten Bedingungen so zu leiden, dass sie sich nicht vorstellen können, dann noch weiterleben zu wollen.

Ziel der Palliativmedizin ist es, die Behandlung bei fortschreitender, unheilbarer Erkrankung so optimal an den Bedürfnissen von Patienten und Angehörigen zu orientieren, dass der Wunsch zu sterben möglichst nicht auftritt beziehungsweise ein bestehender Todeswunsch durch palliativmedizinische Maßnahmen so beeinflusst werden kann, dass das Leben bis zum Ende möglichst gut und ohne schweres existentielles Leiden gelebt werden kann.[2] Im traditionellen Verständnis der Hospiz- und Palliativbewegung wird aktive Sterbehilfe oder ärztlich assistierter Suizid nicht als Teil der Versorgung, sondern eher als bei angemessener Palliativversorgung entbehrlich angesehen.[3] Diese Ansicht wurde 2003 von der *EAPC (European Association for Palliative Care) Ethics Task Force* bekräftigt: „The provision of euthanasia and physician-assisted suicide should not be part of the responsibility of palliative care."[4] Auch dort wird die

---

1   F. S. Oduncu/S. Sahm, Doctor-Cared Dying Instead of Physician-Assisted Suicide: A Perspective from Germany, in: Med Health Care Philos 13,4 (2010), 371–381.
2   K. M. Foley, Competent Care for the Dying Instead of Physician-Assisted Suicide, in: N Engl J Med 336 (1997), 54–58.
3   L. J. Materstvedt/G. Bosshard, Euthanasia and Physican-Assisted Suicide, in: N. I. Cherny (Hg.), Oxford Textbook of Palliative Medicine, New York ⁴2010, 304–319.
4   L. J. Materstvedt/D. Clark u.a., Euthanasia and Physician-Assisted Suicide: A View from an Eapc Ethics Task Force, in: Palliat Med 17 (2003), 97–101; *discussion* 102–179.

Ansicht vertreten, dass Bitten um Euthanasie und ärztlich assistierten Suizid durch eine umfassende Palliativversorgung verändert werden können.[5]

Dieses Postulat ist empirisch bisher nicht belegt. Es handelt sich vielmehr um ein klinisches Erfahrungswissen. Unklar ist, welche Komponenten der Palliativversorgung das Leiden lindern helfen, das zu der Bitte nach aktiver Sterbehilfe beziehungsweise ärztlich assistiertem Suizid führen mag. Dies könnte sowohl ausschließlich der Linderung der rein körperlichen oder psychischen Symptomkontrolle oder der Art des ganzheitlichen Umgangs des einzelnen Professionellen zuzuschreiben sein als auch der Einbeziehung des multiprofessionellen Teams. Die spirituelle Unterstützung oder die Einbindung der Angehörigen, aber auch die Kombination verschiedener Angebote könnten ebenfalls für den Erfolg ausschlaggebend sein.

Diese Unklarheit ist eng verbunden mit der bisher wenig erfolgten Differenzierung und Schärfe der verwendeten Begriffe und des zugrunde liegenden Problems.

2. Was meint die Bezeichnung „gesteigerter Todeswunsch"?

Die verwendete Definition eines gesteigerten Todeswunsches (*desire for hastened death*) ist noch oft wenig präzise und kann eine Reihe von Bedeutungen umfassen.[6] So lassen sich verschiedene Konzepte und verschiedene Begrifflichkeiten finden, wie „*wish to die*", „*desire for hastened death*" und „*desire to die*". Zudem wird kaum zwischen der grundsätzlichen Einstellung (*attitude*), dem aktuellen, persönlichen Wunsch (*wish*) nach und einer konkreten Bitte um aktive Sterbehilfe beziehungsweise assistierten Suizid unterschieden.[7] Der Begriff „*desire for hastened death*" meint dabei „the *extent to which a more rapid death than would occur naturally is desired*"[8]. Das bedeutet, dass die Bezeichnung „gesteigerter Todeswunsch" mehr umfasst als die Bitte nach aktiver Sterbehilfe beziehungsweise ärztlich assistiertem Suizid. Seltener wird der Begriff benutzt, um auch die Verweigerung lebenserhaltender Maßnahmen einzu-

---

5   MATERSTVEDT/CLARK (s.o. Anm. 4).
6   P. L. HUDSON/L. J. KRISTJANSON u.a., Desire for Hastened Death in Patients with Advanced Disease and the Evidence Base of Clinical Guidelines: A Systematic Review, in: Palliat Med 20 (2006), 693–701.
7   HUDSON/KRISTJANSON (s.o. Anm. 6); S. JOHANSEN/J. C. HOLEN u.a., Attitudes towards, and Wishes for Euthanasia in Advanced Cancer Patients at a Palliative Medicine Unit, in: Palliat Med 19 (2005), 454–460.
8   G. RODIN/C. LO u.a., Pathways to Distress: The Multiple Determinants of Depression, Hopelessness, and the Desire for Hastened Death in Metastatic Cancer Patients, in: Soc Sci Med 68 (2009), 562–569.

schließen.⁹ „*Desire for hastened death*" wird in der internationalen Forschungsliteratur für die Beschreibung von Todeswünschen bei Palliativpatienten genutzt und jedoch bisher kaum in Zusammenhänge zur Suizidalität gestellt.¹⁰

Mögliche Dimensionen für eine stärkere Differenzierung können Stabilität, Intensität, Funktion, Bedeutung/Art und der zeitliche Bezug (jetzt oder in Zukunft) sein.

3. Bisherige Erkenntnisse

3.1 Wie häufig sind gesteigerte Todeswünsche?

Angesichts der Häufigkeit von Bitten nach aktiver Sterbehilfe, ärztlich assistiertem Suizid oder anderen Todeswünschen bei Patienten wird deutlich, dass ein fundiertes Wissen zum adäquaten und hilfreichen Umgang mit diesen Äußerungen von Seiten der Professionellen dringend erforderlich ist.

So zeigen Studien, dass 12–30 % der Ärzte (unter anderem zugelassene Ärzte im US-Staat Vermont) mit einer direkten Bitte um ärztlich assistierten Suizid konfrontiert werden.¹¹

Studien zeigen, dass 0–26 % der Befragten (größtenteils Krebspatienten mit weit fortgeschrittener Erkrankung) einen hohen Todeswunsch hatten.¹²

---

9   C. P. LEEMAN, Distinguishing among Irrational Suicide and Other Forms of Hastened Death: Implications for Clinical Practice, in: Psychosomatics 50 (2009), 185–191; zur Differenzierung vgl.: J. M. BOSTWICK/L. M. COHEN, Differentiating Suicide from Life-Ending Acts and End-of-Life Decisions: A Model Based on Chronic Kidney Disease and Dialysis, in: Psychosomatics 50 (2009), 1–7.
10 LEEMAN (s.o. Anm. 9), 192–193.
11 A. L. BACK/J. I. WALLACE u.a., Physician-Assisted Suicide and Euthanasia in Washington State. Patient Requests and Physician Responses, in: JAMA 275 (1996), 919–925; A. CRAIG/B. CRONIN u.a., Attitudes toward Physician-Assisted Suicide among Physicians in Vermont, in: J Med Ethics 33 (2007), 400–403.
12 W. BREITBART/B. ROSENFELD u.a., Depression, Hopelessness, and Desire for Hastened Death in Terminally Ill Patients with Cancer, in: JAMA 284 (2000), 2907–2911; H. M. CHOCHINOV/K. G. WILSON u.a., Desire for Death in the Terminally Ill, in: Am J Psychiatry 152 (1995), 1185–1191; J. M. JONES/M. A. HUGGINS u.a., Symptomatic Distress, Hopelessness, and the Desire for Hastened Death in Hospitalized Cancer Patients, in: J Psychosom Res 55 (2003), 411–418; B. KELLY/P. BURNETT u.a., Factors Associated with the Wish to Hasten Death: A Study of Patients with Terminal Illness, in: Psychol Med 33 (2003), 75–81; K. MYSTAKIDOU/E. PARPA u.a., Influence of Pain and Quality of Life on Desire for Hastened Death in Patients with Advanced Cancer, in: Int J Palliat Nurs 10 (2004), 476–483; DIES., Pain and Desire for Hastened Death in Terminally Ill Cancer Patients, in: Cancer Nurs 28 (2005), 318–324; DIES., The Role of

Beispielsweise zeigte sich in einer Befragung von 200 Patienten mit einem fortgeschrittenen Tumor bei fast der Hälfte (44,5 %) ein zumindest gelegentlicher Todeswunsch, fast 10 % hatten einen ausgeprägten und anhaltenden Wunsch zu sterben.[13]

Außerdem ist zu berücksichtigen, dass es auch weniger offene Formen der Äußerung eines Todeswunsches gibt, so dass die Prävalenz deutlich höher sein könnte. Die Untersuchung von Rodin und anderen[14] zeigt, dass der gesteigerte Todeswunsch auf Palliativstationen häufiger als in ambulanten Settings vorkommt. Ein gesteigerter Todeswunsch stellt auf Palliativstationen nichts Ungewöhnliches dar, dem die verschiedenen Berufsgruppen regelmäßig begegnen.

3.2 Was ist bekannt zum gesteigerten Todeswunsch?

Bisherige Studien zum gesteigerten Todeswunsch widmen sich unterschiedlichen Populationen – vorrangig Tumorpatienten in einem fortgeschrittenen Stadium. Die ausgewählten Populationen sind eher am Krankheitsstadium als am *Setting* ausgerichtet. Die Mehrheit der quantitativen und qualitativen Studien sind als Querschnittsstudien angelegt, nur wenige nutzen eine Längsschnittperspektive[15].

Zur quantitativen Erfassung eines gesteigerten Todeswunsches bei schwerkranken Patienten sind hier vor allem die von Chochinov und Kollegen entwickelte *Desire for Death Rating Scale* (DDRS)[16] sowie der SAHD (*Schedule of*

Physical and Psychological Symptoms in Desire for Death: A Study of Terminally Ill Cancer Patients, in: Psychooncology 15 (2006), 355–360; K. Mystakidou/B. Rosenfeld u.a., Desire for Death near the End of Life: The Role of Depression, Anxiety and Pain, in: Gen Hosp Psychiatry 27 (2005), 258–262; Dies., The Schedule of Attitudes toward Hastened Death: Validation Analysis in Terminally Ill Cancer Patients, in: Palliat Support Care 2 (2004), 395–402; S. O'Mahony/J. Goulet u.a., Desire for Hastened Death, Cancer Pain and Depression: Report of a Longitudinal Observational Study, in: J Pain Symptom Manage 29 (2005), 446–457; S. Ransom/W. P. Sacco u.a., Interpersonal Factors Predict Increased Desire for Hastened Death in Late-Stage Cancer Patients, in: Ann Behav Med 31 (2006), 63–69; G. Rodin/C. Zimmermann u.a., The Desire for Hastened Death in Patients with Metastatic Cancer, in: J Pain Symptom Manage 33 (2007), 661–675.
13 Chochinov/Wilson (s.o. Anm. 12).
14 Rodin/Zimmermann (s.o. Anm. 12).
15 So unter anderem: H. M. Chochinov/D. Tataryn u.a., Will to Live in the Terminally Ill, in: The Lancet 354 (1999), 816–819; R. Nissim/L. Gagliese u.a., The Desire for Hastened Death in Individuals with Advanced Cancer: A Longitudinal Qualitative Study, in: Soc Sci Med 69 (2009), 165–171.
16 Chochinov/Wilson (s.o. Anm. 12).

Attitudes towards Hastened Death)[17] zu nennen. Die DDRS ist ein Fremdeinschätzungsinstrument, während der SAHD das bisher einzige Selbsterfassungs-Instrument ist. Eine Validierung liegt neben der originalen amerikanischen Fassung für die griechische Version vor.[18] Die Ergebnisse der deutschen Validierung werden in Kürze berichtet.[19]

Die aktuelle Forschung macht deutlich, dass das Konzept mehrdimensional ist und es keine einfachen Ursache-Wirkungs-Zusammenhänge gibt[20], obwohl in quantitativen Untersuchungen die Zusammenhänge zwischen gesteigertem Todeswunsch, Depression und Hoffnungslosigkeit gezeigt werden konnten.[21] Dabei wurde deutlich, dass Hoffnungslosigkeit unabhängig von Depression zu Suizidalität und gesteigertem Todeswunsch beiträgt.[22] Die Hoffnungslosigkeit und Depression sind die stärksten Determinanten für einen gesteigerten Todeswunsch, die auch die Effekte von krankheitsbezogenen und individuellen Faktoren wie Selbstbewusstsein, Bindungsstil und spirituellem Wohlbefinden moderieren.[23]

Da gegen Hoffnungslosigkeit vor allem spirituelles Wohlbefinden als Schutzfaktor dient, sind insbesondere Interventionen von Bedeutung, die die Hoffnung aufrechterhalten und stärken.[24] Die Studie von Starks und anderen[25] betont jedoch, dass es vor allem die Patienten, die Kontrolle und Unabhängigkeit bewahren möchten, und nicht die depressiven und hoffnungslosen sind, die sich für eine Beschleunigung ihres Todes einsetzen.

Eigene Untersuchungen fanden zudem Hinweise, dass Todeswunsch und Lebenswille gleichzeitig bei Palliativpatienten auftreten können. Das macht deutlich, dass Todeswunsch und Lebenswille nicht einfach als Endpunkte eines Kontinuums verstanden werden können, also je höher der Lebenswille, desto geringer der Todeswunsch und umgekehrt. Vielmehr scheint es geboten, sie als parallele Phänomene zu denken und zu konzeptionalisieren. Bei einer Instrumentenentwicklung macht es daher Sinn, jedes der Phänomene mit eigenen

---

17 BREITBART/ROSENFELD (s.o. Anm. 12).
18 MYSTAKIDOU/ROSENFELD (s.o. Anm. 12).
19 M. GALUSHKO/J. WALISKO-WANIEK/J. STRUPP/M. HAHN/N. ERNSTMANN/H. PFAFF/ L. RADBRUCH/F. NAUCK/C. OSTGATHE/R. VOLTZ, Validation of the German Version of the SAHD, in Vorbereitung.
20 NISSIM/GAGLIESE (s.o. Anm. 15).
21 BREITBART/ROSENFELS (s.o. Anm. 12); NISSIM/GAGLIESE (s.o. Anm. 15).
22 RODIN/LO (s.o. Anm. 8); CHOCHINOV/WILSON (s.o. Anm. 12).
23 RODIN/LO (s.o. Anm. 8).
24 F. J. HANNA/A. G. GREEN, Hope and Suicide: Establishing the Will to Live, in: D. CAPUZZI (Hg.), Suicide across the Life Span: Implications for Counselors, Alexandria 2004.
25 H. STARKS/R. A. PEARLMAN u.a., Why Now? Timing and Circumstances of Hastened Deaths, in: J Pain Symptom Manage 30 (2005), 215–226.

Items zu erfassen und bei einer Validierung besondere Aufmerksamkeit der Diskriminierung zwischen beiden zu schenken.[26]

Zu Intensität, Art und Ausprägung sowie zeitlichem Verlauf des Todeswunsches gibt es zwar Erkenntnisse auf unterschiedlichen Ebenen, die jedoch bisher nicht in ein theoretisches Konzept integriert und in der Gesamtsicht untersucht worden sind.[27] Unsere Ergebnisse legen nahe, dass der Todeswunsch in seinem zeitlichen Bezug differenziert werden muss. Das heißt, dass es von Bedeutung ist, ob jemand im Moment den Wunsch hat zu sterben (aktueller Todeswunsch) oder ob er es sich für seine Zukunft wünscht oder diesen Wunsch an gewisse Bedingungen knüpft (hypothetischer Todeswunsch). Auch diese Differenzierung sollte ein Instrument zur Erfassung des Todeswunsches möglichst genau erfassen.[28] Die zitierte Studie lässt offen, wie der Prozess von der ersten Idee an einen vorzeitigen Tod bis möglicherweise zur Umsetzung dieses Wunsches oder aber der Wahl von Alternativen abläuft. Hier scheint die Einbeziehung von psychologischen Theorien zu intentionalen und motivationalen Prozessen in künftige Studien sehr sinnvoll.[29]

Angesichts der Multidimensionalität des Konzeptes Todeswunsch, dem unterschiedliche Motivationen zugrunde liegen können[30], und der insgesamt geringen theoretischen Fundierung[31] ist eine grundlagenorientierte, fächerübergreifende interdisziplinäre Erforschung des Todeswunsches mit Prädiktoren und Schutzfaktoren notwendig. Diese beinhaltet auch die Verknüpfung mit der Suizidforschung.

---

26   R. VOLTZ/M. GALUSHKO u.a., Issues Of „Life" And „Death" For Patients Receiving Palliative Care – Comments of Patients When Confronted with a Research Tool, in: Support Care Cancer (2010), 771–777.
27   CHOCHINOV/WILSON (s.o. Anm. 12); DIES. u.a., Depression, Hopelessness, and Suicidal Ideation in the Terminally Ill, in: Psychosomatics 39 (1998), 366–370; NISSIM/ GAGLIESE (s.o. Anm. 15); VOLTZ/GALUSHKO, (s.o. Anm. 26); N. COYLE/L. SCULCO, Expressed Desire for Hastened Death in Seven Patients Living with Advanced Cancer: A Phenomenologic Inquiry, in: Oncol Nurs Forum 31 (2004), 699–709; E. J. EMANUEL, Euthanasia and Physician-Assisted Suicide; a Review of the Empirical Data from the United States, in: Arch Intern Med 162 (2002), 142–152; L. J. MATERSTVEDT/S. KAASA, Euthanasia and Physician-Assisted Suicide in Scandinavia – with a Conceptual Suggestion Regarding International Research in Relation to the Phenomena, in: Palliat Med 16 (2002), 17–32.
28   VOLTZ/GALUSHKO (s.o. Anm. 26).
29   VOLTZ/GALUSHKO (s.o. Anm. 26); I. AJZEN, Attitudes, Personality and Behaviour, Milton Keynes 2006.
30   COYLE/SCULCO (s.o. Anm. 27); JOHANSEN/HOLEN (s.o. Anm. 7); Y. MAK/G. ELWYN, Voices of the Terminally Ill: Uncovering the Meaning of Desire for Euthanasia, in: Palliat Med 19 (2005), 343–350.
31   JOHANSEN/J. C. HOLEN (s.o. Anm. 7).

3.3 Was ist zu Interventionen bei Todeswünschen bereits bekannt?

Angesichts der deutlichen Positionierung der Palliativmedizin sind Erkenntnisse über Interventionen der Palliativversorgung und deren Wirksamkeit unverzichtbar. In der internationalen Forschung wird jedoch bisher kaum über konkrete und auf Wirksamkeit geprüfte Interventionen, die der Reduktion eines bestehenden Todeswunsches dienen sollen, berichtet.[32] Obwohl es einige publizierte psychosoziale Interventionen für Palliativpatienten gibt, die mittelbar vor einem gesteigerten Todeswunsch schützen könnten[33], heben Hudson[34] und andere den Mangel an evidenzbasierten Strategien zum Umgang mit Todeswünschen bei Menschen mit einer weit fortgeschrittenen Erkrankung hervor. Dies wird zum Teil damit begründet, dass noch immer viele Fragen zum Charakter und zu den Ursachen des Todeswunsches unklar sind.[35] Eine kürzlich veröffentlichte Studie[36] zeigt zwar die nachhaltige Reduktion des gesteigerten Todeswunsches von depressiven AIDS-Patienten, bei denen eine antidepressive Medikation anschlug, jedoch fehlt es an Wissen über die Wirksamkeit insbesondere nicht-pharmakologischer Interventionen.

In diesem Zusammenhang können vor allem auch Einzelfälle von Patienten, die sich trotz palliativmedizinischer Behandlung für eine Beendigung ihres Lebens durch aktive Sterbehilfe oder ärztlich assistierten Suizid entscheiden, besonders aufschlussreich sein. Dabei kann die Diskussion dessen, was von unterschiedlichen Berufsgruppen getan wurde, um präventiv beziehungsweise intervenierend zu handeln, den Eindruck erwecken, dass es nicht immer passende Interventionen gab oder gibt. Frühe Bindungserfahrungen von jetzt un-

---

32 P. L. HUDSON/P. SCHOFIELD u.a., Responding to Desire to Die Statements from Patients with Advanced Disease. Recommendations for Health Professionals, in: Palliat Med 20 (2006), 703–710.

33 W. BREITBART, Spirituality and Meaning in Supportive Care. Spirituality- and Meaning-Centered Group Psychotherapy Interventions in Advanced Cancer, in: Support Care Cancer 10 (2002), 272–280; H. M. CHOCHINOV/T. F. HACK u.a., Dignity Therapy: A Novel Psychotherapeutic Intervention for Patients near the End of Life, in: J. Clin. Oncol. 23 (2005), 5520–5525; W. D. DUGGLEBY/L. DEGNER u.a., Living with Hope: Initial Evaluation of a Psychosocial Hope Intervention for Older Palliative Home Care Patients, in: J Pain Symptom Manage 33 (2007), 247–257; A. TAN/C. ZIMMERMANN u.a., Interpersonal Processes in Palliative Care: An Attachment Perspective on the Patient-Clinician Relationship, in: Palliat Med 19 (2005), 143–150; K. LEMAY/K. G. WILSON, Treatment of Existential Distress in Life Threatening Illness: A Review of Manualized Interventions, in: Clin Psychol Rev 28 (2008), 472–493.

34 HUDSON/KRISTJANSON (s.o. Anm. 6).

35 NISSIM/GAGLIESE (s.o. Anm. 15).

36 W. BREITBART/B. ROSENFELD u.a., Impact of Treatment for Depression on Desire for Hastened Death in Patients with Advanced Aids, in: Psychosomatics 51 (2010), 98–105.

heilbar Kranken können zudem zu einer ablehnenden Haltung von Hilfe und Abhängigkeit führen, die Hilfestellungen durch ein Team erschweren.[37] Da die psychologische Unterstützung innerhalb des insgesamt jungen Feldes Palliativmedizin noch wenig spezialisiert und akademisch begründet ist, kann der adäquate Umgang mit Todeswünschen zu einer Schlüsselkompetenz von therapeutisch arbeitenden Psychologen in der Palliativmedizin werden.

Eine Untersuchung bei Allgemeinmedizinern in den Niederlanden widmet sich der Frage des Umgangs mit Bitten um Euthanasie, jedoch lag der Fokus vor allem darauf, besser zu verstehen, warum sie zurückhaltend gegenüber der Gewährung von Euthanasie sind, und es wird vor allem die Belastung für die Allgemeinmediziner durch diese Bitten herausgestellt.[38] Im Zentrum der Untersuchung stehen nicht die Möglichkeiten, die Allgemeinmediziner ergreifen oder vermitteln, um das Leid, das hinter diesen Bitten steht, zu reduzieren, oder die Frage nach möglichen Gründen dafür, dass diese Möglichkeiten wenig erfolgreich waren.

Da es bisher kaum Untersuchungen darüber gibt, wie die Professionellen in der allgemeinen oder spezialisierten Palliativversorgung mit Todeswünschen umgehen, was sie damit erreichen oder wie das, was sie tun, zu den bisherigen Erkenntnissen zum gesteigerten Todeswunsch passt, kann auch in diesen Fällen nur wenig darüber gesagt werden, woran eine Veränderung oder Beeinflussung des Todeswunsches durch die spezialisierte Palliativversorgung gegebenenfalls scheiterte[39] und welche Konsequenzen dies für das Selbstverständnis der Palliativmedizin haben kann. Eine enge Verzahnung mit angrenzenden Disziplinen und des dort bestehenden Wissens kann eine Weiterentwicklung im kritischen Dialog begünstigen.

4. Forschungsprojekte am Zentrum für Palliativmedizin

Am Kölner Zentrum für Palliativmedizin hat sich ein Forschungsschwerpunkt „Todeswunsch" entwickelt, der hier kurz umrissen wird.

Im Rahmen des DFG-geförderten Projekts *„Validierung eines deutschsprachigen Instruments zur Erfassung eines gesteigerten Todeswunsches"* können

---

37 TAN/ZIMMERMANN (s. o. Anm. 33).
38 J. J. GEORGES/A. M. THE u. a., Dealing with Requests for Euthanasia: A Qualitative Study Investigating the Experience of General Practitioners, in: J Med Ethics 34 (2008), 150–155.
39 T. KUEMPFEL/L. A. HOFFMANN u. a., Palliative Care in Patients with Severe Multiple Sclerosis: Two Case Reports and a Survey among German MS Neurologists, in: Palliat Med 21 (2007), 109–114.

die folgenden zentralen Ergebnisse festgehalten werden. Bei der Validierung geht es um den oben genannten *Schedule of Attitudes towards hastened death* (SAHD).[40]

1) Der SAHD-D kann in Deutschland bei Patienten auf Palliativstationen ohne zusätzliche Belastung eingesetzt werden. Während in der klinischen Routine vor Beginn der Studie auf die Initiative von Patienten oder Angehörigen gewartet wurde, um über den Todeswunsch zu sprechen, wurde während der Projektdurchführung jeder Patient, der als potenzieller Teilnehmer identifiziert wurde, auf den Todeswunsch angesprochen. Patienten, die an der Befragung teilgenommen hatten, haben dies nicht als zu belastend erlebt, sondern waren oft positiv in ihrer Bewertung des Gesprächs. Im Rahmen der Begutachtung des Erstantrags durch die Ethikkommission der medizinischen Fakultät der Universität zu Köln wurden zunächst einige kritische medizinethische Einwände diskutiert, die jedoch ausgeräumt werden konnten. Die Auswahl der Patienten, die verwendete Erhebungsmethode (erfahrene Psychologin, Fragebogen eingebettet in ein Gespräch etc.) und die Durchführung auf einer Palliativstation zeigen, dass eine derartige Studie auch in Deutschland durchführbar ist. Es wurde jedoch auch deutlich, dass die Rekrutierungsrate mit nur etwa 16 % unter der in den USA vorab beschriebenen (22 %) liegt, und dass die Durchführung der Studie durch eine erfahrene Psychologin an drei Standorten zwar medizinethisch sicher und methodisch sauber, jedoch – besonders bei einer Gruppe von Palliativpatienten – deutlich aufwändiger als zunächst gedacht ist.[41]

2) Ein gesteigerter Todeswunsch sollte zusätzlich in „aktuell" und „nicht-aktuell" differenziert werden.[42] Der bisherige Fragebogen SAHD-D unterscheidet nur zwischen „gesteigert" und „nicht gesteigert", jedoch nicht zwischen einem gesteigerten aktuellen beziehungsweise nicht aktuellen Todeswunsch. Todeswunsch und Lebenswille können beim Patienten gleichzeitig vorliegen.[43]

---

40 R. Voltz/M. Galushko u.a., End-of-Life Research on Patients' Attitudes in Germany: A Feasibility Study, in: European Journal of Palliative Care (2009), 160; Dies., End-of-Life Research on Patients' Attitudes in Germany: A Feasibility Study, in: Support Care Cancer 18 (2009), 317–320; J. Walisko-Waniek/M. Galushko u.a., Ist die Beforschung eines gesteigerten Todeswunsches im Rahmen einer systematischen Studie möglich?, in: Zeitschrift für Palliativmedizin 9 (2008), 158.
41 Voltz/Galushko (s.o. Anm. 40); C. Ostgathe/M. Galushko u.a., Hoffen auf ein Ende des Lebens? Todeswunsch bei Menschen mit fortgeschrittener Erkrankung, in: A. Frewer/F. Bruns/W. Rascher (Hg.), Hoffnung und Verantwortung. Herausforderungen für die Medizin (Jahrbuch Ethik in der Klinik Bd. 3), Würzburg 2010, 247–256.
42 Voltz/Galushko (s.o. Anm. 26).
43 Voltz/Galushko (s.o. Anm. 26).

Insbesondere die qualitative Analyse der Feldnotizen ergab drei Formen von Patientenreaktionen auf die Befragung mit dem SAHD-D:

a) Ein ausgeprägter Lebenswille liegt vor, ohne sterben zu wollen,
b) ein Lebenswille liegt vor, ein Todeswunsch ist aber für hypothetische Situationen vorstellbar, oder
c) ein akuter gesteigerter Todeswunsch, verbunden mit einem gleichzeitigen Ringen um das Leben.

Wie jedoch die Phänomene Lebenswille und Todeswunsch genau zusammenhängen, wie sie sich bedingen, und durch welche Interventionen der Lebenswille gestärkt und gleichzeitig der Todeswunsch reduziert werden kann, dafür gibt es auch in der internationalen Literatur bisher kaum Daten.

Teil der Untersuchung *„Multiple Sclerosis and Palliative Care: Assessing Unmet Needs"*, das von der gemeinnützigen Hertie-Stiftung finanziert wurde, war die Untersuchung zu Einstellung zu Tod und Sterben bei schwer betroffenen MS-Patienten. Dabei ließen sich vier Strategien identifizieren, wie subjektiv schwer Betroffene mit dem Thema Tod und Sterben umgehen: Verharmlosung, Aushalten, Beruhigen und Kommunizieren. Innerhalb der Strategie „Beruhigen" war der vorzeitige Todeswunsch eine Option, um das Gefühl von Handlungsspielraum in vergangenen und antizipierten, zukünftigen Krisen zu erhalten. Die Ergebnisse bieten Hinweise, dass die Fähigkeit, Hilfe von anderen anzunehmen und sich auf noch vorhandene Fähigkeiten und Möglichkeiten im Leben zu konzentrieren, einen anderen, möglicherweise für die Betroffenen leichteren Zugang zum Thema Tod und Sterben mit sich bringen kann.[44]

Aktuell werden in dem von der Dr.-Werner-Jackstädt-Stiftung geförderten Projekt *„Todeswunsch und Lebenswillen bei Palliativpatienten"* das Phänomen Todeswunsch und der Zusammenhang zum Lebenswillen bei Palliativpatienten aufbauend auf der DFG-Studie erforscht. Ein tieferes Verständnis der Phänomene ist nötig, um valide Instrumente zur Erhebung von Todeswünschen bei Palliativpatienten zu entwickeln. Dazu wird die Patientenperspektive erhoben und im Verlauf mit der Perspektive der in der Versorgung Tätigen trianguliert. Der Abgleich der Theoriebildung aus Patienten- und Versorgerperspektive soll zu einem vertieften Verständnis und der Grundlage für eine sichere Selbst- und Fremdeinschätzung von Todeswünschen führen. Dazu werden narrative Interviews mit Palliativpatienten und halbstandardisierte Interviews mit in der Versorgung Tätigen geführt.

---

44 M. Galushko/H. Golla u.a., Multiple Sclerosis patients feeling severly affected: Attitudes toward death & dying, submitted.

Ein Forschungsnetzwerk Palliativversorgung in der Region Aachen/Bonn/ Köln für die weitere interdisziplinäre Erforschung des Phänomens Todeswunsch befindet sich im Aufbau. Die Ergebnisse der Interviews werden von den Kooperationspartnern des Forschungsnetzwerkes auf Grundlage der jeweiligen Fachrichtungen diskutiert und die Ergebnisse trianguliert.

Dies macht deutlich, dass es insbesondere angesichts eines noch ausstehenden Modells weiterer grundlagenorientierter Untersuchungen zum gesteigerten Todeswunsch bedarf.

Letztlich ist Ziel dieser Studien in diesem Bereich neben der Schaffung einer Grundlage für rechtlich-politische Entscheidungen in erster Linie natürlich ein klinisches, nämlich eine möglichst frühzeitige und effektive Intervention, um das Leid, das in diesem Wunsch ausgedrückt wird, zu mildern. Daher lohnt sich auch eine alternative Perspektive, indem der Blick darauf gerichtet wird, dass Professionelle in der spezialisierten Palliativversorgung mit gesteigerten Todeswünschen zwangsläufig umgehen müssen. Diesem Thema widmet sich das Projekt *„Praxis zum Umgang mit Todeswünschen in der Palliativmedizin"* (gefördert durch Köln Fortune). Dabei wird davon ausgegangen, dass Professionelle Wege und Zugangsweisen nutzen, über die jedoch bisher keine Erkenntnisse bestehen – weder darüber, was sie unternehmen, noch darüber, wie wirksam ihre Handlungsweisen zu einer Reduktion oder Toleranz eines Todeswunsches führen. Die Rekonstruktion dieses Erfahrungswissens könnte daher sowohl der bisherigen Grundlagenforschung zum Todeswunsch neue Impulse geben als auch der Entwicklung konkreter, vermittelbarer Interventionen dienen und damit die Versorgung – zum Beispiel in der Breite der allgemeinen Palliativversorgung – verbessern. Die generierten Hypothesen können in eine Theorie beziehungsweise einen konzeptionellen Rahmen integriert werden, aus dem sich dann erste Konzepte für Interventionen entwickeln lassen.

Basierend auf den dargestellten Projekten und weiteren Erkenntnissen aus der fachübergreifenden Zusammenarbeit soll der Fragebogen zur Erfassung des Todeswunsches SAHD-D überarbeitet und weiterentwickelt werden, um differenzierte Aussagen über Art, Funktion, Häufigkeit und Intensität machen zu können. Außerdem soll er um den Bereich *Lebenswillen* erweitert werden. Ein differenzierendes und valides Instrument für Todeswünsche und Lebenswille ist eine wichtige Grundlage für die Forschung in diesem Bereich, die die Verbesserung der Versorgung anstrebt.

Zusammenfassend ist das Phänomen „Todeswunsch" in der Palliativmedizin ein noch viel zu wenig differenziert erforschtes Phänomen. Forschungsergebnisse werden hierbei sicher dazu beitragen können, die Angebote palliativmedizinischer Maßnahmen weiterzuentwickeln.

Zum Sterben von Wachkomapatienten

Ralf J. Jox

1. Einleitung

Wann immer wir über das Sterben nachdenken, stoßen wir auf ein großes und unverrückbares Problem: Ungewissheit. Zwar ist uns aus der Überlieferung der Menschheit und der Erfahrung unserer eigenen Biographie nichts gewisser, als dass jeder Mensch sterben muss, denn in der Tat ist von keinem Menschen bekannt, dass er von diesem Schicksal ausgenommen gewesen wäre. Es gibt vielleicht kaum etwas Gewisseres für uns Menschen, als dass wir sterben werden. Das hat auch damit zu tun, dass wir Tag für Tag Vorboten und Symbole des Sterbens an uns selbst erleben, gleichsam „kleine" Sterbevorgänge. Nicht nur jede Krankheit, jeder Schmerz und jedes Symptom weisen uns auf unsere Sterblichkeit und Vergänglichkeit hin, sogar jeder vergessene Gedanke, jede verlernte Fähigkeit, jeder verlorene Freund erinnert uns daran.[1]

Und doch ist dieser „todsichere" Ausgang unseres Lebens mit so viel Ungewissheit umgeben, dass wir diese Diskrepanz in unserem Alltag schwer aushalten können und bis zu einem bestimmten Grad immer wieder in den Hintergrund drängen müssen. Wir wissen zwar, dass wir sterben werden, aber nicht wann, nicht wo und nicht wie. Zwar gibt es Statistiken, aber die nützen uns für unser eigenes, individuelles Leben wenig. Angesichts dieser beängstigenden Ungewissheit hat die Gesellschaft immer schon verschiedene Versuche der Beruhigung und Vergewisserung ersonnen. Im ausgehenden Mittelalter war die im christlichen Glauben verankerte *ars moriendi* eine Weise, wie sich Menschen auf ihr Sterben vorzubereiten versuchten. Heute versuchen wir durch Palliativmedizin, Hospizbewegung und Patientenverfügung den ungewissen Sterbeprozess so zu gestalten, dass wir einigermaßen zu wissen glauben, was uns erwartet, und uns auf bestimmte Qualitätsstandards und selbstbestimmte Planungen verlassen können.

Als ob diese Ungewissheit noch nicht genug wäre, gibt es manche Krankheitsbilder und Sterbeverläufe, die uns noch zusätzlich verwirren und verun-

---

1 A. Keller, Zeit, Tod, Ewigkeit, Landshut (1981) ²2009.

sichern. Eines dieser Krankheitsbilder ist das so genannte *Wachkoma*, in Deutschland auch *apallisches Syndrom* genannt. Das Wachkoma ist eine Art Damoklesschwert, das uns in dieser Risikogesellschaft durch einen plötzlichen Verkehrsunfall, eine jähe Hirnblutung, einen unvermuteten Herzstillstand oder ein anderes akutes Ereignis jederzeit treffen kann, über das wir aber kaum gesichertes Wissen haben. Entsprechend schwer tun wir uns auch, mit Wachkomapatienten umzugehen, über ihre medizinische Behandlung zu entscheiden und ihr Sterben zu begleiten. Wie leben Menschen im Wachkoma, was nehmen sie wahr, können sie denken, fühlen und leiden? Wie sterben sie? All das wissen wir nicht und können es vielleicht grundsätzlich nicht wissen, wenn jede Möglichkeit der Kontaktaufnahme und Kommunikation mit dem Wachkomatösen unmöglich sein sollte. Das entbindet uns jedoch nicht von der Notwendigkeit, eine Haltung dazu zu entwickeln und Entscheidungen zu treffen – als Betroffene und als Gesellschaft.

Im vorliegenden Artikel möchte ich mich dem Thema in drei Schritten nähern. Ich werde erstens rekapitulieren, was medizinisch unter Wachkoma verstanden wird, wie häufig es ist und welche Verläufe es annehmen kann. In einem zweiten Schritt werde ich sondieren, woran und wie Menschen im Wachkoma sterben und dabei die wenigen verfügbaren wissenschaftlichen Berichte zusammenfassen. Mit dem dritten Schritt werde ich in den normativen Bereich treten und fragen, inwiefern wir Menschen im Wachkoma sterben lassen dürfen beziehungsweise sollen und wie wir die Sterbenden dann am besten begleiten – wohl wissend, dass „Sterbebegleitung" eigentlich ein Oxymoron ist, da wir mit dem Sterbenden ja nie mitgehen oder ihn gar geleiten können, sondern allenfalls bei seinem Sterben da sein und ihm den Abschied erleichtern können.

2. Das Wachkoma

Das Wachkoma (*vegetative state*) ist ein Zustand, in den Menschen durch eine schwere Schädigung des Gehirns geraten können. Kommt es etwa durch eine Gehirnblutung oder eine Sauerstoffmangelversorgung bei Herzstillstand zu einer ausgeprägten Schädigung des Gehirns, fällt der Mensch ins Koma. Ist jedoch im Gegensatz zum Großhirn der widerstandsfähigere, evolutionär ältere Teil des Hirnstamms noch einigermaßen intakt – wie es nicht selten vorkommt – so zeigt sich im weiteren Verlauf ein charakteristisches Bild: Die Patienten haben oft einen erhaltenen Schlaf-Wach-Rhythmus, atmen spontan, regulieren selbstständig Blutdruck, Herztätigkeit und Hormonhaushalt und zeigen komplexe Hirnstammreflexe wie etwa bestimmte Augenbewegungen, Lidschlussreflex, Würgen, Gähnen, Stöhnen oder Lächeln. Es finden sich aber keine Hinweise auf ein Bewusstsein ihrer selbst oder der Umwelt, keine eindeutig willkürlichen, intentionalen Bewegungen oder Äußerungen und keine Zeichen einer Reaktion oder Interaktion mit der Umwelt.[2]

Wie häufig ist das Wachkoma? Aus den Daten anderer westlicher Länder lässt sich abschätzen, dass in Deutschland jährlich 400 bis 2000 Menschen in ein Wachkoma geraten (Inzidenz) und aufgrund der variablen Lebenserwartung zwischen 3000 und 14 000 Menschen in diesem Zustand leben, also 4 bis 17 Patienten auf 100 000 Einwohner (Prävalenz).[3] Andere Wissenschaftler sehen die Prävalenz bei 10 auf 100 000 Einwohner.[4] Die Inzidenz scheint tendenziell zuzunehmen, da die Notfall- und Intensivmedizin immer mehr Menschen in lebenskritischen Lagen retten kann, ohne jedoch in jedem Fall die Funktion des Großhirns retten zu können. Die Prävalenz hängt stark von der Entscheidungspraxis ab, ob und wann lebenserhaltende Maßnahmen eingesetzt werden.

Da es sich also um ein vergleichsweise seltenes Krankheitsbild handelt, wird vielleicht auch verständlich, weshalb es nur sehr wenig Forschung dazu gibt. Ein weiterer Grund dafür ist, dass der Zustand des Wachkomas in dieser Häufigkeit und Chronizität erst durch die moderne Notfall- und Intensivmedizin, die hochwirksamen Antibiotika sowie die künstliche Langzeiternährung über Magensonde seit den 60er Jahren des 20. Jahrhunderts Realität geworden ist. Bis etwa in die 90er Jahre hinein herrschte zudem eine Art „therapeutischer Nihilismus", demzufolge das Wachkoma ein Defektzustand darstellte, der ohnehin keiner Besserung zugänglich war.[5] Erst in den letzten 10 bis 20 Jahren nahm die Forschung zum Wachkoma zu, insbesondere die Hirnforschung mit Hilfe der so genannten funktionellen bildgebenden Verfahren und feinerer physiologischer Messmethoden[6].

Im Zuge dieser Entwicklung hat sich in den 90er Jahren auch die Diagnosestellung verändert. Es wurden detaillierte Verhaltenstests entwickelt, mit deren Hilfe das Wachkoma von einem andern Zustand abgegrenzt wurde, dem so

---

2   R. J. Jox, Autonomie und Stellvertretung bei Wachkomapatienten, in: C. BREITSAMETER (Hg.), Autonomie und Stellvertretung, Stuttgart 2011; vgl. auch: J. L. BERNAT, Chronic disorders of consciousness, in: The Lancet 367 (2006), 1181–1192.
3   G. BEAUMONT/P. KENEALY, Incidence and prevalence of the vegetative and minimally conscious states, in: Neuropsychol Rehabil 15 (2005), 184–189.
4   So etwa B. JENNETT, The vegetative state: medical facts, ethical and legal dilemmas, Cambridge 2002; oder A. GEREMEK, Wachkoma: medizinische, rechtliche und ethische Aspekte, Köln 2009.
5   In diesem Zusammenhang wurde der Begriff „therapeutischer Nihilismus" erstmals von J. J. Fins geprägt, vgl. etwa J. J. FINS, Lessons from the injured brain: a bioethicist in the vineyards of neuroscience, in: Camb Q Healthc Ethics 18 (2009), 7–13.
6   Drei der bekanntesten Forscher auf diesem Gebiet geben eine Übersicht bei: A. M. OWEN/N. D. SCHIFF/S. LAUREYS, A new era of coma and consciousness science, in: Progr Brain Res 177 (2009), 399–411.

genannten minimalbewussten Zustand (*minimally conscious state*).⁷ Im Gegensatz zum Wachkoma ist hierbei zu beobachten, dass der Betreffende Gegenstände mit seinen Augen fixieren und ihnen nachfolgen, gezielt nach Werkzeugen greifen und diese manchmal auch ansatzweise benutzen, mit Gesten oder Worten auf bestimmte Stimuli reagieren, zuweilen sogar einfache Aufforderungen befolgen oder eine Ja-Nein-Kommunikation führen kann. Diese Verhaltensmuster müssen wiederholt und zuverlässig auslösbar sein. Auf Grund dieses Verhaltens wird vermutet, dass diese Patienten im Gegensatz zu Wachkomapatienten bei Bewusstsein sind, wenn auch möglicherweise auf eine rudimentäre Weise. Zudem wurde in den letzten Jahren erkannt, dass die Prognose beim minimalbewussten Zustand deutlich besser ist und auch nach vielen Jahren noch Funktionsverbesserungen auftreten können.⁸ Umso relevanter ist die Beobachtung aus mehreren Studien, dass bis zu 40 % aller Wachkoma-Diagnosen *Fehldiagnosen* sind und es sich zumeist um Patienten im minimalbewussten Zustand handelt.⁹ In Deutschland sieht die Situation sogar noch peinlicher aus, da hierzulande die Diagnose des minimalbewussten Syndroms kaum bekannt ist und viele Kliniken, Pflegeheime und Ärzte daher nicht zwischen Wachkoma und minimalbewusstem Syndrom differenzieren.

3. Wie sterben Wachkomapatienten?

Noch unklarer als die Zuordnung zu den Krankheitsbildern ist die Prognose des Krankheitsverlaufs, die ja für Entscheidungen über Leben und Tod wesentlich ist. Gemäß der führenden Leitlinien der amerikanischen *„Multi-Society Task Force on PVS"* und des *„Royal College of Physicians"* von 1994 beziehungsweise 2003 ist eine Wiedererlangung des Bewusstseins beim verletzungsbedingten Wachkoma nach zwölf Monaten und bei allen anderen Formen des Wachkomas nach drei beziehungsweise sechs Monaten extrem unwahrscheinlich (< 1% Wahrscheinlichkeit).¹⁰ Zwar gibt es einige kleinere Studien zu möglichen

---

7   Zur Definition dieser neuen Krankheitsentität vgl. J. T. GIACINO, The minimally conscious state: defining the borders of consciousness, in: Progr Brain Res 150 (2005), 381–395.
8   Zur Prognose vgl. das Editorial von J. L. BERNAT, The natural history of chronic disorders of consciousness, in: Neurology 75 (2010), 206–207.
9   Vgl. C. SCHNAKERS u.a., Diagnostic accuracy of the vegetative and minimally conscious state: clinical consensus versus standardized neurobehavioral assessment, in: BMC Neurol 9 (2009), 35.
10 Vgl. hierzu die beiden Standard-Leitlinien: THE MULTI-SOCIETY TASK FORCE ON PVS, Medical aspects of the persistent vegetative state (1+2). The Multi-Society Task Force on PVS, in: N Engl J Med 330 (1994), 1499–1508 und 1572–1579 und ROYAL COLLEGE OF PHYSICIANS, The Vegetative State: Guidance on diagnosis and management Report of a working party of the Royal College of Physicians, London 2003.

Prädiktoren eines günstigen oder ungünstigen Rehabilitationsverlaufs, aber diese konnten bisher noch nicht zu einem aussagekräftigen, allgemein anerkannten Modell integriert werden. Erschwert wird die Prognose der Rehabilitation durch vor allem in der Laienliteratur immer wieder berichtete Einzelfälle von später Erholung, die sich aber meist auf Patienten im minimalbewussten Syndrom bezogen.[11]

Die Lebenserwartung von Wachkomapatienten ist fast noch schwieriger anzugeben als die Prognose neurologischer Funktionsverbesserung. Wie lange ein Wachkomapatient lebt, hängt nämlich nicht nur von patientenbezogenen Faktoren ab – von seinem Alter, seinen Vorerkrankungen und Komorbiditäten, der Art und Schwere seiner Hirnschädigung –, sondern ganz entscheidend von der Qualität der Versorgung und den Therapieentscheidungen Anderer für ihn. Veröffentlichungen aus den USA vor 15 Jahren bezifferten die Sterblichkeitsrate auf 70 % nach drei Jahren und 84 % nach fünf Jahren, das heißt, 30 % leben noch nach drei und 16 % nach fünf Jahren.[12] Je schlechter die Prognose eingeschätzt wird, desto eher werden die Beteiligten in ihren rehabilitativen Bemühungen nachlassen und lebenserhaltende Maßnahmen zurückhalten, was wiederum zu einer Senkung der statistischen Lebenserwartung führt. Durch diese *self-fulfilling prophecy* kann also eine Spirale entstehen, die dem therapeutischen Nihilismus Vorschub leistet.[13] Doch auch das Gegenteil ist möglich: Wenn in wissenschaftlichen Studien nur Patienten mit besonders günstigen Ausgangsbedingungen eingeschlossen und die medizinische Betreuung während der Studie unrealistisch intensiv ist, wird die Lebenserwartung in der Studie viel zu hoch angesetzt, was wiederum Ärzte und Angehörige täuschen kann.

Über die Todesursachen und den Sterbeverlauf von Wachkomapatienten gibt es bisher überhaupt keine wissenschaftlichen Veröffentlichungen. Aus der klinischen Erfahrung heraus und im Vergleich mit anderen Krankheiten, die zu schweren Lähmungen, Bettlägerigkeit und Schluckstörungen führen, kann aber berichtet werden, dass Infektionen ein häufiges Problem dieser Patienten sind: besonders Infektionen der Atemwege, der Harnwege und des Magen-Darm-Trakts. Führt eine solche Infektion zur Sepsis (Blutvergiftung), ist die Sterblichkeit sehr hoch. Zudem kommt es bei Bettlägerigkeit und Immobilität zu Druckgeschwüren, die sich entzünden können, sowie zu Thrombosen und Lungenembolien, wobei letztere ebenfalls oft tödlich sind. Unabhängig davon können Wachkomapatienten natürlich Organerkrankungen haben, die nichts mit dem Wachkoma zu tun haben, etwa Herzinfarkte oder Tumorerkrankun-

---

11 Vgl. E. F. Wijdicks, Minimally conscious state vs. persistent vegetative state: the case of Terry (Wallis) vs. the case of Terri (Schiavo), in: Mayo Clin Proc 81 (2006), 1155–1158.
12 Vgl. Bernat (s.o. Anm. 2).
13 Vgl. Bernat (s.o. Anm. 2).

gen. Die zum Teil nötigen Medikamente, um epileptische Anfälle, Spastizität oder andere Symptome unter Kontrolle zu halten, können genauso unerwünschte Wirkungen haben wie die künstliche Ernährung Komplikationen verursachen kann, zum Beispiel einen akuten Darmverschluss, der tödlich verlaufen kann.

Der Krankheitsverlauf, wenn man das Wachkoma denn als Krankheit bezeichnen will, kann durchaus unterschiedlich sein. Angehörige und Pflegepersonen berichten oft von einer Stabilisierung nach der akutmedizinischen und frührehabilitativen Phase, die mit kritischen Komplikationen verbunden sein kann.[14] Kommt es einige Monate nach der Gehirnschädigung zu einer Stabilisierung, kann sich entweder ein stabiler Zustand einstellen, der mit Hilfe der so genannten „zustandserhaltenden Pflege" durchaus über viele Jahre gehalten werden kann. Möglich ist bei weiterhin intensiven Rehabilitationsbemühungen, die allerdings auf Grund der hohen Kosten und der begrenzten Zahl geeigneter Einrichtungen nur wenigen Patienten zugutekommen, eine schrittweise und begrenzte Besserung bestimmter Funktionen: So kann die spastische Steifheit der Gliedmaßen abnehmen, die anfangs starken Symptome des vegetativen Nervensystems (zum Beispiel übermäßiges Schwitzen) können nachlassen, das zur Verhinderung von Speichelaspiration oft notwendige Tracheostoma (Luftröhrenkanüle) kann „abtrainiert" werden. Bei sehr wenigen Patienten gelingt es, den Schluckreflex so weit zu stimulieren, dass eine Ernährung auf oralem Wege, also ohne Magensonde, möglich wird. Die Rehabilitation kann selbstverständlich auf jeder Stufe auch stagnieren oder regredieren. Je länger das Wachkoma andauert, desto geringer wird die Chance auf ein Wiedererlangen des Bewusstseins und der Kommunikationsfähigkeit, und desto häufiger werden auch die oben genannten Komplikationen. Der Tod kann dann entweder durch diese Komplikationen trotz intensivmedizinischer Lebenserhaltungs-Therapie eintreten, oder aber das Sterben wird irgendwann zugelassen, indem lebenserhaltende Maßnahmen beendet oder unterlassen werden.

Aus dem Gesagten wird deutlich, dass lebenserhaltende Maßnahmen bei allen Wachkomapatienten in einem mehr oder weniger ausgeprägten Maße nötig sind.[15] Die Magensonde (perkutane endoskopische Gastrostomie, PEG) ist in der Regel die einzige klassische lebenserhaltende Behandlungsmaßnahme, die dauerhaft nötig ist. Angesichts der intensiven Pflege, die erforderlich ist (oft

---

14 Diese Angaben zum Krankheitsverlauf basieren auf bisher noch unveröffentlichten wissenschaftlichen Interviews, welche der Autor gemeinsam mit K. Kühlmeyer mit Angehörigen von Wachkomapatienten durchführte.
15 Vgl. hierzu eine ausführliche ethische Analyse der Entscheidungen über lebenserhaltende Maßnahmen bei Wachkomapatienten: R. J. Jox, End-of-life decision making concerning patients with disorders of consciousness, in: Res cogitans 8 (2011), 43–61.

eine Rund-um-die-Uhr-Intensivpflege) kann man aber auch davon sprechen, dass die Pflege selbst eine lebenserhaltende Dauermaßnahme darstellt, ohne die es innerhalb relativ kurzer Zeit zum Tod käme. Immer wieder braucht es auch Atmungsunterstützung, Operationen, Antibiotika und andere Medikamente, um lebensbedrohliche Komplikationen abzuwenden. Manche, gerade ältere Wachkomapatienten, wie etwa der frühere israelische Premierminister Ariel Sharon, müssen mit gewisser Regelmäßigkeit auf der Intensivstation behandelt werden, um ihr Leben zu retten.[16]

Die Entscheidung, lebenserhaltende Maßnahmen zu begrenzen, reift nicht selten sehr spät bei den rechtlichen Patientenvertretern und den behandelnden Ärzten. Das kann viele Jahre dauern, was gerade bei öffentlich diskutierten Fällen wie dem von T. Schiavo, E. Englaro oder E. Küllmer viele wundernimmt. Doch es ist nur zu verständlich, denn in den ersten Monaten (und Jahren) ist die Hoffnung auf eine Erholung am größten, sind die Rehabilitationschancen am besten, sind auch die tatsächlichen Erfolge am eindrücklichsten. Im weiteren Verlauf entwickelt sich dann eine enge, oft ambivalente und abhängige Beziehung zwischen den Betreuenden und dem Kranken. Gerade Mütter und Väter von Wachkomapatienten tun sich nachvollziehbarerweise besonders schwer mit dem Abschiednehmen und der Entscheidung in Richtung Sterbenlassen. Oft wird Therapiebegrenzung in kleinen Schritten vollzogen: Zunächst möchte man dem Patienten nur die besonders invasiven Maßnahmen wie Reanimation oder Beatmung ersparen, im weiteren Verlauf werden dann möglicherweise auch Antibiotika ausgeschlossen und erst sehr spät wagen sich manche daran, die dauerhafte Lebenserhaltung in Form der künstlichen Ernährung und Flüssigkeitsversorgung zur Disposition zu stellen. Dafür gibt es eine Reihe von Gründen, die unter anderem mit der kulturellen und emotionalen Bedeutung von Ernährung, mit rechtlicher Unkenntnis und kirchlichen Positionen zu tun haben.[17]

4. Wann und wie dürfen Wachkomapatienten sterben?

Die Entscheidung, einen anderen Menschen im Wachkoma am Leben zu erhalten oder sterben zu lassen, ist denkbar schwierig und belastend. Die ärztliche Indikation hilft uns hier kaum weiter. Bis 2011 hat die Bundesärztekammer

---

16 Dieser Fall wird ausführlich geschildert in der Publikation R. J. Jox, Das Wachkoma: thematische Einführung und Übersicht über das Buch, in: R. J. Jox/K. KÜHLMEYER/ G. D. BORASIO, Leben im Koma, Stuttgart 2011, 9–18.
17 Dazu gibt es einen ausführlichen Leitfaden: BAYERISCHER LANDESPFLEGEAUSSCHUSS, Künstliche Ernährung und Flüssigkeitsversorgung, München 2008.

versucht, den Ärzten durch eine klare Vorgabe die Entscheidung zu erleichtern, denn in den Grundsätzen zur ärztlichen Sterbebegleitung schrieb sie vormals:

> „Patienten mit schwersten zerebralen Schädigungen und anhaltender Bewusstlosigkeit (apallisches Syndrom; auch sogenanntes Wachkoma) haben, wie alle Patienten, ein Recht auf Behandlung, Pflege und Zuwendung. Lebenserhaltende Therapie einschließlich – gegebenenfalls künstlicher – Ernährung ist daher unter Beachtung ihres geäußerten Willens oder mutmaßlichen Willens grundsätzlich geboten. [...] Die Dauer der Bewusstlosigkeit darf kein alleiniges Kriterium für den Verzicht auf lebenserhaltende Maßnahmen sein."[18]

In der neuen Fassung von 2011 heißt es nun vorsichtiger:

> „Patienten mit schwersten zerebralen Schädigungen und kognitiven Funktionsstörungen haben, wie alle Patienten, ein Recht auf Behandlung, Pflege und Zuwendung. Art und Ausmaß ihrer Behandlung sind gemäß der medizinischen Indikation vom Arzt zu verantworten; eine anhaltende Bewusstseinsbeeinträchtigung allein rechtfertigt nicht den Verzicht auf lebenserhaltende Maßnahmen."[19]

Hier wird also keine Indikation mehr *par ordre du mufti* vorgegeben, sondern die Indikationsstellung wird dem einzelnen Arzt in der individuellen Situation anvertraut – und ihm zugleich die volle Verantwortung anheimgegeben.

Woran aber soll der Arzt die Indikation festmachen? Die bloße physiologische Effektivität einzelner Maßnahmen mag noch abzuschätzen sein, aber damit ist noch keine Indikation gegeben. Die Behandlung soll dem Patienten nützen, ohne ihm nennenswerten Schaden zuzufügen. Wie aber lässt sich dies bei Patienten verwirklichen, die höchstwahrscheinlich unumkehrbar das Bewusstsein und damit die Basis für unsere herkömmlichen Begriffe von Wohlergehen, Nutzen und Schaden eingebüßt haben? Umfragen unter Ärzten zeigen zwar, dass deutlich über die Hälfte eine medizinische Lebenserhaltung beim Wachkoma für nicht indiziert halten, aber dieses Urteil entspringt wohl eher der Überlegung, wie sie selbst in dieser Situation behandelt werden wollten und reflektiert nicht unbedingt die tatsächliche Entscheidungspraxis der Ärzte.[20]

---

18 Vgl. BUNDESÄRZTEKAMMER, Grundsätze der Bundesärztekammer zur ärztlichen Sterbebegleitung, in: Dtsch Arztebl 101 (2004), 1297.

19 Vgl. BUNDESÄRZTEKAMMER, Grundsätze der Bundesärztekammer zur ärztlichen Sterbebegleitung, in: Dtsch Arztebl 108 (2011), A-346/B-278/C-278.

20 Vgl. zum Beispiel K. PAYNE u.a., Physicians' attitudes about the care of patients in the persistent vegetative state: a national survey, in: Ann Intern Med 125 (1996), 104–110; A. GRUBB u.a., Survey of British clinicians' views on management of patients in persistent vegetative state, in: The Lancet 348 (1996), 35–40, oder auch G. BÖTTGER-KESSLER/K. H. BEINE, Aktive Sterbehilfe bei Menschen im Wachkoma? Ergebnisse einer Einstellungsuntersuchung bei Ärzten und Pflegenden, in: Nervenarzt 78 (2007), 802–808.

Sodann bleibt uns also nur zu fragen, ob eher eine lebenserhaltende Behandlung oder das Sterben im Sinne des Patienten ist, also seinem Willen entspricht. Hierzu habe ich an anderer Stelle ausführlich Stellung bezogen.[21] Die Patientenverfügung ist vom Gesetz her gerade auch für Wachkomazustände ausdrücklich ermöglicht worden, allerdings gegen starken Widerstand konservativer gesellschaftlicher Gruppen. Und in der Tat enthalten die meisten Formulare für Patientenverfügungen eine Situationsbeschreibung für das irreversible Wachkoma. Diese mag zwar angesichts der neuen Diagnose „minimalbewusstes Syndrom" und der Ergebnisse der Hirnforschung revisionsbedürftig sein, sie zeigt aber, dass es den Bürgern ein Bedürfnis ist, gerade für diesen Zustand trotz seiner Rarität Vorsorge zu treffen. Denn der voraussichtliche Verlust so vieler Fähigkeiten, die wesensbestimmend für den Menschen sind (Bewusstsein, Kommunikation, Denk- und Empfindungsfähigkeit, Ausdrucksfähigkeit und biographische Lebensführung), scheint vielen Bürgern so bedeutsam, dass sie in diesem Zustand nicht noch Jahre am Leben erhalten werden wollen, selbst wenn sie keine Schmerzen dabei hätten. Viele motiviert sicherlich die liebende Sorge um ihre Angehörigen, diese mittels einer Patientenverfügung zu entlasten, ihnen zum einen die Entscheidung abzunehmen und ihnen zum anderen die tragische und leidvolle Hilflosigkeit angesichts des Zustands des Wachkomas zu ersparen. Oft bringen gerade diejenigen ihre Einstellungen in einer Patientenverfügung zum Ausdruck, die Lebenserhaltung nicht um jeden Preis befürworten, sondern an bestimmte Bedingungen knüpfen.

Wenn keine Patientenverfügung für die Situation des Wachkomas vorliegt, müssen mündliche Behandlungswünsche oder der mutmaßliche Wille des Patienten Orientierung geben.[22] Auf dieser Basis werden wohl die meisten Entscheidungen getroffen, doch es darf bezweifelt werden, ob die hohen Hürden des Rechts immer respektiert werden, wonach konkrete Anhaltspunkte wie frühere Äußerungen des Patienten zum Wachkoma vorhanden sein müssen. Doch die Idee des mutmaßlichen Willens ist ethisch und praktisch die richtige. Empirische Studien ergaben, dass die Treffergenauigkeit, mit der Angehörige den mutmaßlichen Willen des Anderen ermitteln, beim Wachkoma höher ist als bei anderen Krankheitszuständen und bei etwa 70 % liegt.[23]

---

21 Vgl. Jox (s.o. Anm. 15).
22 Vgl. Drittes Gesetz zur Änderung des Betreuungsrechts, Bundesgesetzblatt 48 (2009), 2286–2287.
23 Vgl. D. I. SHALOWITZ/E. GARRETT-MAYER/D. WENDLER, The accuracy of surrogate decision makers: a systematic review, in: Arch Intern Med 166 (2006), 493–497, sowie M.-A. MEEKER/M.-A. JEZEWSKI, Family decision making at end of life, in: Palliat Support Care 3 (2005), 131–142.

Selbst wenn der vorausverfügte oder mutmaßliche Wille des Patienten dahin geht, im Zustand des Wachkomas nicht am Leben erhalten werden zu wollen, schreckt eine moralische Intuition viele davon ab, diese Patienten auch wirklich sterben zu lassen. Womit hängt dies zusammen? Zum einen sicherlich damit, dass viele Wachkomapatienten junge Menschen sind, die unvermittelt aus einem gesunden Leben gerissen wurden. Zum anderen liegt, wie schon erwähnt, oft ein Krankheitsverlauf vor, der nicht wie bei Tumorleiden geradlinig nach unten führt, sondern der durchaus Verbesserungen und stabile Phasen kennt. Manche konzeptualisieren das Wachkoma auch gar nicht als Krankheit, sondern als Behinderung, und fürchten, durch diese Wortwahl affiziert, beim Gedanken an ein Sterbenlassen sofort die Nähe zur Euthanasie des Nationalsozialismus oder anderer eugenischer Strömungen. Entscheidend ist indes nicht, wie man den Zustand begrifflich bezeichnet, sondern dass die Entscheidung über Lebenserhaltung oder Sterbenlassen ausnahmslos von der Perspektive des individuellen Betroffenen aus, mit Blick auf sein alleiniges Wohl und seinen Willen getroffen wird, niemals aber als Mittel für das Wohl Anderer oder gar einer Gruppe oder Gesellschaft missbraucht werden darf.

Oft fragt die moralische Intuition dann aber weiter: Wann beginnt denn bei einem Wachkomapatienten das Sterben? Dürfen wir das Sterben nicht erst zulassen, wenn es schon begonnen hat? Sprachlich betrachtet können wir das Sterben überhaupt erst zulassen, wenn es schon begonnen hat oder zumindest direkt nach unserem Zulassen beginnen würde, also durch unser bisheriges Handeln aufgehalten wird. Man kann in der Tat den artifiziellen, menschengemachten Zustand des Wachkomas als einen aufgehaltenen Sterbeprozess sehen. Aber dadurch ist noch nichts gewonnen, denn auch ein Nierenkranker an der Dialyse befände sich gleichermaßen in einem aufgehaltenen Sterbeprozess. Die Überlegung lehrt, dass diese semantische Frage ethisch nicht weiterführt. Wir tun uns ohnehin schwer, den Beginn des Sterbeprozesses anzugeben, sogar beim sogenannten natürlichen Sterben. Für die Entscheidungen über Lebenserhaltung und Sterbenlassen hilft uns diese Frage daher nicht weiter, sondern wir müssen sie auf der Basis des Patientenwohls und Patientenwillens treffen.

Wenn sich die Entscheidungsträger dazu entschlossen haben, den Patienten sterben zu lassen, oder dieser an Komplikationen seiner Erkrankung stirbt, stellt sich die Frage, wie das Sterben medizinisch begleitet werden soll. Was bekommt der sterbende Wachkomapatient mit, leidet er Schmerzen oder gar Durst und Hunger nach Beendigung der Sondenernährung? Hierüber gibt es keine gesicherten Kenntnisse, weder aus der klinischen Erfahrung noch aus der Hirnforschung. Studien zur Schmerzwahrnehmung zeigten mit Hilfe funktioneller Gehirnbildgebung, dass zwar Patienten im minimalbewussten Syndrom ein verblüffend ähnliches Muster der Gehirnaktivierung wie gesunde Probanden aufwiesen, nicht aber Wachkomapatienten. Deshalb geht die herrschende Meinung derzeit davon aus, dass bei einer exakten Diagnose die tatsächlichen Wachkomapatienten keine Schmerzen spüren – und sehr wahrscheinlich auch keine weiteren Symptome, etwa Übelkeit, Durst oder Hunger.[24]

Freilich kann es durch intakte subkortikale, also unterhalb des Bewusstseins ansetzende, neuronale Schaltkreise vegetative und reflektorische Reaktionen auf Schmerzreize oder Nahrungsentzug geben, etwa ein Anstieg der Pulsrate oder des Blutdrucks auf einen Schmerzreiz. Doch ist damit noch keine bewusste Wahrnehmung bewiesen. Andererseits ist das Fehlen eines Beweises für Bewusstsein noch kein Beweis für das Fehlen von Bewusstsein. Niemand kann für den Patienten fühlen und daher ist es nie mit letzter Sicherheit auszuschließen, dass nicht doch irgendwelche Empfindungen in ein wie auch immer geartetes Restbewusstsein treten. Zudem kann es für Angehörige sehr belastend sein mitzuerleben, wie etwa die Spastik bestimmte Rückenmarksreflexe auslöst, die schmerzhaft und qualvoll aussehen. Aus diesen Gründen wird in der Regel bei sterbenden Wachkomapatienten, genauso wie bei Anzeichen von Symptomen während der ganzen Phase zuvor, eine medikamentöse Schmerztherapie durchgeführt, im Sterben teilweise verbunden mit einer leichten Sedierung. Dies war etwa auch im Fall von E. Englaro so.[25] Ärzte orientieren sich dann meist an den Reflexäußerungen und vegetativen Reaktionen (Blutdruck, Puls, Atemfrequenz).

Die Angst vor dem qualvollen Tod durch „Verhungern" und „Verdursten" ist verständlich vor dem Hintergrund der primären Erfahrung von Hunger und Durst in den ersten Lebenstagen und der Menschheitsgeschichte mit immer wiederkehrenden Dürren, Hungerkatastrophen und Fällen von Wasserknappheit. Und doch geht diese Vorstellung am Wesentlichen vorbei. Es gehört zum physiologischen Sterbeprozess, dass der Sterbende keinen Hunger mehr hat, nicht mehr isst und kaum mehr trinkt. Sein Durst lässt sich allenfalls durch Mundpflege lindern, nicht durch Flüssigkeitsgabe über Vene oder Magen. Die leichte Dehydrierung hat nachgewiesenermaßen einen analgetischen, leicht sedierenden und möglicherweise sogar euphorisierenden Effekt, der Sterbenden hilft statt ihnen zu schaden.[26] Deshalb ist in der unmittelbaren Sterbe-

---

24 Vgl. zum Beispiel C. Schnakers u.a., Assessment and detection of pain in noncommunicative severely brain-injured patients, in: Expert Rev Neurother 10 (2010), 1725–1731, sowie A. Demertzi u.a., Different beliefs about pain perception in the vegetative and minimally conscious states: a European survey of medical and paramedical professionals, in: Progr Brain Res 177 (2009), 329–338.
25 Vgl. M. Lucchetti/E. Englaro, chronicle of a death foretold: ethical considerations on the recent right-to-die case in Italy, in: J Med Ethics 36 (2010), 333–335.
26 Vgl. G. D. Borasio, Sterben im Wachkoma: Erkenntnisse aus der Palliativmedizin, in: Jox/Kühlmeyer/Borasio (s.o. Anm. 16), 109–121.

phase, den Stunden und Tagen vor dem Tod, eine künstliche Ernährung und Hydrierung in der Regel kontraindiziert.

Aber selbst außerhalb der unmittelbaren Sterbephase sollte der Verzicht auf Ernährung nicht immer verteufelt werden. Hochbetagte Menschen sind oft dadurch gestorben, dass sie eines Tages aufhörten zu essen und zu trinken, oder von Tag zu Tag weniger zu sich nahmen – und sie starben friedlich. Das beweist auch eine Studie aus Oregon über den Sterbeverlauf von Menschen, die durch freiwilligen Verzicht auf Nahrung und Flüssigkeit gestorben sind und deren Sterbeprozess von den Hospizschwestern als friedlich und symptomarm erfahren wurde.[27] Bei Wachkomapatienten gibt es bisher keine Untersuchung zum Sterbeverlauf nach Einstellung der künstlichen Ernährung und Flüssigkeitsgabe. Erfahrungsberichte deuten jedoch darauf hin, dass es ebenfalls friedliche Sterbeverläufe sind.

---

27 Vgl. L. GANZINI/E. R. GOY/L. L. MILLER/T. A. HARVARTH/A. JACKSON/M. A. DELORIT, Nurses' Experiences with Hospice Patients Who Refuse Food and Fluids to Hasten Death, in: New Engl J Med 349 (2003), 359–365.

Demenz und Sterben: Aktuelle Entwicklungen und Ausblick

Hans Förstl, Horst Bickel, Alexander Kurz, Gian Domenico Borasio

1. Einführung[1]

Eine bevölkerungsbasierte Studie aus Großbritannien ergab, dass 30 % aller Menschen über 65 Jahren zum Zeitpunkt ihres Todes unter einer Demenz litten; sie betraf 6 % der 65- bis 69-Jährigen und 60 % der über 95-Jährigen (MRC-CFAS).[2] Ein erheblicher Anteil der noch-nicht-Dementen leidet vor dem Tod unter deutlichen kognitiven Defiziten, die ebenfalls mit dem Alter zunehmen.[3] In Australien fanden sich ähnliche Zahlen: Mehr als 50 % der Frauen und fast 40 % der Männer über 85 entwickeln bis zum Tod eine Demenz.[4] Damit ist nicht die kurze Abnahme der geistigen Leistungsfähigkeit unmittelbar vor dem Tod gemeint (*terminal drop*), sondern eine prospektiv klinisch diagnostizierbare Demenz. Viele demente Patienten sterben unter schwierigen Bedingungen, unter anderem weil die Medizin nur unzureichend auf ihre besonderen Bedürfnisse vorbereitet ist.[5] Demente Patienten weisen im Allgemeinen die gleiche alters-assoziierte Krankheitsvielfalt auf wie gleichaltrige nicht-demente Menschen und dies erfordert häufig die gleiche kompli-

---

1 Dieses Kapitel basiert auf einem Aufsatz derselben Autoren, der 2010 in Fortschr Neurol Psychiat 78: 203–212 publiziert wurde.
2 C. Brayne/L. Gao/M. Dewey/F. E. Matthews, Medical Research Council Cognitive Function and Ageing Study Investigators. Dementia before death in ageing societies – the promise of prevention and the reality, in: PLoS Med 3 (2006), e397.
3 Brayne/Gao/Dewey/Matthews (s.o. Anm. 2); C. Osthgate/J. Gaertner/R. Voltz, Cognitive failure in end of life, in: Curr Opin Support Palliat Care 2 (2008), 187–191.
4 R. R. Zilkens/K. Spilsbury/D. G. Bruce/J. B. Semmens, Linkage of hospital and death records increased identification of dementia cases and death rate estimates, in: Neuroepidemiology 32 (2009), 61–69.
5 B. Z. Aminoff/A. Adunsky, Dying dementia patients: too much suffering, too little palliation, in: Am J Alzheimers Dis 19 (2004), 243–247.

zierte medizinische Versorgung. Sie haben jedoch sowohl den Erkrankungen als auch den Behandlungsversuchen weniger Robustheit entgegenzusetzen und entwickeln daher häufiger Nebenwirkungen und Komplikationen.

Durch den Anstieg der Lebenserwartung ist von einer weiteren Zunahme der Demenz bei Sterbenden auszugehen, der verstärkt Rechnung getragen werden muss. Im Folgenden werden vorrangig englisch- und deutschsprachige Forschungsarbeiten zum Thema Demenz und Sterben aus den letzten 10 Jahren zusammengefasst.

2. Epidemologie

2.1 Sterblichkeit (Mortalität) bei Demenz

Während in den letzten Jahren Schlaganfall, Herz-Kreislauf- und verschiedene Krebserkrankungen als Todesursachen rückläufig waren, nahm die Alzheimer Demenz als Todesursache oder Mitursache deutlich zu.[6] Das Vorliegen einer Demenz im Allgemeinen oder einer Alzheimer Erkrankung im Besonderen erhöht die Sterblichkeit etwa um den Faktor 1,5 bis 2.[7] In einer umfangreichen, epidemiologisch repräsentativen Stichprobe ergab sich auch für die leichte kognitive Beeinträchtigung (*mild cognitive impairment, MCI*) eine deutliche Erhöhung der Sterblichkeit.[8]

2.2 Risikofaktoren

Eine Reihe von Faktoren kann die Mortalität beim Vorliegen einer Demenz weiter steigern.

---

6 ALZHEIMER'S ASSOCIATION, Alzheimer's disease facts and figures, in: Alzheimers Dement 5 (2009), 234–270.
7 U. GÜHNE/H. MATSCHINGER/M. C. ANGERMEYER/S. G. RIEDEL-HELLER, Incident dementia cases and mortality. Results of the Leipzig Longitudinal Study of the Aged (LEILA75+), in: Dement Geriatr Cogn Disord 22 (2006), 185–193; M. GANGULI/ H. H. DODGE/C. SHEN/R. S. PANDAV/S. T. DEKOSKY, Alzheimer disease and mortality: a 15-year epidemiological study in: Arch Neurol. 62 (2005), 779–784; C. HELMER/ P. JOLY/L. LETENNEUR/D. COMMENGES/J. F. DARTIGUES, Mortality with dementia: results from a French prospective community-based cohort, in: Am J Epidemiol 154 (2001), 642–648.
8 M. E. DEWEY/P. SAZ, Dementia, cognitive impairment and mortality in persons aged 65 and over living in the community: a systematic review of the literature, in: Int J Geriatr Psychiatry 16 (2001), 751–761.

- *Allgemeine Patientenmerkmale:* höheres Alter, männliches Geschlecht.[9]
- *Begleiterkrankungen:* Bluthochdruck, Cholesterinerhöhung, Eiweißmangel im Blut, Rauchen, Schlaganfall, Herzschwäche (Herzinsuffizienz) und verminderte Lungenleistung (Vitalkapazität).[10]
- *Zusätzliche Stressbelastung:* kurz zurückliegende akute Krankenhausaufnahme oder Verlegungen.[11]
- *Körperliche Beschwerden und Zeichen:* deutliche Abnahme der körperlichen Leistungsfähigkeit, schneller Herzrhythmus, beschleunigte Atmung, unzureichende Sauerstoffaufnahme und Kohlendioxidabgabe, Druckgeschwüre (Decubitus), Gewicht unter 90 % des Idealwertes, verminderte Nahrungs- und Flüssigkeitsaufnahme, schlechter Ernährungszustand, Gewichtsverlust[12]; als günstig erwies sich ein im Alter etwas höheres Körpergewicht (leicht erhöhter Body-Mass-Index, BMI).[13]

---

9 B. Z. AMINOFF/A. ADUNSKY, Their last 6 months: suffering and survival of end-stage dementia patients, in: Age Ageing 35 (2006), 597–601; R. NITRINI/P. CARAMELLI/ E. HERRERA/I. DE CASTRO/V. S. BAHIA/R. ANGHINAH/L. F. CAIXETA/M. RADANOVIC/ H. CHARCHAT-FICHMAN/C. S. PORTO/M. T. CARTHERY/A. P. HARTMANN/N. HUANG/ J. SMID/E. P. LIMA/D. Y. TAKAHASHI/L. T. TAKADA, Mortality from dementia in a community-dwelling Brazilian population, in: Int J Geriatr Psychiatry 20 (2005), 247–253; R. S. SCHONWETTER/B. HAN/B. J. SMALL/B. MARTIN/K. TOPE/W. E. HALEY, Predictors of six-months survival aming patients with dementia: an evaluation of hospice Medicare guidelines, in: Am J Hosp Palliat Care 20 (2003), 105–113; T. E. STUMP/C. M. CALLAHAN/H. C. HENDRIE, Cognitive impairment and mortality in older primary care patients, in: J Am Geriatr Soc 49 (2001), 934–940.
10 NITRINI/CARAMELLI/HERRERA/DE CASTRO/BAHIA/ANGHINAH/CAIXETA/RADANOVIC/ CHARCHAT-FICHMAN/PORTO/CARTHERY/HARTMANN/HUANG/SMID/LIMA/THAKAHASHI/TAKADA (s.o. Anm. 9); STUMP/CALLAHAN/HENDRIE (s.o. Anm. 9); A. ALONSO/ D. R. JACOBS/A. MENOTTI/A. NISSINEN/A. DONTAS/A. KAFATOS/D. KROMHOUT, Cardiovascular risk factors and dementia mortality: 40 years of follow-up in the Seven Countries Study, in: J Neurol Sci 280 (2009), 79–83.
11 E. L. SAMPSON/I. THUNÉ-BOYLE/R. KUKKASTENVEHMAS/L. JONES/A. TOOKMAN/M. KING/ M. R. BLANCHARD, Palliative care in advanced dementia: A mixed methods approach for the development of a complex intervention, in: BMC Palliat Care 7 (2008), 8.
12 SCHONWETTER/HAN/SMALL/MARTIN/TOPE/HALEY (s.o. Anm. 9); STUMP/CALLAHAN/ HENDRIE (s.o. Anm. 9); H. H. KELLER/T. OSTBYE, Do nutrition indicators predict death in elderly Canadians with cognitive impairment?, in: Can J Public Health 91 (2000), 220–224; J. T. VAN DER STEEN/D. R. MEHR/R. L. KRUSE/A. K. SHERMAN/R. W. MADSEN/R. B. D'AGOSTINO/M. E. OOMS/G. VAN DER WAL/M. W. RIBBE, Predictors of mortality for lower respiratory infections in nursing home residents with dementia were validated transnationally, in: J Clin Epidemiol 59 (2006), 970–979.
13 T. OSTBYE/R. STEENHUIS/C. WOLFSON/R. WALTON/G. HILL, Predictors of five-year mortality in older Canadians: the Canadian Study of Health and Aging, in: J Am Geriatr Soc 47 (1999), 1249–1254.

- *Psychische Symptome und Zeichen:* stärkere intellektuelle Defizite[14], deutlichere Abnahme der geistigen Leistungsfähigkeit im Verlauf[15]; Symptome einer Depression[16], passive Selbstschädigung (Verweigerung von Nahrung und Medikamenten[17]); „psychotische" Symptome, vor allem visuelle Halluzinationen[18], eingeschränktes Sehvermögen[19], Delirium[20], Rastlosigkeit, verminderte Wachheit und Aufmerksamkeit[21], ein hoher Wert auf der sogenannten *Mini-Suffering-State Examination* (MSSE)[22].
- *Medikamentenbehandlung:* In den letzten Jahren häufen sich Hinweise auf eine gesteigerte Sterblichkeit dementer Patienten bei antipsychotischer Neuroleptika-Behandlung.[23] Allerdings blieben diese Ergebnisse nicht unwidersprochen[24], so dass weder eine liberale Verordnung, noch ein genereller Verzicht auf Neuroleptika, sondern generell ein vorsichtiger, niedrig dosierter und zeitlich befristeter Einsatz empfohlen werden kann.

---

14 GÜHNE/MATSCHINGER/ANGERMEYER/RIEDEL-HELLER (s.o. Anm. 7).
15 J. S. HUI/R. S. WILSON/D. A. BENNETT/J. L. BIENIAS/D. W. GILLEY/D. A. EVANS, Rate of cognitive decline and mortality in Alzheimer's disease, in: Neurology 25 (2003), 1356–1361.
16 G. BELLELLI/G. B. FRISONI/R. TURCO/M. TRABUCCHI, Depressive symptoms combined with dementia affect 12-months survival in elderly patients after rehabilitation post-hip fracture surgery, in: Int J Geriatr Psychiatry 23 (2008), 1073–1077.
17 B. DRAPER/H. BRODATY/L. F. LOW/V. RICHARDS, Prediction of mortality in nursing home residents: impact of passive self-harm behaviors, in: Int J Geriatr Psychiatry 13 (2003), 187–196.
18 N. SCARMEAS/J. BRANDT/M. ALBERT et al., Delusions and hallucinations are associated with worse outcome in Alzheimer's disease, in: Arch Neurol 62 (2006), 1601–1608; R. S. WILSON/Y. TANG/N. T. AGGARWAL/D. W. GILLEY/J. J. MCCANN/J. L. BIENIAS/D. A. EVANS, Hallucination, cognitive decline, and death in Alzheimer's disease, in: Neuroepidemiology 26 (2006), 68–75.
19 NITRINI/CARAMELLI/HERRERA/DE CASTRO/BAHIA/ANGHINAH/CAIXETA/RADANOVIC/CHARCHAT-FICHMAN/PORTO/CARTHERY/HARTMANN/HUANG/SMID/LIMA/TAKAHASHI/TAKADA (s.o. Anm. 9).
20 D. K. KIELY/E. R. MARCANTONIO/S. K. INOUYE et al., Persistent delirium predicts mortality, in: J Am Geriatr Soc 57 (2009), 555–611.
21 VAN DER STEEN/MEHR/KRUSE/SHERMAN/MADSEN/D'AGOSTINO/OOMS/VAN DER WAL/RIBBE (s.o. Anm. 12).
22 AMINOFF/ADUNSKY, Dying dementia (s.o. Anm. 5).
23 C. BALLARD/M. L. HANNEY/M. THEODOULOU et al., The dementia withdrawal trial (DART-AD): long-term follow-up of a randomised placebo-controlled trial, in: Lancet Neurol 8 (2009), 151–157.
24 L. SIMONI-WASTILA/P. T. RYDER/J. QIAN/I. H. ZUCKERMAN/T. SHAFFER/L. ZHAO, Association of antipsychotic use with hospital events and mortality among medicare beneficiaries residing in long-term care facilities, in: Am J Geriat Psychiatry 17 (2009), 417–427.

Die oben aufgeführten Studien bezogen sich vorwiegend auf Patienten mit klinisch diagnostizierter Alzheimer Demenz oder Demenz im Allgemeinen. Die Sterblichkeit bei der Parkinson-Erkrankung wird durch ähnliche Faktoren beeinflusst: hohes Alter, männliches Geschlecht; stärkere geistige, visuelle, funktionelle Defizite; Herzschwäche, Diabetes mellitus, Lungenentzündung.[25] Insgesamt ähneln die genannten Faktoren Merkmalen, denen in der Geriatrie generell große Bedeutung zukommt, jedoch wirken sie sich bei dementen Patienten noch gravierender aus.[26]

2.3 Sterbeort

Der Sterbeort hängt von vielen Faktoren ab, unter anderem von aktuellen gesellschaftlichen und organisatorischen Bedingungen. In Australien verstirbt mehr als die Hälfte der nicht-dementen älteren Menschen in Krankenhäusern, während zwei Drittel der Patienten mit einer Alzheimer Demenz im *Pflegeheim* sterben.[27] Dies entspricht exakt dem Anteil dementer Patienten in den USA: Zwei Drittel versterben in Pflegeheimen, während ältere Patienten mit anderen Diagnosen zumeist in Krankenhäusern zu Tode kommen.[28] Die dementen Patienten in Pflegeheimen waren älter, litten unter stärkeren geistigen Leistungsstörungen sowie Störungen des Erlebens und Verhaltens (*behavioral and psychological symptoms of dementia*, BPSD) als Patienten, die bis zum Tod zuhause versorgt wurden.[29] Anders bei Patienten mit einer vor dem 65. Lebensjahr beginnenden präsenilen Demenz, die häufiger im Krankenhaus (56 %) als zuhause (19 %) oder im Pflegeheim verschieden (25 %).[30]

Im Vergleich zu Krebs (46 %) und anderen chronischen Erkrankungen (42 %) liegt in den USA die Demenz nur bei einem geringen Anteil der Patienten

---

25 H. H. FERNANDEZ/K. L. LAPANE, Predictors of mortality among nursing home residents with a diagnosis of Parkinson's disease, in: Med Sci Monit 8 (2002), CR241–246.
26 D. POROCK/D. P. OLIVER/S. ZWEIG/M. RANTZ/D. MEHR/R. MADSEN/G. PETROSKI, Predicting death in the nursing home: development and validation of the 6-month Minimum Data Set mortality risk index, in: J Gerontol A Biol Sci Med Sci 60 (2005), 491–498.
27 L. ROSENWAX/B. MCNAMARA/R. ZILKENS, A population-based retrospective cohort study comparing care for Western Australians with and without Alzheimer's disease in the last year of life, in: Health Soc Care Community 17 (2009), 36–44.
28 S. L. MITCHELL/J. M. TENO/S. C. MILLER/V. MOR, A national study of the location of death for older persons with dementia, in: J Am Geriatr Soc 53 (2005), 299–305.
29 S. L. MITCHELL/D. K. KIELY/M. B. HAMEL, Dying with advanced dementia in the nursing home, in: Arch Intern Med 164 (2004), 321–326.
30 D. W. KAY/D. P. FORSTER/A. J. NEWENS, Long-term survival, place of death, and death certification in clinically diagnosed pre-senile dementia in northern England. Follow-up after 8–12 years, in: Br J Psychiatry 177 (2000), 156–162.

in *Hospizen* zugrunde[31]; diese Patienten sind häufiger weiblich, über 85 Jahre alt und verbringen längere Zeit im Hospiz als Patienten mit anderen Diagnosen.

Entlaufene Patienten mit einer Demenz können mitunter erst nach längerer Zeit tot aufgefunden werden und stellen natürlich eine sehr kleine Teilstichprobe dar. Eine US-amerikanische Studie ergab, dass fast 90 % der Patienten in unbewohnten Arealen der unmittelbaren Umgebung (innerhalb einer Meile) ihres Aufenthaltsortes entdeckt wurden, in Gebüschen, Feldern, Wäldern, Gräben oder Teichen.[32] Meist handelte es sich dabei um Männer aus Pflegeheimen, selten um Frauen, die zuhause versorgt worden waren. In Deutschland sterben 43 % der Menschen in Krankenhäusern und 20 bis 25 % in Pflegeheimen,[33] wobei etwa 70 % der Patienten in Pflegeheimen an einer Demenz leiden.

3. Versorgungssituation

3.1 Weichenstellung

Gesunde Erwachsene betrachten das Leben mit Demenz häufig als nicht lebenswert und diese Haltung kann Auswirkungen auf die Planung der eigenen Zukunft haben.[34] Demgegenüber halten nur vergleichsweise wenige Demente und *Patienten* mit anderen schwerwiegenden neurodegenerativen Erkrankungen ihr Leben für hoffnungslos.[35] Dies trifft auch für andere schwerwiegende Erkrankungen zu, wenngleich speziell zum Endstadium der Demenzen nur wenige verlässliche Angaben zur Verfügung stehen. Bisher planen nur wenige Menschen ihre eigene Zukunft für den Krankheitsfall genau voraus und dies führt dazu, dass im Vergleich zu anderen, etwa kardiologischen Erkrankungen nur ein kleiner Prozentsatz von Patienten mit einer Demenz an entsprechenden Weichenstellungen beteiligt ist oder war (20 % versus 90 %).[36]

---

31 S. L. MITCHELL/D. K. KIELY/S. C. MILLER/S. R. CONNOR/C. SPENCE/J. M. TENO, Hospice care for patients with dementia, in: J Pain Symptom Manage 34 (2007), 7–16.

32 M. A. ROWE/V. BENNETT, A look at deaths occurring in persons with dementia lost in the community, in: Am J Alzheimers Dis Other Demen 18 (2003), 343–348.

33 SCHINDLER in persönlicher Mitteilung.

34 S. G. POST, Alzheimer disease and the "then" self, in: Kennedy Inst Ethics J 5 (1995), 307–321; C. M. HERTHOGH/M. E. DE BOER/R. M. DRÖES/J. A. EEFSTING, Would we rather lose our life than lose our self? Lessons from the Dutch debate on euthanasia for patients with dementia, in: Am J Bioeth 7 (2007), 48–56.

35 H. FÖRSTL, Lebenswille statt Euthanasie – Innen- statt Aussenansichten neurodegenerativer Erkrankungen, in: Dtsch Arztebl 105 (2008), 395–396; D. G. HARWOOD/D. L. SULTZER, "Life is not worth living": hopelessness in Alzheimer's disease, in: J Geriat Psychiatry Neurol 15 (2002), 38–43.

36 Z. R. HAYDAR/A. J. LOWE/K. L. KAHVECI/W. WEATHERFORD/T. FINUCANE, Differences in end-of-life preferences between congestive heart failure and dementia in a medical house calls program, in: J Am Geriatr Soc 52 (2004), 736–740.

Dadurch geraten häufig *Angehörige* in die Situation, für den Patienten entscheiden zu müssen. Deren Überlegungen sind stark von schwer auflösbaren emotionalen Motiven bestimmt wie Tod als Tragödie und Erlösung, Entlastung und Schuld beim Einstellen lebensverlängernder Maßnahmen, fragwürdiger Wert einer Lebensverlängerung, und so weiter.[37] Ihr Eindruck von der Lebensqualität der Patienten wird im Spätstadium der Demenz vorwiegend geprägt vom körperlichen Zustand, der Umgebung sowie dem Umgang des Personals mit dem Patienten.[38] Die Ambivalenz bei Behandlungsentscheidungen zeigt sich in dem Wunsch, den Patienten in Würde und seinen mutmaßlichen Vorstellungen entsprechend sterben zu lassen, andererseits bestehen sie im Vergleich zu Ärzten auch bei sehr geringer Erfolgsaussicht sehr viel häufiger auf aktiven Behandlungsversuchen.[39] Die Bereitschaft, auf eine Notfallverlegung von Pflegeheim in ein Krankenhaus zu verzichten, steigt, wenn die Entscheidung nicht von einem Angehörigen getroffen werden muss.[40] Bei mehr als 50 % der dementen Patienten in Pflegeheimen war schriftlich festgelegt, auf eine Reanimation, aber bei nur 1 % auf eine akute Verlegung ins Krankenhaus zu verzichten.[41]

3.2 Komplikationen

Viele *bettlägerige* demente Patienten leiden an Dekubitalulzera, Gelenkschmerzen und Atemnot.[42] Die gleichen Faktoren, welche bei nicht-dementen Menschen einen Verwirrtheitszustand auslösen, können in wesentlich geringerer Ausprägung bei Dementen zu einem präfinalen *Delir*, einem dem Tod vorausgehenden Verwirrtheitszustand führen, der zum Teil traumähnlich, aber auch albtraumhaft ausgestaltet sein kann.[43]

Lungenentzündung. Der Schluckreflex ist bei Patienten mit einer Alzheimer Demenz abgeschwächt und verlangsamt; vor allem männliche Patienten

---

37 S. Forbes/M. Bern-Klug/C. Gessert, End-of-life decision making for nursing home residents with dementia, in: J Nurs Scholarsh 32 (2000), 251–258.
38 C. Russell/H. Middleton/C. Shanley, Dying with dementia: the views of family caregivers about quality of life, in: Australas J Ageing 27 (2008), 89–92.
39 R. H. Coetzee/S. J. Leask/R. G. Jones, The attitudes of carers and old age psychiatrists towards the treatment of potentially fatal events in end-stage dementia, in: Int J Geriatr Psychiatry 18 (2003), 169–173.
40 J. L. Lamberg/C. J. Person/D. K. Kiely/S. L. Mitchell, Decisions to hospitalize nursing home residents dying with advanced dementia, in: J Am Geriatr Soc 53 (2005), 1396–1401.
41 S. L. Mitchell/J. N. Morris/P. S. Park/B. E. Fries, Terminal care for persons with advanced dementia in the nursing home and home care settings, in: J Palliat Med 7 (2004), 808–816.
42 Mitchell/Morris/Park/Fries (s.o. Anm. 41).
43 E. Eeles/K. Rockwood, Delirium in the long-term care setting: clinical and research challenges, in: J Am Med Dir Assoc 9 (2008), 157–161.

mit schwerer Demenz, mit Basalganglien-Infarkten und Neuroleptika-Behandlung haben ein erhöhtes Risiko für eine Aspirationspneumonie, eine Lungenentzündung infolge von Verschlucken.[44] In einer US-amerikanischen Studie entwickelten zwei Drittel der Patienten innerhalb ihrer letzten sechs Lebensmonate und noch über die Hälfte im letzten Monat eine Pneumonie[45]; über 90 % wurden mit Antibiotika behandelt. Niederländische Kollegen stellten provokativ die Frage: *„Pneumonia – the demented patients' best friend?"*[46] („die Lungenentzündung – der beste Freund des dementen Patienten?"). Dieselbe Autorengruppe räumte jedoch ein, dass demente Patienten bis ins Endstadium stark unter den Auswirkungen einer Pneumonie leiden, egal ob sie eine Antibiotika-Therapie erhalten oder nicht;[47] daher fordern sie eine angemessene Symptom-Behandlung. Diese wäre durch den gezielten Einsatz zum Beispiel von Opioiden zur Erleichterung der Atemnot durchaus möglich, wird aber aus mangelndem Fachwissen und unbegründeter Furcht vor einer möglicherweise lebensverkürzenden Atemdepression im ambulanten Bereich sehr oft nicht durchgeführt.

3.3 Behandlung

Ein erheblicher Anteil schwer dementer, moribunder Patienten in Pflegeheimen wurde innerhalb der letzten 48 Stunden körperlich fixiert (60 %), mit Sonde ernährt (20 %), erhielt Infusionen (70 %), Antibiotika (> 70 %) oder andere lebensverlängernde Medikamente (> 30 %).[48] Die Ergebnisse dieser italienischen Untersuchungen wurden durch US-amerikanische Daten im Wesentlichen bestätigt.[49] In den letzten Jahren war ein leichter Rückgang „aggressiver" Behandlungsversuche zu verzeichnen.[50] Eine Antibiotika-Behandlung kann die Lebensdauer dementer Patienten mit einer Lungenentzündung erheblich ver-

---

44 H. Wada/K. Nakajoh/T. Satoh-Nakagawa/T. Suzuki/T. Ohrui/H. Arai/H. Sasaki, Risk factors of aspiration pneumonia in Alzheimer's disease patients, in: Gerontology 47 (2001), 271–276.
45 J. H. Chen/J. L. Lamberg/Y. C. Chen/D. K. Kiely/J. H. Page/C. J. Person/S. L. Mitchell, Occurrence and treatment of suspected pneumonia in long-term care residents dying with advanced dementia, in: J Am Geriatr Soc 54 (2006), 290–295.
46 J. T. van der Steen/M. E. Ooms/G. van der Wal/M. W. Ribbe, Pneumonia: the demented patient's best friend? Discomfort after starting or withholding antibiotic treatment, in: J Am Geriatr Soc 50 (2002), 1681–1688.
47 van der Steen/Ooms/van der Wal/Ribbe (s.o. Anm. 46).
48 P. Di Giulio/F. Toscani/D. Villani/C. Brunelli/S. Gentile/P. Spadin, Dying with advanced dementia in long-term care geriatric institutions: a retrospective study, in: J Palliat Med 11 (2008), 1023–1028.
49 Mitchell/Morris/Park/Fries (s.o. Anm. 41).
50 M. M. Evers/D. Purohit/D. Perl/K. Khan/D. B. Marin, Palliative and aggressive end-of-life care for patients with dementia, in: Psychiatric Services 53 (2002), 609–613.

längern: Ohne Antibiotika versterben über 90 %, mit Antibiotika etwa 40 % der Patienten innerhalb eines Vierteljahres.[51] Eine Befragung niederländischer Ärzte ergab, dass mehr als 50 % beim Verzicht auf die Antibiotika-Behandlung einer Lungenentzündung eine Lebensverkürzung beabsichtigten und dass über 40 % einen früheren Tod bewusst in Kauf nahmen.[52] Allerdings zeigten frühere Studienergebnisse keine Lebensverlängerung durch Antibiotika im Endstadium der Demenz.[53]

Auch die Sondenernährung beziehungsweise der Nutzen einer perkutanen endoskopischen Gastrostomie (*PEG*) hinsichtlich Eiweißaufnahme, Ernährungs- und Allgemeinzustand, Lebensqualität und Lebensdauer ist bei fortgeschrittener Demenz anhand der Datenlage nicht begründbar und wird daher zu Recht kritisiert. Dabei wendet sich die Kritik nicht nur gegen den Aktionismus der Medizin, sondern auch gegen Angehörige, die möglicherweise zur Gewissensberuhigung auf invasiven und dabei vorwiegend symbolischen Maßnahmen beharren.[54]

3.4 Sterbeverlauf

Nach systematischen Beobachtungen steigt der Stress dementer Patienten zumeist bis zum Tod an; demnach versterben zwei Drittel der Patienten unter erheblicher und ein Drittel mit einer mäßigen Belastung.[55] Demente Patienten weisen nach dem Tod in Blut und Nervenwasser (*Liquor cerebrospinalis*) deutlich erhöhte Konzentrationen des „Stress-Hormons" Kortisol auf[56]; die höchsten Werte sind bei schwerer Demenz, die niedrigsten bei Nicht-Dementen nachzuweisen. Da bei Patienten, die mit Morphium behandelt wurden, keine niedrigeren Werte zu messen waren, wurde gemutmaßt, dass der Kortisol-

---

51 J. T. VAN DER STEEN/G. VAN DER WAL/D. R. MEHR/M. E. OOMS/M. W. RIBBE, End-of-life decision making in nursing home residents with dementia and pneumonia: Dutch physicians' intentions regarding hastening death, in: Alzheimer Dis Assoc Disord 19 (2005), 148–155.
52 VAN DER STEEN/VAN DER WAL/MEHR/OOMS/RIBBE (s.o. Anm. 51).
53 K. J. FABISZEWSKI/B. VOLICER/L. VOLICER, Effect of antibiotic treatment on outcome of fevers in instituzionalized Alzheimer patients, in: J Am Med Assoc 263 (1990), 3168–3172.
54 F. A. CERVO/L. BRYAN/S. FARBER, To PEG or not to PEG: a review of evidence for placing feeding tubes in advanced dementia and the decision-making process, in: Geriatrics 61 (2006), 12–13; M. R. GILLICK/A. E. VOLANDES, The standard of caring: why do we still use feeding tubes in patients with advanced dementia?, in: J Am Med Dir Assoc 9 (2008), 364–367.
55 AMINOFF/ADUNSKY, Dying dementia (s.o. Anm. 5).
56 Z. A. ERKUT/T. KLOOKER/E. ENDERT/I. HUITINGA/D. F. SWAAB, Stress of dying is not suppressed by high-dose morphine or by dementia, in: Neuropsychopharmacology 29 (2004), 152–157.

Anstieg am ehesten biologischen und weniger psychologischen, subjektiv wahrgenommenen und schmerz-assoziierten Stress reflektiert.[57] Ähnlich ist die präfinale Rastlosigkeit dementer Patienten möglicherweise eher ausgeprägten Hirngefäßveränderungen zuzuordnen, als einem verstärkten subjektiven Leiden.[58] Diese Unruhe gemeinsam mit einer starken Abnahme der geistigen Leistungsfähigkeit (*„terminal decline"*) wird als Ausdruck einer akut verminderten Blutversorgung des Gehirns angesehen.[59] Insgesamt ist aber festzustellen, dass aus nachvollziehbaren und nicht nur methodischen Gründen über die subjektiven Erfahrungen von Sterbenden wenig wissenschaftlich verwertbare Daten verfügbar sind[60]; dies gilt in besonderem Maß für demente Patienten.

3.5 Todesursachen

In der Allgemeinbevölkerung führen in der Todesursachenstatistik Herz-Kreislauf- und Krebserkrankungen. Dagegen finden sich bei älteren dementen Patienten sowohl in klinischen (Sterbe-Urkunde), als auch in autoptischen Untersuchungen Lungenerkrankungen, vor allem Pneumonien, und verdrängen Herz-Kreislauferkrankungen auf den zweiten Platz (*Tabelle 1*). Maligne Erkran-

---

57 ERKUT/KLOOKER/ENDERT/HUITINGA/SWAAB (s.o. Anm. 56).
58 B. M. WILDEN/N. E. WRIGHT, Concept of pre-death. Restlessness in dementia, in: J Gerontol Nurs 28 (2002), 24–29.
59 L. B. HASSING/B. JOHANSSON/S. BERG/S. E. NILSSON/N. L. PEDERSEN/S. M. HOFER/ G. MCCLEARN, Terminal decline and markers of cerebro- and cardiovascular disease: findings from a longitudinal study of the oldest old, in: J Gerontol B Psychol Sci Soc Sci 57 (2002), 268–276; B. J. SMALL/L. FRATIGLIONI/E. VON STRAUSS/L. BÄCKMAN, Terminal decline and cognitive performance in very old age: does cause of death matter?, in: Psychol Aging 18 (2003), 193–202.
60 J. KAYSER-JONES, The experience of dying: an ethnographic nursing home study, in: Gerontologist 42, Spec No 3 (2002), 11–19.
61 J. ATTEMS/C. KÖNIG/M. HUBER/F. LINTNER/K. A. JELLINGER, Cause of death in demented and non-demented elderly inpatients; an autopsy study of 308 cases, in: J Alzheimers Dis 8 (2005), 57–62.
62 H. R. BRUNNSTRÖM/E. M. ENGLUND, Cause of death in patients with dementia disorders, in: Eur J Neurol 16 (2009), 488–492.
63 N. CHAMANDY/C. WOLFSON, Underlying cause of death in demented and non-demented elderly Canadians, in: Neuroepidemiology 25 (2005), 75–84.
64 C. FU/D. J. CHUTE/E. S. FARAG/J. GARAKIAN/J. L. CUMMINGS/H. V. VINTERS, Comorbidity in dementia: an autopsy study, in: Arch Pathol Lab Med 128 (2004), 132–138.
65 GANGULI/DODGE/SHEN/PANDAV/DEKOSKY (s.o. Anm. 7).
66 T. H. GOLDBERG/A. BOTERO, Causes of death in elderly nursing home residents, in: J Am Med Dir Assoc 9 (2008), 565–567.
67 J. KEENE/T. HOPE/C. G. FAIRBURN/R. JACOBY, Death and dementia, in: Int J Geriatr Psychiatry 16 (2001), 969–974.

Tabelle 1: Unmittelbare Todesursachen bei dementen Patienten in klinischen und Autopsie-Studien der letzten 10 Jahre

Referenz	Land Setting	N	Autopsie	Alzheimer/ Demenz	Pulmonal	Kardiovaskulär	Krebs	Andere
Attems et al.[61]	A, Pflegeheim	308	ja	Demenz insgesamt nicht dement	46 % 28 %	31 % 46 %		
Brunnström & Englund[62]	SWE, Autopsie-Serie	534	ja	Demenz insgesamt AD VDs nicht dement	38 % 56 % 33 % 3 %	23 % 23 % 55 % 22 %	4 % 21 %	
Chamandy & Wolfson[63]	CAN, bevölkerungsbasiert	2924	0	Demenz insgesamt AD VDs	↑	↓ ↓ ↓		
Fu et al.[64]	USA	52			46 %	40 %	8 %	70 % Atherosklerose 37 % Emphysem 17 % Lungenembolie
Ganguli et al.[65,a]	USA, Bevölkerungsbasiert	234 546	0	Demenz nicht dement	23 % 17 %	48 % 50 %	12 % 26 %	6 % urologisch 5 % gastroenterol. 7 % urologisch 5 % gastroenterol.
Goldberg & Botero[66]	USA, Pflegeheim	39	0	36 %[b]	23 %	30 %	7 %	
Keene et al.[67]	UK, zuhause	91	58 ja	Klinisch 9 %[b] Autopt. 1 %[b]	47 % 57 %	19 % 16 %	4 % 0 %	11 % Schlaganfall 14 % Lungenembolie 7 % Schlaganfall
Koopmans et al.[68]	NL, Pflegeheim	890	0		20 %	21 %	1 %	35 % Kachexie/ Dehydratation 3 % urologisch 3 % gastroenterol.

AD = Alzheimer Demenz
VDs = vaskuläre Demenzen (Hirngefäßerkrankungen)
a = in dieser Studie wurden sowohl die unmittelbaren Todesursachen, als auch die Begleiterkrankungen angegeben.
b = in diesen Studien wurde die Demenz als mögliche unmittelbare Todesursache berücksichtigt.

---

68 R. T. KOOPMANS/K. J. VAN DER STERREN/J. T. VAN DER STEEN, The 'natural' endpoint of dementia: death from cachexia or dehydration following palliative care?, in: Int J Geriatr Psychiatry 22 (2007), 350–355.

kungen werden sehr viel seltener nachgewiesen. Wegen unterschiedlicher Methoden und Stichproben sowie grundsätzlich abweichender Ansichten, ob die dementiellen Erkrankungen als unmittelbare Todesursachen betrachtet werden können, ist beim Vergleich der Studien keine enge Übereinstimmung zu erwarten.

3.6 Suizide

Sie sind eine prinzipiell vermeidbare, aber insgesamt seltene Todesursache dementer Patienten. Bei allerdings hoher Dunkelziffer wird geschätzt, dass weit weniger als 1 % der dementen Patienten absichtlich den Tod suchen, wobei Suizidgedanken etwas häufiger sind (etwa 1 %) und noch mehr demente Patienten ihren Zustand mit dem allerdings vieldeutigen Wort „lebensmüde" beschreiben (5 %).[69] Insgesamt scheint die Demenz als Suizidmotiv selten.[70] In bestimmten Akuteinrichtungen können auch erhöhte Raten suizidaler dementer Patienten registriert werden.[71] Niederländische Forscher vermerkten, dass nahezu kein Interesse von Patienten im Stadium der leichten Demenz an Euthanasie oder assistiertem Suizid bestehe.[72] Es gibt dennoch Hinweise darauf, dass – ähnlich wie bei der Chorea Huntington – die Suizidalität im Anfangsstadium der Demenz etwas höher liegt als im weiteren Verlauf.[73]

Eine dänische Analyse über „18 Millionen Personenjahre" fand 136 Suizide von Patienten, bei denen im Vorfeld eine Demenz diagnostiziert worden war[74]; das relative Risiko eines Suizids betrug im Alter von 50 bis 69 Jahren bei Männern 8,5, bei Frauen sogar 10,8. Bei Männern erfolgten 26 %, bei Frauen 14 %

---

69 B. DRAPER/C. MACCUSPIE-MOORE/H. BRODATY, Suicidal ideation and the "wish to die" in dementia patients: the role of depression, in: Age Ageing 27 (1998), 503–507; B. SCHNEIDER/K. MAURER/L. FRÖLICH, Demenz und Suizid, in: Fortschritte der Neurol Psychiat 69 (2001), 164–169.
70 C. PEISAH/J. SNOWDON/C. GORRIE/J. KRIL/M. RODRIGUEZ, Investigation of Alzheimer's disease-related pathology in community dwelling older subjects who committed suicide, in: J Affect Disord 99 (2007), 127–132; N. PURANDARE/R. C. VOSHAAR/C. RODWAY/H. BICKLEY/A. BURNS/N. KAPUR, Suicide in dementia: 9-year national clinical survey in England and Wales, in: Br J Psychiatry 194 (2009), 175–180.
71 Y. BARAK/D. AIZENBERG, Suicide amongst Alzheimer's disease patients: a 10-year survey, in: Dement Geriatr Cogn Disord 14 (2002), 101–103.
72 HERTHOGH/DE BOER/DRÖES/EEFSTING (s.o. Anm. 34).
73 W. S. LIM/E. H. RUBIN/M. COATS/J. C. MORRIS, Early-stage Alzheimer disease represents increased suicidal risk in relation to later stages, in: Alzheimer Dis Assoc Disord 19 (2005), 214–219.
74 A. ERLANGSEN/S. H. ZARIT/Y. CONWELL, Hospital-diagnosed dementia and suicide: a longitudinal study using prospective, nationwide register data, in: Am J Geriatr Psychiatry 16 (2008), 220–228.

der Suizide innerhalb von drei Monaten nach Diagnosestellung. Unbeabsichtigte Selbsttötungen können bei Patienten mit fortgeschrittener Demenz, mangelnder Krankheitseinsicht und gefährlichen Verhaltensweisen vorkommen.[75]

Risikofaktoren für einen Suizidversuch oder für entsprechende Vorbereitungen sind: männliches Geschlecht, gute Bildung, erhaltene Einsicht, frühes Krankheitsstadium mit kurz zurückliegender Diagnose, depressive Stimmung, Perspektiv- und Hoffnungslosigkeit, wirtschaftliche Not, Suizidgedanken und frühere Suizidversuche und der Zugang zu Handfeuerwaffen (zum Beispiel in der Schweiz).[76]

Eine US-amerikanische Studie an 28 Personen über 60 Jahre, die einen Suizid verübt hatten, ergab Hinweise auf eine etwas stärker ausgeprägte Alzheimer-Pathologie im Vergleich zu einer Kontrollgruppe.[77] Dies konnte in einer australischen Untersuchung an 143 Suizidenten über 65 Jahren nicht bestätigt werden; angeblich war bei keinem der Patienten die neuropathologische Diagnose einer Alzheimer Krankheit gestellt worden.[78]

3.7 Hinterbliebene Angehörige

Die Vorbereitung der Angehörigen, die bisher häufig einen 24-Stunden-Tag in der Pflege der Patienten absolviert hatten, auf den bevorstehenden Tod, und ihre psychologische Begleitung sind wichtige, häufig vernachlässigte Aufgaben.[79] Sie sind vermehrt stressempfindlich mit der Gefahr, dass sich nach dem Verlust des Patienten komplizierte Trauer und Depressionen entwickeln.[80] Dieses Risiko ist besonders groß bei Personen, die durch die Pflege stark belastet und bereits depressiv waren, aber auch bei jenen, welche die Pflege ihrer schwerkranken Angehörigen als besonders wertvoll erlebten.[81] Ein erheblicher

---

75 S. E. STARKSTEIN/R. JORGE/R. MIZRAHI/J. ADRIAN/R. G. ROBINSON, Insight and danger in Alzheimer's disease, in: Eur J Neurol 14 (2007), 455–460.
76 BARAK/AIZENBERG (s.o. Anm. 71); DRAPER/BRODATY/LOW/RICHARDS (s.o. Anm. 17); LIM/RUBIN/COATS/MORRIS (s.o. Anm. 73); S. H. FERRIS/G. T. HOFELDT/G. CARBONE/P. MASCIANDARO/W. M. TROETEL/B. P. IMBIMBO, Suicide in two patients with a diagnosis of probable Alzheimer disease, in: Alzheimer Dis Assoc Disord 13 (1999), 88–90.
77 A. RUBIO/A. L. VESTNER/J. M. STEWART/N. T. FORBES/Y. CONWELL/C. COX, Suicide and Alzheimer's pathology in the elderly: a case-control study, in: Biol Psychiatry 49 (2001), 137–145.
78 PEISAH/SNOWDON/GORRIE/KRIL/RODRIGUEZ (s.o. Anm. 70).
79 R. SCHULZ/K. BOERNER/K. SHEAR/S. ZHANG/L. N. GITLIN, Predictors of complicated grief among dementia caregivers: a prospective study of bereavement, in: Am J Geriatr Psychiat 14 (2006), 650–658.
80 E. GOY/L. GANZINI, End-of-life care in geriatric psychiatry, in: Clin Geriatr Med 19 (2003), 841–856, vii–viii.
81 SCHULZ/BOERNER/SHEAR/ZHANG/GITLIN (s.o. Anm. 79).

Teil der Angehörigen fühlt sich nicht ausreichend vorbereitet auf den Tod des Patienten. Geringe Bildung und einfacher sozio-ökonomischer Status spielen hierbei eine Rolle, während eine religiöse Einstellung über den Verlust hinwegtrösten kann.[82] Durch den Tod des Patienten erleichtert fühlen sich vor allem jene Angehörigen, die ein langes und qualvolles Sterben des Patienten miterleben mussten.[83] Die Eindrücke vom Tod des Patienten können sich bei den Angehörigen auf sehr lange Zeit festsetzen.[84] Nach dem Tod gibt bis zu einem Drittel der Angehörigen an, das Sterben sei nicht gut verlaufen; dies ist vor allem der Fall, wenn wichtige Entscheidungen nicht klar und einvernehmlich getroffen wurden, die Behandlung von Schmerzen und anderen Symptomen als unzureichend empfunden wurde, und weder der Sterbende noch die Angehörigen ausreichend vorbereitet und respektiert wurden.[85] Modellhafte Unterstützungsprogramme boten keine überzeugenden Vorteile[86] oder zeigten nur kleine Effekte, vermutlich da die Interventionen der Bedarfssituation sehr individuell angepasst werden müssen.[87]

---

82 R. S. Hebert/O. Dang/R. Schulz, Religious beliefs and practices are associated with better mental health in family caregivers of patients with dementia: findings from the REACH study, in: Am J Geriatr Psychiatry 15 (2007), 292–300; Dies., Preparedness for the death of a loved one and mental health in bereaved caregivers of patients with dementia: findings from the REACH study, in: J Palliat Med 9 (2006), 683–693.
83 R. Schulz/A. B. Mendelssohn/W. E. Haley et al., End-of-life care and the effects of bereavement on family caregivers of persons with dementia, in: N Engl J Med Overseas Ed 349 (2003), 1936–1942.
84 Wilden/Wright (s.o. Anm. 58).
85 M. S. Bosek/E. Lowry/D. A. Lindeman/J. R. Burck/L. P. Gwyther, Promoting a good death for persons with dementia in nursing facilities: family caregivers' perspectives, in: JONAS Healthc Law Ethics Regul 5 (2003), 34–41.
86 G. J. Acton/J. Kang, Interventions to reduce the burden of caregiving for an adult with dementia: a meta-analysis, in: Res Nurs Health 24 (2001), 349–360; G. J. Acton/M. A. Winter, Interventions for family members caring for an elder with dementia, in: Annu Rev Nurs Res 20 (2002), 149–179.
87 R. Burns/L. O. Nichols/J. Martindale-Adams/M. J. Graney/A. Lummus, Primary care interventions for dementia caregivers: 2-year outcomes from the REACH study, in: Gerontologist 43 (2003), 547–555; C. Eisdorfer/S. J. Czaja/D. A. Loewenstein/M. P. Rubert/S. Argüelles/V. B. Mitrani et al., The effect of family therapy and technology-based intervention on caregiver depression, in: Gerontologist 43 (2003), 521–531.

4. Palliativmedizinische Versorgung

4.1 Diagnostik

Eine Reihe von Beobachtungsskalen und Tests eignet sich auch zur Beurteilung von Patienten im späten Verlaufsstadium einer Demenz, die ihre Symptome und Bedürfnisse nicht mehr benennen können, zum Beispiel:

- *Delir/Verwirrtheitszustand: Confusion Assessment Method* (CAM), Beobachtungsskala zu Diagnose und Verlauf;[88]
- *Demenzstadium: Functional Assessment Staging* (FAST), Beobachtungsskala zur Einteilung des Demenzstadiums, angelehnt an evolutionsbiologische Thesen.[89]

Für die Planung der Palliativ-Behandlung ist die Einschätzung von Schmerzen, Stressbelastung und Lebensqualität von besonderer Bedeutung. Die Versorgungsqualität kann durch die retrospektive Beurteilung des Sterbeverlaufs aus Sicht der Angehörigen verbessert werden.

Zur Einschätzung von *Schmerzen* bei schwer dementen Patienten eignen sich die folgenden Skalen: die *Abbey-Pain*-Skala, Skala mit 6 Merkmalen (*Items*) zur Einschätzung der Intensität akuter und chronischer Schmerzen[90]; Doloplus-2, eine 10-Item Beobachtungsskala zu einer Reihe von Schmerzsymptomen bei nicht-kommunikationsfähigen Patienten[91]; die *Pain Assessment Checklist for Seniors with Limited Ability to Communicate* (PACSLAC) bestimmt die Zahl der Schmerzsymptome bei dementen Patienten[92]; die *Painful Interventions Scale* (PIS), sie misst die Effekte unangenehmer und schmerzhafter Interventionen wie Blasenkatheterisierung, Sondenernährung, Blutgas-Entnahme,

---

88 S. K. INOUYE/C. H. VAN DYCK/C. A. ALESSI/S. BALKIN/A. P. SIEGAL/R. I. HORWITZ, Clarifying confusion: the Confusion Assessment Method. A new method for detection of delirium, in: Ann Intern Med 113 (1990), 941–948.
89 B. REISBERG/S. G. SCLAN/E. FRANSSEN/A. KLUGER/S. FERRIS, Dementia staging in chronic care populations, in: Alzheimer Dis Assoc Disord 8, Suppl 1 (1994), 188–205.
90 J. ABBEY/N. PILLER/A. DE BELLIS/A. ESTERMAN/D. PARKER/L. GILES/B. LOWCAY, The Abbey Pain Scale: A 1-minute numerical indicator for people with end-stage, in: Int J Palliat Nurs 10 (2004), 6–13.
91 S. LEFEBVRE-CHAPIRO, The Doloplus-Scale – evaluating pain in the elderly, in: Eur J Palliat Care 8 (2001), 191–193.
92 S. FUCHS-LACELLE/T. HADJISTAVROPOULOS, Development and preliminary validation of the pain assessment checklist for seniors with limited ability to communicate (PACSLAC), in: Pain Manag Nurs 5 (2004), 37–49.

Beatmung, und so weiter.[93] Die *BESD* (*Beurteilung von Schmerz bei Demenz*) zeichnet sich durch Plausibilität und leichte Verwendbarkeit aus (*Tabelle 2*).[94]

Tabelle 2: Beurteilung von Schmerz bei Demenz (BESD; gekürzt nach Basler et al.[94]).

	0	1	2	Wert
Atmung	Normal	Angestrengt	Sehr angestrengt	
Negative Lautäußerung	Keine	Stöhnen etc.	Laut ächzen etc.	
Gesichtsausdruck	Neutral	Ängstlich, traurig	Grimassieren	
Körpersprache	Entspannt	Nervös	Hoch angespannt	
Trost	Nicht notwendig	Zu beruhigen	Untröstlich	

Die *Mini-Suffering-State Examination (MSSE)* eignet sich zur prospektiven Evaluation des Sterbeprozesses dementer Patienten (*Tabelle 3*).[95]

Tabelle 3: *Mini-Suffering State Examination*. Für jedes Kriterium wird 1 Punkt vergeben; 0–3 gilt als geringfügige, 4–6 als mittelschwere und 7–10 als schwere Belastung (modifiziert nach Aminoff).[96]

	Kriterien
1	Unruhe
2	Schreien
3	Schmerzen
4	Offenes Geschwür (Decubitus)
5	Mangelernährung
6	Probleme mit dem Essen
7	Operative Eingriffe
8	Medizinische Instabilität
9	Leidet aus medizinischer Sicht
10	Leidet nach Ansicht der Angehörigen
	MSSE-Score

---

93 R. Morrison/J. Ahronheim/R. Morrison/E. Darling/S. Baskin/J. Morris/C. Choi/D. Meier, Pain and discomfort associated with common hospital procedures and experiences, in: J Pain Sympt Manage 15 (1998), 91–101.

94 H. D. Basler/D. Hüger/R. Kunz/J. Luckmann/A. Lukas/T. Nikolaus/M. S. Schuler, Beurteilung von Schmerz bei Demenz (BESD), in: Schmerz 20 (2006), 519–526.

95 B. Z. Aminoff/E. Purits/S. Noy/A. Adunsky, Measuring the suffering of end-stage dementia: reliability and validity of the Mini-Suffering State Examination, in: Arch Gerontol Geriatr 38 (2004), 123–130; Aminoff/Adunsky, Dying dementia (s.o. Anm. 5).

96 Aminoff/Purits/Noy/Adunsky (s.o. Anm. 95).

Versorgungsqualität: Die „*End-of-Life in Dementia Scales (EOLD)*" wurden zur nachträglichen (*post hoc*) Analyse der letzten 90 Lebenstage entwickelt (*Tabelle 4*).[97] Sie umfassen drei Subskalen, die sich auf die vorgenommenen Maßnahmen beziehen (*Symptom-Management*, SM), auf das emotionale und körperliche Befinden der Patienten (*Comfort Assessment in Dying*, CAD), und auf die Zufriedenheit mit der psychologischen und medizinischen Versorgung am Lebensende.[98]

Tabelle 4: Die Subskalen der „*End-of-Life in Dementia Scales* (EOLD)": SM = Symptom Management; CAD = *Comfort Assessment in Dying*; SWC = *Satisfaction with Care* (modifiziert nach Volicer).[99]

WSM-EOLD	CAD-EOLD	SWC-EOLD
Schmerz	Unwohlsein	In Entscheidungen vollständig einbezogen
Kurzatmigkeit	Schmerz	
Wundliegen	Rastlosigkeit	Ich hätte die Entscheidungen vermutlich anders getroffen, wenn ich mehr Information gehabt hätte
Ruhe	Kurzatmigkeit	
Depression	Verschlucken	Es wurde alles unternommen, damit sich der Patient wohlfühlt
Furcht	Gurgeln	
Angst	Schluck-	Das Team war empfänglich für meine Bedürfnisse und Gefühle
Agitation	störungen	
Widerspenstig-keit gegen die Pflege	Furcht	Ich habe den Zustand meines Angehörigen nicht richtig verstanden
	Angst	
	Weinen	Ich wusste immer, welcher Arzt/welche Pflegekraft für meinen Angehörigen zuständig war
	Stöhnen	
	Gelassenheit	Ich finde, meinem Angehörigen wurden alle notwendigen Pflegemaßnahmen gewährt
	Frieden	
	Ruhe	Ich finde, dass mir alle Medikamenten-Fragen erklärt wurden
		Es wurde alles unternommen, was für meinen Angehörigen nützlich war
		Ich finde, mein Angehöriger hätte am Lebensende größere medizinische Zuwendung gebraucht

---

97 L. Volicer/A. C. Hurley/Z. V. Blasi, Scales for evaluation of End-of-Life Care in Dementia, in: Alzheimer Dis Assoc Disord 15 (2001), 194–200.
98 Volicer/Hurley/Blasi (s.o. Anm. 97); J. T. van der Steen/M. J. Gijsberts/D. L. Knol/L. Deliens/M. T. Muller, Ratings of symptoms and comfort in dementia patients at the end of life: comparison of nurses and families, in: Palliat Med 23 (2009), 317–324; J. T. van der Steen/M. J. Gijsberts/M. T. Muller/L. Deliens/L. Volicer, Evaluations of end of life with dementia by families in Dutch and U.S. nursing homes, in: Int Psychogeriatr 21 (2009), 321–329.
99 Volicer/Hurley/Blasi (s.o. Anm. 97).

4.2 Prognostik und Therapieplanung

Die *Prognostik* zum Lebensende dementer Patienten ist mit einiger Unsicherheit behaftet, da sich ihre heterogene Verlaufsdynamik von anderen terminalen Erkrankungen unterscheidet (*Tabelle 5*).[100]

Tabelle 5: Prognose der Sterblichkeit bei fortgeschrittener Demenz (modifiziert nach Mitchell).[101]

Risikofaktor	Punkte
ADL (Alltagsbewältigungs-)Score 28, also vollkommen abhängig[a]	1,9
Männlich	1,9
Krebserkrankung	1,7
Herzinsuffizienz	1,6
Sauerstoff-Behandlung während der letzten beiden Wochen	1,6
Kurzatmig	1,5
Isst weniger als 25 % der Mahlzeiten	1,5
Medizinisch instabil	1,5
Stuhlinkontinenz	1,5
Bettlägerig	1,5
Alter > 83 Jahre	1,4
Die meiste Zeit des Tages nicht wach	1,4
SUMMENSCORE	(ganzzahlig aufrunden, 0 bis 19)

[a] Der ADL-Score wird aus den folgenden Kriterien des *Minimum Data Sets* (MDS) berechnet: *Mobilität, Anziehen, Toilettenbenutzung, Transfer, Essen, Hygiene, Fortbewegung.* Die einzelnen Items werden mit Punkten von 0 – selbständig bis 4 – vollkommen abhängig bewertet; ein Wert von 28 bedeutet komplette Abhängigkeit.

---

100 D. BIRCH/J. A. DRAPER, A critical literature review exploring the challenges of delivering effective palliative care to older people with dementia, in: J Clin Nurs 17 (2008), 1144–1163.
101 MITCHELL/KIELY/HAMEL (s.o. Anm. 29).

Prognose-*Score*: Risiko innerhalb der nächsten sechs Monate zu versterben:

0	9 %
1– 2	11 %
3– 5	23 %
6– 8	40 %
9–10	57 %
> 10	70 %

4.2.1. Vorsorgeplanung

Seit dem 01.09.2009 ist in der Bundesrepublik das neue Gesetz zur *Patientenverfügung* in Kraft. Danach sind Patientenverfügungen, die von einwilligungsfähigen Volljährigen schriftlich abgefasst wurden, für Arzt und Betreuer verbindlich.[102] Der Begriff der Einwilligungsfähigkeit ist dabei abzugrenzen von der sogenannten Geschäftsfähigkeit. Einwilligungsfähig ist ein Mensch, der „die Art, die Bedeutung, die Tragweite und die Risiken einer beabsichtigten medizinischen Maßnahme sowie von deren Ablehnung verstehen und seinen Willen hiernach bestimmen kann".[103] Somit können auch Patienten mit einer Demenz, die aufgrund ihrer kognitiven Einschränkungen schon die volle Geschäftsfähigkeit eingebüßt haben, im Hinblick auf ärztliche – auch lebensverlängernde – Maßnahmen durchaus einwilligungsfähig sein und damit auch in der Lage, eine wirksame Patientenverfügung zu erstellen. Dabei ist gerade bei einer Demenz eine angemessene ärztliche Beratung zu empfehlen und auf der Patientenverfügung zu dokumentieren. Der beratende Arzt soll auch die Einwilligungsfähigkeit des Patienten zum Zeitpunkt der Abfassung einer Patientenverfügung schriftlich bestätigen, um späteren Anfechtungen zuvorzukommen. Das Gespräch über die vom Patienten gewünschten beziehungsweise nicht gewünschten Maßnahmen am Lebensende soll möglichst früh nach der Diagnosestellung angeboten werden.

4.3 Praktisches Vorgehen

Eine verbesserte Versorgung am Lebensende ohne unnötige Akutverlegungen in Krankenhäuser kann sowohl durch eine ambulante palliativmedizinische Behandlung zuhause[104] oder bei schwierigeren Verläufen durch die geplante Auf-

---

102 G. D. BORASIO/H. J. HEßLER/U. WIESING, Patientenverfügungsgesetz: Umsetzung in der klinischen Praxis, in: Dtsch Arztebl 106 (2009), 1952–1957.
103 BAYERISCHES STAATSMINISTERIUM DER JUSTIZ UND FÜR VERBRAUCHERSCHUTZ (Hg.), Vorsorge für Unfall, Krankheit und Alter durch Vollmacht, Patientenverfügung, Betreuungsverfügung, München ¹¹2009.
104 L. VOLICER/A. C. HURLEY/Z. V. BLASI, Characteristics of dementia end-of-life care across care settings, in: Am J Hosp Palliat Care 20 (2003), 191–200.

nahme in spezialisierte stationäre Einrichtungen erreicht werden.[105] Volicer und Hurley haben hierzu einen gestuften Interventionsplan entworfen (*Tabelle 6*).[106]

Tabelle 6: gestufter Interventionsplan

1	Diagnostik, intensive kurative und symptomatische Behandlung von Grund- und Begleiterkrankungen, gegebenenfalls Sondenernährung, gegebenenfalls Transfer in Akutkrankenhaus, gegebenenfalls kardiopulmonale Reanimation
2	Wie 1, jedoch keine Reanimation
3	Wie 2, jedoch keine Verlegung ins Akutkrankenhaus
4	Wie 3, jedoch keine Antibiotika-Behandlung, aber gegebenenfalls Behandlung von Fieber und Schmerz
5	Wie 4, jedoch keine Sondenernährung

Die derzeit in Deutschland entstehenden *Palliative Care Teams* zur spezialisierten Ambulanten Palliativ-Versorgung (SAPV) dürfen auch in Pflegeeinrichtungen tätig werden und können eine entscheidende Verbesserung der Palliativbetreuung dementer Patienten bewirken.

Empfohlen wird im Bedarfsfall die Gabe von Schmerz- und anderen symptomlindernden Medikamenten nach den in der Palliativmedizin allgemein geltenden Regeln.[107] Dabei sind die bekannten pharmakologischen Besonderheiten bei hochbetagten und zum Teil umfangreich erkrankten (multimorbiden) Patienten zu berücksichtigen. Dazu gehören:

- die Dosis-Anpassung bei Leber- und Niereninsuffizienz,
- die Möglichkeit paradoxer Reaktionen bei der Gabe von Benzodiazepinen, sowie
- die Wirkungsabschwächung von manchen Schmerzmitteln, den Opioiden, durch die Gabe mancher Antidepressiva, nämlich der selektiven Serotonin-Reuptake-Inhibitoren (SSRIs).
- Die Gabe von Sauerstoff soll nur bei einer Lungenerkrankung mit nachgewiesenem Sauerstoffmangel (SAO2 < 90 %) erfolgen, da die Sauerstoffzufuhr über Maske oder Nasenbrille ein starkes Austrocknen der Mundschleimhaut mit resultierendem Durstgefühl bewirken kann. In der Regel ist daher die Gabe von Sauerstoff in der allerletzten Lebensphase (Terminalphase) nicht indiziert.

---

105 B. Z. AMINOFF, The new Israeli Law "The Dying Patient" and Relief of Suffering Units, in: Am J Hosp Palliat Care 24 (2007), 54–58.
106 L. VOLICER/A. HURLEY, Hospice Care for Patients with Advanced Progressive Dementia, New York 1998.
107 C. BAUSEWEIN/S. ROLLER/R. VOLTZ (Hg.), Leitfaden Palliativmedizin – Palliative Care, München 2007; VAN DER STEEN/OOMS/VAN DER WAL/RIBBE (s.o. Anm. 46).

- Die Flüssigkeitszufuhr soll in der Terminalphase sehr zurückhaltend erfolgen. Das Durstgefühl am Lebensende hängt in erster Linie von der Trockenheit der Mundschleimhaut ab, nicht aber von der Menge parenteral zugeführter Flüssigkeit. Diese kann sogar – wegen der präterminalen Nierenfunktionsminderung – zu Lungenödem (Wasseransammlung in der Lunge) und Atemnot führen.
- Problematisch bleiben die Entscheidungen zur künstlichen Ernährungs- und Flüssigkeitszufuhr bei dementen Patienten, die häufig mit hoher Emotionalität bei niedrigem Wissensstand befrachtet sind. Hinsichtlich einer

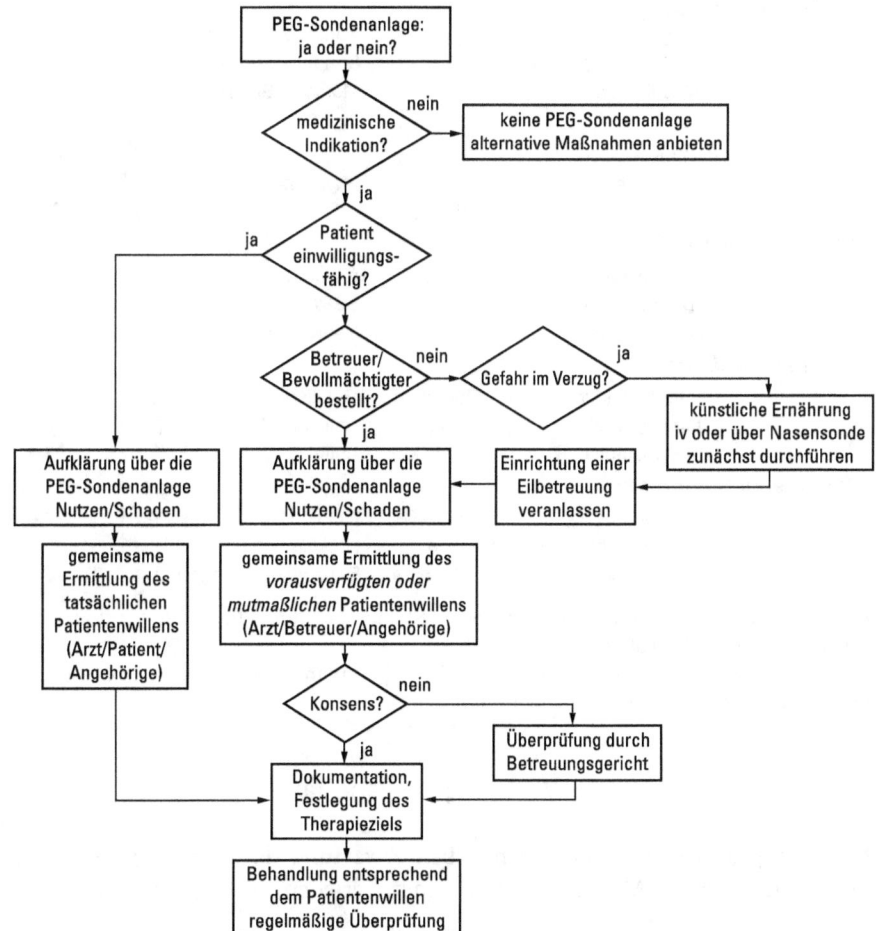

Abbildung 1: Entscheidungsbaum zur Anlage einer perkutanen endoskopischen Gastrostomie (PEG; eines direkten Sondenzugangs zum Magen durch die Haut) bei dementen Patienten.

perkutanen endoskopischen Gastrostomie (PEG) wurden Leitlinien erarbeitet, deren Algorithmus in *Abbildung 1* verkürzt wiedergegeben ist.[108]

In *Abbildung 2* wird eine Reihe von palliativmedizinischen Maßnahmen bei dementen Patienten zusammenfassend dargestellt. Dabei wird zwischen Interventionen hoher und nachgeordneter Priorität unterschieden. In die Entscheidungen sind jeweils die Auswirkungen auf Lebensqualität und Lebensverlängerung einzubeziehen.

Problembereich	Intervention, Priorität		QoL	L.zeit
Basisbehandlung	1. +	2.	1. / 2.	1. / 2.
Ernährung		Sonde, PEG ?	↑ /?	↑ /?
Hydrierung		Sonde, Infusion ?	↑ /?	↑ /?
Medikamente		Mörsern, Sonde?	↑ /?	↑ /?
Pflege				
Kommunikation	Zeit		↑ / -	- / -
Mobilität	&	Physiotherapie	↑ / ↑	↑ /↑
Haut	Zuwendung		↑ / -	↑ /-
Neuropsychiatrie				
Kognition		Antidementiva	↑ /(↑)	- / -
Depressivität		SSRI	↑ / ↑	-/ -
Delir, Halluzinat.		Neuroleptika	↑ / ↑	-/ -
Spezifische Ursachen				
Hüftgel.fraktur	Operation	Mobilisation	↑ / ↑	(↓) / ↑
Harnwegsinfekt	Flüssigkeit	Antibiotika?	(↑) /↑	(↑) / ↑
Pneumonie	Opioide	Antibiotika?	↑ / ?	↑ / ?
Allgemeine Symptome				
Schmerz	NSAIDs	Opioide	↑ / ↑	-/ -
Fieber	Phys. Massnahm.	NSAIDs	↑ / ↑	?/ ?
Dyspnoe	Opioide	Benzodiaz.(b.Angst)	↑ / ↑	↔ /↔

Abbildung 2: Zusammenfassung wichtiger medizinischer und Pflege-Interventionen am Lebensende dementer Patienten.
QoL = Lebensqualität; L.Zeit = Lebenszeit; PEG = perkutane endoskopische Gastrostomie; SSRI = selektive Serotonin-Reuptake Inhibitoren.

5. Verbesserungsbedarf

Es ist aufgrund der ansteigenden Lebenserwartung davon auszugehen, dass künftig noch mehr Menschen eine Demenz erleben und daher als demente

---

108 BAYERISCHES SOZIALMINISTERIUM, Leitfaden künstliche Ernährung und Flüssigkeitsversorgung (2008), im Internet unter: http://www.arbeitsministerium.bayern.de/pflege/pflegeausschuss/leitfaden.htm.

Patienten versterben. Dem muss durch Verbesserungen im Umgang mit Patienten und Angehörigen Rechnung getragen werden. In diesem Beitrag wurde eine Reihe von Schwachpunkten benannt, die in der Literatur wiederholt thematisiert wurden. Verbesserungsvorschläge beziehen sich vor allem auf die folgenden Bereiche:

- Genauere Erhebung der Bedürfnisse und Wünsche der Bevölkerung[109] und frühzeitige Beratung und Planung der erwünschten eigenen Versorgung[110].
- Mehr angemessene Informationen von und für mitbetroffene Angehörige[111] und verbesserte Leitlinien und Ausbildung für die beteiligten Berufsgruppen.[112] Nach dieser Übersicht ist allerdings einzugestehen, dass nur einige der genannten wissenschaftlichen Daten in handliche Informationen und Leitgedanken zu übersetzen sind. Die Informationsbasis, die Evidenz für konkretere Empfehlungen muss erst geschaffen werden.
- Verbesserung der Kommunikations- oder Beobachtungsinstrumente (*Monitoring*) für schwer kranke demente Patienten[113] und verbesserte Diagnostik und Prognostik der präterminalen Lebensphase[114]. Hier ist mit den oben aufgeführten Instrumenten ein Anfang gemacht. Ein Teil wird sich in der Praxis weiter bewähren.
- Verbesserte Behandlung besonders belastender Symptome wie Schmerz, Atemnot und eventuell Angst oder Depressivität.[115] Hierfür stehen alle notwendigen Verfahren zur Verfügung, werden jedoch zu wenig eingesetzt.

---

109 SAMPSON/THUNÉ-BOYLE/KUKKASTENVEHMAS/JONES/TOOKMAN/KING/BLANCHARD (s.o. Anm. 11).
110 SAMPSON/THUNÉ-BOYLE/KUKKASTENVEHMAS/JONES/TOOKMAN/KING/BLANCHARD (s.o. Anm. 11); J. M. LYNESS, End-of-life care: issues relevant to the geriatric psychiatrist, in: Am J Geriatr Psychiatry 12 (2004), 457–472.
111 LYNESS (s.o. Anm. 110); F. FORMIGA/C. OLMEDO/A. LÓPEZ-SOTO/M. NAVARRO/A. CULLA/R. PUJOL, Dying in hospital of terminal heart failure or severe dementia: the circumstances associated with death and the opinions of caregivers, in: Palliat Med 21 (2007), 35–40; KAYSER-JONES (s.o. Anm. 60).
112 M. ARCAND/J. MONETTE/M. MONETTE/N. SOURIAL/L. FOURNIER/B. GORE/H. BERGMAN, Educating nursing home staff about the progression of dementia and the comfort care option: impact on family satisfaction with end-of-life care, in: J Am Med Dir Assoc 10 (2009), 50–55; K. R. MAST/M. SALAMA/G. K. SILVERMAN/R. M. ARNOLD, End-of-life content in treatment guidelines for life-limiting diseases, in: J Palliat Med 7 (2004), 754–773; G. A. SACHS/J. W. SHEGA/D. COX-HAYLEY, Barriers to excellent end-of-life care for patients with dementia, in: J Gen Intern Med 19 (2004), 1057–1063.
113 LYNESS (s.o. Anm. 110); BIRCH/DRAPER (s.o. Anm. 100).
114 BIRCH/DRAPER (s.o. Anm. 100); SACHS/SHEGA/COX-HAYLEY (s.o. Anm. 112).
115 B. E COLE, The psychiatric management of end-of-life pain and associated psychiatric comorbidity, in: Curr Pain Headache Rep 7 (2003), 89–97; FORMIGA/OLMEDO/LÓPEZ-SOTO/NAVARRO/CULLA/PUJOL (s.o. Anm. 111); KAYSER-JONES (s.o. Anm. 59); SACHS/SHEGA/COX-HAYLEY (s.o. Anm. 112).

- Unterstützung der Angehörigen nach dem Tod des Patienten.[116] Dies wäre ein zusätzliches und lohnendes Betätigungsfeld für Pflege, Sozialpädagogik und Psychotherapie.

Bei der Behandlung schwer kranker, dementer Patienten kann die Devise „weniger ist mehr" mitunter für die Sterbephase gelten, aber keineswegs für den gesamten Krankheitsverlauf. Hier sind zwei Prinzipien zu beachten:

- Einerseits eine optimale medizinische Betreuung und Versorgung unter Einsatz aller verfügbaren und angemessenen Mittel;
- Andererseits der Respekt vor dem Recht eines jeden Menschen auf einen würdigen Sterbeverlauf.

Die vielerorts zu beobachtende Tendenz zu einer noch stärkeren wirtschaftlichen Ausrichtung des Gesundheitsmarktes ist nach unserer Auffassung jedenfalls keine geeignete Basis für Zukunftsmodelle für eine optimale Versorgung unserer Gesellschaft, in der jeder das Recht haben sollte, sehr alt und sehr dement zu sterben.

6. Zusammenfassung

In der westlichen Welt stirbt ein Drittel aller älteren Menschen im Zustand einer Demenz. Dies stellt besondere Anforderungen an Angehörige, Pflege und medizinische Versorgung. In dieser Übersicht werden epidemiologische Risikofaktoren der Mortalität dementer Patienten (zum Beispiel Alter, somatische Ko-Morbidität, neuropsychiatrische Symptome), die aktuelle Versorgungssituation (Sterbeorte, Weichenstellungen, Komplikationen, Therapie, Sterbeverlauf, unmittelbare Todesursachen, Suizide, hinterbliebene Angehörige) und Instrumente zur Beurteilung von Schmerzen, Belastung, Lebensqualität, Prognose und Therapie-Planung bei dementen Patienten im letzten Krankheitsstadium dargestellt. Ein problemorientiertes Vorgehen für Therapie-Entscheidungen wird vorgeschlagen, das Bezug nimmt auf Lebensqualität und Lebensverlängerung. Danach werden einige Themen benannt, in denen eine Optimierung möglich und notwendig erscheint.

---

116 Sachs/Shega/Cox-Hayley (s.o. Anm. 112); E. Silverberg, Introducing the 3-A grief intervention model for dementia caregivers: acknowledge, assess and assist, in: Omega 54 (2006–2007), 215–235.

Zur Pflege von schwerstkranken und sterbenden Patienten

Barbara Städtler-Mach

In diesem Beitrag geht es um den spezifischen Beitrag zur Auseinandersetzung mit dem Sterben aus der Sicht von Pflegenden. Grundsätzlich sind dabei pflegerische Tätigkeiten im Blick, darüber hinaus auch die Reflexion darüber, worin denn der Beitrag der Pflege bei der Betreuung und Behandlung sterbender Menschen überhaupt besteht. In diese Fragestellung ist natürlich das pflegerische Berufsethos mit eingebettet, das angesichts der Grenzen menschlichen Lebens besonders herausgefordert ist. Für das Verständnis von Pflegeethik existieren verschiedene Ansätze. Trotz der sich daraus ergebenden unterschiedlichen Perspektiven lässt sich summarisch die Fürsorge im Sinne des englischen *care* als übergeordnetes Kriterium ausmachen. „Dem Konzept der beruflichen Pflege" – so M. Arndt –

> „liegt menschliche Fürsorge zugrunde. Pflege als Beruf konnte nur entstehen, weil Pflegen eine Form menschlichen Daseins ausmacht. [...] Das Element der Fürsorge ist nicht einzigartig für den professionellen Pflegeberuf. In diesem Fall jedoch ist die Sorge für andere Menschen Ausdruck bestimmten Wissens und Könnens, und die Fürsorge hat den Hintergrund einer beruflichen Ausbildung."[1]

Die pflegewissenschaftliche Diskussion konzentriert sich in der Frage nach dem Beitrag von Pflege in der Behandlung des Patienten stark auf das Selbstverständnis der Pflege, ihre Sichtweise von Leben und Sterben des Menschen. Dabei wird ein grundsätzlicher Unterschied in der wissenschaftlichen Diskussion der beteiligten Disziplinen deutlich. So nähern sich Philosophie und Theologie ihrem Selbstverständnis gemäß dem Sterben von einer reflexiven Sichtweise, die das existentielle Phänomen an sich in den Blick nimmt. Demgegenüber sind Medizin und Pflegewissenschaft stark an den konkreten Fragen des Sterbeverlaufs interessiert. Summarisch lässt sich feststellen: Sind die Disziplinen der Philosophie und Theologie schwerpunktmäßig mit der Suche nach Erkenntnis über den Vorgang des Sterbens allgemein befasst, konzentriert sich

---

[1] M. Arndt, Ethik denken. Maßstäbe zum Handeln in der Pflege, Stuttgart 1996, 10.

Pflege schwerpunktmäßig auf den Umgang mit dem sterbenden Menschen. Der Beitrag aus der Sicht der Pflege zum schwerkranken und sterbenden Menschen nimmt den einzelnen Patienten in den Blick, dessen Sterbeverlauf und die Möglichkeiten, jeden Sterbenden so individuell wie möglich dabei zu unterstützen. Dabei schließen die Überlegungen zur Pflege dieser Patientengruppe an grundsätzliche Aussagen zur Pflege und zum Pflegeverständnis an.

1. Grundsätze guter Pflege

Für Pflegende stand und steht angesichts der Situation schwerkranker und sterbender Menschen schon immer die Frage im Vordergrund: Wie pflege ich Sterbende gut? Es gehört zum Selbstverständnis professioneller Pflege und ihrer Theoriebildung, insbesondere auch zum Pflegeethos, *gut* zu pflegen. Dabei stellt sich natürlich die Frage nach dem Pflegeverständnis, nach Zielen und Vorgehensweisen und immer wieder grundlegend nach den ethischen Werten der Pflege. Dass dies nicht nur der je subjektiven Einschätzung der Pflegenden überlassen werden kann, ist eine Grundaussage pflegewissenschaftlicher Theoriebildung. Als eine Folge davon haben sich die Pflegestandards entwickelt, die in den letzten Jahren zunehmend verbindlich wurden.[2] Gute Pflege wird dabei durch vier Faktoren beschrieben: Fachlich gute Pflegequalität, ethische Kompetenz der Pflegenden, Kommunikationsfähigkeit und Gewährleistung von entsprechenden Rahmenbedingungen, insbesondere der Finanzierbarkeit. Dabei ist gute Pflege durch eine doppelte Perspektive charakterisiert:

Einerseits nimmt sie die Bedürfnisse von kranken Menschen, andererseits die Verantwortung der Pflegenden, die Rahmenbedingungen für die Erfüllung dieser Bedürfnisse zu schaffen und zu gewährleisten, in den Blick. Von daher betrifft die Frage nach der „guten Pflege sterbender Menschen" nicht nur die persönliche Zuwendung und pflegerische Kompetenz einzelner Kranken- und Altenpflegerinnen, sondern das gesamte Umfeld schwerkranker und sterbender Menschen. Im Wesentlichen wird eine gute Sterbebegleitung an den Wünschen und Bedürfnissen der schwerkranken Patienten festgemacht. In der Geschichte der Pflege hat sich daran im Kern nie etwas verändert. Die Ausgestaltung dessen, was als gute Pflege betrachtet wird, bestimmt der Patient in seiner je individuellen Situation und Befindlichkeit. Natürlich bleibt es dabei nach wie vor schwierig, von „Bedürfnissen" des Patienten zu sprechen, wenn er sie selbst nicht äußert. Auf die Möglichkeiten, auch mittels nonverbaler Sprache Bedürfnisse zu verstehen, wird später noch eingegangen.

---

2   Vergleiche zum Ganzen exemplarisch: G. VITT, Pflegequalität ist messbar, Hannover 2002.

2. Zur Bedeutung einer guten Sterbebegleitung

In den vergangenen Jahren hat sich im Kontext der allgemeinen Gesundheitsversorgung in Deutschland die Rede von der Lebensqualität pflegebedürftiger Menschen stark durchgesetzt. Als Folge davon kann es bei der Pflege schwerkranker und sterbender Patienten auch nur um eine entsprechende Qualität bei der Sterbebegleitung gehen. Doch was heißt „Qualität der Sterbebegleitung"?

In jedem Fall ist deren Beschreibung von dem „guten Sterben" zu unterscheiden. *Sterbebegleitung* hat grundsätzlich nichts mit *Sterbehilfe* – egal welcher Art – zu tun. Auch wenn hier sprachlich immer wieder Verwirrung entsteht, so ist doch die Sterbebegleitung unzweifelhaft von der Sterbehilfe zu trennen.

Allerdings bestehen zwischen den vorhandenen Vorstellungen einer guten Sterbebegleitung und der Realität an vielen Stellen erhebliche Differenzen. Beachtliches Aufsehen hat im Jahr 2010 die Veröffentlichung der Studie „Sterben" der Lien-Stiftung aus Singapur erregt, in der in 40 Ländern der Erde die Situation und Begleitung Sterbender untersucht wurde. In dieser Studie kommt Deutschland auf Platz acht. Untersucht wurden in dieser Studie vor allem die staatlichen Hilfen für Schwerkranke, insbesondere das Vorhandensein von Standards für die Versorgung in den letzten Lebensmonaten, die öffentliche Diskussion des Themas sowie die Präsenz von eigens geschultem Pflegepersonal.[3]

Trotz der nicht unerheblichen Anstrengungen in den vergangenen Jahren im Pflegebereich für eine verbesserte Versorgung Schwerkranker und Sterbender muss deutlich genannt werden: Die Tatsache, dass in Deutschland summarisch von einer hohen Lebensqualität gesprochen werden kann, bedeutet nicht, dass auch eine hohe Sterbensqualität existiert.

Immerhin ist auch einiges an Fortschritten zu sehen: Seit 2007 gibt es einen Rechtsanspruch auf die spezialisierte ambulante Palliativversorgung, die das Sterben zu Hause besser finanziert als das bislang der Fall war. Seit 2009 ist die Finanzierung der Hospize verbessert, im gleichen Jahr wurde das Gesetz über Patientenverfügungen erlassen.

Grundsätzlich kann davon ausgegangen werden, dass für die Pflege von schwerkranken und sterbenden Patienten die Grundsätze guter Pflege gelten, die ohnehin als Standards gesetzt sind.

---

3   Vgl. S. MURRAY u.a., The quality of death. Ranking end-of-life care across the world. A report from the Economist Intelligence Unit, Commissioned by the Lien Foundation, Singapore 2010 (Zugriff unter: www.eiu.com/sponsor/lienfoundation/qualityofdeath; 26.11.2011); siehe auch: U. v. LESZCZYNSKI/C. OELRICH, Hilfe für Sterbenskranke. Deutschland hinkt hinterher, veröffentlicht u. a. unter: http://www.evangelisch.de/themen/gesellschaft/hilfe-für-sterbenskranke-deutschland-hinkt-hinterher20910 (Zugriff: 25.11.2011).

3. Gute Sterbebegleitung durch *Palliative Care*

Bei der Suche nach einem den Vorstellungen von „guter Sterbebegleitung" entsprechenden Konzept für die Pflege wird seit mehreren Jahren zunehmend auf die *Palliative Care*/Palliativpflege zurückgegriffen. Was die Begriffsbezeichnung betrifft, so ist der englische Terminus *Palliative Care* mit *Palliativpflege* sicher nicht ganz zutreffend übersetzt. In diesem Konzept geht es um mehr als nur eine Anleitung zu pflegerischem Handeln:

> „Es handelt sich um ein Betreuungskonzept, das sich an körperlichen, psychischen, sozialen und spirituellen Bedürfnissen orientiert. Daraus ergibt sich auch, dass neben Ärzten und Pflegenden auch Psychologen, Sozialarbeiter, Seelsorger, ehrenamtliche Hospizhelfer und andere fachlich qualifizierte Personen an der Betreuung der Patienten und deren Angehörigen beteiligt sind."[4]

Die interdisziplinäre Ausrichtung der Palliative Care wird schnell deutlich, wenn ihr Anspruch einer ganzheitlichen Betreuung realisiert werden soll. Gerade darin liegt der besondere Ansatz des palliativen Denkens, dass nicht jede Profession in Krankenhaus und Pflegeeinrichtung oder auch beim Sterben zu Hause ihren abgegrenzten Bereich bearbeitet und sich unverbunden mit den anderen Behandlungs- und Unterstützungsberufen dem Patienten zuwendet.

Im Folgenden werden die Grundprinzipien der Palliativpflege kurz charakterisiert. So nennt das Deutsche Institut für *Palliative Care* in Bad Krozingen fünf Charakteristika des palliativen Ansatzes[5]:

1 Die Betroffenen – der Schwerkranke und seine Familie – stehen im Mittelpunkt: „[...] bei ihnen liegt die Macht über die Situation."[6]
2 Ein multidisziplinäres Team von Fachleuten steht der betreuenden Familie zur Verfügung.
3 Das Team wird durch qualifizierte Ehrenamtliche ergänzt.
4 Das Team „verfügt über profunde Kenntnisse in der Symptomkontrolle (zur Behandlung von Schmerzen, Atemnot, Verdauungsbeschwerden, Unruhe, Schlafstörungen et cetera)"[7].
5 Die Helfenden sind rund um die Uhr zur Verfügung.

Zum einen sind alle Pflegeverrichtungen an den individuellen Bedürfnissen des Patienten orientiert. Dabei kann die grundlegende Haltung mit Fürsorge be-

---

4 M. Bünemann, Palliative Care, in: B. Städtler-Mach (Hg.), Ethik gestalten. Neue Aspekte zu ethischen Herausforderungen in der Pflege, Frankfurt 2007, 50–86, hier: 53.
5 K. Student/J.-C. Student, Die Palliativversorgung Demenzkranker, in: G. Stoppe (Hg.), Die Versorgung psychisch kranker alter Menschen. Bestandsaufnahme und Herausforderung für die Versorgungsforschung, Köln 2010, 181–193, 181 f.
6 Student/Student (s.o. Anm. 5).
7 Student/Student (s.o. Anm. 5).

schrieben werden, die nicht *paternalistisch,* sondern *emanzipierend* ausgerichtet ist.[8] Die häufig zu hörende Wendung, der Mensch stehe im Mittelpunkt, wird hier insofern umgesetzt, als die Strukturen den Bedürfnissen des Patienten tatsächlich angepasst werden.

> „Es geht – so wird hier am Beispiel der dementiell veränderten Menschen in ihrer letzten Lebensphase ausgeführt – um die situationsbezogene Anpassung der Pflege und Betreuung [der Patientin]. Sie [die Pflegenden] respektieren ihre Wünsche und Bedürfnisse."[9]

Zum zweiten wird die *Kommunikation* mit dem Patienten als Bestandteil der Pflege gesehen. Das Gespräch mit dem Patienten ist nicht eine „Zugabe", die erfolgt, wenn konkrete Pflegeverrichtungen erledigt und dann „noch Zeit bleibt". Vielmehr werden das Sprechen wie auch die nonverbale Kommunikation im Vollzug der Pflegehandlungen als deren Bestandteil gesehen und gewürdigt.

Dabei steht beim schwerkranken und sterbenden Patienten die nonverbale Sprache besonders im Fokus der pflegerischen Aufmerksamkeit. Gerade bei Fehlern der verbalen Sprache bedarf es genauer Beobachtung, um die Bedürfnisse des Patienten zu erkennen.[10] S. Kostrewa nennt als Indikatoren „Mimik, Gestik und Körperhaltung"[11] sowie die Vitalwerte als Möglichkeiten nonverbaler Äußerung. Atmung, Muskeltonus, Haltung der Hände sowie häufiges Rufen können laut Kostrewa Auskunft über die Bedürfnisse des Pflegebedürftigen geben.

Ein dritter Aspekt betrifft das Zusammenwirken mit anderen Professionen, deren Vertreterinnen und Vertreter sich ebenfalls dem Patienten verpflichtet fühlen, wie auch mit Einzelpersonen und Gruppen neben den Professionellen. Dazu zählen vorrangig die Angehörigen und Freunde des Patienten sowie Ehrenamtliche, die sich innerhalb einer Klinik oder eines Hospizes für schwerkranke Patienten als Ansprechpartner oder zur Erfüllung kleiner Hilfsdienste zur Verfügung stellen.

Vergegenwärtigt man sich den Tagesablauf eines schwerkranken Patienten in einer Pflegeeinrichtung, so wird die Bedeutung der Pflegenden schnell deut-

---

8 M. RABE, Therapiebegrenzung und Sterbehilfe bei nicht einwilligungsfähigen Patienten. Ein Beitrag aus pflegerischer Perspektive, in: A. FREWER/R. WIENAU (Hg.), Ethische Kontroversen am Ende des menschlichen Lebens. Grundkurs Ethik in der Medizin in vier Bänden, Erlangen/Jena 2002, 113–131, hier 126.
9 N. RALIC/A. HOHNWALD, Achtsam sein, in: Praxis Palliative Care. Für ein gutes Leben bis zuletzt 11 (2011), 4–7, hier: hier: 6.
10 S. KOSTREWA, Wenn die verbale Sprache fehlt – So erkennen Sie Bedürfnisse, in: Palliativpflege heute. Schwerstkranke und Sterbende professionell und ganzheitlich begleiten, Mai 2011, 3.
11 KOSTREWA (s.o. Anm. 10).

lich: Sie sind von allen Berufen tags- und nachtsüber am meisten beim Patienten und mit den vielfältigsten Aufgaben bei ihm beschäftigt. Von daher ist es zunächst aus rein quantitativen Gründen berechtigt, von einer hervorgehobenen Stellung der Pflege im palliativen Konzept zu sprechen.

Der Anspruch an die Pflegenden bezüglich einer guten Sterbebegleitung kann in verschiedener Hinsicht konkretisiert werden: im Hinblick auf den pflegebedürftigen Menschen, dessen Angehörige, im Blick auf die Pflegenden selbst und schließlich auf die allgemeine Öffentlichkeit.

Im Blick auf den pflegebedürftigen Menschen ist die Grundlage jeder Pflege ein wertschätzendes, konstruktives Menschenbild. Natürlich sind die einzelnen Krankheiten des Patienten von Bedeutung, und ihre Therapie gibt auch die Pflegeleistungen vor. Übergeordnet steht jedoch immer der einzelne Mensch, der mehr ist als eine Krankheit oder auch die Summe mehrerer Krankheiten. Insbesondere der alte Mensch, der ganz selten ohne Krankheitssymptome lebt, ist auch mit all dem zu sehen, was sein Leben und seine Persönlichkeit ausmacht. Diesen holistischen Aspekt nimmt die Pflege in ihren Pflegekonzepten mit auf, insbesondere in der Berücksichtigung der Biographie.

In Anlehnung an die Standards guter Allgemeinpflege gilt insbesondere beim sterbenden Patienten, dass er es ist, der den Inhalt der Pflege mit seinem Rhythmus, seinem Befinden, seinen Wünschen vorgibt.

4. Die Aufgaben einer Begleitung zum würdevollen Sterben

Ungeachtet einzelner Lebensqualitätskonzepte und allen Pflegestandards übergeordnet ist die Rede vom „würdevollen Sterben" Bestandteil jeder Reflexion über das Sterben. Auch bei unterschiedlichen Vorstellungen von dem, was als Sterbeprozess bezeichnet wird, sowie von den Vorstellungen, wie gute Pflege in diesem Prozess aussehen kann, sind sich alle einig: Gute Pflege verfolgt ein würdevolles Sterben und trägt zu dessen Verwirklichung bei.

Tatsächlich entsteht bei der Frage nach dem Inhalt dieser Würde ein gewisses Vakuum. Sehr schnell lässt sich beschreiben, was würde-los oder unwürdig ist. Da werden bestimmte Orte genannt wie beispielsweise das Badezimmer oder der Gang in der Klinik. Zu fehlender Würde zählen weiterhin mangelnde Schmerzmedikation, das Vernachlässigen einer individuellen Körperpflege, das Vermeiden des regelmäßigen Kontakts mit dem Patienten sowie eine unzureichende Kommunikation.

Die Bevölkerung – alle potentiell schwerkranken und sterbenden Menschen – hat dafür gängige Bilder: Ein Sterben im Krankenhaus, schon gar in einem Abstellraum, Einsamkeit überhaupt, Schmerzen, Durst und keine ausreichende Versorgung der Grundbedürfnisse werden als „würdeloses Sterben" angesehen.

Von daher erscheint es – logisch betrachtet – einfach, das würdige Sterben zu beschreiben. Es ginge demnach einfach um das Erfüllen aller dieser Bedürfnisse und das Bereitstellen einer entsprechenden Unterbringung. So schlicht es klingt, so schwierig erweist sich doch die Umsetzung. Das moderne Krankenhaus ist diesen Anforderungen vom System her nicht immer gewachsen. Die auf Heilung und Linderung ausgerichteten Großorganisationen unserer medizinischen Versorgung sehen das Sterben im Allgemeinen als einen Vorgang, der in ihren Räumen besser nicht vorzukommen hat. Zeit und Qualifikation der Pflegenden sehen eine individuelle Sterbebegleitung keineswegs immer vor.

Ähnliches gilt für die Altenpflegeeinrichtungen, auch wenn sie von dem Lebensalter ihrer Klientel her gesehen natürlich mit dem Sterben gleichsam von Natur aus rechnen müssen. Dennoch werden auch hier nicht immer die Bedingungen in Zeit und Raum für ein würdevolles Sterben realisiert. Sehr summarisch sollen hier die Grundlinien einer Begleitung zu würdevollem Sterben aufgezeigt werden. Sie haben dabei den Patienten, seine Angehörigen, die Pflegenden selbst sowie die Öffentlichkeit unserer Gesellschaft im Blick. In dieser vierfachen Ausrichtung wird deutlich, dass der Beitrag Pflegender in der Begleitung und Versorgung schwerkranker und sterbender Menschen nicht allein auf den Patienten konzentriert ist, sondern eine multifunktionale Aufgabe darstellt.

Die palliative Versorgung und Sterbebegleitung hat, wie bereits ausgeführt, die Befriedigung der Bedürfnisse des einzelnen Patienten als vorrangige Aufgabe. Das gilt für alle pflegerischen Vollzüge im Hinblick auf die Ernährung, Sedierung, in Bezug auf Lagern wie vor allem auf die ebenfalls bereits genannte Kommunikation.

Ähnliches trifft auch für den Anspruch der Pflegenden im Hinblick auf die Angehörigen zu. Die Angehörigen – das begründet die Wichtigkeit ihrer Einbeziehung – sind untrennbar mit dem Leben des Sterbenden verbunden. Dies zu berücksichtigen fällt leicht, wenn zwischen dem sterbenden Patienten und seinen Angehörigen ein gutes Verhältnis besteht, wenn Besuche und Gespräche stattfinden und Pflegende erleben, dass sich Angehörige kümmern und dem Patienten Zuwendung und Zeit entgegenbringen. Schwieriger gestaltet sich die Berücksichtigung, wenn deutlich Schwierigkeiten, Spannungen oder Ablehnung wahrzunehmen sind. Doch speziell in diesen Situationen gilt für die Pflegenden, dem gelebten Leben des Patienten mitsamt seinen Angehörigen gegenüber Respekt aufzubringen. Pflegende unterstützen die Angehörigen bei ihrer Zuwendung zum schwerkranken Patienten, insbesondere dort, wo diese den Wunsch danach äußern. Diese Äußerungen sind sowohl verbal wie auch nonverbal wahrzunehmen und zu berücksichtigen. Inhaltlich umfasst diese Unterstützung alles, was sinnvoll und möglich ist wie beispielsweise das Erklären von Veränderungen beim Patienten, die mit seinem Sterbeprozess in Zusammenhang stehen oder auch die Information über Pflegehandlungen.

Des Weiteren vertreten Pflegende in ihrer Begleitung von Sterbenden auch ihrer eigenen Berufsgruppe gegenüber einen konkreten Anspruch. Hier steht die Sicht der Pflege als Beziehungsarbeit im Mittelpunkt. Die Tatsache, dass Pflege in hohem Maß durch die Beziehung zum Patienten getragen wird, stärkt die Bedeutung der Beziehung der Pflegenden untereinander. Pflegende agieren gemeinsam und einzeln gegenüber dem Pflegebedürftigen. Die jeweiligen Stärken der Einzelnen werden für die Pflege sinnvoll genutzt, etwaige Vorlieben des schwerkranken Patienten für einzelne Pflegende werden nach Möglichkeit berücksichtigt. Von großer Wichtigkeit ist die Sicht der Sterbebegleitung bei den Pflegenden selbst. Innerhalb des Pflegeteams entsteht zuweilen eine Einstufung im Sinne eines Rankings von Pflege: Schnell und nahezu leichtfertig wird selbst von Pflegenden manchmal geurteilt, dass Sterbebegleitung wenig aufwändig sei, eben weil von außen betrachtet manchmal wenig „zu tun" ist. R. Schwerdt führt aus, dass gerade bei Schwerkranken die Qualifikation der Pflegenden wesentlich zu der Qualität ihrer Pflege beiträgt:

> „Die zentrale These ist, dass eine gute Qualität dieser Pflege ohne gute Qualifikation – im Sinne einer möglichst fortgeschrittenen Kompetenzentwicklung – der Helfenden nicht möglich ist und dass eine gute Qualifikation eine notwendige (wenngleich nicht die einzige) Bedingung einer guten Qualität ist."[12]

Schließlich bedeutet die Pflege schwerkranker und sterbender Patienten auch eine Verantwortung für dieses Thema in der Öffentlichkeit. Dabei ist zunächst festzustellen: Kaum eine Dienstleistung ist so innerhalb der Gesellschaft verbreitet wie die Pflege. Nahezu jeder Mensch bekommt irgendwann in seinem Leben Kontakt mit einer Pflegeperson, sei es durch Angehörige und Freunde, sei es durch den eigenen Status als Patient oder Pflegebedürftiger. Wenn Pflegende also am Sterben von Menschen beteiligt sind, besitzen sie die Möglichkeit und auch die Verantwortung, zur Sicht des Sterbens in unserer Gesellschaft beizutragen und durchaus auch Korrekturen am vorherrschenden Verständnis von Sterben vorzunehmen. Insbesondere Pflegende, die sehr nahe am schwerkranken und sterbenden Menschen arbeiten und häufig intensive Beziehungen zu ihm entwickeln, tragen dazu bei, vorurteils- und möglichst angstfrei über das Sterben zu sprechen. Sie sind es, die – insbesondere durch die Hospizarbeit – dazu beitragen, sowohl innerhalb gesellschaftlicher Gruppen wie auch bei Einzelpersonen Ängste vor dem Sterben abzubauen. Sie öffnen sich auch neuen und bislang ungeübten Formen der Sterbebegleitung, um an der Enttabuisierung des Sterbens mitzuwirken.

---

12 R. SCHWERDT, Qualität und Qualifikation – Zwei Seiten einer Medaille in der Pflege schwerkranker Menschen am Ende ihres Lebens, in: A. NAPIWOTZKY/J.-C. STUDENT, Was braucht der Mensch am Lebensende? Ethisches Handeln und medizinische Machbarkeit, Stuttgart 2007, 45–60, hier: 45.

III. Teil

Anthropologische und normwissenschaftliche Zugänge

Sterben – ein anthropologischer Konflikt *sui generis*?

JOHANNES BRACHTENDORF

Die Endlichkeit des Menschen manifestiert sich auf viele Weisen, besonders aber darin, dass er geboren wird und stirbt. Nicht mehr zu sein, nachdem man gewesen ist – dieses jedem lebenden Menschen bevorstehende Schicksal fordert zu einer reflexiven Auseinandersetzung heraus. Löst dieses Schicksal einen anthropologischen Konflikt *sui generis* aus? Zunächst kann man diese Frage nur mit Ja beantworten, denn hier kollidiert ein fundamentaler Antrieb des Menschen, nämlich derjenige, sich selbst erhalten zu wollen, mit der Gewissheit, dass genau dies unmöglich ist. Trotz dieser klaren Antwort weisen die philosophischen Deutungen des Todes und des Sterbens eine beachtliche Bandbreite auf. Im Folgenden unterscheide ich diese Deutungen in solche, die hier zwar einen Konflikt sehen, ihn aber für auflösbar halten, und solche, die ihn nicht für auflösbar halten. Die Ersteren behaupten, dass der Tod zwar zunächst als ein gravierendes, ja als das größte Übel überhaupt erscheinen mag, es bei vernünftiger Betrachtung aber gar nicht ist. Dagegen betonen die Zweitgenannten, dass der Konflikt, den das Sterben hervorruft, nicht beseitigt werden kann. Von diesen meinen wiederum einige, dass er durchlitten werden muss, um zu einem ewigen Leben zu gelangen, während andere – und dies sind vor allem Denker des 20. Jahrhunderts – den Gedanken an ein jenseitiges Leben ausschließen und die Aufgabe des Menschen im Aushalten des unlösbaren Konfliktes während des diesseitigen Lebens sehen.[1]

Das erste philosophische Hauptdokument für die Auseinandersetzung mit dem Tod ist Platons Phaidon, ein szenischer Dialog, den der zum Tode verurteilte, inhaftierte und auf die Hinrichtung wartende Sokrates mit seinen Freunden im Gefängnis führt. Platon stellt Sokrates im Phaidon auf überraschende Weise dar. Sokrates ist nämlich keineswegs traurig oder verzweifelt. Auch erwartet er keinen Trost von seinen Freunden, sondern spendet ihnen, die bereits um Sokrates trauern, seinerseits Trost. Er selbst blickt dem nahe bevor-

---

1   Für eine umfassend orientierte Behandlung des Todes, vgl. H. WITTWER/D. SCHÄFER/ A. FREWER (Hg.), Sterben und Tod. Geschichte – Theorie – Ethik. Ein interdisziplinäres Handbuch, Stuttgart 2010.

stehenden Tod gelassen, heiter, ja sogar erwartungsvoll entgegen. Philosophieren, so behauptet er, heiße „sterben lernen", und der Philosoph strebe nach gar nichts anderem, „als nur zu sterben und tot zu sein"[2]. Für den gewöhnlichen Menschen, also für die Freunde des Sokrates, löst das Wissen um den Tod jenen oben genannten Grundkonflikt aus. Der Philosoph vermag ihn jedoch zu überwinden.

Platons Anthropologie, verbunden mit einer bestimmten Metaphysik, führt ihn zu der These, der Mensch habe gleichsam zwei Seiten, nämlich eine physische, den Körper in seiner Materialität, und eine psychische, nämlich die Seele beziehungsweise den Geist, der nichts Materielles ist, sondern eine unkörperliche Realität darstellt. Im lebendigen Menschen treten beide Seiten zusammen, denn die Seele ist es, die den Körper zu einem lebendigen Leib macht. Im Tod findet eine Trennung statt: Die Seele löst sich vom Leib, so dass dieser das Leben einbüßt und zum toten Leichnam wird. Doch die vom Leib getrennte Seele verliert ihr Leben nicht. Sie gibt es zwar nicht mehr weiter an den Leib, behält es aber in sich und lebt deshalb nach dem Tod fort. Im Tod stirbt demnach nicht der ganze Mensch, sondern die Seele, die unsterblich ist, existiert weiter.

Platons Anthropologie korrespondiert seiner Metaphysik. Bekanntlich vertritt er die These, es gebe nicht nur eine einzige Art von Realität, nämlich die materielle, sinnlich wahrnehmbare, sondern noch eine zweite, die immateriell und nur geistig erfassbar sei, nämlich die sogenannten Ideen. Als Beispiele für immaterielle Realitäten könnte man etwa Zahlen nennen, oder mathematische und physikalische Gesetze, die ja zweifellos bestehen, aber nichts Körperliches sind. Für Platon spielen auch sogenannte Universalien eine bedeutsame Rolle, also Allgemeinbegriffe, die viele materielle Gegenstände unter sich befassen. So ist der Begriff „Mensch" von vielen Dingen aussagbar, nämlich von allen realen Menschen, die in Raum und Zeit leben, ohne dass er selbst ein Ding in Raum und Zeit wäre. Nach Platon bezeichnet dieser Begriff eine allgemeine, mehrfach exemplifizierbare Wirklichkeit, die nur mithilfe der Vernunft erfassbar ist. Das Intelligible hält Platon sogar für die interessantere und höher stehende Art der Wirklichkeit, weil die materiellen Dinge ihre Eigenschaften, zum Beispiel die des Menschseins, nur haben, indem sie an den Ideen teilhaben und diese exemplifizieren.

Wie also in der Realität materielle Einzeldinge von immateriellen, allgemeinen Gegenständen zu unterscheiden sind, so sind in den Erkenntniskräften des Menschen Sinnlichkeit und Vernunft zu trennen. Die Sinnesorgane, die selbst materiell sind, erfassen materielle Dinge in Raum und Zeit. Die allgemeinen Gegenstände hingegen sind intelligibel und können nur mithilfe der Vernunft erfasst werden. Noch nie hat jemand den Satz des Pythagoras oder den Begriff

---

2 PLATON, Phaidon 64a, in: DERS., Sämtliche Werke in 10 Bänden, Griechisch und Deutsch, hg. v. K. HÜLSER, Frankfurt a.M. 1991.

des Menschen mit Händen berührt oder mit Augen gesehen. Die Vernunft, die Allgemeines, Immaterielles zu erfassen vermag, muss, so folgert Platon, selbst immateriell sein. Sie ist kein physisches Organ wie das Auge oder das Ohr, sondern eine geistige Realität. Deshalb legt sich für Platon die Auffassung nahe, dass die Vernunft vom Körper des Menschen verschieden ist. Im Tod zerfällt der materielle Leib, doch die Vernunft ist von diesem Prozess nicht betroffen, weil sie nicht materiell ist. Sie trennt sich bloß vom Körper, um ohne ihn fortzubestehen.

Nach Platon gibt es nicht nur ein Fortleben der Seele nach dem Tod, sondern dieses Leben ist auch begehrenswert. Denn erstens ist es nicht mehr durch körperliche Gebrechen und Bedürfnisse geprägt, wie dies beim Leben im Leib der Fall ist, und zweitens erlaubt das rein geistige Leben eine ungetrübte, unmittelbare Erfassung der allgemeinen Gegenstände. Zwar erkennen wir die Ideen auch im leiblichen Leben schon, aber der Vernunftgebrauch ist hier doch mit Mühen verbunden. Denn zunächst begegnen wir den materiellen Dingen, die sich dem Menschen gleichsam aufdrängen, so dass er der Meinung verfällt, alle Wirklichkeit sei sinnlich wahrnehmbar. Zum Vernunftgebrauch muss er sich allererst durch geistige Anstrengung im Sinne eines Abstraktionsprozesses erheben, wozu nach Platon nur die intellektuell begabteren Menschen überhaupt in der Lage sind, und dies auch nur mit Mühe. Im Leben der Seele ohne den Leib, so denkt Platon, braucht die Erkenntnis nicht mehr den Weg über die Sinne zu gehen, sondern die Vernunft erfasst die allgemeinen Realitäten direkt und unmittelbar. Dies hält Platon für einen Zustand, der dem Leben im Leib weit vorzuziehen ist.

Nach Platon ist der Tod deshalb kein Übel, weil er das Eintreten der Seele in den leiblosen Zustand bewirkt, der grundsätzlich positiv gesehen wird. Der Philosoph übt schon im leiblichen Leben das Sterben, indem er Wissenschaft betreibt, das heißt indem er sich nicht von den Einzeldingen gefangen nehmen lässt, sondern nach der Erkenntnis der allgemeinen Gesetze und Prinzipien strebt, denen die Einzeldinge unterworfen sind. „Sterben lernen" heißt für Platon, Einsicht in die Unsterblichkeit der Seele zu gewinnen. Dadurch erkennt der Philosoph, dass der Affekt der Angst vor dem Tod unbegründet ist. Er übt diese Einsicht gleichsam ein, so dass sie seine Lebenshaltung prägt und die Angst vor dem Tod tatsächlich verschwindet. An deren Stelle tritt die Gewissheit des Weiterlebens nach dem Tod und die freudige Erwartung eines Lebens der Seele allein, ohne Nöte, Schmerz und Krankheit, wie sie vom Leib verursacht werden. Deshalb fordert der sterbende Sokrates noch im Moment des Todes seine Freunde auf, in seinem Namen dem Asklepios, dem Gott der Heilkunst, ein Dankopfer zu bringen.[3]

---

3   PLATON, Phaidon 118a (s.o. Anm. 2).

Eine scheinbar entgegengesetzte, letztlich aber doch vergleichbare Anschauung ist diejenige Epikurs. Seine anthropologischen Thesen sind, ebenso wie diejenigen Platons, letztlich von der Metaphysik getragen. Epikur ist allerdings Materialist. Es gibt nichts außer Atomen, vorgestellt als winzige Materiepartikel, und das Leere, in dem die Atome sich bewegen. Die Körper entstehen durch Zusammenklumpungen solcher Partikel, die sich aber auch wieder trennen können, wodurch die Körper vergehen.[4] Die Seele ist nach Epikur nicht eine immaterielle Wirklichkeit, wie bei Platon, sondern selbst etwas Körperliches, nämlich eine besonders feine Mischung aus mehreren Arten von Atomen. Damit ist die Seele ein Teil des Körpers, der den Tod des Körpers nicht überlebt, sondern sich im Tod auflöst. Im Tod vergehen Epikur zufolge Leib und Seele. Seines Erachtens muss der Mensch sich klarmachen, dass der Tod ihn in Wahrheit nicht betrifft.

> „Das schmerzlichste Übel also, der Tod, geht uns nichts an; denn solange wir existieren, ist der Tod nicht da, und wenn der Tod da ist, existieren wir nicht mehr. Er geht also weder die Lebenden an noch die Toten; denn die einen geht er nichts an, und die anderen existieren nicht mehr"[5].

Übel ebenso wie Güter müsse man wahrnehmen und erleben können. Der Tod sei aber grundsätzlich nicht erlebbar, da er ja gerade das Zu-Ende-gekommen-Sein allen Erlebens bedeute. Also gilt nach Epikur: Wo der Tod ist, bin ich nicht, und wo ich bin, ist der Tod nicht.

Epikur vertritt letztlich die gleiche These wie Platon, nämlich dass der Tod kein Übel ist. Ebenso stimmt er mit Platon darin überein, dass der Konflikt zwischen Lebenswille und Todesgewissheit durch vernünftige Überlegung und denkerische Einübung, das heißt durch Philosophie, auflösbar ist. Nur der unreflektierte Mensch fürchtet den Tod. Dagegen sieht der epikureische Philosoph dem Tod ebenso gelassen entgegen wie der Platoniker, doch während der Platoniker seine Zuversicht aus der Überzeugung vom Fortleben der Seele nach dem Tod gewinnt, bezieht sie der Epikureer gerade umgekehrt aus der Meinung, dass die Seele nicht fortlebt, sondern der gesamte Mensch im Tod ausgelöscht wird. Im Nichtleben gebe es nun einmal nichts Schreckliches. Epikurs gesamte Ethik zielt auf die Befreiung des Menschen von der Angst. Im Falle des Todes handelt es sich um die Angst vor der Unterwelt, vor dem Schattendasein im Tartaros, also vor einem negativen Weiterleben der Seele. Angst vor dem Tod wird hier zunächst gedeutet als Angst vor den Übeln im Leben nach dem Tod. Diese Angst sei unberechtigt, weil es kein Weiterleben der Seele gebe.

---

4   EPIKUR, Brief an Herodotus 39–41, in: DERS., Von der Überwindung der Furcht, hg. v. O. GIGON, Zürich ³1989.
5   EPIKUR, Brief an Menoikeus 125, in: DERS., Von der Überwindung (s.o. Anm. 4).

Allerdings besteht der anthropologische Konflikt, den das Sterben auslöst, nicht darin, dass der Mensch nichts mehr erlebt, wenn er nicht mehr existiert, sondern darin, dass er, während er noch lebt, weiß, dass er bald nicht mehr leben wird. Wie es in Ciceros Gesprächen in Tusculum heißt, liegt das Übel des Todes darin, „nicht zu sein, nachdem man gewesen ist"[6]. Doch Epikur greift auch dieses Thema auf, indem er einen „einfältigen" Menschen zitiert, der sagt, „er fürchte den Tod nicht, weil er schmerzen wird, wenn er da ist, sondern weil er jetzt schmerzt, wenn man ihn erwartet"[7]. Hier geht es also nicht um das Totsein, sondern um das Sterben. Dieser einfältige Mensch wird von Epikur allerdings abgefertigt mit dem Hinweis, „was uns nicht belästigt, wenn es wirklich da ist, kann nur einen nichtigen Schmerz bereiten, wenn man es bloß erwartet"[8]. Natürlicherweise, so wird hier unterstellt, fürchtet der Mensch sich vor dem Sterben, doch auch von dieser Furcht, nicht nur von der vor dem Tartaros, befreit die Philosophie. Der Mensch, der gemäß der Einsicht lebt, hat keine Angst vor dem Tod, weil er weiß, dass dieser kein Übel ist, und auch keine Angst vor dem Sterben. Für Epikur ergibt sich daraus unmittelbar, dass die Philosophie auch das Verlangen nach Unsterblichkeit beseitigt. Die rechte Einsicht, dass der Tod uns nichts angehe, mache das sterbliche Leben schön, „indem sie uns nicht eine unbegrenzte Zeit dazugibt, sondern die Sehnsucht nach der Unsterblichkeit wegnimmt".[9] Den Konflikt zwischen Lebenswille und Todesgewissheit löst Epikur letztlich dadurch auf, dass er lehrt, auf den Lebenswillen zu verzichten. Dieser gehört ihm zufolge nicht unlösbar zur Natur des Menschen, sondern kann mithilfe der Philosophie abgelegt werden.

Die hellenistische Philosophie behandelt die Frage nach dem Tod intensiv, wie etwa das erste Buch von Ciceros *Tusculanae Disputationes* zeigt. Die Frage lautet hier, ob der Tod ein Übel ist und weiter, ob wir Menschen *per se* unglückliche Wesen sind, weil wir sterben müssen[10]. Als skeptisch orientierter Philosoph will Cicero keine dogmatischen Festlegungen vornehmen. Vielmehr erörtert er Alternativen. Bezeichnenderweise richtet er sich zuerst auf eine metaphysische Frage, nämlich die nach dem Wesen der Seele. Ist die Seele etwas Immaterielles, wie Platon meinte, dann wird sie den Zerfall des Leibes überdauern, und wir dürfen hoffen, dass sie eine himmlische Heimat findet. Ist die Seele hingegen Gehirn, Blut, Luft oder Feuer, wie Epikur und die materialistischen Denker meinten, dann wird sie im Tod des Menschen zugrunde gehen und mit dem Leib zerfallen. Cicero erklärt, dass – gleichgültig welche der bei-

---

6 CICERO, Gespräche in Tusculum (Tusculanae Disputationes) I 12, hg. v. O. GIGON, Zürich 1991.
7 EPIKUR, Brief an Menoikeus 125 (s.o. Anm. 4).
8 EPIKUR, Brief an Menoikeus 125 (s.o. Anm. 4).
9 EPIKUR, Brief an Menoikeus 124 (s.o. Anm. 4).
10 Vgl. CICERO, Gespräche in Tusculum I 8 ff. (s.o. Anm. 6).

den entgegengesetzten Auffassungen richtig ist – der Mensch kein unglückliches Wesen ist, weil er sterben muss. Denn wenn sich die Unsterblichkeitsthese als richtig erweise, dürften wir uns auf ein jenseitiges Leben freuen, das frei von Begierden und Sorgen sei, in dem die Erkenntnisfähigkeit nicht mehr durch die Sinnlichkeit eingeschränkt werde und in dem die Seele vollkommen bei sich selbst sei. Falls aber die entgegengesetzte, materialistische Auffassung richtig sei, gelte ebenfalls, dass der Tod uns nicht unglücklich mache, denn wenn die Seele tot ist, haben wir keine Empfindungen mehr, sind gänzlich ausgelöscht und wissen nicht, dass wir nicht mehr leben.

Wenn Cicero auch keine Entscheidung treffen will, so neigt er doch eher der platonischen Seelentheorie zu, der zufolge die Seele keine materielle, sondern eine geistige Wirklichkeit darstellt, die den Tod des Menschen überdauert. Einen ersten Grund für diese These sieht er im Konsens der Völker, die fast überall an eine Fortexistenz glauben. Zweitens spielt für ihn die Fähigkeit des Geistes zur Selbstreflexion eine bedeutende Rolle. Physische Gegenstände, so meint er, sind nicht in der Lage, einen Bezug zu sich selbst herzustellen und sich auf sich zu besinnen, etwa in der Frage: Wer bin ich, was bin ich, woher komme ich, wohin gehe ich? Weiterhin meint er, dass kein physisches Ding Bewusstsein und die Fähigkeit zum Denken besitze:

> „In den [4 Elementen] ist nichts, was die Fähigkeit der Erinnerung, des Denkens und der Überlegung hätte und was das Vergangene festhielte, das Künftige voraussähe und das Gegenwärtige umfassen könnte. […] Es gibt also eine eigentümliche Natur und eine Seelenkraft, die von diesen [materiellen] Elementen abgesondert ist. Was immer es sein mag, das empfindet, erkennt, lebt und kräftig ist, es muss himmlisch und göttlich und aus demselben Grunde ewig sein".[11]

Ob Platon recht habe oder Epikur, könne aber doch offen bleiben, denn letztlich sagten beide das Gleiche: Der Tod sei kein Übel, sondern eher ein Gut. „Wie und warum kannst du denn behaupten, daß der Tod dir als ein Unglück erscheine? Da er uns doch entweder glücklich macht, wenn die Seelen weiterexistieren, oder jedenfalls nicht unglücklich, wenn wir keine Empfindung mehr haben."[12] So oder so – der Tod ist kein Übel und die Sterblichkeit des Menschen ist kein Unglück. Der anthropologische Konflikt des Sterbens ist in jedem Fall auflösbar. Cicero schreibt: „Wir wollen [also] annehmen, dass [der Tod] als Hafen und als Zuflucht für uns bereit ist. Möchten wir mit geschwellten Segeln dorthin kommen".[13]

Cicero fragt sich aber doch, ob es nicht ein Übel ist, empfindungslos werden zu müssen. Der Tod trennt uns ja von den Gütern des Lebens, vor allem vom Leben selbst, und darin liegt seine Bedrohlichkeit. Cicero argumentiert

---

11 Cicero, Gespräche in Tusculum I 66 (s.o. Anm. 6).
12 Cicero, Gespräche in Tusculum I 25 (s.o. Anm. 6).
13 Cicero, Gespräche in Tusculum I 118 f. (s.o. Anm. 6).

gegen diesen Einwand, indem er eine pessimistische Sicht auf das menschliche Leben entwickelt. Die Leiden und Schrecken überwiegen die Freuden des Lebens deutlich. Deswegen trenne uns der Tod nicht von Gütern, sondern eher von Übeln, und zwar von den gegenwärtigen wie auch von den zukünftigen.[14]

Das Thema des Sterbens erhielt neue Akzente, sobald die Philosophie in einen christlichen Kontext gestellt wurde. Dies lässt sich an Augustinus verdeutlichen, der einerseits als Platoniker bezeichnet werden darf und ein kritischer Rezipient Ciceros war, andererseits aber als christlicher Bischof und Theologe hervortrat. Der neue Akzent erklärt sich von gewandelten anthropologischen und metaphysischen Hintergrundannahmen her. Während Platon, Epikur und Cicero übereinstimmend erklärt hatten, dass der Tod kein Übel sei, sondern eher ein Gut, so dass der Mensch ihm gleichmütig oder gar freudig entgegensehen könne, ist der Tod nach Augustinus ein nicht hinweg zu diskutierendes, extremes Übel. Das Sterben sei eine Qual, der Tod habe einen „bitteren Geschmack"; er sei wider die Natur, denn in seiner Gewaltsamkeit reiße er die innige Verbindung von Leib und Seele auseinander[15]. Wenn der Tod droht, werde der Mensch von äußerster Angst geschüttelt[16] Nach Augustinus ist es

> „die erste und lauteste Stimme der Natur, die den Menschen treib[t], sich selber zugetan zu sein, darum vor dem Tode ein natürliches Grauen zu empfinden und sich selbst dermaßen zu lieben, dass man mit aller Gewalt will und begehrt, ein lebendiges Wesen zu sein und die Verbindung des Leibes und der Seele aufrechtzuerhalten"[17]

Das höchste Gut, so erklärt Augustinus, ist das ewige Leben; das größte Übel hingegen ist der ewige Tod[18]. Daher weist er die platonische These, der Tod sei kein Übel, sondern ein Gut, wiederholt zurück.[19] Statt Gleichmut und Zuversicht findet sich bei Augustinus also der Gestus des Protestes gegen die Unvermeidlichkeit des Todes im Namen der Natur des Menschen.

Die anthropologische Hintergrundannahme wurde in den angeführten Zitaten bereits deutlich. Augustinus behauptet eine natürliche Zusammengehörigkeit von Leib und Seele. Dies ist umso bemerkenswerter, als Augustinus nicht etwa materialistischer Monist ist wie Epikur, sondern Dualist im Sinne Platons. Die Seele ist ihm zufolge eine immaterielle Substanz, die mit dem Leib als körperlicher Substanz verbunden ist, die aber auch ohne Leib weiterexistieren kann. Für die substantielle Verschiedenheit der Seele vom Leib beruft

---

14 CICERO, Gespräche in Tusculum I 83 (s.o. Anm. 6).
15 AUGUSTINUS, De civitate dei XIII 6, in: DERS., Aurelii Augustini Opera, Bde. 14,1/14,2, hg. v. B. DOMBART/A. KALB (CChr 47/48), Turnhout 1955. Übersetzung: AUGUSTINUS, Vom Gottesstaat, hg. von W. THIMME/C. ANDRESEN, 2 Bände, Zürich 1977.
16 AUGUSTINUS, De civitate dei XIII 9 (s.o. Anm. 15).
17 AUGUSTINUS, De civitate dei XIX 4 (s.o. Anm. 15).
18 Vgl. AUGUSTINUS, De civitate dei XIX 4 (s.o. Anm. 15).
19 Vgl. AUGUSTINUS, De civitate dei XIII 16 (s.o. Anm. 15).

Augustinus sich (ähnlich wie Platon und Cicero) auf ihre Empfindungsfähigkeit und das Erkenntnisvermögen, insbesondere aber auf die Fähigkeit zur Selbstreflexion, die aus Eigenschaften der Materie heraus nicht erklärbar sei.[20] Ebenso wie Platon ist Augustinus auch der Meinung, dass die Seele im jenseitigen Leben eine besondere Erkenntnis erlangen werde, nämlich eine Schau Gottes, wie sie im irdischen Leben zwar angestrebt, aber nicht erreicht werden könne. Trotz der ontologischen Eigenständigkeit der Seele setzt Augustinus die Natur des Menschen in die Verbindung von Leib und Seele als substantiell verschiedener Komponenten. Deshalb protestiert er im Namen der Natur des Menschen gegen den Tod.

Die Idee einer Zusammengehörigkeit von Leib und Seele liegt auch Augustins Bild vom jenseitigen Leben nach dem Tod zugrunde. Dies ist ihm zufolge keineswegs ein Leben der Seele allein, ohne Körper. Vielmehr verlange die Seele, obwohl sie wegen ihrer Substanzialität einer leiblosen Existenz fähig ist, nach dem Körper, um mit ihm zusammen ein Leben vollkommenen Glücks zu führen. Augustinus wird nicht müde, die Platoniker, und insbesondere Porphyrios, dafür zu kritisieren, dass sie behaupteten, die Seele könne nur glücklich sein, wenn sie vom Leib befreit sei.[21] Augustinus zufolge ist die Seele erst dann wahrhaft glücklich, wenn sie, die sie nach dem Tod des Leibes weiterexistiert, den Leib als Verwandelten zurückbekommt.[22]

Nach Augustinus ist das Sterben in der Tat ein anthropologischer Grundkonflikt, den er aber, anders als Platon und Epikur, nicht für auflösbar hält. Der Tod widerspricht der Natur des Menschen. Deshalb lässt sich die Angst vor dem Tod nicht beseitigen, auch nicht durch eine philosophische Therapie. Doch warum muss der Mensch überhaupt sterben? Hier vertritt Augustinus eine eigentümliche Ethisierung des Faktums der Sterblichkeit. Nach der biblischen Erzählung vom Sündenfall wurde durch die willentliche Abwendung des Menschen von Gott die Natur des Menschen in Mitleidenschaft gezogen. Vor dem Sündenfall garantierte Gott selbst gleichsam den Bestand der Leib-Seele-Einheit, die der ursprüngliche Mensch besaß. Indem dieser Mensch sich von Gott abwandte, sagte er sich implizit auch von diesem Garanten los, mit der Folge, dass die zunächst als unauflöslich konzipierte Einheit nun auflösbar wurde, ja sogar dem Zwang der Auflösung unterliegt. Als Folge der Ursünde muss der Mensch sterben. Der Tod ist nach Augustinus eine Sündenfolge, das heißt er ist ein Übel, das zur Strafe für die Sünde über die Menschen verhängt wurde. Frei-

---

20 Vgl. AUGUSTINUS, De Trinitate X 13–16, in: DERS., Aurelii Augustini Opera, Bd. 16,1, hg. von W. J. MOUNTAIN/F. GLORIE (CChr Bd. 50), Turnhout 1968. Augustinus entwickelt hier Argumente, die auch später noch für Descartes ausschlaggebend sein werden.
21 Vgl. AUGUSTINUS, De civitate dei XIII 17–20 (s.o. Anm. 15).
22 Vgl. AUGUSTINUS, De civitate dei XXII 26 f. (s.o. Anm. 15).

lich ist dies keine willkürlich festgesetzte Strafe, sondern ein Übel, das sich von selbst aus der Abwendung des Menschen von Gott und dem daraus resultierenden Einheitsverlust ergibt. In diesem Sinne gilt für Augustinus, dass „der leibliche Tod dem Menschen nicht durch Naturgesetz auferlegt ist, [...] sondern auf Grund eigener Sündenschuld".[23]

Im Zuge der Ethisierung des Todes unterscheidet Augustinus zwei Arten des Todes, nämlich den ersten und den zweiten Tod. Der erste Tod ist der *leibliche* Tod, der sich dann ereignet, wenn die Seele den Leib verlässt; der zweite Tod tritt dann ein, wenn der auferstandene Mensch, in dem Leib und Seele wiedervereint sind, im Jüngsten Gericht verurteilt wird. Denn die Strafe besteht darin, dass Gott sich endgültig der Seele des Menschen entzieht, so dass dieser für alle Ewigkeit in der Gottesferne leben muss. Dieses nennt Augustinus auch den *ewigen* Tod, der aber keine physische Bedeutung hat und daher nicht besagt, dass der Leib noch einmal sterben müsste, oder dass die Seele zerfallen würde – sie ist ja unsterblich; vielmehr hat er eine ethische Bedeutung, denn den ewigen Tod zu sterben bedeutet, auf immer vom höchsten Gut des Menschen ausgeschlossen zu sein, oder anders gesagt: sein Leben in Ewigkeit fristen zu müssen ohne Hoffnung, das Ziel des Lebens, nämlich das vollkommene Glück, je zu erreichen.[24] In diesem Sinne sagt Augustinus, dass das ewige Leben das höchste Gut, der ewige Tod aber das größte Übel des Menschen ist.[25] Gravierender als der erste Tod, der Tod des Leibes, ist nach Augustinus der zweite Tod, das heißt der endgültige spirituelle Tod der ewig lebenden Seele.

Anders als für Platon und Epikur ist auch der erste Tod für Augustinus zweifellos ein Übel. Doch ähnlich wie diese fordert er den Menschen auf, sich richtig zum Tod zu verhalten. Dies kann nach Augustinus allerdings nicht die frohe Erwartung sein, wie Platon sie fordert, oder die angstfreie Gelassenheit Epikurs. Dennoch ist Augustinus der Meinung, dass der Mensch mit dem Übel des Todes auf verschiedene Weise umgehen kann, nämlich so, dass er guten oder schlechten Gebrauch davon macht. Der gute Gebrauch besteht darin, dass er dieses große Übel geduldig erträgt und in der Hoffnung auf Gottes Gnade und auf das ewige Leben stirbt. Im Blick auf diese Haltung sagt Augustinus, dass „die Guten [...] gut sterben, obschon der Tod ein Übel ist"[26].

Eine weitere Akzentsetzung lässt sich bei Augustinus beobachten, die in Anbetracht der antiken Philosophie zwar nicht völlig neu ist, in ihrer Stärke aber auffällt und vorausweist auf die Behandlung des Sterbens in der Anthropologie des 20. Jahrhunderts. Augustinus hat wie kein Denker zuvor darauf

---

23 Vgl. AUGUSTINUS, De civitate dei XIII 15 (s.o. Anm. 15).
24 Vgl. AUGUSTINUS, De civitate dei XIII 2; 8 (s.o. Anm. 15).
25 Vgl. AUGUSTINUS, De civitate dei XIX 4 (s.o. Anm. 15).
26 AUGUSTINUS, De civitate dei XIII 5 (s.o. Anm. 15).

hingewiesen, dass das Sterben nicht erst in jenem Augenblick geschehe, in dem der Tod eintritt, sondern das gesamte Leben vor dem Tod bestimme. Augustinus kommt hier auf die These Epikurs zu sprechen, der Tod gehe die Lebenden nichts an, weil gelte: Wo ich bin, da ist der Tod nicht, und wo der Tod ist, da bin ich nicht. Augustinus vertritt genau die umgekehrte These, indem er auf den Begriff des Sterbenden reflektiert[27]. Epikurs Unterscheidung mache den Begriff des Sterbenden unverständlich, denn entweder lebt man ja, oder man ist tot. Nach Augustinus ist der Mensch jedoch als Lebender ein Sterbender, also ein solcher, den der Tod durchaus und jederzeit etwas angehe. Der Sterbende sei ein Lebender, der sich dem Tode nähert. Dieser Prozess des Sich-dem-Tode-Näherns beginne aber bereits mit der Geburt. Die ganze Lebenszeit ist nach Augustinus „nichts anderes als ein Lauf zum Tode, bei dem niemand auch nur ein klein wenig stehenbleiben oder etwas langsamer gehen darf"[28]. Wenn Sterben bedeutet „im Tod" (*in morte*) zu sein, dann ist der Mensch schon „mit dem ersten Beginn des leiblichen Lebens im Tod"[29]. Demnach ist in Wahrheit nicht zu unterscheiden zwischen der Zeit *vor* dem Tod und der Zeit *nach* dem Tod, wie Epikur es tut, sondern zwischen der Zeit *im* Tod, verstanden als die Zeit des leiblichen Lebens, und der Zeit *nach* dem Tod. Die Zeit im Tod kommt zum Abschluss, wenn die Zeit nach dem Tod beginnt. Das Sterben ist nach Augustinus also nicht als punktuelles Ereignis zu sehen, sondern als Intervall oder als Zeitraum. An der Konstitution dieses Intervalls ist die Erwartung des Menschen beteiligt. Die Antizipation des Todes macht den Menschen im leiblichen Leben zum Sterbenden.

Im 20. Jahrhundert hat sich vor allem die sogenannte Existenzphilosophie des Themas „Tod und Sterben" angenommen, und hier vor allem M. Heidegger und K. Jaspers.[30] Beide nehmen die Spur auf, die sich bereits in Augustins These findet, das Sterben sei ein Prozess, der das gesamte leibliche Leben umfasst. Charakteristisch ist aber, dass sie Überlegungen zu einem Weiterleben nach dem Tod, wie sie sich bei Platon, Cicero und Augustinus finden, strikt ablehnen. Der Grund dafür liegt einerseits in der Metaphysik (im weitesten Sinne verstanden), weil nämlich die phänomenologische Methode solche Überlegungen nicht zuzulassen scheint, andererseits darin, dass – wie Heidegger und Jaspers meinen – der Jenseitsgedanke eine ernsthafte Auseinandersetzung des Menschen mit dem Tod verhindert und ihn abgleiten lässt in eine falsche Beruhigung. Insofern die Existenzphilosophie dem Menschen ein geschärftes Bewusstsein seiner Sterblichkeit abfordert, ihm zugleich und gerade deshalb

---

27 Vgl. Augustinus, De civitate dei XIII 9 (s.o. Anm. 15).
28 Augustinus, De civitate dei XIII 10 (s.o. Anm. 15).
29 Augustinus, De civitate dei XIII 10 (s.o. Anm. 15).
30 Zur philosophischen Reflexion auf den Tod in der neueren Philosophie vgl. B. SCHUMACHER, Der Tod in der Philosophie der Gegenwart, Darmstadt 2004.

aber jenen Trost verweigert, den etwa Augustinus durch die Jenseitshoffnung spendet, nimmt diese Philosophie die Züge eines Heroismus an.

Nach Heidegger ist der Tod nicht als ein innerweltliches Vorkommnis zu verstehen, das einem Menschen irgendwann einmal begegnen wird, ihn jetzt aber, solange er lebt, nichts anginge. Dies wäre ein bloßes „Ableben" oder „Verenden", wie es für Tiere gelten mag. Der Mensch hingegen ist essentiell bestimmt durch seine Präferenzen, seine Antizipationen und seine Erwartungen für die Zukunft. Heidegger bezeichnet dieses Strukturmerkmal des Menschen als *Sich-vorweg-Sein*, beziehungsweise als *Vorlaufen*. Aus diesem Strukturmerkmal heraus müsse man den Tod interpretieren: „Das mit dem Tod gemeinte Enden bedeutet kein Zu-Ende-Sein des Daseins, sondern ein *Sein zum Ende* dieses Seienden"[31]. Der Tod stößt dem Menschen nicht irgendwann zu, sondern er gehört ihm immer schon an. Der Mensch ist sich-vorweg zum Ende. Auch wenn der Mensch seinen Tod nicht erlebt, ist er doch jederzeit im Tod. Der Tod ist Heidegger zufolge im Leben am Werk und nicht ein Vorkommnis am Ende des Lebens. Deswegen gilt, dass der Mensch stirbt, sobald er geboren wird. Heidegger zitiert den Ackermann aus Böhmen mit den Worten: „Sobald ein Mensch zum Leben kommt, sogleich ist er alt genug zum Sterben"[32]. Wenn die Existenzphilosophen von Existenz sprechen, dann meinen sie damit nicht das bloße Vorhandensein, wie es Kieselsteinen, Bergen oder dem Mond zukommen mag, sondern sie meinen genau die Seinsweise des Menschen, die darin liegt, jederzeit auf Zukunft bezogen zu sein und sich selbst gerade daraus zu verstehen. Die Zukunft des Menschen aber ist der Tod, so dass gilt: „Existieren heißt, als Sterblicher zu leben".[33] Sterblichkeit ist damit also nicht eine bloß biologische Tatsache, sondern ein Faktum, das das gesamte Selbstverständnis des Menschen prägt.[34]

Zwar ist der Tod immer schon im Menschen, so dass dieser jederzeit auf sein Ende bezogen ist, doch der Mensch hat nach Heidegger zwei verschiedene Möglichkeiten, sich zu dieser Tatsache zu verhalten. Die am häufigsten anzutreffende Umgangsweise mit dem Wissen um den eigenen Tod sei diejenige des Ausweichens, Abdrängens und Nivellierens[35]. Der Tod wird herabgestuft zum „Todesfall", der ein Ereignis wie viele andere ist, und der vor allem den Tod der anderen meint, nie den eigenen Tod. Durch seine Geschäftigkeit und seine

---

31 M. HEIDEGGER, Sein und Zeit, Tübingen [10]1963, 245.
32 HEIDEGGER (s.o. Anm. 31), 245.
33 A. LUCKNER, Martin Heidegger: Sein und Zeit, Paderborn [2]2001, 106.
34 HEIDEGGER (s.o. Anm. 31), 246 f. Heidegger bemerkt zutreffend, dass die in der christlichen Theologie ausgearbeitete Anthropologie von Paulus bis zu Calvin bei der Interpretation des Lebens immer schon den Tod mitgesehen habe. Für Augustinus gilt dies in besonderem Maße (vgl. HEIDEGGER [s.o. Anm. 31], 249 Anm. 1).
35 Vgl. HEIDEGGER (s.o. Anm. 31), 245.

Besorgungen rund um den Todesfall stellt der Mensch eine unbehelligte Gleichgültigkeit gegen den eigenen Tod her.

Die zweite Möglichkeit sieht Heidegger in der bewussten Übernahme des eigenen Todes. Hier stelle sich der Mensch der Bedrohung durch den Tod und der Angst vor ihm. Dabei geht es nicht darum, diese Angst abzulegen, wie Epikur es wollte, sondern darum, die Feigheit vor der Angst zu überwinden und „Mut zur Angst"[36] zu entwickeln. Die Bedrohung seiner selbst müsse gerade offengehalten werden, statt sie durch Ausweichen zu schließen. Dieses „eigentliche" Sein zum Tode meint aber nicht ein ständiges Grübeln über den Tod und stellt schon gar nicht eine Aufforderung zum Suizid dar. Der Selbstmord ist nach Heidegger bloß eine Form des Ausweichens vor dem Tod. Vielmehr gewinnt der Mensch erst im Mut zur Angst ein angemessenes Verhältnis zu sich selbst und seinem Leben. In der Übernahme der Angst vor dem Tod vergewissere der Mensch sich seiner selbst und löse sich von der Verfallenheit an das, was man tut. Hier erst werde der Mensch ganz.[37] Vor diesem Hintergrund weist Heidegger den Gedanken an ein Jenseits und die Hoffnung auf ein Weiterleben zurück, denn in einer solchen Hoffnung manifestiere sich wieder nur das Ausweichen vor dem Bewusstsein des eigenen Todes.[38] Der Mensch ist nach Heidegger eben nur ganz er selbst, wenn er sich der Angst vor dem Tod in radikaler Weise stellt und den Konflikt zwischen der Sorge um sich selbst und dem Wissen um den sicheren Tod in seiner ganzen Schärfe erträgt, statt auf eine Lösung zu schielen, sei dies die platonische, die epikureische oder die christliche. Nach Heidegger stellt das Sterben in der Tat einen anthropologischen Konflikt *sui generis* dar, weil es hier um das Ganze des Daseins geht, das sich seiner selbst zu vergewissern sucht. Dieser Konflikt ist Heidegger zufolge nicht auflösbar; er kann höchstens zugedeckt oder verdrängt werden. Das volle, authentische Selbstsein des Menschen liege aber gerade darin, dass er sich diesem Konflikt stellt, ihn aushält und aus ihm lebt.

---

36 Vgl. HEIDEGGER (s.o. Anm. 31), 254.
37 Vgl. HEIDEGGER (s.o. Anm. 31), 266.
38 In „Sein und Zeit" betont Heidegger vor allem den existenzialen Charakter seiner Todesanalyse, durch den diese allen existenziellen Stellungnahmen zum Tod, wie sie in der Psychologie oder in der Theologie getroffen werden mögen, methodisch voraus liegt und daher nicht mit ihnen konfligiert (vgl. HEIDEGGER [s.o. Anm. 31], 248). Dagegen unterscheidet er in seinem Aufsatz „Phänomenologie und Theologie" scharf zwischen der existenziellen Haltung, die der Theologie zugrunde liegt, und derjenigen, die den Philosophen bestimmt. Wenn er dort von einem „existenziellen Gegensatz zwischen Gläubigkeit und freier Selbstübernahme des ganzen Daseins" spricht, dann impliziert dies, dass nur die Philosophie befähigt, den Mut zur Angst vor dem Tod aufzubringen, während der christliche Glaube durch den Jenseitsgedanken diese freie Selbstübernahme gerade behindert. (Vgl. M. HEIDEGGER, Phänomenologie und Theologie, in: DERS., Wegmarken, Frankfurt a.M. ²1978, 66.)

Der Mediziner und Philosoph K. Jaspers hat den Begriff der „Grenzsituation" geprägt. Grenzsituationen sind nicht veränderbar, nicht überschaubar. „Sie sind wie eine Wand, an die wir stoßen, an der wir scheitern"[39]. Solche Grenzsituationen können nicht abgeleitet oder rational erklärt werden – all dem ist eben eine Grenze gesetzt. Allerdings kann die Grenzsituation zur Klarheit gebracht werden, indem der Mensch offenen Auges in sie eintritt; ja der Mensch wird eigentlich erst er selbst, indem er diese Situation existenziell ergreift und sich zu eigen macht. Überhaupt gibt es Grenzsituationen lediglich für den Menschen, nicht etwa für Tiere, weil nur er in der Lage ist, sein natürliches Dasein zur „Existenz", wie Jaspers dies nennt, zu vertiefen, indem er sich durch Grenzsituationen als ganzer herausfordern und in Frage stellen lässt.

Eine solche Grenzsituation ist nach Jaspers der Tod. Dies ist er aber noch nicht als bloß objektives Faktum, und auch noch nicht dadurch, dass der Mensch in allgemeiner Weise weiß, dass er zu einem noch unbestimmten Zeitpunkt sterben wird. Und auch solange der Tod für den Menschen nur durch die Sorge präsent ist, weiterleben zu wollen, ist der Tod nicht Grenzsituation[40], sondern erst, wenn der Mensch ihn in innerer Aneignung ergreift und sich so über einen bloß lebenden und leben wollenden zu einem existierenden erhebe. Ähnlich wie Heidegger sieht Jaspers die Gefahr, dass der Mensch abgleitet und die Grenzsituation des Todes verpasst. Dies geschieht ihm zufolge etwa in jenen Haltungen, die Epikurs und Platons Überlegungen zum Tod zugrunde liegen. Epikurs Ataraxie stehe für eine Haltung, die sich der Grenzsituation entziehe „durch die Starre eines nicht mehr betroffenen punktuellen Selbstseins"[41]. Platon neige dagegen zu einer „Weltverneinung, die sich täuscht und tröstet mit den Phantasmen eines anderen jenseitigen Lebens"[42], und sich auf diese Weise der Grenzsituation verweigere. Beide Versuche, die Angst vor dem Tod wegzunehmen, sprechen Jaspers zufolge im Sinne des einfachen, „bedingungslosen Lebenswillens"[43], den der Mensch mit anderen Wesen teilt. Damit hindern sie ihn aber daran, sich durch Ergreifen der Grenzsituation zur Existenz zu entwickeln und wahrhaft er selbst zu werden. Die Lebensgier verdecke dann die existenzielle Angst vor dem Tod. Dagegen gelte, dass nur derjenige wirklich ist, der dem Tod ins Angesicht sah.

Jaspers kennt ebenso wie Augustinus zwei Arten des Todes. Doch während Augustinus den ersten Tod in der Trennung der Seele vom Leib sieht, und den zweiten im ewigen Leben der zu unaufhebbarer Gottesferne Verdammten, unterscheidet Jaspers zwischen dem Tod des bloßen *Daseins*, das nicht zur

---

39 K. Jaspers, Philosophie II: Existenzerhellung, Berlin ⁴1973, 203.
40 Vgl. Jaspers, Philosophie II (s.o. Anm. 39), 220.
41 Jaspers, Philosophie II (s.o. Anm. 39), 224.
42 Jaspers, Philosophie II (s.o. Anm. 39), 224.
43 Jaspers, Philosophie II (s.o. Anm. 39), 224.

Existenz durchgedrungen ist, und dem Tod des *existierenden* Menschen, der sich die Grenzsituation angeeignet hat. Jaspers verlegt beide Arten des Todes ins Diesseits. Zudem meint er mit „Tod" (ebenso wie Heidegger) das Sterben im Sinne des Verhältnisses des Menschen zu seiner Sterblichkeit. Die Qual des bloß daseienden Menschen sieht er darin, dass dieser nicht sterben kann im Sinne des Bewältigens der Grenzsituation. Dagegen führe der Tod des existierenden Menschen diesen zur Ruhe und zur Erfüllung.

> „Der wirkliche Tod zwar ist gewaltsam, er unterbricht; er ist nicht Vollendung, sondern Ende. Aber zum Tode steht Existenz trotzdem als zu der notwendigen Grenze ihrer möglichen Vollendung."[44]

Erfüllung und Ruhe als Lebensziel spielen auch für Augustinus eine zentrale Rolle, doch ihm zufolge erreicht der Mensch dieses Ziel in einem jenseitigen Leben, nachdem er den ersten Tod durchlitten hat. Nach Jaspers hingegen erreicht er es im irdischen Leben, wenn er dieses authentisch, das heißt im Angesicht des Todes führt. Das ewige Leben und die Unsterblichkeit meinen nach Jaspers nicht ein Sein jenseits des Todes, sondern die „gegenwärtige Daseinstiefe".[45] Ganz ähnlich wie Heidegger glaubt Jaspers also auf Jenseitsüberlegungen verzichten zu können, ja sogar verzichten zu müssen, um den Menschen im diesseitigen Leben zur Vollendung kommen zu lassen. Auch für ihn ist Sterben ein anthropologischer Grundkonflikt *sui generis*. Dieser Konflikt kann nicht gelöst, sondern nur ausgehalten werden. Jeder Lösungsversuch würde dem Menschen die Chance nehmen, sein Dasein zur Existenz zu vertiefen, denn dies ist nach Jaspers nur in der Aneignung der Grenzsituation des Todes möglich.

Zusammenfassend seien die wichtigsten Fragen noch einmal genannt, um die sich die philosophische Auseinandersetzung mit dem Phänomen des Sterbens dreht. Besitzt der Geist gegenüber dem Körper eine metaphysische Sonderstellung, die den Gedanken rechtfertigt, dass die Seele den Tod des Leibes überlebt? Gibt es ein natürliches Verlangen des Menschen nach Unsterblichkeit, oder kann und soll die Hoffnung auf ein Weiterleben hinweg therapiert werden? Führt die Jenseitshoffnung notwendigerweise zu einer Entwertung und Verflachung des diesseitigen Lebens, oder ermöglicht sie umgekehrt ein angemessenes Verhältnis des Menschen zu seiner eigenen Endlichkeit?

---

44 JASPERS, Philosophie II (s.o. Anm. 39), 228.
45 K. JASPERS, Philosophie III: Metaphysik, Berlin 1956, 93.

Lebensbilanzen und Sterbeerfahrungen:
Zum Phänomen „Krebsliteratur" als fiktivem und autobiographischem Schreibexperiment

KARL-JOSEF KUSCHEL

1. Krankheit – eine Metapher?

Am 12. Oktober 2003 bekommt die amerikanische Schriftstellerin S. Sontag den Friedenspreis des deutschen Buchhandels. In ihrer Dankesrede in der Frankfurter Paulskirche, gehalten unter dem Eindruck des Irak-Kriegs, erinnert sie daran: „Ich habe einen großen Teil meines Lebens darauf verwendet, polarisierende, Gegensätze aufbauende Denkweisen zu entmystifizieren"[1]. Entmystifizierung! Das geschieht auch in dem Buch von Sontag, das vor gut zwanzig Jahren erstmals erschien: *„Illness as Metaphor"*, deutsch: „Krankheit als Metapher" (1998). Ein brillantes Buch, an das sich zu erinnern lohnt. Um ein Doppeltes geht es hier: Zum einen um das Bewusstmachen einer obsessiven Verbildlichung, die gerade eine Krankheit wie der Krebs in der amerikanischen Gesellschaft der siebziger Jahre erfährt, zum andern auf die politischen Folgen aufmerksam zu machen, die eine solche Metaphorisierung mit sich bringt.

Sprachkritisch beobachtet Sontag, dass der Krebs häufig in der *Sprache der Kriegsführung* beschrieben werde. Er werde dargestellt als die geheime Invasion des Fremden; als Geißel der Menschheit, als der innere Barbar, unbarmherzig, unversöhnlich und habgierig. Tumore vervielfachten sich nicht einfach, sie seien „bösartig". Von „Abwehrkräften" des Körpers ist die Rede. Sie seien oft nicht stark genug, um einen Tumor „auszuräumen", gar zu „zerstören". Jede Behandlung habe daher – so Sontag – einen „militärischen Beigeschmack"[2]: Insbesondere die Strahlentherapie benutze die Metaphern des Luftkriegs. Die Patienten würden mit toxischen Strahlen „beschossen" mit dem Ziel, „außer

---

[1] S. SONTAG. Literatur ist Freiheit. Rede zur Verleihung des Friedenspreises des Deutschen Buchhandels am 12. Oktober 2003, in: FAZ vom 13. Oktober 2003, 9.
[2] S. SONTAG, Krankheit als Metapher (Originaltitel: Illness as Metaphor [1978]), München/Wien 1978, 70.

Kontrolle" geratene Tumore „abzutöten". Kurz: Die Krebskrankheit stelle man sich als „bösartigen, unbezwingbaren Feind"³ vor, gegen den die Gesellschaft Krieg führe. Der Krebs sei „Metapher für den größten Feind"⁴ der Menschheit!

Und weil dies so ist, verstärke die Krebsmetaphorik das *dualistische Freund-Feind-Denken in der Gesellschaft*. Der nach innen (in den Körper) projizierte Dualismus (der Krebs als bösartiger Feind) könne auch nach außen, in die Gesellschaft, gelenkt werden, und gerade die Krebsmetaphorik erweise sich als besonders aggressives Instrument zur Vertretung politischer Interessen:

> „Trotzky nannte den Stalinismus den Krebs des Marxismus; in China wurde die Viererbande im letzten Jahr unter anderem zum ‚Krebs von China'. John Dean erklärte Nixons Watergate folgendermaßen: ‚Wir haben einen Krebs im Innern – nahe dem Präsidentenamt – der im Wachsen begriffen ist'. Die Standardmetapher der arabischen Polemik [...] lautet, Israel sei ‚ein Krebs im Herzen der arabischen Welt' oder ‚der Krebs des Mittleren Ostens' [...] Der Krebsmetapher scheinen diejenigen, die Töne der Entrüstung anschlagen wollen, nur schwer widerstehen zu können."⁵

Wider solche politische Instrumentalisierung der Krebsmetaphorik aber betreibt Sontag „Entmythisierung"⁶ und plädiert für „Aufklärung" und „Befreiung" von Metaphern:

> „Zeigen will ich, dass Krankheit keine Metapher ist und dass die ehrlichste Weise, sich mit ihr auseinanderzusetzen – und die gesündeste Weise, krank zu sein – darin besteht, sich so weit wie möglich vom metaphorischen Denken zu lösen, ihm größtmöglichen Widerstand entgegenzusetzen."

An dieser Stelle erhebe ich Einspruch. Warum – so frage ich zurück – muss die notwendige ideologiekritische Aufklärung, die notwendige Entmystifizierung, gleich zum Bilderverzicht führen? Gibt es nicht einen Unterschied zwischen Metapher und Stereotyp, zwischen bedeutungsreichem Vergleich und billigem Klischee? Sollte es von daher nicht eine legitime, das heißt ideologieresistentere Verbildlichung einer Krankheit wie Krebs geben, so dass sie zu einer erfüllten, aufklärerischen, emanzipativen Metapher werden kann? „Krankheit" wäre dann eine Metapher kritischer Rechenschaftsablegung über den Zustand seiner selbst und der Welt, in der man lebt. Darüber will ich im Folgenden nachdenken.

Warum Literatur? Die großen Geschichten, die Geschichten, die sich zu erinnern lohnen, die haften bleiben, weil man sie mit sich trägt, oft ein Leben lang, die Geschichten also, welche die große Literatur erzählt, sind in der Regel Zäsurgeschichten. Wir erinnern sie, weil die Fiktion uns hilft, selber krisensensibel und krisenfähig zu werden. Das literarische Medium ist die intensivste Form, uns selber dabei zuzusehen, was aus uns geworden ist.

---

3   Sontag, Krankheit (s.o. Anm. 2), 8.
4   Sontag, Krankheit (s.o. Anm. 2), 74 f.
5   Sontag, Krankheit (s.o. Anm. 2), 90.
6   Sontag, Krankheit (s.o. Anm. 2), 9.

Wann aber beginnt sich die große Literatur mit dem Thema Krebserkrankung des Menschen auseinanderzusetzen? *Wann* werden medizinische Fragen des Krankheitsverlaufs, wann werden Verfallsprozesse des Körpers zum Thema? Und: Warum werden sie das? Was interessiert den Schriftsteller am Thema Krankheit, insbesondere am Thema Krebs? Grundsätzlich ist zu unterscheiden zwischen zwei Arten von „Krebsliteratur": der fiktiven und der authentischen. Deshalb werde ich im Folgenden Texte behandeln, die nach klassischem Erzählmuster geschrieben, also von Schriftstellern „erfunden" wurden. Es folgt ein zweiter Teil, der Autoren behandelt, die erst durch ihre Krebserkrankung zum Schreiben gekommen sind. Die Geschichte, die sie erzählen, ist nicht „erfunden", sondern ganz authentisch ihre eigene.

2. Krebsliteratur als fiktives Schreibexperiment

Nicht jeder Krebs führt zum Tode; nicht jeder Krebs läutet sofort das Sterben ein. Aber wenn Krebsausbruch und Sterbensbeginn zusammenfallen, dann schlägt die Stunde der Literatur. Es fängt immer mit dem Einbruch des Unerwarteten an. Gerade hatte man noch zufrieden dahingelebt, da spürt man plötzlich etwas Beunruhigendes.

2.1 Der Krankheitsprozess als Bewusstseinsprozess: Leo Tolstojs „Der Tod des Iwan Iljitsch"

58 Jahre ist L. N. Tolstoj alt, als er 1886 seine Geschichte „Der Tod des Iwan Iljitsch" publiziert. Ein Schlüsseltext nach seiner großen „Bekehrung", einer krisenhaften Wende in seinem Leben, die ihn für ein radikales Christentum frei macht. Einen Namen hatte der Schriftsteller sich längst gemacht mit dem gewaltigen historischen und geschichtsphilosophischen Roman „Krieg und Frieden" (1868/69) und dem großen Frauen- und Eheroman „Anna Karenina" (1878). Zwanzig beziehungsweise zehn Jahre ist das her. Die Geschichte Russlands und die Geschichte der russischen Oberschicht hatte er in psychologisch sensiblen, realistischen Portraits eindrücklich geschildert. Tolstoj – er ist bereits einer der Großen in der Welt der Literatur.

Doch dann war die Umkehr erfolgt, war es zu einer tiefgreifenden religiösen Krise, zu einer öffentlichen „Beichte" (1882) und damit zur Besinnung auf ein radikales Ethos im Geiste der Bergpredigt gekommen. Tolstoj widerruft sein ganzes bisher gelebtes Leben als ethisch flach und privilegiert verwöhnt. Auch die bisherige Form von Literatur wird auf einmal in Frage gestellt. Ist sie nicht bloßes ästhetisches Spiel, Medium öffentlicher Selbstinszenierung? Doch Tolstoj schreibt weiter, jetzt aber entstehen Geschichten, die eine ganz andere ethisch-religiöse Radikalität aufweisen! Zum Beispiel die „Iwan Iljitsch"-Geschichte.

Ins Zentrum rückt Tolstoj hier eine Krankheit, die unerbittlich zum Tode führt, und an diese Unerbittlichkeit des Sterben-Müssens knüpft er jetzt seine Form radikaler Auseinandersetzung mit der Gesellschaft seiner Zeit. Die Krankheitsgeschichte wird zur Spiegelgeschichte. Im Mittelpunkt steht nicht zufällig ein Richter in hoher Stellung: Iwan Iljitsch Golowin. Ein typisches Leben nach bürgerlichen Normen hatte dieser bisher gelebt: mit beruflicher Qualifikation, Karriere, gesellschaftlich günstiger Heirat, erfolgreicher Erziehung zweier Kinder. Eine hohe Stellung im Justizwesen hatte er erlangt. Da reißt ihn ein Magenkrebs aus dem Alltag des gewohnten Lebens, und kein Arzt kann ihm helfen. Als die Schmerzen unerträglich werden, ist der Richter gezwungen, das Bett zu hüten, er, der in seinem Beruf Ehrgeizige und Erfolgreiche. Er kennt das alles nicht, was ihm widerfährt, hat Angst vor dem Versagen, dem beruflichen Ausfall, dem Unnützwerden in der Gesellschaft. Nach einigen Monaten beginnt der Prozess des Sterbens mit einem „drei Tage lang ohne Unterbrechung währenden Schreien"[7].

Das aber ist gerade das Erkenntnisinteresse Tolstojs. Dass ein Richter wie Golowin so stirbt, wie er stirbt, soll ihn herausheben aus der Masse der alles banalisierenden Mitbürger. Diesen ist der Tod dieses Mannes, den sie soeben noch als Freund betrachtet und als Kollegen hofiert hatten, völlig gleichgültig. Betroffenheit? Trauer? Verlustschmerz? Keine Spur davon! Aber gegen diese Vergleichgültigung in einer selbstgefälligen, in ihren Ritualen erstarrten Gesellschaft setzt Tolstoj die minutiöse Beschreibung des Sterbens dieses Menschen. Wenigstens in seiner letzten Phase gewinnt ein Einzelner aus diesem Milieu Größe: Golowin. Der Richter richtet sich, nachdem er sich selbst zum Angeklagten macht. So wird er fähig, die Nichtigkeit des bisher gelebten Lebens zu durchschauen und zu ahnen, welches Leben er hätte führen sollen – verpflichtet einem Ethos des Mitleids.

Tolstoj ist der erste Schriftsteller von Rang, der durch eine Krankheitsgeschichte seinen Lesern den Illusionscharakter eines äußerlich erfolgreichen, in Wirklichkeit aber banalen und ethisch verflachten Lebens bewusst macht. Schon er nutzt das Thema Krankheit zur Aufdeckung von Verblendungen einer bestimmten gesellschaftlichen Schicht. Schon er kennt damit die Paradoxie großer Krankheitsgeschichten, der wir auch künftig begegnen werden: Dem Zuwachs an innerem Verfall beim Betroffenen entspricht ein Gewinn an Bewusstsein. Dem destruktiven Wachstum der Geschwulst korrespondiert ein geistiges Wachstum an Wahrhaftigkeit über sich selbst. Erst die Krankheit im

---

7 L. N. TOLSTOJ, Der Tod des Iwan Iljitsch (1886), in: Die großen Erzählungen. Aus dem Russischen von A. LUTHER u. R. KASSNER (Hg.), Frankfurt a.M. 1997, 11–82.

Leib vermag, einem Menschen je länger desto klarer die Augen zu öffnen für den Wert und Unwert seines bisher gelebten Lebens. Die Krankheitsgeschichte wird zur Spiegel- und damit zur Aufklärungsgeschichte! Denn erst der wuchernde Todeskrebs in seinem Leib öffnet dem Richter schonungslos die Augen für den Unwert seines rein materiell orientierten Lebens. Jetzt sieht er klar, dass er gelebt hat, wie er „nicht hätte leben sollen". Sein Amt, der Lebensstil seiner Familie, die Interessen der Gesellschaft – das alles „war vielleicht nichts, nichts".[8] Und doch wird der Todesschrecken am Ende der Erzählung – gewissermaßen im letzten Augenblick – noch einmal ins Positive gewendet. Nach dem dreitägigen Schrei schwindet auf einmal die Todesangst, ein Licht ist da, so dass der Sterbende plötzlich sagen kann: „Das ist es also! Welche Freude!"[9]

2.2 Eine Krankengeschichte als Gnadengeschichte: Thomas Manns „Die Betrogene"

Ganz anders T. Mann, der – was unser Thema betrifft – in der deutschen Literatur schon mit seinem Roman „Der Zauberberg" (1924) Maßstäbe gesetzt hatte. Die Welt der Moribunden in einem Sanatorium zu Davos hatte er zum Realsymbol einer krankhaften Zeit gemacht. Gut dreißig Jahre nach Erscheinen des „Zauberbergs" und zwei Jahre vor seinem Tod veröffentlicht der 78-Jährige seine allerletzte Erzählung. Sie trägt den Titel „Die Betrogene" (1953). Und auch hier handelt es sich um eine Krebsgeschichte!

Zum lebensgeschichtlichem Hintergrund des Textes gehört dies: 1946 hatte T. Mann selbst eine Krebserkrankung glücklich überstanden. Ein Lungenkarzinom war bei ihm entdeckt worden. Doch durch einen entschlossenen lebensrettenden Eingriff im Chicagoer Billings Hospital war diese Krankheit therapiert worden. Voraussetzung dafür, dass T. Mann *den* Roman beenden kann, den er damals als Höhepunkt seines Werkes betrachtet: „Doktor Faustus", erschienen ein Jahr später, 1947. Ein Geschenk, eine „Gnade" – so begreift er die Vollendung dieses Werkes. Und dieses religiöse Urwort „Gnade" wird jetzt im Spätwerk T. Manns eine zentrale Rolle spielen. Nicht zufällig endet schon der „Doktor Faustus" mit der Anempfehlung Deutschlands, diesem damals verblendeten und zerrütteten Land, der „Gnade Gottes" durch den Erzähler dieses Romans. Nicht zufällig ist der nächstfolgende Roman T. Manns, „Der Erwählte" von 1950, ein Papst-Roman aus mittelalterlichem Stoff, ein Werk des Erstaunens über das Erwähltseins eines Menschen und die Ironie der göttlichen Gnade: Der Geringste wird zum Bedeutendsten, der Verworfendste wird zur

---

8 Tolstoj (s.o. Anm. 6), 77–78.
9 Tolstoj (s.o. Anm. 6), 82.

höchsten Stellung erhöht, zur Cathetra Petri in Rom. „Gnade" ist also eine sowohl persönliche als auch künstlerische Grunderfahrung im Spätwerk von T. Mann.

Am 6. April 1952 erzählt Frau Katja beim Frühstück ihrem Mann wie beiläufig von einer älteren Münchner Aristokratin. T. Mann horcht auf und notiert sich die Geschichte augenblicklich in seinem Tagebuch. Leidenschaftlich habe sich die betreffende Dame, erfährt er, in den jungen Hauslehrer ihres Sohnes verliebt. Wunderbarerweise sei, offensichtlich „kraft der Liebe", noch einmal eine Menstruation bei ihr eingetreten. Sie habe geglaubt, ihr „Weibtum" sei ihr zurückgegeben worden. Ja, unter dem Eindruck dieser „physiologischen Segnung" sei es zu einem Gefühl der Verjüngung, der Auferstehung, sei es zu „frohem und kühnem Mut" gekommen. Alle Melancholie, alle Scham und alle Zaghtit sei von ihr abgefallen. Sie habe zu lieben und zu locken gewagt. Einen „Liebesfrühling" habe sie ganz plötzlich erlebt, nachdem der Herbst „schon eingefallen" war. Im Tagebuch fährt T. Mann fort:

> „Dann stellt sich heraus, dass die Blutung das Erzeugnis von *Gebärmutter-Krebs* war – auch eine Vergünstigung, da die Erkrankung gewöhnlich nichts von sich merken lässt. Furchtbare Vexation! War aber die Krankheit der Reiz zur Leidenschaft u. täuschte sie Auferstehung vor? (In welchem Stadium des Krebses tritt solche Blutung ein? Ist der Fall noch operierbar? Tod oder Selbstmord aus tiefster Beleidigung durch die Natur oder Verzicht und Grabesfriede.)".[10]

Schon in der allerersten Tagebuch-Notiz wird die Grundfrage präzise benannt, die diese Geschichte aufwirft: Was ist der betreffenden Frau widerfahren? Ein spätes Glück, ein gesteigertes Leben, ein Aufblühen ihres Körpers oder eine bösartige Täuschung, ein dämonisches Grinsen des Schicksals, ein grausames Spiel des Todes? Beschenkt oder betrogen? Ob dieser Doppelsinnigkeit willen reizt die authentische Geschichte den Schriftsteller zur literarischen Gestaltung.

Wie es seine Art ist, werden zu den aufgeworfenen medizinischen Fragen genaueste Informationen eingeholt. Mit einem Arzt korrespondiert T. Mann um zu erfahren, was es mit dem auf sich hat, was hier noch vorläufig „Gebärmutter-Krebs" genannt wird: „In welchem Stadium tritt solche Blutung ein? Ist der Fall noch operierbar?" Als er die fachlich-medizinischen Auskünfte erhält, baut T. Mann sie prompt in seine Erzählung ein. So lässt er den behandelnden Arzt am Ende seiner Geschichte eine Operation bei der Protagonistin ablehnen und dies medizinisch so begründen:

> „Unserer edlen Kunst wird da ein bisschen viel zugemutet. Das kann man nicht alles herausschneiden. Wenn Sie zu bemerken glauben, dass das Zeug auch in beide Harnleiter schon metastatisch hineingewachsen ist, so bemerken Sie recht. Die Urämie kann nicht lange säumen. Sehen Sie, ich leugne gar nicht, dass die Gebärmutter das Fress-

---

10 T. MANN, Tagebücher 1951–1952, hg. v. I. JENS, Frankfurt a.M. 1993, 198 f.

gezücht selbst produziert. Und doch rate ich Ihnen, meine Vermutung zu übernehmen, dass die Geschichte vom Eierstock ausging, – von unbenützten granulösen Zellen nämlich, die seit der Geburt da manchmal ruhen und nach dem Einsetzen der Wechseljahre durch Gott weiß welchen Reizvorgang zu maligner Entwicklung kommen. Da wird denn der Organismus, post festum, wenn Sie so wollen, mit Estrogenhormonen überschüttet, überströmt, überschwemmt, was zur hormonalen Hyperplasie der Gebärmutter-Schleimhaut mit obligaten Blutungen – führt."[11]

Doch nicht die präzise medizinische Rekonstruktion des „Zwischenfalls" ist die Pointe der Erzählung. T. Mann schreibt sie um einer anderen Erkenntnis willen. Und diese steht ganz im Gegensatz zu der bei Tolstoj. Denn T. Mann schreibt seinen Text nicht, um den Illusionscharakter eines Lebens schonungslos freizulegen, nicht, um das gelebte gegen das ungelebte Leben des betreffenden Menschen auszuspielen. Er schreibt sie zur Illustration einer ihm im Alter zugewachsenen Grunderkenntnis von der „Güte der Natur" (er hatte sie im eigenen Krankheitsfall selbst erlebt) und der Gnade produktiver Vollendung (sein Werk – nahezu abgeschlossen). Kurz: T. Mann schreibt die Erzählung „Die Betrogene", um den Illusions- und Betrugscharakter des Lebens zu dementieren und positiv zu zeigen, dass Menschen ihr Leben mit all seiner Ambivalenz liebend bejahen können.

Im Zentrum der Geschichte steht die fünfzigjährige Offizierswitwe mit Namen Rosalie von Tümmler. Sie ist Mutter zweier Kinder, lebt ein ruhiges, gesellschaftlich geachtetes Leben in Düsseldorf. Überraschendes in ihrem Leben ist nicht mehr zu erwarten. Da verliebt sie sich plötzlich in einen jungen Amerikaner, der als Sprachlehrer für ihren Sohn in ihr Haus gekommen war. Mehr noch: Diese ihre Liebe erfährt Frau von Tümmler als rauschhaftes Überwältigtsein durch die Natur. Sie, die glaubte, in ihrer Weiblichkeit verbraucht zu sein, erlebt plötzlich neu ein Fest der Fruchtbarkeit. Als dann auch noch eine Blutung auftritt, sieht sie darin eine Bestätigung der „Wundermacht der großen und guten Natur". Wenig später unternimmt sie einen Ausflug in einen nahegelegenen Schlosspark, und hier offenbart Rosalie von Tümmler dem jungen Amerikaner in einem leidenschaftlichen Ausbruch ihre Liebe. Mit dem Versprechen, die kommende Nacht miteinander zu verbringen, trennt man sich.

Doch noch in derselben Nacht findet man Frau von Tümmler ohnmächtig „in ihrem Blut". Nach stationärer Untersuchung wird Krebs diagnostiziert. Der Aufbruch der Natur hatte sich als tückisch erwiesen; das angebliche Fruchtbarkeitswunder als Todesschub. Die Gebärmutter – sie hatte das „Freßgezücht" selbst produziert. Hatte sich die Natur wieder einmal als grausamer Dämon erwiesen? Rosalie von Tümmler – eine „Betrogene"? Die Tochter jedenfalls versucht, ihrer Mutter auf dem Sterbebett genau dies klarzumachen. Aber Frau

---

11 T. MANN, Die Betrogene (1953), in: DERS., Späte Erzählungen 1940–1953, Frankfurt a.M. 1981, 407–481, hier: 480.

von Tümmler wehrt ab. Sie selber gibt am Ende ihrer Geschichte eine ganz andere Deutung:

> „Ihr Leiden war kurz. Das urämische Koma senkte sich bald in tiefe Bewusstlosigkeit, und einer doppelseitigen Lungenentzündung, die sich unterdessen entwickelte, konnte das ermattete Herz nur Tage noch standhalten.
> Ganz kurz vor dem Ende jedoch, nur einige Stunden vorher, lichtete sich ihr Geist noch einmal. Sie schlug die Augen auf zu der Tochter, die, Hand in Hand mit ihr, an ihrem Bette saß.
> ,Anna', sagte sie, und vermochte, ihren Oberkörper etwas weiter zum Bettrand hin, der Vertrauten näher, zu rücken, ,hörst du mich?'
> ,Gewiss höre ich dich, liebe, liebe Mamma'.
> ,Anna, sprich nicht von Betrug und höhnischer Grausamkeit der Natur. Schmäle nicht mit ihr, wie ich es nicht tue. Ungern geh' ich dahin – von euch, vom Leben mit seinem Frühling. Aber wie wäre denn Frühling ohne den Tod? Ist ja doch der Tod ein großes Mittel des Lebens, und wenn er für mich die Gestalt lieh von Auferstehung und Liebeslust, so war das nicht Lug, sondern Güte und Gnade.'
> Ein kleines Rücken noch, näher zur Tochter und ein vergehendes Flüstern: ,Die Natur – ich habe sie immer geliebt, und Liebe – hat sie ihrem Kinde erwiesen.'
> Rosalie starb einen milden Tod, betrauert von allen, die sie kannten."[12]

Iwan Iljitsch Golowin – Rosalie von Tümmler: Tolstoj schreibt eine Krankengeschichte als Aufklärungs- und Desillusionsgeschichte, T. Mann schreibt eine Krankengeschichte als Gnadengeschichte. Zwei Marksteine sind damit gesetzt in der europäischen Literatur. Und es ist wieder ein Russe, der dann Mitte des 20. Jahrhunderts noch einmal einen anderen Akzent setzt. Er wertet das Thema Krebserkrankung politisch auf und macht es zum Instrument radikaler politischer Systemkritik.

2.3 Krankheit als Systemdiagnose: Alexander Solschenizyn „Die Krebsstation"

Am 3. August 2008 ist er gestorben, A. Solschenizyn, im Alter von fast 90 Jahren in seinem Haus in Moskau. Ein „literarischer Gigant" ist tot, so kommentiert ein deutsches Wochenmagazin. Schon dass er in Moskau sterben kann, ist nicht selbstverständlich. 1970 war ihm der Nobelpreis für Literatur verliehen worden. Das kommunistische Regime verweigert ihm die Ausreise nach Stockholm wie zuvor schon B. Pasternak, der den Literatur-Nobelpreis 1958 sogar hatte ablehnen müssen. Im Februar 1974 wird Solschenizyn verhaftet, aus der Sowjetunion ausgewiesen und in die Bundesrepublik abgeschoben. Später zieht er in die Schweiz, 1976 in die USA. Erst 18 Jahre später, 1994, kann er in seine Heimat zurückkehren.

---

12 MANN, Die Betrogene (s.o. Anm. 10), 481.

Kein russischer Autor des 20. Jahrhunderts hat sich so unerschrocken und konsequent wie er auf die Aufdeckung der historischen Wahrheit verpflichtet. Das stalinistische Unterdrückungssystem prangert er an und gibt den Opfern des Terrors Namen und Gesicht, nachzulesen vor allem in seinem gewaltigen dreibändigen Werk „Archipel Gulag". In diesen Zusammenhang gehört auch sein Roman „Krebsstation" von 1978, der auf autobiographische Erfahrungen zurückgeht. 1918 geboren, ist Solschenizyn während des Zweiten Weltkriegs selber in die Hölle des Gulag geraten. Als politischer Häftling muss er sich einer Darmkrebsoperation unterziehen, die zunächst erfolglos verläuft. 1945 wird er durch eine Strahlentherapie in Taschkent geheilt. Der Autor selber also ist tumorerfahren, widersteht aber der Versuchung, Privatestes über seine Krankheit öffentlich mitzuteilen. Stattdessen schreibt er einen Roman, in dem er Politisches und Privates zu einer eigentümlichen Mischung verbindet. Denn die Krankheit Krebs wird bei Solschenizyn zur ideologiekritischen *Großmetapher für eine totalitäre Gesellschaft.*

Die Welt der sozialistischen Gesellschaft außen – die Welt der Klinik innen: Bezüge sollen sich dem Leser geradezu aufdrängen. Wer in die Krankenhauswelt eintritt, lässt zwar alle Klassengegensätze hinter sich; die Krankheit macht alle zu Genossen des Leidens. Aber bis es so weit ist, kommt es in dieser Binnengesellschaft zu einem ständigen Kampf der Wissenden gegen die Unwissenden, der Mächtigen gegen die Ohnmächtigen. Die Ärzteschaft symbolisiert die Klasse privilegierter Funktionäre. Sie übt mit Herrschaftswissen Macht über die Patienten aus. Und diese Klasse der Parteifunktionäre ist wie ein Krebsgeschwür am Organismus der Gesellschaft: unsteuerbar in ihren Wucherungen und hemmungslos in immer neuen Metastasierungen. Deshalb taugt die Krebskrankheit zur Radikalkritik an Ideologien, weil sie den Verfall von Organismen beschleunigt und an Selbstverewigung interessiert ist.

Stellvertretend für die Funktionärskaste steht im Roman ein Mann namens Pawel Nikolajewitsch Rusanow. Keiner glaubt so wie er an die Ewigkeit der stalinistischen Ideologie, an die Beherrschbarkeit der Ordnung, an den Sinn und die Nützlichkeit seiner Existenz für Gesellschaft und Partei. Und gerade über ihn wird gesagt: „Er konnte nicht einschlafen. Die Geschwulst drückte ihn. Seine wohldurchdachte, geordnete und nützliche Existenz befand sich am Rande eines Abgrundes."[13]

Doch zugleich gibt es in Solschenizyns Roman ganz intime Szenen. Sie zeigen auf eindrückliche Weise, wozu die Krankheit Menschen *positiv* fähig macht: fähig zu nie gekannter Tapferkeit und unerhörter Sensibilität. Keine Szene ist dafür anrührender als die zwischen dem 16-jährigen Djomka und der ebenso jungen Asja. Er, Djomka, ist der Typ des unschuldigen, neugierigen,

---

13 A. SOLSCHENIZYN, Krebsstation. Roman in zwei Büchern. Aus dem Russischen übertragen von C. AURAS/A. JAIS/I. TINZMANN, Bd. I, Hamburg 1971, 28.

lernbereiten und zukunftsgläubigen Jungen; sie, Asja, ist eine naive Glücksschwärmerin mit nichts als Liebe, Figur und Ferien im Kopf. Und ausgerechnet dieser weltgläubige Junge und dieses glücksverliebte Mädchen treffen in der Welt der Krebsstation aufeinander. Er muss ein krebsverseuchtes Bein, sie eine krebsverseuchte Brust hergeben.

Als Asja erfährt, was sie hergeben muss, betritt sie, halb wahnsinnig vor Angst, das Krankenzimmer Djomkas:

> „‚Wer nimmt denn eine, die nur noch eine Brust hat? Wer? Mit siebzehn Jahren!' schrie sie ihn an, als sei er an allem schuld.
> Nicht einmal trösten konnte er sie.
> ‚Und wie soll ich *an den Strand* gehen?' schrie sie auf, durchbohrt von dem neuen Gedanken. ‚An den Strand! Und wie baden ...?' Es packte sie wie ein Taumel, wirbelte sie um ihre eigene Achse, schleuderte sie von Djomka fort, irgendwohin nach unten, die Arme um den Kopf geschlungen, rollte ihr Körper auf den Fußboden. [...]
> ‚Höre, Djomka', durchzuckt von einem neuen Gedanken, erhob Asja sich und wandte sich zu ihm um, blickte ihn mit offenen Augen an. ‚Hör doch: du bist der letzte! Du kannst sie als letzter sehen und küssen! Denn niemand sonst wird sie mehr küssen können! Djomka! Küss du sie wenigstens! Wenigstens du!' [...]
> ‚Du wirst dich daran erinnern? ... wirst dich erinnern, dass es sie gab? Und wie sie war?'
> Asjas Tränen fielen auf seinen kurzgeschorenen Kopf.
> Sie zog ihre Brust nicht zurück, und er wandte sich wieder dem roten Schimmer zu und tat mit den Lippen behutsam, was ihr Kind mit dieser Brust niemals mehr würde tun können. Niemand kam ins Zimmer, und er küsste lange dieses Wunder über sich. Heute ein Wunder. Morgen in den Abfalleimer damit."[14]

In keiner anderen Szene des Romans wird die Doppelgesichtigkeit von Krankheitserfahrung als Körpererfahrung so verdichtet. In den Zauber der ersten erotischen Berührung von Mann und Frau mischen sich die Tränen der Kranken und die Angst vor der Zukunft. Über dem ersten Mal liegt die Melancholie des letzten Mals. Über das Ritual der Verehrung („Küss sie doch!") legt sich die Aussicht auf Verendung; über die Wärme des ersten Kusses die Kälte der Vernichtung. Sie ist mir kostbar, diese Szene. Sie dokumentiert, was Autoren mit Krankengeschichten zeigen können:

- Iwan Iljitsch Golowin: Tolstoj hatte seine Krankengeschichte als Aufklärungs- und Desillusionsgeschichte über ein verfehltes, nicht gelebtes Leben geschrieben.
- Rosalie von Tümmler: Mann hatte seine Krankengeschichte zu einer Gnaden- und Glücksgeschichte gemacht.

---

14 A. SOLSCHENIZYN, Krebsstation. Roman in zwei Büchern. Aus dem Russischen übertragen von C. AURAS/A. JAIS/I. TINZMANN, Bd. II, Hamburg 1971, 95–96.

– Pawel Nikolajewitsch Rusanow: Solschenizyn macht seine Krankengeschichte zunächst zu einer Geschichte schonungsloser Kritik an einer Gesellschaft, die an ihren Metastasierungen zugrunde zu gehen droht. Der mächtige und selbstsichere Parteifunktionär wird in seiner Gebrochenheit gezeigt.
– Asja und Djomka: Die Kleinen und Geringen werden in ihrer Größe gezeigt. An ihnen demonstriert Solschenizyn eindrücklich, dass im Raum der Angst Sensibilität, Zärtlichkeit und Mitgefühl wachsen kann.

2.4. Entzauberung eines „harmonischen Hedonismus": Philip Roths „Das sterbende Tier"

Beides gehört in den großen Texten der Weltliteratur zusammen: die Auseinandersetzung mit dem Gesellschaftsorganismus *und* dem Organismus des eigenen Körpers; messerscharfe Systemanalyse *und* differenzierte Intimitätserfahrung; schonungslose Aufdeckung von gesellschaftlichen Verblendungen *und* die menschliche Fähigkeit zur Wahrheit in Wahrhaftigkeit. Genau diese Verbindung literarisch zu zeigen, gelingt einem der bedeutendsten Schriftsteller der amerikanischen Gegenwartsliteratur: P. Roth. Im Jahr 2001 erscheint sein Buch *„ The Dying Animal"*, zu deutsch: „Das sterbende Tier", als Roth sich längst neben J. Updike, S. Bellow und B. Malamud als einer der führenden Schriftsteller der amerikanischen Gegenwartsliteratur etabliert hat.

Das Buch hat die Form eines Dialogs, ohne dass ein Adressat genannt würde. Jemand wird angesprochen, bleibt aber namenlos. Ein bewusst kalkulierter Kunstgriff des Erzählers. Es ist, als seien wir Leser die Instanz, als wären wir gemeint, wenn der Sprecher direkt jemanden anredet: „Können Sie sich vorstellen, wie es ist, alt zu sein? Natürlich können Sie das nicht. Ich jedenfalls konnte es nicht [...] Man beobachtet (wenn man so viel Glück hat wie ich) seinen eigenen Verfall und hat, aufgrund seiner anhaltenden Vitalität, zugleich einen erheblichen Abstand zu diesem Verfall."[15]

Acht Jahre ist das Ereignis her, über das der Erzähler Rechenschaft ablegt. Er heißt David Kepesh, ist ein alt gewordener Professor der Literaturwissenschaft und ein angesehener Kultur- und Literaturkritiker. Vor acht Jahren hatte er eine Studentin kubanischer Herkunft kennengelernt, Consuela Cordillio. Er war überwältigt worden von der erotischen Magie dieser Frau, ihrem „phantastischen Körper", den „schönsten Brüsten der Welt". Nicht ohne Stolz berichtet Kepesh, dass es ihm als „altem Mann" noch gelungen sei, mit einer solch attraktiven Studentin in eine intime Beziehung zu treten. Potenzstolz, Männerphantasie, Schlüsselerfahrungen einer permissiven Lust- und Spaßgesellschaft, durchlebt von einem Mann, der einmal verheiratet war, in den 60er Jahren aber

---

15 P. ROTH, Das sterbende Tier, Roman, München/Wien 2003, 43.

Frau und Sohn im Zuge der sexuellen Revolution verlassen hatte: „Männliche Emanzipation" wollte er erfahren. „Nie wieder im Gefängnis" hatte er leben wollen. Verschiedenste Beziehungen zu Frauen hatte er „ausprobiert". Problemlos war er zwischen ihnen gewechselt. Stichwort: „harmonischer Hedonismus"!

Dann Consuela. Was er nie zuvor erlebte, passiert jetzt: Er „verfällt" der Magie einer Frau, kommt nicht mehr von ihr los. Was als erotische Freiheitserfahrung begonnen hatte, wird zum Wahn, zur Obsession. Erfahrungen tiefer Ambivalenz durchlebt Roths Protagonist in der Beziehung zu dieser Frau: sexuelle Spitzenerlebnisse und gleichzeitig sexuelle Obsessionen, Überwältigtsein und Gefesseltsein, Freiheitsgenuss und Abhängigkeitsqual, Sucht und Eifersucht, Erfüllungsräusche und Verlassenheitsängste. „Sex ist das, was unser normalerweise geordnetes Leben in Unordnung bringt", resümiert Kepesh.

> „Das weiß ich so gut wie jeder andere. Jede kleine Eitelkeit kehrt zurück, um einen zu verspotten. Lesen Sie Byrons *Don Juan*. Aber was soll man machen, wenn man 62 ist und glaubt, dass man nie wieder etwas so Perfektes in Händen halten wird?"[16]

Eineinhalb Jahre hatte die Beziehung gedauert, dann war sie auseinander gebrochen. Jahrelang hatte man nichts mehr voneinander gehört. Aber jahrelang war Kepesh von einer Depression in die andere getaumelt. Auch neue Beziehungen zu Frauen können den Trennungsschmerz nicht überspielen. „Harmonischer Hedonismus"? Das ist seine Sache jetzt nicht mehr.

Da tritt Consuela erneut in sein Leben, das gerade dabei ist, wieder in ruhigen Bahnen zu verlaufen. In einer Silvesternacht erscheint sie in seiner Wohnung, erotisch eher noch attraktiver als früher, nimmt aber merkwürdigerweise einen fezartigen Hut nicht vom Kopf. Consuela befindet sich mitten in einer chemotherapeutischen Behandlung. Diagnose: Brustkrebs. Ausgerechnet bei ihr, der Frau mit den „schönsten Brüsten der Welt", dem Fetisch der westlichen Konsum- und Spaßgesellschaft.

Was folgt? Es folgt ein melancholisches Abschiedsritual zwischen den beiden – jetzt aber unter veränderten Bedingungen. Die Abhängigkeiten haben sich vertauscht. War er früher ihr verfallen, hatte wie ein Hund unter ihrem Entzug gelitten, so ist nun sie es, die ihn braucht. Eine Brustverstümmelung steht ihr bevor. Sie braucht ihn zunächst, um von ihm noch einmal bestätigt zu werden. Er war von all ihren Liebhabern derjenige, der ihren Körper am meisten bewundert hatte. Alle anderen Männer hatten sich ihres Körpers bedient, nur er hatte ihn geliebt. So fordert sie ihn auf, diesen ihren Körper noch einmal zu berühren, zu betasten, ja ihn auf Fotografien festzuhalten, ein hilfloser Versuch, die Schönheit zu bannen. Denn jetzt braucht sie ihn nicht mehr als Sexual-, sondern als Geborgenheitspartner. Die neue Rolle aber fällt ihm schwer, hatte doch die Beziehung zu ihr damals reinen Lust- und Selbst-

---

16 ROTH, (s.o. Anm. 15), 41 f.

bestätigungscharakter. Als sie in derselben Nacht wieder Vertrauen zu ihm gefasst hat, nimmt sie nun doch den Hut vor ihm ab:

„Die ganze Zeit, müssen Sie wissen, hatte sie diesen fezartigen Hut getragen, auch als sie sonst nackt gewesen war und ich die Fotos von ihren Brüsten gemacht hatte, doch jetzt riss sie ihn sich vom Kopf. Mit Silvesterausgelassenheit riss sie sich den komischen Silvesterhut vom Kopf. [...] radikale Enthüllung von Consuelas Sterblichkeit. Da. Da war es. Das ganze Grauen manifestierte sich in diesem Kopf. Ich küsste ihn immer wieder. Was sonst hätte ich auch tun sollen? Das Gift der Chemotherapie. Was hatte es in ihrem Körper angerichtet! Was hatte es in ihrem Kopf angerichtet! Sie ist zweiunddreißig, sie glaubt, dass sie nun aus dem Leben verbannt ist, und erlebt alles zum allerletzten Mal. Aber was, wenn es nicht so ist? Was –."[17]

Die Kontraste von Einst und Jetzt könnten schärfer nicht sein. Sie machen die schockartig inszenierte Spannung des Textes aus. Der von der Chemotherapie kahlgefressene Kopf der einst erotisch anziehenden Frau wird zum Sinnbild von Sterblichkeit, welche die Illusionen einer reinen Genuss- und Spaßexistenz unterläuft. In die Gier von einst mischt sich auf einmal das Grauen. Entsprechend schwer fällt das Umschalten vom Sex in die Sorge, von der Mitlust ins Mitleid, vom Beischlaf zum Beistand. Der Rothsche Held muss begreifen, dass die Grunderfahrung von Mann und Frau nicht mehr die des Eros und Sexus ist, sondern die der gemeinsamen Sterblichkeit.

Noch auf den letzten eineinhalb Seiten dieser Erzählung lässt Roth die ganze Irritation, Unentschiedenheit, ja Hilflosigkeit seines Nicht-Helden deutlich werden. Keine glatte Lösung wird uns Lesern geboten, keine Moral aufgedrängt, keine Botschaft plump vermittelt. Am Ende bleiben Fragen. Muss er, Kepesh, sich nicht um diese Frau kümmern? Wünscht sie, dass er bei ihr bleibt? Aber würde dies nicht zu neuer Abhängigkeit führen? Zu neuen Qualen? Zu neuen Obsessionen? Der fiktiven Instanz gegenüber erklärt Kepesh in den letzten Zeilen dieses Romans:

„Ich muss gehen. Sie will mich bei sich haben. Sie will, dass ich bei ihr im Bett schlafe. Sie hat den ganzen Tag nichts gegessen. Sie muss etwas essen. Jemand muss sie füttern. Sie? Sie können bleiben, wenn Sie wollen. Sie können bleiben. Sie können gehen ... Aber ich habe jetzt keine Zeit mehr, ich muss gehen!
,Tun Sie's nicht.'
Was?
,Gehen Sie nicht.'
Aber ich muss. Jemand muss bei ihr sein.
,Sie wird schon jemand finden.'
Aber sie hat schreckliche Angst. Ich muss gehen.
,Denken Sie darüber nach. Denken sie nach. Denn wenn Sie gehen, sind Sie erledigt.'"[18]

---

17   Roth (s.o. Anm. 15), 162 f.
18   Roth (s.o. Anm. 15), 164 f.

3. Die neue Krebsliteratur: Der Patient als Autor

Bei allen Unterschieden – in einem ist die Strategie der großen Erzähler von Tolstoj und bis Roth beim Thema Krebs gleich: der jeweilige Erzähler bleibt außen vor. Er ist der Allwissende, der die Fäden zieht, das Geschehen aus gehöriger Distanz arrangiert und die Figuren in ihrem Innen- wie Außenleben kunstvoll konstruiert. Bei allen autobiographischen Affinitäten zwischen Autor und Text – bei dieser Erzählstrategie muss die eigene Geschichte unberücksichtigt bleiben. So ist denn auch traditionellerweise in der Welt der Literatur von Krebserkrankungen und Sterbeprozessen erzählt worden: Es dominiert die erfundene Geschichte, bei der der Erzähler – mit dem Krebs als „Aufhänger" – auf eine inhaltliche Pointe zielt, selber aber in Distanz bleibt.

Eine *neue Art des Schreibens* bricht sich später Bahn – gerade beim Thema Krebs. Seit den 70er Jahren dominiert als Gattung nicht mehr die fiktive Erzählung, sondern das autobiographische Zeugnis. Tagebücher, Diktate, Briefe, Aufzeichnungen, Konfessionen oder gar Eruptionen lösen die souverän-distanzierten „Meistererzählungen" ab. Die Ich-Form dominiert. Die Erlebnisliteratur drängt sich vor. Eine Form des Schreibens setzt sich durch, bei der man keine Geschichte über den Krebs mehr erfindet, sondern seine eigene erzählt. Der Autor ist nicht mehr in Distanz zum Geschehen, sondern der eigentlich Betroffene. Autor und Patient sind identisch. Die Krebs-Geschichte ist die des eigenen Körpers.

Dadurch kommt es zu einer ästhetischen Paradoxie eigener Art. Viele Verfasser werden überhaupt erst zu Autoren, weil sie an Krebs erkrankt sind. Die Krankheit gibt den bisher Geschichtslosen eine unverwechselbare Geschichte; den Menschen ohne öffentliches Gesicht ein grelles Profil. Durch die Krankheit zum Tode beginnt für den Kranken auf einmal ein neues Leben – und zwar im Modus des Schreibens. Die Gezeichneten zeichnen sich auf. Im Wettlauf mit dem Tode erschreibt man sich kleine Auferstehungen, Seite für Seite, solange man über Sprache noch verfügt. Von daher erklärt sich die Schreibbegierde gerade der Moribunden. Sterbend hat man keine Zeit mehr zu verlieren, denn man fühlt, dass jetzt eine Zeit kommt, die das Leben einem nie zuvor bot: Man nimmt sich – positiv oder negativ – höchst intensiv mit allen Sinnen wahr.

Ich wähle aus der Fülle des Materials drei kontrastive Fälle, die den Beginn deutschsprachiger „Krebsliteratur" markieren: F. Zorns Aufzeichnungen unter dem Titel „Mars", 1977 mit einem Vorwort von A. Muschg erschienen. Die Tagebücher und Briefe der M. Wander, 1979 herausgegeben von ihrem Mann F. Wander unter dem Titel „Leben wär' eine prima Alternative", und schließlich die „Diktate über Sterben und Tod" des Schweizer Juristen P. Noll, 1984 publiziert zusammen mit einer Totenrede von M. Frisch. Nur hinweisen kann ich darauf, dass diese Art authentischer Krebsliteratur bis in die unmittelbare

Gegenwart hinein fortgeschrieben wird – mit beschleunigter Frequenz. Ich verweise stellvertretend auf das Buch des österreichischen Kabarettisten W. Schneyder über den Krebstod seiner Frau „Krebs. Eine Nacherzählung" (2008). Dann auf das Buch des Publizisten J. Leinemann „Das Leben ist der Ernstfall" (2009) und schließlich auf die Aufzeichnungen des Dramatikers C. Schlingensief „So schön wie hier kanns im Himmel gar nicht sein. Tagebuch einer Krebserkrankung" (2009).

Textkorpora zu vergleichen ist immer prekär. Alle haben ihre eigene geistige und stilistische Physiognomie. Ob Zorn, Wander oder Noll: Jeder der drei Verfasser hat seine eigene Herkunft, seinen eigenen Weg, seine eigene Welt. Nichts ist hier zu nivellieren; nichts in der Analyse einfach auf gleiche Strukturen zu bringen. Die Texte sind zu disparat, um sie über einen Kamm zu scheren. Welten liegen zwischen der 1933 in Wien als Arbeiterkind geborenen und seit 1958 mit ihrem Mann, einem österreichischen Schriftsteller jüdischer Provenienz, in der DDR lebenden Frau, die mit 44 Jahren an Brustkrebs stirbt, und dem an der „Goldküste" des Zürichsees aufgewachsenen Millionärssohn und Gymnasiallehrer, der unter dem Pseudonym Fritz Zorn schreibt und 1976 mit 32 Jahren seiner tödlichen Krankheit erliegt; Welten dann auch noch einmal zwischen diesen beiden und dem Professor für Strafrecht an der Universität Zürich, P. Noll, der mit 56 Jahren Anfang Oktober 1982 seinem Blasenkrebs erliegt. Aber gerade in der Unterschiedlichkeit spiegelt sich die Komplexität der Zugangsweisen. Dass jeder seinen eigenen Tod stirbt, diese Wahrheit zeigt sich gerade in den so differierenden Notaten. Sie sind aber gerade darin komplementär im Blick auf das Gesamtphänomen einer *ars moriendi* im Horizont der Krebserfahrung.

3.1 Eine Krebsgeschichte als Fluchgeschichte: Fritz Zorns „Mars"

> „Ich bin jung und reich und gebildet; und ich bin unglücklich, neurotisch und allein. Ich stamme aus einer der allerbesten Familien des rechten Zürichseeufers, das man auch die Goldküste nennt. Ich bin bürgerlich erzogen worden und mein ganzes Leben lang brav gewesen. Meine Familie ist ziemlich degeneriert, und ich bin vermutlich auch ziemlich erblich belastet und milieugeschädigt. Natürlich habe ich auch Krebs."[19]

Diese Eingangssätze charakterisieren die gesamten weiteren Aufzeichnungen des „Fritz Zorn", der in einer Mischung aus Autobiographie, Manifest und Anklageschrift mit seinem bisher gelebten Leben abrechnet, ja seinem bürgerlichen Milieu und dem dieses Milieu stützenden „Gott" den Krieg erklärt: Mars! Das ganze Buch hat dabei weniger den Charakter eines Krebs-Reports, sondern den eines Großessays, bildungsgesättigt, wie es der Herkunft des Ver-

---

19 F. ZORN, Mars, Mit einem Vorwort von A. MUSCHG, Frankfurt a.M. 1979, 25.

fassers entspricht, voll von philosophischen, theologischen, literarischen und psychologischen Reflexionen.

In Zorns Buch tritt uns ein erstes Modell von Krebsbewältigung entgegen: eine *Symboltheorie des Krebses,* die ebenso populär wie wissenschaftlich unbewiesen ist. Aber nicht auf Wissenschaft, sondern auf innere Erfahrung kommt es an. Zorns Theorie besagt nichts anderes, als dass die äußeren Symptome nur Indikatoren einer über Jahre gewachsenen inneren Krise sind. Der Krebs ist weit mehr als eine bloße Dysfunktion des Körpers; er verweist auf den Krebs der Seele, der längst gewuchert ist, bevor äußere Geschwulste sichtbar werden. Deshalb ist dieser Schweizer Gymnasiallehrer keineswegs überrascht über den Ausbruch des Krebses. Dass gerade er seinen Körper zersetzt, findet dieser Milieugeschädigte im Gegenteil „logisch und richtig". Er sieht ein, dass es „so hatte kommen müssen". Denn was sind die Tumoren anderes als „verschluckte Tränen"? All die Tränen, die er aufgrund seiner verpfuschten Existenz nicht hatte weinen können, hätten sich gewissermaßen in seinem Halse gesammelt und sich als Wucherungen manifestiert. Auf paradoxe Weise erhält so ausgerechnet das Zerstörerische einen „Sinn": Der Krebs ist die Quittung auf ein seelisch verkrüppeltes Leben. Und weil dies so ist, ist für diesen innerlich Geschädigten die Diagnose Krebs ein Akt der Befreiung zum Leben. Denn erst jetzt bekommt er die Chance, das auszusprechen, was er bisher in sich unterdrückte. Die Geschwulst zerfrisst gewissermaßen die Decke von Repressionen, Rücksichtnahmen und Tabus und ermöglicht einen Grad der Rebellion, ja des Hasses, der sich nur durch das Ausmaß an vorheriger Verdrängung erklärt. Der Krieg, den die Zellen gegen den eigenen Körper führen, wird an die Gesellschaft weitergegeben – im Zeichen des Kriegsgottes „Mars"!

3.2 Krebserfahrung als Zeitverdichtung: Maxie Wander

Ein zweites Modell von Krebsbewältigung stellen die Tagebücher und Briefe der M. Wander dar. Es sind weniger philosophische als lebenspraktische Reflexionen einer jungen Frau, die ihr Leben ganz anders als ihr Schweizer Pendant in seinen Chancen positiv bejaht. Eben noch hatte sie ihre Interview-Sammlung „Guten Morgen, du Schöne", Protokolle von Gesprächen mit Frauen aus der DDR, zum Druck gebracht und die ersten positiven Reaktionen von Lesern empfangen; sie ist auf dem besten Wege, eine anerkannte Schriftstellerin zu werden. Da wird Brustkrebs bei ihr diagnostiziert. Und nach der Operation ahnt sie, dass dies den Tod bedeutet.

Aber ihre Texte, die sie zunächst einmal privat für sich schreibt, sind nicht Abrechnungen, sondern Akte *zarter Trauerarbeit* über ein Leben, das mitten im Vollzug abgebrochen werden muss. Sie berühren gerade durch ihre Gelassenheit, ihre Protestlosigkeit. Wir Leser werden dabei vor allem konfrontiert mit präzisen, unprätentiösen Notaten über ein Leben unter den Bedingungen des real existierenden Krankenhauswesens: Aufzeichnungen über Mitpatienten, Ärzte, Besucher und die eigene Geschichte. Der Ausbruch des Krebses verschärft auch bei ihr die Wahrnehmung, aber der Blick wird nicht rebellisch, sondern zart-melancholisch. Wer diese Aufzeichnungen liest, wird einige Szenen daraus nicht vergessen.

Da ist schon gleich zu Beginn die *Szene mit einer alten Frau:*

> „Ich werde auf die Abteilung Gyn 2, Zimmer 5, eingewiesen. Wir sind fünf Frauen, sofort machen sich alle bekannt, ich erfahre Namen und Krankheit. Ein Abortus, eine mit Krebsverdacht, eine Abtreibung, dann eine alte Frau, die sie Oma Breitscheit nennen (sie liegt offenbar im Sterben), und schließlich eine dunkelhaarige hübsche Person, die schweigt. Mir sehr sympathisch! Die Weber und die Keil unterhalten sich andauernd darüber, ob Oma Breitscheit Krebs hat, deuten alle Symptome und die Bemerkungen der Ärzte, die sich ja nur in Andeutungen äußern!"[20]

Schon in dieser ersten kleinen Passage wird unaufdringlich etwas von der Gefühlskälte offenbar, die sich gerade zwischen Patient und Patient einstellen kann. Menschen werden als Krankheiten verobjektiviert; eine alte Frau ist zu einem Gegenstand geworden, über den man spekuliert, sich ein wenig lustig macht, an dem man den Abstand zu seinem eigenen Unglück noch einmal bemisst. Nirgendwo stärker als im Krankenhaus wuchert der Vergleich: Bin ich besser weggekommen als andere? Wieder werden die Aufzeichnungen lakonisch-präzise:

> „Oma Breitscheit ist in den letzten Tagen arg ‚verfallen', wie mir die Frauen erzählen, hat fünfzig Pfund abgenommen, ist verkalkt und völlig durcheinander. Sie lebt ledig bei einer ihrer Schwestern in Birkenwerder. Sie jammert leise: ‚Wenn meine Mutter das erlebt hätte!' Und dann weint sie wieder. Wenn niemand fragt und ihr Schicksal beklagt, tut sie es selber. Was sollen wir Menschen sonst machen? Sie findet nichts, auch wenn es vor ihrer Nase liegt, rennt andauernd aufs Klo, ihr Darm ist kaputt. Eine der Frauen sagt: ‚Sie hat Metastasen im Hirn!' Als ich die Schwester bitte, ihr etwas gegen die Schmerzen zu geben oder für den Darm, meint die Schwester widerwillig: ‚Wir tun's ja schon, mehr geht wirklich nicht!' (Ein paar Tage später werde ich erfahren, dass Oma Breitscheit nach Hause geholt wurde, zum Sterben!)."[21]

Das ist nur der Introitus für die Wahrnehmung der eigenen Krebsgeschichte: Was „Oma Breitscheit" passiert, wird es einem auch widerfahren? Die völlige Entwürdigung auf ein hilfloses Stück Fleisch, das herumgeschoben wird, bespöttelt? Das eigene Ende – besteht es auch im Rennen aufs Klo, im kaputten Darm, in Metastasen im Hirn?

---

20 M. WANDER, Leben wär' eine prima Alternative, in: F. WANDER (Hg.), Tagebücher und Briefe, München 1994, 9.
21 WANDER (s.o. Anm. 20), 14.

"An Krebs zu denken ist, als wär man in einem dunklen Zimmer mit einem Mörder eingesperrt. Man weiß nicht, wo und wie und ob er angreifen wird!"[22]

Und da sind – zum *zweiten* – all die Beobachtungen zur *Sprachpolitik der Ärzte*: Was haben sie wirklich gesagt, angedeutet, verschwiegen? Nirgendwo stärker als auf der Krebsstation wird eine Sprachpolitik des künstlich induzierten Optimismus betrieben, welche die Täuschungen und Vertröstungen begünstigt:

"Was wirklich mit einem los ist, sagt dir kein Arzt, auf dem Gebiet wird alles mit Schweigen bedeckt ... ich war ziemlich hartnäckig. Die meisten anderen Frauen wollen es anscheinend gar nicht wissen, lassen sich erstaunlich leicht betrügen, da gibt es eben ‚Vorstadien' und ‚gutartige Geschwülste' oder irgend etwas ‚Zusammengewachsenes', das entfernt werden muß, und das alles in einer Abteilung, wo hauptsächlich Geschwulstkranke liegen, alles wird bereitwillig geglaubt. Natürlich versteh ich's. Und ich ertrag diese beschissene Wahrheit ja auch nur, weil ich entschlossen bin, noch sehr lange zu leben, jetzt erst recht, jetzt weiß ich ja mehr vom Leben als die andern."[23]

Und zugleich sind da – zum *dritten* – Notizen über den körperlichen Verfall, insbesondere den Verlust der Weiblichkeit. Wie nimmt man als Operierte die Verstümmlung des eigenen Körpers wahr? Wie werden andere ihn wahrnehmen? Was werden die „Augen der Männer" sagen, die ja vor allem auf „Äußerlichkeiten fixiert" sind? Man wird also diese Aufzeichnungen der Wander noch einmal unter der spezifischen Perspektive weiblicher Körpererfahrung zu lesen haben.

Aber die *geheime Mitte* dieser Texte ist der Widerstand, der auf sanfte Weise gegen den Tod geübt wird. Von Larmoyance keine Spur; Trauer mischt sich mit Tapferkeit. Ein bemerkenswerter Vorgang: Im Prozess des Sterbens werden Menschen offensichtlich fähig, das Beste von sich preiszugeben. Als sei der Krebs eine Art Katalysator, der freisetzt, was Menschen an Sensibilität, Fürsorglichkeit und Hellsichtigkeit in sich tragen. Wander wird denn auch die Konfrontation mit ihrer Krankheit zur Erfahrung *einzigartiger Zeitverdichtung*: „Diese letzten Wochen waren die dichtesten in meinem Leben ich möchte sie nicht missen – vorausgesetzt, dass ich davonkomme!"[24] Und zugleich beginnt diese Frau zu begreifen, dass es eine Kraft gibt, die in allem wohnt, ein „Lebensgesetz in allem Lebendigen", das man „nicht ungestraft verletzen" dürfe.

---

22 WANDER (s.o. Anm. 20), 18.
23 WANDER (s.o. Anm. 20), 33.
24 WANDER (s.o. Anm. 20), 32.

3.3 Einübung in die Sterbenskunst: Peter Noll

Der Frage nach dem Sinn ist auch der Jurist P. Noll auf der Spur. Ja, es ist gerade die Zäsurerfahrung Krebs, die bei ihm zur Besinnung auf Grundsätzliches führt und ihn jetzt fähig macht, Wesentliches von Unwesentlichem in seinem Leben zu unterscheiden. In den Aufzeichnungen Nolls tritt uns eine *dritte Variante* von Krebsbewältigung entgegen. Anders als der im Zeichen des Kriegsgottes Mars kämpfende und fluchende „Fritz Zorn"; anders als die in einer Mischung aus Lakonie und Melancholie beobachtende Wander haben seine Erfahrungen mit dem bevorstehenden Tod noch stärker den *Charakter einer Zelebration*. In Noll haben wir einen Intellektuellen vor uns, der über die letzten neun Monate seines Lebens hin eine a*rs moriendi* zu pflegen versteht – bei Bibel- und Goethe-Lektüre sowie dem Anhören der Bachschen h-Moll-Messe.

Mit Noll tritt uns ein Jurist entgegen, der in die Rolle des Liturgen schlüpft, um sich ein Privatrequiem zu zelebrieren. Da klingt kein Verzweiflungsschrei durch die Notate, da kommt nicht der aufgewühlte, krebsverseuchte Mensch mit seinem Schrei nach dem Warum zur Sprache: Warum *ich*, warum *jetzt*, warum *so*? Da wird ein Sterben bewusst angenommen, nachdem Noll die ihm angeratene Operation abgelehnt hat. Der Prozess des Sterben-Müssens wird überlegen reflektiert. Nolls Aufzeichnungen sind denn auch voll von Sentenziösem über Politisches, Theologisches und Literarisches. Montaigne und das Alte Testament, das Leben Jesu und die Frage nach Gott werden zu ständigen Bezugsgrößen. Die Erinnerungen an F. Dürrenmatt geben dem Ganzen den Charakter literaturgeschichtlicher Zeugenschaft; der Umgang mit Frisch, bis zum Schluss ein Sterbebegleiter und dann der öffentliche Totenredner, macht aus dem Ganzen fast ein kulturelles Ereignis.

Und doch sind auch bei Noll bestimmte Stellen besonders eindrücklich. Vor allem solche, die schonungslos die eigenen sowie die kirchlichen und gesellschaftlichen Defizite benennen. Der *eigene Lebenslauf*? Jetzt zur Ehrlichkeit fähig, werden Missverständnisse und Fehler eingestanden: in der Karriere, die nur äußerlich glänzend erscheint; in der Ehe, die scheiterte und mit Scheidung endete. Unter dem Eindruck des Krebses wird das Selbstgespräch zum Beichtgespräch, das seinen Höhepunkt im Eingeständnis findet: „Für mein Leben habe ich zu vieles falsch gemacht … Ich hätte mich selber zu ändern versuchen sollen …"[25] Ja, unter dem Eindruck des bevorstehenden Todes wird eine „Reformation des Sterbens und des Todes" gefordert, eingedenk des biblischen Satzes: „Herr lehre uns bedenken, dass wir sterben müssen, damit wir weise werden" (Psalm 90, 12).

---

25 P. Noll, Diktate über Sterben und Tod. Mit Totenrede von M. Frisch, Zürich 1984, 209.

Dies ist denn auch das Schlüsselwort der gesamten „Diktate": das religiöse Urwort Weisheit. Mit der Präzision des Juristen gibt sich dieser Patient Punkt für Punkt Rechenschaft darüber, welche Art von Weisheit das Denken an den Tod denn vermitteln soll: *Erstens, zweitens, drittens.* Genau wird reflektiert, dass durch den Gedanken an den Tod die Zeit *wertvoller* werde; dass wir Menschen, wenn wir das Leben vom Tode her sähen, *freier* würden; dass vieles *leichter, manches intensiver* würde und dass auch das Verhältnis zu anderen Menschen sich verändere. „Banale Sätze" kommen zugestandenermaßen dabei heraus, aber in diesem Moment sind sie dem Professor für Strafrecht wichtiger als alles andere:

> „Mehr diejenigen lieben, die dich lieben, weniger dich denjenigen widmen, die dich nicht lieben. Geduldiger werden, wo du zu ungeduldig warst, ruhiger, wo du zu unruhig warst, offener und härter, wo du zu nachgiebig und anpassungswillig warst."[26]

Äußerlich und innerlich dramatisch aber wird alles erst in dem Augenblick, in dem es zum äußeren *Durchbruch der Krankheit* kommt. Der Freund Frisch hatte Noll eingeladen, ihn auf eine Reise nach Ägypten zu begleiten. Ausgerechnet hier kommt es zum körperlichen Zusammenbruch: „Harn nur noch tropfenweise und rot. Extreme Kurzatmigkeit, vor allem im Liegen und nachts. Kalte Schweißausbrüche am ganzen Körper. Gefühl des Verendens".[27] Noll wird mit einem Rettungstransporter nach Zürich gebracht. Zum ersten Mal erlebt er die Demütigung der „passiven Patientenrolle". Danach ist nichts mehr, wie es war. Selbst die eigenen Aufzeichnungen werden jetzt in Frage gestellt. Haben sie überhaupt noch „einen Sinn"? Ja, selbstkritisch wird eingestanden, dass man zwar viel gesagt, aber auch viel „verschwiegen" habe. Zum ersten Mal blitzt damit das Bewusstsein auf, dass man mit Sprache und Schreiben offensichtlich nicht erfassen kann, was sich im Sterben vollzieht, noch nicht einmal das eigene Innere. Die Zelebration des eigenen Todes? Sie erweist sich als brüchig. Der Patient als Sinnproduzent? Offensichtlich ist er damit überfordert: „Ich wollte meinem Sterben und Tod einen Sinn geben, der auch für andere in der gleichen Situation Sinn sein kann. Das ist mir nicht gelungen."[28]

Diese *Selbstthematisierung des Scheiterns* beim Beschreiben des Sterbens macht schlaglichtartig die ganze Zwiespältigkeit solcher Versuche bewusst. Auch bei Wander war einmal eine solche Erkenntnis aufgeblitzt:

> „Über meine Verzweiflung schreibe ich nicht. Ich verdränge das Ungeheuer und rede von Alltäglichem. Mir scheint, ich lebe, weil ich es noch nicht begriffen hab. Dazwischen immer wieder eintauchen in die große Angst!"[29]

---

26 NOLL (s.o. Anm. 25), 83.
27 NOLL (s.o. Anm. 25), 176.
28 NOLL (s.o. Anm. 25), 237.
29 WANDER (s.o. Anm. 20), 29.

Das gilt auch für die Aufzeichnungen „Fritz Zorns". Ihr Promotor Muschg hat sich von ihnen später aus ästhetischen Gründen leicht distanziert, weil er erst im Nachhinein begriff, dass es hier offensichtlich einen Widerspruch gibt zwischen Inhalt und Form: Zorn hatte seine Abrechnung mit dem Bürgertum ausgerechnet in die Form des „gebildeten Diskurses" gebracht, der dieses Milieu noch einmal bestätigt. Letztlich sei deshalb ein „rhetorisch intaktes, unterhaltsam geschriebenes Buch" dabei herausgekommen, das in seiner Machart die Verzweiflung, von der es handle, wenig durchblicken lasse: „Es ist Zürichberg-Prosa, in der zur Zertrümmerung des Zürichbergs aufgerufen wird."[30]

4. Das Besondere der Krebserfahrung

Im Spiegel der hier beschriebenen Texte dürfte das Besondere der Krebserfahrung so zu umschreiben sein:

1. Einzigartig ist die Kombination von Plötzlichkeit der Wahrnehmung und der Unbeherrschbarkeit des Krankheitsverlaufs. Da ist wohl kein Patient, in dem nicht die Frage hochkäme, warum dieser moribunde Krebs den Erfindungen der Medizin bisher spottete. Was ist das für eine Krankheit, die nicht daran denkt, anzuklopfen, bevor sie eintritt? Wie ist ein solch asozialer Prozess der biologischen Norm möglich? Wie kann das geschehen: Ein unter gewissen Bedingungen wünschbares, ja lebenswichtiges Zellwachstum hört eines Tages auf, schlägt um, bricht aus dem „gesunden" Schema aus und infiziert das eigene System mit einer Anarchie, die zum Tode führt? Wie kommt es zum Krieg der Zellen gegen das eigene Haus? Wer gibt das Signal zu diesen Wucherungen? Und warum dieses Überfallartige, diese Heimtücke, die es durchaus begreiflich macht, warum selbst Mediziner den Tumor als „bösartig" dämonisieren. „Fressgezücht" – nennt ihn verächtlich T. Mann.

2. Krankheiten sind Zäsur-Erfahrungen, ob die ärztliche Kunst sie nun beherrscht oder nicht. Sie reißen Menschen heraus aus dem oft hektisch gelebten Leben. Sie entschleunigen. Sie können Selbstdistanz verschaffen, zu Lebensbilanzen herausfordern. Das Gewohnte ist unterbrochen, das Selbstverständliche außer Kraft gesetzt. Plötzlich ist etwas Fremdes in mir. Das erzeugt Angst.

3. Am Thema Krebs-Erkrankung buchstabieren die Texte das Thema Menschlichkeit des Menschen durch. Ernst- und Testfall für Menschlichkeit ist nicht das Fitnessstudio, die Schönheitsfarm und das Wellness-Programm. Was der

---

30 A. MUSCHG, Literatur als Therapie? Ein Exkurs über das Heilsame und das Unheilbare. Frankfurter Vorlesungen, Frankfurt a.M. 1981, 68.

Zeitgeist ausblendet und verdrängt, rückt die Literatur gerade ins Zentrum. Dem *homo aestheticus* und *homo oeconomicus* wird das Gegenbild des *homo patiens* entgegengehalten: das Bild des bedürftigen, zerbrechlichen, in seinem Leben befristeten Menschen. Ernst- und Testfall für Menschlichkeit ist die schonungslose Diagnose des Arztes, das Bett des Kranken, der Tisch des Operateurs, der nachoperative Wachraum: Orte unserer *conditio humana*, die uns Menschen in unserer Bedürftigkeit und Abhängigkeit zeigen. Zeigen in einem Zustand, der uns im Alltagsleben peinlich ist.

4. Die Krebserfahrung ist gerade bei den sprachsensibelsten unter den Patienten eine Erfahrung *verdichteter Zeit*. Wie nie zuvor in ihrem Leben sind sie gezwungen, sich mit sich selbst zu konfrontieren. Entbanalisierung findet statt. Wesentliches tritt vor das Unwesentliche. Die Krankheit zum Tode vermag oft das Beste im Menschen freizulegen: ein Mehr an Wahrhaftigkeit und Ehrlichkeit sich selbst und anderen gegenüber; eine Bereitschaft zur Überprüfung des eigenen Lebens – zum Eingeständnis von Selbsttäuschungen und Verdrängungen; eine Bereitschaft aber auch, sich für andere und anderes neu zu öffnen, herausgeworfen aus dem ritualisierten Pflichtenleben.

5. Die Krankheitserfahrung kann zur Erfahrung nie gekannter Tapferkeit, Klarheit und letzter Lust am Leben werden: noch einmal Vivaldi, noch einmal den Frühling, noch einmal dieses Gedicht. Die hier besprochenen Texte zeugen gewiss von Verzweiflung und Angst; zugleich sind sie Ausdruck eines Prozesses der Selbstüberprüfung, der Selbsterkenntnis und auch der emotionalen Reifung. Das gilt auch für Aufzeichnungen, die in Lebensverneinung und Gottesverfluchung umschlagen, sind doch auch sie ein letzter Akt der Wahrhaftigkeit und ein Aufbäumen gegenüber dem Tod, dem man schreibend die Stirn bietet, bevor er einem die Sprache abwürgt. Krebsliteratur als Feier des Lebens – im Bewusstsein eigener Sterblichkeit, als Widerstand gegen den Verfall – im Bewusstsein des Verfalls. So kann diese Form der Literatur Ausdruck dessen sein, was man mit B. Pascal nennen kann: Elend *und* Größe des Menschen.

Der Tod und der Dandy. Ästhetizismus und Moral an der letzten Grenze

Bernd Villhauer

Gibt es eine Theorie des Dandy? Oder ist nicht vielmehr jeder einzelne Dandy seine eigene Theorie? Können wir also gemeinsame Elemente der verschiedenen Darstellungen zum Dandy und zum Dandyismus in Beziehung setzen und so allgemeine Theoreme über den Dandy formulieren oder ist es sinnvoller, da beim Dandy ohnehin das Individuelle, die Persönlichkeit im Vordergrund zu stehen scheint, zu fragen, wie einzelne Theoretiker des Dandyismus beziehungsweise einzelne reflektierte Dandys, zum Beispiel C. Baudelaire, G. d'Annunzio, O. Wilde, J. Barbey d'Aurevilly, B. Disraeli oder G. Bryan Brummell ihr Verhältnis zum Tod beziehungsweise Sterben thematisierten? Ich habe mich für die erste Vorgehensweise entschieden, auch weil ich denke, dass so eine größere Anschlussfähigkeit an andere Beiträge dieses Bandes hergestellt werden kann.

Materialien für diese Betrachtung des Dandyismus finden sich beispielsweise bei Barbey d'Aurevilly (1808–1889), der in seiner Arbeit „Du Dandyisme et de George Brummell"[1] von 1845 den Duc de Richelieu (1696–1788) mit dem berühmten Dandy des 19. Jahrhunderts, George „Beau" Brummell (1778–1840), vergleicht und sie beide als Dandys ihrer Epoche bezeichnet. Ihr Dandytum entspreche der jeweiligen Zeit und sei dementsprechend zu unterscheiden: Bei Richelieu gründe es sich auf den Drang nach Vergnügen und Luxus, bei Brummell auf Gelangweiltheit und Blasiertheit. Es wird also eine Typologie des Dandys versucht, ein Katalog von Variationen einer Grundform. Bei W. Schmiele (1909–1998) finden wir als Ausgangspunkt dieser Entwicklung, quasi als Urform des Dandys, den Feldherren und Trinker Alkibiades wie er von Platon als Gast beim Symposion und als Held der *jeunesse dorée* geschildert wird.

---

1   J. Barbey d'Aurevilly, Über das Dandytum und über George Brummell. Ein Dandy ehe es Dandys gab, Berlin 2006.

Baudelaire führt dagegen aus, wie seiner Ansicht nach der Dandy eine ausgesprochen moderne Figur ist, nur vorstellbar unter ganz bestimmten gesellschaftlichen Bedingungen, eine spezifische Antwort auf aktuelle Fragen:

„Wer Jules Barbey d'Aurevillys Buch über das Dandytum einmal wieder vornimmt, wird einsehen, dass das Dandytum etwas Modernes ist, das sich aus völlig neuen Gegebenheiten herleitet."[2]

Ich will hier ebenfalls nicht von einer „überzeitlichen" Form des Dandys handeln beziehungsweise seinen Konkretionen in verschiedenen Zeiten. Mir wird es um eine Darstellung der Theorie des Dandys in ihrer modernen und wirkmächtigsten Form gehen. Der Dandyismus, den man als künstlerische und intellektuelle Bewegung im 19. Jahrhundert verorten muss, ist ohne die gesellschaftlichen und kulturellen Grundlagen des 18. Jahrhunderts sowie einige große Nachfolgefiguren im 20. Jahrhundert nicht zu verstehen. Ich werde aus einem Zeitraum, der ungefähr von 1789 bis 1918 reicht, Elemente einer Theorie des Dandyismus zusammentragen, die vielleicht für eine Diskussion über das anthropologische Grundphänomen Sterben nützlich sein können.

Wenn wir in der Ideengeschichte das Jahr 1789 als großen Einschnitt im Sinne der Abschaffung feudaler Verhältnisse begreifen, als das antiaristokratische Entscheidungsjahr, dann fällt es leicht zu verstehen, warum der Dandyismus, der vor dem Hintergrund dieser Zeitstimmung in den Folgejahren zum ersten Mal greifbar wird, als Gegenbewegung zur Demokratisierung verstanden werden kann, warum beispielsweise Baudelaires Konzept von den Dandys als einer „neuen Aristokratie" durchaus auch politisch gemeint war. Als Bestandteil einer Theorie des Dandys darf der entschiedene *Anti-Egalitarismus* nicht fehlen. Die Dandys verachten die Mehrheitsentscheidung und den Parlamentarismus, sie könnten mit J. Burckhardt ironisch sagen: „Es wird dahin kommen mit den Menschen, dass sie anfangen zu heulen, wenn ihrer nicht wenigstens hundert beisammen sind [...]."[3] Die Dandys wie sie uns in den Schriften Baudelaires und Barbey d'Aurevillys entgegentreten, identifizieren Demokratisierung mit Vermassung und Industrialisierung der Lebensverhältnisse. Dazu gehört oft eine Ablehnung der Lautstärke und Geschwindigkeit wie sie für Lebensverhältnisse in der Großstadt und ihre Menschenansammlungen typisch sind sowie eine demonstrative Wertschätzung vormoderner Lebensformen.

Die Beschreibungsfigur des Anti-Egalitarismus oder Aristokratismus findet sich in den unterschiedlichsten Annäherungen an das Phänomen des Dandyismus. Auch W. Schmiele schreibt in seinem „Essay zur literarischen Lage" von 1963:

---

2   C. BAUDELAIRE, Der Salon 1845, XVIII. Von dem Heroismus des modernen Lebens, in: DERS., Werke, Bd. 1, München/Wien 1977, 282.
3   J. BURCKHARDT, zitiert nach W. SCHMIELE, Zwei Essays zur literarischen Lage, Darmstadt 1963, 41.

"In einer Welt, aus der die Aristokratie verschwand, war der Dandy, in seiner stilisierten Erscheinung als Auserlesener von eigenen Gnaden, der letzte Repräsentant des aristokratischen Prinzips."[4]

Diese Vorstellung einer neuen Aristokratie wurde aber deutlich gegen die real existierende, die bestehende, historisch gewachsene Adelsschicht abgesetzt. An mehreren Stellen beschreibt Baudelaire die Eigenschaften dieser ganz neuen Aristokratie, vor allem die Stärke ihrer Selbstdisziplin und ihre Würde, welche dem Zeitgeist entgegengesetzt werden: „Und da heute jeder herrschen will, weiß keiner sich selbst zu beherrschen."[5] Nach Baudelaire erzieht die moderne Lebenswelt die Menschen jedoch auch zu einem neuen Heroismus – und der Dandy ist ein Prototyp dieser neuen heroischen Lebensform, ein Muster der Beherrschtheit und Selbstkontrolle.

Wir müssen also die Aspekte des Aristokratismus und seine Beziehungen zum Lob des Individuellen, das gegen ein Gruppenbewusstsein und eine Gruppenmoral in Stellung gebracht wird, im Auge behalten, ebenso wie den Aspekt der Selbstdisziplinierung und des „Haltung-Bewahrens".

Wenn wir den „Dandyismus" behandeln oder „Theorien des Dandys", dann ist es wichtig zu bedenken, dass diese Theorien immer von konkreten Praktiken ausgehen und nicht von Letztbegründungen oder Prinzipien. Mit der landläufigen Annahme, der Dandy sei eigentlich nur ein Mann, der sich besonders gut kleidet, jemand also, der – nach der berühmten Formulierung T. Carlyles in „Sartor Resartus" – „sich nicht kleidet, um zu leben, sondern lebt, um sich zu kleiden", kann die Wahl der Kleidung durchaus als Ausgangspunkt der Theorieentwicklung genommen werden. Ein großer Teil der Dandy-Theorien kann und soll die Frage behandeln, warum ein Dandy wie B. Brummell eine bestimmte Krawattenform wählte und was diese Wahl motivierte und bewirkte. Genau wie die Auswahl und Pflege der Kleidung müssen die Manieren als zentraler Bestandteil der konstituierenden Eigenschaften des Dandys anerkannt werden. Diese Manieren sind für die Analyse des enormen Einflusses von Dandys in ihrer jeweiligen Zeit entscheidend. Gleichzeitig sind sie selten ausreichend dokumentiert und entziehen sich leicht der Analyse:

„Denn das flüchtigste Element jeder Gesellschaft, der Teil der Sitten, der keine Spuren hinterlässt, dessen Aroma zu fein ist, um sich zu halten, sind die Manieren, die nicht zu bewahrenden Manieren [...], durch die Brummell zu einem Fürsten seiner Zeit wurde"[6],

schreibt Barbey d'Aurevilly. B. Brummell wird gerne als Archetyp für beide Aspekte gesellschaftlicher Praxis, den Kult der Kleidung und den Kult der Manieren beim Dandy, betrachtet. Eine Analyse der Elemente, die in seiner Per-

---

4   SCHMIELE (s.o. Anm. 3), 37.
5   BAUDELAIRE (s.o. Anm. 2), 278.
6   BARBEY D'AUREVILLY (s.o. Anm. 1), 35.

sönlichkeit von Verschiedenen (zum Beispiel vom erwähnten J. Barbey d'Aurevilly oder in E. Penzoldts Theaterstück „So war Herr Brummell") als für den Dandyismus zentral eingeschätzt wurden, ist daher sicherlich sinnvoll.

Was sind das nun für Elemente? Ich beziehe mich bei ihrer Beschreibung zusätzlich auf die Darstellungen, die F. Hörner in seiner Arbeit „Die Behauptung des Dandys"[7] aufgreift. Er gibt in seiner Rekonstruktion, die von M. Foucault beziehungsweise dem *„new historicism"* beeinflusst ist, auch eine Übersicht der verschiedenen Varianten von Beschreibungen Brummells. Hörner stellt die Konstruktion des „Mythos Brummell" dar und zeigt an vielen Beispielen, wie sich durch die Veränderung und Ergänzung von Anekdoten ein öffentliches Bild konstituiert hat, das mit der historischen Realität oft nicht übereinstimmt. Dies bezieht sich zum Beispiel auf die berühmte Szene, in der Brummell dem König eine Anweisung gibt, indem er ihm vor Publikum befiehlt: „George, läuten Sie!" oder eine andere berühmte Anekdote, die nach dem Ende der Freundschaft zwischen dem königlichen Dandy, George IV., und dem König der Dandys, Brummell, angesiedelt ist. Auf einem Empfang begegnet Brummell einem Bekannten, der in Begleitung seiner Majestät ist und fragt diesen: „Wer ist denn der Dicke neben Ihnen?" Zu diesen Szenen wäre viel zu sagen, aber auf eine ausführliche Beschreibung der konkreten Situationen und Szenen aus dem Leben Brummells wird im Folgenden verzichtet, da ich nur Theorieelemente verwenden möchte. Um das hier zu können, nehme ich das beschriebene Verhalten sowie den Kult der Kleider und Manieren nicht nur als Form gesellschaftlicher Selbstdarstellung oder der Kommunikation, sondern als Form des *Wissens*. Was soziologisch und mentalitätsgeschichtlich begründet werden kann, soll hier also ideengeschichtlich fruchtbar gemacht werden: Die Form beziehungsweise Haltung des Dandys als Kurzform des Wissens ist so zu begreifen wie das Symbol als Verweis auf eine ganze Lebensform begriffen werden kann.

Die Haltung, die Form des Dandys ist ein Ergebnis des Wissens beziehungsweise der Gegenwartsanalyse. Zur in der Literaturwissenschaft diskutierten Frage nach dem Zusammenhang zwischen Dandyismus, Symbolismus und *Décadence* kann diese Betrachtungsweise so in Beziehung gesetzt werden, dass man die gewählten Formen der Dandys als Kurzform eines Wissens betrachtet wie man das Symbol bei Verlaine, Rimbaud oder George als Kurzform einer Lebensauffassung begreifen kann. Es ist hier nicht der Raum, sich genauer mit dem Verhältnis zwischen Symbol und Stil auseinanderzusetzen. Mit dem Stilbegriff verbinden sich viele philosophische Probleme[8], auch er kann unter anderem als Kennzeichen einer Wissensform oder einer Weltanschauung betrachtet werden, sei es als symbolische Form wie sie E. Cassirer beschreibt,

---

7 F. Hörner, Die Behauptung des Dandys. Eine Archäologie, Bielefeld 2008.
8 Siehe dazu: L. Wiesing, Stil statt Wahrheit. Kurt Schwitters und Ludwig Wittgenstein über ästhetische Lebensformen, München 1991.

sei es als Perspektive der Lösung existentieller Probleme wie das in einem Satz E. Jüngers anklingt: „Wir glauben, dass in der Bildung eines neuen Stils die einzige Möglichkeit, das Leben erträglich zu machen, sich verbirgt."[9]

Die Lebensform „Dandy" als Wissens- oder Denkform beziehungsweise als eine Art Kurzform für Analysen zu behandeln, bedeutet den Wittgensteinschen Satz, nach dem man Philosophie eigentlich nur dichten dürfe, ernst zu nehmen. Gedichte wie Entscheidungen über Krawatten komprimieren in dieser Sicht kulturelle Konstellationen und geistesgeschichtliche Alternativen.

In diesem Sinne also zurück zu G. „Beau" Brummell. Was zeichnete diesen großen Dandy aus? Gegen den am Ende des 18. und Beginn des 19. Jahrhunderts vorherrschenden prunkvollen und farbigen französischen Stil setzte er radikale Vereinfachung. In Mustern und Farben hob sich seine Kleidungsnorm vor allem durch Einfachheit und Konsequenz ab. Ein Beispiel dafür ist der schwarze Frack, den Brummell im Wesentlichen in der Form entwickelte wie wir ihn auch heute noch kennen. Zum anderen verkleinerte und stärkte er die Krawatte, die vor seinem Auftreten eher eine Art Halstuch war und ihre Herkunft von den lose geschlungenen kroatischen Tüchern noch nicht verleugnete. Bei seinen Kleidungsreformen handelte es sich also im Grunde um die Entwicklung eines bürgerlich-schlichten Stils, der aber durch Details in Schnitt und Verarbeitung zum Luxus erhoben wird. Der Dandy bei Brummell ist kein Geck im Sinne eines Auffallens um jeden Preis, einer exotischen Extravaganz. Er strebt die modischen Details und Abweichungen von der Norm an, die nur den Eingeweihten wirklich auffallen und nur einer kleinen Geschmackselite verständlich sind. Daher kann er seine Wirkung auch nur im Salon und nicht auf dem Marktplatz oder in den Massenmedien entfalten.

Bei Baudelaire finden wir eine Erwähnung dieser neuen Einfachheit, die er trist und geschäftsmäßig findet:

„Eine einförmige Livree der Verzweiflung bezeugt die Gleichheit; und die Exzentriker, die man früher leicht an ihren grellen und heftigen Farben erkannte, begnügen sich heutzutage mit Nuancen im Muster, im Schnitt, mehr noch als in der Farbe."[10]

Brummell etabliert zudem einen national englischen Stil gegen die Dominanz Frankreichs in Stilfragen und er hebt sich gegen die höfische Mode ab. Die Königshöfe sind nun nicht länger die Vorbilder für Kleidung und Manieren – eine Entwicklung, die insbesondere von der liberalen *Whig*-Aristokratie begeistert aufgenommen wurde. Brummell ließ dementsprechend keine Gelegenheit aus, den Hofadel und das Königshaus mit zum Teil scharfen und ätzenden Bemerkungen zu traktieren, ungeachtet seiner langjährigen Freundschaft mit dem *Prince of Wales* beziehungsweise dem späteren König George IV.

---

9 E. JÜNGER, Sämtliche Werke, Bd. 2: Strahlungen I, Stuttgart 1979, 21.
10 BAUDELAIRE (s.o. Anm. 2), 281.

Als letzten Faktor will ich nach der Vereinfachung des Stils, der Ablehnung der französischen Vorherrschaft sowie der Herabsetzung des höfischen Lebens noch den Aspekt der *Selbsterfindung* nennen. Brummell war sein eigenes Geschöpf; weder Reichtum noch hohe Geburt ebneten seinen Weg, sondern einzig und allein der selbst geschaffene Status des Gesamtkunstwerks. In dieser Hinsicht ist der Dandy ein Vertreter der bürgerlichen Aufstiegsbemühungen, die mit der Ausbildung von Kompetenzen einhergehen, welche der Adel nicht mehr entwickeln kann oder will. Der Dandy schafft sich – wie der Bürger – seinen Platz im Leben selbst und um dies zu erreichen erschafft er sich selbst neu. Eine solche Eigenschaft zeigt, wie nahe das Dandy-Ideal in manchem dem heutigen Lebenszuschnitt ist. Sich selbst umfassend definieren und gestalten zu können – das ist eine tief eingewurzelte Überzeugung der Menschen in der Gegenwart. *Everybody is selfmade ...* . In der *Patchwork*-Gesellschaft glaubt jeder, er könne sich und sein Leben frei entwerfen. Jeder winzige Eingriff des Schicksals, jede Anerkennung von unveränderlichen Strukturen wird als ungeheuerliche Zumutung betrachtet, der man aber nicht mit dem Gleichmut der Dandys begegnet.

Zur Verabschiedung des französischen Stil-Ideals sollte noch erwähnt werden, dass der Dandy so eine Epochenwende vorbereitet: Aus dem französischen 18. Jahrhundert wird das englische 19. Jahrhundert. Er tritt auf als Vorbote der britischen Weltherrschaft und einer der eifrigsten Jünger Brummells, B. Disraeli, der Dandy als Premierminister, war unter denen, die den Grundstein für die ökonomische, militärische und politische Dominanz des größten Reiches legten, das die Geschichte kennt. Ist das Dandytum also vielleicht eine Art Einübung in symbolische Macht gewesen, ein Vorgriff, mit einer spezifischen Selbststilisierung und -disziplinierung, um die Bürde der Weltmacht besser tragen zu können?

Die angeführten Elemente aus Brummells Verhalten konnten nur vor dem Hintergrund einer Klassengesellschaft mit fein abgestimmten sozialen Schattierungen ihre Wirkung entfalten. Der Dandy agiert gegen das sich abzeichnende Zeitalter der Massendemokratie, er kann aber nur vor dem Hintergrund eines *Ancien Regime* wirken, das er mit seinen gezielten Regelverstößen provoziert. In vielem trägt er also durchaus bürgerliche Züge und stellt einen Nebenzweig in der Entwicklung des selbstbewussten bürgerlichen Standes dar. Allerdings lehnt er einen wichtigen Aspekt dieser Bürgerlichkeit entschieden ab: den wirtschaftlichen Erfolg. Das gilt mehr für den Dandy an sich beziehungsweise die theoretische Konstruktion „Dandy" als für den konkreten Dandy Brummell. Dieser bemühte sich gelegentlich durchaus um Einkünfte, war damit aber in der Regel erfolglos und nutzte die Gelegenheiten, bei denen er Geld hätte verdienen können, eher schlecht.

Im Allgemeinen können wir sagen: Dem Gelderwerb steht der Dandy immer feindselig gegenüber. Es sind keine Textzeugnisse überliefert, die Toleranz des Dandys gegenüber dem Erwerbsbürger erkennen lassen. Menschen, die Geld verdienen, werden grundsätzlich mit Verachtung und Hohn angesehen – umso heftiger, je mehr sie verdienen. Das ist insofern interessant, als die tonangebenden unter den Dandys, denen wir auch theoretische oder programmatische Aussagen verdanken, alle aus einfachen, meist bürgerlichen Verhältnissen stammten. Dandyismus war immer eine Form des Aufsteigertums, kein Lebensstil, der in den Kreisen gefestigter und tradierter gesellschaftlicher oder ökonomischer Macht entstanden ist – obwohl er in diesen Kreisen viele Anhänger und Unterstützer fand. Der Dandy benutzt die demonstrative Verachtung für die Eliten, um von ihnen anerkannt zu werden, und bietet ihnen Formen an, durch die sie sich neu definieren können. Insofern könnte man von konstruktiver Verachtung sprechen, die nicht nur Einzelnen den Aufstieg in eine höhere gesellschaftliche Schicht ermöglicht, sondern auch zur Elitenzirkulation und -erneuerung beiträgt. Die jungen Adligen, die sich um Brummell oder Wilde sammelten, entwickelten einen Stil, der später kennzeichnend für ihr soziales Umfeld werden sollte. Das ist ein zentrales Problem der Soziologie des Dandys: Er simuliert nicht nur Elite und Auserlesenheit, er schafft und reformiert sie.

Welche Form von Intellektualität und Moral ist mit dem Dandyismus verbunden? Darüber sollten wir uns Rechenschaft ablegen, bevor wir die Haltung des Dandys zum Tod und zum Sterben beschreiben. Gehört zum aristokratischen Ideal auch eine Wiederaufnahme der stoischen Philosophie? Eine inhaltliche Nähe zwischen Stoa und Dandytum wurde immer wieder behauptet. Wir können den Dandyismus tatsächlich als Spielart eines erneuerten Stoizismus begreifen. Nur wird hier nicht eine moralische, sondern eine ästhetische Haltung notfalls mit dem Leben verteidigt. Auch gibt es im Stoizismus eine intensive Beschäftigung mit dem Tod beziehungsweise der *ars moriendi*, die wir so bei Dandys nicht finden können. Unter ihnen gibt es keinen Seneca.

Von einer Erneuerung des Stoizismus wurde gesprochen, weil der Dandy sich grundsätzlich nicht beeindrucken und hinreißen lässt. Bewunderung für etwas, das nicht unmittelbar mit ihm selbst zu tun hat, ist ihm fremd. Nach außen kultiviert er Unerschütterlichkeit und Kälte: NIL ADMIRARI ist und war sein Wahlspruch. Bei Jünger wird man in seiner Begrifflichkeit der *désinvolture* davon noch einen Nachklang finden und er schlägt vor, die Kälte des historischen Dandy aus den Zeitbedingungen zu verstehen:

> „Kälte ist zu empfehlen, wo es anrüchig wird. Es geht sich leichter über gefrorenen Schlamm. Der Dandyismus ist unter anderem als Reaktion auf die romantische Sentimentalität zu verstehen."[11]

Und Jünger bietet auch eine Theorie für dieses Nichtbeteiligtsein an, die den Bedingungen der Moderne gerecht zu werden sucht. Voraussetzung dafür ist eine Art gespaltenes Bewusstsein, das extreme Selbstbeobachtung einschließt,

---

11   E. JÜNGER, Siebzig verweht II, Stuttgart 1981, 364.

bei Jünger auch „stereoskopischer Blick" genannt. Eine praktische Umsetzung dieses Ideals findet sich in seinem utopischen Ideenroman „Heliopolis", in dem eine Droge erwähnt wird, die gegenüber Folterungen unempfindlich macht, aber das Bewusstsein und die Kontrolle erhält. So kann man den Folterer bis zuletzt verspotten.

Über die stoizistische Tradition wird auch verständlich, was den Dandy mit dem Gentleman verbindet, einem weiteren großen Typus, der nicht nur für die Zeitgeschichte von Interesse ist. Das Gentleman-Ideal umfasst viele Dinge, die auch für den Dandy entscheidend sind, allerdings tritt der Gentleman hinter seine Rolle zurück und benutzt die gesellschaftliche Bühne in höflicher und professioneller Form zu politischen und wirtschaftlichen Zwecken, niemals zur Inszenierung des eigenen Egos. Aber er ist ebenfalls ein Stoiker und gehalten, einen kühlen Kopf zu bewahren. Auch bei der Bewertung der Bildung zeigt sich ein deutlicher Unterschied zwischen dem Dandy und dem Gentleman: Für letzteren ist sie unerlässlich. Die *„grand tour"*, die viele wohlhabende Engländer im 19. Jahrhundert in die Welt beziehungsweise durch Europa führte, war eine Reise, die dem typischen Gentleman eine Horizonterweiterung und zusätzliche Kenntnisse bringen sollte, weltläufige Bildung. Auch war eine Kenntnis der Klassiker sowie der aktuellen Entwicklungen in den Wissenschaften für den Gentleman von Bedeutung. Der Dandy betrachtet den Erwerb von Bildungsgütern, vor allem demonstratives Gebildetsein, das sich in auswendig gelernten Zitaten äußert, als peinlich. Wer zitiert oder wissenschaftliche Erörterungen in Gesellschaft beginnt, der wird als passé eingestuft, als Langweiler und Pedant. Die Konversation des Dandys soll unterhalten und verblüffen, gerne auch schockieren – bilden oder gar informieren soll sie keinesfalls. Auch die Jugend soll nicht belehrt und geführt werden; schöner soll sie werden und nicht klüger! Von den Fachwissenschaftlern an den Universitäten gar, die zur Zeit der Dandys langsam aufzutreten beginnen, will man sich möglichst distanzieren. Die *Royal Societies*, die von Amateurforschern gegründet werden und die sich zu wichtigen Zentren der Wissenschaftsorganisation entwickeln, sehen nur wenige Dandys in ihren Reihen.

Noch einmal kurz zurück zum Stoizismus: Auch der Kenner des Dandytums Barbey d'Aurevilly scheint eine Wiederaufnahme stoischer Traditionen beim Dandy zu sehen, allerdings mit entscheidenden Unterschieden:

> „Das Dandytum bringt antiken Gleichmut in die modernen Aufgeregtheiten; aber der Gleichmut der Alten kam aus der Harmonie ihrer Gaben und der Fülle eines sich frei entfaltenden Lebens, während der Gleichmut des Dandytums die Pose eines Geistes ist, der sich mit Vielerlei befasst hat und zu angewidert ist, um sich für etwas zu begeistern."[12]

---

12 BARBEY D'AUREVILLY (s.o. Anm. 1), 42.

Er betont zudem, wie sehr beim Dandy die Wahrung der Form Grundlage eines konsequenten Verhaltens ist, nicht philosophische Einsicht oder moralische Überlegenheit:

> „Diese Stoiker des *Boudoirs* trinken unter der Maske das Blut aus der ihnen zugefügten Wunde, statt die Maske abzusetzen. Das Scheinen ist das Sein, dieser Spruch gilt für Dandys wie für Frauen."[13]

Ein entscheidender Kontrast zur Stoa ist in jedem Fall dieser: Die Natur, die in der Philosophie der Stoa eine so wichtige Rolle spielt, ist für den Dandy kein Vorbild. Der geordnete Kosmos der Stoiker, in dem die Anforderungen des Geistes und der Natur in eins fallen sollen, ist dem Dandy unbegreiflich, da er Geist und Natur aufs Schärfste trennt.

Dies führt in einen Kernbereich unserer Problematik, da Natur oder Unnatur des Sterbens erörtert werden müssen. Die Ablehnung der Natur beim Dandy erklärt sich zum Teil daraus, dass er die „Natürlichkeit" der bestehenden Verhältnisse und Denkweisen in Frage stellt. Da er die Natur der Kultur ablehnt, muss er die Kultur der Natur fordern. Daher die Bevorzugung des Künstlichen, der Mechanik gegenüber allem Gewachsenen, das als „ungeistig" gesehen wird: „Übrigens schien das Künstliche des Esseintes das auszeichnende Merkmal des menschlichen Geistes zu sein."[14] Huysmans stellt die Kunstwelt des Dandys am Beispiel seines Helden des Esseintes dar, der sich ein Haus einrichtet, das jeden Kontakt mit der umgebenden Natur konsequent ausschließt. So ist das Esszimmer nicht mit Fenstern versehen, dafür gibt es eine Glaswand, hinter der sich ein großes Aquarium befindet, in dem künstliche Fische schwimmen und dessen Wasser nach Stimmungslage eingefärbt werden kann. Auch werden in seiner Umgebung nur seltene Treibhauspflanzen oder noch lieber künstliche Blumen geduldet. Das Grundstück, auf dem das Haus liegt, ist nach Möglichkeit „denaturiert" worden. Übrigens ähnelt die Art der „Denaturierung" beziehungsweise Verwandlung in ein Kunstwerk derjenigen, die später S. George bei seinem dekadenten Herrscher Algabal imaginiert, der viele Züge des Dandytums aufnimmt und radikalisiert.

Bei Huysmans wird die Außenwelt der Inneneinrichtung angeglichen und alles in Schwarztönen in eine neue Künstlichkeit erhöht:

> „In seinem schwarzdrapierten Eßzimmer, das auf den Garten ging und von dem aus man die mit schwarzer Kohle bestreuten Alleen und das kleine, nun von dunklem Basalt umgebene, mit Tinte gefüllte und in einer Gruppe von Zypressen und Pinien stehende Bassin sah, war das Essen auf schwarzem Tischtuch aufgetragen worden; [...]."[15]

---

13 BARBEY D'AUREVILLY (s.o. Anm. 1), Fußnote 73.
14 J.-K. HUYSMANS, Gegen den Strich, Leipzig/Weimar 1978, 29.
15 HUYSMANS (s.o. Anm. 14), 17.

George schreibt:

> „Mein garten bedarf nicht luft und nicht wärme
> Der garten, den ich mir selber erbaut
> Und seiner vögel leblose schwärme
> Haben noch nie einen frühling geschaut.
> Von kohle die stämme · von kohle die äste
> Und düstere felder am düsteren rain ·
> Der früchte nimmer gebrochene läste
> Glänzen wie lava im pinien-hain.
> Ein grauer Schein aus verborgener höhle
> Verrät nicht wann morgen wann abend naht
> Und staubige dünste der mandel-öle
> Schweben auf beeten und anger und saat."[16]

In diesen artifiziellen Landschaften bewegt sich der Dandy und die Grenzen zwischen Kunst und Künstlichkeit sind oft nur schwer zu ziehen. Viele werden auch das Wort von O. Wilde kennen, nach dem das erste Gesetz ist, so künstlich wie möglich zu sein und das zweite Gesetz noch nicht gefunden wurde.

Daraus erklärt sich auch sein Verhältnis zum Tod: Tritt dem Dandy der Tod als etwas „Natürliches" entgegen, als Teil einer notwendigen Ordnung – dann reagiert er mit Abscheu und Widerstand. Ist der Tod beziehungsweise das Sterben als Akt der Kunst zu begreifen – zum Beispiel weil man mit ihm das Vergehen jugendlicher Schönheit verhindert oder weil man einen bestimmten Schockeffekt erzielen kann –, dann wird er geradezu gefeiert. Positiv fasst der Dandy also den Tod als Möglichkeit, die schöne Form zu bewahren: Selbstmord als Vermeidungsstrategie gegen Alter und Hässlichkeit ist akzeptiert. Zudem wird der Tod als antibürgerliche Kraft positiv bewertet, als Auflösungsphänomen gegen die falsche Ordnung des Alltags, insbesondere als antiwirtschaftliche Kraft – der Tod beendet jede persönliche Kapitalakkumulation. Und schließlich ist der Tod eine Gelegenheit, seine Unerschütterlichkeit zu demonstrieren, zu zeigen, dass man vor nichts und niemanden in die Knie geht:

> „Nun schön, wenn wir dem Zufall, dem Tode, dem Nichts ausgeliefert sind, so kann sich unser Adelsanspruch nur noch darauf gründen, dass wir unsere Erniedrigung in tadelloser Haltung überstehen."[17]

Das eröffnet eine Perspektive, die zeigt, wie sehr das Sterben als je eigenes angenommen wird. Der Dandy hat in einer Extremsituation wie im Angesicht des Todes seine Unerschütterlichkeit zu beweisen und das kann er nur persönlich und unter Einsatz seiner ureigensten Mittel und Möglichkeiten tun. Dandy ist man nur selbst, auch an dieser letzten Grenze.

---

16 S. George, Hymnen Pilgerfahrten Algabal, Berlin [7]1922.
17 Schmiele (s.o. Anm. 3), 30.

Philosophisch wäre hier zu fragen, ob im Dandytum ein Bewusstsein dafür existiert, dass das Sterben ein je eigenes sein kann, der Tod aber nicht. Es sei hier nur als These angedeutet, dass im starken Individualismus des Dandys der Tod als Tod ausgeblendet bleibt, weil er die Strukturen des Individuums zerschlägt, während sie sich im Sterben ein letztes Mal beweisen.

In diesem Zusammenhang sind auch die Schriftsteller von Interesse, die sich als Dandys im Krieg inszenierten; für den deutschen Sprachraum ist hier vor allem E. Jünger zu nennen, in Italien wird man G. d'Annunzio anführen. Neben den Elementen persönlicher Eitelkeit und Ausstattungssucht findet man bei d'Annunzio den bemerkenswerten Versuch, durch die Eroberung von Rijeka beziehungsweise Fiume eine Art militärisch-politisches Gesamtkunstwerk zu schaffen. Hier fällt es leicht, die Linien zum Faschismus und seiner Ästhetisierung der Gewalt weiter zu ziehen. Im Falle Jüngers steht die persönliche Bewährung stärker im Vordergrund: Neben den Bemühungen, den Krieg als Gesamtkunstwerk zu gestalten, beschreibt er die Anstrengungen, ihm einen persönlichen und unmittelbaren Sinn zu geben. Oft wurde nur die ästhetizistische Seite gesehen und moralisch kritisiert. So werden Bombenangriffe zu „tödlichen Befruchtungen" wie der oft zitierte auf Paris; der Kampf zwischen den Gräben und Stacheldrahtverhauen wird zum „Tanz". Obwohl manchmal dem Dandyismus zugerechnet, nimmt Jünger aber für sich diesen Titel nicht in Anspruch. Er beschreibt den Dandy als eine Art Vorform des Erwachsenwerdens, stellt auch seinen eigenen Ästhetizismus im Krieg später immer stärker in den Zusammenhang von pubertärer Selbstfindung, eine Mischung aus Pfadfinderleben und angewandter Karl-May-Lektüre. Zum Dandy schreibt er in „Rivarol":

> „Der Dandy bleibt eine Puppe; man kann das Wort sowohl im Sinne des Larvenstadiums als auch des Spielzeugs auf ihn anwenden."[18]

Unübersehbar ist auch die Verbindung zwischen ästhetischer Überhöhung und dem Tod. Im Dekadenz-Roman „À rebours" (Gegen den Strich) von J.-K. Huysmans schmückt der Protagonist des Esseintes eine Schildkröte, indem er ihren Panzer vergolden und mit Edelsteinen belegen lässt. Aber als alle Veränderungen ausgeführt sind ...

> „Sie bewegte sich immer noch nicht, er stieß sie an; sie war tot. Zweifellos an ein ruhiges Leben unter ihrem armseligen Rückenschild gewohnt, hatte sie weder den blendenden Prunk, den man ihr auferlegt hatte, zu ertragen vermocht, noch das funkelnde Ornat, das man ihr umgetan, und die Edelsteine, mit denen man ihr den Rücken gepflastert hatte wie eine Monstranz."[19]

---

18 E. Jünger, Rivarol (Cotta's Bibliothek der Moderne, Bd. 85), Stuttgart 1989, 19.
19 Huysmans (s.o. Anm. 14), 61.

In Schönheit sterben und an Schönheit sterben verschmelzen miteinander. Das Leben wie es die meisten führen, ist keine Option. Kann man es nicht in ein Kunstwerk überführen, dann lohnt es nicht, es zu leben. Villier de l'Isle Adam lässt seinen Protagonisten Axël sagen: „Leben? Unsere Domestiken können das für uns tun." Auch für Oscar Wilde ist das Leben nur in veredelter Form wichtig: „Die Kunst behandelte ich als die oberste Wirklichkeit, das Leben nur als einen Zweig der Dichtung."[20]

Diese ästhetizistische Sicht erstreckt sich natürlich auf das Gesamtkunstwerk Tod ebenso wie auf Selbstmord und Mord. Es wäre nicht richtig, in einer Darstellung der Beziehungen zwischen dem Dandytum und dem Sterben die Figur des T. G. Wainewright (1794–1847) unerwähnt zu lassen, dem Dandy, der als mehrfacher Giftmörder eine traurige Berühmtheit erlangte. Wainewright, der als Literaturkritiker, Schriftsteller und Maler ebenso bekannt war wie für seinen extravaganten Lebenswandel, tötete mindestens drei Personen, vermutlich mit Strychnin. Obwohl in allen drei Fällen wirtschaftliche Gründe wahrscheinlich sind (Wainewright war stets in Geldschwierigkeiten und konnte sich durch die Taten in den Besitz von Erbschaften setzen), gab er während einer Befragung eine Auskunft, die als Ausweis einer ästhetizistischen Haltung zum Mord gelten kann: In einem Gespräch über die Vergiftung seiner 20-jährigen Verwandten H. Abercromby sagte er:

"Yes, it was a dreadful thing to do, but she had very thick ankles." (Ja, das war eine furchtbare Tat, aber sie hatte sehr dicke Fesseln).

Diese Form der ästhetizistischen Rechtfertigung für Mord findet sich an mehreren Stellen im Schrifttum des Dandyismus oder dem ihm in vielerlei Hinsicht verwandten Symbolismus. Hier dürfte dem Töten aus Schönheitsliebe vor allem durch S. George ein Denkmal gesetzt worden sein, der in „Algabal" den Mord am Bruder und an Kindern schildert.

Führt von diesen verschiedenen ästhetizistischen Zugängen zu Tod und Sterben, die im Dandyismus entfaltet werden, ein Zugang zur philosophisch-anthropologischen oder gar zur metaphysischen Dimension des Sterbens? Grundsätzlich kann man hier wohl unterscheiden zwischen dem Tod als metaphysischer Größe wie die klassische Thanatologie ihn behandelt und dem Sterben als Phänomen im Rahmen lebensweltlicher Prozesse – wobei für unsere Thematik das zentral ist, was man die „Ästhetik des Sterbens" nennen könnte. S. Freud führt in „Totem und Tabu" aus, wie sich religiöse und kulturelle Grundmuster in der Auseinandersetzung mit dem Tod und der Sterblichkeit bilden. Für den Dandy kann man sagen, dass die Auseinandersetzung mit dem Tod als Ende irdischer Existenz beziehungsweise die Frage einer Existenz nach

---

20 O. WILDE, zitiert nach: SCHMIELE (s.o. Anm. 3), 26.

dem Tod für ihn keine wirkliche Rolle spielt. N. Sombart hat im Zusammenhang mit dem Dandyismus Jüngers formuliert:

> „In dem Bemühen, sich selbst zu stilisieren, stilisiert er die Welt und hat seine Aufgabe erfüllt, wenn er einen Befund in einer eleganten Formulierung dingfest gemacht hat. Das Sein zum Tode ist ihm Sein zur Form. Sein geistiges Universum ist ein Mosaik gelungener Formulierungen. Dahinter gibt es kein Jenseits."[21]

Auch das lässt den Dandy als radikal moderne Gestalt erscheinen. Ebenso wie sich die Philosophie von den Motiven der klassischen Todes- und Jenseitsdiskussion im thanatologischen Diskurs entfernte und spätestens mit Heidegger das weltliche Dasein beziehungsweise das Sein zum Tode thematisierte, so steht auch der Dandy immer diesseits der Todesschwelle. Anders als Heidegger würde aber der Dandy nicht dem Todesbewusstsein eine besondere Stellung in der Reflektion des eigenen Lebens zuschreiben. Eine Frage wie „Hat das In-der-Welt-sein eine höhere Instanz seines Seinkönnens als den Tod?"[22] könnte er nur flapsig mit einer Antwort wie „Aber sicher, den Gang zum Friseur!" bescheiden.

Tatsächlich ist alles, was am Dandyismus theoretischen Gehalt hat, komplett und radikal innerweltlich. Ein Jenseitsbezug existiert nicht. Das mag erstaunen, da viele Dandys einen katholischen Hintergrund hatten und in späteren Phasen ihres Lebens oft einem ästhetischen Katholizismus huldigten. Zum Jenseits glauben sie, nichts sagen zu können, vielleicht weil sie sich gar nicht zutrauen mit dem überlegenen Symboluniversum der katholischen Kirche und ihrer Ästhetik konkurrieren zu können. Jedenfalls ist die Ehrfurcht der Dandys vor der großen Symbolkraft der Kirche und ihrer Inszenierungsmaschinerie mit Händen zu greifen. Ein zentraler Zeuge ist hier wiederum Huysmans, der von seinem Helden des Esseintes ausführt, dass dieser den „so poetischen und packenden Katholizismus, darin er gebadet und dessen Essenz er mit allen Poren eingesaugt hatte, nicht vergessen"[23] könne. Huysmans ging später den Weg in den Katholizismus und schon in seiner früheren dekadenten Phase konzedierte er: „[...] denn nur die Kirche hatte die Kunst, die von den Jahrhunderten verlorene Form, gepflegt; [...]."[24]

In der Literatur des Dandyismus findet sich zwar keine Erörterung über die Natur des Todes oder ein jenseitiges Leben, aber eine Verherrlichung der Krankheit und des Hinfälligen, die wir hier behandeln müssen: Der Kranke oder Sterbende steht im Gegensatz zum Normalfall des gesunden und lebenstüchtigen Bürgers, von dem sich der Dandy möglichst weit absetzen will. Entscheidend ist hier nicht die „letzte Grenze", auf die der Mensch zustrebt, son-

---

21 N. Sombart, Das Ideal des Dandys, in: Focus 15 (1995), 156 f.
22 M. Heidegger, Sein und Zeit, Tübingen ^{15}1979, 313.
23 Huysmans (s.o. Anm. 14), 97.
24 Huysmans (s.o. Anm. 14), 90.

dern die Anzeichen seiner Bewegung auf diese Grenze hin – das Nachlassen der Lebenskraft, die Empfindlichkeit und Sensibilität, die dem Kranken beziehungsweise Sterbenden zugesprochen wird. Diese Figur des Sterbenden wird in vielerlei Hinsicht aufgeladen und stilisiert: Sie ist Projektionsfläche für die Dekadenz-Theorie von der besonderen Empfindsamkeit – wie sie uns spät im letzten Buddenbrook, dem schwächlichen Hanno, begegnet – oder sie verkörpert eine dem kommerziellen Prinzip enthobene Souveränität wie Baudelaire sie beschreibt. Hier kann man den Tod wieder als Tor zur Freiheit und als Rettung des Individuums dargestellt finden. Der Dandy als Verteidiger des individualistischen Prinzips in Zeiten der Vermassung und Rationalisierung wird so zum Verteidiger des nicht sachlichen, sondern nur schönen Sterbens. Als Eitler hat er ein besonderes Sensorium, nicht nur für die Schönheit des Todes, sondern auch für die Bedürfnisse der Sterbenden, noch schön sein zu wollen. Eitelkeit und Schönheitskult – diese beiden Aspekte des Dandyismus sind entscheidend, wenn wir eine Beziehung zwischen dem Dandyismus und dem anthropologischen Grundphänomen Sterben herstellen wollen.

Warum sollte uns aber in dieser Hinsicht der Dandyismus heute noch bekümmern? Was hat diese Lebens- und Denkform des 19. Jahrhunderts zu unseren gegenwärtigen Debatten beizutragen?

Man könnte sagen, dass mit dem Dandy eine neue Ära der *Repräsentation* und *Symbolik* beginnt. Er tritt in einer Phase auf, in der nicht nur wie zuvor in Naturwissenschaft und Religion, sondern auch auf der gesellschaftlichen Ebene alle Verhältnisse auf Beweisbarkeit und Beschreibbarkeit oder Darstellbarkeit hin umgeordnet werden. Der Einzelne muss neu in seiner Rolle überzeugen und für seinen Platz in der Gesellschaft mit einer spezifischen Symbolik einstehen. Der Dandy fordert und bekommt in seiner Zeit Aufmerksamkeit und wird zu einem Mittelpunkt des gesellschaftlichen Lebens, nicht weil er reich wäre oder mächtig, nicht aufgrund moralischer Überlegenheit oder religiöser Inbrunst. Er wird bewundert wegen des von ihm geschaffenen Stils, seiner Ästhetik, wegen seines virtuosen Umgangs mit Symbolik und Oberfläche. Er ist ein Held der sichtbaren Hierarchie, nicht der unsichtbaren. Seine demonstrative Geringschätzung der Moral, der konventionellen ebenso wie aller anderen Formen der Moral, wurde früh bemerkt und beispielsweise von Baudelaire kritisch kommentiert:

> „Die maßlose Liebe zur Form stürzt den Menschen in namenlose Greuel der Unordnung. Von der wilden Leidenschaft für das Schöne, das Seltsame, das Hübsche, das Pittoreske verzehrt [...] verschwinden die Begriffe des Wahren und Gerechten."[25]

---

25 C. BAUDELAIRE, Die heidnische Schule, in: DERS., Werke, Bd. 2, München/Wien 1977, 194.

Tatsächlich sind für den Dandy moralische Begrifflichkeiten ohne Belang, aber er bringt die Selbstbeherrschung und die Konsequenz eines durchgängigen Lebensstils mit, die sich mit einem moralischen Lebenswandel verbinden können. In seinem Ästhetizismus simuliert er ein ganzes Leben mit den Eigenschaften, die der moralische Mensch aufzuweisen hätte.

Was können wir folgern? Dass im Theorie-Arsenal des Dandyismus einige Instrumente zu finden sind, die die ästhetische Seite des Sterbens betreffen beziehungsweise alle sonstigen Probleme im magnetischen Feld der ästhetischen Schwerpunktsetzung neu ordnen. Dass bestimmte Theoretiker des Dandyismus sich über die Formen des Sterbens Gedanken gemacht haben und, in Anknüpfung an gewisse stoische Denkweisen, die Gefasstheit bis an die letzte Grenze erhalten wollten. Vor allem aber können wir ausgehend vom Dandy über die *Ästhetik des Sterbens* sprechen, die oft vollkommen ignoriert wird. In hygienischer oder medizinischer Hinsicht sind unsere Krankenhäuser und Hospize sicherlich exzellent, auch die psychologische Betreuung dürfte sich in den letzten Jahren, in denen sie immer mehr die klassischen Funktionen der geistlichen Begleitung zum Tod übernommen hat, meist gut sein. Aber fehlt da nicht eine wichtige Dimension unserer Existenz, die ästhetische Seite eben? Gibt es vielleicht sogar ohne eine Ästhetik des Sterbens auch keine umfassende Ethik des Sterbens?

Ich will eine Art praktische Schlussfolgerung versuchen, um zu verdeutlichen, was ich meine. In einem Buch zu Patiententötungen in Krankenhäusern und Altenpflegeheimen bin ich auf eine Liste mit „Frühwarnzeichen" gestoßen, die anzeigen, dass das Pflegepersonal auf die Bedürfnisse der Kranken oder Alten nicht mehr die nötige Rücksicht nimmt. Diese Liste enthält auch eine Art ästhetischer Komponente. Die Patienten bringen eine Ordnung, einen Stil, eine spezifische Ästhetik mit ins Krankenhaus oder Pflegeheim; sie ordnen zum Beispiel die Dinge auf ihrem Nachttisch in einer ganz speziellen Weise an und nutzen so den winzigen Spielraum, der ihnen für ein selbstbestimmtes Leben mit einer eigenen Schönheit noch bleibt. Das muss respektiert werden, solange es pflegerischen und medizinischen Belangen nicht widerspricht. Wird diese selbstgewählte Ästhetik der Patienten ignoriert, dann ist das in vielerlei Hinsicht ein schlechtes Zeichen und vielleicht der Beginn einer abschüssigen Bahn zu umfassenderen Grenzüberschreitungen wie rohem Verhalten. Berichte über Krankentötungen enthalten sehr oft Beobachtungen der Täterinnen und Täter, die zeigen, dass diese zunächst durch eine Phase der Desensibilisierung gehen, in der sie kleine und kleinste Bedürfnisse beziehungsweise Wünsche von Patientenseite missachten. Wenn das Brillenetui nicht mehr genau auf die Stelle auf dem Nachttisch gelegt wird, an der der Pflegebedürftige es haben möchte, wenn der falsche Schlafrock aus dem Schrank geholt wird – dann können das Zeichen der Geringschätzung sein, die sich später zu gefährlichen Handlungen auswachsen. Wenn wir die Selbstbestimmung in der letzten Phase des Lebens ernst nehmen wollen, dann gilt das auch für die ästhetische Selbstdefinition des Menschen. Für diesen Anspruch aus dem Dandyismus steht der Ausruf Barbey d'Aurevillys: „Bleiben wir Künstler bis ins Grab, und möge uns das Leichentuch mit Eleganz bedecken!"[26]

Der klassische Dandy ist tot, aber in gewissem Sinne sind wir in der heutigen Oberflächengesellschaft alle von Sichtbarkeits- und Inszenierungsstrategien geprägt, die im Dandyismus entwickelt wurden. Der gegenwärtige Mensch hat mehr vom Dandy in sich als er wahrhaben möchte. Und er tut gut daran, die Wildesche Maxime ernst zu nehmen: „Nur oberflächliche Menschen urteilen nicht nach dem Äußeren." Diese Oberflächlichkeit wollen wir im Umgang mit dem Phänomen Sterben vermeiden, indem wir uns klar machen, wie und warum die äußere Seite des Sterbens ernst genommen werden muss. Würdig zu sterben – das bedeutet für den Menschen der Jetztzeit unbedingt: So schön wie möglich zu sterben. Und können wir ihm diesen Wunsch abschlagen? Wir haben uns als Gesellschaft vom Ideal des würdigen und gesetzten Greisenalters verabschiedet. Niemand empfindet es als skandalös, Sechzig- oder Siebzigjährige in pinkfarbener, körperbetonter Fahrradkleidung auf der Straße zu sehen. Man mag den einen oder anderen Anblick degoutant finden und sich die würdige Greisin im schwarzen Witwengewand zurückwünschen, wenn man die Reklamewelt der jetzt so genannten *„silver agers"* mit ihren Konsum- und Darstellungszwängen kennen lernt. Aber der lebenslustige Alte, der nicht demütig und gefasst dem Tod entgegen lebt, sondern im Gegenteil das aktive jugendliche Leben möglichst weit auszudehnen versucht, ist in der Mitte der Gesellschaft angekommen. Die Frage wäre nun, was das für die Zeit des Sterbens zu bedeuten hat. Die Sport- und Konsumversessenheit kommt hier natürlich an eine Grenze. Der moribunde Patient, der sich im Endstadium einer Krankheit befindet, wird sich nicht mehr als attraktives und leistungsstarkes Mitglied der Gesellschaft inszenieren können. Aber er wird andere Formen der ästhetischen Anerkennung suchen, für die wir Sensibilität entwickeln müssen. Der Sterbende oder die Sterbende wird auf spezielle Art sichtbar sein wollen – und das gegen alles, was die Natur vorzuschreiben scheint. In dieser letzten Phase, bei dieser Empörung gegen den Tod und seine Anmaßungen findet sich überraschend ein ebenso verantwortungsloser wie freundlicher letzter Verbündeter, vielleicht nicht immer gut gesinnt, aber stets gut gekleidet: der Dandy.

---

26 BAUDELAIRE, Salon (s.o. Anm. 2), 127.

Ars moriendi – zu Ursprung und Wirkungsgeschichte der Rede von der Sterbekunst

FRIEDO RICKEN

Als erste Schrift über die *ars moriendi* gilt die Anselm von Canterbury zugeschriebene *Admonitio morienti et de peccatis suis nimium formidanti*.[1] Der Text[2] zeigt dem Priester, wie er ein Gespräch mit einem Sterbenden führen soll, und er schließt mit einem *Nota bene*, das sich an jeden Leser wendet. „Wenn du ins ewige Leben eintreten willst, bedenke an jedem Tag in deinem Leben die folgenden Worte, und so wirst du niemals Gott beleidigen: Erstens, die Kürze des Lebens. Zweitens, die Schlüpfrigkeit. Drittens, der Tod ist ungewiss. Viertens, die Belohnungen der Gerechten. Fünftens, die Strafen der Gottlosen." Diese Gliederung zeigt, dass zwei Begriffe der *ars moriendi* zu unterscheiden sind: (a) die Kunst, einen Sterbenden zu begleiten; (b) die Kunst, selbst zu sterben; eine Kunst, die während des ganzen Lebens eingeübt werden muss. Bei der Frage nach dem Ursprung der Rede von der *Sterbekunst* geht es vor allem um den zweiten Begriff; auf ihn soll im Folgenden ausführlich eingegangen werden (1–6). Die Geschichte des ersten Begriffs beginnt mit Anselms *Admonitio*; hier müssen einige Hinweise genügen (7).

1. Philosophie als Übung im Sterben

Der früheste uns erhaltene Beleg der Rede von der Sterbekunst dürfte eine Stelle in Platons *Phaidon* sein, wo Sokrates von der *meletê thanathou*[3] spricht. *meletê* bedeutet Sorge und Übung. Gegenstand der Sorge ist es, „leicht"[4] zu sterben; die Übung besteht darin, richtig zu philosophieren; Philosophie ist Sammlung der Seele in sich selbst und Flucht vor dem Leib. Der *Phaidon* beschreibt den Tod eines Menschen, der sich sein Leben lang in der Kunst, leicht

---

1   Vgl. R. RUDOLF, Ars moriendi I. Mittelalter, in: TRE 4 (1979), 143–149; 144.
2   ANSELM OF CANTERBURY, Admonitio morienti et de peccatis suis nimium formidanti, in: PL 158, 685–688.
3   PLATON, Phaidon 81a1.
4   Ebd.

zu sterben, geübt hat. Cicero kommentiert diese Stelle des *Phaidon* und erweitert die Terminologie. Das ganze Leben der Philosophen ist *commentatio mortis*, „Überdenken des Todes", *mori discere*, „sterben lernen", *consuesci mori*, „sich ans Sterben gewöhnen". Er beschreibt, worin diese Übung besteht. „Denn was anderes tun wir, wenn wir die Seele von der Lust [...], vom Besitz [...], vom Staat und von aller Geschäftigkeit wegrufen, was tun wir dann anderes als dass wir die Seele zu sich rufen, sie zwingen, bei sich selbst zu sein, und sie so weit als möglich vom Leib entfernen? Die Seele aber vom Leib zu trennen, und nichts anderes, ist sterben lernen."[5] Er gebraucht die Wörter *meditari*, *meditatio* „bedenken", „üben". „Das aber muss von Jugend an geübt (*meditatum*) werden, dass wir den Tod gering schätzen; ohne diese Übung (*meditatio*) kann niemand ruhigen Sinnes sein."[6] Das „ganze Leben", schreibt Seneca, „muss man lernen (*discendum est*) zu sterben".[7] „Den Tod, wenn er kommt, hat niemand heiter empfangen, wenn er sich nicht lange auf ihn eingestellt hatte (*composuerat*)."[8] Seneca zitiert Epikur: „*Meditare mortem*", oder „Eine großartige Sache ist es, den Tod zu lernen", und kommentiert: „Vielleicht hältst du es für überflüssig, das zu lernen, was wir nur ein einziges Mal brauchen: genau das ist es, weshalb wir es üben müssen; immer muss man lernen, wovon wir nicht erproben können, ob wir es können."[9] Diese Übung besteht nicht in scharfsinnigen verbalen und begrifflichen Unterscheidungen; es kommt darauf an, die Seele und nicht den Gebrauch von Begriffen zu üben; nicht bereitet dich auf den Tod vor, „wer mit sophistischen Argumenten dich zu überzeugen versucht, der Tod sei kein Übel"[10].

Werfen wir einen kurzen Blick auf das Ziel und die Bedeutung dieser Übung. Sie ist Voraussetzung für die Freude am Leben. Viele klammern sich an das Leben wie Menschen, die von einem Wildwasser fortgerissen werden, an Dornen und Gestrüpp. „Die meisten schwanken zwischen der Furcht vor dem Tod und den Leiden des Lebens erbärmlich hin und her und wollen nicht leben, können nicht sterben. Mach dir deshalb das Leben dadurch lebenswert, dass du alle Beunruhigung dafür ablegst. Kein Gut hilft dem Besitzer, wenn die Seele nicht auf dessen Verlust vorbereitet ist".[11] Das Sterben soll nicht gesehen werden als etwas, das uns wider unseren Willen zustößt, sondern als eine Pflicht, die wir zu erfüllen haben. „Du weißt nicht, dass auch zu sterben eine von den Pflichten des Lebens ist?"[12]

---

5 CICERO, Tusculanae disputationes 1,75.
6 CICERO, Cato maior de senectute 74.
7 SENECA, De brevitate vitae 7,3.
8 SENECA, Epistulae morales 30,12.
9 SENECA, Epistulae morales 26,8 f.
10 SENECA, Epistulae morales 82,8.
11 SENECA, Epistulae morales 4,5 f.
12 SENECA, Epistulae morales 77,19.

Die Einübung in den Tod ist die Vorbereitung auf die Stunde, die über den Wert unseres ganzen Lebens entscheidet. Jener Tag wird „das Urteil sprechen über alle meine Jahre". „Nichts ist es, was wir bisher in Worten und Taten geleistet haben [...]: wie weit ich vorangekommen bin, werde ich dem Tod glauben müssen. Nicht furchtsam also richte ich mich ein auf jenen Tag, an dem ich ohne Ausflüchte und Schönfärberei über mich urteilen werde, ob ich tapfer rede oder empfinde, ob es Verstellung und Schauspielerei war, was ich gegen das Schicksal an trotzigen Worten ausgestoßen habe [...] Vergiss die während des ganzen Lebens betriebenen Studien: der Tod wird über dich das letzte Wort sprechen [...] Was du geleistet hast, wird sich dann zeigen, wenn du im Sterben liegst."[13]

2. Die Bewährung im Angesicht des Todes

Aber nicht nur die Stunde des Todes, sondern auch Situationen, in denen ein Mensch dem Tode nahe ist, können zeigen, welche Fortschritte er in der *ars moriendi* gemacht hat. Seneca schildert einen Anfall von Atemnot. „Alle körperlichen Beschwerden oder Gefahren sind durch mich hindurchgegangen: keine scheint mir beschwerlicher. Warum denn? Das andere nämlich, was immer es ist, ist krank sein, dieses, die Seele von sich werfen. Deshalb nennen die Ärzte das ‚Einübung (*meditatio*) des Todes', denn einmal tut jener Atem, was er oft versucht hat."[14] Seneca lässt auch während dieses Erstickungsanfalls nicht davon ab, „bei erfreulichen und ermutigenden Gedanken Ruhe zu finden".[15] Er ruft sich seine Erfahrung mit dem Tod ins Bewusstsein. „Tod ist, nicht zu sein. Wie das ist, weiß ich bereits; das wird nach mir sein, was es vor mir gewesen ist [...] Ich frage: Würdest du es nicht äußerst töricht nennen, wenn jemand glaubt, einer Lampe gehe es schlechter, wenn sie ausgelöscht ist, als bevor sie angezündet wird? Auch wir werden gelöscht und angezündet: in der Zwischenzeit erdulden wir etwas, vorher und nachher aber ist tiefe Ruhe".[16] Der Zuspruch verfehlt seine Wirkung nicht. „Ich ließ nicht ab, mir mit diesen und derartigen Ermunterungen [...] zuzureden; darauf machte jene Atemnot, die schon Ersticken zu sein begonnen hatte, allmählich größere Pausen, ließ nach und blieb aus."[17] Aber Seneca ist bereit zu sterben. „Den lobe du und folge ihm nach, den es nicht verdrießt zu sterben, obwohl es ihn freut zu leben; denn was ist das für eine Tugend, hinauszugehen, wenn du hinausgeworfen wirst?

---

13 SENECA, Epistulae morales 26,4–6.
14 SENECA, Epistulae morales 54,2.
15 SENECA, Epistulae morales 54,3.
16 SENECA, Epistulae morales 54,4 f.
17 SENECA, Epistulae morales 54,6.

Dennoch ist auch hier Tugend: Ich werde zwar hinausgeworfen, aber so, als ob ich hinausginge."[18]

In Epistula 30 berichtet Seneca von seinen Besuchen bei dem sterbenden Historiker Aufidius Bassus. Er spricht offen über das Interesse, das hinter seinen häufigen Besuchen steht; er will sehen, was eine philosophische Überzeugung im Angesicht des Todes vermag. Aufidius Bassus ist ein Mann, der mit dem Alter ringt und auf dem der körperliche Verfall mit seinem ganzen Gewicht lastet, dessen Gesundheit gebrochen ist und der weiß, dass der Tod ihm unausweichlich bevorsteht. „Andere Arten des Todes sind mit Hoffnung gemischt: eine Krankheit hört auf, ein Brand wird gelöscht [...], ein Soldat hat das Schwert unmittelbar über dem Nacken des Todgeweihten zurückgenommen: nichts hat, was er hoffen kann, wen das Alter zum Tode führt".[19] Seneca unterscheidet zwischen dem, der unmittelbar vor dem Tod, und dem, der in der Nähe des Todes ist. „Denn der Tod, der zur Stelle ist, hat auch Unkundigen Mut gegeben, dem Unvermeidlichen nicht auszuweichen"; so bietet der Gladiator dem Gegner die Kehle. „Jener aber, der in der Nähe ist, aber unter allen Umständen kommen wird, verlangt eine zähe Festigkeit des Mutes, die seltener ist und nur vom Weisen aufgebracht werden kann".[20] Bassus spricht viel über den Tod, und es sind vor allem Lehren Epikurs, die er vorträgt. Seneca hört gern zu; nicht, als ob es für ihn neu wäre, aber Bassus lebt im Angesicht des Todes, und so wird Seneca durch das, was er sagt, „wie vor die gegenwärtige Sache geführt".[21] „Eine große Sache ist [...] das und in langer Zeit zu erlernen, wenn jene unausweichliche Stunde kommt, mit Gelassenheit fortzugehen".[22] Bassus hat diese Kunst gelernt. Er hat sich lange auf den Tod eingestellt; deshalb kann er ihn heiter und ruhig erwarten und ihn ohne das Leben zu hassen auf sich zukommen lassen.

3. Was lehren die Philosophen über den Tod?

Die Einübung in den Tod, so hatte der sterbende Sokrates gesagt, besteht darin, richtig zu philosophieren.[23] Dass Bassus im Angesicht des Todes heiter und trotz seines körperlichen Zustandes tapfer und fröhlich ist, verdankt er der Philosophie.[24] Alle Philosophen, so Seneca, werden dich lehren zu sterben.[25]

---

18 SENECA, Epistulae morales 54,7.
19 SENECA, Epistulae morales 30,4.
20 SENECA, Epistulae morales 30,8.
21 SENECA, Epistulae morales 30,15.
22 SENECA, Epistulae morales 30,4.
23 Vgl. PLATON, Phaidon 80e6.
24 SENECA, Epistulae morales 30,3: *hoc philosophia praestat*.
25 SENECA, De brevitate vitae 15,1: *Horum te mori nemo coget, omnes docebunt*.

Was lehren die Philosophen über den Tod? Inwiefern lehren sie *alle* die *ars moriendi*?

Sokrates stirbt in der Überzeugung, dass es für den guten Menschen kein Übel gibt, weder im Leben noch im Tod.[26] Wer den Tod fürchtet, meint, er wisse etwas, was er in Wahrheit nicht weiß. „Denn niemand weiß, was der Tod ist, nicht einmal, ob er nicht für den Menschen das größte ist unter allen Gütern. Sie fürchten ihn aber, als wüssten sie gewiss, dass er das größte Übel ist."[27] Das Totsein ist eines von beiden: „entweder so viel als nichts sein noch irgendeine Empfindung von irgendetwas haben, wenn man tot ist; oder, wie auch gesagt wird, es ist eine Versetzung und ein Umzug der Seele von hier an einen anderen Ort."[28] In jedem Fall ist es etwas Gutes. Sokrates vergleicht die erste Möglichkeit mit einer Nacht, in der man so fest geschlafen hat, dass man nicht einmal träumte, und er fragt, wie viele Tage und Nächte in unserem Leben glücklicher waren als eine solche Nacht. Sokrates' Zuversicht beruht auf einer Voraussetzung: Es ist der *gute* Mensch, dem alles zum Guten gereicht; das Sterben, von dem im *Phaidon* berichtet wird, ist das des „besten" und „gerechtesten" Menschen, den seine Freunde kennen gelernt haben.[29]

Epikur lässt von den beiden Möglichkeiten, die Sokrates erwägt, nur die erste gelten. Im Unterschied zu Sokrates sieht er keinen Zusammenhang zwischen dem gerechten Leben und der Einstellung zum Tod; vielmehr wird die Zuversicht gegenüber dem Tod naturalistisch begründet. Es ist die Naturwissenschaft, die uns von der Furcht vor dem Tod befreit; sie zeigt uns, dass der Tod uns nichts angeht.[30] „Gewöhne dich an den Gedanken, dass der Tod uns nichts angeht, denn jedes Gut und Übel besteht in der Wahrnehmung; der Tod aber ist der Verlust der Wahrnehmung." Der Tod geht uns nichts an, „denn wenn wir sind, ist der Tod nicht da; wenn aber der Tod da ist, dann sind wir nicht. Er geht also weder die Lebenden noch die Toten an, denn die einen geht er nichts an, und die anderen sind nicht mehr."[31]

Cicero fragt, ob es möglich ist, von der Furcht vor dem Tod befreit zu werden, ohne sich mit den vielen philosophischen Positionen über das Wesen und die Unsterblichkeit der Seele auseinanderzusetzen. „Wenn wir also von der Todesfurcht befreit werden können", das ist der Wunsch des Gesprächspartners im ersten Buch der *Tusculanen*, „ohne dass diese Fragen behandelt werden, so wollen wir diesen Weg wählen". Cicero verspricht: „Das Argument wird zeigen, dass, gleichgültig welche von den Meinungen, die ich dargelegt habe, richtig ist, der

---

26 PLATON, Apologie 41d1 f.
27 PLATON, Apologie 29a6–b1.
28 PLATON, Apologie 40c5–9.
29 PLATON, Phaidon 118a15–17.
30 EPIKUR, Katechismus 11 f.
31 EPIKUR, Brief an Menoikeus 124 f.

Tod entweder kein Übel oder vielmehr ein Gut ist." Entweder leben die Seelen nach dem Tod weiter, oder sie gehen im Tod zugrunde. Die überzeugendsten Argumente für die erste Möglichkeit finden sich in Platons *Phaidon*. Der Gesprächspartner hat ihn mehrmals gelesen, und er gesteht: „Solange ich es lese, bin ich überzeugt; sobald ich das Buch weggelegt habe und anfange, selbst über die Unsterblichkeit der Seele nachzudenken, entgleitet mir jene ganze Überzeugung." Wenn jedoch die Argumente des *Phaidon* zutreffen und die Seelen nach dem Tod weiterleben, dann sind sie glückselig. Gehen die Seelen dagegen im Tod zugrunde, so sind sie jedenfalls nicht unglücklich, denn wenn sie überhaupt nicht sind, können sie auch nicht unglücklich sein.[32] Mit Epikur argumentiert Cicero: Was kann am Tod Schlimmes sein, „wenn der Tod weder die Lebenden noch die Toten betrifft? Die einen sind nicht, die anderen geht er nichts an."[33]

Cicero schließt mit einem persönlichen Bekenntnis zum Sinn des Lebens und des Todes. „Wir wollen so gesonnen sein, dass wir jenen für andere schrecklichen Tag für uns glücklich nennen und nichts zu den Übeln rechnen, was entweder von den unsterblichen Göttern oder von der Natur, der Mutter aller, so eingerichtet ist. Denn wir sind nicht planlos und durch Zufall gezeugt und geschaffen worden, sondern es gab gewiss eine Kraft, die für das Menschengeschlecht sorgte und es nicht dazu erzeugte oder ernährte, dass es, wenn es alle Mühsal erduldet hat, in das ewige Unheil des Todes stürzte; wir wollen vielmehr annehmen, dass uns ein Hafen und eine Zuflucht bereitet ist."[34]

Die Furcht vor dem Tod ist deshalb mangelndes Vertrauen zur Natur; sie ist, wie Seneca es formuliert, Furcht vor der Natur. „Sterben wirst du nicht, weil du krank bist, sondern weil du lebst."[35] „Denn wie das Alter auf die Jugend folgt, so der Tod auf das Alter: wer nicht sterben will, hat nicht leben wollen. Denn das Leben ist uns unter der Bedingung des Todes gegeben; auf diesen geht man zu. Ihn zu fürchten ist deshalb Zeichen von Unvernunft, denn Sicheres wird erwartet, Ungewisses gefürchtet."[36]

So sieht auch Marc Aurel im Sterben ein sinnvolles Werk der Natur. Wenn jemand das Sterben „allein an sich betrachtet und durch begriffliche Unterscheidung die mit ihm verbundenen Vorstellungen auflöst, dann wird man annehmen, dass es nichts anderes ist als ein Werk der Natur. Wenn aber jemand ein Werk der Natur fürchtet, ist er ein Kind. Es ist aber nicht nur ein Werk der Natur, sondern auch für sie nützlich."[37] Wir sollen uns beständig in der Betrachtung üben, wie alles sich ineinander verwandelt; nichts sei besser geeignet,

---

32 CICERO, Tusculanae disputationes 1,23–25.
33 CICERO, Tusculanae disputationes 1,91 f.
34 CICERO, Tusculanae disputationes 1,118.
35 SENECA, Epistulae morales 78,6.
36 SENECA, Epistulae morales 30,10.
37 MARC AUREL, Ad se ipsum 2,12.

um einen Standpunkt über den Dingen zu gewinnen. Ein Mensch, der bedenkt, dass er in nicht allzu langer Zeit alles verlassen und aus der Gemeinschaft der Menschen scheiden muss, hat seinen Leib schon abgelegt; „er hat sich in seinem Tun ganz der Gerechtigkeit und in allem anderen, was geschieht, der Natur des Weltganzen anheim gegeben".[38]

4. Die Meditation alltäglicher Gewissheiten

Die Philosophen lehren die *ars moriendi* nicht nur in der Weise, dass sie uns auf die einschlägigen Lehren ihrer Schulen verweisen; sie leiten uns auch an zur Meditation alltäglicher Gewissheiten.

Wir sind immer gleich weit vom Tod entfernt; er ist an jedem Ort und zu jeder Zeit gegenwärtig. Wenn wir ihn fürchten, müssen wir in beständiger Furcht leben. Daraus schließt Seneca, dass es nicht der Tod, sondern der Gedanke an den Tod ist, den wir fürchten. „Ungewiss ist, wo der Tod dich erwartet: daher erwarte du ihn überall."[39] „Nicht den Tod fürchten wir, sondern den Gedanken an den Tod, denn von ihm selbst sind wir immer gleich weit entfernt. So, wenn zu fürchten ist der Tod, ist er immer zu fürchten, denn welche Zeit ist vom Tod ausgenommen?"[40] Auch in der Weise ist der Tod allgegenwärtig, dass wir täglich sterben. „Wir sterben täglich, denn täglich wird ein Teil des Lebens weggenommen, und auch dann, wenn wir wachsen, nimmt das Leben ab [...] Wie eine Wasseruhr nicht der letzte Tropfen leert, sondern alles, was vorher herausgeflossen ist, so macht die letzte Stunde, in der wir aufhören zu sein, nicht allein den Tod aus, sondern sie allein vollendet ihn; dann sind wir bei ihm angekommen, aber lange sind wir gekommen."[41]

Besteht der Wert des Lebens in seiner Länge? „Für ein sittlich gutes Leben ist eine kurze Lebensdauer lang genug."[42] „Keiner hat zu kurz gelebt, der die Aufgabe vollkommener Tugend vollkommen erfüllt hat."[43] Seneca unterscheidet zwischen der Lebensdauer und dem wirklich gelebten Leben. „Die Hälfte davon verschläft man. Füge hinzu Anstrengungen, Trauer, Gefahren, und du wirst erkennen, auch in einem sehr langen Leben ist es nur ein sehr kleiner Teil, der gelebt wird."[44] „Die Lebensdauer zählt zu den äußeren Dingen. Wie lange ich lebe, ist nicht meine Sache; dass ich, solange ich lebe, wirklich lebe, ist meine

---

38 MARC AUREL, Ad se ipsum 10,11.
39 SENECA, Epistulae morales 26,7.
40 SENECA, Epistulae morales 30,17.
41 SENECA, Epistulae morales 24,20.
42 CICERO, Cato maior de senectute 70.
43 CICERO, Tusculanae disputationes 1,109.
44 SENECA, Epistulae morales 99,11.

Sache. Das fordere von mir, nicht gleichsam im Dunkeln eine unbekannte Lebenszeit zu durchmessen, dass ich das Leben führe, nicht dass ich vorbeifahre."[45] Marc Aurel fordert dazu auf, bewusst aus der Überzeugung zu leben, „dass jeder nur dieses Gegenwärtige lebt, den kurzen Augenblick; das andere aber ist bereits gelebt oder im Ungewissen".[46] Auch wenn du dreitausend Jahre leben solltest, „denk doch daran, dass niemand ein anderes Leben verliert als das, was er lebt, und er lebt kein anderes als das, welches er verliert. Das längste Leben erweist sich also als dasselbe wie das kürzeste. Denn es zeigt sich, dass das Gegenwärtige für alle gleich ist und folglich was zugrunde geht gleich ist und dass was verloren wird der so kurze Augenblick ist".[47]

Was vergangen ist, bleibt dennoch unser Besitz. „Uns gehört die Zeit, die vergangen ist, und nichts ist sicherer aufgehoben als das, was gewesen ist." Die Hoffnung auf Künftiges macht uns undankbar gegen das, was wir bekommen haben. „Eng begrenzt den Genuss des Lebens, wer sich nur über das Gegenwärtige freut. Auch Künftiges und Vergangenes bereiten Freude, dieses durch die Erwartung, jenes durch die Erinnerung, aber das eine hängt in der Luft und kann nicht geschehen, das andere kann nicht nicht gewesen sein. Welcher Wahnsinn ist es also, das Sicherste aufzugeben! Finden wir Ruhe bei dem, was wir schon geschöpft haben, wenn wir es nur nicht mit löcheriger Seele schöpften, die durchlässt, was immer sie empfangen hatte." „Aber die meisten rechnen nicht zusammen, wie viel sie bekommen, wie viel Freude sie erlebt haben."[48] Die richtige Haltung ist dagegen: „Dankbar bin ich für das, was ich besessen und gehabt habe."[49] Die Dankbarkeit für das, was einem gegeben worden ist, soll jeden Verlust bestimmen. Epiktet lehrt: „Sag nie von einer Sache: ‚Ich habe sie verloren', sondern: ‚Ich habe sie zurückgegeben'."[50]

5. Die *ars moriendi* als *ars vivendi*

Die *ars moriendi* ist zugleich die *ars vivendi*; gut leben kann nur, wer gelernt hat zu sterben. „Schlecht wird leben, wer nicht weiß, gut zu sterben [...] Wer den Tod fürchtet, wird nichts jemals als lebendiger Mensch tun; wer dagegen weiß, dass ihm dieses, als er empfangen wurde, sofort auferlegt wurde, wird nach dem Gesetz leben und zugleich auch jenes mit derselben Seelenstärke leisten, dass

---

45 SENECA, Epistulae morales 93,7.
46 MARC AUREL, Ad se ipsum 3,10.
47 MARC AUREL, Ad se ipsum 2,14.
48 SENECA, Epistulae morales 99,4 f.
49 SENECA, De tranquillitate animi 11,3.
50 EPIKTET, Encheiridion 11.

nichts von dem, was geschieht, überraschend eintritt."⁵¹ „Ich mache dir eine Vorschrift", so Seneca an den kranken Lucilius, „die nicht nur für diese Krankheit, sondern für das ganze Leben ein Heilmittel ist: Verachte den Tod. Denn nichts ist bedrückend, wenn wir der Furcht vor ihm entkommen sind."⁵² „Ich bin bereit zu sterben", so beschreibt Seneca seine eigene Einstellung und Erfahrung, „und deshalb erfreue ich mich des Lebens, weil ich nicht allzu wichtig nehme, wie lange es noch dauern wird."⁵³

Das gute Leben ist das Leben in der Gegenwart, und in der Gegenwart zu leben bedeutet, jeden Tag als seinen letzten zu betrachten. „Wenn du dich darin übst, nur das zu leben, was du lebst, das ist das Gegenwärtige, dann wirst du imstande sein, die Zeit, die bis zum Sterben bleibt, ohne Unruhe, wohlwollend und freundlich gegenüber deinem Daimon zu verleben."⁵⁴ „Darin zeigt sich die Vollkommenheit des Charakters, dass man jeden Tag als den letzten verbringt und weder sich aufregt noch erstarrt noch sich verstellt."⁵⁵

Seneca hat diese Übung ausführlicher beschrieben. Das Schicksal hat unserem Leben eine Grenze gesetzt, aber niemand von uns weiß, wie nahe an dieser Grenze er lebt. Wir sollen in der Haltung leben, als hätten wir diese Grenze bereits erreicht. „Wir wollen nichts aufschieben; täglich wollen wir mit dem Leben abrechnen [...] Wer täglich letzte Hand an sein Leben legt, bedarf der Zeit nicht."⁵⁶ Wenn wir schlafen gehen, sollen wir „fröhlich und heiter sagen: ‚Ich habe gelebt und den Lauf, den das Schicksal gegeben hatte, vollendet'".⁵⁷ Wenn uns dann ein weiterer Tag geschenkt wird, wollen wir ihn dankbar annehmen. Seneca schreibt von sich: „Ich habe mich nicht auf den Tag eingestellt, den mir eine gierige Hoffnung als letzten versprochen hatte, sondern ich habe jeden als den letzten angesehen."⁵⁸ Dadurch wird der einzelne Tag zum ganzen Leben. „Darum bemühe ich mich, dass der Tag mir so viel wert ist wie das ganze Leben. Ich reiße ihn wahrlich nicht wie den letzten an mich, aber ich betrachte ihn so, als könne er durchaus der letzte sein."⁵⁹

Der größte Fehler des Lebens besteht darin, dass es immer unvollendet ist. Aus diesem Mangel „entsteht die Furcht und die Begierde nach der Zukunft, die die Seele verzehrt. Nichts ist beklagenswerter als die Ungewissheit, welchen Verlauf die Zukunft nehmen wird; wenn der Geist Vermutungen anstellt, wie groß

---

51 SENECA, De tranquillitate animi 11,4.6.
52 SENECA, Epistulae morales 78,5.
53 SENECA, Epistulae morales 61,2.
54 MARC AUREL, Ad se ipsum 12,3.
55 MARC AUREL, Ad se ipsum 7,69.
56 SENECA, Epistulae morales 101,7 f.
57 SENECA, Epistulae morales 12,9; VERGIL, Aeneis 4,653.
58 SENECA, Epistulae morales 93,6.
59 SENECA, Epistulae morales 61,1.

die noch verbleibende Zeit, oder welcher Art, dann wird sie von unentwirrbarer Furcht getrieben." Wie können wir dieser Unruhe entkommen? Nur dadurch, dass unser Leben nicht vorausgreift, sondern „in sich gesammelt wird; denn der hängt von der Zukunft ab, der von der Gegenwart enttäuscht ist. Wo aber geleistet ist, was ich mir selbst schulde, wo der gefestigte Geist weiß, dass kein Unterschied besteht zwischen einem Tag und einem Jahrhundert, da schaut er aus der Höhe auf das, was an Tagen und Ereignissen kommen wird, und denkt mit Lachen an die Abfolge der Zeiten."[60]

6. Die antike *ars moriendi* in der christlichen Tradition

Werfen wir nun anhand zweier Klassiker der christlichen Spiritualität, der Thomas von Kempen zugeschriebenen *Imitatio Christi* (vor 1427) und der *Introduction à la Vie Dévote* (1608) des Franz von Sales, einen Blick auf die Wirkungsgeschichte der antiken *ars moriendi*, der Kunst zu sterben, die während des ganzen Lebens eingeübt werden muss.

Kapitel 23 des ersten Buchs der *Imitatio Christi* trägt die Überschrift *De meditatione mortis*; es geht darum, über Wahrheiten nachzudenken und Haltungen einzuüben. Wir sollen nachdenken über die Ungewissheit der Zukunft. „Du Tor! Was denkst du, dass du lange leben wirst, da du doch keinen Tag hier sicher hast?"[61] „Morgen ist ein ungewisser Tag; und was weißt du, ob du den morgigen haben wirst?"[62] „Denn zu einer Stunde, da man es nicht annimmt, wird der Menschensohn kommen."[63] „Wenn es Morgen ist, glaube, dass du den Abend nicht erleben wirst. Wenn es aber Abend geworden ist, wage nicht, dir den Morgen zu versprechen."[64] Aber selbst wenn wir wüssten, dass wir länger leben werden, so wüssten wir nicht, was dieses längere Leben uns nützt. „Ach! Ein langes Leben bessert nicht immer, sondern oft macht es die Schuld umso größer."[65] „Wenn es furchtbar ist zu sterben, wird es vielleicht gefährlicher sein, länger zu leben."[66]

Wir sollen uns darin üben, unser gegenwärtiges Leben aus der Perspektive unserer Todesstunde zu sehen, denn der Wert des Lebens wird in dem Augenblick erkannt, wo es unwiderruflich zu Ende geht. „Wenn jene letzte Stunde gekommen ist, wirst du beginnen, sehr viel anders über dein ganzes vergange-

---

60 SENECA, Epistulae morales 101,8 f.
61 T. v. KEMPEN, Imitatio Christi, Kap. 37.
62 T. v. KEMPEN, Imitatio Christi, Kap. 9.
63 T. v. KEMPEN, Imitatio Christi, Kap. 20.
64 T. v. KEMPEN, Imitatio Christi, Kap. 17 f.
65 T. v. KEMPEN, Imitatio Christi, Kap. 11.
66 T. v. KEMPEN, Imitatio Christi, Kap. 14.

nes Leben zu denken; und du wirst es sehr bedauern, dass du so gleichgültig und nachlässig gewesen bist."[67] „Es wird die Zeit kommen, wo du einen Tag oder eine Stunde ersehnst, um dich zu bessern, und ich weiß nicht, ob du sie bekommen wirst."[68] „Wie glücklich und klug ist, wer sich anstrengt, jetzt im Leben so zu sein, wie er wünscht, im Tod angetroffen zu werden."[69] „Bemühe dich, jetzt so zu leben, dass du in der Stunde des Todes dich vielmehr freuen als fürchten kannst."[70]

Welche Haltung sollen wir durch diese Übungen gewinnen? In welcher Haltung sollen wir leben? Sei „immer bereit und lebe so, dass der Tod dich niemals unvorbereitet antrifft."[71] „Du müsstest dich bei jeder Tat und jedem Gedanken so verhalten, als ob du heute sterben würdest."[72] „Selig, wer die Stunde seines Todes immer vor Augen hat und sich täglich auf das Sterben einstellt."[73] Die Zuversicht auf ein glückliches Sterben wird erworben durch „vollkommene Verachtung der Welt, glühendes Verlangen, in den Tugenden Fortschritte zu machen, Liebe zur Disziplin, strenge Buße, bereitwilligen Gehorsam, Selbstverleugnung und das Ertragen aller Widrigkeiten aus Liebe zu Christus".[74] Das Leben im Angesicht des Todes befreit von der Furcht vor dem Tod. Von „welcher Gefahr könntest du dich befreien, welch großer Furcht dich entreißen, wenn du nur immer von Furcht und Argwohn gegenüber dem Tod beseelt wärest".[75] Es lässt den Wert der Gegenwart erkennen. „Jetzt ist eine sehr kostbare Zeit. Jetzt sind die Tage des Heils: Jetzt ist die Zeit der Gnade (2 Kor 6,2)."[76] Es ist die Zeit, in der wir uns Schätze und Freunde für die Ewigkeit erwerben können.[77] „Aber ach, warum verwendest du das nicht nützlicher, womit du verdienen kannst, wovon du ewig lebst!"[78]

Die Betrachtung über den Tod in Kapitel 13 des Ersten Teils der *Introduction*[79] folgt in ihrem Aufbau dem Exerzitienbuch des Ignatius von Loyola. Den Vorübungen folgen Erwägungen (*considérations*), die zu Affekten und Entschlüssen (*affections et résolutions*) führen; die Betrachtung schließt mit Gebeten.

---

67 T. v. Kempen, Imitatio Christi, Kap. 21.
68 T. v. Kempen, Imitatio Christi, Kap. 31.
69 T. v. Kempen, Imitatio Christi, Kap. 22.
70 T. v. Kempen, Imitatio Christi, Kap. 33.
71 T. v. Kempen, Imitatio Christi, Kap. 19.
72 T. v. Kempen, Imitatio Christi, Kap. 5.
73 T. v. Kempen, Imitatio Christi, Kap. 15.
74 T. v. Kempen, Imitatio Christi, Kap. 23.
75 T. v. Kempen, Imitatio Christi, Kap. 32.
76 T. v. Kempen, Imitatio Christi, Kap. 29.
77 Vgl. T. v. Kempen, Imitatio Christi, Kap. 43; 45.
78 T. v. Kempen, Imitatio Christi, Kap. 30.
79 F. v. Sales, Introduction à la Vie Dévote, I,13.

Zu den Vorübungen zählt die anschauliche Vorstellung der Situation. „Stelle dir vor, du liegst todkrank auf dem Sterbebett, ohne jede Hoffnung, dem Tod zu entrinnen." Die Meditation umfasst fünf Erwägungen. 1. „Erwäge, wie unbestimmt der Tag deines Todes ist [...] Nur das eine ist sicher, dass wir sterben werden, und jedenfalls eher als wir denken." 2. Erwäge, wie in deinen Augen alles umgewertet wird. Vergnügungen und Eitelkeiten werden sich als Phantome erweisen; dagegen wirst du den Wert deiner guten Werke erkennen. Deine Sünden, die du früher für klein gehalten hast, werden dir wie gewaltige Berge erscheinen, deine Frömmigkeit dagegen sehr klein. 3. Erwäge, dass du von allen Dingen dieser Welt, vom Reichtum und von den Eitelkeiten, und von allen Menschen Abschied nehmen musst. 4. Erwäge, dass nach deiner Beerdigung kaum noch jemand an dich denken wird. 5. Erwäge, dass die Seele, wenn sie den Leib verlassen hat, ihren Weg entweder nach rechts oder nach links einschlagen wird. „Ach! Wohin wird die deine gehen? Welchen Weg wird sie einschlagen? Keinen anderen als den, den sie in dieser Welt begonnen hat."

An erster Stelle der Affekte und Entschlüsse steht das Gebet um eine gute Sterbestunde. „Bete zu Gott und wirf dich in seine Arme." Herr, „mache mir diese Stunde glücklich und günstig und lass eher alle anderen Stunden meines Lebens voll Traurigkeit und Kummer sein". Es folgt die Aufforderung, an der wahren Wertordnung festzuhalten. „Verachte die Welt. Da ich die Stunde nicht kenne, in der ich dich, o Welt, verlassen muss, will ich mich nicht mehr an dich hängen." Das Dritte ist der Vorsatz, mich hier und jetzt in meinem Handeln auf die Stunde des Todes vorzubereiten. „Ich will mit aller meiner Kraft meinem Gewissen folgen, und ich will diese und jene Verfehlungen in Ordnung bringen."[80]

7. Die *ars moriendi* als Begleitung eines Sterbenden

Anselms *Admonitio* ist (abgesehen von dem *Nota bene*) eine in zwei Teile gegliederte Unterweisung, wie ein Priester ein Gespräch mit einem Sterbenden führen soll. Im ersten Teil ist der Sterbende ein Mönch, ein Mitbruder des Priesters, im zweiten kürzeren Teil, den wir zunächst betrachten, ein Laie. Der Priester verlangt von ihm das Bekenntnis zum christlichen Glauben. Er fragt ihn, ob er sich freut, dass er im christlichen Glauben stirbt. Er fordert von ihm, dass er bekennt, Gott beleidigt zu haben; dass er es bereut und den Vorsatz hat, es nicht mehr zu tun, falls er am Leben bleibt. Er fragt: „Hoffst du, und glaubst du, dass du zum ewigen Heil gelangst nicht durch deine Verdienste, sondern durch die Verdienste des Leidens Jesu Christi"? Der Sterbende antwortet: „Ich

---

80 F. v. SALES, Introduction à la Vie Dévote, I,13.

hoffe." Dann gibt der Priester ihm den Zuspruch: „Wenn sich dir jemand entgegenwirft und gegen dich auftritt, dann stelle zwischen dich und ihn die Verdienste des Leidens Christi." Schließlich soll der Priester den Sterbenden veranlassen, mit Psalm 31 zu beten: „In deine Hände, Herr, empfehle ich meinen Geist. Du hast mich erlöst Herr, du Gott der Wahrheit."[81]

Im Gespräch mit dem sterbenden Mönch ist der Zuspruch des Priesters weiter ausgeführt. „Allein auf diesen Tod setze dein ganzes Vertrauen; auf nichts anderes sollst du vertrauen; diesem Tod übergib dich ganz; mit ihm allein bedecke dich ganz; in diesen Tod hülle dich ganz ein; und wenn Gott der Herr dich richten will, sage: Herr, ich werfe den Tod unseres Herrn Jesus Christus zwischen mich und dein Urteil; anders rechte ich nicht mit dir [...] Wenn er dir sagt, dass du die Verdammnis verdienst, sage: Herr, ich stelle den Tod unseres Herrn Jesus Christus zwischen dich und meine Schuld, und ich bringe dir sein Verdienst dar anstelle des Verdienstes, das ich haben müsste, aber nicht habe."[82]

Den wichtigsten Anstoß[83] zu der in der Tradition von Anselms *Admonitio* stehenden neuen Literaturgattung der *ars moriendi* bildet die 1403 erschienene, unter den Titeln *La science de bien mourir* und *La médicine de l'âme* überlieferte Schrift des Johannes Gerson[84], die 1408 in lateinischer Übersetzung als dritter Teil seines *Opus tripartitum de praeceptis decalogi, de confessione et de arte moriendi* erschien. Gott und die Liebe verlangen, so heißt es in der Einleitung, dass der wahre Freund sich nicht nur um das leibliche Wohl des Kranken und Sterbenden kümmert, sondern dass er noch mehr besorgt ist um dessen ewiges Heil. Aber die Schrift will nicht nur eine Handreichung für diesen Liebesdienst sein; sie kann darüber hinaus für alle eine Hilfe sein, „um zu lernen gut zu sterben". Gerson gliedert seine Schrift in vier Teile.

1. *Ermahnungen.* (a) Wir sind ganz in Gottes Hand. Jeder Mensch, ob Fürst oder König, muss diesen Weg gehen. Wir sind nicht in dieser Welt, um hier ewig zu bleiben, sondern um uns durch ein gutes Leben die Herrlichkeit des Paradieses zu erwerben. (b) Bedenke, dass Gott dich diesen letzten Schritt bewusst tun und dich nicht eines plötzlichen Todes sterben lässt. Danke ihm für alle Wohltaten, überlasse alles seiner Barmherzigkeit und bitte ihn um Vergebung. (c) Bedenke, dass du in deinem Leben viele Sünden begangen hast, für die du Strafe verdienst. Deshalb musst du Krankheit und Tod geduldig ertragen und Gott bitten, er möge durch sie deine Seele reinigen und dir die Sünden vergeben. Es ist besser, wenn du in dieser als in der anderen Welt geläutert wirst.

---

81 Vgl. ANSELM OF CANTERBURY (s.o. Anm. 2), 688.
82 ANSELM OF CANTERBURY (s.o. Anm. 2), 687.
83 Vgl. RUDOLF (s.o. Anm. 1), 145.
84 J. GERSON, Œuvres Complètes, hg. v. P. GLORIEUX, Bd. VII, Paris 1966, 404–407.

Wenn du alles mit gutem und reuigem Herzen trägst, wird Gott dir Strafe und Schuld erlassen und du wirst sicher ins Paradies eingehen. (d) Lass alle Gedanken an Dinge dieser Welt. Empfiehl alles Gott, der alles ohne dich lenken kann, denn er will dich zu sich nehmen, wenn du nur an ihn und an dich denkst.

2. *Sechs Fragen.* (a) Willst du im Glauben an unseren Erlöser Jesus Christus als treuer Sohn der Kirche leben und sterben? (b) Bittest du Gott um Vergebung aller Sünden? (c) Willst du dein Leben bessern, wenn du wieder gesund wirst? (d) Bist du dir einer Todsünde bewusst, die du nicht gebeichtet hast? (e) Vergibst du um der Liebe des Herrn willen, von dem du Vergebung erwartest, allen, und bittest du alle um Vergebung, denen du Unrecht getan hast? (f) Bist du bereit, Schaden wiedergutzumachen?

3. *Kurze Gebete* zu Gott Vater, zu Jesus, zu Unserer Lieben Frau, zu den Engeln, zu dem oder der Heiligen, die der Sterbende in seinem Leben besonders verehrt hat.

4. *Vorschriften* für den Sterbegeleiter, wie er von dem Gesagten Gebrauch machen soll. Wenn der Kranke die Sterbesakramente noch nicht empfangen hat, soll er ihn fragen, ob er es wolle. Falls der Kranke exkommuniziert ist, soll er ihn freisprechen. Bleibt genügend Zeit, so lese man ihm die Gebete und Legenden vor, aus denen er in seinem Leben besonderen Trost geschöpft hat, oder die Gebote Gottes zur Gewissenserforschung. Hat der Kranke die Sprache verloren, ist aber noch bei Bewusstsein, so soll man ihm dennoch die Fragen stellen und die Gebete sprechen; er kann durch ein Zeichen oder in seinem Herzen antworten. Man soll ihm das Kreuz zeigen, und das Bild des oder der Heiligen, die er besonders verehrt hat. Reicht die Zeit für die Ermahnungen, Fragen und Gebete nicht aus, so soll man sich auf die Gebete beschränken, vor allem auf die zu Jesus Christus. Nach Möglichkeit erinnere man den Sterbenden nicht an das, woran er hängt, vor allem nicht an seine Kinder, seine Frau, seinen Reichtum. Man mache ihm keine Hoffnung, dass er wieder gesund wird, denn durch diesen falschen Trost verschiebt er die Bekehrung und zieht sich die Verdammnis zu. Man sage ihm, wenn er seine Sache mit Gott in Ordnung bringe, dann tue er das Beste für seinen Leib und sei in Frieden und Sicherheit. Weil die Krankheit der Seele oft die Ursache der Krankheit des Leibes sei, habe der Papst angeordnet, kein Arzt solle einem Kranken eine Medizin verschreiben, wenn er ihn nicht zuvor ermahnt hat, den Seelenarzt, d.h. seinen Beichtvater, zu rufen.

8. Nicht-sterben-wollen ist Nicht-leben-wollen

Der *consensus gentium*, so C. G. Jung, hat „Auffassungen vom Tod, welche sich in allen großen Religionen der Erde unmissverständlich ausgedrückt haben. Ja, man kann sogar behaupten, dass die Mehrzahl dieser Religionen komplizierte Systeme der Vorbereitung des Todes sind, und zwar in einem solchen Maße, dass das Leben tatsächlich [...] nichts bedeutet als die Vorbereitung auf das letzthinnige Ziel, den Tod."[85] „Es scheint also", so schließt er aus diesem in den Religionen sich ausdrückenden *consensus gentium*, „der allgemeinen Seele der Menschheit mehr zu entsprechen, wenn wir den Tod als Sinnerfüllung des Lebens und als sein eigentliches Ziel betrachten anstatt als ein bloß sinnloses Aufhören. Wer also einer aufklärerischen Meinung in dieser Hinsicht huldigt, hat sich psychologisch isoliert und steht im Gegensatz zu seinem eigenen allgemein-menschlichen Wesen." Jung sieht in dieser Folgerung „die Grundwahrheit aller Neurosen, denn das Wesen der nervösen Störungen besteht in letzter Linie in einer Instinktentfremdung, in einer Abspaltung des Bewusstseins von gewissen seelischen Grundtatsachen. Aufklärerische Meinungen geraten daher unversehens in die unmittelbare Nachbarschaft neurotischer Symptome." Es sei „ebenso neurotisch, sich nicht auf dem Tod als ein Ziel einzustellen, wie in der Jugend die Phantasien zu verdrängen, die sich mit der Zukunft beschäftigen."[86] „Von der Lebensmitte an bleibt nur der lebendig, der mit dem Leben sterben will [...] Nicht-leben-Wollen ist gleichbedeutend mit Nicht-sterben-Wollen."[87]

Die Übungen, welche die antike Philosophie vorschlägt, um die Kunst des leichten Sterbens zu lernen, sollen dazu dienen, die hier von Jung beschriebene Neurose zu heilen; so verstanden sind sie verschiedene Formen einer Verhaltenstherapie. Sie sind von unterschiedlicher Tiefe und Wirksamkeit; sie reichen von einer Befreiung von der Furcht vor dem Tod durch eine naturalistische Sicht des Menschen bei Epikur über die Einwilligung in das Gesetz der Natur, die uns das Leben nur unter der Bedingung des Todes gegeben hat, und die Einsicht, dass Nicht-sterben-Wollen gleichbedeutend mit Nicht-leben-Wollen ist, bis zur Lehre von Platons *Phaidon*, dass das eigentliche Leben des Menschen erst im Tod Wirklichkeit wird.

Voraussetzung für Anselms *Admonitio* ist der im *Phaidon* formulierte *consensus gentium*, „dass es etwas gibt für die Verstorbenen, und, wie man ja schon immer gesagt hat, etwas weit Besseres für die Guten als für die Schlechten".[88]

---

85 C. G. Jung, Seele und Tod, in: Gesammelte Werke Bd. 8, Zürich 1977, 463–474, 467.
86 Ebd. 469 f.
87 Ebd. 466.
88 PLATON, Phaidon 63c5–7.

Was den Sterbenden, an den die *Admonitio* sich richtet, belastet, ist nicht, dass sein Leben zu Ende geht, sondern, wie der Titel sagt, das Bewusstsein seiner Schuld. Hier versagen die antiken Therapien; von seiner Schuld kann der Mensch sich nicht durch eigenes Bemühen befreien. Angesichts der Schuld des Menschen ist das „leichte Sterben", das nach dem *Phaidon*[89] Ziel der Philosophie ist, nur möglich im glaubenden Vertrauen auf den erlösenden Tod Christi, das den Sterbenden mit dem Gekreuzigten beten lässt „In deine Hände, Herr, empfehle ich meinen Geist". Mittelpunkt der *ars moriendi* des Anselm, der Kunst, einem Sterbenden beizustehen, ist deshalb die „*assecuratio*"[90], die „Zusicherung" oder „Garantie" des Priesters, dass zwischen der Schuld des Sterbenden und dem richtenden Gott die Verdienste des Leidens und Sterbens Christi stehen.

---

89 PLATON, Phaidon 81a1.
90 ANSELM OF CANTERBURY (s.o. Anm. 2), 688.

Ist die Vorstellung eines ‚*natürlichen Todes*' noch zeitgemäß? Moraltheologische Überlegungen zu einem umstrittenen Begriff

Franz-Josef Bormann

Ein wichtiger Testfall für das nicht immer spannungsfreie Verhältnis zwischen der sogenannten *allgemeinen Ethik* und den verschiedenen anwendungsbezogenen *Bereichsethiken* besteht im jeweiligen Umgang mit den großen moralphilosophischen Leitbegriffen, unter denen die Kategorie der ‚Natur' zweifellos einen besonders prominenten Platz einnimmt. In diesem Sinne hat etwa die angelsächsische Ethikerin P. Foot kürzlich nicht nur erklärt, „daß ‚menschliche Natur' der alles überragende Begriff in der Moralphilosophie ist", sondern es auch als „merkwürdig" bezeichnet, „daß man der Meinung sein kann, das ‚moderne Denken' hätte die Vorstellung einer menschlichen Natur für unhaltbar erwiesen"[1]. Allerdings dürften sich gerade Medizin(ethik)er fragen, welcher Orientierungswert dem Naturbegriff für die Bewältigung schwieriger Grenzsituationen zum Beispiel am Ende des Lebens eigentlich konkret zukommt. Lassen sich die normativen Konturen der traditionellen Vorstellung eines ‚natürlichen Todes' unter den Bedingungen einer hochtechnisierten Medizin überhaupt noch einigermaßen überzeugend bestimmen oder führt die labyrinthische Vieldeutigkeit des Naturbegriffes letztlich dazu, dass die Rede vom ‚natürlichen Tod' eine verlässliche moralische Orientierung eher behindert als befördert?

Angesichts der vielfältigen und einander teilweise widerstreitenden Assoziationen, die offenbar gerade der Naturbegriff zu wecken vermag[2], dürfte es

---

1   P. Foot, Gutes Handeln. Ein Gespräch über Moralphilosophie, in: Dies., Die Wirklichkeit des Guten. Moralphilosophische Aufsätze, hg. v. U. Wolf, Frankfurt a.M. 1997, 41.
2   Der Sinn des Naturbegriffs changiert zwischen so unterschiedlichen Vorstellungen wie denen der Urwüchsigkeit beziehungsweise Ursprünglichkeit, der Primitivität in seiner Unberührtheit von Kultur und Technik, der Unveränderlichkeit, der Vorgegebenheit und Überpositivität, der Vernünftigkeit sowie der Normalität und Artgemäßheit, was

hilfreich sein, an eine Bemerkung L. Wittgensteins zu erinnern, der bereits im Jahre 1940 festgestellt hatte, man müsse „manchmal einen Ausdruck aus der Sprache herausziehen, ihn zum Reinigen geben", um ihn „dann wieder in den Verkehr einführen"[3] zu können. Die folgenden Überlegungen fühlen sich dieser Einsicht Wittgensteins verpflichtet. Anstatt den Naturbegriff aufgrund seiner verschiedenen inhärenten Probleme von vornehrein für die Lösung konkreter medizinethischer Konflikte zu verabschieden und damit den Hiatus zwischen der ethischen Grundlagenreflexion und ihren vielfältigen Anwendungsdiskursen immer weiter zu verbreitern, soll hier der umgekehrte Versuch unternommen werden, beide moraltheoretischen Dimensionen unter Wahrung ihrer jeweiligen spezifischen Funktion durch konkrete Begriffsarbeit wieder enger miteinander zu verzahnen. Dazu sollen in einem etwas umfangreicheren ersten Schritt die unterschiedlichen Diskussionskontexte rekonstruiert werden, in denen die Kategorie des ‚natürlichen Todes' gegenwärtig eine Rolle spielt. Dabei wird sich zeigen, dass es neben gemeinsamen Grundüberzeugungen auch eine Reihe von Missverständnissen und Unschärfen in der jeweiligen Begriffsverwendung gibt. Ein zweiter Argumentationsschritt ist dann dem Problem einer definitorischen Eingrenzung des ‚natürlichen Todes' gewidmet. Einige kurze abschließende Überlegungen zu offenen Fragen und Problemen beschließen diese Ausführungen.

1. Zum derzeitigen Gebrauch der Kategorie des ‚natürlichen Todes'

Wer versucht, sich einen Überblick über die wichtigsten gegenwärtigen Verwendungsweisen des Begriffs ‚natürlicher Tod' zu verschaffen, der stößt abgesehen von einigen eher esoterischen Randphänomenen[4] im Wesentlichen auf drei große Diskussionszusammenhänge, von denen der erste im Bereich der Rechtswissenschaften angesiedelt ist, der zweite die medizinethische Debatte um eine zeitgemäße Kodifikation des ärztlichen Standesethos berührt und der dritte die moraltheologische Auseinandersetzung mit den autoritativen Weisungen des kirchlichen Lehramtes betrifft.

---

      letztlich dazu führt, dass unter der ‚Natur' so unterschiedliche Dinge wie zum Beispiel ein universelles kosmologisches Entwicklungsprinzip allen Seins, das Wesen einer Sache oder einer Art, der spezifische Vollendungszustand des Menschen oder der vorzivilisatorische Zustand intersubjektiver Beziehungen verstanden werden können.
3   L. WITTGENSTEIN, Vermischte Bemerkungen, Frankfurt 1987, 79.
4   Vgl. N. ALBERY/G. ELLIOT/J. ELLIOT (Hg.), The natural death handbook. For improving the quality of living and dying, London 1993.

1.1 Zur *juristischen* Verwendung des Begriffs ‚natürlicher Tod'

Aus rechtswissenschaftlicher Perspektive dürften vor allem die folgenden drei Problemfelder für unsere Thematik von Interesse sein: erstens die im deutschen Recht geltenden Anforderungen an die Todesartbestimmung im Kontext der Leichenschau, zweitens die strafrechtlichen Normierungen der sogenannten Sterbehilfe und drittens die Bestimmungen zur Ausgestaltung von Patientenverfügungsgesetzen, die vor allem im US-amerikanischen Recht terminologisch unter der Kategorie des ‚Natural Death Act' firmieren.

Wichtig für den ersten Problembereich ist zum einen § 159 Strafprozessordnung (StPO), demzufolge die „Polizei- und Gemeindebehörden zur sofortigen Anzeige an die Staatsanwaltschaft oder an das Amtsgericht verpflichtet" sind, wenn „Anhaltspunkte dafür vorhanden [sind], dass jemand eines nicht natürlichen Todes gestorben ist", und zum anderen die dieser Rechtsnorm korrespondierende Differenzierung der in den meisten Bundesländern gebräuchlichen Leichenschauscheine zwischen einem ‚natürlichen' und einem ‚nicht-natürlichen Tod' beziehungsweise einer Nichtentscheidbarkeit der Todesursache. Trotz Fehlens einer eindeutigen definitorischen Abgrenzung wird im rechtswissenschaftlichen Schrifttum „überwiegend der Tod bei oder nach einer Operation nur dann als ‚nicht natürlich' angesehen, wenn wenigstens entfernte konkrete Anhaltspunkte für einen sogenannten ‚Kunstfehler' oder für sonstiges Verschulden des behandelnden Personals vorliegen"[5]. Ganz im Sinne dieser kausalen Betrachtung umschreibt etwa die bayrische Bestattungsverordnung vom 1.3.2001 den ‚nicht natürlichen Tod' durch Anhaltspunkte für Selbsttötung, Unfall, strafbare Handlung oder sonstige Einwirkung von außen[6]. Demgegenüber zeichnet sich ein ‚natürlicher Tod' nach allgemeiner Rechtsauffassung dadurch aus, dass er zum Beispiel „infolge von Krankheiten, Missbildungen [... oder] Lebensschwäche"[7] eintritt. Auch für den Fall, dass sich „beim *Exitus in tabula* das Risiko der Grunderkrankung oder das wegen ordnungsgemäßer Aufklärung und Einwilligung erlaubte Risiko der Operation" verwirklicht, handelt es sich – sofern keine weiteren Anhaltspunkte für ein ärztliches oder pflegerisches Fehlverhalten vorliegen – „um einen natürlichen Tod"[8].

---

5   A. LAUFS/B.-R. KERN (Hg.), Handbuch des Arztrechts, München (1992) ⁴2010, 1524.
6   Vgl. Verordnung zur Durchführung des Bestattungsgesetzes. Neufassung vom 1.3.2001 (kurz: Bestattungsverordnung [BestV]), in: BAYERISCHE STAATSKANZLEI (Hg.), Bayerische Rechtssammlung, 2127-1-1-G, § 3 Abs. 3.
7   W. GAUS, Ökologisches Stoffgebiet. 141 Tabellen (Erstausgabe: G. REINHARDT, Ökologisches Stoffgebiet. 119 Tabellen [1991]), Stuttgart ³1999, 325.
8   LAUFS/KERN (s.o. Anm. 5), 1524.

Im Zentrum des zweiten hier einschlägigen Problemkomplexes steht die für das deutsche Strafrecht wichtige Frage, wie sich die verschiedenen Fallgruppen der sogenannten Sterbehilfe – also die ‚reine', die ‚indirekte', die ‚aktive' und die ‚passive' Sterbehilfe – konsistent so gegeneinander abgrenzen lassen, dass die komplementären Gefahren einer zum Beispiel ökonomisch motivierten gezielten Lebensverkürzung auf der einen und einer rein biologistischen Lebensverlängerung um jeden Preis auf der anderen Seite wirksam ausgeschlossen werden können. Trotz der „nahezu einhellig konsentierten Ergebnisse" zeichnet sich dem Strafrechtler H. Schneider zufolge eine „Einigung über die zutreffende Begründung" vor allem deswegen nicht ab, weil „die herkömmlichen strafrechtlichen Rechtsinstitute und Programmsätze zur systemgerechten, dogmatisch friktionslosen Bewältigung des Phänomens der Sterbehilfe nicht recht taugen"[9]. Die internen Spannungen resultieren zum einen daraus, dass die verschiedenen Argumentationsstränge – wie zum Beispiel die Beschwörung des Höchstwertes des menschlichen Lebens einerseits und die indirekte Zulassung von an sich verpönten quantitativen und qualitativen Lebensbewertungen andererseits sowie die immer stärkere Betonung der individuellen Selbstbestimmung bei gleichzeitigem Verweis auf die Bedeutung der objektiven ärztlichen Indikation – im Grunde unvermittelt nebeneinander stehen und sich wechselseitig überlagern. Zum anderen dürfte dafür aber auch der schillernde Charakter des jeweils vorausgesetzten Naturverständnisses verantwortlich sein, das zwischen einer *naturalistischen* und einer *personalistischen* Deutung oszilliert und für dessen Ambivalenz auch Schneiders eigene Überlegungen ein eindrucksvolles Beispiel liefern. Während der Tod früher seines Erachtens in der Regel als „unabwendbares natürliches Ereignis" hingenommen wurde, zeichne sich die strafbewährte freiwillige aktive Sterbehilfe dadurch aus, dass „die erbetene gezielte Lebensverkürzung [...] eine eigenständige neue Todesursache setzt und damit den Vorgang des Sterbens ‚künstlich' gestaltet"[10]. Der natürliche Tod wird hier im Grunde naturalistisch als von menschlichem Handeln gänzlich unberührtes rein biologisches Ereignis gedeutet[11]. Demgegenüber komme im Rahmen der sogenannten passiven Sterbehilfe die Einsicht zum Tragen, „dass medizinische Technologie nicht um ihrer puren, rein biologistisch begriffenen lebensverlängernden Wirkung Willen einzusetzen ist, sondern als Hilfe zur personalen Selbstverwirklichung Anwendung finden

---

9   H. SCHNEIDER, Kommentar zu §§ 211 ff., in: K. MIEBACH (Hg.), Münchener Kommentar zum Strafgesetzbuch, Bd. 3, München 2003, 319.
10 SCHNEIDER (s.o. Anm. 9), 332.
11 Eine analoge Vorstellung liegt der Aussage Schneiders zugrunde, die Pönalisierung der sogenannten indirekten Sterbehilfe laufe letztlich darauf hinaus, „einem nach Schmerzlinderung nachsuchenden todkranken Patienten ein qualvolles Weiterleben bis zum (natürlichen) Tode aufzunötigen" (SCHNEIDER [s.o. Anm. 9], 332).

soll"¹² und das rein technisch motivierte Hinausschieben des Todes folglich „kaum noch als Errungenschaft, sondern nurmehr als inhumanes Hindernis auf dem Weg zu einem ‚natürlichen', ‚würdevollen' Sterben"¹³ zu qualifizieren sei. Neben den naturalistischen Gedanken der technischen Verfremdung eines biologischen Prozesses tritt hier die anthropologisch wesentlich reichere Vorstellung eines personalen Selbstvollzuges, der sich insbesondere in einer vernunftförmigen Praxis manifestiert und als solcher für die Natur und Würde des Menschen schlechthin konstitutiv ist.

Ein dritter Kristallisationspunkt für den juristischen Gebrauch der Kategorie des ‚natürlichen Todes' begegnet uns in den vielfältigen Bestrebungen zur rechtlichen Absicherung von Patientenverfügungen, die in den 1970er und 80er Jahren zunächst in den einzelnen Bundesstaaten der USA rasch an Boden gewannen, bevor der U.S.-Kongress dann im Jahre 1990 mit dem sogenannten ‚Patient Self-Determination Act' schließlich auch eine verbindliche Rahmenordnung auf Bundesebene erlassen hat. Beispielhaft für diesen mittlerweile breiten Strom verschiedenster gesetzlicher Einzelvorschriften ist das erste Patientenverfügungsgesetz des Staates Kalifornien – der sogenannte ‚Natural Death Act' – aus dem Jahre 1976, das es dem Patienten mit Blick auf die Möglichkeit einer „künstliche[n] Verlängerung des menschlichen Lebens über die natürlichen Grenzen hinaus"¹⁴ gestattet, Regelungen zum Abbruch bestimmter lebenserhaltender Maßnahmen zu treffen, um so einen „natürlichen Prozess des Sterbens"¹⁵ zu ermöglichen. Bemerkenswert an diesem mittlerweile mehrfach revidierten Gesetz sind zum einen die deutlich *antinaturalistische* Stoßrichtung des Naturbegriffs, der hier gezielt dazu verwendet wird, die ‚Würde', ‚Privatheit' und ‚Selbstbestimmung' des Patienten zu schützen¹⁶, zum anderen aber auch die Überzeugung von seiner normativen Bestimmtheit, die sich vor allem in der klaren Abgrenzung des ‚natürlichen Todes' von Akten der ‚Mitleidstötung' niederschlägt¹⁷. Allerdings wird man mit Blick auf die Entwicklung der letzten Jahrzehnte konstatieren müssen, dass die Verbindung dieser beiden Motive – des Antinaturalismus auf der einen und der Annahme einer normativen Gesättigtheit des Naturbegriffs auf der anderen Seite – immer stärker unter Druck geraten ist. Schuld daran ist keineswegs nur der teilweise aggressive Ver-

---

12 SCHNEIDER (s.o. Anm. 9), 333.
13 SCHNEIDER (s.o. Anm. 9), 315.
14 STATE OF CALIFORNIA LEGISLATIVE COUNSEL, Natural Death Act (Zitation nach: Connecticut Law Review 9,2 [1977], 221–226), 7186: „7186. [...] modern medical technology has made possible the artificial prolongation of human life beyond natural limits".
15 STATE OF CALIFORNIA LEGISLATIVE COUNSEL (s.o. Anm. 14), 7195: „to permit the natural process of dying".
16 Vgl. STATE OF CALIFORNIA LEGISLATIVE COUNSEL (s.o. Anm. 14), 7186.
17 Vgl. STATE OF CALIFORNIA LEGISLATIVE COUNSEL (s.o. Anm. 14), 7195.

such sogenannter Sterbehilfegesellschaften, sich die positive Aura des Naturbegriffs gezielt für eine Aufweichung seiner normativen Implikationen nutzbar zu machen[18]. Weitaus einflussreicher dürften Vorbehalte gegenüber der tatsächlichen Orientierungskraft des Naturbegriffs seitens der Medizinethik selber sein, die sich in jüngerer Zeit unter anderem in der Debatte um die Sinnhaftigkeit von ‚Allow Natural Death'-Einträgen in Patientenakten niedergeschlagen haben[19] und auch zunehmenden Einfluss auf die Kodifikation des ärztlichen Standesethos gewinnen.

1.2 Zur *medizinethischen* Verwendung der Kategorie des ‚natürlichen Todes'

Da bedeutende medizinethische Diskussionen wie zum Beispiel die mittlerweile außerordentlich verzweigte Debatte um die Grenzen der ärztlichen Behandlungspflicht und die verschiedenen Formen der Sterbehilfe zwangsläufig über kurz oder lang ihren Niederschlag in den offiziellen Kodifikationen des ärztlichen Standesethos finden, bietet es sich an, auch die medizinethische Relevanz der Kategorie eines ‚natürlichen Todes' jenseits verschiedener Einzelmeinungen auf der Basis eben dieser Dokumente zu ermitteln. Dies soll in zwei Schritten geschehen, wobei zunächst die einschlägigen Texte des Weltärztebundes (*World Medical Association*) und im Anschluss daran die für den deutschen Bereich maßgeblichen Richtlinien der Bundesärztekammer für die Sterbebegleitung analysiert werden.

Auf der Ebene des Weltärztebundes sind im Wesentlichen zwei Dokumente für unsere Thematik von Interesse, nämlich erstens die 1987 verfasste und 2005 erneuerte „*Declaration on Euthanasia*" und zweitens die ursprünglich aus dem Jahre 1983 stammende und 2006 überarbeitete „*Declaration on Terminal Illness*". Im Anschluss an die klare Ablehnung der (aktiven) Euthanasie wird im ersten Text darauf hingewiesen, dass Ärzte den Wunsch eines Patienten respektieren sollten, in der terminalen Phase einer Erkrankung dem „natürlichen Pro-

---

18 Vgl. zum Beispiel Deutsche Gesellschaft für Humanes Sterben (DGHS) e.V., Das Menschenrecht auf einen natürlichen Tod. Internationaler Überblick über Patientenverfügungsgesetze und rechtliche Regelungen der Sterbehilfe, Augsburg 1985.

19 Zur amerikanischen Debatte um das Verhältnis von „Do-Not-Resuscitate" (DNR)- und „Allow-Natural-Death" (AND)-Einträgen in Patientenakten vgl.: S. S. Venneman/P. Narnor-Harris u.a., „Allow natural death" versus „do not resuscitate". Three words that can change a life, in: J Med Ethics 34 (2008), 2–6; Y.-Y. Chen/S. J. Youngner, "Allow natural death" is not equivalent to "do not resuscitate". A response, in: J Med Ethics 34 (2008), 887–888 sowie K. A. Koch, Allow Natural Death: "Do Not Resuscitate" Orders, in: Northeast Florida Medicine Supplement, January 2008, 13–17.

zess des Todes seinen Lauf zu lassen"[20]. In einer späteren Stellungnahme der WMA aus dem Jahre 1992, in der die ärztliche Suizidbeihilfe ebenso wie die (aktive) Euthanasie ausdrücklich als „unethisch" qualifiziert wird, findet sich der ergänzende Hinweis auf das grundlegende Recht des Patienten, eine Behandlung abzulehnen, das der Arzt selbst dann zu respektieren habe, wenn die Behandlungsverweigerung des Patienten zu seinem Tode führen sollte[21]. Das von J. R. Williams für den Weltärztebund verfasste „Handbuch der ärztlichen Ethik" aus dem Jahre 2005 enthält neben diesen unverändert übernommenen Positionsbestimmungen noch die für die weitere Entwicklung symptomatische Feststellung, die Ablehnung von „Sterbehilfe und der Beihilfe zum Suizid" bedeute keineswegs, „dass Ärzte für einen Patienten mit einer lebensbedrohlichen Erkrankung im fortgeschrittenen Stadium, bei der kurative Maßnahmen nicht angemessen sind, nichts tun können"[22]. Aufgrund der großen Fortschritte, die in den letzten Jahren „in der Palliativversorgung zur Linderung von Schmerzen und Leiden und zur Verbesserung der Lebensqualität" erzielt worden seien, sollten vor allem „Ärzte, die sich um sterbende Patienten kümmern, [...] dafür Sorge tragen, dass sie auf diesem Gebiet ausreichend qualifiziert sind und bei Bedarf Zugang zu erfahrenen Beratern in Form von Spezialisten für Palliativversorgung haben"[23].

Eine ganz ähnliche Stoßrichtung lässt sich auch in der Fortschreibung des zweiten Dokuments, der *„Declaration on Terminal Illness"*, beobachten, deren frühe Version von 1983 bereits außer dem strikt ausnahmslosen Verbot einer absichtlichen Herbeiführung des Todes des Patienten den Hinweis enthält, der Arzt könne zwar mit Zustimmung des Patienten zur Linderung seiner Leiden auf weitere kurative Maßnahmen – insbesondere auf die Anwendung „außergewöhnlicher Mittel" – verzichten, unterliege aber dennoch der Verpflichtung, dem sterbenden Patienten weiterhin beizustehen und die terminale Phase

---

20 WORLD MEDICAL ASSOCIATION, Declaration on Euthanasia (Adopted by the 39th World Medical Assembly, Madrid, Spain, October 1987 and reaffirmed at the 170th Council Session, Divonnes-les-Bains, France, May 2005), in: World Med J 35 (1988), 4: „Euthanasia, that is the act of deliberately ending the life of a patient, even at the patient's own request or at the request of close relatives, is unethical. This does not prevent the physician from respecting the desire of a patient to allow the natural process of death to follow its course in the terminal phase of sickness." Bestätigung der Deklaration in: World Med J 51 (2005), 35.
21 Vgl. WORLD MEDICAL ASSOCIATION, The WMA Statement on Physician-Assisted-Suicide (Adopted by the 44th World Medical Assembly, Marbella, Spain, September 1992), unter: www.wma.net/en/30publications/10policies/p13 (Zugriff am 10.01.2011).
22 WORLD MEDICAL ASSOCIATION, Handbuch der ärztlichen Ethik (Originalausgabe: Medical ethics manual [2005]), Ferney-Voltaire 2005, 47.
23 Ebd.

durch geeignete Medikation zu erleichtern[24]. Dessen ungeachtet erlaubt der Text jedoch nach dem irreversiblen Zusammenbruch vitaler Funktionen des Patienten die Anwendung sogenannter „künstlicher Mittel"[25], um bestimmte Organe für Transplantationszwecke funktionsfähig zu halten. In der revidierten Textfassung von 2006 fallen demgegenüber vor allem drei Aspekte ins Auge: Erstens eine weitere deutliche Aufwertung der Palliativmedizin. So wird bereits in der Präambel ausdrücklich betont, dass die Sterbephase als „ein wichtiger Teil des Lebens einer Person"[26] anzuerkennen ist, der allerdings erhöhte Anforderungen an die palliative und psychologische Kompetenz der zuständigen Ärzte und Pflegenden stellt. Der zweite für unsere Thematik bedeutsame Aspekt ist methodischer Natur. Da nicht nur die Einstellung zu Sterben und Tod abhängig von verschiedensten kulturellen und religiösen Voraussetzungen sei, sondern auch die technischen und materiellen Bedingungen für die Durchführung lebenserhaltender beziehungsweise palliativer Maßnahmen oftmals gar nicht überall umfassend gegeben seien, hält es der Weltärztebund weder für praktikabel noch für klug, „detaillierte Vorschriften zur Pflege im Terminalzustand"[27] zu erlassen, die universell angewendet werden sollen. Stattdessen werden lediglich sogenannte *„core principles"*[28] formuliert, die den jeweiligen Möglichkeiten vor Ort dann näher anzupassen sind. Diese Sensibilität für variable kulturelle Gegebenheiten muss streng ausnahmslos gültige Weisungen wie zum Beispiel das Verbot von ärztlicher Suizidbeihilfe und (aktiver) Euthanasie oder das Gebot zur Schmerzlinderung und der Berücksichtigung der psychischen Bedürfnisse Sterbender keineswegs ausschließen, doch beschränkt sich das Dokument im Wesentlichen ganz bewusst darauf, lediglich die generelle Stoßrichtung einer wünschenswerten Entwicklung zu umschreiben, ohne dabei allzu sehr ins Detail zu gehen. Der dritte auffallende Aspekt besteht nun gerade darin, dass die Bestimmung des anzustrebenden Zieles ohne Rekurs auf den Naturbegriff auskommt. Im entscheidenden fünften Prinzip wird die

---

24 Vgl. WORLD MEDICAL ASSOCIATION, Draft Declaration on Terminal Illness (Adopted by the 35th World Medical Assembly, Venice, Italy, October 1983), in: World Med J 30 (1983), 52, Abschnitte 3.1 und 3.2: „extraordinary means".
25 WORLD MEDICAL ASSOCIATION, Draft Declaration on Terminal Illness (s.o. Anm. 24), Abschnitt 3.3: „artificial means".
26 WORLD MEDICAL ASSOCIATION, Declaration on Terminal Illness (Adopted by the 35th World Medical Assembly, Venice, Italy, October 1983 and revised by the 57th WMA General Assembly, Pilanesberg, South Africa, October 2006), in: World Med J 52 (2006), 97, Preamble: No. 2.
27 WORLD MEDICAL ASSOCIATION, Declaration on Terminal Illness (s.o. Anm. 26), Preamble: No. 2: „attempting to developing detailed guidelines on terminal care that can be universally applied is neither practical nor wise".
28 WORLD MEDICAL ASSOCIATION, Declaration on Terminal Illness (s.o. Anm. 26), Preamble: No. 2.

Pflicht des Arztes gegenüber dem terminalen Patienten mit einer zweigliederigen Formel umschrieben, die dem Arzt einerseits den Erhalt einer „optimalen Lebensqualität durch Symptomkontrolle und die Erfüllung der psychosozialen Bedürfnisse" des Patienten aufträgt und andererseits ein Handeln anmahnt, das darauf gerichtet sein soll, dem Patienten ein „Sterben mit Würde und Beistand"[29] zu ermöglichen. Auch wenn dem Text selber keine Angaben darüber zu entnehmen sind, warum der Naturbegriff hier durch die moralphilosophisch kaum weniger anspruchsvolle Kategorie der ‚Würde' ersetzt worden ist, dürfte mit Blick auf die generell gestiegene Bedeutung des Prinzips der ‚Patientenautonomie' innerhalb der Medizinethik anzunehmen sein, dass diese semantische Veränderung dem Bedürfnis geschuldet ist, mögliche Ansatzpunkte für paternalistische Einstellungen innerhalb der Ärzteschaft zu beseitigen[30].

Eine ganz ähnliche Entwicklung spiegelt sich auch in den seit 1979 von der Bundesärztekammer veröffentlichten „Richtlinien zur ärztlichen Sterbehilfe", die seit 1998 als „Grundsätze für die ärztliche Sterbebegleitung" regelmäßig überarbeitet werden. Obwohl die Texte das Ziel der zum ärztlichen Aufgabenspektrum gehörenden ‚Sterbehilfe' hier durchgängig in beinahe gleichlautenden Formulierungen mit Hilfe des Würdebegriffes bestimmen[31], ist daraus weder eine Konstanz der einzelnen Sachpositionen abzuleiten noch darf aus der Tatsache des völligen Fehlens der Kategorie des ‚natürlichen Todes' in diesen Texten geschlossen werden, Natürlichkeitserwägungen spielten für die hier vorliegende Argumentation auch indirekt keine Rolle mehr. Tatsächlich verwenden die Autoren nämlich in zwei wichtigen Zusammenhängen das kom-

---

29 WORLD MEDICAL ASSOCIATION, Declaration on Terminal Illness (s.o. Anm. 26), Principles: No. 2: „In the care of terminal patients, the primary responsibilities of the physician are to assist the patient in maintaining an optimal quality of life through controlling symptoms and addressing psychosocial needs, and to enable the patient to die with dignity and in comfort".

30 Ob sich daneben auch die im Text betonte Notwendigkeit flexibler kultureller Umsetzungen der hier vorgelegten Prinzipien in dieser Weise ausgewirkt haben könnte, dürfte insofern zu bezweifeln sein, als sowohl der Naturbegriff als auch die Kategorie der Würde stark universalistisch konnotiert ist.

31 Während in den Jahren 1979, 1993 und 1998 jeweils verlangt wird, der Arzt habe dem Sterbenden so beizustehen, dass dieser „in Würde sterben" könne, findet sich 2004 die wesentlich schwächere Formulierung, der Arzt sei verpflichtet, Sterbenden so zu helfen, „dass sie unter menschenwürdigen Bedingungen sterben können" (BUNDESÄRZTEKAMMER, Grundsätze der Bundesärztekammer zur ärztlichen Sterbebegleitung, in: Dtsch Arztebl 101,19 [2004], A-1298). In der jüngsten Revision der Grundsätze aus dem Jahre 2011 findet sich neben der Formulierung von 2004 die zusätzliche Aufforderung, Sterbenden „so zu helfen, dass sie menschenwürdig sterben können" (BUNDESÄRZTEKAMMER, Grundsätze der Bundesärztekammer zur ärztlichen Sterbebegleitung, in: Dtsch Arztebl 108,7 [2011], A-347).

plementäre Attribut der ‚Künstlichkeit', um bestimmte Formen ärztlichen Handelns als moralisch unzulässig zu qualifizieren und bedienen sich damit einer Argumentationsfigur, der zumindest indirekt ein normativer Naturbegriff zugrunde liegt. So heißt es etwa im Kommentar zu den Richtlinien für die Sterbehilfe von 1979 mit Blick auf die aktive Sterbehilfe, die „gezielte Lebensverkürzung durch künstliche Eingriffe in die restlichen Lebensvorgänge, um das Eintreten des Todes zu beschleunigen", sei „nach dem Strafgesetzbuch strafbare vorsätzliche Tötung"[32].

Zwar kommen spätere Hinweise auf die Unzulässigkeit dieses Handlungstyps ohne einen Hinweis auf dessen ‚Künstlichkeit' aus, doch wird der 1993 gar nicht mehr verwendete Begriff ab 1998 dann wieder erneut an anderer Stelle, nämlich im Kontext der passiven Sterbehilfe, eingeführt. Nachdem die Präambel der revidierten Grundsätze desselben Jahres erstmalig eine Definition der sogenannten ‚Basisbetreuung' vorgelegt hatte, tauchte nun – erstaunlicherweise jedoch nicht im Abschnitt über die ärztlichen Pflichten bei Sterbenden, sondern bei Patienten mit infauster Prognose, die sich als solche „noch nicht im Sterben befinden", – der Hinweis auf, ein „offensichtlicher Sterbevorgang soll[e] nicht durch lebenserhaltende Therapien künstlich in die Länge gezogen werden"[33]. Diese in den Nachfolgefassungen von 2004 und 2011 dann zu Recht in die Präambel verschobene Weisung bildet der Sache nach nur das sprachlich negativ formulierte Äquivalent zu der positiven Aufforderung des Weltärztebundes, dem natürlichen Prozess des Todes in der Terminalphase seinen Lauf zu lassen. Unabhängig davon, ob man diesen Sachverhalt nun sprachlich positiv – als Respekt vor der ‚Natürlichkeit' – oder negativ – als Missbilligung einer ‚Künstlichkeit' – formuliert, stellt sich damit die Frage, von welchen anthropologischen Grundannahmen die jeweiligen Vorstellungen von Natürlichkeit beziehungsweise Künstlichkeit dabei näherhin ausgehen. Bemerkenswerterweise nimmt der Kommentar zu den Richtlinien von 1979 zu diesen Fragen noch am ausführlichsten Stellung, indem er feststellt, der Sterbeprozess beginne, „wenn die elementaren körperlichen Lebensfunktionen erheblich beeinträchtigt sind oder völlig ausfallen"[34]. Ein breiter ärztlicher Ermessensspielraum wird dabei erst für den Fall verlangt, dass „diese Lebensgrundlagen derart betroffen [sind], dass jegliche Fähigkeit entfällt, Subjekt oder Träger eigener Handlungen zu sein, das heißt sein Leben selbst zu bestimmen"[35]. Diese am

---

32 BUNDESÄRZTEKAMMER, Richtlinien für die Sterbehilfe, in: Dtsch Arztebl 76,14 (1979), 958.
33 BUNDESÄRZTEKAMMER, Grundsätze der Bundesärztekammer zur ärztlichen Sterbebegleitung, in: Dtsch Arztebl 95,39 (1998), A-2367.
34 BUNDESÄRZTEKAMMER, Richtlinien 1979 (s.o. Anm. 32), 958.
35 Ebd.

objektiven Zustand *personaler* Grundbefähigungen orientierte Perspektive scheint in späteren Überarbeitungen der Grundsätze allerdings immer weiter verloren zu gehen. An ihre Stelle tritt zunehmend eine Konzeption, die vor allem auf das unkonditionierte Selbstbestimmungsrecht des Patienten fixiert ist und daher eine ganze Reihe wichtiger Veränderungen nach sich zieht, die nicht nur den ärztlichen Umgang mit irrationalen Willensbestimmungen des Patienten[36] und die grundsätzliche Einstellung gegenüber Patientenverfügungen[37] betrifft, sondern jüngst auch zu einer Neubewertung der ärztlichen Suizidbeihilfe[38] geführt hat. Ungeachtet dieses nicht zuletzt auch durch die jüngere deutsche Rechtsprechung[39] forcierten Einstellungswandels innerhalb der bundesrepublikanischen Medizinethik stoßen wir hier auf wichtige Anknüpfungspunkte für ein personales Verständnis des ‚natürlichen Todes', das auch in den kirchlich-lehramtlichen Positionsbestimmungen als dem dritten für unsere Thematik einschlägigen Diskussionszusammenhang eine große Rolle spielt.

---

36 Während es 1993 noch hieß, der Arzt solle „Kranken, die eine notwendige Behandlung ablehnen, helfen, ihre Einstellung zu überwinden" (BUNDESÄRZTEKAMMER, Richtlinien der Bundesärztekammer für die ärztliche Sterbebegleitung, in: Dtsch Arztebl 90,37 [1993], A-2404), ist 1998 und 2004 nur noch die Rede davon, Ärzte sollten „Kranken, die eine notwendige Behandlung ablehnen, helfen, ihre Entscheidung zu überdenken". In der revidierten Fassung von 2011 finden sich derartige, dem Lebensschutz verpflichtete Hinweise überhaupt nicht mehr.

37 Hieß es 1993 noch, Patiententestamente könnten zwar „im Einzelfall juristisch einfache Problemlösungen bedeuten", sie seien aber „ethisch und ärztlich [...] keine nennenswerte Erleichterung" (BUNDESÄRZTEKAMMER, Richtlinien 1993 [s.o. Anm. 36], A-2404), so werden Patientenverfügungen 2004 bereits als „eine wesentliche Hilfe für das Handeln des Arztes" (BUNDESÄRZTEKAMMER, Grundsätze 2004 [s.o. Anm. 31], A-1298) bezeichnet. Die revidierte Fassung von 2011 steht in ihrer Gedankenführung schließlich gänzlich unter dem Einfluss des seit dem 1.9.2009 in Kraft getretenen Dritten Betreuungsänderungsgesetzes, das dem unkonditionierten Selbstbestimmungsrecht des Patienten einen denkbar weiten Raum eröffnet. Vgl. dazu F.-J. BORMANN, Selbstbestimmung bis zum Schluss? Chancen und Grenzen von Patientenverfügungen, in: ThQ 191,2 (2011), 169–182.

38 Während die Grundsätze der Bundesärztekammer bis 2004 in Übereinstimmung mit den Richtlinien des Weltärztebundes noch unmissverständlich einen ‚Widerspruch' zwischen der ärztlichen Mitwirkung bei der Selbsttötung und dem ärztlichen Ethos markieren, wird in der neuesten Fassung nur noch festgestellt: „Die Mitwirkung des Arztes bei der Selbsttötung ist keine ärztliche Aufgabe" (BUNDESÄRZTEKAMMER, Grundsätze 2011 [s.o. Anm. 31], A-346).

39 Vgl. dazu den Beitrag von W. HÖFLING, Die Entwicklung des sogenannten Sterbehilferechts in der höchstrichterlichen Judikatur, in diesem Band, 444–462.

1.3 Zur *lehramtlichen* Verwendung der Kategorie des ‚natürlichen Todes'

Maßgeblich für die Einstellung der katholischen Kirche zu den verschiedenen moralischen Folgeproblemen des medizintechnischen Fortschritts am Ende des menschlichen Lebens im Allgemeinen und das Verständnis eines ‚natürlichen Todes' im Besonderen sind vor allem eine ganze Reihe von Texten, die den langen Pontifikaten Pius' XII. und Johannes Pauls II. entstammen. Obwohl diese Dokumente sehr unterschiedlichen literarischen Genres angehören, zeichnet sich die darin greifbare lehramtliche Position doch durch ein hohes Maß an inhaltlicher Kontinuität aus, das in methodischer Hinsicht eine deutliche Vorliebe für naturrechtliche Denkformen erkennen lässt. Die zentrale Bedeutung des Naturbegriffs für die lehramtliche Argumentation erhellt dabei bereits aus einer programmatischen Feststellung Pius' XII. aus dem Jahre 1954, der zufolge sich die „ärztliche Moral [...] auf dem Sein und der Natur gründen" müsse, „weil sie dem Wesen der menschlichen Natur, ihren Gesetzen und ihren immanenten Beziehungen"[40] zu entsprechen habe. Um diese sehr allgemeine Forderung näher zu konkretisieren, entwickelt das römische Lehramt eine Reihe eng miteinander verwobener Denkmotive, die auch für die Konturierung des Begriffs des ‚natürlichen Todes' von größter Bedeutung sind.

Das erste und wichtigste dieser Denkmotive besteht in einem *personalen* Grundansatz, der mit Blick auf die komplexe leib-seelische Einheit des Menschseins davon ausgeht, „dass die vernünftige, frei auf ein Ziel hingeordnete Handlung das Kennzeichen der menschlichen Natur ist"[41]. Anders als das den verschiedenen naturalen Einflüssen passiv unterworfene Tier hat der Mensch als geistbegabtes Wesen nicht nur die Fähigkeit, sondern auch das „Recht, die Kräfte der Natur zu beherrschen, sie zu seinem Dienst zu nutzen und daher alle Hilfsmittel auszuschöpfen, die sie ihm bietet, um den physischen Schmerz zu vermeiden und auszuschalten"[42]. Ungeachtet dieses kreativen Gestaltungsspielraumes im Umgang mit einzelnen Naturkräften wie etwa dem Schmerzempfinden geht das Lehramt jedoch davon aus, dass zur *conditio humana* auch die Bereitschaft gehört, „die mit Geburt und Tod verfügten Grenzen

---

40 Pius XII., Richtlinien der ärztlichen Moral (Ansprache an die Teilnehmer des 8. Internationalen Ärztekongresses in Rom: 30. September 1954), in: A.-F. Utz/J.-F. Groner (Hg.), Aufbau und Entfaltung des gesellschaftlichen Lebens. Soziale Summe Pius XII., Bd. 3, Freiburg/Schweiz 1961, 3152.

41 Pius XII., Drei religiöse und moralische Fragen bezüglich der Anästhesie (Ansprache an die Teilnehmer des IX. Nationalkongresses der Italienischen Gesellschaft für Anästhesiologie: 24. Februar 1957), in: Utz/Groner (s.o. Anm. 40), 3257.

42 Pius XII., Drei religiöse und moralische Fragen bezüglich der Anästhesie (s.o. Anm. 41), 3249.

anzunehmen und zu einer grundlegenden Passivität unseres Lebens ‚ja' sagen zu lernen"[43]. Damit sind bereits zwei weitere folgenreiche Grundmotive der lehramtlichen Argumentation angesprochen, nämlich dasjenige der unbedingt zu respektierenden *Einheit* des menschlichen Lebens und das eng damit verbundene Motiv der *begrenzten Verfügungsgewalt* des Menschen über das Leben. Obwohl Pius XII. ohne Umschweife zugibt, dass die Todesfeststellung eine primär naturwissenschaftliche Aufgabe darstellt, die als solche nicht in den Kompetenzbereich der Kirche fällt, ist er der allgemeinen Überzeugung, „dass das menschliche Leben so lange dauert, wie seine vitalen Funktionen – im Unterschied zu dem bloßen Leben der Organe – sich spontan oder selbst mit Hilfe künstlicher Vorgänge manifestieren"[44].

Leider finden sich in diesem Zusammenhang keine näheren Ausführungen darüber, wie mit dem durch die moderne Technik entstandenen Problem eines möglichen Auseinanderfalls von biologischer und personaler Einheit des Lebens umgegangen werden sollte. Unter Johannes Paul II. bürgert es sich dann zunächst ein, die Einheit des menschlichen Lebens „vom Augenblick der Empfängnis an bis zum Tode"[45] zu betonen, bevor diese Formel dann ab Mitte der 90er Jahre gezielt so erweitert wird, dass jede Verletzung des Rechtes auf Leben „von der Empfängnis bis zum natürlichen Tod"[46] als moralisch unzulässig

---

43 JOHANNES PAUL II., Kranke und Sterbende mit ihrer Angst ernst nehmen und konkrete Hilfe anbieten. Botschaft von Johannes Paul II. an alle Kranken und alle, die in der Welt der Krankheit und des Leidens leben und arbeiten. Wien am 21. Juni 1998, in: L'Osservatore Romano. Wochenausgabe in deutscher Sprache 28,26 (1998), 14.

44 PIUS XII., Rechtliche und sittliche Fragen der Wiederbelebung (Ansprache an eine Gruppe von Ärzten: 24. November 1957), in: UTZ/GRONER (s.o. Anm. 40), 3274.

45 JOHANNES PAUL II., Discours du Pape Jean-Paul II. aux participants à la XXXVe assemblée générale de l'association médicale mondiale. 29. Oktober 1983, in: AAS 76 (1984), 390: „depuis le moment de sa conception jusqu'à sa mort"; vgl. KONGREGATION FÜR DIE GLAUBENSLEHRE, Instruktion über die Achtung vor dem beginnenden menschlichen Leben und die Würde der Fortpflanzung. Donum vitae (22. Februar 1987), in: SEKRETARIAT DER DEUTSCHEN BISCHOFSKONFERENZ (Hg.), Instruktion der Kongregation für die Glaubenslehre über die Achtung vor dem beginnenden menschlichen Leben und die Würde der Fortpflanzung (Verlautbarungen des Apostolischen Stuhls 74, Originalausgabe: AAS 80 [1988], 70–102), Bonn 1987, 12.

46 JOHANNES PAUL II., Evangelium Vitae (25. März 1995), in: SEKRETARIAT DER DEUTSCHEN BISCHOFSKONFERENZ (Hg.), Enzyklika Evangelium vitae von Papst Johannes Paul II. an die Bischöfe Priester und Diakone, die Ordensleute und Laien sowie an alle Menschen guten Willens über den Wert und die Unantastbarkeit des menschlichen Lebens (Verlautbarungen des Apostolischen Stuhls 120, Originalausgabe: AAS 87 [1996], 401–522), Bonn 1995, Nr. 93 und Nr. 101 sowie KONGREGATION FÜR DIE GLAUBENSLEHRE, Instruktion Dignitas Personae über einige Fragen der Bioethik (8. September 2008), in: SEKRETARIAT DER DEUTSCHEN BISCHOFSKONFERENZ (Hg.), Instruktion Dignitas Personae über einige Fragen der Bioethik (Verlautbarungen des Apostoli-

gebrandmarkt wird. Der Hinweis auf die ‚Natürlichkeit' des Todes scheint hier vor allem die Funktion zu besitzen, die Grenzen der Verfügungsgewalt des Menschen über das Leben näher zu bestimmen. Da sich kein Mensch das Leben selbst gegeben habe, sondern jeder Mensch sein Leben als Geschenk von anderen – religiös gesprochen letztlich von Gott – empfange, kommt dem Lehramt zufolge auch keinem Menschen ein ‚absolutes Herrschafts- oder Besitzrecht' über das Leben zu[47]. Entsprechend werden zwei komplementäre Fehlhaltungen scharf kritisiert. Die eine mit der Anerkennung der Natürlichkeit des Todes unverträgliche Einstellung besteht darin, den Todeseintritt durch dafür geeignete Handlungen wie aktive Euthanasie[48], Suizid[49] oder Suizidbeihilfe[50] vorzu-

---

schen Stuhls 183, Originalausgabe: AAS 100 [2008], 858–887), Bonn 2008, Nr. 1. In der 1995 vom Päpstlichen Rat für die Seelsorge im Krankendienst herausgegebenen Charta der im Gesundheitsdienst tätigen Personen heißt es: „Diese Verantwortung verpflichtet den im Gesundheitsdienst Tätigen zu einem Dienst am Leben ‚von dessen Anbeginn bis zu seinem natürlichen Ende', das heißt ‚vom Augenblick der Empfängnis bis zum Tod'" (PÄPSTLICHER RAT FÜR DIE SEELSORGE IM KRANKENDIENST [Hg.], Charta der im Gesundheitsdienst tätigen Personen, Vatikanstadt 1995, Nr. 34; vgl. auch ebd., Nr. 46, Nr. 114 und Nr. 115).

47 Vgl. PIUS XII., Die naturrechtlichen Grenzen der ärztlichen Forschungs- und Behandlungsmethoden (Ansprache an die Teilnehmer des Ersten Internationalen Kongresses für Histopathologie des Nervensystems: 13. September 1952), in: A.-F. UTZ/J.-F. GRONER (Hg.), Aufbau und Entfaltung des gesellschaftlichen Lebens. Soziale Summe Pius XII., Bd. 1, Freiburg/Schweiz 1954, 1131 f.; JOHANNES PAUL II., Evangelium vitae (s.o. Anm. 46), Nr. 46 und Nr. 47. Die Charta der im Gesundheitsdienst tätigen Personen von 1995 fasst diese Position folgendermaßen zusammen: „Das Recht des Patienten ist weder ein herrschaftliches Besitzrecht noch absolut, sondern es ist an die von der Natur festgelegten Zweckbestimmtheiten gebunden und auf sie beschränkt. [...] Hier – an den Grenzen des Verfügungsrechtes des Menschen über das eigene Leben – ‚ist auch die moralische Grenze der Tätigkeit des Arztes, der mit Zustimmung des Patienten handelt'" (PÄPSTLICHER RAT FÜR DIE SEELSORGE IM KRANKENDIENST [s.o. Anm. 46], Nr. 47).

48 Vgl. PIUS XII., Drei religiöse und moralische Fragen bezüglich der Anästhesie (s.o. Anm. 41), 3263; VATICANUM II, Pastoralkonstitution Gaudium et Spes, in: P. HÜNERMANN (Hg.), Die Dokumente des Zweiten Vatikanischen Konzils. Konstitutionen, Dekrete, Erklärungen (Herders Theologischer Kommentar zum Zweiten Vatikanischen Konzil Bd. 1), Freiburg i.Br./Basel/Wien 2004, Nr. 27; KONGREGATION FÜR DIE GLAUBENSLEHRE, Erklärung zur Euthanasie (5. Mai 1980), in: SEKRETARIAT DER DEUTSCHEN BISCHOFSKONFERENZ (Hg.), Erklärung der Kongregation für die Glaubenslehre zur Euthanasie (Verlautbarungen des Apostolischen Stuhls 20, Originalausgabe: AAS 72 [1980], 542–552) Bonn 1980, Abschnitt II; JOHANNES PAUL II., Evangelium vitae (s.o. Anm. 46), Nr. 46 und Nr. 64 sowie Katechismus der Katholischen Kirche. Neuübersetzung aufgrund der Editio typica Latina, München 2005, Nr. 2277.

49 Vgl. zum Beispiel VATICANUM II, Gaudium et Spes (s.o. Anm. 48), Nr. 27; KONGREGATION FÜR DIE GLAUBENSLEHRE, Erklärung zur Euthanasie (s.o. Anm. 48), Abschnitt II,

verlegen beziehungsweise zu beschleunigen, um auf diese Weise ein individuelles Leben vorzeitig zu beenden. Die andere Fehlhaltung besteht dem Lehramt zufolge in einem „therapeutischen Übereifer"[51] beziehungsweise einer „therapeutischen Verbissenheit"[52], die den Tod mit allen verfügbaren technischen Mitteln hinauszuschieben versucht und dabei das Recht des Patienten missachtet, „in ruhiger Verfassung mit menschlicher und christlicher Würde sterben zu können"[53]. So sehr das Lehramt auch die moralische Pflicht des Menschen betont, für seine Gesundheit zu sorgen und sich im Krankheitsfalle pflegen und behandeln zu lassen[54], so sehr weiß es doch auch um das Recht des Patienten, ‚außergewöhnliche'[55] beziehungsweise ‚unverhältnismäßige'[56] Mittel der

---

Abschnitt I 3 sowie JOHANNES PAUL II., Evangelium vitae (s.o. Anm. 46), Nr. 66 sowie Katechismus der Katholischen Kirche (s.o. Anm. 48), Nr. 2281–2283.

50   Vgl. JOHANNES PAUL II., Evangelium vitae (s.o. Anm. 46), Nr. 66 und Katechismus der Katholischen Kirche (s.o. Anm. 48), Nr. 2282.

51   JOHANNES PAUL II., Evangelium vitae (s.o. Anm. 46), Nr. 65. In diesem Sinne warnt auch die Kongregation für die Glaubenslehre vor einer gewissen „Technisierung, die der Gefahr des Missbrauchs ausgesetzt ist" (KONGREGATION FÜR DIE GLAUBENSLEHRE, Erklärung zur Euthanasie [s.o. Anm. 48], Abschnitt IV).

52   PÄPSTLICHER RAT FÜR DIE SEELSORGE IM KRANKENDIENST (s.o. Anm. 46), Nr. 119.

53   KONGREGATION FÜR DIE GLAUBENSLEHRE, Erklärung zur Euthanasie (s.o. Anm. 48), Abschnitt II und IV.

54   Vgl. KONGREGATION FÜR DIE GLAUBENSLEHRE, Erklärung zur Euthanasie (s.o. Anm. 48), Abschnitt IV.

55   Zum Unterschied zwischen dem „Gebrauch der (entsprechend den Umständen, dem Ort, der Zeit, der Kultur) üblichen Mittel, das heißt der Mittel, die keine außergewöhnliche Belastung für einen selbst oder andere mit sich bringen", und sogenannter ‚außergewöhnlicher' Mittel vgl. PIUS XII., Rechtliche und sittliche Fragen der Wiederbelebung (s.o. Anm. 44), 3269 f.

56   Die Glaubenskongregation hat zu dieser terminologischen Veränderung festgestellt: „Muß man unter allen Umständen alle verfügbaren Mittel anwenden? Bis vor kurzem antworteten die Moraltheologen, die Anwendung ‚außerordentlicher' Mittel könne man keineswegs verpflichtend vorschreiben. Diese Antwort, die als Grundsatz weiter gilt, erscheint heute vielleicht weniger einsichtig, sei es wegen der Unbestimmtheit des Ausdrucks oder wegen der schnellen Fortschritte in der Heilkunst. Daher ziehen es manche vor, von ‚verhältnismäßigen' und ‚unverhältnismäßigen' Mitteln zu sprechen. Auf jeden Fall kann eine richtige Abwägung der Mittel nur gelingen, wenn die Art der Therapie, der Grad ihrer Schwierigkeiten und Gefahren, der benötigte Aufwand sowie die Möglichkeiten ihrer Anwendung mit den Resultaten verglichen werden, die man unter Berücksichtigung des Zustandes des Kranken sowie seiner körperlichen und seelischen Kräfte erwarten kann" (KONGREGATION FÜR DIE GLAUBENSLEHRE, Erklärung zur Euthanasie [s.o. Anm. 48], Abschnitt IV). Der Päpstliche Rat für die Seelsorge im Krankendienst definiert das „Prinzip der Verhältnismäßigkeit der therapeutischen Mittel" folgendermaßen: „Wenn der Tod näher kommt und durch keine Therapie mehr verhindert werden kann, darf man sich im Gewissen entschließen, auf weitere Heilversuche zu verzichten, die nur eine schwache oder schmerzvolle Verlängerung des Lebens

Lebenserhaltung zurückzuweisen, um auf diese Weise nicht am Sterben gehindert zu werden[57]. Allerdings hat vor allem Johannes Paul II. mit Blick auf Patienten im sogenannten vegetativen Zustand unmissverständlich betont, dass die besonders umstrittene Verabreichung von Wasser und Nahrung, „auch wenn sie auf künstlichen Wegen geschieht, immer ein natürliches Mittel der Lebenserhaltung und keine medizinische Handlung ist"[58], auf die gegebenenfalls auch verzichtet werden könnte oder sollte[59]. Unabhängig von dieser speziellen Einzelvorschrift, die auch im Raum der katholischen Moraltheologie insofern durchaus kontrovers diskutiert wird[60], als sie die moralische Notwendigkeit einer Handlung nicht mehr durch ihre direkte Beziehung zum personalen Selbstvollzug des Patienten insgesamt begründet, sondern allein von ihrer

---

bewirken könnten, ohne dass man jedoch die normalen Hilfen unterlässt, die man in solchen Fällen einem Kranken schuldet" (PÄPSTLICHER RAT FÜR DIE SEELSORGE IM KRANKENDIENST [s.o. Anm. 46], Nr. 120). Dasselbe Dokument bezeichnet die „Unterscheidung zwischen ‚verhältnismäßigen', auf die niemals verzichtet werden darf, um den Tod vorwegzunehmen oder zu verursachen, und den ‚unverhältnismäßigen' Mitteln, auf die man verzichten kann und, um nicht in therapeutische Verbissenheit zu verfallen, verzichten muß", als das „entscheidende ethische Kriterium" zur Festlegung jener Grenzen, die die Verantwortung des Arztes umschreiben (PÄPSTLICHER RAT FÜR DIE SEELSORGE IM KRANKENDIENST [s.o. Anm. 46], Nr. 121).

57 Zur Differenz zwischen „den Tod geben" und „sich dem Sterben fügen" vgl.: PÄPSTLICHER RAT FÜR DIE SEELSORGE IM KRANKENDIENST (s.o. Anm. 46), Nr. 148.

58 JOHANNES PAUL II., Ein Mensch ist und bleibt immer ein Mensch. Audienz für die Teilnehmer am Internationalen Fachkongreß zum Thema „Lebenserhaltende Behandlungen und vegetativer Zustand: Wissenschaftliche Fortschritte und ethische Dilemmata". 20. März 2004 (Originalausgabe: AAS 96 [2004], 485–489), in: L'Osservatore Romano. Wochenausgabe in deutscher Sprache 34,15/16 (2004), 15.

59 In diesem Sinne hat auch die Kongregation für die Glaubenslehre unmissverständlich festgestellt: „Die Verabreichung von Nahrung und Wasser, auch auf künstlichen Wegen, ist prinzipiell ein gewöhnliches und verhältnismäßiges Mittel der Lebenserhaltung. Sie ist darum verpflichtend in dem Maß, in dem und solange sie nachweislich ihre eigene Zielsetzung erreicht, die in der Wasser- und Nahrungsversorgung des Patienten besteht. Auf diese Weise werden Leiden und Tod durch Verhungern und Verdursten verhindert. [...] Ein Patient im ‚anhaltenden vegetativen Zustand' ist eine Person mit einer grundlegenden menschlichen Würde, der man deshalb die gewöhnliche und verhältnismäßige Pflege schuldet, welche prinzipiell die Verabreichung von Wasser und Nahrung, auch auf künstlichen Wegen, einschließt" (KONGREGATION FÜR DIE GLAUBENSLEHRE, Antworten auf Fragen der Bischofskonferenz der Vereinigten Staaten bezüglich der künstlichen Ernährung und Wasserversorgung. 01. August 2007 [Originalausgabe: AAS 99 [2007], 820 f.], in: L'Osservatore Romano. Wochenausgabe in deutscher Sprache 37,39 [2007], 8).

60 Vgl. dazu E. SCHOCKENHOFF, Bestandteil der Basispflege oder eigenständige Maßnahme? Moraltheologische Überlegungen zur künstlichen Ernährung und Hydrierung, in: Z Med Ethik 56 (2010), 131–142.

rein technischen Wirksamkeit im Blick auf einen somatischen Wirkungsablauf abhängig macht, erblickt aber auch das Lehramt vor allem in den neuen Möglichkeiten der Palliativmedizin einen wichtigen Beitrag zur „Humanisierung des Sterbens"[61], die es gerade dem Schwerkranken und Sterbenden ermöglicht, die letzte Phase seines Lebens bewusst anzunehmen und seinen individuellen Bedürfnissen entsprechend zu gestalten.[62] Die ‚Natürlichkeit' des Todes ist demnach also mit der Nutzung der modernen medizinischen und pharmakologischen Mittel zur Leidenslinderung völlig verträglich und schließt allein jene Handlungen als moralisch unzulässig aus, die kraft ihrer kausalen Wirksamkeit geeignet sind, eine ‚absolute' Verfügung des Menschen über sein Leben dadurch zum Ausdruck zu bringen, dass sie den Eintritt des Todes willentlich substantiell beschleunigen oder verzögern. Der in jüngster Zeit gehäufte Rückgriff auf die Kategorie des ‚natürlichen Todes' ist daher als deutliche Kritik an Liberalisierungstendenzen in der Rechtsprechung und Fortbildung des ärztlichen Standesethos zu verstehen, die mittels gezielter Verdrängung traditioneller moralischer Begriffe einer Verschleierung bestimmter fragwürdiger Handlungstypen (wie zum Beispiel der Suizidbeihilfe) Vorschub leisten.[63] Obwohl sich das Lehramt meines Erachtens zu Recht von den anthropologisch gleichermaßen fragwürdigen Übersteigerungen eines eindimensionalen Selbstbestimmungsdenkens einerseits und einer leerlaufenden Technisierung andererseits abzugrenzen versucht, stellt sich die Frage, ob die neuere lehramtliche Vorliebe für die Kategorie des ‚natürlichen Todes' zur Absicherung von Lebensschutz und Fürsorge tatsächlich geeignet ist, die möglichen Spannungen zwischen dem personalen Grundansatz und den latent naturalistischen Implikationen in der Vorstellung einer rein biologischen ‚Einheit' des menschlichen Lebens überzeugend auszuräumen.

---

61 PÄPSTLICHER RAT FÜR DIE SEELSORGE IM KRANKENDIENST (s.o. Anm. 46), Nr. 118.
62 Zur Notwendigkeit individueller Problemlösungen vgl. PIUS XII., Drei religiöse und moralische Fragen bezüglich der Anästhesie (s.o. Anm. 41), 3251 f. und 3261 sowie PÄPSTLICHER RAT FÜR DIE SEELSORGE IM KRANKENDIENST (s.o. Anm. 46), Nr. 115.
63 Ein mustergültiges Beispiel für eine solche Tendenz findet sich überraschenderweise sogar in der von DBK und EKD gemeinsam verantworteten „Christliche[n] Patientenvorsorge" (RAT DER EVANGELISCHEN KIRCHE IN DEUTSCHLAND/SEKRETARIAT DER DEUTSCHEN BISCHOFSKONFERENZ [Hg.], Christliche Patientenvorsorge durch Vorsorgevollmacht, Betreuungsverfügung, Behandlungswünsche und Patientenverfügung [Gemeinsame Texte 20], Hannover/Bonn 2011) im Blick auf den Umgang mit sogenannten Wachkomapatienten: Während zunächst noch als gemeinsamer Konsens festgehalten wird, dass „Menschen im so genannten Wachkoma […] keine Sterbenden" sind (13), wird dann später offenbar auf Druck der evangelischen Seite gefragt, „ob es mit dem christlichen Glauben nicht durchaus vereinbar ist, durch Behandlungsbeschränkung und/oder durch die Beendigung künstlicher Ernährung bei Beibehaltung des Stillens von Hunger- und Durstgefühlen das Sterben zuzulassen" (22).

2. Auf der Suche nach einer Definition des ‚natürlichen Todes'

Die bisher angestellten Überlegungen haben zu einem doppelten Ergebnis geführt: Sie zeigen zum einen, dass die Vorstellung eines ‚natürlichen Todes' direkt oder indirekt in verschiedenen aktuellen Diskussionskontexten verwendet wird und damit bis heute eine weit größere Rolle spielt, als weithin angenommen wird. Zum anderen dürfte aber auch deutlich geworden sein, dass das dabei jeweils vorausgesetzte Begriffsverständnis gewisse Unschärfen und Ambivalenzen – insbesondere in der näheren Verhältnisbestimmung von kausaltheoretischen, personalistischen und biologischen Denkmotiven – aufweist, die eine definitorische Klärung unumgänglich machen. Um diesem Ziel näher zu kommen, soll zunächst der Definitionsvorschlag des Mitbegründers und langjährigen Direktors des Hastings-Centers, D. Callahan, vorgestellt und kritisch analysiert werden, bevor dann eine eigene alternative Begriffsbestimmung zur Diskussion gestellt wird.

Callahans Interesse am Naturbegriff speist sich aus zwei einander ergänzenden Wahrnehmungen. Die eine Wahrnehmung ist theoriestrategischer Art. Ungeachtet der verschiedenen philosophischen Vorbehalte gegenüber dem Naturbegriff – wie zum Beispiel der Warnung vor naturalistischen Fehlschlüssen[64] – verweist Callahan auf die mittlerweile sprunghaft gewachsene Bedeutung gerade dieser Denkkategorie für andere Handlungsfelder wie zum Beispiel die moderne Umweltbewegung, die uns zu Recht nicht nur daran erinnere, dass der menschlichen Gestaltungsfähigkeit gewisse nicht zu überschreitende Grenzen gesetzt seien, sondern uns auch vor dem Irrglauben bewahren könne, unsere tiefsten Wertüberzeugungen für bloße ‚soziale Konstruktionen' zu halten[65]. Die andere, im Grunde rein pragmatische Wahrnehmung betrifft die schlichte ‚Notwendigkeit' einer solchen Definition sowohl für die soziale, ökonomische und politische Entwicklung des Gesundheitssystems als auch für die psychologische und moralische Bestimmung unserer jeweiligen individuellen Rechte

---

64 Auf die deutliche Überschätzung dieses Einwandes hat schon früh W. K. Frankena (W. K. FRANKENA, The Naturalistic Fallacy, in: Mind 48 [1939], 464–477) hingewiesen. Vgl. dazu auch A. FRITZ, Der naturalistische Fehlschluss. Das Ende eines Knock-Out-Arguments, Freiburg 2009.

65 In diesem Sinne stellt Callahan fest: „A greater attention to nature will help to inoculate us against that silliest of all modern views: that our deepest values and institutions are nothing more than social constructs, dissoluble at will. It will help us to locate the limits to human plasticity and medical progress. It will underscore the hard-won wisdom that more choice and more autonomy over against the power of nature do not necessarily increase the chances of gaining happiness." (D. CALLAHAN, Can Nature Serve as a Moral Guide?, in: Hastings Cent Rep 26,6 [1996], 22).

und Pflichten.⁶⁶ Callahans ambitioniertes Ziel, eine Deutung des Begriffs des ‚natürlichen Todes' vorzulegen, die „rational überzeugend, emotional befriedigend, sozial vorteilhaft und politisch attraktiv"⁶⁷ ist, führt ihn schließlich zu folgender viergliederigen Definition:

> "My definition of 'natural death' is this: the individual event of death at that point in a life span when (a) one's life work has been accomplished; (b) one's moral obligations to those for whom one has had responsibility have been discharged; (c) one's death will not seem to others an offense to sense or sensibility, or tempt others to despair and rage to human existence; and finally (d) one's process of dying is not marked by unbearable and degrading pain."⁶⁸

Eine unvoreingenommene Würdigung dieses Definitionsversuchs hat zunächst einmal zu berücksichtigen, dass Callahan den ‚natürlichen Tod' weder für eine justiziable Kategorie noch für einen moralischen Rechtsbegriff im strengen Sinne hält, sondern vielmehr für ein „quasi-utopisches Ideal"⁶⁹, das zwar eine grobe Orientierung bietet, aber dennoch einen weiten Spielraum für Meinungsverschiedenheiten und situative Einzelentscheidungen belässt. Die größte Stärke dieses Ideals, das sich am paradigmatischen Fall des Todes einer älteren Person nach einem erfüllten Leben orientiert, dürfte darin liegen, dass es den Tod nicht nur als somatischen Schlusspunkt einer isolierten Einzelbiographie begreift, sondern Sterben und Tod auch in ihren psychologischen und sozialen Dimensionen wahrzunehmen versucht. Allerdings stehen diesen intuitiven Vorteilen auch einige gravierende Nachteile gegenüber, die den Erfolg von Callahans Bestimmungsversuch dadurch ernsthaft gefährden, dass sie auf Phänomene zurückgreifen, die zwar mit dem Tod im Allgemeinen durchaus verbunden sind oder sein können, aber keinen notwendigen Bezug zum spezifischen Begriff eines ‚natürlichen Todes' aufweisen. So dürfte sich bereits das erste Definitionselement insofern als überaus problematisch erweisen, als der schillernde Begriff der ‚Lebensaufgabe' nicht nur nahezu beliebig bestimmbar ist, sondern sich aufgrund seines subjektiven Charakters auch einer kontrollierten Operationalisierung durch Dritte entzieht.

---

66 Vgl. D. CALLAHAN, On Defining a 'Natural Death', in: Hastings Cent Rep 7,3 (1977), 32 f.
67 CALLAHAN, ‚Natural Death' (s.o. Anm. 66), 32: „proposing a definition of 'natural death', which will be at once rationally persuasive, emotionally satisfying, socially advantageous, and politically attractive".
68 CALLAHAN, ‚Natural Death' (s.o. Anm. 66), 33.
69 Ausdrücklich erklärt Callahan: „The most important social implication of my definition is that it does not lend itself to the language of rights. [...] If, then, the language of rights, duties, and obligation cannot appropriately be used in the case of natural death, the concept itself then stands revealed as a quasi-utopian ideal, one which, while it admits of frequent empirical realization, will remain as an ideal." (CALLAHAN, ‚Natural Death' [s.o. Anm. 66], 36).

In ganz ähnliche Schwierigkeiten führt auch die zweite Bedingung, die vor allem auf die innerfamiliären ‚moralischen Verpflichtungen' abhebt. So bedauernswert es sein mag, wenn zum Beispiel Eltern kleiner Kinder ihr Leben verlieren, so wenig ist dieses Faktum allein bereits ein Hinweis auf die Nichtnatürlichkeit ihres Todes. Zwar hat der Verweis auf die Sozialpflichtigkeit der eigenen Existenzerhaltung in der traditionellen Verurteilung zum Beispiel von Suizidhandlungen immer eine gewisse Rolle gespielt, doch folgt daraus nicht, dass jeder ‚verfrühte' Tod zwangsläufig eine moralische Pflichtverletzung impliziert oder als ‚unnatürlich' zu qualifizieren ist. Zudem hätte eine am Verpflichtungsbegriff ansetzende Argumentation neben den moralischen Pflichten gegenüber Dritten auch die moralischen Pflichten gegen sich selbst zu berücksichtigen, die bei Callahan jedoch erstaunlicherweise keinerlei Erwähnung finden. Wenig überzeugend erscheint auch das dritte Definitionselement, das auf die Folgen eines Todes für das ‚Sinnerleben' Dritter abhebt. Auch dieser extrinsische Aspekt ist insofern viel zu unspezifisch, um die Natürlichkeit eines Todes zu verbürgen, als ‚Verzweiflung' und ‚Zorn' bekanntlich ganz verschiedene Ursachen haben können und unter Umständen eher einen Rückschluss auf den Grad der sozialen Nähe zu einer Person als auf die Art ihres Todes gestatten. Damit bleibt als valides Definitionsmerkmal des ‚natürlichen Todes' nur noch die vierte Bedingung der anzustrebenden ‚Schmerzkontrolle' übrig, der Callahan noch am ehesten den Rang eines sozialen Rechtsanspruchs zubilligt. Da allerdings auch von Callahan ausdrücklich abgelehnte Handlungen wie zum Beispiel die aktive Euthanasie oder der Suizid durchaus in der Lage sind, den Tod herbeizuführen, ohne ‚unerträgliche Schmerzen' zu verursachen, ermangelt auch dieses Kriterium der notwendigen Spezifität zur Bestimmung eines ‚natürlichen Todes'. Die vielleicht größte Schwäche von Callahans Definitionsversuch dürfte jedoch im Ausfall jenes kausaltheoretischen Bestimmungselementes liegen, dessen immense Bedeutung uns sowohl im rechtswissenschaftlichen und medizinethischen als auch im lehramtlichen Diskurs begegnet ist und dort maßgeblich für den normativen Gehalt der Kategorie des ‚natürlichen Todes' aufzukommen scheint. Man gewinnt beinahe den Eindruck, dass Callahan dieses zentrale Element bewusst ignoriert hat, um die medizinethische Rehabilitation des Natürlichkeitsbegriffes von unliebsamen ‚konservativ' erscheinenden normativen Implikationen zu entlasten[70]. L. R. Kass hat ihm daher zu Recht vorgeworfen, sein eklektischer Umgang mit den Bedeutungselementen des Naturbegriffes führe letztlich zu einer inkonsistenten Position, die vor den unvermeidlichen Konsequenzen ihrer eigenen begrifflichen Vorentscheidungen zurückschrecke[71]. Callahans späterer Versuch, den Begriff des

---

70 Vgl. CALLAHAN, Can Nature Serve as a Moral Guide? (s.o. Anm. 65), 21.
71 L. R. KASS, The Troubled Dream of Nature as a Moral Guide, in: Hastings Cent Rep 26,6 (1996), 23.

‚natürlichen Todes' durch die Rede von einem ‚friedlichen Tod' zu ersetzen[72], dürfte als implizites Eingeständnis der Berechtigung dieses Einwandes zu werten sein.

Zur Vermeidung der in Callahans Ansatz zutage tretenden Probleme sei nachfolgend ein eigener alternativer Definitionsvorschlag unterbreitet, der in dreifacher Weise näher profiliert ist: nämlich erstens anthropologisch, zweitens kausaltheoretisch und drittens gerechtigkeitsethisch. Die *anthropologische* Profilierung betrifft den in der Kategorie des ‚natürlichen Todes' vorausgesetzten Naturbegriff, der auf die entfaltete Individual- und Artnatur des Menschen verweist. Im Unterschied zum rein *deskriptiven* Naturverständnis der Naturwissenschaften enthält dieser anthropologische Naturbegriff ein *normatives* Element, das in der allgemein umrissenen Vorstellung eines teleologischen Vollendungszustands besteht[73]. Konstitutiv für diesen Vollendungszustand ist die Entfaltung der für den Menschen als Person charakteristischen Fähigkeiten. Unter diesen Fähigkeiten nimmt die *Handlungsfähigkeit*, also die Befähigung sich in frei gewählten Handlungen unter Leitung der praktischen Vernunft als Person auszudrücken, eine besonders wichtige Rolle ein. Die Handlungsfähigkeit ist im Unterschied zu Callahans Begriff der ‚Lebensaufgabe' kein subjektives, zeit- oder kulturabhängiges Strebensziel des Menschen, auf das dieser begründeterweise auch verzichten könnte, sondern sie ist die Bedingung der Möglichkeit dafür, sich überhaupt Ziele gleich welcher Art setzen und diese durch planvolles eigenes Handeln verfolgen zu können. Daher gilt, dass jeder, der überhaupt irgendetwas wirklich will, immer schon zumindest implizit den Schutz und die Entfaltung der eigenen Handlungsfähigkeit wollen muss. Aus medizinethischer Sicht dürfte es besonders wichtig sein, auf die Dynamik und die Mehrdimensionalität der Handlungsfähigkeit hinzuweisen. Ebenso schrittweise wie sich im Kindes- und Jugendalter der Aufbau und die Entwicklung der Handlungsfähigkeit vollzieht, dürfte im normalen Alterungsprozess ihre Einschränkung und ihr allmählicher Verlust vonstattengehen. Der Begriff der Handlungsfähigkeit darf daher nicht *aktivistisch* verkürzt werden. Die einseitige Wertschätzung sozial nützlicher Aktivität insbesondere in Form effizienter Erwerbsarbeit in unserer modernen Leistungsgesellschaft sollte uns nicht übersehen lassen, dass es neben der aktiven auch eine passiv-kontemplative Dimension der Handlungsfähigkeit gibt, die gerade für die letzte Lebensphase

---

72 Vgl. D. CALLAHAN, Pursuing a Peaceful Death, in: Hastings Cent Rep 23,4 (1993), 33–38.
73 Zum Hintergrund dieser Vorstellung vgl. F.-J. BORMANN, Natur als Horizont sittlicher Praxis, Stuttgart 1999.

des Menschen von besonderer Bedeutung sein dürfte[74]. Aufgrund seiner grundlegenden anthropologischen Bedeutung scheint die Handlungsfähigkeit des Patienten nicht nur ein valides Kriterium zur Beurteilung der Sinnhaftigkeit ärztlicher und pflegerischer Maßnahmen zu sein, sondern auch ein brauchbarer Indikator für die Feststellung der zeitlichen Nähe eines natürlichen Sterbeprozesses[75].

Damit kommt bereits die *kausalitätstheoretische* Dimension der Vorstellung eines ‚natürlichen Todes' in den Blick. In moralischer und rechtlicher Perspektive können Sterben und Tod nur dann als ‚natürlich' bezeichnet werden, wenn sie durch innere, das heißt in der somatischen Konstitution der betroffenen Person selbst verankerte Faktoren wie zum Beispiel Krankheit, Behinderung oder Lebensschwäche in dem Sinne bedingt sind, dass diese Faktoren entweder die alleinige hinreichende Bedingung oder – im Fall der kausalen Überdeterminierung – zumindest eine von mehreren hinreichenden Bedingungen für den Eintritt des Todes darstellen. Ist der Tod dagegen durch äußere Einflüsse wie zum Beispiel eigenes suizidales Handeln oder das Handeln Dritter verursacht, haben wir es mit einem nicht-natürlichen Tod zu tun. Die beiden Handlungstypen des (mit der Natürlichkeit des Todes unvereinbaren) ‚Tötens' und des (mit der Natürlichkeit des Todes sehr wohl verträglichen) ‚Sterbenlassens' sind also kausalitätstheoretisch klar gegeneinander abgrenzbar[76]. Im Blick auf das komplexe Kausalfeld mehrerer relevanter Wirkfaktoren einer klinischen Behandlungssituation bedeutet dies, dass die ärztlichen und pflegerischen Handlungen nur so lange als mit der Ermöglichung eines ‚natürlichen Todes' kompatible Faktoren betrachtet werden dürfen, wie diese nicht die kausale Wirksamkeit einer alleinigen hinreichenden Bedingung für den Eintritt des Todes erreichen[77].

---

74 Dies gilt vor allem dann, wenn es in weit fortgeschrittenen Stadien komplexer lebensbedrohlicher Erkrankungen darum geht, den Einsatz extrem aggressiver und daher für die Lebensqualität und Handlungsfähigkeit des Patienten belastender Therapieversuche gegenüber schonenderen palliativen Interventionsformen abzuwägen.

75 Die meisten komplexen Krankheitsverläufe sind zwar mit einer teilweise gravierenden Einschränkung der Handlungsfähigkeit verbunden, doch dürfte in der Regel erst in der Terminalphase davon auszugehen sein, dass die somatischen Voraussetzungen der Handlungsfähigkeit des Betroffenen definitiv und umfassend zerstört werden.

76 Vgl. dazu F.-J. BORMANN, Töten oder Sterbenlassen? Zur bleibenden Bedeutung der Aktiv-Passiv-Unterscheidung in der Euthanasiediskussion, in: ThPh 76 (2001), bes. 73–93.

77 Diese Bedingung scheint vor allem für die moralische und rechtliche Qualifizierung von Handlungen bedeutsam, die den Abbruch lebenserhaltender Maßnahmen betreffen und rechtlich zunehmend durch ein sehr weit ausgelegtes Selbstbestimmungsrecht des Patienten im Kontext dafür geeigneter Vorabverfügungen reguliert werden.

Eng mit diesem kausaltheoretischen ist ein *gerechtigkeitsethischer* Aspekt des ‚natürlichen Todes' verbunden. Da der Raum unserer moralischen Verantwortung nicht nur durch den historisch variablen jeweiligen objektiven Wissensstand im Bereich von Diagnose und Therapie bedingt ist, sondern angesichts der notorischen Knappheit medizinischer Ressourcen auch notwendigerweise Fragen der Verteilungsgerechtigkeit impliziert, muss eine Definition des ‚natürlichen Todes' auch erkennen lassen, dass sie für Fragen der Effizienz und der Verhältnismäßigkeit der jeweils eingesetzten Mittel sensibel ist. Dies gilt nicht nur für die notwendigen Priorisierungsentscheidungen im Rahmen eines nationalen Gesundheitssystems[78], sondern hat insofern auch eine globale Dimension, als die extreme Marginalisierung weiter Teile der Weltbevölkerung durch strukturelle Ungerechtigkeiten unter anderem dazu führt, dass zahllosen Menschen die Chance auf einen ‚natürlichen Tod' von vorneherein gewaltsam verwehrt wird.

Auf der Basis dieser dreifachen Konturierung scheint sich meines Erachtens folgende Definition eines ‚natürlichen Todes' nahezulegen:

Natürlich sind Sterben und Tod eines Menschen immer dann, wenn sie infolge einer Erkrankung beziehungsweise körperlichen Dysfunktion auftreten, die bereits so weit fortgeschritten ist, dass es zu einer definitiven, das heißt mit dem verhältnismäßigen Einsatz medizinisch-therapeutischer Maßnahmen nicht mehr zu revidierenden Zerstörung jener somatischen (insbesondere cerebralen) Wirkungsabläufe gekommen ist, die die Bedingung der Möglichkeit für einen wenigstens minimalen personalen Selbstvollzug darstellen.

Nicht natürlich ist ein Tod dagegen immer dann, wenn er (zum Beispiel als Folge von Unfall, Verbrechen, Suizid oder Nichtbehandlung einer behandlungsbedürftigen und behandelbaren Erkrankung) entweder deutlich *vor* oder wenn er (zum Beispiel durch den unverhältnismäßigen Einsatz intensivmedizinischer Maßnahmen) deutlich *nach* dem definitiven Verlust wenigstens minimaler personaler Vollzugsmöglichkeiten erfolgt.

Zur Vermeidung möglicher Fehldeutungen sei ausdrücklich auf ein zweifaches Missverständnis der Kategorie des ‚natürlichen Todes' verwiesen[79], von dem sich diese Definition bewusst abgrenzt. Das eine Missverständnis ist *naturalistischer* Art und beruht auf der Annahme eines antagonistischen Gegensatzes zwischen der ‚Natur' auf der einen Seite und der ‚Kultur' beziehungsweise ‚Technik' auf der anderen Seite. Ein solches naturalistisches Naturverständnis, das die Kategorie des ‚natürlichen Todes' letztlich mit der romantischen Vor-

---

78 Vgl. dazu den Beitrag von G. MARCKMANN, Sterben im Spannungsfeld zwischen Ökonomie und Ethik, in diesem Band, 351–367.
79 Vgl. dazu F.-J. BORMANN, Ein natürlicher Tod – was ist das?, in: Z Med Ethik 48 (2002), bes. 33–36.

stellung eines irgendwie archaischen Dahinscheidens ohne jegliche Berührung mit den Errungenschaften der modernen Medizin(technik) verwechselt, ist jedoch strikt von der normativen Vorstellung *entfalteter Art- und Individualnatur* zu unterscheiden, die in obiger Definition vorausgesetzt wird. Da der Mensch als vernunftbegabtes und handlungsfähiges Wesen (*animal rationale et morale*) von Natur aus ein Kulturwesen ist[80], darf auch der Begriff eines ‚natürlichen Todes' nicht mit einem kultur- beziehungsweise technikfeindlichen Konstrukt identifiziert werden, das unter den Bedingungen unserer gegenwärtigen, weithin technisch geprägten Lebenswelt zwangsläufig anachronistisch erscheinen müsste[81]. Die Funktion dieses Begriffs besteht vielmehr darin, im Raum unserer derzeitigen ärztlichen und pflegerischen Handlungsmöglichkeiten jene bedeutsame Grenze zu markieren, die den moralisch verantwortbaren und human sinnvollen von dem bloß technisch möglichen Einsatz lebenserhaltender Maßnahmen unterscheidet. Moralisch verantwortbar und human sinnvoll ist ein solcher Technikeinsatz immer dann, wenn er dem Menschen dazu verhilft, möglichst alle Dimensionen seiner personalen Handlungsfähigkeit (einschließlich der aus der Kontingenz humaner Existenz resultierenden *pathischen* Dimension des menschlichen Selbstvollzuges!) auszuschöpfen. Wo dies erkennbar nicht (mehr) der Fall ist, sollten technische Maßnahmen zur bloßen Lebensverlängerung unterbleiben, um fragwürdige Formen der Übertherapie zu vermeiden.

---

80 Vgl. A. GEHLEN, Anthropologische Forschung, Hamburg 1961, 78.
81 Ein mustergültiges Beispiel für ein solches naturalistisches Missverständnis bietet A. M. CAPRON, Legal and ethical problems in decisions for death, in: Law Med Health Care 14 (1986), 141–144; vgl. dazu auch COUNCIL ON ETHICS AND JUDICIAL AFFAIRS, Decisions Near the End of Life (Report B – A-91), in: JAMA 267,16 (1992), 2229–2233. Als ‚naturalistisch' ist auch das häufig anzutreffende *Robinson Crusoe-Argument* zu bezeichnen, demzufolge jener Tod als ‚natürlich' zu bezeichnen ist, den ein Mensch auf einer einsamen Insel ohne medizinisch-technische Infrastruktur erleiden würde. Diese eigenartige Vorstellung einer vor- beziehungsweise außerzivilisatorischen *natura pura* ist nicht nur anthropologisch höchst fragwürdig, da kulturelle Überformungen naturaler Vorgegebenheiten praktisch ubiquitär sind. Sie führt insofern auch ethisch in die Irre, als ihr kein valides Kriterium für den Einsatz medizinisch-technischer Maßnahmen zu entnehmen ist. Selbst wenn man aus guten Gründen der Meinung sein kann, dass bestimmte biologische Prozesse wie Geburt und Sterben „dann am besten ab(laufen), wenn sie von Ärzten möglichst wenig gestört werden" (G. D. BORASIO, Wann dürfen wir sterben?, in: FAS vom 22.11.2009, Nr. 47, 51), ist die Verwirklichung dieser Einsicht eben an ein bewusstes ärztliches Handeln im Modus des Unterlassens bestimmter möglicher, aber eben eher schädlicher technischer Interventionen gebunden und beruht damit – wie die überwältigende Mehrzahl der Sterbevorgänge im 21. Jahrhundert überhaupt – auf bewussten ärztlichen Entscheidungen am Lebensende, was jede Deutung des ‚natürlichen Todes' als krudes naturales Ereignis gerade ausschließt.

Die andere Fehldeutung des ‚natürlichen Todes' besteht in einem *autonomistischen* Missverständnis, das letztlich auf einer Konzeption der menschlichen Willensbestimmung beruht, die sich aus allen objektiven Vorgaben ihrer naturalen beziehungsweise teleologischen Verfasstheit emanzipiert und den ‚natürlichen Tod' daher schlicht mit einem ‚selbstbestimmten Tod' identifiziert. Nach dieser Lesart ist im Extremfall auch ein Tod aufgrund von aktiver Euthanasie oder Suizid(beihilfe) unabhängig von Art oder Stadium einer Erkrankung immer dann ein ‚natürlicher Tod', wenn diese Handlungen dem erklärten Wunsch des Betroffenen entsprechen. Gegenüber einem derart rationalistisch übersteigerten Denkmodell besteht die obige Definition in bester aufklärerischer Tradition[82] nicht nur auf der notwendigen Vernunftbindung einer wahrhaft autonomen Willensentscheidung, sondern auch auf der moralischen Bedeutsamkeit von objektiv vorhandenen Handlungspotentialen, die aufgrund der Selbstzwecklichkeit ihres Trägers selbst in einer von schwerer Krankheit belasteten Lebenssituation nicht einfach gewaltsam abgeschnitten werden dürfen[83].

3. Ausblick: offene Fragen

Obwohl der unterbreitete Definitionsvorschlag eines ‚natürlichen Todes' meines Erachtens überall dort eine moralische Orientierung zu bieten vermag, wo es darum geht, die ärztlichen und pflegerischen Maßnahmen so zu gestalten, dass es nicht zu einer substantiellen Verfremdung des Sterbeprozesses – etwa im Sinne einer wesentlichen Beschleunigung oder unnötigen Verzögerung des Todeseintritts – kommt, sondern der Patient durch geeignete palliative Angebote vielmehr darin unterstützt wird, unter Ausschöpfung seines verbliebenen Handlungspotentials einen individuellen Weg zu seinem ‚eigenen Tod' zu finden, könnte man einwenden, dass der hier gebrauchte Begriff des ‚minimalen personalen Selbstvollzuges' unscharf und daher mehrdeutig ist. Vor allem im Blick auf die zwar zahlenmäßig relativ kleine, aber dennoch nicht unbedeutende Gruppe von Patienten im sogenannten ‚persistierenden vegetativen Zustand' wäre unabhängig von allen Problemen differentialdiagnostischer (Un-)Sicherheit näherhin zu klären, ob und inwiefern noch von einer personalen Identität dieser Menschen ausgegangen werden kann. Setzt der Personbegriff

---

82 Vgl. I. KANT, Grundlegung zur Metaphysik der Sitten, in: DERS., Werke in zehn Bänden, hg. v. W. WEISCHEDEL, Bd. 6, Darmstadt 1968, BA 79 und 87 f., sowie DERS., Metaphysik der Sitten. Zweiter Teil: Metaphysische Anfangsgründe der Tugendlehre, in: DERS., Werke in zehn Bänden, hg. v. W. WEISCHEDEL, Bd. 7, Darmstadt 1968, A 72 f.
83 Auf die Gewaltsamkeit eines solchen Vorgehens verweist auch CALLAHAN, Peaceful Death (s.o. Anm. 72), 38.

am Lebensende – anders als am Lebensanfang – den *aktuellen* Besitz personaler Einzelkompetenzen voraus oder kann die Personalität auch nur über die somatische Kontinuität mit früheren Lebensabschnitten gesichert werden, die ihrerseits durch den aktuellen Besitz personaler Vermögen gekennzeichnet waren? Im ersten Fall müsste geklärt werden, ob sich bei diesen Patienten noch wenigstens elementare Formen zum Beispiel von Bewusstsein oder Kommunikations- und Handlungsfähigkeit nachweisen lassen, was primär in den Kompetenzbereich der empirischen Wissenschaften fällt[84]. Im zweiten Fall wäre zu klären, was das für die moralische Notwendigkeit der Substitution verschiedener vitaler Einzelfunktionen bedeutet. Die gegenwärtige Engführung sowohl der medizinethischen wie auch der moraltheologischen Diskussion auf Fragen der (künstlichen) Ernährung und Flüssigkeitszufuhr sollte uns nicht übersehen lassen, dass es im Blick auf die kausale Bedeutung des jeweiligen Tuns und Unterlassens unter anderem auch um Fragen der Medikation (zum Beispiel der Antibiose bei interkurrenten Infektionserkrankungen) geht, die nicht einfach ausgeblendet werden dürfen. Auf jeden Fall scheint die technische Entwicklung mittlerweile so weit fortgeschritten zu sein, dass es nicht nur schwerfällt, die Grenzen der biologischen und personalen Einheit eines Lebensprozesses präzise zu bestimmen, sondern auch damit zu rechnen ist, dass beide Begriffe auseinandertreten können. Der schwer zu leugnende Umstand, dass die Kategorie des ‚natürlichen Todes' in solchen Szenarien dissoziierter Sterbeprozesse an ihre Grenzen stoßen dürfte, spricht nicht gegen ihre prinzipielle Sinnhaftigkeit, zumal dieses Schicksal auch all die anderen großen Orientierungsbegriffe der Ethik von der Vorstellung der Menschenwürde bis zum Personbegriff erleiden, an denen wir trotz allem unbedingt festhalten müssen.

---

84 Vgl. dazu die Argumentation von JOHANNES PAUL II., Ein Mensch ist und bleibt immer ein Mensch (s.o. Anm. 58), Nr. 5.

Sterben im Spannungsfeld zwischen Ethik und Ökonomie

Georg Marckmann, Anna Mara Sanktjohanser,
Jürgen in der Schmitten

1. Einleitung

Der Tod kommt in den Industrienationen heutzutage immer seltener plötzlich und unerwartet, da sich die Rahmenbedingungen des Sterbens in den letzten Jahrzehnten durch den demographischen Wandel und den medizinischen Fortschritt radikal verändert haben. Immer mehr Menschen sterben nicht an einer akuten Erkrankung, sondern in höherem Alter nach einem längeren chronischen Krankheitsverlauf. Gleichzeitig haben sich die medizinischen Möglichkeiten erheblich erweitert, menschliches Leben auch bei schweren Erkrankungen länger zu erhalten, sodass der Tod häufig erst nach einer bewussten Entscheidung zum Verzicht auf lebensverlängernde Behandlungsmaßnahmen eintritt.

Der vorliegende Beitrag widmet sich nicht den daraus resultierenden individualethischen Herausforderungen[1], sondern diskutiert die ökonomischen Implikationen, die sich aus dem demographischen Wandel und den erweiterten medizinischen Eingriffsmöglichkeiten am Lebensende ergeben. Denn wie empirische Studien zeigen, entstehen die höchsten Kosten im Lebensverlauf durch die medizinische Versorgung in den letzten Monaten vor dem Tode (das heißt durch die Sterbekosten). Gleichzeitig steigen die durchschnittlichen Behandlungskosten mit zunehmendem Alter, sodass der demographische Wandel zu einem erheblichen Anstieg der Gesundheitsausgaben führen könnte. Schon heute stößt aber das System der gesetzlichen Krankenversicherung in Deutschland an die Grenzen der Finanzierbarkeit. Hieraus könnte sich ein zunehmendes Spannungsverhältnis ergeben zwischen der ethischen Verpflichtung,

---

1 Vergleiche hierzu: G. Marckmann/G. Sandberger/U. Wiesing, Begrenzung lebenserhaltender Behandlungsmaßnahmen: Eine Handreichung für die Praxis auf der Grundlage der aktuellen Gesetzgebung, in: Dtsch Med Wochenschr 135 (2010), 570–574.

ältere Menschen auch in der letzten Lebensphase optimal zu versorgen, und der ökonomischen Notwendigkeit, die Gesundheitsausgaben zu begrenzen.

Der vorliegende Beitrag rekapituliert zunächst die gegenwärtigen Rahmenbedingungen des Sterbens. Anschließend wird untersucht, welche ökonomischen Implikationen sich aus der Interaktion zwischen Alterung der Bevölkerung und medizinischen Innovationen ergeben, insbesondere im Hinblick auf die Sterbekosten. Der letzte Teil des Beitrags widmet sich dann möglichen Lösungsansätzen: Wie kann die Versorgung der Menschen in der letzten Lebensphase so gestaltet werden, dass sie den ethischen Ansprüchen gegenüber dem Einzelnen gerecht wird und gleichzeitig die Anforderungen an einen „vernünftigen" Einsatz begrenzter Gesundheitsressourcen im Blick behält? Interessanterweise ergeben sich hier Konvergenzen zwischen Ethik und Ökonomie: Eine auf die individuellen Bedürfnisse des Patienten ausgerichtete Versorgung kann helfen, medizinische Ressourcen einzusparen.

2. Rahmenbedingungen des Sterbens heute: Demographischer Wandel und medizinischer Fortschritt

Zwei Entwicklungen prägen heute wesentlich die Rahmenbedingungen des Sterbens: Die Alterung der Bevölkerung und die erweiterten medizinischen Behandlungsmöglichkeiten. Die Lebenserwartung der Menschen ist in den reichen Industrienationen im Verlauf der letzten 100 Jahre erheblich gestiegen. Nach Berechnungen des statistischen Bundesamts hat sich die Lebenserwartung neu geborener Kinder in Deutschland um ungefähr 30 Jahre verlängert, was vor allem auf die starke Verringerung der Säuglingssterblichkeit in den ersten Jahrzehnten des 20. Jahrhunderts zurückzuführen ist. In der zweiten Hälfte des 20. Jahrhunderts ging auch die Sterblichkeit in der älteren Bevölkerung deutlich zurück. Das hat Auswirkungen auf die Lebenserwartung: Für in den Jahren 2007–2009 geborene Jungen und Mädchen beträgt sie inzwischen 77,33 beziehungsweise 82,53 Jahre.[2] Dieser Trend wird sich weiter fortsetzen, allerdings mit einem verlangsamten Tempo. Nach der 12. koordinierten Bevölkerungsvorausberechnung aus dem Jahr 2009 wird die Lebenserwartung im Jahr 2060 (Basisannahme) für neugeborene Jungen 85,0 und für neugeborene Mädchen 89,2 Jahre betragen.

Neben der Lebenserwartung spielt auch die Geburtenrate eine wesentliche Rolle für die Bevölkerungsentwicklung. Diese hat sich in den letzten Jahrzehnten auf einem niedrigen Niveau von knapp 1,4 lebendgeborenen Kindern pro

---

[2] Quelle für diese und alle weiteren Zahlen zur Bevölkerungsentwicklung in Deutschland: www.destatis.de (Bevölkerung Deutschlands bis 2060, 12. koordinierte Vorausberechnung 2009).

Frau eingependelt. In der „Hauptannahme" geht das statistische Bundesamt davon aus, dass sich diese Zahl in den nächsten 50 Jahren kaum verändern wird. Beide Faktoren, steigende Lebenserwartung und sinkende Geburtenraten, führen zu einer Alterung der Bevölkerung, bei der nicht nur der relative Anteil, sondern auch die absolute Anzahl älterer Menschen an der Gesamtbevölkerung steigt (*double aging*). Der Anteil junger Menschen unter 20 Jahren wird bis zum Jahr 2060 von 19 % auf 16 % weiter sinken, während der Anteil der über 65-jährigen von 20 auf 34 % ansteigen wird. Besonders dramatisch für die sozialen Sicherungssysteme ist die Auswirkung auf den *Altenquotient*, das heißt das Verhältnis zwischen der Bevölkerung im erwerbstätigen Alter und den Rentnerinnen und Rentnern. Im Jahr 2060 werden voraussichtlich 67 ältere Menschen (über 65 Jahre alt) 100 Menschen im Alter zwischen 20 und 65 Jahren gegenüber stehen, im Jahr 2008 waren es noch 34 gewesen. Damit werden immer weniger Personen im erwerbsfähigen Alter die finanziellen und personellen Versorgungsleistungen für die Menschen im Rentenalter sowie Kinder und Jugendliche aufbringen müssen. Die Zuwanderung von Menschen nach Deutschland kann diese Alterung der Bevölkerung zwar etwas verlangsamen, aber sicher nicht kompensieren. Die Gesundheitsversorgung in Deutschland wird sich folglich auf eine noch erheblich steigende Anzahl älterer und hochbetagter Menschen einstellen müssen.

3. Auswirkungen des demographischen Wandels auf Morbidität und Mortalität

Die Alterung des Menschen ist nicht notwendig mit Krankheit verbunden. Die altersbedingten Veränderungen im menschlichen Körper reduzieren jedoch die Widerstandsfähigkeit und führen zu einer erhöhten Erkrankungshäufigkeit. Dabei ist die altersabhängige Zunahme akuter Erkrankungen weniger stark ausgeprägt als der Anstieg chronischer Krankheiten.[3] Charakteristisch für den älteren Menschen ist das gleichzeitige Vorliegen mehrerer, häufig unheilbarer, langsam progredienter Erkrankungen (chronische Multimorbidität), und so nimmt die durchschnittliche Diagnosenzahl pro Patient im Alter exponentiell zu. Die verschiedenen Erkrankungen können kausal miteinander verbunden, aber auch vollkommen unabhängig voneinander entstanden sein. Vielfach bleibt zudem die Abgrenzung zwischen altersphysiologischen und pathologischen Veränderungen unscharf. Der Alterungsprozess stellt damit auch eine Herausforderung für unser Krankheitsverständnis dar.

---

3 SACHVERSTÄNDIGENRAT FÜR DIE KONZERTIERTE AKTION IM GESUNDHEITSWESEN, Gesundheitswesen in Deutschland. Kostenfaktor und Zukunftsbranche. Sondergutachten 1996, Bd. I: Demographie, Morbidität, Wirtschaftlichkeitsreserven und Beschäftigung, Baden-Baden 1996.

Eine detaillierte krankheitsspezifische Prognostik der Morbidität im Alter ist aufgrund limitierter Datenquellen nur eingeschränkt möglich. Der Sachverständigenrat für die konzertierte Aktion im Gesundheitswesen hat in seinem Sondergutachten 1996 versucht, auf der Grundlage von Krankenhausdiagnosestatistiken den zukünftigen, demografisch bedingten Zusatzversorgungsbedarf abzuschätzen.[4] Demnach ergibt sich ein steigender Bedarf insbesondere für obstruktive Lungenerkrankungen, für Herz-Kreislauf-Erkrankungen vor allem im operativen und rehabilitativen Bereich, für Erkrankungen des Urogenitaltrakts, für Krebserkrankungen im diagnostischen und therapeutischen Bereich, sowie ein moderater operativer und rehabilitativer Bedarf für Erkrankungen des Bewegungsapparates und für gerontopsychiatrische Versorgung. Bei den hochbetagten Patienten ist zu erwarten, dass der Bedarf an kurativen Maßnahmen gegenüber pflegerischen und palliativen Leistungen abnimmt. Die Demenzhäufigkeit wird zunehmen, da diese im hohen Alter steil ansteigt und immer mehr Menschen in diese Altersklassen hineinwachsen.

Gleichzeitig hat sich das Spektrum der medizinischen Behandlungsmöglichkeiten in den letzten Jahrzehnten erheblich erweitert. Vor allem die Fortschritte im Bereich der Intensivmedizin erlauben es, menschliches Leben auch unter schwierigsten Bedingungen weiter aufrecht zu erhalten; chronisch Kranke (wie zum Beispiel Patienten mit Diabetes mellitus, einer koronaren Herzerkrankung oder einer rheumatischen Erkrankung) können zwar nicht geheilt, aber doch über viele Jahre am Leben erhalten und funktionell stabilisiert werden. Insbesondere die Verbindung von verändertem Krankheitsspektrum und erweiterten medizinischen Behandlungsmöglichkeiten hat die Rahmenbedingungen des Sterbens nachhaltig verändert. Über 80 % der Menschen sterben an einer chronischen Erkrankung oder an einem zuvor diagnostizierten medizinischen Problem. Die meisten von ihnen sterben in Einrichtungen medizinischer oder pflegerischer Versorgung, sodass Entscheidungen über den Einsatz von lebensverlängernden Behandlungsmaßnahmen getroffen werden müssen. In der EURELD-Studie lag der Anteil an Todesfällen, die aus einer Entscheidung am Lebensende („*end-of-life decision*") resultierten, zwischen 23 % (Italien) und 51 % (Schweiz).[5] Wie die im folgenden Abschnitt präsentierten Daten zeigen, wird dabei häufig – aber meist vergeblich – mit hohem Ressourcenaufwand versucht, den Sterbezeitpunkt hinauszuzögern.

---

4 SACHVERSTÄNDIGENRAT (s.o. Anm. 3).
5 A. VAN DER HEIDE/L. DELIENS/K. FAISST/T. NILSTUN/M. NORUP/E. PACI/G. VAN DER WAL/P. J. VAN DER MAAS, End-of-life decision-making in six European countries: descriptive study, in: The Lancet 362 (2003), 345–350.

4. Kosten des Sterbens

Unabhängig von der konkreten Ausgestaltung des Gesundheitswesens steigen die durchschnittlichen Pro-Kopf-Ausgaben für die Gesundheitsversorgung mit zunehmendem Lebensalter kontinuierlich an (vgl. Abbildung 1). Diese Altersabhängigkeit hat sich im Laufe der Zeit verstärkt, da die Pro-Kopf-Ausgaben für Ältere schneller gestiegen sind als für Jüngere. Man spricht deshalb auch von einer „Versteilerung" des Ausgabenprofils. Allerdings weisen verschiedene Studien darauf hin, dass das Alter als unabhängiger Faktor wohl eher eine untergeordnete Rolle für den Ausgabenanstieg spielt. Die Gesundheitskosten korrelieren nicht primär mit dem Alter, sondern vor allem mit der Nähe zum Tode. Wie Abbildung 2 exemplarisch anhand von Daten aus den Vereinigten Staaten zeigt, steigen die Gesundheitsausgaben im letzten Lebensmonat dramatisch an, ein Trend, der auch für andere Gesundheitssysteme nachgewiesen ist.[6]

Die durchschnittlichen Kosten der Gesundheitsversorgung im letzten Jahr vor dem Tod (sogenannte *Sterbekosten*) betragen deshalb ein vielfaches der

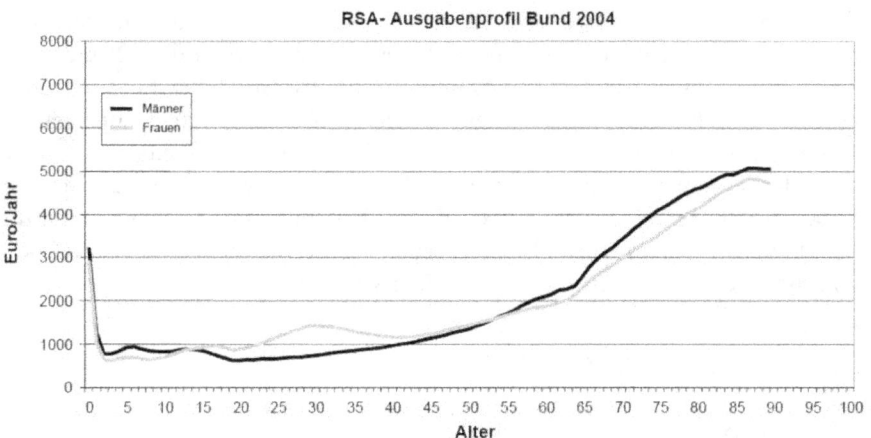

Abbildung 1: Pro-Kopf-Leistungsausgaben der GKV in Abhängigkeit vom Lebensalter[7]

---

6   N. G. Levinsky/W. Yu/A. Ash/M. Moskowitz/G. Gazelle/O. Saynina/E. J. Emanuel, Influence of age on Medicare expenditures and medical care in the last year of life, in: JAMA 286 (2001), 1349–1355; J. Lubitz/J. Beebe/C. Baker, Longevity and Medicare expenditures, in: N Engl J Med 332 (1995), 999–1003; P. Zweifel/S. Felder/M. Meier, Aging of Population and Health Care Expenditure: A Red Herring?, in: Health Econ 8 (1999), 485–496.

7   Quelle der Daten: Bundesversicherungsamt; Quelle der Darstellung: K.-D. Henke/ L. Reimers, Zum Einfluss von Demographie und medizinisch-technischem Fortschritt auf die Gesundheitsausgaben, Berlin 2006.

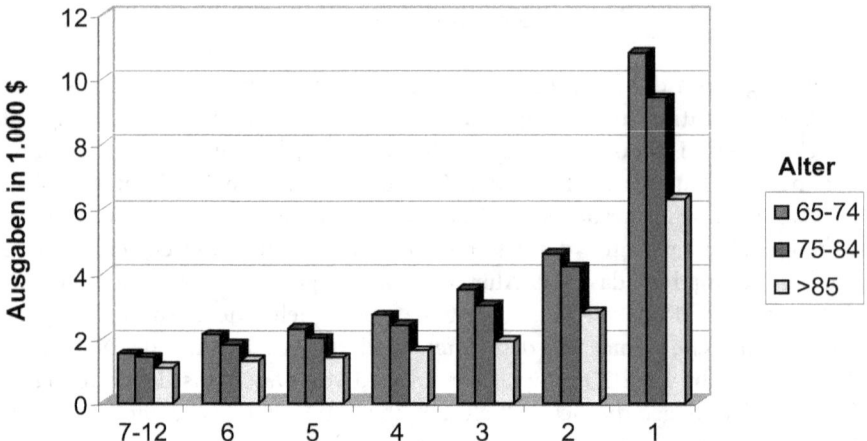

Abbildung 2: Gesundheitsausgaben für Medicare-Begünstigte im US-Staat Massachusetts im letzten Lebensjahr[8]

durchschnittlichen Versorgungskosten. So wurde berechnet, dass in den Niederlanden im letzten Jahr vor dem Tod knapp 15.000 Euro für die Gesundheitsversorgung ausgegeben werden, während die durchschnittlichen Kosten bei nur etwa 1.100 Euro pro Jahr und Patient liegen.[9] Andere Studien kommen zu vergleichbaren Ergebnissen,[10] auch für das deutsche Gesundheitswesen.[11] Die Sterbekosten stellen damit einen beträchtlichen Teil der gesamten Gesundheitsversorgungskosten dar: Gut elf Prozent wurden 1999 in den Niederlanden für Patienten im letzten Lebensjahr ausgegeben.[12] Das entspricht einem Anteil von 26 Prozent der Kosten, die für über 65-Jährige entstehen.[13]

---

8   Nach: LEVINSKY/YU/ASH/MOSKOWITZ/GAZELLE/SAYNINA/EMANUEL (s.o. Anm. 6), 1349–1355.
9   J. J. POLDER/J. J. BARENDREGT/H. VAN OERS, Health care costs in the last year of life – the Dutch experience, in: Soc Sci Med 63 (2006), 1720–1731.
10 D. R. HOOVER/S. CRYSTAL/R. KUMAR/U. SAMBAMOORTHI/J. C. CANTOR, Medical expenditures during the last year of life: findings from the 1992–1996 Medicare current beneficiary survey, in: Health Serv Res 37 (2002), 1625–1642; J. D. LUBITZ/G. F. RILEY, Trends in Medicare payments in the last year of life, in: N Engl J Med 328 (1993), 1092–1096.
11 A. KRUSE/E. KNAPPE/F. SCHULZ-NIESWANDT/F. W. SCHWARTZ/J. WILBERS, Kostenentwicklung im Gesundheitswesen: Verursachen ältere Menschen höhere Gesundheitskosten? Expertise erstellt im Auftrag der AOK Baden-Württemberg, Stuttgart 2003.
12 POLDER/BARENDREGT/VAN OERS (s.o. Anm. 9), 1720–1731.
13 Vergleiche für die USA auch: HOOVER/CRYSTAL/KUMAR/SAMBAMOORTHI/CANTOR (s.o. Anm. 10).

Interessant ist dabei der Anteil unterschiedlicher Leistungsarten an den Sterbekosten. Die Kosten für die *Akutversorgung* vor dem Tod steigen zunächst bis zu einem gewissen Alter an (je nach Gesundheitssystem/Land bis zu einem Alter von 60–80 Jahren) und sinken danach wieder erkennbar ab: Entstehen bei einem 75-Jährigen in den letzten beiden Lebensjahren noch Kosten für die Akutversorgung in Höhe von 37.000 US-Dollar, so sind es bei einem 95-Jährigen nur – oder immerhin – noch 21.000 US-Dollar.[14] Wie Abbildung 4 erkennen lässt, ist die Situation in Deutschland vergleichbar.[15] Gleichzeitig steigen die *Pflegekosten* mit zunehmendem Alter erheblich und kontinuierlich an, wobei die Steilheit des Anstiegs zwischen den Gesundheitssystemen variiert. In den USA steigen die Pflegekosten in den letzten beiden Lebensjahren zum Beispiel von im Mittel unter 6.000 US-Dollar bei den 75-Jährigen auf über 32.000 US-Dollar bei den 95-Jährigen (vgl. Abbildung 3).[16]

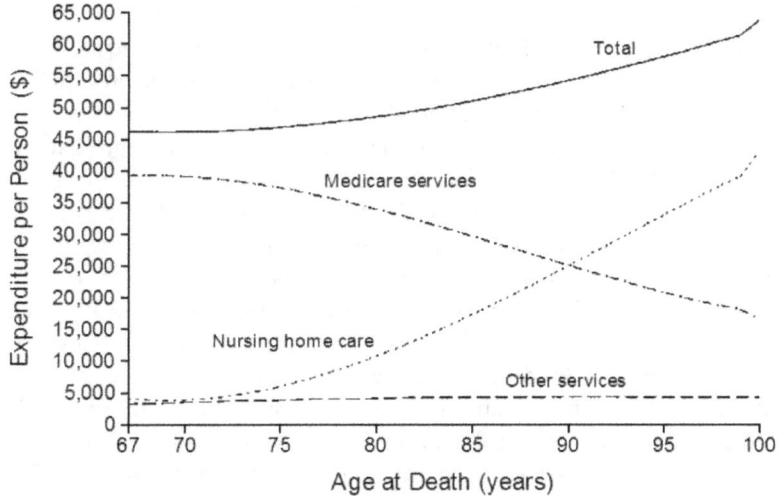

Abbildung 3: Gesundheitsausgaben in den letzten zwei Lebensjahren, aufgeschlüsselt nach Leistungsarten[17]

---

14 B. C. SPILLMAN/J. D. LUBITZ, The effect of longevity on spending for acute and long-term care, in: N Engl J Med 342 (2000), 1409–1415. Vgl. auch: LEVINSKY/YU/ASH/MOSKOWITZ/GAZELLE/SAYNINA/EMANUEL (s.o. Anm. 6), 999–1003. T. MILLER, Increasing Longevity and Medicare Expenditures, in: Demography 38 (2001), 215–226; POLDER/BARENDREGT/VAN OERS (s.o. Anm. 9); M. SESHAMANI/A. GRAY, Ageing and health-care expenditure: the red herring argument revisited, in: Health economics 13 (2004), 303–314.
15 KRUSE/KNAPPE/SCHULZ-NIESWANDT/SCHWARTZ/WILBERS (s.o. Anm. 11).
16 SPILLMAN/LUBITZ (s.o. Anm. 14).
17 SPILLMAN/LUBITZ (s.o. Anm. 14).

Während die Kosten für die Akutversorgung von Menschen in hohem und sehr hohem Alter speziell in den letzten Monaten vor dem Tod mit dem Alter fallen, steigen die Kosten für die Akutversorgung in Deutschland für „Überlebende" in hohem und sehr hohem Alter (also Jahreskosten außer im letzten Lebensjahr) mit dem Alter moderat an: Werden für einen 60- bis 65-jährigen „Überlebenden" durchschnittlich gut 1.850 Euro ausgegeben, so sind es bei einem 90–95-Jährigen bereits über 2.880 Euro.[18] Im Ergebnis führt dies dazu, dass die durchschnittlichen Gesamtkosten für die medizinisch-pflegerische Versorgung mit dem Alter ansteigen. Obwohl das Alter *per se* also lediglich eine moderate Korrelation mit den Gesundheitskosten aufweist, wird die zunehmende Alterung der Bevölkerung aufgrund der höheren Sterblichkeitsrate im Alter und den damit verbundenen Kosten sowie den mit dem Alter steigenden Kosten für die Überlebenden dennoch insgesamt zu einem Anstieg der Versorgungskosten führen.

Etwas kostengünstiger und gleichzeitig effektiver als die übliche Versorgung mit lebensverlängernden Maßnahmen scheint eine spezialisierte *palliativmedizinische Versorgung* zu sein, ungeachtet der dafür zunächst erforderlichen zusätzlichen Mittel. Für die USA konnten Hanson und andere beispielsweise in einer prospektiven Studie eine Netto-Kostenersparnis von 10–20 % pro Patient und Jahr feststellen.[19] Die Tages-Behandlungskosten lagen in der Gruppe mit palliativmedizinischer Versorgung bei 897 US $ gegenüber 1.004 US $ in der Kontrollgruppe ($p = 0{,}03$). Gleichzeitig verbesserte sich die Symptomkontrolle signifikant, insbesondere im Bereich der Schmerzbehandlung ($p < 0{,}001$). Während die konkreten Zahlen in Bezug auf Kosteneinsparungen stark variieren, beschränkt sich das Ergebnis jedoch nicht auf bestimmte Gesundheitssysteme, sondern war länderunabhängig festzustellen.[20] Kosteneinsparungen resultieren durch weniger Einweisungen auf die Intensivstation[21] sowie einen reduzierten Einsatz von Laboruntersuchungen und Medikamenten[22]. Offenbar lassen sich die Sterbekosten mit einer palliativmedizinischen Ver-

---

18 KRUSE/KNAPPE/SCHULZ-NIESWANDT/SCHWARTZ/WILBERS (s.o. Anm. 11).
19 L. C. HANSON/B. USHER/L. SPRAGENS/S. BERNARD, Clinical and economic impact of palliative care consultation, in: J Pain Symptom Manage 35 (2008), 340–346.
20 Für eine Übersicht vergleiche: S. SIMOENS/B. KUTTEN/E. KEIRSE/P. V. BERGHE/C. BEGUIN/M. DESMEDT/M. DEVEUGELE/C. LEONARD/D. PAULUS/J. MENTEN, The costs of treating terminal patients, in: J Pain Symptom Manage 40 (2010), 436–448.
21 J. D. PENROD/P. DEB/C. DELLENBAUGH/J. F. BURGESS/C. W. ZHU/C. L. CHRISTIANSEN/ C. A. LUHRS/T. CORTEZ/E. LIVOTE/V. ALLEN/R. S. MORRISON, Hospital-based palliative care consultation: effects on hospital cost, in: J Palliat Med 13 (2010), 973–979.
22 R. S. MORRISON/J. D. PENROD/J. B. CASSEL/M. CAUST-ELLENBOGEN/A. LITKE/L. SPRAGENS/D. E. MEIER, Cost savings associated with US hospital palliative care consultation programs, in: Arch Intern Med 168 (2008), 1783–1790.

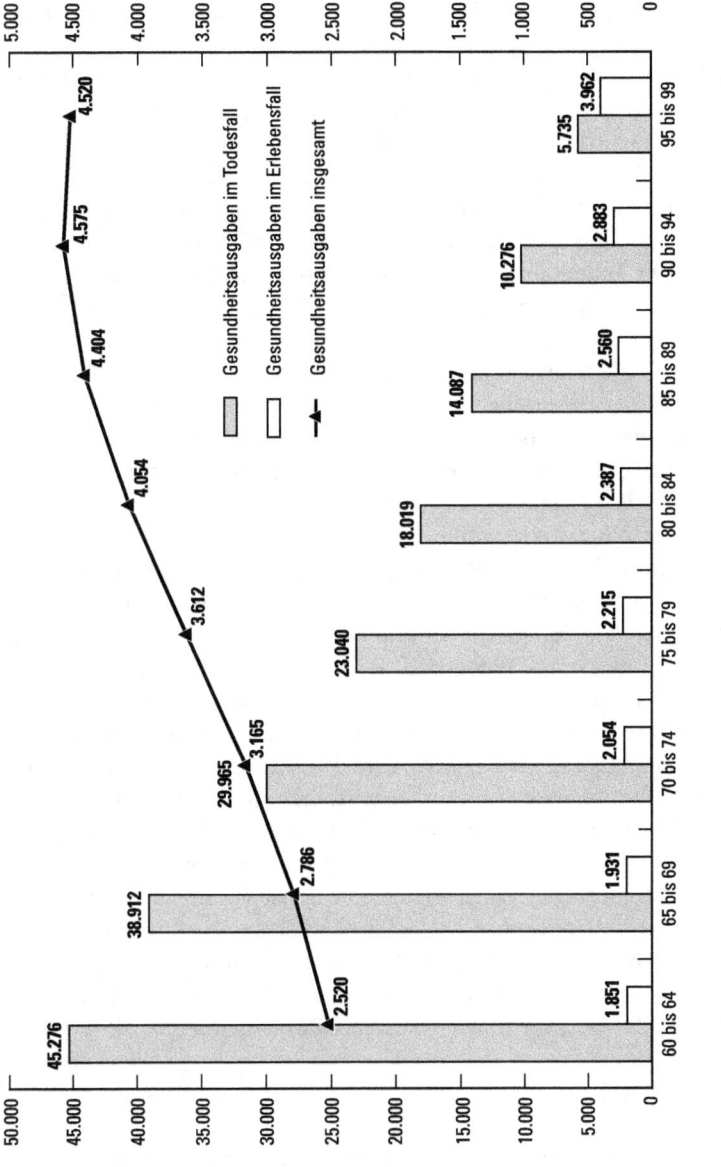

Abbildung 4: Leistungsausgaben pro Versichertem in Abhängigkeit vom Lebensalter[23]

---

23 Quelle der Abbildung: HENKE/REIMERS (s.o. Anm. 7).
Quelle der Daten: KRUSE/KNAPPE/SCHULZ-NIESWANDT/SCHWARTZ/WILBERS (s.o. Anm. 11), dort Verweis auf: F. BREYER, Lebenserwartung, Kosten des Sterbens und die Prognose der Gesundheitsausgaben, in: Jahrbuch für Wirtschaftswissenschaften 50 (1999), 53–65.

sorgung bei einer gleichzeitig verbesserten symptomatischen Betreuung der Patienten senken.

Als Zwischenfazit lässt sich festhalten: Der demographische Wandel führt zu einer zunehmenden Anzahl älterer Menschen, die vermehrt an (zum Teil multiplen) chronischen Erkrankungen leiden. Die Gesundheitsausgaben steigen im Verlauf des Lebens kurz vor dem Tod exponentiell an: vor allem durch den Einsatz akutmedizinischer, primär auf Lebensverlängerung ausgerichteter Behandlungsmaßnahmen. Die Sterbephase ist folglich durch die Interaktion zwischen steigender Lebenserwartung und medizinischem Fortschritt in den letzten Jahren im Mittel immer teurer geworden. Zwar sinken die Ausgaben für die akutmedizinische Versorgung in der letzten Lebensphase ab einem gewissen Alter wieder etwas, die resultierenden Einsparungen werden aber durch steigende Ausgaben für die Überlebenden (vor allem für die pflegerische Betreuung) mehr als kompensiert, sodass die durchschnittlichen Pro-Kopf-Ausgaben insgesamt mit dem Lebensalter steigen. Dass es zu dieser Entwicklung Alternativen gibt, zeigen die reduzierten Gesundheitsausgaben bei einer spezialisierten palliativmedizinischen Versorgung.

Sowohl aus individual- als auch aus gerechtigkeitsethischer Sicht ist der exponentielle Kostenanstieg durch lebensverlängernde Maßnahmen kurz vor dem Tod besonders problematisch: Mit erheblichem Ressourcenaufwand wird letztlich vergeblich versucht, das Sterben des Patienten hinauszuzögern. Hier werden folglich Ressourcen eingesetzt, die dem Patienten nicht nur objektiv kaum einen Nutzen bieten, sondern ihn in der letzten Lebensphase meist auch subjektiv erheblich belasten (zum Beispiel Intensivtherapie oder Tumorbehandlung) beziehungsweise dem entgegenstehen, was viele Menschen – wenn sie Gelegenheit erhalten, sich zu äußern – sich selbst für ihre letzte Lebensphase wünschen. Im letzten Teil des Beitrags möchten wir deshalb diskutieren, welche Möglichkeiten sich bieten, die Entscheidungen zum Einsatz lebensverlängernder Behandlungen in der letzten Lebensphase zu verbessern – im Interesse des Einzelnen (Verzicht auf Maßnahmen mit einem ungünstigen Nutzen-Schadens-Potenzial, alternativer Einsatz von Ressourcen für subjektiv erstrebenswerte Ziele) und im Interesse der Solidargemeinschaft (Einsparung von Ressourcen).

5. Lösungsansätze: Wie kann die Übertherapie kurz vor dem Tod reduziert werden?

Möchte man den Einsatz akutmedizinischer, primär auf Lebensverlängerung ausgerichteter medizinischer Maßnahmen kurz vor dem Tod optimieren, so müsste man eigentlich den – trotz Behandlung unvermeidlichen – Todeszeitpunkt vorhersagen können. Dies ist jedoch trotz aller Fortschritte in der prognostischen Modellierung bislang nicht möglich, und ebendiese Unsicherheit ist der tiefe Grund für den bis zuletzt hohen Ressourceneinsatz. Auch computergestützte Modelle wie zum Beispiel der *APACHE-III-Score* sind derzeit nicht in der Lage, mit hinreichender Sicherheit das Überleben beziehungsweise Versterben einzelner Intensivpatienten vorhersagen zu können.[24]

Die Entscheidungen am Lebensende lassen sich dennoch trotz unvollkommener Prognostik verbessern: und zwar durch eine konsequentere Berücksichtigung von Wille und Wohlergehen des Patienten. Wenn „keine Aussicht auf Heilung mehr besteht und die Maßnahmen nur den Leidens- beziehungsweise Sterbeprozess verlängern" (so die Formulierungen in vielen Muster-Patientenverfügungen), so wünschen Patienten selbst häufig, dass lebensverlängernde Maßnahmen nicht fortgeführt werden. Diese Formulierungen verfehlen zwar in der Regel die klinische, durch prognostische Unsicherheit charakterisierte Wirklichkeit, doch gibt es zahlreiche Hinweise darauf, dass gerade chronisch multimorbide, betagte Patienten auch geringe Heilungschancen nicht mehr wahrnehmen möchten, wenn sie Gelegenheit erhalten, sich dazu zu äußern.

Im Folgenden möchten wir deshalb erörtern, inwieweit drei „Instrumente", die darauf abzielen, die Behandlung besser auf die Interessen der Patienten abzustimmen, geeignet sein könnten, den Ressourceneinsatz vor dem Tod zu optimieren: Klinische Ethikberatung, Patientenverfügungen und gesundheitliche Vorausplanung (*Advance Care Planning*). Dabei sei vorab ausdrücklich betont: Aufgrund fehlender wirklich belastbarer empirischer Evaluationsdaten kann es sich dabei nur um orientierende, perspektivische Einschätzungen der Kostenimplikationen handeln. Dies ist aber für die Praxis nicht entscheidend, da es hinreichende individualethische Argumente für den Einsatz dieser Instrumente gibt.[25]

---

24 A. Junger/J. Engel/M. Benson/B. Hartmann/R. Rohrig/G. Hempelmann, Risk predictors, scoring systems and prognostic models in anesthesia and intensive care. Part II. Intensive Care, in: AINS 37 (2002), 591–599.
25 B. J. Hammes/B. L. Rooney/J. D. Gundrum, A comparative, retrospective, observational study of the prevalence, availability, and specificity of advance care plans in a county that implemented an advance care planning microsystem, in: J Am Geriatr Soc 58 (2010), 1249–1255; K. M. Detering/A. D. Hancock/M. C. Reade/W. Silvester, The impact of advance care planning on end of life care in elderly patients: randomised controlled trial, in: BMJ 340 (2010), c1345.

5.1 Klinische Ethikberatung: Einsparungen durch bessere Wahrung der Patienteninteressen?

Klinische Ethikberatung ist ein Service, der von einem einzelnen Berater oder einem Team angeboten wird, um in einem schwierigen Einzelfall zu einer ethisch besser begründeten Entscheidung zu gelangen. Insbesondere soll die Behandlung bestmöglich auf die individuellen Präferenzen des Patienten abgestimmt werden. Dass dies bisher häufig nicht der Fall ist, belegt eine empirische Studie von Teno und anderen: Nur 41% der Patienten, die sich eine palliative Versorgung wünschten, berichteten, dass die Versorgung mit ihren Behandlungszielen übereinstimme. Bei Patienten, die eine „aggressive" Behandlung wünschten, war dies dagegen bei 86 % der Fall.[26] Eine randomisierte, kontrollierte Multicenter-Studie aus den USA konnte zeigen, dass durch klinische Ethikberatung möglicherweise – als sekundärer Effekt – auch Ressourcen eingespart werden können.[27] An der Studie nahmen 551 Intensivpatienten teil, die nach dem Zufallsprinzip in zwei Gruppen eingeteilt wurden, von denen die eine routinemäßig eine *klinische Ethikberatung* erhielt, die andere *„care as usual"*. Beide Gruppen unterschieden sich nicht hinsichtlich der Sterberate. Die im Krankenhaus verstorbenen Patienten, die Ethikberatung erhalten hatten, wiesen jedoch einen signifikant niedrigeren Ressourcenverbrauch auf: Sie verbrachten im Durchschnitt 2,95 Tage weniger im Krankenhaus ($p = 0{,}01$), 1,44 Tage weniger auf der Intensivstation ($p = 0{,}03$) und 1,7 Tage weniger am Beatmungsgerät ($p = 0{,}03$). Gilmer und andere schätzen die Kostenersparnis auf gut 5.000 US-Dollar pro sterbendem Patient.[28]

Obwohl es das primäre Ziel einer *klinischen Ethikberatung* ist, die Behandlung für den einzelnen Patienten zu optimieren, konnten in der Studie von Schneiderman und anderen nicht unerhebliche Ressourcen eingespart werden. Offenbar stellt Ethikberatung ein wirksames Instrument dar, um Entscheidungen zum Therapieverzicht am Lebensende zu unterstützen. Wenn dabei lebensverlängernde Maßnahmen unterlassen werden, weil sie den Patienten keinen Nutzen mehr bieten oder die Fortführung ihrem (mutmaßlichen) Willen

---

26 J. M. TENO/E. S. FISHER/M. B. HAMEL/K. COPPOLA/N. V. DAWSON, Medical care inconsistent with patients' treatment goals: association with 1-year Medicare resource use and survival, in: J Am Geriatr Soc 50 (2002), 496–500.

27 L. J. SCHNEIDERMAN/T. GILMER/H. D. TEETZEL/D. O. DUGAN/J. BLUSTEIN/R. CRANFORD/K. B. BRIGGS/G. I. KOMATSU/P. GOODMAN-CREWS/F. COHN/E. W. YOUNG, Effect of ethics consultations on nonbeneficial life-sustaining treatments in the intensive care setting: a randomized controlled trial, in: JAMA 290 (2003), 1166–1172.

28 T. GILMER/L. J. SCHNEIDERMAN/H. D. TEETZEL/J. BLUSTEIN/K. BRIGGS/F. COHN/ R. CRANFORD/D. DUGAN/G. KAMATSU/E. W. YOUNG, The costs of nonbeneficial treatment in the intensive care setting, in: Health Aff 24 (2005), 961–971.

widerspricht, fördert das nicht nur die Interessen des Einzelnen, sondern setzt auch kostbare Ressourcen frei, die entweder dem Betreffenden für subjektiv sinnvolle Maßnahmen oder aber der Gemeinschaft zu gute kommen können.

Dies setzt jedoch voraus, dass die Patienten tatsächlich keinen Nutzen von der Lebensverlängerung mehr haben. Dies ist nicht notwendig der Fall, auch wenn das Leben nicht auf Dauer erhalten werden kann: Möglicherweise benötigt der Patient noch etwas Zeit, um sich von seinen Angehörigen zu verabschieden oder seine persönlichen Angelegenheiten zu regeln. Insofern sind auch die Ergebnisse der Studie von Schneiderman und anderen mit einer gewissen Vorsicht zu interpretieren. In keinem Fall darf sich die Argumentation umdrehen: Die Rechtfertigung eines Therapieverzichts ist primär individualethisch zu erbringen. Mögliche positive sozialethische Folgen sollten stets ein sekundärer Effekt bleiben.

5.2 Patientenverfügungen: Respekt der Selbstbestimmung zu geringeren Kosten?

Geht man einmal davon aus, dass viele Menschen keine aggressive Therapie am Lebensende wünschen[29], wenn der Erfolg der Therapie unwahrscheinlich oder das Nutzen-Schadens-Verhältnis ungünstig ist, könnte die vermehrte Nutzung von Patientenverfügungen ebenfalls einen Weg darstellen, um den Ausgabenanstieg für lebensverlängernde Maßnahmen kurz vor dem Tod etwas zu dämpfen und damit Ressourcen für individuell oder gesellschaftlich erstrebenswertere Ziele freizusetzen. Ein großer Teil der Patienten kann in der letzten Lebensphase nicht mehr selbst an den Entscheidungen über einen möglichen Therapieverzicht teilnehmen, da sie ihre Einwilligungsfähigkeit durch die Erkrankung verloren haben. Der Anteil nicht einwilligungsfähiger Patienten lag in der EURELD-Studie beispielsweise zwischen 66 % (Belgien) und 48 % (Niederlande).[30] Aber nur in einem Bruchteil der Fälle werden die Entscheidungen zuvor mit den Patienten besprochen (Niederlande 19 %, Italien und Schweden 6 % der Fälle), sodass nicht auf die individuellen Behandlungswünsche des Patienten zurückgegriffen werden kann. Meist werden im Zweifelsfall die lebensverlängernden Maßnahmen fortgesetzt – manchmal möglicherweise auch stillschweigend unterlassen. In beiden Fällen drohen ungewünschte Über- beziehungsweise Untertherapie und Fremdbestimmung.

Eine Patientenverfügung eröffnet die Möglichkeit, im Voraus festzulegen, welche (vor allem lebensverlängernden) Behandlungen im Falle einer schweren

---

29 TENO/FISHER/HAMEL/COPPOLA/DAWSON (s.o. Anm. 26).
30 VAN DER HEIDE/DELIENS/FAISST/NILSTUN/NORUP/PACI/VAN DER WAL/VAN DER MAAS (s.o. Anm. 5), 345–350.

Erkrankung mit Verlust der Äußerungsfähigkeit noch durchgeführt werden sollen. Wie bei der Ethikberatung lassen die verfügbaren empirischen Befunde aufgrund methodischer Einschränkungen bei den zugrundeliegenden Studien kein abschließendes Urteil, sondern lediglich eine tendenzielle Einschätzung über den Zusammenhang zwischen Patientenverfügungen und Sterbekosten zu. In einer etwas älteren Übersicht kam Emanuel zu dem Schluss, dass mit Patientenverfügungen im letzten Lebensmonat zwischen 25 % und 40 % der Kosten eingespart werden könnten, im letzten halben Jahr 10–17 % und in den letzten Monaten bis zu 19 %, was das Gesamtsystem aber nur unwesentlich entlasten dürfte.[31] In einer kontrollierten, prospektiven Studie in sechs Pflegeheimen der kanadischen Provinz Alberta reduzierte eine Initiative zur Verbreitung von Patientenverfügungen vor allem die Krankenhauskosten (1.772 versus 3.869 C $), während die Kosten für die ambulante Arzneimitteltherapie in der Interventionsgruppe etwas höher waren (1.606 versus 1.370 C $). Letzteres schmälerte den Gesamteffekt – Kostenvorteile für das Patientenverfügungsprogramm – jedoch nur unwesentlich.[32] Angesichts der auch in empirischen Studien belegten Tendenz zur „Übertherapie" mit lebensverlängernden Maßnahmen erscheint es plausibel, dass gerade im letzten Monat vor dem Tod Patientenverfügungen die Inanspruchnahme solcher Maßnahmen und damit auch die Gesundheitskosten reduzieren können.

5.3 Gesundheitliche Vorausplanung – *Advance Care Planning*: Der Schlüssel zu einer selbstbestimmten Gestaltung der letzten Lebensphase

Erfahrungen im In- und Ausland belegen, dass mit dem Instrument der Patientenverfügung allein die Wahrung der Selbstbestimmung am Lebensende nicht effektiv gewährleistet werden kann. Trotz überzeugender Argumente, unzähliger Appelle und rechtlicher Regulierung hat nur eine Minderheit von 10–20 % der Patienten eine Vorausverfügung verfasst. Wenn Patientenverfügungen dennoch vorliegen, sind sie häufig unscharf formuliert, geben den Patientenwillen

---

31 J. EMANUEL, Cost savings at the end of life. What do the data show?, in: JAMA 275 (1996), 1907–1914; für eine neuere Übersicht vergleiche auch: ALBERTA HERITAGE FOUNDATION FOR MEDICAL RESEARCH, Advance Directives and Health Care Costs at the End of Life, Technical Note 49, Edmonton 2005.

32 D. W. MOLLOY/G. H. GUYATT/R. RUSSO/R. GOEREE/B. J. O'BRIEN/M. BEDARD/A. WILLAN/J. WATSON/C. PATTERSON/C. HARRISON/T. STANDISH/D. STRANG/P. J. DARZINS/ S. SMITH/S. DUBOIS, Systematic implementation of an advance directive program in nursing homes: a randomized controlled trial, in: JAMA 283 (2000), 1437–1444.

nicht korrekt wieder, sind im Notfall nicht verfügbar oder interpretierbar und werden von ärztlicher Seite nicht angemessen umgesetzt.³³

Erforderlich ist vielmehr ein umfassenderes Konzept gesundheitlicher Vorausplanung (*advance care planning*), das auf zwei Säulen ruht:

1. Zum einen erhalten Menschen im Rahmen eines *professionell begleiteten Gesprächsprozesses* Gelegenheit, künftige Szenarien und Behandlungsoptionen zu verstehen, eigene Präferenzen zu entwickeln, in ihrem sozialen Umfeld zu reflektieren und schließlich in einer aussagekräftigen Patientenverfügung zu dokumentieren.

2. Zum anderen werden die Partner der medizinischen Versorgung durch eine *regionale systemische Intervention* so geschult oder informiert, dass die entstandenen Vorausverfügungen auf allen relevanten Ebenen der Versorgung gesehen, gewürdigt und respektiert werden.

Vielversprechende Erfahrungen mit einer solchen gesundheitlichen Vorausplanung liegen aus dem Programm *Respecting Choices*® in LaCrosse (Wisconsin, USA)³⁴ und aus einer Adaptation dieses Programms, *Respecting Patient Choices*, in Australien vor.³⁵ Ein Pilotprojekt im Düsseldorfer Raum untersucht derzeit mit dem Programm *beizeiten begleiten*® die Übertragbarkeit dieses regionalen Ansatzes in die deutsche Versorgung.³⁶

Die nachhaltige Effektivität des Programms *Respecting Choices* ist inzwischen durch zwei empirische Studien belegt. Neuere Daten zeigen, dass es sich dabei um eine nachhaltige Verbesserung der Entscheidungen am Lebensende handelte.³⁷ 90 % der Verstorbenen hatten eine Patientenverfügung, die in 99,4 % der Fälle auch in der medizinischen Akte zu finden war. Insgesamt konnte bei 96 % (!) der Verstorbenen auf eine Form der Vorausplanung – Patientenverfügung oder Notfallbogen (POLST³⁸) – zurückgegriffen werden. In

---

33 A. FAGERLIN/C. E. SCHNEIDER, Enough. The failure of the living will, in: Hastings Cent Rep 34 (2004), 33–42.
34 HAMMES/ROONEY/GUNDRUM (s.o. Anm. 25).
35 DETERING/HANCOCK/READE/SILVESTER (s.o. Anm. 25).
36 J. IN DER SCHMITTEN/S. ROTHARMEL/C. MELLERT/S. RIXEN/B. J. HAMMES/L. BRIGGS/ K. WEGSCHEIDER/G. MARCKMANN, A complex regional intervention to implement advance care planning in one town's nursing homes: Protocol of a controlled interregional study, in: BMC Health Serv Res 11 (2011), 14.
37 HAMMES/ROONEY/GUNDRUM (s.o. Anm. 25).
38 Physicians Orders for Life-Sustaining Treatment (polst.org), S. E. HICKMAN/C. A. NELSON/N. A. PERRIN/A. H. MOSS/B. J. HAMMES/S. W. TOLLE, A comparison of methods to communicate treatment preferences in nursing facilities: traditional practices versus the physician orders for life-sustaining treatment program, in: J Am Geriatr Soc 58 (2010), 1241–1248.

99,5 % der Fälle stimmten die Behandlungsentscheidungen mit den vorausverfügten Wünschen der Betroffenen überein.

Bemerkenswert ist auch ein Blick auf die mutmaßlichen Auswirkungen des *Advance Care Planning*-Systems in der Region La Crosse auf den Ressourcenverbrauch in den letzten zwei Lebensjahren, in denen über die Lebensspanne hinweg die höchsten Kosten anfallen. Gundersen Lutheran liegt mit Gesamtkosten von 18.359 US $ in den letzten zwei Lebensjahren deutlich unter dem US-amerikanischen Durchschnitt von 25.860 US $.[39] Auch die Anzahl der Krankenhaustage liegt mit 13,5 Tagen pro verstorbenem Patienten deutlich unter dem Landesdurchschnitt von 23,6 Tagen. Wenn auch ein kausaler Zusammenhang zwischen *Respecting Choices* und diesen Zahlen bisher nicht untersucht worden ist, liegt die Vermutung nahe, dass den Investitionen für dieses Programm (Qualifizierung von *facilitators*, das Angebot ausführlicher Begleitungsgespräche für die gesamte Bevölkerung ab 60 Jahren sowie Maßnahmen der Qualitätssicherung) Einsparungen gegenüberstehen, die sich aus der konsequenten Berücksichtigung von Patientenpräferenzen in der letzten Lebensphase ergeben.

6. Fazit

Die Alterung der Bevölkerung, die damit einhergehende Zunahme von chronischen Erkrankungen sowie der medizinische Fortschritt haben die Rahmenbedingungen des Sterbens in den letzten Jahrzehnten erheblich verändert. Die Gesundheitsausgaben steigen durch die Inanspruchnahme lebensverlängernder Maßnahmen kurz vor dem Tod exponentiell an. Dies ist sowohl aus individual- wie auch gerechtigkeitsethischer Perspektive problematisch, da dem hohen Ressourcenverbrauch – wenn überhaupt – ein geringer Nettonutzen für den Patienten gegenübersteht.

Die Ausgaben in der letzten Lebensphase sinken, wenn eine spezialisierte palliativmedizinische Versorgung in Anspruch genommen wird – ungeachtet der damit verbundenen Mehrkosten und ohne Auswirkung auf die verbleibende Lebensdauer, aber einhergehend mit einer Verbesserung der Symptomkontrolle, also Qualität der Behandlung. Die Netto-Einsparung verdankt sich vor allem dem reduzierten Einsatz intensivmedizinischer Behandlungsmaßnahmen. Empirische Studien weisen zudem darauf hin, dass der weit verbreitete intensive Einsatz lebenserhaltender Behandlungsmaßnahmen in der letzten Lebensphase nicht den Präferenzen der meisten Patienten entspricht: Die dafür aufgewendeten Ressourcen sind also objektiv von fragwürdigem

---

39 Respecting Choices Leaflet 7-26-10, http://respectingchoices.org (Zugriff 15.07.2011).

Nutzen und dienen subjektiv nicht erstrebenswerten Behandlungszielen. Es erscheint deshalb geboten, vermehrt Instrumente einzusetzen, die eine auf die individuellen Behandlungswünsche der Patienten abgestimmte Versorgung ermöglichen. Die vorliegenden Erkenntnisse und empirischen Befunde genügen zwar methodisch nicht für eine belastbare Aussage, sprechen aber in der Tendenz deutlich dafür, dass mittels klinischer Ethikberatung und einer gesundheitlichen Vorausplanung einschließlich Patientenverfügung (*advance care planning*) die Sterbekosten gesenkt und die Versorgung der Patienten in den letzten Monaten vor ihrem Tode verbessert werden kann. Es mag paradox erscheinen, aber offenbar benötigen wir am Lebensende eine bessere *ethische* Entscheidungsgrundlage, um eine auch ökonomisch sinnvollere Ressourcenallokation zu erzielen.

Die Ausdifferenzierung des Todes durch die moderne Medizin und ihre ethischen Konsequenzen

RALF STOECKER

> Als der letzte Ton verklungen war, wollte er sprechen – es ging nicht mehr. Ich brachte mein Ohr ganz nahe an seinen Mund, und mit der letzten Anstrengung der schwindenden Kräfte flüsterte er:
>
> „Schar-Iih, ich glaube an den Heiland. Winnetou ist ein Christ. Lebe wohl!"
>
> Es ging ein konvulsivisches Zittern durch seinen Körper; ein Blutstrom quoll aus seinem Munde; der Häuptling der Apachen drückte nochmals meine Hände und streckte seine Glieder. Dann lösten sich seine Finger langsam von den meinigen – er war tot![1]

Für viele Männer meiner Generation war das ein einschneidendes Kindheitserlebnis. Nach hunderten Seiten gemeinsamer Abenteuer von Old Shatterhand und Winnetou war der edle Häuptling der Apachen plötzlich tot, einfach erschossen. Eine großartige Geschichte war ein für allemal um ihr *Happy End* gebracht.

Dabei war der letzte Satz in dem Zitat vermutlich gar nicht wahr. Winnetou hatte zwar einen Lungendurchschuss erlitten, hätte er aber nicht das Pech gehabt, sich im 19. Jahrhundert im Wilden Westen zu befinden, sondern wäre er stattdessen im 21. Jahrhundert in einer deutschen Universitätsklinik verwundet worden, dann hätte er wahrscheinlich schon bald wieder mit seinem Blutsbruder Kiowas jagen können. Was Old Shatterhand für Winnetous Tod hielt, war nur eine Bewusstlosigkeit, hervorgerufen durch den Blutverlust, wenngleich eine Bewusstlosigkeit, aus der Winnetou mitten in der Savanne nie wieder erwachen würde. Deshalb wäre es Old Shatterhand wahrscheinlich auch vollkommen egal gewesen, ob sein Freund schon tot war oder noch im Sterben lag; an dem schmerzhaften Verlust seines Freundes hätte es schließlich nichts geändert.

---

1   Aus: K. MAY, Winnetou III, hg. v. R. SCHMID (Freiburger Erstausgaben, Bd. 9), Bamberg 1982, 474.

Die Episode um Winnetous Tod gehört nicht nur zum deutschen Bildungsschatz, sie ist auch in zweierlei Hinsicht illustrativ für unseren modernen Umgang mit Sterben und Tod, insbesondere in der Medizin und medizinischen Ethik. Erstens teilen wir mit K. Mays Helden immer noch ganz selbstverständlich ein Bild des Todes, dem zufolge ein Mensch zunächst lebt und dann, prompt und schlagartig, tot ist. Ich möchte diese Vorstellung vom Tod als das *Winnetou-Bild des Todes* bezeichnen. Wie sich zeigen wird, ist dieses Bild einerseits zutreffend, ja sogar begrifflich wahr, andererseits aber extrem irreführend. Das zeigt sich besonders deutlich in einer der prominentesten Debatten der medizinischen Ethik, in der so genannten Hirntod-Debatte. Und zweitens ist die Frage, wie wichtig es letztlich ist, ob jemand schon tot ist, viel aufschlussreicher als man zunächst annehmen möchte. Es ermöglicht nämlich am Ende einen überzeugenden Ausweg aus der Hirntod-Debatte.[2]

1. Das Winnetou-Bild des Todes

Wie schon erwähnt, ist uns das Winnetou-Bild des Todes wohl vertraut. Zahllose Erzählungen und Filme reproduzieren den Tod als plötzlichen Umschwung, der einem Menschen innerhalb eines Augenblicks das Leben raubt. Man könnte fast meinen, es wäre ein überflüssiger rhetorischer Schlenker, eine eigene Bezeichnung für dieses Bild des Todes einzuführen. Wie das folgende Zitat zeigt, gibt es daneben allerdings auch noch eine andere, konkurrierende Vorstellung des Todes, den *Kammerherren-Tod*:

> „Christoph Detlevs Tod, der auf Ulsgaard wohnte, ließ sich nicht drängen. Er war für zehn Wochen gekommen, und die blieb er. […] Das war nicht der Tod irgendeines Wassersüchtigen, das war der böse, fürstliche Tod, den der Kammerherr sein ganzes Leben lang in sich getragen und aus sich genährt hatte. […] Wie hätte der Kammerherr den angesehen, der von ihm verlangt hätte, er solle einen anderen Tod sterben als diesen. Er starb seinen schweren Tod."[3]

Der schwere Tod des Kammerherrn in Rilkes Erzählung ist alles andere als ein Augenblick, er dauert zehn fürchterliche Wochen. Die Beobachtung, dass wir

---

2 In meinem Beitrag stütze ich mich auf Überlegungen, die ich in meinem Buch R. STOECKER, Der Hirntod. Ein medizinethisches Problem und seine moralphilosophische Transformation (Praktische Philosophie 59), Freiburg i.Br./München 1999, insbesondere auch in der systematischen Einleitung in die Studienausgabe (Freiburg i.Br. ²2010) sowie in den Artikeln R. STOECKER, Wann werde ich jemals tot sein?, in: D. GROß/ J. GLAHN/B. TAG (Hg.), Die Leiche als Memento mori, Frankfurt a.M. 2010, 23–44 und R. STOECKER, Ein Plädoyer für die Reanimation der Hirntoddebatte in Deutschland, in: N. KNOEPFFLER (Hg.), Körperteile – Körper teilen, Würzburg 2009 ausgeführt habe.

3 Aus: R. M. RILKE, Aufzeichnungen des Malte Laurids Brigge, in: DERS., Gesammelte Werke in fünf Bänden, hg. v. U. FÜLLEBORN/H. NALEWSKI/A. STAHL/M. ENGEL, Bd. 4, Berlin 2003, 463 f.

uns den Tod manchmal als einen ausdehnungslosen Augenblick vorstellen und dann wieder akzeptieren, dass er sich über viele Wochen hinziehen kann, zeigt, dass jede philosophische Beschäftigung mit dem Tod gut daran tut, mit ein paar ontologischen Überlegungen zum Wesen des Todes zu beginnen.

Den Ausgangspunkt dieser Überlegungen bildet eine begriffliche Feststellung: Wenn wir von jemandem sagen, dass er tot ist, dann geben wir eine negative Charakterisierung. Wir sagen von ihm, dass er eine bestimmte Eigenschaft nicht hat, nämlich die Eigenschaft zu leben: Wer tot ist, lebt nicht. Oder genauer gesagt: Wer tot ist, lebt nicht *mehr*. Denn wer noch nie gelebt hat, ist auch nicht tot.

Das ist nicht so trivial, wie es klingt, denn es widerspricht der Ansicht, dass schon zum Begriff des Totseins bestimmte positive Charakterisierungen gehören, wie beispielsweise ein starrer Körper oder der Aufenthalt in einer anderen Welt. Was immer wir über das postmortale Schicksal eines Lebewesens sagen möchten, wir implizieren es nicht schon dadurch, dass wir sagen, dass es tot ist. Insbesondere implizieren wir damit nicht, ob es es noch gibt oder nicht. Ein Gänsezüchter, der nach Weihnachten Fotos vom verflossenen Sommer betrachtet, hätte recht festzustellen, dass all die Tiere, die damals noch lebenslustig über den Hof geflattert waren, mittlerweile tot seien. Sie sind tot, obwohl sie längst gegessen und damit nicht mehr existent sind.[4]

Die Feststellung, dass tot zu sein eine negative Charakterisierung ist, wird sich später noch als wichtig erweisen. Zunächst stellt sich aber die Frage, was es angesichts dieser Unterscheidung mit *dem Tod* auf sich hat, also dem Substantiv, mit dem wir manchmal das Winnetou-Bild verbinden und manchmal das auf den ersten Blick so verschiedene Kammerherren-Bild.

Auch hier gibt es zunächst eine unmittelbar einleuchtende, erste Antwort: So wie wir tot sind, wenn wir nicht mehr leben, ist der Tod *das Ende des Lebens*. Daran schließen sich allerdings zwei weniger selbstverständliche Schlussfolgerungen an. Erstens ist grundsätzlich das Ende einer Sache immer noch ein Teil dieser Sache, nämlich ihr letzter Teil. Das Ende der Fahnenstange, das ein Kletterer mehr oder weniger metaphorisch erreichen kann, gehört noch zur Stange, das Ende der Wurst ist der Zipfel. Ebenso ist der Tod als das Ende des Lebens dessen letzter Teil. In den zehn Wochen, die der Tod auf Ulsgaard wohnte, lebte der Kammerherr noch, er war noch nicht tot. Das Kammerherren-Bild des Todes ist das des letzten Teils des Lebens. Der Tod ist die Phase des Sterbens. Mit den Ausdrücken ‚Tod' und ‚Sterben' beziehen wir uns auf das gleiche Geschehen, nur dass wir normalerweise unterschiedliche Emphasen setzen: Reden wir vom ‚Sterben', dann geht es uns um die spezifischen Umstände dieser letzten Lebensphase, reden wir vom ‚Tod', betonen wir, dass es eben die

---

4 Vgl. auch STOECKER, Wann werde ich jemals tot sein? (s.o. Anm. 2).

letzte Lebensphase ist. Die Ausdrücke haben, um mit dem Sprachphilosophen G. Frege zu sprechen, eine unterschiedliche ‚Beleuchtung'.

Das führt zu der zweiten Schlussfolgerung aus der Annahme, dass der Tod das Ende des Lebens ist, und damit zur Bewertung des Winnetou-Bilds. Zweifellos kann sich ein Ende kürzer oder länger hinziehen. Der Urlaub, mit dem eine Ehe endet, kann ein Kurztrip sein oder auch eine Weltreise.[5] Entsprechend kann auch das Ende des Lebens länger oder kürzer sein. Anders als der Tod des Kammerherrn dauert der eines Selbstmordattentäters nur Bruchteile einer Sekunde. Einen Tod aber, der gar keine Zeit in Anspruch nimmt, der sozusagen im Nu stattfindet, gibt es nicht. Es gibt ihn nicht, weil der Tod ein Ereignis (oder ein Vorgang oder ein Prozess) ist und Ereignisse immer eine zeitliche Ausdehnung haben.

Dieser Umstand wird manchmal dadurch verschleiert, dass man versucht, den Tod als Grenze zwischen zwei Zuständen zu verstehen, dem Zustand, dass die Person lebt, und dem Zustand, dass sie tot ist. Doch wie gesagt, tot zu sein ist kein Zustand eines Menschen (dass ein Mensch tot ist, heißt nur, dass er nicht mehr lebt), und außerdem wäre es auch ein Missverständnis der Ontologie von Grenzen, sie als ausdehnungslos zu betrachten.

Zusammenfassend lässt sich also sagen, dass das Winnetou-Bild insofern stimmt, als ein Mensch genau dann, wenn er nicht mehr lebt, tot ist. Es ist allerdings insofern zumindest irreführend, als es suggeriert, dass der Tod eine ausdehnungslose Scheidelinie zwischen Leben und Totsein ist, denn das ist er nicht, er ist vielmehr der letzte Teil des Lebens eines Menschen. Um es auf den Punkt zu bringen: Tot ist der Mensch, sobald sein Tod zu Ende ist.

Wann aber ist ein Mensch tot? Eben das ist die Grundfrage der Hirntod-Debatte.

2. Die Frage, wann ein Mensch tot ist

Nicht nur Old Shatterhand hätte es wenig interessiert, ob Winnetou tatsächlich in dem Augenblick, in dem sich seine Finger lösten, schon tot gewesen ist oder erst wenige Minuten später. Bis zur Mitte des 20. Jahrhunderts war das Interesse an einer genauen Lokalisation des Todes insgesamt gering. Es gab einfach keinen Grund, warum man es hätte wissen wollen. In der Antike waren die Ärzte primär daran interessiert zu erkennen, nicht wann ein Mensch tot, son-

---

5 Entsprechend kann der Tod nicht nur lange dauern, man kann sogar in der Tradition des *memento mori* behaupten, dass im Grunde der Tod des Menschen bereits bei der Geburt beginnt. Wie erhellend dieser Spruch auch immer sein mag, er ist auf jeden Fall damit vereinbar, dass der Tod das Ende des Lebens ist.

dern wann er todgeweiht war[6], und diese Einstellung zog sich im Gefolge der großen Bedeutung der hippokratischen Medizin bis weit in die Neuzeit hinein. Später, im 18. und 19. Jahrhundert kamen zwar Ängste auf, lebendig begraben zu werden, doch auch sie motivierten weniger eine Untersuchung, *wann* ein Mensch tot war, als vielmehr die Entwicklung von Methoden, die sicherstellten, *dass* er tot war (dazu zählten diagnostische Verfahren, Aufbahrungszeiten und nicht zuletzt das Zufügen tödlicher Verletzungen).[7]

Die Frage, wann genau ein Mensch im Verlauf der Sterbeprozesse tot ist, hat die Menschen deshalb erst viel später, seit der Mitte des 20. Jahrhunderts beschäftigt, sozusagen als Nebeneffekt zweier medizinischer Erfolgsgeschichten, der Entwicklung der Intensivmedizin und der Transplantationsmedizin.[8]

Die Intensivmedizin, deren Geschichte mit der Erfindung der künstlichen Beatmung nach dem Zweiten Weltkrieg begann, erlaubte es den Ärzten, den Sterbeprozess eines Menschen unter Umständen auch ohne Heilungsaussichten so weit zu verzögern, dass sie sich plötzlich mit der Frage nach der moralischen Zulässigkeit dieser Behandlung konfrontiert sahen. Einerseits gehörte es zum Kern ihres Selbstverständnisses, Patienten so lange wie möglich vor dem Sterben zu bewahren, andererseits erschien es ihnen offenkundig sinnlos, diese Patienten mit hohem technologischen Aufwand zu animieren. Den idealen Ausweg aus dem Dilemma bot schließlich die Feststellung, dass die betreffenden Patienten in Wirklichkeit schon tot waren, also weder animiert werden konnten noch animiert werden mussten. Sie waren tot, so die Überzeugung vieler Ärzte, weil ihr Gehirn abgestorben war und ein Mensch ohne funktionsfähiges Gehirn tot sei. Entsprechend schnell verbreitete sich diese so genannte Hirntodkonzeption des Todes in der medizinischen Fachwelt.

Die Transplantationsmedizin stand hingegen vor einem ganz anderen Problem. Nachdem in den fünfziger Jahren die Zuversicht gewachsen war, dass es der Medizin gelingen könnte, schwer kranke Menschen mithilfe von Organverpflanzungen zu retten, ergab sich die Schwierigkeit, die erforderlichen Spenderorgane zu beschaffen. Das führte wiederum auf zweierlei Weise zu der Frage, wann ein Mensch tot ist. Zum einen war es in der Frühzeit der Transplantationsmedizin üblich, Organe direkt von frisch verstorbenen Spendern zu

---

6   Vgl. A. VAN HOOFF, Thanatos und Asklepios. Wie antike Ärzte zum Tod standen, in: T. SCHLICH/C. WIESEMANN (Hg.), Hirntod: Zur Kulturgeschichte der Hirntodfeststellung, Frankfurt a.M. 2001, 85–101.

7   M. KESSEL, Die Angst vor dem Scheintod im 18. Jahrhundert. Körper und Seele zwischen Religion, Magie und Wissenschaft, in: SCHLICH/WIESEMANN (s.o. Anm. 6), 133–186.

8   G. S. BELKIN, Brain death and the historical understanding of bioethics, in: J Hist Med Allied Sci 58,3 (2003), 325–361; S. M. SCHELLONG, Die künstliche Beatmung und die Entstehung des Hirntodkonzepts, in: SCHLICH/WIESEMANN (s.o. Anm. 6), 187–208.

entnehmen und in den Empfänger zu verpflanzen. Da die Organe allerdings sehr empfindlich gegen Sauerstoffmangel sind, musste der Zeitpunkt, zu dem der Spender tot war, so genau wie möglich abgepasst werden. Das aber stand im eklatanten Widerspruch zu den damals (und auch heute noch teilweise) üblichen Sicherheitsfristen, die eine irrtümliche Todeserklärung ausschließen sollten. Nach damaligem Verständnis war ein Mensch tot, wenn seine Atmung und sein Blutkreislauf zum Stillstand gekommen waren und keine Chance zur Wiederbelebung bestand. War dieser so genannte ‚Herztod' eingetreten, dann war ein Mensch tot. Alleine der Herzstillstand reichte dafür also nicht aus. Wartete man allerdings nach dem Herzstillstand mit der Entnahme der Organe, bis auch die üblichen Liegezeiten verstrichen waren, um sicherzustellen, dass der Kreislaufstillstand endgültig war, dann waren die Organe für die Transplantation nicht mehr zu gebrauchen. Die Pioniere der Transplantationsmedizin standen also vor dem heiklen Problem, Patienten Spenderorgane zu entnehmen, bei denen es durchaus fraglich war, ob sie tatsächlich schon tot waren. Wie sich später noch zeigen wird, ist das ein Problem, mit dem die moderne Transplantationsmedizin gerade in den letzten Jahren wieder zunehmend konfrontiert ist.

Die Frage nach der genauen Lokalisierung des menschlichen Todes stellte sich, wie gesagt, aber noch an einer zweiten, prominenteren Stelle in der Transplantationsmedizin. Während aus Sicht der Intensivmediziner die Möglichkeit, Patienten weiter zu beatmen, deren Gehirn schon vollkommen abgestorben war, eine unerfreuliche Nebenfolge der Entwicklung ihrer medizinischen Möglichkeiten darstellte, eröffnete sie den Transplantationsmedizinern einen nahezu idealen Ausweg aus der Schwierigkeit, geeignete Spenderorgane zu finden. Wenn hirntote Menschen tot sind, dann gibt es keine grundsätzlichen Vorbehalte dagegen, ihre Organe für die Transplantation zu nutzen; weil man hirntote Menschen aber intensivmedizinisch weiter versorgen kann, nehmen ihre Organe im Tod keinen Schaden, sondern können in aller Ruhe entnommen werden, sobald ein geeigneter Empfänger gefunden und das Transplantationsteam bereit ist. So ist es kein Wunder, dass heutzutage die übergroße Mehrheit aller Spenderorgane von hirntoten Spendern entnommen wird.

Diese Praxis beruht aber, wie gesagt, auf der Gültigkeit der Hirntodkonzeption des Todes. Und eben diese Konzeption, die zwar von Anfang an nicht unumstritten war, aber doch weithin akzeptiert wurde, geriet in Deutschland Anfang der neunziger Jahre plötzlich in das Zentrum einer öffentlichen Auseinandersetzung.[9] Der spektakuläre, letztlich gescheiterte Versuch, das ungeborene Kind einer hirntoten Mutter, das so genannte ‚Erlanger Baby', dadurch zu ret-

---

9 G. BOCKENHEIMER-LUCIUS/E. SEIDLER (Hg.), Hirntod und Schwangerschaft, Stuttgart 1993.

ten, dass die Schwangerschaft in der Klinik fortgeführt wurde, machte vielen Menschen erst deutlich, wie wenig selbstverständlich die Lokalisation des Todes in der modernen Medizin ist. Ihren Höhepunkt und zugleich ihr vorläufiges Ende erreichte die Debatte 1997 mit der Verabschiedung des Transplantationsgesetzes, das es auf eine für Philosophen verblüffende (und lehrreiche) Art und Weise schaffte, klare Vorgaben für die Transplantationsmedizin zu machen, ohne sich explizit für die Hirntod-Konzeption auszusprechen.

In den nächsten beiden Abschnitten möchte ich die Argumente dieser Debatte noch einmal Revue passieren lassen, um zu zeigen, weshalb sie in einem so ausweglos erscheinenden Patt geendet hat. Der Fehler, glaube ich, liegt darin, dass die Kontrahenten in einer wesentlichen Hinsicht immer noch dem Winnetou-Bild des Todes verhaftet waren und zwar derjenigen Seite, die sich als unhaltbar erwiesen hat. Damit stellt sich die Frage, auf welchem anderen Weg man das Grundproblem der Hirntod-Debatte lösen könnte. Darum wird es im letzten Abschnitt gehen.[10]

3. Begriffliche Grundlagen der Hirntod-Debatte

Die Ausgangsfrage der Hirntoddebatte lautet: Sind hirntote Patienten schon tot, oder sind sie es noch nicht? Nachdem sich bereits Ende der sechziger Jahre in der Medizin weitgehend die Auffassung durchgesetzt hatte, dass Hirntote tatsächlich tot seien, hat der Wissenschaftliche Beirat der Bundesärztekammer diese Frage 1982 in seiner ersten „Entscheidungshilfe zur Feststellung des Hirntodes" noch einmal ausdrücklich bejaht und dabei auch Gründe genannt, die schon viele wesentliche Elemente der späteren Debatte antizipiert haben. Dort steht:

> „Mit dem Organtod des Gehirns sind die für jedes personale menschliche Leben unabdingbaren Voraussetzungen, ebenso aber auch alle für das eigenständige körperliche Leben erforderlichen Steuerungsvorgänge des Gehirns endgültig erloschen. Die Feststellung des Hirntodes bedeutet damit die Feststellung des Todes des Menschen."[11]

---

10 Es gibt eine Reihe hilfreicher Textsammlungen zur Hirntoddebatte, u.a.: A. BONDOLFI/ U. KOSTKA/K. SEELMANN, Hirntod und Organspende, Basel 2003; J. HOFF/J. IN DER SCHMITTEN, Wann ist der Mensch tot? Organverpflanzung und „Hirntod"-Kriterium, Hamburg 1994; G. HÖGLINGER/S. KLEINERT, Hirntod und Organtransplantation, Berlin u.a. 1998; S. J. YOUNGNER/R. B. ARNOLD/ R. SCHAPIRO, The definition of death: contemporary controversies, Baltimore 1999.

11 WISSENSCHAFTLICHER BEIRAT DER BUNDESÄRZTEKAMMER, Kriterien des Hirntodes. Entscheidungshilfen zur Feststellung des Hirntodes, in: Dtsch Arztebl 79 (1982), 45–55, 50.

Das Zitat zeigt sehr deutlich den oben konstatierten negativen Charakter des Todes: Tot zu sein heißt nichts anderes als nicht mehr am Leben zu sein. Um zu entscheiden, ob Hirntote tot sind, müssen wir also wissen, ob sie noch am Leben sind. Unter „Leben" kann man aber, das ist jetzt das Neue in dieser „Entscheidungshilfe", Unterschiedliches verstehen, entweder ‚personales Leben' oder ‚körperliches Leben'. Aus Sicht der „Entscheidungshilfe" ist diese Unterscheidung für die Frage, ob die hirntoten Patienten noch leben, allerdings belanglos, weil sie weder in dem einen noch in dem anderen Sinn am Leben seien.

Damit ist die Grundstruktur, der die Hirntod-Debatte lange gefolgt ist, schon vorgezeichnet. Zum einen wurden verschiedene konzeptionelle Charakteristika des Lebens-Begriffs unterschieden und in ihrer ethischen Relevanz gegeneinander abgewogen. Zum anderen wurde untersucht, inwieweit Hirntote diese Charakteristika noch aufweisen. Dabei wurden fünf Merkmale des Lebens-Begriffs herausgearbeitet: Die beiden in der „Entscheidungshilfe" genannten: personales und körperliches (oder biologisches) Leben, drittens Leben als die Form menschlicher Existenz, viertens Leben als phänomenale Eigenschaft und fünftens Leben als moralischer Wert, Status oder Anspruch auf Berücksichtigung.

Offensichtlich ist es nicht für alle fünf Merkmale gleichermaßen selbstverständlich, dass sie begrifflich mit Leben verbunden sind. Unzweifelhaft ist es für die Biologie. Da die Unterscheidung zwischen Lebewesen und dem Rest der Welt kennzeichnend für den Gegenstandsbereich der Biologie ist, lässt sich kaum bezweifeln, dass am Leben zu sein auch ein biologisches Merkmal dieser Lebewesen sein muss. Kaum weniger einsichtig ist es aber auch, dass wir ein personales Lebensverständnis haben. Das liegt daran, dass wir davon ausgehen, nicht nur am Leben zu sein, sondern *ein Leben* zu führen, das wir erlebt haben und weiter erleben. Leben ist aus dieser Sicht nicht nur der Zustand, am Leben zu sein, es ist das Ganze einer Biographie.

Auf den ersten Blick ebenso selbstverständlich ist es, Leben und Existenz gleichzusetzen. Zweifellos leben wir Menschen von Beginn unserer Existenz an. Ganz unabhängig davon, ob wir bereits mit der befruchteten Eizelle identisch sind oder ob unsere Existenz erst später einsetzt, es ist von vornherein die Existenz eines lebenden Wesens. Nicht so klar ist dies für das Ende unserer Existenz. Hier gibt es die verschiedenen religiösen Vorstellungen von postmortaler Fortexistenz, zu denen ich mich als Philosoph nicht äußern möchte. Daneben kann man aber gute ontologische Gründe dafür angeben, dass die Existenz eines Menschen normalerweise seinen Tod überdauert – wenn auch auf ganz andere Weise als in den Augen der Religionen.

Gewöhnlich haben wir ein unkompliziertes, mereologisches Verständnis davon, was es heißt, dass eine Entität vernichtet wird: Sie geht in Stücke. Die meisten Menschen sterben aber, ohne dass sich ihr körperlicher Aufbau dramatisch ändern würde. Diese Tatsache ließ sich so lange problemlos mit einem existenziellen Verständnis des Todes vereinbaren, wie man davon ausging, dass auch der Tod in einer Auflösung besteht, nämlich der Trennung von Leib und Seele. Aus dieser Perspektive endet mit der Trennung von der Seele, als dem belebenden Element, sowohl die leib-seelische Einheit als auch das Leben des Menschen. Lässt man diese dualistische Vorstellung vom Menschen aber hinter sich, dann gibt es auch keinen Grund mehr, jedes Lebensende als mereologische Auflösung des Menschen anzusehen. Abgesehen von den seltenen Fällen, in denen jemand das Pech hat, in Stücke gerissen zu werden, findet im Tod keine nennenswerte Veränderung der Zusammensetzung des menschlichen Körpers statt. Ich plädiere deshalb dafür, die Vorstellung, dass Tod und Existenzende notwendigerweise zusammenfallen, aufzugeben. Wenn ein Mensch stirbt, existiert er normalerweise noch eine Zeit lang als Leiche, bevor er durch die natürlichen Prozesse der Auflösung oder dadurch, dass er kremiert wird, vernichtet wird. Wir werden also nicht nur alle eines Tages tot sein, die meisten von uns werden vermutlich auch eines Tages Leichen sein. Die Gleichsetzung von Leben und Existenz, die sich auch in der Hirntod-Debatte gelegentlich findet, sollte man also meines Erachtens als Relikt eines überholten dualistischen Lebensverständnisses *ad acta* legen.

Schwieriger als die Fragen nach den biologischen, personalen oder ontologischen Seiten des Lebensendes ist es zu entscheiden, ob es auch eine phänomenale Seite unseres Lebensbegriffs gibt, ob wir also Leben begrifflich mit einem bestimmten äußeren Anschein verbinden: Bewegung, Farbigkeit, Wärme. Dafür spricht die verbreitete Verwendung auf Nicht-Lebewesen, etwa wenn wir davon sprechen, dass bei einer Party nach einem müden Auftakt schließlich Leben in die Bude komme. Dagegen spricht zum einen, dass diese Verwendungen leicht als metaphorisch zurückgewiesen werden können, und zum anderen, dass es traditionell eine begriffliche Unterscheidung zwischen Schein und Sein, zwischen Lebendigkeit und Leben gibt, die sich am prominentesten im Phänomen des Scheintods zeigt. Wenn wir es begrifflich akzeptieren, dass jemand lebt, obwohl er den Anschein erweckt, tot zu sein, dann könnte es auch akzeptabel sein, jemanden als tot zu bezeichnen, obwohl er scheinbar noch lebt.

Problematisch ist schließlich auch die Annahme, dass es zum Begriff des Lebens gehört, einen bestimmten moralischen Anspruch oder Wert zu haben. Einerseits ist es uns selbstverständlich, Leben und Tod als gewichtige moralische Argumente einzusetzen. Jeder versteht, was gemeint ist, wenn jemand ruft: „Hilfe, hier stirbt jemand". Lebensgefahr begründet unmittelbar einen Hilfsanspruch, während wiederum die Feststellung „Er ist schon tot" den Hilfsanspruch deutlich reduziert. Entsprechend ist „Du hast ihn getötet!" normalerweise keine Beschreibung, sondern ein Vorwurf. Andererseits könnten diese Selbstverständlichkeiten auch darauf zurückzuführen sein, dass wir alle natürlich wissen, dass es in der Regel moralisch unzulässig ist, andere Menschen zu töten, und dass wir verpflichtet sind, Menschen in Lebensgefahr zu retten. Kurz gesagt, die moralische Bedeutung des Lebens könnte eine Trivialität sein, ohne begrifflich wahr zu sein.

4. Eine knappe argumentative Übersicht zur Hirntod-Debatte

In der Hirntod-Debatte haben sich diese Überlegungen folgendermaßen ausgewirkt: Während niemand bezweifelt, dass der Lebensbegriff eine biologische Seite hat, war erstens strittig, ob Leben in diesem Sinn moralisch relevant ist (schließlich finden sich Lebewesen seit Milliarden von Jahren in nahezu jedem Winkel der Erde, ohne dass uns das gewöhnlich zur Zurückhaltung veranlasst). Und zweitens, und viel prominenter, wurde heftig darüber gestritten, ob die hirntoten Patienten tatsächlich schon biologisch tot sind (wie der „Beirat" behauptet hat) oder noch leben.[12] Letztere Diskussion hat zum einen wieder einmal gezeigt, wie vielschichtig unsere Vorstellungen vom Leben sind. Im Grunde genommen ganz periphere Phänomene können den Anstoß zum Umdenken geben, so zum Beispiel die Feststellung, dass bei Hirntoten die Mechanismen der Wundheilung noch funktionieren, oder dass hirntote Jugendliche weiter wachsen und sexuell reifen. Anders als bei den legendären weiterwachsenden Leichen-Haaren sind das offenkundig keine schaurigen Kuriosa, es sind gute Gründe, Zweifel an der These vom Ende des biologischen Lebens im Hirntod zu haben.

Zum anderen wirft diese Diskussion aber eine noch viel weiterreichende Frage auf, die Frage nach der Bedeutung empirischer Forschungen für die Hirntod-Debatte. Obwohl es sich zu zeigen scheint, dass gerade die biologische Begründung der Hirntod-Konzeption auf einem viel zu einfachen Bild der Rolle des Gehirns für das Leben des ganzen Organismus beruht hat, fragt es sich, inwieweit man die Gültigkeit dieses Todesverständnisses wirklich von bestimmten Details der körperlichen Rückkopplungsmechanismen und homöostatischen Prozesse abhängig machen sollte. Das ist ein Aspekt, der später noch eine Rolle spielen wird.

Hinsichtlich des personalen Lebensverständnisses steht man zunächst vor der Schwierigkeit, dass der Personenbegriff in der Philosophie häufig für ein sehr anspruchsvolles Selbstverständnis des Menschen steht, für die Fähigkeit,

---

12 Nützliche Überblicksdarstellungen finden sich in dem Artikel: S. MÜLLER, Revival der Hirntod-Debatte: Funktionelle Bildgebung für die Hirntod-Diagnostik, in: Ethik in der Medizin 22,1 (2010), 5–17; sowie in der Stellungnahme des PRESIDENT's COUNCIL ON BIOETHICS, Controversies in the Determination of Death, Washington D.C., 2008.

vernünftig und reflektiert zu denken und zu handeln. In diesem Sinne gehört es allerdings klarerweise nicht zu unserem Lebensbegriff, eine Person zu sein. Niemand wundert sich, wenn jemand behauptet, dass er die ersten Jahre seines Lebens viel Liebe erfahren habe, obwohl Babys und Kleinkinder keine vernünftigen und reflektierten Personen sind, so wie wir auch spätere Episoden von Bewusstlosigkeit oder geistiger Umnachtung ganz selbstverständlich als Teil unseres Lebens ansehen. Dann aber fragt es sich, worin wir stattdessen die Bedingungen personalen Lebens sehen, die es uns erlauben sollen zu entscheiden, ob Hirntote noch am Leben sind.

Ich bin sehr skeptisch, ob es auf diese Frage eine gute Antwort gibt. Es stimmt zwar, dass unsere Biografie all das umfasst, was wir bewusst erleben, was wir denken, wollen, planen, es gehört aber auch all das dazu, was uns zustößt und was wir unter Umständen nicht mitbekommen. Die Grenzen unserer Biografie sind möglicherweise die Grenzen unseres Lebens (auch wenn es durchaus naheliegt, dasjenige, was mit unserem Leichnam geschieht, ebenfalls zu unserer Biografie zu zählen), aber das Gemeinsame, was die Bestandteile unserer Biografie verbindet, ist dann, dass es uns zu Lebzeiten widerfahren ist, und setzt insofern diese Grenzen unseres Lebens voraus, anstatt uns etwas an Hand zu geben, um die Grenzen zu finden. Auf diesem Weg lässt sich die Hirntod-Konzeption folglich auch nicht überprüfen.

Die Annahme, dass wir mit Leben Lebendigkeit verbinden, der Lebensbegriff also eine phänomenale Seite hat, ist, wie oben gezeigt, nicht besonders einleuchtend. Trotzdem spielt der Hinweis, dass hirntote Menschen äußerlich ununterscheidbar von anderen bewusstlosen Patienten auf der Intensivstation sind, in der Debatte eine große Rolle. Die Färbung der Haut, die Körperwärme, die Bewegung des Brustkorbs und erst recht vereinzelte Reflexbewegungen, all dies ist aus Sicht vieler Menschen unvereinbar mit der These, es mit einem Leichnam zu tun zu haben. Besonders interessant sind Berichte des Pflegepersonals, die immer wieder beschreiben, letztlich gar nicht umhin zu können, als die Hirntoten genauso zu behandeln wie andere Patienten auch, also gerade nicht als Leichen. Angesichts der zweifelhaften Verbindung zwischen Anschein und Wirklichkeit, zwischen Lebendigkeit und Leben, ist das kein schlagender Einwand gegen die Hirntod-Konzeption. Es ist aber in anderer Hinsicht aufschlussreich, es deutet abermals auf die enge Beziehung hin zwischen der Frage, ob die Hirntoten tot sind, und der Frage, wie man mit ihnen umgehen sollte und darf.

Das führt direkt zu der moralischen Seite des Lebensbegriffs. Hier liegt das Problem, wie gesagt, darin, inwieweit es zum Begriff des Lebens gehört, mit bestimmten Werten und Ansprüchen verbunden zu sein, oder ob es uns bloß ganz selbstverständlich erscheint, dass jemand Zeit seines Lebens einen besonderen moralischen Status hat. Interessanterweise wirft die Hirntod-Debatte ein neues Licht auf diese Frage. Das erste, was man konstatieren muss, ist, dass auch überzeugte Befürworter der Hirntod-Konzeption nicht dafür plädieren, hirntote Menschen in jeder Hinsicht wie Leichen zu behandeln. Kaum jemand befürwortet die Verwendung Hirntoter zu medizinischen Ausbildungszwecken oder für Arzneimittelversuche.[13] G. v. Hagens durfte, wenn auch nicht unumstritten, seine schön drapierten Leichen öffentlich vorführen, er hätte sie aber schwerlich um einen Hirntoten ergänzen dürfen. Das legt wiederum den Verdacht nahe, dass die scharfe moralische Grenze zwischen Leben und Tod, von der die Hirntod-Debatte ganz selbstverständlich ausgegangen ist, möglicherweise gar nicht so scharf ist, sondern dass es eventuell aus moralischer Sicht ein Drittes gibt, einen Zwischenbereich zwischen dem moralischen Status der Lebenden und dem der Toten.

Zweitens hat gerade der Rückgriff auf die phänomenale Seite des Lebens gezeigt, wie stark die Hirntod-Debatte immer wieder changiert zwischen der Frage, ob Hirntote noch am Leben sind, und der Frage, ob wir sie schon so wie Tote behandeln dürfen. Das praktische Anliegen der ganzen Debatte, ob man Organe entnehmen darf oder nicht, ist natürlich prägend für viele Beiträge und Stellungnahmen. Aus philosophischer Sicht ist das aber ein sehr guter Grund, einen Schritt zurückzutreten und zu klären, worum es in der Debatte eigentlich geht, auf welchen Prämissen sie beruht und inwiefern sich der Konflikt auflösen lässt, wenn man diese Voraussetzungen kritisch hinterfragt. Das ist der Gegenstand des nächsten Abschnitts.

5. Die Transformation der Hirntod-Debatte

Die Hirntod-Debatte ist deshalb so erbittert geführt worden, weil die allermeisten Autorinnen und Autoren ganz selbstverständlich von der Annahme ausgegangen sind, dass von der Entscheidung, ob hirntote Menschen noch leben oder schon tot sind, maßgeblich abhängt, wie wir uns ihnen gegenüber verhalten dürfen und verhalten müssen, insbesondere ob wir ihnen den Leib aufschneiden und Organe entnehmen dürfen oder nicht. Dahinter steht eine selten hinterfragte Prämisse, die man als die *ethische Grundannahmen über Leben und Tod* bezeichnen kann, dass nämlich das Leben und also auch das Ende des Lebens in zweierlei Hinsicht eine große ethische Bedeutung haben. Zum einen steht das Leben unter einem hohen moralischen Schutz: Wir dürfen andere Menschen normalerweise nicht töten und müssen ihnen in Lebensgefahr beistehen. Zum anderen hängt am Leben unser moralischer Status: Mit dem Verlust des Lebens verlieren wir auch nahezu alle Ansprüche, die den moralischen

---

13 Ausnahmen finden sich in: M. R. Wicclair/M. DeVita, Oversight of research involving the dead, in: Kennedy Inst Ethics J 14,2 (2004), 143–164.

Status des Menschen vor allem anderen auf der Welt auszeichnen. Angesichts dieser beiden Aspekte der ethischen Grundannahmen über Leben und Tod ist es kein Wunder, dass der Frage, ob die potentiellen Organspender auf den Intensivstationen noch leben oder schon tot sind, eine so große Bedeutung beigemessen wird. Ihnen die Organe zu entnehmen, solange sie noch leben, wäre ein unverzeihlicher Verstoß gegen das Tötungsverbot, während eine Organentnahme, wenn sie schon tot sind, nicht nur keine Tötung wäre, sondern auch nicht im Widerspruch zu ihrem besonderen menschlichen moralischen Status stände.

Aber schon der Verlauf der Debatte selbst, insbesondere die sehr detaillierten, um nicht zu sagen: spitzfindigen, Auseinandersetzungen darum, ob diese Menschen noch biologisch am Leben sind oder nicht, wecken den Verdacht, dass mit dieser Grundannahme etwas nicht stimmen kann. Bei Licht betrachtet wäre es absurd, von der empirischen Feststellung, ob irgendwelche körperlichen Regelkreise auch ohne Mitwirkung des Gehirns funktionieren oder zumindest teilweise funktionieren oder gar nicht funktionieren, eine Auskunft über die moralische Zulässigkeit der Transplantationsmedizin zu erwarten – und nicht nur einfach über die Zulässigkeit, sondern darüber, ob die beteiligten Chirurgen bloß ihre ärztliche Pflicht gegenüber den schwerkranken Organempfängern getan oder ob sie vielmehr andere schwerkranke Patienten, die Hirntoten, umgebracht haben. Dieser Abgrund aber, zwischen Helfen und Töten, kann einfach nicht von der biologischen Bewertung einzelner physiologischer Details abhängen.

Wovon hängt es aber dann ab, ob sich der Chirurg richtig oder falsch verhält? Um das klären zu können, bleibt einem nichts anderes übrig, als den ethischen Charakter dieser Frage ernst zu nehmen. Um zu entscheiden, wo die Grenze liegt, von der die ethische Grundannahme über Leben und Tod ausgeht, muss man erkunden, *weshalb* das Leben so wertvoll ist und weshalb unser moralischer Status mit dem Leben verloren geht. Die Hoffnung vieler Beteiligter an der Hirntod-Debatte, dass man die Zulässigkeit oder Unzulässigkeit von Organentnahmen allein auf der Basis deskriptiver Feststellungen, ganz ohne normative Untersuchungen entscheiden kann, war illusorisch. Wenn man wissen möchte, ob sich die Hirntoten diesseits oder jenseits der ethischen Scheidelinie befinden, dann kommt man deshalb nicht darum herum, sich mit der Legitimationsgrundlage dieser Grenze zu beschäftigen. Warum also darf man lebenden Menschen viele Dinge nicht antun, die man mit Leichen anstellen darf?

Wenn man versucht, diese Frage zu beantworten, macht man bald eine interessante Beobachtung: Viele Gründe, die dafür sprechen, lebende Menschen mit besonderer Rücksicht zu behandeln, waren auch schon Kandidaten für begriffliche Merkmale des Lebensbegriffs. Besonders deutlich ist das an den personalen Eigenschaften eines Menschen. Irgendwie gehört es zum Leben, dass es erlebt wird; aber unzweifelhaft gehört es auch zum *Wert* des Lebens, dass es erlebt wird. Ähnliches gilt für die phänomenale Seite: Irgendwie gehört die Lebendigkeit zum Leben, aber zugleich nötigt sie (wie sich an den Berichten des Pflegepersonals zeigt) moralisch zur Zurückhaltung. Und auch das bloße organische Leben, insbesondere dann, wenn es sich um höher entwickelte Pflanzen und erst recht Tiere handelt, fordert uns ein gewisses Maß an Ehrfurcht ab (wenn auch längst nicht in dem Maße, wie A. Schweitzer es behauptet hat).

Diese Feststellung, dass mit den verschiedenen begrifflichen Konnotationen des Lebens zugleich auch normative Bewertungen verbunden sind, erlaubt es nun, zumindest in sehr groben Zügen etwas über die Ethik von Leben und Tod zu sagen. Der Begriff des Lebens verbindet anscheinend wie viele unserer alltäglichen Begriffe ein ganzes Bündel von begrifflichen Konnotationen oder ‚Kriterien'. Diese Kriterien bilden keine notwendigen und/oder hinreichenden Bedingungen für die Verwendung dieses Begriffs, sie beschreiben vielmehr Familienähnlichkeiten, wie L. Wittgenstein dies ausgedrückt hat, zwischen den verschiedenen Instanzen des Begriffs. Kurz gesagt, der Begriff des Lebens ist in sprachphilosophischer Terminologie ein *Bündel-Begriff*. Wir haben normalerweise keine Probleme mit der Verwendung solcher Bündel-Begriffe, vor allem dann nicht, wenn in der Regel die verschiedenen Kriterien alle erfüllt sind und nur in Ausnahmefällen das eine oder andere nicht erfüllt ist. So ist es auch hier, für den Begriff des Lebens. Wer lebt, für den gilt normalerweise, dass sein Organismus eine verschachtelte Kaskade funktionierender Regelkreise bildet, dass er sein Leben aktiv erlebt, gestaltet und reflektiert und dabei auch dem äußeren Anschein nach durch und durch lebendig ist.

Weil Leben aber normalerweise diese verschiedenen Kriterien vereint und weil jedes einzelne dieser Kriterien uns einen guten Grund gibt, die Menschen, die es erfüllen, mit besonderer Zurückhaltung und Respekt zu behandeln, ist es leicht zu verstehen, dass wir mit dem Begriff des Lebens insgesamt einen so hohen moralischen Wert verbinden. Leben ist für uns so moralisch aufgeladen, weil es im Normalfall verschiedene Aspekte kumuliert, die jeweils einen eigenen moralischen Wert mitbringen. In diesem Normalfall bildet der Tod tatsächlich einen radikalen Absturz unserer moralischen Position, die ethische Grundannahme über Leben und Tod ist voll gerechtfertigt. Wie steht es aber in anderen, nicht normalen Situationen, wenn die verschiedenen Aspekte des Lebens nicht gleichzeitig verlöschen und man sie auch nicht einfach nacheinander verlöschen lassen darf, sondern entscheiden muss, wie man mit dem Menschen umgeht? Eben dies ist die Situation des Hirntoten. Er befindet sich sozusagen in der Grauzone des Bündelbegriffs „Leben", aber trotzdem muss man entscheiden, ob man ihm Organe entnehmen darf oder nicht.

An dieser Stelle droht eine fatale Allianz zwischen einer falschen Vorstellung vom Tode, nämlich dem oben besprochenen Winnetou-Bild, und der ethischen Grundannahme über Leben und Tod. Beides legt die Überzeugung nahe, es *müsse* immer irgendwo im Sterbeprozess eines Menschen einen Punkt geben, den Tod, und das ist dann zugleich der alles entscheidende ethische Umschwung. Wenn man aber akzeptiert, dass zu sterben bedeutet, das Leben zu verlieren, und ferner, dass das Leben verschiedene Aspekte hat, die entweder sehr schnell gemeinsam oder langsam, Stück für Stück verloren gehen können, vor allem dann, wenn der Prozess künstlich gestoppt wird, dann verändert sich das Bild: Die ethische Grundannahme über Leben und Tod ist eine ausgezeichnete Faustformel für normale Fälle, aber sie gilt nicht immer. Manchmal, vor allem in den neuen Entscheidungssituationen, mit denen uns die moderne Medizin konfrontiert hat, müssen wir hinter diese Formel zurückgehen und uns den einzelnen moralisch relevanten Aspekten zuwenden, die das Leben gewöhnlich vereint. Wir müssen uns fragen, welche moralischen Verpflichtungen sich jeweils aus diesen Aspekten ergeben, und den Menschen entsprechend behandeln. Das ist in meinen Augen die Aufgabe der Moralphilosophie, nachdem sie die Hirntod-Debatte hinter sich gelassen hat. Wir müssen uns fragen, wie wir uns hirntoten Menschen gegenüber verhalten sollen, ohne darauf zurückgreifen zu können, dass sie sich diesseits oder jenseits der Linie befinden, deren Existenz sich als illusorisch herausgestellt.

6. Ethik der Transplantationsmedizin ohne Hirntod-Debatte – ein Ausblick

Was wird bei diesem Unterfangen herauskommen? Ich glaube, letztlich wird etwas ganz Ähnliches herauskommen, wie wir es schon haben, aber deutlich besser begründet. Die vielen Gemeinsamkeiten, die die Hirntoten mit anderen Patienten haben und die sie von den Leichen unterscheiden – der über weite Strecken gut funktionierende Organismus, der Anschein der Lebendigkeit –, nötigen uns zu Respekt und großer Zurückhaltung. Übende Medizinstudenten haben an Hirntoten nichts verloren. Der unwiderrufliche Verlust allen mentalen Lebens, die Unmöglichkeit, jemals wieder etwas zu fühlen, erfahren oder zu denken, sowie die ganze Aussichtslosigkeit der Situation, aus der es definitiv keine andere Entwicklung geben kann, als dass der Mensch fertig stirbt, erlauben es aber möglicherweise, zu einem so wichtigen Zweck wie es eine Organspende normalerweise ist, diesen Prozess dadurch anders zu gestalten, dass man dem Menschen ein Organ entnimmt. Wovon dies allerdings abhängt, ist dasjenige, was ein Mensch im Absterbeprozess nicht verliert, nämlich seine *menschliche Würde*.

Damit ist ein Aspekt der moralischen Beurteilung von Organentnahmen genannt, der bedauerlicherweise in der Hirntod-Debatte keine angemessene Rolle gespielt hat, der Anspruch des Hirntoten auf die Achtung seiner Würde.

Fälschlicherweise wird häufig angenommen, dass auch die Würde eines Menschen daran geknüpft ist, dass er am Leben ist, so dass auch sie von der ethischen Grundannahme über Leben und Tod vereinnahmt wird. Dabei ist es eigentlich der Unverlierbarkeit der menschlichen Würde ganz wesensfremd, sie mit dem Tod des Menschen enden zu lassen. Hier zeigte sich nun, dass es keineswegs belanglos war, darauf zu beharren, dass die Existenz eines Menschen nicht notwendigerweise mit seinem Leben endet. Wir haben eine Würde, solange es uns gibt, und diese Würde muss auch im Umgang mit einem hirntoten Menschen und sogar mit einer Leiche respektiert werden.

Dass wir trotzdem natürlich ganz anders mit einem Leichnam verfahren können und dürfen, liegt also nicht darin, dass Leichen gar keine oder nur eine geringe Residualwürde haben, wie manchmal behauptet wird, sondern darin, dass der Respekt vor der Würde eines Toten viel geringere Ansprüche an uns stellt als bei einem Lebenden. Auch in dieser Hinsicht nehmen Hirntote eine Mittelstellung ein. Sie in v. Hagens Panoptikum zu stellen wäre für sie deutlich entwürdigender als für die plastinierten Leichen (auch wenn man zu Recht Zweifel daran haben kann, ob es mit der Achtung vor deren Würde vereinbar ist, was mit ihnen geschieht). Ihnen Organe zu entnehmen, um einem anderen Menschen damit erheblich zu helfen, ist hingegen nicht unbedingt entwürdigend. Es hängt von den Umständen ab. Insbesondere hängt es davon ab, ob man meint, den Hirntoten wie eine beliebige Ressource verwenden zu können, oder ob man nach wie vor das Recht jedes Menschen akzeptiert, selbst über seinen Körper zu entscheiden. Und es hängt auch davon ab, wie man ganz konkret die Situation gestaltet, wie den legitimen Bedürfnissen der Angehörigen Rechnung getragen wird und in welcher Form möglicherweise anerkannt wird, dass er sich zu diesem Schritt bereit erklärt hat.

Während ich diesen Artikel fertig stelle, wird in Deutschland darüber diskutiert, wie man dem notorischen Mangel an Spenderorganen abhelfen kann. Dabei steht wieder einmal der Vorschlag im Raum, das Transplantationsgesetz zu ändern und von der derzeit gültigen erweiterten Einwilligungslösung zu einer Widerspruchslösung überzuwechseln, also die Zulässigkeit der Organentnahme nicht mehr an die Zustimmung des Spenders (wie implizit auch immer) zu knüpfen, sondern nur noch daran, dass er die Spende nicht verboten hat. Dass diese radikale Abkehr von dem selbstverständlichen medizinethischen Grundprinzip der Patientenautonomie sowie auch ganz generell vom Selbstbestimmungsrecht des Menschen überhaupt ernsthaft in Erwägung gezogen wird, zeigt, wie stark der Glaube an die alles verändernde Macht der Grenze zwischen Leben und Tod ist. Es war das Ziel dieses Beitrags zu zeigen, dass diese Überzeugung grundfalsch ist und dass wir erst dann zu einer angemessenen Ethik der Organspende gelangen werden, wenn wir diese Überzeugung hinter uns gelassen haben.

Moraltheologische Überlegungen zur künstlichen Ernährung und Hydrierung

EBERHARD SCHOCKENHOFF

Das Problem der künstlichen Ernährung und Hydrierung stellt eine besondere Herausforderung für die medizinische Ethik dar, die auch in Fachkreisen unterschiedlich beantwortet wird. In den USA und in vielen europäischen Ländern führte die von Angehörigen oder Ärzten geplante Beendigung der künstlichen Ernährung bei langjährigen Wachkomapatienten oder bei dauerhaft bewusstlosen geriatrischen Patienten in Pflegeheimen zu erregten öffentlichen Debatten und gerichtlichen Auseinandersetzungen. In den meisten Fällen konnte die geplante Einstellung der künstlichen Ernährung vor Gericht erstritten werden. In anderen kam es nach dem Absetzen der intravenösen Ernährung zunächst zu Verurteilungen der betreffenden Ärzte oder der Angehörigen, die von sich aus oder auf Anraten ihrer Anwälte tätig wurden; diese Urteilssprüche hatten jedoch in der Revision regelmäßig keinen Bestand. Weltweite mediale Resonanz fanden die Auseinandersetzungen um V. Humbert in Frankreich (2002), um T. Schiavo in Florida/USA (2005) und um E. Englaro in Italien (2008). Das französische Parlament verabschiedete im Jahr 2005 ein Gesetz (die *Loi Leonetti*), das den Behandlungsabbruch und die Ernährungseinstellung bei bewusstlosen Patienten an bestimmte Voraussetzungen und Verfahrensschritte (Willenserklärung des Patienten, Zustimmung einer bevollmächtigten Person, eigenständige Entscheidung durch ein ärztliches Konsilium) bindet.[1]

1. Unterschiedliche Fallkonstellationen

Die Unterscheidung exemplarischer Standardsituationen kann das ethische Urteil nicht vorwegnehmen, aber sie benennt doch relevante Umstände, die bei der geforderten Einzelfallbeurteilung Berücksichtigung verdienen. Zunächst lassen sich Patientengruppen unterscheiden, bei denen die künstliche Ernäh-

---

1 Vgl. M.-J. THIEL, Hydratation et alimentation artificielles en fin de vie, in: Revue des Sciences Sociales 39 (2008), 132–145, bes. 136 f.

rung jeweils verschiedene Zielsetzungen verfolgt. Für Wachkomapatienten, bei denen die Rückkehr in ein bewusstes Leben nicht mehr erhofft werden kann, für Demenzkranke im präterminalen Stadium, für dauerhaft bewusstlose Patienten in Pflegeheimen, aber auch für Patienten mit anderen Krankheiten (zum Beispiel Speiseröhren-Tumor, Schluckbeschwerden nach Schlaganfällen), die sie an der natürlichen Nahrungsaufnahme hindern, stellt sich die Frage der künstlichen Ernährung jeweils unter verschiedener Rücksicht. Ferner kann zwischen künstlicher Ernährung und künstlicher Flüssigkeitszufuhr unterschieden werden. Schließlich ist zwischen oraler Ernährung durch das Füttern des Patienten, der Sondenernährung (durch eine Nasen- oder Magensonde, auch PEG-Sonde – perkutane endoskopische Gastrostomie – genannt) und intravenöser Ernährung zu differenzieren.[2] Das Füttern von pflegebedürftigen Personen sollte allerdings nicht zur künstlichen Ernährung gerechnet werden, da die natürliche Nahrungsaufnahme dadurch zwar unterstützt, aber somit auch weiterhin ermöglicht wird.

Eine verbreitete Einschätzung betrachtet unterschiedslos alle Formen künstlicher Ernährung und Hydrierung gegenüber jedem Patienten, dessen Leben dadurch erhalten werden kann, als moralisch geboten. Sie betrachtet beides nicht als besondere medizinische Maßnahmen, die einer eigenen Indikation bedürfen, sondern als notwendige Bestandteile der Basispflege, die jedem Kranken zu jedem Zeitpunkt des Krankheitsverlaufes bis zum Schluss geschuldet ist. Das Absetzen einer künstlichen Ernährung ist nach dieser Ansicht als Tötungshandlung zu betrachten, weil der Patient, anders als beim Abbruch einer künstlichen Beatmung, nicht an seiner Krankheit stirbt, sondern aufgrund des Kalorien- und Flüssigkeitsmangels verhungert oder verdurstet. Rechtlich muss das Einstellen der Ernährung unter diesen Voraussetzungen daher als Tötung durch Unterlassen qualifiziert werden, bei der der Tod beabsichtigt ist und willentlich herbeigeführt wird.[3] In dieser Perspektive wird die künstliche Ernährung, auch wenn sie nur mit Hilfe medizinischer Unterstützung durchgeführt werden kann, als Aufrechterhaltung einer elementaren Beziehung zum kranken Menschen und somit als ein symbolischer Akt der Fürsorge und Nähe zu ihm verstanden.[4] Für eine unbegrenzte Verpflichtung zur künstlichen Er-

---

2 Vgl. F. Oehmichen, Künstliche Ernährung am Lebensende, Berlin 2000, 6 f.
3 So U. Eibach, Patientenverfügungen – „Mein Wille geschehe!?" Kritische Betrachtungen der „christlichen Patientenverfügungen" der Evangelisch-Lutherischen Kirche in Bayern, in: Z Med Ethik 44 (1998), 201–219, bes. 201; Ders., Menschenwürde an den Grenzen des Lebens. Einführung in Fragen der Bioethik aus christlicher Sicht, Neukirchen-Vluyn 2000, 174 f.
4 Vgl. die Analyse der einzelnen Argumente bei R. Scholz, Die Diskussion um die Euthanasie. Zu den anthropologischen Hintergründen einer ethischen Fragestellung, Münster 2002, 330 ff. Die Argumentation, die künstliche Ernährung bewahre das „Gut

nährung scheint ferner zu sprechen, dass diese dem bewusstlosen Patienten insofern nützt, als sie sein Leben bewahrt. Schließlich wird angeführt, dass die künstliche Ernährung nur einen geringen Aufwand bedeutet und daher nicht als unverhältnismäßig gelten könne.[5] Auch in Grenzfällen bringt die Weiterführung der künstlichen Ernährung die Achtung vor der Würde des Patienten und den Respekt vor dem menschlichen Leben nach dieser Ansicht besser zum Ausdruck als ihr Abbruch.[6]

Die Gründe, die zugunsten der Annahme angeführt werden, dass künstliche Ernährung und Hydrierung als Bestandteile der jedem Patienten bis in die terminale Sterbephase hinein geschuldeten Basispflege gelten müssen, sind von unterschiedlichem Gewicht. Einige dieser Gründe sind tief in unseren moralischen Intuitionen verankert, andere lassen sich leicht entkräften. So gibt es keine medizinische Evidenz dafür, dass die Einstellung einer künstlichen Ernährung von einem bewusstlosen Patienten als qualvoll erlebt wird; in vielen Fällen erscheint es umgekehrt fraglich, ob der behauptete Nutzen einer Sondenernährung für den Patienten überhaupt eintritt. Zudem sind bei einer Abwägung der Vor- und Nachteile der künstlichen Ernährung auch die Schäden zu berücksichtigen, die durch die PEG-Sonde als solche (lokale Infektionen, Abszesse) oder die PEG-Ernährung (Diarrhöen und Übelkeit) auftreten können.[7] Tatsächlich können künstliche Ernährung und Hydrierung unter Umständen nicht nur nutzlos, sondern sogar schädlich sein. Dies ist etwa dann der Fall, wenn der Patient die Nahrung nicht mehr assimiliert oder Komplikationen auftreten. Selbst bei komplikationslosem Verlauf ist zu berücksichtigen, dass die künstliche Ernährung über eine Magensonde oder auf intravenösem Weg wegen der oftmals erforderlichen Fixierung des Patienten und der sich daraus ergebenden Freiheitseinschränkung eine hohe psychische Belastung darstellt, die nur gerechtfertigt erscheint, wenn ein überwiegender medizinischer Nutzen erkennbar ist.

---

    der mitmenschlichen Solidarität", findet sich neuerdings auch bei G. GRISEZ, Should Nutrition and Hydration Be Provided to Permanently Unconscious and Other Mentally Disabled Persons?, in: R. P. HAMEL/J. J. WALTER (Hg.), Artificial Nutrition and Hydration and the permanently unconscious Patient. The Catholic Debate, Washington 2007, 171–186, bes. 174, der seine frühere Ansicht, die künstliche Ernährung bei dauerhaft komatösen Patienten einzustellen, korrigierte.

5 Vgl. W. E. MAY, Catholic Bioethic and the Gift of Human Life, Huntington 2000, 268 f.
6 Vgl. D. E. HENKE, A History of Ordinary and Extraordinary Means, in: Natl Cathol Bioeth Q 3 (2005), 555–575.
7 Vgl. M. SYNOFZIK, PEG-Ernährung bei fortgeschrittener Demenz. Eine evidenzgestützte ethische Analyse, in: Nervenarzt 78 (2007), 418–428, der den Nachweis erbringt, dass die PEG-Sondenernährung bei Patienten im präterminalen Stadium einer Demenzerkrankung keine nennenswerte Verlängerung der Überlebenszeit erbringt oder diese in Einzelfällen sogar verkürzen kann. Vgl. auch OEHMICHEN, (s.o. Anm. 2), 11.

Unter dem Aspekt der psychischen Belastung erfordert allerdings auch die Perspektive der Pflegekräfte sowie der Angehörigen Berücksichtigung. Viele empfinden es als unzumutbar und mit dem pflegerischen Ethos unvereinbar, mit ansehen zu müssen, wie beispielsweise ein Wachkomapatient nach dem Absetzen der künstlichen Ernährung allmählich verhungert und austrocknet.

In dem Nutzen-Lasten-Vergleich, der die möglichen Vorteile einer künstlichen Ernährung für den Patienten abwägt, erweist sich eine von der Deutschen Bundesärztekammer vorgeschlagene Unterscheidung als hilfreich. Diese zählt in ihren Richtlinien zur ärztlichen Sterbebegleitung nicht die künstliche Ernährung und Hydrierung als solche, sondern das Stillen von Hunger und Durst zur Basispflege. Die palliative Versorgung des Patienten erfordert demnach nicht das in vielen Fällen nutzlos gewordene Aufrechterhalten physiologischer Parameter (Kalorienzufuhr auf dem Niveau des Grundumsatzes, ausreichende Hydrierung), sondern nur jene pflegerischen Maßnahmen, die ein vom Patienten subjektiv empfundenes Unwohlsein beheben.[8]

Die Überprüfung der Argumente, die in moralischer Hinsicht für oder gegen die Annahme einer ausnahmslosen Verpflichtung zur künstlichen Ernährung und Hydrierung sprechen, führt zu keinem eindeutigen Ergebnis, das für die einzelnen Fallgruppen gleichermaßen gelten könnte. Vielmehr ist es erforderlich, bei jedem einzelnen Patienten unter Berücksichtigung seiner jeweiligen Lage (Art der Erkrankung, Aussicht auf Besserung, körperlicher und seelischer Gesamtzustand, Belastung der Angehörigen) zu entscheiden, ob eine künstliche Ernährung und Hydrierung aufgenommen oder fortgeführt wird. Dabei ist wie bei jeder anderen medizinischen Maßnahme im Einzelfall zu überlegen, welche Ziele durch die künstliche Ernährung und Hydrierung erreicht werden sollen. Wo sie den Patienten zu einem weiteren personalen Lebensvollzug unter Anteilnahme am Leben seiner Umgebung befähigen, sind künstliche Ernährung und Hydrierung zweifellos angebracht und gerechtfertigt. Wo dies jedoch nach sorgfältiger Abwägung aller Umstände sicher ausgeschlossen werden kann, erscheinen sie nach denselben ethischen Urteilskriterien in moralischer Hinsicht nicht mehr geboten. Im Fall der Wachkomapatienten führen allerdings auch diese Kriterien noch nicht zu einem sicheren Urteil, da wir keine Erkenntnis darüber besitzen, welche Art von Anteilnahme am Geschehen um sie herum ihnen noch möglich ist.

---

8 Grundsätze der Bundesärztekammer zur ärztlichen Sterbebegleitung, in: A. HOLDEREGGER (Hg.), Das medizinisch assistierte Sterben. Zur Sterbehilfe aus medizinischer, ethischer, juristischer und theologischer Sicht, Freiburg i.Ue. 1999, 391–393; im gleichen Sinn auch S. SAHM, Behandlungsverzicht – Behandlungsabbruch – Sterbbegleitung – Sterbehilfe, in: M. FRÜHAUF/L. BERTSCH (Hg.), Humanes Heilen, inhumanes Sterben? Gratwanderungen der Intensivmedizin, Frankfurt a.M. 1999, 100–110, bes. 106.

2. Künstliche Ernährung als Bestandteil der Basispflege?

Ein starkes Argument, das sich zugunsten einer als Teil der Basispflege verstandenen künstlichen Ernährung und Hydrierung anführen lässt, verweist auf unsere moralischen Intuitionen. Empfinden wir es nicht als eine in unserer spontanen moralischen Einschätzung tief verankerte Pflicht, einen anderen Menschen nicht verhungern oder verdursten zu lassen, ganz gleich in welcher Lage er sich befindet und wie seine Aussichten auf medizinische Besserung sind? Knüpft nicht die Gewährung von Nahrung und Flüssigkeit ein elementares Band der Solidarität zwischen Menschen, das niemals zerschnitten werden darf? Genügt es nicht, an die einfache Wahrheit zu erinnern, dass die Nahrungsaufnahme zu den Grundbedürfnissen jedes Menschen gehört, zu deren Befriedigung wir immer verpflichtet sind, insbesondere dann, wenn Hilfsbedürftige dazu von sich aus nicht mehr in der Lage sind?[9] Ist dem so, bedarf es keiner Abwägung des Für und Wider im Einzelfall mehr, da die Grundgebote der Humanität unterschiedslos gegenüber jedem Menschen gelten, unabhängig davon, in welcher Lage er sich befindet.

In der Tat lässt sich der hohe Symbolgehalt nicht bestreiten, der dem Gewähren von Nahrung und Wasser gegenüber einem Menschen zukommt, der am Verhungern oder Verdursten ist.

> „Zu Essen geben heißt nicht nur auf ein physiologisches Bedürfnis antworten, sondern darin offenbart sich die Bereitschaft zum Miteinanderleben und Zusammenbleiben, jene Aufmerksamkeit für den anderen, die sich in Akten auszudrücken sucht, insbesondere, wenn andere Gesten nicht mehr möglich sind."[10]

Die phänomenale Wahrnehmung der solidarischen Geste, durch die wir unsere Nahrung miteinander teilen und einem Verhungernden zu Essen geben, setzt jedoch unabdingbar ein Gegenüber voraus, das von sich aus nach Nahrung verlangt. „Zur symbolischen Bedeutung der Ernährung gehört nämlich nicht nur das Geben von Speise und Trank, sondern auch das Entgegennehmen durch denjenigen, dem sie gereicht werden."[11] Wenn es sich bei dem Gegenüber jedoch nicht um einen Hungrigen handelt, der nach Nahrung verlangt, sondern um einen Kranken im Terminalstadium, der kein derartiges Hungergefühl empfindet, handelt es sich, wenn die künstliche Ernährung eingestellt wird, nicht mehr um denselben Vorgang, der als Verhungernlassen bezeichnet werden kann. Im letztgenannten Fall ist diese Redeweise vielmehr irreführend, da

---

9 Vgl. U. Eibach/K. Zwirner, Die Menschenwürde achten. Künstliche Ernährung durch PEG-Sonden – eine ethische Orientierung, in: Pflege Z 55 (2002), 669–673.
10 Thiel, Hydration (s.o. Anm. 1), 132, die diese intuitive Einschätzung im Fall von Wachkomapatienten jedoch einer kritischen Analyse unterzieht.
11 Scholz (s.o. Anm. 4), 337.

sie wesentliche Unterschiede verdeckt, die den behaupteten Symbolgehalt auch der künstlichen Ernährung in Frage stellen.

Als eine Geste der Zuwendung zum Kranken kann vom ursprünglichen Ausdrucksgehalt dieses Begriffs her nur die orale Ernährung durch das Füttern angesehen werden, bei der sich die helfende Person derjenigen, die Unterstützung erhält, über einen längeren Zeitraum hinweg tatsächlich zuwendet. Bei den anderen Verfahren der künstlichen Ernährung (PEG-Sonde und intravenöse Ernährung) ist dies jedoch gerade nicht der Fall. Ihnen kommt daher nur ein geringer symbolischer Ausdrucksgehalt zu; sie gleichen in ihrem phänomenalen Ablauf, vor allem wenn sie gegen den Willen des Patienten durchgeführt werden, eher einer Zwangsmaßnahme als einem Akt helfender Fürsorge. Von ihrer Handlungsstruktur und Eingriffstiefe her stehen die genannten Verfahren der künstlichen Ernährung und Hydrierung anderen medizinischen Maßnahmen (Infusionen, künstliche Beatmung, Legen eines Katheters) jedenfalls näher als der Unterstützung einer Ernährung auf natürlichem Wege durch das Füttern eines Kindes oder eines älteren, hilfsbedürftigen Menschen.[12] Ihre Einschätzung als besondere medizinische Maßnahme, die in jedem einzelnen Fall einer ausreichenden Indikation bedarf, ist daher phänomenologisch besser begründet als die Zuordnung zu der jedem Kranken bis zuletzt geschuldeten Grundpflege. Die angebliche negative Symbolwirkung des Verhungernlassens lässt sich bei näherer Betrachtung nicht auf alle Fälle übertragen, in denen die künstliche Ernährung nicht aufgenommen oder beendet wird. Der expressive Sinn beider Situationen – der Begegnung mit einem Hungernden, der nach Nahrung verlangt und der künstlichen Ernährung eines Kranken, der diese unter Umständen sogar verweigert – darf nämlich keineswegs in Eins gesetzt werden.

3. Die Notwendigkeit der Einzelfallprüfung

Wenn die künstliche Ernährung über eine Sonde oder in intravenöser Form als eine intensivmedizinische Maßnahme der Lebenserhaltung anzusehen ist, folgt daraus, dass sie ebenso wie die künstliche Beatmung und andere lebensverlängernde Maßnahmen beim Wegfall ihrer ursprünglichen Indikation reduziert und schließlich eingestellt werden darf. Die Gleichsetzung mit der künstlichen Beatmung trifft allerdings nicht in allen Fällen zu, in denen künstliche Ernährung angezeigt ist. Während die artifizielle Beatmung in der Regel eine

---

12 Vgl. M.-J. THIEL, Nutrition and Hydration in the Care of Terminally Ill Patients, in: L. HOGAN (Hg.), Applied Ethics in a World Church, New York 2008, 208–215, bes. 210.

Überbrückungsmaßnahme zur Überwindung einer lebensbedrohlichen Krise darstellt, kann es erforderlich sein, einen schwerkranken Patienten über einen Zeitraum von Monaten oder Jahren hinweg künstlich zu ernähren. Ob dies in einer gegebenen Situation der Fall ist, hängt jedoch von einer genauen Prüfung der jeweiligen Umstände ab. Ein Patient, der durch eine behandelbare Erkrankung an der natürlichen Nahrungsaufnahme gehindert ist, kann dank der künstlichen Ernährung ein selbständiges, bewusstes Leben im Austausch mit seinen Angehörigen und Freunden führen; er ist zwar in seiner Bewegungsfreiheit eingeschränkt, doch hindert ihn dies nicht daran, am Leben seiner Umgebung zu partizipieren. Die künstliche Ernährung erweist sich in diesem Fall als verhältnismäßige Maßnahme der Lebenserhaltung, da sie geeignet und erforderlich ist, die Voraussetzungen eines personalen Lebensvollzuges zu gewährleisten. Sie kann ein Zeichen der Hoffnung und Zuversicht sein, mit der ein Kranker auch unter Einschränkungen und Belastungen sein Leben annehmen kann, während ihre Nicht-Aufnahme oder Einstellung unter diesen Umständen einer vorzeitigen Kapitulation vor der Krankheit gleichkäme.

Ganz anders verhält es sich jedoch, wenn ein chronisch Kranker, der seit Jahren bettlägerig ist und unter dauerhaften Bewusstseinseintrübungen leidet, von einer bestimmten Phase des Krankheitsverlaufs an die Nahrungsaufnahme verweigert. Warum soll man dies nicht als ein Zeichen des herannahenden Todes ansehen dürfen und dazu verpflichtet sein, das Sterben durch künstliche Ernährung und Flüssigkeitszufuhr aufzuhalten? Wenn der Kranke am Ende seines Lebens keinen Hunger und Durst mehr verspürt und den Wunsch äußert, am Sterben nicht gehindert zu werden, darf man ihm dann im Namen einer angeblich unbegrenzten Pflicht zur Lebenserhaltung eine künstliche Ernährung aufdrängen? Hätte eine solche Maßnahme nicht geradezu den Charakter der Zwangsernährung, die moralisch und rechtlich nur in sehr engen Grenzen zulässig ist, da sie einen rechtfertigungsbedürftigen Eingriff in die körperliche Unversehrtheit eines Menschen darstellt?

Wenn ein Kranker oder Sterbender das Recht hat, am eigenen Sterben nicht durch (von Anfang an unverhältnismäßige oder zu einem bestimmten Zeitpunkt unverhältnismäßig gewordene) medizinische Maßnahmen gehindert zu werden, ist seine Ablehnung der künstlichen Ernährung als Behandlungsverzicht zu bewerten und daher zu respektieren. Die künstliche Ernährung wäre in einer solchen Situation ein unverhältnismäßiges Mittel zur Lebenserhaltung, da sie ohne Aussicht auf Besserung nur noch das Sterben hinauszögern würde, wozu niemand – weder der Sterbende selbst noch seine medizinischen und pflegerischen Betreuer – verpflichtet ist.[13] Die Nicht-Aufnahme oder das Ein-

---

13 Der Beginn des Sterbens ist nur ungenau definierbar. Die Grundsätze der Bundesärztekammer, die den Begriff auf terminale Stadien beziehen, „bei denen der Tod in kurzer

stellen der künstlichen Ernährung sind in dieser Konstellation nicht als Tötungshandlung, sondern als legitime Form des Sterbenlassens anzusehen, da nicht der Kalorienmangel die eigentliche Todesursache darstellt, sondern der Patient an seiner Krankheit stirbt, zu deren Symptomen in der Endphase ihres Verlaufs ein vermindertes Nahrungsbedürfnis oder die Behinderung der natürlichen Nahrungsaufnahme gehört.[14]

Der Verzicht auf eine künstliche Ernährung darf daher nicht als Verweigerung einer dem Kranken geschuldeten Hilfeleistung, als Aufkündigung eines elementaren Bandes mitmenschlicher Solidarität oder als emotionaler Rückzug von ihm verstanden werden. Die Entscheidung, eine künstliche Ernährung nicht aufzunehmen oder einzustellen, folgt vielmehr aus der Einsicht, dass wir das Leben achten und wertschätzen sollen, aber nicht um jeden Preis und mit allen denkbaren Mitteln erhalten müssen. Deshalb verstoßen weder der Kranke, der eine künstliche Ernährung ablehnt, noch seine Angehörigen und das Pflegepersonal, das diesen Wunsch respektiert, gegen die Pflicht zur Lebenserhaltung.

Da diese im Allgemeinen auch die Pflicht zur Nahrungsaufnahme einschließt, darf die Entscheidung zur Ablehnung oder Einstellung einer künstlichen Ernährung nicht leichtfertig, sondern nur nach Abwägung aller Umstände der konkreten Situation getroffen werden. Dennoch kann eine solche Entscheidung wohlbegründet und ethisch vertretbar sein, so dass niemand das Recht besitzt, ihre moralisch achtenswerten Gründe in Frage zu stellen. Vielmehr ist der Analyse von B. Fraling zuzustimmen, die in aller gebotenen Sensibilität und Nachdenklichkeit zu einem klaren Ergebnis gelangt:

> „Wenn man sich fragt, soll das sein, eine künstliche Erhaltung vegetativen Lebens mit dem hohen Aufwand einer künstlichen Ernährung und einer Rundumpflege über Jahre hinaus – steht dieser Aufwand zum Ziel in einem angemessenen Verhältnis? Mir fällt es schwer, das zu bejahen und als Behandlung ganz allgemein zu fordern und zu erwarten, dass man dieser Forderung überall entspricht, wo man sich auf das christliche Menschenbild als Grundlage der Behandlung beruft. Ich würde für mich einen solchen Aufwand nicht wünschen."[15]

Zeit zu erwarten ist" (Dtsch Arztebl 39 [1998], 1852 f.), sind an der Akut- und Notfallmedizin orientiert. Für die Geriatrie und das Sterben im Alter ist dieser Begriff zu eng. Er muss daher durch den der „infausten Prognose" ergänzt werden, so dass zwischen Sterben im engeren Sinn (terminale Phase) und einer Sterbephase im weiteren Sinn zu unterscheiden ist, deren Begriff nicht exakt feststellbar und deren Verlauf häufig nicht absehbar ist.

14 Vgl. die differenzierte Kausalitätsuntersuchung bei M. ZIMMERMANN-ACKLIN, Euthanasie. Eine theologisch-ethische Untersuchung, Freiburg i.Ue. 1997, 241.
15 B. FRALING, Im Zweifel für das Leben – Künstliche Ernährung bei Patienten im Wachkoma? Ein Diskussionsbeitrag, in: P. NEUNER/P. LÜNING (Hg.), Theologie im Dialog, Münster 2004, 57–70, hier: 68.

Der Hinweis auf das christliche Menschenbild erfolgt nicht ohne Grund, da kirchliche Krankenhäuser und Pflegeeinrichtungen daraus häufig eine besondere Verpflichtung zur künstlichen Ernährung als Spezifikum ihres kirchlichen Profils ableiten. Sicherlich kann es ein besonderer Auftrag kirchlicher Krankenhäuser und Pflegeeinrichtungen sein, gegenüber einem gesellschaftlichen Umfeld, das mehr und mehr dazu tendiert, auf lebenserhaltende Maßnahmen schon sehr frühzeitig, lange bevor der Tod unmittelbar bevorsteht, zu verzichten, ein Zeichen der Lebensbejahung und der Bereitschaft zum geduldigen Warten auf den Tod zu setzen. Dennoch lässt sich aus dem christlichen Menschenbild keine Verpflichtung zur unbegrenzten Lebenserhaltung um jeden Preis ableiten. Ein solcher Gedanke ist der kirchlichen Lehrtradition auch im Blick auf die Frage, unter welchen Umständen die Nahrungsaufnahme moralisch geboten ist, durchaus fremd.

4. Die Pflicht zur Nahrungsaufnahme in der moraltheologischen Tradition

Um die Reichweite der moralischen Pflicht zur Nahrungsaufnahme richtig einschätzen zu können, lohnt es sich, einen Blick in die Geschichte der Moraltheologie zu werfen. Bereits bei J. Gerson (1363–1429) finden sich Überlegungen zu der Frage, unter welchen Umständen Kartäusermönche ihr strenges Fasten brechen und Fleisch essen müssen, um ihre angegriffene Gesundheit wiederzuerlangen. Die Antwort des ehemaligen Kanzlers der Pariser Universität und weitgereisten Theologen lautet: Selbst wenn der Fleischverzehr bei drohender Lebensgefahr die einzige Möglichkeit zur Lebensrettung darstellen sollte, ist ein Mönch nicht ausnahmslos dazu verpflichtet, sein Fastengelübde zu brechen. Vielmehr kann es ihm erlaubt sein, auch bei absehbarer Lebensverkürzung am Fasten festzuhalten, wenn etwa durch den Fleischgenuss andere Mönche zur Sünde verleitet würden oder die Erhaltung der körperlichen Gesundheit nicht dem Heil der Seele zugute käme.[16]

Im 16. und 17. Jahrhundert, als viele Regionen Europas zeitweilig von schweren Hungersnöten heimgesucht wurden, beziehen sich die Barockscholastiker auf Gersons Lösungsansatz und adaptieren ihn auf die gewandelten Zeitumstände. In seinen Vorlesungen zur Tugend des rechten Maßes, die 1537 an der Universität Salamanca unter dem Titel *De usu ciborum* (= vom Gebrauch der Speisen) öffentlich vorgetragen wurden, legte F. de Victoria dar, warum die Erfüllung der allgemeinen Pflicht zur Lebenserhaltung an die

---

16 J. GERSON, De non esu carnium, in: DERS., Œuvres Completes, hg. v. P. GLORIEUX, Bd. III, Paris 1962, 89 ff.

jeweils gegebenen Umstände gebunden ist. Die moralische Pflicht zur Nahrungsaufnahme erscheint ihm durch das natürliche Gesetz und die in ihm verankerte naturhafte Tendenz zur Selbsterhaltung, durch die gebotene Selbstliebe und durch das Verbot der Selbsttötung wohlbegründet. Dennoch müssen wir nicht alle denkbaren Mittel zur Erfüllung dieser Pflicht anwenden, sondern nur die an sich zu diesem Zwecke vorgesehenen.[17]

In diesem Zusammenhang entwickelt Vitoria eine Unterscheidung von grundsätzlicher Bedeutung: Es ist eines, das eigene Leben durch den Verzicht auf aufwendige oder schwer erreichbare Mittel der Lebenserhaltung nicht zu verlängern (*non protelare vitam*), ein anderes jedoch, das Leben zu vernichten (*abrumpere vitam*). Während das erste unter bestimmten Umständen moralisch erlaubt sein kann, ist das zweite ausnahmslos verboten. Konkret bedeutet dies: Wenn ein Kranker keine Nahrung zu sich nehmen kann, „außer auf höchst mühevolle Weise, die für ihn eine Art Qual darstellt", ist er davon befreit, vor allem „wenn keine Hoffnung besteht, das Leben retten zu können"[18]. Unter Bezugnahme auf die spätmittelalterliche Diskussion über das Fasten der Mönche, die in akuter Lebensgefahr auf Fleischgenuss verzichten, erklärt Vitoria ausdrücklich, dies stelle keinen Akt der Selbsttötung dar, sondern sei als ein unter Umständen moralisch zulässiger Verzicht darauf zu bewerten, das Leben soweit als möglich zu verlängern.[19] Der Kranke ist nämlich nicht durch das moralische Gesetz gehalten, jedes erreichbare oder extrem aufwendige Mittel anzuwenden, um seine Gesundheit zu erhalten.

Auch der flämische Jesuit L. Lessius (1554–1623) geht in seiner medizinkritischen Schrift *Hygiasticon* von dem Grundsatz aus, dass ein längeres Leben keinen Wert an sich darstellt. Es ist vielmehr nur erstrebenswert, wenn es dem Kranken einen größeren geistlichen Nutzen bringt, das heißt: ihm erlaubt, das Gebot der Gottes- und Nächstenliebe in höherem Maße zu erfüllen.[20] Der Mensch ist durch keine sittliche Verpflichtung gehalten, das körperliche Leben um seiner selbst willen zu bewahren. Dieses steht vielmehr im Dienst seines geistig-spirituellen Lebenszieles und ist daher nur insofern erhaltenswert, als es ihn diesem Ziel näherbringen kann. Überträgt man diesen Grundsatz auf die in

---

17 Vgl. F. DE VITORIA, De Temperantia, in: T. URDÁNOZ (Hg.), Obras. Relecciones teológicas, Madrid 1960, nr. 1,1008.
18 DE VITORIA (s.o. Anm. 17), nr. 1,1008 f. Vgl. dazu die instruktive Studie von J. FLEMING, When "Meats are like Medicines": Vitoria and Lessius on the Role of Food in the Duty to preserve Life, in: TS 69 (2008), 99–115, bes. 105.
19 DE VITORIA (s.o. Anm. 17), nr. 10,1065: „Alias necessitas potest esse ex aegritudine, et tunc carnes se habent tanquam medicinae, et potest dici quod in tali casu non tenetur quia tunc moritur ex infirmitate, cuius iste non est causa. Et sic mors non imputaretur ei; hoc enim non est se interficere, sed non protelare vitam quantum potest."
20 Vgl. FLEMING (s.o. Anm. 18), 110.

unserer Zeit bedrängend gewordene Frage der künstlichen Ernährung, so gewinnt man ein überraschendes nicht-medizinisches Kriterium: Diese ist unter Berücksichtigung des geistig-spirituellen Lebenszieles eines Menschen immer dann und nur dann moralisch geboten, wenn sie diesem Zeit zur Vorbereitung auf das Sterben und zur gelassenen Annahme des Todes gewährt.[21]

Auch die anderen erwähnten Autoren beziehen ihre Überlegungen zur Begrenzung der Lebenserhaltungspflicht auf ordentliche und verhältnismäßige Mittel ausdrücklich auf die Frage, ob es immer und ausnahmslos geboten ist, Nahrung und Flüssigkeit zu sich zu nehmen. Ihre Antworten zeigen, dass die Pflicht zur Nahrungsaufnahme grundsätzlich nicht anders als die Pflicht zur Anwendung sonstiger Mittel der Lebensbewahrung bewertet wurde. Das bedeutet: Lebenserhaltende Maßnahmen sind grundsätzlich geboten, jedoch bedarf es im Einzelfall der Prüfung, ob sie im Blick auf ihren tatsächlichen Nutzen und die möglichen Belastungen für den Patienten verhältnismäßig sind. Ist dies nicht oder nicht mehr der Fall, erlischt die moralische Verpflichtung zur Lebenserhaltung und damit auch die Verpflichtung, einen Patienten künstlich zu ernähren oder mit Flüssigkeit zu versorgen.

5. Die Bestimmung des Menschen zum geistig-personalen Dasein

Es ist hilfreich, sich die Grundlinien der kirchlichen Lehrtradition in Erinnerung zu rufen, weil in manchen kirchlichen Kreisen und *Pro-Life*-Bewegungen eine unbedachte Lebensschutzrhetorik verbreitet ist, die aus mangelnder Kenntnis der eigenen Tradition eine unbegrenzte Verpflichtung zur Lebenserhaltung um jeden Preis annimmt. Derartige Positionen berufen sich gerne auf die „Heiligkeit des Lebens" und interpretieren diesen Begriff in einer Weise, die es Nicht-Christen erschwert, den eigentlichen Grund zu erkennen, warum Christen das Leben auch in Situationen extremer Belastung schützenswert erscheint.

Tatsächlich darf die Rede von der Heiligkeit des Lebens nicht vitalistisch verstanden werden. Die intrinsische Qualität des menschlichen Lebens wird vielmehr vom Leben der Person in ihrer körperlich-seelischen Ganzheit ausgesagt. Sie kann weder auf das biologische Substrat des Lebens als solches noch auf davon getrennte mentale Eigenschaften, sondern nur auf die konkrete Einheit des menschlichen Organismus bezogen werden, in der das körperliche

---

21 So unter Hinweis auf zahlreiche Kirchenväter-Stellen auch M. J. CHERRY, How Should Christians Make Judgements at the Edge of Life and Death, in: Christ Bioeth 12 (2006), 1–10, bes. 9 f.

Leben die indispensable Vorbedingung für den geistig-personalen Lebensvollzug des Menschen darstellt. Ist dieser nicht mehr möglich und besteht auch keine Aussicht mehr, die Fähigkeit zu einem geistig-personalen Lebensvollzug jemals wiederzuerlangen, stellt die Erhaltung des biologisch-körperlichen Lebens keinen Wert an sich mehr dar, der auch unter Inkaufnahme extremer Belastungen für den Kranken selbst sowie für seine Angehörigen und die Pflegenden solange als möglich erhalten werden muss. Um ein mögliches Missverständnis abzuwehren, sei betont: Es geht nicht darum, einen bestimmten Lebenszustand nach Kriterien von „lebenswert" oder „lebensunwert" zu beurteilen oder den Lebenswert eines Menschen von seiner kognitiven Leistungsfähigkeit her zu bemessen. Zu bewerten ist allein die absehbare Wirkung einer medizinischen Maßnahme. Schadet diese dem Wohl des Patienten in seiner leib-seelischen Integrität, so ist sie nicht mehr verhältnismäßig und daher auch nicht mehr geboten. Dies ergibt sich aus der anthropologisch-ethischen Grundformel, in der das Leben als schlechthin fundamentales Gut (es ist Voraussetzung aller anderen Güter), aber nicht als absolutes Gut (es ist nicht das höchste aller Güter) bezeichnet wird.[22] Dieser Schlussfolgerung steht auch das christliche Menschenbild nicht entgegen. In diesem kommt der personalen Dimension der menschlichen Existenz entscheidende Bedeutung zu; sie ist das Worumwillen, auf das das körperliche Leben als sein Ziel hingeordnet ist. Die Formel von der Heiligkeit des Lebens und die Berufung auf das christliche Menschenbild dürfen daher nicht dazu verleiten, in die Falle eines vitalistischen Missverständnisses zu laufen, das für die Bestimmung des Menschen zu einem geistig-personalen Dasein blind macht, die auch von der theologischen Anthropologie immer betont wurde.

---

22 Zum Verständnis dieser Formel vor dem Hintergrund der Debatte um die künstliche Ernährung vgl. D. E. HENKE, Artificially Assisted Hydration and Nutrition, in: Christ Bioeth 12 (2006), 115–119.

Entscheidungen unter Ungewissheit – am Beispiel von Wachkomapatienten

WALTER SCHAUPP

1. Behandlungsbegrenzung am Lebensende

1.1 Erreichte Konsense

Entscheidungen am Lebensende (*end of life-decisions*) sind in den letzten Jahrzehnten in den Fokus der medizinethischen Aufmerksamkeit getreten. Dies betrifft nicht nur die Ebene der akademischen Diskussion, sondern auch die klinische Praxis, wo sich im Vergleich zu früher ein aufmerksamerer und sensiblerer Umgang mit Behandlungsentscheidungen am Lebensende durchgesetzt hat: Es wird versucht, das medizinisch Mögliche von dem für den Patienten Sinnvollen zu unterscheiden. Die Möglichkeiten der Schmerzbekämpfung haben sich merklich verbessert und auch das Anliegen einer Sterbebegleitung über ärztliche und pflegerische Maßnahmen hinaus dringt immer mehr ins allgemeine klinische Bewusstsein. Die differenzierte Bestimmung des jeweiligen Therapieziels (Heilung, Lebensverlängerung, Hebung der Lebensqualität sowie Schmerzbekämpfung beziehungsweise *Palliation*) und dessen regelmäßige Überprüfung, gehören heute zum allgemeinen Standard und zeichnen nicht mehr nur palliativmedizinische Einrichtungen aus.

Über weite Strecken gibt es auch einen fundierten Konsens über die ethischen Prinzipien und Kriterien, die Behandlungsentscheidungen am Lebensende zugrunde liegen und unter bestimmten Bedingungen den Verzicht auf mögliche medizinische Maßnahmen nahelegen. Dieser Konsens wird, was in einer wertpluralen Gesellschaft nicht selbstverständlich ist, von den wichtigsten weltanschaulichen Gruppierungen mitgetragen. Dass in der Sterbephase auf bestimmte Interventionen verzichtet werden kann, dass Leiden und Schmerz nicht verlängert werden sollen und der Tod nicht sinnlos hinauszuzögern ist, findet sich als Anliegen nicht nur in Beiträgen zur medizinischen Ethik, sondern ebenso in Erklärungen der katholischen Kirche wie auch der evangelischen Kirchen und Gemeinschaften.[1]

---

1   Vgl. KONGREGATION FÜR DIE GLAUBENSLEHRE, Erklärung zur Euthanasie, Rom 1980; DIE BISCHÖFE VON FREIBURG, STRASSBURG UND BASEL, Die Herausforderung des Ster-

All dies sollte nicht darüber hinwegtäuschen, dass Behandlungsentscheidungen am Lebensende, so sehr die leitenden Prinzipien auch feststehen, sich in mehrfacher Hinsicht eindeutigen Festlegungen und Grenzziehungen entziehen. Der häufig gebrauchte Begriff einer „sinnvollen Lebensverlängerung" erfordert in der Praxis die Abwägung zwischen verschiedenartigsten Momenten, wie Nutzen einer Behandlung im Hinblick auf Lebenszeitgewinn, Auswirkungen auf die Lebensqualität, mögliche dadurch verursachte Belastungen, Auswirkungen auf die Psyche sowie Miteinbezug von sozialen Faktoren. All diese Faktoren sind einerseits objektivierbar, unterliegen gleichzeitig aber einer Wertung, die individuell ist, aber auch vom kulturellen Kontext mitbestimmt wird. So kann es sein, dass sich relativ genau sagen lässt, wie viel an Lebenszeit ein Patient durch eine Therapie gewinnen könnte, die *Bedeutung* (= der „Wert") dieses Gewinns wird für verschiedene Patienten jedoch verschieden sein. So gesehen ist der Begriff einer „sinnvollen" Lebensverlängerung ein Integrationsbegriff, der einzelne Faktoren und Momente im Hinblick auf ein schlüssiges Gesamturteil bündelt.

Eine weitere Schwierigkeit besteht darin, dass die klassische Ethik der Behandlungsbegrenzung sich auf die Sterbephase oder Stadien kurz davor bezieht.[2] Wiederum ist es nicht möglich, diese „Sterbephase" exakt von davor liegenden Stadien des Krankheitsverlaufs abzugrenzen, sodass sich daraus ein unumstößlicher Hinweis ergäbe, ab wann lebensverlängernde Maßnahmen unterlassen werden können. Man stößt vielmehr auf eine fließende Grenze, die es zwar erlaubt, eindeutig davor oder danach liegende Stadien zu bestimmen, die im Übergang aber einen Ermessensspielraum eröffnet. Uneindeutigkeiten dieser Art gehören allerdings zu Ethik und Medizin dazu, sie verunmöglichen

---

bens annehmen. Gemeinsames Hirtenschreiben der Bischöfe von Freiburg, Strassburg und Basel, Freiburg i.Br./Strasbourg/Basel 2006; COMMUNITY OF PROTESTANT CHURCHES IN EUROPE, A Time to Live and a Time to Die. An Aid to Orientation of the CPCE on Death-hastening Decisions and Caring for the Dying, Wien 2011.

2   Die Richtlinien der Bundesärztekammer zur Sterbebegleitung von 2011 sprechen von „Sterbenden, das heißt Kranken oder Verletzten, [...], bei denen der Eintritt des Todes in kurzer Zeit zu erwarten ist" beziehungsweise von Patienten, „die sich zwar noch nicht im Sterben befinden, aber nach ärztlicher Erkenntnis aller Voraussicht nach in absehbarer Zeit sterben werden"; BUNDESÄRZTEKAMMER, Grundsätze der Bundesärztekammer zur ärztlichen Sterbebegleitung, Berlin 2011, Abschnitt I u. II; das Konsenspapier der Intensivmedizinischen Gesellschaft Österreich spricht von einem „irreversiblen Sterbeprozess", in dem ein Behandlungsverzicht legitim sein kann; INTENSIVMEDIZINISCHE GESELLSCHAFTEN ÖSTERREICHS, Empfehlungen zum Thema Therapiebegrenzung und -beendigung an Intensivstationen, in: Wien Klin Wochenschr 116,21 (2004), 763–767.

keineswegs das Bemühen um eine gute klinische Entscheidungsfindung, sondern machen nur deutlich, dass die Anwendung moralischer Prinzipien und Kriterien auf konkrete Situationen nie mit mathematischer Präzision erfolgen kann, sondern einer *Deutung* bestimmter empirischer Fakten im Licht ethischer Prinzipien und Kriterien gleichkommt.

1.2 Neue Herausforderungen

In den letzten Jahren sind Situationen in den Brennpunkt der Aufmerksamkeit getreten, wo ein Behandlungsabbruch *vor* der eigentlichen Sterbephase zur Diskussion steht. Es sind dies typischerweise zwei Fallgruppen, nämlich die Frage eines Behandlungsabbruchs bei persistierendem Wachkoma (Fälle T. Schiavo 2005 und E. Englaro 2009[3]) und der Abbruch einer künstlichen Beatmung bei progredienten Muskelerkrankungen, wo der Patient bis zuletzt bei Bewusstsein ist, die aufsteigende Lähmung ihm jedoch nach und nach jede Möglichkeit der Bewegung und der Kommunikation mit der Umwelt nimmt (Fall P. Welby 2006[4]). Alle drei Fälle lösten nicht zu Unrecht eine beträchtliche öffentliche und fachliche Diskussion aus, denn das Neue dieser Fälle bestand darin, dass ein Abbruch lebenserhaltender Maßnahmen hier in einem stabilen beziehungsweise nur langsam progredienten Zustand erfolgte, wo von einem „Eintritt des Todes in kurzer Zeit"[5] nicht die Rede sein konnte. Allerdings waren die öffentlich-politischen Debatten um T. Schiavo, E. Englaro und P. Welby von einer bedenklichen sachlichen Vereinfachung und inhaltlichen Polarisierung geprägt. Die vielen ungelösten medizinischen Fragen wurden kurzerhand verdrängt und man war auch nicht bereit, anzuerkennen, dass es sich um eine medizinische und anthropologische Grenzsituation handelt, wo eine moralische Orientierung, die der Sache und den betroffenen Menschen gerecht werden will, schwierig ist.[6]

In der Zwischenzeit versucht man in den meisten Ländern, die Frage so zu lösen, dass man die Entscheidung über einen möglichen Ernährungsabbruch

---

3   Bei T. Schiavo wurde die künstliche Ernährung nach 15 Jahren, bei E. Englaro nach 17 Jahren Wachkoma abgebrochen.
4   Bei P. Welby wurde 1963 eine progressive Muskeldystrophie diagnostiziert; nach 13 Jahren künstlicher Beatmung wurde diese 2006 auf seinen Wunsch hin abgebrochen.
5   Vgl. BUNDESÄRZTEKAMMER (s.o. Anm. 2), Abschnitt I.
6   Ausführlich zur italienischen Debatte um E. Englaro vgl. M. LINTNER, Einsames Sterben zwischen öffentlichen Fronten. Der „Fall Eluana Englaro" – eine gesellschaftspolitische Herausforderung, in: W. KRÖLL/W. SCHAUPP (Hg.), Eluana Englaro – Wachkoma und Behandlungsabbruch, Wien 2010, 1–23.

beim Wachkoma in die Verantwortung der Individuen delegiert und zum Beispiel in einer entsprechenden Patientenverfügung den Idealfall im Umgang mit diesem Problem sieht.[7] Trotzdem bleibt die Herausforderung bestehen, über die Spielräume möglicher Entscheidungen beim Wachkoma weiter nachzudenken, denn zumindest für die nähere Zukunft erscheint es unwahrscheinlich, dass bei allen Wachkomapatienten eine Patientenverfügung vorliegen wird.

1.3 Bleibende Unsicherheiten beim Wachkoma

Die medizinischen Fakten zum Wachkoma beziehungsweise zum vegetativen Status (Ursache, Formen, Abgrenzung zu anderen Zustandsbildern, Diagnostik) brauchen an dieser Stelle nicht angeführt werden, da sie an anderer Stelle in diesem Band diskutiert werden.[8] Wichtig ist es jedoch, sich nochmals einige Entwicklungen der letzten Jahre in der Einschätzung des Wachkomas in Erinnerung zu rufen. So wird die Prognose heute aufgrund neuer Möglichkeiten der Rehabilitation allgemein günstiger als früher eingeschätzt[9], der wahrscheinliche Verlauf kann genauer prognostiziert werden[10] und man differenziert zwischen einer persistierenden Vollform und verschiedenen Remissionsstadien. Vor allem aber hat die Anwendung bildgebender Verfahren (MRT und fMRT), die es erlauben, neurologische Aktivitäten bei Wachkomapatienten in Echtzeit darzustellen, zu bahnbrechend neuen Einsichten geführt. Bei einigen Patienten, die sich in der klinischen Vollform des Wachkomas befanden, konnten Anzeichen einer kognitiven Verarbeitung von sprachlichen Reizen nachgewiesen werden, was von den Studienautoren als Hinweis auf minimale Bewusstseins-

---

7 In diese Richtung geht die österreichische Gesetzgebung, welche die Ablehnung von PEG-Sonden ausdrücklich als möglichen Inhalt von Patientenverfügungen erwähnt; vgl. Bericht des Justizausschusses über die Regierungsvorlage (1299 der Beilagen): Bundesgesetz über Patientenverfügungen (Patientenverfügungs-Gesetz – PatVG) vom 23.3.2006 (1381 der Beilagen zu den stenographischen Protokollen des Nationalrates XXII. GP).
8 Vgl. den Beitrag von R. J. Jox, Zum Sterben von Wachkomapatienten, in diesem Band, 211–222.
9 Aufgrund neuer Ansätze der klinischen Rehabilitation, die offensichtlich die Neubildung von Nervengewebe anzuregen vermögen; vgl. zum Beispiel P. NYDAHL, Wachkoma. Betreuung, Pflege und Förderung eines Menschen, München 2007; H. U. Voss u.a., Possible axonal regrowth in late recovery from the minimally conscious state, in: J Clin Invest 116,7 (2006), 2005–2011.
10 Vgl. J. GIACINO/C. SMART, The vegetative and minimally conscious state. Consensus-based criteria for establishing diagnosis and prognosis, in: NeuroRehabilitation 19 (2004), 293–298; DIES., Recent advances in behavioral assessment of individuals with disorders of consciousness, in: Curr Opin Neurol 20,6 (2007), 614–619.

zustände und auf eine rudimentäre Kommunikation dieser Patienten mit ihrer Umgebung gedeutet wurde.[11]

Trotz dieser Fortschritte im Verständnis des Wachkomas bleibt eine Reihe Fragen von unmittelbarer ethischer Relevanz offen.[12] Nach wie vor gibt es eine nicht unbeträchtliche Fehlerquote bei der Diagnose, das heißt bei der Frage, ob überhaupt ein Wachkoma vorliegt. Äußerst schwierig ist es auch nach wie vor einzuschätzen, ab wann mit einer Remission nicht mehr gerechnet werden kann.

Auf einer ganz anderen Ebene ist die Frage angesiedelt, wie Bewusstsein, Schmerzempfindungsfähigkeit und Kommunikationsfähigkeit von Wachkomapatienten klinisch, aber auch anhand der bildgebenden Verfahren beurteilt werden können. Dahinter steht das Problem, dass die neurologischen Mechanismen der Bewusstseinsentstehung beim Menschen noch nicht befriedigend erforscht sind, sodass nicht klar ist, welche neurologischen Befunde auf ein rudimentäres Bewusstsein hinweisen, auch wenn die Patienten sich in keiner Weise zu äußern vermögen.[13] Man stößt hier an eine absolute Grenze, denn subjektive Bewusstseinszustände lassen sich prinzipiell nicht durch objektivierende Verfahren „beweisen", so dass es immer nur um möglichst schlüssige empirische Hinweise auf Bewusstsein gehen kann. Dies führt manche Autoren zur beunruhigenden Schlussfolgerung, ob man denn für irgendeine Form des Wachkomas Bewusstsein mit Sicherheit ausschließen könne und ob nicht bei allen Formen eine grundsätzliche Diskrepanz zwischen einem rudimentären, bewussten Erleben und der mangelnden Fähigkeit, dies in irgendeiner Form mitzuteilen, bestehe. Sie plädieren deshalb aus „beziehungsmedizinischer Sicht" dafür, *alle* Wachkomapatienten prinzipiell als kommunikationsfähig zu betrachten und zu behandeln.[14]

---

11 Vgl. zum Beispiel S. LAUREYS/M. BOLY/P. MAQUET, Tracking the recovery of consciousness from coma, in: J Clin Invest 116 (2006), 1823–1825; A. OWEN u.a., Detecting awareness in the vegetative state, in: Science 313 (2006), 1402; F. PERRIN u.a., Brain response to one's own name in vegetative state, minimally conscious state, and locked-in syndrome, in: Arch Neurol 63,4 (2006), 562–569; J. BERNAT/D. ROTTENBERG, Conscious Awareness in PVS and MCS. The borderlands of neurology, in: Neurology 68 (2007), 885–886; M. MONTI u.a., Willful Modulation of Brain Activity in Disorders of Consciousness, in: N Engl J Med 362 (2010), 579–589.
12 Vgl. zum Folgenden S. LAUREYS, Hirntod und Wachkoma, in: Spectrum der Wissenschaft 2 (2006), 62–72.
13 Vgl. Anm. 11, sowie A. ROPPER, Cogito ergo sum by MRI, in: N Engl J Med 362 (2010), 648–649.
14 Vgl. A. ZIEGER, Beziehungsmedizinisches Wissen im Umgang mit so genannten Wachkomapatienten, in: W. HÖFLING (Hg.), Das sogenannte Wachkoma, Münster 2005, 49–90; A. GEREMEK, Wachkoma. Medizinische, rechtliche und ethische Aspekte, Köln 2009, 63–65. Praktisch geht es darum, ob bestimmte Bewegungen und vegetative Reaktionen (Hautreaktionen und andere) als unbewusste Reflexe oder als intentionale Handlungen und Reaktionen einer Person gedeutet werden sollen.

2. Die Frage des Ernährungsabbruchs beim Wachkoma

Die Frage, ob beim persistierenden Wachkoma ohne Chance auf Remission unter bestimmten Bedingungen an einen Abbruch der künstlichen Ernährung gedacht werden kann, muss unter anderem vor diesem Hintergrund gestellt werden. Sie wurde nicht nur in der Öffentlichkeit intensiv diskutiert, sondern hat auch die Fachdiskussion der letzten Jahre beherrscht.[15] Ein wichtiges Faktum stellt in diesem Zusammenhang eine Erklärung der römischen Glaubenskongregation aus dem Jahr 2007 dar, die den Abbruch künstlicher Ernährung mit dem Argument als unzulässig erklärt, dass diese keine medizinisch-therapeutische Maßnahme darstelle, sondern Teil einer allen Menschen immer geschuldeten Basispflege sei,[16] ein Argument, das auch in der allgemeinen Debatte eine wichtige Rolle spielt. Die Mehrheit der Autoren folgt jedoch dieser Argumentationslinie nicht und sieht einen Ernährungsabbruch zumindest dort als möglich an, wo ihn der Betreffende selbst (voraus-)verfügt hat oder wo ein klarer mutmaßlicher Patientenwille gegeben ist.

Wie schon erwähnt, lassen sich aber die hier anstehenden Fragen keineswegs allein über eine Delegation an die Patientenautonomie lösen. Aus diesem Grund und wegen der angesprochenen verschiedenen Positionen zum Status der künstlichen Ernährung bedarf die Frage des Ernährungsabbruchs einer weiteren Diskussion, zu der die folgenden Überlegungen einen Beitrag leisten wollen.[17] Eine erste Analyse der bisherigen Diskussion zeigt, dass es hier um zwei Fragen geht, die eng ineinander greifen und daher oft vermischt werden, die jedoch unbedingt getrennt diskutiert und gelöst werden sollten: Einerseits die Frage nach dem Status einer künstlichen Ernährung (Behandlung oder Pflege) und andererseits Fragen, die sich in der einen oder anderen Weise auf den Status von Wachkomapatienten beziehen. Von letzterer Art sind (a) die

---

15 Vgl. H. W. OPDERBECKE/W. WEIßAUER, Ein Vorschlag für Leitlinien – Grenzen der intensivmedizinischen Behandlungspflicht, in: MedR 16,9 (1998), 395–399; E. ANKERMANN, Verlängerung sinnlos gewordenen Lebens? Zur rechtlichen Situation von Wachkomapatienten, in: MedR 17,9 (1999), 387–392; U. EIBACH/K. ZWIRNER, Künstliche Ernährung: um welchen Preis? Eine ethische Orientierung zur Ernährung durch „perkutane endoskopische Gastrostomie" (PEG-Sonden), in: Med Klin 97 (2002), 558–563; HÖFLING (s.o. Anm. 14); A. WEIMANN/U. KÖRNER/F. THIELE (Hg.), Künstliche Ernährung und Ethik, Berlin 2008; U. H. KÖRTNER, „Lasst mich bloß nicht in Ruhe – oder doch?" Was es bedeutet, Menschen im Wachkoma als Subjekte ernst zu nehmen, in: Wien Med Wochenschr 158,13/14 (2008), 396–401; KRÖLL/SCHAUPP (s.o. Anm. 6).
16 Vgl. KONGREGATION FÜR DIE GLAUBENSLEHRE, Antworten auf Fragen der Bischofskonferenz der Vereinigten Staaten bezüglich der künstlichen Ernährung und Wasserversorgung, Rom 2007.
17 Zum Folgenden finden sich erste Überlegungen in: W. SCHAUPP, Ethische und anthropologische Aspekte beim Wachkoma, in: KRÖLL/ SCHAUPP (s.o. Anm. 6), 109–125.

Fragen, ob Wachkomapatienten „Sterbende" sind oder nicht, (b) wie weit sie bewusst fühlen und kommunizieren können und (c) schließlich auch die Frage, ob ihnen überhaupt – im Fall des tiefsten Wachkomas – der Person- und Würdestatus zukommt.

2.1 Zum Status künstlicher Ernährung

Die Auffassung, dass künstliche Ernährung keine medizinische Intervention darstellt, sondern als Teil einer immer geschuldeten humanitären Grundversorgung anzusehen ist und deshalb nicht wie andere medizinische Maßnahmen auch unterlassen werden kann, wird nicht nur vom Lehramt der römisch-katholischen Kirche, sondern auch von anderen Autoren vertreten.[18] Eine nähere Beschäftigung mit den angeführten Argumenten ergibt jedoch, dass es insgesamt nicht schlüssig erscheint, PEG-Sonden ohne weitere Differenzierung der natürlichen Ernährung gleichzustellen.

Die menschliche Nahrungsaufnahme stellt einen mehrstufigen Prozess dar, der die *Ingestion* der Nahrung (Aufnahme in den Körper), die *Verdauung* in Magen und Dünndarm, die *Resorption* der Nährstoffe im Dünndarm, deren *Metabolisierung* und schließlich deren *Verwertung* in der Körperperipherie umfasst.

Schwierigkeiten können auf verschiedenen Ebenen auftreten und durch den Einsatz künstlicher Mittel wie Sonden, Infusion von Nährstoffen direkt ins Blut und so weiter, oder aber durch medizinische Eingriffe behoben werden. Auch die operative Entfernung eines Tumors, der das Schlucken beeinträchtigt, kann der Ermöglichung einer normalen Ernährung dienen. Angesichts dessen ist es nicht sinnvoll, *innerhalb* dieser Maßnahmen zwischen „natürlichen" und „künstlichen" zu unterscheiden, sondern wir stoßen grundsätzlich auf eine *ansteigende Künstlichkeit* beziehungsweise einen *steigenden Grad technischer Substitution*. Der Unterschied ist also graduell und nicht quantitativ.[19] Im Speziellen erfordert die PEG-Sonde einen chirurgischen Eingriff, der eindeutig

---

18 Vgl. EIBACH/ZWIRNER (s.o. Anm. 15); E. PRAT, Therapiereduktion aus ethischer Sicht. Der besondere Fall der künstlichen Ernährung und Flüssigkeitszufuhr, in: Imago Hominis 13 (2006), 311–317; G. PICHLER, Der Wachkomapatient im klinischen Alltag, in: KRÖLL/SCHAUPP (s.o. Anm. 6), 40–56.
19 So zum Beispiel ANKERMANN (s.o. Anm. 15); PRAT (s.o. Anm. 18), der den Ernährungsabbruch ablehnt, differenziert zwar richtig zwischen verschiedenen Stufen der Künstlichkeit, kann anschließend aber nicht verständlich machen, warum nur ein Abbruch von PEG-Sonden, nicht aber von parenteraler Ernährung verboten sein soll. Ebenso ziehen Eibach u. Zwirner die ethisch relevante Unterscheidungslinie zwischen enteraler und parenteraler Ernährung, ohne dies plausibel begründen zu können; vgl. EIBACH/ZWIRNER (s.o. Anm. 15), 559.

eine medizinische Intervention darstellt, zusammen mit einem spezialisierten Können und einer spezifischen technischen Ausstattung. Es ist daher nicht überzeugend, sie im Gegensatz zu einer intravenösen Ernährung als „natürlich" und damit als ethisch grundsätzlich anders als diese zu bewerten.

Ein zweites Argument lautet, dass PEG-Sonden keine Krankheit bekämpfen, sondern Leben erhalten wollen, und dass dieser Unterschied in der Zielsetzung eine unterschiedliche moralische Wertung nach sich ziehe.[20] Dagegen lässt sich sagen, dass die Schluckunfähigkeit eines Patienten, der eine PEG-Sonde benötigt, eindeutig einen Krankheitswert darstellt und dass es zu den Aufgaben der Medizin gehört, solche Störungen auf die eine oder andere Weise zu beseitigen oder zu umgehen.[21]

Zusammenfassend ergibt sich, dass PEG-Sonden sich von anderen Formen künstlicher Ernährung insofern unterscheiden, als sie eine geringere Künstlichkeit besitzen als etwa eine intravenöse Ernährung und auch weniger an Aufwand erfordern; sie kommen der natürlichen Ernährung insgesamt am nächsten. All dies hebt jedoch ihre prinzipielle Künstlichkeit nicht auf und dieses Merkmal zeigt sich vor allem im Legen einer PEG-Sonde, das eindeutig eine chirurgische Intervention darstellt. Insofern erscheint es nicht gerechtfertigt, sie in moralischer Hinsicht der normalen Nahrungsaufnahme ohne weitere Differenzierung gleichzustellen. Beginn und Fortführung einer solchen Maßnahme sind damit nicht *prinzipiell* und *kategorisch* jeder ethischen Abwägung enthoben, obwohl beide – Verzicht wie auch sekundärer Abbruch – immer rechtfertigungspflichtig bleiben.

2.2 Zum Status von Wachkomapatienten

Die Fragen, die sich auf den Status von Wachkomapatienten beziehen, sind heterogener Natur, gemeinsam ist ihnen jedoch, dass sich aus einem Urteil über den empirischen Zustand des Wachkomapatienten und dessen anthropologischer Deutung ein Anhaltspunkt für die moralische Beurteilung des Ernährungsabbruchs ergibt. Dabei muss man sich bewusst sein, dass die anthropologische Deutung der Fakten jeweils eine integrative Leistung darstellt, wo empirische Tatbestände im Hinblick auf ein bestimmtes Gesamtbild gedeutet werden, ohne dass man den anthropologischen Befund in streng deduktiver Weise aus den empirischen Fakten ableiten könnte.

---

20 „[...] sie ist keine Therapie, die zur Heilung führt, und will es auch nicht sein, sie ist nur eine gewöhnliche Pflege zur Erhaltung des Lebens"; KONGREGATION FÜR DIE GLAUBENSLEHRE, Antworten (s.o. Anm. 16).
21 Die PEG-Sonde unterscheidet sich in dieser Hinsicht zum Beispiel nicht von einem Herzschrittmacher.

Insgesamt lassen sich bezüglich der Einschätzung der tiefsten Form des Wachkomas drei Positionen ausmachen:

a) Patienten im permanenten vegetativen Status befinden sich in einem Zustand eines aufgehaltenen Todes; ihr Zustand kommt einem medizinischen Artefakt gleich; unter bestimmten Bedingungen ist daher ein Abbruch möglich.
b) Auch das tiefste Wachkoma ist schon das Ergebnis einer ersten Stabilisierung des Organismus gegenüber dem anfänglichen Koma, weshalb man es nicht mit Sterbenden, sondern mit schwerstbehinderten Menschen zu tun hat; analog zu anderen Formen von Behinderung ist ein Abbruch daher moralisch nicht legitim.
c) Menschen im tiefsten Wachkoma fehlen die für das Menschsein typischen Fähigkeiten wie Bewusstsein und Reflexivität; sie sind daher überhaupt nicht mehr als Personen im strikten Sinn des Wortes anzusehen; ein Abbruch kann unter bestimmten Bedingungen durchgeführt werden, außer der Patientenwille steht dagegen.

2.2.1 Sind Wachkomapatienten Sterbende?

Vertreter der genannten zweiten Position schließen den Abbruch künstlicher Ernährung bei Wachkomapatienten grundsätzlich aus, weil sie keinen qualitativen Unterschied zwischen den verschiedenen Stufen sehen und es für sie nur um verschiedene Grade von „Behinderung" geht. Nun sind Wachkomapatienten ohne Zweifel nicht einfach Sterbende: Ihr Zustand ist erstens stabil und stellt zweitens tatsächlich eine Remissionsstufe nach der Krise des initialen Komas dar, der zudem in einigen Fällen jahrelanges Überleben unter oft geringem Aufwand ermöglicht.

Trotzdem bleibt die Tatsache, dass Leben hier auf der denkbar minimalsten Stufe und offenbar ohne jede subjektive Erlebnismöglichkeit stabilisiert ist. Der Organismus hat zwar, so könnte dieser Zustand gedeutet werden, die initiale und akut lebensbedrohliche Krise überwunden, aber das eigentliche Ziel dieser Anstrengung, nämlich ein minimal subjektiv erlebbares Leben, wie es zum typisch menschlichen Lebensvollzug dazugehört, nicht erreicht. Auch wenn Patienten im tiefsten Wachkoma also keine Sterbenden sind, sind sie doch dem Tod als vollständiger „Dissoziation von Körper und Geist", um einen Ausdruck von A. Zieger zu gebrauchen[22], höchst nahe, nicht zeitlich, sondern qualitativ, von ihrem Zustand her.

Oft wird eingewendet, die Lebensqualität könne niemals über den Wert des Lebens entscheiden. In anderen Zusammenhängen, wie etwa in der eigent-

---

22 ZIEGER, Beziehungsmedizinisches Wissen (s.o. Anm. 14), 56.

lichen Sterbephase, entscheiden Fragen der Lebensqualität jedoch sehr wohl über Sinn oder Unsinn einer weiteren Behandlung. Das Urteil, man wolle das Sterben nicht länger hinauszögern, impliziert immer auch ein Urteil über die Qualität des noch möglichen Lebens. Die meisten Gegner eines Ernährungsabbruchs gestehen zudem zu, dass bei interkurrenten Infekten oder Infarkten sehr wohl auf eine Maximaltherapie verzichtet werden kann. Eine solche Position ist aber nur konsistent, wenn man künstliche Ernährung grundsätzlich anders beurteilt als andere medizinische Interventionen, was aber wiederum diskutierbar ist. Die Sichtweise, dass die tiefste Form des Wachkomas einen Grenzfall eigener Art darstellt, wird auch dadurch gestützt, dass es zum Beispiel bei einem Unfall kaum eine absolute moralische Verpflichtung gäbe, die ursprünglich lebensrettende Intervention zu unternehmen, wenn von vornherein klar wäre, dass keine Chance auf eine wenigstens minimale Rehabilitation besteht. Aus dieser Perspektive können bestimmte Verlaufsformen des Wachkomas sehr wohl als ein künstlich aufgehaltenes Sterben angesehen werden, als ein durch die moderne Medizin ermöglichter Zwischenzustand, der in der Natur als solcher gar nicht existiert und wo dann eher die umgekehrte Frage zu stellen ist, wie weit sein Aufrechterhalten moralisch vertreten werden kann.

2.2.2 Fühlen und Kommunizieren von Wachkomapatienten

Die bisherige Argumentation setzt voraus, dass in der tiefsten Form des Wachkomas keine Empfindungs- und Kommunikationsfähigkeit gegeben ist. Wie erwähnt, ist dies jedoch nicht unumstritten. Um die prinzipielle Unzulässigkeit des Ernährungsabbruchs zu begründen, wird oft ein weiterer Gesichtspunkt in Anschlag gebracht: Alle Wachkomapatienten seien in einer Weise fähig, zu fühlen und zu kommunizieren, die über unwillkürliche Bewegungen und einfache Reflexe hinausgeht; bewusstes Erleben und Kommunizieren sei in den verschiedenen Stadien nur verschieden stark eingeschränkt, nie aber ganz verschwunden; immer könne man daher auch in der einen oder anderen Form mit ihnen „kommunizieren".[23]

So beeindruckend manche Berichte über das Verhalten von Wachkomapatienten und über frühe oder späte Remissionen, die zu einem dauerhaften

---

23 A. ZIEGER, Zur Persönlichkeit des Wachkomapatienten, Quelle: http://www.bidok. uibk.ac.at/library/zieger-persoenlichkeit.html (© A. ZIEGER 2003, Zugriff am 25.06. 2011); ZIEGER, Beziehungsmedizinisches Wissen (s.o. Anm. 14). Vgl. auch das folgende Statement von SCHÄDEL- UND HIRNPATIENTEN IN NOT E.V.: „Wachkoma ist eine in der Öffentlichkeit wenig bekannte schwerste Behinderung, Folge einer schweren Schädigung des Gehirns. Betroffene können nur sehr eingeschränkt ihre Umwelt wahrnehmen und reagieren. Aber Wachkoma ist Leben! Und wir können mit den Betroffenen leben!" (http://www.schaedel-hirnpatienten.de, Zugriff am 25.06.2011).

bewussten Verhalten führen, auch sind, so wenig überzeugt es, Wachkomapatienten *grundsätzlich* ein „bewusstes Fühlen und Kommunizieren" zuzuschreiben.[24] Dies würde dazu zwingen, sich in manchen Fällen zu weit vom neurologischen Befund, der zum Beispiel eine weitestgehende Zerstörung des Gehirns zeigt, zu entfernen. Als Träger des Fühlens und Kommunizierens müsste dann eine vom Gehirn unabhängige Instanz fungieren, was letztlich in einen anthropologischen Dualismus führt, der eine eigenständige „Seele" als Träger dieser Leistungen voraussetzt. Zudem macht die Verwendung eines zu offenen und unspezifischen Kommunikationsbegriffs die Abgrenzung von menschlicher zu tierischer Kommunikation schwierig. Bei den hier anstehenden moralischen Fragen geht es aber darum, so etwas wie eine *typisch menschliche Erlebens- und Kommunikationsform* nachweisen zu können.

Wie schon erwähnt, tragen die neuen bildgebenden Verfahren hier zwar einiges zur Klärung bei, ihre Ergebnisse blieben aber bislang in manchen Fällen immer noch sehr interpretationsbedürftig. Die bisherigen Erkenntnisse sprechen dafür, dass dem klinischen Bild des vegetativen Status deutlich heterogenere neurologische Befunde zugrunde liegen als bisher angenommen; andererseits sollte es irgendwann möglich sein, über den neurologischen Befund jene Formen zu diagnostizieren, für die keinerlei Empfindungs- oder Kommunikationsfähigkeit angenommen werden kann.

2.2.3 Personstatus, Lebenswert und Würde

Das Insistieren auf einer Bewusstseins- und Kommunikationsfähigkeit *aller* Wachkomapatienten hat meist das unausgesprochene Ziel, Tendenzen den Boden zu entziehen, die Menschen im tiefsten Wachkoma den Person- und Würdestatus absprechen wollen. Eine solche Tendenz taucht tatsächlich auf dem Hintergrund eines utilitaristischen Personbegriffs, wie ihn P. Singer und andere vertreten, in einigen Beiträgen auf. Für den Utilitarismus ist es entscheidend, dass Lebewesen empfindungsfähig sind, um moralisch überhaupt berücksichtigungswürdig zu sein, was ein zumindest minimales Bewusstsein voraussetzt, und dass sie über Bewusstsein und Wissen um die eigene Zukunft verfügen müssen, um Personen mit einem Lebensrecht zu sein.[25] Es ist verständlich, dass in einem solchen Zusammenhang der Frage, wie weit sich bei Wachkomapatienten bewusstes Fühlen und Kommunizieren nachweisen lassen, eine ganz entscheidende Bedeutung zukommt.

Die mit einem solchen Personbegriff verbundenen Probleme werden gegenwärtig allerdings an vielen Stellen der bioethischen Debatte virulent und

---

24 So zum Beispiel W. NACIMIENTO, Apallisches Syndrom, Wachkoma, persistent vegetative state: Wovon redet und was weiß die Medizin?, in: HÖFLING (s.o. Anm. 14), 29–48.
25 Wichtiger Referenzpunkt der Debatte ist immer noch P. SINGER, Praktische Ethik, Stuttgart 1984.

sie erfordern eine grundsätzliche Debatte um das zugrunde gelegte Menschenbild, die auch geführt wird. An dieser Stelle soll einfach vorausgesetzt werden, dass sich ein solcher, allein auf empirisch nachweisbare Bewusstseinsphänomene gestützter Personbegriff mit guten Argumenten zurückweisen lässt. Unter dieser Voraussetzung lassen sich dann die Fragen, wie weit Wachkomapatienten fühlen und kommunizieren und ob unter bestimmten Umständen ein Ernährungsabbruch möglich ist, *entlastet* von der Frage nach ihrem Würde- und Personstatus führen. Sie sollten somit *unter bewusster Voraussetzung* eines grundsätzlichen Würdestatus geführt werden.[26] Dann ist es auch möglich, sich gegen die Unterstellung zu wehren, das Plädoyer für einen möglichen Ernährungsabbruch bei Wachkomapatienten stelle notwendig deren Würde infrage, setze notwendig ein utilitaristisches Menschenbild voraus oder beinhalte mit der Menschenwürde unvereinbare Lebenswerturteile.[27]

Oft wird auf dem skizzierten Diskussionshintergrund die Zulässigkeit des Ernährungsabbruchs bei Wachkomapatienten als erster Schritt eines Dammbruchs angesehen, der zu einer unkontrollierten Ausweitung gerichtlich genehmigter Tötungshandlungen führt.[28] Eine solche Ausweitung ist jedoch nicht plausibel, wenn man, wofür hier plädiert wird, den Abbruch einer künstlichen Ernährung als Begrenzung einer medizinischen Maßnahme versteht, die ein Sterbenlassen ermöglicht und wenn man zugleich den besonderen Grenzcharakter tiefster Wachkomaformen anerkennt, der in einer nicht zeitlichen, sondern qualitativen Nähe zum Tod besteht. Solches Leben ist nicht einfach qualitativ „schlecht" in einem subjektiv willkürlichen Sinn, sondern irreversibel jeder Möglichkeit beraubt, subjektiv gut oder schlecht zu sein. Ein solches Leben ist natürlicherweise nicht möglich und hat etwas von einem Artefakt an sich, weshalb es auch von den Angehörigen immer wieder als zutiefst widersprüchlich erlebt wird. Ein solches Leben kann seinen Sinn auch nicht ausschließlich, wie manchmal angedeutet wird, aus der Zuwendung durch andere Menschen beziehen. Dies käme letztlich einer Instrumentalisierung gleich. Auch wenn ein solches Leben nie direkt getötet werden darf[29], kann in besonderen Fällen ein Abbruch künstlicher Ernährung sinnvoll und angemessen sein,

---

26 Die Vermengung dieser Probleme wird auch im Dokument der Glaubenskongregation von 2007 sichtbar; vgl. Kongregation für die Glaubenslehre, Antworten (s.o. Anm. 16).
27 Vgl. Eibach/Zwirner (s.o. Anm. 15).
28 Vgl. zum Beispiel O. Tolmein, Selbstbestimmungsrecht und Einwilligungsfähigkeit. Der Abbruch künstlicher Ernährung in rechtsvergleichender Sicht. Der Kemptener Fall und der Fall Cruzan und Bland, Frankfurt a.M. 2004; E. Nagel/C. Eichhorn/J. Loss, Künstliche Ernährung und Ethik, in: Weimann/Körner/Thiele (s.o. Anm. 15), 9–22.
29 Der hier vertretene Standpunkt hält an der Unterscheidbarkeit von aktivem Töten und Sterbenlassen fest.

wenn gleichzeitig zutrifft, dass PEG-Sonden immer eine gewisse Künstlichkeit eignet und ihre Anwendung daher positiv verantwortet werden muss.

3. Entscheiden unter Ungewissheit

Die angeführten Überlegungen beantworten keineswegs alle Fragen im Zusammenhang mit Behandlungsentscheidungen beim Wachkoma. Sie können vor allem auch die Frage nicht beantworten, *wann* genau ein Abbruch der künstlichen Ernährung bei tiefsten Formen des Wachkomas in Frage kommt. Es wurde jedoch eingangs deutlich gemacht, dass dies ganz allgemein bei Entscheidungen am Lebensende der Fall ist, auch bei jenen, die in viel größerer Nähe zur terminalen Phase erfolgen. Immer müssen Ermessensspielräume abgesteckt und dann Prinzipien und Kriterien präzisiert werden, an denen sich die praktische Urteilsbildung innerhalb dieser Spielräume im Einzelfall auszurichten hat.[30] In diesem Sinn sollen die erarbeiteten Rahmenbedingungen für entsprechende Entscheidungen nochmals zusammengefasst werden:

– Eine Diskussion um Behandlungsbegrenzung und den möglichen Abbruch einer künstlichen Ernährung sollte grundsätzlich unter der Prämisse des Person- und Würdestatus von Wachkomapatienten erfolgen. Die Orientierung an der Würde verpflichtet dazu, radikal vom Wohl der Betroffenen her zu denken, ihren Willen, soweit dieser bekannt ist, zu respektieren und mögliche Instrumentalisierungstendenzen auch in dieser Lebensphase abzuwehren.
– Unser Wissen über das Wachkoma ist noch immer begrenzt und viele Fragen bedürfen einer weiteren Klärung. Letzte Unsicherheiten, zum Beispiel im Hinblick auf die Prognose, werden nie ganz verschwinden. Zusammen mit der bekannt hohen Rate an Fehldiagnosen ergibt sich daraus die Verpflichtung zu einem tutioristischen Vorgehen, das im Zweifelsfall den sichereren Weg wählt und für die Aufrechterhaltung des Lebens optiert.[31] Die bestehenden Unsicherheiten verpflichten auch dazu, abweichende Meinungen und Ansätze in der Einschätzung des Wachkomas und im Hinblick auf konkrete

---

30 Darin besteht das Anliegen der in der Medizinethik immer wieder diskutierten *casuistry*, die auf die Einmaligkeit jedes „Falls" verweist und behauptet, dass sich moralisch richtige Lösungen primär aus einer intensiven Beschäftigung mit den Details, Besonderheiten und Facetten eines jeden einzelnen Falles ergeben; vgl. zum Beispiel C. Strong, Critiques of Casuistry and Why They are Mistaken, in: Theor Med Bioeth 20,5 (1999), 395–411; A. Jonsen/M. Siegler/W. J. Winslade, Klinische Ethik. Eine praktische Hilfe zur ethischen Entscheidungsfindung, Köln ⁵2006.
31 Deutlich weist darauf hin A. Simon, Was ist der rechtlich und moralisch angemessene Umgang mit Wachkomapatienten? Die medizinethische Perspektive, in: Höfling (s.o. Anm. 14), 103–113.

Behandlungsentscheidungen ernst zu nehmen. Es muss genügend Raum für Kommunikation und Diskussion zugestanden werden, bis sich ein möglichst einheitliches Urteil aller Beteiligten ergibt.
- Immer sind zunächst alle Rehabilitations- und Therapiemaßnahmen auszuschöpfen. Die bisherigen Ergebnisse in der Anwendung bildgebender Verfahren haben überdies gezeigt, dass mit noch größerer Sorgfalt nach klinischen Anzeichen von Bewusstsein und Kommunikation gesucht werden muss. Die derzeitigen Befunde reichen jedoch nicht als Beweis dafür aus, dass Wachkomapatienten *immer* in irgendeiner Form wahrnehmungs- und kommunikationsfähig sind.
- Ein Ernährungsabbruch kann beziehungsweise muss – dies richtet sich nach der gesetzlichen Lage – dort erfolgen, wo eine eindeutige frühere Willenserklärung des Patienten (Patientenverfügung) existiert. Ansonsten kann er nur diskutiert werden, wenn über lange Zeit keinerlei Anzeichen von Bewusstsein vorliegen und ein Wiedererlangen des Bewusstseins ausgeschlossen werden kann (Vorliegen eines lang anhaltenden persistierenden vegetativen Status). Wann genau dann ein Abbruch stattfinden kann, hängt nicht nur vom objektiven Befund, sondern auch von weiteren Faktoren ab.
- Bei der Entscheidung muss das soziale Beziehungsfeld, in dem der Betreffende steht, mitberücksichtigt werden. Auch wenn die Würde eines Menschen nicht von der Beziehung anderer zu ihm und vom Ausmaß der ihm entgegengebrachten Zuwendung abhängt, spielt es für eine gute klinische Entscheidung doch eine Rolle, wie weit die engsten Angehörigen diese Entscheidung mittragen und aus ihrer Sicht als stimmig empfinden. Natürlich können diese die Situation emotional verzerrt wahrnehmen oder zwischen verzweifeltem Festhalten und dem Gefühl der Überforderung hin und her schwanken. Aus einer ganzheitlichen, relationalen Sicht des Patientenwohls heraus ist eine Entscheidung, die im Konsens aller Betroffenen getroffen wird, jedoch unbedingt vorzuziehen. Die vorhandenen Fakten müssen sich in der Deutung durch alle Betroffenen zu dem überzeugenden Bild zusammenfügen, dass eine weitere Aufrechterhaltung des Lebens der Würde dieses Lebens nicht mehr entspricht.[32] Dabei kommt nochmals der Patientenwille ins Spiel, denn ihn zu respektieren ist Teil der (Für-)Sorge um jedes menschliche Leben, dessen Integrität nicht nur eine physische und psychische, sondern auch eine geistig-ethische Dimension hat.

---

32 Die in dieser Formulierung sichtbar werdende Uneindeutigkeit lässt sich in klinischen Entscheidungen prinzipiell nicht ganz vermeiden. Ethische Entscheidungen beruhen grundsätzlich, wie schon erwähnt, darauf, dass empirische Fakten im Licht eines Menschenbildes, aber auch im Licht reflektierter Erfahrung gedeutet werden; zu einem entsprechenden Ansatz in der katholischen Moraltheologie vgl. K. DEMMER, Leben in Menschenhand. Grundlagen des bioethischen Gesprächs, Freiburg i.Br. 1987.

– Der in diesen Überlegungen eröffnete Ermessensspielraum, der prinzipiell auch einen Ernährungsabbruch umfasst, sollte keinesfalls dazu missbraucht werden, bei Wachkomapatienten unter bestimmten Bedingungen routinemäßig die Ernährung einzustellen. Dies ist einerseits wegen unseres noch ungenügenden Wissens über diesen Zustand und über die Vielfalt der einzelnen Verläufe nicht möglich; andererseits birgt es tatsächlich die Gefahr, dass solche Entscheidungen immer mehr unter den Einfluss ökonomischer Erwägungen geraten.

Der Tod von eigener Hand:
Ein philosophischer Blick auf ein existentielles Problem

Otfried Höffe

Die Debatte um Suizid und Suizidbeihilfe wird heftig geführt, zumal in der Schweiz, wo Suizidbeihilfeorganisationen sich vehement für eine rechtspolitische Änderung einsetzen. Teilweise herrscht eine Aggressivität vor, die die Contenance zivilisierter Bürger aufkündigt. Die folgenden Überlegungen wollen zur Contenance zurückführen. Sie erfolgen aus Sicht eines Moral- und Rechtsphilosophen, der sich in der einschlägigen medizinischen und empirischen Forschung kundig gemacht hat. Ich gliedere die Überlegungen in sechs Schritte und beginne mit der kontroversen Bezeichnung (Abschnitt 1), hebe als nächstes das persönliche und zugleich soziale Problem hervor (Abschnitt 2) und werfe danach einen sozialen und einen personalen Blick in die Wirklichkeit (Abschnitt 3). Für die sich daran anschließende moralische Bewertung schaue ich zunächst in die Philosophiegeschichte (Abschnitt 4) und lasse eine rechtsethische Bewertung des Suizids (Abschnitt 5), schließlich eine Einschätzung der Suizidbeihilfe folgen (Abschnitt 6).

1. Kontroverse Bezeichnung

Schon die Bezeichnung ist umstritten. Traditionell spricht man von Selbstmord, so auch der zuständige, zur etwaigen Veränderung stehende Artikel 115 des Schweizerischen Strafgesetzbuches. Im zweiten Wortbestandteil „Mord" klingt freilich ein schweres Verbrechen an, das in Wahrheit nicht vorliegt.

Um die irreführende Assoziation zu vermeiden, ziehen manche den Ausdruck „Selbsttötung" vor. Töten ist aber ebenfalls ein Delikt, weshalb wieder andere lieber von Freitod (lateinisch: *mors voluntaria*) sprechen. Sie wollen damit eine zweifache Selbstbestimmung betonen: dass man sein Leben in Freiheit und mit dem Recht auf diese Freiheit beendet. Die rein positive Einschätzung ist allerdings strittig. Das Deutsche, eine ebenso tolerante wie in mancher

Hinsicht scheue, man kann auch sagen: wenig selbstbewusste Sprache, zieht sich deshalb auf ein Fremdwort zurück. Das Wort Suizid, das aus dem Lateinischen stammt und im Englischen, Französischen und Italienischen präsent ist, erinnert an „*Homo-cidium*". Das Wort bedeutet aber Totschlag oder Mord, sodass auch „*Sui-cidium*" keineswegs normativ neutral klingt.

So beginnt der Streit um die Sache als Streit um deren Bezeichnung. Wer in diesem normativ aufgeladenen Streit der Wörter nicht von vornherein Partei ergreift, kann zunächst von „finalem Hand an sich legen" sprechen oder „Tod von eigener Hand". Welche Bezeichnung auch immer man verwendet – gemeint ist, dass man nicht auf den „natürlichen Tod" wartet. Man setzt vielmehr dem Leben ein nicht-natürliches Ende, und zwar der Betreffende seinem eigenen Leben.

Eine derartige Möglichkeit steht unter allen Lebewesen, die wir kennen, allein dem Menschen offen. Sie belegt, dass er nicht einfachhin da ist, sondern sich zu sich selbst verhält. Er ist also generell ein reflexives Wesen. Im Bereich des Erkennens beispielsweise hat er nicht bloß gewisse Meinungen, sondern er weiß auch, dass er diese Meinungen hat. Unter bestimmten Umständen, etwa, weil er sich selbst unsicher ist oder weil er von andern aufgefordert wird, führt er Gründe für seine Meinungen an: Er gibt sich oder anderen Rechenschaft.

Im Bereich des Handelns verhält es sich entsprechend. Der Mensch handelt nicht lediglich nach angeborenen Mustern. Als zurechnungsfähige Person sieht er verschiedene Möglichkeiten, überlegt sich, was für und was gegen sie spricht, und trifft schließlich seine Wahl. In diesem Sinn besitzt der Mensch eine im wörtlichen Sinn radikale, bis zu den Wurzeln des Lebens reichende Verfügungsmacht. In ihr tritt ein hohes Maß an Freiheit zutage, das eine besondere Verantwortung aufbürdet.

Ihretwegen kann jene naturalistische Anthropologie nicht überzeugen, die von Philosophen wie T. Hobbes und B. de Spinoza vertreten wird.[1] Wer wie sie den Menschen auf das Generalziel der Selbsterhaltung festlegt, vermag weder das Phänomen des Märtyrers zu verstehen: dass jemand aus religiösen, moralischen oder politischen Gründen sein Leben zu opfern bereit ist. Noch kann er im Hand-an-sich-legen ein freies Handeln sehen, vielmehr sieht er dann nur Unfreiheit am Werk. In sehr vielen Fällen dürfte dies zwar zutreffen. Wer aber von vornherein eine freie Handlung ausschließt, wird schwerlich dem Phänomen gerecht: dass es sich zumindest gelegentlich im Horizont von Zurechnungsfähigkeit, Handlungsfreiheit und Verantwortung bewegt.

---

1 Vgl. B. DE SPINOZA, Lehrsatz 20, Lehrsatz 67, Ethik Teil IV, in: DERS., Werke in drei Bänden, hg. v. W. BARTUSCHAT, Bd. 1, Hamburg 2006.

2. Ein persönliches und zugleich soziales Problem

Beim finalen Hand-an-sich-legen, beim Tod von eigener Hand, steht nun die Freiheit in einer radikalen, zugleich ultimativen Weise zur Disposition. Vorausgesetzt, man handelt tatsächlich frei, also ungezwungen und wohlüberlegt, setzt man seine Freiheit aufs Spiel. Man versucht, sich seine Freiheit zu beweisen, indem man sie zugleich verspielt: Wer ungezwungen und wohlüberlegt Hand an sich legt, handelt im wörtlichen Sinn destruktiv und irreversibel. Er setzt in Freiheit seiner Freiheit ein Ende. Deshalb ist es kein falsches Pathos zu sagen: Hier geht es um die veritable Existenz; der Tod von eigener Hand ist ein in hohem Maß existentielles Problem.

Obwohl er eine zutiefst persönliche Handlung ist, hat er aber wie alles Menschliche eine soziale Seite. Beim Tod von eigener Hand schrumpft man nicht zu jenem Robinson, der auf einer einsamen Insel noch ohne jeden Gefährten lebt. Auch der Suizidwillige hat in der Regel Angehörige, zumindest Bekannte und Nachbarn, vielleicht sogar Freunde. Verfügen sie über menschliches Einfühlungsvermögen, und sei es nur ein Minimum von Sympathie und Empathie, so sind sie gegen einen selbst herbeigeführten Tod alles andere als gleichgültig. Sie sind von ihm betroffen, im Fall von Eltern, Kindern, Partnern sogar schwer getroffen. Wer von einer ihm nahestehenden Person erfährt, dass sie ernsthaft nicht mehr leben will, fühlt sich mitverantwortlich. Nimmt sie sich das Leben, ohne mit mir zu sprechen, so wird zusätzlich das Vertrauensverhältnis beschädigt. Andere reagieren mit Zorn oder Enttäuschung, wieder andere mit Hilflosigkeit oder Schuldgefühlen.

Im Fall der Suizidbeihilfe werden noch andere Menschen bemüht. Und Personen, die wider Willen beteiligt werden, etwa Lokführer, stehen ihr Leben lang unter Schock.

3. Ein doppelter, ein sozialer und ein personaler Blick in die Wirklichkeit

Aus beiden Gründen, weil der Suizid eine spezifisch menschliche und vor allem weil er eine ultimative, schlechthin unwiderrufliche Handlung ist, kommt seiner normativen Bewertung ein besonderes Gewicht zu. Bevor man sich auf die Bewertung einlässt, empfiehlt sich aber, einen doppelten, einen sozialen und einen personalen Blick in die Wirklichkeit zu werfen.

Beginnen wir mit dem sozialen Blick: Seit den wegweisenden Untersuchungen des französischen Soziologen É. Durkheim wissen wir nämlich, dass Suizidhandlungen niemals einen nur individuellen Charakter haben.[2] Es kommen

---

2   Vgl. É. Durkheim, Der Selbstmord (Originaltitel: Le suicide. Étude de sociologie [1879]), Neuwied/Berlin 1973.

vielmehr kulturelle Besonderheiten ins Spiel. Ihretwegen liegt im Abendland, hier vor allem in Mitteleuropa und noch einmal besonders in der Schweiz, die Suizidrate weit höher als in islamischen, buddhistischen und hinduistischen Ländern. Dafür dürften verschiedene Faktoren verantwortlich sein. Auf einen ersten Faktor mag die moderne Gesellschaft stolz sein, auf eine Stärkung von Freiheit und dem Recht, sein Leben selbstverantwortlich zu gestalten. Andere Faktoren sind aber schwerlich ausschließlich positiv einzuschätzen, etwa die Auflösung persönlicher Beziehungen, ferner die Abnahme religiöser Bindungen, auch die Fähigkeit, Leid zu verarbeiten.

Mein zweiter, personaler Blick: Der Mensch hat ein natürliches Interesse zu leben. Der Wunsch, seinem Leben ein Ende zu setzen, reift daher in der Regel nur in einer fundamentalen Lebenskrise heran. Die empirische Suizidforschung bezweifelt nicht, dass es den nach einer nüchternen Lebensbilanz frei gewählten Tod gibt, den sogenannten Bilanzsuizid; sie trifft ihn jedoch selten an. Auch bestreitet sie nicht, dass zum Suizid ein Moment der Stellungnahme gehört. Sie zeigt aber, dass er in den weitaus meisten Fällen von Personen verübt wird, die in einer konkreten Weise am Sinn des Lebens verzweifeln. Entweder sehen sie niemanden, der sie versteht und verlässlich zu ihnen hält, oder sie leiden unter unerträglichen Schmerzen. Die Forschung hat jedenfalls gute Gründe, in der Regel eine starke Einschränkung der Freiheit und vor allem einen letzten Appell an die Mitmenschen beziehungsweise die Gesellschaft zu sehen.

Vor allem unter jungen Erwachsenen ist der Suizid ein erheblicher Mortalitätsfaktor. Eine sozial verantwortliche Gesellschaft erforscht daher nicht nur die Ursachen. Sie ergreift auch Präventionsmaßnahmen und versucht, den Menschen, die in (seelische) Not geraten, noch stärker zu helfen. Es versteht sich, dass man junge Erwachsene etwa im Falle von Liebeskummer oder von beruflichen Schwierigkeiten nicht allein lässt. Aus ethischer Sicht verdient jedenfalls die Suizidprävention, die fürsorgliche Beratung suizidgefährdeter Menschen und die palliative Fürsorge sowie die Hospizarbeit einen klaren Vorrang.

Von Sonderfällen abgesehen, will so gut wie niemand, dem seine Mitmenschen genügend Liebe und Aufmerksamkeit zeigen, sich das Leben nehmen. Deshalb richtet sich das ärztliche, pflegerische und sozialtherapeutische Tun nach dem Grundsatz „*in dubio pro vita*": Unter der Annahme, dass beim Entschluss zum Suizid die psychischen Kräfte und Funktionen und mit ihnen die Handlungsfreiheit eingeschränkt sind, versucht man bei einer nicht vollendeten Suizidhandlung, dem Betroffenen die bestmögliche Hilfe zu bringen. Glücklicherweise ist man dabei sehr erfolgreich: Die meisten geretteten Suizidwilligen heißen ihre Rettung nachträglich gut und befinden sich bei therapeutischer Begleitung auch zehn Jahre nach dem Suizidversuch noch am Leben. Suizidgefährdeten wiederum versucht man, zu einem lebenswerten Leben zu verhelfen, das heißt zu innerer Freiheit, zu vertrauensvollen Sozialbeziehungen und zu einer positiven Lebenseinstellung selbst in schwerer Lebenssituation, nicht zuletzt, wo erforderlich, zu einem erträglichen Leiden.

In den seltensten Fällen treten Suizidhandlungen unvorbereitet auf. In Form einer sogenannten „suizidalen Entwicklung" werden in der Regel drei Phasen durchlaufen, bei denen man sich mehr und mehr von der zugehörigen sozialen Umwelt sowohl innerlich als auch äußerlich isoliert und seine vorher gültigen menschlichen und ethischen Werte entwertet. Da viele Suizidhandlungen vorher angekündigt werden, verdient das vorbeugende Verhüten besondere Beachtung. Dabei verpflichten mitmenschliche Solidarität, Fürsorge und Verantwortung, sich auf die Sicht des Suizidgefährdeten einzulassen, sich mit dessen Fragen nach konkret-persönlichem Lebenssinn auseinanderzusetzen, die Möglichkeiten, aber auch Grenzen der eigenen Fähigkeiten einzuschätzen und, wo nötig, für fachliche Hilfe zu sorgen.

4. Moralische Bewertung: Ein Blick in die Philosophiegeschichte

Die moralische Beurteilung eines rundum freien Suizids ist umstritten. Werfen wir einen kurzen Blick in die Philosophiegeschichte:

Nach dem großen Kirchenvater der Philosophie, Platon, ist dem Menschen das eigene Leben der Verfügung entzogen. Dazu gibt es nur die eine Ausnahme, dass die Polis jemanden wie Sokrates zum Tod, und, um sich nicht zu beflecken, zur Selbsttötung verurteilt.[3] In seinem Alterswerk, den „Nomoi", unterscheidet Platon allerdings zwei Arten:[4] Den Suizid bei unheilbarer, das Leben unerträglich machender Schmach vom Suizid, der aus Schlaffheit und feiger Verzagtheit begangen wird. Für den zweiten Falltyp fordert er ein einsames, ruhmloses Begräbnis an namenloser Stelle. Ähnlich denkt Aristoteles. Nach ihm, dem zweiten großen Kirchenvater der Philosophie, ist „zu sterben, um Armut, Liebeskummer oder sonst etwas Unangenehmes zu entgehen, nicht Kennzeichen des Tapferen, sondern vielmehr des Feigen"[5]

Für beide, Platon und Aristoteles, ist der Suizid kein vorrangiges Thema. Erst in der nachklassischen Philosophie, bei Epikur und der Stoa, rückt er in den Vordergrund. Weit stärker am konkreten Lebensvollzug interessiert, wird

---

3   Vgl. PLATON, Phaidon 62b–c, in: DERS., Sämtliche Werke, neu hg. v. U. WOLF, Bd. 2, Reinbek 1994.
4   Vgl. PLATON, Nomoi IX 873 c–d, in: DERS., Sämtliche Werke, neu hg. v. U. WOLF, Bd. 4, Reinbek 1994.
5   ARISTOTELES, Nikomachische Ethik III 11, 1116a 12–15, in: DERS., Nikomachische Ethik, hg. v. U. WOLF, Reinbek ²2008; ferner siehe auch Nikomachische Ethik, V 15, 1138a 4–14 sowie Nikomachische Ethik, IX 4, 1166b 11–13.

der Machtanspruch der Polis zurückgedrängt, demzufolge der Suizid wie jeder Mord eine religiöse Verunreinigung darstellt und zusätzlich eine bürgerliche Ehrlosigkeit nach sich zieht. Epikur, der zu standhaftem Lebensgenuss ermuntert, erklärt: „Notwendigkeit ist ein Übel, aber es besteht keine Notwendigkeit mit einer Notwendigkeit zu leben"[6]. Der römische Stoiker Seneca wird Epikurs Spruch zustimmend zitieren.[7] An anderer Stelle räumt er der Vernunft das Recht ein, zum Aufgeben des Lebens zu raten[8] oder die Gemeinschaft mit dem Körper aufzukündigen, sobald es ihm, Seneca, gutdünkt.[9]

Nicht erst im Christentum, sondern schon im Neuplatonismus, also aus philosophischen, nicht religiösen Gründen beginnt die Gegenbewegung.[10] Das philosophische Sterben wird als ein dem „Fleische Absterben" begriffen. Dabei gilt die „Selbstentleibung" als voreiliger Eingriff in das „Absterben des Fleisches".

Nach einem Höhepunkt des christlichen Denkens, nach Thomas von Aquin, sprechen drei Argumente gegen eine Selbsttötung.[11] Das erste ist ein naturrechtliches-personales Argument: das der Selbsterhaltung, erweitert um das der Liebe, mit der jeder sich selbst zu begegnen hat. Das zweite Argument ist sozialethischer Natur: Suizid sei ein Unrecht gegen die Gemeinschaft, der jeder Mensch als Teil angehört. Erst an dritter Stelle kommt das theologische Argument, der Suizid wende sich gegen die göttliche Entscheidung über Leben und Tod.

Für die von Thomas von Aquin vorgetragenen Argumente unternimmt D. Hume eine systematische Widerlegung:[12] Erstens verstoße die Selbstvernichtung so wenig gegen den göttlichen Willen wie die Selbsterhaltung. Denn in beiden Fällen operiere man mit von Gott verliehenen Kräften. Zweitens erlösche

---

6 Epikur, Briefe, Sprüche, Werkfragmente, hg. v. H.-W. Krautz, Stuttgart 1993, 80 (Übersetzung: O. H.).
7 L. A. Seneca, Von der Seelenruhe, in: Ders., Philosophische Schriften. Zweiter Band. Der Dialoge Zweiter Teil, hg. v. O. Apelt, Leipzig 1923, 185.
8 L. A. Seneca, An Lucilius, Brief 70, in: Ders., Philosophische Schriften. Dritter Band. Dialoge. Briefe an Lucilius. Erster Teil: Briefe 1–81, hg. v. Otto Apelt, Leipzig 1924, 271.
9 Seneca, Brief 58, in: Ders. (s.o. Anm. 8), 210.
10 Vgl. Plotin, Enneaden I, 9 in: Ders., Schriften, hg. v. R. Harder, Bd. 1a, Hamburg 1956; Porphyrios, De abstinentia I, 38; II, 47 in: Ders., Porphyrii philosophici Platonici opuscula selecta, hg. v. A. Nauck, Hildesheim 1977.
11 Vgl. Thomas von Aquin, Summa theologiae IIa–IIae quaestio 64, 5 in: Ders., Die deutsche Thomasausgabe, hg. v. Dominikanern und Benediktinern Deutschlands u. Österreichs, Bd. 18 (= Summa II/II, 57–79): Recht und Gerechtigkeit, kommentiert von A. F. Utz, Heidelberg 1953.
12 Vgl. D. Hume, Die Naturgeschichte der Religion. Über Aberglaube und Schwärmerei. Über die Unsterblichkeit der Seele. Über Selbstmord, hg. v. L. Kreimendahl, Hamburg ²2000.

eine etwaige soziale Verpflichtung spätestens dann, wenn das eigene Leben unerträglich werde. Schließlich liege, sobald das Leben zur Last werde, die Selbstvernichtung im legitimen Selbstinteresse. Humes Zeitgenosse J.-J. Rousseau sieht die Sache differenzierter und dialektisch. In seinem Briefroman „Julie oder Die neue Héloise" folgt auf eine entschiedene Verteidigung der Freiheit zum Tod die nicht weniger entschiedene Widerrede: Die Apologie eines pflichtgemäß tätigen Lebens im Dienst der Mitmenschen soll zur Umkehr bewegen.

Höhe- und zugleich Wendepunkt der europäischen Aufklärung, die wichtigste Bezugsfigur der heutigen moralphilosophischen Grundlagendebatten, ist I. Kant. Obwohl dieser Weltbürger aus Königsberg manchem stoischen Gedanken folgt, vertritt er zur Selbsttötung die entgegengesetzte Ansicht: „[S]ein Leben zu erhalten, ist Pflicht, und überdem hat jedermann dazu noch eine unmittelbare Neigung."[13] Kant weiß durchaus, dass „Widerwärtigkeiten und hoffnungsloser Gram den Geschmack am Leben gänzlich"[14] wegnehmen können. Gemäß dem Gegensatz von Pflicht und Neigung, handelt aber lediglich derjenige wahrhaft moralisch, der auch dann „sein Leben doch erhält, ohne es zu lieben"[15].

Kant begründet diese Ansicht mit Hilfe seines generellen Kriteriums von Moral, der strengen Verallgemeinerbarkeit, und führt dazu ein Gedankenexperiment durch: „[I]ch mache es mir aus Selbstliebe zum Prinzip, wenn das Leben bei seiner längern Frist mehr Übel droht, als es Annehmlichkeit verspricht, es mir abzukürzen. Es fragt sich nur, ob dieses Prinzip der Selbstliebe ein allgemeines Naturgesetz werden könne."[16] Kant fragt, ob eine Natur denkbar ist, die jedes Leben beendet, wenn ihm Übel drohen. Die Antwort lautet zu Recht: „Nein". Denn bei Lebewesen, die Lust und Unlust verspüren, steckt in der Empfindung von Unlust, beispielsweise im Gefühl von Hunger oder Durst, die Aufforderung zu deren Überwindung. Wer hungert, soll feste, wer dürstet, soll flüssige Nahrung zu sich nehmen. Folglich kann eine Natur, die mittels Unlust „zur Beförderung des Lebens" antreibt, nicht zugleich „das Leben selbst zu zerstören"[17] drängen. Bekanntlich beginnt das menschliche Leben sogar in Unlust: Höchst ungern verlassen wir den Mutterleib und schreien, aber nicht vor Vergnügen, sondern aus Unwillen. Und wenn es einigermaßen gut geht, wie glücklicherweise in vielen Fällen, wird daraus ein recht erfreuliches Leben.

Kant führt noch ein zweites Argument an, jetzt mit seinem weiteren Moralkriterium, der Selbstzwecklichkeits-Formel: Wenn jemand, „um einem be-

---

13 Vgl. I. KANT, Grundlegung zur Metaphysik der Sitten, in: DERS., Werke in zehn Bänden, hg. v. W. WEISCHEDEL, Bd. 6, Darmstadt 1968, BA 9.
14 KANT (s.o. Anm. 13), BA 9.
15 KANT (s.o. Anm. 13), BA 9.
16 KANT (s.o. Anm. 13), BA 53.
17 KANT (s.o. Anm. 13), BA 53 f.

schwerlichen Zustande zu entfliehen, sich selbst zerstört, so bedient er sich einer Person bloß als eines Mittels, zur Erhaltung eines erträglichen Zustandes bis zum Ende des Lebens. Der Mensch aber ist keine Sache, [...] sondern muß bei allen seinen Handlungen jederzeit als Zweck an sich selbst betrachtet werden."[18]. Unwidersprochen bleibt Kants Ansicht nicht; Schopenhauer beispielsweise lehnt sie ab.

Überspringen wir einige Generationen und setzen wieder etwa in der Mitte des 20. Jahrhunderts ein: In seinem Essay „Der Mythos von Sisyphos" (1942/1950) lehnt A. Camus den Suizid aus einem existentiellen Grund ab:[19] In einer sinnentleerten Welt ist das Leben der einzige menschliche Wert. Dessen Negation würde den Sieg des Absurden über das Humanum bedeuten. Der „Mensch in der Revolte", schreibt er später, muss leben, um gegen die Absurdität des Daseins zu protestieren; für ihn ist „ein vorzeitiger Tod irreparabel".[20]

Die Gegenposition findet aber ebenso Befürworter. So setzen sich die Philosophen K. Löwith, K. Jaspers und W. Kamlah, der Theologe K. Barth sowie der Schriftsteller J. Améry für die Freiheit zum eigenen Tod ein. Für Améry ist der Suizid „ein Privileg des Humanen", das „schmetternde Nein zum schmetternden, zerschmetternden *échec* des Daseins"[21].

Philosophen, die den Suizid vom Standpunkt der Freiheit für grundsätzlich erlaubt halten, halten ihn in der Regel für einen Grenzfall freien Handelns, der überdies nur in Ausnahmesituationen zulässig sei. So erkennt K. Jaspers den Suizid, der „sich der Unterdrückung und dem vernichtenden Leid entzieht"[22], eine eigene Würde zu. Ähnlich hält Jaspers' Basler Kollege Barth den Suizid im Grenzfall für erlaubt, sogar für religiös vertretbar: „[D]a das menschliche Leben eine relative Größe, ein begrenzter Wert ist, (kann) sein Schutz *ultima ratione* auch in seiner Preisgabe und Dahingabe bestehen. Es kann die Verteidigung des Lebens [...] unter Umständen, wenn der gebietende Gott es so haben will, auch zerbrechen und abbrechen müssen".[23]

Eine abschließende Beurteilung des Suizids vom Prinzip der Freiheit hängt von deren Begriff ab. Die bloße Handlungsfreiheit schließt die Möglichkeit des

---

18 KANT (s.o. Anm. 13), BA 67. Vgl. auch: I. KANT, Metaphysik der Sitten. Zweiter Teil: Metaphysische Anfangsgründe der Tugendlehre, in: DERS., Werke in zehn Bänden, hg. v. W. WEISCHEDEL, Bd. 7, Darmstadt 1968, A 72 f.
19 Vgl. A. CAMUS, Der Mythos von Sisyphos. Ein Versuch über das Absurde (Originaltitel: Le mythe de Sisyphe [1942]), Reinbek 1980.
20 Vgl. A. CAMUS, Der Mensch in der Revolte (Originaltitel: L'Homme révolté [1951]), Reinbek 1969.
21 J. AMÉRY, Hand an sich legen: Diskurs über den Freitod, Stuttgart 1976.
22 K. JASPERS, Der philosophische Glaube angesichts der Offenbarung, München 1962, 474.
23 K. BARTH, Die kirchliche Dogmatik. Die Lehre von der Schöpfung, Bd. III,4 § 55.

Suizids ein. Rechnet man aber zur Freiheit auch die Offenheit und Fraglichkeit der Zukunft, dann steckt im Suizid ein Moment der Negation. Dasselbe trifft zu, wenn man für die Freiheit das Soziale für konstitutiv hält. Und vom Prinzip der unveräußerlichen Menschenwürde her behält das Leben eines Menschen auch gegen Leid, Krankheit und Erniedrigung ein unverlierbares Recht.

5. Rechtsethische Bewertung

Der moralphilosophische Streit um die Bewertung des Suizids könnte uns ratlos machen. Tatsächlich ist er für die derzeitige Debatte (fast) unerheblich. Denn in ihr geht es nicht um persönliche Moral, sondern um Rechtsethik, und deren Bewertung ist von der moralischen Einschätzung streng zu unterscheiden.

Nachdem schon in der Spätantike christliche Synoden den Suizid zum Verbrechen erklärten, führte man vielerorts kodifizierte Sanktionen *post mortem* ein: Von der Malträtierung der Leiche über die Verweigerung des zeremoniellen Begräbnisses bis hin zur Beschlagnahme von Hab und Gut. Aber schon vor fast einem halben Jahrtausend sieht ein Vorgänger moderner Strafgesetzbücher, die *Constitutio Criminalis Carolina* von 1532, für die Selbsttötung keine Sanktion mehr vor. Zweieinhalb Jahrhunderte später, gegen Ende des 18. Jahrhunderts, verzichtet Preußen auf die Sanktionierung des Selbstmordversuchs, die Suizidbeihilfe bleibt jedoch strafbar. Selbst als später auch andernorts der Selbstmord aus der Liste der gesetzlichen Verbrechen gestrichen wird, verbleibt im Bewusstsein der Gesellschaft ein Gefühl der Fremdheit. Es erstreckt sich auf den Suizidwilligen, darüber hinaus auf den Ort, an dem er die Tat beging, und auf alle, die mit ihm und der Tat in Verbindung standen. Die Gesellschaft, diagnostiziert Durkheim, gewährt für etwas Absolution, das sie im Grunde ablehnt.

Folgendes darf mittlerweile als rechtsethisch unstrittig gelten. Das natürliche Interesse des Menschen am Leben beinhaltet keine Pflicht gegen die Gesellschaft oder das staatliche Gemeinwesen. Der Mensch schuldet ihnen nicht, sein Leben zu erhalten. Zu den Errungenschaften der von der europäischen Aufklärung inspirierten Strafrechtsreformen gehört vielmehr, die Strafbarkeit des Suizidversuches aufzuheben. Selbst wenn man gegen Lebenspartner, Eltern oder Kinder, vielleicht auch gegen sehr gute Freunde oder wegen eines Amtes, das man übernommen hat, eine Verantwortung, weiter zu leben, trägt, liegt keine rechtliche, schon gar nicht eine zivil- oder strafrechtlich einklagbare Pflicht vor.

Andererseits hält die Gesellschaft sowohl eine hohe als auch eine steigende Suizidrate für ein Alarmzeichen. Sie sieht sich veranlasst, über die Ursachen nachzudenken und gegen sie anzukämpfen. Ein Gemeinwesen hat nämlich eine menschen- und grundrechtliche Pflicht, das natürliche Interesse des Menschen am Leben zu schützen.[24] Freilich bleibt es geboten, die beiden Arten zu unterscheiden: den Suizid als Ausdruck einer fundamentalen Lebenskrise und den sogenannte Bilanzsuizid. Wegen deren Verschiedenartigkeit besteht zwischen einem weiteren Ausbau der Suizidprävention und einer gewissen Tolerierung von Suizidbeihilfe kein Widerspruch.

Ein Großteil der heutigen Schweizer Debatte bezieht sich nun auf die zweite Art, auf Personen, von denen man annimmt, dass sie sich nach nüchterner Lebensbilanz und reiflicher Überlegung für einen Suizid frei entscheiden. Trifft die Annahme rundum zu, liegt also tatsächlich ein veritabler Bilanzsuizid vor, so ist ein anderes Verhalten in Betracht zu ziehen als bei der ersten Art, bei jenen Suizidwilligen, die bewusst oder unbewusst auf Hilfe hoffen.

Auch Bilanzsuizidwillige befinden sich in einer Grenzsituation. In ihr sollte man sie nicht allein lassen, sondern ihnen gegebenenfalls helfen. Daher hebt die Nationale Ethikkommission im Bereich der Humanmedizin (NEK-CNE) in ihrer Stellungnahme aus dem Jahr 2009 hervor: „Auch wenn man die Fürsorgepflicht hoch wertet und einräumt, dass Menschen gegenseitig eine Verantwortung haben, die Lebensbedingungen so zu gestalten, dass ein Suizidwunsch nicht entsteht (oder wieder verschwindet), sind dennoch Situationen nicht auszuschließen, in denen Menschen nach frei gefälltem, wohlerwogenem Entschluss aus dem Leben scheiden möchten und für die Ausführung eines Suizids auf die Hilfe von anderen angewiesen sind."[25]

Das Recht, von einem echten Bilanzsuizid zu sprechen, darf man sich freilich nicht leichtfertig zubilligen. Aller Erfahrung nach befindet sich nämlich der weit überwiegende Teil der Betreffenden in einem Zustand tiefer Verzweiflung. Wenn überhaupt, kann hier nur unter großen Vorbehalten von einem Akt der Freiheit die Rede sein, vorgenommen von einem sich souverän entscheidenden Individuum. Höchst selten liegt ein abgeklärter und in sich gefestigter Wille vor. Selbst bei Schwerstkranken ist der Todeswunsch labil: unwägbar, ambivalent und flüchtig. Der für die Überwachung der zweiten Menschenrechtskonvention zuständige Ausschuss der Vereinten Nationen zeigt sich hinsichtlich der Schweiz besorgt darüber, dass in diesem Land keine unabhängige Aufsicht prüft, ob Personen, die Suizidbeihilfe ersuchen, tatsächlich mit freier und informierter Zustimmung handeln.[26] Und nach den von EXIT selber

---

24 Vgl. Artikel 10 der Schweizer Bundesverfassung und Artikel 6, Absatz 1 der zweiten Menschenrechtskonvention der Vereinten Nationen von 1966.
25 NATIONALE ETHIKKOMMISSION IM BEREICH HUMANMEDIZIN, Beihilfe zum Suizid, Stellungnahme Nr. 9/2005, Quelle: www.nek-cne.ch, 47 (Zugriff am 4.2.2010).
26 Vgl. R. KIENER, Organisierte Suizidhilfe zwischen Selbstbestimmungsrecht und staatlichen Schutzpflichten, in: Zeitschrift für Schweizerisches Recht, Band 129,I Heft 3 (2010), 271–289, 281 f.

genannten Zahlen betrug in den Jahren 2007 und 2008 die Frist zwischen Erstgespräch und erfolgtem Suizid bei fast einem Viertel der Fälle weniger als sieben Tage.

Mit gutem Grund erklären erfahrene Psychiater, dass sie sehr wenige Personen kennen, die in voller Freiheit ihrem Leben ein Ende setzen wollen. Fast alle Personen, deren Suizidversuch durch rechtzeitiges Eingreifen an der erfolgreichen Durchführung gehindert wurde, sind im Nachhinein über das Eingreifen froh. In Palliativ- beziehungsweise Hospizkrankenhäusern oder entsprechenden Abteilungen taucht der Suizidwunsch höchst selten auf. Nicht beim echten Bilanzsuizid, wohl aber bei den Personen, die sich in der Situation tiefer Verzweiflung befinden, empfiehlt es sich eher, ihnen aus der Verzweiflung herauszuhelfen, als ihnen Suizidbeihilfe zu leisten. Hier liegt der klare Primat bei der Suizidprävention, bei der Begleitung und fürsorglichen Beratung suizidgefährdeter Menschen sowie bei der palliativen Fürsorge.

Ich erinnere noch einmal, dass aus ethischer Sicht zum Suizid drei Positionen denkbar sind. Die erste, das grundsätzliche Verbot, wird seit Sokrates von vielen Moralphilosophen vertreten. Es betrifft aber im Wesentlichen die Verantwortung des Menschen vor seinem Gewissen oder vor Gott, nicht den Bereich staatlicher Verantwortung. Hier liegt kein rechtsethisches, sondern ein tugendethisches Verbot vor, das zudem nicht von allen Moralphilosophen anerkannt wird.

Gegen sein Gemeinwesen hat der Mensch zwar ein Recht auf Leben, aber keine zivil- oder strafrechtserhebliche Pflicht, es unter allen Umständen zu erhalten. Daraus folgt freilich kein Anspruchsrecht, kein Recht auf Beihilfe zum Suizid. Es gibt nicht einmal, obwohl dies gelegentlich als zweite ethische Position vertreten wird, ein individuelles Freiheitsrecht. Dieses besteht nämlich klassischerweise in einem Abwehrrecht, sei es gegen die anderen Rechtsgenossen, sei es gegen den Staat.

Im Rahmen eines anderen Rechtes, des allgemeinen Persönlichkeitsrechtes, darf man allerdings sein Leben auf selbstbestimmte Weise führen. Das schließt – dritte und überzeugende ethische Option – die Erlaubtheit, seinem Leben selber ein Ende zu setzen, ein. Es geht dabei um eine höchst persönliche, im strengen Sinn private Handlung. Wenn jemand in voller Freiheit und mit ausdrücklichem Wunsch sein Leben beenden will, hat niemand, schon gar nicht der zwangsbefugte Staat, das Recht, ihn gewaltsam zu hindern.

Selbst diese dritte Option gilt aber nicht uneingeschränkt. Mit gutem Grund trifft man gegenüber Personen in staatlichem Gewahrsam, Häftlingen, auch gegenüber Patienten in Krankenhäusern (nicht nur der Psychiatrie) Vorsorge, keinen Suizid versuchen zu können. Der Grund liegt in der Fürsorgepflicht angesichts einer, so vermutet man im Blick auf die entsprechenden Personen, eingeschränkten Einsichts- und Urteilsfähigkeit. Bei Häftlingen spielt außerdem ein öffentliches Interesse, das Strafvollzugsinteresse, herein. Generell gilt: Die ethischen Fragen, welche die Suizidbeihilfe aufwirft, ergeben sich aus dem Spannungsverhältnis zwischen der gebotenen Fürsorge für suizidgefährdete Menschen einerseits und dem Respekt vor der Selbstbestimmung eines Suizidwilligen andererseits. Damit sind wir beim politisch brisanten Thema der Suizidbeihilfe beziehungsweise dem assistierten Suizid.

6. Suizidbeihilfe?

Für die Rechtsethik ist das Eingreifen eines Dritten schon in rechtlicher, namentlich aber strafrechtlicher Hinsicht von der eigenen Handlung – sich selber das Leben zu nehmen – grundverschieden. Zwischen „sich selbst das Leben zu nehmen" und „einem anderen auf dessen Bitten hin zu helfen, sich das Leben zu nehmen" besteht eine fundamentale, nicht aufhebbare Differenz. Man überschreitet den Bereich des Persönlichkeitsrechts und betritt – auch – den Bereich des Strafrechts, genauer den „Ersten Titel" des zweiten Buches des Strafgesetzbuches: „Strafbare Handlungen gegen Leib und Leben". Für die Beihilfe Dritter beim Suizid braucht es daher sehr gute Gründe.

Das Thema „Suizidbeihilfe" wird übrigens fast weltweit diskutiert, selbst in so stark katholisch geprägten Ländern wie Polen, Mexiko oder Brasilien, allerdings ohne dass es dort zu Rechtsvorstößen gekommen wäre. Auch in China gibt es öffentliche Debatten, die auch die Parteimedien erfassen, wobei die Pro- und Contra-Argumente großenteils denen der westlichen Debatten entsprechen. Die Sterbehilfe ist hier zwar illegal, ihre passive Form aber so weit verbreitet und weitgehend geduldet, dass es seit 1994 beim Nationalen Volkskongress fast jährlich Eingaben gibt, die eine gesetzliche Regelung fordern. Nur im Iran und den arabischen Ländern finden sich vermutlich aus zwei Gründen keine nennenswerten Debatten: Einerseits gilt der Suizid im Islam als schwere Sünde, andererseits haben politisch engagierte Intellektuelle weit drängendere Themen als die Sterbehilfe.[27]

Manchen erscheint in den einschlägigen Debatten die philosophische Ethik als eine Fahne im Wind, obwohl sie doch eher ein Fels in der Brandung sein sollte. Teils aus opportunistischer Anpassung an den Zeitgeist, teils aus Mangel an intellektueller Courage beuge sie sich leichtfertig dem Drängen der Gesellschaft, ein so grundlegendes Rechtsgut wie den Lebensschutz aufzuweichen. Und sie hänge, so geht der Vorwurf weiter, der Aufweichung noch den Deckmantel der Liberalität um. Vielleicht handelt es sich aber in ethischer Hinsicht um eine schwierige Güterabwägung, die in den Niederlanden, Belgien und

---

27 Der zweite Grund dürfte auch auf Staaten wie Lettland zutreffen, in denen man Suizidbeihilfe ebenso wenig diskutiert.

Luxemburg auf eine sich liberal nennende Weise vorgenommen wird. Von ihr setzen sich Deutschland, auch Frankreich, Großbritannien und weitere Staaten ab. Der US-Bundesstaat Oregon und die Schweiz vertreten dagegen Zwischenlösungen, um deren genaue Ausgestaltung in der Schweiz noch gestritten wird.

Ob leicht oder schwierig: Eine Güterabwägung liegt deshalb vor, weil sich zwei moralische Prinzipien gegenüberstehen, die für sich betrachtet unstrittig sind: Die Selbstbestimmung spricht sich für die liberal genannte Lösung aus: Dass eine urteilsfähige Person selber entscheiden darf, ob sie in schwieriger Situation ihr Leben weiterführen will. Die empirische Suizidforschung weist jedoch darauf hin, dass ein Suizid in den meisten Fällen von Personen versucht oder begangen wird, die für sich am Sinn des Lebens verzweifeln. Statt einer veritablen Selbstbestimmung liegt dann eine starke Einschränkung der Freiheit und vor allem ein letzter Appell an die Mitmenschen beziehungsweise die Gesellschaft vor. Weil deshalb weniger das Prinzip Selbstbestimmung als die Verpflichtung gefragt ist, Menschen in Not zu helfen, richtet sich das ärztliche, pflegerische und sozialtherapeutische Tun zu Recht nach dem erwähnten Grundsatz „*in dubio pro vita*" und bemüht sich bei einer nicht vollendeten Suizidhandlung, dem Betroffenen die bestmögliche Hilfe zu bringen.

6.1 Zwei Beispiele: Oregon und die Niederlande

Weil die Suizidfrage fast nur in Lebenskrisen aufzutauchen pflegt, ergreift eine von Verantwortung und Solidarität geprägte Gesellschaft, statt den Suizid zu erleichtern, Präventionsmaßnahmen. Sie fördert die Beratung suizidgefährdeter Menschen, die palliative Fürsorge und die Hospizarbeit. Die in Deutschland noch wenig bekannte Regelung des US-Bundesstaates Oregon stellt sich dieser Verantwortung:

Oregon erlaubt die Suizidbeihilfe seit Ende der 1990er Jahre. Das zuständige Gesetz, die „*Death with Dignity Act*", geht auf ein Bürgerbegehren zurück. Es löste allerdings so erbitterte Kontroversen aus, dass man im Referendum von November 1997 nur eine sehr strenge Regelung zur Abstimmung brachte. Danach gilt die Beihilfeerlaubnis nur für volljährige Bürger Oregons, die eigenständige Entscheidungen zu treffen vermögen. Auch darf ein Rezept für das tödliche Arzneimittel nur der erhalten, der an einer unheilbaren körperlichen Krankheit leidet, die nach Einschätzung von zwei Ärzten innerhalb von sechs Monaten zum Tod führt. Zusätzlich ist der Kranke darüber zu informieren, dass es für Schwerkranke in Oregon Hospize und Therapien zur Schmerzkontrolle gibt. Auch muss der Arzt den Sterbewilligen anhalten, seine Familie über die Absicht zu informieren, und muss die Suizidbeihilfe schriftlich in Anwesenheit von zwei Zeugen erbeten und die Bitte im Abstand von mindestens 15 Tagen zweimal mündlich wiederholen. Organisationen für eine Suizidbeihilfe, wie sie in der Schweiz existieren, sind in Oregon nicht vorgesehen. Der Schwerkranke muss sich direkt an einen Arzt wenden, der ebenso wie der Apotheker, der das Rezept einlöst, den Fall an eine Behörde zu melden hat, die wiederum jährlich öffentliche Berichte erstellt. Mit diesen Bestimmungen will der Gesetzgeber dasselbe erreichen, was eine Erklärung des Europaparlamentes vom Juni 1999 fordert: Alte und kranke Menschen dürften nicht den Eindruck gewinnen, von der Gesellschaft nicht mehr angenommen zu sein. Nach den amtlichen Berichten scheint das Gesetz sein Ziel erreicht zu haben. Denn die Zahl der entsprechenden Bürger ist nicht gestiegen, sie pendelt um 30 Fälle pro Jahr.

Bei den Niederlanden dagegen ist man sich nicht so sicher, ob ihr generelles „Poldermodell", die Suche nach Konsens, notfalls Kompromiss, bei der Suizidbeihilfe den von vielen gefürchteten Dammbruch zu verhindern vermag. Ähnlich wie in Oregon gibt es zwar klare Sorgfaltsgebote, die durch regionale Prüfungskommissionen kontrolliert werden. Auch hat man die palliative Fürsorge erheblich verbessert, zusätzlich eine Ausbildung für Sterbebegleitung eingeführt. Nach den vom Gesundheitsministerium durchgeführten anonymen Untersuchungen gibt es aber jedes Jahr hunderte Fälle von ungefragter Sterbehilfe, zusätzlich zahlreiche Fälle, die nicht gemeldet werden. Obwohl die ungefragte Sterbehilfe ein Tötungsdelikt darstellt, werden überdies die beteiligten Ärzte, sofern es zu einem Prozess kommt, nur zu symbolischen Strafen verurteilt.

Dass der Damm nicht hält, dürfte auch die Praxis der sogenannten *palliativen Sedierung* belegen. Dabei wird sterbenden Patienten, die man zuvor in einen Zustand verminderten Bewusstseins versetzt, keine Nahrung mehr zugeführt, sodass sie spätestens nach zwei Wochen sterben. Obwohl nach den Richtlinien der niederländischen Ärztekammer diese Praxis keine Alternative sein darf, viele Patienten sie auch ablehnen, scheint sie doch zu einer verkappten Form von Sterbehilfe zu degenerieren: Man braucht nicht, was viele Ärzte gemäß ihrem Ethos nicht wollen – nach Ansicht von Kennern ist die emotionale Belastung für Hausärzte enorm –, eine Spritze zu setzen. Überdies besteht keine Meldepflicht.

Mit gutem Grund erklärt die Nationale Ethikkommission in der schon erwähnten Stellungnahme aus dem Jahr 2009: Der „Respekt vor der Selbstbestimmung eines zum Suizid entschlossenen Menschen" ist noch „kein Motiv, ihm bei der Durchführung zum Suizid zu helfen".[28] Das zusätzliche Motiv kann sein, „einen Menschen, der zum Suizid entschlossen ist, nicht alleine zu lassen und ihm beizustehen [...] Dieses Motiv kann einen Grenzfall der Fürsorge

---

28 NATIONALE ETHIKKOMMISSION IM BEREICH HUMANMEDIZIN, (s.o. Anm. 25), 66.

darstellen: Fürsorge für einen Menschen in einer Grenzsituation."²⁹ Und die Stellungnahme fährt fort: „Indem der Staat die uneigennützige Suizidbeihilfe" und ausschließlich sie „straflos läßt, wird gleichwohl die Pluralität von Moralauffassungen in der Gesellschaft bezüglich des Suizids und der Beihilfe zum Suizid anerkannt."³⁰

Artikel 115 des Schweizer Strafgesetzbuchs verbietet die Suizidbeihilfe „aus selbstsüchtigen Gründen". Am klarsten ausgeschlossen sind derartige Gründe bei einer „*tragédie partagée*", also dann, wenn die Beihilfe von einem Nahestehenden: von einem Familienmitglied oder einem sehr engen Freund, erfolgt, jedenfalls von einer Person, die das schwere Leid mit dem Betroffenen geteilt hat und die trotz engagierter Versuche, den Leidenden wieder zu Lebensfreude zu ermuntern, dringend um Suizidbeihilfe gebeten wird.

Sofern ein Arzt in diese Gruppe der Nahestehenden fällt, kann für ihn ein schwer lösbarer Konflikt entstehen. In den medizinethischen Richtlinien zur „Betreuung [...] am Lebensende" erklärt die Schweizer Akademie der medizinischen Wissenschaften (SAMW) zu Recht: „Auf der einen Seite ist die Beihilfe zum Suizid nicht Teil der ärztlichen Tätigkeit, weil sie den Zielen der Medizin widerspricht. Auf der anderen Seite ist die Achtung des Patientenwillens grundlegend für die Arzt-Patienten-Beziehung. Diese Dilemmasituation erfordert eine persönliche Gewissensentscheidung des Arztes."³¹ Jedenfalls wird der Arzt die Suizidbeihilfe nicht als Arzt, sondern als vertrauter Mitmensch leisten. Es versteht sich, dass sich der Arzt vorab alternative Möglichkeiten zu helfen überlegt. Vor allem muss er sich vergewissern, dass er es mit einer urteilsfähigen Person zu tun hat, deren Suizidwunsch drei Bedingungen erfüllt: Er ist wohlerwogen, ohne äußeren Druck entstanden und dauerhaft.

Im genannten Kontext der „*tragédie partagée*" liegt übrigens die ursprüngliche Intention von Artikel 115. Der Schweizer Strafgesetzgeber wollte die im privaten Rahmen als „Freundestat" und ohne eigennützige Motivation erfolgte Suizidbeihilfe straffrei lassen. Lediglich „die eigennützige Verleitung und Beihilfe"³² sollte mit Strafe belegt werden. Heute steht dagegen die organisierte Suizidbeihilfe zur Diskussion, also dass eine in der Regel vorher unbekannte, also weithin anonyme Person, beim Suizid hilft. Von der ursprünglich inten-

---

29 NATIONALE ETHIKKOMMISSION IM BEREICH HUMANMEDIZIN, (s.o. Anm. 25), 66.
30 NATIONALE ETHIKKOMMISSION IM BEREICH HUMANMEDIZIN, (s.o. Anm. 25), 68.
31 SCHWEIZERISCHE AKADEMIE DER MEDIZINISCHEN WISSENSCHAFTEN (SAMW), Betreuung von Patientinnen und Patienten am Lebensende. Medizinisch-ethische Richtlinien des SAMW, Muttenz 2004, 6.
32 Botschaft des Bundesrates an die Bundesversammlung zum Entwurf eines schweizerischen Strafgesetzbuches (vom 23. Juli 1918), BBl 1918 IV, S. 32, in: L. ENGI, Die „selbstsüchtigen Beweggründe" von Art. 115 StGB im Licht der Normentstehungsgeschichte, in: Jusletter 4. Mai 2009.

dierten höchst persönlichen Freundestat kann hier keine Rede mehr sein. Allerdings sagt manche Erfahrung, dass sowohl auf Seiten der Suizidwilligen als auch der eventuell beihilfebereiten Personen Interessenskonflikte auftreten, derentwegen man sich aus dem Kontext der „tragédie partagée" lieber löst.

Hinzukommt, dass bei der organisierten Suizidhilfe die Zahl der Personen gestiegen ist, die an keiner unmittelbar zum Tod führenden Krankheit leiden. Neuerdings gewährt man sogar psychisch Kranken Suizidbeihilfe. Darüber hinaus verlangt man, in staatlich subventionierten Altersheimen tätig sein zu dürfen und kämpft für eine rezeptfreie Abgabe des üblicherweise verwendeten Barbiturats, des Natrium-Pentobarbital (NaP). Überdies werben einige Organisationen für ihr „Dienstleistungsangebot". Kurz: Die Suizidbeihilfeorganisationen suchen ihre Tätigkeit kräftig auszuweiten.

Bedenklich stimmt auch, dass den organisiert assistierten Suizidhandlungen meist nur sehr wenige Begegnungen zwischen Suizidwilligem und Suizidhelfer vorangehen.

Sofern der Gesetzgeber die organisierte Suizidbeihilfe weiterhin zulassen will, empfiehlt sich eine strenge Regelung. Für sie hat die Nationale Ethikkommission eigene „Sorgfaltskriterien im Umgang mit Suizidbeihilfe" aufgestellt.[33].

Hier darf man freilich die Gefahr nicht übersehen, dass jede Rechtsbestimmung für den Zugang zur Suizidbeihilfe diese gewissen (rechtfertigungsbedürftigen) Kriterien der Unterscheidung unterwirft. Mit gutem Grund hat die NEK-CNE daher in ihren Sorgfaltskriterien darauf verzichtet, entsprechende Kriterien zu benennen, außer einem einzigen Kriterium: Der Urteilsfähigkeit. Ebenso hat sich die Kommission nicht darauf festgelegt, auf welcher rechtlichen Ebene und in welcher Form eine etwaige Regelung vorzunehmen wäre.

Neuerdings hat die Zürcher Verfassungsrechtlerin R. Kiener auf besondere Schutzpflichten des Staates hingewiesen. Sehr hoch sind sie gegen „Personen, die sich in staatlicher Obhut aufhalten – einem Krankenhaus, Pflegeheim oder Altersheim, oder einer psychiatrischen Klinik [...] Die Durchführung assistierter Suizide in staatlichen Institutionen läßt sich deshalb grundsätzlich nicht mit der verfassungsrechtlichen Pflicht zum Schutz des Lebens vereinbaren."[34]

Schließlich darf man nicht vergessen, dass eine niederschwellig zugängliche, euphemistisch liberal genannte Suizidhilferegelung bei besonders verletzlichen Personen, etwa chronisch Kranken oder Schwerbehinderten, einen enormen Druck aufbaut. Die oberflächlich durchaus bestehende Selbstbestimmung

---

33 Vgl. NATIONALE ETHIKKOMMISSION IM BEREICH HUMANMEDIZIN, Sorgfaltskriterien im Umgang mit Suizidbeihilfe, Stellungnahme Nr. 13/2006, unter: www.nek-cne.ch (Zugriff am 4.2.2010).
34 KIENER (s.o. Anm. 26), 280 f.

kann durch wirtschaftliche, gesellschaftliche, nicht zuletzt zwischenmenschliche Zwänge konterkariert werden. Wird eine Schweiz, die derartige Zwänge in Kauf nimmt, noch der Präambel ihrer Bundesverfassung gerecht, wo es heißt „dass die Stärke des Volkes sich misst am Wohl der Schwachen"?

Mit guten Gründen behält sich ein demokratischer Rechtsstaat das Gewaltmonopol vor. Sofern der Staat eine Suizidbeihilfe nicht nur seitens derjenigen zulassen will, die das einschlägige schwere Leid teilen, könnte man sich die Möglichkeit überlegen, die Beihilfe in öffentliche Verantwortung zu übernehmen. Eine solche Lösung führte allerdings unweigerlich zu einer kaum wünschenswerten Medikalisierung der Suizidbeihilfe. Sie stünde vor allem vor der schwierigen Aufgabe, auf eine Weise vorzugehen, die den höchstpersönlichen und höchstprivaten Charakter des Lebensendes voll achtet. Nicht zuletzt droht die Gefahr, einer bislang nur tolerierten Praxis damit zur Legitimation zu verhelfen.

Meine Schlussbemerkung: Wie auch immer der Gesetzgeber sich entscheidet – er sollte andere Aufgaben nicht verdrängen: Ohne den Respekt vor der Selbstbestimmung seiner Bürger zu vergessen, sollte er aus mitmenschlicher Solidarität, aus Fürsorge und aus gesellschaftlicher Verantwortung sie alle noch erweitern und verbessern: die Suizidprävention, die Beratung suizidgefährdeter Personen und die palliative Fürsorge sowie die Hospizarbeit.

Auf ein Versprechen vertrauen –
Fragen hospizlicher Begleitung im Sterben

GERHARD HÖVER

Hospizliche Begleitung im Sterben ist Verantwortung in Gemeinschaft; Gemeinschaftsverantwortung ist Verantwortung in der Wechselseitigkeit eines „Wir", das heißt Verantwortung, die keiner weder als Haltung noch als Handlung für sich allein wahrnehmen kann, sondern die ihren Ort in der Dialogik der Zwischenmenschlichkeit hat. Kaum jemand hat diese Grundtatsache so deutlich auf den Punkt gebracht wie M. Buber, wenn er die Wechselhaftigkeit in der Beziehung von Menschen untereinander als ein Antworten begreift, an dessen Beginn ein Wahrnehmen steht:

> „Echte Verantwortung gibt es nur, wo es wirkliches Antworten gibt. Antworten worauf? Auf das, was einem widerfährt, was man zu sehen, zu hören, zu spüren bekommt. Jede konkrete Stunde mit ihrem Welt- und Schicksalsgehalt, die der Person zugeteilt wird, ist dem Aufmerkenden Sprache. Dem Aufmerkenden; denn mehr als dessen bedarf es nicht, um mit dem Lesen der einem gegebenen Zeichen anzuheben. [...] Diese Sprache hat kein Alphabet, jeder ihrer Laute ist eine neue Schöpfung und nur als solche zu erfassen. Es wird also dem Aufmerkenden zugemutet, daß er der geschehenden Schöpfung standhalte. Sie geschieht als Rede, und nicht als eine über die Köpfe hinbrausende, sondern als die eben an ihn gerichtete; und wenn einer fragte, ob auch er höre, und der bejahte, hätten sie sich nur über ein Erfahren und nicht über ein Erfahrnes verständigt. Die Laute aber, aus denen die Rede besteht [...], sind die Begebenheiten des persönlichen Alltags. In ihnen werden wir angeredet, wie sie nun sind, ‚groß' oder ‚klein', und die als groß geltenden liefern nicht größere Zeichen als die andern."[1]

Verantwortung ist damit zunächst ein elementarer Begriff unserer Daseinsverständigung. Spräche man an dieser Stelle von einer „Ethik der Verantwortung", wäre dies so zu interpretieren, dass aller Verantwortung von vornherein schon Ethik zu eigen ist, dass also dieser Genitiv im Sinne eines *genitivus subiectivus* zu nehmen ist, bevor darauf aufbauend die spezifische Relationalität von Verantwortung strukturell und normativ bestimmt wird. In der ursprünglichen Weise als Elementarbegriff menschlicher Daseinsverständigung ist Verantwor-

---

1 M. BUBER, Das dialogische Prinzip, Gütersloh 1986, 160 f.

tung gleichursprünglich mit Vertrauen korreliert. Wenn nämlich die Gegenseitigkeit im Wir die Grundsituation menschlicher Existenz ist, so kann von Dialogik nur dann sinnvoll die Rede sein, wenn es in der Verantwortungsbeziehung auch einen Sachgehalt gibt, der dadurch, dass er vom Anderen kommuniziert wird, zugleich schon ein Anvertrautes ist. Denn Verantwortung

„setzt einen primär, das heißt aus einem nicht von mir abhängigen Bereich mich Ansprechenden voraus, dem ich Rede zu stehen habe. Er spricht mich um etwas an, das er mir anvertraut hat und das mir zu betreuen obliegt. Er spricht mich von seinem Vertrauen aus an, und ich antworte in meiner Treue oder versage die Antwort in meiner Untreue oder aber ich war der Untreue verfallen und entringe mich ihr durch die Treue der Antwort. Dieses: einem Vertrauenden über ein Anvertrautes so Rede stehen, daß Treue und Untreue zutage tritt, beide aber nicht gleichen Rechtes, da eben jetzt die wiedergeborne Treue die Untreue überwinden darf, – das ist die Wirklichkeit der Verantwortung."[2]

Diese Vorüberlegungen lassen auch das, was wir mit „Hospiz" bezeichnen, in ein anderes, das heißt, ursprüngliches Licht rücken. Denn vorab aller organisatorischen Ausgestaltung ist auch „Hospiz", wenn wir es von der Wurzel her als „Gastfreundschaft" verstehen, ein Grundwort menschlicher Daseinsverständigung. Das wird deutlich, wenn man auf die Anfänge der Hospizbewegung schaut, wie sie sich in einer signifikanten, aber nicht gegenüber allgemeiner menschlicher Erfahrung abgeschlossenen Weise in der christlichen Antike herausgebildet hat. Unterwegssein, Reisen, Sich-auf-den-Weg-Machen gelten ja seit jeher als Symbole für die menschliche Existenz, für die „geschehende Schöpfung" – mit M. Buber gesprochen. Das Bild vom Menschen als Wanderer, als Unbehauster, als Pilger durchzieht die Schriften der Bibel ebenso wie die Literatur von der Antike an bis in unsere Zeit hinein. Wie auch immer das Ziel beschaffen sein mag, bedeutet das Verlassen von Heimat und Vertrautem Fremde und Unsicherheit, Gefährdung und Wegfall gewohnter Stützen. Menschen, die in dieser Weise bedürftig sind, Gastfreundschaft anzubieten, gilt als genuiner humaner Impuls, der eigentlich keine weitere Begründung benötigt, sondern unmittelbar konkret wahrgenommen werden kann. Die Haltung, aus der heraus man jemandem diese Gabe der Gastfreundschaft zuteilwerden lässt, zu kultivieren und die angemessene Form der Hilfe, deren der wandernde Mensch jeweils bedarf, zu finden, ist jedoch keineswegs schon fertig vorgegeben, sondern fordern angesichts stets neuer geschichtlicher Situationen und Herausforderungen die Besinnung auf das eigene Tun heraus. Dies war bereits der Fall, als um die Mitte des 4. Jahrhunderts nach Christus im oströmi-

---

2 BUBER (s.o. Anm. 1), 206. Vgl. dazu A. SCHAEFFER, Menschenwürdiges Sterben – Funktional ausdifferenzierte Todesbilder. Vergleichende Diskursanalyse zu den Bedingungen einer neuen Kultur des Sterbens (Studien der Moraltheologie Bd. 39), Berlin 2008, 277 ff.

schen Reich die sogenannten „Xenodochien", also Gaststätten oder Herbergen, für alle, die der Heimat entbehren, gegründet wurden. Die im Lateinischen *pauperes et peregrini*, also „Arme und Pilger", Genannten waren Bedürftige, die in der Fremde leben oder sich aufhalten.³ Die *peregrini* waren auch noch nicht die Wallfahrtspilger, sondern eben die Unbehausten, die auf Beherbergung angewiesen waren. Daher zählten neben den Armen und Fremden selbstverständlich auch die Kranken dazu, die keine Pflege und Versorgung zu Hause finden konnten. Obwohl der Begriff *xenodochium* bereits in der vorchristlichen Antike existierte, erhielt er seine spezifische Füllung erst im Rahmen der christlichen Armenhilfe. Das *xenodochium* ist institutioneller Ausdruck christlicher *caritas*: „unentgeltlich und auf persönlicher Zuneigung beruhend, wie die gastliche Aufnahme im Haus des Freundes, und öffentlich, jedem zugängliche Einrichtung", das griechische *xenodocheion* „wird als Wort für das Haus für Fremde und Arme, für Bedürftige und Kranke so verbreitet, üblich und eindeutig, dass es als Lehnwort *xenodochium* in den Westen übernommen wird"⁴. Erst im 8. Jahrhundert tritt im Zuge einer weiteren Aus- und Umformung dieser Idee das uns vertraute Wort *hospitium* an die Stelle von *xenodochium*. Die darin verkörperte christliche *caritas* hatte offensichtlich eine solche Ausstrahlungskraft, dass man sich in heidnischen Schichten des antiken römischen Reiches genötigt sah, das Ideal der Menschenliebe, der Philanthropie, dieser antiken „Hospizbewegung" entgegenzusetzen. Aber genau an diesem Punkt wurde auch schon der Unterschied in der Haltung deutlich: Für die heidnische Antike ist die Armenfürsorge Ausdruck von *liberalitas*, das heißt einer zwar großzügigen, aber gönnerhaften Gesinnung, die durchaus auch zur Schau gestellt werden durfte und sollte. Die christliche Armenfürsorge aber sieht in der Fremdenbeherbergung ein Werk der Nächstenliebe in der Nachfolge Jesu. Gerade die daraus entspringende größere Nähe zum Menschen dürfte dieser frühchristlichen „Hospizbewegung" ihr spezifisches Gepräge und ihre Wirkkraft verliehen haben. Sie hat nämlich von Anfang an verstanden: *„Hospiz" ist kein zeitbedingtes Ideal, sondern eine Idee, die im Menschlichen selbst verwurzelt ist.* Das heißt aber keineswegs, dass damit auch die „Qualität" der „hospizlichen" Tätigkeit wie selbstverständlich gegeben und aufgrund des christlichen Hintergrundes schon unmittelbar gewährleistet gewesen sei. Wenn wir es modern ausdrücken wollen: Eine Art von „Qualitätssicherung" hat bereits die frühchristliche „Hospizbewegung" von Anbeginn an gekennzeichnet. Dies wird zum Beispiel an der Ausdifferenzierung der angebotenen „Gastfreundschaft"

---

3   Vgl. zur Entwicklung des *xenodochium* beziehungsweise *hospitium* in der christlichen Antike und im Frühmittelalter die grundlegende Arbeit von T. STERNBERG, Orientalium more secutus. Räume und Institutionen der Caritas des 5. bis 7. Jahrhunderts in Gallien, Münster 1991.
4   STERNBERG (s.o. Anm. 3), 151.

sichtbar, von den „Nosokomien", „Leprosorien" und „Oratorien" an bis hin zu den „Diakonien", welche sich auf ambulante Dienste spezialisiert hatten; schon in dieser Ausdifferenzierung wird ein Konzept ganzheitlicher Hilfe ansatzweise erkennbar, die nur im multidisziplinären Team geleistet und gesichert werden kann. Ohne die frühchristliche „Hospizbewegung", wenn man sie so nennen will, zu idealisieren und Fehler wie Fehlentwicklungen zu übersehen, so ist dennoch etwas Neues entstanden, was es in einer solchen institutionellen Form vorher noch nicht gab, nämlich eine „Kultur", in der der Bedürftige ohne Ansehen der Person im Mittelpunkt steht und sein Antlitz gewissermaßen das Maß der Zuwendung darstellt. Es ist im christlichen Kontext zumindest kein Zufall, dass sich in den kirchlichen Krankenhäusern Frankreichs über die Jahrhunderte hinweg die Bezeichnung *Hotel-Dieu* durchgehalten hat, welche, anders gelesen, die

> „grundlegende Intention jedweder christlichen Armenfürsorge zum Ausdruck bringen kann. Der Christ begegnet im Krankenhaus, im Obdachlosenasyl, an den Orten, wo Menschen auf Hilfe angewiesen sind, seinem Herrn und Gott, der in unüberbietbarer Zuwendung sich selbst mit den Notleidenden identifiziert: ‚Was ihr für einen meiner geringsten Brüder getan habt, das habt ihr mir getan' (Mt 25, 40)."[5]

Allgemein ausgedrückt meint „Hospiz" also eine Grundhaltung zum Leben – zum Leben bis zuletzt, eine Grundhaltung im Umgang mit Sterben und Tod, welche unser Denken und Erkennen, unser Kommunizieren und Handeln überall dort bestimmt, wo Beherbergung und Begleitung auf dem letzten Stück des Lebensweges gefordert sind. Dieser Gehalt ist es auch, den Menschen in der Gegenseitigkeit des „Wir" je schon einander anvertraut haben – es macht Sterbebegleitung zu einer „Vertrauenssache" auf Hoffnung hin. Das wird deutlicher, wenn man nach der Eigenart dessen, was da je schon anvertraut ist, fragt. Denn es ist eine „Beschaffenheit" anvertraut, welche Haltung, Dynamik, Affektivität und institutionelles Profil umfasst und als „Qualität" der im Grundwort „Hospiz" erfassten Idee des Humanum lebendigen Ausdruck zu verschaffen vermag. Wie kaum eine andere Idee ist die „Hospizidee" von ihrem Sinngehalt her konstitutiv auf „Qualität" hin ausgerichtet, auf eine Kategorie, die durch zwei Merkmale gekennzeichnet ist: Zum einen durch die Steigerungsfähigkeit im Sinne der Intensität, zum anderen durch die Möglichkeit des Gegensätzlichen beziehungsweise des Umschlags ins Gegenteil. Im Bereich hospizlichen Wirkens haben diese Merkmale existentiellen Charakter: Was auch immer hier als „qualitativ" betrachtet wird, es geht um „Nähe", die durch „Mittel" gefördert, aber nicht ersetzt werden kann, und es geht um das je „Neue" und Unverrechenbare, das zwar durch Struktur- und Prozessorientierung unterstützt und abgesichert, durch undifferenzierte und rein systemimmanente Praktizierung

---

5 STERNBERG (s.o. Anm. 3), 307.

aber inhaltlich entleert werden kann. Gerade diese Möglichkeit des Gegensatzes von gehaltvollem Profil und entleerter Form, die in realer Weise das „Personsein in Grenzsituationen"[6] höchst negativ betreffen kann, macht die Notwendigkeit nicht nur ständiger „Qualitätssicherung" in der hospizlichen und palliativmedizinischen Arbeit deutlich, sondern sie muss auch dazu herausfordern, über die ethischen Dimensionen nachzudenken, anhand derer Treue und Untreue gegenüber dem je Anvertrauten kriteriologisch bestimmt werden können. Denn es ist evident, dass sich in der Sterbebegleitung gegenüber den durchaus objektivierbaren „Struktur"- und „Prozess"-Qualitäten, die sogenannten „Ergebnisqualitäten" weniger leicht durch herkömmliche Erfassungsmethoden ermitteln und überprüfen lassen, obwohl sie in dem Sinne als primär zu bezeichnen sind, als sie unmittelbar die Ethik der Hospizidee in ihrem wesentlichen Gehalt betreffen. Die besondere Herausforderung für die Qualitätssicherung hospizlichen Wirkens gegenüber anderen Pflegetätigkeiten liegt darin begründet, dass es um Sterben und Tod des Menschen geht und nicht mehr um einen kurativen Prozess. Dies zu bejahen bedeutet gleichzeitig die Anerkennung einer prinzipiellen Grenze für die Bewältigung hospizlicher Qualitätsverantwortung. Denn die „Bandbreite der Lebensformen und Sterbeprozesse zeigt, dass Sterben letztlich nicht planbar, sondern bestenfalls in Ansätzen gestaltbar ist"[7]. Gestaltbar im Sinne einer Verpflichtung ist das Handlungsziel, die Person des Sterbenden in den Mittelpunkt zu stellen und Art, Inhalt und Umfang aller pflegend-begleitenden Tätigkeiten an den Bedürfnissen der betreffenden Person und damit natürlich auch der Angehörigen zu orientieren. Wenn es aber richtig ist, dass sich Hospiz-Qualität „über die Lebensqualität, den Lebenssinn und den Lebenswert des jeweiligen Sterbenskranken"[8] definiert, ist dieses Ziel nicht ohne die Entwicklung einer ethischen Grundhaltung zu realisieren, welche die Grundlage der Vertrauensbeziehung ist.

Sterbegleitung ist stets aber auch „Vertrauens*sache*", dies beinhaltet unhintergehbar die normative Ausweisung und Bestimmung der „Richtigkeit" aller darin enthaltenen qualitativen Aspekte und Relationen.[9] Eine Vielzahl von Ansätzen zu einer hospizlichen Ethik geht daher von einer Bestimmung der Verpflichtungsverhältnisse aus; im Rückgriff auf Kants Moralphilosophie be-

---

6 Vgl. T. REHBOCK, Personsein in Grenzsituationen. Zur Kritik der Ethik medizinischen Handelns, Paderborn 2005.
7 K. WILKENING/R. KUNZ, Sterben im Pflegeheim. Perspektiven einer neuen Abschiedskultur, Göttingen 2003, 228.
8 G. GRAF/J. Ross, Brauchen wir Qualitätssicherung in der Hospizarbeit?, in: Die Hospiz-Zeitschrift 17,3 (2003), 14–17, 14.
9 Zur Frage des Verhältnisses des Richtigen und des Guten vgl. F. RICKEN, Tradition und Natur. Über Vorgaben und Grenzen der praktischen Rationalität, in: ThPh 70 (1995), 62–77; DERS., Allgemeine Ethik (Grundkurs Philosophie 4), Stuttgart ⁴2003, 240 ff.

greift man dabei den Kern der darin implizierten Verantwortlichkeiten in einem Spannungsfeld von sittlicher Autonomie und Fürsorge.[10] Diese Sichtweise der Ethik Kants resultiert wesentlich daraus, dass über die bekannten Hauptwerke der „Grundlegung zur Metaphysik der Sitten" und der „Kritik der praktischen Vernunft" hinaus die „Ethische Elementarlehre" des Zweiten Teils der „Metaphysik der Sitten" und somit die Kantische Tugend- beziehungsweise Pflichtenlehre stärker in den Mittelpunkt gerückt ist.[11] In diesem Rahmen hat Kant nämlich nicht nur symmetrische Gerechtigkeitspflichten, sondern auch asymmetrische Fürsorgeverhältnisse, die von Reflexionen auf die Bedürfnisse des Menschen als körperlich verfasstes Vernunftwesen ausgehen und mit dem Terminus „Liebespflichten" belegt werden, einer ethischen Bestimmung unterzogen. Das Novum der Kantischen Pflichtenlehre besteht darin, in den „Pflichten gegen sich selbst" den Ermöglichungsgrund von Pflichten überhaupt, das heißt auch von Pflichten anderen gegenüber zu sehen. Sich selbst gegenüber verpflichtet zu sein, ist für Kant der elementarste Anerkennungssachverhalt, ohne den von Pflicht, Verantwortung oder Fürsorge nicht sinnvoll gesprochen werden könnte. Verpflichtet ist der Mensch elementar gegenüber dem, was seine Würde ausmacht:

> „Allein der Mensch, als *Person* betrachtet, d.i. als Subjekt einer moralisch-praktischen Vernunft, ist über allen Preis erhaben; denn als ein solcher (homo noumenon) ist er nicht bloß als Mittel zu anderer ihren, ja selbst seinen eigenen Zwecken, sondern als Zweck an sich selbst zu schätzen, d.i. er besitzt eine *Würde* (einen absoluten innern Werth), wodurch er allen andern vernünftigen Weltwesen *Achtung* für ihn abnötigt, sich mit jedem Anderen dieser Art messen und auf den Fuß der Gleichheit schätzen kann."[12]

---

10 Vgl. beispielsweise N. BILLER-ANDORNO, Fürsorge und Gerechtigkeit, Frankfurt a.M. 2001; E. CONRADI, Take Care. Grundlagen einer Ethik der Achtsamkeit, Frankfurt a.M. 2001; M. BOBBERT, Patientenautonomie und Pflege. Begründung und Anwendung eines moralischen Rechts, Frankfurt a.M. 2002; C. SCHNABL, Gerecht sorgen. Grundlagen einer sozialethischen Theorie der Fürsorge, Freiburg i.Ue./Freiburg i.Br. 2005; C. BREUCKMANN-GIERTZ, „Hospiz erzeugt Wissenschaft". Eine ethisch-qualitative Grundlegung hospizlicher Tätigkeit (Studien der Moraltheologie Bd. 33), Berlin 2006.
11 Vgl. V. DURÁN CASAS, Die Pflichten gegen sich selbst in Kants „Metaphysik der Sitten", Frankfurt a.M. 1996; A. M. ESSER, Eine Ethik für Endliche. Kants Tugendlehre in der Gegenwart, Stuttgart-Bad Cannstatt 2004 sowie zum Zusammenhang grundlegend H. BARANZKE, Kants Pflichtenlehre. Ethik der körperlosen Würde und verantwortungslosen Gesinnung?, in: H.-W. INGENSIEP/H. BARANZKE/A. EUSTERSCHULTE (Hg.), Kant-Reader. Was kann ich wissen? Was soll ich tun? Was darf ich hoffen?, Würzburg 2004, 217–248.
12 I. KANT, Die Metaphysik der Sitten. Zweiter Teil: Metaphysische Anfangsgründe der Tugendlehre § 11, in: DERS., Werke in zehn Bänden, hg. v. W. WEISCHEDEL, Bd. 7, Darmstadt 1968, 569 (BA 93; Hervorhebungen im Original durch Sperrdruck, hier kursiv). Vgl. dazu und zum Folgenden G. HÖVER/H. BARANZKE, Bedrohen Genomforschung und Zellbiologie die Menschenwürde?, in: H. KRESS/K. RACKÉ (Hg.), Medizin

Gegenüber einer abstufenden Einschätzung von Menschen entsprechend ihres Zustandes oder sozialen Ranges entzieht Kant die „Würde" der Quantifizierbarkeit, indem er sie als „absoluten innern Wert" definiert und somit als eine intensionale Größe versteht. Demnach kann die Würde nicht durch die theoretische Tätigkeit des „Sich-mit-Anderen-Messens", sondern nur durch „Schätzen" – das heißt in Form von „Anerkennen" – ansichtig werden. Damit ist gemeint, dass die Erkenntnis der Idee der Menschheit in der eigenen Person als einer alles Empirische übersteigenden universalen Gesetzlichkeit unabtrennbar von der Anerkenntnis dessen ist, dass der Mensch auch das Vermögen dazu hat, dieser Bestimmung, die einerseits den Menschen gänzlich in Anspruch nimmt, gleichzeitig aber nichts anderes als das Gesetz seiner eigenen Freiheit ist, auch unter noch so großen Opfern folgen zu können. Dieses Vermögen, dem Anspruch sittlichen Sollens entsprechen zu können, gehört konstitutiv zur Verfasstheit des Menschen, wie sie *a priori* gegeben ist. Da es die Würde des Menschen ausmacht, Träger einer solchen alles Endliche und Empirische übersteigenden Gesetzlichkeit zu sein, ist der Kantische Würdebegriff weder graduierbar noch eine verlierbare Eigenschaft, sondern der Grundbegriff menschlicher Selbstverständigung. Kant verleiht diesem Gedanken dadurch seinen klassischen Ausdruck, dass er sagt:

> „Der Mensch und überhaupt jedes vernünftige Wesen *existiert* als Zweck an sich selbst, *nicht bloß als Mittel* zum beliebigen Gebrauche für diesen oder jenen Willen, sondern muß in allen seinen, sowohl auf sich selbst, als auch auf andere vernünftige Wesen gerichteten Handlungen, jederzeit *zugleich als Zweck* betrachtet werden."[13]

Das daraus folgende praktische Prinzip ist die bekannte Selbstzweckformel des Kategorischen Imperativs „Handle so, daß du die Menschheit, sowohl in deiner Person, als in der Person eines jeden anderen, jederzeit zugleich als Zweck, niemals bloß als Mittel brauchest"[14]. Kant betont aber zuvor nochmals ausdrücklich, dass der Grund dieses praktischen Prinzips, das heutzutage gerne als Instrumentalisierungsverbot bezeichnet wird, die *Existenz* der vernünftigen Natur als Zweck an sich selbst ist. Dieses Konstitutionsverhältnis von je schon gegebener Existenz des Menschen als Zweck an sich selbst und den daraus resultierenden sittlichen Verpflichtungsverhältnissen ist entscheidend dafür, das Spannungsfeld von sittlicher Autonomie und Fürsorge im Kontext einer hospizlichen Verantwortungsethik hinsichtlich der normativen „Richtigkeit" der qualitativen Aspekte und Relationen bewältigen zu können. Es bedeutet

---

      an den Grenzen des Lebens. Lebensbeginn und Lebensende in der bioethischen Kontroverse, Münster 2002, 141–171, 158 ff.
13   I. KANT, Grundlegung zur Metaphysik der Sitten, in: DERS., Werke in zehn Bänden, hg. v. W. WEISCHEDEL, Bd. 6, Darmstadt 1968, 59 f. (BA 64).
14   KANT, Grundlegung zur Metaphysik der Sitten, (s.o. Anm. 13), 61 (BA 66 f.).

zunächst einmal, dass die konstitutive Selbstzwecklichkeit eines Menschen ein mit seiner Existenz gegebenes Faktum ist, gleichviel er etwa durch Krankheit, Schmerz oder Demenz in der Ausübung dieser Grundbestimmung seiner Existenz durch die Praktizierung von Pflichten gegenüber sich selbst und anderen eingeschränkt oder gehindert ist und unabhängig davon, ob sich sein Verhalten so verändert, dass es seinem Umfeld als würdelos erscheinen mag. Und umgekehrt muss die Existenz des Menschen als Zweck an sich selbst der Orientierungspunkt sein, an dem sich für die in einem Hospiz Tätigen die Achtungs- und Liebespflichten auszurichten haben. Damit wird nun deutlich, dass Kant mit der „ethischen Elementarlehre" seiner Tugendethik die primäre Ebene der „Anwendung" der anthropologisch-ethischen Grundbestimmungen betritt, und es wird nachvollziehbar, dass es ohne die Tatsache der *Existenz* von Pflichten gegenüber sich selbst nicht möglich wäre, Achtungs- und Liebespflichten zu formulieren, die dem Menschen in seiner Würde gerecht werden könnten. Nur die *Anerkennung* dieses Sachverhalts eröffnet den Sinnhorizont einer gemeinsam geteilten Existenzform, in der das „Prinzip Menschenwürde" zur grundlegenden ethischen Haltung verinnerlicht werden kann. Vollkommene Pflichten gegen sich selbst sind daher für Kant jene, die dem *Recht der Menschheit* in der Person eines jeden Rechnung tragen; Kant nennt sie auch „innere vollkommene Pflichten" oder „innere Rechtspflichten". Demgegenüber tragen die äußeren *Rechtspflichten der Rechtslehre* dem *Recht* nicht *der Menschheit* Rechnung, sondern dem Recht *der Menschen* – eine Unterscheidung, die in der Debatte um Selbstbestimmungsrecht und Patientenverfügung nicht selten übersehen wird. Soziale Pflichten, also Tugendpflichten gegenüber anderen Menschen, können aufgrund des konstitutiven Menschenwürdeprinzips nicht die fremde Vollkommenheit zum Inhalt haben, was letztlich auf eine Missachtung und Entmündigung anderer hinausliefe. Der den Tugendpflichten gegenüber anderen adäquate „Affekt" muss geltungslogisch gesehen zunächst die „Achtung" sein, insofern es nur auf dieser Basis eine Ordnung von Liebespflichten geben kann. „Achtung" aber ist für Kant ein Gefühl, das durch die praktisch-moralische Haltung der Anerkennung der Menschheit in der eigenen wie in der Person eines jeden anderen bewirkt ist. Achtungspflichten sind daher strukturell symmetrisch, das heißt sie existieren auf der Basis einer fundamentalen Gleichheit in der Würde; ihr Inhalt bestimmt sich primär negativ, das heißt durch Unterlassungspflichten, indem man sich all dessen enthält, was die physische, psychische oder moralische Integrität eines anderen verletzen könnte. Das bedeutet, dass Fürsorge in keinem Fall von der unbedingten Pflicht zur Achtung der Würde einer Person dispensiert.

Umgekehrt freilich entbindet der geltungslogische Vorrang von Achtungspflichten nicht von der Fürsorge für den Menschen in seiner Endlichkeit und Sterblichkeit. Es ist aber der Respekt vor der Würde als absoluter innerer Wert, der es ermöglicht, die hospizlichen Grundsätze so zu realisieren, dass der

Sterbende und die ihm Nahestehenden jederzeit den Mittelpunkt aller Begleitung bilden. Der Primat der Achtung vor der Liebe in der Ethik Kants mahnt zu einer Kultur der Achtung vor dem Menschen, der als Zweck an sich selbst existiert und personaler Träger der Menschenwürde ist; ohne eine solche Kultur der Achtung könnte es keine Hospizkultur geben. In diesen Hinsichten scheint das Potenzial von Kants Moralphilosophie für eine hospizliche Ethik alles andere als ausgeschöpft zu sein, und zwar insbesondere dort, wo es um den Schutz von Menschenwürde und sittlicher Selbstbestimmung im Sterben geht. Die Frage aber ist, ob der Horizont von Kants Moralphilosophie ausreicht, um der weiteren Konkretisierung der spezifischen Bedürfnisse Sterbender gerecht zu werden, bei den Bedürfnissen nach Schmerztherapie und *Palliative Care* angefangen, bis hin zu den spirituellen Bedürfnissen.

So sicher man hinter Kants Ethik als einer Philosophie sittlicher Verantwortlichkeit nicht mehr zurückgehen kann, erscheint die Kategorie der Wechselseitigkeit, die Kant ja als oberste Relations-Kategorie der Freiheit sehr wohl im Blick hat, noch nicht mit der erforderlichen Unterscheidung entfaltet zu sein. Verbindet man diese Kategorie mit der entsprechenden Stufe der Handlungskategorie der Qualität, so stößt man auf das sogenannte „unendliche oder limitative Urteil".[15] Ein sogenanntes unendliches beziehungsweise limitatives Urteil wie etwa „Die Seele ist unsterblich" oder „Die Würde des Menschen ist unantastbar" ist ja der Sache nach eine korrelative Grenzziehung, eine qualifizierte Negation, welche das Bezogene unendlich bestimmbar und darin in seiner Unvergleichlichkeit je neu hervortreten lässt. Indem man also die vollkommenen Pflichten gegen sich selbst aktuiert, setzt man nicht nur den Prozess einer positiv-unabschließbaren Bestimmung des „absoluten inneren Wertes" in Gang, sondern ermöglicht zugleich eine qualifizierte Wechselseitigkeit von Freiheitswesen, die als Zwecke an sich selbst existent sind. *Das Maß dieser qualifizierten Wechselseitigkeit kann dann aber nicht mehr dadurch gebildet werden, dass die negativen – vollkommenen – Achtungspflichten durch positive – unvollkommene – Liebespflichten ergänzt werden, da dies aus dem Zirkel der Selbstverständigung als existierender Zwecke nicht so weit hinausführen kann, wie es dem Grundwort der konkreten Wechselseitigkeit der „geschehenden Schöpfung" adäquat ist, nämlich dem der Ver-Antwortung.*

Insofern führt die bloße Rede von „Autonomie und Fürsorge" nicht entscheidend weiter, solange nicht darüber reflektiert wird, wie das Maß dieser positiv unendlich qualifizierbaren Wechselseitigkeit gewonnen und bestimmt werden könnte.

---

15 Vgl. dazu G. Höver, Zur Notwendigkeit ethischer Kategorienforschung heute, in: J. Jans (Hg.), Für die Freiheit verantwortlich. Festschrift für K.-W. Merks zum 65. Geburtstag, Freiburg i.Br. 2004, 20–34.

Viele gegenwärtige Bemühungen um eine Grundlegung hospizlicher Ethik versuchen daher, unter Einbeziehung der neueren Phänomenologie beziehungsweise phänomenologischen Hermeneutik, insbesondere der französischen Philosophen E. Lévinas und P. Ricoeur, die Basis dafür durch eine Ethik und Moral der Zwischenmenschlichkeit zu legen. Dies liegt auch insofern nahe, als bei Lévinas und Ricoeur der leidende und der sterbende Mensch im Zentrum ihrer phänomenologischen Ethik stehen. Ein entscheidender Ansatzpunkt ist hierbei das Bemühen, die der natürlichen Denkeinstellung selbstverständlich erscheinende Subjekt-Objekt-Relation, in der „Ich" handle, um bei der begleiteten Person etwas zu bewirken, zu überwinden. Denn die Beziehung in der Begleitung Sterbender entsteht nicht dadurch, dass wir uns in Beziehung denken, sondern sie ist gewissermaßen schon vor unserem vergegenständlichenden Denken lebendige Gegenwart. Das heißt eine Ethik der Sterbebegleitung, die sich als hospizlich verstehen will, käme je schon „zu spät", setzte sie bei einer vergegenständlichenden Klärung einzelner Pflichten sich selbst und anderen gegenüber an, so unumgänglich dies im zweiten Schritt ist; vielmehr steht am Anfang der Hospizidee und ihrer Ethik die Haltung, genau genommen – und das eben ist das ethische „Moment", ohne das ein Anfangspunkt gar nicht erreicht werden könnte – die *Änderung*, die Änderung unserer Denkhaltung. In ihr geschieht eine ethische Sinngebung, die aus einer andersartigen Präsenzerfahrung resultiert als die Kantische Evidenz der sittlichen Sollens- und Könnenserfahrung, ohne letztere damit aufzuheben. In diesem Sinne hat Ricoeur versucht, in direkter Anknüpfung an die Kantischen Kategorien der Qualität die Dimension des Unendlichen im Menschen phänomenologisch zu beschreiben und als die „disproportionale Grundverfassung" des Menschen, in der „sein Selbst ausgestreckt bleibt zwischen einem fundamentalen Selbstverständnis einerseits und der nicht einholbaren Zerrissenheit zwischen Anspruch und Wirklichkeit, Endlichkeit und Unendlichkeit, mithin zwischen geglaubter Anerkennung und totaler Zugehörigkeit andererseits", zu interpretieren.[16] Das Nicht-Zusammenfallen des Selbst mit sich selbst als Konsequenz seiner wesenhaften Offenheit, seines Angelegtseins auf Unbedingtes, mit keinem Äquivalent Ersetzbares, das seinem Streben im Ganzen zugrunde liegt, ohne es aus sich heraus erfüllen zu können, diese wesenhafte Disproportion kann nicht aufgelöst, sondern nur im Sich-Herausrufen-Lassen durch den Anderen ethisch beantwortet werden. Ricoeurs späteres Werk „Das Selbst als ein Anderer" bringt schon im Titel diesen Ansatz auf den Punkt.[17] Ricoeur sucht dabei dem Gedanken des Unendlichen im Menschen durch eine Komplementarität zweier Identitätsbestimmungen gerecht zu werden, nämlich der *idem-* und der *ipse-*

---

16 BREUCKMANN-GIERTZ (s.o. Anm. 10), 250 mit Bezug auf P. RICOEUR, Die Fehlbarkeit des Menschen. Phänomenologie der Schuld I, Freiburg i.Br./München ³2002, 174 ff.
17 Vgl. P. RICOEUR, Das Selbst als ein Anderer, Freiburg i.Br./München 1996.

Identität, von Selbigkeit und Selbstheit. Bringt erstere im Begriff des Charakters die Kontinuität in der Zeit zur Sprache, die Habitualität als Gesamt der erworbenen Identifikationen, rückt die „Selbstheit" eine ganz andersartige Dimension ins Licht, welche von der traditionellen Tugendethik nicht adäquat thematisiert werden kann, nämlich die Kontinuität auf Zukunft hin in Gestalt des Versprechens beziehungsweise des in Treue gehaltenen Wortes:

> „In diesem *Wort-Halten* sehe ich die emblematische Gestalt einer Identität, die in polarem Gegensatz zur Identität des Charakters tritt. Das gehaltene Wort drückt eine *Selbst-Ständigkeit* aus, die sich nicht, wie dies der Charakter tut, in die Dinge im allgemeinen einschreiben läßt. [...] Die Beharrlichkeit des Charakters ist eines; ein anderes die Beständigkeit in der Freundschaft."[18]

Von diesem Ansatz aus gelingt Ricoeur eine Erweiterung des Gedankens der Selbstschätzung zu einem *Konzept „moralischer Identität" hin, in dem die Weite und Asymmetrie der Fürsorge-Relationen nicht deren „Unvollkommenheit" sind, sondern Ausdruck zugesprochener Befähigung auf „Kredit" hin. Es ist das, was die sittliche Substanz des Versprechens, für das der Mensch hierbei steht, zu einer Sache des Vertrauens je schon gemacht hat.* Ricoeur spricht von „kritischer Fürsorge"[19], man würde vielleicht adäquater von einer *„diskreten Fürsorge"* sprechen, *in der die limitativ-korrelative Bestimmung der „Richtigkeit" Moment des Beziehungsgeschehens selbst ist.* Erst dies gibt die Grundlage dafür, die Identität des Versprechens als Selbstheit der Person inhaltlich als *„Verfügbarkeit des Selbst als ein Anderer"*[20] zu verstehen – es ist das Spezifikum ethisch-moralischer Zwischenmenschlichkeit.

Wendet man die Überlegungen Ricoeurs zur Versprechensidentität auf die Fragen hospizlicher Begleitung im Sterben an, so kann auch *hospizliche Identität* als ein *„Versprechen"* begriffen werden, *auf das zu vertrauen stets nur bedeuten kann, die Befähigung, dieses Versprechen einlösen zu können, auf „Kredit", auf Treu und Glauben hin zuzusprechen.* Inhaltlich betrachtet meint dieses Versprechen, für das „Hospiz" steht, eben eine Grundhaltung zum Leben – zum Leben bis zuletzt. Ein solches „Versprechen" besitzt auch einen institutionellen Sinngehalt, nämlich Strukturen der Zwischenmenschlichkeit zu bilden, welche der Hospizidee je neu lebendigen Ausdruck zu geben vermögen. Denn wie jede

---

18 RICOEUR, Das Selbst als ein Anderer (s.o. Anm. 17), 153. Mit „Freundschaft", „philia", beschreibt Ricoeur das zwischenmenschliche „Wir", das in der Teilhabe an überpersönlichen Werten, den Ideen, einen Sinnhorizont findet und daran wächst, vgl. RICOEUR, Die Fehlbarkeit des Menschen (s.o. Anm. 16), 137.
19 Vgl. RICOEUR, Das Selbst als ein Anderer (s.o. Anm. 17), 331.
20 Vgl. ebd. 324 f.; Vgl. zu diesen Zusammenhängen auch J. GREISCH, „Versprechen dürfen" – unterwegs zu einer phänomenologischen Hermeneutik des Versprechens, in: R. SCHENK (Hg.), Kontinuität der Person. Zum Versprechen und Vertrauen. Stuttgart-Bad Cannstatt 1998, 241–270.

Idee entwickelt die Hospizidee von ihrer ethischen Grundlegung aus auch formbildende Momente, anhand derer die geeigneten kategorialen Strukturen sich bestimmen beziehungsweise zwischen dem, was der Hospizidee angemessen, und dem, was ihr unangemessen ist, unterschieden werden kann. Auf ein Versprechen vertrauen heißt also auch, die formbildende Kraft freizusetzen, die der Sache des Vertrauens eingestiftet ist.

Dies setzt bereits bei der Eigenart eines hospizlich vermittelten Wissens um Sterben und Tod an. „Der Mensch ist das Lebewesen, welches weiß, dass es sterben muss."[21] Der Mensch weiß sicher um seinen Tod; er weiß um die Endlichkeit seiner Existenz, doch sind sowohl die Stunde seines Todes als auch das, was ihn in diesem Augenblick erwartet, seinem Wissen entzogen. Sterben und Tod sind, wie K. Jaspers formuliert, „Grenzsituationen",[22] durch die wir vor das Ganze unserer Existenz gestellt sind, und zwar so, dass wir lernen müssen, uns in unserem Leben sinnhaft dazu zu verhalten. Aufgrund des Wissens um die Endlichkeit seiner Existenz ist der Mensch vor die Frage nach dem Sinn des zeitlich begrenzten Lebens gestellt, woraus sich unausweichlich die Frage nach dem Tod als dem begrenzenden Element der Existenz ergibt.

Medizin, Psychologie, Gesellschaftswissenschaften, Philosophie oder Theologie setzen sich mit der Frage nach dem Tod auf unterschiedliche Weise auseinander:

> „All diese Sinndeutungen sind Versuche, das positiv relativ Unbestimmbare symbolisch sinnhaft zu deuten, um mit der universellen Bedrohung umgehen zu können, das Ende des Lebens sinnhaft in den Lebensprozess zu integrieren. Wir können sogar behaupten, dass die Sinndeutung des Todes, welche Form sie auch in der mannigfaltigen kulturellen und historischen Variabilität angesichts der strukturellen Offenheit und Plastizität des Menschen erfahren hat, die grundlegende Aufgabe des Menschen ist."[23]

Den Tod symbolisch sinnhaft zu deuten, sich zum Tod zu verhalten, ist aber nur möglich, wenn wir darüber nachdenken, was das eigentlich für ein Bewusstsein ist, das die Gewissheit des Menschen über seine Endlichkeit darstellt. Menschliches Bewusstsein von Endlichkeit, Sterben und Tod erklärt sich nicht einfach durch die Annahme, dass wir lediglich anhand äußerer Gegebenheiten einen Schluss auf die eigene Sterblichkeit vollzögen. Das Wissen des Menschen um seine Endlichkeit ist weitaus vielschichtiger; es umfasst – wie es A. Nassehi und G. Weber herausgearbeitet haben – zumindest die Dimensionen des intuitiven,

---

21 C. F. von Weizsäcker, Der Tod, in: A. Paus (Hg.), Grenzerfahrung Tod, Graz/Wien/Köln 1976, 319–338, 327.
22 Vgl. K. Jaspers, Einführung in die Philosophie, München 1966, 20.
23 A. Nassehi/G. Weber, Tod, Modernität und Gesellschaft. Entwurf einer Theorie der Todesverdrängung, Opladen 1989, 19.

existentialen, interpersonalen und gesellschaftlichen Wissens.²⁴ Ein hospizlich vermitteltes Wissen um Endlichkeit, Sterblichkeit und Tod wird sich hierbei nicht als eine zusätzliche Dimension, sondern als eine integrierende Dimension verstehen. Eine hospizliche Ethik ist daher auch nicht ein Bereich neben anderen, sondern bezieht ihre Besonderheit daraus, wie sie die verschiedenen Dimensionen des Wissens des Menschen um seinen Tod aufzugreifen und zu integrieren vermag.

Das Wissen des Menschen um seinen Tod ist aber in seinem existentialen Kern ein je eigenes, ein je individuelles. In einer radikalen Zuspitzung hat dies die Philosophie M. Heideggers ins Licht der Betrachtung gestellt; sie hat aber nicht in gleicher Weise deutlich gemacht, dass die Überwindung der Uneigentlichkeit und die je persönliche Auseinandersetzung mit dem Tod nur in der Beziehungsdimension, in einer Ethik und Moral der Zwischenmenschlichkeit, möglich ist. So wie die Person konstitutiv auf Gemeinschaft bezogen ist, bezieht das Wissen um ihre Unverfügbarkeit und Unantastbarkeit seine Gewissheit nur aus der konkreten Erfahrung des „Anderen". *Interpersonalität* im Wissen um den Tod – und hier erscheint die personale Rede als die angemessene, weil es um „entscheidend Letztes" geht – ist die je eigen vollzogene, aber doch gemeinsam gemachte Erkenntnis des Sterbenmüssens, das zugleich den Verlust der personalen Beziehung bedeutet. Wenn der Tod nicht nur der Kommunikation zwischen Personen ein Ende setzt, sondern, wie R. Brague formuliert, zugleich deren Endlichkeit bloßlegt,²⁵ wird die eigene Endlichkeit gerade durch den Verlust der Kommunikation mit dem Nächsten bei dessen Tod ins Gedächtnis gerufen. Die existentielle Beziehung zwischen dem Sterbenden und dem ihm Nahestehenden beziehungsweise ihn Begleitenden besteht also in der zwischenmenschlichen sinnstiftenden Kommunikation, die durch den Tod radikal abgebrochen wird und somit die eigene Endlichkeit offenbart.

Mit diesen Überlegungen stimmen die Beobachtungen zusammen, wie sie A. Kruse aus seinen Studien zur Frage, wie tumorkranke Patienten ihre eigene Endlichkeit erleben, gemacht hat.²⁶ Für ihn lässt sich das Verhältnis Sterbender zu ihrer eigenen Endlichkeit in vier Grundkategorien beschreiben. Eine erste Kategorie ist die Selbständigkeit in der Alltagsgestaltung, das heißt möglichst viele Aktivitäten des Lebens selber ausführen zu können. Eine zweite Kategorie ist die Selbstverantwortung, das heißt die Möglichkeit, das Leben weitgehend

---

24 Vgl. Nassehi/Weber (s.o. Anm. 23), 50.
25 R. Brague, Vom Sinn christlichen Sterbens, in: IKaZ 4 (1975) 481–493, 481.
26 Vgl. hierzu A. Kruse, Das Verhältnis Sterbender zu ihrer eigenen Endlichkeit. Vortrag bei der Öffentlichen Tagung des Nationalen Ethikrates zum Thema „Wie wir sterben" (31. März 2004), 11–15 (Quelle: http://www.ethikrat.org/dateien/pdf/Wortprotokoll_Aug_2004-03-31.pdf).

nach eigenen Maßstäben beziehungsweise Werten und Normen bestimmen zu können. Die dritte Kategorie aber thematisiert die Interpersonalität in Form der „Mitverantwortung":

> „Wir haben in Studien bei Tumorpatienten festgestellt, dass sie nach Möglichkeiten suchen, ein mitverantwortliches Leben zu führen, das heißt sich mit der Frage auseinanderzusetzen, was sie eigentlich für andere Menschen tun können. Ein Beispiel: Ein Sterbender kann in der Möglichkeit, dem anderen in der Bewältigung der Grenzsituation ein Vorbild zu sein, eine wichtige Form der Mitverantwortung wahrnehmen."[27]

Im Horizont der Interpersonalität steht auch die vierte Zentralkategorie, die A. Kruse mit dem Begriff der „bewusst angenommenen Abhängigkeit" umschreibt:

> „Wenn Sie sich mit der Frage des Alterns und mit der Bewältigung von schweren Erkrankungen auseinandersetzen, werden Sie sehen, dass die ausschließliche Akzentuierung von Selbständigkeit und die ausschließliche Akzentuierung von Selbstverantwortung dann an die Grenzen gelangen, wenn sie gleichbedeutend sind mit einer Verneinung der Tatsache, dass wir im Kern auf den anderen Menschen angewiesen sind. Für mich meint dieses Angewiesensein auf den anderen Menschen in einer chronischen Erkrankung auch die Fähigkeit, bewusst Abhängigkeit zu akzeptieren."[28]

Von daher wird aber auch klar, dass eine hospizliche Ethik ihre Maximen von einem Ansatz interpersonalen Denkens entwickeln kann, in dem deutlich wird, dass hospizliche Interaktion immer auch symbolische Kommunikation über das Gute und Gelingende wie auch über das Nicht-Verstehbare und Abgründige des Lebens darstellt, ein Mit-Teilen von Haltungen einer Person bedeutet, das heißt also, dass hospizliche Ethik von einem Ansatz her zu konzipieren ist, dessen Maxime mit C. Saunders so formuliert werden kann: „Wir werden nicht nur alles tun, damit du in Würde sterben kannst, sondern dass du leben kannst, bis du stirbst."[29] Das Wissen des Menschen um seinen Tod artikuliert sich in Reflexionsformen, die gesellschaftlich-kulturell gewachsen und vermittelt sind. Diese Reflexionsformen haben sich nicht nur im Hinblick auf eine strukturelle Verdrängung des Todes als Merkmal des Zivilisationsprozesses der Moderne verändert und damit auch einen Sprachverlust zur Folge, ihr primärer Gehalt scheint eher der Prozess des Sterbens selbst und nicht mehr unmittelbar das „Sein zum Tode" zu sein. Es dürfte zutreffend sein, wenn A. Nassehi feststellt:

> „Die Bedeutung des Todes scheint im Sterbeprozess heute eher über so etwas wie Derivate zu laufen, zum Beispiel über Ängste, über die Angst vor Schmerzen, über die Angst vor Kommunikation oder die Angst vor einem Tod, der letztlich nicht kommu-

---

27 KRUSE (s.o. Anm. 26), 12.
28 KRUSE (s.o. Anm. 26), 12.
29 Zitat siehe: KRUSE (s.o. Anm. 26), 12.

nikabel ist. Das Ergebnis dessen [...] heißt, dass der Sterbeprozess eine eigene Realität ist, und das ist das völlig Neue. Vorher war er das nicht."[30]

So gesehen mögen die Diskurse über den Patientenwillen und seine Organisationsformen zwar einen Schutz gegen manipulative Uneigentlichkeit des Sterbeprozesses zum Ziel haben, eine Eigentlichkeit in der Auseinandersetzung mit dem „Sein zum Tode" jedoch können sie nicht garantieren. Die Bildung eines gesellschaftlich vermittelten Wissens um den Tod selbst ist eher auf „asymmetrische Kommunikationsformen"[31] angewiesen, wie sie etwa in den Kategorien von Selbstständigkeit, Selbstverantwortung, Mitverantwortung und bewusst angenommener Abhängigkeit beschrieben werden kann, und für deren Implementierung hospizliche Begleitstrukturen die Haltungen zu entwickeln vermögen, die notwendig sind, um Sterben und Tod auf *Hoffnung* hin in das Leben integrieren zu können. Dies meint „Hospiz als Versprechen": „Auf Hospiz als Versprechen vertrauen" bringt im Grunde nur zum Ausdruck, dass eine ethische Grundlegung der Hospizidee ein Weg ist zu einem gemeinsamen und öffentlichen Erkennen dessen, was das Menschliche im Sinne des Humanen ist; es ist gewissermaßen die „Probe auf das Humane"[32]. Dies hat insofern eine eminent strukturbildende Bedeutung, als die Hospizidee nicht aus einem allgemeinen Konzept sozialer Solidarität abgeleitet werden kann, sondern umgekehrt die Hospizidee ein genuines und unabdingbares Erkenntnisprinzip der humanen „Qualität" einer Gesellschaft ist, also dessen, was eine Gesellschaft als „menschlich" auszeichnen könnte. Hospizliche Haltungen stellen auch nicht einfachhin humane „Impulse" dar, sondern sind erkenntnisstiftende Kräfte ersten Ranges, – was sich etwa darin zeigt, dass *Demut* als Inbegriff hospizlicher Haltung *dienende Erkenntnis* insofern ist, als sie Vernunft mit Liebe zu vereinen vermag. *Care*, wie das Wort im Zusammenhang mit der Rede von *Palliative Care* verwendet wird, wäre nicht recht verstanden, meinte sie lediglich „Versorgung" und nicht auch und zunächst „zugewandte Erkenntnis des Humanen". Unmittelbarer Ausdruck dessen, dass es in der Hospizidee nicht lediglich um die Verbesserung sozialer Versorgungsstrukturen geht, sondern um einen genuinen existenziellen Erkenntniszugang zur Idee von Humanität schlechthin, ist die Tatsache, dass, wie man sagt, *„Hospiz auf Ehrenamt gründet"*, das heißt in einer genuinen, natürlich nicht exklusiven Weise dem Ehrenamt *anvertraut* ist.

---

30 A. Nassehi, Formen der Vergesellschaftung des Sterbeprozesses. Vortrag bei der Öffentlichen Tagung des Nationalen Ethikrates zum Thema „Wie wir sterben" (31. März 2004), 32–35, hier: 34 (Quelle: http://www.ethikrat.org/dateien/pdf/Wortprotokoll_Aug_2004-03-31.pdf).
31 Nassehi (s.o. Anm. 30), 35.
32 Vgl. zu diesem Gedanken D.M. Suharjanto, Die Probe auf das Humane. Zum theologischen Profil der Ethik F. Böckles, Göttingen 2005.

Im Duktus Ricoeurs muss nämlich das hospizliche Ehrenamt von der *Versprechensidentität* her begriffen werden, das heißt als *Treue* zum gegebenen Wort – *und die Hospizbewegung im Sinne einer Bürgerbewegung ist eben ein öffentlich gegebenes Wort.* Ein solches Wort vom professionalisiert betriebenen Bereich der Palliativversorgung abzuschichten, statt diese Strukturen von der hospizlichen Ethik her zu gestalten, käme einem Qualitätsverlust gleich, der an die Substanz, das heißt an die hospizliche Haltung selbst geht. In dem Sinne hat die Hospizidee und ihre Ethik ohne weiteres eine allokationsstrukturierende Kraft; diese Kraft zu entfalten und die Hospizidee eben nicht um diese allokative – *das heißt die richtige Verortung erwirkende* – Kraft zu bringen, heißt: *auf ein Versprechen vertrauen.*

Die Entwicklung des sogenannten Sterbehilferechts in der (höchstrichterlichen) Judikatur

Wolfram Höfling

Ein „Sterbehilferecht" im eigentlichen Sinne existiert in Deutschland allenfalls als fragmentarische Querschnittsmaterie. Wichtige Orientierungslinien müssen aus allgemeinen zivil-, straf- und verfassungsrechtlichen Normen abgeleitet werden. Deren „Zusammenspiel" wiederum ist unsicher. Dies gilt zum einen für die Art und Weise, wie das – unzweifelhaft mit normhierarchischem Vorranganspruch ausgestattete – Verfassungsrecht auf die einfache Rechtsordnung einwirkt, zum anderen aber auch für die wechselseitige Beeinflussung von strafrechtlicher Sanktionenordnung und verhaltenssteuerndem Zivilrecht.[1] Vor diesem Hintergrund kommt der Rechtsprechung und namentlich der höchstrichterlichen Judikatur eine besondere Bedeutung zu. Sie dient der Herstellung materieller Rechtseinheit, und sie übernimmt damit nicht zuletzt eine ganz wichtige Befriedungsfunktion. Nicht immer aber gelingt dies. Im Folgenden sollen wichtige Entwicklungsstadien des sogenannten Sterbehilferechts im Lichte der (im Wesentlichen: höchstrichterlichen) Rechtsprechung skizziert werden.

1. Die Phase strafrechtlicher Dominanz

Die erste Phase judikativer Prägung des sogenannten Sterbehilferechts ist strafrechtlich dominiert.[2]

---

1 Siehe BGH, JZ 2006, 144 f. mit Anmerkung von W. Höfling, in: JZ 2006, 145 ff.
2 Siehe auch die Analyse bei T. Verrel, Patientenautonomie und Strafrecht bei der Sterbebegleitung. Gutachten C für den 66. Deutschen Juristentag, in: Ständige Deputation des Deutschen Juristentages (Hg.), Verhandlungen des Sechsundsechzigsten Deutschen Juristentages: Stuttgart 2006, Teil C, Bd. 1 (Gutachten), München 2006, C 15 ff.

a. BGHSt 32, 367 ff. – Fall Wittig (1984)

Sachverhalt: Der Angeklagte war der Hausarzt der 76-jährigen Witwe U. Diese litt an hochgradiger Verkalkung der Herzkranzgefäße und an Gehbeschwerden wegen einer Hüft- und Kniearthrose. Nach dem Tod ihres Ehemannes (1981) hatte sie mehrfach und nachdrücklich erklärt, sie sehe in ihrem Leben keinen Sinn mehr. In einem Schriftstück hatte sie festgehalten: „Willenserklärung. Im Vollbesitz meiner Sinne bitte ich meinen Arzt, keine Einweisung in ein Krankenhaus oder Pflegeheim, keine Intensivstation und keine Anwendung lebensverlängernder Medikamente. Ich möchte einen würdigen Tod sterben. Keine Anwendung von Apparaten. Keine Organentnahme". Bei einem zuvor angekündigten Hausbesuch fand sie der Angeklagte am Abend des 27. November 1981 bewusstlos vor. Unter ihren gefalteten Händen befand sich ein Zettel, auf dem sie handschriftlich vermerkt hatte: „An meinen Arzt – bitte kein Krankenhaus – Erlösung! – 28.11.1981 – Ch. U.".

Anhand zahlreicher Medikamentenpackungen und des Abschiedsbriefs erkannte der Angeklagte, dass sie eine Überdosis Morphium und Schlafmittel in Selbsttötungsabsicht zu sich genommen hatte. Sie atmete nur noch sechsmal die Minute; ihr Puls war nicht zu fühlen. Der Angeklagte ging davon aus, dass die Patientin nicht, jedenfalls nicht ohne schwere Dauerschäden, zu retten sein werde. Das Wissen um den immer wieder geäußerten Selbsttötungswillen und die vorgefundene Situation veranlassten ihn schließlich, nichts zu ihrer Rettung zu unternehmen. Er blieb, bis er am nächsten Morgen gegen 7.00 Uhr den Tod feststellen konnte. Es hatte sich nicht klären lassen, ob das Leben von Frau U bei sofortiger Verbringung in die Intensivstation eines Krankenhauses oder durch andere Rettungsmaßnahmen hätte verlängert oder gerettet werden können.

Entscheidungsgründe: Der 3. Strafsenat des BGH stellt zunächst fest, dass die Beteiligung an einem Selbstmord für denjenigen, den Garantenpflichten für das Leben des Suizidenten treffen, nach den Tötungstatbeständen grundsätzlich strafbar sei, soweit sich nicht aus der Entscheidung des Gesetzgebers, die Beteiligung an dem Selbstmord als solche straffrei zu lassen, Einschränkungen ergäben. Nach allgemeinen Grundsätzen macht sich wegen eines Tötungsdelikts durch Unterlassen strafbar, wer einen Bewusstlosen in einer lebensbedrohenden Lage antrifft und ihm die erforderliche und zumutbare Hilfe zur Lebensrettung nicht leistet, obwohl ihm – zum Beispiel als Ehegatten oder behandelnden Arzt – Garantenpflichten für das Leben des Verunglückten träfen. Es spricht insoweit von einem ‚Tatherrschaftswechsel' in jenen Fällen, in denen neben die allgemeine Hilfeleistungspflicht gemäß § 323c StGB noch eine Garantenpflicht für das Leben des Opfers tritt.

Eine derartige Garantenstellung des Angeklagten scheidet nach Auffassung des Senats aber im vorliegenden Fall nicht schon deswegen aus, weil ihm Frau U die lebensrettende Behandlung nach einem Selbstmordversuch untersagt habe[3]. Die „suizidale Situation einer letalen Arzneimittelvergiftung brachte (den Angeklagten) […] in einen Konflikt zwischen dem ärztlichen Auftrag, jede Chance zur Rettung des Lebens seiner Patientin zu nutzen, und dem Gebot, ihr Selbstbestimmungsrecht zu achten. Welche Verpflichtung im Kollisionsfall den Vorrang hat, unterliegt pflichtge-

---

3 Siehe BGHSt 32, 367 (377).

mäßer ärztlicher Entscheidung, die sich an den Maßstäben der Rechtsordnung und der Standesethik auszurichten hat"[4]. Dabei dürfe der Arzt „berücksichtigen, daß es keine Rechtsverpflichtung zur Erhaltung eines erlöschenden Lebens um jeden Preis gibt. Maßnahmen zur Lebensverlängerung sind nicht schon deswegen unerläßlich, weil sie technisch möglich sind. Angesichts des bisherige Grenzen überschreitenden Fortschritts medizinischer Technologie bestimmt nicht die Effizienz der Apparatur, sondern die an der Achtung des Lebens *und* der Menschenwürde ausgerichtete Einzelfallentscheidung die Grenze ärztlicher Behandlungspflicht".

b. Landgericht Ravensburg, NStZ 1987, 229 ff. (1987)

Auch wenn es sich nur um eine instanzgerichtliche Entscheidung handelt: Das Urteil des Landgerichts Ravensburg aus dem Jahre 1987 ist eine bedeutsame und für die damalige Zeit „mutige" Entscheidung.[5]

Sachverhalt: Die Entscheidung betraf eine im Endstadium an ALS erkrankte 57-jährige Patientin. Der angeklagte Ehemann hatte sich schon seit Dezember 1984 ohne Bezüge beurlauben lassen, um sich ausschließlich der Pflege seiner Frau zu widmen. Als diese am 2.7.1985 ins Krankenhaus eingeliefert wurde, war sie bewusstlos. Sie hatte in zahlreichen Gesprächen zuvor geäußert, sie wolle im Endstadium der Krankheit auf keinen Fall künstlich beatmet werden. Die Ärzte wollten diesen Wunsch der Patientin respektieren. Doch auf Anordnung ihres Sohnes, der ebenfalls Arzt war, wurde die Beatmung eingeleitet. Die Frau kam daraufhin vorübergehend wieder zu Bewusstsein, ohne dass jedoch mehr als eine Verlängerung des bereits eingesetzten Sterbevorgangs hätte erreicht werden können. Sie empfand ihren Zustand als „unerträgliche Quälerei" und verfasste am 3.7. mit Hilfe einer elektrischen Spezialschreibmaschine, mit der allein sie sich noch verständlich machen konnte, im – wie es hieß – „Vollbesitz ihrer Geisteskraft" folgende Erklärung: „Ich möchte sterben, weil mein Zustand nicht mehr erträglich ist. Je schneller, desto besser. Das wünsche ich mir von ganzem Herzen". Erst daraufhin schaltete der Angeklagte, ihr Mann, in einem unbeachteten Augenblick – nunmehr mit der Zustimmung des Sohnes – das Beatmungsgerät aus, um ihr damit den „letzten Liebesdienst" zu erweisen, „den er seiner Frau erbringen konnte". Sodann blieb der Angeklagte am Bett seiner Frau und hielt ihre Hand, bis etwa eine Stunde nach Abschalten des Gerätes der Tod infolge Herzstillstandes eintrat.[6]

Entscheidungsgründe: Der vom Landgericht Ravensburg zu entscheidende Sachverhalt unterschied sich in zwei Aspekten von denen, über deren Straflosigkeit in der bisherigen strafrechtlichen Diskussion weitgehender Konsens erzielt worden war: Zum einen hatte die Patientin das Bewusstsein noch nicht unwiderruflich verloren, und zum

---

4 BGHSt 32, 367 (377 f.).
5 So auch die treffende Einschätzung bei C. Roxin, Die Sterbehilfe im Spannungsverhältnis von Suizidteilnahme, erlaubtem Behandlungsabbruch und Tötung auf Verlangen, in: NStZ 8 (1987), 345–349 hier: 348.
6 Siehe zum Sachverhalt die von Roxin geschilderten, im Abdruck der NStZ 8 (1987), 229 ff. nicht wiedergegebenen Ausführungen des Landgerichts, Roxin (s.o. Anm. 5), 348 f.

zweiten wurde der Behandlungsabbruch nicht vom behandelnden Arzt, sondern vom Ehemann der Patientin vorgenommen. Das Landgericht stellt klar, dass es keine Rolle spielen könne, ob die Behandlungseinstellung durch ein schlichtes Unterlassen oder ein aktives Tun realisiert werde. In der dogmatischen Herleitung dieses Ergebnisses hat das Gericht indes – vor dem Hintergrund der damaligen Diskussion durchaus nachvollziehbar – Schwierigkeiten.[7] Doch zu Recht rekurriert das Landgericht maßgeblich auf das Selbstbestimmungsrecht der Patientin und formuliert: „Hatte Frau F aber die rechtliche Macht, zu verlangen, daß sie nicht künstlich beatmet werde, so hatte sie naturgemäß auch das Recht, zu verlangen, daß eine künstliche Beatmung abgestellt werde, auch wenn hierzu ein Handeln erforderlich ist. Das gilt umso mehr, als die künstliche Beatmung gegen ihren ausdrücklichen Willen eingeleitet worden war".[8]

Diese Fallkonstellation weist erstaunliche Parallelen zum „Fall Putz" auf, den der BGH in seinem Urteil vom 25.6.2010[9] zu beurteilen hatte. Ein – allerdings wichtiger – Unterschied besteht in der Validität des zugrundegelegten Patientenwillens, die im Fall des Landgerichts Ravensburg unstrittig gegeben war.

c. BGHSt 40, 257 ff. – Kemptener Fall (1994)

Sachverhalt: Der Fall betraf eine zur Tatzeit 72-jährige Patientin, die an Morbus Alzheimer erkrankt war und nach einer Reanimation nach Herzstillstand schwerste und irreversible zerebrale Schäden erlitten hatte. Sie war auf eine künstliche Ernährung angewiesen und nicht mehr ansprechbar. Nach zweieinhalbjähriger Behandlung kamen der behandelnde Arzt und der zu ihrem – damals sogenannten – Pfleger bestellte Sohn der Patientin überein, die Sondenernährung bei Aufrechterhaltung der Flüssigkeitszufuhr zu beenden. Das vom Pflegedienstleiter verständigte Vormundschaftsgericht versagte die Genehmigung der Ernährungseinstellung, die dann von den Angeklagten vorgenommen wurde. Das Landgericht Kempten verurteilte den Arzt und den Sohn wegen versuchten Totschlags zu Geldstrafen. Der BGH hob diese Verurteilung unter anderem wegen unzureichender Feststellung zum Vorliegen einer mutmaßlichen Einwilligung auf. Das Verfahren endete schließlich mit einem Freispruch der Angeklagten.[10] Schließlich erklärte der BGH – gleichsam nebenher – die Zulässigkeit der Behandlungsbegrenzung gerade durch Einstellung der künstlichen Ernährung,

---

7   Siehe auch VERREL (s.o. Anm. 2), C 16; ROXIN (s.o. Anm. 5), 349.
8   LG Ravensburg, NStZ 1987, 229. – ROXIN (s.o. Anm. 5), 350, weist in diesem Zusammenhang allerdings zu Recht darauf hin, dass dies nicht so zu verstehen sei, als könne ein Patient schlechthin die Rückgängigmachung einer unerwünschten Behandlung verlangen. „Wenn jemand – etwa aus religiösen Gründen – eine lebensrettende Bluttransfusion oder Operation mit rechtlich bindender Wirkung verweigert, der Eingriff aber gleichwohl vorgenommen wird, und wenn der gerettete Patient nun eine schmerzlose Tötung verlangt, damit der Zustand hergestellt werde, der ohne den unzulässigen Eingriff eingetreten wäre, so wäre die Erfüllung dieses Wunsches eine strafbare Tötung auf Verlangen. [...] Zulässig, ja, auf die Anordnung des Patienten sogar geboten, ist nur die Einstellung einer Behandlung, mag sie auch durch ein Tun (das Abstellen der Maschine) bewirkt werden".
9   Vgl. dazu im Folgenden Abschnitt 4.
10 Siehe LG Kempten, Urteil vom 17.5.1995 – 2 Ks 13 Js 13155/93.

wobei er dogmatisch (jedenfalls implizit) auf die Figur des Unterlassens durch Tun zurückgreift.[11] Auf diese Weise wird ein Konflikt mit § 216 StGB vermieden.[12]

Zu den bedeutsamsten judikativen Rechtsfortbildungen auf dem Gebiet der sogenannten Sterbehilfe gehört die Entscheidung des 1. Strafsenats des BGH aus dem Jahre 1994 im Fall Kempten. Zum einen wird in dieser Entscheidung erstmals an tragender Stelle in einer Urteilsbegründung[13] auf die Verbindlichkeit auch des lediglich mutmaßlichen (Nicht-)Behandlungswillens hingewiesen. Zum anderen wird der bislang eng verstandene Bereich der sogenannten „Hilfe beim Sterben" und damit die sogenannte Finalphase verlassen und bereits zuvor eine Behandlungsbegrenzung für möglich gehalten.[14] Allerdings hat der BGH die normative Gleichsetzung von ausdrücklich erklärtem und mutmaßlich gewünschtem Behandlungsverzicht an den Vorbehalt besonderer Umstände geknüpft, wonach ein Behandlungsabbruch „ausnahmsweise [...] nicht von vornherein ausgeschlossen"[15] sei. In der strafrechtlichen Literatur ist kritisiert worden, nehme man die Formulierung wörtlich, so ergebe sich der unhaltbare Umkehrschluss, dass der mutmaßliche Wille des entscheidungsunfähigen Patienten im – wie auch immer zu definierenden – Regelfall unbeachtlich sei.[16] Auf besondere Kritik stieß indes eine weitere Formulierung des BGH. Sie betraf die Konkretisierung des mutmaßlichen Willens und die nach Auffassung des Senats jedenfalls subsidiär eröffnete Möglichkeit, auf „allgemeine Wertvorstellungen" zurückzugreifen, wenn die Ermittlung des konkreten Patientenwillens unergiebig geblieben sei.[17]

d. BGHSt 42, 301 ff. – Dolantin-Fall (1996)

Sachverhalt: Eine sehr vermögende 88-jährige Dame hatte sich in die Behandlung der Angeklagten, eines Orthopäden und seiner früher als Anästhesistin tätigen Frau, begeben und den beiden bereits erhebliche Zuwendungen (zunächst einen Geldbetrag von 104.000 DM, schließlich eine Immobilie im Wert von 2,5 Millionen DM) zukommen lassen. Im fortgeschrittenen Stadium einer als Gallenkolik diagnostizierten

---

11 Siehe auch H. Schöch, Beendigung lebenserhaltender Maßnahmen, in: NStZ 4 (1995), 153–157, hier: 154.
12 Siehe auch mit weiteren Nachweisen Verrel (s.o. Anm. 2), C 62.
13 Drei Jahre zuvor hatte der 3. Strafsenat in BGHSt 37, 276 (378) in einem *obiter dictum* auf die Maßgeblichkeit des (mutmaßlichen) Patientenwillens hingewiesen und sich dabei auf den in BGHSt 32, 367 (369 f.) formulierten Grundsatz bezogen, „daß es keine Rechtspflicht zur Erhaltung eines erlöschenden Lebens um jeden Preis gibt".
14 Siehe hierzu Verrel (s.o. Anm. 2), C 20.
15 BGHSt 40, 257 (262).
16 Siehe mit weiteren Nachweisen Verrel (s.o. Anm. 2), C 22.
17 Zur Kritik siehe etwa A. Laufs, Zivilrichter über Leben und Tod?, in: NJW 46 (1998), 3399–3401, hier: 3399; K. Bernsmann, Der Umgang mit irreversibel bewusstlosen Personen und das Strafrecht, in: ZRP 3 (1996), 87–92, hier: 87.

Hiatushernie wurde die Patientin in Absprache mit einem Internisten nicht ins Krankenhaus, sondern in die Wohnung der Angeklagten verlegt, da sie nach Einschätzung der Ärzte ohnehin sterben werde. Nach einer weiteren Verschlechterung des Zustands hängt der Internist einen „kleinen Tropf" mit 300 mg Dolantin und einer Durchlaufzeit von weniger als einer Stunde an, worauf der Tod der Patientin eintrat. Nach den Feststellungen des Tatgerichts wollten der Internist und die Angeklagte der Patientin weiteres Leiden ersparen, während es dem Angeklagten darum ging, seine Patientin mittels eines gefälschten Testaments zu beerben.

Auch wenn es mehr als zweifelhaft erscheint, ob dieser Fall tatsächlich die geeignete Grundlage abgibt zur Fortentwicklung des sogenannten Sterbehilferechts,[18] billigt die Entscheidung die in der Literatur seit jeher für zulässig gehaltene Schmerzbehandlung mit der unbeabsichtigten Nebenfolge der Lebensverkürzung. Diese „themenbezogene Entschlossenheit" des Senats[19] mag man verstehen vor dem Hintergrund der zentralen Bedeutung einer angemessenen Schmerztherapie; doch macht der Fall auch die hohe Missbrauchsanfälligkeit entsprechender Konstellationen deutlich.[20]

2. Zweite Phase: Zunehmender Einfluss des Zivilrechts

Die strafrechtlich dominierte Problemperspektive auf das sogenannte Sterbehilferecht ist spätestens seit Mitte der 1990er Jahre um zivilrechtliche Aspekte ergänzt worden.

a. Divergierende Judikatur der Vormundschaftsgerichte zur analogen Anwendung des § 1904 BGB – zugleich zur Prozeduralisierung des sogenannten Sterbehilferechts[21]

In der Kemptener Entscheidung des 3. Strafsenats des BGH war die Frage der Zuständigkeit der (damals noch sogenannten) Vormundschaftsgerichte für die Genehmigung des Abbruchs lebenserhaltender Maßnahmen angesprochen worden. In der Folgezeit kam es hierzu zu erheblichen Kontroversen in der vormundschaftsgerichtlichen Judikatur. Sollten nunmehr „Zivilrichter über Leben und Tod" entscheiden?[22] Das Oberlandesgericht Frankfurt bestätigte

---

18 Der Vorsitzende des erkennenden 3. Strafsenats hat später eingeräumt, dass der Fall „sicherlich nicht der geeignetste […] war": Siehe K. KUTZER, ZRP-Rechtsgespräch, in: ZRP 3 (1997), 117–119, hier: 117.
19 Siehe H. SCHÖCH, Die erste Entscheidung des BGH zur sog. indirekten Sterbehilfe, in: NStZ 9 (1997), 409–412, hier: 409.
20 Siehe hierzu auch VERREL (s.o. Anm. 2), C 30 f.
21 Siehe auch VERREL (s.o. Anm. 2), C 35 ff.
22 Siehe LAUFS (s.o. Anm. 17), 3399 ff.

obergerichtlich die analoge Anwendung von § 1904 BGB,[23] stieß aber auf anderen obergerichtlichen Widerspruch.[24] Die zivilgerichtlichen Entscheidungen offenbaren jenseits des Streits um die analoge Anwendung des § 1904 BGB auch unterschiedliche Vorstellungen über den normativen Rang des Selbstbestimmungsrechts einerseits beziehungsweise des Integritätsschutzes andererseits.[25] Vor diesem Hintergrund sind auch die Beratungen auf dem 63. Deutscher Juristentag in Leipzig und das hierfür erstellte Gutachten von Taupitz einzuordnen,[26] die insgesamt auf eine Stärkung des Selbstbestimmungsrechts und seine prozedurale beziehungsweise instrumentelle Absicherung zielen.[27]

b. „Gewissensrechte" von Pflegenden als gegenläufige Rechtsposition?

Ein spezifischer Aspekt der Problematik wird deutlich in der Entscheidung des OLG München vom 13.2.2003 im Fall Traunstein.[28]

> *Sachverhalt:* Es ging um einen Patienten, der infolge eines Suizidversuchs durch Erhängen einen toxischen Hirnschaden erlitten hatte und in ein sogenanntes Wachkoma gefallen war. Nach dreijähriger künstlicher Ernährung über eine PEG-Sonde in einem Pflegeheim ordnete der behandelnde Arzt auf Veranlassung des zum Betreuer bestellten Vaters des Patienten die Reduktion der Flüssigkeits- und Nahrungszufuhr an, der sich die Pflegekräfte jedoch aus ethischen Gründen verweigerten. Der Entscheidung zugrunde lag die Feststellung, die Behandlungsbegrenzung entspreche einem früher mündlich geäußerten Sterbewunsch des Patienten.

Die gegen die Heimleitung auf Unterlassung der PEG-Sondenernährung gerichtete Klage wurde vom OLG München abgewiesen: Dem Heimvertrag könne nicht entnommen werden, „daß in der Pflegeeinrichtung der Beklagten einer Selbstbestimmung der Heimbewohner unter Hintanstellung des Lebensschutzes in der Weise Rechnung getragen wird, daß einem Sterbewunsch eines Heimbewohners entsprochen wird". Durch den Heimvertrag sei das Selbstbestimmungsrecht des Patienten mit bindender Wirkung eingeschränkt; im

---

23 OLG Frankfurt, NJW 1998, 2747 ff.; ebenso OLG Karlsruhe, NJW 2002, 685 ff.
24 OLG Schleswig, NJW-RR 2003, 435 ff.
25 Siehe auch VERREL (s.o. Anm. 2), C 35.
26 Siehe J. TAUPITZ, Empfehlen sich zivilrechtliche Regelungen zur Absicherung der Patientenautonomie am Ende des Lebens?, Gutachten A zum 63. DJT, in: STÄNDIGE DEPUTATION DES DEUTSCHEN JURISTENTAGES (Hg.), Verhandlungen des Dreiundsechzigsten Deutschen Juristentages: Leipzig 2000, Teil A, Bd. 1 (Gutachten), München 2000; verfassungsrechtliche Ergänzung: W. HÖFLING, Empfehlen sich zivilrechtliche Regelungen zur Absicherung der Patientenautonomie am Ende des Lebens? – Statement aus verfassungsrechtlicher Sicht, in: STÄNDIGE DEPUTATION DES DEUTSCHEN JURISTENTAGES (Hg.), Verhandlungen des 63. DJT, Bd. II/2, München 2000, K 88 ff.
27 Siehe auch VERREL (s.o. Anm. 2), C 36 ff.
28 OLG München, NJW 2003, 1744 ff.

Übrigen könnten sich die Pflegekräfte ihrerseits auf ein aus Artikel 1, 2, 4 GG abzuleitendes Verweigerungsrecht berufen.

Dieser zu Recht auf deutliche Kritik gestoßenen Entscheidung[29] ist vom Bundesgerichtshof zwar widersprochen worden.[30] Doch hat er wegen der aus seiner Sicht bestehenden Unklarheit im Verhältnis von strafrechtlichen Sanktionen und zivilrechtlicher Verhaltensordnung bei der nach dem Tode des Patienten („Peter K.") zu treffenden Entscheidung über die Kosten diese gegeneinander aufgehoben.[31]

c. BGHZ 154, 205 ff. = BGH, NJW 2003, 1588 ff. (2003)

Zwei Jahre zuvor hatte derselbe Senat des BGH, nämlich der 12. Zivilsenat, eine vielbeachtete Entscheidung zum sogenannten Sterbehilferecht getroffen,[32] die zugleich eine deutliche Divergenz zur strafrechtlichen Judikatur erkennen lässt.[33]

Sachverhalt: Erneut geht es um einen Patienten im sogenannten Wachkoma. Dessen zum Betreuer bestellter Sohn hatte beim Vormundschaftsgericht die Genehmigung der Einstellung der künstlichen Ernährung beantragt, die seit etwa eineinhalb Jahren über eine PEG-Sonde erfolgte. Zwei Jahre vor seinem Hirninfarkt hatte der Patient schriftlich verfügt, im Falle irreversibler Bewusstlosigkeit nicht künstlich ernährt werden zu wollen. Ebenso wie das Amts- und Landgericht sah das Oberlandesgericht Schleswig keine Rechtsgrundlage für eine entsprechende Entscheidung und legte sie deshalb im Blick auf die divergierenden Entscheidungen der Oberlandesgerichte Frankfurt und Karlsruhe[34] dem BGH vor.

Der auf unterschiedliches Echo stoßende Beschluss bejaht zunächst – methodisch durchaus zweifelhaft – eine Prüfungszuständigkeit der Vormundschafts-

---

29 Siehe etwa F. HUFEN, Verfassungsrechtliche Grenzen des Richterrechts – Zum neuen Sterbehilfe-Beschluss des BGH, in: ZRP 7 (2003), 248–252, hier: 252; W. UHLENBRUCK, Bedenkliche Aushöhlung der Patientenrechte durch die Gerichte, in: NJW 24 (2003), 1710–1712, hier: 1710 ff.; zur Vorinstanz etwa G. BERTRAM, Beweislastfragen am Lebensende, in: NJW 14 (2004), 988–989, Hier: 989 ff.
30 Siehe BGH, NJW 2005, 2385 ff.
31 Siehe BGH, NJW 2005, 2385 f.; kritisch hierzu HÖFLING (s.o. Anm. 1), 145 ff.
32 Zur Entscheidung siehe etwa K. KUTZER, Der Vormundschaftsrichter als „Schicksalsbeamter"? Der BGH schränkt das Selbstbestimmungsrecht des Patienten ein, in: ZRP 6 (2003), 213–216, hier: 213 ff.; W. HÖFLING/S. RIXEN, Vormundschaftsgerichtliche Sterbeherrschaft?, in: JZ 18 (2003), 884–894, hier: 884 ff.
33 Zur Fehlinterpretation des 12. Zivilsenats im Blick auf BGHSt 40, 257 siehe HÖFLING/ RIXEN, (s.o. Anm. 32), 891.
34 S.o. Anm. 23.

gerichte aus einer „Gesamtschau des Betreuungsrechts" und einem „unabweisbaren Bedürfnis"[35], was indes verfassungsrechtliche Einwände provoziert.[36]

Abgesehen davon schwanken die Entscheidungsgründe zwischen Anerkennung des Selbstbestimmungsrechts und seiner Relativierung. So wird zwar die Weiterbehandlung mittels einer PEG-Sonde als einwilligungsbedürftiger Eingriff in die körperliche Integrität gewertet,[37] andererseits aber die Bedeutung der Patientenverfügung nicht konsistent geklärt.[38] Auch die Ausführungen zur Entscheidungsgrundlage des sogenannten mutmaßlichen Willens und seiner Ermittlung sind wenig überzeugend. Zwar nimmt der 12. Zivilsenat die Kritik am Kriterium der allgemeinen Wertvorstellungen, das im Kemptener Fall des 3. Strafsenats noch als subsidiärer Entscheidungsmaßstab qualifiziert worden war,[39] auf;[40] doch führt er das Wohl des Betreuten, wie es in § 1901 BGB ausgestaltet ist, als weiteres Kriterium an. Dieses sei „nicht nur objektiv, sondern – im Grundsatz sogar vorrangig [...] – subjektiv zu verstehen"[41]. Doch ein „objektives" Interesse des Patienten kann ein gefährliches Einfallstor sein. Dies wird in ganz besonderem Maße deutlich in den erläuternden Äußerungen der Vorsitzenden Richterin des 12. Zivilsenats, M.-M. Hahne. Vor dem Nationalen Ethikrat hat sie die Frage aufgeworfen, ob die künstliche Aufrechterhaltung vegetativer Lebensfunktionen, ohne greifbare Chancen „zur Wiedererweckung" zu einer menschlichen Persönlichkeit wirklich noch in einem Zustand „eines menschenwürdigen Daseins" sei.[42]

Schließlich formuliert die Entscheidung des 12. Zivilsenats eine Einschränkung für das Verlangen des Betreuers, eine medizinische Behandlung einzustellen. Hierfür sei „kein Raum [...], wenn das Grundleiden des Betroffenen noch keinen irreversiblen tödlichen Verlauf angenommen"[43] habe. Zugleich führt er

---

35 BGHZ 154, 205 (221).
36 Siehe nur HUFEN (s.o. Anm. 29), 249; HÖFLING/RIXEN (s.o. Anm. 32), 893.
37 BGHZ 154, 205 (210).
38 Zur Kritik siehe W. HÖFLING/A. SCHÄFER, Leben und Sterben in Richterhand? Ergebnisse einer bundesweiten Richterbefragung zu Patientenverfügung und Sterbehilfe, Tübingen 2006, 9.
39 Dazu oben.
40 Siehe BGHZ 154, 205 (218 f.): „Die Diskussion um die Zulässigkeit und die Grenzen der Hilfe im oder auch zum Sterben wird gerade durch das Fehlen verbindlicher oder doch allgemeiner Wertmaßstäbe geprägt".
41 BGHZ 154, 205 (216 f.).
42 Siehe M.-M. HAHNE, Zwischen Fürsorge und Selbstbestimmung – Über die Grenzen von Patientenautonomie und Patientenverfügung, in: FamRZ 2003, 1619–1622, hier: 1621; zur Kritik hieran etwa W. HÖFLING, Wachkoma – Eine Problemskizze aus verfassungsrechtlicher Perspektive, in: DERS. (Hg.), Das sog. Wachkoma. Rechtliche, medizinische und ethische Aspekte, Münster ²2007, 1–11, hier: 7.
43 BGHZ 154, 205 (215).

einen überaus strengen Prognosemaßstab an, wenn er „eine letzte Sicherheit, daß die Krankheit des Betroffenen einen irreversiblen und tödlichen Verlauf angenommen" habe, voraussetzt.[44] Dass sodann ausgerechnet ein Zustand wie das apallische Syndrom ohne weiteres für ein Grundleiden mit irreversiblem tödlichem Verlauf gehalten wird, steigert die Konfusionswirkung der Entscheidung des 12. Zivilsenats noch einmal.

3. Das Patientenverfügungsgesetz und der Einfluss des Verfassungsrechts: „zwischen" Autonomierespekt und Integritätsschutz

Eine weitere und wichtige Zäsur der Debatte wird durch die Verabschiedung des Patientenverfügungsgesetzes markiert, auf das ja auch der BGH im Fall Putz rekurriert. Der Verabschiedung des Patientenverfügungsgesetzes war eine überaus kontroverse und intensive Diskussion im parlamentarischen wie außerparlamentarischen Raum vorausgegangen. Diese Auseinandersetzungen haben – was lange überfällig war – deutlich vor Augen geführt, dass das sogenannte Sterbehilferecht seine handlungs- und entscheidungsleitenden Bewertungsmaßstäbe dem *Verfassungsrecht* entnehmen muss. Artikel 2 Abs. 2 Satz 1 GG gewährleistet über seine statische Bewahrdimension im Blick auf Leben und körperliche Integrität hinaus ein Grundrecht auf Selbstbestimmung über die eigene Integrität.[45] Ein Element dieser grundrechtlichen Gewährleistung ist auch das Recht, zu sterben, jedenfalls in dem Sinne, dass ein Behandlungsveto eines Patienten von Arzt und Pflegenden beachtet werden muss, selbst wenn die Nichtbehandlung zum Tode führt. Vor diesem verfassungsrechtlichen Hintergrund herrscht denn auch in der medizinrechtlichen Literatur weitestgehender Konsens darin, dass jede ärztliche oder pflegerische Intervention nicht nur einer entsprechenden Indikation bedarf, sondern vom Willen des Betroffenen getragen sein muss.

Mit dem Institut der Patientenverfügung wird nun das Selbstbestimmungsrecht über die leiblich-seelische Integrität gleichsam in die Zukunft verlängert und wird zu einer Freiheit zur Selbstbestimmung durch zukunftswirksame Festlegungen. Die „Gretchenfrage" jeder Regulierung des Instruments der Patientenverfügung war und ist nun aber, ob sich das skizzierte Selbstbestimmungsmodell problem- und friktionslos auch auf antizipative Verfügungen übertragen lässt. Schon in Situationen, in denen der Betroffene selbst noch einsichts- und entscheidungsfähig ist, steht er vor schwierigen Herausforderungen

---

44 BGHZ 154, 205 (216).
45 So BVerfGE 89, 120 (130).

und Erwägungen. Immerhin kann er sich insoweit dialogisch-kommunikativ damit auseinandersetzen und auf den Krankheitsverlauf bezogenen fachkundigen Rat einholen. Dies aber vermag er nach einer Vorausverfügung nicht mehr. Schon insoweit besteht eine kategoriale Asymmetrie zwischen den Vorausverfügungen als Akten der Selbstbestimmung einerseits und der Patientenautonomie eines Einwilligungsfähigen andererseits. Und ein Weiteres: Gerade wegen der Fragilität der Entscheidungsbasis und des Verlustes an individueller Bestimmungs- und Vetomacht in der eigentlichen Entscheidungssituation ist die Gefahr fremdbestimmender Übergriffe erheblich intensiviert.[46]

Die unterschiedlichen Entwürfe zu einem Patientenverfügungsgesetz, wie sie im Bundestag diskutiert worden sind, spiegeln nun die durchaus gegenläufigen Bewertungen wider, wie der verfassungsrechtlich geforderte Autonomierespekt in einen angemessenen Ausgleich gebracht werden kann mit dem aus der Schutzdimension der Grundrechte erwachsenen Verpflichtung des Staates zum Integritätsschutz. Diese grundrechtliche Spannungssituation erfährt eine weitere Zuspitzung für jene Fälle, in denen Behandlungsbegrenzungsentscheidungen auf die Figur des sogenannten ‚Mutmaßlichen Willens' gestützt werden. Deshalb war es in der Tat angezeigt, dass der Gesetzgeber auch insoweit mit Artikel 1901 Abs. 2 BGB eine Regelung getroffen hat.[47] Dass die Regelungskonzeption insgesamt unzureichend ist, steht auf einem anderen Blatt.

4. Das „Sterbehilfe"-Urteil des Bundesgerichtshofs vom 25. Juni 2010 (Fall Putz) – oder: eine provozierte Grundsatzentscheidung

4.1. Sachverhalt[48]

Im Oktober 2002 erlitt die damals 61-jährige Mutter der Angeklagten G eine linksseitige Hirnblutung, aus der ein Apallisches Syndrom (Wachkoma) resultierte. Seitdem war sie nicht mehr ansprechbar, bettlägerig und pflegebedürftig. Im Februar 2003 wurde sie aus dem Krankenhaus in ein Alten- und Pflegeheim verlegt. Seit November 2002 erfolgte die Nahrungs- und Flüssigkeitszufuhr bei der Patientin über eine PEG-Sonde. Zunächst war der – inzwischen verstorbene – Ehemann der Patientin zum Betreuer bestellt worden. Nach dessen Tod übernahm Ende November 2005 eine Berufsbetreuerin die Aufgabe. Im März 2006 trat die Angeklagte G schriftlich an die

---

46 W. Höfling, Antizipative Selbstbestimmung, in: GesR 4 (2009), 181–188, hier: 183 f.
47 Vgl. dazu schon W. Höfling, Gesetz zur Sicherung der Autonomie und Integrität von Patienten am Lebensende (Patientenautonomie- und Integritätsschutzgesetz), in: MedR 1 (2006), 25–32, hier: 25 ff.
48 Nach den Feststellungen des erstinstanzlichen Urteils: LG Fulda, Urteil vom 30.4.2009 – Az.: 16 Js 1/08 – 1 Ks, ZfL 2009, 97 ff.

Berufsbetreuerin heran und teilte dieser mit, sie und ihr Bruder – der inzwischen ebenfalls verstorben ist – hätten den Wunsch, dass die Magensonde entfernt werde. In dem Schreiben wies die Angeklagte G auf ein Gespräch hin, das sie Ende September 2002 anlässlich einer von ihrem Vater im Frühjahr 2002 erlittenen – relativ glimpflich verlaufenen – Hirnblutung mit ihrer Mutter geführt habe. Sie habe ihre Mutter damals gefragt, ob sie denn Vorkehrungen für den Fall getroffen habe, dass auch ihr etwas Ähnliches zustoße. Sie habe ihre Mutter darauf hingewiesen, dass eine Hirnblutung auch weitaus schlimmere Folgen haben könne. Sie habe wissen wollen, wie sie und ihr Bruder sich dann verhalten sollten. Ihre Mutter habe darauf geantwortet, sie wolle am liebsten vor ihrem Mann und zu Hause sterben. Sie wolle nicht auf fremde Hilfe angewiesen sein und in ein Pflegeheim kommen. Falls sie bewusstlos werde und sich nicht mehr äußern könne, wolle sie keine lebensverlängernden Maßnahmen in Form von künstlicher Ernährung und künstlicher Beatmung. Sie wolle nicht an irgendwelche ‚Schläuche' angeschlossen werden. Da ihre Mutter diesen Willen allerdings nicht schriftlich fixiert hatte, bat die Angeklagte nach ihrer Aussage ihre Mutter, diese Dinge mit ihrem Mann zu besprechen und schriftlich niederzulegen.

Eine derartige schriftliche Patientenverfügung wurde allerdings nicht verfasst.

Weil die Berufsbetreuerin auf die Interventionen der Angeklagten G nicht reagierte, wandte sich diese an den ebenfalls angeklagten Rechtsanwalt P. Nachdem die Patientin im Dezember 2006 eine Fraktur des linken Oberarms erlitten hatte und der linke Arm daraufhin amputiert worden war, trat nun der Angeklagte Rechtsanwalt P in Kontakt zu der Berufsbetreuerin. Diese blieb bei ihrer Auffassung, sie kenne den mutmaßlichen Willen der Patientin nicht und könne deshalb auch keine Entscheidung über den Abbruch der künstlichen Ernährung treffen. Gleichzeitig stellte sie der Angeklagten G und ihrem Bruder jedoch anheim, selbst die Betreuung zu übernehmen. Dies geschah dann auch. Auf Antrag des Angeklagten P bestellte das Amtsgericht mit Beschluss vom 17.8.2007 die Angeklagte G und ihren Bruder zu neuen Betreuern. Dabei war der zuständigen Vormundschaftsrichterin das Vorhaben der Angeklagten, die Ernährungstherapie zu beenden, von Anfang an bekannt.

Noch im August 2007 trat der angeklagte Rechtsanwalt P mit dem behandelnden Arzt der Patientin in Kontakt und informierte ihn über den neuen Sachstand aufgrund des durchgeführten Betreuerwechsels. Anfang November 2007 fand auf die Initiative von P in der Pflegeeinrichtung ein Gespräch zwischen Mitarbeiterinnen der Pflegeeinrichtung (der Heimleiterin und der Pflegedienstleiterin), dem behandelnden Arzt, der Angeklagten G und ihrem Bruder sowie dem angeklagten Rechtsanwalt P über den angestrebten Behandlungsabbruch statt. In diesem Gespräch wies der behandelnde Arzt darauf hin, eine ärztliche Indikation für eine weitere Ernährungstherapie sei nicht mehr gegeben, da eine Besserung ihres Gesundheitszustands aus medizinischer Sicht nicht mehr zu erwarten sei. Mit Schreiben vom 20. November 2007 forderte nunmehr der angeklagte Rechtsanwalt P den Arzt auf, in der Krankenakte der Patientin und in der Dokumentation im Pflegeheim schriftlich niederzulegen, dass ab sofort die Ernährung ganz abzusetzen und die Hydration auf 250 ml pro Tag herabzusetzen und unter palliativärztlicher/palliativpflegerischer Begleitung in den nächsten drei Tagen auf Null zu reduzieren sei. Da dies nicht erfolgte, widerrief der Angeklagte P mit Schreiben vom 29.11.2007 die Zustimmung zur PEG-Sondenernährung. Daraufhin sandte der behandelnde Arzt an das Pflegeheim ein Telefax mit dem Inhalt, dass die Betreuer die Zustimmung zur Ernährungstherapie widerrufen hätten und aus seiner hausärztlich-internistischen Sicht keine Indikation mehr bestehe, sodass dem Wunsch auf Abbruch der Sondenernährung entsprochen werden könne. Daraufhin forderte der angeklagte Rechtsanwalt P das Pflegeheim zu einem entsprechenden Verhalten auf und fügte seinem Schreiben entsprechende Vorgaben des Interdisziplinären Palliativzentrums der Ludwig-Maximilian-Universität München/Großhadern bei. Die Geschäftsführung der Pflegeeinrichtung lehnte die Ernährungseinstellung allerdings im Blick auf das Fehlen einer vormundschaftsgerichtlichen Genehmigung ab. Danach kam es zu einer Belehrung durch die zuständige Vormundschaftsrichterin, die unter Hinweis auf die Entscheidung des 12. Zivilsenats des Bundesgerichtshofs darauf hinwies, eine Kontrollzuständigkeit des Vormundschaftsgerichts sei nur in einer Konfliktsituation zwischen Arzt und Betreuer begründet, die aber hier gerade nicht vorliege. Mitte Dezember 2007 schlug die Heimleiterin zur Lösung des Konflikts einen Kompromiss vor: Danach sollten die Pflegekräfte des Heims ausschließlich die pflegerischen Tätigkeiten bei der Patientin ausführen, während die Angeklagte G und ihr Bruder selbständig die Substitution über die PEG-Sonde beenden, Schmerzpflaster aufkleben und Mundpflege betreiben sollten. So geschah es dann auch. Am Vormittag des 21.12.2007 kam es dann jedoch gegen 10.00 Uhr zu einem Telefongespräch zwischen der Heimleiterin und der Geschäftsleitung der Trägereinrichtung. Darin wurde der Heimleiterin untersagt, in der Pflegeeinrichtung ‚Sterbehilfe' durchzuführen. Hierauf veranlasste die weisungsgebundene Heimleiterin, bei der Patientin die Versorgung mit künstlicher Ernährung wieder aufzunehmen. Gegen 13.00 Uhr erfuhr die Angeklagte G von der neuen Entwicklung. Die Heimleiterin schlug ihr vor, ihre Mutter doch zu sich beziehungsweise zu ihrem Bruder zu nehmen oder sie aber in ein Hospiz zu verlegen. Hiermit erklärte sich die Angeklagte G jedoch nicht einverstanden und bestand darauf, dass man sich seitens des Pflegeheims an die Vereinbarung halte, damit dort ihre Mutter in Würde sterben könne. Etwa zeitgleich informierte die Geschäftsleitung durch ihre Juristin auch die Kanzlei des angeklagten Rechtsanwalts P. Die Ernährung der Patientin werde wegen strafrechtlicher Risiken nun doch weitergeführt. Demgegenüber wies der angeklagte Rechtsanwalt P darauf hin, dass die eigenmächtige Weiterernährung eine Straftat sei und stellte straf- und zivilrechtliche Konsequenzen in Aussicht. Die Geschäftsleitung verlangte indes, dass die Betreuer der Patientin innerhalb der nächsten 10 Minuten ihr Einverständnis mit der Fortsetzung der künstlichen Ernährung erteilen sollten; andernfalls würde ihnen Hausverbot erteilt. Der angeklagte Rechtsanwalt P besprach die Angelegenheit mit einer Kollegin. Dabei wurden die Alternativen – Durchführung eines Zivilverfahrens, Verbringung in die Wohnung der Angeklagten G, Verlegung in ein Hospiz, Verlegung in ein anderes Pflegeheim – als nicht möglich beziehungsweise unzumutbar verworfen. Man sah nur die Möglichkeit, den Schlauch der PEG-Sonde zu durchtrennen, um so eine weitere Ernährung der Patientin unmöglich zu machen. Dies teilte der angeklagte Rechtsanwalt P den Betreuern in einem Telefonat kurz nach 14.00 Uhr mit. P wies die Angeklagte G darauf hin, sie solle den Versorgungsschlauch unmittelbar über der Bauchdecke ihrer Mutter durchtrennen, um so eine weitere, aus seiner Sicht rechtswidrige, Ernährung der Patientin zu unterbinden. Der Bruder der Angeklagten G äußerte daraufhin Bedenken. Der angeklagte Rechtsanwalt P entgegnete daraufhin, dass das Durchtrennen des Versorgungsschlauches strafrechtlich nicht relevant sei, da es durch die Rechtsprechung des Bundesgerichtshofs zur ‚Hilfe zum Sterben' gedeckt sei. Auch sei ein effektiver sofortiger Rechtsschutz gegen das rechtswidrige Handeln der Verantwortlichen der Pflegeeinrichtung anders nicht zu erreichen; die Rechtslage sei gerade auch in strafrechtlicher Hinsicht sicher. Nicht die Beendigung der Sondenernährung sei eine Straftat, sondern die Weiterbehandlung. Keine Klinik würde in Eigenmacht diese Sonde neu setzen, keine würde es bei dieser Sachlage anordnen.

Daraufhin durchtrennte die Angeklagte G, die dem Angeklagten P als sachkundigem Fachanwalt für Medizinrecht vertraute, zwischen 14.20 Uhr und 14.40 Uhr den Versorgungsschlauch der PEG-Sonde mit einer Schere unmittelbar über der Bauchdecke. Ihr Bruder half ihr dabei, indem er den Schlauch festhielt. Gegen 14.40 Uhr betraten zwei Pflegekräfte das Zimmer der Patientin, erkannten die Situation und informierten die Heimleiterin, die wiederum die Kriminalpolizei einschaltete. Diese nahm Rücksprache mit der zuständigen Staatsanwaltschaft, die anordnete, dass die Patientin in ein Krankenhaus zu verbringen sei. Dies geschah, und der Patientin wurde eine neue PEG-Sonde gelegt.

Am 5. Januar 2008 verstarb die Patientin im Klinikum. Laut Sektionsprotokoll ergab die Obduktion der Verstorbenen, die bei einer Körpergröße von 1,59 m zuletzt 40 kg wog, dass eine dekompensierte Herzinsuffizienz als Todesursache angesehen werden müsse. Es handele sich um einen natürlichen Tod aufgrund mehrfacher organischer Vorerkrankungen. Ein Zusammenhang mit der Durchtrennung des Versorgungsschlauchs und dem Tod ließ sich aus rechtsmedizinischer Sicht nicht erkennen. Das Landgericht Fulda hat in der ersten Instanz den Angeklagten P wegen versuchten Totschlags in Mittäterschaft zu 9 Monaten Freiheitsstrafe auf Bewährung verurteilt und die Angeklagte G freigesprochen.

4.2. Kritische Anmerkungen zur Entscheidung[49]

Versucht man eine angemessene Würdigung der Entscheidung des Bundesgerichtshofs, so setzt dies eine analytische Unterscheidung von drei Argumentationsebenen voraus.

(1) Die erste betrifft die strafrechtsdogmatische Fortentwicklung des sogenannten Sterbehilferechts;
(2) die zweite hat die Rekonstruktion des Selbstbestimmungsrechts und die Entscheidungskategorie des mutmaßlichen Willens in den Blick zu nehmen;
(3) schließlich bedarf die rechtstatsächliche Ebene der Ermittlung des Willens in der ersten Instanz einer näheren Erörterung.

Zu begrüßen ist zweifelsohne die zentrale dogmatische Weichenstellung des Bundesgerichtshofs, die Abgrenzung zwischen strafloser sogenannter Sterbehilfe und Totschlagsdelikten – endlich – nicht mehr von der äußeren Form der Behandlung(s)begrenzung abhängig zu machen. Zu Recht gibt der Senat die normative Anknüpfung an die geläufige Dichotomie von Tun und Unterlassen auf.[50] Insofern ist es auch zutreffend, entscheidend auf den Willen des Betroffe-

---

49 Die nachfolgenden Ausführungen sind publiziert in: GesR 4 (2011), 199–202, hier: 200 ff.
50 Siehe zu diesem verfehlten Ansatz etwa S. SAHM, Sterbehilfe in der aktuellen Diskussion – medizinische und medizinisch-ethische Aspekte, in: ZfL 2 (2005), 45–52, hier: 45 ff.; W. HÖFLING, Integritätsschutz und Patientenautonomie am Lebensende, in:

nen abzustellen. Ist nämlich eine Nicht(weiter)behandlung Ausdruck der gebotenen Beachtung eines entsprechenden *validen* Patientenwillens, so endet damit das ärztliche Mandat, nicht aber beendet der Arzt das Leben des Patienten. Die hieraus bezogenen Ausführungen des Bundesgerichtshofs verdienen als überfällige Fortentwicklung der Dogmatik weitgehend Zustimmung.

Die nachfolgenden Überlegungen konzentrieren sich aber auf die Risiken und Nebenwirkungen des Judikats.

a. Die Operationalisierung des Selbstbestimmungsrechts als Schwachpunkt der Entscheidung

Mit der – prinzipiell zustimmungswürdigen – Anerkennung des Selbstbestimmungsrechts eines Patienten/einer Patientin als dem – neben der Indikation[51] – zentralen Entscheidungsmaßstab, ist nun aber die Frage aufgeworfen, wie die Ausübung dieses Selbstbestimmungsrechts rechtstechnisch operationalisiert werden kann, um in der – gegebenenfalls konfliktträchtigen – Entscheidungssituation hierauf das Unterlassen beziehungsweise Abbrechen lebenserhaltender Maßnahmen legitimatorisch zu stützen. Der BGH stellt insoweit im Blick auf die zunächst erfolgte „Beendigung der künstlichen Ernährung durch Unterlassen beziehungsweise Reduzierung der Zufuhr kalorienhaltiger Flüssigkeit" lapidar fest: „Dabei kam es hier nicht auf einen – im Einzelfall möglicherweise schwer feststellbaren […][52] – mutmaßlichen Willen der Betroffenen an, da ihr wirklicher, vor Eintritt ihrer Einwilligungsunfähigkeit ausdrücklich geäußerter Wille zweifelsfrei festgestellt war".[53]

Diese Ausführungen überraschen:

- Zunächst ist festzustellen, dass ein aktueller Wille – angesichts des Krankheitsbildes selbstverständlich – nicht geäußert worden ist und geäußert werden konnte.
- Damit stellt sich die Frage, wie ein solcher – hier fehlender – aktueller geäußerter Wille substituiert werden kann. Das Patientenverfügungsgesetz stellt nun klar, dass eine normative Gleichsetzung von aktuell erklärtem Willen

---

Dtsch Med Wochenschr 14 (2005), 898–900, hier: 898 ff.; eingehend zum Problem auch VERREL (s.o. Anm. 2), 52 (C 53 ff.).
51 V. LIPP, Anmerkung, in: FamRZ 18 (2010), 1555–1556, hier: 1556 meint, die Aussagen des BGH griffen unter anderem deshalb zu kurz, weil der Aspekt der (fehlenden) medizinischen Indikation nicht hinreichend gewürdigt worden sei.
52 Unter Verweis auf BGHSt 40, 257 (260 f.) – Kemptener Fall.
53 BGH, NJW 2010, 2963 (2965, Randnummer 17).

und antizipativer Willensäußerung eine schriftliche Festlegung verlangt, ob jemand in bestimmte, zum Zeitpunkt der Festlegung noch nicht unmittelbar bevorstehende Untersuchungen seines Gesundheitszustandes, Heilbehandlungen oder ärztliche Eingriffe einwilligt oder sie untersagt (siehe § 1901a Abs. 1 Satz 1 BGB). Eine derartige Patientenverfügung lag indes unstreitig nicht vor.
– Somit ist man nachdrücklich mit dem Problem konfrontiert, ob es darüber hinaus noch eine weitere Form des ausdrücklich geäußerten Willens geben kann, dessen Existenz in der Regel allein auf die Aussagen Dritter[54] gestützt wird beziehungsweise werden kann. Das erscheint mir überaus zweifelhaft. Gerade wenn der BGH seine Grundsatzentscheidung auch unter Rückgriff auf das neue Patientenverfügungsgesetz argumentativ entwickelt[55] und hervorhebt, dass diese Neuregelung auch für das Strafrecht Wirkung entfaltet,[56] dann muss man sich schon fragen, wie der BGH von einem „ausdrücklich geäußerte(n) Wille(n)" sprechen kann und warum er nicht auf den mutmaßlichen Willen rekurriert, der nach Maßgabe des § 1901a Abs. 2 BGB durchaus als Entscheidungsmaßstab herangezogen werden kann. Die genannte Norm kennt daneben auch noch die Beachtlichkeit von „Behandlungswünschen". Hierunter sind zunächst alle konkreten, auf die aktuelle Behandlungssituation bezogene Willensäußerungen eines Patienten zu werten, die mangels Schriftform keine unmittelbare Verbindlichkeit als Patientenverfügung beanspruchen können.[57] Derartige konkrete, auf die aktuelle Behandlungssituation bezogene Willensäußerungen der Betroffenen lassen sich indes

---

54   Zu diesem Problem im vorliegenden Kontext noch im Folgenden sub b.
55   BGH, NJW 2010, 2963 (2965, Randnummer 23 ff.): Ein Maßstab für die gesetzliche Neuordnung sei das verfassungsrechtlich garantierte Selbstbestimmungsrecht der Person gewesen. Der Gesetzgeber habe sich dafür entschieden, „daß der tatsächliche oder mutmaßliche, etwa in konkreten Behandlungswünschen zum Ausdruck gekommene Wille eines aktuell einwilligungsunfähigen Patienten unabhängig von Art und Stadium seiner Erkrankung verbindlich sein und den Betreuer sowie den behandelnden Arzt binden soll" (Randnummer 24).
56   BGH, NJW 2010, 2963 (2966, Randnummer 25).
57   Siehe auch BT-Drucks. 16/13314, S. 20. – Als Behandlungswünsche kommen ferner konkrete behandlungsbezogene mündliche oder schriftliche Äußerungen von Minderjährigen bzw. nichteinwilligungsfähigen Personen in Betracht, da auch diese dem rechtlichen Vertreter die zu treffende Entscheidung der Sache nach präzise vorgeben können, aber eben die gesetzlichen Voraussetzungen einer Patientenverfügung (§ 1901a Abs. 1 BGB) nicht erfüllen; siehe R. BECKMANN, Wünsche und Mutmaßungen – Entscheidungen des Patientenvertreters, wenn keine Patientenverfügung vorliegt, in: FPR 6 (2010), 278–281, hier: 279.

auch nicht feststellen. Die von der Tochter wiedergegebenen Äußerungen sind vielmehr eher allgemeiner und vager Natur.[58]

Es bleiben – als denkbare weitere Variante – Behandlungswünsche, die keine konkrete Festlegung für aktuelle Entscheidungssituationen betreffen. Diese aber können sinnvollerweise nur als Anhaltspunkte für die Ermittlung des mutmaßlichen Willens dienen.[59]

b. Zentraler Kritikpunkt: Unterkomplexe Wahrnehmung der rechtstatsächlichen Problemebene

Ist bereits die normative Rekonstruktion des Selbstbestimmungsrechts fragwürdig, so ist die rechtstatsächliche „Unterfütterung" der Annahme eines validen Patientenwillens deutlich defizitär.

Dies gilt bereits (und vor allem) für die Ausführungen der Tatsacheninstanz, nämlich des Landgerichts Fulda: Das Landgericht ist von einer „mündlichen Patientenverfügung" ausgegangen und hat dazu ausgeführt:

> „Zunächst ergeben sich keine Bedenken daraus, daß die Einwilligung (sc. in einen Behandlungsabbruch) im September 2002 nicht schriftlich, sondern nur mündlich erfolgte. Zwar erweist sich eine verläßliche Dokumentation, beispielsweise in Schriftform, als nützlich; für die Wirksamkeit einer Patientenverfügung ist sie nach geltender Rechtslage jedoch nicht zwingende Voraussetzung. [...] Darüber hinaus basiert die mündliche Patientenverfügung der Frau K auf einer tragfähigen Grundlage. Es bestehen keinerlei Zweifel an der Ernsthaftigkeit der Aussage der Frau K im September 2002. Diese stand im unmittelbaren Kontext zu einer schweren Erkrankung ihres Ehemannes. Es kann davon ausgegangen werden, daß sie sich zu dieser Zeit mit der Situation ihres Mannes intensiv auseinandergesetzt hat und bei ihrer Äußerung [...] dessen Lage vor Augen hatte, die der ihren im Jahre 2007 ähnelte. Die Äußerung kann damit nicht als bloßer Ausdruck einer momentanen Stimmungslage angesehen werden. Der Sachverhalt war hier gerade anders gelagert als in der dem Urteil des Bundesgerichtshofs in seiner ‚Kemptener Entscheidung' (BGH, NJW 1995, 204 ff.) zugrundeliegenden Konstellation, in der die später nicht mehr ansprechbare Patientin lediglich eine Spontanäußerung anläßlich einer Fernsehdokumentation mehrere Jahre vor der dramatischen Verschlechterung ihres Gesundheitszustandes getätigt hatte. Diese tragfähige mündliche Patientenverfügung der K steht im Übrigen auch im Einklang mit allgemeinen Kriterien, die zur Ermittlung eines individuellen hypothetischen Willens herangezogen werden: So war Frau K im Dezember 2007 bei einer Körpergröße von 1,59 m bis auf 40 kg abgemagert und hatte eine Armamputation hinnehmen müssen. Darüber hinaus war die Wiederherstellung allgemeiner Vorstellung nach menschen-

---

58 Siehe auch H. ROSENAU, Die Neuausrichtung der passiven Sterbehilfe: der Fall Putz im Urteil, in: K. BERNSMANN/T. FISCHER, Festschrift für R. Rissing-van Saan, Berlin/New York 2011, 547–565, hier: 552: „äußerst karg"; im Einzelnen hält ROSENAU aber die Position des BGH für richtig.

59 Siehe auch BECKMANN (s.o. Anm. 57), 279; siehe ferner VERREL (s.o. Anm. 2).

würdiger Lebensumstände aufgrund des zum damaligen Zeitpunkt im Dezember 2007 mehr als fünf Jahre bestehenden Wachkomas und ihres inzwischen leicht fortgeschrittenen Alters von 76 Jahren nicht mehr zu erwarten, auch wenn dies nicht zwingend heißt, daß die Ernährung allein aus diesem Grunde sofort einzustellen war".[60]

Diese Überlegungen werfen eine Reihe von Fragen auf: Zwar ist die Schriftlichkeit der Erklärung erst durch das Patientenverfügungsgesetz zu einer Wirksamkeitsvoraussetzung erhoben worden, sodass das Gericht grundsätzlich auch eine mündliche Erklärung als verbindlich akzeptieren konnte. Im konkreten Fall aber war die betroffene Patientin von ihrer Tochter aufgefordert worden, ihre Äußerungen vom September 2002 schriftlich niederzulegen. Genau dies hat die Patientin indes nicht getan. Dieser Umstand kann durchaus Anlass sein, kritisch zu fragen, ob die Patientin ihren Äußerungen wirklich einen verbindlichen Charakter beimessen wollte.[61]

Auch die Erwägungen des Gerichts, die von der Tochter wiedergegebenen Erklärungen seien tragfähig und Ausdruck ernsthafter Reflexion, erscheinen doch zweifelhaft. Eine Äußerung, man wolle nicht an „Schläuche" angeschlossen werden, wolle nicht auf fremde Hilfe angewiesen sein oder in ein Pflegeheim kommen, wolle im Falle einer Bewusstlosigkeit keine lebensverlängernden Maßnahmen – solche Äußerungen finden sich in unzähligen sogenannten Patientenverfügungen von Personen, die – wie nicht zuletzt die Beratungspraxis immer wieder zeigt – kaum konkrete Vorstellungen vom Erklärungswert ihrer Aussagen haben. Nach geltendem Recht wären solche Äußerungen sicherlich nicht als konkrete Behandlungswünsche im Sinne des § 1901a Abs. 2 BGB zu qualifizieren.[62] Damit blieb nur die Möglichkeit, den mutmaßlichen Willen der Patientin zu eruieren. Hier aber führt das Landgericht Fulda drastisch vor Augen, welches Missbrauchspotential die Kategorie des mutmaßlichen Willens birgt.[63] Alle Überlegungen zu allgemeinen Vorstellungen von menschenwürdigen Lebensumständen sind hier von Verfassungs wegen fehl am Platze. Sie sind geradezu das Gegenteil dessen, was die Ermittlung des konkret-individuellen mutmaßlichen Willens als – wenn auch fragiler – Ausdruck des Selbstbestimmungsrechts verlangt.

Vor diesem Hintergrund bedarf es ganz präziser und intensiver Anstrengungen des Gerichts zur Ermittlung und Aufklärung des Lebenssachverhaltes. Hiervon aber ist in den Ausführungen des Landgerichts Fulda nichts zu finden. Es ist zwar durchaus nachvollziehbar, dass Angehörige nach einer längeren

---

60 Siehe LG Fulda, ZfL 2009, 97 (103 f.).
61 Siehe auch R. BECKMANN, Anmerkung zum Urteil des LG Fulda, in: ZfL 3 (2009), 108–110, hier: 109.
62 Siehe dazu bereits vorstehend.
63 Dazu näher mit empirischen Daten aus der vormundschaftsgerichtlichen Praxis: HÖFLING/SCHÄFER (s.o. Anm. 38).

Phase schwerer Belastung angesichts einer bedrückenden Krankheitssituation zu der Auffassung gelangen, dass die weitere lebenserhaltende Therapie „sinnlos" sei. Doch entbindet diese Einsicht das erkennende Gericht keineswegs davon, im Interesse des verfassungsrechtlich gebotenen Integritätsschutzes zu fragen, warum eine – vorgeblich eindeutige – Willenserklärung der betroffenen Patientin erst mit dreijähriger Verspätung zur Geltung gebracht worden ist.

Vor dem Hintergrund dieser Bedenken ist es dann auch im Blick auf die revisionsrechtliche Kontrollperspektive des Bundesgerichtshofs nicht akzeptabel, dass sich der Bundesgerichtshof mit der apodiktischen Feststellung begnügt, auf die Ermittlung eines möglicherweise schwer feststellbaren mutmaßlichen Willens sei es nicht angekommen, „da ihr wirklicher, vor Eintritt ihrer Einwilligungsunfähigkeit ausdrücklich geäußerter Wille zweifelsfrei festgestellt war".[64]

5. Schlussbemerkungen

Die weitgehend als Grundsatzurteil verstandene Entscheidung des Bundesgerichtshofs[65] ist deshalb keineswegs ein erfreuliches Stück Rechtsgeschichte oder gar ein Meilenstein hin zu einem den verfassungsrechtlichen Vorgaben genügenden „Sterbehilferecht". Mehr noch: Erneut zeigt sich, dass der Bundesgerichtshof in Strafsachen nicht gerade eine glückliche Hand bei der Auswahl derjenigen Sachverhalte hat, an denen er richterrechtliche Rechtsfortbildung demonstrieren will.[66] Dass ein Rechtsanwalt mit – dies muss man auch angesichts der tragischen Lebensumstände der Betroffenen so sagen – „Wildwest-Methoden"[67] ein Grundsatzurteil provozieren kann, stimmt doch nachdenklich. Wenn in Zukunft Betreuer und andere Hilfspersonen – und vielleicht demnächst auch andere Dritte? – allein unter Berufung auf einen von ihnen selbst überbrachten Wunsch des betroffenen Patienten handgreiflich lebenserhaltende Therapien abbrechen können, dann müssen sich Krankenhäuser und Pflegeeinrichtungen auf überaus konfliktreiche und im Grunde unzumutbare Konstellationen einstellen.[68]

Deshalb bedarf es auch in Zukunft – und zwar verstärkt – der kritischen Begleitung der Judikatur durch die Wissenschaft.

---

64 BGH, NJW 2010, 2963 (2965, Randnummer 17).
65 Siehe aber auch den Titel des Aufsatzes von T. VERREL, Ein Grundsatzurteil? – Jedenfalls bitter nötig!, in: NStZ 12 (2010), 671–676, hier: 671 ff.
66 Besonders problematisches Beispiel: die sogenannte Dolantin-Entscheidung (BGHSt 42, 301 ff.) zur sogenannten indirekten Sterbehilfe. Dazu oben Anmerkung 17.
67 O. TOLMEIN, Selbstjustiz am Krankenbett, in: FAZ v. 18.8.2010, 31.
68 Siehe auch zu Recht die Warnungen vor den kriminalpolitischen Folgerungen des Urteils bei M. KUBICIEL, Entscheidungsbesprechung. Zur Strafbarkeit des Abbruchs künstlicher Ernährung, in: ZJS 5 (2010), 656–661, hier: 660 f.

IV. Teil

Theologisch-spirituelle Reflexionen

Zum alttestamentlich-jüdischen Verständnis von Sterben und Tod

Walter Groß

Warum muss der Mensch überhaupt sterben? Widerspricht vor allem der unzeitige Tod nicht der Gerechtigkeit Gottes? Wie ist das generelle Todesschicksal mit einem gütigen Schöpfergott vereinbar? Wie kann der Mensch angesichts des sicheren Todes dennoch glücklich sein? Solche Fragen trieben Theologen Israels seit früher Zeit um, nicht dagegen Fragen derart: Wie läuft der Sterbeprozess ab? Es gehört zum Allgemeinwissen, dass erst spät, gegen Ausgang der alttestamentlichen Zeit, die Hoffnung auf ein Leben nach Tod und Begräbnis am Ende dieser Weltzeit, verbunden mit einem Gericht Gottes über die Menschheit, aufkam, während zuvor und auch noch gleichzeitig im Alten Testament Stimmen, die die Sterblichkeit des Menschen als unumstößlich und endgültig schlicht hinnehmen, neben anderen Stimmen laut werden, die gegen das den Einzelnen zur Unzeit treffende Todesgeschick aufbegehren.[1]

Im älteren Schöpfungsbericht mit anschließender Sündenfallerzählung spricht Gott bereits in seiner ersten Rede zu Adam im Paradies vom Tod:

> „JHWH Gott nahm also den Menschen und setzte ihn in den Garten von Eden, damit er ihn bebaue und hüte. Dann gebot Gott, der Herr, dem Menschen: Von allen Bäumen des Gartens darfst du essen, doch vom Baum der Erkenntnis von Gut und Böse darfst du nicht essen; denn sobald du davon isst, wirst du sterben" (Gen 2,15–17).

Entsprechend verhängt er als Strafe für die Ursünde über Adam:

> „Im Schweiße deines Angesichts sollst du dein Brot essen, bis du zurückkehrst zum Ackerboden; von ihm bist du ja genommen. Denn Staub bist du, und zum Staub musst du zurückkehren" (Gen 3,19).

---

[1] In ganz seltenen Fällen berichtet man von der Entrückung einzelner in die Welt JHWHs, und zwar als Abschluss ihres irdischen Lebens, aber vor ihrem Tod; vgl. Gen 5,24; Sir 49,14: jeweils Henoch; 2Kön 2,3.5.9.10.11; Sir 48,9: jeweils Elija, beziehungsweise äußern einzelne Beter die Hoffnung darauf: Ps 49,16; 73,24.

Der Tod erscheint hier somit als etwas, das zwar alle Menschen, vom ersten Menschenpaar an, trifft, letztlich in der Konstitution des Menschen – er ist aus Ackererde (Gen 2,7) beziehungsweise aus Staub (Gen 3,19) gebildet – begründet ist, dennoch aber eigentlich nicht sein sollte und wegen des Ungehorsams des Menschen gegen Gott verhängt wurde. Diese Spannung bleibt unaufgelöst.

Von solchen Voraussetzungen her konnte es in spätalttestamentlicher, hellenistischer Zeit Theologen in einem hochkomplexen Prozess gelingen, sich nicht nur gegen den Tod aufzulehnen, sondern von der siegreichen Gerechtigkeit Gottes und der Macht des Schöpfers zur Neuschöpfung her einen Ansatz zur Hoffnung auf individuelles Leben nach dem Tod zu finden.[2] Sie haben dieses Wiedererstehen zu einem neuartigen Leben nach dem Tod aber nur sehr zurückhaltend umschrieben.

Dagegen steht, ebenfalls noch in sehr später alttestamentlicher Zeit, beim Weisheitslehrer Kohelet, dem Lehrer der Endlichkeit, die skeptische Frage:

> „Wer weiß denn, ob der (Lebens)Geist (רוח, ruach) des Menschen nach oben steigt und der (Lebens)Geist der Tiere in die Erde hinabsinkt?" (Koh 3,21)[3]

und die Maxime: „Ein lebender Hund hat es besser als ein toter Löwe" (Koh 9,4),[4] zumal auch das Aufsteigen des Lebensgeistes zu Gott das endgültige Ende des ganzen Menschen voraussetzt, denn der Mensch löst sich unwiderruflich auf, wenn „der Staub zurückkehrt zur Erde, wie er gewesen ist, und der (Lebens)Geist (רוח, ruach) zurückkehrt zu dem Gott, der ihn gegeben hat" (Koh 12,7).[5] Noch gegen 190 v.Chr. sekundiert ihm der Weisheitslehrer Jesus Sirach:

---

2   Vgl. Jes 26,19; Dan 12,1–4; 2Makk 7; Weish 2–5. Vgl. zum Beispiel B. LANG, Art. „Leben nach dem Tod", in: NBL II, Zürich 599–601; K. LIESS, Der Weg des Lebens. Psalm 16 und das Lebens- und Todesverständnis der Individualpsalmen (FAT II/5), Tübingen 2004, 293–322, K. BIEBERSTEIN, Jenseits der Todesschwelle. Die Entstehung der Auferweckungshoffnungen in der alttestamentlich-frühjüdischen Literatur, in: A. BERLEJUNG/B. JANOWSKI (Hg.), Tod und Jenseits im alten Israel und in seiner Umwelt. Theologische, religionsgeschichtliche, archäologische und ikonographische Aspekte (FAT 64), Tübingen 2009, 423–446.
3   Vgl. dazu R. LUX, Tod und Gerechtigkeit im Buch Kohelet, in: BERLEJUNG/JANOWSKI (s.o. Anm. 2), 43–65, hier: 54–57.
4   Vgl. auch Sir 38,20 f.
5   Vgl. dazu LUX, Tod (s.o. Anm. 3), 62: „Wie und welche Gestalt die רוח aber annimmt, wenn sie zu Gott zurückkehrt, ob sie eine individuelle Prägung behält oder in einem transindividuellen Leben aufgeht, darüber zu spekulieren, das verbietet sich der Skeptiker Kohelet. Denn kein Mensch kann wissen, was künftig sein wird." Bereits diese Alternative überfordert wahrscheinlich den Text.

„Der Herr hat aus Erde den Menschen erschaffen und ließ ihn wieder zu ihr zurückkehren" (Sir 17,1). „Alles, was von der Erde ist, kehrt zur Erde zurück, und was von der Höhe stammt, zur Höhe" (Sir 40,11).[6]

So wäre es unrealistisch, vom Alten Testament eine auch nur einigermaßen konsistente theologische Stellungnahme zu Sterben und Tod zu erwarten. Was den Sterbevorgang selbst betrifft, gilt auch für Israel die religionsgeschichtliche Feststellung: *„Religiöse* (und folkloristische) Traditionen wissen wohl um die biologischen Aspekte des Todes mit all seinen Verfallserscheinungen. Dennoch spielen sie in der Bestimmung dessen, was *„Tod"* und *„Leben"* sei, eine vergleichsweise geringe Rolle."[7] Wer nach Beschreibungen des Sterbevorgangs sucht, hat auch zu bedenken, dass medizinische Kenntnisse in Israel – auch aus theologischen Gründen – äußerst rudimentär waren.[8]

Hinzu kommt, dass man zwar in Israel archaische Todesbilder und Vorstellungen von der Existenz der Toten, die nicht mehr leben, aber auch nicht völlig annihiliert sind, die aus diesem Bereich des Lebens in einen anderen kosmologischen Bereich übergewechselt sind, dessen Existenzweise jedoch nie „Leben" genannt wird, zwar mit den zeitgleichen semitischen Kulturen teilt und daher eine viele Schrecken bergende Unterwelt (*Scheol*) kennt, in die unterschiedslos alle Toten zu stark verminderter, kraftloser, schattenhafter Existenz hinabsteigen, die daher noch kein Strafort, keine Hölle, ist, in der es aber erst recht keine Insel der Seligen gibt. Aber infolge der sich entwickelnden Monolatrie, später des Monotheismus und der umfassenden alleinigen Beanspruchung durch JHWH, die mit dem Verbot des Totenkultes[9] einhergingen,

---

6 O. KAISER, Das Verständnis des Todes bei Ben Sira, in: DERS., Zwischen Athen und Jerusalem (BZAW 320), Berlin 2003, 275–392, 286 f. weist darauf hin, dass dieser Spruch zwar an Koh 2,7 anklingt, jedoch einen „griechischen Allgemeinplatz" wiedergibt.

7 H.-P. HASENFRATZ, Art. „Tod", in: TRE, 579.

8 Man war in der Versuchung, Vertrauen auf JHWH und eventuell Heilung durch seine Propheten einerseits und Hilfesuche beim Arzt andererseits gegeneinander auszuspielen (vgl. 2Chr 16,12: König Asa von Jerusalem „erkrankte an seinen Füßen [...], aber auch in seiner Krankheit suchte er nicht JHWH, sondern die Ärzte."), zumal im alten Orient die Heilbehandlung weitgehend in den Händen von spezialisierten Priestern lag oder doch von diesen überwacht wurde und die Behandlung von Krankheiten mit unbekannten Ursachen (d.h. von allen inneren, psychischen und Geisteskrankheiten) verbunden war mit Dämonenbeschwörungen und Beschwörungen von Hexen und Hexern, während derartiges in Israel verboten war und unter JHWHs Todesstrafe stand. Erst der Weisheitslehrer Jesus Sirach rät dem Kranken, neben Gebet die Hilfe des Arztes in Anspruch zu nehmen, zumal dieser sein Berufswissen von Gott habe: Sir 38,1–15.

9 Zu den vielfältigen Weisen, wie in Israel theologischer Abwehr zum Trotz Solidarität mit den Toten in Bestattung, Totengedenken, Gaben an die Toten, Totenmählern und Totenkult geübt wurde, vgl. D. KÜHN, Totengedenken bei den Nabatäern und im Alten Testament. Eine religionsgeschichtliche und exegetische Studie (AOAT 311), Münster 2005, 287–397.

gibt es im Gegensatz zur polytheistischen Umwelt in der offiziellen JHWH-Religion keinen Todesgott, keinen Herrscher der Unterwelt; dort herrscht freilich zunächst auch nicht JHWH, er hat als Gott des Lebens ursprünglich keinen Bezug zur Unterwelt; der Bereich des Todes und der Unterwelt und die Leiche des Menschen sind kontaminiert von höchst möglicher kultischer Unreinheit, erst langsam entsteht in Israel die Vorstellung, dass JHWHs Macht sich auch auf die Unterwelt erstreckt.

Wie vor allem C. Barth[10] gezeigt hat, gibt es im Alten Testament neben der räumlichen auch eine dynamische Konzeption von der Unterwelt. Die Unterwelt greift über ihren Bereich hinaus, der Mensch erlebt Tod mitten im Leben, die Grenze zwischen Leben und Tod ist im Fall von schwerer Krankheit, Not und Verfolgung gleichsam weit in das Leben hinein verschoben. Der von Jugend an schwerkranke Beter von Psalm 88 sagt zum Beispiel von sich: „Mein Leben hat die Unterwelt berührt [...] Du hast mich in die tiefste Grube versetzt, an finstere Orte, in Wassertiefen" (Ps 88,4.6–7). Entsprechend dankt der Errettete: „JHWH, du hast meine Lebenskraft (נפש, näfäsch) aus der Unterwelt heraufgeführt" (Ps 30,4); von Gott kann man, bezogen jeweils auf ein und denselben Menschen, sagen, ohne an ein Leben nach dem Tod im heutigen Verständnis auch nur zu denken: „JHWH tötet und macht lebendig; er führt zum Totenreich hinab und führt dann immer wieder aus ihm herauf" (1Sam 2,6).[11] Es liegt hier nicht reine Metaphorik vor, sondern im Sinne der Sprecher reale Unterweltserfahrung schon in diesem Leben, andererseits aber unterschieden auch die Israeliten selbstverständlich trotz aller terminologischen Überschneidungen diese vorläufige, korrigierbare Unterweltserfahrung vom irreversiblen Tod; auch nannten sie die endgültige schattenhafte Existenzweise in der Unterwelt nie „Leben". Für diesen textlichen Befund hat G. Eberhardt eine sehr hilfreiche Terminologie vorgeschlagen: Sie unterscheidet zwischen der durch Gott korrigierbaren Situation in der „Unterwelt der Lebenden" und dem endgültigen Schicksal der Toten in der „Unterwelt der Toten".[12]

Obwohl im Folgenden vom irreversiblen Sterben beziehungsweise Tod des Einzelnen die Rede sein soll, und zwar auf derjenigen alttestamentlichen Entwicklungsstufe beziehungsweise in derjenigen Ausdrucksweise, in der noch

---

10 C. Barth, Die Errettung vom Tode in den individuellen Klage- und Dankliedern des Alten Testamentes, Zollikon 1947, Zürich ²1987, 89–91.

11 Beziehungsweise „und hat auch immer wieder heraufgeführt". Zur Übersetzung vgl. W. Gross, Verbform und Funktion. *wayyiqtol* für die Gegenwart? Ein Beitrag zur Syntax poetischer althebräischer Texte (ATSAT 1), St. Ottilien 1976, 111–112.

12 G. Eberhardt, JHWH und die Unterwelt. Spuren einer Kompetenzausweitung JHWHs im Alten Testament (FAT II,23), Tübingen 2007, 222 ff. Diese Unterscheidung trifft den Sinn der Texte, lexikalisch und in der Bildtopik aber werden die beiden „Unterwelten" nicht unterschieden.

keine Hoffnung auf ein Leben nach dem Tod, auf die Überwindung auch dieser endgültigen Lebensgrenze mitschwingt, können wir daher aus den viel zahlreicheren biblischen Schilderungen der „Unterwelt der Lebenden" Hinweise darüber gewinnen, wie man sich in Israel das Sterben, den Eintritt in die „Unterwelt der Toten" und die dortige Existenz der Toten vorgestellt hat.

Insgesamt wird im AT zwar viel über das Todesschicksal nachgedacht und geklagt, aber selten vom Sterben und seinen Umständen gesprochen; insbesondere wird zwar das Töten von Menschen in unterschiedlichsten Kontexten auch theologisch, ethisch und juristisch beurteilt, nicht aber das Sterben beziehungsweise das Verhalten der Menschen im Sterbeprozess selbst und auch weder die Selbsttötung noch das Töten auf Verlangen.[13] Auf die Selbsttötung werde ich kurz eingehen. Anschließend stelle ich verschiedene Konzeptionen, formelhafte Redewendungen und Sprachbilder vor, in denen man sich den Vorgang des Sterbens vergegenwärtigte.[14]

1. Selbsttötung und Tötung auf Verlangen[15]

Israel hat grundsätzlich eine lebensbejahende Einstellung. Dass ein Mensch aus Lebensüberdruss sich selbst töten und so sich willkürlich und schuldhaft der Herrschaft und der Verehrung JHWHs entziehen könnte – das *taedium vitae*

---

13 Ein Sonderproblem bilden Menschenopfer. Diese werden im Gegensatz zu Tieropfern zwar, vor allem in deuteronomistischem Schrifttum, grundsätzlich und schärfstens als Greuel der Kanaanäer verurteilt (vgl. Lev 18,21; Dtn 12,31; 18,10; 2Kön 17,31; Jes 57,5; Jer 7,31; 19,5; Ez 16,21; 23,37; 2Chr 28,3). Aber vgl. Gen 22, die Erzählung von der durch JHWH selbst dem Abraham zur Prüfung befohlenen und im letzten Moment durch den Boten JHWHs verhinderten und durch ein Tieropfer ersetzten Brandopferung seines einzigen Sohnes (aus Sara) Isaak; Ri 11,30–40, die Erzählung der Opferschlachtung der einzigen Tochter für JHWH durch den israelitischen Heerführer Jiftach infolge eines Gelübdes vor der Schlacht, und 2Kön 3,27, die Notiz von der höchste Kriegsnot wendenden Brandopferung des Kronprinzen durch seinen Vater, den König Moabs, angesichts der belagernden Israeliten. Die Sekundärliteratur ist unübersehbar; vgl. zum Beispiel A. MICHEL, Gott und Gewalt gegen Kinder im Alten Testament (FAT 37), Tübingen 2003.
14 Was vom Tod gesagt wird, gilt auch vom Akt des Sterbens: „Der Mensch versucht anhand der Bilder vom Tod, das Nicht-Wissen, worüber er aber eine Ahnung oder Vorstellung hat, bildlich auszudrücken und darzustellen, weil Bilder den Vorteil vor Begriffen haben, ein ‚Mehr' ausdrücken zu können" (S. U. GULDE, Der Tod als Herrscher in Ugarit und Israel [FAT II,22], Tübingen 2007, 7).
15 Vgl. J. DIETRICH, Der Tod von eigener Hand im Alten Testament und Alten Orient. Eskapistische Selbsttötungen in militärisch aussichtsloser Lage, in: A. BERLEJUNG/ R. HECKL (Hg.), Mensch und König. Studien zur Anthropologie des Alten Testaments (FS R. LUX), (Herders Biblische Studien 53), Freiburg u.a. 2008, 63–83.

beziehungsweise die *acedia* der mittelalterlichen Tradition –, wird daher überhaupt nicht bedacht, auch durch das Tötungsverbot des Dekalogs nicht erfasst; es gibt auch keinen alttestamentlichen *terminus technicus* für Selbsttötung. Im Alten Testament wird jedoch gelegentlich von Selbsttötung oder vom Befehl eines Vorgesetzten an einen Untergebenen, ihn zu töten, erzählt, aber zumeist ohne Heroisierung und stets ohne moralische Verurteilung und erst recht ohne Sanktionen, etwa in Gestalt der Verweigerung eines ehrenhaften Begräbnisses, wie seit der Verurteilung der Selbsttötung durch Augustinus lange in der Christenheit üblich, denn Selbsttötung und Aufforderung zum Töten geschehen stets in einer extremen Notlage, angesichts derer der Betroffene seine Würde beziehungsweise seine Ehre zu wahren sucht, oder infolge eines Verhängnisses, das der Betroffene sich durch eigene Vergehen zugezogen hat und für das er nicht über den Tod hinaus bestraft wird. Der verfrühte Tod ist ja ohnehin die schärfste und letzte Strafe JHWHs. JHWH hat danach diesem Individuum gegenüber keine Sanktionsmöglichkeiten, und so verzichtet auch die Gesellschaft auf dergleichen.

Aussichtslose Lage im Kriegs- und Kampfkontext:
Der bei einer Belagerung von einer Frau durch einen Mühlstein bereits zu Tode verwundete König Abimelech bittet seinen Schwertträger, ihn mit dem Schwert zu töten, damit es nicht zu seiner Schande heißen kann, eine Frau habe ihn getötet. So straft ihn Gott für seinen siebzigfachen Brudermord (Ri 9,52–56). Der in der Schlacht schwer verwundete König Saul stürzt sich, nachdem sein Knappe sich geweigert hat, ihn mit dem Schwert zu durchbohren, in sein Schwert, damit die Philister nicht ihren Mutwillen mit ihm treiben können; sein Waffenträger folgt ihm in den Tod (1Sam 31,3–5//1Chr 10,3–5); so straft Gott Sauls Fehlverhalten im Krieg gegen die Amalekiter (1Sam 28,18–19), aber die Einwohner von Jabesch-Gilead bereiten ihm ein ehrenvolles Begräbnis (1Sam 31,11–13). Der Richter Israels Simson nimmt seinen Tod in Kauf, um mehr als 3.000 Philister zu töten, indem er die das Haus tragenden zwei Mittelsäulen zerstört, so dass das Haus über ihm und ihnen zusammenstürzt. Er betet zuvor zu Gott, und anschließend wird lediglich die hohe Zahl seiner getöteten Feinde gerühmt; freilich war er zuvor bereits als geblendeter Arbeitssklave öffentlich verspottet worden (Ri 16,25–30). Der Königsmörder und Sieben-Tage-König Israels Simri entzieht sich der Rache der ihn belagernden Feinde, indem er seinen Palast anzündet und in den Flammen umkommt; dieser Tod war Strafe Gottes (1Kön 16,17–19).

Selbsttötung, um der Schande zu entgehen:
Der hochangesehene lebenskluge Ahitofel ergreift die Partei des aufrührerischen Davidssohnes Abschalom; er rät ihm, wie er sich taktisch verhalten soll. Abschalom zögert jedoch, wie Gott über ihn verhängt hatte. Ahitofel erkennt da-

raus, dass David siegen wird, und erhängt sich, um der vorhergesehenen Rache Davids zu entgehen (2Sam 16,20–23; 17,1–14.23). Sara, die einzige Tochter Raguëls in Ekbatana, ist verzweifelt und wird verhöhnt, weil der Dämon Aschmodai siebenmal hintereinander ihren jeweiligen Bräutigam in der Hochzeitsnacht getötet hatte. Sie sieht nur von ihrem Plan, sich zu erhängen, ab, weil sie ihrem Vater nicht Schande und Kummer bereiten will, bittet aber Gott um ihren Tod (Tob 3,7–13). Der gesetzestreue Älteste Jerusalems, Rasi, soll im Verlauf der durch den seleukidischen König Antiochus IV. angezettelten Religionsverfolgung verhaftet werden. Um sich einer schimpflichen Behandlung zu entziehen, versucht er, sich angesichts der anrückenden Soldaten und einer großen Menge Jerusalemer zu töten; es gelingt ihm erst beim dritten Mal; er stirbt mit einem Gebet auf den Lippen; der Autor wertet das als ehrenvollen Tod (2Makk 14,41–46).

Selbstopfer:
Der Prophet Jona, wegen dessen Flucht vor JHWH sein Schiff in Seenot gerät, fordert die Seeleute auf, ihn ins Meer zu werfen, um den Seesturm zu beruhigen; die Seeleute tun es, nachdem sie zu JHWH gerufen haben, ihnen dies nicht anzurechnen, und sie bringen nach der Stillung des Sturms JHWH Opfer und Gelübde dar, Jona aber wird durch den großen Fisch gerettet (Jona 1,11–16).

2. Konzeptionen, Redewendungen und Sprachbilder vom Sterben und vom Tod

2.1 Was geschieht mit dem Menschen im Sterben und unmittelbar danach?

Wie sich der Tote in der Unterwelt, der die Identität mit dem zuvor auf der Erde lebenden Individuum behält, zu diesem verhält, bleibt undeutlich; in der Forschung wird gelegentlich undeutlich von einem „Doppelgänger"[16], meist aber von „Schatten" oder „Totengeistern" gesprochen. Der Mensch löst sich jedenfalls im Tod in seine Bestandteile auf und findet insofern sein endgültiges Ende. Auch der Lebensgeist *ruach* oder die individuelle Lebenskraft *näfäsch* stellen nach der Trennung vom Leib keinen Kristallisationspunkt der Identität des Verstorbenen dar.[17] Der Leib verwest[18] und zerfällt in Staub, nachdem sich das

---

16 Vgl. KAISER, Tod (s.u. Anm. 22).
17 KAISER, Verständnis (s.o. Anm. 6), 287: „So wie Himmel und Erde und alles was sie füllt aus dem Gestaltlosen entstanden ist, steht am Ende des Menschenlebens sein Zerfall ins Gestaltlos-Nichtige. Dann lebt er allenfalls in seinem Namen fort."
18 Vgl. Sir 10,11: „Beim Sterben wird der Mensch nämlich Kriechtiere, wilde Tiere und Gewürm erben"; 7,17; Jes 14,11; 1Makk 2,62.

individuelle Lebensprinzip von ihm gelöst hat. Wir haben bereits die Texte aus Kohelet gehört, denen zufolge der *(Lebens)Geist* (רוח, ruach) den Körper verlässt und (eventuell?) nach oben zu Gott zurückkehrt. Einen solchen Lebensgeist ungewissen Schicksals hat nach Kohelet auch das Tier. Vergleiche Psalm 104,29, der ebenfalls vom *(Lebens-)Geist* (רוח, ruach) von Mensch und Tier spricht und deren Tod als Tat Gottes so schildert: „Verbirgst du dein Gesicht, so erschrecken sie; nimmst du ihnen den (Lebens-)Geist (רוח, ruach) weg, so schwinden sie hin und kehren zu ihrem Staub zurück." „Der Lebensodem der Geschöpfe kommt von außen, das heißt von Gott, und wird als Geschenk zu ihrem ‚Geist/Atem'. Beim Tod wird er von JHWH wieder eingesammelt beziehungsweise eingezogen."[19]

Wo statt vom Lebensgeist *ruach* vom individuellen Lebensprinzip *näfäsch* – ein schwer zu übersetzendes, oft durch „Seele" wiedergegebenes Wort – gesprochen wird, finden wir u.a. folgende Aussagen: „Und als ihre (Rahels) *näfäsch* herausging – sie mußte nämlich sterben" (Gen 35,18).[20] So rät auch Jesus Sirach bezüglich der Trauer über einen Sterbefall: „Und tröste dich über das Herausgehen seiner *näfäsch*" (Sir 38,23).[21] Entsprechend wird die Erweckung des verstorbenen Knaben durch den Propheten Elija so beschrieben: Elija

> „streckte sich dreimal über den Knaben hin und rief zu JHWH und sagte: JHWH, mein Gott, es kehre doch die *näfäsch* dieses Knaben in ihn zurück! Und JHWH hörte auf die Stimme Elijas, und die *näfäsch* kehrte in ihn zurück, und er wurde wieder lebendig" (1Kön 17,21–22).

In der Parallelerzählung von Elischa heißt es stattdessen anschaulicher:

> „Da wurde der Leib des Knaben wieder warm, [...] Da nieste der Knabe siebenmal, und der Knabe schlug seine Augen auf" (2Kön 4,34–35).

Aber wo geht die *näfäsch* im Tod des Menschen hin beziehungsweise was geschieht mit ihr, nachdem sie aus dem Körper herausgegangen ist? Zwar wird häufig angenommen, die *näfäsch* des Menschen steige nach dessen Tod hinab in die Unterwelt. Doch ist aus dem AT keine sichere Auskunft zu erhalten.[22] Die

---

19 Vgl. F.-L. HOSSFELD, in: DERS./E. ZENGER (Hg.), Psalmen 101–150. Übersetzt und ausgelegt (HThK AT), Freiburg i.Br. 2008, 84 f. Vgl. auch Ijob 34,14 f.; Ps 146,4.

20 Vgl. dazu: LIESS (s.o. Anm. 2), 217: „Ist beim Sterben vom ‚Hinausgehen' der נפש [näfäsch; W. G.] die Rede, so bezieht sich diese Aussage nicht auf eine unvergängliche Seele, sondern auf die Lebenskraft des Menschen."

21 Der verwundete Saul bittet hingegen nach 2Sam 1,9 angesichts der andringenden Feinde den Amalekiter um den Todesstoß: „denn Schwäche/Schwindel (?) hat mich ergriffen, und doch ist noch meine ganze näfäsch in mir".

22 O. KAISER in: DERS./E. LOHSE (Hg.), Tod und Leben (Kohlhammer Taschenbücher 1001), Stuttgart 1977, 29–33; Kaiser nimmt an, die „Totenseele" sei *identisch* mit der schatten-

Kombination jedenfalls: „Im Augenblick des Todes verlässt die נפש, die Seele, den Leib des Menschen (Sir 38,23) und fährt in die Unterwelt. Gleichzeitig kehrt sein Geist zu Gott zurück (Sir 40,11)"[23], ist kaum berechtigt, da an keiner Stelle dem Menschen zugleich *ruach* und *näfäsch* zugesprochen werden, es sich somit um konkurrierende Konzeptionen handeln könnte.

---

haften Existenz des Toten in der Unterwelt. „Wir dürfen also die Totenseele als einen schemenhaften, ungreifbaren und also nach unserer Vorstellung gleichsam immateriellen Doppelgänger des Lebenden betrachten, der, einmal in die Unterwelt gelangt, nur unter außergewöhnlichen Umständen aus seinem bewußtlosen Schlaf aufgestört werden kann" (S. 32 f.). Die Totenseele des Menschen existiert in der Unterwelt „in der Gestalt, die er im Augenblick seines Abscheidens besessen hatte" (S. 29). Kaiser bezieht sich mit „Totenseele" auf den Ausdruck „näfäsch eines Toten" (Lev 21,11; Num 6,6). Vgl. dazu B. JANOWSKI, Konfliktgespräche mit Gott. Eine Anthropologie der Psalmen, Neukirchen-Vluyn ²2006, 212–214 und H. SEEBASS, Art. „נפש" in: ThWAT V, 531–555; 551: „An den Totengeist zu denken (K. Elliger, D. Michel), empfiehlt sich wohl nicht, weil es für ihn ein eigenes Wort gab. Ist *næpæš* hier die nicht mehr lebendig sich auswirkende, also gefährlich werdende Lebenskraft eines soeben Verstorbenen, so verstehen sich danach Lev 19,28 (Verbot von Einschnitten), 22,4; Num 5,2; 6,6.11; 9,6 f.10; Hag 2,13 sprachlich mit Leichtigkeit." Die Vorstellung, der Tote existiere in der Unterwelt in der Gestalt, die er im Augenblick seines Todes gehabt habe, entnimmt Kaiser der Beschwörung des Totengeistes Samuels durch Saul 1Sam 28,12–14; dort aber heißt der Totengeist Samuels nicht „Totenseele", sondern „Elohim" (2Sam 28,13). Da der Mensch nach Gen 2,7 nicht eine „lebendige näfäsch" hat, sondern eine „lebendige näfäsch", d.h. ein Lebewesen ist, beweisen auch Ps 16,10; 30,4; 49,16, die von der Rettung der näfäsch des Beters durch JHWH aus der „Unterwelt der Lebenden" sprechen, nicht die Vorstellung, die näfäsch des Menschen steige im Tod beziehungsweise nach dem Tod in die Unterwelt, da näfäsch hier auch schlicht, wie sonst häufig, den Menschen als Lebewesen bezeichnen oder als Ersatz für das Reflexivum gemeint sein kann. Am deutlichsten spricht, die Richtigkeit der Übersetzung vorausgesetzt, Ps 49,20 für diese Vorstellung. 49,19–20 sagt vom Reichen: „Wenn er auch seine Seele (näfäsch) zu seinen Lebzeiten segnet: ‚Und man lobt dich, weil du dir gütlich tust', so muß sie doch zum Geschlecht seiner Vorfahren kommen, die nie mehr Licht erblicken." Es sind seine, des Reichen Vorfahren, aber hinab zu ihnen muß im Tod sie = seine näfäsch: das Verb ist 3. Singular femininum. Vgl. GULDE (s.o. Anm. 14), 187–188, 199. Allerdings ist die Personendeixis in V 19 kaum verständlich; daher „verbessern" manche Exegeten die Verbform in V 20 in 3. Singular masculinum: „so muß er kommen" (H. GUNKEL, Die Psalmen. Übersetzt und erklärt, Göttingen ⁵1968, 213, gefolgt von H.-J. KRAUS, Psalmen [BK XV,1], Neukirchen-Vluyn ⁵1978, 49), andere deuten sie, wenig wahrscheinlich, als 2.sg.m. „so mußt du kommen" (S. R. HIRSCH, Die Psalmen. Übersetzt und erläutert, Frankfurt a.M. 1924, 270; K. SEYBOLD, Die Psalmen [HAT I,15], Tübingen 1996, 199; M. GRIMM, Menschen mit und ohne Geld. Wovon spricht Ps 49?, in: BN 96 (1999) 38–55, hier: 50–52; LIESS [s.o. Anm. 2], 220). In diesen Fällen schiede Ps 49,20 für die obige Fragestellung nach dem Schicksal der näfäsch aus.

23 O. KAISER, Der Mensch als Geschöpf Gottes. Aspekte der Anthropologie Ben Siras, in: DERS., Zwischen Athen und Jerusalem. Studien zur griechischen und biblischen Theologie, ihrer Eigenart und ihrem Verhältnis (BZAW 320), Berlin 2003, 224–246, 241.

2.2 Körperliche Symptome

Es gibt zwar kaum ausführliche Schilderungen körperlicher Symptome des Sterbeprozesses, das heißt des Übergangs des Menschen in die „Unterwelt der Toten". Aber mit der nötigen Umsicht können vielleicht Krankheits- und Leidschilderungen von Menschen in der „Unterwelt der Lebenden" für das Befinden unmittelbar vor dem Tod herangezogen werden. Die meisten Schilderungen sind freilich bildhaft und insofern nicht konkret.

Tod des Kindes der Frau von Schunem: Es klagt seinem Vater:

> „‚Mein Kopf! Mein Kopf!' Der sagte zu seinem Knecht: ‚Bring ihn zu seiner Mutter!' Er hob ihn auf und brachte ihn zu seiner Mutter, und er saß auf ihren Knien bis zum Mittag; dann starb er" (2Kön 4,19–20).

Der Tod des Seleukiden Antiochus IV., als Strafe Gottes nach hellenistischem Geschmack geschildert:

> „Aus dem Körper des Schändlichen quollen Würmer hervor, und sein Fleisch zerfiel unter Qualen und Schmerzen, während er noch lebte, von seinem Gestank aber wurde das ganze Heer mit Fäulnis geplagt [...] und keiner konnte ihn mehr transportieren wegen des unerträglichen Gestanks [...] Und als er seinen Gestank selbst nicht mehr aushalten konnte [...] Nachdem er das Äußerste von dem erlitten hatte, das er über andere verfügt hatte, endete er sein Leben in der Fremde im Gebirge auf äußerst jämmerliche Weise" (2Makk 9,9–10.12.28).

Aus Klagepsalmen und Ijob:

> „Wie Wasser bin ich hingeschüttet, und alle meine Knochen haben sich voneinander gelöst; mein Herz ist wie Wachs geworden, zerschmolzen in meinem Inneren; wie eine Scherbe ist meine Kraft vertrocknet, und meine Zunge klebt mir am Gaumen, und du legst mich in den Staub des Todes" (Ps 22,15–16).
> „Ich kann alle meine Knochen zählen" (Ps 22,18).
> „Meine Wunden stinken und eitern [...], meine Lenden sind voller Brand [...], ich bin kraftlos und sehr zerschlagen" (Ps 38,6.8–9).
> „Denn meine Tage sind im Rauch geschwunden, und meine Knochen glühen wie im Feuer. Abgemäht wie Gras und verdorrt ist mein Herz [...] vor meinem lauten Stöhnen klebt mein Gebein an meinem Fleisch" (Ps 102,4–6).
> „Sein Fleisch schwindet dahin, so dass man es nicht mehr sieht, und seine Knochen sind fleischlos geworden, die man vorher nicht gesehen hat. Seine näfäsch nähert sich der Grube und sein Leben den Tötenden" (Ijob 33,21–22).

3. Tod ohne Schrecken

Außer einem Tod in Krankheit und Schmerzen, wie oben in Abschnitt 2 beschrieben, oder durch Kriegseinwirkung wird vor allem der verfrühte Tod zur Unzeit, verursacht sei es durch äußere Gewalt, sei es durch Kindbettfieber oder andere Schicksalsschläge, beklagt.²⁴ Das Lob des Todes nach allzu beschwerlichem Alter durch Sirach²⁵ könnte man dagegen auch als Klage über den zu späten Tod verstehen. Der Tod zur Unzeit wird für den Psalmbeter zur Anfechtung seines Gottesbildes; wenn alles Heil nur in dieser Welt erlebt werden kann, steht mit dem verfrühten Tod, wenn er nicht durch eigene Schuld erklärbar ist, die Gerechtigkeit und Heilsfähigkeit oder Heilsbereitschaft, und das heißt: die Gottheit JHWHs auf dem Spiel; extremes Beispiel für diese Problematik ist Psalm 88.²⁶ Schließlich gibt es auch die generelle Vergänglichkeitsklage in den Psalmen 39 und 90 und bei Kohelet.

Im Folgenden sollen aber Texte vorgestellt werden, die ein versöhntes Verhältnis zur Befristung des Lebens und zum Tod, wenn dieser ein geglücktes Leben abschließt, erkennen lassen.

3.1 Sterben akzeptiert nach erfülltem Leben

Der reiche Barsillai lehnt die ehrenhafte Einladung des Königs David, mit ihm nach Jerusalem zu kommen und dort bei Hofe versorgt zu werden, ab mit den Worten:

> „Ich bin heute achtzig Jahre alt. Kann ich etwa noch Gutes und Böses unterscheiden? Kann dein Knecht denn noch Geschmack finden an dem, was ich esse und trinke? Kann ich denn noch die Stimme der Sänger und Sängerinnen hören? Und warum sollte dein Knecht meinem Herrn, dem König, noch zur Last fallen? [...] Lass doch deinen Knecht umkehren, damit ich in meiner Stadt beim Grab meines Vaters und meiner Mutter sterbe" (2Sam 19,36.38).

Jakob sagt in der Freude des Wiedersehens mit seinem Sohn Josef: „Nun kann ich gern sterben, nachdem ich dein Gesicht gesehen habe, dass du noch am Leben bist" (Gen 46,30). Jesus Sirach sagt: „Dem, der den Herrn achtet, geht es gut am Ende, und am Tage seines Lebensschlusses wird er gepriesen" (Sir 1,13). F. Reiterer, von dem auch diese Übersetzung stammt, betont,

> „dass Sir 1,13 keinerlei negative Interpretation zulässt: Wer am Lebensende angekommen ist, dem geht es gut [...] Dieses ‚Wohlergehen' hat aber eine unabdingbare Vor-

---

24 Vgl. dazu 3.2 und M. LEUENBERGER, Das Problem des vorzeitigen Todes in der israelitischen Religions- und Theologiegeschichte, in: BERLEJUNG/JANOWSKI (s.o. Anm. 2), 151–176.
25 Vgl. dazu 3.1.
26 Vgl. dazu W. GROSS, Gott als Feind des einzelnen? Psalm 88, in: DERS., Studien zur Priesterschrift und zu alttestamentlichen Gottesbildern (SBAB 30), Stuttgart 1999, 159–171.

aussetzung, nämlich dass man Gott achtet. Gottesverehrung hat demnach Auswirkungen auf das Lebensende."[27]

In solchen Texten „kommt zum Ausdruck, dass bestimmte Erlebnisse ein Leben als geglückt und sinnvoll qualifizieren können und das Sterben in diesem Fall die Vollendung eines erfüllten Lebens bedeuten kann."[28] Was aber ist ein erfülltes Leben, das mit dem Tod versöhnt? Insbesondere wurden genannt: Zusammenleben mit der nächsten Generation, Begräbnis im Familiengrab und ein öffentlich gerühmtes Leben in Gottesfurcht. Solche Todeskonzeptionen verfestigen sich in stehenden Wendungen. Es ist aber auch möglich, aus genau entgegengesetzten Gründen, wegen der Qualen, die das Altern bereitet, den Tod positiv zu werten und zu begrüßen. Sir 41,2:

> „O Tod, gut ist dein Gesetz für einen Menschen, der darbt und dem die Kraft fehlt und der uralt ist und der über alles verwirrt ist und der widerspenstig ist und der das Durchhaltevermögen verloren hat." [30,17:] „Besser ist der Tod als ein bitteres Leben und ewige Ruhe als ständiger Schmerz." [40,28:] „Besser sterben als betteln."

Freilich führen solche Urteile nicht zur Empfehlung der Selbsttötung.[29]

3.2 In gutem Greisenalter und lebenssatt sterben

Isaak stirbt im hohen Alter von 180 Jahren: „Isaak verschied und starb und wurde zu seinen Vätern versammelt, betagt und satt an Jahren" (Gen 35,29). Die Wendung: „sterben satt an Tagen" begegnet noch bei Abraham (Gen 25,8), Ijob (Ijob 42,17) und David (1Chr 29,28),[30] in Variante mit *Verbum finitum* beim Priester Jojada (2Chr 24,15).

Bei Abraham und David heißt es zusätzlich, sie seien „in gutem Greisenalter" gestorben. Nur von Sterben „in gutem Greisenalter" ist die Rede bei Gideon (Ri 8,32). Vergleiche auch die Verheißung an Abraham Gen 15,15: „Du wirst zu deinen Vorfahren in Frieden eingehen. Du wirst in gutem Greisenalter begraben werden." Tod im Greisenalter ist nicht an sich schon positiv zu werten; es gibt auch verzweifeltes oder gewaltsames Sterben im Greisenalter.[31] Aber

---

27 F. Reiterer, Die Vorstellung vom Tod und den Toten nach Ben Sira, in: T. Nicklas u.a. (Hg.), The Human Body in Death and Resurrection. Deuterocanonical and Cognate Literature Yearbook, Berlin/New York 2009, 167–204, hier: 194.
28 J. Schnocks, Konzeptionen der Übergänge vom Leben zum Tod und vom Tod zum Leben, in: C. Frevel (Hg.), Biblische Anthropologie. Neue Einsichten aus dem Alten Testament (QD 237), Freiburg 2010, 317–331, hier: 321.
29 Vgl. F. Reiterer (s.o. Anm. 27), 197.
30 Ohne unmittelbaren Sterbekontext: bei David (1Chr 23,1).
31 Vgl. Gen 42,38; 44,29.31; 1Kön 2,6.9 und dazu U. Neumann-Gorsolke, „Alt und lebenssatt ..." – der Tod zur rechten Zeit, in: Berlejung/Janowski (s.o. Anm. 2), 111–150, hier: 124.

"gutes Sterbealter" ist für einen Israeliten wohl nur als Greisenalter denkbar, alles andere ist nicht Tod zur rechten Zeit, sondern unzeitiger Tod.

Dem Tod eines lebenssatten Menschen entspricht die Vorstellung, dass es eine im Vorhinein festgelegte ideale Fülle an Lebenstagen als Gabe Gottes für einen Menschen gibt. Gott verheißt seinem Volk für den Fall des Gehorsams: „Ich werde die Zahl deiner Tage voll *machen*" (Ex 23,26).[32] David verheißt er:

> „Wenn deine Tage vollzählig sind und du dich zu deinen Vorfahren legst, werde ich deinen Nachkommen, der aus deinem Leib kommen wird, als deinen Nachfolger einsetzen und seiner Königsherrschaft Bestand verleihen" (2Sam 7,12//1Chr 17,11).

Gegenteile wären: Tod schon in der Mitte seiner Tage (Jes 38,10), durch Gott verkürzte Tage, Tod in der Mitte des Lebens (Ps 102,24–25), sterben, wenn seine Zeit noch nicht da ist (Koh 7,17), wenn der Mensch noch bei Kräften ist und sein Leben noch genießen könnte (Sir 41,1). Die Formeln vom Sterben „alt und lebenssatt", „in gutem Greisenalter" und „in der Vollzahl der eigenen Tage" beschreiben „die natürliche Hinnahme eines erfüllten Lebens" als „Gabe Gottes und Ausdruck seines Segens und Heils für die Menschen".[33] Derartiger Tod impliziert nicht nur hohes Alter, sondern auch zahlreiche Nachkommenschaft, friedliche Todesumstände und ein ehrenvolles Begräbnis.[34]

3.3 Zu den Vorfahren versammelt werden

Anlässlich des Todes Abrahams begegnet zum ersten Mal die Wendung, die den Toten in der Unterwelt nicht einsam, sondern in seine Geschlechterfolge eingebunden darstellt: „Und er wurde zu seinen Vorfahren (אל־עמיו) versammelt" (Gen 25,8). Sie wird häufig gebraucht.[35] Verwandt ist der über-

---

32 Vgl. auch Jes 65,20.
33 U. NEUMANN-GORSOLKE (s.o. Anm. 31), 132.
34 Der Beter des 90. Psalms ringt um die nicht leicht erreichbare Selbstbescheidung, durch die der Mensch innerlich frei wird und die ihm geschenkte Lebensspanne – auch in harten Lebensumständen – weise und gottesfürchtig ausfüllen kann: Die verbleibende Spannung zeigt sich in diesem Fall eines Todes nach langem, aber schwerem Leben darin, dass der Beter den verhängten Tod zugleich als Ausfluss des Zornes Gottes über sein Versagen wertet: „Unser Leben währt siebzig Jahre, und wenn es hoch kommt, achtzig Jahre. Und was an ihnen war, ist Mühsal und Trug. Denn schnell ist es vorüber, im Flug sind wir dahin. Wer erkennt die Gewalt deines Zornes und deinen Grimm, wie es die Furcht vor dir verlangt? Unsere Tage zu zählen, lehre uns, damit wir ein weises Herz gewinnen" (Ps 90,10–12).
35 Gen 25,8.17; 35,29; 49,29.33; Num 20,24; 27,13; 31,2; Dtn 32,50. Variante: versammeln/versammelt werden zu seinen Vätern (אל־אבותיו): Ri 2,10; 2Kön 22,20//2Chr 34,28; Variante: nur versammelt werden ohne weitere Angaben: Num 20,26; Jes 57,1; Hos 4,3; Sir 8,7; 40,28.

wiegend Königen vorbehaltene Ausdruck: „sich zu seinen Vätern (עִם־אֲבֹתָיו) legen".³⁶

Diese Formeln deuten den Tod als „die Rückkehr des Toten zu seiner Familie. Damit ist das Grab nicht nur der Platz des Toten in den außerhalb der Ortschaften gelegenen Nekropolen, sondern am und im Grab bleiben die Verstorbenen ihrer Familie erhalten."³⁷ Ihr ursprünglicher Sinn ist von ihrem Gebrauch zu unterscheiden. Sie bezeugen ursprünglich die Überzeugung,

> „dass der im Familiengrab Beigesetzte auch in der Unterwelt im Kreise der Ahnen seine Ruhe findet. Der Wert, der auf die tatsächlich im Ahnengrab erfolgte Beisetzung gelegt wird,³⁸ und die Bedeutung, welche dieses noch für die Verbannten in der Fremde besaß, weisen auf die Korrespondenz zwischen dem Begräbnis und dem Schicksal in der Unterwelt hin. Und wenn es für die Israeliten *einen* mit dem Tode verbundenen Hoffnungsschimmer gab, war es eben der, in seinem Tode leiblich und als Schatten in dem Geschlechterverbund geborgen zu bleiben."³⁹

Die den Königen vorbehaltene Formel hat die Eigenart, dass ihr keine Sterbenotiz vorausgeht; „der Ausdruck ‚legte sich zu seinen Vätern' steht somit synonym für die Aussage ‚ist gestorben'."⁴⁰ In der Regel folgt eine Begräbnisnotiz.⁴¹

Während nach der Königsformel der Sterbende sich selbst hinlegt, ist die Formel „zu den Vorfahren versammelt werden" passivisch im N-Stamm formuliert. Nur die variierte verdoppelte Wendung in der Gottesrede zu Joschija in 2Kön 22,20//2Chr 34,28 erweist, dass es JHWH selbst ist, der den Verstorbenen zu seinen Vorfahren versammelt: „Siehe, ich werde dich zu deinen Vorfahren versammeln und du wirst zu deinem Grab versammelt werden."

---

36 1Kön 1,21; 2,10; 11,21.43//2Chr 9,31; 1Kön 14,20; 1Kön 14,22//2Chr 26,2; 1Kön 14,31//2Chr 12,16; 1Kön 15,8//2Chr 13,23; 1Kön 15,24//2Chr 16,13; 1Kön 16,6.28; 22,40; 22,51//2Chr 21,1; 2Kön 8,24; 10,35; 13,9.13; 14,16.29; 15,7.22; 2Kön 15,38//2Chr 27,9; 2Kön 16,20//2Chr 28,27; 2Kön 20,21//2Chr 32,33; 2Kön 21,18//2Chr 33,20; 2Kön 24,6; 2Chr 26,23; vgl. als Wirkung JHWHs: 2Kön 22,20. Anwendung auf Menschen ohne Königswürde: Gen 47,30 (Jakob); Dtn 31,16 (Mose).
37 T. Podella, Grundzüge alttestamentlicher Jenseitsvorstellungen, in: BN 43 (1988), 70–89, hier: 84.
38 Vgl. auch die Notiz: Der Tote „wurde im Grab seines Vaters/seiner Väter begraben": Ri 8,32; 16,31; 2Sam 2,32; 17,23; 21,14; 2Chr 35,24. Die Formel wird nur auf Männer angewendet.
39 Kaiser, Tod (s.o. Anm. 22), 45.
40 A. Krüger, Auf dem Weg „zu den Vätern". Zur Tradition der alttestamentlichen Sterbenotizen, in: Berlejung/Janowski (s.o. Anm. 2), 137–150, 142. Vgl. in dieser Verwendung auch 1Kön 1,21; 11,21; 2Kön 14,22//2Chr 26,2.
41 Ausnahmen: 1Kön 14,20: Jerobeam I.; 1Kön 22,40: Ahab (seine Bestattung war bereits in 22,37 berichtet worden); 2Kön 14,29: Jerobeam II.; 2Kön 15,22: Menahem; 2Kön 20,21: Hiskija (die Parallele 2Chr 32,33 hat die Begräbnisnotiz); 2Kön 24,6: Jojakim.

Im Gebrauch dieser Formel zeigt sich ein Problem der Zeit und des Ortes. In der Regel geht bei vergangenheitlicher Formulierung die Sterbenotiz voraus; Gen 25,8: „Und Abraham verschied und starb in gutem Greisenalter, betagt und satt an Tagen und wurde zu seinen Vorfahren versammelt."[42] Bei Abraham (Gen 25,9), Isaak (Gen 35,29) und in der Variante für Joschija (2Kön 22,20) folgt unmittelbar die Begräbnisnotiz und bestätigt so den gedanklichen Zusammenhang zwischen Tod im Familienkreis, Versammlung zu den Vorfahren und Begräbnis im Familiengrab. Bei Jakob treten jedoch Tod *und* Versammeltwerden zu den Vorfahren einerseits und Begräbnis im Familiengrab andererseits örtlich und zeitlich auseinander, denn Jakob stirbt in Ägypten, wird aber in der Höhle Machpela bei Hebron begraben. Jakob selbst konstatiert diesen Hiatus zwischen Versammeltwerden zu den Vorfahren und Begrabenwerden: „Ich bin im Begriff, zu meinen Vorfahren versammelt zu werden. Begrabt mich bei meinen Vorfahren in der Höhle auf dem Feld des Hetiters Efron" (Gen 49,29).[43] Gen 49,33 konstatiert ausdrücklich, dass Jakob schon in Ägypten zu seinen Vorfahren versammelt wird; dieser Vers berichtet zugleich von einer dem Tod unmittelbar vorausgehenden Körperbewegung: „Und Jakob beendete seine Aufträge an seine Söhne und zog seine Füße auf das Bett herauf und verschied und wurde zu seinen Vorfahren versammelt."

Jakob wird zunächst aber nicht begraben, sondern vierzig Tage lang einbalsamiert, siebzig Tage von den Ägyptern betrauert, sieben Tage lang jenseits des Jordan beklagt und schließlich in der Höhle Machpela beerdigt (Gen 50,2–13). Auch Abraham, Aaron und Mose erhalten zwar die Formel vom Versammeltwerden bei den Vorfahren, werden jedoch nicht in einem Familiengrab beigesetzt.

Die Formel hat sich somit in ihrem Gebrauch von der vermuteten ursprünglichen Verbindung mit dem Familiengrab gelöst; und zwar einerseits örtlich: Der Tote versammelt sich zu seinen Vorfahren, auch wenn er außerhalb des Verheißungslandes stirbt wie Aaron auf dem Berg Hor[44] oder wie Mose auf dem Berg Nebo, wo JHWH ihn an unbekannter Stelle begrub.[45] Andererseits zeitlich, wie bezüglich Jakobs ausgeführt: Das Versammeltwerden zu den Vätern folgt unmittelbar auf den Tod, lange vor dem Begräbnis.[46] Die gleiche, von der Beisetzung unabhängige zeitliche Verknüpfung von Tod und Abstieg in die Unterwelt und dortigem Zusammentreffen mit einem Bewohner der Unterwelt zeigt die Erzählung von der Beschwörung des Totengeistes Samuels durch

---

42 Entsprechend: Gen 25,17; 35,29; 49,33; Dtn 32,50.
43 Vgl. auch Gen 47,29–30.
44 Num 20,24–28; eine Begräbnisnotiz fehlt.
45 Dtn 32,50; 34,1.5–6.
46 Hochkomplizierte Folgerungen knüpft daran D. VOLGGER, Und dann wirst du gewiss sterben. Zu den Todesbildern im Pentateuch (ATSAT 92), 2010, 78–83; 96–102.

den todgeweihten Saul.[47] Der Totengeist Samuels verkündet Saul: „JHWH wird auch Israel zusammen mit dir in die Hand der Philister geben, und morgen werden du und deine Söhne bei mir sein" (1Sam 28,19).[48] Saul fällt zwar am nächsten Tag, seine Leichenreste können aber erst später geborgen und beerdigt werden (1Sam 31,7–13).

Wenn man vom singulären Lob des Todes nach zu beschwerlichem hohen Alter durch Jesus Sirach absieht, tritt klar hervor: Versöhnt, alt und lebenssatt, in gutem Greisenalter, in der Vollzahl der zugemessenen Lebensjahre stirbt nur der, der nicht nur auf ein langes Leben, sondern auch auf ein Leben in Wohlstand, Gesundheit, gesellschaftlichem Ansehen und mit vielen Nachkommen zurückblicken und ein ehrenvolles Begräbnis, möglichst durch die eigenen Söhne im Familiengrab, erwarten kann. So kann ein abgeklärter Weisheitslehrer, selbst bereits in fortgeschrittenem Alter, denken und lehren. Die Hauptstränge alttestamentlicher Literatur – in Geschichtsdarstellung, Gebetspraxis und Prophetie – bezeugen aber, dass die Lebensläufe der Menschen in der Regel ganz anders aussehen. Daher haben sich die Theologen Israels – im Kraftfeld des Monotheismus und um ihres Gottes willen – letztlich mit dieser Endlichkeit nicht zufrieden gegeben, sondern die Erwartung eines neuen und neuartigen individuellen Lebens nach Tod und Begräbnis entwickelt.

---

47 Totenbeschwörungen waren in Israel unter Todesstrafe verboten, wurden folglich – wie in der gesamten altorientalischen Umwelt – geübt: Lev 19,31; 20,6.27; Dtn 18,11–12.
48 Eine vergleichbare Vorstellung findet sich bei Lukas. Jesus sagt zu dem guten Schächer: Heute noch wirst du mit mir im Paradies sein (Lk 23,43). Entsprechend wird Lazarus sogleich nach seinem Tod in den Schoß Abrahams getragen (Lk 16,22).

„Ob wir leben, ob wir sterben – wir sind des Herrn" (Röm 14,8): Sterben und Tod aus neutestamentlicher Sicht

Michael Theobald

Der Tod ist nach dem Neuen Testament der „Feind" des Menschen, nicht sein Freund. Mag der Volksglaube ihn Gevatter Tod oder Freund Hein nennen und Vertrautheit mit ihm vorschützen – für Paulus ist er nicht nur des Menschen, sondern auch Gottes „Feind", ja dessen „letzter" und furchtbarster „Feind", der erst ganz am Ende der Zeiten „vernichtet" sein wird, wenn Christus die Herrschaft dem Vater übergibt, damit „Gott alles in allem" ist (1Kor 15,24–28)[1]. Bis dahin behält er seinen Schrecken und kann nicht verharmlost werden.[2]

Doch ist das nur die eine Seite der Medaille. Die andere ist die Überzeugung des Neuen Testaments, dass Gott in der Auferweckung Jesu den Sieg über den Tod errungen hat[3], so dass dieser fortan nicht mehr letzte, sondern nur vorletzte Wirklichkeit ist. Epikur schreibt an Menoikos: „Wenn *wir* sind, ist *der Tod* nicht da; wenn *der Tod* da ist, sind *wir* nicht"[4]. Für ihn schließen sich Leben und Tod aus, bilden einen kontradiktorischen Gegensatz. Paulus und Johannes behaupten demgegenüber ihre christologische Relativierung: „Ob wir leben, ob wir sterben – wir sind des Herrn" (Röm 14,8), schreibt der Apostel an die Römer. Und im Johannesevangelium erklärt Jesus: „Ich bin die Auferstehung und das Leben. Wer an mich glaubt, *auch wenn er stirbt*, wird leben; und jeder, der lebt und an mich glaubt, *wird nicht sterben in Ewigkeit*" (Joh 11,25 f.). Jenseits

---

[1] E. Jüngel, Tod (Themen der Theologie, Bd. 8), Stuttgart/Berlin 1971, 103: „Gott und der Tod sind in der Sprache des Neuen Testaments Gegner, Feinde. Der Kampf, in dem Gott es mit dem Tod zu tun bekommt, ist die vom Glauben erzählte Geschichte Jesu Christi."

[2] Hebr 2,15 spricht von den Menschen als denen, „die durch *Angst vor dem Tod* (φόβῳ τοῦ θανάτου) in ihrem ganzen Leben der Knechtschaft verfallen sind"; Offb 20,14 nennt die Vernichtung des Todes, die erst am Ende der Zeiten geschehen wird, den „zweiten Tod".

[3] Vgl. 1Kor 15,54 f.

[4] Epikur, Brief an Menoikos 125.

der menschlich unhintergehbaren Alternative „leben" oder „sterben" gibt es demnach ein Drittes – den Glauben an Christus, der Leben und Tod „vergleichgültigt". Wir kennen das analog auch vom platonischen Sokrates, wenn er in der Apologie erklärt, dass niemand wüsste, „ob der Tod für den Menschen nicht das größte aller Güter ist", um dann jenseits der Alternative von Leben oder Sterben den Gehorsam dem Gott gegenüber als das unabdingbar Dritte einzufordern[5].

Über das Sterben oder den Sterbeprozess selbst denkt das Neue Testament nicht nach. Auch die Frage, wie der Einzelne sein Sterben im Glauben bestehen kann, taucht nur an seinen Rändern auf. Ansätze zu einer *ars moriendi* – der Kunst, den Tod als Tat in das eigene Leben einzubeziehen – bietet der hellenistische „Judenchrist" Lukas, vor allem in seiner Erzählung vom Tod Jesu. Dafür begegnet durchgängig im Neuen Testament ein Zug zur „Entdramatisierung" von Sterben und Tod, der verschiedene Gründe haben dürfte: zum einen die starke Naherwartung der frühen Christen, das heißt ihre Überzeugung, dass die Vollgestalt der Königsherrschaft Gottes in Bälde hereinbrechen wird, sodann ihre Erfahrung von Konversion und Taufe als derart radikaler Lebenswende, dass sie meinten, diese als bereits vollzogenen *transitus* aus dem Tod ins Leben begreifen zu müssen[6] beziehungsweise als Beginn der „Neuschöpfung" (2Kor 5,17).[7] Überspitzt gesagt: *Christen hatten den Tod eher hinter sich als vor sich.* Was sie vor sich hatten, war ihre Anteilhabe am Leben Gottes, wie auch immer sie diese Anteilhabe sich verwirklichen sahen, sei es aus der Perspektive einer apokalyptisch geprägten *kosmisch-universalen* Eschatologie, sei es aus der einer eher hellenistisch am Tod des je Einzelnen orientierten *individuellen* Eschatologie[8].

---

5 PLATON, Apologie 29a.b: „gesetzeswidrig handeln aber und dem Besseren, Gott oder Mensch, ungehorsam sein, davon weiß ich, dass es übel und schändlich ist".
6 Joh 5,24: „Amen, amen, ich sage euch: Wer mein Wort hört und dem glaubt, der mich gesandt hat, hat das ewige Leben; er kommt nicht ins Gericht, sondern ist aus dem Tod ins Leben *hinübergegangen* (μεταβέβηκεν)".
7 J. BEUTLER (Hg.), Der neue Mensch in Christus. Hellenistische Anthropologie und Ethik im Neuen Testament (QD 190), Freiburg i.Br. u.a. 2001.
8 Zur zweiten vgl. O. CULLMANN, Unsterblichkeit der Seele oder Auferstehung der Toten? Die Antwort des Neuen Testaments (1956), in: G. BRÜNTRUP/M. RUGEL/M. SCHWARTZ (Hg.), Auferstehung des Leibes – Unsterblichkeit der Seele, Stuttgart 2010, 13–24; G. HAUFE, Individuelle Eschatologie des Neuen Testaments, in: ZThK 83 (1986), 436–463; N. WALTER, „Hellenistische Eschatologie" im Neuen Testament (1985), in: DERS., Praeparatio Evangelica. Studien zur Umwelt, Exegese und Hermeneutik des Neuen Testaments, hg. von W. KRAUS und F. WILK (WUNT 98), Tübingen 1997, 252–280; J. CLARK-SOLES, Death and the Afterlife in the New Testament, New-York/London 2006. – Zum jüdischen Kontext vgl. vor allem U. FISCHER, Eschatologie und Jenseitserwartung im hellenistischen Diasporajudentum (BZNW 44), Berlin 1978, 255 ff.; H. C. C. CAVALLIN, Leben nach dem Tode im Spätjudentum und im frühen Christen-

Im Einzelnen seien folgende Aspekte der Thematik bedacht: (1) das allmähliche Bewusstwerden des Todes als anthropologisches Problem bei Paulus, (2) seine Theologie des Todes nach Röm 5,12–21 und Röm 7, (3) die christologische „Entdramatisierung" des Todes, (4) die sprachliche Formel der „Vergleichgültigung" von Leben und Tod bei Paulus und schließlich (5) Ansätze einer *ars moriendi* bei Lukas.

1. Das allmähliche Bewusstwerden des Todes als anthropologisches Problem

Im ältesten uns bekannten Schriftstück des Neuen Testaments, im 1. Thessalonicherbrief (ca. 50/51 n.Chr.), reagiert Paulus auf Todesfälle in der makedonischen Gemeinde, die angesichts der Erwartung der Parusie des Herrn zu diesem Zeitpunkt noch als Ausnahme galten. Er tröstet die Adressaten damit, dass ihre Toten im nahen Endgeschehen zuerst „auferstehen" und dann zusammen mit den noch Lebenden „entrückt" würden „in die Wolken"⁹ – zur „Einholung des Herrn in der Luft", um dann „allezeit mit ihm zu sein" (1Thess 4,15–17).¹⁰

---

tum, I. Spätjudentum, in: ANRW II 19,1 (1979), 240–345; N. WALTER, „Hellenistische Eschatologie" im Frühjudentum – ein Beitrag zur „Biblischen Theologie"? (1985), in: DERS., Praeparatio (s.o.), 234–251; J. S. PARK, Conceptions of Afterlife in Jewish Inscriptions (WUNT II/121), Tübingen 2000; R. E. MURPHY, Death and Afterlife in the Wisdom Literature, in: A. J. AVERY-PECK/J. NEUSNER (Hg.), Judaism in Late Antiquity. Part IV: Death, Life-After-Death, Resurrection and the World-To-Come in the Judaisms of Antiquitiy (Handbuch der Orientalistik. Erste Abteilung: Der nahe und mittlere Osten), Leiden u.a. 2000, 101–116; L. L. GRABBE, Eschatology in Philo and Josephus, in: AVERY-PECK/NEUSNER (s.o.), 163–185; M. V. BLISCHKE, Die Eschatologie in der Sapientia Salomonis (WUNT II/26), Tübingen 2007. – Zum Vierten Evangelium vgl. M. THEOBALD, Futurische versus präsentische Eschatologie? Ein neuer Versuch zur Standortbestimmung der johanneischen Redaktion, in: DERS., Studien zum Corpus Iohanneum (WUNT 267), Tübingen 2010, 534–573.

9 P. HOFFMANN, Die Toten in Christus. Eine religionsgeschichtliche und exegetische Untersuchung zur paulinischen Eschatologie (NTA.NF 2), Münster ²1969, 225: „Der Gedanke der Entrückung der Gläubigen ist Paulus sonst fremd".

10 Müssen wir uns die Heilsgemeinschaft der Geretteten mit Christus – sowohl der dann Auferweckten als auch der bis zur Parusie noch Lebenden – als Vollendungszustand an einem *jenseitigen* Ort, etwa im „Himmel", vorstellen? Also dort, von wo aus der Herr bei der Parusie herabkommen wird? Vgl. V.16: „Denn der Herr selbst wird unter einem Befehlswort, unter dem Schrei des Erzengels und unter der Trompete *vom Himmel* herabsteigen [...]". Die Beantwortung dieser Frage wird gerne davon abhängig gemacht, ob εἰς ἀπάντησιν τοῦ κυρίου lediglich mit „dem Herrn entgegen" zu übersetzen ist (so Luther- und Einheitsübersetzung) oder der aus dem gesellschaftlich-politischen Leben bekannte staatsrechtliche Vorgang der „Einholung" einer hochge-

Diese mythische Rede, die die aus dem christologischen Auferstehungskerygma erwachsene Hoffnung (vgl. 1Thess 4,14) in anschauliche, apokalyptische Erzählung übersetzt, rechnet damit, dass denen, die die nahe Parusie erleben, zu sterben erspart bleibt. Sie werden „entrückt" in die Gemeinschaft mit dem Herrn, ohne dass sich Paulus über die hiermit verbundene „Form der Heilsverwirklichung" näher äußert[11]. Für unseren Zusammenhang ist allein schon dies erstaunlich, dass Paulus das Sterben des Menschen überhaupt in dieser Weise ausblenden kann, ohne riskieren zu müssen, bei seinen Adressaten unglaubwürdig zu werden.

Anders der 1. Korintherbrief, in dem Paulus, veranlasst durch die Auseinandersetzung mit Missionaren, die die Vollendung in ihrem Glaubensverständnis enthusiastisch antizipierten, „die Vergänglichkeit" (ἡ φθορά) ausdrücklich zum anthropologischen Wesensmerkmal von „Fleisch und Blut" erklärt, mit der Konsequenz, dass er zum Endgeschehen erklärt: „Alle werden wir *nicht* entschlafen, aber alle werden wir *verwandelt* werden". Es gibt nicht mehr die ungebrochene Identität der „Entrückung"[12]. Die Metamorphose[13] oder, wie

---

stellten Person, etwa eines siegreichen Feldherrn oder Königs, durch die Bürgerschaft seiner Stadt die Vorstellung bestimmt (vgl. E. PETERSON, Die Einholung des Kyrios, in: ZSTh 7 [1930], 682–702). Vgl. hierzu auch Joh 12,12–19 (V.13: εἰς ὑπάντησιν αὐτῷ; V.18: ὑπήντησεν. Näheres in: M. THEOBALD, Das Evangelium nach Johannes. Kapitel 1–12 (RNT), Regensburg 2009, 786–788. Zu 1Thess 4,17 meint HOFFMANN, Die Toten (s.o. Anm. 9), 226: „Der festgelegte Sprachgebrauch von ἀπάντησις als Einholung macht es wahrscheinlich, dass an eine Rückkehr auf die Erde gedacht ist"; T. HOLTZ, Der erste Brief an die Thessalonicher (EKK XIII), Zürich/Neukirchen-Vluyn 1986, 203, hält „die Entscheidung darüber" für „schwierig, ob an unserer Stelle nur an die Begegnung der Entrückten mit dem Herrn gedacht ist oder an seine (feierliche) Einholung, die dann nur eine solche auf die Erde sein könnte. Mir scheint das Letztere der Fall zu sein. Und zwar gilt das unabhängig davon, ob die Wendung als politischer Terminus gebraucht ist oder nicht. Denn die Vorstellung ist klar die, dass der Kyrios vom Himmel herabfährt, die Entrückten ihm entgegen, natürlich nicht zu einem Treffpunkt oder um ihn gar aufzuhalten, sondern um ihn auf seinem Wege vom Himmel herab abzuholen". „Der Gedanke, dass der eschatologische Heilsort auf der Erde gedacht wurde", bereite „keine Schwierigkeiten, sofern man bereit ist, denjenigen, die solche Vorstellungen entwarfen, kein zu großes Maß an Naivität zuzuschreiben" (204, mit Hinweis auch auf Offb 21,1 f. 10).

11 HOLTZ, 1Thess (s.o. Anm. 10), 203; HOFFMANN, Toten (s.o. Anm. 9), 227: „Es setzt sich auch hier die für den Apostel charakteristische Bezugnahme auf die Situation durch. So ist es zu verstehen, dass er manche Fragen offen lässt und die Darstellung der Parusieereignisse plötzlich abbricht".

12 Freilich wäre unbeschadet der Möglichkeit, ja Wahrscheinlichkeit, dass Paulus sich mit einer breiten Strömung jüdisch-apokalyptischen Denkens (vgl. hierzu M. REISER, Die Gerichtspredigt Jesu. Eine Untersuchung zur eschatologischen Verkündigung Jesu und ihrem frühjüdischen Hintergrund [NTA.NF 23], Münster 1990, 133–152, der „geschichtliche Eschatologien" von „Jenseitseschatologien" unterscheidet) den zukünfti-

Paulus mit der Metapher des Kleides jetzt sagt: „dieses Vergängliche muss sich mit der Unvergänglichkeit *bekleiden*" (1Kor 15,53), umschließt Identität und Nicht-Identität, das „Verschlungen-Werden" des Todes durch den Sieg des Lebens (Jes 25,8), den Paulus auch in 1Kor 15 freilich noch nicht am individuellen Sterben festmacht, das weiterhin nicht alle zu betreffen scheint[14], sondern am Kommen Christi am Ende der Zeiten.

---

gen Heilsort auf Erden vorstellt, mit HOLTZ, 1Thess (s.o. Anm. 10), 202, das Bildelement der „Wolken" zu bedenken: „[…] die Wendung ‚in Wolken' deutet gewichtig nähere Umstände an. Die endzeitliche Entrückung der Glaubenden ist ein Geschehen, das zum Handlungsbereich Gottes gehört; durch die Emporführung mit den Wolken werden die Heilsteilhaber hineingenommen in die himmlische Welt".

13   Zum Motiv der Verwandlung vgl. syrBar 49,2 f.: „In welcher Art Gestalt sollen die Lebendigen weiterleben, die an deinem Tag (noch) leben? Oder wie wird ihr Glanz fortdauern, der danach ist? Sollen sie das heutige Aussehen etwa wieder annehmen […] oder willst du etwa die, die einst in der Welt waren, *verwandeln*, wie du es auch mit der Welt selbst tust?" 50,2: „Denn sicher gibt die Erde ihre Toten dann zurück, die sie jetzt empfängt, um sie aufzubewahren; dabei wird sich an ihrem Aussehen nichts verändern. Denn wie sie sie empfangen hat, so wird sie sie auch wiedergeben, und wie ich sie ihr übergab, so wird sie sie auch auferstehen lassen" (dann aber mit einem Gericht verbunden, welches das Aussehen der Frevler schlimmer machen, den Glanz der Gerechten hingegen verherrlichen wird); vgl. G. STEMBERGER, Der Leib der Auferstehung. Studien zur Anthropologie und Eschatologie des palästinischen Judentums im neutestamentlichen Zeitalter (ca. 170 v. Chr. – 100 n. Chr.), (AnBib 56), Rom 1972, 86–91; zum Thema „Metamorphose" außerdem: F. BACK, Verwandlung durch Offenbarung (WUNT II/153), Tübingen 2002.

14   Die vorsichtige Formulierung „scheint" ist deswegen angebracht, weil 1Kor 15,51b die umfassende Aussage von V.22a gegenübersteht: „wie nämlich in Adam *alle* sterben (πάντες ἀποθνῄσκουσιν)". Doch müssen sich die beiden Aussagen nicht widersprechen: „Alle unterliegen durch Adam dem Gesetz des Todes – das gilt auch für die, die hoffen, bei der Parusie noch zu leben" (J. KREMER, Auferstehung der Toten in bibeltheologischer Sicht, in: G. GRESHAKE/DERS., Resurrectio Mortuorum. Zum theologischen Verständnis der leiblichen Auferstehung, Darmstadt ²1992, 26); entscheidend ist das hier vorausgesetzte Verständnis des Todes als einer die ganze menschliche Existenz, gerade auch in ihrer kollektiven, geschichtlichen Dimension durchwirkenden Macht, über die Paulus sogar in personifizierender Weise sprechen kann; sie wirkt, längst bevor es zum Sterben kommt (vgl. unten Absatz 2). Auch A. LINDEMANN, Paulus und die Korinthische Eschatologie. Zur These von einer ‚Entwicklung' im paulinischen Denken, in: NTS 37 (1991), 373–399, hier: 398, hält beide Seiten zusammen: „Für die zum Zeitpunkt der Parusie (zufällig) Lebenden (1Kor 15.51) tritt an die Stelle des Todes die Verwandlung", um dann fortzufahren: In 1Kor und 2Kor ist die „Gewissheit des den Menschen bevorstehenden Todes ein konstitutiver Teil der Explikation der eschatologischen Hoffnung".

Erfahrungsschübe sind für die Entwicklung des paulinischen Denkens aber auch noch in anderer Richtung bedeutsam.[15] Nicht nur der Tod einzelner Christen in seinen Gemeinden[16], auch die eigene Begegnung mit ihm löste bei Paulus Denkschübe aus. Es geht um die Todesgefahr, in die er laut 1Kor 15,32[17] in Ephesus beziehungsweise 2Kor 1,8–11 später noch einmal geraten war (ohne dass wir konkret sagen könnten, worum es jeweils ging): „Denn wir wollen nicht, dass ihr in Unkenntnis seid, Brüder, von unserer Bedrängnis, die in Asien auftrat, dass wir im Übermaß, über (unsere) Kraft hinaus, bedrückt wurden, sodass wir sogar am Leben verzweifelten. Aber wir haben bei uns selbst das Todesurteil (τὸ ἀπόκριμα τοῦ θανάτου) erhalten, damit wir nicht auf uns selbst vertrauen, sondern auf Gott, der die Toten erweckt. Er hat uns aus so großer Todes(not) gerettet und wird uns retten, er, auf den wir gehofft haben, er wird uns weiterhin retten, wenn auch ihr euch zusammen (mit uns) für uns einsetzt durch (euer) Gebet, damit von vielen Gesichtern für die Gnadengabe, (die) auf uns (gekommen ist) (τὸ εἰς ἡμᾶς χάρισμα)[18], gedankt werde (εὐχαριστηθῇ) durch viele für uns" (2Kor 1,8–11)[19]. Die Gefahr war also derart, dass Paulus mit dem Tod selbst in Berührung gekommen war[20], ja mit seinem Leben bereits abgeschlossen hatte. Nachträglich erklärt er, dass dies ihn radikal auf den Toten erweckenden Gott geworfen habe, von dem er erhoffte, dass er ihn auch „weiterhin erretten wird". Wenn Phil 1,12–26 gleichfalls aus dieser Situation stammt, dann zeigt dieser Text, dass Paulus angesichts des Todes auch sehr gerafft von der Vollendung sprechen konnte, ohne Blick auf Parusie und Gericht[21]: „[I]ch habe das Verlangen", sagt er im Gefängnis, „aufzu-

---

15 Zur Frage einer Entwicklung paulinischen Denkens vgl. W. Wiefel, Die Hauptrichtung des Wandels im eschatologischen Denken des Paulus, in: ThZ 30 (1974), 65–81; Haufe, Eschatologie (s.o. Anm. 8), 436–463; U. Schnelle, Wandlungen im paulinischen Denken (SBS 137), Stuttgart 1989; Lindemann, Eschatologie (s.o. Anm. 14), 373–399.

16 Dazu sind auch die in 1Kor 11,30 Genannten zu rechnen: „deshalb sind auch viele Schwache und Kranke unter euch, und *nicht wenige sind entschlafen*".

17 „Wenn ich nach Menschenweise im Tierkampf gestanden habe (ἐθηριομάχησα) in Ephesus, was nützt mir das? Wenn Tote nicht auferweckt werden, ‚lasst uns essen und trinken, denn morgen sterben wir'"; hierzu A. Lindemann, Der erste Korintherbrief (HNT 9/1), Tübingen 2000, 352.

18 „Das χάρισμα, für das gedankt werden soll, ist [...] die gefährdete, aber immer wieder von Gott (und nur von Gott!) erhaltene Existenz des Apostels für die Gemeinde": T. Schmeller, Der zweite Brief an die Korinther (2Kor 1,1–7,4), (EKK VIII/1), Ostfildern/Neukirchen-Vluyn 2010, 74.

19 Übersetzung nach Schmeller, 2Kor I (s.o. Anm. 18).

20 Das entspricht alttestamentlicher Vorstellung; vgl. Ps 33,19; 55,5; 56,14; 88,4–6.

21 Von diesem spricht auch 1Thess 4,13–18 nicht, obwohl 1Thess 1,10 und 5,9 zeigen, dass die Rede von ihm (ὀργή = [Gerichts-]Zorn) für die Explikation seines Christusglaubens unverzichtbar ist.

brechen (τὴν ἐπιθυμίαν ἔχων εἰς τὸ ἀναλῦσαι) und mit Christus zu sein (σὺν Χριστῷ εἶναι)" (V.22). Auch wenn man diese Äußerung nicht gleich als Beleg dafür nehmen sollte, dass er jetzt mit einem „Zwischenzustand" der Gestorbenen zwischen Tod und Ende der Geschichte rechnete[22], so zeigt sie doch, dass die unmittelbare Erfahrung andringenden Sterbens sein Sprechen über die Vollendungshoffnung veränderte. Vor allem bedurfte es dieser und anderer Erfahrungen, um im Konzept der Naherwartung die zunächst verdrängte anthropologische Einsicht in „Vergänglichkeit" (τὸ φθαρτόν) und „Sterblichkeit" (τὸ θνητόν) (1Kor 15,53) neu zur Geltung zu bringen und theologisch zu durchdringen.

2. Theologie des Todes nach Röm 5,12–21 und Röm 7

Wer über die „Entdramatisierung" des Sterbens in neutestamentlichen Zeugnissen spricht, wie sie schon in den unter Punkt 1 behandelten Texten zum Ausdruck kommt, muss freilich zuerst vom „Drama" des Todes selbst handeln, wie Paulus es vor allem in seinem letzten uns bekannten Brief, dem an die Römer, in Szene gesetzt und reflektiert hat, insbesondere in Röm 5. „In Szene gesetzt" deshalb, weil er hier vom Θάνατος – dem Tod – und der korrespondierenden Größe der Ἁμαρτία – der Sünde – metaphorisch wie von zwei auf der Bühne der Weltgeschichte agierenden Mächten spricht.[23] Alles, was er in dieser Hinsicht in Röm 5,12–21, aber auch vorweg in Röm 1,18–2,29; 3,9–20 und dann in Röm 7 anthropologisch und erfahrungsbezogen unter Rekurs auf die Schrift entwickelt, hat indes einen christologisch-theologischen Grund, weshalb auch von seiner „*Theologie* des Todes" gesprochen werden muss, und dieser Grund ist die Auferweckung des Gekreuzigten durch Gott selbst, zu der sich zu bekennen die *einzige* Heilschance des Menschen ist.[24] Nur unter Voraussetzung dieses

---

22 Aus der uferlosen Literatur zu diesem Text verweise ich hier nur auf die knappe Problemskizze von N. WALTER, Der Brief an die Philipper, in: NTD 8/2: Die Briefe an die Philipper, Thessalonicher und an Philemon, Göttingen 1998, 43 f.

23 H. SCHLIER, Grundzüge einer paulinischen Theologie, Freiburg 1978, 107–121. Vgl. auch L. BORMANN, Reflexionen über Sterben und Tod bei Paulus, in: F. W. HORN (Hg.), Das Ende des Paulus. Historische, theologische und literaturgeschichtliche Aspekte (BZNW 106), Berlin/New York 2001, 307–330.

24 Die Frage, ob damit nach Paulus das Heil der Menschen insgesamt von ihrem expliziten Christus-Bekenntnis abhängig gemacht wird, muss uns hier nicht beschäftigen. Dennoch sei wenigstens angemerkt, dass Paulus einerseits Gerechte des Alten Bundes wie Abraham kennt, von dem er sagt, er sei gerechtfertigt aufgrund seines Glaubens *ohne* explizites Christus-Bekenntnis (Röm 4 und Gal 3 präsentieren Abraham nicht einfach als geschichtsloses *exemplum*, sondern als Gestalt der Geschichte), und der andererseits im Blick auf die Zukunft Israels in Röm 11,25–27 ausführen kann, dass es der Parusie-Christus selbst sein wird, durch den „ganz Israel gerettet wird", dessen

Apriori des Glaubens konnte sich Paulus nämlich auch die abgrundtiefe Verlorenheit der Menschheit *insgesamt* erschließen – und das heißt für ihn als Juden: die Verlorenheit der Heiden *und auch* der eigenen Volksgenossen, die keineswegs um ihrer eigenen wie der Erwählung Israels als solcher willen eine Insel im Meer der Verlorenheit behaupten können.[25] Schon der Rückgriff auf den Adam-Mythos (jenseits der Erwählungsfigur Abraham) in Röm 3,23, 5,12–21 und 7,8–11 folgt dieser Logik, wie auch die Anklage von Röm 3,9 ff. nur die Kehrseite der christologischen Medaille ist, dass nämlich die σωτηρία allein durch Christus kommt: „Juden und auch Griechen, *alle*, sind unter der Sünde, wie geschrieben steht: ‚Da ist *keiner* gerecht, auch *nicht einer*, da ist *keiner*, der verständig ist, da ist *keiner*, der nach Gott sucht, *alle* sind sie abgewichen und *allesamt* verdorben' [...]".

Aber nicht nur die Einsicht in die universale Reichweite des Israel überschreitenden Unheilszusammenhangs – und hierfür ist Adam als der alle Menschen umfassende „Eine" (Röm 5,15–18; vgl. V.12.19) das Symbol[26] –, auch die Einsicht in seine Intensität resultiert aus dem theologischen Apriori. Diese Intensität enthüllt der Blick auf den Θάνατος. Denn für Paulus ist dieser mehr als nur das über Adam und seine Nachkommen als Strafe für ihren Ungehorsam verhängte physische „Sterben"[27], sondern die Macht, die ihr Sterben, aber eben nicht nur dieses, zu einem Realvollzug absoluter Gottesferne werden lässt.[28] Dies bringt schon der Anakoluth Röm 5,12 am Eingang der Adam-Christus-Parallele zum Ausdruck, wo es heißt: „Deshalb wie durch *einen* Menschen die Sünde in die Welt gekommen ist (= a) und durch die Sünde der Tod (= b), und so der Tod zu *allen* Menschen gelangte (= b¹), weil *alle* sündigten (= a¹)".

„Rettung" also nicht durch eine Bekehrung der Juden zum Evangelium der Kirche konditioniert wird; m. E. ist dies für den darüber hinausgehenden hermeneutischen Diskurs zur Frage nach dem Heil der Menschen von beträchtlichem Gewicht; vgl. M. THEOBALD, Das Heil der Anderen. Neutestamentliche Perspektiven, in: D. SATTLER/ V. LEPPIN (Hg.), Dialog der Kirchen (Veröffentlichungen des Ökumenischen Arbeitskreises evangelischer und katholischer Theologen, Bd. 15), Freiburg 2012 (im Druck).

25 Vgl. M. THEOBALD, Der Römerbrief (EdF 294), Darmstadt 2000, 119 f.
26 H. SCHLIER, Der Römerbrief (HThK VI), Freiburg 1977, 179–189, Exkurs: Adam bei Paulus, 189: „Adam ist für den Apostel Paulus der Mensch hinsichtlich seiner einen, gemeinsamen Herkunft, die ihn immer schon bestimmt, die er jeweils in seinem Leben austrägt, in der er sich unentrinnbar aufhält. Adam ist das menschliche Dasein in seiner Konkretion, aus dem der Mensch kommt, das er vollzieht und in dem er verweilt."
27 KREMER, Auferstehung (s.o. Anm. 14), 83: Nirgends erklärt Paulus, „wie es heute meist geschieht, das Sterben als bloßes Naturphänomen, als biologisches Ende menschlichen Lebens infolge der Zerstörung oder des Erlöschens der körperlichen Kräfte. (Eine solche Sicht klingt allenfalls 1Kor 15,45 an: ‚Der erste Adam wurde zu einem lebenden Wesen [ψυχὴν ζῶσαν]')".
28 Vgl. hierzu M. THEOBALD, Römerbrief. Kapitel 1–11 (SKK.NT 6/1), Stuttgart ³2002, 153–176.

Zweierlei besagt dieser Chiasmus: Der Tod ist (entsprechend dem Tun-Ergehen-Zusammenhang) die Folge der Sünde in dem Sinne, dass er die in der Sünde sich vollziehende Absage an den Schöpfer im Sterben als absolute Ferne von ihm besiegelt. Sodann: Dieser Zusammenhang von Sünde und Tod (a – b) ist nicht einfach nur über die Menschheit von Adam her verhängt, sondern dem entsprechend, dass die Sünde durch das Sündigen in die Welt kam (a)[29], ratifizieren die Menschen auch stets durch ihr Sündigen beziehungsweise ihre sich verfehlende Existenz ihr Sterben als ein Sterben in die Gottverlorenheit hinein (b¹ – a¹). Mit anderen Worten: Sünde und Tod sind für Paulus keine naturgegebenen, schicksalhaften Qualifikationen menschlichen (leiblichen) Seins im Sinne eines (gnostischen) Dualismus, sondern bleiben – trotz des bei Paulus immer auch mitzudenkenden die Geschichte durchwirkenden Machtcharakters von Θάνατος und Ἁμαρτία – menschliche Tat.[30] Daraus folgt dann aber auch, dass der Tod des Menschen diesen seinen durchgängigen Charakter als ein Sterben in die absolute Gottesferne hinein einbüßen kann, wenn er unter anderen Vorzeichen „bestanden" wird.[31]

Dass der Θάνατος, wie angedeutet, nicht nur das Sterben des Menschen, sondern seine Lebensführung insgesamt durchwirkt, bringt Paulus in seiner *confessio* Röm 7 zur Sprache. Als „Analyse des menschlichen Daseins"[32] beansprucht sie Allgemeingültigkeit. Wenn Paulus sie in den Ausruf münden lässt: „Ich elender Mensch! Wer wird mich aus dem Leib dieses Todes befreien?[33] – Dank aber dem Gott durch Jesus Christus, unseren Herrn", dann bringt er hiermit die Ausweglosigkeit immer wieder misslingenden ethischen

---

29 Vgl. R. BULTMANN, Theologie des Neuen Testaments, Tübingen ⁶1968, 251.
30 Maßgebend hierfür ist der biblische Gedanke der Geschöpflichkeit des Menschen; SCHLIER, Grundzüge (s.o. Anm. 23), 117, formuliert es so: „Im Horizont paulinischen Denkens ist der Mensch – damit ja auch seine Welt – nicht einfach ‚einschichtig' zu sehen, und die Urteile über ihn können daher nie einlinig oder einfach sein. Der Mensch ist gut! Nein, er ist auch böse; er ist gut als Geschöpf, aber böse als der gegen seine Geschöpflichkeit Existierende. [...] Und beides nicht in dem Sinne, dass er nur innerhalb seiner Existenz Gutes und Böses tut, also Gutes und Böses nebeneinanderliegen hat – das natürlich auch! –, sondern in dem Sinne, dass [...] sein Gutsein als das Gutsein des Geschöpfes, das eine Realität ist, durch seinen eigensüchtigen und selbstmächtigen Lebensvollzug in ungerechter und selbstgerechter Existenz ständig von ihm bestritten wird, und dieses sein böses Wirken aber auch ständig von seinem Geschöpfsein her nicht nur getragen, sondern auch angegangen wird [...]. Immer wieder bricht die Geschöpflichkeit, sein Von-Gott-her-zu-Gott-hin-Sein, durch und erhebt ihrerseits ständigen Einspruch gegen die Eigenmächtigkeit und Selbstsucht, sein Sein – könnte man auch sagen, aber das ist ganz formalisiert – gegen seine Seinsweise".
31 Vgl. unten Absatz 3!
32 SCHLIER, Röm (s.o. Anm. 26), 234.
33 Das Stichwort θάνατος legt sich in Röm 7,13.24 wie eine Klammer um den ganzen Absatz: Es ist das Vorzeichen, unter dem dieser gelesen werden will.

Strebens auf den Punkt: „Denn ich weiß, dass in mir, das heißt in meinem Fleisch, nichts Gutes wohnt. Wollen habe ich wohl, aber das Gute vollbringen kann ich nicht. Denn das Gute, das ich will, das tue ich nicht; sondern das Böse, das ich nicht will, das tue ich [...]" (Röm 7,18 f.). Die Danksagung, die der Klage des „Ichs" unmittelbar antwortet, zeigt demgegenüber, dass „Errettung" aus dem Tod – der „Gefangenschaft" (Röm 7,23: αἰχμαλωτίζειν) des den leiblich-geschichtlichen Menschen „beherrschenden, von der Sünde bestimmten und Sünde provozierenden Gesetzes"[34] – möglich ist, dann nämlich, wenn – wie die zweite Tafel des Diptychon, Röm 8, vor Augen führt – menschliches Leben in der Kraft des Geistes Gottes gelingt. Gelingen kann es aber nur in der „Erfüllung" des Gesetzes (Röm 8,4), die nach Röm 13,10 im Tun der ἀγάπη besteht.

3. Die christologische „Entdramatisierung" des Todes

Schon die bisherige Darlegung ließ die Möglichkeit aufscheinen, dass eine „Entdramatisierung" des Todes für Paulus im Rahmen des christologischen Bekenntnisses denkbar und lebbar ist. „Entdramatisierung" heißt in diesem Zusammenhang, dass dem θάνατος – im Bild von 1Kor 15,56 gesprochen[35] – der „Stachel der Sünde" gezogen ist[36], was bedeutet, dass ihm die vernichtende Kraft, die das Sterben zu einem Sterben in die absolute Gottesferne hinein werden lässt, genommen ist. Der Grund dafür liegt darin, dass Paulus zufolge Jesus in seinem Sterben stellvertretend für uns den der Sündenmacht geschuldeten θάνατος erlitten (somit die „Logik" von Röm 5,12 am eigenen Leib durchgetragen) und so die Macht der Sünde endgültig zerbrochen hat.[37] Fortan *muss* das Sterben des Menschen nicht mehr ein Sterben in die absolute Gottesfinsternis oder Sinnlosigkeit hinein sein, sondern *kann* im Blick auf den Gekreuzigten in der Kraft des Geistes Gottes „bestanden" werden.

---

34 SCHLIER, Röm (s.o. Anm. 26), 234.
35 1Kor 15,56: „Der Stachel des Todes aber ist die Sünde, die Kraft der Sünde aber ist das Gesetz".
36 W. SCHRAGE, Der erste Brief an die Korinther (1Kor 15,1–16,24) [EKK VII/4], Düsseldorf/Neukirchen-Vluyn 2001, 380 f., zu V.55 (Hos 13,14): „Κέντρον kann entweder der Stachel des Tieres sein, der verwundet oder tötet, wie zum Beispiel der eines Skorpions (vgl. Offb 9,10), oder der Stachelstock beziehungsweise die Stachelpeitsche, mit der man ein bockendes Tier beherrscht. Der Tod ist dann entweder als gefährliches Tier oder als eine Person vorgestellt, die mit dem Treibstachel herrscht oder quält. Beides mag hineinspielen, doch entscheidend dürfte der Herrschaftsgedanke sein, das heißt in gewisser Weise ist κέντρον = δύναμις, wie die Parallelität in V. 56 bestätigt".
37 Vgl. M. THEOBALD, Die Deutung des Todes Jesu nach Gal 3,6–14, in: BiKi 64 (2009) 158–165.

Wie eingangs erwähnt, hat Paulus nirgends auf dieser Basis eine christliche Theologie des Sterbens ἐν Χριστῷ[38] entfaltet, aber es zeichnen sich bei ihm doch *drei* Kontexte von Todes- beziehungsweise Sterbens-Aussagen ab, auf deren Rückseite der Raum menschlichen Sterbens frei wird – frei vom „Drama" der Sünde, und das heißt: von der Absage an den Schöpfergott samt den Folgen, die solche Absage für das Geschöpf zeitigt: Selbstwiderspruch oder Entfremdung von dem ihm eingestifteten Lebenssinn[39], Verfinsterung des Sterbens zu einem Sterben in die eigene Ausweglosigkeit hinein.

„die wir der Sünde gestorben sind" (Röm 6,2)
Der erste Kontext ist die Theologie der Taufe (Röm 6). Für sie greift Paulus wahrscheinlich auf ein schon vor ihm entwickeltes Verständnis des Ritus als Mitsterben und Mitauferstehen mit Christus zurück (vgl. Kol 2,12), das sich möglicherweise an die zeitgenössischen Mysterienkulte anlehnte. Auch dort erfährt der Initiand Heil, „indem er das Geschick der Gottheit in anschaulichen Riten nachvollzieht"[40]; er tut dies, um angesichts des Todes bestehen zu können[41]. Paulus deutet das Mitsterben in der Taufe als ein dank des Heilstodes Jesu definitiv der Sünde Gestorbensein des Menschen, das sich jenseits seiner Konversion nun auch ethisch als „ein Wandeln in der Neuheit des Lebens" (Röm 6,4) erweist. Hat der Glaubende damit den Tod insofern in Christus hinter sich, als er aus dem Herrschaftsbereich von ἁμαρτία und θάνατος

---

38 Nach LINDEMANN, 1Kor (s.o. Anm. 17), 340, spricht Paulus nirgends „von einem Sterben ἐν Χριστῷ", weder in 1Kor 15,18, noch in 1Thess 4,16, wo ἐν Χριστῷ (gegen die Luther- und Einheitsübersetzung) auf das Verb, nicht auf οἱ νεκροί zu beziehen sei: „und die Toten werden zuerst auferstehen in Christus" (vgl. DERS., Korinthische Eschatologie [s.o. Anm. 14], 379 f.).
39 Diesen wollte „die gute Weisung" Gottes (Röm 7,12) immer schon befördern.
40 D. ZELLER, Der Brief an die Römer (RNT), Regensburg 1984, 125; vgl. auch A. J. M. WEDDERBURN, Baptism and Resurrection. Studies in Pauline Theology against Graeco-Roman Background (WUNT 44), Tübingen 1987; B. W. R. PEARSON, Baptism and Initiation in the Cult of Isis and Sarapis, in: S. E. PORTER/A. R. CROSS (Hg.), Baptism, the New Testament and the Church. Historical and Contemporary Studies in Honour of R. E. O. White (JSNT.S 171), Sheffield 1999, 42–62.
41 W. BURKERT, Antike Mysterien. Funktionen und Gehalt, München ²1991, 29: „Die Angst vor dem Tod ist eine Grundgegebenheit im Menschenleben, eine immer wieder aufbrechende Not. ‚Wenn einer nahe daran ist, dass er glaubt bald zu sterben', heißt es bei Platon, ‚überkommen ihn Furcht und Sorge um Dinge, um die es ihm früher nicht zu tun war' [Rep. 330d]; dem Bedürfnis nach Lebenshilfe in solcher Situation kamen die Mysterien entgegen, gerade mit den Jenseitsverheißungen, die sie zu bieten hatten. […] Es ist einleuchtend zu denken, dass das Zentrum aller Initiation Tod und Wiedergeburt sein müssen, dass Tod und neues Leben auf diese Weise im Ritual vorweggenommen seien und dass der reale Tod so zu einer sekundären Wiederholung gemacht werde; direkte Zeugnisse hierzu sind spärlich".

definitiv herausgestorben ist, so kann er als Getaufter im Glauben nun auch getrost in die Zukunft schauen.

„immer das Sterben Jesu am Leib herumtragend" (2Kor 4,10)
Der zweite Kontext ist das Selbstverständnis des Paulus als Apostel des gekreuzigten Jesus, wie er es gegen alle möglichen Anfeindungen insbesondere im 2. Korintherbrief entfaltet: „Wir haben diesen Schatz aber in tönernen Gefäßen, damit das Übermaß der Kraft von Gott ist und nicht aus uns. In allem werden wir bedrängt, aber nicht in die Enge getrieben, wir zweifeln, aber verzweifeln nicht, wir werden verfolgt, aber nicht verlassen, wir werden niedergeworfen, aber nicht vernichtet. Immer tragen wir *das Sterben Jesu am Leib* herum, damit auch das *Leben Jesu an unserem Leib* offenbar wird. Denn immer werden *wir, die wir leben, in den Tod übergeben um Jesu willen*, damit auch *das Leben* offenbar wird an unserem *sterblichen Fleisch*. Deshalb ist *der Tod in uns* am Werk, *das Leben in euch*" (2Kor 4,7–12). Diese tief beeindruckenden Sätze[42] dürfen vom apostolischen Dienst – der Verkündigung und dem entsprechenden Lebenseinsatz des Apostels um seiner Gemeinden willen – nicht losgelöst werden. Wenn Paulus behauptet, dass er in seiner leiblichen Existenz den Gekreuzigten epiphan werden lässt, damit das Leben bei denen Raum greifen könne, denen er das Evangelium kundtut, dann will er das als Apologie denen gegenüber verstanden wissen, die nach einem glanzvollen Auftritt der Boten des Auferweckten rufen. Damit verfälschen sie aber nach seiner Ansicht das Evangelium, weil dieses den Auferweckten nie ohne den Gekreuzigten kundtut. Ging es bei der Tauftheologie um den *definitiven Tod*, so hier in der Apologie um das Epiphan-Werden des „*Sterbens* Jesu", das an den Einsatz des Apostels für die Menschen gebunden ist.

„Um deinetwillen werden wir getötet den ganzen Tag" (Röm 8,36 = Ps 43,23 LXX)
Der dritte Kontext umfasst alle möglichen Kontingenz- und Leiderfahrungen, insoweit christliche Existenz (und nicht nur der Apostel in seinem apostolischen Dienst) ihnen ausgesetzt ist. In Röm 8,35, am Ende des ersten großen Hauptteils des Schreibens, fragt Paulus: „Wer will uns scheiden von der Liebe Christi? Trübsal oder Angst oder Verfolgung oder Hunger oder Blöße oder Gefahr oder Schwert?" und antwortet mit dem Psalmwort: „Um deinetwillen werden wir *getötet* den ganzen Tag" (Röm 8,36 = Ps 43,23 LXX); und er fährt fort: „ich bin […] überzeugt, dass *weder Tod noch Leben*, weder Engel noch Mächte noch Gewalten, weder Gegenwärtiges noch Zukünftiges, weder Höhe

---

42 Zu ihrer sprachlich-stilistischen Gestalt, zur zugrundeliegenden Gattung und ihrer Auslegung vgl. M. EBNER, Leidenslisten und Apostelbrief. Untersuchungen zu Form, Motivik und Funktion der Peristasenkataloge bei Paulus (FzB 66), Würzburg 1991, 20–92; außerdem SCHMELLER, 2Kor I (s.o. Anm. 18), 250–269.

oder Tiefe noch irgendeine andere Kreatur uns scheiden können von der Liebe Gottes, die in Christus Jesus ist" (Röm 8,38 f.). Auch in 1Kor 15,30 meint Paulus „vielleicht" „die Gefährdung, in der das Leben aller Christen (oder der Verkündiger?) immer steht"[43], wenn er als *argumentum ad hominem* zugunsten des Glaubens an die Auferweckung der Toten fragt: „Wozu befinden *wir* uns dann jede Stunde in Gefahr?" Und er fügt im Blick auf die eigene Anfechtung hinzu – verdichtet in der *einen* metaphorischen Aussage[44]: „*Täglich sterbe ich* – wahrhaftig, bei meinem Stolz auf euch, Brüder, den ich habe in Christus Jesus, unserem Herrn" (1Kor 15,31). A. Lindemann erklärt dazu: „Die Gefährdung des Lebens um des Glaubens willen (V. 31 f.) hat einen ,Nutzen' nur, wenn eine Zukunft jenseits des Todes erwartet wird"[45].

Das also ist die Alternative zur vertieften christologischen Deutung des eigenen „Sterbens" nach dem Muster von 2Kor 4,10: die „Leiden der gegenwärtigen Zeit" ins Licht der zukünftigen Auferstehung der Toten zu rücken[46].

4. Der Topos der „Vergleichgültigung" von Leben und Tod bei Paulus

Röm 8,39 („weder Tod noch Leben") führt uns zu einer formelhaften Redeweise in den paulinischen Briefen, die mit einem „ob – ob" oder „sei es – sei es" Leben und Tod, so provokant es klingt, auf dieselbe nachrangige Stufe stellt – gemessen an dem Dritten, das einzig zählt und das die menschlich sonst nicht relativierbare Alternative als gleichgültig, als *Adiaphora* erscheinen lässt.[47] Die-

---

43 LINDEMANN, 1Kor (s.o. Anm. 17), 351.
44 Vgl. auch 2Kor 6,9: „wir sind *wie Sterbende* und siehe, *wir leben*; wir werden gezüchtigt und doch nicht getötet". Hierzu vgl. Ps 117,17 f. LXX: „Ich werde nicht *sterben*, sondern *leben*, und ich werde die Werke des Herrn erzählen. Sehr gezüchtigt hat mich der Herr, aber mich nicht *dem Tod übergeben*."
45 LINDEMANN, Eschatologie (s.o. Anm. 14), 385.
46 Vgl. Röm 8,18–30; kurz zuvor spricht er aber auch von einem „Mitleiden" und „Mit-Verherrlicht-Werden" mit Christus (Röm 8,17).
47 J. L. JAQUETTE, Discerning What Counts: The Function of the Adiaphora Topos in Paul's Letters (SBLDS 146), Atlanta 1995, zeigt im Kapitel: „Life and Death as Matters of Indifference" (109–137) an Phil 1,21–26, 1Thess 5,10 und Röm 14,7–9, dass auch Paulus sich des aus der Popularphilosophie bekannten „ἀδιάφορα topos" bedient, wobei sein *summum bonum* freilich von dem der Philosophen merklich unterschieden ist: „The faithfulness of God in the death and resurrection of Christ provides the ultimate source of hope and proper attitude towards life and death" (136). „Paul demonstrates great creativity in his use of the life and death ἀδιάφορα topos. Like the moralists Paul agrees that life and death may be either advantageous or disadvantageous but cannot ultimately affect the *summum bonum* specifically defined.

ses Dritte ist die sich in Leben oder Tod durchhaltende Beziehung zum „Herrn", deren „Haltbarkeit" nicht am Verhalten der Menschen zu ihm, sondern umgekehrt an seiner Treue zu ihnen hängt, die den Abgrund des Todes relativiert.[48] Solche disjunktive Redeform begegnet im ältesten Brief, dem an die Thessalonicher (1Thess 4,10), und hält sich durch bis zum letzten Brief, dem an die Römer (Röm 14,8):

	Leben	Tod	Christus, der Herr
1Thess 5,10			(durch unseren *Herrn* Jesus Christus), der für uns gestorben ist,
	damit, ob (εἴτε) wir nun wachen	oder ob (εἴτε) wir schlafen,	
			zugleich mit ihm leben werden.
1Kor 3,22 f.	Sei es (εἴτε) Welt, sei es (εἴτε) Leben,	sei es (εἴτε) Tod,	
	sei es (εἴτε) Gegenwärtiges,	sei es (εἴτε) Zukünftiges,	
			alles ist euer, ihr aber seid *Christi*, Christus aber ist Gottes.
2Kor 5,9			Darum setzen wir auch unsere Ehre darein,
	ob (εἴτε) wir daheim (ἐνδημοῦντες)	oder ob (εἴτε) wir in der Fremde sind (ἐκδημοῦντες),	

The *topos* is creatively employed to exemplify, console and correct" (137); vgl. DERS., Life and Death, Adiaphora, and Paul's Rhetorical Strategies, in: NT 38 (1996), 30–54. – Eines von vielen Beispielen sei zitiert, nämlich EPIKTET, Diss. 2.19.13: „Of things some are good, others bad, and yet others indifferent (ἀδιάφορα). Now the virtues and everything that shares in them are good, while vices and everything that shares in vice are evil, and what falls in between these, namely, wealth, health, *life* (ζωή), *death* (θάνατος), pleasures, pain, are indifferent (ἀδιάφορα)" (in: DERS., The discourses as reported by Arrian, the Manual, and Fragments, hg. u. übersetzt v. W. A. OLDFATHER, Bd. 1 [LCL], London 1925, 362 f.)

48 Die Dominanz der κύριος-Prädikation in den Beispielen fällt auf.

Fortsetzung

	Leben	Tod	Christus, der Herr
			ihm (sc. dem *Herrn*: vgl. V.8) zu gefallen.⁴⁹
Phil 1,20 f.			entsprechend meinem [...] Hoffen, dass [...] in aller Öffentlichkeit *Christus* wie immer so auch jetzt verherrlicht wird in meinem Leib,
	sei es (εἴτε) durch Leben,	sei es (εἴτε) durch Tod	
Röm 8,38 f.			Denn ich bin davon überzeugt, dass
	weder (οὔτε) Tod,	noch (οὔτε) Leben [...],	
	weder Gegenwärtiges,	noch Zukünftiges [...]	
			uns scheiden können von der Liebe Gottes, die in Christus Jesus ist, unserem *Herrn*.
Röm 14,8	Ob (ἐάν τε) wir also leben	oder ob (ἐάν τε) wir sterben (ἀποθνῄσκομεν),	
			wir sind des *Herrn*⁵⁰.

---

49 Die Formulierung ist schwierig, weil unklar ist, worauf sich die beiden Partizipien (in den beiden ersten Spalten) jeweils syntaktisch beziehen: auf das Prädikat („wir suchen unsere Ehre") oder auf den abhängigen Infinitiv („ihm zu gefallen"); von der Wortstellung her wahrscheinlich auf das Prädikat, auch wenn sich dann das sachliche Problem ergibt, dass Paulus sich „auch nach dem Tod noch um ein adäquates Verhalten bemühen würde, während nach V.10 die *irdische* Existenz gerichtsentscheidend ist"; für die Formulierung seien „rhetorische Gesichtspunkte" „verantwortlich" zu machen, erklärt SCHMELLER, 2Kor I (s.o. Anm. 18), 303, eine Annahme, die sich durch den Hinweis auf die hier festgestellte *geprägte* Redeform noch verstärken lässt.

50 Hierzu vgl. M. THEOBALD, Der Einsamkeit des Selbst entnommen – dem Herrn gehörig. Ein christologisches Lehrstück des Paulus (Röm 14,7–9), in: DERS., Studien zum Römerbrief (WUNT 136), Tübingen 2001, 142–161. – V.8 ist Teil des kleinen Lehr-

Fortsetzung

	Leben	Tod	Christus, der Herr
Sonderfall			
2Kor 1,6	Sei es (εἴτε δέ), dass wir bedrängt werden, (dann geschieht es) für euren Trost und eure Rettung;	sei es (εἴτε), dass wir getröstet werden, (dann geschieht es) für euren Trost […].	

Die Alternative kann direkt benannt (Leben oder Tod beziehungsweise leben oder sterben) oder metaphorisch ausgedrückt werden (wach sein oder schlafen; in der Fremde oder daheim sein), wie auch unterschiedlich bezogen sein: In 1Thess 5,10 sind zwei Gruppen im Blick: „wir, die Lebenden" (1Thess 4,15) (= die Wachenden) beziehungsweise die vor der Parusie „Entschlafenen" (1Thess 4,14), während es sonst jeweils um dieselben Personen geht – in 2Kor 5,9, Phil 1,20 f. und 2Kor 1,6 um Paulus selbst.

Von den drei zuletzt genannten Stellen sind 2Kor 5 und Phil 1 besonders bemerkenswert, weil Paulus hier nicht nur die Zweitrangigkeit der beiden Alternativen im Vergleich zum einzig Notwendigen – der „Verherrlichung" Christi „an seinem Leib" – zum Ausdruck bringt, sondern darüber hinaus auch noch zu erkennen gibt, dass zu sterben eigentlich das Bessere wäre. So erklärt er im Anschluss an Phil 1,20 f.: „Für mich nämlich heißt Leben Christus und Sterben Gewinn. Soll ich aber im Fleisch (weiter) leben, so bedeutet das für mich Frucht des Werkes. *Und was ich wählen soll, weiß ich nicht*. Von beiden Seiten werde ich in Bann gehalten, habe ich doch das Verlangen, aufzubrechen (τὴν ἐπιθυμίαν ἔχων εἰς τὸ ἀναλῦσαι) und mit Christus zu sein. *Denn das wäre um weit vieles besser* (πολλῷ γὰρ μᾶλλον κρεῖσσον)! Im Fleisch zu verbleiben aber ist notwendiger um euretwegen" (Phil 1,21–24). Was ihn in seiner kriti-

---

stücks Röm 14,7–9: „Keiner von uns lebt […] für sich und keiner stirbt für sich; denn wenn wir leben, leben wir dem Herrn, wenn wir sterben, sterben wir dem Herrn; ob wir also leben und ob wir sterben, wir gehören dem Herrn. Denn dazu ist Christus gestorben und zum Leben gekommen, damit er über die Toten und die Lebenden Herr sei." Wenn JÜNGEL, Tod (s.o. Anm. 1), 145, den Tod biblisch-anthropologisch als „das Ereignis der die Lebensverhältnisse total abbrechenden Verhältnislosigkeit" definiert und als zweite Dimension des biblischen Todesverständnisses „die Rede vom *Sieg* des am Tod des Menschen partizipierenden Gottes *über den Tod*" nennt (146), dann zeigt sich dieser Sieg paulinisch gerade darin, dass im Tod die „Verhältnislosigkeit" des Menschen von seiner „Zugehörigkeit" zum österlichen „Herrn" umfangen, von der durch ihn gestifteten und im Tod sich durchtragenden „Beziehung" überholt wird.

schen Situation im Gefängnis am Leben hält und an es bindet, ist demnach – trotz seines persönlichen Wunsches, zu sterben, um „mit Christus zu sein"[51] – die Verantwortung für die Seinen als Apostel und darüber hinaus überhaupt die Erwartung, „Frucht des Werkes" zu ernten, das heißt in der ihm obliegenden Mission Ertrag zu sehen[52]. Überraschend ist die Formulierung deswegen, weil Paulus hier etwas als seine eigene Wahl *inszeniert*, was in Wahrheit seiner Wahlmöglichkeit *entzogen* ist; denn wie der Prozess gegen ihn ausgehen würde, darüber befand ja nicht er, sondern andere.[53] Aber seine Worte zeugen von einer inneren Freiheit angesichts des ihm drohenden Todes, und darauf kam es ihm an.

In 2Kor 5,8, wo Paulus sich im Unterschied zu Phil 1 nicht akut bedroht sieht, sondern vom Tod vielmehr im Rahmen einer Apologie seines apostolischen Dienstes handelt, erklärt er unmittelbar vor dem oben in die Tabelle aufgenommenen Satz: „Wir sind aber guten Mutes (θαρροῦμεν), ja wir ziehen es sogar vor (εὐδοκοῦμεν μᾶλλον), aus dem Leib auszuziehen und beim Herrn Heimat zu nehmen". Doch höchste Priorität habe es in jedem Falle für ihn, „dem Herrn zu gefallen" (V.9). Wahrscheinlich steht im Hintergrund von 2Kor 5,9 „antike Sterbe-Ethik", jedenfalls, was die beiden folgenden Elemente betrifft: „(a) die Vergleichgültigung von Leben und Sterben durch das Kriterium der Pflichterfüllung und (b) die im Leben wie Sterben zu bewährende

---

51 Das klingt nach Todessehnsucht, ist es aber nicht, denn das von Paulus ersehnte „Aufbrechen" (ἀναλῦσαι) – ein Euphemismus für „sterben" – zielt ja auf seine Gemeinschaft mit Christus, welche die Vollgestalt des „Lebens" ist; V.21a sagt es ganz deutlich: „denn für mich heißt das Leben Christus (ἐμοὶ γὰρ τὸ ζῆν Χριστός); hierzu J. GNILKA, Der Philipperbrief (HThK X/3), Freiburg 1968, 71: „Christus ist die Ermöglichung und der tragende Grund des Lebens, das für Paulus allein in Frage kommt".

52 Auch WALTER, Phil (s.o. Anm. 22), 42, betont, dass Paulus sich hier keineswegs „lebensmüde (wie etwa Elia, 1Kön 19,4)" zeigt. Er setzt „wohl auf eine Art ‚göttlicher Ökonomie', so dass er annimmt, ja ‚weiß': meine Rolle hier auf Erden ist noch nicht ausgespielt; Gott hat noch einiges mit mir vor. Und etwas davon würde ein Wiedersehen mit den Philippern sein; diese Erwartung spricht er ja auch in 2,24 aus".

53 Angesichts solch gezielter sprachlicher Inszenierung lässt sich die hier geäußerte Freiheit, selbst den Tod wählen zu können, nicht für das in der Antike lebhaft diskutierte Thema „Freitod" auswerten; nach M. VOGEL, Commentatio mortis. 2Kor 5,1–10 auf dem Hintergrund antiker ars moriendi (FRLANT 214), Göttingen 2006, 341, tritt der Freitod „nirgends in den Horizont paulinischer Ethik"; vgl. auch A. J. DROGE, Mori lucrum. Paul and Ancient Theories of Suicide, in: NT 30 (1988), 263–286, sowie A. J. DROGE/J. D. TABOR, A Noble Death. Suicide and Martyrdom among Christians and Jews in Antiquitiy, San Francisco 1992. Den antiken Hintergrund des Textes leuchtet aus: S. VOLLENWEIDER, Die Waagschalen von Leben und Tod. Zum antiken Hintergrund von Phil 1,21–26, in: ZNW 85 (1994), 93–115.

Verantwortung gegenüber einer göttlichen Instanz"[54]. Zu beiden Punkten führt M. Vogel aus: „Antiker Sterbe-Ethik ist entscheidend daran gelegen, dass positiv bewertete Todesbereitschaft nicht zu unkontrollierter Todessehnsucht ausartet. Der philosophische Charakter sokratischen Zuschnitts wünscht zwar den Tod herbei, doch behält er unter allen Umständen einen klaren Kopf und weiß sich in der ihm verbleibenden Lebenszeit gegenüber seinen Mitmenschen in der Pflicht. Seine existentielle Bestimmtheit durch das vom platonischen Sokrates zum philosophischen Ideal erhobene ‚Sterbenwollen' (Phaid. 64) hindert ihn nicht daran, ganz ‚bei der Sache zu sein', die ihm als Lebensaufgabe übertragen ist"[55]. Gelesen auf diesem Hintergrund, ist auch 2Kor 5,8 f. ein Zeugnis der inneren Freiheit des Apostels angesichts der Sterblichkeit menschlicher Existenz. „Die göttliche Instanz", vor der *er* sich zu verantworten hat, ist „der Herr"[56], und die „Pflicht", die ihm dieser auferlegt, seine apostolische Sendung.

Nun geht Vogel aber noch einen entscheidenden Schritt weiter, wenn er das εὐδοκοῦμεν μᾶλλον in V.8 nicht wie gewöhnlich mit „wir ziehen es sogar vor" übersetzt, sondern mit dem Verb einen Willensentschluss zum Ausdruck gebracht sieht, der von der Tradition antiker *ars moriendi* her zu verstehen sei; dieser ginge es „elementar darum [...], ‚gelungenes' Sterben als *selbstbestimmte* Tat darzustellen, als einen Akt, der im Einklang mit der eigenen Willensentscheidung steht"[57]. „Das θαρρεῖν heißt ja: wir schauen dem Tod getrost ins Auge, das εὐδοκοῦμεν μᾶλλον: ja, wir begrüßen ihn sogar"[58]. Und wie begrüßen wir ihn? Vogel meint, das anschließende ἐκδημῆσαι ἐκ σώματος sei zweideutig, es bezeichne „das Verlassen des Leibes im Tode", aber zugleich auch „die bei Lebzeiten vollzogene Distanzierung vom irdischen Leib", die nach antiker *ars moriendi* die Voraussetzung für das „Gelingen" des Sterbens sei[59].

---

54 VOGEL, Commentatio (s.o. Anm. 53), 353; auf die (geprägte) Redeform geht der Autor nicht ein.
55 Ebd.
56 Nicht grundlos greift Paulus gleich im Anschluss in 2Kor 5,10 den Gerichtstopos auf: „Denn wir alle müssen vor dem Richterstuhl Christi erscheinen, damit jeder entsprechend dem erhält, was er im Leib getan hat, Gutes oder Schlechtes".
57 VOGEL, Commentatio (s.o. Anm. 53), 341.
58 So R. BULTMANN, Der zweite Brief an die Korinther (KEK Sonderband), Göttingen ²1987, 144, den VOGEL, Commentatio (s.o. Anm. 53), 339 f., als Autorität dafür zitiert, dass das μᾶλλον das erste Verb steigere; in seiner Übersetzung des Textes ist aber Bultmann zu Recht bei der Deutung: „*wir ziehen vor*" geblieben. Zugunsten der Wiedergabe des μᾶλλον mit „eher" (sie führt zu dem: „wir ziehen vor") spricht der Kontext, vor allem V.6 mit der hier schon deutlich werdenden Alternative („im Leib beheimatet" – „fern vom Herrn in der Fremde"), aus der jetzt der Vergleich hergeleitet wird.
59 VOGEL, Commentatio (s.o. Anm. 53), 343; vgl. 359: *Ars moriendi* ist „nach antikem Verständnis weitaus mehr [...] als die am Sterbebett zu leistende *consolatio*. Es geht

Dann wäre zu paraphrasieren: „Wir sind aber guten Mutes und sind sogar entschlossen, aus dem Leib auszuziehen – einst im Sterben, doch jetzt schon in der inneren Loslösung von ihm".

Damit überfordert Vogel aber den Text. Nicht nur, dass das εὐδοκοῦμεν μᾶλλον einen Vergleich zum Ausdruck bringt (keine Willensentschlossenheit an sich[60]); auch erklärt „das beim Herrn Heimat nehmen" (ἐνδημῆσαι πρός τὸν κύριον) das voranstehende „aus dem Leib auszuziehen" (ἐκδημῆσαι ἐκ σώματος) dahingehend, das dieses auf den Tod selbst zu beziehen ist als Voraussetzung eben des dann möglich gewordenen „Beim Herrn-Sein". Somit geht es Paulus hier nicht um das Sterben als solches, geschweige denn um eine *ars moriendi* als die Kunst, den Tod als Tat schon in das gegenwärtige Leben hineinzuholen, sondern lediglich um den Vergleich der Existenz in der Fremde mit dem Sein beim Herrn und seine Überzeugung, dass dieses Sein als die eigentliche Bestimmung des Menschen seine Existenz in der Fremde um ein Vielfaches überragt.

Damit bleibt es auch angesichts dieses Textes bei unserer Eingangsthese: Paulus hat zwar das Sterben, den Tod im Kontext seines christologischen Bekenntnisses „entdramatisiert", er hat das irdische Leben wie auch das Sterben im Vergleich zu dem in Christus gewährten, wahren „Leben" „vergleichgültigt". Aber seine Texte lassen nicht erkennen, dass er eine eigene *ars moriendi* entwickelt, geschweige denn, dem Sterben eine christliche Deutung hätte zuteilwerden lassen; hier bleibt eine Leerstelle, die nicht unwichtig ist, weil sie zeigt, dass der Glaube an die Auferstehung nicht unbedingt dahin führen musste, das Geheimnis des Sterbens rationalem Zugriff auszusetzen. Das hat auch der dritte Evangelist nicht getan, aber er hat im Unterschied zu Paulus gezielt antike Traditionen einer *ars moriendi* aufgegriffen und seinen Lesern damit auch praktische Wege angesichts ihres eigenen Todes gewiesen.

5. *Ars moriendi* in der Nachfolge Jesu bei Lukas

Das lukanische Doppelwerk gibt verschiedentlich Spuren eines Nachdenkens über das Sterben und die Frage, wie ihm zu begegnen sei, zu erkennen. *Mors certa, hora incerta.* Unter diesem Motto könnte zum Beispiel die Geschichte vom reichen Kornbauern Lk 12,16–20 stehen, der seinen überreichen Ernteertrag in neue, größere Scheunen einzubringen gedenkt und sich in seiner

---

vielmehr um eine vom Todesproblem her aufgegebene lebenslange Formung des Charakters".

60 Vgl. auch SCHMELLER, 2Kor I (s.o. Anm. 18), 302 f., Anm. 770: „Dass allein schon die Wahl des Verbums εὐδοκέω dafür ausreicht, diese Interpretation zu rechtfertigen, scheint mir zweifelhaft".

Phantasie schon ausmalt, wie er dann zu sich sprechen wird: „Seele, du hast viele Güter für viele Jahre liegen. Sei ruhig: *iss, trink, freue dich* (φάγε, πίε, εὐφραίνου)" (Lk 12,19). Gleiches konnte man in der Antike zuweilen auf Grabinschriften lesen[61] – mit dem Effekt, dass es gleichsam die Verstorbenen waren, die es den Lebenden, die vor ihren Gräbern standen, aus dem Jenseits zuriefen. In der lukanischen Erzählung[62] ist es der Kornbauer, der es sich selbst sagen möchte, womit er aber das Wissen um die Kürze des Lebens und die Unerbittlichkeit des Todes, das hinter dem Motto steht, verdrängt. Gefangen in sich selbst, muss er erkennen, dass es noch einen Anderen gibt, mit dem er nicht gerechnet hat: Dieser Andere unterbricht ihn nicht nur in seinem Selbstmonolog, er bricht sogar sein Leben ab: „Gott aber sprach zu ihm: Du Narr, in dieser Nacht fordern sie deine Seele von dir; was du vorbereitet hast, wem wird es gehören?" (Lk 12,20). Das *memento mori*, das in solcher Situation, die der Mensch nicht verdrängen sollte, weil es keine Ausnahme, sondern die menschliche Grundsituation ist, dem Evangelisten zufolge angeraten ist (vgl. Lk

---

61 Aber nicht nur; vgl. W. Ameling, ΦΑΓΩΜΕΝ ΚΑΙ ΠΙΩΜΕΝ. Griechische Parallelen zu zwei Stellen aus dem Neuen Testament, in: ZPE 60 (1985), 35–43; die zweite neutestamentliche Stelle ist 1Kor 15,32 (mit Bezug auf Jes 22,13); F. Bovon, Das Evangelium nach Lukas (Lk 9,51–14,35) [EKK III/2], Zürich/Neukirchen-Vluyn 1996, 284 f. Außerdem vgl. das Selbstgespräch der Frevler Weish 2,1–9, besonders V.6–9: „Auf, lasst uns die Güter des Lebens genießen / und die Schöpfung auskosten, wie es der Jugend zusteht. / Erlesener Wein und Salböl sollen uns reichlich fließen, / keine Blume des Frühlings darf uns entgehen. / Bekränzen wir uns mit Rosen, ehe sie verwelken; / keine Wiese bleibe unberührt von unserem ausgelassenen Treiben. / Überall wollen wir Zeichen der Fröhlichkeit zurücklassen; / das ist unser Anteil, das fällt uns zu". Hierzu verweist A. Schmitt, Das Buch der Weisheit. Ein Kommentar, Würzburg 1986, 46, auf zwei Becher aus dem Silberschatz, „der in Boscoreale bei Pompeji gefunden wurde. Die Außenseite beider Becher ist je mit einem Totenrelief geschmückt. Ein Gerippe setzt sich einen Blumenkranz aufs Haupt, während ein anderes einen Kranz sinken lässt. Dazwischen steht: ‚Genieße das Leben, denn das Morgen ist dunkel.' Ein namenloser Lyriker spielt auf der Kithara. Das Thema seines Liedes gibt der beigeschriebene Spruch an: ‚Freu dich des Lebens!' Ringsherum zieht sich auf beiden Bechern eine üppige Rosengirlande hin. Man hat dabei an die ägyptische Sitte erinnert, nach der bei Gelagen nicht nur die Zecher wie in Griechenland sich bekränzten, sondern nach der man auch die Becher selbst bekränzte".

62 N. Neumann, Armut und Reichtum im Lukasevangelium und in der kynischen Philosophie (SBS 220), Stuttgart 2010, 73–83, arbeitet die lukanischen Spezifika der Erzählung auf ihrem kynischen Hintergrund heraus, was sich von daher nahe legt, dass ihr „Plot […] auch einer Reihe von Erzählungen der kynischen Literatur zugrunde(liegt), wie sie insbesondere in den menippischen Werken Lukians vorkommen" (73). „Vom Tode her betrachtet, ergibt das menschliche Streben nach Reichtum keinen Sinn. Reichtum ist vergänglich. Spätestens mit dem Moment seines Sterbens muss der Mensch von ihm lassen (vgl. Luc., D. Mort. 333)" (78).

12,21)⁶³, erschöpft sich nicht in philosophischen oder religiösen Gedanken, sondern besteht in einem mildtätigen Leben, und das heißt: „seinen Schatz im Himmel anzulegen, sich in Gott zu bereichern". Zwei Arten zu horten, gibt es nämlich nach Lukas: „Die eine ist eigennützig", so paraphrasiert F. Bovon die lukanische Anwendung der Erzählung; „sie rafft für sich selbst (ἑαυτῷ) zusammen, was auch immer die Güter sein mögen [...]. Die zweite ist uneigennützig; auch sie rafft zusammen, wenn wir so sagen dürfen, aber εἰς θεόν, wörtlich ‚auf Gott hin', ‚in Gott' (hier denkt Lukas vor allem an ausgeteiltes Geld und die ganze Liebe, die es darstellt). Dies ist seine Theologie"⁶⁴, die Theologie der Armut beziehungsweise Freiheit vom Besitz – und wir können hinzufügen: seine Art der Weisung, im Angesicht des Todes zu leben⁶⁵.

Eine andere Art lässt seine Passionserzählung durchscheinen, die gegenüber der markinischen Fassung deutlich neue Akzente setzt. Treffend summiert E. Schweizer: „Jesu Passion ist [...] so geschildert, dass sie den gesamten Dienst Jesu umfasst, in dem eine neue Möglichkeit menschlichen Lebens und Sterbens geschaffen wird. Wenn Glaube nicht nur Übernahme einer Formel oder eines Schemas ist, muss es gewisse Erfahrungsanalogien zwischen Jesus und Jüngerschar geben"⁶⁶. Was das Sterben betrifft, so ist es vor allem der betende Jesus –

---

63 „So geht es jedem, der nur für sich selbst (ἑαυτῷ) Schätze sammelt und vor Gott (εἰς θεόν) nicht reich ist."
64 F. Bovon, Das Evangelium nach Lukas (Lk 19,28–24,53) (EKK III/4), Neukirchen-Vluyn 2009, 287 f.
65 Vgl. auch die Erzählung vom reichen Prasser und vom armen Lazarus Lk 16,19–31; hierzu noch einmal Neumann, Armut (s.o. Anm. 62), 96–108, der eine neue Deutung der dem Lazarus seine Geschwüre leckenden Hunde (Lk 16,21) vorschlägt. Sie seien nicht vor jüdischer Folie zu verstehen, „als könne der Arme sich nicht einmal mehr gegen diese unreinen Tiere zur Wehr setzen" (99), sondern als „die wichtigste Identifikationsfigur der kynischen Philosophen" (100): „Die Hunde leisten demjenigen im Sterben Beistand, der nach den kynischen Idealen lebt" (102). Doch warum sagt dann Lukas von dem Armen, „er *begehrte* (ἐπιθυμῶν), sich zu sättigen mit dem, was von des Reichen Tisch fiel" (V.21)? Außerdem verweist Neumann auf mehrere antike griechische Quellen, um die Vorstellung zu belegen, „Hunde könnten die Heilung eines Kranken bewirken, indem sie seine Wunden ablecken". „Wer solche Darstellungen kennt, sieht in den lukanischen Hunden nicht etwa Tiere, die den Armen Lazarus bedrängen, als sei dieser so schwach, dass er auch dies noch als das Schlimmste erdulden muss. Nein, sondern unter der beschriebenen Perspektive lindern die Hunde das Leiden des Armen. Sie kommen ihm zur Hilfe" (100). So ganz überzeugt das nicht.
66 E. Schweizer, Das Evangelium nach Lukas (NTD 3), Göttingen 1982, 226; G. Sterling, Mors philosophi. The Death of Jesus in Luke, in: HThR 94 (2001), 383–402, 399 f. zeigt, dass der Tod Jesu in der Darstellung des Lukas „a paradigm" ist – wie der des Sokrates in der sokratischen Tradition; Sterling versucht auch an zwei weiteren Motiven zu zeigen, dass das überlieferte Bild des ohne Angst in den Tod gehenden Sokrates die lukanische Darstellung geprägt hat: „the calmness of Jesus", und: Jesus, „an innocent man".

der Jesus seiner „letzten Worte"[67] –, der im Angesicht seines Todes zeigt, wie auch diejenigen, die ihm nachfolgen, den Tod bestehen können. Lukas hat deren drei, kompositionell gehören sie zusammen: die beiden Gebete Jesu an den *Vater* am Anfang (Lk 23,34) und Ende der Kreuzigungsszene (Lk 23,46), sein Amen-Wort, das er an einen der beiden Schächer neben ihm richtet, im Zentrum (Lk 23,43)[68]. Mit den beiden Schächern kommen gegensätzliche Einstellungen angesichts des Todes ins Bild, die trotz der Extremsituation paradigmatisch gedacht sind: Gottesfurcht auf der einen, Sarkasmus und Verzweiflung auf der anderen Seite. Durch die Worte, die der eine Schächer an den anderen richtet, wird der Abstand zwischen dem *einen* Gerechten und allen anderen, die angesichts ihres Todes mit der Unausweichlichkeit ihrer Schuld konfrontiert sind, deutlich: „Und du fürchtest auch nicht Gott? Dich hat doch das gleiche Urteil getroffen. Uns geschieht recht, wir erhalten den Lohn für unsere Taten; dieser aber hat nichts Unrechtes getan" (Lk 23,40 f.). Doch aus dem Abstand wird Nähe, ja Gemeinschaft. Die Einsicht in das eigene verfehlte Leben gibt dem Schächer die Kraft zur Bitte, die einer Antwort gewürdigt wird: „Jesus, *gedenke meiner*, wenn du in dein Reich kommst. Jesus antwortete ihm: Amen, ich sage dir: Heute noch wirst du *mit mir* im Paradies sein" (Lk 23,42 f.)[69]. Das Paradigmatische an dieser Episode ist, dass Einsicht in die eigene Schuld im Angesicht des Todes, wenn sie sich denn zur Bitte um Gedenken öffnet, nicht in Verzweiflung enden muss, sondern zu einem letzten Vertrauen auf Jesu Wort führen kann. Was Lukas hier in seiner sehr diskreten Erzählweise andeutet, könnte man „versöhntes Sterben" nennen.

Was die beiden Gebete *Jesu* betrifft, so gilt das erste seinen Feinden: „Vater, vergib ihnen, denn sie wissen nicht, was sie tun" (Lk 23,34)[70]. Auch dies versteht Lukas paradigmatisch, denn später lässt er auch Stephanus ganz ähnlich

---

67 Vgl. M. THEOBALD, Der Tod Jesu im Spiegel seiner „letzten Worte" vom Kreuz, in: ThQ 190 (2010), 1–30, 24–27.
68 Vgl. hierzu auch S. SCHREIBER, ‚Ars moriendi' in Lk 23,39–43. Ein pragmatischer Versuch zum Erfahrungsproblem der Königsherrschaft Gottes, in: C. NIEMAND (Hg.), Forschungen zum Neuen Testament und seiner Umwelt (FS A. Fuchs), Frankfurt 2002, 277–297.
69 Vgl. H. GIESEN, „„Noch heute wirst du mit mir im Paradies sein" (Lk 23,43). Zur individuellen Eschatologie im lukanischen Doppelwerk, in: C. G. Müller (Hg.), „Licht zur Erleuchtung der Heiden und Herrlichkeit für dein Volk Israel". Studien zum lukanischen Doppelwerk (FS J. Zmijewski), (BBB 151), Frankfurt a.M. 2005, 151–172. – Das „Mit-mir-Sein" erinnert an das paulinische „Mit-dem-Herrn-Sein" von 1Thess 4,17.
70 Zur Frage, wer gemeint ist – die römischen Soldaten, die Jesus gerade kreuzigten, oder die jüdischen Autoritäten –, vgl. THEOBALD, Tod (s.o Anm. 67), 24 f.

beten: „Herr, rechne ihnen diese Sünde nicht an!" (Apg 7,60)[71] – getreu Jesu Weisung aus seiner programmatischen Rede in Galiläa: „Segnet, die euch verfluchen; bittet für die, die euch beleidigen" (Lk 6,28)[72]. Auch das gehört zum „versöhnten Sterben" – erbetene und durch Jesu Wort geschenkte Versöhnung mit sich selbst und denen, mit denen man bis zuletzt haderte.[73] Im zweiten Gebet zeichnet Lukas Jesus als Psalmbeter, der er immer war und der er bleibt bis in seine letzte Stunde: „*Vater, in deine Hände lege ich meinen Geist!*" (Lk 23,46 = Ps 31,6). Es ist das Gebet, das seiner Verbindung mit dem Vater bis zuletzt entspricht, aber auch der Sprechakt, der seine Freiheit und Souveränität im Angesicht des Todes zum Ausdruck bringt: Jesus verfügt über die „Macht", „dem Tod jetzt entgegenzutreten, bevor er ihn besiegen wird"[74]. Diese Einstellung hat etwas Sokratisches.[75] Nicht grundlos ist dieses Gebet auch zu einem christlichen Gebet geworden – am Abend eines jeden Tages wie am Abend des Lebens überhaupt.[76]

---

71 Auch sein erstes Gebet: „Herr Jesu, nimm meinen Geist auf!" (Apg 7,59) entspricht dem Beten Jesu am Kreuz; vgl. J. ROLOFF, Die Apostelgeschichte (NTD 5), Göttingen 1981, 128: „Lukas will durch diese Entsprechung andeuten, dass durch Weg und Geschick Jesu ein konkretes Strukturmodell gegeben ist, das auf den Weg und das Geschick der Zeugen und damit auf die Geschichte der ganzen Kirche prägend wirkt."
72 Die Paradigmatik seiner Passionsdarstellung hat Lukas auch durch die traditionelle Erzählfigur des Simon von Kyrene verdeutlicht: „Und als sie ihn abführten, ergriffen sie Simon, einen Kyrenäer, der vom Feld kam. Sie luden ihm das Kreuz auf, damit er es *hinter Jesus* (ὄπισθεν Ἰησοῦ) *hertrage*" (Lk 23,26); vgl. damit Lk 14,27: „Wer nicht sein Kreuz trägt und *hinter mir* (ὀπίσω μου) geht (ἔρχεται), kann nicht mein Jünger sein".
73 Für eine Besinnung zur Begleitung von Sterbenden birgt die Szene reiches Sinnpotential. Nicht-Sterben-*Können* – so scheint es – hängt zuweilen damit zusammen, dass „Unversöhntes" auf dem Herzen eines Sterbenden lastet und ausgesprochen werden will. Christlicherseits ist bei alldem das Gebet als Ausdruck von Glaube, Hoffnung und Liebe fundamental, wenn etwa die Anwesenden Psalmworte sprechen.
74 F. BOVON, Das Evangelium nach Lukas (LK 9,51–14,35), (EKK III/2), Neukirchen-Vluyn 1996, 491.
75 STERLING, Mors (s.o. Anm. 66), 397 f.
76 THEOBALD, Tod (s.o. Anm. 67), 27, Anm. 116.

Zum islamischen Verständnis von Sterben und Tod des Menschen

Rotraud Wielandt

1. Einführung

„Jeder[1] wird den Tod schmecken.", konstatiert Sure 3/185 des Koran. Sich des eigenen Sterbenmüssens stets bewusst zu bleiben, bereit zu sein, den Tod aus Gottes Hand anzunehmen, wann immer er einen ereilen mag, und sich konkret auf ihn einzustellen, ist ein wichtiger Bestandteil des traditionellen islamischen Humanitätsideals. In älteren Zeiten war es unter Muslimen Sitte, auf längeren Fernreisen, die man z. B. zu Handelszwecken, um der Wissenschaft willen oder zur Pilgerfahrt unternahm, das eigene Leichentuch mitzuführen und sich, falls man unterwegs ernsthaft erkrankte, vorsorglich selbst in es einzuwickeln. Noch heute ist in traditionsgebundenen Kreisen ein Leichentuch, das an den heiligen Stätten erworben wurde, ein beliebtes Mitbringsel von Mekkapilgern für Daheimgebliebene, die ihnen besonders nahe stehen.

Was die Unausweichlichkeit des eigenen Todes für den Einzelnen konkret bedeutet, mit welchen Gedanken und Gefühlen er ihr gegenübersteht, sei es nun in akuter Lebensgefahr oder schon vorher, aber auch, wie Personen des sozialen Umfelds mit einem Sterbenden oder bereits Toten umgehen, all das

---

1   Im arabischen Original „*kullu nafsin*", wörtlich „jedes (sc. menschliche) Selbst". Die missverständliche Übersetzung „Jede Seele ..." wird hier mit der Übersetzung von R. Paret bewusst vermieden, denn der koranische Terminus *nafs* bedeutet nicht „Psyche" im Sinne des von Platon in die Geschichte der Philosophie eingeführten Leib-Seele-Dualismus; ein solcher ist dem Menschenbild des Koran fremd. Mit *nafs* ist im Koran vielmehr zumeist das Selbst des einzelnen Menschen gemeint, seine Person, die im Jüngsten Gericht die Verantwortung für die von ihm auf Erden begangenen Taten übernehmen muss. Siehe dazu J. van Ess, Theologie und Gesellschaft im 2. und 3. Jahrhundert Hidschra, Bd. 4, Berlin/New York 1997, 513 f. – Der Koran wird in diesem Beitrag durchweg nach der Übersetzung von R. Paret (Der Koran, Stuttgart 1962 und mehrere weitere Auflagen) zitiert, gelegentlich mit kleinen Modifikationen zugunsten größerer Wörtlichkeit der Wiedergabe des Originaltextes.

hängt sehr wesentlich von den jeweils wirksamen Vorstellungen darüber ab, inwieweit der Mensch über sein eigenes Leben oder über dasjenige anderer verfügen kann und darf, was sich im Prozess des Sterbens genau abspielt, in welchem Zustand sich Tote befinden, ob es ein Leben *nach* dem Tode gibt, wie dieses gegebenenfalls beschaffen ist, wie sich das Erdenleben auf dieses jenseitige Leben auswirkt und welchen Wert es im Vergleich zu ihm hat. Das ist im Islam nicht anders als in anderen Religionen und Weltanschauungen. Deshalb soll im Folgenden ein Überblick darüber hergestellt werden, wie die genannten Fragen in der islamischen Tradition beantwortet worden sind. Vorsorglich sei darauf hingewiesen, dass diese Tradition intern nicht weniger differenziert und historisch nicht weniger wandelbar ist als beispielsweise die christliche. Es gibt darum auch nicht in allen Punkten ein einheitliches islamisches Verständnis der zu betrachtenden Phänomene und Vorgänge. Vielmehr wird verschiedentlich von Deutungen und Verhaltensweisen zu sprechen sein, die nur für eine bestimmte Zeit, für einen sozial begrenzten Kreis von Personen oder für die Anhänger einer bestimmten Glaubensrichtung oder Rechtsschule charakteristisch waren oder sind.

2. Maß und Grenzen der Verfügung des Menschen über seinen Leib und sein Leben

Nach allgemeinem islamischem Verständnis besitzt sich der Mensch nicht selbst; Menschen gehören vielmehr – so schon Sure 2/156 – Gott; sie sind von ihm als seine Diener erschaffen worden, und zwar mit dem Auftrag, Gottes gute Schöpfung im Sinne der Ordnung, die er für sie vorgesehen hat, zu bewahren und zu gebrauchen. Folglich ist der Mensch auch nicht Eigentümer seines Körpers. Auch dieser gehört Gott; er ist ein Gut, das Gott dem Menschen zu rechtem Gebrauch anvertraut hat.[2] Daraus ergibt sich, dass der Mensch für die Aufrechterhaltung und im Krankheitsfall die Wiederherstellung seiner Gesundheit sorgen soll, soweit ihm das möglich ist. Ein dem Propheten Muhammad zugeschriebener Ausspruch (Ḥadīṯ) erklärt sogar optimistisch, es gebe für jede

---

2 Siehe dazu z.B. İ. İLKILIÇ, Das muslimische Glaubensverständnis von Tod, Gericht, Gottesgnade und deren Bedeutung für die Medizinethik (Zentrum für Medizinische Ethik, Medizinethische Materialien, Heft 126, Mai 2002), Bochum 2002, 9 und Abdulaziz SACHEDINA, der vom „Menschen als Verwalter seines Körpers" spricht, bei Th. EICH, Moderne Medizin und Islamische Ethik. Biowissenschaften in der muslimischen Rechtstradition (Buchreihe der Georges-Anawati-Stiftung „Religion und Gesellschaft. Modernes Denken in der islamischen Welt" Bd. 2), Freiburg/Basel/Wien 2008, 152 f.

Krankheit ein Heilmittel.³ Der allgemeinen Lebenserfahrung, dass Menschen jeden Lebensalters auch von Krankheiten betroffen werden, gegen die alle Heilkunst letztlich nichts mehr ausrichten kann, und dass sich altersbedingter Kräfteverfall auch durch noch so gute Ärzte auf Dauer nicht verhindern lässt, haben sich Muslime freilich nie verschlossen. Ihre Religion hat sie sogar seit jeher dazu angehalten, die Endlichkeit menschlichen Lebens als von Gott verfügt zu akzeptieren. Weil der allmächtige Schöpfergott den Menschen das Leben nur auf begrenzte Zeit geschenkt hat und es ihnen nach seinem unerforschlichen Ratschluss auch wieder nimmt, wann er will, hat der Gläubige nach islamischer Anschauung sowohl sein eigenes Sterben als auch den Tod seiner Bezugspersonen, wann immer sie eintreten mögen, in einer Haltung der Ergebenheit und der Geduld *(ṣabr)* zu ertragen. Wenn sich jemand mit dem Tod von Verstorbenen nur schwer abzufinden vermag, könnte dies außerdem, so die traditionelle islamische Befürchtung, einen Totenkult begünstigen und damit den strikten Monotheismus gefährden. Darum werden in der Prophetentradition (Ḥadīṯ) und unter gläubigen Muslimen – ähnlich wie im Judentum – sehr heftige und lange Trauerbekundungen von Hinterbliebenen als „heidnisch *(ǧāhilī)*" missbilligt.⁴ Auf der volkstümlichen Ebene gestattet man zwar Frauen im häuslichen Kreis und dessen unmittelbarer Umgebung zum Teil für kurze Zeit sehr expressive Formen der Totenklage, an denen bisweilen auch quasiprofessionelle Klageweiber mitwirken können. Die Beerdigung mit der Liturgie des Totengebets hat jedoch nach dem geltenden Ideal ohne laute Äußerung von Emotionen und sehr rasch zu geschehen, bei einem Todeszeitpunkt vor Mittag möglichst noch am selben Tag, bei einem solchen am Nachmittag oder Abend spätestens am nächsten Tag; danach ist nach außen hin wieder die Normalität des Lebens zu wahren.

Nach dem Koran setzt Gott für das Leben jedes Menschen eine „Frist" *(aǧal)* fest, deren Ende sich nicht aufschieben lässt (Sure 63/11 parr.). Damit wird die Anschauung der vorislamischen Araber verworfen, es sei eine anonyme Schicksalsmacht, das „Todeslos" *(manīya)*, das die Menschen sterben lasse. Aber wenn auch, wie der Koran mehrfach betont, die von Gott gesetzte Lebensfrist durch Menschen nicht verlängerbar ist, lässt sie sich dann nicht vielleicht doch durch menschliche Einwirkung, z. B. durch Mord, verkürzen?

---

3 Zahlreiche Fundstellen bei A. J. WENSINCK, Concordance et indices de la Tradition musulmane, Bd. 2, Leiden 1943, 156.
4 Dazu besonders F. ASTREN, Depaganizing Death: Aspects of Mourning in Rabbinic Judaism and Early Islam, in: J. C. REEVES (Hg.), Bible and Qur'ān: Essays in Scriptural Intertextuality, Leiden/Boston 2004, 188–199.

Über diese Frage wurde in der frühislamischen Theologie noch diskutiert. Das Interesse an ihr entsprang der Position der sogenannten Qadariten, d. h. derjenigen, die im Widerspruch zum Prädestinationsglauben die Handlungsfreiheit des Menschen betonten, und dem Bestreben der qadaritisch orientierten, sehr rationalitätsfreundlichen Theologenschule der Muʿtaziliten, das Prinzip der unbedingten Gerechtigkeit Gottes zu verteidigen: Mord war schließlich eine böse Tat; wie konnte man also, wenn jemand bei voller Gesundheit und folglich nach menschlicher Wahrnehmung vorzeitig durch Mord umkam, annehmen, Gott habe das so bestimmt? Dieses Problem konnte zum Teil durch die Unterscheidung zwischen Vorherbestimmung und Vorwissen Gottes entschärft werden: Gott hat in solchen Fällen, so sagte man, den Mord zwar vorher gewusst, er hat ihn aber nicht vorherbestimmt. Diese Lösung machte sich u. a. der große muʿtazilitische Systematiker Abū l-Huḏayl al-ʿAllāf (gest. zwischen 840 und 850) zu eigen. Andere muʿtazilitische Theologen bevorzugten die Deutung, dass Gott bei einem Mord zwar die Lebensfrist des Opfers zu verkürzen beschlossen habe – was er jederzeit genauso tun könne, wie sie seinerseits zu verlängern –, dass aber dennoch für die konkrete Art und Weise des Umkommens des Opfers der Mörder verantwortlich sei.[5] Unter dem Einfluss der Prophetentradition (Ḥadīṯ), nach der Muhammad etliche Aussprüche des Sinnes getan haben soll, es sei Gott und niemand sonst, der die Lebensfrist festlege, hat sich dann in der islamischen Theologie und im allgemeinen muslimischen Bewusstsein schon vor mehr als tausend Jahren die Anschauung durchgesetzt, dass der Todeszeitpunkt grundsätzlich durch Gott prädestiniert ist, ganz gleich, wann und wie der Tod eintritt. In diesem Verständnis konnte man sich auch durch koranische Aussagen wie z. B. die folgenden bestätigt sehen: „Keiner kann sterben, außer mit Gottes Erlaubnis und mit einer befristeten Vorherbestimmung." (Sure 3/145) oder „Gott macht lebendig und lässt sterben." (Sure 3/156).

Unter diesen Prämissen wird im Islam herkömmlicherweise Selbstmord als eine ganz besonders schwere Sünde betrachtet, und zwar erstens, weil menschliches Leben grundsätzlich als ein Geschenk und zugleich ein Dienstauftrag von Gott betrachtet wird, die der Mensch seinerseits nicht wegwerfen darf,[6] und zweitens, weil mit dem Selbstmord versucht wird, die allein Gott zustehende

---

5 VAN ESS (s. o. Anm. 1), 494–497.
6 Bejaht wird von einem Teil der Gelehrten allerdings ein Verfügungsrecht des Menschen über nicht lebenswichtige Teile seines Körpers in dem Sinne, dass er sich dieser von sich aus begeben darf. Zur Diskussion über diese Art von Verfügungsrecht, die heutzutage im Hinblick auf die Problematik der Organspenden von Lebenden bedeutsam ist, siehe M. KELLNER, Islamische Rechtsmeinungen zu medizinischen Eingriffen an den Grenzen des Lebens. Ein Beitrag zur kulturübergreifenden Bioethik, Würzburg 2010, 125–128.

und von ihm her vorgegebene Festlegung des Todeszeitpunkts zu durchkreuzen.[7] Zwar gibt es keine koranische Aussage, die Selbstmord ausdrücklich verbieten würde. Die von einem Teil der Muslime[8] so gedeutete Weisung „Und tötet euch nicht selbst!" aus Sure 4/29 ist nach einer so bedeutenden Autorität der klassischen islamischen Koranexegese wie aṭ-Ṭabarī (gest. 923), dem sich mehrere andere wichtige Kommentatoren anschlossen, im Reziproksinn von „Und tötet einander nicht!" zu verstehen, und diese Interpretation erweist sich durch den Vergleich mit koranischen Parallelstellen als die höchstwahrscheinlich richtige.[9] Aber mehrere tradierte Prophetenaussprüche (Ḥadīṯe) bedrohen Selbstmord explizit mit ewiger Höllenstrafe; nach einem von ihnen stehen Selbstmörder in der Hölle sogar unter dem schrecklichen Zwang, ihre Tat ständig zu wiederholen.[10] Im islamischen Recht, wo die Unantastbarkeit (ḥurma) des von Gott gegebenen menschlichen Leibes und Lebens zu einem zentralen Prinzip ausgearbeitet worden ist, wird die Selbsttötung bis heute als Extremfall eines Übergriffs auf diese ḥurma eingestuft.[11] Der gemäßigt islamistische Scheich Yūsuf al-Qaraḍāwī, der derzeit international populärste muslimische Rechtsgelehrte, der durch mehr als 50 Bücher und eine von dem Sender al-Djazira aus Qatar wöchentlich über Satellit in alle Welt verbreitete Fernsehsendung bekannt ist, erklärte dazu:

---

7 Konsequente Prädestinatianer nehmen allerdings an, dass das nicht wirklich gelingt. Da nach ihrer Auffassung tatsächlich niemand zu einem anderen Zeitpunkt sterben kann als dem, den Gott ihm dafür vorherbestimmt hat, müssen sie davon ausgehen, dass der Selbstmörder auch ohne seine Tat zum fraglichen Zeitpunkt umgekommen wäre, nur eben auf eine andere Art und Weise.

8 Heutzutage z. B. von Scheich Yūsuf al-Qaraḍāwī, dem Verfasser eines erstmals 1960 gedruckten und bis in die westliche Diaspora hinein weit verbreiteten Handbuchs mit dem Titel „Erlaubtes und Verbotenes im Islam" (al-Ḥalāl wa-l-ḥarām fī l-islām, Beirut/Damaskus/Amman ¹⁵1994 = 1415 d. H.), 297. Zu seiner Person s. u.

9 Aṭ-Ṭabarī, Ǧāmiʿ al-bayān fī tafsīr al-qurʾān, online in der Datenbank „www.altafsir.com" unter http://www.altafsir.com/Tafasir.asp?tMadhNo=1&tTafsirNo=1&tSoraNo=4&tAyahNo=29&tDisplay=yes&UserProfile=0&LanguageId=1 (Zugriff am 03.05.2011); F. Rosenthal, On Suicide in Islam, in: Journal of the American Oriental Society 66 (1946), 241 f.; R. Paret, Der Koran. Kommentar und Konkordanz, Stuttgart 1971, 93. Zu Bewertung und faktischem Vorkommen von Selbstmorden in der älteren islamischen Tradition allgemein siehe den eben genannten Aufsatz von F. Rosenthal und vom selben Autor den Artikel „Intiḥār" in: Encyclopedia of Islam/Encyclopédie de l'Islam, Bd. 3, Leiden/Paris 1971.

10 Dazu F. Rosenthal, On Suicide (s. o. Anm. 9), 243–245 mit Fundstellen und detaillierter Diskussion entsprechender Ḥadīṯe.

11 Dazu v. a. B. Krawietz, Die Ḥurma: schariatrechtlicher Schutz vor Eingriffen in die körperliche Unversehrtheit nach arabischen Fatwas des 20. Jahrhunderts, Berlin 1991, 91–95.

"Das Leben des Menschen ist nicht sein Eigentum, denn er hat sich nicht selbst geschaffen, noch nicht einmal eines von seinen Organen oder eine von seinen Zellen. Vielmehr ist sein lebendiges Selbst *(nafsuhū)* ein Depositum, das Gott ihm in Verwahrung gegeben hat und das er folglich nicht vernachlässigen darf. Wie könnte es ihm da erlaubt sein, sich aggressiv gegen es zu wenden und sich seiner zu entledigen?"[12]

Nicht zuletzt weil Selbstmord unter Muslimen als strikt verboten gilt, kam in der jüngsten Vergangenheit, vor allem nach den Ereignissen des 11. September 2001, eine lebhafte innerislamische Diskussion darüber auf, ob Selbstmordattentate extremer Islamisten, die nach eigener Darstellung Dschihad gegen Ungläubige führen, religiös erlaubt sind. Viele muslimische Religionsgelehrte verurteilen solche Attentate, unter anderem mit Verweis auf das Verbot des Selbstmords. Doch es gibt andere, die sie zumindest in Ausnahmesituationen als *ultima ratio* für zulässig erachten, und zwar dann, wenn Muslimen keine anderen Mittel der Selbstverteidigung gegen einen ungläubigen Aggressor mehr zu Gebote stehen, wie dies insbesondere palästinensischen Attentätern, die gegen israelische Ziele vorgehen, zugute gehalten wird. Die Gelehrten, die entsprechende Attentate unter solchen Bedingungen rechtfertigen, legen jedoch gewöhnlich großen Wert darauf, zu erklären, dass und warum diese nichts, aber auch gar nichts mit dem im Islam verbotenen Selbstmord zu tun hätten. Zu diesem Zweck heben sie hervor, die Attentäter verfolgten ja anders als Selbstmörder nicht das Ziel ihrer eigenen Tötung, sondern nur das der wirksamen Bekämpfung der feindlichen Ungläubigen und nähmen dafür auch den Märtyrertod in Kauf.[13] Ihre Taten seien damit ebenso als ausnahmsweise erlaubt zu beurteilen, wie es bereits in der älteren islamischen Rechtstradition für ausnahmsweise zulässig erachtet wurde, wenn besonders mutige Kämpfer im Glaubenskrieg sich zur größtmöglichen Schädigung des Gegners so weit hinter die feindlichen Linien vorwagten, dass ihnen die Unmöglichkeit lebendigen Zurückkehrens ins eigene Lager von vornherein klar sein musste.

Die Überzeugung, dass allein Gott den Todeszeitpunkt eines Menschen zu bestimmen hat, gab im Übrigen vor allem seit dem späten 20. Jahrhundert auch Anlass zu Diskussionen über die Frage der Erlaubtheit solcher Maßnahmen

---

12 Y. AL-QARAḌĀWĪ (s. o. Anm. 8), 297.
13 Eine Zusammenstellung von entsprechenden Äußerungen verschiedener, großenteils prominenter Gelehrter u. a. aus Saudi-Arabien und Ägypten findet sich auf der Homepage der Qassam-Brigaden, einer durch Terrorakte in Israel in Erscheinung getretenen Unterorganisation der palästinensischen Hamas, unter http://www.alqassam.ps/arabic/fiqih.php?id=22 (Zugriff am 03.05.2011); siehe außerdem z. B. Y. AL-QARAḌĀWĪ, al-Islām wa-l-ʿunf, Kairo 2005, 37 f. Für solche Attentate wird heutzutage im Arabischen von denjenigen, die sie verüben, organisieren, befürworten oder billigen, auch durchweg nicht die Bezeichnung „Selbstmordattentat" benutzt, sondern der Terminus „Aktion, mit der das Martyrium erstrebt wird *(ʿamalīya istišhādīya)*".

von Ärzten oder anderen Helfern, die den Tod von augenscheinlich bereits unheilbar Kranken, im Sterben Liegenden oder Sterbewilligen entweder hinauszögern oder beschleunigen können.

Darüber, dass jeder Gläubige, solange irgendeine Aussicht auf Rettung eines Menschenlebens besteht, alles in seiner Macht Stehende tun soll, um es zu retten – es sei denn, man befände sich in rechtlich genau definierten Sondersituationen wie der der Konfrontation mit feindlichen Kombattanten im Glaubenskrieg oder der des Vorliegens eines schariagemäßen Todesurteils gegen einen Delinquenten –, herrscht unter Muslimen traditionsgemäß ohnehin Übereinstimmung. Dafür sorgte schon der Umstand, dass es nach Sure 5/32 vor Gott hochgradig verdienstlich ist, einen Menschen vom Tode zu retten; dort heißt es über Gottes Abrechnungsmodus im Jüngsten Gericht: „… wenn einer jemanden am Leben erhält, soll es so sein, als hätte er die Menschen *alle* am Leben erhalten." Die Anschauung, dass es allein Gott ist, der den Todeszeitpunkt eines jeden Menschen zu bestimmen hat, erzeugte im Islam also keineswegs einen Fatalismus im Sinne der Neigung, bei lebensgefährlichen Erkrankungen oder sonstigen lebensbedrohlichen Situationen resigniert und tatenlos abzuwarten, ob der Betroffene nun überlebt oder nicht. Wenn es Ärzten oder anderen gelungen ist, einen Menschen fürs erste aus Todesgefahr zu retten, dann wird das herkömmlicherweise als Indiz dafür gedeutet, dass das von Gott vorgesehene Ende seiner Lebensfrist eben in Wirklichkeit doch noch nicht gekommen war; denn wäre es bereits da gewesen, dann hätten Menschen nichts gegen Gottes Ratschluss vermocht. Also darf und soll man in einer solchen Lage nach allgemeiner islamischer Auffassung durchaus versuchen, was menschenmöglich ist.

Umgekehrt besteht unter muslimischen Gelehrten in Anbetracht von Gottes alleinigem Recht, den Todeszeitpunkt eines Menschen zu bestimmen, Konsens, dass sogenannte Euthanasie, Beihilfe zum Selbstmord und aktive Sterbehilfe z. B. durch Verabreichung tödlicher Injektionen kategorisch verboten sind.[14] Dasselbe gilt auch für Abtreibung eines bereits „beseelten" Embryos, also Tötung ungeborenen Lebens in schon fortgeschrittenem Stadium der

---

14 Entsprechende Stimmen z. B. bei Krawietz (s. o. Anm. 11), 104–108; Eich (s. o. Anm. 2), 144–146 und 155–158; Kellner (s. o. Anm. 6), 146 f.; ebenso auch Kap. 5 Art. 62 des „Islamischen Weltpakts für medizinische und gesundheitliche Ethik (al-Mīṯāq al-islāmī al-ʿālamī li-l-aḫlāqīyāt aṭ-ṭibbīya wa-ṣ-ṣiḥḥīya)", dessen Entwurf von einem Netzwerk arabischer Mediziner über die Homepage des Regionalbüros der WHO im östlichen Mittelmeerraum verbreitet wird (http://www.emro.who.int/ahsn/pdf/doctors-islamar.pdf [Zugriff am 03.05.2011]).

Schwangerschaft;[15] nur falls bei deren Fortsetzung Lebensgefahr für die Mutter zu gewärtigen wäre, hält ein Großteil der Rechtsgelehrten sie – nach dem methodologischen Prinzip, dass von zwei Schäden, von denen entweder der eine oder der andere nicht vermieden werden kann, der geringere zu wählen ist – für ausnahmsweise zulässig.[16]

In der Beurteilung der passiven Sterbehilfe etwa durch Abbruch künstlicher Ernährung oder Abschaltung von Apparaturen in Fällen, in denen diese nach dem vorhandenen Erkenntnisstand bei unheilbar kranken und bereits im Sterben liegenden Patienten nur noch den Sterbeprozess verlängern, sind die Positionen nicht ganz einheitlich; sie hängen u. a. davon ab, als wie sicher menschliches Wissen um die Unumkehrbarkeit eines Krankheitsgeschehens angesehen wird – traditionsgebundene muslimische Theologen sunnitischer Observanz, nach deren Auffassung es keine Naturgesetze gibt, sondern nur „Gewohnheiten Gottes", die dieser aber jederzeit durchbrechen kann, neigen diesbezüglich eher zur Skepsis –, ob man über objektiv feststellbare Kriterien für den Beginn eines irreversiblen Sterbevorgangs zu verfügen glaubt, wie genau man in solchen Fällen unterscheiden zu können meint, ob der Patient nach den Maßstäben der Scharia noch ein Lebender oder schon ein nur noch künstlich belebter Leichnam ist und ob man künstliche Ernährung als ärztliche Behandlungsmaßnahme oder als Gestellung nach wie vor lebensnotwendigen Essens und Trinkens einstuft. Teils wird die Auffassung vertreten, die Apparate

---

15 Erst in nachkoranischer Zeit wurde es üblich, die *nafs* (zu diesem Begriff s. o. Anm. 1) mit der „Seele" des Menschen zu identifizieren (dazu mehr u.). Die meisten Gelehrten der islamischen Tradition gehen davon aus, dass der Embryo nicht vom Zeitpunkt der Zeugung an, sondern erst ab dem 120. Tag mit einer *nafs* ausgestattet ist. Im islamischen Recht herrscht Einigkeit darüber, dass ab diesem Zeitpunkt ein absolutes Abtreibungsverbot besteht. Bis dahin betrachten islamische Gelehrte zumeist einen Schwangerschaftsabbruch innerhalb eines gewissen Zeitrahmens, der in den verschiedenen Rechtsschulen unterschiedlich angesetzt wird – z. B. bis zum Ende der ersten 40, 80 oder 120 Tage – als bei Vorliegen gewichtiger Gründe, die sie wiederum nicht ganz einheitlich definieren, mit Zustimmung beider Elternteile rechtlich zulässig; sie missbilligen ihn jedoch zugleich ethisch, und zwar desto schärfer, je später er innerhalb dieser Fristen vorgenommen wird. Dem liegt die Vorstellung zugrunde, dass der Embryo auch schon vor der „Beseelung" ein sich entwickelndes lebendiges und damit prinzipiell schutzwürdiges Wesen ist. Zur Beurteilung der Abtreibung vor dem Zeitpunkt der „Beseelung" KELLNER (s. o. Anm. 6), 216–225 und 228–235.

16 KELLNER (s. o. Anm. 6), 225–227. Die oben genannte Position impliziert die Entscheidung, dass das Leben der Mutter höher zu bewerten ist als das des ungeborenen Kindes. Zur innerislamischen Diskussionslage bezüglich der Abtreibung siehe auch Muḥammad Ḥusain FAḌLALLĀH bei EICH (s. o. Anm. 2), 43; A. Th. KHOURY, Abtreibung im Islam, Köln 1981; R. LOHLKER, Schari'a und Moderne. Diskussionen zum Schwangerschaftsabbruch, zur Versicherung und zum Zinswesen, Stuttgart 1996, 13–45.

dürften nur nach Feststellung des Todes – womöglich durch ein ganzes Consilium von Fachärzten – abgeschaltet werden;[17] ihr steht jedoch die andere gegenüber, lebenserhaltende Maßnahmen dürften abgebrochen werden, wenn diese nur noch den unvermeidlichen Tod des Patienten hinauszögern würden.[18]

Palliativmedizinische Maßnahmen, die wie z.B. die Gabe bestimmter Schmerzmittel zur Leidenslinderung lebensverkürzend wirken können, ohne dass die schnellere Herbeiführung des Todes als solche beabsichtigt wäre, werden dagegen im Allgemeinen gebilligt – ungeachtet dessen, dass Sterbende nach dem islamischen Ideal bereit sein sollen, auch schweres Leiden, wenn ihm mit menschlichen Mitteln nicht mehr abgeholfen werden kann, als Konsequenz des göttlichen Ratschlusses anzunehmen und geduldig zu ertragen. Für die religiös-rechtliche Bewertung des palliativen Handelns von Ärzten und Pflegekräften ist deren Intention ausschlaggebend, Barmherzigkeit zu üben,[19] nach islamischer Überzeugung eine herausragende Eigenschaft Gottes und damit auch eine zentrale Tugend für Gläubige. Außerdem kann man sich aus islamischer Sicht sagen, dass der Patient so oder so zu dem Zeitpunkt stirbt, den Gott für ihn vorherbestimmt hat, und dass also die lebensverkürzende Leidenslinderung in Gottes Plan offenbar schon enthalten gewesen sein muss, wenn eine Beschleunigung des Sterbevorgangs tatsächlich eintritt. Das gleiche gilt für passive Sterbehilfe durch Abschalten künstlich lebenserhaltender Apparaturen, die manche Autoren ausdrücklich zulassen. Bei Billigung dieser Verfahrensweisen wird also anders als bei der Verurteilung von Euthanasie oder aktiver Sterbehilfe nicht davon ausgegangen, dass sie in Gottes Bestimmungsrecht hinsichtlich des Endes der Lebensfrist eines Menschen frevelhaft eingreifen.[20]

---

17 So z.B. Muḥammad Aḥmad aš-Šāṭirī nach Kellner (s.o. Anm. 6), 150; Islamic Fiqh Academy nach Sachedina bei Eich (s.o. Anm. 2), 166; Krawietz (s.o. Anm. 11), 114.

18 So z.B. al-Qaraḍāwī bei Kellner (s.o. Anm. 6), 149 und Sachedina ebd. 151 und bei Eich (s.o. Anm. 2), 156; ebenso auch der „Islamische Weltpakt für medizinische und gesundheitliche Ethik" (s.o. Anm. 14) in Kapitel 5, Artikel 63.

19 Sachedina bei Eich (s.o. Anm. 2), 155 f.; „Islamischer Weltpakt für medizinische und gesundheitliche Ethik" (s.o. Anm. 14) in Kapitel 5, Artikel 63.

20 Allerdings taucht – wie jüngst bei Sympathisanten Osama bin Ladens zu beobachten war – auch bei einer für verwerflich gehaltenen gewaltsamen Tötung eines Menschen bei den Überlebenden mitunter das Selbsttröstungsargument auf, dass das Opfer ja gar nicht zu einem anderen Zeitpunkt gestorben sein kann als dem von Gott festgelegten. Damit wird zugleich gesagt, dass die jeweiligen Täter keinen Grund haben, es sich selbst als Ruhmestat anzurechnen, dass ihr Opfer nicht mehr lebt. Wenn Menschen durch Unglücksfälle oder Naturkatastrophen ums Leben gekommen sind, benutzen die Überlebenden häufig dasselbe Trostargument, in diesem Fall mit der Zielrichtung: Der Verstorbene hätte auch ohne das katastrophale Ereignis nicht länger gelebt; deshalb sollte man damit nicht hadern.

Für diejenigen Menschen, die sich selbst, sei es nun durch Krankheit oder durch andere Umstände, z. B. Kriegsteilnahme oder Unfallfolgen, in Todesgefahr wissen oder von anderen als in solcher befindlich eingestuft werden, ist die Überzeugung der Vorherbestimmtheit des Todeszeitpunkts durch Gott nach den vorhandenen Beobachtungen eher eine Quelle der Gelassenheit als eine solche der Angst, denn sie können sich sagen: Wie auch die Umstände sein mögen, mir geschieht nichts als das, was nach Gottes Willen jetzt ohnehin unausweichlich geschehen müsste. Ich sterbe keinen Augenblick *vor* meinem prädestinierten Todeszeitpunkt; ist dieser aber gekommen, dann könnte mich auch eine harmloser scheinende Situation nicht vor dem Tod retten.

3. Der Vorgang des Sterbens und der Todeszeitpunkt

Was geschieht nun im Vorgang des Sterbens? Die Vorstellungen darüber werden im Islam wie anderwärts maßgeblich davon bestimmt, woraus sich ein lebendiger Mensch zusammensetzt und auf welcher Art von Desintegration es demnach beruht, wenn ihn das Leben wieder verlässt.

Mehreren Koranstellen (Sure 15/29, 38/72 und 32/9) zufolge hat Gott Adam, nachdem er ihn aus Lehm geformt hatte, seinen Geist *(rūḥ)* eingeblasen, womit sein Lebensodem gemeint zu sein scheint. Außer seiner physischen Konstitution und diesem Geist kennzeichnet den lebendigen Menschen auch noch seine *nafs*, sein unvertretbares Selbst, das im Jüngsten Gericht die Verantwortung für seine Erdentaten übernehmen muss, oder, wie man moderner sagen könnte, seine Person. Dieser *nafs* werden im Koran drei unterschiedliche potentielle Verfassungen zugeschrieben: Sie kann dem Menschen ständig das Böse gebieten (Sure 12/53) oder ihn ständig tadeln (Sure 75/2); sie kann aber auch im Glauben Ruhe gefunden haben (Sure 89/27). Demnach bezeichnet diese *nafs* je nach Kontext zugleich den Sitz der Versuchungen im menschlichen Inneren, also in etwa die Triebseele, oder das schlechte Gewissen oder auch das Gemüt. Im Koran sind jedoch jedenfalls der Geist oder Lebensodem *(rūḥ)* des Menschen und sein Selbst, seine *nafs*, noch zwei verschiedene Größen. Was geschieht nun im Tode? Nach dem Koran schickt Gott dem Sterbenden Engel, die ihn „abberufen", (Sure 6/61, 4/97 parr.) oder *einen* Engel, der dies tut (Sure 32/11). In Sure 6/93 ist davon die Rede, dass die Engel nach den Frevlern, wenn diese „in den Abgründen des Todes schweben", die Hand ausstrecken und von ihnen fordern: „Gebt eure *nafs* heraus!"[21] Demnach verlässt den menschlichen Leib im Tod nicht nur der Lebensodem, sondern auch die *nafs*.

---

21 Zu den Todesengeln im Koran PARET, Der Koran. Kommentar und Konkordanz (s.o. Anm. 9), 142.

Auf dieser Grundlage und unter dem Einfluss von überlieferten angeblichen Aussprüchen des Propheten (Ḥadīṯen), die die Vorgänge beim Sterben noch konkretisierten, hat sich im Islam die volkstümliche Vorstellung verbreitet, dass jedem Menschen, wenn er in Todesnähe kommt, der besonders gefürchtete Todesengel namens ʿAzrāʾīl erscheint – dem Gläubigen und Frommen in lieblicher, dem Ungläubigen und Bösewicht in abscheulicher und ganz besonders erschreckender Gestalt –, um ihm die *nafs*, die man später mit der Seele identifizierte, aus dem Leib zu ziehen. Die Agonie wird mit dem Schmerz erklärt, den diese Prozedur bereitet.[22] Unter weniger aufgeklärten Muslimen besteht zum Teil die Vorstellung, dass der Todesengel frommen Menschen, die nicht oder nur wenig gesündigt haben, ihre Seele ganz sanft abnimmt, während er bei Gottlosen oder solchen, die viel auf dem Kerbholz haben, brutal zupackt und ihnen die Seele auf sehr schmerzhafte Weise aus dem Leib zerrt. Eine mit starken Schmerzen verbundene Agonie wird daher als Folge des eigenen Fehlverhaltens des Sterbenden und als eine erste Strafe für dieses gedeutet.[23] Eine andere volkstümliche Erklärung für einen besonders schweren Todeskampf ist die, dass der Sterbende noch Widerstand dagegen leistet, dem Engel die eigene *nafs* zu überlassen. Für Angehörige und alle anderen Anwesenden ergibt sich daraus die Verhaltensregel, dass sie, solange der Sterbende noch bei Bewusstsein ist, möglichst keine Äußerungen der Klage tun sollen, um ihn in diesem Widerstand nicht zu bestärken, sondern ihn zur Ergebung in Gottes Ratschluss ermutigen sollen. Dazu leisten sie ihm Zuspruch z. B. mit dem Koranwort „Wir gehören Gott, und zu ihm kehren wir zurück." (Sure 2/156) oder auch mit der Trostformel „Du gehst voraus, und wir kommen nach.", die den Abschied von den zurückbleibenden Bezugspersonen erleichtern soll. Mitunter wird angenommen, dass schon traurige Blicke der Umstehenden den Widerstand des Sterbenden verstärken und damit die Agonie verlängern können; deshalb besteht mancherorts die Sitte, das Gesicht des Sterbenden mit einem Tuch zu bedecken.[24]

Islamische Theologen haben ausgehend von den koranischen Aussagen eigene Modifikationen und Präzisierungen in das Verständnis der menschlichen Konstitution und des Sterbevorgangs eingeführt, teils in Aneignung von Konzepten der griechischen Philosophie. Einen großen Schritt dieser Art tat an-Naẓẓām (gest. zwischen 835 und 845), ein weiterer bedeutender Systematiker der frühislamischen Theologenschule der Muʿtaziliten. Er übernahm als erster Platons Beweise für die Unsterblichkeit der Seele und damit auch dessen

---

22 Siehe z. B. H. Granqvist, Muslim Death and Burial: Arab Customs and Traditions Studied in a Village in Jordan, Helsinki-Helsingfors 1965, 52.
23 Ebd. 52 f.
24 M. Renaerts, La mort, rites et valeurs dans l'Islam Maghrébin, Brüssel 1986, 25.

Leib-Seele-Dualismus. Was das Leben des Menschen ausmacht, ist nach seiner Auffassung die Fähigkeit zu willentlichem Handeln. Diese beruht auf einem besonderen Prinzip, das alle lebenden Wesen im Unterschied zu unbelebten Dingen durchdringt: dem Geist *(rūḥ)*. Ihn scheint an-Naẓẓām nach Darstellung muslimischer Häresiographen – denen wir, da eigene theologische Schriften von ihm nicht erhalten sind, unsere Kenntnis seines Denkens großenteils verdanken – nicht von der zweiten für die koranische Anthropologie zentralen Größe, der *nafs*, dem Selbst des Menschen, unterschieden zu haben. Und jedenfalls nahm der Geist *(rūḥ)* in seinem System die Position ein, die in demjenigen Platons der Seele zukommt. Unter dem Geist *(rūḥ)* stellte sich an-Naẓẓām allerdings keine immaterielle Entität vor, sondern eine sehr feine stoffliche Substanz, die den wesentlich gröberen Leib durchdringt und damit belebt. Wenn der Mensch stirbt, dann löst sich nach an-Naẓẓāms Vorstellung diese Vermischung von Leib und Geist wieder auf: Der Sterbevorgang besteht im Heraustreten des Geistes aus dem Körper auf dem Wege einer von Gott bewirkten akzidentellen Bewegung. Da es der Geist war, der den Menschen zu willentlichem Handeln befähigt hat, bedeutet das Ergebnis dieses Vorgangs, der Tod, den Verlust des Handlungsvermögens.[25] In dieser Annahme traf sich an-Naẓẓām mit seinem Zeitgenossen an-Naǧǧār, der ansonsten einer anderen theologischen Observanz, der murǧi'itischen, anhing; er definierte den Tod als ein „Unvermögen", das jegliches Handeln – gemeint war vermutlich Handeln mittels der Glieder – unmöglich macht.[26] Als guter Muslim, der korangemäß an die Auferstehung des Leibes glaubte, konnte an-Naẓẓām nicht so weit gehen, für das Jenseits allein dem aus dem Körper herausgetretenen Geist Unsterblichkeit zuzuschreiben: Nach ihm verbindet sich der Geist dort wieder mit einem Leib; in Paradies oder Hölle muss, wie er postulierte, zwar nicht die Fähigkeit zu willentlichem Handeln wieder hergestellt sein, denn ethische Entscheidungen stehen dort für Menschen nicht mehr an, aber zumindest die Empfindungsfähigkeit – andernfalls könnten Menschen ja weder an den angedrohten Höllenstrafen leiden noch die verheißenen Paradiesesfreuden genießen.[27]

Im weiteren Verlauf der islamischen Theologiegeschichte hat es sich bald eingebürgert, den Geist *(rūḥ)* und das Selbst *(nafs)*, die im Koran noch als zwei verschiedene Bestandteile der geschöpflichen Konstitution des Menschen aufgefasst waren, miteinander gleichzusetzen und beide im Sinne von „Seele" zu begreifen. Im Verständnis des Sterbensvorgangs und des Wesens des Todes

---

25 VAN ESS (s.o. Anm. 1), Bd. 3, 1993, 369–371 und 376; Bd. 4, 1997, 514 f. und 518 f. (an allen diesen Stellen detaillierte Ausführungen zu weiteren subtilen Details der Anthropologie und der Todesvorstellung von an-Naẓẓām).
26 VAN ESS (s.o. Anm. 1), Bd. 4, 310 f.
27 VAN ESS (s.o. Anm. 1), Bd. 3, 377.

führte man im übrigen Motive aus der eben betrachteten frühislamischen Diskussion in unterschiedlicher Gewichtung fort. Das lässt sich z.B. gut bei al-Ġazālī (gest. 1111) beobachten, der das ganze umfangreiche letzte Buch seiner großen theologisch-mystischen Summa *Die Wiederbelebung der Wissenschaften von der (sc. islamischen) Religion* dem Thema „Tod" gewidmet hat. Ein rund sechsseitiger Abschnitt[28] dieses Buches trägt die Überschrift „Erklärung der wahren Natur des Todes". Hier führt der Verfasser aus, das Proprium des Menschen bestehe in dessen Geist *(rūḥ)* und Seele *(nafs)*, die für ihn in diesem Zusammenhang augenscheinlich dieselbe Sache sind. Im Sterbevorgang trenne sich der Geist vom Körper. Da dem Menschen damit die Gliedmaßen und die Sinnesorgane, die sein Geist im Erdenleben als Werkzeuge seiner Handlungen und Sinneswahrnehmungen gebraucht hat, nicht mehr zur Verfügung stünden, könne er, wenn er gestorben sei, nicht mehr handeln, nicht mehr sprechen, nicht mehr sehen oder hören und auch sonst keine Sinneswahrnehmungen mehr haben, für die man körperliche Organe benötigt.

Bei modernen muslimischen Autoren stehen Interpretationen des Sterbevorgangs wie die bisher referierten, die auf der koranischen oder späteren theologischen Anthropologie beruhen, und eine rein medizinische Betrachtungsweise manchmal unverbunden nebeneinander. So erklärt ʿAbdalḥayy al-Faramāwī, ein Professor für Koranexegese von der al-Azhar-Universität Kairo, in einem Buch mit dem Titel „Der Tod im islamischen Denken" das Sterben mitsamt den Schmerzen und Ängsten, die es begleiten, seinerseits ausschließlich durch den Rekurs auf Koranverse und Traditionen, die die einschlägigen Vorstellungen der frühislamischen Zeit widerspiegeln. Dabei evoziert er mit Sure 6/93 auch das Schreckensbild von den Todesengeln, die ihre Hände nach sterbenden Übeltätern ausstrecken und von ihnen die Herausgabe ihrer Seelen fordern. Inmitten alles dessen belehrt er den Leser jedoch plötzlich dahingehend, dass das Sterben medizinisch gesehen ein sukzessives Organversagen sei – ohne ein Wort darüber zu verlieren, wie sich diese Deutungen aus seiner Sicht zueinander verhalten.[29]

Für die genaue Bestimmung des Todeszeitpunkts, der als der Augenblick des Austritts des Geistes aus dem Körper begriffen wird, ist im islamischen Recht ein Katalog nachprüfbarer körperlicher Symptome *(ʿalāmāt, amārāt)* wie z.B. fortschreitendes Erkalten von den Füßen nach oben, Verschwinden des

---

28 Abū Ḥāmid Muḥammad AL-ĠAZĀLĪ, Iḥyāʾ ʿulūm ad-dīn, Bd. 4, Samara (Indonesien) o.J. (Faksimile-Ausgabe des Standard-Druckes von ʿĪsā al-Bābī al-Ḥalabī mit einer Einleitung von Aḥmad Ṭabāna, Kairo 1939 = 1358 d.H.), 477–483; englische Übersetzung von Tim J. Winter unter dem Titel (al-Ghazālī,) "The Remembrance of Death and the Afterlife" (auf dem Buchrücken davon abweichend: "al-Ghazālī on Death"), Cambridge 1989, 121–132.

29 ʿA. AL-FARAMĀWĪ, al-Maut fī l-fikr al-islāmī, Kairo 1991 = 1491 d.H., 42–45.

Pulses, Atemstillstand und Einsinken der Schläfen aufgestellt worden.[30] Zusätzlich zu ihnen werden von vielen muslimischen Gelehrten heutzutage Verifikationsmethoden aus der modernen Medizin anerkannt. Insbesondere die Anwendung des Kriteriums des Hirntods wird nach ausgedehnten Diskussionen über die Problematik der Organtransplantation inzwischen zum Teil für zulässig erachtet. Allerdings lehnen andere Gelehrte es immer noch ab, und in Iran ist seine Benutzung bisher verboten.[31]

4. Der Umgang mit Verstorbenen

Die Unantastbarkeit *(ḥurma)* des menschlichen Körpers gilt nach islamischer Vorstellung nicht nur bei Lebenden, sondern auch bei Toten. Sie ist daher nach Ethik und Recht des Islam unbedingt zu schützen. Der Verstorbene als Person, die immer noch als Subjekt gilt, nicht nur sein Leichnam hat ein Anrecht darauf, dass seine Würde gewahrt wird, indem man vor, bei und nach seiner Bestattung Verhaltens- und Vorgehensweisen vermeidet, die diese verletzen würden. Welche genauen Verhaltensweisen und Praktiken Muslime als eine solche Verletzung betrachten, hängt bis zu einem gewissen Grade auch vom regionalen Brauchtum ab und ist darum nicht restlos einheitlich. Viele so beurteilte Handlungen bestehen jedoch in Verstößen gegen die als allgemein verbindlich erachteten Toten- und Bestattungsriten; darum lassen sich beispielhaft bestimmte Handlungsweisen benennen, die durchweg oder zumindest im Regelfall als Verletzung der *ḥurma* des Verstorbenen angesehen werden. So ist es z. B. nach allgemeinem Dafürhalten immer eine solche, wenn man es versäumt, einem Toten die Augen zu schließen, wenn man an ihm die obligatorische rituelle Waschung nicht oder nicht korrekt vollzieht, wenn man seinen entblößten Körper öffentlich exponiert oder es unterlässt, ihn im Grab wie vorgeschrieben mit in Richtung Mekka gewandtem Gesicht auf seine rechte Seite zu betten. Auch Ritualfehler vor oder bei seiner Beerdigung, die keinen konkreten Bezug auf seinen Körper haben, z. B. falsches Rezitieren von Gebeten oder Koransuren an seiner Bahre oder seinem Grab, stellen, so wird geurteilt, eine Verletzung seiner persönlichen Würde dar.[32]

Das Sezieren von Leichen Verstorbener wird zum Schutz des Gemeinwohls *(maṣlaḥa)* meist als ausnahmsweise erlaubt betrachtet, wenn der Verdacht auf ein Verbrechen besteht oder der Schutz der öffentlichen Gesundheit dies zwin-

---

30 Krawietz (s. o. Anm. 11), 111 f.; al-Faramāwī (s. o. Anm. 29), 50 f.; Kellner (s. o. Anm. 6), 130.
31 Zu dieser Diskussion ausführlich Kellner (s. o. Anm. 6), 130–145; Sachedina bei Eich (s. o. Anm. 2), 163–169; auch Krawietz (s. o. Anm. 11), 112 f.
32 Krawietz (s. o. Anm. 11), 116 f.; 148–150.

gend erforderlich erscheinen lässt; gegen Sektionen zum Zweck medizinischer Ausbildung bestehen hingegen zum Teil immer noch erhebliche Bedenken.[33] Die Organentnahme für eine Transplantation, mit der das Leben eines anderen Menschen gerettet werden kann, aus dem Leichnam eines Verstorbenen wird inzwischen ebenso wie diejenige aus dem Körper eines Lebenden unter der Voraussetzung, dass der Spender ihr freiwillig zugestimmt hat, überwiegend für erlaubt gehalten.[34] Als äußerst gravierender Übergriff auf die *ḥurma* des Verstorbenen wird hingegen die Feuerbestattung betrachtet; sie gilt daher als verboten.[35] Auch wenn der Tote bereits beerdigt ist, kann er noch Opfer einer Verletzung seiner *ḥurma* werden, und zwar nicht nur durch Grabschändung oder nachträgliche Exhumierung, wenn für letztere nicht rechtsrelevante Ausnahmegründe vorliegen, sondern z. B. schon dadurch, dass sich jemand auf sein Grab setzt.[36] Eine systematische Grabpflege gehört dagegen nicht zu dem, was man nach allgemeiner islamischer Anschauung der Würde Verstorbener schuldet, und Besuche an Gräbern verstorbener Angehöriger oder Freunde sind weithin unüblich; unter strikt traditionalistisch orientierten Muslimen wie den Angehörigen der Rechtsschule der Hanbaliten und den Wahhabiten Saudi-Arabiens sind sie sogar wegen der Befürchtung, es könnte sich aus ihnen ein polytheistischer Kult entwickeln, verpönt.

5. Die Situation Verstorbener zwischen Tod und Auferstehung

Welche Anschauungen bestehen nun hinsichtlich der genauen Lage, in der sich Verstorbene bis zum Anbruch des Jüngsten Gerichts befinden? Im Glauben der großen Mehrheit der Muslime[37] ist seit Alters her die Vorstellung fest verankert, dass sie zwischen dem Zeitpunkt ihres Todes und ihrer Auferweckung am Jüngsten Tag, an dem sich ihre Seele mit ihrem Leib zu neuem Leben vereinigt, nicht einfach durchgängig ohne Bewusstsein sind und so nur ihr Leib zunächst

---

33 KRAWIETZ (s. o. Anm. 11), 125–147.
34 Die ausgedehnte und teilweise sehr kontroverse Diskussion, die muslimische Gelehrte über die Problematik der Organtransplantation bereits geführt haben, ist umfassend und gründlich untersucht bei KELLNER (s. o. Anm. 6), 161–207.
35 KELLNER (s. o. Anm. 6), 119–125. Ein zusätzlicher Grund für die Verwerflichkeit dieser Bestattungsform ist aus der Sicht der Gelehrten der, dass allein Gott einen Menschen ins Feuer werfen darf, nämlich im Falle seiner Verdammnis ins Höllenfeuer. Mit der Leichenverbrennung wird also nicht nur das Recht des Verstorbenen auf seine *ḥurma*, sondern zugleich auch noch ein Privileg Gottes verletzt.
36 KELLNER (s. o. Anm. 6), 161–167.
37 Nicht bei den Ḫāriǧiten, einigen anderen kleinen Gruppen, die heute größtenteils nicht mehr existieren, und einer Reihe von Einzelpersönlichkeiten der frühislamischen Theologie, vornehmlich Vertretern der Muʿtazila; dazu VAN ESS (s. o. Anm. 1), Bd. 4, 529.

auf dem Totenbett oder der Bahre und später im Grabe ruht, sondern dass sie in dieser Zwischenzeit, die man gemeinhin mit dem aus dem Persischen kommenden Wort *barzaḫ* bezeichnet,[38] durchaus denken, Gefühle haben und Erfahrungen machen.

Zunächst einmal merken nach auf den Propheten zurückgeführten Aussprüchen die Verstorbenen noch, wer an ihnen die Totenwaschung vollzieht, und solange sie nicht beerdigt sind, bekommen sie die Trauer und die Klagen der Hinterbliebenen mit. Vor allem aber ist es traditionelle islamische Glaubensüberzeugung, dass Verstorbene, noch bevor der Jüngste Tag anbricht, in ihrem Grab eine Art vorgezogenes individuelles Gericht über sich ergehen lassen müssen, das einen mehr oder weniger beängstigenden Verlauf nehmen und je nach Ausgang entweder angenehme oder quälende Folgen haben kann: Einer oder mehrere erschreckend aussehende Engel – meist wird von zweien ausgegangen, die die Namen Nakīr und Munkar tragen – nähern sich dem Toten und verhören ihn über seine Einstellung zu den zentralen Glaubenswahrheiten des Islam, wobei er aufrecht in seinem Grabe sitzt. Dass man nach muslimischem Brauch, der durch ein Ḥadīṯ gestützt wird, den Sterbenden möglichst veranlasst, das islamische Glaubensbekenntnis zu rezitieren oder es, wenn er schon sehr entkräftet oder nicht mehr bei ganz klarem Bewusstsein ist, wenigstens langsam Wort für Wort nachzusprechen,[39] und dass man ihm in jedem Fall kurz vor seinem Dahinscheiden noch einmal das Glaubensbekenntnis ins Ohr spricht, dient nach dem Volksglauben nicht zuletzt auch dazu, ihm noch einmal einzuprägen, was er den Grabesengeln auf die Frage nach seinem Credo sagen muss, um sich als rechtgläubiger Muslim auszuweisen. Geht das Verhör günstig aus, dann schaffen ihm die Engel in seinem Grab, unter dessen Enge er bisher gelitten hat, Erleichterung, indem sie es weiten, das Gewicht der über dem Verstorbenen liegenden Erde vermindern, für ihn ein Guckloch ins Paradies anlegen o. ä.; geht das Verhör zu seinen Ungunsten aus, dann sorgen sie mit passenden Maßnahmen dafür, dass er in seinem engen Grab noch mehr unter Beklemmungen leidet als zuvor, und schlagen ihn nach Annahme mancher auch noch, z. B. mit Eisenstangen.

Diese Vorstellung vom Verhör und der drohenden Bestrafung im Grab ist nicht koranisch. Vielmehr ist sie im Islam erst über Ḥadīṯtexte aufgekommen,

---

38 Das Wort bedeutet „Zwischenraum, Trennung" und meint in diesem Fall die Phase, in der die Verstorbenen von der Welt der Lebenden abgetrennt, aber noch nicht im Jenseits angekommen sind. Es gibt für diesen Terminus innerhalb der islamischen Eschatologie jedoch auch noch andere Verwendungen; siehe dazu den Artikel „Barzakh" von B. CARRA DE VAUX in: Encyclopedia of Islam/Encyclopédie de l'Islam, Bd. 1, Leiden und Paris 1960.

39 P. LEPIC, Mourir: Rituels de la mort dans le judaïsme, le christianisme et l'islam, o. O. (Paris) 2006, 48; RENAERTS (s. o. Anm. 29), 20 f.

und zwar wohl erst, nachdem sich mit erfolgreicher innerweltlicher Etablierung und zunehmender Bestandsdauer des jungen muslimischen Gemeinwesens die von Muhammad und seinen Anhängern ursprünglich gehegte eschatologische Naherwartung bereits weitgehend verflüchtigt und man sich zu fragen begonnen hatte, was denn nun, wenn das Jüngste Gericht doch noch längere Zeit auf sich warten ließ, bis zu dessen Anbruch mit den bereits verstorbenen Muslimen geschehe.[40]

Die Theologen konnten naturgemäß nicht umhin, sich darüber Gedanken zu machen, wie es möglich ist, dass das Beschriebene mit schon Verstorbenen im Grabe geschieht. Denn es setzt ja voraus, dass sie Empfindungen haben, denken und sprechen können. Sind sie also doch noch nicht ganz tot, sondern leben im Grab weiter, wenn auch in reduzierter Form, oder wie soll man sich das sonst vorstellen? Diesbezüglich wurde die Erklärung versucht, die Seele verlasse den Leib beim Tod eben doch nicht sofort, sondern erst nachdem das Verhör im Grab stattgefunden habe, oder sie kehre zumindest für diese Prozedur noch einmal in ihn zurück.[41] Damit ließen sich gut Elemente der anthropologischen Konzeptionen von Denkern wie an-Naǧǧār und an-Naẓẓām und der mit diesen Konzeptionen einhergehenden Vorstellungen von der Natur des Sterbevorgangs verbinden. Ibn ar-Rēwandī, ein Theologe iranischer Herkunft, der vermutlich im späten 9. und vielleicht noch frühen 10. Jahrhundert aktiv war,[42] schloss sich partiell sowohl an-Naǧǧār als auch an-Naẓẓām an: Wie sie beide sah er im Tod den Verlust des Handlungsvermögens; doch meinte er, Sinneswahrnehmung und Wissen gingen mit diesem nicht verloren, zumindest nicht unmittelbar. Damit wurden die Empfindungen der Verstorbenen im Grabe und deren Auskünfte an die Engel schon ein Stück plausibler.[43]

al-Ġazālī hat später den Gedanken, dass der Tod der Verlust des Handlungsvermögens, aber nicht derjenige aller Bewusstseinsinhalte und Gefühle ist, in

---

40   Dazu van Ess (s.o. Anm. 1), Bd. 4, 528 f.
41   van Ess (s.o. Anm. 1), Bd. 4, 528 mit Belegen. – Granqvist hat in einem Dorf des modernen Jordanien die Vorstellung angetroffen, der Todesengel nehme die Seele des Verstorbenen zunächst zur Inspektion in den Himmel mit, bringe sie aber wenig später in dessen Körper zurück, damit der Verstorbene – der ja nach islamischer Sitte binnen höchstens 24 Stunden bestattet wird – in der zweiten oder dritten Nacht nach seinem Tod von den beiden Grabesengeln Nakīr und Munkar verhört werden könne; dazu in ihrem Buch (s.o. Anm. 22), 104.
42   So die Feststellung von van Ess (s.o. Anm. 1), Bd. 4, 345 nach eingehender Diskussion der mit seiner Biographie verbundenen Datierungsprobleme; sichere Lebensdaten sind nicht überliefert.
43   van Ess (s.o. Anm. 1), Bd. 4, 310 f. Ibn ar-Rēwandī wirkte zeitweilig in Baghdad und gehörte zunächst der Schule der Muʿtaziliten an, wandte sich dann aber kritisch gegen diese. Später wurde er in einem Teil der Häresiographie durch eine um seine Person gesponnene „schwarze Legende" zum großen Ketzer stilisiert. Siehe dazu van Ess (s.o. Anm. 1), Bd. 4, 346–349.

etwas anderer Form fortgeführt und noch stark ausgebaut: Was seiner Darstellung nach bei einem Verstorbenen infolge der Trennung des Geistes vom Körper nicht mehr funktioniert, sind nur die Handlungen und die Sinneswahrnehmungen, für die der Betreffende seine Gliedmaßen und seine Sinnesorgane brauchen würde. Dagegen kann der Verstorbene, so stellt es sich al-Ġazālī vor, durchaus noch rein geistig-seelische Erkenntnisse und Empfindungen haben.[44] Deshalb steigen in ihm, wie al-Ġazālī annimmt, direkt nach seinem Tod zunächst einmal lebhafte Gedanken und Gefühle auf: Als erstes denkt er kummervoll an alles, was er auf Erden besessen hat und wessen er sich nun beraubt fühlt; hätte er sein Herz während seines Lebens nicht an irdische Freuden und Besitztümer gehängt, sondern Freude und Trost allein im Gedenken an Gott gesucht, dann wäre er, so al-Ġazālī, jetzt stattdessen glücklich in der Gewissheit, dass alles Irdische, was ihn früher von Gott abgehalten hat, nun von ihm genommen ist und er sich bald ungehindert mit diesem seinem himmlischen Geliebten wird vereinigen können.[45] Als nächstes werden ihm alle guten und bösen Taten seines Erdenlebens enthüllt, weil ihn jetzt weltliche Geschäftigkeit nicht mehr von diesen ablenkt, und jede seiner Sünden erfüllt ihn mit tiefstem Elend. Nun ist es ihm, als höre er das Wort aus Sure 17/14: „Du selber wirst heute genug mit dir abrechnen."[46]. All dies spielt sich noch vor seiner Beerdigung ab. Wenn der Verstorbene ein auf die Freuden der Welt versessener Übeltäter war, werden sich seine Qualen nach der Beerdigung sogar noch verschlimmern, weil er jetzt das Gefühl hat, Gott unentrinnbar in die Hände gefallen zu sein, und ihm klar ist, dass er seiner Strafe nicht mehr entgehen kann. Insgesamt betont al-Ġazālī, dass das Bewusstsein Verstorbener keineswegs erlischt, was er auch mit Koranversen und Ḥadīṯen belegen zu können glaubt, und dass Tote Glück oder Leid empfinden.[47] Deshalb sind nach seiner Schilderung Übeltäter aufgrund der beschriebenen Erschütterungen und weiterer schauriger Erfahrungen, z. B. der Vorhaltungen, die ihnen nach einem Ḥadīṯ sogar noch das eigene Grab macht, schon völlig zermürbt, bevor noch das hochnotpeinliche Verhör durch die Grabesengel und die womöglich darauf folgende Bestrafung begonnen haben.

Ein bekanntes Argument gegen die Todesfurcht, das aus der epikureischen Philosophie stammt, haben auch die islamischen Philosophen Abū Bakr Muḥammad b. Zakarīyā ar-Rāzī (gest. 925 oder 932) und Miskawaih (gest. 1030) zum Trost für diejenigen benutzt, die nicht wie sie an die Unsterblichkeit der Seele zu glauben vermochten: dass nämlich Tod im Sinne von Totsein nicht schmerzhaft sein könne, weil es Schmerzempfindungen nur beim lebenden

---

44 AL-ĠAZĀLĪ (s. o. Anm. 28), 478; Übersetzung Winter (s. o. ebd.), 122 f.
45 AL-ĠAZĀLĪ (s. o. Anm. 28), 478; Übersetzung Winter (s. o. ebd.), 123 f.
46 AL-ĠAZĀLĪ (s. o. Anm. 28), 478; Übersetzung Winter (s. o. ebd.), 124 f.
47 AL-ĠAZĀLĪ (s. o. Anm. 28), 479; Übersetzung Winter (s. o. ebd.), 126.

Körper gebe, ein Leichnam also ohnehin nichts spüre.⁴⁸ Dieses Argument ist aber für Muslime, die das Verhör und die sich möglicherweise anschließende Bestrafung durch die Grabesengel als eine alle Verstorbenen wirklich treffende Pein betrachten und vielleicht darüber hinaus von der Befindlichkeit der Toten ähnliche Vorstellungen haben wie al-Ġazālī, sicher nicht überzeugend. Denn sie gehen ja davon aus, dass sie außer den Schmerzen und Ängsten des Sterbens auch noch die Schrecknisse des Totseins tatsächlich bewusst empfinden werden. Dazu kommt dann noch die Aussicht auf das Jüngste Gericht, dem sie sich später werden stellen müssen, wenn Gott sie in der allgemeinen Auferstehung der Toten zu neuem Leben erweckt.

6. Sterben in Erwartung des Jüngsten Gerichts

Um sich ein Bild davon machen zu können, was diese Perspektive bedeutet, bedarf es hier noch eines kurzen Blickes auf die islamischen Vorstellungen vom Jüngsten Gericht. Insbesondere die frühesten Textpartien des Koran enthalten zahlreiche außerordentlich dramatische und furchterregende Schilderungen des Jüngsten Tages, an dem die Toten auferstehen, und des sich anschließenden Gerichts, in dem sich alle Menschen vor dem mit ihnen bis ins Kleinste abrechnenden Gott für ihre Erdentaten verantworten müssen. Die Freuden des Paradieses, die danach die Seligen für immer genießen dürfen, werden farbig und sinnenfroh dargestellt; aber auch die grässlichen Strafen, die die auf ewig im Höllenfeuer schmorenden Ungläubigen und Übeltäter erleiden, und das Entsetzen dieser Verdammten über ihr eigenes, durch verspätete Reue nun nicht mehr veränderbares jenseitiges Schicksal werden außerordentlich plastisch beschrieben. Durch das Ḥadīṯ und im späteren religiösen und theologischen Schrifttum sind die Schrecken des Jüngsten Tages und des göttlichen Gerichts,

---

48   Abū Bakr Muḥammad b. Zakarīyā ar-Rāzī: aṭ-Ṭibb ar-rūḥānī, in: Rasāʾil falsafīya, hg. v. P. Kraus, Beirut ⁵1982 = 1402 d. H., 93, englische Übersetzung von A. J. Arberry unter dem Titel „The Spiritual Physick of Rhazes", London 1950, 103; dazu L. E. Goodman, Muḥammad b. Zakariyyāʾ al-Rāzī, in: S. H. Nasr/O. Leaman (Hg.), History of Islamic Philosophy, London/New York 1996, Nachdruck als Paperback 2001, 210 f. mit Anm. 62 (dort Nachweis des epikureischen Hintergrunds). – Aḥmad b. Muḥammad Miskawaih: Tahḏīb al-aḫlāq, Beirut 1985 = 1405 d. H., 177, englische Übersetzung von C. K. Zurayk unter dem Titel „The Refinement of the Character", Beirut 1968, 188. Schon Miskawaih definierte wie später al-Ġazālī den Tod als Vorgang, in dem die Seele „vom Gebrauch ihrer Werkzeuge abläßt, die die Glieder sind, die man zusammengenommen Körper nennt" (ebd., arabischer Text 174, Übersetzung Zurayk 185).

aber auch die Wonnen des Paradieses und die Schrecknisse der Hölle noch detaillierter ausgemalt worden.[49]

Besonders beängstigend – und für das Verständnis der strukturellen Divergenz der Monotheismusbegriffe von Islam und Christentum äußerst aufschlussreich – ist die Interpretation, die sich für eine in Sure 39/68 des Koran geschilderte Szene vom Anbruch des Jüngsten Tags eingebürgert hat: Im Koran ist hier von zwei Trompetenstößen die Rede, die nacheinander erschallen; nach dem ersten „fallen (alle), die im Himmel und auf der Erde sind, vom Blitz getroffen nieder, soweit es Gott nicht bei jemandem anders will." Nach dem zweiten Trompetenstoß „stehen sie gleich wieder da und können sehen." Ohne Frage soll mit dieser koranischen Szene die ungeheure Macht Gottes über Engel und Menschen demonstriert werden. Schon mit aṭ-Ṭabarī (gest. 923), der auf der Grundlage von Ḥadīttexten, die er gesammelt hatte, eine entsprechende Deutung wählte,[50] hat sich jedoch die vom Textbefund keineswegs zwingend geforderte[51] Exegese durchgesetzt, am Jüngsten Tag lasse Gott erst einmal sämtliche dann noch lebenden Menschen, alle Engel, schließlich sogar den Todesengel, ja überhaupt alles Leben sterben, um als einziger Lebender übrig zu bleiben und sich dann anschließend selbst als den Einzigen, allein Herrschenden zu verherrlichen, bevor er in gemessenem zeitlichem Abstand – die Interpreten sprechen oft von 40 Jahren – seine Geschöpfe ins Leben zurückruft. Hier sei diese Szene

---

49 Die breite Palette der so entwickelten eschatologischen Vorstellungen findet man bei J. I. SMITH/Y. Y. HADDAD, The Islamic Understanding of Death and Resurrection, Albany 1981, Nachdruck als Paperback Oxford/New York 2002, 63–97 sehr informativ dargeboten. Problematisch an der Darstellung der Autorinnen ist allerdings, dass sie gesammelte Aussagen von zeitlich teils weit auseinanderliegenden Autoren und Texten aus ganz unterschiedlichen Zusammenhängen zu einer Art eschatologischem Breitwandfilm zusammengesetzt haben, bei dem sich für Nichtfachleute mitunter nicht mehr erkennen lässt, welche seiner Komponenten wirklich islamisches Gemeingut sind und bei welchen es sich nur um die partikulären Vorstellungen bestimmter Autoren oder Gruppen handelt.

50 Online in der Datenbank „www.altafsir.com" unter http://www.altafsir.com/Tafasir.asp?tMadhNo=1&tTafsirNo=1&tSoraNo=39&tAyahNo=68&tDisplay=yes&Page=2&Size=1&LanguageId=1 (Zugriff am 04.05.2011).

51 Der Text selbst sagt nichts davon, dass die zu Boden Stürzenden tot sind. Paret fasst in seiner Übersetzung den Blitzschlag bildlich auf, was durchaus möglich ist, und interpretiert die Stelle daher im Sinne von „wie vom Blitz getroffen". Außerdem kann das fragliche arabische Wort sowohl einen Blitzschlag bezeichnen als auch einen Donnerschlag, an dem in der Regel niemand stirbt; H. Bobzin hat in seiner neuen Koranübersetzung (Der Koran, München 2010) die durchaus kontextgerechte Übersetzung „vom Donnerschlag getroffen" gewählt. Noch dazu lässt der Originaltext die Zahl derer, die Gott vom Niedergestrecktwerden ausnimmt, offen. Allein aus ihm lässt sich also schlechterdings nicht herauslesen, dass zum Schluss nur noch Gott als Lebender übrig bleibt.

zur Illustration ihres Grundtenors aus dem klassischen Korankommentar des Ibn Katīr (gest. 1373) zitiert, der wegen seiner konzisen Darstellungsweise von Muslimen, auch Imamen und Predigern, bis heute gern benutzt wird:

> „… das ist der Trompetenstoß des Blitzschlags, durch den alle Lebenden von den Himmels- und Erdenbewohnern sterben, soweit es Gott nicht bei jemandem anders will, wie es in dem berühmten Trompetenhadīt erklärt und erläutert worden ist. Dann kassiert[52] er (sc. Gott) noch die Geister (arwāḥ) der restlichen, bis als letzter der Todesengel mit dem Sterben an die Reihe kommt und einzig und allein er, der Lebendige und Beständige, der als erster da war und als letzter bleiben wird, noch andauert und bleibt. Und er fragt: ‚Nun, wem gehört heute die Herrschaft?', dies dreimal. Dann antwortet er sich selbst mit den Worten: ‚Dem einen Gott, dem Allesbezwinger. Ich bin es, der allein existiert hat, und ich habe alles bezwungen, alles dazu verurteilt, zunichte zu werden.'"[53]

al-Ġazālī, der in einem eschatologischen Traktat dieselbe Szene beschreibt, lässt Gott seinen einsamen Triumph noch etwas gründlicher auskosten; was dieser Gott tut, nachdem er alle außer sich selbst hat sterben lassen, schildert al-Ġazālī wie folgt:

> „Dann lobpreist er sich selbst, wie er will, rühmt sich seines permanenten Bleibens, seiner immerwährenden Ehre, seiner beständigen Herrschaft, seiner bezwingenden Allmacht und seiner glanzvollen Weisheit. Und er ruft aus: ‚Wem heute die Herrschaft gehört, der soll herkommen!' Es antwortet ihm aber keiner. …"[54]

Gott beweist sich nach diesen Darstellungen dadurch als der eine, dass er das Leben mit niemandem teilen will. Seine Glorie ist am Jüngsten Tag, wie man in Abwandlung eines bekannten Worts des Kirchenvaters Irenäus von Lyon sagen könnte, offensichtlich nicht der lebendige Mensch, sondern der tote – für Sterbende wohl kaum ein beruhigender Gedanke.

52　Das Verb, das hier im Arabischen steht, heißt sowohl „ergreifen, packen" als auch „einziehen (von Geld), kassieren".

53　Online in der Datenbank „www.altafsir.com" unter http://www.altafsir.com/Tafasir.asp?tMadhNo=1&tTafsirNo=7&tSoraNo=39&tAyahNo=68&tDisplay=yes&UserProfile=0&LanguageId=1 (Zugriff am 04.05.2011).

54　Abū Ḥāmid Muḥammad AL-ĠAZĀLĪ, ad-Durra al-fāḫira fī kašf ʿulūm al-āḫira, Damaskus 1985 = 1315 d.H.), 35. Zu dieser Szene am Jüngsten Tag SMITH/HADDAD (s.o. Anm. 49), 71 f.; dort ist in englischer Übersetzung noch eine weitere Schilderung von ihr nachzulesen, die aus dem anonymen „Kitāb aḥwāl al-qiyāma" stammt.

7. Eine Frage zum Schluss: Disziplinierung durch Todesangst?

Dursun Tan, der Verfasser einer sehr lesenswerten soziologischen Dissertation über die Problematik des „fremden Sterbens" türkischer Migranten in Deutschland, hat in seiner ostanatolischen Heimatregion beobachtet, dass die dort sehr zahlreich verbreiteten Erzählungen über das, was Verstorbene im Jenseits erwartet, und über Personen, die zur Belehrung der Lebenden angeblich noch einmal kurz von dort zurückgekehrt sein sollen, fast ausnahmslos furchterregenden Charakters sind. Seinem Eindruck nach werden solche Erzählungen von den jenseitsgläubigen Muslimen oft gezielt dazu eingesetzt, der Forderung nach Einhaltung traditioneller Gruppennormen Nachdruck zu verleihen. Damit offenbart sich, so glaubt er feststellen zu können, in den Jenseitsvorstellungen der religiös orientierten Angehörigen seines muslimisch-türkischen Umfelds das „in den meisten orientalischen Gesellschaften der Gegenwart auf Todesdrohungen fußende Muster der ‚Zivilisierung'."[55]

Hier soll keine Diskussion darüber begonnen werden, ob es heutzutage in „orientalischen Gesellschaften" tatsächlich ein allgemein verbreitetes Kulturmuster dieser Art gibt – zumal gegen einen generalisierenden Begriff „orientalischer Gesellschaften" erhebliche Vorbehalte anzumelden wären. Es soll jedoch abschließend noch die Frage gestellt werden, ob speziell die in den letzten drei Abschnitten betrachteten Vorstellungen vom Todesengel, der den Sterbenden die Seele aus dem Leib zieht, von dem, was den Verstorbenen im Grab widerfährt, und vom Jüngsten Tag der sozialen Disziplinierung durch Weckung von Todesfurcht dienen könnten.

Zweifellos besteht bei solchen Muslimen, die zu relativer Wortgläubigkeit, zu unkritischem Für-wahr-Halten sämtlicher in den Prophetentraditionen enthaltenen Aussagen und zur Aneignung legendenhafter Ausschmückungen des im Koran Gesagten neigen, die Gefahr, dass die genannten Vorstellungskomplexe bei ihnen Todesangst erzeugen oder verstärken. Es ist auch bekannt, dass sich in älterer Zeit Prediger, Lehrkräfte und Erziehungsberechtigte das Einschüchterungspotential entsprechender Vorstellungen bisweilen recht gern zunutze machten, um der Forderung nach Einhaltung der aus ihrer Sicht gottgewollten Ordnung Nachdruck zu verleihen. Und dass schon im Koran die Schilderungen der Schrecken des Jüngsten Tages nicht zuletzt die Funktion prophetischer Drohrede hatten, mit der die zunächst ungläubigen Mekkaner von ihren aus der Sicht des Propheten bösen Wegen abgebracht und zur Ordnung Gottes gerufen werden sollten, liegt auf der Hand.

---

55 D. TAN, Das fremde Sterben. Sterben, Tod und Trauer unter Migrationsbedingungen, Frankfurt 1998, 206.

Dennoch kann daraus nicht geschlossen werden, dass die islamischen Vorstellungen von Sterben, Tod und Jüngstem Gericht generell darauf angelegt sind und dahingehend wirken, durch Angstmache einzuschüchtern und zu disziplinieren. Neben Schreckensbildern dessen, was Menschen beim Sterben, im Grab, am Jüngsten Tag und in der jenseitigen Welt bevorstehen kann, wenn sie es versäumen, ihr Leben hier auf Erden rechtzeitig in Ordnung zu bringen, stehen immer auch Trostbilder von dem, was die Gläubigen und ernsthaft Bemühten einst im Paradies an Lohn und an Ausgleich für geduldig ertragene Leiden erwartet. Welche der Möglichkeiten, die sich mit Sterben, Tod und Jenseits eröffnen, jeweils stärker akzentuiert wird, ist je nach Frömmigkeitstyp sehr unterschiedlich. Die islamische Mystik, die in den meisten islamischen Ländern die Frömmigkeit weiter Teile der Bevölkerung, auch der weniger gebildeten, tief geprägt hat, stellt bei ihren Deutungen des Sterbens und des Todes häufig den Gedanken der ersehnten Heimkehr der menschlichen Seele aus der leidvollen „Fremde" *(ġurba)* dieses Erdendaseins zu Gott als ihrem ewigen Geliebten ins Zentrum; sie vermittelt also vom Ende des Lebens und von dem, was jenseits von ihm zu erwarten ist, eine durchaus nicht angstbesetzte, sondern im Gegenteil sehr tröstliche und hoffnungsvolle Vorstellung. Von dem frühen Sufimeister Yaḥyā ibn Muʿāḏ (gest. 871) stammt das häufig zitierte Wort „Der Tod ist schön, denn er bringt den Freund zum Freunde". Getragen von dieser Überzeugung soll der große Baghdader Mystiker al-Ḥallāǧ (gest. 922), bevor man ihn zur Hinrichtung führte, die von ihm selbst gedichteten Verse rezitiert haben: „Tötet mich, meine Freunde, / denn im Tod nur ist mein Leben."[56]

Doch nicht nur in spezifisch mystischem Gedankengut können Muslime Grundlagen für ein nicht von Angst dominiertes Verständnis des Todes finden. Soweit Todesangst durch die Furcht vor dem Jüngsten Gericht verstärkt wird, gibt es dagegen schon seit frühislamischer Zeit ein Mittel, nämlich das Vertrauen auf die Fürsprache des Propheten: Über das Ḥadīṯ wurde die Überzeugung, dass der Prophet für die Gläubigen vor dem göttlichen Richter wirksame Fürsprache einlegen kann und wird, zum regulären Bestandteil islamischer Glaubenslehre; dank dieser Fürsprache können sie, so wird angenommen, immer noch ins Paradies kommen, auch wenn sie schwer gesündigt haben, es sei denn, sie wären in den Polytheismus zurückgefallen.

Und selbst die Vorstellung vom Verhör des Verstorbenen durch die Grabesengel und die mit ihr assoziierten Anschauungen darüber, was er vor der Bei-

---

56 Zur Vorstellung von der Vereinigung mit Gott als dem Geliebten im Tode bei den hier genannten und anderen islamischen Mystikern A. SCHIMMEL, Mystische Dimensionen des Islam, Köln 1985, 85, 197 f., 452. Weiteres zur Überwindung der Todesfurcht in der islamischen Liebesmystik bei H. RITTER, Das Meer der Seele. Mensch, Welt und Gott in den Geschichten des Farīduddīn ʿAṭṭār, Leiden 1978, 531–535.

setzung und im Grab noch alles mitbekommt, weil er immer noch Bewusstsein hat und empfindungsfähig ist, können bei geeigneter Interpretation ihren Schrecken verlieren: Der bekannte Religionsgelehrte und Historiker as-Suyūṭī (gest. 1505) hat auf der Basis zahlreicher von ihm zusammengetragener Ḥadīṯe passenden Inhalts ein ganzes Buch gegen die Todesfurcht geschrieben, das alles, was die Gläubigen zwischen dem Todeszeitpunkt und der Auferstehung erwartet, in ausgesprochen freundlichem Lichte erscheinen lässt: Nachdem der Autor einleitend erst einmal dargelegt hat, Sterben sei eigentlich besser, als hier auf Erden weiterzuleben, und bei diesem Vorgang handele es sich nur um einen Umzug von einem engen Haus in ein geräumigeres, schildert er vor allem, wie relativ angenehm es sich für gläubige Muslime stirbt und wie gut es ihnen im Grabe geht: Dem Gläubigen wird sein Lebensgeist (seine Seele) auf schonende und ehrenvolle Weise abgenommen; er wird gleich von den Geistern seiner in den Tod vorangegangenen Lieben begrüßt, und so kommt es als erstes zu einem freudigen Wiedertreffen; bei der Befragung durch die Grabesengel wird ihm die Verheißung künftiger Freuden zuteil; die Verstorbenen können in ihren Gräbern weiterhin das Ritualgebet verrichten und den Koran rezitieren und so ihre möglicherweise unzureichende Frömmigkeitsbilanz noch nachträglich aufbessern; die Engel erteilen ihnen dort sogar Koranunterricht, falls sie den Koran auf Erden noch nicht auswendig gelernt haben, und zwar, damit Gott ihnen ihre Korankenntnis später im Jüngsten Gericht als Verdienst anrechnen kann; außerdem besuchen sich die Verstorbenen gegenseitig in ihren Gräbern, so dass es mit der Einsamkeit nicht so schlimm ist, usw.[57] Viele heutige Muslime entschärfen für sich die traditionellen Vorstellungen über das, was Verstorbene im Grab erfahren, oder auch beängstigende Gerichts- und Höllenschilderungen von Koran und Ḥadīṯ allerdings nicht wie as-Suyūṭī durch das Sammeln von Traditionsmaterial, in dem sich das, was auf die verstorbenen Gläubigen zukommt, besonders angenehm darstellt, sondern durch allegorische Interpretation und Umdeutung des physisch Qualvollen in einen geistig-seelischen Prozess ethischer Reinigung und Weiterentwicklung.

Im übrigen ist die Barmherzigkeit nach dem Koran eine der wichtigsten Eigenschaften Gottes, und bereits etliche Ḥadīṯtexte kennzeichnen diese seine Barmherzigkeit als so groß, dass sie ihn am Jüngsten Tag veranlassen wird, auch noch diejenigen Muslime, die nicht besonders fromm waren und sich durch Übeltaten eigentlich die Hölle verdient haben, zu begnadigen und ins Paradies aufzunehmen. Der Versuch, dieser Barmherzigkeit zu vertrauen, bietet Muslimen einen möglichen Ausweg aus der Todes- und Gerichtsfurcht. Nicht zufällig

---

57 Ǧalāladdīn AS-SUYŪṬĪ, Bušrā l-kaʾīb bi-liqāʾ al-ḥabīb, hg. und kommentiert v. Mašhūr Ḥasan Maḥmūd Sulaimān, az-Zarqāʾ (Jordanien) 1988 = 1408 d. H.

hat al-Ġazālī, der ansonsten mit Hinweisen auf die Schrecknisse des Sterbens, des Totseins und des Jüngsten Tags nicht spart, sein Buch über den Tod mit einem Kapitel „Über die Weite der Barmherzigkeit Gottes, des Erhabenen" beschlossen – um damit seinen Optimismus zu bekunden, wie er erklärt.[58]

---

58   AL-ĠAZĀLĪ (s. o. Anm. 28), 528, Übersetzung Winter (s. o. ebd.), 252.

„*Spiritual care*" – zur spirituellen Dimension des Sterbens und der Sterbebegleitung

ECKHARD FRICK, TRAUGOTT ROSER

Spiritual Care als Aufgabe der Gesundheitsberufe beschränkt sich nicht auf das Lebensende – eine derartige Beschränkung wäre die säkulare Neuauflage des Priesters als „Todesengel". Spiritualität betrifft nicht nur das Sterben, sondern *alle* Übergangs-Krisen des Lebens. Obwohl *Spiritual Care* nicht auf das Lebensende reduziert werden darf, ist die Sterbephase als Übergangs-Arbeit[1] eine dieser Übergangs-Krisen. Deshalb dürfen sich Ärzte und Angehörige anderer Gesundheitsberufe nicht scheuen, in einem recht verstandenen Sinn „Todesengel" zu sein, „Schleusenwärter" angesichts der „Stromschnelle" von Sterben und Tod, diesseits und jenseits der „Schleuse".[2]

Sterben und Spiritualität haben zwei Aspekte gemeinsam: Den Umgang mit der Grenze und die bedrohte Subjekthaftigkeit. Sowohl Sterben als auch Spiritualität sind Entgrenzungen des Menschseins, unausweichlich nicht nur, was die Endlichkeit betrifft, sondern auch was das Bezogensein auf die Unendlichkeit angeht, auf die Auseinandersetzung mit dem „Jenseits" der Grenze. So muss der sterbliche und spirituelle Mensch um das eigene Subjektsein ringen.

1. Die Philosophische Anthropologie als Hintergrundtheorie für *Spiritual Care*

Der Krankenseelsorge stehen Theorieentwürfe der Praktischen Theologie mit biblischen, systematischen und humanwissenschaftlichen Bezügen zur Verfügung. Manche Autoren machen auch Anleihen bei der soziologischen Systemtheorie, um das Alleinstellungsmerkmal der Krankenhausseelsorge

---

1   E. FRICK, Sterbetrauer beginnt mitten im Leben, in: DERS./R. T. VOGEL (Hg.), Den Abschied vom Leben verstehen. Psychoanalyse und Palliative Care, Stuttgart 2011 (im Druck).
2   E. WEIHER, Die Sterbestunde im Krankenhaus. Was können die Professionellen im Umkreis des Todes tun? Beiträge zur Thanatologie, Johannes Gutenberg-Universität Mainz, in: Interdisziplinärer Arbeitskreis Thanatologie 28 (2004), 87–92.

herauszuarbeiten.³ Über der Sicherung kirchlich-theologischer Geltungsansprüche verkennen sie jedoch die gesellschaftliche und wissenschaftliche Breite der Debatte. Derartige innertheologische Diskurse schützen zwar davor, Spiritualität auf Lebensqualität, Krankheitsverarbeitung oder therapeutische Intervention zu reduzieren. Als Hintergrundtheorie für den Interdiskurs *Spiritual Care*, der weder in den Handlungsfeldern Medizin/Gesundheit noch Religion/Religionsgemeinschaften aufgeht,⁴ kommt jedoch wohl nur ein interdisziplinär-anthropologischer Ansatz in Frage.

Einen derartigen Ansatz stellt die Philosophische Anthropologie bereit, die in der ersten Hälfte des 20. Jahrhunderts von Plessner, Scheler, Gehlen und anderen entwickelt wurde. Diese Denker waren vom Deutschen Idealismus beeinflusst, insbesondere von I. Kant. Kant zufolge lässt sich das Feld der Philosophie „auf folgende Fragen bringen: Was kann ich wissen? Was soll ich tun? Was darf ich hoffen? Was ist der Mensch?".⁵ Kants Anthropologie ist sowohl „physiologisch" (empirisch-einzelwissenschaftlich) als auch „pragmatisch" auf das Wesen des Menschen bezogen, also auf die Frage „was er als freihandelndes Wesen aus sich selber macht oder machen kann und soll."⁶ Die Philosophische Anthropologie löst sich vom deutschen Idealismus, indem sie den Kontakt zu den Einzelwissenschaften, insbesondere zur Biologie, sucht, ohne in die Falle des Vitalismus und des Naturalismus zu tappen. Sie ringt um „einen adäquaten Begriff des Menschen unter den Bedingungen der Moderne":

> „Es geht um die neuartige Durchordnung der disziplinär spezialisierten Empirien *und* ihre Rückbindung an den *Common Sense*, eine verknüpfende Leistung, die keine Einzelwissenschaft von sich aus erbringen kann – deshalb ist ‚Philosophie' unverzichtbarer Begriffsbestandteil der Kennzeichnung ‚Philosophische Anthropologie'. [...] Philosophische Anthropologie ist nicht etwa ein philosophischer Empirismus, eine aufsummierte Empirie, sondern durch eine kategoriale Setzung seitens der Philosophie, eine Art Modellbildung, gelangen die verschiedenen fachwissenschaftlichen *Empirien* überhaupt in einen Übersetzungsprozess, in dem die Kontur des Menschen aufblitzt. Philosophische Anthropologie ist also keine bloß reaktive Verarbeitung der Resultate von Einzelwissenschaften (Habermas 1958), sondern tritt als eine konstruktive Begründungsleistung auf, die Anschlussforschungen ermöglichen soll [...]."⁷

---

3 I. KARLE, Perspektiven der Krankenhausseelsorge. Eine Auseinandersetzung mit dem Konzept des Spiritual Care, in: Wege zum Menschen 62,6 (2010), 537–555.
4 E. FRICK, Spiritual Care – ein neues Fachgebiet der Medizin, Z Med Ethik 55 (2009), 145–155.
5 I. KANT, Logik, in: Kant's Gesammelte Schriften, hg. v. der AKADEMIE DER WISSENSCHAFTEN, Bd. 9, Berlin 1900, 25.
6 I. KANT, Anthropologie in pragmatischer Hinsicht, in: Kant's Gesammelte Schriften, hg. v. der AKADEMIE DER WISSENSCHAFTEN, Bd. 7, Berlin 1900, 199.
7 J. FISCHER, Philosophische Anthropologie, in: G. KNEER (Hg.), Handbuch Soziologische Theorien, Wiesbaden 2009, 323–343, 324.

Die Philosophische Anthropologie möchte einen anti-idealistischen und antinaturalistischen Begriff des Menschen gewinnen, indem sie Pflanze, Tier und Mensch als Stufen des Lebendigen beschreibt, ohne in ein teleologisches, biologistisches Vorgehen abzurutschen. Durch die biologische Forschung ist die Grenze zwischen Pflanze und Tier fließend geworden, und die Unterscheidung des Menschen von anderen Primaten scheint sich rein quantitativ an der genetischen Ausstattung zu bemessen. Deshalb orientiert sich die Philosophische Anthropologie „an der vorwissenschaftlichen Erfahrung des Biologen und fragt nach dem Sinn dessen, was unter Begriffen wie Pflanze, Tier und Mensch in der Alltagswelt verstanden wird. Das heißt, sie ist phänomenologisch".[8]

Die hier angestellten anthropologischen Überlegungen folgen der Systematik und Terminologie Plessners.[9] Er charakterisiert Lebewesen im Unterschied zu unbelebten Dingen, die einen Rand haben, durch ihre *Grenze*, welche den Bezug zur Umgebung konstituiert. Das „grenzrealisierende Ding", die Gestelltheit des gegenüber der Umgebung abgegrenzten Lebewesens, bezeichnet Plessner als „Positionalität". Die Positionalität der Pflanze sei „offen", in ihrem Stoffwechsel eingegliedert in den Ort und seine Verhältnisse, an dem die Pflanze wächst und den sie im Übrigen nicht durch aktive Bewegung wechseln kann. Das Tier hingegen ist kein fixer und gegenüber der Umgebung offener Zellverband, sondern ein geschlossenes System, das bei höher entwickelten Arten „zentrisch" organisiert ist, das heißt, über eigene Organe zur Verdauung, Entgiftung und Ausscheidung, zur Sexualität, zum Sauerstoffaustausch und so weiter verfügt. Am deutlichsten zeigt sich die zentrische Organisation durch ein steuerndes Zentralnervensystem, das über seine Afferenzen Umwelteinflüsse aufgreift und über seine Efferenzen den Gesamtorganismus bewegt. Während einfache Organismen die Afferenzen reflexartig verarbeiten, gibt es bei höher entwickelten Tieren zentrale Instinktprogramme, nach denen der Organismus handelt:

> „Nach Uexküll ist beispielsweise der Seeigel geradezu eine Reflexrepublik zu nennen: ,Wohl gibt es die zentral gelegenen Reservoire, die den allgemeinen Erregungsdruck regulieren, aber die einzelnen Reflexe laufen durchaus selbständig ab. Nicht bloß jedes Organ, sondern auch jeder Muskelstrang mit seinem Zentrum handelt völlig eigenmächtig. Dass dabei doch noch etwas Vernünftiges herauskommt, ist nur das Verdienst des Planes [...] Wenn der Hund läuft, so bewegt das Tier die Beine – wenn der Seeigel läuft, so bewegen die Beine das Tier'."[10]

---

8 H. PLESSNER, Der Aussagewert einer Philosophischen Anthropologie, in: G. DUX/ O. MARQUARD/E. STRÖKER (Hg.), Gesammelte Schriften Bd. 8, Frankfurt a.M. 1973/ 2003, 380–399, 391.
9 DERS., Die Stufen des Organischen und der Mensch. Einleitung in die philosophische Anthropologie. G. DUX/O. MARQUARD/E. STRÖKER (Hg.), Gesammelte Schriften Bd. 4, Frankfurt a.M. 1928/2003.
10 PLESSNER (s.o. Anm. 9), 315 f.

	Positionalität	Bezug zur eigenen Mitte	Bezug zum eigenen Leib
Pflanze	offen	dezentrisch	–
Tier	geschlossen	zentrisch	Instinkte, Reaktionen
Mensch		exzentrisch	Verschränkung von Leib und Körper

Während es bei der Pflanze keinen Eigenleib gibt, sondern nur das Eingegliedertsein des Zellverbandes in die Umgebung, vermittelt sich das tierische Verhältnis zum eigenen Leib über spontane oder erlernte Reaktionen und über Instinkte. Auch der Mensch ist in dem Sinne „Tier", dass er von Reaktionen und Instinkten bestimmt ist. Aufgrund seiner exzentrischen Positionalität verfügt er jedoch zusätzlich über die Möglichkeit der Distanznahme zum eigenen Leib, zur Reflexion und zur Objektivierung des eigenen Leibes als Körper.

> „Ein Lebewesen exzentrischer Positionalität hat zu existieren, sein Leben in die Hand zu nehmen und unter Einsatz aller seiner Möglichkeiten die Mängel auszugleichen, welche sein Positionscharakter mit sich bringt: Schwächung der Instinkte, Objektivierung bis zur Verdinglichung. Entdeckung seiner selbst. Sie sind auf die Formel der vermittelten Unmittelbarkeit zu bringen. Ihre Manifestation ist kulturelle Produktivität, welche, wie sich an aller Geschichte ablesen lässt, der Sicherung von gesellschaftlichen Einrichtungen dient, deren Auflösung sie dadurch heraufbeschwört. Ortlos, zeitlos ins Nichts gestellt, treibt sich das menschenhafte Wesen beständig von sich fort, ohne Möglichkeit der Rückkehr, findet sich immer als ein anderes in den Fügungen seiner Geschichte, die es zu durchschauen, aber zu keinem Ende zu bringen vermag. Die menschliche Welt ist weder auf ewige Wiederkehr noch auf ewige Heimkehr angelegt. Ihre Elemente bauen sich aus dem Unvorhersehbaren auf und stellen sich in Situationen dar, deren Bewältigung nie eindeutig und nur in Alternativen erfolgt."[11]

Plessner entfaltet das spezifisch Menschliche in den drei anthropologischen Grundgesetzen der natürlichen Künstlichkeit, der vermittelten Unmittelbarkeit und des utopischen Standorts. Das dritte Grundgesetz ist von besonderer Bedeutung für die anthropologische Grundlegung der Spiritualität. Der Mensch zeichnet sich durch die Fähigkeit aus, sich wie von außen zu betrachten, durch eine exzentrische Positionalitätsform, die reflexive Außenposition, die er zu sich selbst einnehmen kann und damit auch eine irritierende Ortlosigkeit: „Exzentrisch gestellt steht er da, wo er steht, und zugleich nicht da, wo er

---

11 PLESSNER (s.o. Anm. 8), 398.

steht".¹² In der empirischen Forschung kann die exzentrische Positionalität des Menschen durch das sozialpsychologische *Quest*-Konzept¹³ abgebildet werden, also durch die suchende Beschäftigung mit religiös/spirituellen und existenziellen Fragen. Die intellektuelle Dimension der Religiosität beruht auf der menschlichen Fähigkeit, nach Gott zu fragen. Es darf vermutet werden, dass die intellektuelle Dimension des Religiösen als Ausdruck dieser anthropologischen Konstante resistent gegenüber Säkularisierungstendenzen ist.¹⁴ Gegenüber allen Naturalisierungsversuchen, auch bezüglich der spirituellen Dimension des Menschseins, bleibt festzuhalten: Es ist dem Menschen

> „nicht gegeben, zu wissen, ‚wo' er und die seiner Exzentrizität entsprechende Wirklichkeit steht. Will er die Entscheidung so oder so –, bleibt ihm nur der Sprung in den Glauben. [...] Wer nach Hause will, in die Heimat, in die Geborgenheit, muss sich dem Glauben zum Opfer bringen. Wer es aber mit dem Geist hält, kehrt nicht zurück."¹⁵

Plessners Formulierung „sich dem Glauben zum Opfer bringen" ist provozierend, weil hier ein auf den ersten Blick unüberbrückbarer Gegensatz zwischen dem Geist und dem Glauben aufgerissen wird. Sicher steckt darin auch eine religionskritische Distanz zu Formen des Glaubens, welche die Ortlosigkeit des Menschen allzu rasch überspielen möchten. Vor allem aber ist Plessner ein bezüglich der Gefahr religiöser Vereinnahmung unverdächtiger anthropologischer Zeuge für die spirituelle Offenheit des Menschen. Bereits Schleiermacher¹⁶ redete über die Religion, indem er sich an die Gebildeten unter ihren Verächtern wandte. Die spirituelle Suche heutiger Menschen braucht nicht nur eine theologische Deutung und Grundlegung, sondern auch eine anthropologische, humanwissenschaftliche und säkulare, die auch die Anstrengung der philosophischen Reflexion nicht scheut. Es ist in diesem Sinne kein Makel, dass Plessner die Geistigkeit des Menschen nicht im Sinne eines religiösen Glaubens deutet. Aus theologischer Sicht ist ihm darin zuzustimmen, dass die Exzentrizität des Menschen „auch im Gottesgedanken nicht ohne weiteres zur Ruhe kommt", denn wir können „auch diesen Gedanken distanzieren", uns „von

---

12 PLESSNER (s.o. Anm. 9), 420.
13 Vgl. K. BAIER, Philosophische Anthropologie der Spiritualität, in: Spiritual Care 1 (2012), (im Druck) sowie E. H. COUSINS (Hg.), World Spirituality. An Encyclopedic History of the Religious Quest. New York 1985 ff.
14 S. HUBER, Der Religiositäts-Struktur-Test (R-S-T). Systematik und operationale Konstrukte, in: W. GRÄB/L. CHARBONNIER (Hg.), Individualisierung – Spiritualität – Religion: Transformationsprozesse auf dem religiösen Feld in interdisziplinärer Perspektive, Berlin 2008, 137–171.
15 PLESSNER (s.o. Anm. 9), 419 f.
16 F. D. E. SCHLEIERMACHER, Über die Religion. Reden an die Gebildeten unter ihren Verächtern, für die Deutsche Bibliothek herausgegeben von M. RADE, Berlin 1799/1912.

jeder Gottesvorstellung abwenden".[17] Einerseits beinhaltet die Exzentrizität einen „faktischen Bezug zum Unbedingten oder Unendlichen". Andererseits sind die inhaltlichen Bestimmungen dieser spirituell-religiösen Grundausrichtung des Menschen (Gott, das Absolute, der Weltgrund und so weiter) ihrerseits endlich, überschreitbar[18] und trotz aller Normierung durch die religiösen Traditionen letztlich unbestimmt. Authentisch mit dieser Unbestimmtheit umzugehen,[19] ist das Ziel von *Spiritual Care*. Diese Authentizität gilt es, im Patientenkontakt ebenso anzustreben wie in der Fundierung des Spiritualitäts-Konzepts in einer anthropologischen Hintergrundtheorie. Kirchen und Theologien bleibt nichts anderes übrig, als ihren ureigenen, spezifischen und eher engen Spiritualitätsbegriff mit dem interreligiösen, gesundheitswissenschaftlich und gesellschaftlich eher weit verstandenen Spiritualitätsbegriff zu konfrontieren: „Während ‚Kirche' auf dem semantischen Markt der Kultur ein Verlierer ist, ist ‚Spiritualität' ein Gewinner".[20] Von dieser Spannung zwischen dem biblisch geprägten engen und dem post-säkular weiten Spiritualitätsbegriff soll nun die Rede sein.

2. Vom exklusiv theologischen zum inklusiv anthropologischen Spiritualitätsbegriff

„Die Prägung des Begriffs Spiritualität ist jung, es gibt ihn weder in der allgemeinen philosophisch-religiösen noch in der besondern biblisch-theologischen Überlieferung. Es gilt deshalb, seinen Inhalt und seine Tragweite genau festzulegen. Vom allgemeinen Bewusstsein her kann negativ gesagt werden, dass für Christen kein Anlass besteht, ihn auf den christlichen Raum einzuschränken, dass vielmehr, wie die Christen von ‚mittelalterlicher Spiritualität', von ‚Spiritualität des Karmel', von ‚Laienspiritualität' sprechen, sie in einem analogen Sinn auch von ‚buddhistischer' oder ‚sufitischer' [sic!] Spiritualität reden können. Vom gleichen allgemeinen Bewusstsein her ist positiv der Begriffsinhalt annähernd zu bestimmen als jene praktische oder existentielle Grundhaltung des Menschen, die Folge und Ausdruck seines religiösen – oder allgemeiner: ethisch-engagierten Daseinsverständnisses ist: eine akthafte und zuständliche (habituelle) Durchstimmtheit seines Lebens von seinen objektiven Letzteinsichten und Letztentscheidungen her."[21]

---

17 W. PANNENBERG, Anthropologie in theologischer Perspektive, Göttingen 1983, 66.
18 PANNENBERG (s.o. Anm. 17), 67.
19 A. NASSEHI, Spiritualität. Ein soziologischer Versuch, in: E. FRICK/T. ROSER (Hg.), Spiritualität und Medizin. Gemeinsame Sorge für den kranken Menschen, Stuttgart 2011, 35–44.
20 G. THEIßEN, Erleben und Verhalten der ersten Christen. Eine Psychologie des Urchristentums, Gütersloh 2007.
21 H. U. v. BALTHASAR, Das Evangelium als Norm und Kritik aller Spiritualität in der Kirche, in: DERS. (Hg.), Spiritus Creator (Skizzen zur Theologie III), Einsiedeln ²1967, 247–263, hier: 247.

Dieser Text ist in einer Zeit entstanden, als „Spiritualität" noch ein weitgehend innerkatholischer – wenn auch keineswegs „festgelegter" – Begriff war, als die Ausdehnung des Begriffs auf die Kirchen der Reformation und seine Rückentlehnung aus post-säkularen Kontexten noch bevorstand. Der Weitblick von Balthasars Text besteht in dem (anthropologischen) Zugang zu einer allgemein-menschlichen Spiritualität. Balthasar umreißt einen platonischen Kreis (*Eros*), einen aristotelischen (Handeln, Tat, Verwirklichung) und einen stoischen (*Apatheia*, Geschehenlassen, Gelassenheit). Die größte Nähe zum Sterben sieht er im Eros:

> „Im elementaren Wissen um einen absoluten Bezugspunkt für alles andere im eigenen Geist, im elementaren Willen, alles nach diesem Absolutpunkt auszurichten, ist Spiritualität zuerst ‚Eros'. Oder: ‚Weg nach innen'. Oder ‚Anamnesis'[22] und ‚Elpis'[23]. Oder, sofern alles, was nicht der Absolutpunkt des Geistes ist, zunächst daraufhin unerbittlich relativiert wird: Sterbenslehre."[24]

Neben der Theologie hat die Philosophie die größte Nähe zur Spiritualität als einer Grunddimension des Menschseins:

> „Methodisch unabhängig von bestimmten religiösen oder weltanschaulichen Optionen, hält sie den Bereich offen, in dem sich die Spiritualität des Menschen entfaltet. Beim möglichst vorbehaltlosen Fragen nach der Wirklichkeit im Ganzen, ihrem Ursprung und der Stellung des Menschen in diesem Ganzen, können wir als Philosophierende nicht in der Weise von uns selbst absehen, wie das bei den Fragestellungen der positiven Wissenschaften der Fall ist. Wer philosophiert, ist selbst mit in Frage gestellt, persönlich in die Klärung von Letzteinsichten und Letztentscheidungen involviert, ob dies nun in der Darstellungsform der jeweiligen Philosophie explizit gemacht wird oder nicht. Damit erfüllt das Philosophieren die oben angeführten Wesenszüge einer spirituellen Praxis."[25]

3. Umgang mit der Grenze und die bedrohte Subjekthaftigkeit

Sowohl die Grenze des Lebens als auch deren spirituelle Deutung sind Krisensituationen, an denen die Subjekthaftigkeit des Individuums mit kollektiver Macht kollidiert. In medizinsoziologischer Sicht wird das autonome sterbende Subjekt konstruiert, erfunden und der Machtkreislauf eher umgelenkt und konsolidiert als grundsätzlich in Frage gestellt:

---

22 Erinnerung.
23 Hoffnung.
24 BALTHASAR (s.o. Anm. 21), 249.
25 K. BAIER, Spiritualitätsforschung heute, in: DERS. (Hg.), Handbuch Spiritualität. Zugänge, Traditionen, interreligiöse Prozesse, Darmstadt 2006, 2–45, hier: 17.

„Mit der Erfindung des sterbenden Subjekts, des autonomen Patienten und des informierten Konsenspartners des Arztes wird die Asymmetrie einerseits geleugnet, andererseits der organisatorischen Praxis überlassen."[26]

Phasierungen und Ritualisierungen des Todes gehen mit der sozialen Konstruktion des Sterbeprozesses einher, zum Beispiel mit der Unterscheidung zwischen „rüstigen" Altenheim-Bewohnern, die regelmäßig den Speisesaal aufsuchen, und „abgebauten", die im Zimmer essen beziehungsweise ernährt werden. Das implizite oder explizite „Bestimmen" einer Person zur „Todeskandidatin" ermöglicht es dem Pflegepersonal,

„die manchmal illusionäre oft aber auch wirksame Phantasie zu hegen, die häufigen Veränderungen in der Zusammensetzung der Heimbewohnerinnen und das beunruhigende Thema des Sterbens unter Kontrolle zu halten oder wenigstens einen (sprachlichen) Zugriff auf beide zu haben".[27]

Die von Medikalisierung und Professionalisierung geprägte Phase des Sterbens ist einer von vielen Lebensbereichen, in dem – auch bei vordergründiger Individualisierung! – die gesellschaftliche Normierung auf dem Vormarsch ist. Deshalb trägt auch der gesellschaftlich normierte Sterbeprozess zur Abkehr von (institutionalisierter) Religiosität und zur Hinkehr vielfältiger Spiritualitäten selbstermächtigter Subjekte bei:

„In einer sich zunehmend partikularisierenden Welt, in der inzwischen fast alle alltäglichen Lebensbereiche dem Diktat jeweils spezifischer professioneller Experten, die sich in der Regel auf ein neopositivistisches Konzept sogenannter ‚wissenschaftlicher Rationalität' berufen, unterworfen werden, verbleibt der spezifisch außeralltägliche Bereich des Religiösen der einzige Raum der Freiheit, der dem spätmodernen Menschen noch zur Verfügung steht, und diesen Raum nimmt er immer mehr eigenständig und in eigener Verantwortung in Beschlag."[28]

Die spirituelle Suche ist ein Kernstück post-säkularer Identitätssuche.[29] Im Gegensatz zu J. Locke und anderen substanzialistischen Theorien, die nach dem „eigentlichen Wesen" der Identität fragten, wird Identität heute als zweiseitiger Prozess aufgefasst, zu dem Verhalten und Zuschreibung von Handlungen einerseits und Selbststeuerung andererseits gehören. Selbststeuerung erfordert re-

---

26 A. Nassehi, Organisation, Macht, Medizin. Diskontinuitäten in einer Gesellschaft der Gegenwarten, in: I. Saake/W. Vogd (Hg.), Moderne Mythen der Medizin. Studien zur organisierten Krankenbehandlung, Wiesbaden 2008, 379–397, hier: 395.
27 C. Salis-Gross, Der ansteckende Tod. Eine ethnologische Studie zum Sterben im Altersheim, Frankfurt a.M./New York 2001, 181.
28 W. Gebhardt, Experte seiner selbst – Über die Selbstermächtigung des religiösen Subjekts, in: M. N. Ebertz/R. Schützeichel (Hg.), Sinnstiftung als Beruf 2010, 33–41, hier: 38.
29 C. Taylor, Ein säkulares Zeitalter, Frankfurt a.M. ²2009.

flektives Bewusstsein, exzentrische Positionalität im Sinne Plessners.[30] Einen nicht-naturalistischen, aber auch nicht unreflektiert idealistischen Zugang zur je eigenen Spiritualität zu eröffnen stellt eine wichtige Aufgabe des philosophischen Unterrichts dar, zum Beispiel durch eine Erhebung der eigenen Spiritualität als Voraussetzung der religionsphilosophischen Reflexion.[31] Die Krise der traditionellen religiösen Institutionen als Sinnstifter und das Aufblühen zahlreicher Sekundärinstitutionen geht mit der Karriere des Begriffs „Spiritualität"[32] einher:

> „Im Unterschied zur Individualisierung erlaubt der Begriff der Spiritualität nicht nur, neben den individualisierten Formen auch diese Vergemeinschaftungen subjektivierter Erfahrungen zu erfassen. Er weist überdies auch darauf hin, dass die Identität auch in der späten Moderne noch immer sehr deutlich religiöse Züge trägt. Und damit streicht er auch einen besonderen Zug spätmoderner Identitäten heraus: Obwohl die Postmoderne sowohl die Religion wie das Subjekt für tot erklärt hatte, haben beide offenbar dadurch überlebt, dass sie sich auf eine besondere Weise in der Spiritualität verbündet haben. Diese Weise ließe sich als Sakralisierung des Individuums umschreiben."[33]

4. Spiritualität als Frucht anthropologischer Krisen

Der Psychoanalytiker E. H. Erikson gliedert seine den gesamten Lebenszyklus umfassende Entwicklungspsychologie[34] in aufeinander aufbauende Stufen, innerhalb derer es jeweils um die Bewältigung einer altersentsprechenden Krise geht. Die Krisen formuliert er als psychodynamisch bedeutsame Konflikte zwischen sich-verschließendem und sich-öffnendem Selbstbezug, wobei für unsere Thematik vor allem das mittlere und späte Lebensalter von Interesse ist:

Mittleres Erwachsenenalter	Generativität vs. Stagnation	Familie, Kollegen	Kümmern um, Sorge für
Spätes Erwachsenenalter	Integrität vs. Verzweiflung und Ekel	Menschheit	Weisheit

---

30 H. KNOBLAUCH, „Jeder sich selbst sein Gott in der Welt" – Subjektivierung, Spiritualität und der Markt der Religion, in: R. HETTLAGE/L. VOGT (Hg.), Identitäten in der modernen Welt, Wiesbaden 2000, 201–216.
31 R. S. PFEIFFER, Detecting spirituality and philosophizing about it, in: Teach Philos 31 (2008), 375–396.
32 B. GROM, Spiritualität – die Karriere eines Begriffs. Eine religionspsychologische Perspektive, in: FRICK/ROSER (s.o Anm. 19), 12–17.
33 KNOBLAUCH (s.o. Anm. 30), 215.
34 E. H. ERIKSON, Identität und Lebenszyklus, Frankfurt a.M. ²1966.

Vergleicht man die Krisen des mittleren und des höheren Lebensalters, so geht es in der Krise ‚Generativität *versus* Stagnierung' nicht nur um die Gründung einer Familie im biologischen Sinn, sondern auch um das Schaffen von Werten durch Arbeit. Bezugspersonen sind demnach Familie, Freunde, Kollegen. In der Krise ‚Integrität *versus* Verzweiflung und Ekel' weitet sich der Blick ins Kosmische: Auf die ganze Menschheit. „Weisheit" bei erreichter Integrität bedeutet, dass der Mensch auf das Leben zurückblicken kann, ohne den Wunsch zu haben, es noch einmal zu leben.

> „Wisdom, then, is detached concern with life itself, in the face of death itself. It maintains and conveys the integrity of experience, in spite of the decline of bodily and mental functions [...] some old people can envisage human problems in their entirety (which is what 'integrity' means) [...]."[35]

Weisheit kann definiert werden als „Antwortexpertise zu existenziellen Fragen des Lebens", wozu lebenslanges Lernen mit Reflexionsfähigkeit, Wissen über die Wirkung von Kontextfaktoren, Urteilsrelativität, der Umgang mit Unsicherheiten und Spiritualität gehören.[36] Diese Weisheit ist ein Alleinstellungsmerkmal des Menschen:

> „Nur der Mensch weiß, dass er sterben wird. Zwischen Geburt und Tod eingeschlossen, erfährt er an sich und seinesgleichen Grenzen, die ihn auf anderes verweisen, in das er übergehen muss, sichtbar – unsichtbar, und an denen sein Leben versagt."[37]

5. Schlussbemerkung

Spiritual Care darf nicht auf die Situation des Sterbens und der palliativen Versorgung reduziert werden oder sich gar durch eine mehr oder minder unbewusste gesellschaftliche Normierung des Sterbens instrumentalisieren lassen. Wenn vielmehr Medizin, Pflege und andere Gesundheitsberufe auf die spirituellen Nöte und Wünsche Sterbender eingehen, setzt dies die Anerkennung einer nicht zu normierenden Unbestimmtheit voraus. Die Religionen gestalten, deuten und feiern die Trauer mit ihrem symbolischen Reichtum. Die Angehörigen der Gesundheitsberufe erlernen den authentischen Umgang mit dem Unbestimmten von ihren Patientinnen und Patienten – innerhalb eines multiprofessionellen Teams.

---

35 E. H. ERIKSON, Insight and Responsibility: Lectures on the Ethical Implications of Psychoanalytic Insight, New York 1964, 133.
36 K. WILKENING, Spiritualität und Alter – Zielgruppen und Perspektiven, in: A. BÜSSING/N. KOHLS (Hg.), Spiritualität transdisziplinär, Berlin/Heidelberg 2011, 167–172.
37 H. PLESSNER, Die Frage nach der Conditio humana, in: DUX/MARQUARD/STRÖKER (s.o. Anm. 8), 136–217, 209.

Hingabe.
Sterben als wesentliche Phase des menschlichen Lebens und sein Vollzug in christlicher Lebensgewissheit

Eilert Herms

Wie das Gezeugtwerden, die Bildung im Mutterleib, die Geburt[1], das Erwachsenwerden und das Altern ist auch das Sterben eine wesentliche Phase des menschlichen Lebens.

Unter allen Gestalten des Lebens überhaupt zeichnet menschliches Leben sich dadurch aus, dass es dazu bestimmt ist,[2] das Leben von *Personen* zu sein, und zwar von *innerweltlichen, leibhaften* Personen[3]. Sofern es letzteres ist, also

---

1   Vgl. dazu E. Herms, Der Stellenwert der Geburt aus Sicht der theologischen Ethik, in: A. K. Weilert (Hg.), Spätabbruch oder Spätabtreibung – Entfernung einer Leibesfrucht oder Tötung eines Babys?, Tübingen 2011, 129–159. – Zu Einzelaspekten in demselben Sammelband: R. Schlößer, „Geburt als Zäsur" – das Kind vor und nach der Geburt aus medizinischer Sicht, 97–106; M. Spieker, „Zäsur oder Moment?" – Über die Anschaulichkeit der Geburt und die verborgene Gabe, 107–127.
2   Da alles uns zu verstehen vorgegebene phänomenale Reale eine prozessuale Seinsweise aufweist, also „im Werden" existiert, besteht seine Identität in der Bestimmtheit dieses seines im-Werden-Seins. Diese Bestimmtheit gründet in denjenigen Bedingungen, die alle Phasen des jeweiligen Werdens überdauern und die Struktur des Werdens dadurch festlegen, dass sie a) die verschiedenen Möglichkeitsräume fixieren, in denen die verschiedenen Phasen des Werdens verlaufen, b) die Aufeinanderfolge dieser (jeweils an spezifische Möglichkeitsräume gebundenen) Phasen festlegen, und c) auch schon das Enden des ganzen Prozesses. Insofern kann die Identität von Realem-im-Werden als das angesprochen werden, wie und was es durch die überdauernden Bedingungen seines Werdens zu werden *bestimmt* ist.
3   Hier greife ich zurück und verweise ich auf die Darlegungen in: E. Herms, Art. „Person, dogmatisch und ethisch", in: RGG⁴ VI, 1123–1129; Ders., Der Mensch – geschaffene, leibhafte, zu versöhnter und vollendeter Gemeinschaft mit ihrem Schöpfer bestimmte Person, in: Ders., Zusammenleben im Widerstreit der Weltanschauungen, Tübingen 2007, 25–46; Ders., Zur Systematik des Personbegriffes in reformatorischer Tradition, in: NZSTh 50 (2008), 377–413.

jeweils Leben einer *Person*, muss es in verantwortlicher Selbstbestimmung geführt werden. Als Personleben ist menschliches Leben dazu bestimmt, sich zu vollziehen[4] als ein Kontinuum der selbstbewusst freien, verwirklichenden Auswahl von eigenen Möglichkeiten des Personseins (also auch des eigenen selbstbewusst frei Wählendseins) aus demjenigen Spektrum von Möglichkeiten, welches jeder Person in der Gegenwart ihres Personseins (in ihrer personalen Lebensgegenwart) vorschwebt als dasjenige, aus welchem jeweils jetzt eine Möglichkeit ihres Lebens zu realisieren ist – und dies nie ausschließlich durch die, aber auch nie vorbei an der Selbstbestimmung der Person, nie vorbei[5] an ihrem eigenen selbstbewusst freien Wählen. Weil und sofern jedoch das menschliche Leben das Leben von *innerweltlichen, leibhaften* Personen ist, vollzieht sich dieses Kontinuum der Selbstbestimmung nie anders als eingebettet und bedingt durch ein dichtes Gefüge von Prozessen der Fremdbestimmung, die zu erleiden sind, – der Fremdbestimmung durch soziale Interaktion im menschlichen Zusammenleben mit durchgehend personal-verantwortlichem Charakter sowie der Fremdbestimmung durch das Netz von apersonalen beziehungsweise präpersonalen Prozessen des Naturgeschehens, welches das Zusammenleben der menschlichen Personen im Ganzen und damit auch das Leben jeder einzelnen Person notwendig bedingt und umfängt. Dieses zu erleidende Zusammenspiel von sozial-personalen und natürlich-apersonalen Prozessen des Fremdbestimmtwerdens *bedingt* das verantwortliche Personleben jedes Menschen notwendig, *begleitet* es, indem es das Personleben des Menschen trägt und erhält und *umgreift* es, indem es nicht nur dem verantwortlichen Personleben jedes Menschen durch Bereitstellung seiner notwendigen körperlichen, sozialen und psychischen Bedingungen vorangeht[6], sondern auch, indem

---

4   Das zum Personsein bestimmte Menschenleben schließt unvermeidlich Phasen ein, in denen es sich auch entsprechend dieser Bestimmung tatsächlich als derartige (in unterschiedlichen Graden) verantwortlich-selektive Selbstbestimmung vollzieht. Diese Phasen beginnen spätestens mit der Geburt.
5   Mit dieser Formulierung halte ich fest, dass die realisierende Auswahl aus dem jeder Person mehr oder weniger deutlich vorschwebenden Inbegriff von eigenen Seinsmöglichkeiten *nicht ausschließlich* durch das eigene Wählen der Person erfolgt. Vielmehr erfolgen realisierende Auswahlen aus diesem Möglichkeitsspektrum (etwa: die von einer Person ergreifbare berufliche Tätigkeit) immer auch durch (nicht personale und personale) Selektoren in der Umwelt der Person. Gleichwohl erfolgt die realisierende Wahl einer bestimmten Seinsmöglichkeit einer Person (etwa: die Ergreifung einer beruflichen Tätigkeit) nie vorbei an einer solchen eigenen Wahl der betreffenden Person.
6   Es ist das unbestrittene Resultat aller – medizinischen, psychologischen, sozialen und pädagogischen – Bildungsforschung, dass die mündige Selbstbestimmung von Personen jeweils unter ihren Möglichkeitsraum definierenden Bedingungen steht, die aus dem somatischen, psychischen und sozialen Erleben (Erleiden) von Prozessen der Fremdbestimmung resultieren. Der Verlauf dieser Prozesse und ihre widerfahrnisartige Wirkung auf die Person kann durch die Selbstbestimmungsaktivität der Person nicht

es sich als körperlicher, sozialer und psychischer Prozess über die Phase der verantwortlichen Selbstbestimmung in wacher Persongegenwart hinaus fortsetzt.[7] Es gibt kein menschliches Personleben jenseits dieses Ganzen von zu erleidenden natürlichen, sozialen und psychischen Prozessen des Fremdbestimmtwerdens, die zunächst die notwendigen Bedingungen der Selbstbestimmung in wacher Persongegenwart konstituieren, dann von der Selbstbestimmungsaktivität der Person in der Phase ihrer wachen Persongegenwart beeinflusst und mitgestaltet werden[8] und sich schließlich, wenn die Person nicht mehr in wacher Selbstgegenwart lebt, wieder auf ihr eigenes Telos hin fortsetzen, unbeeinflusst von der Selbstbestimmungsaktivität der Person. Das Leben menschlicher Personen als Leben *leibhafter* Personen mit seinen körperlichen, sozialen und psychischen Aspekten reicht weit zurück hinter den Eintritt der Person in die Phase ihrer verantwortlichen Selbstbestimmung in wacher Persongegenwart, und es reicht auch deutlich über das Ende dieser Phase hinaus.

Folglich muss auch das Sterben – verstanden als diejenige Phase, in der das Ganze des Lebens eines einzelnen Menschen, das Ganze seines Seins-im-Werden, sein Ende erreicht – als ein Prozess verstanden werden, der hinausreicht über die Phase verantwortlicher Selbstbestimmung in wacher Persongegenwart und deren Ende.

---

kontrolliert werden. Unbeschadet dessen gehören diese von der Person nicht zu kontrollierenden Prozesse, ohne die es nicht zur Bildung ihrer Selbstbestimmungsmöglichkeiten kommt, dennoch wesentlich hinzu zu dem eigenen Sein-im-Werden jeder innerweltlichen, menschlichen Person.

7   Die zu unserem innerweltlichen Personsein-im-Werden wesentlich hinzugehörigen unkontrollierbaren somatischen (Körperfunktionen), psychischen (Träume, aus Körpergefühlen resultierende Befindlichkeiten) und sozialen Prozesse (Wirkung auf andere, Umgang anderer mit uns) sind nicht auf die Zustände wachen Selbstbewusstseins beschränkt, wie bereits der Schlaf beweist, und sie enden nicht mit dem definitiven Enden unseres wachen Selbstbewusstseins: Somatische und körperliche Prozesse gehören zum Vorgang des Sterbens auch nach Ende des Zustands eines wachen Selbstbewusstseins, und die für unser Personsein wesentlichen sozialen Prozesse des von der Person zu erleidenden Umgangs, den Andere mit ihr pflegen, enden nicht einmal mit Eintritt des somatischen Todes.

8   Damit ist festgehalten, dass die Bildung der Möglichkeitsräume der Selbstbestimmung innerweltlich-leibhafter Personen durch von ihnen nicht zu kontrollierende Prozesse der Fremdbestimmung sich keineswegs auf die Phasen des Lebens im körperlichen und dann im sozialen Uterus beschränkt, sondern sich lebenslang fortsetzt: Es gibt keine Lebensphase, in der eine Person unseresgleichen nicht solchen Prozessen des Fremdbestimmtwerdens, die an dem Möglichkeitsraum ihrer Selbstbestimmung bildend wirksam sind, ausgesetzt wäre. Man denke nur an die Bildungskraft des Eintritts in die Elternschaft, an die Bildungskraft der Übertragung beruflicher Verantwortung, an die Bildungskraft des Erlebnisses des Versetztwerdens in den Ruhestand etc.

Aber – obschon es über diese Phase verantwortlicher Selbstbestimmung in wacher Persongegenwart hinausreicht, ragt das Sterben doch auch in diese Phase hinein. Und in dieser Eigenschaft, als *Wesensmoment des menschlichen Lebens, mit dem in wacher Persongegenwart in aktiver Selbstbestimmung umzugehen ist*, wird das Sterben in diesem Beitrag zum Thema gemacht.

Ich frage: Erstens, was für den Prozess des Sterbens, sofern er in die Phase verantwortlicher Selbstbestimmung in wacher Persongegenwart hineinreicht, wesentlich ist, zweitens, wie er sich im Kontinuum aktiver Selbstbestimmung in wacher Persongegenwart manifestiert, drittens, welche möglichen Gestalten er in diesem Zusammenhang annehmen kann und schließlich, worin das Spezifikum des christlichen Sterbens besteht.

1. Sterben

Das Phänomen, das wir „Sterben"[9] nennen, ist uns zunächst nur im Miterleben des Sterbens anderer präsent, wird uns aber (wie jedem gewiss ist) schließlich auch im Selbsterleben präsent werden.

Wesentlich für die Verschiedenheit der unterschiedlichen Phasen menschlichen Lebens ist jeweils die *objektive*[10] Perspektive, in der sich das Leben in ihnen vollzieht. Zunächst, in der ersten Lebensphase, ist das die objektive Perspektive auf eine *kontinuierliche Erweiterung* des Spielraums personaler Selbst-

---

9 Unterschieden von Tod und Totsein. – Dazu vgl. nach wie vor: E. JÜNGEL, Tod, Stuttgart 1971. Diese klassische Studie macht deutlich, dass man vom Tod nur reden kann in einer „Einstellung" zu ihm. Im „Sterben" erlangt solche Einstellung ihre unüberbietbar verbindliche Gestalt.

10 Natürlich manifestiert sich jede Phase des Lebens für die betreffende Person als subjektive Befindlichkeit. Aber jede derartige subjektive Befindlichkeit bewegt sich im Rahmen eines der Möglichkeitsräume, die sich aus den überdauernden Bedingungen des menschlichen Personseins-im-Werden ergeben. Diese Bedingungen haben für jede einzelne Person den Status einer unübersteigbaren Vorgegebenheit, also Objektivität, der sich aus der Natur der Sache heraus auch den in diesen Bedingungen gründenden Wesenszügen der unterschiedlichen Phasen mitteilt, die zu durchlaufen menschliche Personen bestimmt sind. In den überdauernden Bedingungen des menschlichen Personseins-im-Werden ist begründet, dass es als Ganzes in der Perspektive auf das Durchlaufen einer bestimmten Verlaufsgestalt des Werdens steht, so dass auch jede wesentliche Phase dieses Werdens definiert ist durch die Perspektive, die sie beherrscht. Wie die Perspektive, in der das Werdeganze des menschlichen Personlebens steht, in der Vorgegebenheit seiner überdauernden Bedingungen gründet, also ebenfalls vorgegeben, also objektiv, ist, so auch die wesentliche Perspektive jeder Phase. Unter einer solchen objektiven Perspektive stehen auch diejenigen Phasen des Lebens eines Menschen, in denen die objektive Phase, unter der sie steht, nicht ihm selbst, sondern nur anderen bewusst werden kann, also auch z. B. die Phase seines Werdens im Uterus der Mutter.

bestimmungsmöglichkeiten; in späteren Lebensphasen herrscht umgekehrt die objektive Perspektive auf *kontinuierliche Einschränkung* dieses Spielraums; zuletzt herrscht die objektive Perspektive auf den *definitiven Verlust* dieses Spielraums überhaupt. Nur diese zuletzt genannte Lebensphase meinen wir, wenn wir von „Sterben" sprechen. Gemeint ist diejenige letzte Phase des wachen menschlichen Personlebens, die beherrscht ist von der objektiven – und dem Sterbenden auch bewussten – Perspektive auf den bevorstehenden *definitiven Verlust aller* innerweltlich-leibhaften Selbstbestimmungsmöglichkeiten[11] des Menschen.[12]

Diese Lage ist von den beiden vorhergehenden – also vom „Heranwachsen" und vom „Altern" – dadurch unterschieden, dass jene (Nota bene: auch noch das Altern) die Person vor die Aufgabe der Nutzung des (zunächst wachsenden, dann abnehmenden) Spielraums ihrer innerweltlichen Selbstbestimmungsmöglichkeiten stellen, während die Situation des Sterbens der Person in der Perspektive auf den definitiven *Verlust* des Spielraums ihrer Selbstbestimmungsmöglichkeiten nur noch die Aufgabe des Abschiednehmens von allen Möglichkeiten ihrer Selbstbestimmung stellt.[13]

---

11   Das hat besonders klar gesehen: M. HEIDEGGER, Sein und Zeit (1927), Tübingen ⁹1960, §§ 46–53: Der Tod ist gewiss als die jederzeit mögliche „schlechthinnigen Unmöglichkeit der Existenz" (a.a.O. 250 Z. 38 f., 255 Z. 16). Problematisch ist freilich, dass Heidegger diese Todesgewissheit in der Sorgestruktur und das heißt in der Entwurfsstruktur des Daseins begründet sein lässt. Demgegenüber ist auf das Begründetsein dieser Struktur des Daseins in der Geworfenheit des Daseins selbst zu achten, nämlich auf ihr Begründetsein in der radikalen Passivität der Konstitution des Daseins (also unseres innerweltlichen-leibhaften Personseins). Im Vorlaufen in den Tod (in das mögliche Unmöglichsein des Existierens im Sinne verantwortlicher Selbstbestimmung) konfrontiert die Sorge unser Existieren mit derjenigen radikalen Passivität gegenüber seinem externen Grund, dem unser Existieren in seiner ursprünglichen Sorgestruktur selbst sich verdankt und der auch der wirkende Grund ihres Endens und Ganzwerdens ist. Heidegger bringt die Gewissheit des Todes nicht angemessen als Implikat der Gewissheit des transzendenten Grundes der Gegenwart von Welt und Selbst zur Sprache.
12   In die Lebensphase des Sterbens treten also nicht nur Todkranke ein, sondern auch alle, denen aus anderen Gründen nur noch das Enden aller Möglichkeiten der Selbstbestimmung bevorsteht, also z. B. zum Tode Verurteilte oder Menschen, denen ein Einsatz bevorsteht, der mit Sicherheit tödlich enden wird.
13   Im Horizont eines reflektierten Begriffs vom allgemeinen Wesen des Menschseins, welcher der wesentlichen Endlichkeit jedes Menschenlebens Rechnung trägt, könnte man die These vertreten, dass die *einzige* Perspektive der Entwicklung des Spielraums menschlicher Selbstbestimmungsmöglichkeiten die Perspektive auf den schließlichen Verlust dieses Spielraums sei. Aber diese These trägt nicht den lebenspraktisch entscheidenden Befindlichkeiten des vorreflexiven Selbsterlebens und Selbstgefühls der Personen Rechnung. Diese Ebene des Lebensgefühls von Menschen ist geprägt zunächst durch die objektive Perspektive auf Erweiterung des Spielraums von Selbstbestimmungsmöglichkeiten, erst danach durch die objektive Perspektive auf seine Ein-

Diese Eigenart und Differenz der drei Perspektiven – auf zunächst das Wachstum, dann die Einschränkung und schließlich den Verlust des Spielraums von Selbstbestimmungsmöglichkeiten – wird erst klar, wenn wir uns die *Struktur* dieses (zunächst wachsenden, sich dann einschränkenden und dann verlorengehenden) Spielraums vor Augen führen. Welche *Arten* von Möglichkeiten der Selbstbestimmung[14] umfasst dieser Spielraum? Antwort: Diese Arten ergeben sich aus dem Gefüge von Existenzrelationen, in denen unser Personsein sich vollzieht: dem Gefüge von Selbstverhältnis, Umweltverhältnis, Weltverhältnis und Ursprungsverhältnis (Gottesverhältnis).[15]

Nun fallen die drei zuletzt genannten, also Umwelt-, Welt- und Ursprungsverhältnis sämtlich in das Selbstverhältnis, das für jedes Personsein, also auch unser menschliches, innerweltliches und leibhaftes Personsein, konstitutiv ist. Folglich sind für uns überhaupt keine selbstbewusst freien Wahlen von eigenen möglichen Weisen des eigenen Seins möglich, durch die wir nicht *de facto* eine Möglichkeit unseres Selbstseins wählen würden. Jede derartige Wahl ist ein Akt der Selbstbestimmung.

Ferner ist es so, dass alle Elemente des Gefüges von Existenzrelationen *gleichursprünglich* sind. Folglich ist jeder im Selbstverhältnis vollzogene Akt der Selbstbestimmung zugleich *de facto* auch ein Akt der Bestimmung unseres Umwelt-, unseres Welt- und unseres Ursprungsverhältnisses. Aber unbeschadet dieser Gleichursprünglichkeit sind die Existenzrelationen dennoch *verschieden*. Daher muss sich unser verantwortliches Wählen nicht immer *bewusst* und *direkt* auf *alle* diese Existenzrelationen richten, sondern kann sich auch auf *eine* dieser Relationen bewusst und direkt und dabei auf die *andern* nur implizit und *indirekt* richten (und tut das weithin auch). So vollzieht sich unser Alltag als eine Kette von Wahlen präsenter Möglichkeiten unseres Verhältnisses zu unserer sozialen und physischen Umwelt, ist damit aber dennoch faktisch und implizit immer auch eine Bestimmung unseres Selbst im Ganzen, also auch immer eine Bestimmung unserer Stellung in der Welt und unseres faktischen Verhältnisses zum Ursprung der Welt.

Dazu kommt die Tatsache, dass die Faktizität des Gefüges der vier gleichursprünglichen Existenzrelationen, in dem wir als Personen existieren, nicht zusammenfällt mit dem Erschlossensein und der bewussten Zugänglichkeit

---

      schränkung und erst zuletzt durch die objektive Perspektive auf seinen definitiven Verlust. Diese Unterschiede auf der Ebene der Befindlichkeit sind ernst zu nehmen, weil sie die Menschen – wie soeben angedeutet – vor unterschiedliche Aufgaben stellen. Dadurch gewinnen diese verschiedenen Lebensphasen eine völlig unterschiedliche innere Struktur.

14 In jeweils eine von ihnen fällt jeder einzelne Selbstbestimmungsakt.
15 Vgl. E. HERMS, Wahrheit und Freiheit, in: DERS., Phänomene des Glaubens, Tübingen 2006, 96–115; HERMS, Der Mensch (s.o. Anm. 3).

aller dieser Dimensionen für uns selbst. Vielmehr ergibt sich diese Erschlossenheit und bewusste Zugänglichkeit aller Elemente des Gefüges von Existenzrelationen erst nach und nach im Verlauf der Geschichte der Bildung unseres Selbstverhältnisses, die sich im Durchlaufen unseres Selbsterlebens vollzieht. Auch das bringt zwangsläufig Situationen mit sich, in denen sich unser verantwortliches Wählen faktisch nur jeweils auf eines der Existenzverhältnisse direkt und auf die anderen nur implizit und indirekt bezieht.

Soviel zur Struktur des Spielraums unserer Selbstbestimmungsmöglichkeiten und zu den verschiedenen möglichen Arten beziehungsweise Richtungen unserer Selbstbestimmungstätigkeit als Bestimmung unseres Umwelt-, Selbst-, Welt oder Ursprungsverhältnisses.

Nun wieder zum Unterschied der Lebensphasen. Diese sind auch dadurch unterschieden, dass jeweils eine dieser Arten beziehungsweise Richtungen unserer Selbstbestimmungstätigkeit vorherrscht. Das gilt zunächst für die Phase des Heranwachsens gegenüber der des Alterns. Die wissenschaftliche Erforschung der Bildungsgeschichte von Menschen und ihrer Regelgestalt hat gezeigt (was auch durch reflektierte Selbsterfahrung bestätigt wird), dass der heranwachsende junge Mensch sein explizites Wählen zunächst auf die sozialen und physischen Relate seines Umweltverhältnisses richtet. Erst durch das Erleben dieses seines Umgangs mit den Gegebenheiten seiner Umwelt wird er überhaupt seiner Selbst als einer von diesen unterschiedenen Instanz inne, auf die er sich dann auch explizit richten kann (vorher war sein Selbst in all seinem Wählen zunächst nur implizit im Spiele).[16]

Im Lichte des der Person bewusst gewordenen Selbstverhältnisses kann ihr dann auch bewusst werden (und wird ihr auch bewusst), dass das bestimmte Umweltverhältnis, in dem sie sich jeweils aktuell bewegt, nur ein variables *Exemplar* in dem *Raum aller möglichen aktuellen Umweltverhältnisse menschlicher Personen* ist, also in der *Welt*. Es wird der Person bewusst, dass sie sich in der Abfolge der Gestalten ihres Umweltverhältnisses im Raum der *Welt* der

---

16 Hierfür sei verwiesen auf die inzwischen klassischen Untersuchungen und Darstellungen von J. PIAGET, Sprechen und Denken des Kindes (1923), Düsseldorf 1972; DERS., Urteil und Denkprozess des Kindes (1924), Düsseldorf 1981; DERS., Das Weltbild des Kindes (1926), Bern 1978; DERS., Das Erwachen der Intelligenz beim Kinde (1959), Stuttgart 1969. – Piagets empirische Forschungen sind erklärtermaßen geleitet von anthropologischen Leitkonzepten aus dem Bereich des deutschen Idealismus, nämlich Hegels Philosophie des Geistes (G. W. F. HEGEL, Enzyklopädie der philosophischen Wissenschaften, 1830, §§ 377 ff.). Zu vergleichen ist aber auch F. D. E. Schleiermachers Skizze der möglichen Bestimmtheiten des unmittelbaren Selbstbewusstseins und ihrer natürlichen Aufeinanderfolge, in: F. D. E. SCHLEIERMACHER, Glaubenslehre, Berlin ²1830, § 5. Hauptunterschied: Schleiermacher hat einen Fortschritt der Reflexivität des Selbstbewusstseins im Blick, der sich widerfahrnisartig vollzieht und entsprechende Reflexionsakte der Person erst ermöglicht, sich jedoch nicht Reflexionsakten verdankt.

Menschen bewegt. Durch die Abfolge der einzelnen Gestalten ihres Umweltverhältnisses zeichnet die Person das Profil ihres individuellen Lebens und damit ihrer individuellen Stellung in der Welt. Spätestens am Scheitelpunkt des Heranwachsens, am Übergang von der Adoleszenz zum Erwachsenenleben, werden mit der Unvermeidlichkeit des Entwurfs eines Lebensplanes Entscheidungen (Wahlakte) fällig, die sich direkt nicht mehr nur auf das *Umwelt*verhältnis des Selbst, sondern auf seine Stellung in der *Welt* der Menschen, also auf sein Weltverhältnis beziehen – und dies eben unter dem Vorzeichen der objektiven Perspektive auf „Karriere" in Privatleben und Öffentlichkeit, also auf einen noch *zunehmenden* Umfang ihrer Möglichkeiten sozialer und physischer Selbstbestimmung.

Die Phase des Alterns setzt ein, wenn an die Stelle dieses *objektiven* Vorzeichens das *entgegengesetzte* tritt, das Vorzeichen einer zunehmenden Einschränkung ihrer Selbstbestimmungsmöglichkeiten. Wie die Perspektive des Wachstums die beiden Dimensionen der aktuellen Umweltverhältnisse *und* des Weltverhältnisses gleichzeitig betraf, so manifestiert sich auch die neue Perspektive der kontinuierlichen Einschränkung auf diesen *beiden* Ebenen gleichzeitig: Was die Stellung der Person in der Welt betrifft, so ist an deren Kontur, wie sie im Erwachsenenleben gezeichnet wurde und nun im Medium der Erinnerung präsent ist, nichts mehr zu ändern. Sie ist nicht auszulöschen. Allenfalls sind kleine Korrekturen, Ergänzungen und Abrundungen möglich. Die Möglichkeit, noch weiter einzuwirken auf die Gestaltung der eigenen Stellung in der Welt, ist radikal beschränkt. Damit verbindet sich eine zunehmende Einschränkung der Einwirkungsmöglichkeiten auf die soziale und physische Umwelt durch soziale Marginalisierung[17] und körperliches Altern. In der Gestaltung sowohl des Umwelt- als auch des Weltverhältnisses nimmt der hinzunehmende Einfluss von Fremdbestimmung gegenüber eigenen Gestaltungsmöglichkeiten zu.

Dennoch ist die Phase des Alterns trotz alledem mit der Phase des Heranwachsens dadurch verbunden, dass die Person auch durch die neue objektive Perspektive auf zunehmende Einschränkung ihrer Selbstbestimmungsmöglichkeiten immer noch (ebenso wie durch die frühere objektive Perspektive auf Erweiterung des Spielraums ihrer Selbstbestimmungsmöglichkeiten) vor die Aufgabe gestellt ist, eigenverantwortlich mit dieser objektiven Entwicklungstendenz ihres Spielraums von Selbstbestimmungsmöglichkeiten umzugehen. Vorzeichen auch dieser Lebensphase ist immer noch die Zumutung verantwortlicher Selbstbestimmung in den Dimensionen des Umwelt- *und* Weltverhältnisses.

---

17 Widerfahrnis des Entzogenwerdens von Verantwortlichkeiten und Zuständigkeiten in Beruf und Ämtern.

Mit dem Verschwinden eben dieses Vorzeichens setzt die Phase des Sterbens ein. Ihr Vorzeichen ist *nicht* die Zumutung, mit einer abermaligen Veränderung der objektiven Entwicklungstendenz des Möglichkeitsraums ihrer Selbstbestimmung umzugehen, sondern die Zumutung, sich zu verhalten zu dem bevorstehenden *Verlust* aller und jeder Möglichkeiten der Selbstbestimmung – im Umweltverhältnis ebensowohl wie im Weltverhältnis wie auch im Selbstverhältnis selber. Dabei ist die Pointe der Zumutung dieses definitiven Verlustes, dass ihm eine *Unvermeidbarkeit* eignet, die *de facto* durch keinen Akt menschlicher Selbstbestimmung zu beseitigen ist.

Soviel zur Abgrenzung der Lebensphase „Sterben" von den Lebensphasen „Altern" und „Heranwachsen". Nun zur Manifestation dieser Phase im Kontinuum der Selbstbestimmung in wacher Persongegenwart.

2. Sterben als Phase des Lebens in wacher Persongegenwart und Selbstbestimmung

Im Leben vieler – vielleicht der meisten, oder womöglich aller Menschen? – tritt diese Zumutung schließlich so hervor, dass sie die andere ältere (mit einem Spielraum von Selbstbestimmungsmöglichkeiten verantwortlich umzugehen) zunächst definitiv ins zweite Glied drängt und schlussendlich völlig beseitigt.

Dass es sich hier um eine *Zumutung* handelt, heißt: Sie tritt *im* Kontinuum der wachen Persongegenwart und des durch sie begründeten Kontinuums der Selbstbestimmung auf. Sie führt also keineswegs schon durch sich selbst aus dem Spielraum personaler Selbstbestimmungsmöglichkeiten heraus. Sie manifestiert sich *in* diesem Spielraum. Und das heißt: Sie stellt selbst eine Aufgabe für die Selbstbestimmung der Person.

Allerdings eine Aufgabe mit schlechterdings einmaligem, unverwechselbarem Profil: Die Aufgabe ist, sich zu der Tatsache zu verhalten, dass der bevorstehende völlige Verlust aller Möglichkeiten der Selbstbestimmung absolut unvermeidbar ist, also auch durch keinen Akt menschlicher Selbstbestimmung verhindert werden kann, weder durch einen solchen Akt der sterbenden Person selbst, noch durch irgendeinen Akt irgendeiner anderen Person. Aufgabe ist also, sich zu dem Faktum zu verhalten, dass der Mensch sich schließlich sein Leben als Person und den dafür wesentlichen Spielraum verantwortlicher Selbstbestimmung im Umwelt-, Selbst- und Weltverhältnis so wenig durch sich selbst und seinesgleichen zu erhalten vermag, wie er ihn sich durch sich selbst und seinesgleichen gegeben hat und geben konnte.[18]

---

18 Das gilt auch für Zeugung, Geburt, Heranwachsen im sozialen Uterus. Für die Identität jedes Menschen als Person sind die Tätigkeiten seiner Eltern und Erzieher (Zeugung,

Zu diesem Faktum hat der Sterbende sich im Horizont wacher Persongegenwart zu verhalten, mit ihm hat er in einem Akt verantwortlicher Selbstbestimmung umzugehen.

Das begründet zunächst eine unübersehbare *Kontinuität* zu den vorangehenden Lebensphasen des Heranwachsens und des Alterns. Diese Kontinuität besteht nicht nur darin, dass sich die Person in der Phase des Sterbens ebenso wie in den früheren Phasen ihres Lebens *überhaupt* in ihrem eigenen Personsein und in dem dafür wesentlichen Spielraum ihrer möglichen Selbstbestimmung zu ergreifen hat, sondern die Kontinuität besteht auch darin, dass sie sich in dieser letzten Phase zu einem Aspekt ihrer Selbstbestimmungsmöglichkeiten zu verhalten hat, der auch in den früheren schon immer präsent war: nämlich zu dem Aspekt, dass alle Möglichkeiten der Person zur Selbstbestimmung bedingt und umgriffen sind durch das vorgängige Erleiden eines Kontinuums von Fremdbestimmungsprozessen: Schon immer war die Qualität des Personlebens – sowohl in der Phase des Heranwachsens und Erwachsenenlebens als auch in der Phase des Alterns – davon abhängig, dass und in welcher Angemessenheit dieses Bedingt- und Begrenztsein aller Selbstbestimmungsmöglichkeiten durch zu erleidende Fremdbestimmung anerkannt und berücksichtigt wurde. Allerdings handelte es sich bei diesen aus der sozialen und physischen Umwelt zu erleidenden Fremdbestimmungen immer um solche, deren Auswirkungen von der Person stets durch reagierende Selbstbestimmungsakte effektiv beeinflusst und dadurch günstig beziehungsweise zumindest erträglich gestaltet werden konnten. Im Unterschied zu dieser *relativen* Passivität trägt die Passivität, zu der sich die Person in der Phase ihres Sterbens zu verhalten hat, den Charakter absoluter Radikalität. Sie ist die Passivität des Ausgeliefertseins an dasjenige Geschehen, welches der Person vor und unabhängig von jeder eigenen Stellungnahme ihre Existenz als zur innerweltlichen Selbstbestimmung bestimmte Person aufnötigt, und zwar als von Anfang an unter leibhaften Bedingungen stehende und damit endliche Existenz, und das ihr diese innerweltliche Existenz samt dem für diese wesentlichen Spielraum innerweltlicher Selbstbestimmung auch wieder entzieht; und dies wiederum so, dass die Person dieses Enden ihres innerweltlichen Daseins so wenig beeinflussen kann, wie sie irgendeinen Einfluss auf sein Gesetztwerden hatte. Die Phase des Sterbens ist beherrscht von der Zumutung an die Person, sich nun nicht nur wie bisher

---

Geburt, Erziehung) nur notwendige Bedingungen. Zeugung, Geburt, Erziehung beziehen sich immer auf einen Menschen mit bestimmter Identität, aber nie auf die durch diese ihre Tätigkeit notwendig bedingte Identität dieses Menschen, für deren Bildung erst Bedingungen hinreichend sind, die jenseits der Verfügung sowohl der Eltern und Erzieher eines Menschen liegen als auch jenseits des Einzelnen selbst, der die Geschichte der Bildung seiner Identität erleidet.

direkt und explizit zur Dimension ihrer aktuellen Umwelt, zur Dimension ihres Selbstseins und zur Dimension ihrer Stellung in der Welt zu verhalten, sondern sich direkt zu verhalten zur Dimension desjenigen Geschehens, welches vor jeder möglichen menschlichen Aktivität, unabhängig von ihr und über sie hinaus bewirkt, dass das menschliche, innerweltliche, leibhafte, endliche Selbstsein *existiert, dauert und endet.* Die Zumutung der Phasen des Heranwachsens, des Erwachsenenlebens und des Alterns bestand darin, dass sich die verantwortlichen Wahlakte der Selbstbestimmung direkt auf das Verhältnis der Person zu ihrer Umwelt, auf sich als individuelles Selbst und auf ihr Verhältnis zur Welt des Menschen zu richten hatten. Die Zumutung in der Phase des Sterbens besteht nun darin, dass sie sich (unter Einschluss aller dieser Dimensionen und über sie hinaus) *direkt* auf die alle diese Dimensionen umfassende *Dimension des Ursprungs* zu richten hat, also auf dasjenige Geschehen, an welches das menschliche Personsein radikal, also auch umfassend und restlos ausgeliefert ist; denn es ist dasjenige Geschehen, welches das menschliche Personsein in allen seinen Existenzdimensionen – also in seinem Selbstverhältnis, in seinem Umweltverhältnis und in seinem Weltverhältnis – von jenseits seines Seins her existieren, dauern und eben auch enden lässt; es ist das Geschehen in der Dimension seines Ursprungs.

Die Zumutung des Sterbens ist, sich zu diesem Ursprungsgeschehen im Horizont der wachen Persongegenwart zu verhalten. Das aber schließt ein, dass sich die Person zu diesem Geschehen, das nur in *radikaler Passivität* erlitten werden kann, dennoch in der Weise der Selbstbestimmung zu verhalten hat, also in eigenen *Akten* verantwortlicher Wahl.

Ist das überhaupt möglich? Was gibt es im Blick auf dieses Geschehen, das nur in radikaler Passivität zu erleiden ist, noch zu wählen? Antwort: So wie die Person im Ausgreifen auf das Geschehen ihrer Umwelt ihr Verhältnis zu dieser durch verantwortliche Wahlakte bestimmt, so wie sie sich zu ihrem Selbstsein durch verantwortliche Wahlen eigener Möglichkeiten ins Verhältnis setzt und so wie sie sich durch verantwortliche Wahlen zum Ganzen der Welt des Menschen ins Verhältnis setzt, so hat sie sich jetzt auch zu diesem umfassenden, nur in radikaler Passivität zu erleidenden Geschehen durch verantwortliche Wahl ins Verhältnis zu setzen: Sie hat zu wählen, in welches Verhältnis sie selbst sich zu diesem Geschehen setzt.

Sofern das Sterben eine Phase des Personlebens in wacher Persongegenwart ist, besteht sein *Spezifikum* also *nicht* darin, dass es überhaupt nicht mehr durch verantwortliche Akte der Selbstbestimmung geprägt wäre, sondern nur darin, dass die jetzt erforderliche Selbstbestimmung sich direkt auf diejenige Dimension des Personlebens richtet, in der der Verlauf und die Wirkung des Geschehens nicht mehr durch das Verhältnis, das die Person zu ihnen wählt, beeinflusst werden kann. Es geht jetzt nur noch darum, wie die Person selbst sich verhält einerseits zu der von ihr und niemandem zu beeinflussenden

Unabänderlichkeit[19] dieses Geschehens und zugleich andererseits zu dem einzigartigen Charakter und Effekt dieses Geschehens: dem Entzug aller Möglichkeiten der Selbstbestimmung seines innerweltlich-leibhaften Lebens, die für sein innerweltlich-leibhaftes Personsein wesentlich sind. Als Phase des Lebens in wacher Persongegenwart und Selbstbestimmung besteht das Sterben darin, dass die Person sich selbst ins Verhältnis zu demjenigen Geschehen setzt, welches das Ende ihres innerweltlich-leibhaften Personseins und aller seiner Möglichkeiten der Selbstbestimmung bewirkt, und zwar in von der Person nicht beeinflussbarer Unabänderlichkeit.

Auch diese Wahl betrifft, wie die Wahl jedes Verhältnisses, die gleichzeitig wechselseitige Beziehung zweier Relate. Sie betrifft einerseits das eigene Leben in seiner Bezogenheit auf jenes nur in radikaler Passivität zu erleidende Geschehen, und zugleich andererseits dieses in radikaler Passivität zu erleidende Geschehen in seiner Bezogenheit auf das eigene Leben.

Was zunächst das eigene Leben betrifft, so ist es als dasjenige zu diesem radikal passiv zu erleidenden Geschehen *in Beziehung* zu setzen, welches schon an sich auf dieses Ursprungsgeschehen *bezogen ist*, und zwar so auf es bezogen, dass es durch dieses Geschehen zu seinem Ende gebracht und eben damit als beendete *Ganzheit* konstituiert wird. Folglich ist es *immer* die *Ganzheit* des eigenen Personlebens, die die sterbende Person zu diesem Geschehen, an das sie sich wehrlos ausgeliefert findet, ins Verhältnis zu setzen hat. Sterben als Phase des Lebens in wacher Persongegenwart heißt immer, das *Ganze* des eigenen Lebens zu demjenigen rein passiv zu erleidenden Geschehen ins Verhältnis setzen zu müssen, durch welches dieses Leben nun zu seinem Ende und damit zu seiner Ganzheit gebracht wird.

Aber das Verhältnis, in das der Sterbende das Ganze seines Lebens zu dem Geschehen setzt, das jetzt sein Personleben als Leben in einem Spielraum von Selbstbestimmungsmöglichkeiten ganz beendet, betrifft immer auch dieses nur in radikaler Passivität zu erleidende Ursprungsgeschehen in dessen eigener Bezogenheit auf die Ganzheit des Personlebens, das jetzt durch jenes Ursprungsgeschehen endet. Dieses Geschehen, dem er radikal ausgeliefert ist, hat der Sterbende *in Beziehung zu setzen* auf die Ganzheit seines Lebens; denn dieses Ursprungsgeschehen ist faktisch schon von sich aus auf diese Ganzheit des von ihm umgriffenen Lebens *bezogen*.

---

19 Besonderer Fall des zum Tode Verurteilten: Er bleibt auf die soziale Abänderbarkeit seines Geschicks bezogen. Er ist objektiv auch immer noch auf dieses ihn betreffende menschliche Urteilen und Handeln bezogen. Das verleiht seiner Situation eine dramatische Komplexität: Er muss sich im Lichte seines Verhältnisses zur Ursprungsmacht ins Verhältnis setzen zu dem ihn betreffenden Handeln von seinesgleichen. – Vgl. dazu exemplarisch die Mitteilungen über D. Bonhoeffers Gang an den Galgen, in: E. BETHGE, Dietrich Bonhoeffer. Eine Biographie, München 1983, 1038.

Aus dieser Tatsache, dass das radikal passiv zu erleidende Geschehen an sich immer schon auf das *Ganze* des Lebens des Sterbenden bezogen ist, erklärt sich auch das Faktum, dass es zwar *spätestens* die Phase des Sterbens ist, in der sich die Person unter der Zumutung findet, ihr ganzes Leben ins Verhältnis zu demjenigen Geschehen zu setzen, dem sie sich und alles menschliche Personsein restlos ausgeliefert findet, dass es aber nicht ausgeschlossen ist, sondern im Gegenteil normalerweise geschieht, dass das Leben menschlicher Personen sich schon früher, in den vorangehenden Phasen des Heranwachsens und des Alterns, unter der Zumutung findet, das eigene Existieren in wacher Persongegenwart und damit in einem Spielraum eigener Selbstbestimmungsmöglichkeiten ins Verhältnis zu demjenigen nur radikal passiv zu erleidenden Ursprungsgeschehen zu setzen, durch das das innerweltlich-leibhafte Personsein den menschlichen Personen vor und ohne ihr Zutun schlechthin vorgegeben ist und durch das es dauert – und zwar dauert auf sein Ende hin, durch das es zur Ganzheit gebracht wird. Jeder Mensch tritt als derjenige in die Phase seines Sterbens ein, der er durch das Ganze seines Lebens, also durch die Phasen seines Heranwachsens, seines Erwachsenenlebens und seines Alterns geworden ist. Und das heißt: Er tritt nicht unbedingt unvorbereitet in die Phase seines Sterbens ein und der spezifischen Zumutung dieser Phase gegenüber. Unter Umständen ist er vorbereitet durch die schon früher erlebte Zumutung, das menschliche Leben im Ganzen ins Verhältnis zu seinem Ursprungsgeschehen zu setzen, das über sein Sein, seine Dauer und sein Ende entscheidet; und darum auch vorbereitet durch die Gewissheiten und Einsichten, die aus dieser schon früher erfahrenen Zumutung und aus der Übernahme und Erfüllung dieser Zumutung resultieren.

Sicher ist jedenfalls,

- dass die Lebensgeschichte einer Person zugleich ihre Bildungsgeschichte ist, aus der immer auch irgendeine implizite oder explizite Gewissheit über das Ursprungsgeschehen, über dessen Verhältnis zum menschlichen Leben und über das Verhältnis des menschlichen Lebens zu ihm, resultiert,
- dass entsprechend der möglichen Verschiedenheit dieser Sichtweisen auch die vom Sterbenden vorzunehmende Bestimmung des Verhältnisses seines ganzen Lebens zum Ursprungsgeschehen allen menschlichen Lebens der Sache nach unterschiedlich ausfallen kann und
- dass von diesen Unterschieden Art und Charakter des Sterbens als letzter Phase des Lebens in wacher Persongegenwart geprägt werden.

3. Mögliche Gestalten des Sterbens als Phase des Lebens in wacher Persongegenwart und Selbstbestimmung

Die verschiedenen Gestalten, die Sterben als Phase des Lebens in wacher Persongegenwart annehmen kann, ergeben sich zum Teil aus äußeren Umständen: etwa daraus, ob Kinder sterben oder Erwachsene oder alte Menschen, daraus, ob ein Tod unerwartet und plötzlich eintritt, ob er im Kontext von Tätigkeiten eintritt, deren Lebensgefährlichkeit stets bewusst ist, ob er am Ende einer mehr oder weniger langen Zeit seines Erwartetwerdens erlitten wird oder ob er von der Person selbst herbeigeführt wird, sei es um einem als unerträglich erlebten Leiden unter sozialen oder physischen Übeln ins Nichts zu entkommen, sei es um sich vor Verfolgern in eine heilsam, bergende Transzendenz zu flüchten.

Immer aber ergeben sich Unterschiede des Sterbens auch aus den inneren Bedingungen, unter denen Sterbende die Zumutung übernehmen und erfüllen, das Ganze ihres Lebens ins Verhältnis zur Dimension desjenigen Ursprungsgeschehens zu setzen, dessen unbeeinflussbarem Wirken sie Welt und Mensch restlos ausgeliefert finden. Mit den möglichen Unterschieden dieser zuletzt genannten Art beschäftige ich mich hier zunächst (1). Abschließend werde ich dann die Grundbewegung des Sterbens auf dem Boden der christlichen Lebensgewissheit beschreiben, das sich als *Hingabe* des im Tode ganzwerdenden Lebens an das Vollendungswirken des Gemeinschafts- und Versöhnungswillens des Schöpfers vollzieht (2).

3.1 Das Verhältnis, in das ein Sterbender das Ganze seines Lebens zu dem es umgreifenden Ursprungsgeschehen setzt, ergibt sich jeweils aus der impliziten oder expliziten, in jedem Falle aber sein Existenzgefühl[20] beherrschenden Gewissheit über das Verhältnis, in dem dieses umgreifende Ursprungsgeschehen seinerseits zur Lebensganzheit des Sterbenden steht. Grundsätzlich zeichnen sich vier verschiedene Möglichkeiten ab, dieses Verhältnis des Ursprungsgeschehens zur eigenen Lebensganzheit zu erleben und zu fühlen, und dementsprechend auch vier verschiedene Möglichkeiten, die eigene Lebensganzheit bewusst ins Verhältnis zu setzen zu dem umgreifenden Ursprungsgeschehen und zu dem nun radikal passiv zu erleidenden Vorgang des Endens aller innerweltlich-leibhaften Selbstbestimmungsmöglichkeiten.

3.1.1 Erstens kann das Ursprungsgeschehen – weil es nur in radikaler Passivität als dasjenige Geschehen erlitten werden kann, dem das menschliche Personsein restlos ausgeliefert ist – als fundamentale Beleidigung der Würde des menschlichen Personseins mit seiner Fähigkeit zur Selbstbestimmung und Selbstge-

---

20 „Gefühl" mit F. D. E. Schleiermacher gleich „unmittelbares Selbstbewusstsein", vgl. SCHLEIERMACHER (s.o. Anm. 16), § 3.

staltung erlebt werden. Darauf antwortet dann der Versuch, die Würde des menschlichen Personseins gegenüber seiner radikalen Beleidigung dadurch zu wahren, dass der Beleidiger entschlossen ignoriert wird: Ihm wird der Rücken zugekehrt, er wird keines Blickes, keiner Aufmerksamkeit, keines Gedankens, keines Umgangs, keiner Beachtung gewürdigt, er wird verachtet stehen gelassen, ausgeschlossen aus dem Umkreis dessen, mit dem der Mensch Umgang hat. Für diese Haltung verdient nichts Interesse am Menschsein außer dem, was Menschen in Selbstbestimmung aus sich gemacht haben und machen, nichts als der von ihnen frei gewählte und durchgehaltene Stil, nichts als die selbstgeschaffene Form ihres Lebens. Eine Haltung, die exemplarisch in der Figur des Dandy begegnet.[21]

Diese Haltung versucht aber eine Verdrängung, die nicht gelingen kann. Die Verdrängungsbemühung ist ja durch eine Gewissheit ausgelöst, welche der Absicht des Verdrängungsgestus permanent effektiv widerspricht: durch die Gewissheit von der Realität und von dem wahren Charakter des Ursprungsgeschehens als dem eigentlichen, ursprünglichen und endgültigen Beherrscher des menschlichen Personlebens, von dem dieses sein Dasein ebenso wie sein Enden und sein Ganzwerden nur in radikaler Passivität zu erleiden hat und dem es damit restlos ausgeliefert ist. Der Verdrängungsgestus scheitert, weil sein Vollzug selbst die implizite Anerkennung derjenigen Realität ist, die er explizit negiert.

3.1.2 Für die zweite mögliche Sicht ist das Verhältnis des Ursprungsgeschehens zum menschlichen Leben durch einen inneren Widerspruch geprägt: Das Enden des innerweltlich-leibhaften Personlebens von Menschen wird als ein Prozess erlebt und verstanden, der sich in einer zufälligen, nicht notwendigen und grundsätzlich zu überwindenden Weise *gegen* dasjenige Geschehen richtet, durch welches das innerweltlich-leibhafte Personleben der Menschen hervorgebracht ist, und zwar hervorgebracht als ein solches, welches an sich endloser Dauer fähig und zu solcher Dauer auch bestimmt ist. Das Geschehen, das zum Enden der Existenz der Menschen führt, wird als ein Geschehen erlebt, das dem Geschehen, welches das menschliche Leben gewährt, dem Ursprung des innerweltlich-leibhaften Personseins von Menschen und seiner ursprünglichen Natur, *entgegengesetzt* ist. Dieses Gefühl der Widernatürlichkeit des Endens aller unserer Selbstbestimmungsmöglichkeiten lässt es möglich und geboten erscheinen, das Personsein und seine Selbstbestimmungsmöglichkeiten gegen das Geschehen, das zu seinem Ende führt, zu verteidigen oder es gar diesem Geschehen überhaupt zu entreißen. Dieses Verhältnis ist überall dort eingenommen, wo der Wille zur Verteidigung des Lebens um jeden Preis herrscht

---

21 Vgl. dazu in diesem Band den Beitrag von B. VILLHAUER, Der Tod und der Dandy. Ästhetizismus und Moral an der letzten Grenze, 293–308.

oder gar zur Erhaltung des Körpers durch geeignete Maßnahmen mit dem Ziel seiner Wiederbelebung nach Erreichung der dafür erforderlichen Techniken der Medizin (und natürlich auch die Förderung einer diesem Ziel der Verlängerung des menschlichen Lebens oder gar der Überwindung seines Endenmüssens dienenden Forschung). Das innerlich von dieser Sicht des Endes aller Selbstbestimmungsmöglichkeiten und von diesem Willen geleitete Sterben nimmt den Charakter eines Widerstrebens an, dass als solches Widerstreben jedoch schließlich durch den das Ende verwirklichenden Prozess überwältigt wird – und dies gewaltsam, in dem Sinne dass das Ende gegen den Willen des Sterbenden eintritt.

Davon sind alle Weisen des Sterbens unterschieden, die sich im Horizont einer Sicht vollziehen, derzufolge schon der das menschliche Personleben hervorbringende und es befristet dauern lassende Prozess *von sich aus* auf das innerweltliche Ganzwerden dieses Lebens und damit auch auf dessen innerweltliches Enden hintendiert und hinwirkt. In diesem Fall steht jeweils die *Einheit* des Geschehens im Blick, welches das menschliche Leben hervorbringt und befristet erhält, aber auch schon von sich aus auf das Ende und die Ganzheit des durch es hervorgebrachten und befristet erhaltenen menschlichen Lebens ausgerichtet ist.

Aber in seiner Einheit kann dieses Geschehen wiederum auf zwei verschiedene Weisen erfasst werden, je nachdem wer oder was als Ursprung und Autor dieses Geschehens in Betracht kommt. Jede dieser beiden Sichtweisen begründet eine ihr entsprechende Grundbewegung des Sterbens, so dass sich über die beiden soeben skizzierten Weisen zwei weitere ergeben.

3.1.3 Zunächst die folgende: Das unabänderliche Geschehen, dem wir restlos ausgeliefert sind als demjenigen, welches das menschliche Personleben entstehen, dauern und enden lässt, wird als ein solches gesehen, welches seinen Ursprung *innerhalb des Weltgeschehens* hat, und zwar einen innerweltlichen Ursprung, von dem als solchem zweierlei gilt: Erstens trägt er *Zufallscharakter* und ist insofern blind. Zweitens kann er als innerweltlicher Ursprung eines *unter rein innerweltlichen Bedingungen* stehenden Prozesses auch nur Ursprung von Prozessen sein, die unter Bedingungen stehen, die ihrerseits zu enden bestimmt sind, so dass auch die unter solchen endenden Bedingungen stehenden Prozesse wiederum – in diesem Falle das menschliche Personleben mit seinen Selbstbestimmungsmöglichkeiten – schon durch ihren Ursprung dazu bestimmt sind, zu enden. Unter dieser Voraussetzung besteht die Zumutung des Sterbens darin, das Ganze des eigenen Lebens ins Verhältnis zu setzen zu einem in radikaler Passivität zu erleidenden Ursprungsgeschehen, von dem (in dieser Sicht) nur zweierlei gewiss ist: erstens, dass es das Leben der Gattung umfasst, welches über das Leben der Einzelnen hinausgreift, und zweitens, dass es selbst in einem Geschehen mit generischer (erzeugender) Mächtigkeit entspringt und endet, das in sich absolut opak und dunkel ist. Sterbend das Ganze des eigenen Lebens zu dem so gesehenen Ursprungsgeschehen ins Verhältnis zu setzen, kann nur heißen, es einerseits ins Verhältnis zu setzen zu seinem Erinnert- und Wertgeschätztwerden im Kreis der Überlebenden, es jedoch gleichzeitig auch ins Verhältnis zu setzen zur opaken Dunkelheit von Anfang und Ende des menschlichen Lebens überhaupt, also der Zufälligkeit, Blindheit und Widersprüchlichkeit eines generischen Geschehens, welches das menschliche Leben im Ganzen nur entstehen lässt auf sein Vernichtetwerden hin. Im Blick auf diese beiden Aspekte des so gesehenen Ursprungsgeschehens kann das vom Sterbenden zu ergreifende Verhältnis der Ganzheit seines Lebens zu diesem umgreifenden Geschehen, das er in radikaler Passivität zu erleiden hat, nur *Ergebung ins gewiss Ungewisse* sein – und dies in zweifacher Hinsicht:

Gewiss ungewiss ist erstens jedenfalls Erinnerung und Wertschätzung des ganzen eigenen Lebens bei den Überlebenden. Ungewiss ist dem Sterbenden auf jeden Fall, ob und wieweit sein eigenes Bild seines Lebens im Ganzen mit dem Bild und Urteil überlebender anderer übereinstimmt. Ist den Überlebenden überhaupt das Ganze seines Lebens präsent geworden? Vielleicht sind Aspekte seines Lebens, die für ihn selbst von grundlegender Bedeutung sind, anderen nie zu Gesicht gekommen. Er bezweifelt vielleicht, jemals von irgendjemandem zur Gänze erkannt und richtig geschätzt worden zu sein. Ungewiss bleibt, ob diejenigen Momente seines Lebens, auf die er selbst stolz ist, für andere überhaupt präsent geworden sind und ob sie nicht von anderen als unangenehm erlebt, ja verurteilt werden. Ungewiss bleibt ebenso auch, ob Momente seines Lebens, die ihn selbst reuen, deren er sich schämt und deren Verborgenbleiben er wünscht, ob solche Momente nicht dennoch von Überlebenden entdeckt und zum Gegenstand ihrer dauernden Verurteilung und Verachtung werden. In diese und alle anderen Ungewissheiten seines Erinnert-, seines Geliebt- oder Verabscheut-, seines Geachtet- oder seines Verachtetwerdens bei den Überlebenden kann der Sterbende sich im Horizont der skizzierten Sicht des umgreifenden Geschehens nur ergeben. Diese Ungewissheit kann Unruhe und Angst auslösen, und tut dies oftmals auch.

Gewiss ungewiss ist aber unter den hier angenommenen Voraussetzungen ebenfalls das generische Geschehen, das das menschliche Personleben hervorbringt und enden lässt. So ungewiss wie der Ursprung des Daseins ist auch sein Ziel, sein Endgeschick. Auch diese Ungewissheit kann Unruhe und Angst erzeugen. Und sie tut dies um so leichter, je mehr unterschiedliche Ansichten vom Charakter dieses umgreifenden Geschehens dem Sterbenden bekannt geworden sind, von denen er viele für möglicherweise wahr hält, ohne dass ihm persönlich je eine davon definitiv als wahr gewiss geworden wäre – möglicherweise aus keinem Grunde als dem, dass er „Gewissheit" in diesen Fragen überhaupt für unmöglich und für unvereinbar mit dem Anspruch einer Person hielt, „*aufgeklärt*" zu sein.

3.1.4 Eine hiervon verschiedene vierte Möglichkeit ergibt sich, wenn der Sterbende von einer Sicht des umgreifenden, radikal passiv zu erleidenden Geschehens beherrscht ist, die auf einen *welttranszendenten* Ursprung des gesamten Geschehens *der* Welt und daher auch allen Geschehens *in* der Welt blickt. In diesem Falle präsentiert sich die generische Macht, die die Welt und das menschliche Personleben in ihr entstehen, dauern und enden lässt, jedenfalls als eine solche, die selbst nicht unter innerweltlichen, also nicht unter vergänglichen Bedingungen wirkt, sondern unter weltüberlegenen, nämlich weltschaffenden, also auch unbedingten und unvergänglichen Bedingungen. In solcher Sicht ist immer der Blick auf eine Sphäre der Unvergänglichkeit eingeschlossen, die das Werden, das Entstehen, das Dauern und das Enden von Welt und menschlichem Leben umgreift, in der beides entspringt und aus der beides auch dann, wenn es beendet und ganz geworden ist, nicht herausfällt.

Auch für ein Sterben im Licht einer solchen Sicht des umgreifenden Ursprungsgeschehens kann die Erfüllung der Zumutung, das Ganze des eigenen Lebens ins Verhältnis zu diesem Geschehen zu setzen, nur in einem Akt der *Ergebung* in dieses Geschehen erfüllt werden – freilich in einem Akt der Ergebung in ein Geschehen, von dem in diesem Fall für den Sterbenden feststeht, dass es selbst ein unvergängliches ewiges Geschehen ist – und als solches auch ein unvergängliches Resultat erzielt.[22]

Auch die Ergebung in dieses Geschehen schließt für den Einzelnen ein, dass er sich in das ihn überdauernde Leben der menschlichen Gattung zu ergeben hat und in das Geschick seines Weiterwirkens in Erinnerung, Wertschätzung oder Verachtung der Überlebenden. Aber gegenüber der Ergebung in sein *ewiges* Geschick kann diese Ergebung in sein über den Tod hinausreichendes innerweltliches und innergeschichtliches und damit *endliches* Geschick an Bedeutung verlieren. Folglich kann unter diesen Umständen auch die Unruhe und Angst, die aus der notwendigen Ergebung in dies unbeherrschbare Geschick des Erinnert-, Geliebt- oder Verachtetwerdens durch die Nachwelt resultiert, an Schärfe verlieren. Freilich nur, um unter Umständen durch diejenige Unruhe und Ungewissheit aufgewogen zu werden, welche aus der gewissen Ungewissheit über die Art und den Charakter jener unvergänglichen Macht resultiert, die die Welt und alles menschliche Leben sein, dauern, enden, ganz werden und als ganz gewordene ewig dauern lässt. Auch diese Ungewissheit erzeugt umso eher Unruhe und Angst, je mehr verschiedene Auffassungen von der Verfasstheit dieser unvergänglichen weltschaffenden Machtsphäre dem Sterbenden als möglicherweise wahr präsent geworden sind, ohne dass ihm je eine davon persönlich als wahr gewiss geworden wäre.

---

22 P. v. Matt: „Was einmal war, ist wirklich. Es kann nie mehr nicht gewesen sein" (Ders., Ein Talisman gegen die Vergänglichkeit, in: M. Reich-Ranicki [Hg.], Frankfurter Anthologie 32, Frankfurt a.M. 2008, 222–224, 223).

Diese Verbindung von einerseits *Gewissheit* über das *Dass* der Ewigkeit der Ursprungs- und Zielsphäre des Geschehens von Welt und menschlichem Leben in ihm mit anderseits *Ungewissheit* über das *Was und Wie* der Macht, die die Welt umgreift, wird oft angetroffen. Unter Umständen wird diese Verbindung sogar als gemeinmenschlich angenommen, so vom Prediger Salomo: „Die Ewigkeit ist den Menschen ins Herz gelegt, nur dass der Mensch das Werk, das der Ewige gemacht hat, von Anfang bis Ende nicht fassen kann" (3,11).

3.2 Überwunden wird diese Situation nur unter der Bedingung, dass nicht nur Gewissheit über das *Dass* der in sich selbst unvergänglichen, Welt setzenden, dauern und enden lassenden Macht herrscht, sondern darüber hinaus auch Gewissheit über *ihr Was, ihr Wesen und das Wesen ihres Wirkens*. Das authentische Selbstzeugnis des christlichen Glaubens – das Zeugnis der kanonischen Schriftensammlung und seine Bestätigungen durch Glaubende aus späterer Zeit – besagt, dass eben diese Gewissheit über das *Wesen* der schöpferischen Allmacht für den christlichen Glauben spezifisch und grundlegend sei[23]. Dieser Gewissheit und dem Sterben in ihr wenden wir uns abschließend zu.

Wie kommt diese Gewissheit des Glaubens zustande, wie wird sie begründet? Nach biblischem Zeugnis durch das Offenbarwerden des Geheimnisses des personalen Wesens der ewigen Schöpfermacht und ihres ewigen Willens, der das Ziel ihres Welt setzenden, Welt dauern und Welt enden lassenden Wirkens bestimmt. Die Gewissheit des Christusglaubens entsteht durch das österliche Offenbarwerden des Lebens des am Kreuz gestorbenen Jesus von Nazareth als Leben desjenigen Menschen, in welchem dieser Schöpferwille sich inkarniert, in einem leibhaften Menschenleben Gestalt angenommen und sich in ihm manifestiert hat als der ewige Wille des Schöpfers zur vollkommenen, also auch versöhnten Gemeinschaft mit dem Menschen, seinem geschaffenen Ebenbild.

Die genaue Beschreibung dieses Geschehens, das der christliche Glaube als seinen Grund und Gegenstand bezeugt, gehört in die Fundamentaltheologie und in die Dogmatik. Dafür ist hier nicht der Ort. Hier geht es darum, den

---

23 Vgl. M. LUTHER, Großer Katechismus (1529), Abschluss der Auslegung des Glaubensbekenntnisses: „Siehe, da hast du das ganze göttliche Wesen, Willen und Werk [...] Denn alle Welt, wiewohl sie mit allem Fleiß darnach getrachtet hat, was doch Gott wäre und was er im Sinn hätte und täte, so hat sie doch der keines je erlangen mögen. Hie aber hast Du es alles aufs Allerreichste. Denn da hat er selbst offenbart und aufgetan den tiefsten Abgrund seines väterlichen Herzens und eitel unaussprechlicher Liebe in allen drei Artikeln. Denn er hat uns dazu geschaffen, daß er uns erlösete und heiligte [...] Wir könnten [aber] nimmermehr dazu kommen, daß wir des Vaters Hulde und Gnade erkenneten ohn durch den Herrn Christum, der ein Spiegel ist des väterlichen Herzens [...] Von Christo aber könnten wir auch nicht wissen, wo es nicht durch den heiligen Geist offenbaret wäre" (in: Bekenntnisschriften der evangelisch-lutherischen Kirche, Göttingen ^{5}1963, 660$_{18-47}$).

Charakter zu beschreiben, den das Sterben annimmt, wenn es im Licht dieser christlichen Gewissheit über den weltüberlegenen Ursprung und das weltüberlegene Ziel des Weltgeschehens und allen menschlichen Lebens in ihm vollzogen wird.

Auch in diesem wie in allen zuvor betrachteten Fällen ergibt sich die Weise, in der die Zumutung des Sterbens erfüllt wird (eben die Zumutung, das Ganze des eigenen Lebens ins Verhältnis zu setzen zu dem radikal passiv zu erleidenden Ursprungsgeschehen von Welt und Mensch), aus derjenigen Sicht dieses umgreifenden Geschehens, welche dem Sterbenden gewiss ist und ihn als diese Gewissheit beseelt. In dieser Sicht ist das umgreifende Ursprungsgeschehen, das Welt und Mensch sein, dauern und enden lässt, dem Sterbenden präsent als die schöpferische Verwirklichung des ewigen Schöpferwillens, der auf sein ewiges Ziel der vollendeten Gemeinschaft seines schaffenden Personlebens mit dem geschaffenen Personleben der Menschen, seines geschaffenen Ebenbildes, gerichtet ist; der also gerichtet ist auf diejenige Gemeinschaft, die sich als vollendete dadurch auszeichnet, dass sie zu restloser wechselseitiger Erkenntnis gebracht ist, und die also auch die Versöhnung des geschaffenen Personlebens mit dem schaffenden einschließt und als derart vollkommene, versöhnte Gemeinschaft im ewigen Leben des Schöpfers selber unvergänglich existiert.

In dieser Sicht präsentiert sich das gesamte Weltgeschehen und alles menschliche Leben in ihm nur als das Mittel des Schöpfers dazu, in seiner Ewigkeit dasjenige Ziel zu realisieren, das er sich in seiner Ewigkeit selbst als das Ziel seines Schaffens gesetzt hat und das er daher auch unirritierbar und unfehlbar erreicht. Das Weltgeschehen ist von seinem Ursprung her nichts als die Verwirklichung des ewigen Heilswillens Gottes, also Heilsgeschehen – auch dann, wenn dem Menschen dieser Charakter nicht einsichtig ist, auch dann, wenn das Weltgeschehen vielmehr aus der beschränkten Sicht des Menschen und gemessen an seinen Maßstäben Züge von Unheil aufweist; und zwar nicht nur Züge desjenigen Unheils, das natürliche Ursachen hat, sondern gerade auch Züge solchen Unheils, dessen Ursache das eigenmächtige Handeln von Menschen ist, die ihre Stellung und Bestimmung innerhalb des Gesamtgeschehens verkennen.

Inbegriff dieses Unheils ist in den Augen der Menschen der Tod als die Vernichtung des menschlichen Personlebens und aller Spielräume seiner innerweltlich-leibhaften Selbstbestimmung. Die Osteroffenbarung, die die neue christliche Sicht des Glaubens auf die Realität von Welt und Mensch begründet, macht demgegenüber deutlich: Der Tod – als Inbegriff von allem, was Menschen als über sie verhängtes Unheil vor Augen steht – wird von Gott selbst getragen. Dadurch wird entgegen aller menschlichen Vormeinung und Erwartung der wahre Charakter des Todes offenbar gemacht, sein Charakter als Heilsereignis; nämlich als dasjenige Handeln des Schöpfers am Menschen, durch das der Schöpfer sein uranfängliches Ziel mit dem Menschen erreicht: Er gibt dem Leben des Menschen diejenige abgeschlossene Ganzheit, in der es nun in Ewigkeit vor Gott existiert. Ostern bringt nicht den Tod aus der Welt, Ostern beseitigt aber für die vom Geist Gottes, vom Geist der Wahrheit, ergriffenen Menschen denjenigen Eindruck des Todes, der für die Menschen von sich aus unüberwindlich ist: den Eindruck des Todes als des Ereignisses definitiven Unheils. Ostern gibt demgegenüber den Tod im Kontext des Lebenszeugnisses Jesu als dessen Bewährung und Vollendung zu verstehen und macht ihn so offenbar in seinem ursprünglichen und wahren Charakter als Heilshandeln des Schöpfers an seinem geschaffenen Ebenbild: eben als dasjenige Handeln, durch das Gott unser geschaffenes Personleben beendet und damit zu derjenigen Ganzheit bringt, in der er es aus dieser Zeit nimmt und zu sich in seine Ewigkeit holt.

Sterben im Lichte dieser Sicht des von uns nur in radikaler Passivität zu erleidenden Ursprungsgeschehens befreit den Sterbenden nicht von der Zumutung, das Ganze seines Lebens selbst ins Verhältnis zu setzen zu diesem unabänderlichen Geschehen. Aber im Lichte dieser Sicht des Christusglaubens auf das Ursprungsgeschehen kann er sich und sein Leben auf eine Weise zu diesem Geschehen in ein Verhältnis setzen, die unter anderen Voraussetzungen nicht möglich ist: nämlich nicht nur in der Weise der Ergebung in das Unvermeidliche, sondern in der Weise der eigenen *Einwilligung* in das als Heilsgeschehen erblickte Ursprungsgeschehen durch definitive *Hingabe* des Lebensganzen an das Ursprungsgeschehen, an das Schöpferhandeln, an dessen ursprüngliches Ziel, das ihn nun erreicht: die Verewigung.

Drei Züge sind für dieses – im Lichte der christlichen Sicht des Ursprungsgeschehens mögliche – Sterben als *Hingabe* des Lebens wesentlich, für die sich in der christlichen Tradition eindrucksvolle Zeugnisse finden:

3.2.1 Die beschriebene Hingabe des Lebens unterscheidet sich von der Ergebung ins Unvermeidliche dadurch, dass sie das Ursprungsgeschehen, welches das eigene Leben nun zur objektiven Ganzheit bringt, indem es dieses als innerweltliches mit allen Möglichkeiten seiner innerweltlichen Selbstbestimmung beendet, *bejaht* in seinem Eigensinn, der in Gottes Gemeinschafts-, Versöhnungs- und Vollendungswillen gründet. Dieses Ja des Sterbenden ist deshalb möglich, weil ihm der Geist der Wahrheit, der von dem am Kreuz vollbrachten Lebenszeugnis Jesu ausgeht, das Ursprungsgeschehen, welches Welt und Leben sein, dauern und enden lässt, als das Ja des Schöpfers zu seiner Schöpfung offenbar gemacht hat. Es ist dieses Ja des Schöpfers zum Geschöpf, das genau und gerade dadurch zum Ziele kommt, dass es das innerweltliche Leben des Geschöpfes, *indem es dieses beendet*, zu derjenigen definitiven individuellen *Ganzheit* bringt, in der er es in unvergänglicher Gemeinschaft in seinem ewigen Leben in und bei sich haben will. Dies Ja des Sterbenden trägt keinen Zug von Eigenmächtigkeit, Zweckoptimismus oder Autosuggestion, sondern es ist die

Reaktion auf die Weise, in der sich das Ursprungsgeschehen, welches das menschliche Leben setzte, dauern ließ und nun enden lässt, in eben diesem Beenden des Lebens selbst zu erfahren gibt: nämlich nicht als das plötzliche Nein des Schöpfers zum Geschöpf, das den Sinn der Entstehung und Erhaltung des Geschöpfes widerruft und den Schöpfer darin als Betrüger erweist, sondern als die Ratifikation, als den endgültigen Vollzug desjenigen Jas, das schon in Schöpfung und Erhaltung gesprochen und wirksam war.

Diese Erfahrung des auf den Menschen objektiv zukommenden Endens seiner innerweltlichen Existenz als der definitiven Verwirklichung des Jas, das der Schöpfer zum Menschen spricht, hat in Atem raubender Eindrücklichkeit A. Döblin in der Geschichte des Helden seines Romans „Berlin Alexanderplatz", Franz Biberkopf, beschrieben: An diesen tritt der Tod heran, indem er ihm ein Lied singt:

> „Es ist Zeit für mich zu erscheinen bei Dir, weil ja schon aus dem Fenster die Samen fliegen und du dein Laken ausschüttelst, als wenn du dich nicht mehr hinlegst. Ich bin kein bloßer Mähman, ich bin kein bloßer Sämann, ich habe hier zu sein, weil es für mich gilt zu bewahren. O ja! O ja! O ja. Ich bin das Leben und die wahrste Kraft".[24]

3.2.2 In Reaktion auf diesen erlebten Charakter des Ursprungsgeschehens als des ewigen Jas des Schöpfers zu seinem Geschöpf, das auf die ewige Gemeinschaft mit diesem zielt, kann die Hingabe des Sterbenden tatsächlich bewusst das *Ganze* seines Lebens betreffen – das Ganze seines Lebens in der unlöslichen Einheit von allem, was an Gelungenem und Misslungenem dazu gehört, an Verständnis und Unverständnis, die von anderen erfahren wurden, an Achtung und Missachtung von anderen. Kein Zug dieser ambivalenten Gesamtwirklichkeit braucht abgeblendet zu werden, keiner bleibt (über die Grenzen des eigenen Gedächtnisses und des Gedächtnisses anderer hinaus) unbemerkt und vergessen. Denn es ist eben das Ganze des Lebens, das durch das Wollen und Wirken des Schöpfers getragen und in dessen Ewigkeit aufgenommen wird. Alle Unruhe und Angst einerseits darüber, ob das Ganze nicht verlorengeht, und andererseits darüber, ob es vor den Augen Gottes bestehen kann, ist im Akt der Hingabe beseitigt, wenn und weil dieser sich auf den von Jesus Christus leibhaft gelebten und im Osterlicht sichtbaren Gemeinschafts-, Versöhnungs- und Vollendungswillen des Schöpfers richtet, der von sich aus das ihm präsente Ganze des Lebens setzt, dauern lässt und durch seine Beendigung als Ganzes schafft und zu sich nimmt. Das Sterben als Hingabe des eigenen Lebens an seinen Ursprung (an die Verwirklichung des ewigen Heilswillens des Schöpfers) wird frei von Unruhe und Angst, wenn und weil es sich an die in den Sakra-

---

24 A. Döblin, Berlin Alexanderplatz: Die Geschichte von Franz Biberkopf, Taschenbuchausgabe, München 1965, Nachwort von W. Muschg, 387 f. Beachte die Lautmalerei: Das O ist das A.

Hingabe   561

menten zu genießende Objektivität des Christusgeschehens hält, also an das Offenbar- und Gewisswerden der Tatsache, dass es der Wille und das Werk Gottes ist, den Menschen einschließlich von allem, was er sich, anderen und seinem Schöpfer schuldig geblieben ist, zu tragen und ihn mit sich zu versöhnen. Das Sterben als Hingabe an den in Christus offenbaren Versöhnungswillen Gottes kann sich frei von Unruhe und Angst vollziehen; das hat in eindrucksvoller Einfühlung M. Luther in seiner Predigt über die Bereitung zum Sterben aus dem Jahr 1519 beschrieben.[25]

3.2.3 Ferner hat Luther den sich im christlichen Sterben vollziehenden Akt der Lebenshingabe auch als die finale Wirklichkeit des *Glaubens* beschrieben. Unübersehbar wird festgehalten, dass der Akt der Lebenshingabe als Akt des Glaubens nicht ein eigenmächtiger Akt des Menschen ist, sondern dass auch er nur möglich ist, aufgrund und im übergreifenden Zusammenhang des schöpferischen Wirkens Gottes, der sich und das heilvolle Geheimnis seines Wollens und Wirkens dem Menschen durch die Begegnung mit der Inkarnation seines Willens, mit Christus, offenbar macht und diejenige Gewissheit schafft, die den Vollzug des Sterbens als Hingabe allererst möglich macht. Insofern, also hinsichtlich seines Grundes und Gegenstandes, ist der Glaube Werk Gottes. Dennoch gehört der Hingabeakt als Akt des Glaubens in den Zusammenhang der für das menschliche Leben in wacher Persongegenwart unvermeidlichen akti-

---

25 M. LUTHER, Ein Sermon von der Bereitung zum Sterben (1519), WA 2, 685–697. Für Luther kommt es zu diesem Sterben frei von Todes-, Sünden- und Höllenangst dadurch, dass der Sterbende sich im Glauben auf das Christusgeschehen verlässt, welches den Tod, die Sünde und die Hölle als überwunden durch das eigene Wollen und Wirken Gottes offenbar macht; und zwar auf das Christusgeschehen, wie es sich für den Glaubenden in den Sakramenten vergegenwärtigt. Er schreibt: Die Bereitung zur Fahrt aus diesem in jenes Leben erfolgt, indem der Sterbende die Beichte begehrt, das Abendmahl und die letzte Ölung empfängt. Wo das nicht möglich ist, ist schon das Begehren der Sakramente tröstlich, denn Christus spricht: „Alle Dinge sind möglich dem, der da glaubt. Denn die Sakramente sind nichts anderes denn Zeichen, die zum Glauben dienen und reizen". So „soll man zusehen mit allem Ernst und Fleiß, dass man die heiligen Sakramente groß achte, sie in Ehren habe, sich frei und fröhlich darauf verlasse und sie gegen die Sünde, Tod und Hölle also erwäge, dass sie diese weit überwiegen; auch sich mehr mit der Kraft (den „Tugenden") der Sakramente bekümmern als mit der Sünde. Wie aber die Ehre und Kraft der Sakramente beschaffen ist, das muss man wissen: Die (den Sakramenten gebührende) Ehre ist, dass ich glaube, es sei wahr und geschehe mir, was die Sakramente bedeuten und alles was Gott darin sagt und anzeigt, so dass man mit Marien, der Mutter Gottes, in festem Glauben spreche: Mir geschehe nach deinen Worten und Zeichen. Denn dieweil da selbst Gott durch den Priester redet und Zeichen gibt, würde man Gott keine größere Unehre in seinem Wort und Werk tun, denn zweifeln, ob es wahr sei und keine größere Ehre tun, denn zu glauben, es sei wahr, und sich darauf zu verlassen" (a.a.O. 686,9–30).

ven Selbstbestimmung des Menschen. Der *Mensch* glaubt, nicht *Gott.* Der Hingabeakt bleibt auch als Glaubensakt ein Akt der Selbstbestimmung: nämlich derjenige Akt, in welchem die Person sich ins Verhältnis zum Ursprungsgeschehen setzt. Freilich weist dieser Akt eine einzigartige Gestalt auf: Er ist der Akt, in dem nichts geschieht als der tatsächliche *Verzicht* auf alle Selbstbestimmung, der *Verzicht* auf alles eigene Wirken durch restlose Überlassung an das auf sein Ziel hinstrebende Wirken des Schöpfers.

Es ist älteste christliche Einsicht, dass dieses Verzichten dem Menschen nicht erstmals in seiner letztgültigen Gestalt, also im Sterben zugemutet wird, sondern dass es auch schon am Ende jedes Tages in der Intention des Einschlafenwollens enthalten ist.[26] So kommt der Glaube als aktiver Verzicht auf eigenes Wirken auch in einem klassischen christlichen Abendgebet zur Sprache:

> „Unser Abendgebet steige auf zu Dir Herr / und es senke sich auf uns herab Dein Erbarmen / Dein ist der Tag und Dein ist die Nacht / Lass im Dunkel uns leuchten das Licht Deiner Wahrheit / Das Werk unserer Hände legen wir nieder / Vollende Du an uns Dein Werk in Ewigkeit."[27]

Dies Abendgebet kann auch zum Sterbegebet werden. Und wenn dieses oder ähnliche Abendgebete nicht mehr gesprochen werden, bleibt auch das in ihnen anerkannte Faktum unwirksam, dass jedes Tagesende in sich selbst Vorzeichen und Hindeutung auf das Lebensende ist; damit aber auch sein Hinweis darauf, dass das Ziel unseres Lebens in personaler Selbstbestimmung das Sterben als definitive und endgültige *dankbar-vertrauende Hingabe* dieses Lebens an seinen Ursprung ist. Ohne Anerkennung dieses Zieles, das dem Leben von Anfang an durch seinen Ursprung gesetzt ist, bewegt sich aus christlicher Sicht kein selbstbestimmtes Personleben in der Wahrheit über sich selbst.

Soviel zur Innenseite des Sterbens als Erreichung des Zieles des Lebens, nämlich die aktive Selbsthingabe an den Ursprung des Lebens.

Diese Innenseite gibt es nicht, ohne geteilt zu sein. Wenn und weil sie geteilt ist, hilft sie auch zur Bewältigung des Sterbens als einer sozialen Aufgabe. Wo aber manifestiert sie sich als gemeinsame und geteilte? Wo bleibt sie als solche über die Generationen hin lebendig? Nirgend sonst als im Gottesdienst, der das Christusgeschehen als das Offenbarwerden von Ursprung und Ziel allen Daseins im Gemeinschafts-, Versöhnungs- und Vollendungswillen des dreieinigen Gottes dankbar feiert und verkündigt.

---

26 Vgl. E. HERMS, Den Seinen gibt's der Herr im Schlaf, in: DERS., In Wahrheit leben, Leipzig 2006, 155–171.
27 Eingang des Abendgebets in der Fassung des EKG für die evangelisch-lutherischen Kirchen Niedersachsens, Ausgabe Oldenburg 1952, 128.

Abschied und Gelassenheit.
Über die Notwendigkeit einer erneuerten Kultur und Kunst des Sterbens*

KARL KARDINAL LEHMANN

1. Zum Wort- und Bedeutungsfeld von Tod und Sterben

Es ist wohl eine eigene Absicht, dass dieser Band mit dem Stichwort „Sterben" überschrieben ist. Auch wenn es dazu viele Veröffentlichungen gibt, so ist für den gesamten menschlichen Zusammenhang dieses Themas das Wort „Tod" viel öfter gebraucht. Dies muss einen Grund haben, den ich zuerst etwas erhellen möchte. Man sieht den Unterschied vielleicht für einen ersten Eindruck rasch, wenn man die zugehörigen Verben miteinander in Beziehung setzt, nämlich „sterben" und „töten".

„Sterben" und „Tod" sind uralte Wörter unserer Sprache. Es ist bezeichnend, wo etymologisch ihre Wurzeln sind. Beide gehen in das 8. und 9. Jahrhundert zurück. „Sterben" hat wohl als Ausgangsbedeutung „starr werden", „erstarren", „hart werden", „absterben", „steif sein". „Tod" ist schwieriger zu bestimmen und in vieler Hinsicht semantisch unklar. Die Wörter gehören aber wohl zu einer Gruppe, die mit „atmen", „leben", „keuchen", „erwürgen" zu tun hat. Im Stillstand des Atmens sieht man ja bis heute ein grundlegendes Zeichen des eintretenden oder auch schon eingetretenen Todes. Die alltägliche menschliche Erfahrung greift also auf naheliegende Beobachtungen zurück, wenn ein Mensch im Tod keine Zeichen von Bewegung, Atmung und Leben mehr gibt.[1]

---

* Eröffnungsvortrag beim Interdisziplinären Symposium „Sterben. Zum Verständnis eines anthropologischen Grundphänomens" am 12. Mai 2011 an der Universität Tübingen.
1 Dazu C. JONES, Die letzte Reise. Eine Kulturgeschichte des Todes, München 1999; N. FISCHER, Geschichte des Todes in der Neuzeit, Erfurt 2001; R. BECK, Der Tod. Ein Lesebuch von den letzten Dingen, München 1995. Vgl. auch die Studien von P. ARIÈS, Geschichte des Todes, München ²1982; DERS., Essais sur l'histoire de la mort en Occi-

„Sterben" betont gewiss mehr den Verlauf und das Schwinden der elementaren Lebensbedingungen. Der Verstorbene steht am Ende. „Tod" ist wesentlich abstrakter, sieht stärker ab von der beteiligten Person und bezeichnet mit dem Ende des menschlichen Lebens mehr ein anthropologisches Grunddatum. Nicht selten wird der Tod in Bezug gesetzt zum Anfang des menschlichen Lebens und besonders zur Geburt. „Sterben" wird nicht selten auch in die Nähe von „Schlafen/Einschlafen" gebracht, freilich ein vieldeutiges Bild.

Wir haben für das Ende des Lebens viele Worte. Wir sagen zum Beispiel, dass ein Tier „verendet", jemand „ablebt". Auch wenn wir „Sterben" gelegentlich für den Tod eines Tieres verwenden, gebrauchen wir dieses Wort doch sehr viel mehr für das *menschliche* Sterben. Hier ist eine Grundeigenschaft des Menschen als Menschen im Blick. Darum bezeichnen wir auch in unserer Sprache die Menschen als die Sterblichen. Aber damit ist wohl auch mehr als nur das Hinscheiden gemeint. Der Mensch unterscheidet sich von anderem Leben dadurch, dass er um den Tod *weiß*. Das Wissen um den Tod macht ihn zum Sterblichen. Sterben ist überdies oft ein lang anhaltender Prozess. Mit „Tod" bezeichnen wir einen endgültigen Zustand. Beim Wort „Sterben" werden wir immer wieder auf den *Übergang* vom Leben zum Tod aufmerksam.

Wenn ich recht sehe, gibt es auch eine gewisse Schwankungsbreite in der Bedeutung des Wortes Sterben. Auf der einen Seite ist es gewiss Ausdruck eines Prozesses, der weitgehend passivisch verläuft. Man beendet sein Leben, man erleidet den Tod. Aber es schwingt wohl auch bei „Sterben" ein wenig der Gedanke mit, dass man sich in allem Erleiden unterschiedlich verhalten kann zum Sterben. Man kann auf die Art des Sterbens nicht nur von außen, sondern auch vom sterbenden Menschen her auf das Geschehen einwirken. Dies geschieht zumeist in der Stille und in der Verborgenheit. Offenbar gibt es wenigstens unter bestimmten Voraussetzungen und Bedingungen eine wenn auch minimale Mitwirkung in der Gestaltung des Sterbeprozesses. In den einzelnen Phasen ist dies gewiss sehr verschieden. Dieses bewegliche Bedeutungsspektrum scheint mir anthropologisch wichtig zu sein und macht das menschliche Sterben offenbar zu einem eigenen und unverwechselbaren Prozess, auch wenn viele biologische Einzelelemente dem Ende des Lebens überhaupt gemeinsam sind. Darum heißt es auch immer wieder: Jeder stirbt seinen eigenen Tod.

Ich habe den Eindruck, dass diese etwas verborgene Besonderheit im Wort Sterben oft unserer üblichen Aufmerksamkeit entgeht. „Tod" verwenden wir viel öfter, vieldeutiger und abstrakter. Ob wir damit aber nicht auch dem spezifisch *menschlichen* Sterben etwas ausweichen? Auch in neueren Lexika verschie-

---

dent du Moyen Age à nos jours, Paris 1975. Vgl. insgesamt K. STIERLE/R. WARNING (Hg.), Das Ende. Figuren einer Denkform (Poetik und Hermeneutik XVI), München 1996; U. BORK, Paradies und Himmel. Eine Reise an die Schwellen des Jenseits, Stuttgart 2004.

dener Wissenschaften, selbst der Philosophie, findet man zwar das Stichwort „Tod", aber Sterben wird nicht eigens behandelt, wohl aber fast immer Sterbehilfe. Damit ist nicht gesagt, dass nicht auch bei „Sterbehilfe" Gewinnbringendes zum Sterben gesagt werden kann. Aber es ist doch verräterisch, dass es sehr oft das anthropologische Grunddatum des Sterbens nicht als eigenes Stichwort gibt. Dabei ergibt sich auch die Gefahr, dass wir bei der heutigen Vorordnung von Aktivität und Selbstbestimmung nur die weitgehend aktive Unterstützung des Sterbens hervorheben im Sinne der Sterbehilfe, der Euthanasie oder auch einer Assistenz beim Selbstmord.[2] Zum Menschen gehört aber auch das Erleiden, wobei es so gut wie keine Wahrnehmung davon gibt, was wirklich in einem Sterbenden vor sich geht. Ähnliches gilt für den Koma-Patienten, der zwar nicht als Sterbender verstanden wird, aber wir wissen zu wenig, was in einem solchen Kranken wirklich vor sich geht.

2. Zum Ringen der klassischen Traditionen im Licht von heute

„Wie möchten Sie sterben?" Diese Frage gehört zum bekannten und berühmten Fragebogen von M. Proust, der von der Frankfurter Allgemeinen Zeitung in den 80er und 90er Jahren des letzten Jahrhunderts wiederbelebt worden ist. 1993 antwortet der bekannte australische Bioethiker P. Singer: „Mit dem Gefühl, dass ich einen Beitrag geleistet habe, die Menge an Schmerz und Leiden in der Welt zu verringern, und dass ich dabei ein erfülltes und befriedigtes Leben gelebt habe."[3] Wer eine solche Grundüberzeugung akzeptiert, die sicher weit gespannt sein kann (ohne deshalb P. Singers bioethische Ansichten zu übernehmen!), der muss sich heute mit vielen anderen Problemen auseinandersetzen, die in jede Antwort hineinwirken. Die demografische Entwicklung, die Ambivalenz der modernen Apparatemedizin, die ethische Spannung zwischen dem medizinisch Möglichen und dem menschlich Sinnvollen, die Frage zum Beispiel einer Lebensverlängerung, das Ringen um einen Sinn von Krankheit, Leid und Tod – dies sind einige Probleme in der heutigen Diskussion zur Würde des menschlichen Lebens an seinem Ende.[4]

---

2   Vgl. dazu M. ZIMMERMANN-ACKLIN. Euthanasie, Freiburg 1997; K. HAMPEL (Hg.), Menschenwürde an den Grenzen des Lebens, München 2007; D. MIETH, Grenzenlose Selbstbestimmung?, Düsseldorf 2008; E. LIST/H. STELZER, Grenzen der Autonomie, Weilerswist 2010.
3   FAZ. Magazin, Nr. 719 (10.12.1993), 44.
4   Vgl. z.B. G. SCHMIED, Sterben und Trauern in der modernen Gesellschaft, München 1985; B. SCHWARZ-BOENNEKE (Hg.), Vom Leben mit dem Tod. Vorstellungen und Einstellungen zur Lebensgrenze (Akademie des Bistums Mainz Materialien, Heft 1),

Man hat immer auch schon danach gesucht, wie man sich auf das Sterben vorbereiten und wie es als Aufgabe gemeistert werden kann. Dabei suchte man auch immer nach einem „idealen" Sterben. Im Blick auf den Zeitpunkt und die Umstände des Todes war dies immer im hohen Maße eine Fiktion. Aber auch diese darf man in ihrem geistigen und spirituellen Gewicht nicht unterschätzen. Jedenfalls wollten die Menschen im Blick auf die Art, wie wir sterben, nicht einfach völlig entmutigt werden und sich von vornherein aufgeben. Wenn auch die Ergebung und das Sichfügen in das Unabänderliche unübersehbar sind, so bedeutet dies doch nicht eine blinde Akzeptanz des Schicksals.[5]

Man kann dies besonders in der viele Jahrhunderte geübten *ars moriendi* sehen. Sie hatte, vorbereitet in der Antike[6] und entfaltet ab dem frühen Mittelalter, die Aufgabe, den Sterbenden auf einen guten Tod vorzubereiten. War es im Anfang eine pastorale Handreichung vor allem für die Priester am Kranken- und Sterbebett, so gab es bald Texte in der Volkssprache und auch für die Laien, um dem Nächsten in der letzten Not hilfreich beistehen zu können. Waren die Hilfen darum anfangs eher monastisch, klerikal und adlig ausgerichtet, so wandelte sich diese Kunst des Sterbens in bürgerlicher Zeit. Sie legte mehr Gewicht auf das Eigenleben des Einzelnen als auf die objektiven Formungen und Bindungen. Dabei darf man den asketisch-spirituellen Zug nicht übersehen: Er liegt in der Erkenntnis der Hinfälligkeit alles Irdischen, von dem sich der Christ befreien und nur insofern Gebrauch machen soll, als es ihm zur Erreichung des ewigen Zieles dient.

> „Die Ungewissheit der Todesstunde ist ein Ansporn zur beständigen Wachsamkeit und Furcht vor der Todsünde. Der Gedanke an den Tod verleiht unserem sittlichen Streben den erforderlichen Ernst und dämpft die Lust zum Bösen. Kurz, diese Todesbetrachtun-

---

Mainz 2009; J. Schwartländer (Hg.), Der Mensch und sein Tod, Göttingen 1976; P. Gehring u.a. (Hg.), Ambivalenzen des Todes. Wirklichkeit des Sterbens und Todestheorien heute, Darmstadt 2007; J. E. Meyer, Todesangst und das Todesbewusstsein der Gegenwart, Berlin 1979; H.-D. Bahr, Den Tod denken, München 2002; M. Quante, Personales Leben und menschlicher Tod, Frankfurt 2002; Ders., Was ist der Tod?, München ²1970; M. Steiner u.a., Tod – Preis des Lebens? (Grenzfragen Bd. 9), Freiburg i.Br. 1980; H.-J. Höhn (Hg.), Welt ohne Tod – Hoffnung oder Schreckensvision?, Göttingen 2004; A. Napiwotzky/J.-C. Student (Hg.), Was braucht der Mensch am Lebensende?, Stuttgart 2007; H. Schreiber, Das gute Ende. Wider die Abschaffung des Todes, Reinbek bei Hamburg 1996; K. Göring-Eckhardt (Hg.), Würdig leben bis zuletzt, Gütersloh 2007; H. Zaborowski, Spielräume der Freiheit, Freiburg i.Br. 2009, 229–242 (Lit.).

5   Zu einer vertieften Reflexion vgl. R. Guardini, Freiheit, Gnade, Schicksal, München 1949; O. Marquard, Abschied vom Prinzipiellen, Stuttgart 1982; M. Theunissen, Schicksal in Antike und Moderne, München 2004; O. Höffe, Lebenskunst und Moral, München 2007, 144 ff., 171 ff., 344 ff.

6   Vgl. dazu D. C. Kurtz/J. Bordman, Thanatos. Tod und Jenseits bei den Griechen (Kulturgeschichte der antiken Welt 23), Mainz 1985.

gen in ihren mannigfaltigen literarischen Erscheinungen sind eigentlich eine ‚Kunst des heilsamen Lebens'."⁷

Daraus entwickelte sich auch in unterschiedlichen Schulen eine große Erbauungsliteratur, vor allem die berühmten Sterbebüchlein des 15. Jahrhunderts. Viele Illustrationen veranschaulichen diese Begleitung. Vielfach findet man folgende Hauptinhalte: Es wird ein Leben in Entsagung und ständiger Todesbereitschaft gepriesen. Daher macht man aufmerksam auf die Versuchungen, die den Sterbenden bedrängen; er soll ja von den Mächten des Bösen vor allem zu Unglauben, Ungeduld und Habsucht verleitet werden. Es gibt ferner ein eigenes Kapitel über die so genannten Befragungen des Sterbenden; seine Antworten kommen ihm als Ausdruck des Glaubens, der Hoffnung und der Liebe zugute. Schließlich sollen kurze „Anrufungen" den Sterbenden unterstützen. Am Schluss beraten die am Sterbebett Versammelten, welche Gebete man für den Toten sprechen soll.⁸ In der Kunst gibt es erhellende Darstellungen, in denen das Ringen zwischen Himmel und Hölle verdeutlicht wird: Unglauben gegen Glaubensstärke; Verzweiflung gegen Hoffnung auf Vergebung; Ungeduld gegen Geduld; Hochmut gegen Demut; Sorge um Irdisches gegen Absage und Verzicht auf Weltliches. Ein Schlussbild zeigt oft die Sterbestunde: Engel empfangen den Verstorbenen, Heilige umstehen das Kreuz, Teufel fliehen.⁹ Es ist verständlich, dass in diesen *artes moriendi* der Tod als das zentrale Geschehen des Lebens dargestellt wird. Darum heißen manche dieser Handreichungen auch „Über die Kunst, gut zu sterben", einige auch „Über die Kunst, gut zu leben und

---

7   R. RUDOLF, Art. „Ars Moriendi I", in: TRE IV, Berlin 1979, 143–149, Zitat: 144; vgl. die Fortsetzungen von R. MOHR, 149–154, G. HEINZ-MOHR, 154–156; vgl. grundsätzlich R. RUDOLF, Ars Moriendi, Köln 1957; A. HÜGLI, Art. „Sterben lernen", in: HWP, Bd. X, Basel 1998, 129–134 (Lit.); DERS., Art. „Tod", in: ebd., 1227–1242 (Lit.); P. ARIÈS (s.o. Anm. 1); A. M. HAAS, Todesbilder im Mittelalter. Fakten und Hinweise in der deutschen Literatur, Darmstadt 1989; A. BORST u.a. (Hg.), Tod im Mittelalter, Konstanzer Bibliothek 20, Konstanz 1993; P. NEHER, Ars Moriendi – Sterbebeistand durch Laien. Eine historisch-pastoraltheologische Analyse, St. Ottilien 1989; R. RUDOLF u.a., Art. „Ars Moriendi", in: LMA I, Stuttgart 1999, 1039–1044. Einige wichtige Texte sind gesammelt von J. LAAGER, Ars Moriendi, Die Kunst, gut zu leben und gut zu sterben. Texte von Cicero bis Luther, Zürich 1996. In allen diesen Publikationen gibt es eine große, weiterführende Bibliografie. Vgl. auch J. CHORON, Der Tod im abendländischen Denken, Stuttgart 1967; G. CONDRAU, Der Mensch und sein Tod. Certa moriendi condicio, Zürich ²1991; H. WAGNER (Hg.), Ars moriendi. Erwägungen zur Kunst des Sterbens, Freiburg i.Br. 1989; P. DINZELBACHER, An der Schwelle zum Jenseits. Sterbevisionen im interkulturellen Vergleich, Freiburg i.Br. 1989.
8   Vgl. W. P. GERRITSEN, Art. „Ars moriendi. B. III. Mittelenglische Literatur", in: LMA I, 1042 f.
9   Vgl. G. PLOTZEK-WEDERHAKE, Art. „Ars moriendi. C. Kunst", in: LMA I, 1043 f. Vgl. dazu auch die „Bilder-Ars" mit bedeutenden Kupferstichen, in: LAAGER (s.o. Anm. 7), 175–229; BORST (s.o. Anm. 7), 221 ff., 313 ff., 335 ff.

gut zu sterben". Man kann daran erkennen, dass es diesen Texten und Bildern auch darum ging, bis zu einem gewissen Grad den Tod im Leben zu erfassen und das Sterben zu gestalten.

Der Tod selbst erscheint oft als eine personifizierte Gestalt: Fährmann, Gespenst, Jäger, Ritter, Reiter, Bogenschütze, Speerwerfer, Knochenmann mit Stundenglas und Sense. Sind diese Bilder noch recht eindeutig, so gibt die Verbindung von Tod und Tanz mehr Rätsel auf. Die Totentanz-Darstellung[10] wird ab dem Spätmittelalter sehr gewichtig. Hier steckt ein tiefer Gegensatz: der Tanz als *die* Äußerungsform des Lebens, des Spiels, der Bewegung sowie der Festlichkeit *und* der Tod, der in Form der spottenden Ironie die Vergänglichkeit des Lebendigen ins Bewusstsein hebt. Der Tod ist der große Gleichmacher, aber er bringt auch die verschiedenen Lebenseinstellungen an den Tag. Es gibt viele Facetten in der Deutung: Der Totentanz ist eine aufrüttelnde Bilderpredigt, aber auch Bild und Symbol für das Ringen des Menschen mit dem Schicksal und dem Ende bis zur Verhöhnung des Todes.[11]

3. Gegenwärtige humanwissenschaftliche Erkenntnisse zum Sterbeprozess

Gewiss darf man die mittelalterlichen und frühneuzeitlichen Texte und Bilder der *ars moriendi* nicht idealisieren und fixieren. Man muss immer auch ihre gesellschaftliche Einbettung im Auge behalten und ihre frömmigkeitsgeschichtliche Konstellation beachten. Darum braucht es keine nähere Darlegung, dass

---

10 Vgl. den sehr informativen Artikel von V. LEPPIN, Art. „Totentanz", in: TRE XXXIII, Berlin 2002, 686–688 (Lit.), bes. 686.

11 Zur Deutung vgl. J. FEST, Der tanzende Tod (mit Zeichnungen von Horst Janssen), Lübeck 1986; CONDRAU (s.o. Anm. 7), 275 ff.; G. GRESHAKE/J. KREMER, Resurrectio mortuorum, Darmstadt, ²1992; G. KAISER, Der tanzende Tod, Frankfurt a.M. ²1989; H. H. JANSEN, Der Tod in Dichtung, Philosophie und Kunst, Darmstadt 1978; F. LINK (Hg.); Tanz und Tod in Kunst und Literatur, Berlin 1993; H. ROSENFELD, Der mittelalterliche Totentanz, Köln 1974; R. DREIER, Der Totentanz – ein Motiv der kirchlichen Kunst als Projektionsfläche für profane Botschaften, Enschede 2010, 1425–1650; W. FREY (Hg.), „Ihr müsst alle nach meiner Pfeife tanzen", Wiesbaden 2000; J. MOLTMANN/T. SUNDERMEIER, Totentänzer – Tanz des Lebens, Frankfurt a.M. 2006; E. SCHUSTER/R. KAST (Hg.), Totentanz – vom Spätmittelalter bis zur Gegenwart, Ulm 2001; R. STÖCKLI, Zeitlos tanzt der Tod. Das Fortleben, Fortschreiben, Fortzeichnen der Totentanztradition im 20. Jahrhundert, Konstanz 1996 (vgl. H. A. P. Grieshabers Totentanz von Basel); S. SUSANNE, Memento Mori, Köln 2011; H. SCHADEWALDT/ H. G. HARTWIG/B. FRÖHLICH, Es ist alles ganz eitel (Prediger Salomo I,2), Neuss 1997. (U. Wiesing, Tübingen, verdanke ich manchen Hinweis, vor allem auf viele hier nicht eigens verzeichnete Arbeiten von H. Schadewaldt, der eine Totentanzsammlung an der Universität Düsseldorf organisierte.)

die historischen *artes moriendi* nicht einfach heute übernommen werden können.[12] Aber vorbildlich bleibt der heilige Ernst, mit welchem die Fragen um das Sterben und das Jenseits des Todes angegangen worden sind. Man darf auch nicht vergessen, dass es schon in der Antike zum Beispiel bei Cicero und Seneca Anstöße für diese Tradition gibt[13] und dass wir eindrucksvolle Zeugnisse haben von Augustinus[14], Gregor dem Großen[15], Bonaventura[16], Anselm von Canterbury[17], Erasmus von Rotterdam[18] und schließlich Martin Luther[19] – alles hervorragende Theologen, die sich nicht zu schade waren, sich mit der *ars moriendi* zu beschäftigen.

Es gab in dieser Perspektive später immer wieder Versuche einer Erneuerung dieser *ars moriendi*. In einer allerdings ziemlich entfernten Beziehung stehen dazu auch Vorschläge zu einer Art von Stufen im Prozess des Sterbens. Ich brauche sie hier, nicht im Detail darzustellen,[20] auch weil die Unterschiede zwischen den Konzeptionen nicht sehr groß sind. Am bekanntesten wurden die Vorschläge von E. Kübler-Ross[21] und von P. Sporken.[22]

Nach Kübler-Ross vollzieht sich der Sterbeprozess in fünf Phasen. Sie lassen sich wie folgt darstellen:

1. *Verneinung und Isolierung:* Nicht-wahr-haben-Wollen des kommenden Todes;
2. *Zorn und Auflehnung gegen das Schicksal:* Dies zeigt sich unter anderem in aggressiven Verhaltensweisen gegenüber der Familie und medizinisch-pflegerischem Personal;
3. *Verhandeln mit dem Schicksal:* Versuche, mit Hilfe von hochspezialisierten Fachärzten, religiösen Gelübden, Heilpraktikern und anderen Mitteln dem drohenden Schicksal zu entrinnen oder dieses hinauszuzögern;

---

12 Vgl. zum Mentalitätswandel insgesamt F.-J. BORMANN/B. IRLENBORN (Hg.), Religiöse Überzeugungen und öffentliche Vernunft (QD 228), Freiburg i.Br. 2008.
13 Vgl. LAAGER (s.o. Anm. 7), 25 ff., 45 ff.
14 Vgl. LAAGER (s.o. Anm. 7), 97 ff.
15 LAAGER (s.o. Anm. 7), 113 ff.
16 LAAGER (s.o. Anm. 7), 125 ff.
17 LAAGER (s.o. Anm. 7), 139 ff.
18 LAAGER (s.o. Anm. 7), 289 ff.
19 LAAGER (s.o. Anm. 7), 405 ff.
20 Vgl. die Nachweise bei CONDRAU (s.o. Anm. 7), 466.
21 Vgl. E. KÜBLER-ROSS, Interviews mit Sterbenden, Stuttgart 1969 u.ö.; DIES., Befreiung aus der Angst, Stuttgart 1983 u.ö.; DIES., Erfülltes Leben – würdiges Sterben, Gütersloh 1993.
22 Vgl. P. SPORKEN, Die Sorge um den kranken Menschen, Düsseldorf 1977; DERS., Hast Du denn bejaht, dass ich sterben muss, Düsseldorf 1981; DERS., Was Sterbende brauchen, Freiburg i.Br. 1982.

4. *Depression*: Traurigkeit – Vereinsamung – großes Bedürfnis nach Kontakt und Nähe eines verständnisvollen Menschen;
5. *Annahme des Todes und Zustimmung*: Bejahung der unabwendbaren Realität.

Sporken meint dazu, der Sterbeprozess werde bei Kübler-Ross zu spät angesetzt, da die Phaseneinteilung bei ihr erst dort beginne, wo der Patient bereits um sein Todesurteil *weiß*. Zumeist jedoch bemerken die Patienten mit infauster Prognose – schon lange bevor ihnen die „Wahrheit" eröffnet wird[23] – am veränderten Verhalten der Umgebung den Ernst der Lage. So sieht Sporken *vor* der Phaseneinteilung von Kübler-Ross vier eigene Etappen auf dem Sterbeweg:

1. *Unwissenheit des Kranken:* Arzt und einige aus der Umgebung wissen Bescheid;
2. *Unsicherheit:* Phase des einerseits/andererseits – stärker werdende Unruhe;
3. *Unbewusste Leugnung:* Unbewusster Widerstand gegen die immer deutlicher werdenden Zeichen, dass die Krankheit keinen guten Verlauf nehmen wird;
4. *Entdeckung und Gespräch:* Die schon vermutete Wahrheit über die Unheilbarkeit der Krankheit rückt näher[24].

Gelegentlich wird auch im Anschluss an Kübler-Ross eine eigene Stufe „*Erfüllung*" verlangt, „gekennzeichnet durch Wiedererlangung von Integrität und Würde".[25]

Gegen diese „Phasentheorie" gibt es manche Einwände. Gewiss fehlt für einige Momente eine grundlegende wissenschaftliche Absicherung. Kübler-Ross hat auch in späteren Publikationen durch die Vermischung mit problematischen Annahmen, wie die Nahtoderlebnisse, ihre ursprüngliche Entdeckung teilweise selbst vernebelt und ihr dadurch geschadet. Dies darf aber nicht verdecken, dass sie weltweit seit Jahrzehnten vielen Menschen die Augen öffnen konnte für das Finden und Gestalten eines menschlichen Sterbeprozesses.

Das Wort „Phasen" ist hier unglücklich gewählt und wurde in der Diskussion falsch fixiert. Es geht zunächst um Anhaltspunkte für das recht verschiedene Verhalten von Menschen vor ihrem Tod. Es ist also nicht an einen chronologischen Ablaufdeterminismus gedacht. Nicht alle Momente des Sterbeprozesses müssen immer und dazu noch in der dargestellten Reihenfolge auftreten.

---

23 Zu diesem Fragenkomplex vgl. E. SCHOCKENHOFF, Zur Lüge verdammt? Politik, Justiz, Kunst, Medien, Medizin, Wissenschaft und die Ethik der Wahrheit, Freiburg i.Br. 2005.
24 Zum Teil wörtlich im Anschluss an CONDRAU (s.o. Anm. 7), 432 f.; vgl. auch J. WITTKOWSKI, Tod und Sterben. Ergebnisse der Thanatopsychologie, Heidelberg 1978, 48 ff.
25 Vgl. CONDRAU (s.o. Anm. 7), 49.

Es ist jedoch eine Hilfe, wenn Sterben durch die Deutung der Phänomene von Feindseligkeit, Neid, Zornausbrüchen, Depressionen und Ergebung als Prozess fassbarer wird. Die Kenntnis dieser „Phasen" kann in diesem Sinne vor allem alle Helfer vorbereiten. Im Übrigen gilt: „Bei alldem ist nie zu vergessen, dass irgendwo in jedem Kranken immer noch eine *Hoffnung* lebt; wenn diese aufgegeben wird, tritt der Tod meist bald ein."[26]

Ein Rückblick auf die klassische *ars moriendi* ist jetzt vielleicht fruchtbarer. Oft weichen wir heute ihren Voraussetzungen aus: Wir leben nämlich in einer begrenzten Zeit. Wir müssen Abschied nehmen vom Mythos einer Fortdauer in einem unendlichen Leben in dieser Zeit.[27] Wir sprechen auch von einer „Verwilderung" von Sterben, Tod und Trauer.[28] Das Subjekt darf dieser seiner Sterblichkeit jedoch nicht ausweichen. Der Mensch darf nicht zum Objekt bloß einer medizinischen Technologie werden. „Diese Forderung unterstützt den Einsatz jener medizinischen Mittel, die es einem Sterbenden erlauben, durch die Linderung physischer Schmerzen eine Persönlichkeit zu bleiben beziehungsweise wieder zu werden."[29] Dies führt zur Notwendigkeit der Palliativmedizin[30], aber auch zur Hospizidee: Es muss eine Sterbebegleitung geschaffen werden, die es dem Sterbenden ermöglicht, in einer kompetenten partnerschaftlichen Kommunikation zu Entscheidungen zu kommen, „die sein Leben im Tod gelingen lassen". Die *ars moriendi* verlangt immer wieder einen solchen *amicus*. Dabei muss der Begleiter eine personale Kompetenz haben, ein echter „Freund" des Kranken sein.[31] Nur unter diesen Voraussetzungen scheint eine neue Kultur und eine neue Kunst des Sterbens heute möglich zu sein.

---

26 CONDRAU (s.o. Anm. 7), 433.
27 Vgl. dazu auch H. JONAS, Vom Sinn des Todes. „Last und Segen der Sterblichkeit", in: D. BÖHLER (Hg.), Leben, Wissenschaft, Verantwortung, Stuttgart 2004, 201–221.
28 Vgl. H. WAGNER (Hg.), Grenzen des Lebens, Frankfurt a.M. 1991, 14 ff.
29 P. NEHER (s.o. Anm. 7), 342.
30 Vgl. meinen Vortrag, Der Mensch in Leid und Schmerz – Bemühungen um eine Leidminderung aus christlicher Sicht. Informationsveranstaltung „Palliative Versorgung im KKM – Neue Wege, Neue Ziele", Vortrag im Katholischen Klinikum Mainz am 25. November 2010 (im Druck).
31 Vgl. NEHER (s.o. Anm. 7), 342 f.; vgl. auch A. SCHMIDT, Jesus der Freund, Würzburg 2011.

4. Der philosophische und besonders phänomenologische Zugang zum Sterben

Wir müssen noch einen Schritt weitergehen. Wie kann man überhaupt vom Tod reden?[32] Hier muss man an die Einreden von Epikur bis Wittgenstein denken: Der Todeszustand eines Menschen liegt außerhalb seines Lebens. „Der Tod ist kein Ereignis des Lebens. Den Tod erlebt man nicht."[33] Danach wäre es dem Individuum nur möglich, über diesen Zustand etwas zu erfahren und zu sagen, wenn es nach dem Tod weiterlebte oder mit Epikurs Worten: „Der Tod geht uns nichts an; denn solange wir existieren, ist der Tod nicht da, und wenn der Tod da ist, existieren wir nicht mehr." Wenn dieses zunächst eindrucksvolle Wort das letzte wäre, dann dürfte man über den Tod nur schweigen. Oder ist es auch etwas sophistisch?

Aber dies ist auf jeden Fall nicht die einzige Erfahrung. Hier gab schon in der theoretischen Reflexion G. Simmel einen wichtigen Hinweis, wenn er schreibt:

> „Den meisten Menschen erscheint so der Tod als eine dunkle Prophezeiung, die über ihrem Leben schwebt, aber doch erst in dem Augenblick ihrer Verwirklichung irgend etwas mit dem Leben zu tun haben wird, wie über dem Leben des Ödipus die, dass er irgendwann einmal seinen Vater erschlagen wird. In Wirklichkeit aber ist der Tod von vornherein und von innen her dem Leben verbunden."[34]

Der Tod wird also grundlegend in die Bestimmung des „Lebens" einbezogen. Gibt es einen eigenen phänomenologischen Zugang zum Tod?[35]

---

32 Vgl. dazu außer der schon genannten Literatur bes. B. N. Schumacher, Der Tod in der Philosophie der Gegenwart, Darmstadt 2004; Ders., Tod, in: H. J. Sandkühler (Hg.), Enzyklopädie Philosophie, Bd. III, Hamburg 2010, 2747–2753 (umfangreiche Bibliografie); Ders., Zur Definition des menschlichen Todes, in: F.-X. Putallaz/B. N. Schumacher (Hg.), Der Mensch und die Person, Darmstadt 2008, 51–61; E. Tugendhat, Über den Tod, Frankfurt 2006; L. Honnefelder, Welche Natur sollen wir schützen?, Berlin 2011, 118 ff., 131 ff.; T. Nagel, Der Blick von nirgendwo, Frankfurt 1992, 359–398; F. Reisinger, Der Tod im marxistischen Denken heute, Mainz 1977; E. Fink, Metaphysik und Tod, Stuttgart 1969; Mieth (s.o. Anm. 2); Zaborowski (s.o. Anm. 4), 229–242; H.-B. Gerl-Falkovitz, Eros, Glück, Tod und andere Versuche im christlichen Denken, Gräfelfing 2001, bes. 183–202; J. Pieper, Tod und Unsterblichkeit, in: Werke, Bd. V, hg. v. B. Wald, Hamburg 1997; Ders., Werke VII, Hamburg 2000, 314–329, 330 ff., 341 ff., 344.; Politische Studien 46 (1995), hier vor allem die Beiträge von R. Schönberger/W. Vossenkuhl/E. Albrecht, Nr. 340 „Würde im Sterben – Sterben in Würde".
33 L. Wittgenstein, Tractatus logico-philosophicus, in: Schriften (I), Frankfurt 1960, 63211, 81; Epikur, Brief an Menoikeus, in: Ders., Von der Überwindung der Furcht, Zürich ³1983, 124 f.
34 G. Simmel, Zur Metaphysik des Todes, in: Ders. (Hg.), Das Individuum und die Freiheit, Berlin 1957, 29–35, hier: 30; der Artikel stammt aus dem Jahr 1910 (Logos I, 57–110) und erschien später umgearbeitet in: G. Simmel, Tod und Unsterblichkeit, in:

Ähnliche Gedanken finden sich schon im Alten Testament, wenn es vom Tod spricht. „Tief in das Leben hinein konnte er (der alttestamentliche Mensch) seine Störung vorschieben, denn auch Krankheit, Gefangenschaft, überhaupt jede schwere Beeinträchtigung des Lebens, war, wie die Klagepsalmen zeigen, schon eine Form des Todes."[36] Man wird freilich nicht übersehen, dass diese Erfahrung tiefer Bedrängnis in die Nähe des Todes führt, aber nicht mit dem Tod selbst identisch ist.

Dabei geht es nicht nur um die Frage, wie der Tod unser Leben und unser Selbstverständnis prägt. Es geht strenger um den Tod *im* Leben. Hier gibt es von Paulus über die Mystik bis zur Philosophie des 20. Jahrhunderts außerordentlich viele Weisen der Gegenwart des Todes im Leben.[37] Dies hängt mit mindestens zwei Veränderungen zusammen. Spätestens seit Hegels Tod (1830) können wir von einem beschleunigten Verfall der Metaphysik reden, sodass die Bewegung des Menschen im Tod kaum mehr auf einen welttranszendenten Bereich hin orientiert ist und „Unsterblichkeit der Seele" immer weniger eine allgemeine Antwort darstellt. Man sieht diesen Wandel besonders intensiv in

---

DERS. (Hg.), Lebensanschauung. Vier metaphysische Kapitel, München 1918, 99–153, ²1922; dazu B. N. SCHUMACHER, Der Tod (s.o. Anm. 32), 177 ff., u.ö.

35 Vgl. G. PÖLTNER, Art. „Tod", in: H. VELTER (Hg.), Wörterbuch der phänomenologischen Begriffe, Hamburg 2004, 540–545.

36 G. V. RAD, Weisheit in Israel, Neukirchen 1970, 386 f.; näherhin: C. BARTH, Die Errettung vom Tode in den individuellen Klage- und Dankliedern des Alten Testaments, Zürich ²1987, 53 ff., für die spätere Zeit vgl. N. LOHFINK, Das Siegeslied am Schilfmeer, Frankfurt 1965, 211 ff.; L. SCHWIENHORST-SCHÖNBERGER, Kohelet, in: HThKAT, Freiburg i.Br. 2004, 439–453 (Lit.).

37 Vgl. P. ARIÈS (Hg.), Bilder zur Geschichte des Todes, München 1984; H.-J. KLIMKEIT (Hg.), Tod und Jenseits im Glauben der Völker, Wiesbaden 1978; J. MANSER, Der Tod des Menschen (Europäische Hochschulschriften, Reihe 23, Bd. 93), Bern 1977; H. EBELING (Hg.), Der Tod in der Moderne, Königstein 1979; W. FUCHS, Todesbilder in der modernen Gesellschaft, Frankfurt 1969; T. H. MACHO, Todesmetaphern, Frankfurt 1987; A. PAUS (Hg.), Grenzerfahrung Tod, Graz 1976, H.-P. HASENFRATZ, Der Tod in der Welt der Religionen, Darmstadt 2009; GEHRING u.a. (s.o. Anm. 4); J. ASSMANN, Der Tod als Thema der Kulturtheorie, Frankfurt a.M. 2000; K. P. LIESSMANN (Hg.), Ruhm, Tod und Unsterblichkeit. Über den Umgang mit der Endlichkeit (Philosophicum Lech 7), Wien 2004; STEINER u.a. (s.o. Anm. 4); RABANUS-MAURUS-AKADEMIE, Stichwort: Tod, Fulda/Limburg/Mainz, Frankfurt 1979; U. H. KÖRTNER, Bedenken, dass wir sterben müssen, München 1996; R. MARTEN, Der menschliche Tod, Paderborn 1987; W. KAMLAH, Meditatio mortis, Stuttgart 1976; theologisch: E. JÜNGEL, Tod, Stuttgart 1971; K. RAHNER, Zur Theologie des Todes, in: QD 2, Freiburg i.Br. 1958 u.ö.

L. Feuerbachs „Todesgedanken".[38] Die Stelle der Unsterblichkeit ist leer geworden. Nun strömt alles auf den Tod zu, der ganz im Bereich der Subjektivität, ja im Gegenzug zu aller Transzendenz geradezu als Reszendenz, ja als perfekte Inversion erscheint.[39] Mit der Aufgabe der Trennung von Leib und Seele im Tod verflüchtigt sich auch die Idee der Unsterblichkeit. Die Antworten mischen sich im Gehäuse der Subjektivität sehr vielfältig und enthalten wissenschaftliche, mythologische und später auch mehr psychologische, ja parapsychologische Elemente. Man löst den Tod in ein vielfältiges, oft widersprüchliches Leben auf. Der Tod wird dadurch geradezu ein gespenstisches Wesen, erscheint sogar als ein Nichts und als Schein. Nicht zufällig erscheint das „Jenseits" nur als Übergang, Schweben, Grenze, ja als Schlaf, alles nur „Todes*bilder*". Das „Ende der Metaphysik" setzt einen sehr pluralen Subjektivismus frei, der nur noch menschliche, individuelle und je eigene Reduktionen kennt.[40] Darum entsteht nun langsam auch eine „Thanatologie": Man kann den Tod nur auf sich selbst hin befragen, eventuell noch bis hin zu Nahtoderlebnissen und ähnlichen Phänomenen.[41]

5. Martin Heideggers existenziale Analytik: Sein zum Tode

In dieser neu orientierten philosophischen Besinnung auf den Tod hat M. Heideggers „Sein zum Tod" eine entscheidende Figur skizziert: die radikale Verinnerlichung des Todes, der ganz auf mich selbst bezogen wird. Das menschliche Dasein läuft nicht innerhalb der objektiven Zeit ab. Der Tod ist für die einzelne Existenz nur wesentlich, wenn man damit begreift, dass das Sterbenmüssen zum menschlichen Dasein unabdingbar dazugehört. Der Mensch wird nur „ganz", wenn er sich von diesem Ende her versteht. Von dieser radikalen Verinnerlichung her wird der Tod als Selbstbezug gedeutet. Zu diesem Ernst hin muss der Mensch stets „vorlaufen" – ein Begriff, der vor allem auf S. Kierkegaards „Krankheit zum Tode" zurückverweist.[42] „Das Vorlaufen in den Tod

---

38 Vgl. B. N. Schumacher, Die philosophische Interpretation der Unsterblichkeit des Menschen, in: H. Kessler (Hg.), Auferstehung der Toten. Ein Hoffnungsentwurf im Blick heutiger Wissenschaftler, Darmstadt 2004, 113–136 (Lit.).
39 Vgl. H. Ebeling, Der Tod in der Moderne, Frankfurt a.M. 1992, 12–14.
40 Vgl. dazu M. Theunissen, Die Gegenwart des Todes im Leben, in: Ders., Negative Theologie der Zeit, Frankfurt 1991, 197–217, bes. 199.
41 Vgl. Condrau (s.o. Anm. 7), 419–425 (Lit.).; Wittkowski (s.o. Anm. 24); P. von Lommel, Endloses Bewusstsein. Neue medizinische Fakten zur Nahtoderfahrung, Mannheim ³2010.
42 Vgl. G. Scherer, Das Problem des Todes in der Philosophie, Darmstadt 1979, 49 ff.; E. Birkenstock, Heißt philosophieren sterben lernen? Antworten der Existenzphilo-

erweist sich als Möglichkeit des Verstehens des *eigensten*, äußersten Seinkönnens, das heißt als Möglichkeit *eigentlicher Existenz.*"[43] Dies geschieht in der Entschlossenheit, die sich aus der Grundstruktur der „Sorge" und im „Gewissen-haben-wollen" ergibt und den Menschen vor sein eigenstes Seinkönnen ruft. Damit wird die Subjektivierung des Todes gleichsam auf die Spitze getrieben. Der Tod wird ganz von seiner Weltbindung gelöst, wird geradezu gewalttätig erschlossen, weil er sich selbst auch das eigentliche Seinkönnen ermöglicht.[44] Hier erscheint der Tod als radikale Immanenz. Das vorlaufende Dasein erhält die Züge einer geradezu idealistischen, absoluten Subjektivität. Ich habe an anderer Stelle diese Analysen ausgeführt und darin eine „fundamentale Aporie" für den Versuch einer Fundamentalontologie erblickt.[45] Es geht um das Verhältnis von Ganzheit, Ganzseinkönnen und Ganzsein des Daseins.[46]

Da Heidegger die ontologische und die ontische, die empirische und die existenziale Betrachtung des Todes radikal voneinander abhob, war bald klar, dass es schon durch diese prinzipielle Trennung zu erheblichen Einwänden kommen musste, auch wenn diese Heideggers Intention zugleich gründlich verkennen.

So erhob J. P. Sartre Bedenken. Der Tod kann nach ihm in keiner Weise vom Menschen in Besitz genommen werden. Der Tod nämlich ist die totale Vernichtung der Subjektivität. Er steht außerhalb der eigenen Möglichkeiten. Er ist ein reines Faktum von außen.[47] Der Tod ist von Grund auf keine eigenste Möglichkeit des Daseins.

In der Perspektive Heideggers ist es konsequent, dass für ihn die Erfahrbarkeit des Todes der Anderen das wahre Phänomen des Todes überhaupt nicht

---

sophie: Kierkegaard, Heidegger, Sartre, Rosenzweig, Freiburg 1997; dazu auch H. EBELING, Selbsterhaltung und Selbstbewusstsein. Zur Analytik von Freiheit und Tod, Freiburg i.Br. 1979; DERS., Neue Reden an die Deutsche Nation? Vom Warencharakter des Todes, Freiburg i.Br. 1994.

43 M. HEIDEGGER, Sein und Zeit, Gesamtausgabe I, 2, Frankfurt 1977, 349, hier: 263; dazu T. RENTSCH, Martin Heidegger – Das Sein und der Tod, München 1989; in: D. THOMÄ (Hg.), Heidegger-Handbuch, Stuttgart 2003, 51–80, bes. 65 ff. (Lit.).
44 Vgl. z.B. HEIDEGGER (s.o. Anm. 43), 264, 268, 271.
45 Vgl. K. LEHMANN, Vom Ursprung und Sinn der Seinsfrage im Denken Martin Heideggers, Diss. phil. 1962, Bd. I, Mainz ²2003, 451–457; ich verzichte auf die Anführung der unüberschaubaren Literatur zu diesem Thema, vgl. insgesamt: THOMÄ (s.o. Anm. 43), Register: Tod; W. SCHULZ, Subjektivität im nachmetaphysischen Zeitalter, Pfullingen 1992, 125–174; THEUNISSEN, Die Gegenwart des Todes im Leben (s.o. Anm. 40), 197–218, bes. 208 ff.; H. EBELING, Freiheit, Gleichheit, Sterblichkeit. Philosophie nach Heidegger, Stuttgart 1982, 76 ff., 149 ff.
46 Dazu LEHMANN, (s.o. Anm. 45), 396–427.
47 Vgl. J. P. SARTRE, Das Sein und das Nichts, Hamburg 1962, 670 ff.

erreichen kann.⁴⁸ Heidegger sieht schon im Blick auf den Tod der Anderen „eine völlige Verkennung der Seinsart des Daseins".⁴⁹ Es bleibt dabei: „Das Sterben muss jedes Dasein jeweilig selbst auf sich nehmen."⁵⁰ Hier gibt es keine Vertretung, sondern nur eine „Gemeinsamkeit" im Sinne einer existenzialen, ontologischen Betrachtung.⁵¹

Das zeitgenössische Denken blieb jedoch von der Fragestellung bestimmt, ob der Tod von außen kommt oder einem selbst zugehört. Wir haben schon Simmel angeführt. M. Scheler wäre noch zu erwähnen.⁵² Scheler, Heidegger und Sartre beachten überhaupt nicht die Bedeutung, die der Tod des Anderen für uns hat. Dies ist zweifellos eine Verengung des Blicks.

K. Jaspers hat den Tod des Nächsten überzeugend dargelegt: Sein Abschied ist der tiefste Einschnitt, aber der wahrhaft geliebte Mensch, der durch den Tod zerstört wird, bleibt doch Gegenwart.⁵³

6. Der Tod eines geliebten Menschen

Hier kommt nun eine ganz andere Akzentuierung mit ins Spiel: Es geht nicht um die Erfahrung des Todes eines beliebigen anderen Menschen, sondern um die eigentümliche Anwesenheit eines durch den Tod verlorenen, abwesenden, jedoch geliebten und nahestehenden Menschen. Es war P. L. Landsberg (1901–1944), Freund und Schüler Schelers, der in seinem Buch „Die Erfahrung des Todes"⁵⁴ diesen Gedanken ausführlicher entfaltete.⁵⁵ Diese Idee hat nachweislich E. Lévinas und P. Ricoeur⁵⁶ tief beeindruckt. Ähnliche Grundgedanken fin-

---

48 Vgl. Heidegger, Sein (s.o. Anm. 43), 237 ff.
49 Heidegger, Sein (s.o. Anm. 43), 239.
50 Heidegger, Sein (s.o. Anm. 43), 240.
51 Heidegger, Sein (s.o. Anm. 43), ebd.
52 Vgl. Schulz (s.o. Anm. 45), 157 u.ö., vgl. M. Scheler, Gesammelte Werke III u. X, Bern/Bonn 1957.
53 Vgl. K. Jaspers, Philosophie, Bd. 2, Berlin 1932, 221 f.; R. Schulz u.a. (Hg.), „Wahrheit ist, was uns verbindet." Karl Jaspers' Kunst zu Philosophieren, Göttingen 2009, 131–209.
54 M. Scheler, Die Erfahrung des Todes, Luzern 1937, französisch bereits 1935 (später Paris 1951 und 1993) in der Zeitschrift „Esprit". Vgl. dazu M. Nicoletti u.a. (Hg.), Da che parte dobbiamo stare. Il personalismo di Paul Ludwig Landsberg, Soveria Mannelli 2007, 289 ff., 329 ff., 363 ff. Leider fehlt bis heute eine größere Darstellung in deutscher Sprache. Vgl. auch D. v. Hildebrand, Über den Tod, St. Ottilien 1980.
55 Vgl. auch Ders., Einführung in die Philosophische Anthropologie, Frankfurt 1934.
56 Vgl. P. Ricoeur, Lebendig bis in den Tod, Fragmente aus dem Nachlass, Hamburg 2011, 40 f.; dazu A. Chucholowski, Lebendig bis in den Tod, Fragmente aus dem Nachlass, Hamburg 2011; vgl. auch eine Rezension Ricoeurs aus dem Jahr 1951 in: Esprit, vgl. jetzt in: Lectures 3, Aux frontières de la philosophie, Paris 1994.

den sich bei F. Wiplinger,⁵⁷ der mehr beeinflusst ist, als seine Kritik an Landsberg vermuten lässt.

Am meisten ist dieser Grundgedanke bei Lévinas auf schöpferischen Boden gefallen, der sich gerade im Blick auf unser Thema immer wieder mit Heidegger auseinandersetzte.⁵⁸ Der Grundgedanke, dass das Verhältnis des Lebens zum Tod des Anderen bei der Frage der Erfahrbarkeit des Todes eine zentrale Rolle spielt, ist auch sonst in der neueren Reflexion immer wieder präsent.⁵⁹ Das Denken von Lévinas über den Tod erhält immer schärfere Konturen durch die Auseinandersetzungen mit Heidegger. Diese werden vom ersten umfassenden Werk „Totalität und Unendlichkeit" (1961/1987) bis zu den letzten Vorlesungen „Gott, der Tod und die Zeit"⁶⁰ aus den Jahren 1975/76 in immer wieder erneuten Anläufen unternommen. Indem *der* Tod bei Heidegger mit *meinem* Tod identifiziert wird, sei schon ein falscher Ansatz gegeben: Der andere Mensch sei bereits am Anfang dieses Denkens vergessen und habe kein „Antlitz".⁶¹ Heidegger ist nicht am Menschen, sondern am Sein interessiert. Es

---

57 F. Wiplinger, Der personal verstandene Tod, Freiburg i.Br. 1970, 31 ff., 95 ff.; Ders., Metaphysik, Freiburg i.Br. 1976.

58 Vgl. W. Stegmaier, Heidegger und Emmanuel Lévinas, in: Thomä (s.o. Anm. 43), 417–424.

59 Vgl. dazu Jüngel (s.o. Anm. 37), 43 ff.; W. Weymann-Weyhe, Leben in der Vergänglichkeit. Über die Sinnfrage, die Erfahrung des Anderen und den Tod, Düsseldorf 1991, 9 ff., 102 ff., 137 ff., 158 ff. (vgl. auch hier die Anstöße von Lévinas: 99 ff., 138 ff., 147 ff., 162 ff.).

60 E. Lévinas, Totalität und Unendlichkeit, Freiburg i.Br. 1961/1987; Ders., Gott, der Tod und die Zeit, Wien 1996.

61 Zu diesem Schlüsselbegriff im Denken von Lévinas vgl. außer den Hauptwerken „Totalität und Unendlichkeit": Lévinas, Jenseits des Seins oder anders als Sein geschieht, Freiburg i.Br. 1992; Ders., Wenn Gott ins Denken einfällt, Freiburg i.Br. ³1999, 277, vgl. 229–265, Ders., Zwischen uns, München 1995; besonders: Ders., Humanismus des anderen Menschen, Hamburg 2005; Ders., Die Zeit und der Andere, Hamburg 2003; Ders., Ausweg aus dem Sein, Hamburg 2005; Ders., Gott (s.o. Anm. 60); dazu die von P. Fabre und dem Institut der Lévinas-Studien 2005 hg. umfangreiche Bibliografie von Emmanuel Lévinas (1929–2005); E. Lévinas, La mort e le temps, Paris 1991. Zur Interpretation vgl. die verschiedenen Nachworte von L. Wenzler in den eben zitierten Bänden der Philosophischen Bibliothek des Meiner-Verlages Hamburg; P. Delhom, Der Dritte. Lévinas' Philosophie zwischen Verantwortung und Gerechtigkeit, München 2000; T. Freyer (Hg.), Der Leib, Ostfildern 2009; J. Sirovátka, Der Leib im Denken von Emmanuel Lévinas, Freiburg i.Br. 2006; B. Casper, Angesichts des Anderen, Paderborn 2009. Neben der uferlos gewordenen Literatur nenne ich nur noch J. Derrida, Adieu. Nachruf auf Emmanuel Lévinas, München 1999; W. Stegmaier, Lévinas, Freiburg i.Br. 2002. Zur weiteren Einordnung vgl. auch B. N. Schumacher (s.o. Anm. 32), 113 ff. u.ö.; K. Huizing, Das Sein und der Andere, Bonn 1988; G. Schwind, Das Andere und das Unbedingte, Regensburg 2000, 229 ff., 256 ff., 259 ff., 278 ff.; E. Weber, Verfolgung und Trauma, Wien 1990, 127 ff., 174 ff., 190 ff., 215 ff.; J. Wohlmuth (Hg.), Emmanuel Lévinas, Paderborn 1998, 231 ff.

sei falsch anzunehmen, dass der Mensch auch und gerade angesichts des Todes Herr seiner Möglichkeiten bleibe. Der Tod bedeute gerade die Entmächtigung, das Nicht-mehr-Können des Subjekts. „Was entscheidend ist im Namen des Todes, ist dies, dass wir von einem bestimmten Moment an *nicht mehr können können*: genau darin verliert das Subjekt seine eigentliche Herrschaft als Subjekt."[62] Das Mitsein sei bei Heidegger auf eine „neutrale Intersubjektivität" eingeschränkt. Die Eigentlichkeit des Ganzseinkönnens bleibe bei Heidegger bedenklich abstrakt. Die Gleichgültigkeit des Blickes irritiere. Dadurch entstehe auch ein sehr pessimistisches Bild des menschlichen Daseins.

In anderer Weise ist für Lévinas der Tod eine Schlüsselerfahrung. Aber es ist nicht der eigene Tod, sondern der Tod des Anderen: „Nicht die Angst vor dem Tod, der mich erwartet, sondern mein Empfangen des Anderen macht den Bezug zum Tod aus. – Wir begegnen dem Tod im Angesicht des Anderen."[63] Ethisch kann man niemals neutral über einen Anderen und mit ihm sprechen. Dem Tod kann man am Ende nur durch Güte entkommen, nämlich durch ein Leben für den Anderen, dessen Tod mehr gefürchtet wird als der eigene. Nach Lévinas kann man dem Tod nur entkommen, wenn man die Sorge um das eigene Leben ablegt und den Egoismus abstreift. Dadurch kann der Mensch „*seine* Zeit zum Tode – zur *Zeit des Anderen* machen".[64] Der Andere zählt mehr als ich selbst. „Der einzige Weg der eigenen Sterblichkeit zu ‚entkommen', wird alleine in einer Existenz für den Anderen gesehen. Dieses Leben der Güte gegenüber den Anderen ist die einzige Art des Lebens, das einen Sinn enthält, der unzerstörbar ist, dem der eigene Tod nichts anhaben kann."[65] Dies hat zur Konsequenz, dass wir einen phänomenologischen Zugang zum Tod lediglich durch den Umweg über den Anderen finden. Daraus geht dann die Aufforderung hervor, in einer grundlegenden ethischen Haltung dem sterbenden Dasein in menschlicher Nähe beizustehen. Dies fordert mich mehr als das eigene Zugehen auf den Tod.

> „Der Andere individualisiert mich durch die Verantwortung, die ich für ihn habe. Der Tod des Anderen, der stirbt, betrifft mich in meiner Identität selbst als verantwortliches Ich – eine Identität, die [...] aus unsagbarer Verantwortung erwächst. Mein Betroffensein durch den Tod des Anderen macht gerade meine Beziehung zu seinem Tod aus. In meiner Beziehung, meinem Mich-Beugen vor jemandem, der nicht mehr antwortet, ist diese Affektion bereits Schuld – Schuld des Überlebenden."[66]

---

62 Lévinas, Zeit (s.o. Anm. 61), 47.
63 Lévinas, Gott (s.o. Anm. 60), 116.
64 L. Wenzler, Zeit als Nähe des Abwesenden, in: Lévinas, Zeit (s.o. Anm. 61), 73 f.
65 Sirovátka, (s.o. Anm. 61), 115.
66 Lévinas, Gott (s.o. Anm. 60), 22.

Hier liegt die Identität der Güte, der tiefste Sinn und das Wesen der menschlichen Subjektivität.[67]

In einer solchen Situation spielt nicht mehr die Intentionalität des Menschen, sein „Vorlaufen" eine Rolle. „Der Tod ist nicht Vernichtung, sondern notwendige Frage, damit diese Beziehung zum Unendlichen oder die Zeit entsteht."[68] Dies zeigt natürlich auch, dass sich dieses Verhältnis zum Tod nicht einfach aus der Kraft eines menschlichen Bemühens ergibt (*conatus* nennt dies Lévinas). Vielleicht darf man an dieser Stelle aus dem Nachruf von J. Derrida beim Abschied von Lévinas am 27. Dezember 1995 ein Wort anführen, das Derrida uns aus einem Gespräch mit dem Freund mitteilt:

> „Jawohl, Ethik, noch vor Ontologie, Staat oder Politik und jenseits ihrer, Ethik aber auch jenseits der Ethik. Eines Tages in der Rue Michel-Ange im Laufe eines jener Gespräche, deren Andenken mir so teuer ist, im Laufe eines jener von den Lichtblitzen seines Denkens, seiner Güte, seinem Lächeln erleuchteten Gespräche, sagte er zu mir: ‚Wissen Sie, man spricht oft von Ethik, wenn man beschreiben will, was ich mache, doch was mich letzten Endes interessiert, ist nicht Ethik, nicht Ethik allein, es ist das Heilige, die Heiligkeit des Heiligen.'"[69]

Dies könnte nur vertiefend gedeutet werden, wenn man auf die Beziehung von Lévinas zum jüdischen Glauben zurückkommt. In Kurzform: „Der Tod macht für das Angesicht des Anderen empfänglich, Ausdruck des Gebotes: ‚Du wirst nicht töten'."[70]

Dies sind nur einige wenige Hinweise auf die Antwort, die Lévinas zur Frage nach dem Verständnis des Todes gibt. Deutlich ist, wie schwierig, aber auch wie tief dieser Gedanke ist. Dies wird ganz besonders offenbar, wenn man an das lebenslange Gespräch von Lévinas mit Heidegger denkt.

> „Mehr und mehr machte Lévinas die jüdische Tradition der Auslegung der hebräischen Bibel, der Torah, für ein auch gegenüber Heidegger anderes Denken fruchtbar. Noch seine letzten Vorlesungen in den Jahren 1975/76 waren der Auseinandersetzung mit Heidegger gewidmet [...] Seine Heidegger-Kritik hat sich seit den späten 80er Jahren des 20. Jahrhunderts als die einschneidendste, annehmbarste und wirkungsvollste erwiesen. Sein Denken steht heute ebenbürtig neben dem Heideggers."[71]

Wir haben dieses Denken, das manchmal mystische Höhen und Tiefen erreicht, gewiss noch zu wenig für ein Denken über den Tod zur Kenntnis und zu Eigen genommen. Aber vielleicht lässt sich darauf auch eine letzte Besinnung im Blick auf den Tod aufbauen.

---

67 Zur Vertiefung vgl. Casper (s.o. Anm. 61), 85 ff., 133 ff., 152 ff.
68 Lévinas, Gott (s.o. Anm. 60), 28 f.
69 Derrida (s.o. Anm. 61), 12.
70 Lévinas, Gott (s.o. Anm. 60), 117.
71 Stegmaier (s.o. Anm. 58), 418; Ders. (s.o. Anm. 61), 131 ff., 178 ff., 202 ff.; Weber (s.o. Anm. 61), 174 ff., 215 ff.; N. Fischer/J. Sirovátka (Hg.), „Für das Unsichtbare sterben." Zum 100. Geburtstag von Emmanuel Lévinas, Paderborn 2006.

7. Abschiedlichkeit und Loslassen: Tod im Leben

Ich möchte zur tieferen Kennzeichnung vor allem des Sterbens zwei grundlegende Bestimmungen näher erläutern. Dabei gehe ich nach den bisherigen Überlegungen davon aus, dass wir dem Sterben – jedenfalls in einem gewissen Unterschied zum Tod – näher kommen, wenn wir weder von außen allein noch bloß von innen her an es herantreten. Dies hängt auch damit zusammen, dass wir die Einsicht gewonnen haben, dass wir das Sterben weder vom Weltbezug des Menschen noch von seiner eigenen existenziellen Teilnahme trennen dürfen. Ähnliches gilt auch für die aktive und für die passive Dimension des Sterbens. Wir können uns gerade im Blick auf das Wann und Wo den Tod nicht aussuchen. Wenn es aber um menschliches Sterben geht, dann dürfen wir auch die Beteiligung des Menschen nicht schlechthin übergehen. Dies hat zur Konsequenz, dass das Sterben bei aller Fremdbestimmung auch eingeübt werden kann und gelernt werden muss. Dabei kann es immer nur um eine Vorwegnahme des Todes im Leben gehen.

Diese Grundhaltungen sehe ich im Abschied und in der Gelassenheit. Ich bin überzeugt, dass man damit im Sinne des bisher Dargestellten viele Elemente der klassischen Todesauffassung mit heutigen anthropologischen und philosophischen Erkenntnissen vermitteln kann. Auf diesem Fundament ist dann auch eine erneuerte Kultur und Kunst des Sterbens möglich. Eine Konsequenz dieser Überlegungen erstreckt sich auch auf die Sterbebegleitung und die Trauer, einschließlich der Trauerwege und der Begleitung der Hinterbliebenen. Dazu gehört auch der Trost über den Verlust eines nahen Menschen. Doch davon soll nur noch gegen Ende kurz die Rede sein.

Der Tod wird oft als Abschied, das Sterben als ein Abschiednehmen verstanden. Unser Wort Abschied bedeutet „Weggehen". Deswegen sind die Toten die Abgeschiedenen. Die Einübung ins Sterben wird nun oft als Vorwegnahme eines endgültigen Abschieds begriffen. Viele Menschen sehen dies zum Beispiel schon in einer großen Einsamkeit vorweg genommen. In der Tat gibt es eine Einsamkeit des Sterbenden, die nahe an den Tod heranreicht.[72] Aber auch in großer Einsamkeit fühlen wir uns doch immer wieder zurückgeworfen auf uns selbst. Im Tod nehmen wir auch Abschied von uns selbst. In diesem Sinne hat die Einsamkeit etwas zu tun mit dem Abschied.

> „Abgeschiedenheit hat mit Distanz zu tun. Das Phänomen der Distanz erfüllt alle drei Bedingungen, denen die Vorwegnahme des letzten Abschieds genügen müsste: Distanz ist erstens auch eine zu sich selbst, nicht nur zu anderen und anderem, zweitens lernbar, und zwar, drittens, als Dauerhaltung. Allerdings wird man zugestehen müssten, dass Distanz als solche, für sich und als bestimmtes Phänomen genommen, uns keines-

---

72 Vgl. dazu N. ELIAS, Über die Einsamkeit der Sterbenden, Frankfurt 1982.

wegs berechtigt, sie in irgendeinen Zusammenhang mit dem Tod zu bringen. Wie aber, wenn sie gar kein Einzelphänomen wäre, nicht bloß etwas, das es in unserem Leben gibt, sondern unser Lebens selbst? Wäre dann nicht das Leben selber für uns Menschen eine einzige Vorwegnahme des Todes?"[73]

Dabei kann man schon beim Verständnis des Begriffs Leben einsetzen, denn dieses „Leben" ist von Grund auf das Überschreiten seiner selbst. Leben transzendiert sich und wandelt sich darum auch immer.

> „Unser Leben übersteigt sich, indem wir uns ständig von der Welt und uns selbst abscheiden. Oder in der Sprache Sartres: Die menschliche Realität ist nichts als die unaufhörliche Bewegung des Sich-Losreißens von der Welt und von sich selbst. Obwohl sie objektiv darin besteht, mögen wir es nun wollen oder nicht, müssen wir sie je aufs neue herstellen. Denn das genuin menschliche Leben finden wir nicht vor. Menschlich leben muss gelernt sein. Und wir lernen es nur so, dass wir den Abschied einüben [...] Sterben lernen heißt leben lernen."[74]

Es ist nicht zu übersehen, dass das klassische, metaphysische Distanznehmen von der Welt und der Verstrickung in sie, wie wir es auch bei der *ars moriendi* gesehen haben, eigentümlich übereinstimmt mit dieser Auffassung, dass das menschliche Leben, ohne sofort auf die Unsterblichkeit der Seele zurückzukommen, von Grund auf abschiedlich ist.[75]

Ein solcher Gedanke kann in mannigfacher Weise abgewandelt werden. Eine eindrucksvolle Form findet sich in den späteren Schriften von W. Weischedel (1905–1975), der besonders in seinem Buch „Skeptische Ethik"[76] in dieser Abschiedlichkeit eine wesentliche menschliche Grundhaltung sieht. Gerade der Skeptiker kann sich nicht an die vorfindliche Wirklichkeit, die ihn umgibt und die er auch selber ist, hängen. „Wer abschiedlich existiert, der nimmt ständig von dem Abschied, worin er sich aufhält, von der Situation, in der er fraglos der Welt und sich selber verhaftet ist."[77] Hier kommt nicht nur die radikale Fraglichkeit des Menschen in seinen Wünschen und in seinen ehrgeizigen Plänen zum Ausdruck. „Freisein bedeutet in diesem Zusammenhang soviel wie unabhängig sein, weder an der Welt noch an sich selber hängen [...] (Aber) er wird sein Herz und seine Vernunft nicht endgültig an das hängen, woran er sich bindet."[78]

---

73 THEUNISSEN, Die Gegenwart des Todes im Leben (s.o. Anm. 40), 213; vgl. S. SCHARF, Zerbrochene Zeit – Gelebte Gegenwart. Im Diskurs mit Michael Theunissen, Regensburg 2005, 199 ff., 204 ff., 226 ff.
74 SCHAF (s.o. Anm. 73), 214.
75 Vgl. dazu immer noch SIMMEL, Tod (s.o. Anm. 34), vgl. das dritte Kapitel „Tod und Unsterblichkeit" sowie das erste Kapitel „Transzendenz des Lebens", jetzt: Gesamtausgabe 16, 212–235.
76 W. WEISCHEDEL, Skeptische Ethik, Frankfurt 1976, 194 ff.
77 WEISCHEDEL, Skeptische Ethik (s.o. Anm. 76), 194.
78 WEISCHEDEL, Skeptische Ethik (s.o. Anm. 76), 195 f.

Am stärksten wird diese Vergänglichkeit offenbar im Tod. Davon wollen wir im Alltag nicht viel wissen. Dennoch ragt der Tod in jedem Augenblick in das Leben hinein.

> „In jedem Verschwinden der Zeit, in jedem Älterwerden ist er gegenwärtig. Dem sieht der Skeptiker unerschrocken ins Auge. Abschiedlich ist er für den immer anwesenden Tod offen. Er begreift jeden Augenblick auf dem Weg zum Sterben. Von daher erscheint ihm alles Gegenwärtige als jetzt schon nichtig; es legt sich für ihn ein Schleier über die Wirklichkeit. Damit gewinnt er eine wesentliche Anweisung für sein Leben. Er weiß sich vor die große Aufgabe gestellt, mit dem Tod einig zu werden, schon im Leben das Sterben zu lernen."[79]

Damit hängt in der konkreten Lebensführung des Menschen in allem, was er tut, auch die Grundstimmung einer heimlichen Trauer und einer stillen Melancholie zusammen, aber auch eine schwebende Zufriedenheit in der Freude.[80] Von hier aus kann Weischedel durchaus auch auf den Gedanken Gottes kommen.[81]

Spätestens an dieser Stelle verbindet sich der Gedanke der Abschiedlichkeit des menschlichen Lebens mit einer anderen Grundhaltung, die eng verbunden und benachbart ist, nämlich dem Loslassen und der Gelassenheit.[82] Dabei darf dieses Loslassen nicht einfach negativ aufgefasst werden. Es darf auch nicht nur als Form der Resignation verstanden werden. Gewiss wird man hier an die paulinische Aussageweise Als-ob (vgl. 1 Kor 4,7; 9,20 f.; 1 Kor 6,12 ff.; 7; 2 Kor 11,21; Röm 13,1 ff.) erinnert, dass man in der Welt lebt und handelt, aber eben in der Weise des „Habens, als hätte man nicht".[83] Gewiss gibt es hier verschiedene Ausdrucksformen, die zum Beispiel von der Müdigkeit des Erfolgstrebens über die Gleichgültigkeit bis zum Verzicht auf Widerstand führen.

Aber hinter dieser Haltung steht letztlich doch ein neues Verhältnis zu den Dingen und auch zu sich selbst. Es ist ein „Loslassen" all dessen, was den Men-

---

79 WEISCHEDEL (s.o. Anm. 76), 196.
80 Außer bei Weischedel findet sich dieser Grundgedanke auch bei: W. KAMLAH, Die Wurzeln der neuzeitlichen Wissenschaft und Profanität, Wuppertal 1948; DERS., Der Mensch in der Profanität, Stuttgart 1949; DERS., Der Ruf des Steuermanns, Stuttgart 1954; DERS., Meditatio mortis. Kann man den Tod „verstehen" und gibt es ein „Recht auf den eigenen Tod"?, Stuttgart 1976; DERS., Philosophische Anthropologie, Zürich 1972. Zur Sache vgl. auch K. LEHMANN, Von der besonderen Kunst glücklich zu sein, Freiburg i.Br. 2006, 11 ff., 41 ff.
81 Vgl. W. WEISCHEDEL, Die Frage nach Gott im skeptischen Denken, Berlin 1976; H. GOLLWITZER/W. WEISCHEDEL, Denken und Glauben, Stuttgart 1965; vgl. die Selbstdarstellung Weischedels in: L. J. PONGARTZ (Hg.), Philosophie in Selbstdarstellungen, Bd. II, Hamburg 1975, 316–341.
82 Vgl. die Ausführungen bei SCHULZ (s.o. Anm. 45), 165 f.
83 Vgl. dazu W. WOLBERT, Ethische Argumentation und Paränese in 1 Kor 7, Düsseldorf 1981; G. BORNKAMM, Paulus, Stuttgart [7]1993, 212 ff.; D. ZELLER, Der erste Brief an die Korinther, Göttingen 2010, vor allem zu 7,1–40: 234–278 (Lit.).

schen bindet und worauf er fixiert ist. So wird der Mensch durch dieses Loslassen befreit von der Verstrickung in die irdischen Realitäten. Dies hat nichts zu tun mit Fatalismus und Passivität. Es geht durchaus um die Haltung einer inneren Stabilität, ja geradezu Unanfechtbarkeit. Dies darf nicht einfach verwechselt werden mit einem stoischen Ideal der Unerschütterlichkeit. Man kann diesen Sinn der Gelassenheit vor allem verstehen als eine neue Verhältnisbestimmung des Menschen zu den Dingen dieser Welt, wie sie hauptsächlich in der Mystik ausgeprägt worden ist. Das deutsche Wort Gelassenheit geht ja auf Meister Eckhart zurück und findet sich auch sonst in der deutschen Mystik zum Beispiel H. Seuses und J. Taulers.[84] Diese Tradition findet sich auch noch in anderen spirituellen Überlieferungen, zum Beispiel in der recht verstandenen „Indifferenz" des Ignatius v. Loyola, was letztlich Konformität mit dem Willen Gottes und ein Leer-Werden von falschen Bestrebungen bedeutet.[85] Es geht um die Loslösung von allen Kreaturen. Damit sind Besitz, Macht, Prestige und alle äußeren Güter, aber auch die Preisgabe des menschlichen Eigenwillens gemeint. Es ist gut getroffen, wenn Heidegger im Zusammenhang einer solchen Wiederaufnahme des alten Wortes Gelassenheit[86] und des damit zusammenhängenden Wortes „Verzicht" seine Einsichten so zusammenfasst. „Der Verzicht nimmt nicht. Der Verzicht gibt."[87] Aber dies gilt nicht nur für das Verhältnis

---

84 MEISTER ECKHART, Deutsche Werke, Band 5, Stuttgart 1963; DERS., Deutsche Predigten und Traktate, hg. v. J. QUINT, München ⁵1978; H. SEUSE, Deutsche Schriften, Frankfurt ²1961; J. TAULER, Predigten, Einsiedeln ²1980; vgl. dazu auch R. MOSIS, Der Mensch und die Dinge nach Johannes vom Kreuz, Würzburg 1964; J. VALENTIN, Vom Ruhen der Dinge. Gelassenheit bei Martin Heidegger und Meister Eckhart, in: T. PRÖPPER u.a. (Hg.), Mystik – Herausforderung und Inspiration, Ostfildern 2008, 315–324; A. M. HAAS, Meister Eckhart als normative Gestalt geistlichen Lebens, Freiburg ²1995, 35–54 (Lit.); hier besonders zur Abgeschiedenheit: 44 ff.; K. FLASCH, Meister Eckhart, München 2010; D. SÖLLE, Mystik des Todes, Stuttgart 2003, 93 ff. (Abschiednehmen). Zur heutigen Interpretation vgl. auch O. HÖFFE, Moral als Preis der Moderne, Frankfurt ⁴2000, Kap. 10; DERS., Medizin ohne Ethik, Frankfurt ²2003, Kap. 4; DERS., Lebenskunst und Moral (s.o. Anm. 5), 144 ff., 171 ff., 344 ff. Vgl. auch S. ZEKORN, Gelassenheit und Einkehr (zu J. Tauler), Würzburg 1993.
85 Vgl. zur ignatianischen Indifferenz: HAAS (s.o. Anm. 84), 41–48. Vgl. IGNATIUS V. LOYOLA, Die Exerzitien, Einsiedeln ¹²1993, Nr. 23 (Prinzip und Fundament), 17 f.; H. U. v. BALTHASAR, Texte zum ignatianischen Exerzitienbuch, Einsiedeln 1993, 58 ff., 67 ff. (Logik der Indifferenz), 172 f. (Gelassenheit); K. RAHNER, Betrachtungen zum ignatianischen Exerzitienbuch, München 1965, 22 f., 27 f., 270 f.
86 Vgl. M. HEIDEGGER, Der Feldweg, in: DERS., Gesamtausgabe I, 13, Frankfurt 1983, 87–90; vgl. auch 37–74; DERS., Gelassenheit, in: Gesamtausgabe I, 16, Frankfurt 2000, 517–529, bes. 527 ff. („Gelassenheit zu den Dingen und die Offenheit für das Geheimnis"); vgl. auch DERS., Gelassenheit, Pfullingen 1959.
87 HEIDEGGER, Feldweg (s.o. Anm. 86), 90.

zum technischen Zeitalter.[88] Heidegger lässt grundsätzlich unbestimmt, was er mit der „Offenheit für das Geheimnis" meint.[89] Ähnlich schwebend bleibt das Verhältnis dieser „Gelassenheit" auch bei anderen Denkern, besonders wenn es um die Beziehung zum Tod geht.[90] Wie viele ungehobene Einsichten hier in der ganzen Tradition ruhen, erkennt man beim Vergleich mit Meister Eckhart, aber auch mit der antiken Tradition.[91]

Ich will den Ernst dieser Abschiedlichkeit und des Loslassens beziehungsweise der Gelassenheit jedoch auch an einem kleinen Beispiel erhellen. Als ich vor einigen Jahrzehnten in einer HNO-Klinik eine junge Krankenschwester traf, die in bewundernswerter Nähe, Ruhe und zugleich Distanz viele Kehlkopf-Krebs-Patienten begleitete, und ich sie nach dem Geheimnis ihrer so eindrucksvollen Hilfe für viele Sterbende fragte, antwortete sie mir: „Ach, das Sterben ist nicht mehr so schwer, wenn die Menschen einmal loslassen können." Dieses weise Wort einer einfachen jungen Frau hat mich bis heute nicht mehr losgelassen.

8. Trauer und Trost nach dem Verlust eines geliebten Menschen

Es bleibt noch ein kurzes Wort zur Trauer und zur Frage des Trostes zu sagen. Wir erfahren Tote, keinen Tod![92] Darum ist Trauer ein wichtiges Element menschlicher Existenz. Sie ist ein Stück Bewältigung des Schmerzes über den Verlust besonders eines geliebten Menschen. Schmerz und Trauer fördern als gebundene Erinnerung die Heilung, eben auch durch einen gelingenden Abschied.[93] Für die Trauer werden in der Regel vier Aufgaben aufgestellt:

1. Den Verlust eines Menschen als Realität akzeptieren.
2. Den Schmerz der Trennung und der Trauer erfahren.
3. Sich mit der Lebenswelt auseinandersetzen, in der der Verstorbene fehlt.

---

88 Vgl. THOMÄ (s.o. Anm. 43), Register „Gelassenheit" (568).
89 Vgl. dazu K. LEHMANN, Feldweg und Glockenturm. Martin Heideggers Denken aus der Erfahrung der Heimat, in: DIE STADT MESSKIRCH (Hg.), Feldweg und Glockenturm. Festschrift anlässlich des 30. Todestages von Martin Heidegger, Meßkirch 2007, 11–40.
90 Vgl. z.B. O. F. BOLLNOW, Vom Geist des Übens, Freiburg 1978, 77 f.; DERS., Wesen und Wandel der Tugenden, Frankfurt 1975, 115–120; U. DIERSE, Art. „Gelassenheit", in: HWP, Bd. 3, Basel 1974, 219–224 (vgl. hier den Hinweis auf H. BLUMENBERG). Vgl. auch TUGENDHAT, Über den Tod (s. o. Anm. 32), 50–58, bes. 55 ff.
91 Vgl. P. HADOT, Wege zur Weisheit, Berlin 1999, 142 f., 163 f., 234 ff., 282 ff., vgl. auch 57, 285.
92 Vgl. MACHO (s.o. Anm. 37), 408 ff.
93 Vgl. R. MARTEN (s.o. Anm. 37), Paderborn 1987, 123 ff.

4. Dem Verstorbenen im eigenen Leben einen neuen Platz geben und sich seinem eigenen Leben wieder zuwenden.

Diese Trauer drückt sich zum Beispiel auch in Abschiedsritualen von der Bestattung bis zu Trauerkleidung und in Trauerzeiten aus. Sie sind eine Hilfe zur gesellschaftlichen und persönlichen Bewältigung des Verlustes und auch ein Schutz der Trauernden. Die Trauerbegleitung ist eine elementare diakonische Aufgabe der Kirche. Die Auseinandersetzung mit Tod und Trauer ist eine grundlegende Herausforderung und auch Bewährung des Glaubens.[94] Wer menschenwürdig Abschied nimmt, wird sich auch mit dem religiösen und besonders dem christlichen, ja katholischen Gedenken der Entschlafenen auseinandersetzen.[95] Es gibt verschiedene Formen dieser Trauerbegleitung. Hier hat die Hospizidee ihre Bedeutung.[96] Einen Sterbenden zu begleiten und nicht aus dem lebendigen Gedenken zu verlieren, kann freilich nur gelingen, wenn der Begleitende selbst Sterben und Tod nicht aus seinem Leben verdrängt hat, sondern für sich selbst eine Beziehung zum Leben gewonnen hat, Sterben und Tod lebendig vor Augen behält und so angesichts des Todes immer wieder wie

---

94 Vgl. C. S. Lewis, Über die Trauer, Frankfurt 2009; V. Kast, Trauer, Stuttgart 1982 u.ö.; J. Assmann u.a. (Hg.), Der Abschied von den Toten. Trauerrituale im Kulturvergleich, Göttingen 2005; M. Schibilsky, Trauerwege, Düsseldorf 1989; M. Nemetschek, Selig die Trauernden, denn sie sollen getröstet werden, Innsbruck 1996; M. Pletz, Wege der Trauer, Hildesheim 2004; T. Brocher, Wenn Kinder trauern. Wie sprechen wir über den Tod?, Zürich 1980, ²1981, bes. 91 ff., 120 ff.

95 Vgl. A. Köberle/R. Mumm, Wir gedenken der Entschlafenen, Kassel 1981. Hier wäre es notwendig, im heutigen Kontext der Diskussion über das kulturelle Gedächtnis, das Vergessen und das Verdrängen die theologische Dimension dieser Frage zu vertiefen. Vgl. vor allem J. Assmann, Das kulturelle Gedächtnis, München 1992 u.ö.; A. Assmann, Erinnerungsräume, München 1999 (Sonderausgabe 2003); Dies., Der lange Schatten der Vergangenheit, München 2006; P. Ricoeur, Gedächtnis, Geschichte, Vergessen, München 2004; A. Haverkamp u.a. (Hg.), Memoria (Poetik und Hermeneutik XV), München 1993. Hier müsste auch das neu gewonnene historische und liturgiegeschichtliche Wissen zur mittelalterlichen „Memoria" integriert werden; vgl. vor allem dazu K. Schmid/J. Wollasch (Hg.), Memoria. Der geschichtliche Zeugniswert des liturgischen Gedenkens im Mittelalter (Münstersche Mittelalter-Schriften), München 1984. Vgl. dazu: A. Angenendt, Geschichte der Religiosität im Mittelalter, Darmstadt 2000; Ders., Liturgik und Historik, Freiburg i.Br. 1989.

96 Vgl. dazu K. Lehmann, Sterben in Würde. Von der wunderbaren Idee des Hospizes. Festvortrag zum 20-jährigen Jubiläum der Mainzer Hospizgesellschaft Christophorus e.V. am 19. Mai 2010 in Mainz (im Druck). Vgl. dazu S. Stoddard, Leben bis zuletzt, München 1989; H. Beutel/D. Tausch (Hg.), Sterben – eine Zeit des Lebens, Stuttgart 1989; T. Hiemenz/R. Kottnick (Hg.), Chancen und Grenzen der Hospizbewegung, Freiburg i.Br. 2000; J.-C. Student (Hg.), Sterben, Tod und Trauer, Handbuch für Begleitende, Freiburg i.Br. 2004 (Lit.).

R. M. Rilke im Louvre den Zuruf vernimmt: „Du musst dein Leben ändern!"[97] Viele Anstöße zu solchen Besinnungen geben auch zahlreiche „Zeugnisse Sterbender"[98] und literarisch-dichterische Texte[99] und Bilder.[100]

Es bleiben heute noch weithin unerledigte Aufgaben, zum Beispiel im Blick auf die Frage einer Unsterblichkeit der Seele[101] und einer Auslegung des Glaubens der Christen an das „ewige Leben".[102] Eine weitere Frage kann ich nicht mehr ausführlicher behandeln, aber sie muss wenigstens noch genannt werden. Zum Verlust und zur Trauer gehört vor allem für die Hinterbliebenen die Suche nach Trost. Dieser beschränkt sich nicht nur auf die Suche nach einer Antwort auf den endgültigen Verlust eines nahen Menschen. Aber in der Situation des Todes vertieft sich die Frage nach Trost radikal. Trost kann nur in einer Situation entstehen, in der Verzweiflung und Trostlosigkeit einen Ort finden und sich in einem Prozess verwandeln lassen. Es gibt heute eine große Angst – vor allem bei Philosophen und Theologen – bei der Rede von Trost, weil die moderne Religionskritik jede Rede von Trost als falsche Vertröstung zu ent-

---

97 Vgl. R. M. Rilkes Sonett, Archaischer Torso Apollos aus dem Jahr 1908: R. M. RILKE, Die Gedichte, Sonderausgabe, Frankfurt 2006, 483, und das gleichnamige Buch von P. SLOTERDIJK, Frankfurt 2009, 37 ff.

98 M. RENZ, Neuauflage, Paderborn 2005.

99 H. HÄURING/J. MUES (Hg.), Du gehst fort, und ich bleib da. Gedichte und Geschichten von Abschied und Trennung, Frankfurt 1989; P. NOLL, Diktate über Sterben und Tod, Zürich 1984; A. JOIST, Auf der Suche nach dem Sinn des Todes. Todesdeutungen in der Lyrik der Gegenwart, Mainz 2004; J.-H. TÜCK, Hintergrundgeräusche. Liebe, Tod und Trauer in der Gegenwartsliteratur, Ostfildern 2010; P. SCHÜNEMANN, Bleib bei mir, mein Herz, im Schattenland, München 2005; J. W. v. GOETHE, Abschied und Übergang, Zürich 1995. E. RAABE/P. RAABE (Hg.), „… und diese Erfahrung habe ich nun auch gemacht". Texte zum Tod eines nahen Menschen, Zürich 1986; H. GAESE (Hg.), Lass ihre Namen geschrieben sein im Buch des Lebens, Gebete zu Tod und Begräbnis, Stuttgart 1992; G. LANGENHORST, Literarische Texte im Religionsunterricht, Freiburg i.Br. 2011.

100 Vgl. E. KAPELLARI, Und dann der Tod. Sterbe-Bilder, Graz 2005; vgl. auch fotografische Ausstellungen, z.B. Wegbegleiter im Sterben. Eine Ausstellung im Dom St. Martin, Mainz, 2.4.–1.5.2011, Katalog, Fotograf: W. Feldmann.

101 Vgl. dazu SCHUMACHER, Die philosophische Interpretation (s.o. Anm. 38), 113–136; vgl. dazu G. MARCEL, Reflexion und Intuition, hg. v. V. BERNING, Frankfurt 1987, 85 ff., 190 ff.; hier bedarf es einer Neuinterpretation vor allem Platos, dazu vgl. H.-G. GADAMER, Die Unsterblichkeitsbeweise in Platons „Phaidon", in: DERS., Gesammelte Werke 6: Griechische Philosophie II, Tübingen 1985, 187–200; J. PIEPER, Darstellungen und Interpretationen: Platon, in: Werke, Bd. I, hg. v. B. WALD, Hamburg 2002, 332 ff.

102 Vgl. dazu K. LEHMANN, Unzerstörbares Leben in Geschichte und Transzendenz. Zur Hermeneutik und Rede vom ewigen Leben. Vortrag bei der Internationalen Wissenschaftlichen Tagung „Denken in Gegensätzen: Leben als Phänomen und als Problem" am 23. Oktober 2010 an der Humboldt-Universität in Berlin, im Druck. Diese hermeneutischen Fragen haben auch hier größtes Gewicht.

larven versuchte. Diese Angst sitzt tief. Sie erschienen vielen lange Zeit bloß als falscher Ausweg aus der Todesfurcht und der Sehnsucht nach Unsterblichkeit. Diese Frage hat aber letztlich in der Tat nur Sinn, wenn man nicht bloß ein „Transzendieren ohne Transzendenz" (E. Bloch), sondern auch eine transzendente Instanz annimmt, die zugleich personalen Charakter hat.[103] Theologisch gibt es im Grunde nur eine Antwort: Trost ist nur eine Wirkung des Heiligen Geistes und Gottes selbst. Deshalb kann das menschliche Denken allein keinen Trost stiften[104], aber es kann das Fehlen von Trost zur Sprache bringen, wie es in manchen Schriften von J. Habermas zum Ausdruck kommt.[105] Philosophie und die systematische Theologie dürfen das Thema „Trost" nicht einfach der Praktischen Theologie überlassen.[106]

Der tote Mensch ist nicht einfach ein „Ding", Gegenstand des Entsorgens, obgleich dies heute bis zum Einstufen der Friedhöfe in manchen städtischen Verwaltungen unter den „Entsorgungsbetrieben" durchaus eine Gefahr darstellt. Es ist schwer – Bestattungsfirmen wissen ein Lied davon zu singen –, dem menschlichen Leichnam Pietät zukommen zu lassen und zu erweisen. Darum ist die Sorge um die menschliche Hülle des Verstorbenen für unser Verhältnis zu den Toten von großer Bedeutung. Was die neuere Philosophie gelegentlich

---

103 Vgl. LEHMANN (s.o. Anm. 45), 640; DERS., Transzendenz, in: SM, Band IV, Freiburg i.Br. 1969, 992–1005 (Lit.).
104 Vgl. schon BOETHIUS, Trost der Philosophie, München 1981 (lateinisch-deutsch), dazu vor allem F.-B. STAMMKÖTTER, Art. „Trost", in: HWP, Bd. 10, Basel 1998, 1524–1528 (Lit.).
105 Vgl. J. HABERMAS, Nachmetaphysisches Denken, Frankfurt 1988; DERS., Glauben und Wissen, Frankfurt 2001; DERS./J. RATZINGER, Dialektik der Säkularisierung. Über Vernunft und Religion, Freiburg i.Br. 2005; J. HABERMAS, Zwischen Naturalismus und Religion, Frankfurt 2005. Dazu R. LANGTHALER, Nachmetaphysisches Denken? Kritische Anfragen an Jürgen Habermas, Berlin 1997; M. REDER/J. SCHMIDT (Hg.), Ein Bewusstsein von dem, was fehlt. Eine Diskussion mit Jürgen Habermas, Frankfurt 2008; H. BRUNKHORST u.a. (Hg.), Habermas-Handbuch, Stuttgart 2009, 44 ff., 356 ff.; J. HABERMAS, Vom sinnlichen Eindruck zum symbolischen Ausdruck, Frankfurt 1997; E. ARENS (Hg.), Kommunikatives Handeln und christlicher Glaube, Paderborn 1997; R. LANGTHALER/H. NAGL-DOCEKAL (Hg.), Glauben und Wissen. Ein Symposium mit J. Habermas, Wien 2007; dazu auch J. B. METZ, Memoria passionis, Freiburg i.Br. 2006.
106 Theologisch dazu u.a. G. BACHL, Über den Tod und das Leben danach, Graz 1980. E. ARENS (Hg.), Zeit denken. Eschatologie im interdisziplinären Diskurs, Freiburg i.Br. 2010; E. BISER, Dasein auf Abruf, Düsseldorf 1981; C. SCHNEIDER-HARPPRECHT, Trost in der Seelsorge, Stuttgart 1989; E. WEIHER, Die Religion, die Trauer und der Trost, Mainz 1999; G. LANGENHORST, Trösten lernen?, Ostfildern 2000; C. HERRMANN, Unsterblichkeit der Seele durch Auferstehung, Göttingen 1997; H. WOHLGSCHAFT, Hoffnung angesichts des Todes, Paderborn 1977; H. VORGRIMLER, Der Tod im Leben und Denken der Christen, Düsseldorf 1978; C. GESTRICH, Die Seele des Menschen und die Hoffnung der Christen, Frankfurt 2009.

dazu beigetragen hat,[107] ist enttäuschend. Diese Sorge des Menschen gehört zur Begleitung des Toten[108] und erstreckt sich bis zum Verständnis der Bestattung, des Friedhofes und auch des Grabes[109] und der dazugehörigen Kultur.

Ich komme nach einem langen Durchgang zu einem kurzen Schluss. Ich versuche es in einem Wort: Ganz knapp fasste Lévinas seine Antwort auf unsere Fragen zusammen in dem einen Wort „Adieu", nun aber in der französischen Sprache mit Bindestrich geschrieben: à-Dieu. Dies ist nicht nur eine allgemeine Grußformel, die man auch auf eine Verabschiedung beziehen kann. Sie weist vor allem anderen hin auf Gott selbst: bei Gott, auf Gott hin: „Jede Beziehung zum Anderen wäre vor und nach allem anderen ein Adieu."[110] Man könnte in unserer Sprache auch sagen: Lebe wohl! Gott befohlen!

---

107 Vgl. HEIDEGGER, Sein (s.o. Anm. 43), 238 ff.; FINK (s.o. Anm. 32), 159 ff., 170 ff., 199 ff. (dazu LÉVINAS, La mort [s.o. Anm. 61], 101–105).

108 Vgl. dazu K. LEHMANN, Die Häuser der Toten. Grundsätzliche Überlegungen zu Grab und Friedhof, in: Von der Kraft der Endlichkeit. Orte der Stille, 2000 Jahre Heiliges Tal, 200 Jahre Mainzer Aureus. Ein Bürgerprojekt, Mainz 2006, 30–39, ²2007, ³2008; darin auch: Dem Friedhof Raum geben. Geleitwort.

109 Vgl. K. LEHMANN, Die Häuser der Toten. Das Grab und der Friedhof als Spiegel von Glaube und Kultur, in: Bestattungskultur. Offizielles Organ des Bundesverbandes Deutscher Bestatter e.V., 57, 10 (2005) (Sonderbeilage mit Dokumentation des Referates), Düsseldorf, I–VIII.

110 DERRIDA (s.o. Anm. 61), 9, 21 f., 23, vgl. dazu E. LÉVINAS, La mauvaise conscience et l'inexorable, in: Exercices de la patience, Nr. 2, 1981, 109–113 (auch in: DERS., De Dieu qui vient à l'idée, Paris ²1986, 258–265, bes. 264 f. [fehlt in der deutschen Übersetzung]).

Abkürzungsverzeichnis

Kurztitel	Titel
AAS	Acta Apostolicae Sedis
Acta Oncol	Acta oncologica
Acta Psychiatr Scand	Acta psychiatrica Scandinavica
Adv Exp Med Biol	Advances in experimental medicine and biology
Age Ageing	Age and ageing
Alzheimers Dement	Alzheimer's & dementia: the journal of the Alzheimer's Association
Alzheimer Dis Assoc Disord	Alzheimer disease and associated disorders
Am J Bioeth	The American journal of bioethics: AJOB primary research
Am J Epidemiol	American journal of epidemiology
Am J Crit Care	American journal of critical care: an official publication, American Association of Critical-Care Nurses
Am J Geriatr Psychiatry	The American journal of geriatric psychiatry: official journal of the American Association for Geriatric Psychiatry
Am J Hosp Palliat Care	The American journal of hospice & palliative care
Am J Psychiatry	The American journal of psychiatry
Am J Respir Crit Care Med	American journal of respiratory and critical care medicine
Am Psychol	The American psychologist
Amyotroph Lateral Scler	Amyotrophic lateral sclerosis: official publication of the World Federation of Neurology Research Group on Motor Neuron Diseases
Am Surg	The American surgeon
Anasthesiol Intensivmed Notfallmed Schmerzther	Anästhesiologie, Intensivmedizin, Notfallmedizin, Schmerztherapie. Nebentitel: AINS
AnBib	Analecta Biblica
Ann Behav Med	Annals of behavioral medicine: a publication of the Society of Behavioral Medicine
Ann Intern Med	Annals of internal medicine
Annu Rev Nurs Res	Annual review of nursing research
ANRW	Aufstieg und Niedergang der römischen Welt
AOAT	Alter Orient und Altes Testament
Arch Dis Child	Archives of disease in childhood
Arch Gerontol Geriatr	Archives of gerontology and geriatrics
Arch Intern Med	Archives of internal medicine
Am J Alzheimers Dis Other Demen	American journal of Alzheimer's disease and other dementias

Arch Neurol	Archives of neurology
Arch Pathol Lab Med	Archives of pathology & laboratory medicine
ATSAT	Arbeiten zu Text und Sprache im Alten Testament
Australas J Ageing	Australasian journal on ageing
Aust J Rural Health	The Australian journal of rural health
BBB	Bonner Biblische Beiträge
Ber Math-Phys Klasse, Sächs Akad Wiss	Berichte über die Verhandlungen der Sächsischen Akademie der Wissenschaften zu Leipzig, Mathematisch-Physische Klasse (vgl.: http://www.lib.uwaterloo.ca/society/history/1846saw.html)
BGHSt	Bundesgerichtshof, Entscheidungen in Strafsachen
BGHZ	Entscheidungen des Bundesgerichtshofes in Zivilsachen
BiKi	Bibel und Kirche
Biol Psychiatry	Biological psychiatry
BK	Biblischer Kommentar
BMC Health Serv Res	BMC health services research. Nebentitel: BioMed Central health services research/Health services research
BMC Neurol	BMC neurology [electronic resource]
BMC Palliat Care	BMC palliative care
BMJ	British Medical Journal
BN	Biblische Notizen
Br J Psychiatry	The British journal of psychiatry: the journal of mental science
BT-Drucks.	Drucksache des Deutschen Bundestages
BVerfGE	Entscheidungen des Bundesverfassungsgerichtes
BZAW	Beihefte zur Zeitschrift für die alttestamentliche Wissenschaft
BZNW	Beihefte zur Zeitschrift für die neutestamentliche Wissenschaft
Camb Q Healthc Ethics	Cambridge quarterly of healthcare ethics: CQ: the international journal of healthcare ethics committees
Cancer Nurs	Cancer nursing
Can J Public Health	Canadian journal of public health. Revue canadienne de santé publique
CChr	Corpus Christianorum
Clin Geriatr Med	Clinics in geriatric medicine
Clin Psychol Rev	Clinical psychology review
Christ Bioeth	Christian bioethics
Cochrane Database Syst Rev	The Cochrane database of systematic reviews
Community Work Fam	Community, work & family. Nebentitel: Community, work and family
Conc (D)	Concilium. Internationale Zeitschrift für Theologie
Couns Psychol	The Counseling psychologist
Crit Care Med	Critical care medicine
Curr Dir Psychol Sci	Current directions in psychological science
Curr Opin Neurol	Current opinion in neurology

Curr Opin Support Palliat Care	Current opinion in supportive and palliative care
Curr Pain Headache Rep	Current pain and headache reports
Death Stud	Death studies
Dement Geriatr Cogn Disord	Dementia and geriatric cognitive disorders
DJT	Deutscher Juristentag
Dtsch Arztebl	Deutsches Ärzteblatt
Dtsch Med Wochenschr	Deutsche Medizinische Wochenschrift
EdF	Erträge der Forschung
EKK	Evangelisch-Katholischer Kommentar zum Neuen Testament
Ethik Med	Ethik in der Medizin: Organ der Akademie für Ethik in der Medizin
Eur J Cardiovasc Nurs	European journal of cardiovascular nursing: journal of the Working Group on Cardiovascular Nursing of the European Society of Cardiology
Eur J Neurol	European journal of neurology: the official journal of the European Federation of Neurological Societies
Eur J Popul	European journal of population = Revue européenne de démographie
Eur J Public Health	European journal of public health
Expert Rev Neurother	Expert review of neurotherapeutics
FamRZ	Ehe und Familie im privaten und öffentlichen Recht. Zeitschrift für das gesamte Familienrecht
FAS	Frankfurter Allgemeine Sonntagszeitung
FAT	Forschungen zum Alten Testament
FAZ	Frankfurter Allgemeine Zeitung
Fortschr Neurol Psychiatr	Fortschritte der Neurologie-Psychiatrie
FPR	Familie Partnerschaft Recht
FRLANT	Forschungen zur Religion und Literatur des AT und NT
FVK	Forschungen zur Volkskunde
FzB	Forschung zur Bibel
Gen Hosp Psychiatry	General hospital psychiatry
Gerontologist	The Gerontologist
GesR	Zeitschrift für Gesundheitsrecht
G+G Wissenschaft bzw. GGW	Gesundheit und Gesellschaft Wissenschaft
Hastings Cent Rep	The Hastings Center Report
HAT	Handbuch zum Alten Testament
Health Aff	Health affairs
Health Econ	Health economics
Health Psychol	Health psychology: official journal of the Division of Health Psychology, American Psychological Association
Health Qual Life Outcomes	Health and quality of life outcomes
Health Serv Res	Health services research
Health Soc Care Community	Health & social care in the community
HNT	Handbuch zum Neuen Testament
HSMHA Health Rep	HSMHA health reports

HThK	Herders Theologischer Kommentar zum Neuen Testament
HThKAT	Herders Theologischer Kommentar zum Alten Testament
HThR	Harvard Theological Review
HWP	Historisches Wörterbuch der Philosophie
IKaZ	Internationale katholische Zeitschrift, Nebentitel: Internationale katholische Zeitschrift Communio
Illn Crises Loss	Illness, crises, and loss. Nebentitel: Illness, crisis and loss
Internist (Berl)	Der Internist
Int J Geriatr Psychiatry	International journal of geriatric psychiatry
Int J Health Serv	International journal of health services: planning, administration, evaluation
Int J Palliat Nurs	International journal of palliative nursing
Int J Psychoanal	The International journal of psycho-analysis. Nebentitel: International journal of psychoanalysis
Int Psychogeriatr	International psychogeriatrics
JAMA	Journal of the American Medical Association
J Adv Nurs	Journal of advanced nursing
J Affect Disord	Journal of affective disorders
J Alzheimers Dis	Journal of Alzheimer's disease
J Am Geriatr Soc	Journal of the American Geriatrics Society
J Am Med Dir Assoc	Journal of the American Medical Directors Association
J Am Orient Soc	Journal of the American Oriental Society
J Clin Epidemiol	Journal of clinical epidemiology
J Clin Nurs	Journal of clinical nursing
J. Clin. Oncol.	Journal of clinical oncology: official journal of the American Society of Clinical Oncology
J Clin Invest	Journal of clinical investigation
J Consult Clin Psychol	Journal of consulting and clinical psychology. Nebentitel: Consulting and clinical psychology
J Gen Intern Med	Journal of general internal medicine
J Geriatr Psychiatry Neurol	Journal of geriatric psychiatry and neurology
J Gerontol A Biol Sci Med Sci	The journals of gerontology. Series A, Biological sciences and medical sciences
J Gerontol B Psychol Sci Soc Sci	The journals of gerontology. Series B, Psychological sciences and social sciences
J Gerontol Nurs	Journal of gerontological nursing
J Hist Med Allied Sci	Journal of the history of medicine and allied sciences
J Med Ethics	Journal of medical ethics
J Neurol	Journal of neurology
J Neurol Sci	Journal of the neurological sciences
J Nurs Scholarsh	Journal of nursing scholarship: an official publication of Sigma Theta Tau International Honor Society of Nursing
JONAS Healthc Law Ethics Regul	JONA'S healthcare law, ethics and regulation
J Paediatr Child Health	Journal of paediatrics and child health

J Pain Symptom Manage	Journal of pain and symptom management
J Palliat Med	Journal of palliative medicine
J Pediatr Psychol	Journal of pediatric psychology
J Pers	Journal of personality
J Pers Soc Psychol	Journal of personality and social psychology
J Psychosoc Oncol	Journal of psychosocial oncology
J Psychosom Res	Journal of psychosomatic research
JSNT.S	Journal for the study of the New Testament. Supplement series
J Soc Work End Life Palliat Care	Journal of social work in end-of-life & palliative care. Nebentitel: Journal of social work in end-of-life and palliative care
JZ	Juristen-Zeitung
KEK	Kritisch-exegetischer Kommentar über das Neue Testament
Kennedy Inst Ethics J	Kennedy Institute of Ethics journal
Klin Anasthesiol Intensivther	Klinische Anästhesiologie und Intensivtherapie
Lancet Neurol	Lancet neurology
Law Med Health Care	Law, medicine & health care: a publication of the American Society of Law & Medicine
LCL	The Loeb classical library
LMA	Lexikon des Mittelalters
Mayo Clin Proc	Mayo Clinic proceedings
Med Health Care Philos	Medicine, health care, and philosophy
MedR	Medizinrecht
Med Klin	Medizinische Klinik
Munch Med Wochenschr	Münchener medizinische Wochenschrift
Med Sci Monit	Medical science monitor: international medical journal of experimental and clinical research
Milbank Mem Fund Q	The Milbank Memorial Fund quarterly
Milbank Mem Fund Q Health Soc	The Milbank Memorial Fund quarterly. Health and society
Mind	Mind. A quarterly review of psychology and philosophy
Monaldi Arch Chest Dis	Monaldi archives for chest disease. Nebentitel: Archivio Monaldi per le malattie del torace
Monatsschr Kinderheilkd	Monatsschrift für Kinderheilkunde
Natl Cathol Bioeth Q	The national Catholic bioethics quarterly
NBL	Neues Bibel-Lexikon
N Engl J Med	The New England journal of medicine
Nervenarzt	Der Nervenarzt
Neuropsychol Rehabil	Neuropsychological rehabilitation
Neuropsychopharmacology	Neuropsychopharmacology: official publication of the American College of Neuropsychopharmacology. Nebentitel: Neuropsychopharmacology reviews
NeuroRehabilitation	Neuro Rehabilitation
NJW	Neue Juristische Wochenschrift
NJW-RR	Rechtsprechungsreport Zivilrecht

NStZ	Neue Zeitschrift für Strafrecht
NT	Novum Testamentum. Leiden
NTA NF	Neutestamentliche Abhandlungen. Neue Folge
NTD	Neues Testament Deutsch
NTS	New Testament Studies
NZSTh	Neue Zeitschrift für systematische Theologie und Religionsphilosophie
Omega (Westport)	Omega. Journal of death and dying
Oncol Nurs Forum	Oncology nursing forum
Pain Manag Nurs	Pain management nursing: official journal of the American Society of Pain Management Nurses
Palliat Med	Palliative medicine
Palliat Support Care	Palliative & supportive care
Patient Educ Couns	Patient education and counseling
Pers Individ Dif	Personality and individual differences
Pers Soc Psychol Bull	Personality & social psychology bulletin. Nebentitel: Personality and social psychology bulletin PSPB
Pers Soc Psychol Rev	Personality and social psychology review: an official journal of the Society for Personality and Social Psychology
Pflege Z	Pflegezeitschrift
Philos Trans R Soc London	Philosophical transactions. Nebentitel: Philosophical transactions of the Royal Society of London
PL	Patrologia Latina
PLoS Med	PLoS medicine
Proc Natl Acad Sci U S A	Proceedings of the National Academy of Sciences of the United States of America
Prog Brain Res	Progress in brain research
Psychiatr Serv	Psychiatric services: a journal of the American Psychiatric Association
Psychol Aging	Psychology and aging
Psychol Health	Psychology & health. Nebentitel: Psychology and health
Psychol Med	Psychological medicine
Psychol Rep	Psychological reports
Psychol Rev	Psychological review
Psychooncology	Psycho-oncology
Psychosom Med	Psychosomatic medicine
Public Opin Q	Public opinion quarterly
QD	Quaestiones disputatae
Res Nurs Health	Research in nursing & health
Rev Gen Psychol	Review of general psychology: journal of Division 1 of the American Psychological Association
Rev Neurol (Paris)	Revue Neurologique
RGG	Religion in Geschichte und Gegenwart
RNT	Regensburger Neues Testament
SBAB	Stuttgarter Biblische Aufsatzbände
SBLDS	Society of Biblical Literature Dissertation Series

SBS	Stuttgarter Bibelstudien
SKK.NT	Stuttgarter Kleiner Kommentar Neues Testament
SM	Sacramentum Mundi
Schmerz	Der Schmerz
SkTh	Skizzen zur Theologie
Soc Sci Med	Social science & medicine
Support Care Cancer	Supportive care in cancer: official journal of the Multinational Association of Supportive Care in Cancer
Teach Philos	Teaching philosophy
Theor Med Bioeth	Theoretical medicine and bioethics
ThPh	Theologie und Philosophie
ThQ	Theologische Quartalschrift
ThWAT	Theologisches Wörterbuch zum Alten Testament
ThZ	Theologische Zeitschrift
TRE	Theologische Realenzyklopädie
TS	Theological Studies
WA	Luther, Martin: Werke. Kritische Gesamtausgabe. Weimarer Ausgabe
Wien Klin Wochenschr	Wiener klinische Wochenschrift
Wien Med Wochenschr	Wiener medizinische Wochenschrift
World Med J	World medical journal
WUNT	Wissenschaftliche Untersuchungen zum Neuen Testament
Zeitschrift für Gerontopsychologie & -psychiatrie	Alternativtitel: Zeitschrift für Gerontopsychologie und -psychiatrie
ZfL	Zeitschrift für Lebensrecht
Z Gerontol Geriatr	Zeitschrift für Gerontologie und Geriatrie: Organ der Deutschen Gesellschaft für Gerontologie und Geriatrie
ZJS	Zeitschrift für das Juristische Studium
Z Med Ethik	Zeitschrift für medizinische Ethik: Wissenschaft, Kultur, Religion
ZNW	Zeitschrift für Neutestamentliche Wissenschaft
ZPE	Zeitschrift für Papyrologie und Epigraphik
ZRP	Zeitschrift für Rechtspolitik
ZSTh	Zeitschrift für Systematische Theologie
ZThK	Zeitschrift für Theologie und Kirche

Literaturverzeichnis

ABBEY, J./PILLER, N./DE BELLIS, A./ESTERMAN, A./PARKER, D./GILES, L./LOWCAY, B., The Abbey Pain Scale: A 1-minute numerical indicator for people with end-stage, in: Int J Palliat Nurs 10 (2004), 6–13.

ABERNETHY, A./CURROW, D./FRITH, P./FAZEKAS, B./MCHUGH, A./BUI, C., Randomised, double blind, placebo controlled crossover trial of sustained release morphine for the management of refractory dyspnoea, in: BMJ 327,7414 (2003), 523–528.

ABERNETHY, A./WHEELER, J., Total dyspnoea, in: Curr Opin Support Palliat Care 2 (2008), 110–113.

ABERNETHY, A./MCDONALD, C./FRITH, P./CLARK, K./HERNDON, J./MARCELLO, J./YOUNG, I./BULL, J./WILCOCK, A./BOOTH, S./WHEELER, J./TULSKY, J./CROCKETT, A./CURROW, D., Effect of palliative oxygen versus room air in relief of breathlessness in patients with refractory dyspnoea: a double-blind, randomised controlled trial, in: The Lancet 376,9743 (2010), 784–793.

ACTON, G. J./KANG, J., Interventions to reduce the burden of caregiving for an adult with dementia: a meta-analysis, in: Res Nurs Health 24 (2001), 349–360.

ACTON, G. J./WINTER, M. A., Interventions for family members caring for an elder with dementia, in: Annu Rev Nurs Res 20 (2002), 149–179.

AD HOC COMMITTEE OF THE HARVARD MEDICAL SCHOOL TO EXAMINE THE DEFINITION OF BRAIN DEATH: A Definition of irreversible Coma, in: JAMA 205 (1968), 85–88.

AJZEN, I., Attitudes, Personality and Behaviour, Milton Keynes 2006.

ALBERTA HERITAGE FOUNDATION FOR MEDICAL RESEARCH, Advance Directives and Health Care Costs at the End of Life (Technical Note 49), Edmonton 2005.

ALBERY, N./ELLIOT, G./ELLIOT, J. (Hg.), The natural death handbook. For improving the quality of living and dying, London 1993.

ALHO, J. M./SPENCER, B. D., Statistical Demography and Forecasting. Springer Series in Statistics, New York 2004.

ALLIGOOD, K. T./SAUER, T. D./YORKE, J. A., Chaos: An introduction to dynamical systems, New York 1997.

ALONSO, A./JACOBS, D. R./MENOTTI, A./NISSINEN, A./DONTAS, A./KAFATOS, A./KROMHOUT, D., Cardiovascular risk factors and dementia mortality: 40 years of follow-up in the Seven Countries Study, in: J Neurol Sci 280 (2009), 79–83.

ALZHEIMER'S ASSOCIATION, Alzheimer's disease facts and figures, in: Alzheimers Dement 5 (2009), 234–270.

AMELING, W., ΦΑΓΩΜΕΝ ΚΑΙ ΠΙΩΜΕΝ. Griechische Parallelen zu zwei Stellen aus dem Neuen Testament, in: ZPE 60 (1985), 35–43.

AMERICAN ACADEMY OF PEDIATRICS COMMITTEE ON BIOETHICS, Guidelines on foregoing life-sustaining medical treatment, in: Pediatrics 93 (1994), 532–536 (erneut veröffentlicht in: Pediatrics 114,4 [2004], 1126).

AMERICAN THORACIC SOCIETY, Dyspnea. Mechanisms, assessment, and management: a consensus statement, in: Am J Respir Crit Care Med 159,1 (1999), 321–340.

AMÉRY, J., Hand an sich legen: Diskurs über den Freitod, Stuttgart 1976.

AMINOFF, B. Z./PURITS, E./NOY, S./ADUNSKY, A., Measuring the suffering of end-stage dementia: reliability and validity of the Mini-Suffering State Examination, in: Arch Gerontol Geriatr 38 (2004), 123–130.
AMINOFF, B. Z./ADUNSKY, A., Dying dementia patients: too much suffering, too little palliation, in: Am J Alzheimers Dis 19 (2004), 243–247.
AMINOFF, B. Z./ADUNSKY, A., Their last 6 months: suffering and survival of end-stage dementia patients, in: Age Ageing 35 (2006), 597–601.
AMINOFF, B. Z., The new Israeli Law "The Dying Patient" and Relief of Suffering Units, in: Am J Hosp Palliat Care 24 (2007), 54–58.
ANGENENDT, A., Liturgik und Historik, Freiburg i.Br. 1989.
ANGENENDT, A., Geschichte der Religiosität im Mittelalter, Darmstadt 2000.
ANKERMANN, E., Verlängerung sinnlos gewordenen Lebens? Zur rechtlichen Situation von Wachkomapatienten, in: MedR 17,9 (1999), 387–392.
ANONYMUS, Sag lächelnd good bye, in: Spiegel 6 (1996), 114–121.
ANSELM OF CANTERBURY, Admonitio morienti et de peccatis suis nimium formidanti, in: Patrologia cursus completus. Accurante Jacques-Paul Migne. Series Latina. Paris 1853, 685–688.
ANTONOVSKY, A./FRANKE, A., Salutogenese: Zur Entmystifizierung der Gesundheit, Tübingen 1997.
ARABIZATION OF HEALTH SCIENCES NETWORK (AHSN) (Hg.), „Islamischer Weltpakt für medizinische und gesundheitliche Ethik (al-Mītāq al-islāmī al-ʿālamī li-l-aḫlāqīyāt aṭ-ṭibbīya wa-ṣ-ṣiḥḥīya)", unter: http://www.emro.who.int/ahsn/pdf/doctors-islamar.pdf (Zugriff am 03.05.2011).
ARCAND, M./MONETTE, J./MONETTE, M./SOURIAL, N./FOURNIER, L./GORE, B./BERGMAN, H., Educating nursing home staff about the progression of dementia and the comfort care option: impact on family satisfaction with end-of-life care, in: J Am Med Dir Assoc 10 (2009), 50–55.
ARENS, E. (Hg.), Kommunikatives Handeln und christlicher Glaube, Paderborn 1997.
ARENS, E. (Hg.), Zeit denken. Eschatologie im interdisziplinären Diskurs, Freiburg i.Br. 2010.
ARIÈS, P., Essais sur l'histoire de la mort en Occident du Moyen Age à nos jours, Paris 1975.
ARIÈS, P., Geschichte des Todes, München ²1982.
ARIÈS, P. (Hg.), Bilder zur Geschichte des Todes, München 1984.
ARISTOTELES, Nikomachische Ethik, hg. v. WOLF, U., Reinbek ²2008.
ARNDT, M., Ethik denken. Maßstäbe zum Handeln in der Pflege, Stuttgart 1996.
ARNOLD, E. M./ARTIN, K. A./GRIFFITH, D. u.a., Unmet needs at the end of life: perceptions of hospice social workers, in: J Soc Work End Life Palliat Care 2 (2006), 61–83.
ARRIAGA, E. E., Measuring and explaining the change in life expectancies, in: Demography 21,1 (1984), 83–96.
ARZNEIMITTELKOMMISSION DER DEUTSCHEN ÄRZTESCHAFT, Empfehlungen zur Therapie von Tumorschmerzen. Arzneiverordnung in der Praxis, Köln ³2007.
ASSMANN, A., Erinnerungsräume, München 1999.
ASSMANN, A., Der lange Schatten der Vergangenheit, München 2006.
ASSMANN, J., Das kulturelle Gedächtnis, München 1992.
ASSMANN, J., Der Tod als Thema der Kulturtheorie, Frankfurt a.M. 2000.
ASSMANN, J. (Hg.), Der Abschied von den Toten. Trauerrituale im Kulturvergleich, Göttingen 2005.

ASTREN, F., Depaganizing Death: Aspects of Mourning in Rabbinic Judaism and Early Islam, in: REEVES, J. C., Bible and Qur'ān: Essays in Scriptural Intertextuality, Leiden/Boston 2004, 188–199.
ATTEMS, J./KÖNIG, C./HUBER, M./LINTNER, F./JELLINGER, K. A., Cause of death in demented and non-demented elderly inpatients; an autopsy study of 308 cases, in: J Alzheimers Dis 8 (2005), 57–62.
AUGUSTINUS, A., De Trinitate, in: DERS., Aurelii Augustini Opera, Bd.16,1, hg. von MOUNTAIN, W. J./GLORIE F. (CChr Bd. 50), Turnhout 1968.
AUGUSTINUS, A., De civitate dei, in: DERS., Aurelii Augustini Opera, Bde. 14,1/14,2, hg. von DOMBART, B./KALB, A. (CChr 47/48), Turnhout 1955. Übersetzung: AUGUSTINUS, Vom Gottesstaat, hg. von THIMME, W./ANDRESEN, C., 2 Bände, Zürich 1977.
BACHL, G., Über den Tod und das Leben danach, Graz 1980.
BACHMANN, I., Ihr Worte, in: DIES., Werke, hg. v. KOSCHEL, C./WEIDENBAUM, I. v./MÜNSTER, C., Bd. 1, München 1978, 162 f.
BACK, A. L./WALLACE, J. I. u.a., Physician-Assisted Suicide and Euthanasia in Washington State. Patient Requests and Physician Responses, in: JAMA 275 (1996), 919–925.
BACK, F., Verwandlung durch Offenbarung (WUNT II/153), Tübingen 2002.
BAHR, H.-D., Den Tod denken, München 2002.
BAIER, K., Spiritualitätsforschung heute, in: DERS. (Hg.), Handbuch Spiritualität. Zugänge, Traditionen, interreligiöse Prozesse, Darmstadt 2006, 2–45.
BAIER, K., Philosophische Anthropologie der Spiritualität, in: Spiritual Care 1 (im Druck).
BALK, D., Bereavement research using control groups: Ethical obligations and questions, in: Death Stud 19 (1995), 123–138.
BALLARD, C./HANNEY, M. L./THEODOULOU, M. et al., The dementia withdrawal trial (DART-AD): long-term follow-up of a randomised placebo-controlled trial, in: Lancet Neurol 8 (2009), 151–157.
BALTES, P. B., Alter(n) als Balanceakte im Schnittpunkt von Fortschritt und Würde, in: NATIONALER ETHIKRAT (Hg.), Altersdemenz und Morbus Alzheimer, Berlin 2006, 83–101.
BALTHASAR, H. U. v., Das Evangelium als Norm und Kritik aller Spiritualität in der Kirche, in: DERS. (Hg.), Spiritus Creator (Skizzen zur Theologie III), Einsiedeln ²1967, 247–263.
BALTHASAR, H. U. v., Texte zum ignatianischen Exerzitienbuch, Einsiedeln 1993.
BARAK, Y./AIZENBERG, D., Suicide amongst Alzheimer's disease patients: a 10-year survey, in: Dement Geriatr Cogn Disord 14 (2002), 101–103.
BARANZKE, H., Kants Pflichtenlehre. Ethik der körperlosen Würde und verantwortungslosen Gesinnung?, in: INGENSIEP, H.-W./BARANZKE, H./EUSTERSCHULTE, A. (Hg.), Kant-Reader. Was kann ich wissen? Was soll ich tun? Was darf ich hoffen?, Würzburg 2004, 217–248.
BARBEY D'AUREVILLY, J., Über das Dandytum und über George Brummell. Ein Dandy ehe es Dandys gab, Berlin 2006.
BARTH, C., Die Errettung vom Tode in den individuellen Klage- und Dankliedern des Alten Testamentes, Zollikon 1947/Zürich ²1987.
BASLER, H. D./HÜGER, D./KUNZ, R./LUCKMANN, J./LUKAS, A./NIKOLAUS, T./SCHULER, M. S., Beurteilung von Schmerz bei Demenz (BESD), in: Schmerz 20 (2006), 519–526.
BAUDELAIRE, C., Der Salon 1845, XVIII. Von dem Heroismus des modernen Lebens, in: DERS., Werke, Bd. 1, München/Wien 1977.
BAUDELAIRE, C., Die heidnische Schule, in: DERS., Werke, Bd. 2, München/Wien 1977.

BAUGHER, R. J./BURGER, C./SMITH, R./WALLSTON, K., A comparison of terminally ill persons at various time periods to death, in: Omega (Westport) 20 (1989–1990), 103–115.
BAUMEISTER, R., Meanings of life, New York 1991.
BAUMEISTER, R., The Cultural Animal: Human Nature, Meaning, and Social Life, Oxford 2005.
BAUMEISTER, R./VOHS, K., The Pursuit of Meaningfulness in Life, in: SNYDER, C./LOPEZ, S. (Hg.), Handbook of Positive Psychology, Oxford 2005, 608–618.
BAUSEWEIN, C., Symptome in der Terminalphase, in: Der Onkologe 11 (2005), 420–426.
BAUSEWEIN, C./ROLLER, S./VOLTZ, R. (Hg.), Leitfaden Palliativmedizin – Palliative Care, München 2007.
BAUSEWEIN, C./BOOTH, S./GYSELS, M./KÜHNBACH, R./HABERLAND, B./HIGGINSON, I. J., A comparison of symptoms and palliative care needs in COPD and cancer: a cross-sectional survey, in: J Palliat Med 13,9 (2010), 1109–1118.
BAUST, G., Sterben und Tod. Medizinische Aspekte, Berlin 1992.
BAYERISCHER LANDESPFLEGEAUSSCHUSS, Künstliche Ernährung und Flüssigkeitsversorgung, München 2008.
BAYERISCHES SOZIALMINISTERIUM, Leitfaden künstliche Ernährung und Flüssigkeitsversorgung (2008), unter: http://www.arbeitsministerium.bayern.de/pflege/landespflegeausschuss/leitfaden.htm.
BAYERISCHES STAATSMINISTERIUM DER JUSTIZ UND FÜR VERBRAUCHERSCHUTZ, Vorsorge für Unfall, Krankheit, Alter durch Vollmacht, Betreuungsverfügung, Patientenverfügung, [11]2009, unter: www.verwaltungsportal.bayern.de/Anlage1928142/Vorsorgefuer Unfall,KrankheitundAlter.pdf. (Zugriff am 30.07.2011).
BEAUMONT, G./KENEALY, P., Incidence and prevalence of the vegetative and minimally conscious states, in: Neuropsychol Rehabil 15 (2005), 184–189.
BECK, R., Der Tod. Ein Lesebuch von den letzten Dingen, München 1995.
BECKER, G./SARHATLIC, R./OLSCHEWSKI, M./XANDER, C./MOMM, F./BLUM, H. E., End-of-life Care in Hospital: Current practice and potentials for improvement, in: J Pain Symptom Manage 33,6 (2007), 711–719.
BECKMANN, R., Anmerkung zum Urteil des LG Fulda, in: ZfL 3 (2009), 108–110.
BECKMANN, R., Wünsche und Mutmaßungen – Entscheidungen des Patientenvertreters, wenn keine Patientenverfügung vorliegt, in: FPR 6 (2010), 278–281.
BELKIN, G. S., Brain death and the historical understanding of bioethics, in: J Hist Med Allied Sci 58,3 (2003), 325–361.
BELLELLI, G./FRISONI, G. B./TURCO, R./TRABUCCHI, M., Depressive symptoms combined with dementia affect 12-months survival in elderly patients after rehabilitation post-hip fracture surgery, in: Int J Geriatr Psychiatry 23 (2008), 1073–1077.
BENJAMIN, W., Der Erzähler. Betrachtungen zum Werk Nikolai Lesskows, in: DERS., Aufsätze, Essays, Vorträge, Gesammelte Schriften, Band II,2, hg. v. TIEDEMANN, R./ SCHWEPPENHÄUSER, H., Frankfurt a.M. 1977, 438–465.
BERNAT, J. L., Chronic disorders of consciousness, in: The Lancet 367 (2006), 1181–1192.
BERNAT, J. L., The natural history of chronic disorders of consciousness, in: Neurology 75 (2010), 206–207.
BERNAT, J./ROTTENBERG, D., Conscious Awareness in PVS and MCS. The borderlands of neurology, in: Neurology 68 (2007), 885–886.
BERNHARD, T., Der Atem. Eine Entscheidung, Salzburg/Wien 2004.
BERNHEIM, J. L. u.a., Development of palliative care and legalisation of euthanasia: antagonism or synergy?, in: BMJ 336,7649 (2008), 864–867.

BERNSMANN, K., Der Umgang mit irreversibel bewusstlosen Personen und das Strafrecht, in: ZRP 3 (1996), 87–92.
BERTRAM, G., Beweislastfragen am Lebensende, in: NJW 14 (2004), 988–989.
BETHGE, E., Dietrich Bonhoeffer. Eine Biographie, München 1983.
BEUTEL, H./TAUSCH, D. (Hg.), Sterben – eine Zeit des Lebens, Stuttgart 1989.
BEUTLER, J., (Hg.), Der neue Mensch in Christus. Hellenistische Anthropologie und Ethik im Neuen Testament (QD 190), Freiburg i.Br. u.a. 2001.
BICHAT, X., Physiologische Untersuchungen über den Tod, ins Deutsche übersetzt und eingeleitet von BOEHM, R., Leipzig 1912.
BIEBERSTEIN, K., Jenseits der Todesschwelle. Die Entstehung der Auferweckungshoffnungen in der alttestamentlich-frühjüdischen Literatur, in: BERLEJUNG, A./JANOWSKI, B. (Hg.), Tod und Jenseits im alten Israel und in seiner Umwelt. Theologische, religionsgeschichtliche, archäologische und ikonographische Aspekte (FAT 64), Tübingen 2009, 423–446.
BILLER-ANDORNO, N., Fürsorge und Gerechtigkeit, Frankfurt a.M. 2001.
BIRCH, D./DRAPER, J. A., A critical literature review exploring the challenges of delivering effective palliative care to older people with dementia, in: J Clin Nurs 17 (2008), 1144–1163.
BIRKENSTOCK, E., Heißt philosophieren sterben lernen? Antworten der Existenzphilosophie: Kierkegaard, Heidegger, Sartre, Rosenzweig, Freiburg 1997.
BIRKHOFER, P., Ars moriendi – Kunst der Gelassenheit. Mittelalterliche Mystik von Heinrich Seuse und Johannes Gerson als Anregung für einen neuen Umgang mit dem Sterben (Dogma und Geschichte, 7), Berlin 2008.
BISER, E., Dasein auf Abruf, Düsseldorf 1981.
BLISCHKE, M. V., Die Eschatologie in der Sapientia Salomonis (WUNT II/26), Tübingen 2007.
BOBBERT, M., Patientenautonomie und Pflege. Begründung und Anwendung eines moralischen Rechts, Frankfurt a.M. 2002.
BOBZIN, H., Der Koran, München 2010.
BOCKENHEIMER-LUCIUS, G./SEIDLER, E. (Hg.), Hirntod und Schwangerschaft, Stuttgart 1993.
BOETHIUS, A. M. S., Trost der Philosophie. Lateinisch und deutsch, hg. u. übersetzt v. GEGENSCHATZ, E./GIGON, O., München 1981.
BOLLNOW, O. F., Wesen und Wandel der Tugenden, Frankfurt 1975.
BOLLNOW, O. F., Vom Geist des Übens, Freiburg 1978.
BOMSDORF, E./BABEL, B./KAHLENBERG, J., Care Need Projections for Germany until 2050, in: DOBLHAMMER, G./SCHOLZ, R. (Hg.), Ageing, Care Need and Quality of Life, Wiesbaden 2010, 29–41.
BONDOLFI, A./KOSTKA, U./SEELMANN, K., Hirntod und Organspende, Basel 2003.
BONELLI, J., Geleitwort. Zum Verhältnis von Naturwissenschaften und Philosophie, in: DERS./SCHWARZ, M. (Hg.), Der Status des Hirntoten. Eine interdisziplinäre Analyse der Grenzen des Lebens (Medizin und Ethik), New York/Wien 1995.
BORASIO, G. D., Patientenverfügungen und Entscheidungen am Lebensende aus ärztlicher Sicht, in: Zur Debatte 4 (2009), 45–47.
BORASIO, G. D., Wann dürfen wir sterben?, in: FAS vom 22.11.2009, Nr. 47, 51.
BORASIO, G. D., Sterben im Wachkoma: Erkenntnisse aus der Palliativmedizin, in: Jox, R. J./ KÜHLMEYER, K./BORASIO, G. D., Leben im Koma, Stuttgart 2011 (im Druck).
BORASIO, G. D./VOLKENANDT, M., Palliativmedizin – weit mehr als nur Schmerztherapie, in: Z Med Ethik 52 (2006), 215–233.
BORASIO, G. D./HEßLER, H. J./WIESING, U., Patientenverfügungsgesetz: Umsetzung in der klinischen Praxis, in: Dtsch Arztebl 106 (2009), 1952–1957.

BORK, U., Paradies und Himmel. Eine Reise an die Schwellen des Jenseits, Stuttgart 2004.
BORMANN, F.-J., Natur als Horizont sittlicher Praxis, Stuttgart 1999.
BORMANN, F.-J., Töten oder Sterbenlassen? Zur bleibenden Bedeutung der Aktiv-Passiv-Unterscheidung in der Euthanasiediskussion, in: ThPh 76 (2001), 63–99.
BORMANN, F.-J., Ein natürlicher Tod – was ist das?, in: Z Med Ethik 48 (2002), 29–38.
BORMANN, F.-J., Selbstbestimmung bis zum Schluss? Chancen und Grenzen von Patientenverfügungen, in: ThQ 191,2 (2011), 169–182.
BORMANN, F.-J./IRLENBORN, B. (Hg.), Religiöse Überzeugungen und öffentliche Vernunft (QD 228), Freiburg i.Br. 2008.
BORMANN, L., Reflexionen über Sterben und Tod bei Paulus, in: HORN, F. W. (Hg.), Das Ende des Paulus. Historische, theologische und literaturgeschichtliche Aspekte (BZNW 106), Berlin/New York 2001, 307–330.
BORNKAMM, G., Paulus, Stuttgart ⁷1993.
BORST, A. u.a. (Hg.), Tod im Mittelalter (Konstanzer Bibliothek 20), Konstanz 1993.
BOSEK, M. S./LOWRY, E./LINDEMAN, D. A./BURCK, J. R./GWYTHER, L. P., Promoting a good death for persons with dementia in nursing facilities: family caregivers' perspectives, in: JONAS Healthc Law Ethics Regul 5 (2003), 34–41.
BOSTWICK, J. M./COHEN, L. M., Differentiating Suicide from Life-Ending Acts and End-of-Life Decisions: A Model Based on Chronic Kidney Disease and Dialysis, in: Psychosomatics 50 (2009), 1–7.
BÖTTGER-KESSLER, G./BEINE, K. H., Aktive Sterbehilfe bei Menschen im Wachkoma? Ergebnisse einer Einstellungsuntersuchung bei Ärzten und Pflegenden, in: Nervenarzt 78 (2007), 802–808.
BOURDIEU, P., Die männliche Herrschaft, Frankfurt a.M. 2005.
BOVON, F., Das Evangelium nach Lukas (Lk 9,51–14,35), (EKK III/2), Zürich/Neukirchen-Vluyn 1996.
BOVON, F., Das Evangelium nach Lukas (Lk 19,28–24,53), (EKK III/4), Neukirchen-Vluyn 2009.
BOWLBY, J., Processes of mourning, in: Int J Psychoanal 42 (1961), 317–340.
BRADY, M./PETERMAN, A. u.a., A case for including spirituality in quality of life measurement in oncology, in: Psychooncology 8 (1999), 418–428.
BRAGUE, R., Vom Sinn christlichen Sterbens, in: IKaZ 4 (1975), 481–493.
BRAYNE, C./GAO, L./DEWEY, M./MATTHEWS, F. E., Medical Research Council Cognitive Function and Ageing Study Investigators. Dementia before death in ageing societies – the promise of prevention and the reality, in: PLoS Med 3 (2006), e397.
BREITBART, W., Spirituality and meaning in supportive care: spirituality- and meaning-centered group psychotherapy interventions in advanced cancer, in: Support Care Cancer 10,4 (2002), 272–280.
BREITBART, W./ROSENFELD, B. u.a., Depression, hopelessness, and desire for hastened death in terminally ill cancer patients, in: JAMA 284 (2000), 2907–2911.
BREITBART, W./ROSENFELD, B. u.a., Impact of Treatment for Depression on Desire for Hastened Death in Patients with Advanced Aids, in: Psychosomatics 51 (2010), 98–105.
BREUCKMANN-GIERTZ, C., „Hospiz erzeugt Wissenschaft". Eine ethisch-qualitative Grundlegung hospizlicher Tätigkeit (Studien der Moraltheologie Bd. 33), Berlin 2006.
BREYER, F., Lebenserwartung, Kosten des Sterbens und die Prognose der Gesundheitsausgaben, in: Jahrbuch für Wirtschaftswissenschaften 50 (1999), 53–65.
BROCHER, T., Wenn Kinder trauern. Wie sprechen wir über den Tod?, Zürich ²1981.

BROMBERG, M. B./FORSHEW, D., Application of the Schedule of the Evaluation of Individual Quality of Life (SEIQoL – DW) to ALS/MND patients and their spouses, in: Proceedings of the Ninth International Symposium on Amyotrophic Lateral Sclerosis and Motor Neuron Disease, 16.–18.11.1998, München 1998, 89.
BRUNER, J./POSTMAN, L., On the perception of incongruity: A paradigm, in: J Pers 18 (1949), 206–223.
BRUNKHORST, H. (Hg.), Habermas-Handbuch, Stuttgart 2009.
BRUNNSTRÖM, H. R./ENGLUND, E. M., Cause of death in patients with dementia disorders, in: Eur J Neurol 16 (2009), 488–492.
BUBER, M., Das dialogische Prinzip, Gütersloh 1986.
BULTMANN, R., Theologie des Neuen Testaments, Tübingen ^{6}1968.
BULTMANN, R., Der zweite Brief an die Korinther (KEK Sonderband), Göttingen ^{2}1987.
BUNDESÄRZTEKAMMER, Richtlinien für die Sterbehilfe, in: Dtsch Arztebl 76,14 (1979), 957–960.
BUNDESÄRZTEKAMMER, Richtlinien der Bundesärztekammer für die ärztliche Sterbebegleitung, in: Dtsch Arztebl 90,37 (1993), A-2404 f.
BUNDESÄRZTEKAMMER, Richtlinien zur Feststellung des Hirntodes, in: Dtsch Arztebl 95,30 (1998), A-1861–A-1868.
BUNDESÄRZTEKAMMER, Grundsätze der Bundesärztekammer zur ärztlichen Sterbebegleitung, in: Dtsch Arztebl 95,39 (1998), A-2366 f.
BUNDESÄRZTEKAMMER, Richtlinien der Bundesärztekammer für die ärztliche Sterbebegleitung, in: Dtsch Arztebl 101,19 (2004), A 1298 f.
BUNDESÄRZTEKAMMER, Grundsätze der Bundesärztekammer zur ärztlichen Sterbebegleitung, in: Dtsch Arztebl 108,7 (2011), A 346 ff.
BUNDESÄRZTEKAMMER, Statement von Prof. Dr. Jörg-Dietrich Hoppe, Präsident der Bundesärztekammer, zum Urteil des BGH zur Sterbehilfe, Berlin 2010, unter: http://www.baek.de/page.asp?his=3.75.77.8646 (Zugriff am 18.01.2011).
BÜNEMANN, M., Palliative Care, in: STÄDTLER-MACH, B. (Hg.), Ethik gestalten. Neue Aspekte zu ethischen Herausforderungen in der Pflege, Frankfurt 2007, 50–86.
BURKERT, W., Antike Mysterien. Funktionen und Gehalt, München ^{2}1991.
BURNS, R./NICHOLS, L. O./MARTINDALE-ADAMS, J./GRANEY, M. J./LUMMUS, A., Primary care interventions for dementia caregivers: 2-year outcomes from the REACH study, in: Gerontologist 43 (2003), 547–555.
CALLAHAN, D., On Defining a 'Natural Death', in: Hastings Cent Rep 7,3 (1977), 32–37.
CALLAHAN, D., The troubled dream of life: Living with mortality, New York 1993.
CALLAHAN, D., Pursuing a Peaceful Death, in: Hastings Cent Rep 23,4 (1993), 33–38.
CALLAHAN, D., Can Nature Serve as a Moral Guide?, in: Hastings Cent Rep 26,6 (1996), 20–22.
CALLANAN, M./KELLEY, P., Final Gifts: Understanding the Special Awareness, Needs, and Communications of the Dying, New York 1992.
CALNAN, M./BADCOTT, D./WOOLHEAD, G., Dignity under threat? A study of the experiences of older people in the United Kingdom, in: Int J Health Serv 36 (2006), 355–375.
CAMPBELL, D. T./STANLEY, J., Experimental and quasi-experimental designs for research, Boston 1963.
CAMUS, A., Der Mensch in der Revolte (Originaltitel: L'Homme révolté [1951]), Reinbek 1969.
CAMUS, A., Der Mythos von Sisyphos. Ein Versuch über das Absurde (Originaltitel: Le mythe de Sisyphe [1942]), Reinbek 1980.

Capron, A. M., Legal and ethical problems in decisions for death, in: Law Med Health Care 14 (1986), 141–144.
Carra de Vaux, B., Art. „Barzakh", in: Encyclopedia of Islam/Encyclopédie de l'Islam, Bd. 1, Leiden und Paris 1960.
Casper, B., Angesichts des Anderen, Paderborn 2009.
Cassileth, B. R./Lusk, E. J. (1989), Methodological issues in palliative care psychosocial research, in: Journal of Palliative Care 5,4 (1989), 5–11.
Cavallin, H. C. C., Leben nach dem Tode im Spätjudentum und im frühen Christentum, I. Spätjudentum, in: ANRW II 19,1 (1979), 240–345.
Center for the Advancement of Health, Report on bereavement and grief research, in: Death Stud 28 (2004), 491–575.
Cepl-Kaufmann, G./Grande, J., Mehr Licht. Sterbeprozesse in der Literatur, in: Rosentreter, M./Groß, D./Kaiser, S. (Hg.), Sterbeprozesse – Annäherungen an den Tod, Kassel 2010, 115–143.
Cervo, F. A./Bryan, L./Farber, S., To PEG or not to PEG: a review of evidence for placing feeding tubes in advanced dementia and the decision-making process, in: Geriatrics 61 (2006), 12–13.
Chamandy, N./Wolfson, C., Underlying cause of death in demented and non-demented elderly Canadians, in: Neuroepidemiology 25 (2005), 75–84.
Chen, J. H./Lamberg, J. L./Chen, Y. C./Kiely, D. K./Page, J. H./Person, C. J./Mitchell, S. L., Occurrence and treatment of suspected pneumonia in long-term care residents dying with advanced dementia, in: J Am Geriatr Soc 54 (2006), 290–295.
Chen, Y.-Y./Youngner, S. J., "Allow natural death" is not equivalent to "do not resuscitate". A response, in: J Med Ethics 34 (2008), 887–888.
Cherry, M. J., How Should Christians Make Judgements at the Edge of Life and Death, in: Christ Bioeth 12 (2006), 1–10.
Chiang, C. L., The Life Table and its Applications, Malabar 1984.
Chiò, A. u.a., ALS patients and caregivers communication preferences and information seeking behaviour, in: Eur J Neurol 15 (2008), 55–60.
Chochinov, H. M./Wilson, K. G. u.a., Desire for Death in the Terminally Ill, in: Am J Psychiatry 152 (1995), 1185–1191.
Chochinov, H. M./Wilson, K. G. u.a., Depression, Hopelessness, and Suicidal Ideation in the Terminally Ill, in: Psychosomatics 39 (1998), 366–370.
Chochinov, H. M./Tataryn, D. u.a., Will to Live in the Terminally Ill, in: The Lancet 354 (1999), 816–819.
Chochinov, H. M./Hack, T. F. u.a., Dignity Therapy: A Novel Psychotherapeutic Intervention for Patients near the End of Life, in: J Clin Oncol 23,24 (2005), 5520–5525.
Choron, J., Der Tod im abendländischen Denken, Stuttgart 1967.
Christensen, K./McGue, M./Petersen, I./Jeune, B./Vaupel, J. W., Exceptional longevity does not result in excessive levels of disability, in: Proc Natl Acad Sci U S A 105,36 (2008), 13274–13279.
Christensen, K./Doblhammer, G./Rau, R./Vaupel, J., Ageing populations: the challenges ahead, in: The Lancet 374,9696 (2009), 1196–1208.
Chucholowski, A., Lebendig bis in den Tod, Fragmente aus dem Nachlass, Hamburg 2011.
Cicero, M. T., Gespräche in Tusculum. Tusculanae Disputationes, hg. v. Gigon, O., Zürich 1991.
Cicero, M. T., Cato maior de senectute. Lateinisch/Deutsch, hg. v. Merklin, H., Stuttgart 1998.

CLARK-SOLES, J., Death and the Afterlife in the New Testament, New York/London 2006.
CLEMENS, K./QUEDNAU, I./KLASCHIK, E., Use of oxygen and opioids in the palliation of dyspnoea in hypoxic and non-hypoxic palliative care patients: a prospective study, in: Support Care Cancer 17,4 (2009), 367–377.
COETZEE, R. H./LEASK, S. J./JONES, R. G., The attitudes of carers and old age psychiatrists towards the treatment of potentially fatal events in end-stage dementia, in: Int J Geriatr Psychiatry 18 (2003), 169–173.
COHEN, J. u.a., Trends in acceptance of euthanasia among the general public in 12 European countries (1981–1999), in: Eur J Public Health 16,6 (2006), 663–669.
COHEN, L. L./LEMANEK, K. u.a., Evidence-based assessment of pediatric pain, in: J Pediatr Psychol 33,9 (2008), 939–955.
COLE, B. E., The psychiatric management of end-of-life pain and associated psychiatric comorbidity, in: Curr Pain Headache Rep 7 (2003), 89–97.
COMMUNITY OF PROTESTANT CHURCHES IN EUROPE, A Time to Live and a Time to Die. An Aid to Orientation of the CPCE on Death-hastening Decisions and Caring for the Dying, Wien 2011.
CONDRAU, G., Der Mensch und sein Tod. Certa moriendi condicio, Zürich ²1991.
CONRADI, E., Take Care. Grundlagen einer Ethik der Achtsamkeit, Frankfurt a.M. 2001.
COOK, D., Martydom in Islam, Cambridge/New York usw. 2007.
COPELAND-FIELDS, L./GRIFFIN, T./JENKINS, T./BUCKLEY, M./WISE, L. C., Comparison of outcome predictions made by physicians, by nurses, and by using the Mortality Prediction Model, in: Am J Crit Care 5 (2001), 313–319.
CORR, C. A., A task-based approach to coping with dying, Omega (Westport) 24 (1991–1992), 81–94.
CORR, C. A., Coping with dying: Lessons that we should and should not learn from the work of Elisabeth Kübler-Ross, in: Death Stud 17,1 (1993), 69–83.
CORR, C. A./DOKA, K. J./KASTENBAUM, R., Dying and its interpreters: A review of selected literature and some comments on the state of the field, in: Omega (Westport) 39 (1999), 239–259.
CORR, C. A./NABE, C. M./CORR, D. M., Death and dying, life and living, Belmont 2009.
CORRADO, A./RENDA, T./BERTINI, S., Long-term oxygen therapy in COPD: evidences and open questions of current indications, in: Monaldi Arch Chest Dis 73,1 (2010), 34–43.
COSTELLO, J., Dying well: nurses' experiences of 'good and bad' deaths in hospital, in: J Ad Nur 54,5 (2006), 594–601.
COUNCIL ON ETHICS AND JUDICIAL AFFAIRS, Decisions Near the End of Life (Report B – A–91), in: JAMA 267, 16 (1992), 2229–2233.
COUSINS, E. H. (Hg.), World Spirituality. An Encyclopedic History of the Religious Quest, New York 1985 ff.
COYLE, N./SCULCO, L., Expressed Desire for Hastened Death in Seven Patients Living with Advanced Cancer: A Phenomenologic Inquiry, in: Oncol Nurs Forum 31 (2004), 699–709.
CRAIG, A./CRONIN, B. u.a., Attitudes toward Physician-Assisted Suicide among Physicians in Vermont, in: J Med Ethics 33 (2007), 400–403.
CULLMANN, O., Unsterblichkeit der Seele oder Auferstehung der Toten? Die Antwort des Neuen Testaments (1956), in: BRÜNTRUP, G./RUGEL, M./SCHWARTZ, M. (Hg.), Auferstehung des Leibes – Unsterblichkeit der Seele, Stuttgart 2010, 13–24.
CURROW, D./MCDONALD, C./OATER, S./KENNY, B./ALLCROFT, P./FRITH, P./BRIFFA, M./JOHNSON, M./ABERNETHY, A., Once-Daily Opioids for Chronic Dyspnea: A Dose Increment and Pharmacovigilance Study, in: J Pain Symptom Manage 42,3 (2011), 388–399.

DAVIS, C./NOLEN-HOEKSEMA, S. u.a., Making sense of loss and benefiting from the experience: Two construals of meaning, in: J Pers Soc Psychol 75 (1998), 561–574.
DELHOM, P., Der Dritte. Lévinas' Philosophie zwischen Verantwortung und Gerechtigkeit, München 2000.
DEMERTZI, A. u.a., Different beliefs about pain perception in the vegetative and minimally conscious states: a European survey of medical and paramedical professionals, in: Prog Brain Res 177 (2009), 329–338.
DEMMER, K., Leben in Menschenhand. Grundlagen des bioethischen Gesprächs, Freiburg i.Br. 1987.
DERRIDA, J., Adieu. Nachruf auf Emmanuel Lévinas, München 1999.
DETERING, K. M./HANCOCK, A. D./READE, M. C./SILVESTER, W., The impact of advance care planning on end of life care in elderly patients: randomised controlled trial, in: BMJ 340 (2010), c1345.
DEUTSCHE GESELLSCHAFT FÜR HUMANES STERBEN (DGHS) E.V., Das Menschenrecht auf einen natürlichen Tod. Internationaler Überblick über Patientenverfügungsgesetze und rechtliche Regelungen der Sterbehilfe, Augsburg 1985.
DEUTSCHE GESELLSCHAFT FÜR MEDIZINRECHT, Einbecker Empfehlungen der Deutschen Gesellschaft für Medizinrecht (DGMR) zu den Grenzen ärztlicher Behandlungspflicht bei schwerstgeschädigten Neugeborenen, in: MedR 281 (1986), 281.
DEUTSCHE GESELLSCHAFT FÜR PALLIATIVMEDIZIN E.V. (DGP)/DEUTSCHER HOSPIZ- UND PALLIATIVVERBAND E.V. (DHPV)/BUNDESÄRZTEKAMMER (BÄK) (Hg.), Charta zur Betreuung schwerstkranker und sterbender Menschen in Deutschland, Berlin 2010, unter: http://www.charta-zur-betreuung-sterbender.de/tl-files/dokumente/Charta-08-09-2010.pdf.
DE VOGLER-EBERSOLE, K./EBERSOLE, P., Depth of meaning in life: Explicit rating criteria, in: Psychological Reports 56 (1985), 303–310.
DEWEY, M. E./SAZ, P., Dementia, cognitive impairment and mortality in persons aged 65 and over living in the community: a systematic review of the literature, in: Int J Geriatr Psychiatry 16 (2001), 751–761.
DI GIULIO, P./TOSCANI, F./VILLANI, D./BRUNELLI, C./GENTILE, S./SPADIN, P., Dying with advanced dementia in long-term care geriatric institutions: a retrospective study, in: J Palliat Med 11 (2008), 1023–1028.
DIE BISCHÖFE VON FREIBURG, STRASSBURG UND BASEL, Die Herausforderung des Sterbens annehmen. Gemeinsames Hirtenschreiben der Bischöfe von Freiburg, Strassburg und Basel, Freiburg i.Br./Strasbourg/Basel 2006.
DIERSE, U., Art. „Gelassenheit", in: HWP, Bd. 3, Basel 1974, 219–224.
DIETRICH, J., Der Tod von eigener Hand im Alten Testament und Alten Orient. Eskapistische Selbsttötungen in militärisch aussichtsloser Lage, in: BERLEJUNG, A./HECKL, R. (Hg.), Mensch und König. Studien zur Anthropologie des Alten Testaments, Festschrift für R. Lux (Herders Biblische Studien 53), Freiburg u.a. 2008, 63–83.
DINZELBACHER, P., An der Schwelle zum Jenseits. Sterbevisionen im interkulturellen Vergleich, Freiburg i.Br. 1989.
DOBLHAMMER, G./SCHOLZ, R. (Hg.), Ageing, Care Need and Quality of Life. The Perspective of Care Givers and People in Need of Care, Wiesbaden 2010.
DOBLHAMMER, G./ZIEGLER, U., Trends in Individual Trajectories of Health Limitations: A Study based on the German Socio-Economic Panel for the Periods 1984 to 1987 and 1995 to 1998, in: DIES./SCHOLZ, R. (Hg.), Ageing, Care Need and Quality of Life. The Perspective of Care Givers and People in Need of Care, Wiesbaden 2010, 177–203.

DOBLHAMMER, G./KREFT, D., Länger leben, länger leiden? Trends in Lebenserwartung und Gesundheit, in: Bundesgesundheitsblatt Gesundheitsforschung Gesundheitsschutz 54,8 (2011), 907–914.
DÖBLIN, A., Berlin Alexanderplatz: Die Geschichte von Franz Biberkopf, Taschenbuchausgabe, München 1965.
DÖRRE, K./LESSENICH, S./ROSA, H., Soziologie – Kapitalismus – Kritik, Frankfurt a.M. 2009.
DOSA, D. M., A Day in the Life of Oscar the Cat, in: N Engl J Med 357,4 (2007), 328–329.
DRAPER, B./MACCUSPIE-MOORE, C./BRODATY, H., Suicidal ideation and the "wish to die" in dementia patients: the role of depression, in: Age Ageing 27 (1998), 503–507.
DRAPER, B./BRODATY, H./LOW, L. F./RICHARDS, V., Prediction of mortality in nursing home residents: impact of passive self-harm behaviors, in: Int J Geriatr Psychiatry 13 (2003), 187–196.
DREIER, R., Der Totentanz – ein Motiv der kirchlichen Kunst als Projektionsfläche für profane Botschaften, Enschede 2010.
DREßKE, S., Sterben im Hospiz, Frankfurt a.M. 2005.
Drittes Gesetz zur Änderung des Betreuungsrechts, in: Bundesgesetzblatt 48 (2009), 2286–2287.
DROGE, A. J., Mori lucrum. Paul and Ancient Theories of Suicide, in: NT 30 (1988), 263–286.
DROGE, A. J./TABOR, J. D., A Noble Death. Suicide and Martyrdom among Christians and Jews in Antiquitiy, San Francisco 1992.
DROLSHAGEN, C., Lexikon Hospiz, Gütersloh 2003.
DUGGLEBY, W. D./DEGNER, L. u.a., Living with Hope: Initial Evaluation of a Psychosocial Hope Intervention for Older Palliative Home Care Patients, in: J Pain Symptom Manage 33 (2007), 247–257.
DURÁN CASAS, V., Die Pflichten gegen sich selbst in Kants „Metaphysik der Sitten", Frankfurt a.M. 1996.
DURKHEIM, É., Der Selbstmord (Originaltitel: Le suicide. Étude de sociologie [1879]), Neuwied/Berlin 1973.
DURKHEIM, É., Die elementaren Formen des religiösen Lebens, Frankfurt 1981.
DURLAK, J. A./HORN, W./KASS, R. A., A self-administering assessment of personal meanings of death: Report on the Revised Twenty Statements Test. Omega (Westport) 21 (1990), 301–309.
EBELING, H., Selbsterhaltung und Selbstbewusstsein. Zur Analytik von Freiheit und Tod, Freiburg i.Br. 1979.
EBELING, H. (Hg.), Der Tod in der Moderne, Königstein 1979/Frankfurt a.M. ³1992.
EBELING, H., Freiheit, Gleichheit, Sterblichkeit. Philosophie nach Heidegger, Stuttgart 1982.
EBELING, H., Neue Reden an die Deutsche Nation? Vom Warencharakter des Todes, Freiburg i.Br. 1994.
EBERHARDT, G., JHWH und die Unterwelt. Spuren einer Kompetenzausweitung JHWHs im Alten Testament (FAT II,23), Tübingen 2007.
EBNER, M., Leidenslisten und Apostelbrief. Untersuchungen zu Form, Motivik und Funktion der Peristasenkataloge bei Paulus (FzB 66), Würzburg 1991, 20–92.
EELES, E./ROCKWOOD, K., Delirium in the long-term care setting: clinical and research challenges, in: J Am Med Dir Assoc 9 (2008), 157–161.
EIBACH, U., Patientenverfügungen – „Mein Wille geschehe!?" Kritische Betrachtungen der „christlichen Patientenverfügungen" der Evangelisch-Lutherischen Kirche in Bayern, in: Z Med Ethik 44 (1998), 201–219.

EIBACH, U., Menschenwürde an den Grenzen des Lebens. Einführung in Fragen der Bioethik aus christlicher Sicht, Neukirchen-Vluyn 2000.
EIBACH, U./ZWIRNER, K., Künstliche Ernährung: um welchen Preis? Eine ethische Orientierung zur Ernährung durch „perkutane endoskopische Gastrostomie" (PEG-Sonden), in: Med Klin 97 (2002), 558–563.
EIBACH, U./ZWIRNER, K., Die Menschenwürde achten. Künstliche Ernährung durch PEG-Sonden – eine ethische Orientierung, in: Pflege Z 55 (2002), 669–673.
EICH, TH. (Hg.), Moderne Medizin und Islamische Ethik. Biowissenschaften in der muslimischen Rechtstradition (Buchreihe der Georges-Anawati-Stiftung „Religion und Gesellschaft. Modernes Denken in der islamischen Welt", Bd. 2), Freiburg/Basel/Wien, 2008.
EISDORFER, C./CZAJA, S. J./LOEWENSTEIN, D. A./RUPERT, M. P./ARGÜELLES, S./MITRANI, V. B. et al., The effect of family therapy and technology-based intervention on caregiver depression, in: Gerontologist 43 (2003), 521–531.
ELIAS, N., Über die Einsamkeit der Sterbenden in unseren Tagen, Frankfurt 1982.
EMANUEL, E. J., Cost savings at the end of life. What do the data show?, in: JAMA 275 (1996), 1907–1914.
EMANUEL, E. J., Euthanasia and Physician-Assisted Suicide; a Review of the Empirical Data from the United States, in: Arch Intern Med 162 (2002), 142–152.
EMMONS, R., Motives and goals, in: HOGAN, R./JOHNSON, J./BRIGGS, S. (Hg.), Handbook of Personality Psychology, San Diego 1997, 485–512.
ENGI, L., Die «selbstsüchtigen Beweggründe» von Art. 115 StGB im Licht der Normentstehungsgeschichte, in: Jusletter 4. Mai 2009.
ENQUETE-KOMMISSION DES DEUTSCHEN BUNDESTAGES, Zwischenbericht der Enquete-Kommission „Ethik und Recht der modernen Medizin". Patientenverfügungen, Berlin 2004; online verfügbar unter: http://webarchiv.bundestag.de/archive/2007/0206/parlament/gremien/kommissionen/archiv15/ethik_med/berichte_stellg/04_09_13_zwischenbericht_patientenverfuegungen.pdf.
EPIKTET, Disserationes ab Arriano digestae, in: DERS., The Discourses as reported by Arrian, the Manual and fragments, hg. v. OLDFATHER, W. A., Bd. 1 u. Bd. 2 (LCL), London 1925/1928.
EPIKTET, Encheiridion, in: DERS., The Discourses as reported by Arrian the Manual and fragments, hg. v. OLDFATHER, W. A., Bd. 2 (LCL), London 1928, 479–537.
EPIKUR, Brief an Herodotus, in: DERS., Von der Überwindung der Furcht, hg. v. GIGON, O., Zürich ³1989, 66–85.
EPIKUR, Brief an Menoikeus, in: DERS., Von der Überwindung der Furcht, hg. v. GIGON, O., Zürich ³1989, 100–105.
EPIKUR, Katechismus, in: DERS., Von der Überwindung der Furcht, hg. v. GIGON, O., Zürich ³1989, 59–65.
EPIKUR, Briefe, Sprüche, Werkfragmente, hg. v. KRAUTZ, H.-W., Stuttgart 1993.
EPSTEIN, S., Cognitive-experiental self-theory, in: BARONE, D./HERSEN, M./HASSELT, V. v. (Hg.), Advanced personality, New York 1998, 35–47.
ERBGUTH, F., Sicht der Wissenschaften und Religionen. Medizin, in: WITTWER, H./SCHÄFER, D./FREWER, A. (Hg.), Sterben und Tod. Ein interdisziplinäres Handbuch, Stuttgart/Weimar 2010, 39–49.
ERIKSON, E. H., Identität und Lebenszyklus, Frankfurt a.M. ²1966/Sonderausgabe 2003.
ERIKSON, E. H., Insight and Responsibility: Lectures on the Ethical Implications of Psychoanalytic Insight, New York 1964.
ERKUT, Z. A./KLOOKER, T./ENDERT, E./HUITINGA, I./SWAAB, D. F., Stress of dying is not sup-

pressed by high-dose morphine or by dementia, in: Neuropsychopharmacology 29 (2004), 152–157.
ERLANGSEN, A./ZARIT, S. H./CONWELL, Y., Hospital-diagnosed dementia and suicide: a longitudinal study using prospective, nationwide register data, in: Am J Geriatr Psychiatry 16 (2008), 220–228.
Ess, J. van, Theologie und Gesellschaft im 2. und 3. Jahrhundert Hidschra, Bd. 3 und 4, Berlin 1993 und 1997.
ESSER, A. M., Eine Ethik für Endliche. Kants Tugendlehre in der Gegenwart, Stuttgart-Bad Cannstatt 2004.
Evangelisches Kirchengesangbuch für die evangelisch-lutherischen Kirchen Niedersachsens, Oldenburg 1952.
EVANGELISTA, L./SACKETT, E./DRACUP, K., Pain and heart failure: unrecognized and untreated, in: Eur J Cardiovasc Nurs 8,3 (2009), 169–173.
EVERS, M. M./PUROHIT, D./PERL, D./KHAN, K./MARIN, D. B., Palliative and aggressive end-of-life care for patients with dementia, in: Psychiatric Services 53 (2002), 609–613.
FABISZEWSKI, K. J./VOLICER, B./VOLICER, L., Effect of antibiotic treatment on outcome of fevers in instituzionalized Alzheimer patients, in: J Am Med Assoc 263 (1990), 3168–3172.
FAGERLIN, A./SCHNEIDER, C. E., Enough. The failure of the living will, in: Hastings Cent Rep 34 (2004), 33–42.
AL-FARAMĀWĪ, ʿAbdalḥayy, al-Maut fī l-fikr al-islāmī [Der Tod im islamischen Denken], Kairo 1991 = 1491 d. H.
FÄSSLER-WEIBEL, P., Nahe sein in schwerer Zeit – Zur Begleitung von Angehörigen Sterbender, Freiburg/Schweiz 2009.
FEGG, M., Krankheitsbewältigung bei malignen Lymphomen. Evaluation und Verlauf von Bewältigungsstrategien, Kausal- und Kontrollattributionen vor und 6 Monate nach Hochdosischemotherapie mit autologer Blutstammzelltransplantation, München 2004.
FEGG, M., Lebenssinn trotz unheilbarer Erkrankung? Die Entwicklung des „Schedule for Meaning in Life Evaluation" (SMiLE), Habilitationsschrift, München 2010.
FEGG, M./WASNER, M./BORASIO, G. D., Personal values and individual quality of life in palliative care patients, in: J Pain Symptom Manage 30 (2005), 154–159.
FEGG, M./KRAMER, M. u.a., Meaning in life in the Federal Republic of Germany: results of a representative survey with the Schedule for Meaning in Life Evaluation (SMiLE), in: Health Qual Life Outcomes 5 (2007), 59.
FEGG, M./KRAMER, M., Lebenssinn trotz unheilbarer Erkrankung? Die Entwicklung des Schedule for Meaning in Life Evaluation (SMiLE), in: Zeitschrift für Palliativmedizin 9 (2008), 238–245.
FEGG, M./KRAMER, M./L'HOSTE, S. u.a., The Schedule for Meaning in Life Evaluation (SMiLE): validation of a new instrument for meaning-in-life research, in: J Pain Symptom Manage 35 (2008), 356–364.
FEGG, M./BRANDSTÄTTER, M. u.a., Meaning in life in palliative care patients, in: J Pain Symptom Manage 40,4 (2010), 502–509.
FEGG, M./KÖGLER, M. u.a., Meaning in life in patients with amyotrophic lateral sclerosis, in: Amyotroph Lateral Scler 11,5 (2010), 469–474.
FELDMANN, K., Tod und Gesellschaft. Eine soziologische Betrachtung von Sterben und Tod (Europäische Hochschulschriften Reihe XXII, Soziologie, Bd. 191), Frankfurt a.M./Bern/New York/Paris 1990.
FELDMANN, K., Physisches und soziales Sterben, in: BECKER, U./FELDMANN, K./JOHANNSEN, F. (Hg.), Sterben und Tod in Europa, Neukirchen-Vluyn 1998, 94–107.

FELDMANN, K., Tod und Gesellschaft. Sozialwissenschaftliche Thanatologie im Überblick, Wiesbaden ²2010.
FELDMANN, K., Sterben – Sterbehilfe – Töten – Suizid. Bausteine für eine kritische Thanatologie und für eine Kultivierungstheorie, unter: http://www.feldmann-k.de/tl_files/kfeldmann/pdf/thantosoziologie/feldmann_sterben_sterbehilfe_toeten_suizid.pdf (Zugriff am 10.06.2011).
FELDMANN, K./FUCHS-HEINRITZ, W., Der Tod ist ein Problem der Lebenden. Beiträge zur Soziologie des Todes, Frankfurt a.M. 1995.
FERNANDEZ, H. H./LAPANE, K. L., Predictors of mortality among nursing home residents with a diagnosis of Parkinson's disease, in: Med Sci Monit 8,4 (2002), CR241–246.
FERRAND, E./ROBERT, R./INGRAND, P./LEMAIRE, F./FRENCH LATAREA GROUP, Withholding and withdrawal of life support in intensive-care units in France. A prospective survey, The Lancet 57,9249 (2001), 9–14.
FERRIS, S. H./HOFELDT, G. T./CARBONE, G./MASCIANDARO, P./TROETEL, W. M./IMBIMBO, B. P., Suicide in two patients with a diagnosis of probable Alzheimer disease, in: Alzheimer Dis Assoc Disord 13 (1999), 88–90.
FEST, J., Der tanzende Tod (mit Zeichnungen von H. Janssen), Lübeck 1986.
FILIPP, S.-H./AYMANNS, P., Kritische Lebensereignisse und Lebenskrisen. Vom Umgang mit den Schattenseiten des Lebens, Stuttgart 2010.
FINK, E., Metaphysik und Tod, Stuttgart 1969.
FINS, J. J., Lessons from the injured brain: a bioethicist in the vineyards of neuroscience, in: Camb Q Healthc Ethics 18 (2009), 7–13.
FINS, J. J./MILLER, F. G./ACRES, C. A./BACCHETTA, M. D./HUZZARD, L. L./RAPKIN, B. D., End-of-life decision-making in the hospital: current practice and future prospects, in: J Pain Symptom Manage 17 (1999), 6–15.
FISCHBECK, S./SCHAPPERT, B., Kennzeichnung des psychischen Sterbeprozesses und Sterbeverläufe, in: WITTWER, H./SCHÄFER, D./FREWER, A. (Hg.), Sterben und Tod. Ein interdisziplinäres Handbuch, Stuttgart/Weimar 2010, 83–88.
FISCHER, J., Philosophische Anthropologie, in: KNEER, G. (Hg.), Handbuch Soziologische Theorien, Wiesbaden 2009, 323–343.
FISCHER, N., Geschichte des Todes in der Neuzeit, Erfurt 2001.
FISCHER, N./SIROVÁTKA, J. (Hg.), „Für das Unsichtbare sterben." Zum 100. Geburtstag von Emmanuel Lévinas, Paderborn 2006.
FISCHER, U., Eschatologie und Jenseitserwartung im hellenistischen Diasporajudentum (BZNW 44), Berlin 1978.
FLASCH, K., Meister Eckhart, München 2010.
FLASKÄMPER, P., Bevölkerungsstatistik, Hamburg 1962.
FLEMING, J., When "Meats are like Medicines": Vitoria and Lessius on the Role of Food in the Duty to preserve Life, in: TS 69 (2008), 99–115.
FOLEY, K. M., Competent Care for the Dying Instead of Physician-Assisted Suicide, in: N Engl J Med 336 (1997), 54–58.
FOLKMAN, S./GREER, S., Promoting psychological well-being in the face of serious illness: when theory, research and practice inform each other, in: Psychooncology 9,1 (2000), 11–19.
FOOT, P., Gutes Handeln. Ein Gespräch über Moralphilosophie, in: DIES., Die Wirklichkeit des Guten. Moralphilosophische Aufsätze, hg. v. Wolf, U., Frankfurt a.M. 1997, 10–46.
FORBES, S./BERN-KLUG, M./GESSERT, C., End-of-life decision making for nursing home residents with dementia, in: J Nurs Scholarsh 32 (2000), 251–258.

FORMIGA, F./OLMEDO, C./LÓPEZ-SOTO, A./NAVARRO, M./CULLA, A./PUJOL, R., Dying in hospital of terminal heart failure or severe dementia: the circumstances associated with death and the opinions of caregivers, in: Palliat Med 21 (2007), 35–40.
FORSTER, B./ROPOHL, D., Thanatologie, in: Praxis der Rechtsmedizin, Stuttgart/New York/München 1986, 2–47.
FÖRSTL, H., Lebenswille statt Euthanasie – Innen- statt Aussenansichten neurodegenerativer Erkrankungen, in: Dtsch Arztebl 105 (2008), 395–396.
FRALING, B., Im Zweifel für das Leben – Künstliche Ernährung bei Patienten im Wachkoma? Ein Diskussionsbeitrag, in: NEUNER, P./LÜNING, P. (Hg.), Theologie im Dialog, Münster 2004, 57–70.
FRANKENA, W. K., The Naturalistic Fallacy, in: Mind 48 (1939), 464–477.
FRANKL, V., Man's search for meaning, New York 1976.
FRANKL, V., Trotzdem Ja zum Leben sagen. Ein Psychologe erlebt das Konzentrationslager, München 1998.
FRANZ V. SALES, Introduction à la vie dévote, Texte établi et prés. par FLORISOONE, C., Bd. 1, Paris 1930.
FREILINGER, F., Das institutionalisierte Sterben, in: Focus NeuroGeriatrie 3 (2009), 6–10.
FREUND, A./RITTER, J., Midlife crisis: A debate, in: Gerontology 55,5 (2009), 582– 591.
FREY, W. (Hg.), „Ihr müsst alle nach meiner Pfeife tanzen", Wiesbaden 2000.
FREYER, T. (Hg.), Der Leib, Ostfildern 2009.
FRICK, E., Spiritual Care – ein neues Fachgebiet der Medizin, Z Med Ethik 55 (2009), 145–155.
FRICK, E., Sterbetrauer beginnt mitten im Leben, in: DERS./VOGEL, R. T. (Hg.), Den Abschied vom Leben verstehen. Psychoanalyse und Palliative Care, Stuttgart 2011 (im Druck).
FRICK, S./UEHLINGER, D. E./ZUERCHER-ZENKLUSEN, R. M., Medical futility: predicting outcome of intensive care unit patients by nurses and doctors – a prospective comparative study, in: Crit Care Med 31 (2003), 456–461.
FRIES, J. F., Aging, Natural Death, and the Compression of Morbidity, in: N Engl J Med 303 (1980), 130–135.
FRISCH, M., Totenrede, in: NOLL, P., Diktate über Sterben & Tod, Zürich 1984, 279–284.
FRITZ, A., Der naturalistische Fehlschluss. Das Ende eines Knock-Out-Arguments, Freiburg 2009.
FU, C./CHUTE, D. J./FARAG, E. S./GARAKIAN, J./CUMMINGS, J. L./VINTERS, H. V., Comorbidity in dementia: an autopsy study, in: Arch Pathol Lab Med 128 (2004), 132–138.
FUCHS, W., Todesbilder in der modernen Gesellschaft, Frankfurt 1969.
FUCHS-HEINRITZ, W., Sozialer Tod, in: WITTWER, H./SCHÄFER, D./FREWER, A. (Hg.), Handbuch Sterben und Tod, Stuttgart 2010, 133–136.
FUCHS-LACELLE, S./HADJISTAVROPOULOS, T., Development and preliminary validation of the pain assessment checklist for seniors with limited ability to communicate (PACSLAC), in: Pain Manag Nurs 5 (2004), 37–49.
FÜHRER, M./DUROUX, A./JOX, R. J./BORASIO, G. D., Entscheidungen am Lebensende in der Kinderpalliativmedizin – Fallberichte und ethisch-rechtliche Analysen, in: Monatsschr Kinderheilkd 57,1 (2009), 18–25.
GADAMER, H.-G., Die Unsterblichkeitsbeweise in Platons „Phaidon", in: DERS., Gesammelte Werke 6: Griechische Philosophie II, Tübingen 1985, 187–200.
GAESE, H. (Hg.), Lass ihre Namen geschrieben sein im Buch des Lebens, Gebete zu Tod und Begräbnis, Stuttgart 1992.

GALBRAITH, S./FAGAN, P./PERKINS, P./LYNCH, A./BOOTH, S., Does the use of a handheld fan improve chronic dyspnea? A randomized, controlled, crossover trial, in: J Pain Symptom Manage 39,5 (2010), 831–838.
GANGULI, M./DODGE, H. H./SHEN, C./PANDAV, R. S./DEKOSKY, S. T., Alzheimer disease and mortality: a 15-year epidemiological study in: Arch Neurol 62 (2005), 779–784.
GANZINI, L./GOY, E. R./MILLER, L. L. u.a., Nurses' experiences with hospice patients who refuse food and fluids to hasten death, in: N Engl J Med 349,4 (2003), 359–365.
GAUDIN, PH. (Hg.), La mort. Ce qu'en disent les religions, Ivry-sur-Seine 2001.
GAUS, W., Ökologisches Stoffgebiet. 141 Tabellen (Erstausgabe: REINHARDT, G., Ökologisches Stoffgebiet. 119 Tabellen [1991]), Stuttgart ³1999, 325.
GAUTHIER, A. u.a., A longitudinal study on quality of life and depression in ALS patient-caregiver couples, in: Neurology 68 (2007), 923–926.
AL-ĠAZĀLĪ, Abū Ḥāmid Muḥammad, Iḥyāʾ ʿulūm ad-dīn [Die Wiederbelebung der Wissenschaften von der Religion], Bd. 4, Samara (Indonesien) o.J. (Faksimile-Ausgabe des Standard-Druckes von ʿĪsā al-Bābī al-Ḥalabī, mit einer Einleitung von Aḥmad Ṭabāna, Kairo 1939 = 1358 d.H.), daraus 433–532: Kitāb ḏikr al-maut wa-mā baʿdahū [Buch des Gedenkens an den Tod und das, was nach ihm kommt]; davon auch englische Übersetzung mit Einleitung und Anmerkungen von Tim J. Winter unter dem Titel (al-Ghazālī), „The Remembrance of Death and the Afterlife" (auf dem Buchrücken davon abweichend: „al-Ghazālī on Death"), Cambridge 1989.
AL-ĠAZĀLĪ, Abū Ḥāmid Muḥammad, ad-Durra al-fāḫira fī kašf ʿulūm al-āḫira [Die prächtige Perle in Bezug auf die Enthüllung dessen, was man über das Jenseits wissen muss], Damaskus 1985 = 1315 d.H.
GEBHARDT, W., Experte seiner selbst – Über die Selbstermächtigung des religiösen Subjekts, in: EBERTZ, M. N./SCHÜTZEICHEL, R. (Hg.), Sinnstiftung als Beruf, Wiesbaden 2010, 33–41.
GEHLEN, A., Anthropologische Forschung, Hamburg 1961.
GEHRING, P. u.a. (Hg.), Ambivalenzen des Todes. Wirklichkeit des Sterbens und Todestheorien heute, Darmstadt 2007.
GENNEP, A. v., Übergangsriten, Frankfurt a.M. 1986.
GEORGE, S., Hymnen Pilgerfahrten Algabal, Berlin ⁷1922.
GEORGES, J. J./THE, A. M. u.a., Dealing with Requests for Euthanasia: A Qualitative Study Investigating the Experience of General Practitioners, in: J Med Ethics 34 (2008), 150–155.
GEREMEK, A., Wachkoma. Medizinische, rechtliche und ethische Aspekte, Köln 2009.
GERLACH, J., Gehirntod und totaler Tod, in: Munch Med Wochenschr 111 (1969), 732–736.
GERL-FALKOVITZ, H.-B., Eros, Glück, Tod und andere Versuche im christlichen Denken, Gräfelfing 2001.
GERRITSEN, W. P., Art. „Ars moriendi. B. III. Mittelenglische Literatur", in: LMA I, Stuttgart 1999, 1042–1043.
GERSON, J., De non esu carnium, in: DERS., Œuvres Completes, hg. v. GLORIEUX, P., Bd. III, Paris 1962.
GERSON, J., La science de bien mourir. La médicine de l'âme, in: Oeuvres Complètes, hg. v. GLORIEUX, P., Bd. VII, Paris 1966.
GESTRICH, C., Die Seele des Menschen und die Hoffnung der Christen, Frankfurt a.M. 2009.
GIACINO, J. T., The minimally conscious state: defining the borders of consciousness, in: Prog Brain Res 150 (2005), 381–395.
GIACINO, J. T./SMART, C., The vegetative and minimally conscious state. Consensusbased

criteria for establishing diagnosis and prognosis, in: NeuroRehabilitation 19 (2004), 293–298.
GIACINO, J. T./SMART, C., Recent advances in behavioral assessment of individuals with disorders of consciousness, in: Curr Opin Neurol 20,6 (2007), 614–619.
GIESEN, H., „Noch heute wirst du mit mir im Paradies sein" (Lk 23,43). Zur individuellen Eschatologie im lukanischen Doppelwerk, in: MÜLLER, C. G. (Hg.), „Licht zur Erleuchtung der Heiden und Herrlichkeit für dein Volk Israel". Studien zum lukanischen Doppelwerk (FS J. Zmijewski), (BBB 151), Frankfurt a.M. 2005, 151–172.
GILLICK, M. R./VOLANDES, A. E., The standard of caring: why do we still use feeding tubes in patients with advanced dementia?, in: J Am Med Dir Assoc 9 (2008), 364–367.
GILMER, T./SCHNEIDERMAN, L. J./TEETZEL, H. D./BLUSTEIN, J./BRIGGS, K./COHN, F./CRANFORD, R./DUGAN, D./KAMATSU, G./YOUNG, E. W., The costs of nonbeneficial treatment in the intensive care setting, in: Health Aff 24 (2005), 961–971.
GLARE, P./VIRIK, K./JONES, M./HUDSON, M./EYCHMUELLER, S./SIMES, J./CHRISTAKIS, N., A systematic review of physicians' survival predictions in terminally ill cancer patients, in: BMJ 26 (2003), 195–198.
GLASER, B. G./STRAUSS, A. L., Awareness of dying, Chicago 1965 (deutsche Übersetzung: Interaktion mit Sterbenden. Beobachtungen für Ärzte, Schwestern, Seelsorger und Angehörige, Göttingen 1974).
GNILKA, J., Der Philipperbrief (HThK X/3), Freiburg 1968.
GODZIK, P., Die Hospizbewegung in Deutschland – Stand und Perspektiven, in: AKADEMIE SANKELMARK (Hg.), Dokumentation der Nordischen Hospiztage. Internationale Fachtagung vom 1.–5. März 1993, Sankelmark 1993, 27–36.
GOETHE, J. W. v., Abschied und Übergang, hg. v. MEUER, P., Zürich 1995.
GOH, A. Y./MOK, Q., Identifying futility in a paediatric critical care setting: a prospective observational study, in: Arch Dis Child 84 (2001), 265–268.
GOLDBERG, T. H./BOTERO, A., Causes of death in elderly nursing home residents, in: J Am Med Dir Assoc 9 (2008), 565–567.
GOLDMAN, N., Mortality Differentials: Selection and Causation, in: SMELSER, N. J./BALTES, P. B. (Hg.), International Encyclopedia of the Social & Behavioral Sciences, Amsterdam 2001, 10068–10070.
GOLLWITZER, H./WEISCHEDEL, W., Denken und Glauben, Stuttgart 1965.
GOODMAN, L. E., Muḥammad ibn Zakariyyāʾ al-Rāzī, in: NASR, S. H./LEAMAN, O. (Hg.), History of Islamic Philosophy, London/New York 1996/2001, 198–215.
GORER, G., Death, grief, and mourning, Garden City 1965.
GÖRING-ECKHARDT, K. (Hg.), Würdig leben bis zuletzt, Gütersloh 2007.
GOY, E./GANZINI, L., End-of-life care in geriatric psychiatry, in: Clin Geriatr Med 19 (2003), 841–856, vii–viii.
GRABBE, L. L., Eschatology in Philo and Josephus, in: AVERY-PECK, A. J./NEUSNER, J. (Hg.), Judaism in Late Antiquity. Part IV: Death, Life-After-Death, Resurrection and the World-To-Come in the Judaisms of Antiquitiy (Handbuch der Orientalistik. Erste Abteilung: Der nahe und mittlere Osten), Leiden u.a. 2000, 163–185.
GRÄF, E., Auffassungen vom Tod im Rahmen islamischer Anthropologie, in: SCHWARTLÄNDER, J. (Hg.), Der Mensch und sein Tod, Göttingen 1976, 126–145.
GRAF, G./ROSS, J., Brauchen wir Qualitätssicherung in der Hospizarbeit?, in: Die Hospiz-Zeitschrift 17,3 (2003), 14–17.
GRANQVIST, H., Muslim Death and Burial: Arab Customs and Traditions Studied in a Village in Jordan, Helsinki 1965.

GRASSBERGER, M./SCHMID, H., Todesermittlung. Befundaufnahme & Spurensicherung, Wien/New York 2009.
GRAUNT, J., Natural and Political Observations Made Upon the Bills of Mortality (1662), neu abgedruckt, in: DERS./KING, G., The Earliest Classics, Farnborough 1973.
GRAWE, K., Psychologische Therapie, Göttingen 1998.
GREISCH, J., „Versprechen dürfen" – unterwegs zu einer phänomenologischen Hermeneutik des Versprechens, in: SCHENK, R. (Hg.), Kontinuität der Person. Zum Versprechen und Vertrauen. Stuttgart-Bad Cannstatt 1998, 241–270.
GRESHAKE, G./KREMER, J., Resurrectio mortuorum, Darmstadt, ²1992.
GRIMM, M., Menschen mit und ohne Geld. Wovon spricht Ps 49?, in: BN 96 (1999), 38–55.
GRISEZ, G., Should Nutrition and Hydration Be Provided to Permanently Unconscious and Other Mentally Disabled Persons?, in: HAMEL, R. P./WALTER, J. J. (Hg.), Artificial Nutrition and Hydration and the permanently unconscious Patient. The Catholic Debate, Washington 2007, 171–186.
GROM, B., Spiritualität – die Karriere eines Begriffs. Eine religionspsychologische Perspektive, in: FRICK, E./ROSER, T. (Hg.), Spiritualität und Medizin. Gemeinsame Sorge für den kranken Menschen, Stuttgart 2011, 12–17.
GROSS, D./GRANDE, J., Grundlagen und Konzepte: Sterbeprozess, in: WITTWER, H./SCHÄFER, D./FREWER, A. (Hg.), Sterben und Tod. Ein interdisziplinäres Handbuch, Stuttgart/Weimar 2010, 75–83.
GROSS, D./KREUCHER, S./GRANDE, J., Zwischen biologischer Erkenntnis und kultureller Setzung: Der Prozess des Sterbens und das Bild des Sterbenden, in: ROSENTRETER, M./GROSS, D./KAISER, S. (Hg.), Sterbeprozesse – Annäherungen an den Tod, Kassel 2010, 17–31.
GROSS, W., Verbform und Funktion. *wayyiqtol* für die Gegenwart? Ein Beitrag zur Syntax poetischer althebräischer Texte (ATSAT 1), St. Ottilien 1976.
GROSS, W., Gott als Feind des einzelnen? Psalm 88, in: DERS., Studien zur Priesterschrift und zu alttestamentlichen Gottesbildern (SBAB 30), Stuttgart 1999, 159–171.
GRUBB, A. u.a., Survey of British clinicians' views on management of patients in persistent vegetative state, in: The Lancet 348 (1996), 35–40.
GRUENBERG, E. M., The Failures of Success, in: Milbank Mem Fund Q 55 (1977), 3–24.
GUARDINI, R., Freiheit, Gnade, Schicksal, München 1949.
GÜHNE, U./MATSCHINGER, H./ANGERMEYER, M. C./RIEDEL-HELLER, S. G., Incident dementia cases and mortality. Results of the Leipzig Longitudinal Study of the Aged (LEILA75+), in: Dement Geriatr Cogn Disord 22 (2006), 185–193.
GULDE, S. U., Der Tod als Herrscher in Ugarit und Israel (FAT II,22), Tübingen 2007.
GUNKEL, H., Die Psalmen. Übersetzt und erklärt, Göttingen ⁵1968.
HAAS, A. M., Todesbilder im Mittelalter. Fakten und Hinweise in der deutschen Literatur, Darmstadt 1989.
HAAS, A. M., Meister Eckhart als normative Gestalt geistlichen Lebens, Freiburg ²1995.
HABERMAS, J., Nachmetaphysisches Denken, Frankfurt 1988.
HABERMAS, J., Vom sinnlichen Eindruck zum symbolischen Ausdruck, Frankfurt 1997.
HABERMAS, J., Glauben und Wissen, Frankfurt 2001.
HABERMAS, J., Zwischen Naturalismus und Religion, Frankfurt 2005.
HABERMAS, J./RATZINGER, J., Dialektik der Säkularisierung. Über Vernunft und Religion, Freiburg i.Br. 2005.
HADOT, P., Wege zur Weisheit, Berlin 1999.

HAHNE, M.-M., Zwischen Fürsorge und Selbstbestimmung – Über die Grenzen von Patientenautonomie und Patientenverfügung, in: FamRZ 2003, 1619–1622.
HALLEY, E., An Estimate of the Degree of the Mortality of Mankind, drawn from curious Tables of the Births and Funerals at the City of Breslaw; with an Attempt to ascertain the Price upon Annuities upon Lives, in: Philos Trans R Soc London 17 (1693), 596–610.
HAMMES, B. J./ROONEY, B. L./GUNDRUM, J. D., A comparative, retrospective, observational study of the prevalence, availability, and specificity of advance care plans in a county that implemented an advance care planning microsystem, in: J Am Geriatr Soc 58 (2010), 1249–1255.
HAMPEL, K. (Hg.), Menschenwürde an den Grenzen des Lebens, München 2007.
HANNA, F. J./GREEN, A. G., Hope and Suicide: Establishing the Will to Live, in: CAPUZZI, D. (Hg.), Suicide across the Life Span: Implications for Counselors, Alexandria 2004, 62–39.
HANSON, L. C. /USHER, B./SPRAGENS, L./BERNARD, S., Clinical and economic impact of palliative care consultation, in: J Pain Symptom Manage 35 (2008), 340–346.
HART NIBBRIG, C., Ästhetik der letzten Dinge, Frankfurt a.M. 1989.
HARWOOD, D. G./SULTZER, D. L., "Life is not worth living": hopelessness in Alzheimer's disease, in: J Geriatr Psychiatry Neurol 15 (2002), 38–43.
AL-ḤASANĪ, Makkī u.a., al-Mausūʿa aš-šāmila fī manāzil al-maut wa-l-āḫira [Die umfassende Enzyklopädie über die Stationen des Todes und des Jenseits], Beirut 2009.
HASENFRATZ, H.-P., Art. „Tod", in: TRE 33, Berlin/New York 2002, 579–582.
HASENFRATZ, H.-P., Der Tod in der Welt der Religionen, Darmstadt 2009.
HASSING, L. B./JOHANSSON, B./BERG, S./NILSSON, S. E./PEDERSEN, N. L./HOFER, S. M./MCCLEARN, G., Terminal decline and markers of cerebro- and cardiovascular disease: findings from a longitudinal study of the oldest old, in: J Gerontol B Psychol Sci Soc Sci 57 (2002), 268–276.
HAUFE, G., Individuelle Eschatologie des Neuen Testaments, in: ZThK 83 (1986), 436–463.
HÄURING, H./MUES, J. (Hg.), Du gehst fort, und ich bleib da. Gedichte und Geschichten von Abschied und Trennung, Frankfurt 1989.
HAUSER, J. M./KRAMER, B. J., Family caregivers in palliative care, in: Clin Geriatr Med 20 (2004), 671–688.
HAVERKAMP, A. u.a. (Hg.), Memoria (Poetik und Hermeneutik XV), München 1993.
HAYDAR, Z. R./LOWE, A. J./KAHVECI, K. L./WEATHERFORD, W./FINUCANE, T., Differences in end-of-life preferences between congestive heart failure and dementia in a medical house calls program, in: J Am Geriatr Soc 52 (2004), 736–740.
HAYEK, J. v., Hybride Sterberäume in der reflexiven Moderne. Eine ethnographische Studie im ambulanten Hospizdienst, Münster 2006.
HEBERT, R. S./LACOMIS, D. u.a., Grief support for informal ca LS: a national survey, in: Neurology 64 (2005), 137–138.
HEBERT, R. S./DANG, O./SCHULZ, R., Preparedness for the death of a loved one and mental health in bereaved caregivers of patients with dementia: findings from the REACH study, in: J Palliat Med 9 (2006), 683–693.
HEBERT, R. S./DANG, O./SCHULZ, R., Religious beliefs and practices are associated with better mental health in family caregivers of patients with dementia: findings from the REACH study, in: Am J Geriatr Psychiatry 15 (2007), 292–300.
HEGEL, G. W. F., Enzyklopädie der philosophischen Wissenschaften, Heidelberg ³1830.
HEIDE, A. v. d./DELIENS, L./FAISST, K./NILSTUN, T./NORUP, M./PACI, E./WAL, G. v. d./MAAS, P. J. v. d., End-of-life decision-making in six European countries: descriptive study, in: The Lancet 362 (2003), 345–350.

HEIDEGGER, M., Gelassenheit, Pfullingen 1959 (sowie in: Gesamtausgabe I, 16, hg. v. HEIDEGGER, H., Frankfurt a.M. 2000, 517–529).
HEIDEGGER, M., Sein und Zeit, Tübingen [10]1963/[15]1979 (sowie in: Gesamtausgabe I, 2, hg. v. HERRMANN, F.-W. v., Frankfurt a.M. 1977).
HEIDEGGER, M., Phänomenologie und Theologie, in: DERS., Wegmarken, Frankfurt a.M. [2]1978.
HEIDEGGER, M., Der Feldweg, in: DERS., Gesamtausgabe I, 13, hg. v. HEIDEGGER, H., Frankfurt 1983.
HEINE, S./PROULX, T. u.a., The Meaning Maintenance Model: On the Coherence of Social Motivations, in: Pers Soc Psychol Rev 10,2 (2006), 88–110.
HELMCHEN, H./KANOFSKI, S./LAUTER, H., Ethik in der Altersmedizin, Stuttgart 2005.
HELMER, C./JOLY, P./LETENNEUR, L./COMMENGES, D./DARTIGUES, J. F., Mortality with dementia: results from a French prospective community-based cohort, in: Am J Epidemiol 154 (2001), 642–648.
HENKE, D. E., A History of Ordinary and Extraordinary Means, Natl Cathol Bioeth Q 3 (2005), 555–575.
HENKE, D. E., Artificially Assisted Hydration and Nutrition, in: Christ Bioeth 12 (2006), 115–119.
HENKE, K.-D./REIMERS, L., Zum Einfluss von Demographie und medizinisch-technischem Fortschritt auf die Gesundheitsausgaben, Berlin 2006.
HERMS, E., Wahrheit und Freiheit, in: DERS., Phänomene des Glaubens, Tübingen 2006, 96–115.
HERMS, E., Den Seinen gibt's der Herr im Schlaf, in: DERS., In Wahrheit leben, Leipzig 2006, 155–171.
HERMS, E., Der Mensch – geschaffene, leibhafte, zu versöhnter und vollendeter Gemeinschaft mit ihrem Schöpfer bestimmte Person, in: DERS., Zusammenleben im Widerstreit der Weltanschauungen, Tübingen 2007, 25–46.
HERMS, E., Art. „Person, dogmatisch und ethisch", in: RGG[4] VI, Tübingen 2007, 1123–1129.
HERMS, E., Zur Systematik des Personbegriffes in reformatorischer Tradition, in: NZSTh 50 (2008), 377–413.
HERMS, E., Der Stellenwert der Geburt aus Sicht der theologischen Ethik, in: WEILERT, A. K. (Hg.), Spätabbruch oder Spätabtreibung – Entfernung einer Leibesfrucht oder Tötung eines Babys?, Tübingen 2011, 129–159.
HERRMANN, C., Unsterblichkeit der Seele durch Auferstehung, Göttingen 1997.
HERTOGH, C. M./DE BOER, M. E./DRÖES, R. M./EEFSTING, J. A., Would we rather lose our life than lose our self? Lessons from the Dutch debate on euthanasia for patients with dementia, in: Am J Bioeth 7 (2007), 48–56.
HERTZ, R., Das Sakrale, die Sünde und der Tod. Religions-, kultur- und wissenssoziologische Untersuchungen, hg. v. MOEBIUS, S./PAPILLOUD, C., Konstanz 2007.
HICKMAN, S. E./NELSON, C. A./PERRIN, N. A./MOSS, A. H./HAMMES, B. J./TOLLE, S. W., A comparison of methods to communicate treatment preferences in nursing facilities: traditional practices versus the physician orders for life-sustaining treatment program, in: J Am Geriatr Soc 58 (2010), 1241–1248.
HIEMENZ, T./KOTTNICK, R. (Hg.), Chancen und Grenzen der Hospizbewegung, Freiburg i.Br. 2000.
HILBERT, R., The accultural dimensions of chronic pain: Flawed reality construction and the problem of meaning, in: Social Problems 31 (1984), 365–378.
HILDEBRAND, D. v., Einführung in die Philosophische Anthropologie, Frankfurt 1934.

HILDEBRAND, D. v., Über den Tod, St. Ottilien 1980.
HILDEBRANDT, F., Lehrbuch der Physiologie, Wien 1802.
HIRSCH, S. R., Die Psalmen. Übersetzt und erläutert, Frankfurt a.M. 1924.
HOCKLEY, J., Psychosocial aspects in palliative care, in: Acta Oncol 39 (2000), 905–910.
HOFF, J./SCHMITTEN, J. i. d., Wann ist der Mensch tot? Organverpflanzung und „Hirntod"-Kriterium, Hamburg 1994.
HÖFFE, O., Moral als Preis der Moderne, Frankfurt ⁴2000.
HÖFFE, O., Medizin ohne Ethik, Frankfurt ²2003.
HÖFFE, O., Lebenskunst und Moral, München 2007.
HOFFMANN, E./NACHTMANN, J., Old Age, the Need of Long-term Care and Healthy Life Expectancy, in: DOBLHAMMER, G./SCHOLZ, R. (Hg.), Ageing, Care Need and Quality of Life. The Perspective of Care Givers and People in Need of Care, Wiesbaden 2010, 162–176.
HOFFMANN, M., „Sterben? Am liebsten plötzlich und unerwartet". Die Angst vor dem „sozialen Sterben", Wiesbaden 2011.
HOFFMANN, P., Die Toten in Christus. Eine religionsgeschichtliche und exegetische Untersuchung zur paulinischen Eschatologie (NTA NF 2), Münster ²1969.
HÖFLING, W., Empfehlen sich zivilrechtliche Regelungen zur Absicherung der Patientenautonomie am Ende des Lebens? – Statement aus verfassungsrechtlicher Sicht, in: STÄNDIGE DEPUTATION DES DEUTSCHEN JURISTENTAGES (Hg.), Verhandlungen des 63. Deutschen Juristentages, Bd. II/2, München 2000, 88–93.
HÖFLING, W., Integritätsschutz und Patientenautonomie am Lebensende, in: Dtsch Med Wochenschr 14 (2005), 898–900.
HÖFLING, W., Gesetz zur Sicherung der Autonomie und Integrität von Patienten am Lebensende (Patientenautonomie- und Integritätsschutzgesetz), in: MedR 1 (2006), 25–32.
HÖFLING, W., Wachkoma – Eine Problemskizze aus verfassungsrechtlicher Perspektive, in: DERS. (Hg.), Das sog. Wachkoma. Rechtliche, medizinische und ethische Aspekte, Münster ²2007, 1–11.
HÖFLING, W./RIXEN, S., Vormundschaftsgerichtliche Sterbeherrschaft?, in: JZ 18 (2003), 884–894.
HÖFLING, W./SCHÄFER, A., Leben und Sterben in Richterhand? Ergebnisse einer bundesweiten Richterbefragung zu Patientenverfügung und Sterbehilfe, Tübingen 2006.
HÖGLINGER, G./KLEINERT, S., Hirntod und Organtransplantation, Berlin u.a. 1998.
HÖHN, H.-J. (Hg.), Welt ohne Tod – Hoffnung oder Schreckensvision?, Göttingen 2004.
HOLDEREGGER, A. (Hg.), Das medizinisch assistierte Sterben. Zur Sterbehilfe aus medizinischer, ethischer, juristischer und theologischer Sicht, Freiburg i.Ue. 1999.
HOLTZ, T., Der erste Brief an die Thessalonicher (EKK XIII), Zürich/Neukirchen-Vluyn 1986.
HONNEFELDER, L., Welche Natur sollen wir schützen?, Berlin 2011.
HOOFF, A. v., Thanatos und Asklepios. Wie antike Ärzte zum Tod standen, in: SCHLICH, T./WIESEMANN, C. (Hg.), Hirntod: Zur Kulturgeschichte der Hirntodfeststellung, Frankfurt a.M. 2001, 85–101.
HOOVER, D. R./CRYSTAL, S./KUMAR, R./SAMBAMOORTHI, U./CANTOR, J. C., Medical expenditures during the last year of life: findings from the 1992–1996 Medicare current beneficiary survey, in: Health Serv Res 37 (2002), 1625–1642.
HOPF, E., Abzweigung einer periodischen Lösung von einer stationären Lösung eines Differentialsystems, in: Ber Math-Phys Klasse, Sächs Akad Wiss 94, Leipzig 1942, 1–22.

HÖRNER, F., Die Behauptung des Dandys. Eine Archäologie, Bielefeld 2008.
HOSSFELD, F.-L./ZENGER, E., Psalmen 101–150. Übersetzt und ausgelegt (HThKAT), Freiburg i.B. 2008.
HÖVER, G., Zur Notwendigkeit ethischer Kategorienforschung heute, in: JANS, J. (Hg.), Für die Freiheit verantwortlich. Festschrift für K.-W. Merks zum 65. Geburtstag, Freiburg i.Br. 2004, 20–34.
HÖVER, G./BARANZKE, H., Bedrohen Genomforschung und Zellbiologie die Menschenwürde?, in: KRESS, H./RACKÉ, K. (Hg.), Medizin an den Grenzen des Lebens. Lebensbeginn und Lebensende in der bioethischen Kontroverse, Münster 2002, 141–171.
HUBER, S., Der Religiositäts-Struktur-Test (R-S-T). Systematik und operationale Konstrukte, in: GRÄB, W./CHARBONNIER, L. (Hg.), Individualisierung – Spiritualität – Religion: Transformationsprozesse auf dem religiösen Feld in interdisziplinärer Perspektive, Berlin 2008, 137–171.
HUCKLENBROICH, P., Tod und Sterben was ist das? Medizinische und philosophische Aspekte, in: HUCKLENBROICH, P./GELHAUS, P. (Hg.), Tod und Sterben. Medizinische Perspektiven (Naturwissenschaft, Philosophie, Geschichte 10), Münster 2001, 3–20.
HUDSON, P. L./ARANDA, S./KRISTJANSON, L. J., Meeting the supportive needs of family caregivers in palliative care: Challenges for health professionals, in: J Palliat Med 7 (2004), 19–25.
HUDSON, P. L./KRISTJANSON, L. J. u.a., Desire for Hastened Death in Patients with Advanced Disease and the Evidence Base of Clinical Guidelines: A Systematic Review, in: Palliat Med 20 (2006), 693–701.
HUDSON, P. L./SCHOFIELD, P. u.a., Responding to Desire to Die Statements from Patients with Advanced Disease. Recommendations for Health Professionals, in: Palliat Med 20 (2006), 703–710.
HUFELAND, C. W., Der Scheintod oder Sammlung der wichtigen Tatsachen und Bemerkungen darüber (1808), hg. v. KÖPF, G., Bern 1986.
HUFEN, F., Verfassungsrechtliche Grenzen des Richterrechts – Zum neuen Sterbehilfe-Beschluss des BGH, in: ZRP 7 (2003), 248–252.
HÜGLI, A., Art. „Sterben lernen", in: HWP, Bd. X, Basel 1998, 129–134.
HÜGLI, A., Art. „Tod", in: HWP, Bd. X, Basel 1998, 1227–1242.
HUI, J. S./WILSON, R. S./BENNETT, D. A./BIENIAS, J. L./GILLEY, D. W./EVANS, D. A., Rate of cognitive decline and mortality in Alzheimer's disease, in: Neurology 25 (2003), 1356–1361.
HUIZING, K., Das Sein und der Andere, Bonn 1988.
HÜLSWITT, T./BRINZANIK, R., Werden wir ewig leben? Gespräche über die Zukunft von Mensch und Technologie, Berlin 2010.
HUME, D., Die Naturgeschichte der Religion. Über Aberglaube und Schwärmerei. Über die Unsterblichkeit der Seele. Über Selbstmord, hg. v. KREIMENDAHL, L., Hamburg ²2000.
HUSSTEDT, I. W./BÖCKENHOLT, S./KAMMER-SUHR, B./EVERS, S., Schmerztherapie bei HIV-assoziierter Polyneuropathie, in: Schmerz 15,2 (2001), 138–146.
HUSSTEDT, I. W./REICHEL, D./KÄSTNER, F./EVERS, S./HAHN, K., Epidemiologie und Therapie von Schmerzen und Depression bei HIV und Aids, in: Schmerz 23,6 (2009), 628–639.
HUYSMANS, J.-K., Gegen den Strich, Leipzig/Weimar 1978.
IGNATIUS V. LOYOLA, Die Exerzitien, hg. v. BALTHASAR, H. U. v., Einsiedeln ¹²1993.
İLKILIÇ, İ., Das muslimische Glaubensverständnis von Tod, Gericht, Gottesgnade und deren Bedeutung für die Medizinethik (Zentrum für Medizinische Ethik, Medizinethische Materialien, Heft 126, Mai 2002), Bochum 2002.

INOUYE, S. K./DYCK, C. H. v./ALESSI, C. A./BALKIN, S./SIEGAL, A. P./HORWITZ, R. I., Clarifying confusion: the Confusion Assessment Method. A new method for detection of delirium, in: Ann Intern Med 113 (1990), 941– 948.
INTENSIVMEDIZINISCHE GESELLSCHAFTEN ÖSTERREICHS, Empfehlungen zum Thema Therapiebegrenzung und -Beendigung an Intensivstationen, in: Wien Klin Wochenschr 116,21 (2004), 763–767.
JÄGER, C., Die Patientenverfügung als Rechtsinstrument zwischen Autonomie und Fürsorge, in: HETTINGER, M./ZOPFS, J./HILLENKAMP, T./KÖHLER, M./RATH, J./STRENG, F./WOLTER, J. (Hg.), Festschrift für W. Küper zum 70. Geburtstag, Heidelberg/München/Landsberg/Berlin 2007, 209–224.
JANOFF-BULMAN, R., Shattered assumptions: Towards a new psychology of trauma, New York 1992.
JANOWSKI, B., Konfliktgespräche mit Gott. Eine Anthropologie der Psalmen, Neukirchen-Vluyn ²2006.
JANSEN, H. H., Der Tod in Dichtung, Philosophie und Kunst, Darmstadt 1978.
JAQUETTE, J. L., Discerning What Counts: The Function of the Adiaphora Topos in Paul's Letters (SBLDS 146), Atlanta 1995.
JAQUETTE, J. L., Life and Death, Adiaphora, and Paul's Rhetorical Strategies, in: NT 38 (1996), 30–54.
JASPERS, K., Philosophie II: Existenzerhellung, Berlin 1932 (⁴1973).
JASPERS, K., Philosophie III: Metaphysik, Berlin 1956.
JASPERS, K., Der philosophische Glaube angesichts der Offenbarung, München 1962.
JASPERS, K., Einführung in die Philosophie, München 1966.
JENNETT, B., The vegetative state: medical facts, ethical and legal dilemmas, Cambridge 2002.
JOHANNES PAUL II., Discours du Pape Jean-Paul II aux participants à la XXXVᵉ assemblée générale de l'association médicale mondiale. 29. Oktober 1983, in: AAS 76 (1984), 389–395.
JOHANNES PAUL II., Evangelium vitae (25.03.1995), in: SEKRETARIAT DER DEUTSCHEN BISCHOFSKONFERENZ (Hg.), Enzyklika Evangelium vitae von Papst Johannes Paul II. an die Bischöfe Priester und Diakone, die Ordensleute und Laien sowie an alle Menschen guten Willens über den Wert und die Unantastbarkeit des menschlichen Lebens (Verlautbarungen des Apostolischen Stuhls 120, Originalausgabe: AAS 87 [1996], 401–522), Bonn 1995.
JOHANNES PAUL II., Kranke und Sterbende mit ihrer Angst ernst nehmen und konkrete Hilfe anbieten. Botschaft von Johannes Paul II. an alle Kranken und alle, die in der Welt der Krankheit und des Leidens leben und arbeiten. Wien am 21. Juni 1998, in: L'Osservatore Romano. Wochenausgabe in deutscher Sprache 28,26 (1998), 13–14.
JOHANNES PAUL II., Ein Mensch ist und bleibt immer ein Mensch. Audienz für die Teilnehmer am Internationalen Fachkongreß zum Thema „Lebenserhaltende Behandlungen und vegetativer Zustand: Wissenschaftliche Fortschritte und ethische Dilemmata". 20. März 2004 (Originalausgabe: AAS 96 [2004], 485–489), in: L'Osservatore Romano. Wochenausgabe in deutscher Sprache 34,15/16 (2004), 15.
JOHANSEN, S./HOLEN, J. C. u.a., Attitudes towards, and Wishes for Euthanasia in Advanced Cancer Patients at a Palliative Medicine Unit, in: Palliat Med 19 (2005), 454–460.
JOIST, A., Auf der Suche nach dem Sinn des Todes. Todesdeutungen in der Lyrik der Gegenwart, Mainz 2004.
JONAS, H., Vom Sinn des Todes. „Last und Segen der Sterblichkeit", in: BÖHLER, D. (Hg.), Leben, Wissenschaft, Verantwortung, Stuttgart 2004, 201–221.

Jonen-Thielemann, I., Die Terminalphase, in: Aulbert, E./Zech, D. (Hg.), Lehrbuch der Palliativmedizin, Stuttgart 1997, 678–686.
Jones, C., Die letzte Reise. Eine Kulturgeschichte des Todes, München 1999.
Jones, J. M./Huggins, M. A. u.a., Symptomatic Distress, Hopelessness, and the Desire for Hastened Death in Hospitalized Cancer Patients, in: J Psychosom Res 55 (2003), 411–418.
Jonsen, A./Siegler, M./Winslade, W. J., Klinische Ethik. Eine praktische Hilfe zur ethischen Entscheidungsfindung, Köln ⁵2006.
Jox, R. J., End-of-life decision making concerning patients with disorders of consciousness, in: Res cogitans 8 (2011), 43–61.
Jox, R. J., Autonomie und Stellvertretung bei Wachkomapatienten, in: Breitsameter, C. (Hg.), Autonomie und Stellvertretung, Stuttgart 2011, 112–138.
Jox, R. J., Das Wachkoma: thematische Einführung und Übersicht über das Buch, in: Jox, R. J./Kühlmeyer, K./Borasio, G. D., Leben im Koma, Stuttgart 2011, 9–18.
Jox, R. J./Eisenmenger, E., Pädiatrische Palliativmedizin – die juristische Sicht, in: Führer, M./Duroux, A./Borasio, G. D. (Hg.), „Können Sie denn gar nichts mehr für mein Kind tun?". Therapiezieländerung und Palliativmedizin in der Pädiatrie (Münchner Reihe Palliative Care, Bd.2), Stuttgart 2006, 49–54.
Jox, R. J./Führer, M./Borasio, G. D., Patientenverfügung und Elternverfügung – „Advance care planning" in der Pädiatrie, in: Monatsschr Kinderheilkd 57,1 (2009), 26–32.
Jung, C. G., Seele und Tod, in: Ders., Gesammelte Werke Bd. 8, Zürich 1977, 463–474.
Jüngel, E., Tod (Themen der Theologie, Bd. 8), Stuttgart 1971.
Junger, A./Engel, J./Benson, M./Hartmann, B./Rohrig, R./Hempelmann, G., Risk predictors, scoring systems and prognostic models in anesthesia and intensive care. Part II. Intensive Care, in: Anasthesiol Intensivmed Notfallmed Schmerzther 37 (2002), 591–599.
Jünger, E., Sämtliche Werke, Bd. 2: Strahlungen I, Stuttgart 1979.
Jünger, E., Siebzig verweht II, Stuttgart 1981.
Jünger, E., Rivarol (Cotta's Bibliothek der Moderne, Bd. 85), Stuttgart 1989.
Kaiser, O., Der Mensch als Geschöpf Gottes. Aspekte der Anthropologie Ben Siras, in: Ders., Zwischen Athen und Jerusalem. Studien zur griechischen und biblischen Theologie, ihrer Eigenart und ihrem Verhältnis (BZAW 320), Berlin 2003, 224–246.
Kaiser, O., Das Verständnis des Todes bei Ben Sira, in: Ders., Zwischen Athen und Jerusalem. Studien zur griechischen und biblischen Theologie, ihrer Eigenart und ihrem Verhältnis (BZAW 320), Berlin 2003, 275–392.
Kaiser, O./Lohse, E., Tod und Leben (Kohlhammer Taschenbücher 1001), Stuttgart 1977.
Kaiser, G., Der tanzende Tod, Frankfurt a.M. ²1989.
Kaléko, M., Verse für Zeitgenossen, Reinbek ²²2007.
Kamlah, W., Die Wurzeln der neuzeitlichen Wissenschaft und Profanität, Wuppertal 1948.
Kamlah, W., Der Mensch in der Profanität, Stuttgart 1949.
Kamlah, W., Der Ruf des Steuermanns, Stuttgart 1954.
Kamlah, W., Philosophische Anthropologie, Zürich 1972.
Kamlah, W., Meditatio mortis. Kann man den Tod „verstehen" und gibt es ein „Recht auf den eigenen Tod"?, Stuttgart 1976.
Kant, I., Anthropologie in pragmatischer Hinsicht, in: Kant's Gesammelte Schriften, hg. v. der Akademie der Wissenschaften, Bd. 7, Berlin 1900.
Kant, I., Logik, in: Kant's Gesammelte Schriften, hg. v. der Akademie der Wissenschaften, Bd. 9, Berlin 1900.

Kant, I., Grundlegung zur Metaphysik der Sitten, in: Ders., Werke in zehn Bänden, hg. v. Weischedel, W., Bd. 6, Darmstadt 1968.
Kant, I., Metaphysik der Sitten. Zweiter Teil: Metaphysische Anfangsgründe der Tugendlehre, in: Ders., Werke in zehn Bänden, hg. v. Weischedel, W., Bd. 7, Darmstadt 1968.
Kapellari, E., Und dann der Tod. Sterbe-Bilder, Graz 2005.
Karle, I., Perspektiven der Krankenhausseelsorge. Eine Auseinandersetzung mit dem Konzept des Spiritual Care, in: Wege zum Menschen 62,6 (2010), 537–555.
Kass, L. R., The Troubled Dream of Nature as a Moral Guide, in: Hastings Cent Rep 26,6 (1996), 22–24.
Kast, V., Trauer, Stuttgart 1982.
Kastenbaum, R. J., Death, Society, and Human Experience, Saint Louis 1977 (Boston ^{9}2006).
Kastenbaum, R. J./Thuell, S., Cookies baking, coffee brewing: Toward a contextual theory of dying, in: Omega (Westport) 31 (2005), 175–187.
Katechismus der Katholischen Kirche. Neuübersetzung aufgrund der Editio typica Latina, München 2005.
Kaub-Wittemer, D./Steinbuchel, N. v./Wasner, M. u.a., Quality of life and psychosocial issues in ventilated patients with amyotrophic lateral sclerosis and their caregivers, in: J Pain Symptom Manage 26 (2003), 890–896.
Kay, D. W./Forster, D. P./Newens, A. J., Long-term survival, place of death, and death certification in clinically diagnosed pre-senile dementia in northern England. Follow-up after 8–12 years, in: Br J Psychiatry 177 (2000), 156–162.
Kayser-Jones, J., The experience of dying: an ethnographic nursing home study, in: Gerontologist 42, Spec No 3 (2002), 11–19.
Kearney, M., A Place of Healing: Working with Nature & Soul at the End of Life, New Orleans 2009.
Keene, J./Hope, T./Fairburn, C. G./Jacoby, R., Death and dementia, in: Int J Geriatr Psychiatry 16 (2001), 969–974.
Keith, K. T., Life extension: proponents, opponents, and the social impact of the defeat of death, in: Bartalos, M. K. (Hg.), Speaking of death. America's new sense of mortality, Westport 2009, 102–151.
Kellehear, A., Are we a "death-denying" society?, in: Soc Sci Med 18 (1984), 713–721.
Kellehear, A., A social history of dying, Cambridge 2007.
Kellehear, A., Dying as a social relationship: A sociological review of debates on the determination of death, in: Soc Sci Med 66,7 (2008), 1533–1544.
Keller, A., Zeit, Tod, Ewigkeit, Landshut ^{2}2009.
Keller, H. H./Ostbye, T., Do nutrition indicators predict death in elderly Canadians with cognitive impairment?, in: Can J Public Health 91 (2000), 220–224.
Kellner, M., Islamische Rechtsmeinungen zu medizinischen Eingriffen an den Grenzen des Lebens. Ein Beitrag zur kulturübergreifenden Bioethik, Würzburg 2010.
Kelly, B./Burnett, P. u.a., Factors Associated with the Wish to Hasten Death: A Study of Patients with Terminal Illness, in: Psychol Med 33 (2003), 75–81.
Kessel, M., Die Angst vor dem Scheintod im 18. Jahrhundert. Körper und Seele zwischen Religion, Magie und Wissenschaft, in: Schlich, T./Wiesemann, C. (Hg.), Hirntod: Zur Kulturgeschichte der Hirntodfeststellung, Frankfurt a.M. 2001, 133–186.
Keyfitz, N., Introduction to the Mathematics of Population, Reading 1968.
Keyfitz, N./Flieger, W., Population. Facts and Methods of Demography, San Francisco 1971.
Keyfitz, N./Caswell, H., Applied Mathematical Demography, New York ^{3}2005.

KHOURY, A. TH., Abtreibung im Islam, Köln 1981.
KIELY, D. K./MARCANTONIO, E. R./INOUYE, S. K. et al., Persistent delirium predicts mortality, in: J Am Geriatr Soc 57 (2009), 555–611.
KIENER, R., Organisierte Suizidhilfe zwischen Selbstbestimmungsrecht und staatlichen Schutzpflichten, in: Zeitschrift für Schweizerisches Recht, Band 129, I,3 (2010), 271–289.
KLASS, D./HUTCH, R. A., Elisabeth Kübler-Ross as a religious leader, in: Omega (Westport) 16 (1985-1986), 89–109.
KLEEBERG, U., Ökonomisierung der Ethik. Wann ist Wirksamkeit in der Tumortherapie auch Patientennutzen?, in: InFo Onkologie 7,5 (2010), 3–4.
KLIMKEIT, H.-J. (Hg.), Tod und Jenseits im Glauben der Völker, Wiesbaden 1978.
KLINGER, E., Meaning and void. Inner experience and the incentives in people's lives, Minneapolis 1977.
KNEER, G./SCHROER, M., Soziologie als multiparadigmatische Wissenschaft, in: DIES. (Hg.), Handbuch soziologische Theorien, Wiesbaden 2009, 7–18.
KNOBLAUCH, H., „Jeder sich selbst sein Gott in der Welt" – Subjektivierung, Spiritualität und der Markt der Religion, in: HETTLAGE, R./VOGT, L. (Hg.), Identitäten in der modernen Welt, Wiesbaden 2000, 201–216.
KNOBLAUCH, H./ZINGERLE, A., Thanatosoziologie. Tod, Hospiz und die Institutionalisierung des Sterbens, in: DIES. (Hg.), Thanatosoziologie, Berlin 2005, 11–27.
KÖBERLE, A./MUMM, R., Wir gedenken der Entschlafenen, Kassel 1981.
KOCH, K. A., Allow Natural Death: "Do Not Resuscitate" Orders, in: Northeast Florida Medicine Supplement, January 2008, 13–17.
KOHLBERG, E., Medieval Muslim Views on Martyrdom, in: Koninklijke Nederlandse Akademie van Wetenschapen, Mededelingen van de Afdeling Letterkunde 60 (1997), 277–308.
KONGREGATION FÜR DIE GLAUBENSLEHRE, Erklärung zur Euthanasie (5. Mai 1980), in: SEKRETARIAT DER DEUTSCHEN BISCHOFSKONFERENZ (Hg.), Erklärung der Kongregation für die Glaubenslehre zur Euthanasie (Verlautbarungen des Apostolischen Stuhls 20, Originalausgabe: AAS 72 [1980], 542–552) Bonn 1980.
KONGREGATION FÜR DIE GLAUBENSLEHRE, Instruktion über die Achtung vor dem beginnenden menschlichen Leben und die Würde der Fortpflanzung. Donum vitae (22. Februar 1987), in: SEKRETARIAT DER DEUTSCHEN BISCHOFSKONFERENZ (Hg.), Instruktion der Kongregation für die Glaubenslehre über die Achtung vor dem beginnenden menschlichen Leben und die Würde der Fortpflanzung (Verlautbarungen des Apostolischen Stuhls 74, Originalausgabe: AAS 80 [1988], 70–102), Bonn 1987.
KONGREGATION FÜR DIE GLAUBENSLEHRE, Antworten auf Fragen der Bischofskonferenz der Vereinigten Staaten bezüglich der künstlichen Ernährung und Wasserversorgung. 01. August 2007 [Originalausgabe: AAS 99 [2007], 820 f.], in: L'Osservatore Romano. Wochenausgabe in deutscher Sprache 37, 39 (2007), 8.
KONGREGATION FÜR DIE GLAUBENSLEHRE, Instruktion Dignitas Personae über einige Fragen der Bioethik (8. September 2008), in: SEKRETARIAT DER DEUTSCHEN BISCHOFSKONFERENZ (Hg.), Instruktion Dignitas Personae über einige Fragen der Bioethik (Verlautbarungen des Apostolischen Stuhls 183, Originalausgabe: AAS 100 [2008], 858–887), Bonn 2008.
KOOPMANS, R. T./STERREN, K. J. v. d./STEEN, J. T. v. d., The 'natural' endpoint of dementia: death from cachexia or dehydration following palliative care?, in: Int J Geriatr Psychiatry 22 (2007), 350–355.

KÖRTNER, U. H., Bedenken, dass wir sterben müssen, München 1996.
KÖRTNER, U. H., „Lasst mich bloß nicht in Ruhe – oder doch?" Was es bedeutet, Menschen im Wachkoma als Subjekte ernst zu nehmen, in: Wien Med Wochenschr 158, 13/14 (2008), 396–401.
KOSTREWA, S., Wenn die verbale Sprache fehlt – So erkennen Sie Bedürfnisse, in: Palliativpflege heute. Schwerstkranke und Sterbende professionell und ganzheitlich begleiten, Mai (2011), 3.
KOUWENHOVEN, W. B./JUDE, J. R./KNICKERBOCKER, G. G., Landmark article July 9, 1960: Closed-chest cardiac massage, in: JAMA 251,23 (1984), 3133–3136.
KRASKA, M./MÜLLER-BUSCH, H. C., Von 'Cura palliativa' bis zur 'palliative care'. Die Entwicklung des Palliativbegriffes in England, Frankreich und Deutschland in Gegenwart und Vergangenheit unter besonderer Berücksichtigung des medizinischen Fachbereichs (Dissertation 2011, im Erscheinen).
KRAUS, H.-J., Psalmen (BK XV,1), Neukirchen-Vluyn ⁵1978.
KRAWIETZ, B., Die Ḥurma: schariatrechtlicher Schutz vor Eingriffen in die körperliche Unversehrtheit nach arabischen Fatwas des 20. Jahrhunderts, Berlin 1991.
KREMER, J., Auferstehung der Toten in bibeltheologischer Sicht, in: DERS./GRESHAKE, G., Resurrectio Mortuorum. Zum theologischen Verständnis der leiblichen Auferstehung, Darmstadt ²1992, 7–161.
KRÜGER, A., Auf dem Weg „zu den Vätern". Zur Tradition der alttestamentlichen Sterbenotizen, in: BERLEJUNG, A./JANOWSKI, B. (Hg.), Tod und Jenseits im alten Israel und in seiner Umwelt. Theologische, religionsgeschichtliche, archäologische und ikonographische Aspekte (FAT 64), Tübingen 2009, 137–150.
KRUSE, A., Menschen im Terminalstadium und ihre betreuenden Angehörigen als „Dyade": Wie erleben sie die Endlichkeit des Lebens, wie setzen sie sich mit dieser auseinander? Ergebnisse einer Längsschnittstudie, in: Z Gerontol Geriatr, 28 (1995), 264–272.
KRUSE, A., Das Verhältnis Sterbender zu ihrer eigenen Endlichkeit. Vortrag bei der Öffentlichen Tagung des Nationalen Ethikrates zum Thema „Wie wir sterben" (31. März 2004), 11–15, unter: http://www.ethikrat.org/dateien/pdf/Wortprotokoll_Aug_2004-03-31.pdf.
KRUSE, A./KNAPPE, E./SCHULZ-NIESWANDT, F./SCHWARTZ, F. W./WILBERS, J., Kostenentwicklung im Gesundheitswesen: Verursachen ältere Menschen höhere Gesundheitskosten? Expertise erstellt im Auftrag der AOK Baden-Württemberg, Stuttgart 2003.
KUBICIEL, M., Entscheidungsbesprechung. Zur Strafbarkeit des Abbruchs künstlicher Ernährung, in: ZJS 5 (2010), 656–661.
KÜBLER-ROSS, E., Interviews mit Sterbenden, Stuttgart 1969/Gütersloh 1973.
KÜBLER-ROSS, E., Befreiung aus der Angst, Stuttgart 1983.
KÜBLER-ROSS, E., Erfülltes Leben – würdiges Sterben, Gütersloh 1993.
KÜBLER-ROSS, E., On Death and Dying, New York 1997.
KÜBLER-ROSS, E., Kinder und Tod, München 2003.
KÜBLER-ROSS, E., Verstehen, was Sterbende sagen wollen. Einführung in ihre symbolische Sprache, München 2004.
KUEMPFEL, T./HOFFMANN, L. A. u.a., Palliative Care in Patients with Severe Multiple Sclerosis: Two Case Reports and a Survey among German Ms Neurologists, in: Palliat Med 21 (2007), 109–114.
KUHLMEY, A./SCHAEFFER, D. (Hg.), Alter, Gesundheit und Krankheit – Handbuch Gesundheitswissenschaften, Bern 2008, 80–94.
KÜHN, D., Totengedenken bei den Nabatäern und im Alten Testament. Eine religionsgeschichtliche und exegetische Studie (AOAT 311), Münster 2005.

KURTZ, D. C./BORDMAN, J., Thanatos. Tod und Jenseits bei den Griechen (Kulturgeschichte der antiken Welt 23), Mainz 1985.
KUTZER, K., ZRP- Rechtsgespräch, in: ZRP 3 (1997), 117–119.
KUTZER, K., Der Vormundschaftsrichter als „Schicksalsbeamter"? Der BGH schränkt das Selbstbestimmungsrecht des Patienten ein, in: ZRP 6 (2003), 213–216.
LA MARNE, P., Vers une mort solidaire, Paris 2005.
LAAGER, J., Ars Moriendi, Die Kunst, gut zu leben und gut zu sterben. Texte von Cicero bis Luther, Zürich 1996.
LAFONTAINE, C., Die postmortale Gesellschaft, Wiesbaden 2010.
LAMBERG, J. L./PERSON, C. J./KIELY, D. K./MITCHELL, S. L., Decisions to hospitalize nursing home residents dying with advanced dementia, in: J Am Geriatr Soc 53 (2005), 1396–1401.
LANG, B., Art. „Leben nach dem Tod", in: NBL II, Zürich 1995, 599–601.
LANGENHORST, G., Trösten lernen?, Ostfildern 2000.
LANGENHORST, G., Literarische Texte im Religionsunterricht, Freiburg i.Br. 2011.
LANGTHALER, R., Nachmetaphysisches Denken? Kritische Anfragen an Jürgen Habermas, Berlin 1997.
LANGTHALER, R./NAGL-DOCEKAL, H. (Hg.), Glauben und Wissen. Ein Symposium mit J. Habermas, Wien 2007.
LARKIN, P./SYKES, N./CENTENO, C./ELLERSHAW, J./ELSNER, F./EUGENE, B./GOOTJES, J. R. G./ NABAL, M./NOGUERA, A./RIPAMONTI, C./ZUCCO, F./ZUURMOND, W. and on behalf of THE EUROPEAN CONSENSUS GROUP ON CONSTIPATION IN PALLIATIVE CARE, The management of constipation in palliative care: clinical practice recommendations, in: Palliat Med 22 (2008), 796–807.
LAUFS, A., Zivilrichter über Leben und Tod?, in: NJW 46 (1998), 3399–3401.
LAUFS, A./KERN, B.-R. (Hg.), Handbuch des Arztrechts, München ⁴2010.
LAUREYS, S., Hirntod und Wachkoma, in: Spectrum der Wissenschaft 2 (2006), 62–72.
LAUREYS, S./BOLY, M./MAQUET, P., Tracking the recovery of consciousness from coma, in: J Clin Invest 116 (2006), 1823–1825.
LAVES, W./BERG, S., Agonie. Physiologisch-chemische Untersuchungen bei gewaltsamen Todesarten, Lübeck 1965.
LAZARUS, R. S./FOLKMAN, S., Stress appraisal and coping, New York 1984.
LEE, V./COHEN, R. u.a., Clarifying "meaning" in the context of cancer research: A systematic literature review, in: Palliat Support Care 2 (2004), 291–303.
LEE, V./COHEN, R. u.a., Meaning-making intervention during breast or colorectal cancer treatment improves self-esteem, optimism, and selfefficacy, Soc Sci Med 62 (2006), 3133–3145.
LEE, V./COHEN, R., Meaning-making and psychological adjustment to cancer: development of an intervention and pilot results, in: Oncol Nurs Forum 33,2 (2006), 291–302.
LEEMAN, C. P., Distinguishing among Irrational Suicide and Other Forms of Hastened Death: Implications for Clinical Practice, in: Psychosomatics 50 (2009), 185–191.
LEFEBVRE-CHAPIRO, S., The Doloplus-Scale – evaluating pain in the elderly, in: Eur J Palliat Care 8 (2001), 191–193.
LEHMANN, K., Vom Ursprung und Sinn der Seinsfrage im Denken Martin Heideggers, Diss. phil. 1962, Bd. I, Mainz ²2003.
LEHMANN, K., Transzendenz, in: SM, Band IV, Freiburg i.Br. 1969, 992–1005.
LEHMANN, K., Die Häuser der Toten. Das Grab und der Friedhof als Spiegel von Glaube und Kultur, in: Bestattungskultur. Offizielles Organ des Bundesverbandes Deutscher Bestatter e.V., 57,10 (2005), Sonderbeilage mit Dokumentation des Referates, I–VIII.

LEHMANN, K., Von der besonderen Kunst glücklich zu sein, Freiburg i.Br. 2006.
LEHMANN, K., Feldweg und Glockenturm. Martin Heideggers Denken aus der Erfahrung der Heimat, in: DIE STADT MESSKIRCH (Hg.), Feldweg und Glockenturm. Festschrift anlässlich des 30. Todestages von Martin Heidegger, Meßkirch 2007, 11–40.
LEHMANN, K., Die Häuser der Toten. Grundsätzliche Überlegungen zu Grab und Friedhof, in: KRÖMER, R./THEIS-KRÖMER, S. (Hg.), Von der Kraft der Endlichkeit. Orte der Stille, 2000 Jahre Heiliges Tal, 200 Jahre Mainzer Aureus. Ein Bürgerprojekt, Mainz ³2008, 30–39.
LEHMANN, K., Sterben in Würde. Von der wunderbaren Idee des Hospizes. Festvortrag zum 20-jährigen Jubiläum der Mainzer Hospizgesellschaft Christophorus e.V. am 19. Mai 2010 in Mainz (im Druck).
LEHMANN, K., Unzerstörbares Leben in Geschichte und Transzendenz. Zur Hermeneutik und Rede vom ewigen Leben. Vortrag bei der Internationalen Wissenschaftlichen Tagung „Denken in Gegensätzen: Leben als Phänomen und als Problem" am 23. Oktober 2010 an der Humboldt-Universität in Berlin (im Druck).
LEHMANN, K., Der Mensch in Leid und Schmerz – Bemühungen um eine Leidminderung aus christlicher Sicht. Informationsveranstaltung „Palliative Versorgung im KKM – Neue Wege, Neue Ziele", Vortrag im Katholischen Klinikum Mainz am 25. November 2010 (im Druck).
LEMAY, K./WILSON, K. G., Treatment of Existential Distress in Life Threatening Illness: A Review of Manualized Interventions, in: Clin Psychol Rev 28 (2008), 472–493.
LEPIC, P., Mourir: Rituels de la mort dans le judaïsme, le christianisme et l'islam, o.O. (Paris) 2006.
LEPPIN, V., Art. „Totentanz", in: TRE XXXIII, Berlin 2002, 686–688.
LEUENBERGER, M., Das Problem des vorzeitigen Todes in der israelitischen Religions- und Theologiegeschichte, in: BERLEJUNG, A./JANOWSKI, B. (Hg.), Tod und Jenseits im alten Israel und in seiner Umwelt. Theologische, religionsgeschichtliche, archäologische und ikonographische Aspekte (FAT 64), Tübingen 2009, 151–176.
LÉVINAS, E., La mauvaise conscience et l'inexorable, in: Exercices de la patience 2 (1981), 109–113 (auch in: DERS., De Dieu qui vient à l'ideé, Paris ²1986, 258–265).
LÉVINAS, E., La mort e le temps, Paris 1991.
LÉVINAS, E., Jenseits des Seins oder anders als Sein geschieht, Freiburg i. Br. 1992.
LÉVINAS, E., Zwischen uns, München 1995.
LÉVINAS, E., Gott, der Tod und die Zeit, Wien 1996.
LÉVINAS, E., Wenn Gott ins Denken einfällt, Freiburg i.Br. ³1999.
LÉVINAS, E., Die Zeit und der Andere, Hamburg 2003.
LÉVINAS, E., Ausweg aus dem Sein, Hamburg 2005.
LÉVINAS, E., Humanismus des anderen Menschen, Hamburg 2005.
LEVINSKY, N. G./YU, W./ASH, A./MOSKOWITZ, M./GAZELLE, G./SAYNINA, O./EMANUEL, E. J., Influence of age on Medicare expenditures and medical care in the last year of life, in: JAMA 286 (2001), 1349–1355.
LEWIS, C. S., Über die Trauer, Frankfurt 2009.
LIESS, K., Der Weg des Lebens. Psalm 16 und das Lebens- und Todesverständnis der Individualpsalmen (FAT II/5), Tübingen 2004.
LIESSMANN, K. P. (Hg.), Ruhm, Tod und Unsterblichkeit. Über den Umgang mit der Endlichkeit (Philosophicum Lech 7), Wien 2004.
LIM, W. S./RUBIN, E. H./COATS, M./MORRIS, J. C., Early-stage Alzheimer disease represents increased suicidal risk in relation to later stages, in: Alzheimer Dis Assoc Disord 19 (2005), 214–219.

LINK, F. (Hg.), Tanz und Tod in Kunst und Literatur, Berlin 1993.
LINDEMANN, A., Der erste Korintherbrief (HNT 9/1), Tübingen 2000.
LINTNER, M., Einsames Sterben zwischen öffentlichen Fronten. Der „Fall Eluana Englaro" – eine gesellschaftspolitische Herausforderung, in: KRÖLL, W./SCHAUPP, W. (Hg.), Eluana Englaro – Wachkoma und Behandlungsabbruch, Wien 2010, 1–23.
LIPP, V., Sterbehilfe – Aktuelle Rechtslage und rechtspolitische Diskussion, in: BORASIO, G. D./KUTZER, K./MEIER, C. (Hg.), Patientenverfügung: Ausdruck der Selbstbestimmung – Auftrag zur Fürsorge (Münchner Reihe Palliative Care, Bd.1), Stuttgart 2005, 56–88.
LIPP, V., Anmerkung, in: FamRZ 18 (2010), 1555–1556.
LIST, E./STELZER, H., Grenzen der Autonomie, Weilerswist 2010.
LOCKETT, M. A./TEMPLETON, M. L./BYRNE, T. K. u.a., Percutaneous endoscopic gastrostomy complications in a tertiary-care center, in: Am Surg 68,2 (2002), 117–120.
LOHFINK, N., Das Siegeslied am Schilfmeer, Frankfurt 1965.
LOHLKER, R., Schari'a und Moderne. Diskussionen zum Schwangerschaftsabbruch, zur Versicherung und zum Zinswesen, Stuttgart 1996.
LOMMEL, P. v., Endloses Bewusstsein. Neue medizinische Fakten zur Nahtoderfahrung, Mannheim ³2010.
LUBITZ, J. D./RILEY, G. F., Trends in Medicare payments in the last year of life, in: N Engl J Med 328 (1993), 1092–1096.
LUBITZ, J. D./BEEBE, J./BAKER, C., Longevity and Medicare expenditures, in: N Engl J Med 332 (1995), 999–1003.
LUCCHETTI, M., Eluana Englaro, chronicle of a death foretold: ethical considerations on the recent right-to-die case in Italy, in: J Med Ethics 36 (2010), 333–335.
LUCKNER, A., Martin Heidegger: Sein und Zeit, Paderborn ²2001.
LUGTON, J., Kommunikation mit Sterbenden und ihren Angehörigen, Berlin/Wiesbaden 1995.
LUHMANN, N., Die Realität der Massenmedien, Wiesbaden ²1996.
LUTHER, M., Ein Sermon von der Bereitung zum Sterben (1519), in: WA 2, Weimar 1884, 685–697.
LUTHER, M., Großer Katechismus (1529), in: Bekenntnisschriften der evangelisch-lutherischen Kirche, Göttingen ⁵1963, 543–733.
LUX, R., Tod und Gerechtigkeit im Buch Kohelet, in: BERLEJUNG, A./JANOWSKI, B. (Hg.), Tod und Jenseits im alten Israel und in seiner Umwelt. Theologische, religionsgeschichtliche, archäologische und ikonographische Aspekte (FAT 64), Tübingen 2009, 43–65.
LYNESS, J. M., End-of-life care: issues relevant to the geriatric psychiatrist, in: Am J Geriatr Psychiatry 12 (2004), 457–472.
LYNN, J., Serving Patients who may die soon and their families: the role of hospice and other services, in: JAMA 285 (2001), 925–932.
MACHO, T., Todesmetaphern, Frankfurt 1987.
MACHO, T., Religion, Unsterblichkeit und der Glaube an die Wissenschaft, in: LIESSMANN, K. P. (Hg.), Ruhm, Tod und Unsterblichkeit, Wien 2004, 261–277.
AL-MAḎKŪR, Ḫālid u.a., al-Ḥayāt al-insānīya, bidāyatuhā wa-nihāyatuhā fī l-mafhūm al-islāmī [Das menschliche Leben, sein Anfang und sein Ende nach islamischem Verständnis], Akten eines am 24. Rabīʿ II (= 15. Januar 1985) veranstalteten Symposiums zu diesem Thema, Kairo ²1991.
MAK, Y./ELWYN, G., Voices of the Terminally Ill: Uncovering the Meaning of Desire for Euthanasia, in: Palliat Med 19 (2005), 343–350.

Mann, T., Die Betrogene (1953), in: Ders., Späte Erzählungen 1940–1953, Frankfurt a.M. 1981, 407–481.
Mann, T., Tagebücher 1951–1952, hg. v. Jens, I., Frankfurt a.M. 1993.
Mannix, K., Palliation of nausea and vomiting, in: Doyle, D./Hanks, G./Cherny, N./Calman, K. (Hg.), Oxford Textbook of Palliative Medicine, Oxford 2004, 459–468.
Manser, J., Der Tod des Menschen (Europäische Hochschulschriften, Reihe 23, Bd. 93), Bern 1977.
Manton, K. G., Changing concepts of morbidity and mortality in the elderly population, in: Milbank Mem Fund Q Health Soc 60,2 (1982), 183–244.
Marcel, G., Reflexion und Intuition, hg. v. Berning, V., Frankfurt 1987.
Marckmann, G./Sandberger, G./Wiesing, U., Begrenzung lebenserhaltender Behandlungsmaßnahmen: Eine Handreichung für die Praxis auf der Grundlage der aktuellen Gesetzgebung, in: Dtsch Med Wochenschr 135 (2010), 570–574.
Marcus Aurelius Antonius, Ad se ipsum, libri XII, hg. v. Dalfen, J., Leipzig ²1987.
Marquard, O., Abschied vom Prinzipiellen, Stuttgart 1982.
Marquard, O., Skepsis und Zustimmung. Philosophische Studien, Stuttgart ²1995.
Marten, R., Der menschliche Tod, Paderborn 1987.
Mast, K. R./Salama, M./Silverman, G. K./Arnold, R. M., End-of-life content in treatment guidelines for life-limiting diseases, in: J Palliat Med 7 (2004), 754–773.
Materstvedt, L. J./Kaasa, S., Euthanasia and Physician-Assisted Suicide in Scandinavia – with a Conceptual Suggestion Regarding International Research in Relation to the Phenomena, in: Palliat Med 16 (2002), 17–32.
Materstvedt, L. J./Clark, D. u.a., Euthanasia and Physician-Assisted Suicide: A View from an Eapc Ethics Task Force, in: Palliat Med 17 (2003), 97–101.
Materstvedt, L. J./Bosshard, G., Euthanasia and Physican-Assisted Suicide, in: Cherny, N. I. (Hg.), Oxford Textbook of Palliative Medicine, New York ⁴2010, 304–319.
Matt, P. v., Ein Talisman gegen die Vergänglichkeit, in: Reich-Ranicki, M. (Hg.), Frankfurter Anthologie 32, Frankfurt a.M. 2008, 222–224.
May, K., Winnetou III, hg. v. Schmid, R. (Freiburger Erstausgaben, Bd. 9), Bamberg 1982.
May, W. E., Catholic Bioethic and the Gift of Human Life, Huntington 2000.
McCue, J. D., The naturalness of dying, in: JAMA 273 (1995), 1039–1043.
Meeker, M.-A./Jezewski, M.-A., Family decision making at end of life, in: Palliat Support Care 3 (2005), 131–142.
Meier, D./Emmons, C. u.a., A national survey of physician-assisted suicide and euthanasia in the United States, in: N Engl J Med Overseas Ed 338,17 (1998), 1193–1201.
Meister Eckhart, Deutsche Werke, Bd. 5, hg. v. Quint, J., Stuttgart 1963.
Meister Eckhart, Deutsche Predigten und Traktakte, hg. v. Quint, J., München ⁵1978.
Meslé, F., Mortality in Central and Eastern Europe: Long-term trends and recent upturns, in: Demographic Research Special Collection 2 (2004), 45–70.
Meslé, F./Vallin, J., The Health Transition: Trends and Prospects, in: Caselli, G./Vallin, J./Wunsch, G. (Hg.), Demography. Analysis and Synthesis, Bd.2, Amsterdam 2006, 247–259.
Metz, J. B., Memoria passionis, Freiburg i.Br. 2006.
Meyer, J. E., Todesangst und das Todesbewusstsein der Gegenwart, Berlin 1979.
Michel, A., Gott und Gewalt gegen Kinder im Alten Testament (FAT 37), Tübingen 2003.
Middlewood, S./Gardner, G./Gardner, A., Dying in a hospital: medical failure or natural outcome?, in: J Pain Symptom Manage 22 (2001), 1035–1041.

MIETH, D., Grenzenlose Selbstbestimmung?, Düsseldorf 2008.
MILES, M. S., Helping adults mourn the death of a child, in: WASS, H./CORR, C. A. (Hg.), Childhood and death, Washington 1984, 219–241.
MILLER, T., Increasing Longevity and Medicare Expenditures, in: Demography 38 (2001), 215–226.
MINISTERKOMITEE DES EUROPARATS, Empfehlung an die Mitgliedstaaten zur Organisation von *Palliative Care* vom 12. November 2003, unter: http://www.dgpalliativmedizin.de/allgemein/europa.html (Zugriff am 28. Mai 2011).
MISKAWAIH, Aḥmad b. Muḥammad: Tahḏīb al-aḫlāq, Beirut 1985 = 1405 d. H., englische Übersetzung: Zurayk, C. K., The Refinement of the Character, Beirut 1968.
MITCHELL, S. L./KIELY, D. K./HAMEL, M. B., Dying with advanced dementia in the nursing home, in: Arch Intern Med 164 (2004), 321–326.
MITCHELL, S. L./MORRIS, J. N./PARK, P. S./FRIES, B. E., Terminal care for persons with advanced dementia in the nursing home and home care settings, in: J Palliat Med 7 (2004), 808–816.
MITCHELL, S. L./TENO, J. M./MILLER, S. C./MOR, V., A national study of the location of death for older persons with dementia, in: J Am Geriatr Soc 53 (2005), 299–305.
MITCHELL, S. L./KIELY, D. K./MILLER, S. C./CONNOR, S. R./SPENCE, C./TENO, J. M., Hospice care for patients with dementia, in: J Pain Symptom Manage 34 (2007), 7–16.
MOADEL, A./MORGAN, C. u.a., Seeking meaning and hope: Self-reported spiritual and existential needs among an ethnically-diverse cancer patient population, in: Psychooncology 8 (1999), 378–385.
MOLLARET, P./GOULON, M., Le coma depassé, in: Rev Neurol 101 (1959), 3–15.
MOLLOY, D. W./GUYATT, G. H./RUSSO, R./GOEREE, R./O'BRIEN, B. J./BEDARD, M./WILLAN, A./WATSON, J./PATTERSON, C./HARRISON, C./STANDISH, T./STRANG, D./DARZINS, P. J./SMITH, S./DUBOIS, S., Systematic implementation of an advance directive program in nursing homes: a randomized controlled trial, in: JAMA 283 (2000), 1437–1444.
MOLTMANN, J./SUNDERMEIER, T., Totentänzer – Tanz des Lebens, Frankfurt a.M. 2006.
MONTI, M. u.a., Willful Modulation of Brain Activity in Disorders of Consciousness, in: N Engl J Med 362 (2010), 579–589.
MORENO, J. M. u.a., Palliative Care in the European Union. European Parliament's Committee on the Environment, Public Health and Food Safety, Valencia/Brüssel 2008.
MORRISON, R./AHRONHEIM, J./MORRISON, R./DARLING, E./BASKIN, S./MORRIS, J./CHOI, C./MEIER, D., Pain and discomfort associated with common hospital procedures and experiences, in: J Pain Sympt Manage 15 (1998), 91–101.
MORRISON, R. S./PENROD, J. D./CASSEL, J. B./CAUST-ELLENBOGEN, M./LITKE, A./SPRAGENS, L./MEIER, D. E., Cost savings associated with US hospital palliative care consultation programs, in: Arch Intern Med 168 (2008), 1783–1790.
MORSE, J./JOHNSON, J., Toward a theory of illness: The Illness Constellation Model, in: DIES. (Hg.), The illness experience: Dimensions of suffering, Newbury Park 1991, 315–342.
MOSIS, R., Der Mensch und die Dinge nach Johannes vom Kreuz, Würzburg 1964.
MÜLLER, S., Revival der Hirntod-Debatte: Funktionelle Bildgebung für die Hirntod-Diagnostik, in: Ethik in der Medizin 22,1 (2010), 5–17.
MÜLLER-BUSCH, H. C., Palliativmedizin im 21. Jahrhundert – Was tun? Was lassen?, in: Zeitschrift für Palliativmedizin 1 (2000), 8–16.
MÜLLER-BUSCH, H. C., Was bedeutet bio-psycho-sozial in Onkologie und Palliativmedizin? Behandlungsansätze in der anthroposophischen Medizin, in: ÖSTERREICHISCHE GE-

SELLSCHAFT FÜR PSYCHOONKOLOGIE (Hg.), Jahrbuch der Psychoonkologie 2004, Wien 2004.
MÜLLER-BUSCH, H. C., Palliativmedizin in Deutschland. Menschenwürdige Medizin am Lebensende – ein Stiefkind der Medizin? In: GGW 8,4 (2008), 7–14.
MÜLLER-BUSCH, H. C., Definitionen und Ziele in der Palliativmedizin, Internist (Berl) 52,1 (2011), 7–14.
MURPHY, R. E., Death and Afterlife in the Wisdom Literature, in: AVERY-PECK, A. J./NEUSNER, J. (Hg.), Judaism in Late Antiquity. Part IV: Death, Life-After-Death, Resurrection and the World-To-Come in the Judaisms of Antiquitiy (Handbuch der Orientalistik. Erste Abteilung: Der nahe und mittlere Osten), Leiden u.a. 2000, 101–116.
MURRAY, S. u.a., The quality of death. Ranking end-of-life care across the world. A report from the Economist Intelligence Unit, Commissioned by the Lien Foundation, Singapore 2010 (Zugriff unter: www.eiu.com/sponsor/lienfoundation/qualityofdeath).
MUSCHG, A., Literatur als Therapie? Ein Exkurs über das Heilsame und das Unheilbare. Frankfurter Vorlesungen, Frankfurt a.M. 1981.
MUSTFA, N./WALSH, E. u.a., The effect of noninvasive ventilation on ALS patients and their caregivers, in: Neurology 66 (2006), 1211–1217.
MYSTAKIDOU, K./ROSENFELD, B. u.a., The Schedule of Attitudes toward Hastened Death: Validation Analysis in Terminally Ill Cancer Patients, in: Palliat Support Care 2 (2004), 395–402.
MYSTAKIDOU, K./PARPA, E. u.a., Influence of Pain and Quality of Life on Desire for Hastened Death in Patients with Advanced Cancer, in: Int J Palliat Nurs 10 (2004), 476–483.
MYSTAKIDOU, K./ROSENFELD, B. u.a., Desire for Death near the End of Life: The Role of Depression, Anxiety and Pain, in: Gen Hosp Psychiatry 27 (2005), 258–262.
MYSTAKIDOU, K./PARPA, E. u.a., Pain and Desire for Hastened Death in Terminally Ill Cancer Patients, in: Cancer Nurs 28 (2005), 318–324.
MYSTAKIDOU, K./PARPA, E. u.a., The Role of Physical and Psychological Symptoms in Desire for Death: A Study of Terminally Ill Cancer Patients, in: Psychooncology 15 (2006), 355–360.
NACIMIENTO, W., Apallisches Syndrom, Wachkoma, persistent vegetative state: Wovon redet und was weiß die Medizin?, in: HÖFLING, W. (Hg.), Das sogenannte Wachkoma, Münster 2005, 29–48.
NADIMI, F./CURROW, D. C., As death approaches: A retrospective survey of the care of adults dying in Alice Springs Hospital, in: Aust J Rural Health 1 (2011), 4–8.
NAGEL, E./EICHHORN, C./LOSS, J., Künstliche Ernährung und Ethik, in: WEIMANN, A./KÖRNER, U./THIELE, F. (Hg.), Künstliche Ernährung und Ethik, Berlin 2008, 9–22.
NAGEL, T., Der Blick von nirgendwo, Frankfurt 1992.
NAMBOODIRI, K./SUCHINDRAN, C., Life Table Techniques and Their Applications, Orlando 1987.
NAPIWOTZKY, A./STUDENT, J.-C. (Hg.), Was braucht der Mensch am Lebensende?, Stuttgart 2007.
NASSEHI, A., Formen der Vergesellschaftung des Sterbeprozesses. Vortrag bei der Öffentlichen Tagung des Nationalen Ethikrates zum Thema „Wie wir sterben" (31. März 2004), 32–35, unter: http://www.ethikrat.org/dateien/pdf/Wortprotokoll_Aug_2004-03-31.pdf.
NASSEHI, A., Organisation, Macht, Medizin. Diskontinuitäten in einer Gesellschaft der Gegenwarten, in: SAAKE, I./VOGD, W. (Hg.), Moderne Mythen der Medizin. Studien zur organisierten Krankenbehandlung, Wiesbaden 2008, 379–397.

NASSEHI, A., Spiritualität. Ein soziologischer Versuch, in: FRICK, E./ROSER, T. (Hg.), Spiritualität und Medizin. Gemeinsame Sorge für den kranken Menschen, Stuttgart 2011, 35–44.
NASSEHI, A./WEBER, G., Tod, Modernität und Gesellschaft. Entwurf einer Theorie der Todesverdrängung, Opladen 1989.
NATIONALE ETHIKKOMMISSION IM BEREICH HUMANMEDIZIN, Beihilfe zum Suizid, Stellungnahme Nr. 9/2005, unter: www.nek-cne.ch (Zugriff am 4.2.2010).
NATIONALE ETHIKKOMMISSION IM BEREICH HUMANMEDIZIN, Sorgfaltskriterien im Umgang mit Suizidbeihilfe, Stellungnahme Nr. 13/2006, unter: www.nek-cne.ch (Zugriff am 4.2.2010).
NATIONALER ETHIKRAT, Selbstbestimmung und Fürsorge am Lebensende, Berlin 2006; online verfügbar unter: http://www.ethikrat.org/dateien/pdf/Stellungnahme_Selbstbestimmung_ und_Fuersorge_am_Lebensende.pdf.
NEHER, P., Ars Moriendi – Sterbebeistand durch Laien. Eine historisch-pastoraltheologische Analyse, St. Ottilien 1989.
NEIMEYER, R. A./FONTANA, D. J./GOLD, K., A manual for content analysis of death constructs, in: EPTING, F. R./NEIMEYER, R. A. (Hg.), Personal meanings of death, Washington DC 1984, 213–234.
NEIMEYER, R. A./MOSER, R. P./WITTKOWSKI, J., Untersuchungsverfahren zur Erfassung der Einstellungen gegenüber Sterben und Tod, in: WITTKOWSKI, J. (Hg.), Sterben, Tod und Trauer. Grundlagen – Methoden – Anwendungsfelder, Stuttgart 2003, 52–83.
NEMETSCHEK, M., Selig die Trauernden, denn sie sollen getröstet werden, Innsbruck 1996.
NEUBURGER, M./NOTHNAGEL, H., Leben und Wirken eines deutschen Klinikers, Wien 1922.
NEUDERT, C./OLIVER, D./WASNER, M. u.a., The course of the terminal phase in patients with amyotrophic lateral sclerosis, in: J Neurol 248 (2001), 612–616.
NEUHAUS, G. A., Prognose nach Koma nichttraumatischer Genese, in: Klin Anaesthesiol Intensivther 19 (1999), 159–163.
NEUMANN, N., Armut und Reichtum im Lukasevangelium und in der kynischen Philosophie (SBS 220), Stuttgart 2010.
NEUMANN-GORSOLKE, U., „Alt und lebenssatt ..." – der Tod zur rechten Zeit, in: BERLEJUNG, A./JANOWSKI, B. (Hg.), Tod und Jenseits im alten Israel und in seiner Umwelt. Theologische, religionsgeschichtliche, archäologische und ikonographische Aspekte (FAT 64), Tübingen 2009, 111–150.
NICOLETTI, M. (Hg.), Da che parte dobbiamo stare. Il personalismo di Paul Ludwig Landsberg, Soveria Mannelli 2007.
NISSIM, R./GAGLIESE, L. u.a., The Desire for Hastened Death in Individuals with Advanced Cancer: A Longitudinal Qualitative Study, in: Soc Sci Med 69 (2009), 165–171.
NITRINI, R./CARAMELLI, P./HERRERA, E./DE CASTRO, I./BAHIA, V. S./ANGHINAH, R./CAIXETA, L. F./RADANOVIC, M./CHARCHAT-FICHMAN, H./PORTO, C. S./CARTHERY, M. T./ HARTMANN, A. P./HUANG, N./SMID, J./LIMA, E. P./TAKAHASHI, D. Y./TAKADA, L. T., Mortality from dementia in a community-dwelling Brazilian population, in: Int J Geriatr Psychiatry 20 (2005), 247–253.
NOLL, P., Diktate über Sterben und Tod. Mit der Totenrede von Max Frisch, Zürich 1984.
NYDAHL, P., Wachkoma. Betreuung, Pflege und Förderung eines Menschen, München 2007.
ODUNCU, F. S./SAHM, S., Doctor-Cared Dying Instead of Physician-Assisted Suicide: A Perspective from Germany, in: Med Health Care Philos 13,4 (2010), 371–381.

OEHMICHEN, F., Künstliche Ernährung am Lebensende, Berlin 2000.
OEPPEN, J./VAUPEL, J. W., Broken Limits to Life Expectancy, in: Science 296 (2002), 1029–1031.
OLSON, K./MORSE, J. M./SMITH, J. E./MAYAN, M. J./HAMMOND, D., Linking trajectories of illness and dying, in: Omega (Westport) 42 (2000–2001), 293–308.
O'MAHONY, S./GOULET, J. u.a., Desire for hastened death, cancer pain and depression: report of a longitudinal observational study, in: J Pain Symptom Manage 29,5 (2005), 446–457.
OMRAN, A. R., The Epidemiologic Transition: A Theory of the epidemiology of population change, in: Milbank Mem Fund Q 49 (1971), 509–538.
OPDERBECKE, H. W./WEIßAUER, W., Ein Vorschlag für Leitlinien – Grenzen der intensivmedizinischen Behandlungspflicht, in: MedR 16,9 (1998), 395–399.
OSTBYE, T./STEENHUIS, R./WOLFSON, C./WALTON, R./HILL, G., Predictors of five-year mortality in older Canadians: the Canadian Study of Health and Aging, in: J Am Geriatr Soc 47 (1999), 1249–1254.
OSTGATHE, C./GAERTNER, J./VOLTZ, R., Cognitive failure in end of life, in: Curr Opin Support Palliat Care 2 (2008), 187–191.
OSTGATHE, C./GALUSHKO, M. u.a., Hoffen auf ein Ende des Lebens? Todeswunsch bei Menschen mit fortgeschrittener Erkrankung, in: FREWER, A./BRUNS, F./RASCHER, W. (Hg.), Hoffnung und Verantwortung. Herausforderungen für die Medizin (Jahrbuch Ethik in der Klinik Bd. 3), Würzburg 2010, 247–256.
OSTGATHE, C./ALT-EPPING, B./GOLLA, H./GAERTNER, J./LINDENA, G./RADBRUCH, L./VOLTZ, R., Non-cancer patients in specialized palliative care in Germany: what are the problems?, in: Palliat Med 25 (2011), 148–152.
OWEN, A. u.a., Detecting awareness in the vegetative state, in: Science 313 (2006), 1402.
OWEN, A. M./SCHIFF, N. D./LAUREYS, S., A new era of coma and consciousness science, in: Prog Brain Res 177 (2009), 399–411.
PANNENBERG, W., Anthropologie in theologischer Perspektive, Göttingen 1983.
PÄPSTLICHER RAT FÜR DIE SEELSORGE IM KRANKENDIENST (Hg.), Charta der im Gesundheitsdienst tätigen Personen, Vatikanstadt 1995.
PARET, R., Der Koran, Stuttgart 1962.
PARET, R., Der Koran. Kommentar und Konkordanz, Stuttgart 1971.
PARK, C./FOLKMAN, S., Meaning in the context of stress and coping, in: Rev Gen Psychol 1,2 (1997), 115–144.
PARK, J. S., Conceptions of Afterlife in Jewish Inscriptions (WUNT II/121), Tübingen 2000.
PARKES, C. M., "Seeking" and "finding" a lost object: Evidence from recent studies of reaction to bereavement. in: Soc Sci Med 4 (1970), 187–201.
PARSONS, T./LIDZ, V. M., Death in American society, in: SHNEIDMAN, E. S. (Hg.), Essays in self-destruction, New York, 133–170.
PASMAN, H. R./ONWUTEAKA-PHILIPSEN, B. D./KRIEGSMAN, D. M. u.a., Discomfort in nursing home patients with severe dementia in whom artificial nutrition and hydration is forgone, in: Arch Intern Med 165,15 (2005), 1729–1735.
PASTRANA, T. u.a., A matter of definition. Key elements identified in a discourse analysis of definitions of palliative care, Palliat Med 22 (2008), 222–232.
PATTISON, E. M., The experience of dying, Englewood Cliffs 1977.
PATTISON, E. M., The living-dying process, in: GARFIELD, C. A. (Hg.), Psychosocial care of the dying Patient, New York 1978, 133–168.

PATZELT, D., Die Hirntodproblematik aus rechtsmedizinisch-biologischer Sicht, in: HÖGLINGER, G. U./KLEINERT, S. (Hg.), Hirntod und Organtransplantation, Berlin/New York 1998, 17–24.
PAUS, A. (Hg.), Grenzerfahrung Tod, Graz 1976.
PAYNE, K. u.a., Physicians' attitudes about the care of patients in the persistent vegetative state: a national survey, in: Ann Intern Med 125 (1996), 104–110.
PAYNE, S. u.a., Identifying the concerns of informal carers in palliative care, in: Palliat Med 13 (1999), 37–44.
PEARSON, B. W. R., Baptism and Initiation in the Cult of Isis and Sarapis, in: PORTER, S. E./CROSS, A. R. (Hg.), Baptism, the New Testament and the Church. Historical and Contemporary Studies in Honour of R. E. O. White (JSNT.S 171), Sheffield 1999, 42–62.
PEISAH, C./SNOWDON, J./GORRIE, C./KRIL, J./RODRIGUEZ, M., Investigation of Alzheimer's disease-related pathology in community dwelling older subjects who committed suicide, in: J Affect Disord 99 (2007), 127–132.
PENROD, J. D./DEB, P./DELLENBAUGH, C./BURGESS, J. F./ZHU, C. W./CHRISTIANSEN, C. L./LUHRS, C. A./CORTEZ, T./LIVOTE, E./ALLEN, V./MORRISON, R. S., Hospital-based palliative care consultation: effects on hospital cost, in: J Palliat Med 13 (2010), 973–979.
PERRIN, F. u.a., Brain response to one's own name in vegetative state, minimally conscious state, and locked-in syndrome, in: Arch Neurol 63,4 (2006), 562–569.
PESCHER, A., Naturwissenschaftliche Bemerkungen zum Sterbeprozess und zur Thanatologie, in: ROSENTRETER, M./GROß, D./KAISER, S. (Hg.), Sterbeprozesse – Annäherungen an den Tod, Kassel 2010, 33–48.
PETERSON, E., Die Einholung des Kyrios, in: ZSTh 7 (1930), 682–702.
PFAFF, H., People in Need of Long-term Care: The Present and the Future, in: DOBLHAMMER, G./SCHOLZ, R. (Hg.), Ageing, Care Need and Quality of Life. The Perspective of Care Givers and People in Need of Care, Wiesbaden 2010, 14–28.
PFEIFFER, R. S., Detecting spirituality and philosophizing about it, in: Teach Philos 31 (2008), 375–396.
PIAGET, J., Das Erwachen der Intelligenz beim Kinde, Stuttgart 1969.
PIAGET, J., Sprechen und Denken des Kindes, Düsseldorf 1972.
PIAGET, J., Das Weltbild des Kindes, Bern 1978.
PIAGET, J., Urteil und Denkprozess des Kindes, Düsseldorf 1981.
PIAGET, J./INHELDER, B., Die Psychologie des Kindes, Frankfurt 1981.
PICHLER, G., Der Wachkomapatient im klinischen Alltag, in: KRÖLL, W./SCHAUPP, W. (Hg.), Eluana Englaro – Wachkoma und Behandlungsabbruch, Wien 2010, 40–56.
PIEPER, J., Tod und Unsterblichkeit, in: DERS., Werke, Bd. V, hg. v. WALD, B., Hamburg 1997.
PIEPER, J., Darstellungen und Interpretationen: Platon, in: DERS., Werke, Bd. I, hg. v. WALD, B., Hamburg 2002.
PIPÉR, H.-C., Gespräch mit Sterbenden, Göttingen 1977.
PIUS XII., Die naturrechtlichen Grenzen der ärztlichen Forschungs- und Behandlungsmethoden (Ansprache an die Teilnehmer des Ersten Internationalen Kongresses für Histopathologie des Nervensystems: 13. September 1952), in: UTZ, A.-F./GRONER, J.-F. (Hg.), Aufbau und Entfaltung des gesellschaftlichen Lebens. Soziale Summe Pius XII., Bd. 1, Freiburg/Schweiz 1954, 1126–1140.
PIUS XII., Richtlinien der ärztlichen Moral (Ansprache an die Teilnehmer des 8. Internationalen Ärztekongresses in Rom: 30. September 1954), in: UTZ, A.-F./GRONER, J.-F. (Hg.), Aufbau und Entfaltung des gesellschaftlichen Lebens. Soziale Summe Pius XII., Bd. 3, Freiburg/Schweiz 1961, 3144–3154.

Pius XII., Drei religiöse und moralische Fragen bezüglich der Anästhesie (Ansprache an die Teilnehmer des IX. Nationalkongresses der Italienischen Gesellschaft für Anästhesiologie: 24. Februar 1957), in: Utz, A.-F./Groner, J.-F. (Hg.), Aufbau und Entfaltung des gesellschaftlichen Lebens. Soziale Summe Pius XII., Bd. 3, Freiburg/Schweiz 1961, 3242–3265.

Pius XII., Rechtliche und sittliche Fragen der Wiederbelebung (Ansprache an eine Gruppe von Ärzten: 24. November 1957), in: Utz, A.-F./Groner, J.-F. (Hg.), Aufbau und Entfaltung des gesellschaftlichen Lebens. Soziale Summe Pius XII., Bd. 3, Freiburg/Schweiz 1961, 3266–3274.

Platon, Apologie, in: Ders., Werke, hg. v. Eigler, G., Bd. 2, Darmstadt 1990.

Platon, Phaidon, in: Ders., Sämtliche Werke in 10 Bänden, Griechisch und Deutsch, hg. v. Hülser, K., Bd. 4, Frankfurt a.M. 1991 (auch in: Platon, Sämtliche Werke, neu hg. v. Wolf, U., Bd. 2, Reinbek 1994).

Platon, Nomoi, in: Ders., Sämtliche Werke, neu hg. v. Wolf, U., Bd. 4, Reinbek 1994.

Pleschberger, S., Die historische Entwicklung von Hospizarbeit und Palliative Care, in: Knipping, C. (Hg.), Lehrbuch Palliative Care, Bern 2006, 24–29.

Plessner, H., Die Stufen des Organischen und der Mensch. Einleitung in die philosophische Anthropologie, in: Ders., Gesammelte Schriften, hg. v. Dux, G./Marquard, O./Ströker, E., Bd. 4, Frankfurt a.M. 1928/2003.

Plessner, H., Die Frage nach der Conditio humana, in: Ders., Gesammelte Schriften, hg. v. Dux, G./Marquard, O./Ströker, E., Bd. 8, Frankfurt a.M. 1973/2003, 136–217.

Plessner, H., Der Aussagewert einer Philosophischen Anthropologie, in: Ders., Gesammelte Schriften, hg. v. Dux, G./Marquard, O./Ströker, E., Bd. 8, Frankfurt a.M. 1973/2003, 380–399.

Pletz, M., Wege der Trauer, Hildesheim 2004.

Plotin, Enneaden, in: Ders., Schriften, hg. v. Harder, R., Bd. 1a, Hamburg 1956.

Plotzek-Wederhake, G., Art. „Ars moriendi. C. Kunst", in: LMA I, Stuttgart 1999, 1043–1044.

Podella, T., Grundzüge alttestamentlicher Jenseitsvorstellungen, in: BN 43 (1988), 70–89.

Polanyi, M., Personal Knowledge, Chicago 1958.

Polder, J. J./Barendregt, J. J./Oers, H. v., Health care costs in the last year of life – the Dutch experience, in: Soc Sci Med 63 (2006), 1720–1731.

Pöltner, G., Art. „Tod", in: Velter, H. (Hg.), Wörterbuch der phänomenologischen Begriffe, Hamburg 2004, 540–545.

Pongartz, L. J. (Hg.), Philosophie in Selbstdarstellungen, Bd. II, Hamburg 1975.

Porock, D./Oliver, D. P./Zweig, S./Rantz, M./Mehr, D./Madsen, R./Petroski, G., Predicting death in the nursing home: development and validation of the 6-month Minimum Data Set mortality risk index, in: J Gerontol A Biol Sci Med Sci 60 (2005), 491–498.

Porphyrios, De abstinentia, in: Ders., Porphyrii philosophici Platonici opuscula selecta, hg. v. Nauck, A., Hildesheim 1977, 83–270.

Post, S. G., Alzheimer disease and the "then" self, in: Kennedy Inst Ethics J 5 (1995), 307–321.

Potter, J./Higginson, I. J., Frequency and severity of gastrointestinal symptoms in advanced cancer, in: Ripamonti, C./Bruera, E. (Hg.), Gastrointestinal Symptoms in Advanced Cancer Patients, Oxford 2002, 1–15.

Prat, E., Therapiereduktion aus ethischer Sicht. Der besondere Fall der künstlichen Ernährung und Flüssigkeitszufuhr, in: Imago Hominis 13 (2006), 311–317.

PRESIDENT'S COUNCIL ON BIOETHICS, Controversies in the Determination of Death, Washington D.C., 2008.
PRESTON, S. H./HEUVELINE, P./GUILLOT, M., Demography. Measuring and Modeling Population Processes, Oxford 2001.
PURANDARE, N./VOSHAAR, R. C./RODWAY, C./BICKLEY, H./BURNS, A./KAPUR, N., Suicide in dementia: 9-year national clinical survey in England and Wales, in: Br J Psychiatry 194 (2009), 175–180.
AL-QARAḌĀWĪ, YŪSUF, al-Ḥalāl wa-l-ḥarām fī l-islām, Beirut/Damaskus/Amman [15]1994 = 1415 d.H.
AL-QARAḌĀWĪ, YŪSUF, al-Islām wa-l-ʿunf, Kairo 2005.
QUANTE, M., Was ist der Tod?, München [2]1970.
QUANTE, M., Personales Leben und menschlicher Tod, Frankfurt a.M. 2002.
RAABE, E./RAABE, P. (Hg.), „... und diese Erfahrung habe ich nun auch gemacht". Texte zum Tod eines nahen Menschen, Zürich 1986.
RABANUS-MAURUS-AKADEMIE FULDA/LIMBURG/MAINZ (Hg.), Stichwort: Tod, Frankfurt 1979.
RABE, M., Therapiebegrenzung und Sterbehilfe bei nicht einwilligungsfähigen Patienten. Ein Beitrag aus pflegerischer Perspektive, in: FREWER, A./WIENAU, R. (Hg.), Ethische Kontroversen am Ende des menschlichen Lebens. Grundkurs Ethik in der Medizin in vier Bänden, Erlangen/Jena 2002, 113–131.
RABKIN, J. G./WAGNER, G. J./DEL BENE, M., Resilience and distress among amyotrophic lateral sclerosis patients and caregivers, in: Psychosom Med 62 (2000), 271–279.
RAD, G. v., Weisheit in Israel, Neukirchen 1970.
RADBRUCH, L./SABATOWSKI, R./ELSNER, F./LOICK, G./KOHNEN, N., Patients' associations with regard to analgesic drugs and their forms for application – a pilot study, in: Support Care Cancer 10 (2002), 480–485.
RAHNER, K., Zur Theologie des Todes (QD 2), Freiburg i.Br. 1958.
RAHNER, K., Betrachtungen zum ignatianischen Exerzitienbuch, München 1965.
RALIC, N./HOHNWALD, A., Achtsam sein, in: Praxis Palliative Care 11 (2011), 4–7.
RANDO, T. A., Treatment of complicated mourning, Champaign 1993.
RANSOM, S./SACCO, W. P. u.a., Interpersonal Factors Predict Increased Desire for Hastened Death in Late-Stage Cancer Patients, in: Ann Behav Med 31 (2006), 63–69.
RAPKIN, B./SMITH, M. u.a., Development of the idiographic functional status assessment: a measure of the personal goals and goal attainment activities of people with AIDS, in: Psychol Health 9 (1994), 111–129.
RAT DER EVANGELISCHEN KIRCHE IN DEUTSCHLAND/SEKRETARIAT DER DEUTSCHEN BISCHOFSKONFERENZ (Hg.), Christliche Patientenvorsorge durch Vorsorgevollmacht, Betreuungsverfügung, Behandlungswünsche und Patientenverfügung (Gemeinsame Texte 20), Hannover/Bonn 2011.
AR-RĀZĪ, Abū Bakr Muḥammad b. Zakarīyā, aṭ-Ṭibb ar-rūḥānī, in: Rasāʾil falsafīya, hg. v. P. Kraus, Beirut [5]1982 = 1402 d.H., englische Übersetzung von A. J. Arberry unter dem Titel „The Spiritual Physick of Rhazes", London 1950.
REDER, M./SCHMIDT, J. (Hg.), Ein Bewusstsein von dem, was fehlt. Eine Diskussion mit Jürgen Habermas, Frankfurt 2008.
REHBOCK, T., Personsein in Grenzsituationen. Zur Kritik der Ethik medizinischen Handelns, Paderborn 2005.
REHSE, B./PUKROP, R., Effects of psychosocial interventions on quality of life in adult cancer patients: meta analysis of 37 published controlled outcome studies, in: Patient Educ Couns 50 (2003), 179–186.

REISBERG, B./SCLAN, S. G./FRANSSEN, E./KLUGER, A./FERRIS, S., Dementia staging in chronic care populations, in: Alzheimer Dis Assoc Disord 8, Suppl 1 (1994), 188–205.
REISER, M., Die Gerichtspredigt Jesu. Eine Untersuchung zur eschatologischen Verkündigung Jesu und ihrem frühjüdischen Hintergrund (NTA NF 23), Münster 1990, 133–152.
REISINGER, F., Der Tod im marxistischen Denken heute, Mainz 1977.
REITERER, F., Die Vorstellung vom Tod und den Toten nach Ben Sira, in: NICKLAS, T. u.a. (Hg.), The Human Body in Death and Resurrection. Deuterocanonical and Cognate Literature Yearbook, Berlin/New York 2009, 167–204.
REKER, G. T., Logotheory and logotherapy: Challenges, opportunities, and some empirical findings, in: International Forum for Logotherapy 17,1 (1994), 47–55.
REKER, G. T., Theoretical Perspective, Dimensions, and Measurement of Existential Meaning, in: DERS./CHAMBERLAIN, K. (Hg.), Exploring Existential Meaning. Optimizing Human Development Across The Life Span, Thousand Oaks 2000, 39–55.
REKER, G. T./WONG, P., Aging as an individual process: Towards a theory of personal meaning, in: BIRREN, J./BENGSTON, V. (Hg.), Emergent theories of aging, New York 1988, 220–226.
RENAERTS, M., La mort, rites et valeurs dans l'Islam Maghrébin, Brüssel 1986.
RENNER, W., Human values: a lexical perspective, in: Pers Individ Dif 34 (2003), 127–141.
RENTSCH, T., Martin Heidegger – Das Sein und der Tod, München 1989; in: THOMÄ, D. (Hg.), Heidegger-Handbuch, Stuttgart 2003, 51–80.
RENZ, M., Zeugnisse Sterbender. Todesnähe als Wandlung und letzte Reifung, Paderborn ³2005/⁴2008.
REST, F., Den Sterbenden beistehen. Ein Wegweiser für die Lebenden, Heidelberg 1981.
REY-STOCKER, I., Anfang und Ende des menschlichen Lebens aus der Sicht der Medizin und der drei monotheistischen Religionen Judentum, Christentum und Islam, Basel 2006.
RICKEN, F., Tradition und Natur. Über Vorgaben und Grenzen der praktischen Rationalität, in: ThPh 70 (1995), 62–77.
RICKEN, F., Allgemeine Ethik (Grundkurs Philosophie 4), Stuttgart ⁴2003.
RICOEUR, P., Lectures 3. Aux frontières de la philosophie, Paris 1994.
RICOEUR, P., Das Selbst als ein Anderer, Freiburg i.Br./München 1996.
RICOEUR, P., Die Fehlbarkeit des Menschen. Phänomenologie der Schuld I, Freiburg i.Br./München ³2002.
RICOEUR, P., Gedächtnis, Geschichte, Vergessen, München 2004.
RICOEUR, P., Lebendig bis in den Tod, Fragmente aus dem Nachlass, Hamburg 2011.
RILKE, R. M., Das Stundenbuch/Das Buch von der Armut und vom Tode (1903), in: DERS, Gesammelte Werke in fünf Bänden, hg. v. FÜLLEBORN, U./NALEWSKI, H./STAHL, A./ENGEL, M., Bd. 2, Berlin 2003, 95–118.
RILKE, R. M., Archaischer Torso Apollos (1908), in: DERS., Die Gedichte, Sonderausgabe, Frankfurt 2006, 483.
RILKE, R. M., Aufzeichnungen des Malte Laurids Brigge (1910), in: DERS., Gesammelte Werke in fünf Bänden, hg. v. FÜLLEBORN, U./NALEWSKI, H./STAHL, A./ENGEL, M., Bd. 4, Berlin 2003, 99–329.
RITTER, H., Das Meer der Seele Mensch, Welt und Gott in den Geschichten des Farīduddīn ʿAṭṭār, Leiden 1978.
ROBINE, J. M./ALLARD, M., The Oldest Human, in: Science 279, 5358 (1998), 1831.
RODIN, G./ZIMMERMANN, C. u.a., The Desire for Hastened Death in Patients with Metastatic Cancer, in: J Pain Symptom Manage 33 (2007), 661–675.

RODIN, G./LO, C. u.a., Pathways to Distress: The Multiple Determinants of Depression, Hopelessness, and the Desire for Hastened Death in Metastatic Cancer Patients, in: Soc Sci Med 68 (2009), 562–569.
ROKEACH, M., The nature of human values, New York 1973.
ROLOFF, J., Die Apostelgeschichte (NTD 5), Göttingen 1981.
ROPPER, A., Cogito ergo sum by MRI, in: N Engl J Med 362 (2010), 648–649.
ROSENAU, H., Die Neuausrichtung der passiven Sterbehilfe: der Fall Putz im Urteil, in: BERNSMANN, K./FISCHER, T., Festschrift für R. Rissing-van Saan, Berlin/New York 2011, 547–565.
ROSENBERG, J. F., Thinking clearly about Death, Indianapolis/Cambridge ²1998.
ROSENFELD, H., Der mittelalterliche Totentanz, Köln 1974.
ROSENTHAL, F., On Suicide in Islam, in: J Am Orient Soc 66 (1946), 239–259.
ROSENTHAL, F., Art. „Intiḥār", in: Encyclopedia of Islam/Encyclopédie de l'Islam, Bd. 3, Leiden/Paris 1971.
ROSENWAX, L./MCNAMARA, B./ZILKENS, R., A population-based retrospective cohort study comparing care for Western Australians with and without Alzheimer's disease in the last year of life, in: Health Soc Care Community 17 (2009), 36–44.
ROTH, P., Das sterbende Tier, Roman, München/Wien 2003.
ROTHBAUM, F./WEISZ, J. u.a., Changing the world and changing the self: A two-process model of perceived control, in: J Pers Soc Psychol 42 (1982), 5–37.
ROWE, M. A./BENNETT, V., A look at deaths occurring in persons with dementia lost in the community, in: Am J Alzheimers Dis Other Demen 18 (2003), 343–348.
ROXIN, C., Die Sterbehilfe im Spannungsverhältnis von Suizidteilnahme, erlaubtem Behandlungsabbruch und Tötung auf Verlangen, in: NStZ 8 (1987), 345–349.
ROYAL COLLEGE OF PAEDIATRICS AND CHILD HEALTH, Withholding and withdrawing life sustaining treatment in children: a framework for practice. Second edition, 2004, unter: http://www.rcpch.ac.uk/what-we-do/rcpch-publications/publications-list-date/publications-list-date. (Zugriff am 30.07.2011).
ROYAL COLLEGE OF PHYSICIANS, The Vegetative State: Guidance on diagnosis and management Report of a working party of the Royal College of Physicians, London 2003.
ROZELAAR, M., Das Leben mit dem Tod in der Antike. Grundtypen abendländischer Todeseinstellung, in: PAUS, A. (Hg.), Grenzerfahrung Tod, Graz 1976, 83–127.
RUBIO, A./VESTNER, A. L./STEWART, J. M./FORBES, N. T./CONWELL, Y./COX, C., Suicide and Alzheimer's pathology in the elderly: a case-control study, in: Biol Psychiatry 49 (2001), 137–145.
RUDOLF, R., Ars moriendi (Forschungen zur Volkskunde, 39), Köln/Graz 1957.
RUDOLF, R., Art. „Ars Moriendi I. Mittelalter", in: TRE IV, Berlin 1979, 143–149.
RUDOLF, R. u.a., Art. „Ars Moriendi", in: LMA I, Stuttgart 1999, 1039–1044.
RUGGIERO, A./BARONE, G./LIOTTI, L. u.a., Safety and efficacy of fentanyl administered by patient controlled analgesia in children with cancer pain, in: Support Care Cancer 15,5 (2007), 569–573.
RUSSELL, C./MIDDLETON, H./SHANLEY, C., Dying with dementia: the views of family caregivers about quality of life, in: Australas J Ageing 27 (2008), 89–92.
SABATOWSKI, R. u.a., Entwicklung und Stand der stationären palliativmedizinischen Einrichtungen in Deutschland, in: Schmerz 15,5 (2001), 312–319.
SACHS, G. A./SHEGA, J. W./COX-HAYLEY, D., Barriers to excellent end-of-life care for patients with dementia, in: J Gen Intern Med 19 (2004), 1057–1063.
SACHVERSTÄNDIGENRAT FÜR DIE KONZERTIERTE AKTION IM GESUNDHEITSWESEN, Gesundheitswesen in Deutschland. Kostenfaktor und Zukunftsbranche. Sondergutachten

1996, Bd. I: Demographie, Morbidität, Wirtschaftlichkeitsreserven und Beschäftigung, Baden-Baden 1996.
SAHM, S., Behandlungsverzicht – Behandlungsabbruch – Sterbbegleitung – Sterbehilfe, in: FRÜHAUF, M./BERTSCH, L. (Hg.), Humanes Heilen, inhumanes Sterben? Gratwanderungen der Intensivmedizin, Frankfurt a.M. 1999, 100–110.
SAHM, S., Sterbehilfe in der aktuellen Diskussion – medizinische und medizinisch-ethische Aspekte, in: ZfL 2 (2005), 45–52.
SALIS-GROSS, C., Der ansteckende Tod. Eine ethnologische Studie zum Sterben im Altersheim, Frankfurt a.M./New York 2001.
SAMAREL, N., Der Sterbeprozess, in: WITTKOWSKI, J. (Hg.), Sterben, Tod und Trauer. Methoden – Grundlagen – Anwendungsfelder, Stuttgart 2003, 122–151.
SAMPSON, E. L./THUNÉ-BOYLE, I./KUKKASTENVEHMAS, R./JONES, L./TOOKMAN, A./KING, M./ BLANCHARD, M. R., Palliative care in advanced dementia: A mixed methods approach for the development of a complex intervention, in: BMC Palliat Care 7 (2008), 8.
SAMPSON, E. L./CANDY, B./JONES, L., Enteral tube feeding for older people with advanced dementia, in: Cochrane Database Syst Rev 19,2 (2009 Apr 15), CD007209.
SANDGATHE HUSEBO, B./HUSEBO, S., Palliativmedizin – auch im hohen Alter? Palliative care – also in geriatrics?, in: Schmerz 15,5 (2001), 350–356.
SARTRE, J. P., Das Sein und das Nichts, Hamburg 1962.
SAß, A. C./WURM, S./SCHEIDT-NAVE, C., Alter und Gesundheit. Eine Bestandsaufnahme aus Sicht der Gesundheitsberichterstattung, in: Bundesgesundheitsblatt Gesundheitsforschung Gesundheitsschutz 53,5 (2010), 404–416.
SAUNDERS, C., Distress in Dying, in: BMJ 1963, 747.
SCARMEAS, N./BRANDT, J./ALBERT, M. et al., Delusions and hallucinations are associated with worse outcome in Alzheimer's disease, in: Arch Neurol 62 (2006), 1601–1608.
SCHADEWALDT, H./HARTWIG, H. G./FRÖHLICH, B., Es ist alles ganz eitel (Prediger Salomo I,2), Neuss 1997.
SCHAEFFER, A., Menschenwürdiges Sterben – Funktional ausdifferenzierte Todesbilder. Vergleichende Diskursanalyse zu den Bedingungen einer neuen Kultur des Sterbens (Studien der Moraltheologie Bd. 39), Berlin 2008.
SCHÄFER, D., Tod und Todesfeststellung im Mittelalter, in: SCHLICH, T./WIESEMANN, C. (Hg.), Zum Umgang mit der Leiche in der Medizin, Lübeck 2001, 27–33.
SCHARF, S., Zerbrochene Zeit – Gelebte Gegenwart. Im Diskurs mit Michael Theunissen, Regensburg 2005.
SCHAUPP, W., Ethische und anthropologische Aspekte beim Wachkoma, in: KRÖLL, W./ DERS. (Hg.), Eluana Englaro – Wachkoma und Behandlungsabbruch, Wien 2010, 109–125.
SCHELER, M., Die Erfahrung des Todes, Luzern 1937.
SCHELER, M., Gesammelte Werke, Bd. X, hg. v. SCHELER, M., Bern 1957.
SCHELER, M., Gesammelte Werke, Bd. III, hg. v. FRINGS, M. F., Bonn 1987.
SCHELLONG, S., Die künstliche Beatmung und die Entstehung des Hirntodkonzepts, in: SCHLICH, T./WIESEMANN, C. (Hg.), Hirntod: Zur Kulturgeschichte der Hirntodfeststellung, Frankfurt a.M. 2001, 187–208.
SCHERER, G., Das Problem des Todes in der Philosophie, Darmstadt 1979.
SCHIBILSKY, M., Trauerwege, Düsseldorf 1989.
SCHIESSL, C./GRAVOU, C./ZERNIKOW, B. u.a., Use of patient-controlled analgesia for pain control in dying children, in: Support Care Cancer 16,5 (2008), 531–536.
SCHIMMEL, A., Mystische Dimensionen des Islam, Köln 1985.

SCHINDLER, T., Zur palliativmedizinischen Versorgungssituation in Deutschland, in: Bundesgesundheitsblatt Gesundheitsforschung Gesundheitsschutz 49 (2006), 1077–1086.
SCHINDLER, T., Allgemeine und spezialisierte Palliativversorgung, Angewandte Schmerztherapie und Palliativmedizin 1 (2008), 10–13.
SCHLEIERMACHER, F. D. E., Glaubenslehre, Berlin ²1830.
SCHLEIERMACHER, F. D. E., Über die Religion. Reden an die Gebildeten unter ihren Verächtern, für die Deutsche Bibliothek hg. v. RADE, M., Berlin 1912.
SCHLIER, H., Der Römerbrief (HThK VI), Freiburg 1977.
SCHLIER, H., Grundzüge einer paulinischen Theologie, Freiburg 1978.
SCHLÖßER, R., „Geburt als Zäsur" – das Kind vor und nach der Geburt aus medizinischer Sicht, in: WEILERT, A. K. (Hg.), Spätabbruch oder Spätabtreibung – Entfernung einer Leibesfrucht oder Tötung eines Babys?, Tübingen 2011, 97–106.
SCHMELLER, T., Der zweite Brief an die Korinther (2Kor 1,1–7,4) (EKK VIII/1), Ostfildern/Neukirchen-Vluyn 2010.
SCHMID, G. B., Tod durch Vorstellungskraft: Das Geheimnis psychogener Todesfälle, Berlin ²2010.
SCHMID, K./WOLLASCH, J. (Hg.), Memoria. Der geschichtliche Zeugniswert des liturgischen Gedenkens im Mittelalter (Münstersche Mittelalter-Schriften), München 1984.
SCHMIDT, A., Jesus der Freund, Würzburg 2011.
SCHMIDT-ROST, R., Tod und Sterben in der modernen Gesellschaft. Humanwissenschaftliche und theologische Überlegungen zur Deutung des Todes und zur Sterbebegleitung (EZW-Information 99; Evangelische Zentralstelle für Weltanschauungsfragen), Stuttgart 1986, Pdf-Datei unter: www.ezw-berlin.de (Zugriff am 15.11.2010).
SCHMIED, G., Sterben und Trauern in der modernen Gesellschaft, München 1985.
SCHMIELE, W., Zwei Essays zur literarischen Lage, Darmstadt 1963.
SCHMITT, A., Das Buch der Weisheit. Ein Kommentar, Würzburg 1986.
SCHMITTEN, J. i. d./ROTHARMEL, S./MELLERT, C./RIXEN, S./HAMMES, B. J./BRIGGS, L./WEGSCHEIDER, K./MARCKMANN, G., A complex regional intervention to implement advance care planning in one town's nursing homes: Protocol of a controlled interregional study, in: BMC Health Serv Res 2011, 11–14.
SCHNABL, C., Gerecht sorgen. Grundlagen einer sozialethischen Theorie der Fürsorge, Freiburg i.Ue./Freiburg i.Br. 2005.
SCHNAKERS, C. u.a., Diagnostic accuracy of the vegetative and minimally conscious state: clinical consensus versus standardized neurobehavioral assessment, in: BMC Neurol 2009/9, 35.
SCHNAKERS, C. u.a., Assessment and detection of pain in noncommunicative severely braininjured patients, in: Expert Rev Neurother 10 (2010), 1725–1731.
SCHNEIDER, B./MAURER, K./FRÖLICH, L., Demenz und Suizid, in: Fortschritte der Neurol Psychiat 69 (2001), 164–169.
SCHNEIDER, H., Kommentar zu §§ 211 ff., in: MIEBACH, K. (Hg.), Münchener Kommentar zum Strafgesetzbuch, Bd. 3, München 2003, 273–544.
SCHNEIDER-HARPPRECHT, C., Trost in der Seelsorge, Stuttgart 1989.
SCHNEIDERMAN, L. J./GILMER, T./TEETZEL, H. D./DUGAN, D. O./BLUSTEIN, J./CRANFORD, R./BRIGGS, K. B./KOMATSU, G. I./GOODMAN-CREWS, P./COHN, F./YOUNG, E. W., Effect of ethics consultations on nonbeneficial life-sustaining treatments in the intensive care setting: a randomized controlled trial, in: JAMA 290,9 (2003), 1166–1172.
SCHNELLE, U., Wandlungen im paulinischen Denken (SBS 137), Stuttgart 1989.

SCHNOCKS, J., Konzeptionen der Übergänge vom Leben zum Tod und vom Tod zum Leben, in: FREVEL, C. (Hg.), Biblische Anthropologie. Neue Einsichten aus dem Alten Testament (QD 237), Freiburg u.a. 2010, 317–331.
SCHÖCH, H., Beendigung lebenserhaltender Maßnahmen, in: NStZ 4 (1995), 153–157.
SCHÖCH, H., Die erste Entscheidung des BGH zur sog. indirekten Sterbehilfe, in: NStZ 9 (1997), 409–412.
SCHOCKENHOFF, E., Zur Lüge verdammt? Politik, Justiz, Kunst, Medien, Medizin, Wissenschaft und die Ethik der Wahrheit, Freiburg i.Br. 2005.
SCHOCKENHOFF, E., Bestandteil der Basispflege oder eigenständige Maßnahme? Moraltheologische Überlegungen zur künstlichen Ernährung und Hydrierung, in: Z Med Ethik 56 (2010), 131–142.
SCHÖFER, G., Die deutschen Formen der Gottschalk-Gleser-Skalen, in: DERS. (Hg.), Gottschalk-Gleser Sprachinhaltsanalyse, Weinheim 1980, 43–66.
SCHOLZ, R., Die Diskussion um die Euthanasie. Zu den anthropologischen Hintergründen einer ethischen Fragestellung, Münster 2002.
SCHÖNBERGER, R./VOSSENKUHL, W./ALBRECHT, E., „Würde im Sterben – Sterben in Würde", in: Politische Studien 46 (1995), 5–15.
SCHONWETTER, R. S./HAN, B./SMALL, B. J./MARTIN, B./TOPE, K./HALEY, W. E., Predictors of six-months survival aming patients with dementia: an evaluation of hospice Medicare guidelines, in: Am J Hosp Palliat Care 20 (2003), 105–113.
SCHRAGE, W., Der erste Brief an die Korinther (1Kor 15,1–16,24), (EKK VII/4), Düsseldorf/Neukirchen-Vluyn 2001.
SCHREIBER, H., Das gute Ende. Wider die Abschaffung des Todes, Reinbek bei Hamburg 1996.
SCHREIBER, S., ‚Ars moriendi' in Lk 23,39–43. Ein pragmatischer Versuch zum Erfahrungsproblem der Königsherrschaft Gottes, in: NIEMAND, C. (Hg.), Forschungen zum Neuen Testament und seiner Umwelt. FS A. Fuchs, Frankfurt 2002, 277–297.
SCHULER, H., Zehn Thesen zu forschungsethischen Problemen in der Thanato-Psychologie, in: HOWE, J./OCHSMANN, R. (Hg.), Tod – Sterben – Trauer. Bericht über die 1. Tagung zur Thanato-Psychologie vom 4.–6. November 1982 in Vechta, Frankfurt a.M. 1984, 36–42.
SCHULZ, E., Projection of Care Need and Family Resources in Germany, in: DOBLHAMMER, G./SCHOLZ, R. (Hg.), Ageing, Care Need and Quality of Life. The Perspective of Care Givers and People in Need of Care, Wiesbaden 2010, 61–81.
SCHULZ, R. u.a. (Hg.), „Wahrheit ist, was uns verbindet." Karl Jaspers' Kunst zu Philosophieren, Göttingen 2009.
SCHULZ, R./MENDELSSOHN, A. B./HALEY, W. E. et al., End-of-life care and the effects of bereavement on family caregivers of persons with dementia, in: N Engl J Med Overseas Ed 349 (2003), 1936–1942.
SCHULZ, R./BOERNER, K./SHEAR, K./ZHANG, S./GITLIN, L. N., Predictors of complicated grief among dementia caregivers: a prospective study of bereavement, in: Am J Geriatr Psychiatry 14 (2006), 650–658.
SCHULZ, W., Subjektivität im nachmetaphysischen Zeitalter, Pfullingen 1992.
SCHUMACHER, B. N., Der Tod in der Philosophie der Gegenwart, Darmstadt 2004.
SCHUMACHER, B. N., Die philosophische Interpretation der Unsterblichkeit des Menschen, in: KESSLER, H. (Hg.), Auferstehung der Toten. Ein Hoffnungsentwurf im Blick heutiger Wissenschaftler, Darmstadt 2004, 113–136.
SCHUMACHER, B. N., Zur Definition des menschlichen Todes, in: PUTALLAZ, F.-X./SCHUMACHER, B. N. (Hg.), Der Mensch und die Person, Darmstadt 2008, 51–61.

SCHUMACHER, B. N., Art. „Tod", in: SANDKÜHLER, H. J. (Hg.), Enzyklopädie Philosophie, Bd. III, Hamburg 2010, 2747–2753.
SCHÜNEMANN, P., Bleib bei mir, mein Herz, im Schattenland, München 2005.
SCHUSTER, E./KAST, R. (Hg.), Totentanz – vom Spätmittelalter bis zur Gegenwart, Ulm 2001.
SCHWARTLÄNDER, J. (Hg.), Der Mensch und sein Tod, Göttingen 1976.
SCHWARZ, M., Biologische Grundphänomene von Lebewesen, in: BONELLI, J./DERS. (Hg.), Der Status des Hirntoten. Eine interdisziplinäre Analyse der Grenzen des Lebens, New York/Wien 1995, 3–14.
SCHWARZ-BOENNEKE, B. (Hg.), Vom Leben mit dem Tod. Vorstellungen und Einstellungen zur Lebensgrenze (Akademie des Bistums Mainz Materialien, Heft 1), Mainz 2009.
SCHWEIZER, E., Das Evangelium nach Lukas (NTD 3), Göttingen 1982.
SCHWEIZERISCHE AKADEMIE DER MEDIZINISCHEN WISSENSCHAFTEN (SAMW), Betreuung von Patientinnen und Patienten am Lebensende. Medizinisch-ethische Richtlinien des SAMW, Muttenz 2004.
SCHWEIZERISCHE AKADEMIE DER MEDIZINISCHEN WISSENSCHAFTEN, Betreuung von Patientinnen und Patienten am Lebensende, Basel 2004; online verfügbar unter: http://www.samw.ch/de/Ethik/Richtlinien/Aktuell-gueltige-Richtlinien.html.
SCHWERDT, R., Qualität und Qualifikation – Zwei Seiten einer Medaille in der Pflege schwerkranker Menschen am Ende ihres Lebens, in: NAPIWOTZKY, A./STUDENT, J.-C. (Hg.), Was braucht der Mensch am Lebensende? Ethisches Handeln und medizinische Machbarkeit, Stuttgart 2007, 45–60.
SCHWIENHORST-SCHÖNBERGER, L., Kohelet (HThKAT), Freiburg i.Br. 2004.
SCHWIND, G., Das Andere und das Unbedingte, Regensburg 2000.
SEALE, C., Cancer heroics: a study of news reports with particular reference to gender, in: Sociology 36 (2002), 107–126.
SEEBASS, H., Art. „נֶפֶשׁ" in: ThWAT V, 531–555.
SEIDENSTICKER, T., Martyrdom in Islam, in: Awrāq, Estudios sobre el mundo árabe e islámico 19 (1998), 63–77.
SENECA, L. A., Briefe an Lucilius. Epistulae morales ad Lucilium, in: DERS., Philosophische Schriften, hg. v. APELT, O., Bd. 3 u. 4, Leipzig 1924 (auch in: SENECA, L. A., Philosophische Schriften. Lateinisch und deutsch, hg. und übersetzt von ROSENBACH, M., Bde. 3 u. 4, Darmstadt 1995).
SENECA, L. A., Von der Kürze des Lebens. De brevitate vitae, in: DERS., Philosophische Schriften, hg. und übersetzt von ROSENBACH, M., Bd. 2, Darmstadt 1995, 175–239.
SENECA, L. A., Von der Seelenruhe. De tranquillitate animi, in: DERS., Philosophische Schriften, hg. v. APELT, O., Bd. 2, 1924, 61–110 (auch in: SENECA, L. A., Philosophische Schriften. Lateinisch und deutsch, hg. und übersetzt von ROSENBACH, M., Bd. 2, Darmstadt 1995, 101–173).
SESHAMANI, M./GRAY, A., Ageing and health-care expenditure: the red herring argument revisited, in: Health economics 13 (2004), 303–314.
SEUSE, H., Deutsche Schriften, Frankfurt ²1961.
SEYBOLD, K., Die Psalmen (HAT I, 15), Tübingen 1996.
SEYMOUR, J. E., Negotiating natural death in intensive care, Soc Sci Med 51 (2000), 1241–1252.
SHALOWITZ, D. I./GARRETT-MAYER, E./WENDLER, D., The accuracy of surrogate decision makers: a systematic review, in: Arch Intern Med 166 (2006), 493–497.

SHEWMON, D. A./SHEWMON, E. S., The semiotics of death and its medical implications, in: Adv Exp Med Biol 550 (2004), 89–114.
SHRYOCK, H. S./SIEGEL, J. S., The Methods and Materials of Demography, Bd. 2, U.S. Department of Commerce. Bureau of the Census ²1973.
SILVERBERG, E., Introducing the 3-A grief intervention model for dementia caregivers: acknowledge, assess and assist, in: Omega 54 (Westport) (2006–2007), 215–235.
SIMMEL, G., Tod und Unsterblichkeit, in: DERS. (Hg.), Lebensanschauung. Vier metaphysische Kapitel, München ²1922, 99–153.
SIMMEL, G., Zur Metaphysik des Todes, in: DERS. (Hg.), Das Individuum und die Freiheit, Berlin 1957, 29–35.
SIMOENS, S./KUTTEN, B./KEIRSE, E./BERGHE, P. V./BEGUIN, C./DESMEDT, M./DEVEUGELE, M./LEONARD, C./PAULUS, D./MENTEN, J., The costs of treating terminal patients, in: J Pain Symptom Manage 40 (2010), 436–448.
SIMON, A., Was ist der rechtlich und moralisch angemessene Umgang mit Wachkomapatienten? Die medizinethische Perspektive, in: HÖFLING, W. (Hg.), Das sogenannte Wachkoma, Münster 2005, 103–113.
SIMON, S./HIGGINSON, I. J./BOOTH, S./HARDING, R./BAUSEWEIN, C., Benzodiazepines for the relief of breathlessness in advanced malignant and non-malignant diseases in adults, in: Cochrane Database Syst Rev 20,1 (2010), CD007354.
SIMONI-WASTILA, L./RYDER, P. T./QIAN, J./ZUCKERMANN, I. H./SHAFFER, T./ZHAO, L., Association of antipsychotic use with hospital events and mortality among medicare beneficiaries residing in long-term care facilities, in: Am J Geriatr Psychiatry 17 (2009), 417–427.
SINGER, P., Praktische Ethik, Stuttgart 1984.
SIROVÁTKA, J., Der Leib im Denken von Emmanuel Lévinas, Freiburg i.Br. 2006.
SLOTERDIJK, P., Archaischer Torso Apollos, Frankfurt 2009.
SMALL, B. J./FRATIGLIONI, L./STRAUSS, E. V./BÄCKMAN, L., Terminal decline and cognitive performance in very old age: does cause of death matter?, in: Psychol Aging 18 (2003), 193–202.
SMEDIRA, N. G./EVANS, B. H./GRAIS, L. S./COHEN, N. H./LO, B./COOKE, M./SCHECTER, W. P./FINK, C./EPSTEIN-JAFFE, E./MAY, C./LUCE, J. M., Withholding and withdrawal of life support from the critically ill, in: N Engl J Med 322 (1990), 309–315.
SMITH, D./KEYFITZ, N., Mathematical Demography. Selected Papers, Berlin 1977.
SMITH, E. D./STEFANEK, M. E./JOSEPH, M. V./VERDIECK, M. J./ZABORA, J. R./FETTING, J. H., Spiritual awareness, personal perspective on death, and psychosocial distress among cancer patients: An initial investigation, in: J Psychosoc Oncol 11 (1993), 89–103.
SMITH, J. I./HADDAD, Y. Y., The Islamic Understanding of Death and Resurrection, Albany 1981/Nachdruck: Oxford/New York 2002.
SMITH, J. M./SZATHMÁRY, E., Evolution. Prozesse, Mechanismen, Modelle (Originaltitel: The Major Transitions in Evolution [1995]), Heidelberg 1996.
SMITH, N., Managing family problems in advanced disease – a flow diagram, in: Palliat Med 7 (1993), 47–58.
SNYDER, C./PULVERS, K., Dr. Seuss, the coping machine, and 'Oh, the places you will go.', in: SNYDER, C. (Hg.), Coping and copers: Adaptive processes and people, New York 2001, 3–29.
SOLANO, J. P./GOMES, B./HIGGINSON, I. J., A comparison of symptom prevalence in far advanced cancer, AIDS, heart disease, chronic obstructive pulmonary disease and renal disease, in: J Pain Symptom Manage 31 (2006), 58–69.

Sölle, D., Mystik des Todes, Stuttgart 2003.
Solomon, M. Z./Sellers, D. E./Heller, K. S. u.a., New and lingering controversies in pediatric end-of-life care, in: Pediatrics 116 (2005), 872–883.
Solomon, S./Greenberg, J./Pyszczynski, T. A.: The cultural animal: Twenty years of terror management theory and research, in: Greenberg, J./Koole, S. L./Pyszczynski, T. A. (Hg.), Handbook of experimental existential psychology, New York 2004, 13–34.
Solschenizyn, A., Krebsstation. Roman in zwei Büchern. Aus dem Russischen übertragen v. Auras, C./Jais, A./Tinzmann, I., Bde. I u. II, Hamburg 1971.
Sombart, N., Das Ideal des Dandys, in: Focus 15 (1995), 156–160.
Sontag, S., Krankheit als Metapher (Originaltitel: Illness as Metaphor [1978]), München/Wien 1978.
Sontag, S., Literatur ist Freiheit. Rede zur Verleihung des Friedenspreises des Deutschen Buchhandels am 12. Oktober 2003, in: FAZ vom 13. Oktober 2003, 9.
Sorge, J., Epidemiologie, Klassifikation und Klinik von Krebsschmerzen, in: Aulbert, E./Nauck, F./Radbruch, L. (Hg.), Lehrbuch der Palliativmedizin, Stuttgart ³2011, 430–435.
Spalton, D./Koch, D., The constant evolution of cataract surgery, in: BMJ 321 (2000), 1304.
Spieker, M., „Zäsur oder Moment?" – Über die Anschaulichkeit der Geburt und die verborgene Gabe, in: Weilert, A. K. (Hg.), Spätabbruch oder Spätabtreibung – Entfernung einer Leibesfrucht oder Tötung eines Babys?, Tübingen 2011, 107–127.
Spillman, B. C./Lubitz, J., The effect of longevity on spending for acute and long-term care, in: N Engl J Med 342 (2000), 1409–1415.
Spinoza, B. d., Ethik Teil IV, in: Ders., Werke in drei Bänden, hg. v. Bartuschat, W., Bd. 1, Hamburg 2006.
Sporken, P., Die Sorge um den kranken Menschen, Düsseldorf 1977.
Sporken, P., Hast Du denn bejaht, dass ich sterben muss?, Düsseldorf 1981.
Sporken, P., Was Sterbende brauchen, Freiburg i.Br. 1982.
Sprangers, M./Schwartz, C., Integrating response shift into healthrelated quality of life research: a theoretical model, in: Soc Sci Med 48,11 (1999), 1507–1515.
Sprung, C. L./Cohen, S. L./Sjokvist, P./Baras, M./Bulow, H.-H./Hovilehto, S./Ledoux, D./Lippert, A./Maia, P./Phelan, D./Schobersberger, W./Wennberg, E./Woodcock, T. for the Ethicus Study Group, End-of-Life Practices in European Intensive Care Units, in: JAMA 290,6 (2003), 790–797.
Stähli, A., Antike philosophische Ars moriendi und ihre Gegenwart in der Hospizpraxis, Berlin 2010.
Stammkötter, F.-B., Art. „Trost", in: HWP, Bd. 10, Basel 1998, 1524–1528.
Starks, H./Pearlman, R. A. u.a., Why Now? Timing and Circumstances of Hastened Deaths, in: J Pain Symptom Manage 30 (2005), 215–226.
Starkstein, S. E./Jorge, R./Mizrahi, R./Adrian, J./Robinson, R. G., Insight and danger in Alzheimer's disease, in: Eur J Neurol 14 (2007), 455–460.
State of California Legislative Counsel, Natural Death Act, in: Connecticut Law Review 9,2 (1977), 221–226.
Statistische Ämter des Bundes und der Länder, Demografischer Wandel in Deutschland. Heft 2. Auswirkungen auf Krankenhausbehandlungen und Pflegebedürftige im Bund und in den Ländern, Wiesbaden 2010.
Statistisches Bundesamt, Datenreport 2004. Zahlen und Fakten über die Bundesrepublik Deutschland, Bonn 2004.

STATISTISCHES BUNDESAMT, Todesursachen in Deutschland, Internetpublikation 2007.
STATISTISCHES BUNDESAMT, Pflegestatistik 2009. Pflege im Rahmen der Pflegeversicherung. Deutschlandergebnisse, Wiesbaden 2009.
STEEN, J. T. v.d./OOMS, M. E./WAL, G. v.d./RIBBE, M. W., Pneumonia: the demented patient's best friend? Discomfort after starting or withholding antibiotic treatment, in: J Am Geriatr Soc 50 (2002), 1681–1688.
STEEN, J. T. v.d./WAL, G. v.d./MEHR, D. R./OOMS, M. E./RIBBE, M. W., End-of-life decision making in nursing home residents with dementia and pneumonia: Dutch physicians' intentions regarding hastening death, in: Alzheimer Dis Assoc Disord 19 (2005), 148–155.
STEEN, J. T. v.d./MEHR, D. R./KRUSE, R. L./SHERMAN, A. K./MADSEN, R. W./D'AGOSTINO, R. B./OOMS, M. E./WAL, G. v.d./RIBBE, M. W., Predictors of mortality for lower respiratory infections in nursing home residents with dementia were validated transnationally, in: J Clin Epidemiol 59 (2006), 970–979.
STEEN, J. T. v.d./GIJSBERTS, M. J./MULLER, M. T./DELIENS, L./VOLICER, L., Evaluations of end of life with dementia by families in Dutch and U.S. nursing homes, in: Int Psychogeriatr 21 (2009), 321–329.
STEEN, J. T. v.d./GIJSBERTS, M. J./KNOL, D. L./DELIENS, L./MULLER, M. T., Ratings of symptoms and comfort in dementia patients at the end of life: comparison of nurses and families, in: Palliat Med 23 (2009), 317–324.
STEFFEN-BÜRGI, B., Reflexionen zu ausgewählten Definitionen der Palliative Care, in: KNIPPING, C. (Hg.), Lehrbuch Palliative Care, Bern 2006, 30–38.
STEGMAIER, W., Lévinas, Freiburg i.Br. 2002.
STEGMAIER, W., Heidegger und Emmanuel Lévinas, in: THOMÄ, D. (Hg.), Heidegger-Handbuch, Stuttgart 2003, 417–424.
STEINER, M. u.a., Tod – Preis des Lebens? (Grenzfragen Bd. 9), Freiburg i.Br. 1980.
STEINGIEßER, H., Was die Aerzte aller Zeiten vom Sterben wussten, Greifswald 1938.
STEINHAUSER, K. E./CHRISTAKIS, N. A./CLIPP, E. C. u.a., Factors Considered Important at the End of Life by Patients, Family, Physicians, and Other Care Providers, in: JAMA 284 (2000), 2476–2482.
STEMBERGER, G., Der Leib der Auferstehung. Studien zur Anthropologie und Eschatologie des palästinischen Judentums im neutestamentlichen Zeitalter (ca. 170 v.Chr. – 100 n.Chr.), (AnBib 56), Rom 1972.
STERLING, G., Mors philosophi. The Death of Jesus in Luke, in: HThR 94 (2001), 383–402.
STERNBERG, T., Orientalium more secutus. Räume und Institutionen der Caritas des 5. bis 7. Jahrhunderts in Gallien, Münster 1991.
STERNBERGER, D., Über den Tod. Schriften I, Frankfurt a.M. 1977.
STIEFEL, F./KRENZ, S. u.a., Meaning in life assessed with the "Schedule for Meaning in Life Evaluation" (SMiLE): a comparison between a cancer patient and student sample, in: Support Care Cancer 16,10 (2008), 1151–1155.
STIEL, S./PULST, K./KRUMM, N/OSTGATHE, C/NAUCK, F./LINDENA, G./RADBRUCH, L., Palliativmedizin im Spiegel der Zeit – Ein Vergleich der Ergebnisse der Hospiz- und Palliativerhebungen von 2004 und 2009, in: Zeitschrift für Palliativmedizin 11 (2010), 78–84.
STIEL, S./MATTHES, M./BERTRAM, L./OSTGATHE, C./ELSNER, F./RADBRUCH, L., Validierung der neuen Fassung des Minimalen Dokumentationssystems (MIDOS2) für Patienten in der Palliativmedizin. Deutsche Version der Edmonton Symptom Assessment Scale (ESAS), in: Schmerz 24,6 (2010), 596–604.

STIERLE, K./WARNING, R. (Hg.), Das Ende. Figuren einer Denkform (Poetik und Hermeneutik XVI), München 1996.
STÖCKLI, R., Zeitlos tanzt der Tod. Das Fortleben, Fortschreiben, Fortzeichnen der Totentanztradition im 20. Jahrhundert, Konstanz 1996.
STODDARD, S., Leben bis zuletzt, München 1989.
STOECKER, R., Der Hirntod. Ein medizinethisches Problem und seine moralphilosophische Transformation (Praktische Philosophie 59), Freiburg i.Br./München 1999/Freiburg i.Br. ²2010.
STOECKER, R., Ein Plädoyer für die Reanimation der Hirntoddebatte in Deutschland, in: KNOEPFFLER, N. (Hg.), Körperteile – Körper teilen (Kritisches Jahrbuch der Philosophie, Beiheft 8), Würzburg 2009, 41–59.
STOECKER, R., Krankheit – ein gebrechlicher Begriff, in: THOMAS, G./KARLE, I. (Hg.), Krankheitsdeutung in der postsäkularen Gesellschaft. Theologische Ansätze im interdisziplinären Gespräch, Stuttgart 2009, 36–47.
STOECKER, R., Wann werde ich jemals tot sein?, in: GROß, D./GLAHN, J./TAG, B. (Hg.), Die Leiche als Memento mori, Frankfurt a.M. 2010, 23–44.
STRONG, C., Critiques of Casuistry and Why They are Mistaken, in: Theor Med Bioeth 20,5 (1999), 395–411.
STUDENT, J.-C. (Hg.), Sterben, Tod und Trauer, Handbuch für Begleitende, Freiburg i.Br. 2004.
STUDENT, K./STUDENT, J.-C., Die Palliativversorgung Demenzkranker, in: STOPPE, G. (Hg.), Die Versorgung psychisch kranker alter Menschen. Bestandsaufnahme und Herausforderung für die Versorgungsforschung, Köln 2010, 181–193.
STUMP, T. E./CALLAHAN, C. M./HENDRIE, H. C., Cognitive impairment and mortality in older primary care patients, in: J Am Geriatr Soc 49 (2001), 934–940.
SUDNOW, D., Organisiertes Sterben. Eine soziologische Untersuchung, Frankfurt a.M. 1973.
SUHARJANTO, D. M., Die Probe auf das Humane. Zum theologischen Profil der Ethik Franz Böckles, Göttingen 2005.
SULLIVAN, D. F., A single index of mortality and morbidity, in: HSMHA Health Rep 86 (1971), 347–354.
SUSANNE, S., Memento Mori, Köln 2011.
SÜSSMILCH, J. P., Die göttliche Ordnung in den Veränderungen des menschlichen Geschlechts, aus der Geburt, Tod und Fortpflanzung desselben, Berlin 1741.
AS-SUYŪṬĪ, Ǧalāladdīn, Bušrā l-kaʾīb bi-liqāʾ al-ḥabīb [Die frohe Botschaft für den Traurigen, dass er den Geliebten treffen wird], hg. und kommentiert v. Mašhūr Ḥasan Maḥmūd Sulaimān, az-Zarqāʾ (Jordanien) 1988 = 1408 d.H.
SYKES, N., Constipation and diarrhoea, in: HANKS, G./CHERNY, N./CHRISTAKIS, N./FALLON, M./KAASA, S./PORTENOY, R. (Hg.), Oxford Textbook of Palliative Medicine, Oxford 2009, 833–850.
SYNOFZIK, M., PEG-Ernährung bei fortgeschrittener Demenz. Eine evidenzgestützte ethische Analyse, in: Nervenarzt 78 (2007), 418–428.
AṬ-ṬABARĪ, Ǧāmiʿ al-bayān fī tafsīr al-qurʾān, online in der Datenbank „www.altafsir.com" unter http://www.altafsir.com/Tafasir.asp?tMadhNo=1&tTafsirNo=1&tSoraNo=4&tAyahNo=29&tDisplay=yes&UserProfile=0&LanguageId=1 (Zugriff am 03.05.2011).
TAMM, M., The personification of life and death among Swedish health care professionals, in: Death Stud 20 (1996), 1–2.
TAN, A./ZIMMERMANN, C. u.a., Interpersonal Processes in Palliative Care: An Attachment Perspective on the Patient-Clinician Relationship, in: Palliat Med 19 (2005), 143–150.

Tan, D., Das fremde Sterben: Sterben, Tod und Trauer unter Migrationsbedingungen, Frankfurt 1998.
Tataryn, D./Chochinov, H., Predicting the trajectory of will to live in terminally ill patients, in: Psychosomatics 43,5 (2002), 370–377.
Tatelbaum, J., The courage to grieve, New York 1980.
Tauler, J., Predigten, Einsiedeln ²1980.
Taupitz, J., Empfehlen sich zivilrechtliche Regelungen zur Absicherung der Patientenautonomie am Ende des Lebens? Gutachten A für den 63. DJT Leipzig, hg. v. Ständige Deputation des Deutschen Juristentages (Verhandlungen des deutschen Juristentages, Bd. 63,I), München 2000.
Taylor, S., Adjustment to threatening events. A theory of cognitive adaptation, in: Am Psychol 38 (1983), 1161–1173.
Taylor, C., Ein säkulares Zeitalter, Frankfurt a.M. ²2009.
Teno, J. M./Fisher, E. S./Hamel, M. B./Coppola, K./Dawson, N. V., Medical care inconsistent with patients' treatment goals: association with 1-year Medicare resource use and survival, in: J Am Geriatr Soc 50 (2002), 496–500.
Tesser, A., On the plasticity of self-defense, in: Curr Dir Psychol Sci 10 (2001), 66–69.
Tesser, A./Crepaz, N. u.a., Confluence of self-esteem regulation mechanisms: On integrating the self-zoo, in: Pers Soc Psychol Bull 26 (2000), 1476–1489.
The Multi-Society Task Force on PVS, Medical aspects of the persistent vegetative state (1+2). The Multi-Society Task Force on PVS, in: N Engl J Med 330 (1994), 1499–1508; 1572–1579.
Theißen, G., Erleben und Verhalten der ersten Christen. Eine Psychologie des Urchristentums, Gütersloh 2007.
Theobald, M., Der Römerbrief (EdF 294), Darmstadt 2000.
Theobald, M., Der Einsamkeit des Selbst entnommen – dem Herrn gehörig. Ein christologisches Lehrstück des Paulus (Röm 14,7–9), in: Ders., Studien zum Römerbrief (WUNT 136), Tübingen 2001, 142–161.
Theobald, M., Römerbrief. Kapitel 1–11 (SKK.NT 6/1), Stuttgart ³2002.
Theobald, M., Das Evangelium nach Johannes. Kapitel 1–12 (RNT), Regensburg 2009.
Theobald, M., Die Deutung des Todes Jesu nach Gal 3,6–14, in: BiKi 64 (2009), 158–165.
Theobald, M., Der Tod Jesu im Spiegel seiner „letzten Worte" vom Kreuz, in: ThQ 190 (2010), 1–30.
Theobald, M., Futurische versus präsentische Eschatologie? Ein neuer Versuch zur Standortbestimmung der johanneischen Redaktion, in: Ders., Studien zum Corpus Iohanneum (WUNT 267), Tübingen 2010, 534–573.
Theobald, M., Das Heil der Anderen. Neutestamentliche Perspektiven, in: Sattler, D./Leppin, V. (Hg.), Dialog der Kirchen (Veröffentlichungen des Ökumenischen Arbeitskreises evangelischer und katholischer Theologen, Bd. 15), Freiburg 2012 (im Druck).
Theunissen, M., Die Gegenwart des Todes im Leben, in: Ders., Negative Theologie der Zeit, Frankfurt 1991, 197–217.
Theunissen, M., Schicksal in Antike und Moderne, München 2004.
Thiel, M.-J., Hydratation et alimentation artificielles en fin de vie, in: Revue des Sciences Sociales 39 (2008), 132–145.
Thiel, M.-J., Nutrition and Hydration in the Care of Terminally Ill Patients, in: Hogan, L. (Hg.), Applied Ethics in a World Church, New York 2008, 208–215.
Thomas von Aquin, Summa theologiae IIa-IIae quaestio 64, in: Ders., Die deutsche Thomasausgabe, hg. v. den Dominikanern und Benediktinern Deutschlands u.

ÖSTERREICHS, Bd. 18 (=Summa II, 57–79): Recht und Gerechtigkeit, kommentiert von UTZ, A. F., Heidelberg 1953, 151–179.
THOMAS V. KEMPEN, Nachfolge Christi. De imitatione Christi, Kevelaer 1968.
TIBBALLS, J., Legal basis for ethical withholding and withdrawing life-sustaining medical treatment from infants and children, in: J Paediatr Child Health 43 (2007), 230–236.
TOLMEIN, O., Selbstbestimmungsrecht und Einwilligungsfähigkeit. Der Abbruch künstlicher Ernährung in rechtsvergleichender Sicht. Der Kemptener Fall und der Fall Cruzan und Bland, Frankfurt a.M. 2004.
TOLMEIN, O., Selbstjustiz am Krankenbett, in: FAZ v. 18.8.2010, 31.
TOLSTOJ, L. N., Der Tod des Iwan Iljitsch (1886), in: Die großen Erzählungen. Aus dem Russischen von LUTHER, A./KASSNER, R. (Hg.), Frankfurt a.M. 1997, 11–82.
TOMER, A./ELIASON, G., Theorien zur Erklärung von Einstellungen gegenüber Sterben und Tod, in: WITTKOWSKI, J. (Hg.), Sterben, Tod und Trauer. Grundlagen – Methoden – Anwendungsfelder, Stuttgart 2003, 33–51.
TOTH, J./BROWN, R. u.a., Separate family and community realities? An urban-rural comparison of the association between family life satisfaction and community satisfaction, in: Community Work Fam 5,2 (2002), 181–202.
TRUOG, R. D./MEYER, E. C./BURNS, J. P., Toward interventions to improve end-of-life care in the pediatric intensive care unit, in: Crit Care Med 34,11 (2006), 373–379.
TSAO, J. C. I./ZELTZER, L. K., Commentary: Evidence-based Assessment of Pediatric Pain, in: J Pediatr Psychol 33,9 (2008), 956–957.
TÜCK, J.-H., Hintergrundgeräusche. Liebe, Tod und Trauer in der Gegenwartsliteratur, Ostfildern 2010.
TUGENDHAT, E., Über den Tod, Frankfurt 2006.
TURNER, B. S., Can we live forever? A sociological and moral inquiry, London 2009.
UHLENBRUCK, W., Bedenkliche Aushöhlung der Patientenrechte durch die Gerichte, in: NJW 24 (2003), 1710–1712.
UNIVERSITY OF CALIFORNIA, BERKELEY (USA)/MAX PLANCK INSTITUTE FOR DEMOGRAPHIC RESEARCH, ROSTOCK (GERMANY), Human Mortality Database, 2011, unter: http://www.mortality.org.
VALENTIN, J., Vom Ruhen der Dinge. Gelassenheit bei Martin Heidegger und Meister Eckhart, in: PRÖPPER, T. u.a. (Hg.), Mystik – Herausforderung und Inspiration, Ostfildern 2008, 315–324.
VALLACHER, R./WEGNER, D., A theory of action identification, Hillsdale 1985.
VALLACHER, R./WEGNER, D., What do people think they're doing: Action identification and human behavior, in: Psychol Rev 94 (1987), 3–15.
VALLIN, J./CASELLI, G., Cohort Life Table, in: CASELLI, G./VALLIN, J./WUNSCH, G. (Hg.), Demography. Analysis and Synthesis, Bd. I, Amsterdam 2006, 103–129.
VALLIN, J./CASELLI, G., The Hypothetical Cohort as a Tool for Demographic Analysis, in: CASELLI, G./VALLIN, J./WUNSCH, G. (Hg.), Demography. Analysis and Synthesis, Bd. I, Amsterdam 2006, 163–195.
VATICANUM II, Pastoralkonstitution Gaudium et Spes, in: HÜNERMANN, P. (Hg.), Die Dokumente des Zweiten Vatikanischen Konzils. Konstitutionen, Dekrete, Erklärungen (Herders Theologischer Kommentar zum Zweiten Vatikanischen Konzil Bd. 1), Freiburg/Basel/Wien 2004, 592–749.
VENNEMAN, S. S./NARNOR-HARRIS, P. u.a., "Allow natural death" versus "do not resuscitate". Three words that can change a life, in: J Med Ethics 34 (2008), 2–6.

VERBAKEL, E., A Comparative Study on Permissiveness Toward Euthanasia: Religiosity, Slippery Slope, Autonomy, and Death with Dignity, Public Opin Q 74,1 (2010), 109–139.
VERBEEK, B., Sterblichkeit: der paradoxe Kunstgriff des Lebens. Eine Betrachtung vor dem Hintergrund der modernen Biologie, in: OEHLER, J. (Hg.), Der Mensch – Evolution, Natur und Kultur, Berlin 2010, 59–73.
VERBRUGGE, L. M./JETTE, A. M., The disablement process, in: Soc Sci Med 38 (1994), 1–14.
VERGIL, M. P., Aeneis. Lateinisch-deutsch, hg. v. FINK, G. (Sammlung Tusculum), Düsseldorf 2005.
VERREL, T., Patientenautonomie und Strafrecht bei der Sterbebegleitung. Gutachten C für den 66. Deutschen Juristentag, in: STÄNDIGE DEPUTATION DES DEUTSCHEN JURISTENTAGES (Hg.), Verhandlungen des Sechsundsechzigsten Deutschen Juristentages: Stuttgart 2006, Teil C, Bd. 1 (Gutachten), München 2006, 1071–1072.
VERREL, T., Ein Grundsatzurteil? – Jedenfalls bitter nötig!, in: NStZ 12 (2010), 671–676.
VINEY, L. L./WALKER, B. M./ROBERTSON, T./LILLEY, B./EWAN, C., Dying in palliatice care units and in hospital: A comparison on the quality of life of terminal cancer patients, in: J Consult Clin Psychol 62 (1994), 157–164.
VITORIA, F. D., De Temperantia, in: URDÁNOZ, T. (Hg.), Obras. Relecciones teológicas, Madrid 1960.
VITT, G., Pflegequalität ist messbar, Hannover 2002.
VOGEL, M., Commentatio mortis. 2Kor 5,1–10 auf dem Hintergrund antiker ars moriendi (FRLANT 214), Göttingen 2006.
VOLGGER, D., Und dann wirst du gewiss sterben. Zu den Todesbildern im Pentateuch (ATSAT 92), 2010.
VOLICER, L., Dementias, in: VOLTZ, R./BERNAT, J./BORASIO, G. D. u.a. (Hg.), Palliative Care in Neurology, Oxford 2004, 59–67.
VOLICER, L./HURLEY, A., Hospice Care for Patients with Advanced Progressive Dementia, New York 1998.
VOLICER, L./HURLEY, A. C./BLASI, Z. V., Scales for evaluation of End-of-Life Care in Dementia, in: Alzheimer Dis Assoc Disord 15 (2001), 194–200.
VOLICER, L./HURLEY, A. C./BLASI, Z. V., Characteristics of dementia end-of-life care across care settings, in: Am J Hosp Palliat Care 20 (2003), 191–200.
VOLLENWEIDER, S., Die Waagschalen von Leben und Tod. Zum antiken Hintergrund von Phil 1,21–26, in: ZNW 85 (1994), 93–115.
VOLTZ, R./GALUSHKO, M. u.a., End-of-Life Research on Patients' Attitudes in Germany: A Feasibility Study, in: European Journal of Palliative Care (2009), 160.
VOLTZ, R./GALUSHKO, M. u.a., End-of-Life Research on Patients' Attitudes in Germany: A Feasibility Study, in: Support Care Cancer 18 (2009), 317–320.
VOLTZ, R./GALUSHKO, M. u.a., Issues Of "Life" And "Death" For Patients Receiving Palliative Care – Comments of Patients When Confronted with a Research Tool, in: Support Care Cancer (2010), 771–777.
VORGRIMLER, H., Der Tod im Leben und Denken der Christen, Düsseldorf 1978.
VOSS, H. U. u.a., Possible axonal regrowth in late recovery from the minimally conscious state, in: J Clin Invest 116,7 (2006), 2005–2011.
WADA, H./NAKAJOH, K./SATOH-NAKAGAWA, T./SUZUKI, T./OHRUI, T./ARAI, H./SASAKI, H., Risk factors of aspiration pneumonia in Alzheimer's disease patients, in: Gerontology 47 (2001), 271–276.
WAGNER, H. (Hg.), Ars moriendi. Erwägungen zur Kunst des Sterbens (QD 118), Freiburg i.Br. 1989.

WAGNER, H. (Hg.), Grenzen des Lebens, Frankfurt 1991.
WALISKO-WANIEK, J./GALUSHKO, M. u.a., Ist die Beforschung eines gesteigerten Todeswunsches im Rahmen einer systematischen Studie möglich?, in: Zeitschrift für Palliativmedizin 9 (2008), 158.
WALKER, M. S./RISTVEDT, S. L./HAUGHEY, B. H., Patient care in multidisciplinary cancer clinics: does attention to psychosocial needs predict patient satisfaction?, in: Psychooncology 12 (2003), 291–300.
WALSH, D./DONNELL, S./RYBICKI, L., The symptoms of advanced cancer: relationship to age, gender, and performance status in 1,000 patients, in: Support Care Cancer 8 (2000), 175–179.
WALTER, N., „Hellenistische Eschatologie" im Frühjudentum – ein Beitrag zur „Biblischen Theologie"? (1985), in: DERS., Praeparatio Evangelica. Studien zur Umwelt, Exegese und Hermeneutik des Neuen Testaments, hg. v. KRAUS, W./WILK, F. (WUNT 98), Tübingen 1997, 234–251.
WALTER, N., „Hellenistische Eschatologie" im Neuen Testament (1985), in: DERS., Praeparatio Evangelica. Studien zur Umwelt, Exegese und Hermeneutik des Neuen Testaments, hg. v. KRAUS, W./WILK, F., (WUNT 98), Tübingen 1997, 252–280.
WALTER, N., Der Brief an die Philipper, in: NTD 8/2: Die Briefe an die Philipper, Thessalonicher und an Philemon, Göttingen 1998, 9–101.
WALTER, T., Death in the new age, in: Religion 23 (1993), 127–145.
WANDER, M., Leben wär' eine prima Alternative, in: WANDER, F. (Hg.), Tagebücher und Briefe, München 1994.
WASNER, M./DIERKS, B./BORASIO, G. D., Burden and support needs of family caregivers of patients with malignant brain tumours, in: European Journal of Palliative Care Supplement 2007, 90.
WASS, H., Past, present, and future of dying, in: Illn Crises Loss 9 (2001), 90–110.
WATTS, T., Problems of management of noisy breathing, in: Int J Palliat Nurs 3 (1997), 245–252.
WEBER, E., Verfolgung und Trauma, Wien 1990.
WEDDERBURN, A. J. M., Baptism and Resurrection. Studies in Pauline Theology against Graeco-Roman Background (WUNT 44), Tübingen 1987.
WEEKS, J., Population: an introduction to concepts and issues, Belmont ^{9}2005.
WEIHER, E., Die Religion, die Trauer und der Trost, Mainz 1999.
WEIHER, E., Die Sterbestunde im Krankenhaus. Was können die Professionellen im Umkreis des Todes tun? Beiträge zur Thanatologie, Johannes Gutenberg-Universität Mainz, in: Interdisziplinärer Arbeitskreis Thanatologie 28 (2004), 87–92.
WEIMANN, A./KÖRNER, U./THIELE, F. (Hg.), Künstliche Ernährung und Ethik, Berlin 2008.
WEISCHEDEL, W., Skeptische Ethik, Frankfurt 1976.
WEISCHEDEL, W., Die Frage nach Gott im skeptischen Denken, Berlin 1976.
WEISMAN, A. D., On dying and denying: A psychiatric study of terminality, New York 1972.
WEISMAN, A. D., The Realization of Death, A Guide for the Psychological Autopsy, New York 1974.
WEITZNER, M. A./MOODY, L. N./MCMILLAN, S. C., Symptom management issues in hospice care, in: Am J Hosp Palliat Care 14 (1997), 190–195.
WEIZSÄCKER, C. F. v., Der Tod, in: PAUS, A. (Hg.), Grenzerfahrung Tod, Graz/Wien/Köln 1976, 319–338.
WENSINCK, A. J., Concordance et indices de la Tradition musulmane, Bd. 2, Leiden 1943.

WEYMANN-WEYHE, W., Leben in der Vergänglichkeit. Über die Sinnfrage, die Erfahrung des Anderen und den Tod, Düsseldorf 1991.
WICCLAIR, M. R./DEVITA, M., Oversight of research involving the dead, in: Kennedy Inst Ethics J 14,2 (2004), 143–164.
WIEFEL, W., Die Hauptrichtung des Wandels im eschatologischen Denken des Paulus, in: ThZ 30 (1974), 65–81.
WIESING, L., Stil statt Wahrheit. Kurt Schwitters und Ludwig Wittgenstein über ästhetische Lebensformen, München 1991.
WIJDICKS, E. F., Minimally conscious state vs. persistent vegetative state: the case of Terry (Wallis) vs. the case of Terri (Schiavo), in: Mayo Clin Proc 81 (2006), 1155–1158.
WILDEN, B. M./WRIGHT, N. E., Concept of pre-death. Restlessness in dementia, in: J Gerontol Nurs 28 (2002), 24–29.
WILKENING, K., Spiritualität und Alter – Zielgruppen und Perspektiven, in: BÜSSING, A./KOHLS, N. (Hg.), Spiritualität transdisziplinär, Berlin/Heidelberg 2011, 167–172.
WILKENING, K./KUNZ, R., Sterben im Pflegeheim. Perspektiven einer neuen Abschiedskultur, Göttingen 2003.
WILSON, K. G./CHOCHINOV, H. u.a., Desire for euthanasia or physicianassisted suicide in palliative cancer care, in: Health Psychol 26,3 (2007), 314–323.
WILSON, R. S./TANG, Y./AGGARWAL, N. T./GILLEY, D. W./MCCANN, J. J./BIENIAS, J. L./EVANS, D. A., Hallucination, cognitive decline, and death in Alzheimer's disease, in: Neuroepidemiology 26 (2006), 68–75.
WIPLINGER, F., Der personal verstandene Tod, Freiburg i.Br. 1970.
WIPLINGER, F., Metaphysik, Freiburg i.Br. 1976.
WISSENSCHAFTLICHER BEIRAT DER BUNDESÄRZTEKAMMER, Kriterien des Hirntodes. Entscheidungshilfen zur Feststellung des Hirntodes, in: Dtsch Arztebl 79 (1982), 45–55.
WITTGENSTEIN, L., Tractatus logico-philosophicus, in: DERS., Schriften I, Frankfurt 1960.
WITTGENSTEIN, L., Vermischte Bemerkungen, Frankfurt 1987.
WITTKOWSKI, J., Tod und Sterben. Ergebnisse der Thanatopsychologie, Heidelberg 1978.
WITTKOWSKI, J., Das Interview in der Psychologie. Interviewtechnik und Codierung von Interviewmaterial, Opladen 1994.
WITTKOWSKI, J., Umgang mit Sterben und Tod. Wie lassen sich die Ergebnisse der Grundlagenforschung in der Praxis umsetzen?, in: Report Psychologie 24,2 (1999), 117.
WITTKOWSKI, J., Epilog. Thanatologie heute und morgen, in: DERS. (Hg.), Sterben, Tod und Trauer. Grundlagen, Methoden, Anwendungsfelder, Stuttgart 2003, 269–286.
WITTKOWSKI, J., Sterben und Trauern: Jenseits der Phasen, in: Pflege Z 57,12 (2004), 2–10.
WITTKOWSKI, J., Einstellungen zu Sterben und Tod im höheren und hohen Lebensalter. Aspekte der Grundlagenforschung, in: Zeitschrift für Gerontopsychologie & -psychiatrie 18 (2005), 67–79.
WITTKOWSKI, J., Projektive Verfahren, in: AMELANG, M./HORNKE, L./KERSTING, M. (Hg.), Enzyklopädie der Psychologie, Bereich B, Serie II, Bd. 4, Verfahren zur Persönlichkeitsdiagnostik: Theoretische Grundlagen und Anwendungsprobleme, Göttingen 2011, 299–410.
WITTKOWSKI, J., Sterben – Anfang ohne Ende?, in: WITTKOWSKI, J./STRENGE, H. (Hg.), Warum der Tod kein Sterben kennt. Neue Einsichten zu unserer Lebenszeit, Darmstadt 2011, 29–104.
WITTKOWSKI, J., Reaktionsformen im Angesicht des absehbaren eigenen Todes, in: ECKART, W./ANDERHEIDEN, M. (Hg.), Handbuch Menschenwürdig Sterben, Berlin, in Vorbereitung.

WITTKOWSKI, J./REHBERGER, K., Quasi-experimentelle Verlaufsstudie zum Erleben und Verhalten Sterbender, in: NEUSER, J./DE BRUIN, J. T. (Hg.), Verbindung und Veränderung im Fokus der Medizinischen Psychologie, Lengerich 2000, 117–118.
WITTKOWSKI, J./SCHRÖDER, C., Betreuung am Lebensende. Strukturierung des Merkmalsbereichs und ausgewählte empirische Befunde, in: DIES. (Hg.), Angemessene Betreuung am Ende des Lebens. Barrieren und Strategien zu ihrer Überwindung, Göttingen 2008, 1–51.
WITTWER, H./SCHÄFER, D./FREWER, A. (Hg.), Sterben und Tod. Geschichte – Theorie – Ethik. Ein interdisziplinäres Handbuch, Stuttgart 2010.
WOHLGSCHAFT, H., Hoffnung angesichts des Todes, Paderborn 1977.
WOHLMUTH, J. (Hg.), Emmanuel Lévinas, Paderborn 1998.
WOLBERT, W., Ethische Argumentation und Paränese in 1 Kor 7, Düsseldorf 1981.
WOLFE, J./KLAR, N./GRIER, H. E. u.a., Understanding of prognosis among parents of children who died of cancer: Impact on treatment goals and integration of palliative care, in: JAMA 284 (2000), 2469–2475.
WONG, P., Meaning-Centered Counseling, in: DERS./FRY, P. (Hg.), The Human Quest for Meaning. A handbook of psychological research and clinical applications, Mahwah 1998, 395–435.
WONG, P./FRY, P. (Hg.), The Human Quest for Meaning. A handbook of psychological research and clinical applications, Mahwah 1998.
WORLD HEALTH ORGANISATION (WHO), Cancer pain relief: with a guide to opioid availability, Genf ²1996.
WORLD HEALTH ORGANIZATION (WHO), National cancer control programmes: policies and managerial guidelines, Genf 2002.
WORLD HEALTH ORGANIZATION (WHO), Definition of Palliative Care, 2002, unter: http://www.who.int/cancer/palliative/definition/en/ (Zugriff am 28. Mai 2011).
WORLD MEDICAL ASSOCIATION, Draft Declaration on Terminal Illness (Adopted by the 35th World Medical Assembly, Venice, Italy, October 1983), in: World Med J 30 (1983), 52.
WORLD MEDICAL ASSOCIATION, Declaration on Euthanasia (Adopted by the 39th World Medical Assembly, Madrid, Spain, October 1987 and reaffirmed at the 170th Council Session, Divonnes-les-Bains, France, May 2005), in: World Med J 35 (1988), 4, Bestätigung der Deklaration in: World Med J 51 (2005), 35.
WORLD MEDICAL ASSOCIATION, The WMA Statement on Physician-Assisted-Suicide (Adopted by the 44th World Medical Assembly, Marbella, Spain, September 1992), unter www.wma.net/en/30publications/10policies/p13 (Zugriff am 10.01.2011).
WORLD MEDICAL ASSOCIATION, Handbuch der ärztlichen Ethik (Originalausgabe: Medical ethics manual [2005]), Ferney-Voltaire 2005.
WORLD MEDICAL ASSOCIATION, Declaration on Terminal Illness (Adopted by the 35th World Medical Assembly, Venice, Italy, October 1983 and revised by the 57th WMA General Assembly, Pilanesberg, South Africa, October 2006), in: World Med J 52 (2006), 97.
WORMER, K. v., Private practice with the terminally ill, in: Journal of Independent Social Work 5 (1990), 23–37.
WRIGLEY, E./DAVIES, R./OEPPEN, J./SCHOFIELD, R., English population history from family reconstitution 1580–1837 (Cambridge Studies in Population, Economy and Society in Past Time 32), Cambridge 1997.
YANG, S. C./CHEN, S.-F., Content analysis of free-response narratives to personal meanings of death among Chinese children and adolescents, in: Death Stud 30 (2006), 217–241.

YOUNGNER, S. J./ARNOLD, R. B./SCHAPIRO, R., The definition of death: contemporary controversies, Baltimore 1999.
ZABOROWSKI, H., Spielräume der Freiheit, Freiburg i.Br. 2009.
ZECH, D./GROND, S./LYNCH, J./HERTEL, D./LEHMANN, K. A., Validation of World Health Organization Guidelines for cancer pain relief: a 10-year prospective study, in: Pain 63 (1995), 65–76.
ZEKORN, S., Gelassenheit und Einkehr, Würzburg 1993.
ZELLER, D., Der Brief an die Römer (RNT), Regensburg 1984.
ZELLER, D., Der erste Brief an die Korinther, Göttingen 2010.
ZERNIKOW, B. (Hg.), Schmerztherapie bei Kindern, Jugendlichen und jungen Erwachsenen, Heidelberg ⁴2009.
ZIEGER, A., Zur Persönlichkeit des Wachkomapatienten, unter: http://www.bidok.uibk.ac.at/library/zieger-persoenlichkeit.html (© A. ZIEGER 2003, Zugriff am 25.06.2011).
ZIEGER, A., Beziehungsmedizinisches Wissen im Umgang mit so genannten Wachkomapatienten, in: HÖFLING, W. (Hg.), Das sogenannte Wachkoma, Münster 2005, 49–90.
ZIEGLER, U./DOBLHAMMER, G., Reductions in the incidence of care need in West Germany between 1986 and 2005, in: Eur J Popul 24,4 (2008), 347–362.
ZILKENS, R. R./SPILSBURY, K./BRUCE, D. G./SEMMENS, J. B., Linkage of hospital and death records increased identification of dementia cases and death rate estimates, in: Neuroepidemiology 32 (2009), 61–69.
ZIMMERMANN-ACKLIN, M., Euthanasie. Eine theologisch-ethische Untersuchung, Freiburg i.Ue. 1997.
ZOLL, P. M./LINENTHAL, A. J./GIBSON, W./PAUL, M. H./NORMAN, L. R., Termination of Ventricular Fibrillation in Man by Externally Applied Electric Countershock, in: N Engl J Med 245 (1956), 727–732.
ZORN, F., Mars, Mit einem Vorwort von: MUSCHG, A., Frankfurt a.M. 1979.
ZWEIFEL, P./FELDER, S./MEIER, M., Aging of Population and Health Care Expenditure: A Red Herring?, in: Health Econ 8 (1999), 485–496.

Namensverzeichnis

Abbey, J. 237
Abercromby, H. 304
Abernethy, A. 182, 186 f.
Acres, C. A. 128
Acton, G. J. 236
Adrian, J. 235
Adunsky, A. 223, 225 f., 231, 238
Aggarwal, N. T. 226
d'Agostino, R. B. 225 f.
Ahronheim, J. 238
Aizenberg, D. 234 f.
Ajzen, I. 205
Albert, M. 226
Albery, N. 326
Albrecht, E. 572
Alessi, C. A. 237
Alho, J. M. 4
Alkibiades 293
Allcroft, P. 186
Allen, V. 358
Alligood, K. T. 135
Alonso, A. 225
Alt-Epping, B. 160
Amelang, M. 62
Ameling, W. 500
Améry, J. 418
Aminoff, B. Z. 223, 225 f., 231, 238, 242
Anderheiden, U. 51
Anders, G. 45 f.
Andresen, C. 263
Angenendt, A. 585
Angermeyer, M. C. 224, 226
Anghinah, R. 225 f.
Ankermann, E. 401 f.
d'Annunzio, G. 293, 303
Anselm v. Canterbury 309, 321, 324, 569
Antonovsky, A. 68
Apelt, O. 416
Arai, H. 230
Aranda, S. 84
Arberry, A. 522

Arcand, M. 245
Arens, E. 587
Ariès, P. 26, 563, 567, 573
Aristoteles 415
Arndt, M. 247
Arnold, R. B. 374
Arnold, R. M. 245
Arriaga, E. E. 10
Ash, A. 355–357
Asklepios 259, 372
Assmann, A. 585
Assmann, J. 573, 585
as-Suyūṭī, G. 527
Astren, F. 506
Attems, J. 232 f.
Aulbert, E. 126, 160
Auras, C. 279 f.
Aurel, Marc 314–317
Augustinus, A. 263–270, 470, 569
Avery-Peck, A. J. 483
Aymanns, P. 59
ʿAzrāʾīl 514

Babel, B. 21
Bacchetta, M. D. 128
Bachl, G. 587
Bachmann, I. 116
Back, A. L. 202
Back, F. 485
Bäckman, L. 232
Badcott, D. 37
Bahia, V. S. 225 f.
Bahr, H.-D. 566
Baier, K. 533, 535
Baker, C. 355
Balk, D. 61
Balkin, S. 237
Ball, A. 48
Ballard, C. 226
Baltes, P. B. 8, 37
Balthasar, H. U. v. 534 f., 583

Barak, Y. 234 f.
Baranzke, H. 433
Baras, M. 133
Barbey d'Aurevilly, J. 293–296, 300 f., 308
Barendregt, J. J. 356 f.
Barone, D. 66
Barone, G. 176
Bartalos, M. K. 40
Barth, C. 468, 573
Barth, K. 418
Bartuschat, W. 412
Baskin, S. 238
Basler, H. D. 238, 418
Baudelaire, C. 293–295, 297, 306, 308
Baugher, R. J. 60
Baumeister, R. 65 f., 70 f.
Bausewein, C. 181, 186, 190, 242
Baust, G. 123
Beaumont, G. 213
Beauvoir, S. de 51
Beck, R. 563
Becker, G. 116, 129, 132, 141, 143–145
Becker, U. 125
Beckmann, R. 459 f., 461
Bedard, M. 364
Beebe, J. 355
Beguin, C. 358
Beine, K. H. 218
Belkin, G. S. 372
Bellelli, G. 226
Bellis, A. de 237
Bellow, S. 281
Bengston, V. 68
Benjamin, W. 44 f., 49
Bennett, D. A. 226
Bennett, V. 228
Benson, M. 361
Berg, S. 121, 232
Berghe, P. V. 358
Bergman, H. 245
Berlejung, A. 466, 469, 475 f., 478
Bernard, S. 358
Bernat, J. L. 152, 213–215, 400
Bernhard, T. 136
Bernheim, J. L. 99
Berning, V. 586
Bern-Klug, M. 229

Bernsmann, K. 448, 460
Bertini, S. 187
Bertram, G. 451
Bertram, L. 172
Bertsch, L. 387
Bethge, E. 550
Beutel, H. 585
Beutler, J. 482
Bichat, X. 119
Bickley, H. 234
Bieberstein, K. 466
Bienias, J. L. 226
Biller-Andorno, N. 433
Birch, D. 240, 245
Birkenstock, E. 574
Birren, J. 68
Biser, E. 587
Blanchard, M. R. 225, 245
Blasi, Z. V. 239, 241
Blischke, M. V. 483
Bloch, E. 587
Blum, H. E. 129, 145
Blumenberg, H. 584
Blustein, J. 362
Bobbert, M. 433
Bobzin, H. 523
Bockenheimer-Lucius, G. 373
Böckenholt, S. 161
Böckle, F. 442
Boer, M. E. de 228, 234 f.
Boerner, K. 235
Boethius 587
Böhler, D. 571
Bollnow, O. F. 584
Boly, M. 400
Bomsdorf, E. 21
Bonaventura 569
Bondolfi, A. 374
Bonelli, J. 116 f.
Bonhoeffer, D. 550
Borasio, G. D. 86, 88, 150, 152, 156, 193, 198 f., 217, 221, 223, 241, 348
Bordman, J. 566
Bork, U. 564
Bormann, F.-J. 325, 335, 345–347, 569
Bornkamm, G. 582
Borst, A. 567
Bosek, M. S. 236

Bosshard, G. 200
Bostwick, J. M. 202
Botero, A. 232 f.
Böttger-Kessler, G. 218
Bourdieu, P. 33, 37 f.
Bovon, F. 500 f., 503
Bowlby, J. 55
Brachtendorf, J. 257
Brady, M. 66
Brague, R. 440
Brandt, J. 226
Brayne, C. 223
Breitbart, W. 66, 68, 70, 202, 204, 206
Breitsameter, C. 213
Breuckmann-Giertz, C. 433, 437
Breyer, F. 359
Briffa, M. 186
Briggs, K. B. 362
Briggs, L. 365
Briggs, S. 70
Brinzanik, R. 40
Brocher, T. 585
Brodaty, H. 226, 234 f.
Bromberg, M. B. 84
Bruce, D. G. 223
Bruera, E. 187
Bruin, J. T. de 60
Brummell, G. B. 293, 295–299
Brunelli, C. 230
Bruner, J. 66
Brunkhorst, H. 587
Brunnström, H. R. 232 f.
Bruns, F. 208
Brüntrup, G. 482
Bryan, L. 231, 293
Buber, M. 428 f.
Buckley, M. 129
Büssing, A. 538
Bui, C. 186
Bull, J. 187
Bultmann, R. 489, 498
Bulow, H.-H. 133
Burck, J. R. 236
Burckhardt, J. 294
Burger, C. 60
Burgess, J. F. 358
Burnett, P. 202
Burns, A. 234

Burns, J. P. 195
Burns, R. 236
Burkert, W. 491
Burrows, R. 48
Byrne, T. K. 152

Caixeta, L. F. 225 f.
Callahan, C. M. 225
Callahan, D. 83, 342–345, 349
Callanan, M. 130 f.
Calman, K. 188
Calnan, M. 37
Calvin, J. 267
Campbell, D. T. 61
Camus, A. 418
Candy, B. 152
Cantor, J. C. 356
Capron, A. M. 348
Capuzzi, D. 204
Caramelli, P. 225 f.
Carbone, G. 235
Carlyle, T. 295
Carra de Vaux, B. 519
Caselli, G. 4, 11
Casper, B. 577, 579
Cassel, J. B. 358
Cassileth, B. R. 61
Cassirer, E. 296
Castro, I. de 225 f.
Caswell, H. 4
Carthery, T. M. 225 f.
Caust-Ellenbogen, M. 358
Cavallin, H. C. C. 482
Centeno, C. 189
Cepl-Kaufmann, G. 135
Cervo, F. A. 231
Chamandy, N. 232 f.
Chamberlain, K. 69
Charbonnier, L. 533
Charchat-Fichman, H. 225 f.
Chen, J. H. 230
Chen, S.-F. 62
Chen, Y. C. 230
Chen, Y.-Y. 330
Cherny, N. I. 188, 200
Cherry, M. J. 394
Chiang, C. L. 4
Chiò, A. 84

Chochinov, H. M. 68, 184, 202–206
Choi, C. 238
Choron, J. 567
Christakis, N. 129, 188
Christensen, K. 9, 15, 18, 21 f.
Christiansen, C. L. 358
Chucholowski, A. 576
Chute, D. J. 232
Cicero, M. T. 261–264, 266, 310, 313–315, 567, 569
Clark, D. 200 f.
Clark, K. 187
Clark-Soles, J. 482
Clemens, K. 186
Coats, M. 234 f.
Coetzee, R. H. 229
Cohen, J. 98
Cohen, L. L. 175
Cohen, L. M. 202
Cohen, N. H. 133
Cohen, S. L. 133
Cohn, F. 362
Cole, B. E. 245
Commenges, D. 224
Condrau, G. 567–571, 574
Connor, S. R. 228
Conradi, E. 433
Conwell, Y. 234 f.
Cooke, M. 133
Copeland-Fields, L. 129
Coppola, K. 362 f.
Corr, C. A. 53–55, 58, 64, 128
Corr, D. M. 53 f., 58
Corrado, A. 187
Cortez, T. 358
Costello, J. 35
Cox, C. 235
Cox-Hayley, D. 245 f.
Coyle, N. 205
Craig, A. 202
Cranford, R. 362
Crockett, A. 187
Cronin, B. 202
Cross, A. R. 491
Crystal, S. 356
Culla, A. 245
Cullmann, O. 482
Cummings, J. L. 232

Currow, D. C. 129, 186 f.
Czaja, S. J. 236

Dang, O. 236
Danuser, H. 47
Darling, E. 238
Dartigues, J. F. 224
Darzins, P. J. 364
Davies, R. 5 f.
Davis, C. 67 f.
Dawson, N. V. 362 f.
Dean, J. 272
Deb, P. 358
Degner, L. 206
DeKosky, S. T. 224, 232
Delhom, P. 577
Deliens, L. 239, 354, 363
Dellenbaugh, C. 358
Delorit, M. A. 222
Demertzi, A. 221
Demmer, K. 409
Demmes, J. 48
Derrida, J. 577, 579, 588
Descartes, R. 264
Desmedt, M. 358
Detering, K. M. 361, 365
Deveugele, M. 358
DeVita, M. 379
DeVogler-Ebersole, K. 70
Dewey, M. E. 223 f.
Di Giulio, P. 230
Dierse, U. 584
Dietrich, J. 469
Dinzelbacher, P. 567
Disraeli, B. 293, 298
Doblhammer, G. 3, 9, 15-18, 20 f.
Döblin, A. 560
Dodge, H. H. 224, 232
Doka, K. J. 64
Dombart, B. 263
Donnell, S. 181
Dontas, A. 225
Dörre, K. 39
Dosa, D. M. 130
Doyle, D. 188
Dracup, K. 161
Draper, B. 226, 234 f.
Draper, J. A. 240, 245

Dreier, R. 568
Dreßke, S. 35
Dröes, R. M. 228, 234
Droge, A. J. 497
Drolshagen, C. 126
Dubois, S. 364
Dugan, D. O. 362
Duggleby, W. D. 206
Durán Casas, V. 433
Durkheim, É. 28, 413, 419
Durlak, J. A. 62
Dürrenmatt, F. 289
Duroux, A. 193, 198
Dux, G. 531, 538
Dyck, C. H. v. 237

Ebeling, H. 573–575
Eberhardt, G. 468
Ebersole, P. 70
Ebertz, M. N. 536
Ebner, M. 492
Eckart, W. 51
Eefsting, J. A. 228, 234
Eeles, E. 229
Eibach, U. 385, 388, 401 f., 407
Eichhorn, C. 407
Eisdorfer, C. 236
Eisenmenger, E. 193
Elias, N. 26 f., 580
Eliason, G. 64
Ellershaw, J. 189
Elliot, G. 326
Elliot, J. 326
Elsner, F. 159, 167, 172, 189
Emanuel, E. J. 205, 355–357, 364
Emmons, R. 70
Endert, E. 231 f.
Engel, J. 361
Englaro, E. 156, 217, 221, 384, 398
Englund, E. M. 232
Epiktet 316, 494
Epikur 41, 260–266, 268, 310, 313 f., 323, 415 f., 481, 572
Epstein, S. 66
Epstein-Jaffe, E. 133
Epting, F. R. 62
Erasmus v. Rotterdam 569
Erbguth, F. 118, 120 f.

Erikson, E. H. 76, 537 f.
Erkut, Z. A. 231 f.
Erlangsen, A. 234
Ernstmann, N. 204
Ess, J. van 504, 507, 515, 518, 520
Esser, A. M. 433
Esterman, A. 237
Eugene, B. 189
Eusterschulte, A. 433
Evangelista, L. 161
Evans, B. H. 133
Evans, D. A. 226
Evers, M. M. 230
Evers, S. 161
Ewan, C. 60
Eychmueller, S. 129

Fabiszewski, K. J. 231
Fabre, P. 577
Faḍlallāh, M. Ḥ. 511
Fagan, P. 185
Fagerlin, A. 365
Fairburn, C. G. 232
Faisst, K. 354, 363
Fallon, M. 188
Farag, E. S. 232
al-Faramāwī, ʿAbdalḥayy 516 f.
Farber, S. 231
Fazekas, B. 186
Fegg, M. 65, 68, 73–75, 77, 80, 86
Felder, S. 355
Feldmann, K. 23, 26, 28, 31, 34, 39 f., 123–126
Fernandez, H. H. 227
Ferrand, E. 133
Ferris, S. H. 235, 237
Fest, J. 568
Fetting, J. H. 60
Feuerbach, L. 574
Filipp, S.-H. 59
Fink, C. 133
Fink, E. 572, 588
Fins, J. J. 128, 213
Finucane, T. 228
Fischbeck, S. 128
Fischer, J. 530
Fischer, N. 563, 579
Fischer, T. 460

Fischer, U. 482
Fisher, E. S. 362 f.
Flasch, K. 583
Flaskämper, P. 4
Fleming, J. 393
Flieger, W. 4
Foley, K. M. 200
Folkman, S. 67 f., 79
Fontana, D. J. 62
Foot, P. 325
Forbes, N. T. 235
Forbes, S. 229
Formiga, F. 245
Forshew, D. 84
Forster, B. 121
Forster, D. P. 227
Förstl, H. 223, 228
Foucault, M. 43, 296
Fouché, J. 43
Fournier, L. 245
Fraling, B. 391
Franke, A. 68
Frankena, W. K. 342
Frankl, V. 65, 69
Franssen, E. 237
Franz v. Sales 318–320
Fratiglioni, L. 232
Freilinger, F. 82
Freud, S. 25, 44 f., 304
Freund, A. 75
Frevel, C. 476
Frewer, A. 31, 118 f., 128, 208, 251, 257
Frey, W. 568
Freyer, T. 577
Frick, E. 529 f., 534, 537
Frick, S. 129
Fries, B. E. 229 f.
Fries, J. F. 17
Frisch, M. 42, 52, 284, 289 f.
Frisoni, G. B. 226
Frith, P. 186 f.
Fritz, A. 342
Fröhlich, B. 568
Frölich, L. 234
Frühauf, M. 387
Fry, P. 65, 69
Fu, C. 232 f.
Fuchs, W. 34, 573

Fuchs-Heinritz, W. 28, 31
Fuchs-Lacelle, S. 237
Führer, M. 192 f., 198 f.
Fuller, G. 47

Gadamer, H.-G. 586
Gaertner, J. 160, 223
Gaese, H. 586
Gagliese, L. 203–206
Galbraith, S. 185
Galen 119
Galushko, M. 200, 204 f., 208 f.
Ganguli, M. 224, 232 f.
Ganzini, L. 154, 222, 235
Gao, L. 223
Garakian, J. 232
Gardner, A. 128
Gardner, G. 128
Garfield, C. A. 53, 128
Garrett-Mayer, E. 219
Gaus, W. 327
Gauthier, A. 85
al-Ġazālī, Abū Ḥāmid Muḥammad 516, 520–522, 524, 528
Gazelle, G. 355–357
Gebhardt, W. 536
Gehlen, A. 348, 530
Gehring, P. 566, 573
Gelhaus, P. 118
Gennep, A. v. 29
George, S. 302, 304
Georges, J. J. 207
Geremek, A. 213, 400
Gerlach, J. 122
Gerl-Falkovitz, H.-B. 572
Gerritsen, W. B. 567
Gerson, J. 321, 392
Gessert, C. 329
Gestrich, C. 587
Giacino, J. T. 214, 399
Gibson, W. 120
Giesen, H. 502
Gigon, O. 260 f.
Gijsberts, M. J. 239
Giles, L. 237
Gilley, D. W. 226
Gillick, M. R. 231
Gilmer, T. 362

Gitlin, L. N. 235
Glahn, J. 369
Glare, P. 129
Glaser, B. G. 28, 57, 127
Glorie, F. 264
Glorieux, P. 321, 392
Gnilka, J. 497
Godzik, P. 102
Goeree, R. 364
Goethe, J. W. v. 289, 586
Goh, A. Y. 194
Gold, K. 62
Goldberg, T. H. 232 f.
Goldman, N. 8
Golla, H. 160, 209
Gollwitzer, H. 582
Gomes, B. 184
Goodman, L. E. 522
Goodman-Crews, P. 362
Gootjes, J. R. G. 189
Gore, B. 245
Gorer, G. 55
Göring-Eckhardt, K. 566
Gorrie, C. 234 f.
Goulet, J. 203
Goulon, M. 120
Goy, E. R. 154, 222, 235
Gräb, W. 533
Grabbe, L. L. 483
Graf, G. 432
Grais, L. S. 133
Grande, J. 119 f., 123 f., 135
Graney, M. J. 236
Granqvist, H. 514, 520
Grassberger, M. 122
Graunt, J. 3
Gravou-Apostolatou, C. 173
Grawe, K. 66
Gray, A. 357
Green, A. G 204
Greenberg, J. 25
Greer, S. 68, 79
Gregor d. Gr. 569
Greisch, J. 438
Greshake, G. 485, 568
Grier, H. E. 195
Griffin, T. 129
Grimm, M. 473

Grisez, G. 386
Grom, B. 537
Grond, S. 165
Groner, J.-F. 336–338
Groß, D. 119 f., 122–124, 135, 369
Groß, W. 465, 468, 475
Grubb, A. 218
Gruenberg, E. M. 17
Guardini, R. 566
Gühne, U. 224, 226
Guillot, M. 4, 10
Gulde, S. U. 469, 473
Gundrum, J. D. 361, 365
Gunkel, H. 473
Guyatt, G. H. 364
Gwyther, L. P. 236
Gysels, M. 181

Haas, A. M. 567, 583
Haberland, B. 181
Habermas, J. 530, 587
Hack, T. F. 206
Haddad, Y. Y. 523 f.
Hadjistavropoulos, T. 237
Hadot, P. 584
Hagens, G. v. 379, 383
Hahn, K. 161
Hahn, M. 204
Hahne, M.-M. 452
Haley, W. E. 225, 236
al-Ḥallāǧ 526
Halley, E. 3
Hamel, M. B. 227, 240, 362 f.
Hamel, R. P. 386
Hammes, B. J. 361, 365
Hammond, D. 56
Hampel, K. 565
Han, B. 225
Hancock, A. D. 361, 365
Hanks, G. 188
Hanna, F. J. 204
Hanney, M. L. 226
Hanson, L. C. 358
Harder, R. 416
Harding, R. 186
Harrison, C. 364
Hart Nibbrig, C. 135
Hartmann, A. P. 225 f.

Hartmann, B. 361
Hartwig, H. G. 568
Harvarth, T. A. 222
Harwood, D. G. 228
Hasenfratz, H.-P. 467, 573
Hasselt, V. v. 66
Hassing, L. B. 232
Haufe, G. 482, 486
Häuring, H. 586
Hauser, J. M. 84
Haverkamp, A. 585
Haydar, Z. R. 228
Hayek, J. v. 36
Hebert, R. S. 87, 236
Heckl, R. 469
Hegel, G. E. F. 545
Heide, A. van der 354, 363
Heidegger, M. 45 f., 266–270, 305, 543, 575–579, 583 f., 588
Heine, S. 66 f.
Heinz-Mohr, G. 567
Heller, K. S. 192, 195, 198
Helmchen, H. 82
Helmer, C. 224
Hempelmann, G. 361
Hendrie, H. C. 225
Henke, D. E. 386, 395
Henke, K.-D. 355, 359
Herms, E. 539, 544, 562
Herndon, J. 187
Herrera Jr., E. 225 f.
Herrmann, C. 587
Hersen, M. 66
Hertel, D. 165
Herthogh, C. M. 228, 234
Hertz, R. 28 f.
Heßler, H. J. 241
Hettinger, M. 138
Hettlage, R. 537
Heuveline, P. 4, 10
Hickman, S. E. 365
Hiemenz, T. 585
Higginson, I. J. 181, 184, 186 f.
Hilbert, R. 67
Hildebrand, D. v. 576
Hildebrandt, F. 119
Hill, G. 225
Hillenkamp, T. 138

Hirsch, S. R. 473
Hirst, D. 42
Hobbes, T. 412
Hofeldt, G. T. 235
Hofer, S. M. 232
Hoff, J. 374
Höffe, O. 411, 566, 583
Hoffmann, E. 17 f.
Hoffmann, L. A. 207
Hoffmann, M. 26, 32
Hoffmann, P. 483 f.
Hoffmann-Menzel, H. 159
Höfling, W. 335, 400 f., 406, 408, 444, 450–452, 454, 457, 461
Hogan, L. 389
Hogan, R. 70
Höglinger, G. U. 119, 374
Höhn, H.-J. 566
Hohnwald, A. 251
Holderegger, A. 387
Holen, J. C. 201, 205
Holtz, T. 484 f.
Honnefelder, L. 572
Hooff, A. van 372
Hoover, D. R. 356
Hope, T. 232
Hopf, E. 135
Hoppe, J.-D. 155
Horn, W. 62
Hörner, F. 296
Hornke, L. 62
Horwitz, R. I. 237
Hossfeld, F.-L. 472
Höver, G. 428, 433, 436
Hovilehto, S. 133
Howe, J. 61
Huang, N. 225 f.
Huber, M. 232
Huber, S. 533
Hucklenbroich, P. 118, 133
Hudson, M. 129
Hudson, P. L. 84, 201, 206
Hüger, D. 238
Hügli, A. 567
Hülser, K. 258
Hülswitt, T. 40
Hünermann, P. 338
Hufeland, C. W. 120

Hufen, F. 451 f.
Huggins, M. A. 202
Hui, J. S. 226
Huitinga, I. 231 f.
Huizing, K. 577
Hume, D. 416
Hurley, A. C. 239, 241 f.
Husebo, S. 161
Husstedt, I. W. 161
Hutch, R. A. 54
Huysmans, J.-K. 301, 303, 305
Huzzard, L. L. 128

Ignatius v. Loyola 319, 583
İlkılıç, I. 505
Imbimbo, B. P. 235
Ingensiep, H.-W. 433
Ingrand, P. 133
Inhelder, B. 67
Inouye, S. K. 226, 237
Irenäus v. Lyon 524
Irlenborn, B. 569

Jackson, A. 222
Jacobs, D. R. 225
Jacoby, R. 232
Jäger, C. 138
Jais, A. 279 f.
Janoff-Bulman, R. 67
Janowski, B. 466, 473, 475 f., 478
Jans, J. 436
Jansen, H. H. 568
Jaquette, J. L. 493
Jaspers, K. 266, 269 f., 418, 439, 576
Jellinger, K. A. 232
Jenkins, T. 129
Jennett, B. 213
Jens, I. 276
Jette, A. M. 14
Jeune, B. 22
Jezewski, M.-A. 219
Johannes Paul II. 337–340, 350
Johannsen, F. 125
Johansen, S. 201, 205
Johansson, B. 232
Johnson, J. 56, 70
Johnson, M. 186
Joist, A. 586

Joly, P. 224
Jonas, H. 571
Jonen-Thielemann, I. 102, 126
Jones, C. 563
Jones, J. M. 202
Jones, L. 152, 225
Jones, M. 129
Jones, R. G. 229, 245
Jonsen, A. R. 408
Jorge, R. 235
Joseph II. 43
Joseph, M. V. 60
Jox, R. J. 193, 198 f., 211, 213, 216 f., 219, 221, 399
Jude, J. R. 120
Jüngel, E. 481, 496, 542, 573, 577
Jung, C. G. 323
Jünger, E. 297, 299 f., 303
Junger, A. 361

Kaasa, S. 188, 205
Kafatos, A. 225
Kahlenberg, J. 21
Kahveci, K. L. 228
Kaiser, G. 568
Kaiser, O. 467, 471–473, 478
Kaiser, S. 119, 122, 135
Kalb, A. 263
Kaléko, M. 86 f.
Kamatsu, G. 362
Kamlah, W. 418, 573, 582
Kammer-Suhr, B. 161
Kang, J. 236
Kanofski, S. 82
Kant, I. 349, 417 f., 433–436, 530
Kapellari, E. 586
Kapur, N. 234
Karle, I. 146, 530
Kass, L. R. 344
Kass, R. A. 62
Kassner, R. 274
Kast, R. 568
Kast, V. 585
Kastenbaum, R .J. 53, 64, 124
Kästner, F. 161
Ibn Kaṯīr 524
Kaub-Wittemer, D. 85 f.
Kay, D. W. 227

Kayser-Jones, J. 232, 245
Kearney, M. 104
Keene, J. 232 f.
Keirse, E. 358
Keith, K. T. 40
Kellehear, A. 26, 30, 38, 123
Keller, A. 211
Keller, H. H. 225
Kelley, P. 130 f.
Kellner, M. 507, 510–512, 517 f.
Kelly, B. 202
Kenealy, P. 213
Kenny, B. 186
Kern, B.-R. 327
Kern, M. 159
Kersting, M. 62
Kessel, M. 372
Kessler, H. 574
Keyfitz, N. 4
Khan, K. 230
Khoury, A. T. 511
Kiely, D. K. 226–230, 240
Kiener, R. 420, 426
Kierkegaard, S. 46, 575
King, G. 3
King, M. 225, 245
Klar, N. 195
Klaschik, E. 186
Klass, D. 54
Kleeberg, U. 99
Kleinert, S. 119, 374
Klimkeit, H.-J. 573
Klinger, E. 65
Klooker, T. 231 f.
Kluger, A. 237
Knappe, E. 356–359
Kneer, G. 25, 530
Knickerbocker, G. G. 120
Knipping, C. 99, 101
Knoblauch, H. 36, 537
Knoepffler, N. 369
Knol, D. L. 239
Köberle, A. 585
Koch, D. 17
Koch, K. A. 330
Köhler, M. 138
Kohls, N. 538
Kohnen, N. 167

Komatsu, G. I 362
König, C. 232
Koole, S. L. 25
Koopmans, R. T. 233
Köpf, G. 120
Körner, U. 401, 407
Körtner, U. H. 401, 573
Kostka, U. 374
Kostrewa, S. 251
Kottnick, R. 585
Kouwenhoven, W. B. 120
Kramer, B. J. 84
Kraska, M. 100
Kraus, H.-J. 473
Kraus, P. 522
Kraus, W. 482
Krautz, H.-W. 416
Krawietz, B. 508, 510, 512, 517 f.
Kreft, D. 15
Kreimendahl, L. 416
Kremer, J. 485, 488, 568
Kress, H. 433
Kreucher, S. 119 f.
Kriegsman, D. M. 154
Kril, J. 234 f.
Kristjanson, L. J. 84, 201, 206
Kröll, W. 398, 401 f.
Kromhout, D. 225
Krüger, A. 478
Krumm, N. 172
Kruse, A. 60, 356–359, 440 f.
Kruse, R. L. 225 f.
Kubiciel, M. 462
Kübler-Ross, E. 53 f., 127 f., 131, 569 f.
Kuempfel, T. 207
Kuhlmey, A. 108
Kühlmeyer, K. 216 f., 221
Kühn, D. 467
Kühnbach, R. 181
Kukkastenvehmas, R. 225, 245
Küllmer, E. 217
Kumar, R. 356
Kunz, R. 238, 432
Küper, W. 138
Kurtz, D. C. 566
Kuschel, K.-J. 271
Kutten, B. 358
Kutzer, K. 193, 449, 451

La Marne, P. 38
Laager, J. 567, 569
bin Laden, Osama 512
Lafontaine, C. 38 f.
Lamberg, J. L. 229 f.
Landsberg, P. L. 576 f.
Lang, B. 466
Langenhorst, G. 586 f.
Langthaler, R. 587
Lapane, K. L. 227
Larkin, P. 189
Laufs, A. 327, 448 f.
Laureys, S. 213, 400
Lauter, H. 82
Laves, W. 121
Lazarus, R. S. 68
Leaman, O. 522
Leask, S. J. 229
Ledoux, D. 133
Lee, V. 66, 68
Leeman, C. P. 202
Lefebvre-Chapiro, S. 237
Lehmann, K. 563, 575, 582, 584–588
Lehmann, K. A. 165
Leinemann, J. 285
Lemaire, F. 133
Lemanek, K. 175
Lemay, K. 206
Leonard, C. 358
Leppin, V. 488, 568
Lessenich, S. 39
Lessius, L. 393
Lesskows, N. 44
Leszczynski, U. v. 249
Letenneur, L. 224
Leuenberger, M. 475
Lévinas, E. 437, 576–579, 588
Levinsky, N. G. 355–357
Lewis, C. S. 585
Lidz, V. M. 26
Liess, K. 466, 472 f.
Liessmann, K. P. 40, 573
Lilley, B. 60
Lim, W. S. 234 f.
Lima, E. P. 225 f.
Lindeman, D. A. 236
Lindemann, A. 485 f., 491, 493
Lindena, G. 160, 172

Linenthal, A. J. 120
Link, F. 568
Lintner, F. 232
Lintner, M. 398
Liotti, L. 176
Lipp, V. 193, 458
Lippert, A. 133
List, E. 565
Litke, A. 358
Livote, E. 358
Lo, B. 133
Lo, C. 201, 204
Locke, J. 536
Lockett, M. A. 152
Lohfink, N. 573
Lohlker, R. 511
Lohse, E. 472
Loick, G. 167
Lommel, P. v. 574
Lopez, S. 71
López-Soto, A. 245
Loss, J. 407
Low, L. F. 226, 235
Lowcay, B. 237
Lowe, A. J. 228
Löwith, K. 45, 418
Lowry, E. 236
Lubitz, J. D. 355–357
Lucchetti, M. 221
Luce, J. M. 133
Luckmann, J. 238
Luckner, A. 267
Luhmann, N. 24, 30
Luhrs, C. A. 358
Lukas, A. 238
Lummus, A. 236
Lüning, P. 391
Lusk, E. J. 61
Luther, A. 274
Luther, M. 42, 483, 491, 557, 561, 567
Lux, R. 466
Luxemburg, R. 100
Lynch, A. 185
Lynch, J. 165
Lyness, J. M. 245
Lynn, J. 129

Maas, P. J. van der 354, 363

MacCuspie-Moore, C.   234
Macho, T.   40, 573, 584
Madsen, R. W.   225–227
Maia, P.   133
Malamud, B.   281
Mann, T.   275–278, 291
Mannix, K.   188
Manser, J.   573
Manton, K. G.   17
Maquet, P.   400
Marcantonio, E. R.   226
Marcel, G.   586
Marcello, J.   187
Marckmann, G.   347, 351, 365
Margolles, T.   47
Marin, D. B.   230
Marquard, O.   140, 531, 538, 566
Marten, R.   573, 584
Martin, B.   225
Martindale-Adams, J.   236
Marx, K.   100
Masciandaro, P.   235
Mast, K. R.   245
Materstvedt, L. J.   200 f., 205
Matschinger, H.   224, 226
Matt, P. v.   556
Matthes, M.   172
Matthews, F. E.   223
Maurer, K.   234
May, C.   133
May, K.   303, 368
May, W. E.   386
Mayan, M. J.   56
McCann, J. J.   226
McClearn, G.   232
McCue, J. D.   83
McDonald, C.   186 f.
McGue, M.   22
McHugh, A.   186
McNamara, B.   227
Meeker, M.-A.   219
Mehr, D. R.   225–227, 231
Meier, C.   193
Meier, D.   66, 238
Meier, D. E.   358
Meier, M.   355
Meister Eckhart   583 f.
Mellert, C.   365

Mendelssohn, A. B.   236
Mendieta, A.   47
Menotti, A.   225
Menten, J.   358
Meslé, F.   8, 11
Metz, J. B.   587
Meyer, E. C.   195
Meyer, J. E.   566
Michel, A.   469
Middleton, H.   229
Middlewood, S.   128
Miebach, K.   328
Mieth, D.   565, 572
Miles, M. S.   55
Miller, F. G.   128
Miller, L. L.   154, 222
Miller, S. C.   227 f.
Miller, T.   357
Miskawaih, Aḥmad b. Muḥammad   521 f.
Mitchell, S. L.   227–230, 240
Mizrahi, R.   235
Moadel, A.   65 f.
Moebius, S.   28
Mohr, R.   567
Mok, Q.   194
Mollaret, P.   120
Molloy, D. W.   364
Moltmann, J.   568
Momm, F.   129, 145
Monette, J.   245
Monette, M.   245
Montaigne, M. de   289
Mor, V.   227
Moreno, J. M.   95 f.
Morris, J. C.   234 f., 238
Morris, J. N.   229 f.
Morrison, R.   238
Morrison, R. S.   358
Morse, J. M.   56
Moser, R. P.   61
Mosis, R.   583
Moskowitz, M.   355–357
Moss, A. H.   365
Mountain, W. J.   264
Mues, J.   586
Müller, C. G.   502
Muller, M. T.   239

Müller, S. 377
Müller-Busch, H. C. 95–97, 100, 102–104
Mumm, R. 585
Munkar 519 f.
Murphy, R. E. 483
Murray, S. 97, 249
Muschg, A. 284 f., 291
Muschg, W. 560
Mustfa, N. 85
Mystakidou, K. 202–204

Nabal, M. 189
Nabe, C. M. 53 f., 58
Nachtmann, J. 17 f.
Nacimiento, W. 406
Nadimi, F. 129
Nagel, E. 407
Nagel, T. 572
an-Naǧǧār 515, 520
Nagl-Docekal, H. 587
Nakajoh, K. 230
Nakīr 519 f.
Namboodiri, K. 4
Napiwotzky, A. 254, 566
Narnor-Harris, P. 330
Nasr, S. H. 522
Nassehi, A. 439–442, 534, 536
Nauck, A. 416
Nauck, F. 160, 172, 204
Navarro, M. 245
an-Naẓẓām 514 f., 520
Neher, P. 567, 571
Neimeyer, R. A. 61 f.
Nelson, C. A. 365
Nemetschek, M. 585
Neuburger, M. 119
Neuhaus, G. A. 119
Neumann, N. 500 f.
Neumann-Gorsolke, U. 476 f.
Neuner, P. 391
Neuser, J. 60
Neusner, J. 483
Newens, A. J. 227
Nichols, L. O. 236
Nicklas, T. 476
Nicoletti, M. 576
Niemand, C. 502
Nikolaus, T. 238

Nilsson, S. E. 232
Nilstun, T. 354, 363
Nissim, R. 203–206
Nissinen, A. 225
Nitrini, R. 225 f.
Nixon, R. 272
Noguera, A. 189
Noll, P. 42, 52, 284 f., 289 f., 586
Norman, L. R. 120
Norup, M. 354, 363
Nothnagel, H. 119
Noy, S. 238
Nydahl, P. 399

Oater, S. 186
O'brien, B. J. 364
Ochsmann, R. 61
Oduncu, F. S. 200
Oehler, J. 40
Oehmichen, F. 385 f.
Oelrich, C. 249
Oeppen, J. 5–7
Oers, H. v. 356 f.
Ohrui, T. 230
Oliver, D. P. 227
Olmedo, C. 245
Olschewski, M. 129, 145
Olson, K. 56
O'Mahony, S. 66, 203
Omran, A. R. 10
Onwuteaka-Philipsen, B. D. 154
Ooms, M. E. 225 f., 230 f., 242
Opderbecke, H. W. 401
Ostbye, T. 225
Ostgathe, C. 160, 172, 204, 208
Owen, A. M. 213, 400

Paci, E. 354, 363
Page, J. H. 230
Pandav, R. S. 224, 232
Pannenberg, W. 534
Papilloud, C. 28
Paret, R. 504, 508, 513, 523
Park, C. 67, 79
Park, J. S. 483
Park, P. S. 229 f.
Parker, D. 237
Parkes, C. M. 55

Parpa, E. 202
Parsons, T. 26
Pascal, B. 292
Pasman, H. R. 154
Pasternak, B. 278
Pastrana, T. 99, 103
Patterson, C. 364
Pattison, E. M. 53, 55, 128
Patzelt, D. 119
Paul, M. H. 120
Paulus 267, 481, 483–499, 573
Paulus, D. 358
Paus, A. 439, 573
Payne, K. 218
Payne, S. 84
Pearlman, R. A. 204
Pearson, B. W. R. 491
Pedersen, N. L. 232
Peisah, C. 234 f.
Penrod, J. D. 358
Penzoldt, E. 296
Perkins, P. 185
Perl, D. 230
Perrin, F. 400
Perrin, N. A. 365
Person, C. J. 229 f.
Pescher, A. 122
Petersen, I. 22
Peterson, E. 484
Petroski, G. 227
Pfaff, H. 20, 204
Pfeiffer, R. S. 537
Phelan, D. 133
Piaget, J. 67, 545
Pichler, G. 402
Pichlmaier, H. 102
Pieper, J. 572, 586
Piller, N. 237
Piper, H.-C. 131
Pius XII. 336–339, 341
Platon 257–266, 269, 293, 309, 312 f., 323 f., 415, 482, 491, 504, 586
Pleschberger, S. 101
Plessner, H. 530–533, 538
Pletz, M. 585
Plotin 416
Plotzek-Wederhake, G. 567
Podella, T. 478

Poe, E. A. 48
Polanyi, M. 133
Polder, J. J. 356 f.
Pongartz, L. J. 582
Porock, D. 227
Porphyrios 264, 416
Portenoy, R. 188
Porter, S. E. 491
Porto, C. S. 225 f.
Post, S. G. 228
Postman, L. 66
Potter, J. 187
Preston, S. H. 4, 10
Pröpper, T. 583
Proulx, T. 67
Proust, M. 565
Pujol, R. 245
Pulst, K. 172
Pulvers, K. 67
Purandare, N. 234
Purits, E. 238
Purohit, D. 230
Putallaz, F.-X. 572
Pyszczynski, T. A. 25
Pythagoras 258

al-Qaraḍāwī, Yūsuf 508 f., 512
Quante, M. 122, 566
Quednau, I. 186
Quint, J. 583

Raabe, E. 586
Raabe, P. 586
Rabe, M. 251
Rabkin, J. G. 86
Racké, K. 433
Rad, G. v. 573
Radanovic, M. 225 f.
Radbruch, L. 159 f., 167, 172, 204
Rade, M. 533
Rahner, K. 573, 583
Rainer, A. 47
Ralic, N. 251
Rando, T. A. 55
Ransom, S. 203
Rantz, M. 227
Rapkin, B. D. 72, 128
Rascher, W. 208

Rath, J. 138
Ratzinger, J. 587
Rau, R. 3, 9, 15, 18, 21
ar-Rāzī, Abū Bakr Muḥammad b. Zakarīyā 521 f.
Reade, M. C. 361, 365
Reder, M. 587
Reeves, J. C. 506
Rehberger, K. 60
Rehbock, T. 432
Reimers, L. 355, 359
Reinhardt, G. 327
Reisberg, B. 237
Reiser, M. 484
Reisinger, F. 572
Reiterer, F. 475 f.
Reker, G. 68–71
Renaerts, M. 514, 519
Renda, T. 187
Renner, W. 69
Rentsch, T. 575
Renz, M. 131, 586
Rest, F. 84
Ibn ar-Rēwandī 520
Ribbe, M. W. 225 f., 230 f., 242
Richards, V. 226, 235
Ricken, F. 309, 432
Ricoeur, P. 437 f., 576, 585
Riedel-Heller, S. G. 224, 226
Riley, G. F. 356
Rilke, R. M. 134, 369, 586
Ripamonti, C. 187, 189
Rissing-van Saan, R. 460
Ritter, H. 526
Ritter, J. 75
Rixen, S. 365, 451 f.
Robert, R. 133
Robertson, T. 60
Robine, J. M. 4
Robinson, R. G. 235
Rockwood, K. 229
Rodin, G. 201, 203 f.
Rodriguez, M. 234 f.
Rodway, C. 234
Rohrig, R. 361
Rokeach, M. 69
Rolke, R. 159
Roller, S. 242

Roloff, J. 503
Rooney, B. L. 361, 365
Ropohl, D. 121
Ropper, A. 400
Rosa, H. 39
Rosenau, H. 460
Rosenberg, J. F. 117
Rosenfeld, B. 202–204, 206
Rosenfeld, H. 568
Rosenthal, F. 508
Rosentreter, M. 119, 122, 135
Rosenwax, L. 227
Roser, T. 529, 534, 537
Ross, J. 432
Roth, P. 281–284
Rotharmel, S. 365
Rothbaum, F. 67
Rottenberg, D. 400
Rousseau, J.-J. 417
Rowe, M. A. 228
Roxin, C. 446 f.
Rubin, E. H. 234 f.
Rubio, A. 235
Rudolf, R. 309, 321, 567
Rugel, M. 482
Ruggiero, A. 176
Russell, C. 229
Russo, R. 364
Rybicki, L. 181
Ryder, P. T. 226

Saake, I. 536
Sabatowski, R. 95, 167
Sacco, W. P. 203
Sachedina, Abdulaziz 505, 512, 517
Sachs, G. A. 245 f.
Sackett, E. 161
Sahm, S. 200, 387, 457
Salama, M. 245
Salis-Gross, C. 536
Samarel, N. 53, 127 f., 131
Sambamoorthi, U. 356
Sampson, E. L. 152, 225, 245
Sandberger, G. 151
Sandgathe Husebo, B. 161
Sandkühler, H. J. 572
Sanktjohanser, A. M. 351
Sarhatlic, R. 129, 145

Sartre, J. P. 575 f.
Sasaki, H. 230
Saß, A. C. 15
aš-Šāṭirī, Muḥammad Aḥmad 512
Satoh-Nakagawa, T. 230
Sattler, D. 488
Sauer, T. D. 135
Saunders, C. 101, 159, 182, 441
Saynina, O. 355–357
Saz, P. 224
Scarmeas, N. 226
Schadewaldt, H. 568
Schaeffer, A. 429
Schaeffer, D. 108
Schäfer, A. 452, 461
Schäfer, D. 31, 118 f., 123, 128, 257
Schäfer, R. 47
Schapiro, R. 374
Schappert, B. 128
Scharf, S. 581
Schaupp, W. 396, 398, 401 f.
Schecter, W. P. 133
Scheidt-Nave, C. 15
Scheler, M. 530, 576
Schellong, S. 372
Scherer, G. 574
Schiavo, T. 215, 217, 384, 398
Schibilsky, M. 585
Schiessl, C. 176
Schiff, N. D. 213
Schimmel, A. 526
Schindler, T. 103, 105 f., 228
Schleiermacher, F. D. E. 533, 545, 552
Schlich, T. 123, 372
Schlier, H. 487–490
Schlingensief, C. 285
Schlößer, R. 539
Schmeller, T. 486, 492, 495, 499
Schmid, G. B. 31
Schmid, H. 122
Schmid, K. 585
Schmidt, A. 571
Schmidt, J. 587
Schmidt-Rost, R. 132, 134
Schmied, G. 565
Schmiele, W. 293–295, 302, 304
Schmitt, A. 500
Schmitten, J. i. d. 351, 365, 374

Schnabl, C. 433
Schnakers, C. 214, 221
Schneider, B. 234
Schneider, C. E. 365
Schneider, H. 328
Schneider-Harpprecht, C. 587
Schneiderman, L. J. 362 f.
Schnelle, U. 486
Schneyder, W. 285
Schnocks, J. 476
Schobersberger, W. 133
Schöch, H. 448 f.
Schockenhoff, E. 340, 384, 570
Schöfer, G. 61
Schofield, P. 206
Schofield, R. 5 f.
Scholz, R. 17, 20 f., 385, 388
Schönberger, R. 572 f.
Schonwetter, R. S. 225
Schopenhauer, A. 418
Schrage, W. 490
Schreiber, H. 566
Schreiber, S. 502
Schröder, C. 52, 126
Schroer, M. 25
Schünemann, P. 586
Schützeichel, R. 536
Schuler, H. 61
Schuler, M. S. 238
Schulz, E. 21
Schulz, R. 235 f.
Schulz, W. 575 f., 582
Schulz-Nieswandt, F. 356–359
Schumacher, B. N. 266, 572–574, 577, 586
Schuster, E. 568
Schwartländer, J. 566
Schwartz, C. 78
Schwartz, F. W. 356–359
Schwartz, M. 482
Schwarz, M. 116 f.
Schweitzer, A. 381
Schweizer, E. 501
Schweppenhäuser, H. 44
Schwerdt, R. 254
Schwienhorst-Schönberger, L. 573
Schwind, G. 577
Sclan, S. G. 237
Sculco, L. 205

Seale, C.   36
Seebass, H.   473
Seelmann, K.   374
Seidler, E.   373
Sellers, D. E.   192, 195, 198
Semmens, J. B.   223
Seneca, L. A.   299, 310–312, 314–318, 416, 569
Serrano, A.   47
Seshamani, M.   357
Seuse, H.   583
Seybold, K.   473
Seymour, J. E.   34
Shalowitz, D. I.   219
Shanley, C.   229
Shear, K.   235
Shega, J. W.   245 f.
Shen, C.   224, 232
Sherman, A. K.   225 f.
Shewmon, D. A.   135
Shewmon, E. S.   135
Shneidman, E. S.   26
Shryock, H. S.   4
Siegal, A. P.   237
Siegel, J. S.   4
Siegler, M.   408
Silverberg, E.   246
Silverman, G. K.   245
Silverthorne, J.   47
Silvester, W.   361, 365
Simes, J.   129
Simmel, G.   572, 576, 581
Simoens, S.   358
Simon, A.   408
Simon, S.   186
Simoni-Wastila, L.   226
Singer, P.   406, 565
Sirovátka, J.   577–579
Sittl, R.   173
Sjokvist, P.   133
Skripetz, V.   46
Sloterdijk, P.   586
Small, B. J.   225, 232
Smart, C.   399
Smedira, N. G.   133
Smelser, N. J.   8
Smid, J.   225 f.
Smith, D.   4

Smith, E. D.   60
Smith, J. E.   56
Smith, J. I.   523 f.
Smith, J. M.   117
Smith, N.   84
Smith, R.   60
Smith, S.   364
Snowdon, J.   234 f.
Snyder, C.   67, 71
Sokrates   257–259, 309, 312 f., 415, 421, 482, 498, 501
Solano, J. P.   184
Sölle, D.   583
Solomon, M. Z.   192, 195, 198
Solomon, S.   25
Solschenizyn, A.   278–281
Sombart, N.   305
Sontag, S.   271 f.
Sorge, J.   160
Sourial, N.   245
Spalton, D.   17
Spence, C.   228
Spencer, B. D.   4
Spieker, M.   539
Spillman, B. C.   357
Spilsbury, K.   223
Spinoza, B. de   412
Sporken, P.   569 f.
Spragens, L.   358
Sprangers, M.   78
Sprung, C. L.   133
Städtler-Mach, B.   247, 250
Stammkötter, F.-B.   587
Standish, T.   364
Stanley, J.   61
Starks, H.   204
Starkstein, S. E.   235
Steen, J. T. van der   225 f., 230 f., 233, 239, 242
Steenhuis, R.   225
Stefanek, M. E.   60
Steffen-Bürgi, B.   99
Stegmaier, W.   577, 579
Steiner, M.   566, 573
Steingießer, H.   123
Stelzer, H.   565
Stemberger, G.   485
Sterling, G.   501, 503

Sternberg, T. 430 f.
Sternberger, D. 45
Sterren, K. J. van der 233
Stewart, J. M. 235
Stiefel, F. 77, 80
Stiel, S. 172
Stierle, K. 564
Stöckli, R. 568
Stoddard, S. 585
Stoecker, R. 116, 137, 140, 146, 148, 368–370
Stoppe, G. 250
Strang, D. 364
Strauss, A. L. 28, 57, 127
Strauss, E. v. 232
Streng, F. 138
Strenge, H. 50
Ströker, E. 531, 538
Strong, C. 408
Strupp, J. 204
Student, J.-C. 250, 254, 266, 585
Student, K. 250
Stump, T. E. 225
Suchindran, C. 4
Sudnow, D. 28, 32
Sudow, D. 125
Suharjanto, D. M. 442
Sulaimān, M. Ḥ. M. 527
Sullivan, D. F. 17
Sultzer, D. L. 228
Sundermeier, T. 568
Susanne, S. 568
Süssmilch, J. P. 3
Suzuki, T. 230
Swaab, D. F. 231 f.
Sykes, N. 188 f.
Synofzik, M. 386
Szathmáry, E. 117

Ṭabāna, A. 516
aṭ-Ṭabarī 508, 523
Tabor, J. D. 497
Tag, B. 369
Takada, L. T. 225 f.
Takahashi, D. Y. 225 f.
Tamm, M. 62
Tan, A. 206 f.
Tan, D. 525
Tang, Y. 226

Tarantino, Q. 48
Tataryn, D. 184, 203
Tatelbaum, J. 55
Tauler, J. 583
Taupitz, J. 450
Tausch, D. 585
Taylor, C. 536
Taylor, S. 67
Teetzel, H. D. 362
Templeton, M. L. 152
Teno, J. M. 227 f., 362 f.
Tesser, A. 67
Theißen, G. 534
Theodoulou, M. 226
Theobald, M. 481, 483 f., 488, 490, 495, 502 f.
Theunissen, M. 566, 574 f., 581
Thiel, M.-J. 384, 388 f.
Thiele, F. 401, 407
Thimme, W. 263
Thomä, D. 575, 577, 584
Thomas v. Aquin 416
Thomas v. Kempen 318
Thomas, G. 146
Thuell, S. 64
Thuné-Boyle, I. 225, 245
Tibballs, J. 195
Tiedemann, R. 44
Tinzmann, I. 279 f.
Tolle, S. W. 365
Tolmein, O. 407, 462
Tolstoj, L. N. 51, 273–275, 277 f., 280, 284
Tomer, A. 64
Tookman, A. 225, 245
Tope, K. 225
Toscani, F. 230
Toth, J. 77
Trabucchi, M. 226
Troetel, W. M. 235
Trotzky, L. 272
Truog, R. D. 195
Tsao, J. C. I. 175
Tück, J.-H. 586
Tugendhat, E. 572, 584
Tulsky, J. 187
Turco, R. 226
Turner, B. S. 40

Uehlinger, D. E. 129
Uhlenbruck, W. 451
Updike, J. 281
Urdánoz, T. 393
Usher, B. 358
Utz, A.-F. 336–338, 416

Valentin, J. 583
Vallacher, R. 71
Vallin, J. 4, 11
Vaupel, J. W. 6 f., 9, 15, 18, 21 f.
Velter, H. 573
Venneman, S. S. 330
Verbakel, E. 98
Verbeek, B. 40
Verbrugge, L. M. 14
Verdieck, M. J. 60
Verrel, T. 444, 447–450, 458, 460, 462
Vestner, A. L. 235
Villani, D. 230
Villhauer, B. 293, 553
Villier de l'Isle Adam, A. 304
Viney, L. L. 60
Vinters, H. V. 232
Virik, K. 129
Vitoria, F. de 392 f.
Vitt, G. 248
Vivaldi, A. 292
Vogd, W. 536
Vogel, M. 497–499
Vogel, R. T. 529
Vogt, L. 537
Vohs, K. 71
Volandes, A. E. 231
Volgger, D. 479
Volicer, B. 231
Volicer, L. 152, 231, 239, 241 f.
Volkenandt, M. 86, 111, 148
Vollenweider, S. 497
Voltz, R. 152, 160, 200, 204 f., 208, 223, 242
Vorgrimler, H. 587
Voshaar, R. C. 234
Voss, H. U. 399
Vossenkuhl, W. 572

Wada, H. 230
Wagner, H. 567, 571
Wainewright, T. G. 304

Wal, G. van der 225 f., 230 f., 242, 354, 363
Walisko-Waniek, J. 204, 208
Walker, B. M. 60
Wallace, J. I. 202
Wallston, K. 60
Walsh, D. 181
Walter, J. J. 386
Walter, T. 28
Walton, R. 225
Wander, F. 284, 287
Wander, M. 284–290
Warning, R. 564
Wasner, M. 82, 86, 88
Wass, H. 55, 64
Watson, J. 364
Watts, T. 191
Weatherford, W. 228
Weber, E. 577, 579
Weber, G. 439 f.
Wedderburn, A. J. M. 491
Weeks, J. 5
Wegner, D. 71
Wegscheider, K. 365
Weiher, E. 529, 587
Weilert, A. K. 539
Weimann, A. 401, 407
Weischedel, W. 349, 417 f., 433 f., 581 f.
Weisman, A. D. 53, 55, 127
Weißauer, W. 401
Weizsäcker, C. F. v. 439
Welby, P. 398
Wendler, D. 219
Wennberg, E. 133
Wensinck, A. J. 506
Wenzler, L. 577 f.
Weymann-Weyhe, W. 577
Wheeler, J. 182, 187
Wicclair, M. R. 379
Wiefel, W. 486
Wielandt, R. 504
Wienau, R. 251
Wiesemann, C. 123, 372
Wiesing, L. 296
Wiesing, U. 137, 241, 351, 568
Wijdicks, E. F. 215
Wilbers, J. 356-359
Wilcock, A. 187
Wilde, O. 293, 299, 302, 304

Wilden, B. M. 232, 236
Wildung, D. 46
Wilk, F. 482
Wilkening, K. 432, 538
Willan, A. 364
Williams, J. R. 331
Wilson, K. G. 66, 202–206
Wilson, R. S. 226
Winslade, W. J. 408
Winter, M. A. 236
Winter, T. J. 516, 521, 528
Wiplinger, F. 577
Wise, L. C. 129
Witkin, J.-P. 47
Wittgenstein, L. 296, 326, 381, 572
Wittkowski, J. 50–53, 55, 60–62, 64, 124–127, 570, 574
Wittwer, H. 31, 118 f., 128, 257
Wohlgschaft, H. 587
Wohlmuth, J. 577
Wolbert, W. 582
Wolf, U. 325, 415
Wolfe, J. 195
Wolfson, C. 225, 232
Wollasch, J. 585
Wolter, J. 138
Wong, P. 65, 68–71
Woodcock, T. 133
Woolhead, G. 37
Wormer, K. v. 63
Wright, N. E. 232, 236
Wrigley, E. 5 f.
Wunsch, G. 4, 11
Wurm, S. 15

Xander, C. 116, 129, 145

Yaḥyā ibn Muʿāḏ 526
Yang, S. C. 62
Yorke, J. A. 135
Young, E. W. 362
Young, I. 187
Youngner, S. J. 330, 374
Yu, W. 355–357

Zabora, J. R. 60
Zaborowski, H. 566, 572
Zarit, S. H. 234
Zech, D. 126, 165
Zekorn, S. 583
Zeller, D. 491, 582
Zeltzer, L. K. 175
Zenger, E. 472
Zernikow, B. 173, 175 f.
Zhang, S. 235
Zhu, C. W. 358
Zieger, A. 400, 404 f.
Ziegler, U. 16 f., 20
Zielinski, H. 102
Zilkens, R. R. 223
Zimmermann, C. 203, 206 f.
Zimmermann-Acklin, M. 391, 565
Zingerle, A. 36
Zoll, P. M. 120
Zopfs, J. 138
Zorn, F. 285, 289, 291
Zucco, F. 189
Zuercher-Zenklusen, R. M. 129
Zurayk, C. K. 522
Zuurmond, W. 189
Zweifel, P. 355
Zweig, S. 227
Zwirner, K. 388, 401 f., 407

Autorenverzeichnis

Dr. Claudia Bausewein PhD MD MSc
Senior Clinical Research Fellow & Saunders Scholar
King's College London

PD Dr. med. Dipl.-Theol. Dipl.-Caritaswiss. Gerhild Becker
MSc Palliative Care (King's College London)
Oberärztin Palliativstation Universitätsklinikum Freiburg

Dr. Horst Bickel
Klinik und Poliklinik für Psychiatrie und Psychotherapie
Technische Universität München

Prof. Dr. Gian Domenico Borasio
Lehrstuhl für Palliativmedizin
Universität Lausanne

Prof. Dr. Franz-Josef Bormann, MA
Lehrstuhl Theologische Ethik I (Moraltheologie)
Universität Tübingen

Prof. Dr. Johannes Brachtendorf
Lehrstuhl für philosophische Grundfragen der Theologie
Universität Tübingen

Prof. Dr. Gabriele Doblhammer
Lehrstuhl für Empirische Sozialforschung und Demographie
Universität Rostock

Prof. Dr. Frank Elsner
Klinik für Palliativmedizin
Universitätsklinikum Aachen

PD Dr. Martin Fegg
Psychologischer Psychotherapeut
Interdisziplinäres Zentrum für Palliativmedizin
Klinikum der Universität München

Prof. em. Dr. Klaus Feldmann
Institut für Soziologie und Sozialpsychologie
Universität Hannover

Prof. Dr. Hans Förstl
Klinik und Poliklinik für Psychiatrie und Psychotherapie
Klinikum rechts der Isar
Technische Universität München

Prof. Dr. Eckhard Frick S.J.
Lehrstuhl für Anthropologische Psychologie
Hochschule für Philosophie München
Lehrstuhl für Spiritual Care
Interdisziplinäres Zentrum für Palliativmedizin
Klinikum der Universität München

Dr. Chara Gravou-Apostolatou
Kinder- und Jugendklinik
Universitätsklinik Erlangen

Prof. Dr. Monika Führer
Kinderpalliativzentrum am Klinikum der Universität München

Dr. Maren Galushko, MA
Zentrum für Palliativmedizin
Uniklinik Köln

Prof. em. Dr. Walter Groß
Lehrstuhl für Altes Testament
Universität Tübingen

Prof. em. Dr. Eilert Herms
Lehrstuhl für Systematische Theologie
Universität Tübingen

Prof. Dr. Dr. h.c. mult. Otfried Höffe
Lehrstuhl für Philosophie
Universität Tübingen

Prof. Dr. Wolfram Höfling, MA
Direktor des Instituts für Staatsrecht
Universität Köln

Prof. Dr. Gerhard Höver
Lehrstuhl für Moraltheologie
Universität Bonn

Dr. Helmut Hoffmann-Menzel
Oberarzt am Zentrum für Palliativmedizin
Malteser Krankenhaus Bonn/Rhein-Sieg

Dr. Dr. Ralf J. Jox
Institut für Ethik, Geschichte und Theorie der Medizin
Universität München

Martina Kern
Leitung der Akademie für Palliativmedizin
Malteser Krankenhaus Bonn/Rhein-Sieg

Prof. Dr. Alexander Kurz
Klinik und Poliklinik für Psychiatrie und Psychotherapie,
Zentrum für kognitive Störungen, Psychiatrie,
Technische Universität München

Prof. Dr. Dr. h.c. Karl-Josef Kuschel
Institut für Ökumenische und Interreligiöse Forschung
Universität Tübingen

Karl Kardinal Lehmann
Bischof von Mainz

Prof. Dr. Thomas Macho
Lehrstuhl für Kulturgeschichte
Universität Berlin

Prof. Dr. Georg Marckmann, MPH
Institut für Ethik, Geschichte und Theorie der Medizin
Universität München

Prof. Dr. H. Christof Müller-Busch
Universität Witten/Herdecke
Ltd. Arzt i.R. Gemeinschaftskrankenhaus Havelhöhe Berlin

Prof. Dr. Lukas Radbruch
Lehrstuhl für Palliativmedizin
Universität Bonn

Prof. Dr. Roland Rau
Lehrstuhl für Demographie
Universität Rostock

Prof. em. Dr. Dr. Friedo Ricken S.J.
Hochschule für Philosophie München

Dr. Roman Rolke
Oberarzt an der Klinik für Palliativmedizin
Universitätsklinikum Bonn

Prof. Dr. Traugott Roser
Lehrstuhl für Spiritual Care
Interdisziplinäres Zentrum für Palliativmedizin
Klinikum der Universität München

Anna Mara Sanktjohanser
Institut für Ethik, Geschichte und Theorie der Medizin
Universität München

Prof. Dr. Dr. Walter Schaupp
Lehrstuhl für Moraltheologie
Universität Graz

Dr. Jürgen in der Schmitten, M.san.
Abteilung für Allgemeinmedizin
Universitätsklinikum Düsseldorf

Prof. Dr. Eberhard Schockenhoff
Lehrstuhl für Moraltheologie
Universität Freiburg

Dr. Reinhard Sittl
Leitender Oberarzt am Schmerzzentrum
Universitätsklinikum Erlangen

Prof. Dr. Barbara Städtler-Mach
Fakultät für Gesundheit und Pflege
Evangelische Hochschule Nürnberg

Prof. Dr. Ralf Stoecker
Lehrstuhl für angewandte Ethik
Universität Potsdam

Prof. Dr. Michael Theobald
Lehrstuhl für Neues Testament
Universität Tübingen

Dr. Bernd Villhauer
Lektoratsleiter der Verlagsgruppe Narr Francke Attempto Tübingen

Prof. Dr. Dipl. Theol. Matthias Volkenandt
Dermatologikum Hamburg/MedKomAkademie GmbH München

Prof. Dr. Raymond Voltz
Zentrum für Palliativmedizin
Uniklinik Köln

Prof. Dr. Maria Wasner, MA
Interdisziplinäres Zentrum für Palliativmedizin
Klinikum der Universität München

Prof. em. Dr. Dr. h.c. Rotraud Wielandt
Lehrstuhl für Islamkunde und Arabistik
Universität Bamberg

Prof. Dr. Dr. Urban Wiesing
Institut für Ethik und Geschichte der Medizin
Universität Tübingen

Prof. Dr. Joachim Wittkowski
Praxis für Psychologische Diagnostik und Beratung Würzburg

Dipl. Theol. Dipl.-Caritaswiss. Dipl.-Sozialpäd. Carola Xander
Psychoonkologin Palliativstation Universitätsklinikum Freiburg